U0366124

全国建设职业教育系列教材

建筑结构施工基本理论知识

全国建设职业教育教材编委会

叶　刚　主编

中国建筑工业出版社

（京）新登字 035 号

图书在版编目（CIP）数据

建筑结构施工基本理论知识/全国建设职业教育教材编委会编写.-北京：中国建筑工业出版社，1998
全国建设职业教育系列教材
ISBN 7-112-02306-8

Ⅰ.建… Ⅱ.全… Ⅲ.建筑工程-工程施工-技术培训-教材 Ⅳ.TU75

中国版本图书馆 CIP 数据核字（98）第 03586 号

全国建设职业教育系列教材
建筑结构施工基本理论知识
全国建设职业教育教材编委会
叶 刚 主编
*
中国建筑工业出版社出版（北京西郊百万庄）
新华书店总店科技发行所发行
北京市兴顺印刷厂印刷
*
开本：787×1092 毫米 1/16 印张：32¼ 字数：780 千字
1998 年 6 月第一版 1998 年 6 月第一次印刷
印数：1—3 000 册 定价：**41.00** 元
ISBN 7-112-02306-8
G·202（7334）

《建筑结构施工基本理论知识》一书主要围绕建筑结构施工的需要，介绍最基本、最实用的相关理论知识。内容包括建筑物理基本知识、建筑施工测量基本知识、土方工程、地基与基础、砌筑工程、钢筋混凝土工程、一般饰面工程、施工项目管理、能源与建筑材料合理使用、劳动安全卫生及环境保护基本知识等内容。重点让读者掌握建筑结构施工主要工种的施工程序、质量标准、质量通病防治知识，了解安全生产、文明施工、施工项目管理的有关规定。

本书可作为技工学校、职业高中相关专业的教学用书，并可作为建筑结构施工不同层次的岗位培训教材，亦可作为一线施工管理、技术人员参考用书。

"建筑结构施工"专业教材（共四册）

总主编 叶　刚

《建筑结构施工基本理论知识》

主编 叶　刚

参编 张海贵、罗洪青、申伯惠、刘锦善、李仲书、梁敦维、李　霞、杨开涛、李大波、赵永安、陈小琳、周海涛、龚碧玲

序

改革开放以来，随着我国经济持续、健康、快速的发展，建筑业在国民经济中支柱产业的地位日益突出。但是，由于建筑队伍急剧扩大，建筑施工一线操作层实用人才素质不高，并由此而造成建筑业部分产品质量低劣，安全事故时有发生的问题已引起社会的广泛关注。为改变这一状况，改革和发展建设职业教育，提高人才培养的质量和效益，已成为振兴建筑业的刻不容缓的任务。

德国“双元制”职业教育体系，对二次大战后德国经济的恢复和目前经济的发展发挥着举足轻重的作用，成为德国经济振兴的“秘密武器”，引起举世瞩目。我国于1982年首先在建筑领域引进“双元制”经验。1990年以来，在国家教委和有关单位的积极倡导和支持下，建设部人事教育劳动司与德国汉斯·赛德尔基金会合作，在部分职业学校进行借鉴德国“双元制”职业教育经验的试点工作，取得显著成果，积累了可贵的经验，并受到企业界的欢迎。随着试点工作的深入开展，为了做好试点的推广工作和推进建设职业教育的改革，在德国专家的指导和帮助下，根据“中华人民共和国建设部技工学校建筑安装类专业目录”和有关教学文件要求，我们组织部分试点学校着手编写建筑结构施工、建筑装饰、管道安装、电气安装等专业的系列教材。

本套“建筑结构施工”专业教材在教学内容上，符合建设部1996年颁发的《建设行业职业技能标准》和《建设职业技能岗位鉴定规范》要求，是建筑类技工学校和职业高中教学用书，也适用于各类岗位培训及供一线施工管理和技术人员参考。读者可根据需要购买全套或单册学习使用。

为使该套教材日臻完善，望各地在教学和使用过程中，提出修改意见，以便进一步完善。

全国建设职业教育教材编委会

1998年1月

前　言

“建筑结构施工”专业教材是根据《建设系统技工学校建安类专业目录》和双元制教学试点“建筑结构施工”专业教学大纲编写而成。该套教材突破传统教材按学科体系设置课程，以及各门课程自成系统的编排方式，依据建设部《建设行业职业技能标准》对培养中级技术工人的要求，遵循教育规律，按照专业理论、专业计算、专业制图和专业实践四大部分分别形成《建筑结构施工基本理论知识》、《建筑结构施工基本计算》、《建筑结构施工识图与放样》和《建筑结构施工实际操作》四门课程，突出能力本位、技能培养的原则，力求形成新的课程体系。

本套教材教学内容具有实用性和针对性，紧贴一线施工现场，将施工现场最基本、最实用的知识和技能经筛选、优化，按照初、中、高三个层次由浅入深进行编写。本套教材纵向以建筑结构施工程序为主轴线，横向四本书大体形成理论与实践相结合的一个整体。但每本书又根据门类分工形成自己的独立体系。

本套教材力求深入浅出，通俗易懂。在编排上采用双栏排版，图文结合，新颖直观，增强了阅读效果。为了便于读者掌握学习重点，以及教学培训单位组织练习和考核，每章节后附有提纲挈领的小结和精心编制的习题供参考、选用。

《建筑结构施工基本理论知识》一书主要围绕建筑结构施工的需要，介绍最基本最实用的相关理论知识。内容包括建筑物理基本知识、建筑施工测量基本知识、土方工程、地基与基础、砌筑工程、钢筋混凝土工程、一般饰面工程、施工项目管理、能源与建筑材料合理使用、劳动安全卫生及环境保护基本知识等内容。重点让读者掌握建筑结构施工主要工种的施工程序、质量标准、质量通病防治知识，了解安全生产、文明施工、施工项目管理的有关规定。

《建筑结构施工基本理论知识》一书由北京城建技工学校叶刚任总主编（编写第10、11、12章），参加编写的有北京城建技工学校罗洪青（编写第6章）、张海贵、申伯惠（编写第9章）；重庆建筑工程技工学校刘锦善（编写第1、2、4、8章）、李仲书（编写第3章）、四川省攀枝花市建筑工程学校梁敦维、李霞、杨开涛、李大波、赵永安、陈小琳、周海涛、龚碧玲（编写第5、7章）。

本套教材由北京城建技工学校叶刚任总主编，由中国建筑一局（集团）有限公司总工程师马焕章、北京建工集团总公司副总工程师王庆生和高级工程师张翠娣主审，参与审稿工作的还有北京城建技工学校鄂文发、罗洪青、刘王晋及北京建工集团总公司五建培训中心杨永利同志。

本套教材在编写中，建设部人事教育劳动司有关领导给予了积极有力的支持，并作了大量组织协调工作。德国赛德尔基金会及其派出的职教专家威茨勒（Wetzler）先生和法赛尔（Fasser）先生在多方面给予了大力的支持和指导。南京市建筑职业技术教育中心作为学习“双元制”最早的单位，提供了许多有益的经验和有价值的资料。各参编学校领导对本套教材的编写给予了极大的关注和支持。在此，一并表示衷心的感谢。

由于双元制的试点工作尚在逐步推广过程中，本套教材又是一次全新的尝试，加之编者水平有限，编写时间仓促，书中定有不少缺点和错误，望各位专家和读者批评指正。

目　录

第1章　绪　论

本章简述了基本建设与基本建设程序、建筑业及建筑施工、建筑行业的职业道德要求等内容。

1.1　基本建设与基本建设程序

1.1.1　基本建设概念

基本建设包括的内容很广泛，它不仅包括了各种房屋建筑及构筑物，还包括了城市基本设施建设如公路、铁路、港口、桥梁、水利、电力、通讯建设及地下建筑等等，从某种意义上可以说基本建设是保证国家经济力量增长的物质基础，其规模和速度反映了国家经济力量增长和人民生活水平提高的程度。

基本建设是什么呢？就是指利用各种资金（国家拨款、自筹资金、国外贷款专项资金等等）进行的以扩大再生产能力增加工程效益为主要目的的新建、扩建工程及有关工作。

具体内容包括以下方面：

(1) 建设项目和建筑工程。主要指各种建筑项目，如公路、桥梁、房屋及构筑物工程的新建、扩建、改建、修复和迁移。

(2) 设备的购置。如生产及动力设备，车辆、船舶和飞机等运输设备，起重设备，实验、医疗设备等。

(3) 设备安装工程。指上述各项建设项目的设备和装配装置工作。

(4) 列入建设预算的各种工具和器具的购置。

(5) 列入建设预算的其它基本建设工作，包括土地征用，生产准备，建设单位的管理等工作。

1.1.2　基本建设程序及步骤

基本建设程序是指基本建设项目从决策设计、施工到竣工验收整个过程中各个阶段及其先后次序，简而言之，即指基本建设过程中必须遵循的先后顺序。

这套基本建设程序是根据我国多年来基本建设实践经验不断总结提高形成的，既按社会经济规律的要求和建设项目的技术经济规律要求的，也是由建设项目的复杂性（环境复杂、涉及面广，相关环节多，多行业多部门合作）决定的，它主要分为三大步骤七个阶段。

三大步骤分为建设前期，勘察设计，施工实施三大步骤和七个阶段，如图1-1所示。

(1) 项目建议书阶段

项目建议书是业主单位向国家提出的要求建设某一建设项目的建议文件，是对建设项目的轮廓性设想和建议，是从拟建设项目的必要性及大方面的可能性加以考虑的，在客观上，建设项目要符合国民经济长远规划符合部门、行业和地区规划的要求以及市场经济的需求，也为进一步研究论证提供依据。

(2) 可行性研究阶段（包括可行性研究报告评优）

根据项目建议书的批复进行可行性研究工作，对项目在技术上、经济上和财务上进行全面论证、优化和推荐最佳方案。与这一阶段相联系的工作还有由工程咨询公司对可行性研究报告进行评估。可行性研究的主要任务是通过多方案比较，提出评价意见，推荐最佳方案。

以上（1）、（2）阶段属建设前期。

（3）设计阶段（也可称勘察设计阶段）

根据项目可行性研究报告的批复，项目进入设计阶段。

这一阶段的工作是由勘察和设计工作组成的。

勘察工作是为设计提供基础资料的工作，包括工程测量、工程地质勘察和水文地质勘察。

设计工作可分为初步设计、技术设计和施工图设计三阶段。（对于一般建设工程可将初步设计与技术设计合并为扩大初步设计）

初步设计应满足建筑设计方案评选、建筑物和构筑物设计图及施工组织总设计的编制。主要材料设备的订货和编制设计总概算的要求。

技术设计是针对技术复杂而又缺乏经验的项目所设的一个设计阶段，为解决某些技术问题而在初步设计无法解决需进一步研究的问题。此阶段对总概算进行修正。

施工图设计是在前一阶段设计得到批准的基础上将设计进一步形象化、具体化、明确化。为满足建筑安装工程施工或非标准化设备制作的需要，把工程和设备各部分的尺寸、布局和主要施工方法，以图样及文字的形式加以确定的设计文件。其主要内容包括：总平面图、建筑物（构筑物）的建筑、结构及设备安装各专业图纸和说明、工艺说明、公共设施和设备安装详图。此阶段应做出施工图设计概（预）算。

（4）实施准备阶段

项目开工准备阶段的工作较多，主要包括申请列入固定资产投资计划及开展各项施工准备（技术准备、物资准备、组织准备及现场准备）。

建设准备的主要工作内容包括：

1）征地、拆迁和场地平整。

2）完成施工用水、电、路、通讯等工程。

3）组织设备，材料订货。

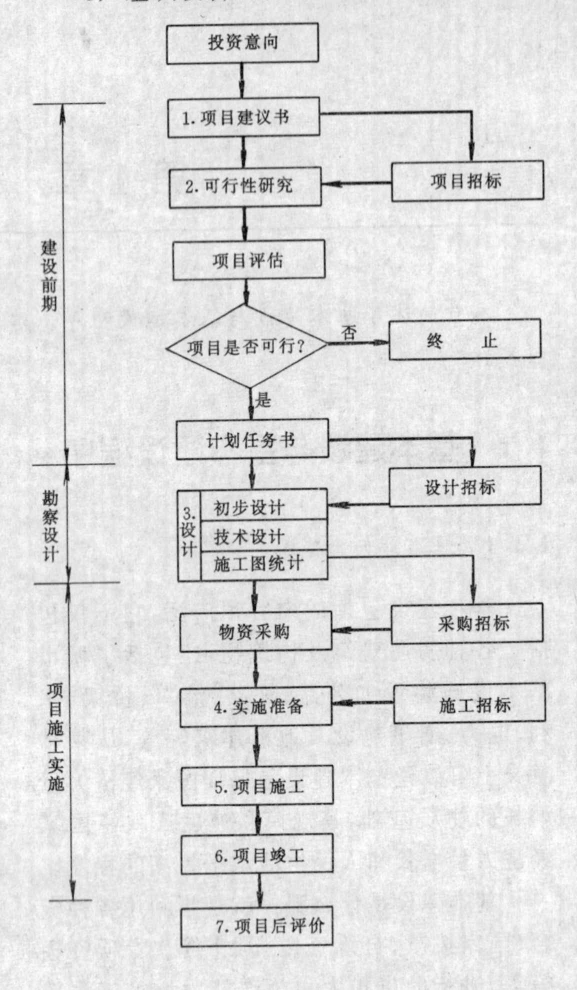

图 1-1　基本建设程序

4）准备必要的施工图纸。

5）组织施工招标投标择优选定施工单位。

这一阶段的工作质量，对保证项目顺利建设具有决定性作用。这一阶段工作就绪，即可编制开工报告，申请正式开工。

（5）施工阶段

项目施工是形成建筑产品的主要阶段，也是各类资源消耗的集中阶段，是参加施工的全体人员保证高效优质低耗的关键时期。

（6）竣工验收阶段

这一阶段是项目建设实施全过程的最后一个阶段，是考核项目建设成果，检验设计和施工质量的重要环节，也是建设项目能否由建设阶段顺利转入生产或使用阶段的一个重要阶段。

(7) 项目后评价阶段

在改革开放前，我国的基本建设程序中没有明确规定这一阶段。近年来随着建设重点要求转到讲求投资效益的轨道，国家开始对一些重大建设项目，在竣工验收若干年后，规定要进行项目后评价工作，并正式列为基本建设程序之一。这主要是为了总结项目建设成功和失败的经验教训，供以后项目决策和借鉴。

小　结

基本建设搞得好，必然带来国家的繁荣昌盛，人民生活水平的提高。

基本建设程序必须按照七个阶段的先后秩序进行。

1.2 建筑业及建筑施工

1.2.1 建筑业

建筑业是建设系统的一个最大行业之一，它主要是指从事建筑、安装工程的生产活动的行业。它主要通过建筑工程和安装工程这两个方面的活动来为社会服务。它的主要任务是根据“适用、经济、美观”的原则，为社会生产和城乡人民生活建造各类房屋、构筑物设施和营造相应美的人类环境。可以说一幢好的建筑就好比一首凝固的诗，一幅立体的画，给人们以美的享受。

我国有五千年文化历史，其中建筑业也具有光辉灿烂的成就，为世人瞩目。有选入“国际历史土木工程里程牌”的河北省赵县的赵州桥，有象征中华民族精神的万里长城，有保存完整而具有民族特征的北京故宫博物馆、敦煌石窟、秦始皇陵等等。

改革开放以来，我国建筑业发展很快，对整个国民经济的发展和人们生活。居住条件改善与提高起着重要的作用，逐渐形成国民经济的支柱产业，在长期的规划中，必须把建筑业放在重要地位。

1.2.2 建筑施工

(1) 建筑施工特点

建筑产品的施工与其它产品的生产具有很大的区别，它具有如下特点：

1)首先表现在建筑产品的不固定性分布在各个地点，因而给建筑工程施工造成必然的流动性，分散性，露天作业和高空作业，受水文、地质、气候等条件影响，从而使建筑工程施工的工作条件具有异常的艰苦性。

2) 表现为建筑产品的体积大，因此在建造建筑工程过程中，就必然要耗费大量的物质资源和投入大量的资金，并需要数量相当的各种机具，需要大量的由多种工种和专业人员参加的统一协调进行的立体交叉作业，从而使建筑工程施工的计划和管理工作带来较其它产业部门产品的生产计划与管理工作更大的难度，相应建筑工程施工的生产周期也就必然较长。

3) 表现在建筑产品的规模，内容和结构形式等方面是各不相同的。就是利用同一套设计图纸兴建的房屋建筑，也会因地质、水文、气候和时间等因素的差异使所需的各种投入不同。这就是说，建筑产品具有单一性的特征，从而使建筑工程增加了复杂性，提出了适应其应变能力的要求。

4) 表现在建筑产品具有时代性，是历史的文化艺术和科学技术的历史反映。因此，对参加建筑工程施工的各专业技术人员提出了文化艺术的要求。在建造的技能技巧方面要求能做到古今中外为我所用的目标。我们常说万里长城、故宫建筑是劳动人民智慧的结晶，就是这个道理。

(2) 建筑施工程序

施工程序是指建筑施工过程在施工阶段必须遵守的顺序。它包括接受施工任务，签订工程承包合同直到验收的各个阶段，在建筑施工中必须按施工程序施工，如施工违反了施工程序，就会造成重大事故和经济损失。

施工程序主要有四个阶段，即签订工程合同，做好施工准备，组织施工，竣工验收。

1）签订工程合同

落实施工任务，签订工程合同是施工程序的关键。首先承担施工任务，一律实行招标投标的办法，中标以后必须同建筑单位签订工程合同，明确各自的经济技术责任，合同一经签订，即具有法律效力。

合同一般主要有以下几种：

a. 勘察设计合同；

b. 施工合同；

c. 物资合同；

d. 运输合同；

e. 劳务合同。

合同的内容要求具体，责任要明确，条款要简明扼要，文字的解释要清楚，便于检查。

2）施工准备工作

施工准备工作的内容很多，以单项工程为例，包括建立指挥机构，编制施工组织计划，征地和拆迁，修建临时设施，建筑材料和施工机械的准备，施工队伍的集结，后勤准备及现场五通一平等等。按准备工作的性质可归纳为以下四个方面：

a. 技术准备

a）熟悉、审查图纸及有关资料；

b）调查、研究、搜集必要的资料；

c）编制施工组织设计和施工方案、施工图预算及施工预算。

b. 施工现场的准备

a）场地控制网的测量；

b）平整场地；

c）修筑道路；

d）水道、电路、通讯；

e）大型临时设施准备。

c. 物资准备

主要包括建筑材料、构配件、施工机械和机具设备、工具等。

d. 施工队伍的集结和后勤的准备

3）组织施工

组织施工的主要内容主要是按计划组织综合施工和对施工过程的进度、质量、成本进行全面控制。

4）交工验收

工程的交工验收，是对设计、施工、生产准备工作进行检验评定的重要环节，也是对基本建设成果和投资效果的总检查，不合格的工程不准交工，不准报竣工面积。

小　结

建筑业是我国国民经济的支柱产业之一。

建筑施工的特点：艰苦性、周期性、复杂性、时代性；

建筑施工程序的四个阶段：签订工程合同、做好施工准备、组织施工、竣工验收。

1.3 建筑行业的职业道德要求

1.3.1 职业及职业道德

什么叫职业？职业就是劳动者从事工作的类型。或者说是一种分工，是个人在社会中所从事的作为主要生活来源的工作。

什么是职业道德呢？就是从事一定职业的人，在工作和劳动中所遵循的与其职业活动紧密联系的道德原则和规范的总和。它既是对本行业人员在职业活动中的行为要求，同时又是对社会所负的道德责任和义务。由于人们的职业不同，在特定的职业活动中便形成了各类特殊的职业关系，特殊的职业利益，特殊的职业义务，及特殊的职业活动范围与方式，从而就形成了特殊的职业行为规范和道德要求。

职业道德的内容是丰富的，它包括职业道德的概念、原则、规范、行为等方面。

进行良好的职业道德教育可以激励人们以主人翁的思想从事职业活动；以热爱本职的精神，忠于职守，努力进取，奋力开拓：以严肃的职业态度遵纪守法，诚实劳动，对社会负责。

职业道德对调动人们的积极性，做好本职工作具有十分重要的作用。

1.3.2 严格遵守职业道德基本规范

职业道德有其基本的规范，虽不能代替具体的、各行各业的职业要求，但是它又是从事各种职业工作的人都应当遵守的共同的行为规范。主要表现在如下几方面：

(1) 热爱本职，尽职尽责

"热爱本职"就是指要热爱自己现在从事的工作。其中特别包含着我们所提倡的"干一行，爱一行"这一要求。

"尽职尽责"是指忠实地履行自己的职业责任，尽到本职工作所应尽的责任。

"尽职尽责"是社会主义职业道德的一项基本要求。

(2) 钻研业务，精益求精

"精益求精"就是把自己的业务，自己的工作做得越来越好，好上加好。这是对工作，对自己在事业上所获得成就永不满足的一种精神，是一种不懈的追求。

只有刻苦钻研业务，才能精益求精。世界上不论什么行业，都有一门学问，都有学不完的知识，都有研究不完的问题，都有需要经过反复训练才能掌握的技能、技巧。

(3) 团结协作，互敬互学

团结协作是现代化事业成功的重要保证，一个部门，一个车间，一个班组，成员之间步调一致，相互能有意识地配合，就能把工作搞好。

相互敬重，是指在人格上互相要看得起，相互交往不能失礼，就是对待别人要真心诚意，要厚道，要实在，要守信，要大度豁达，要与人为善。同事之间要相互学习，取长补短。古话说得好"金无足赤，人无完人"，"寸有所长，尺有所短"，所以人们应该学习别人的长处，以弥补自己的不足。

(4) 艰苦奋斗，勤俭节约

"艰苦奋斗，勤俭节约"是中华民族自古以来就形成的传统美德。它的基本精神是提倡自力更生，自强不息，不畏艰难困苦，不追求奢侈，不贪图享乐，这种美德也渗透到职业道德之中。

怎样才能做到呢？要勤劳，不要懒惰，肯干吃苦，肯于卖力气，不贪图安逸，把劳动视为一种乐趣。

(5) 遵纪守法，执行政策

在各行各业中，对于工作人员都有自己的一些特殊的纪律要求，也有国家的各种政策、法律、法规要求。这些政策、法律、法规对于维护各行业、国家、社会以及对于职业工作人员个人的利益，对于调节各种矛盾，都是不可缺少的，所以遵纪守法就构成职业道德中的重要内容。

在职业活动中，不仅要处理好个人行为

与纪律的关系，而且还会面临着处理职业行为与有关法律、法规的关系问题。如一个售货员，虽然不是商店经理，但他要具体执行价格政策，否则，就会扰乱市场经济，会给社会的经济生活带来混乱。所以执行和维护国家的法令、法规，是职业道德中不可缺少的一项内容。

（6）举止文明，礼貌待人

职业道德的基本要求是“交往讲究礼貌，举止讲究文明”，中国历来就被称为“礼仪之邦”。从古至今的几千年历史进程中，做人要“讲道德，讲礼貌，行为文明”一直是教育的主要内容。

我们今天对文明礼貌的要求，一方面是对我们民族历史上优良传统的批判继承，另一方面也融汇了时代的精神并贯穿了各国文明礼貌精华的内容，充分体现了人与人之间有共同理想，根本利益一致，友好合作，相互尊重的新型关系。

1.3.3 建筑行业的职业道德

在严格遵守职业道德的基础上，根据建筑行业的特点，树立为社会主义现代化服务的道德观念，献身建筑事业，认真履行行业职责，工程建设做到优质、守信、用户满意，具体的说，应树立以下观念：

（1）坚持百年大计，质量第一，精心设计，精心施工，严把质量关，不合格的工程不交工。

（2）信守合同，维护企业信誉，严格按合同要求组织设计和施工，不拖期，不留尾巴，做到工完场清。

（3）文明施工，安全生产，做到物料堆放整齐，珍惜一砖一木，不浪费原材料和能源，现场设置施工牌，接受群众监督。

（4）做好环境保护、施工不扰民，不乱排污水，不乱倒脏土，不乱扔废物，夜间施工严格控制噪音，道路及管道开挖尽量不影响交通。

（5）主动回访保修，坚持产后服务，所有竣工工程都要严格按照保修条例回访保修，不推诿，不扯皮。

提高建筑行业职工队伍的素质，加强建筑行业职工道德建设，对于提高行业的质量和效益，树立行业新风，培养“四有”的建筑队伍，建设社会主义精神文明具有重要意义。

作为一个建筑工人应遵守如下建筑工人职业道德准则。

建筑工人职业道德准则：

1）热爱本职工作，献身建筑事业；

2）坚持质量第一，精心施工操作；

3）遵守劳动纪律，确保安全生产；

4）讲究文明施工，努力增产节约；

5）学习文化技术，立志岗位成才；

6）提倡遵师爱徒，增强团结互助；

7）主动回访保修，诚心服务用户；

8）信守施工合同，维护企业信誉。

小　结

严格遵守职业道德基本规范，认真按照建筑工人职业道德准则办事是做好一个建筑工人的基本要求。

习题

1. 了解基本建设概念；
2. 熟悉基本建设程序及步骤；
3. 掌握建筑施工的主要程序；
4. 熟记建筑工人职业道德准则。

第 2 章　建筑物理的基本知识

2.1　各种类型的水对建筑的作用

2.1.1　地下水

（1）地下水的埋藏条件

地下水即存在于地表下面土和岩石的孔隙、裂隙或溶洞中的水叫地下水。

地下水按其埋藏条件，可分为上层滞水、潜水和承压水三种类型。如图 2-1 所示：

1）上层滞水。是指埋藏在地表浅处、局部隔水透镜体的上部，且具有自由水面的地下水。它的分布范围有限，其来源主要是由大气降水补给。因此，它的动态变化与气候、隔水透镜体厚度及分布范围等因素有关。

上层滞水只有在融雪后或大量降水时才能聚集较多的水，因而只能作为季节性的或临时性的水源。

2）潜水。埋藏在地表以下第一个稳定隔水层以上的具有自由水面的地下水称为潜水。潜水一般埋藏在松软沉积层及基岩的风化层中。

潜水直接受雨水或河流渗入土中而得到补给。同时也直接由于蒸发或流入河流而排泄，它的分布区与补给区是一致的，因此，潜水水位的变化，直接受气候变化的影响。

3）承压水。承压水指充满两个稳定隔水层之间的地下水。它承受一定的静水压力。地面上打井至承压水层时，水便在井中上升甚至喷出地表，形成所谓上升泉水。由于承压水的上面存在隔水顶板的作用，它的埋藏区与地表补给区不一致。因此，承压水的动态变化，受局部气候因素影响不明显。

（2）地下水的侵蚀性对建筑物的破坏作用

地下水的侵蚀性，是指溶解于地下水中的某些离子和气体对结构的化学侵蚀性引起对建筑物的破坏作用。如地下水中硫酸离子含量过多，渗入混凝土与氢氧化钙起作用而生成石膏结晶，石膏结晶再与混凝土本身的铝酸钙起作用生成硫铝酸钙结晶，由于新生结晶的体积增大，可使混凝土遭受严重破坏。

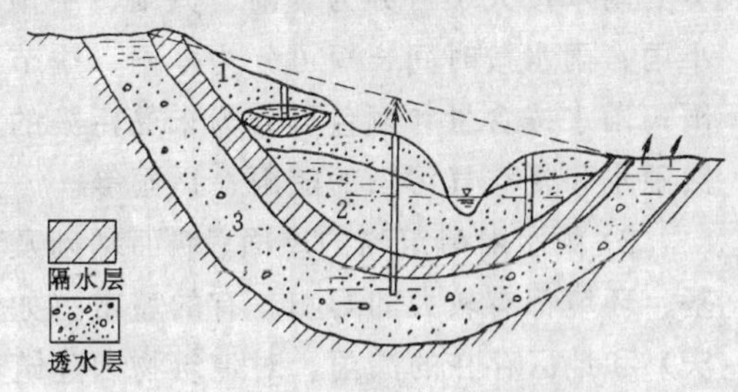

图 2-1　各种类型地下水埋藏示意图

1—上层滞水；2—潜水；3—承压水

酸性水对混凝土起溶解破坏作用。

环境水对混凝土的侵蚀性分为结晶性侵蚀、分解性侵蚀及结晶分解复合性侵蚀三种。

结晶性侵蚀是指水中硫酸离子过多时对混凝土的侵蚀。

分解性侵蚀是指水中离子和侵蚀性含量过多时对混凝土的侵蚀。

地下水对建筑物的破坏作用较大，必须给予充分重视。

2.1.2　雪、雨水

（1）雪荷载对建筑物的影响

我国各地雨水和下雪的分布量各不相同，根据我国《建筑结构荷载规范》(GBJ9—87)：

雪荷载：屋面水平投影面上的雪荷载 S_K (kN/m^2) 应按下式计算：

$$S_K = \mu_\gamma S_0$$

式中　μ_γ——屋面积雪分布系数；

S_0——基本雪压 (kN/m^2)。

基本雪压 S_0 系以一般空旷平坦地面上统计得的 30 年一遇最大积雪自重确定的。

分布系数 μ_γ 即地面基本雪压换算为屋面雪荷载的换算系数。

在进行房屋结构设计中必须把积雪荷载考虑进去。

山区基本雪压在通过实际调查后确定，如无实测资料时，可按当地空旷平坦地面的 S_0 乘以系数 1.2 采用。

(2) 雨水对建筑物的作用

1) 雨水的分类

雨水按大小可分为暴雨、大雨、中雨和小雨；雨水按时间长短可分为阵雨、季节性雨；雨水按含量和颜色可分为未受污染的天然雨水和受空气污染的酸雨、黑雨等。

2) 雨水对建筑物的屋面、墙面基础及地基、环境都有较大的影响。有的城市（如重庆）和地区存在的酸雨，对建筑物和建筑材料有直接的侵蚀性破坏作用。

雨水对屋面的设计构造和施工有较高的要求，如下面所介绍的柔性和刚性防水屋面就是针对雨水所设计和施工的。

屋面的坡度设计也与本地区年降雨量和每小时最大降雨量有关，特别是工业建筑的厂房构造（如用于排水的天沟、落水管等）应考虑到当地的降雨情况。

雨水对建筑物的墙面、门窗有较大的影响，特别是暴雨和降雨。往往在下雨时，伴有风的作用，在风的作用下，雨水直接落在墙面和门、窗上。木门、木窗长时期在雨的侵蚀下产生腐蚀和变形，因此，对于这一地区的墙面和可能受雨水袭击的木门、木窗要进行相应的处理。墙面要采用防水墙面，钢筋混凝土梁和砖墙的结合部要重点处理。

在经常有暴雨出现的地区，要防止暴雨集成的水冲坏建筑物四周的堡坎、削弱和破坏建筑物地基，建筑物下的散水明沟要充分考虑这一因素。

另外，雨水是造成屋面渗漏水（包括板缝、天沟、女儿墙、出气孔等处）和外墙面渗漏水的直接原因。

2.1.3　渗漏水对建筑物的影响

渗漏水指的是房屋修建好以后在正常使用过程中在房屋内部墙面（也包括外墙面）楼面、顶棚、阳台、雨篷、厨房、卫生间等部位出现的水，根据渗漏情况不同，一般可分为慢渗、快渗、急渗和高压急渗四种。不管哪种情况的渗漏水，一旦出现，必然给人们的生产、生活、学习、工作带来烦恼，例如上层卫生间出现了渗漏水，给下一层居住的人们带来很多麻烦。目前存在的打着雨伞进厕所，带着草帽解大便的现象时有发生，人们怨声载道，严重地影响了建筑施工企业的形象。

渗漏水的出现，如上所述，经微的影响人们生活学习，严重的会影响房屋的正常使用，甚至于造成房屋的坍塌，因此必须引起充分的重视。

关于渗漏水出现的原因及堵漏的办法将在第八章防水工程中介绍。

小　结

地下水、雨水、渗漏水等各种类型的水都会给建筑物带来破坏性影响，必须引起建设者们充分的重视。

2.2 建筑隔声的基本知识

（1）基本概念

声学是研究声波的产生传播，接收和效应的科学。

声源：声音来源于物体的振动，例如人们讲话声由声带振动引起，扬声器发声则产生于扬声器膜片的振动，通常把正在发出声音的发声体称为声源。

吸音：是指声波遇到一个房间的有限面积（如墙体、楼房、地板）物体或房间中的人反射回来音的损耗。

噪声：紊乱、断续，或不需要的声音。

分贝：声学计量中的一种级的单位，用 dB 表示。

（2）隔音保护

隔音保护对人们的舒适居住意义重大，隔音保护人到对整个城市的噪声保护，小到对一个地区，一栋房屋、一户人的噪声保护。

隔音保护的目的就是尽可能的减少噪声。

在建筑领域内主要的噪声，是指由各种不同强度混杂在一起的嘈杂声。例如人的喧哗声、汽车喇叭声、施工噪声、音乐及广播声。

噪声在室外或室内以不同的方式进行传递。一般有两种传递方式：即空气传声和撞击传声。

1）空气传声

当噪声源与围护结构有一定距离时，噪声便通过空气向各处传播，也传至围护结构，这种借空气传播噪声的方式称为空气传声。

空气传声又分为两种情况，一种是声音直接在空气中传递，称直接传播。如露天声音的传播及在室内声音由一房间透过墙壁及顶棚上的缝隙传到另一房间的均属直接传声。

另一种是由于声波振动，经空气传于结构，引起结构的强迫振动而传播声音能量，这叫做振动传声。

2）当物体直接撞击敲打物件，如物体落地，在墙上钉钉，用力关门等所引起的撞击声，以及机器在构件上振动所产生的声音，均称撞击传声。撞击传声又称为固体传声（如图 2-2）。

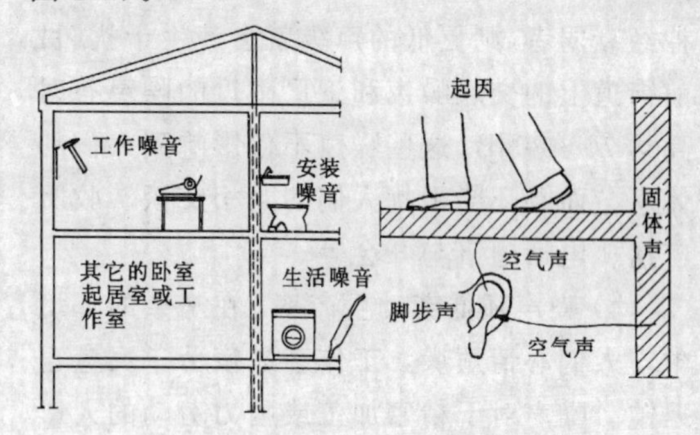

图 2-2 固体声的传播

（3）噪声的危害

1）噪声对听觉器官的损害。当人们进入较强烈的噪声环境时，会觉得刺耳难受，经过一段时间，就会产生耳鸣现象，这时用听力计检查，发现听力有所下降。但这种情况持续时间不长，只要在安静地方停留一段时间，听力就会逐渐恢复，这种现象叫暂时性听阈偏移，也称听觉疲劳。如果长年累月处在强烈噪声中，这种听觉疲劳现象就难以消失，而且将日趋严重，以致形成永久性听阈偏移，这就是一种职业病——耳聋。

通常，长期在 90dB 以上的噪声环境中工作，就可能发生噪声性耳聋，这与人的体质也有一定关系。还有一种暴震性耳聋，即当人耳突然受到 140～150dB 的极强烈噪声作用时，可使人耳发生急性外伤，一次作用就可使人耳聋。

2）噪声引起多种疾病。噪声作用于人的神经中枢时，使人的基本生理过程——大脑皮层的兴奋与抑制的失调，导致条件反射，使脑血管受到损害。较强噪声作用于人体的早期，引起的生理异常一般都可以恢复正常，但久而久之，则会影响到植物性神经系统，产生头痛、昏晕、失眠和全身疲乏无力等多种症状。近年来，在噪声对心血管系统影响的研究中指出，噪声可以使交感神经紧张，心跳加速，心律不齐，血压升高。

3）噪声对正常生活的影响。有人做过实验，发现在40～45dB的噪声刺激下，睡眠的人脑电波就出现了觉醒反映，说明45dB的噪声就开始对正常人的睡眠发生影响。对于神经衰弱者，则更低的声级就会产生干扰。目前街道上的交通噪声和工厂附近的噪声有时高达70～80dB。这些噪声不仅影响到人们的休息，而且还会干扰人们的互相交谈、收听广播、电话通讯与开会等。

4）噪声降低劳动生产率。在嘈杂的环境中，人们心情烦燥，工作容易疲劳，反应也迟钝。噪声对于精密加工或脑力劳动的人影响更为明显，有人打字、排字、速记、校对等工种进行过调查，发现随着噪声的增加，差错率有上升的趋势。相反，在一电话交换台，当噪声从50dB降低到30dB时，差错率可减少42%。此外，由于噪声的心理作用，分散了人们的注意力，还容易引起工伤事故。

（4）噪声允许标准

噪声的危害已如上述，对于建筑物中的噪声允许到什么程度，即需将有害噪声降低到什么程度，这将涉及噪声允许标准问题。确定噪声允许标准，应根据不同场合下的使用要求与经济及技术上的可能性，进行综合考虑。目前我国已制订出中华人民共和国城市区域环境噪声标准和中华人民共和国工业企业厂界噪声标准。见表2-1、表2-2。

各类厂界噪声标准值　　表2-1

类　别	昼　间　(dB)	夜　间　(dB)
一　类	55	45
二　类	60	50
三　类	65	55
四　类	70	60

注：1. 一类标准适用于以居住文教机关为主的区域；
2. 二类标准适用于居住、商业、工业混杂区及商业中心区；
3. 三类标准适用于工业区；
4. 四类标准适用于交通干线道路两侧区域。

说明：夜间频繁突发的噪声（如排气噪声），其峰值不准超过标准值10dB，夜间偶然突发的噪声（如短促笛声），其峰值不准超过标准值15dB。

城市5类环境噪声标准值　　表2-2

类　别	昼　间　(dB)	夜　间　(dB)
0　类	50	40
一　类	55	45
二　类	60	50
三　类	65	55
四　类	70	55

注：1. 0类标准适用于疗养区，高级别墅，高级宾馆区等特别需要安静的区域，位于城郊和乡村的这一类区域分别按严于0类标准5分贝执行。
2. 1类标准适用于以居住，文教机关为主的区域，乡村居住环境可参照执行该类标准。
3. 2类标准适用于居住，商业，工业混杂区。
4. 3类标准适用于工业区。
5. 4类标准适用于城市中的道路交通干线道路两侧区域，穿越城区的内河航道两侧区域，穿越城区的铁路主、次干线两侧区域的背景噪声（指不通过列车时的噪声水平）限值也执行该类标准。

说明：夜间突发噪声具最大值不准超过标准值15分贝。

（5）噪声控制的步骤

根据工程实际情况，一般应按以下步骤确定控制噪声的方案。

1）调查噪声现状，确定噪声声级。为此，需使用有关的声学测量仪器，对所设计工程中的噪声声源进行噪声测定，确定噪声声级，并了解噪声产生的原因与其周围环境的情况。

2）确定噪声允许标准，参考有关噪声允许标准，根据使用要求与噪声现状确定可能达到的标准与各频带所需降低之声压级。

3）选择控制措施。根据噪声现状与允许标准的要求，同时考虑控制方案的合理性，通过必要的设计与计算（有时尚需进行实验）确定控制方案。根据实际情况可包括：总图布置、平面布置、构件隔声、吸声减噪与消声控制等方面。一般各种措施的大致效果如下：

总体布局及平、剖合理可降低10～40dB；

吸声减噪处理可降低8～10dB；

构件隔声处理可降低10～50dB；

消声控制处理可降低10～50dB。

（6）建筑中的吸声减噪

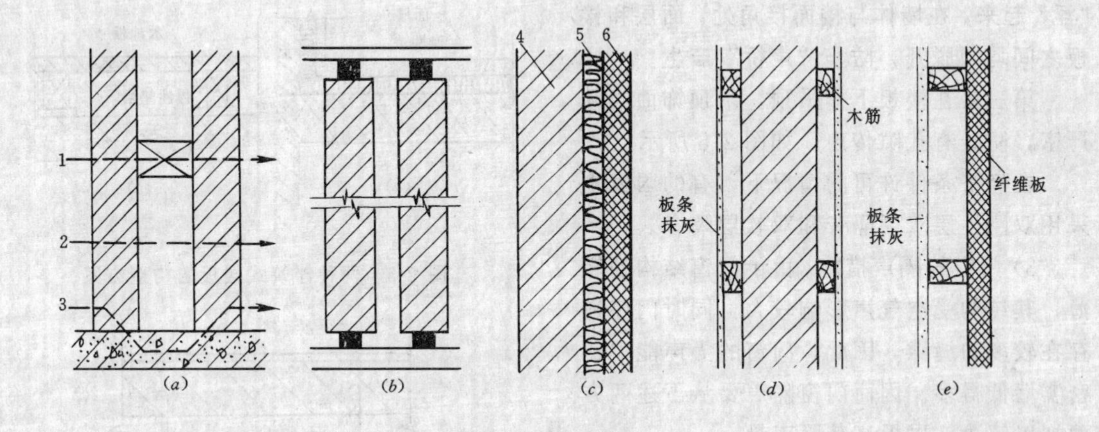

图 2-3 夹层隔声墙构造

吸声减噪原理:一般工厂车间的内表面,多为清水砖或灰墙以及水泥或水磨石地面等坚硬材料。在这样的房间里,人们听到的不只是由设备发出的直达声,还听到大量的从各个界面反射来的混响声。据研究,由于混响声与直达声的共同作用,使得离同一定距离的接收点的声压级,在室内比室外高出约 10～15dB。

如果在车间内的顶棚或墙面上布置吸声材料，使反射声减弱，这时，操作人员主要听到的是由机器设备发出的直达声，而那种被噪声“包围”的感觉特别明显减弱。这种方法称为“吸声减噪”。

(7) 建筑物自身的隔音保护

1) 围护结构的隔音措施。从隔音效果来看，构件材料的质量越大越密实，其隔音量也越高，以砖墙为例：

双面抹灰的 1/4 砖墙，空气隔音量的平均值为 32dB；

双面抹灰的 1/2 砖墙，其空气隔音量的平均值为 45dB；

双面抹灰的 240mm(一砖墙),其空气隔音量的平均值为 48dB。

对一般无特殊要求的建筑，且周围无噪声声源的条件下,半砖墙已基本满足要求。但对有特殊要求隔音的房间，需采用夹层构造方式，比加大厚度的方式更经济。

两夹层墙之间的空气层厚度以 80～100mm 为最宜,同时空气层与外部空间不能有孔隙相通,并且空气层不得用砂浆填实。否则将失去隔音效果。必要时，可以填一些有弹性的多孔的隔振材料，常见的几种夹层隔声构造，如图 2-3 所示：

2) 楼板层的隔声措施。对于楼板层的隔声,主要是解决撞击传声的问题。为了减少撞击的能量，可以从以下三方面采取相应措施：

首先从面层考虑，在楼面上铺设富有弹性的材料，以便吸收能量，如在楼面上铺设地毯，做橡胶地面或做塑料地面，下铺一层海绵垫等。如图 2-4。

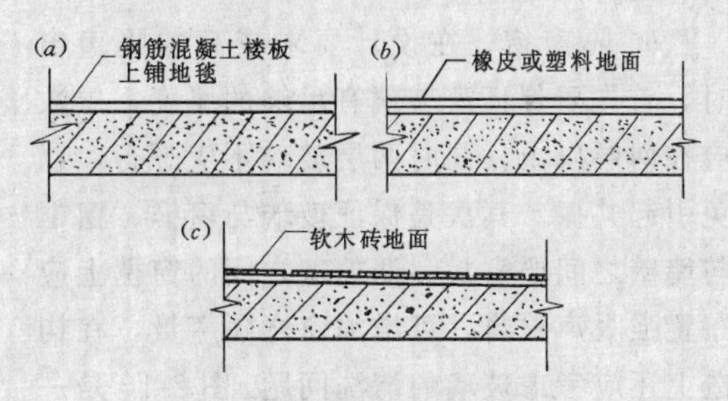

图 2-4 楼板面层处理的几种方法

其次是从构造角度考虑，采用浮筑板层如图 2-5 所示，主要特点是在结构上铺设一层弹性垫层,然后在弹性垫层上铺设地面,弹性垫层有锯木屑、蛭石粉、甘蔗板、废矿棉聚苯板等。采用浮筑楼板层一定保证面层

"浮"起来，在墙体与楼面接角处，面层和楼板之间均须脱开，防止"声桥"产生。

第三是在楼板下作吊顶。吊顶饰面必须严密，防止有孔隙传声。如图 2-6 所示。

在经济条件许可的情况下，有的国家也采用双刚性层双层隔音和双软层隔音。

3）门窗的隔声措施。由于门窗结构的轻薄，其结构受空气声影响较大，同时门窗还存在较多的缝隙，因此，门窗的隔声能力比密实墙低得多。因而门窗隔声要从下述两方面加以解决，以提高其隔声量。

a. 隔声门。对于要求隔声较高的门（30～45dB），在某些场合下，可以采用构造简单的钢筋混凝土门扇，它有足够的隔声能力并能防火。但通常是使用复合结构，这种结构由于阻抗的变化而使声波反射，从而提高了隔声量。

除此之外，严密堵塞缝隙也是提高门窗隔声能力的重要措施。门缝通常使用工业毡密封，其效果较乳胶条为佳，如图 2-7 所示，图 2-8 为隔声门的构造大样。

需要经常开启的门，门扇重量不宜过大，门缝也较难密封，为了达到较高的隔声量，可以设置所谓"声闸"来提高其隔声能力，即在两道门之间的门斗内布置强吸声材料，这种措施使总隔声能力有时可达两道门隔声量之和。如图 2-9 所示：

b. 隔声窗。在设计要求较高的隔声窗时，首先要保证窗玻璃有足够的厚度，层数应在两层以上，同时两层玻璃不应平行，以免引起共振。其次是保证玻璃与窗框、窗框与墙壁之间要密封。两玻璃之间的窗樘上应布置强吸声材料，可增加窗之隔声量，在构造上还应考虑玻璃的清洗问题。图 2-10 是一般隔声窗的构造示意图。

为了避免隔声窗的吻合效应，双层玻璃的厚度应不相同，否则在吻合的临界频率 f_c 处，隔声值将出现低谷（图 2-11），图 2-12 是演播室的隔声窗大样。

(8) 声桥的预防

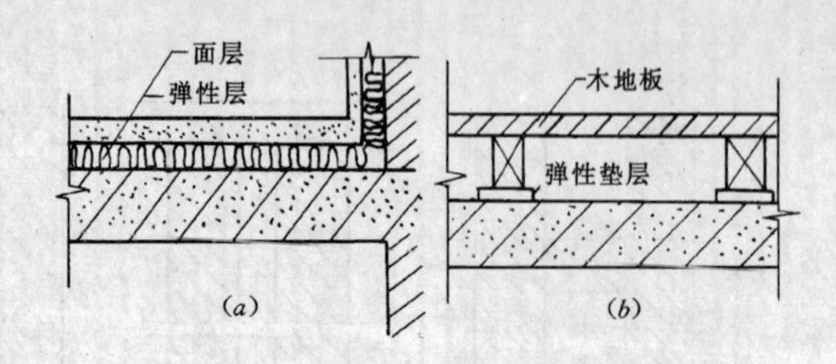

图 2-5 两种浮筑式楼板的构造方案

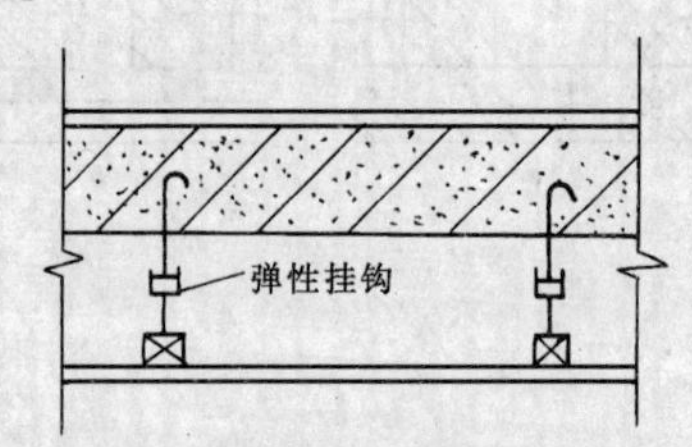

图 2-6 隔声吊顶的构造方案

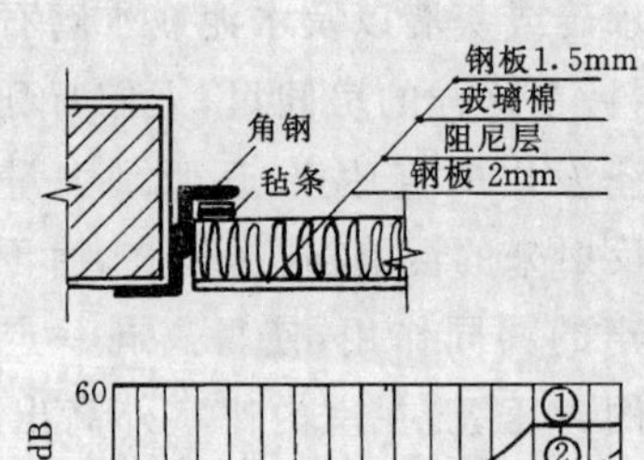

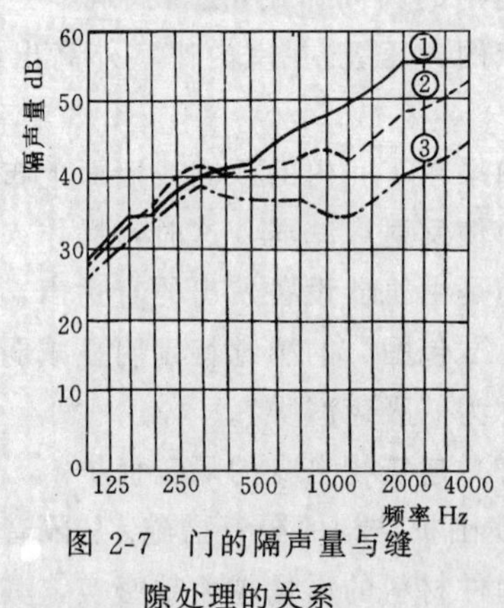

图 2-7 门的隔声量与缝隙处理的关系

①—油灰密封；②—工业毡；③—乳胶条

"声桥"指夹层墙或双层板之间如有刚性连接就称为声桥，"声桥"即产生了传播声音的桥梁，因此在有隔声保护的建筑中要做好以下几点。

1)在房屋设计和施工时夹层之间严禁产生刚性连接，即不产生"声桥"；

2)在单层结构中不允许为安装或装修留空洞；

3)在双层结构中不能在两者之间做不必要的连接。

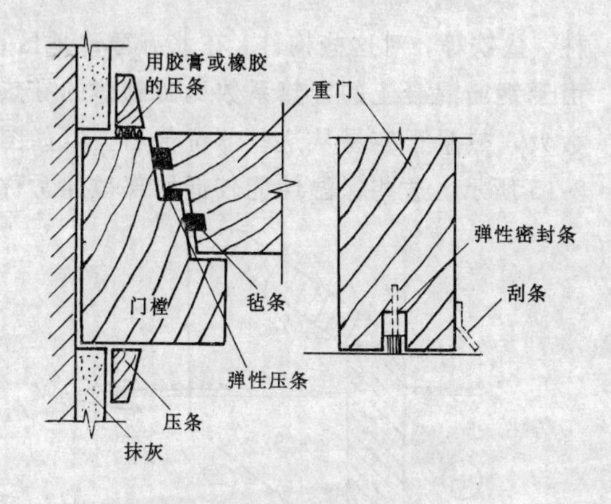

图 2-8　隔声门构造大样

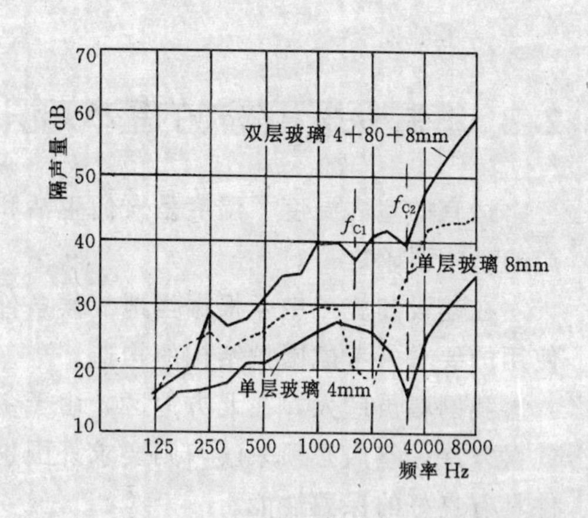

图 2-11　玻璃厚度相同时之吻合频率

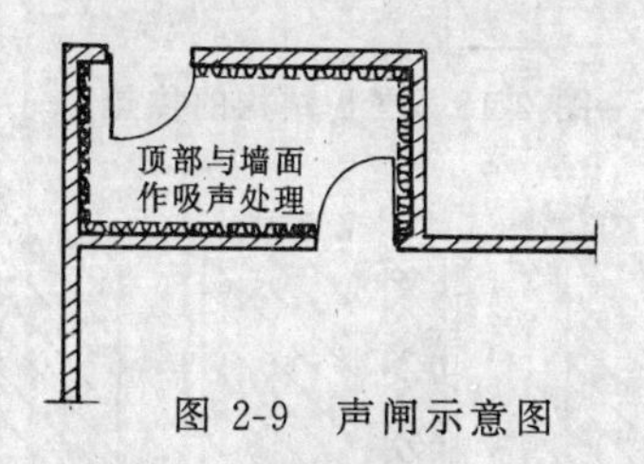

图 2-9　声闸示意图

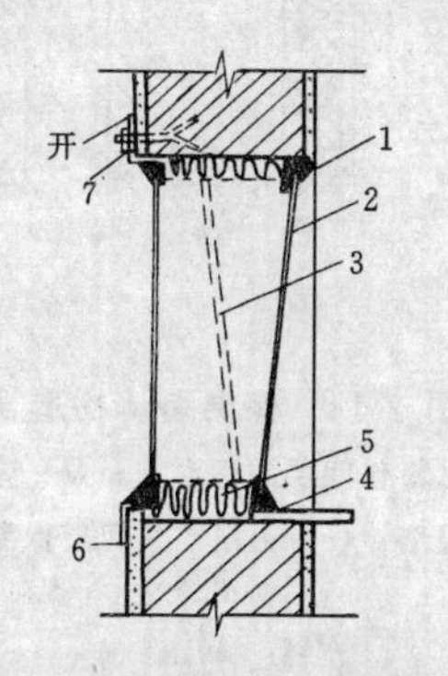

图 2-10　隔声窗构造示意图

1—油灰；2—6mm 玻璃；3—附加玻璃；4—角钢；

5—吸声材料；6—合页；7—燕尾螺栓

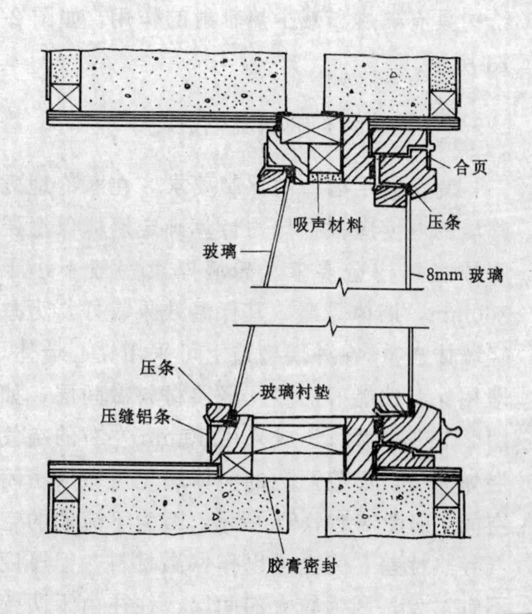

图 2-12　演播室隔声窗的构造大样

小　结

建筑隔声的目的是尽可能减少室内噪声，给人们的生产、生活创造一个良好的环境。

合理的选择用建筑物自身的结构构件进行隔声保护是最经济、最理想的作法。

2.3 房屋保暖和隔热的基本知识

适宜的室内温度、湿度是人们生活和生产的基本要求之一。

在建设和施工中须根据当地气候条件和使用的要求来考虑围护结构的构造。

我国幅员广大，在北方地区，由于冬季气候寒冷，室内必须采暖，则要求外围护构件具有良好的保温性能。

而我国南方的地区，则与此相反，由于夏季强烈的太阳辐射热和较高的室外温度，湿度对室内影响较大，故要求建筑物的围护结构具有隔热和减少热辐射的作用。如图 2-13 所示。

2.3.1 围护结构的保温构造

为了满足墙体的保暖要求，在寒冷地区外墙的厚度应根据热力计算确定墙体保温层的厚度和构造要求。砖墙厚度一般不小于 360mm，墙体越厚，其保温效果较好，为减轻墙体自重，在外墙构造上可采用夹心墙体，即用保温性能好的多孔轻质材料做间层，如图 2-14 (*a*) 所示。或采用 50mm 左右的空气层做间层，而将两边的实体墙尽量做成密闭空间，如图 2-14 (*b*) 所示。因为不流动的空气导热性差，完全可以作保温材料，但厚度不宜过大，因为较大的间层，往往由于两壁的温度差所造成的对流、传热和两壁之间的辐射传热而造成的损失增大，另外还可采用外贴保温材料的做法，如图 2-14 (*c*) 所示。外贴保温材料，以布置在围墙结构靠低温的一侧为好。

目前在建筑工程中使用的保温材料很多，有矿渣、加气泡沫混凝土、蛭石、玻璃棉、膨胀珍珠岩和泡沫塑料等轻材料以及铝箔、纸板等反射材料。在选用这些材料时，要因地制宜，就地取材，注意经济、适用。

由于结构上的需要，在外墙中往往会出现一些嵌入构件，例如砖墙的钢筋混凝土梁、柱、垫铁等，对这些构件，在北方寒冷地区，由于钢筋混凝土的导热系数比砖砌体的导热数大，热量很容易从这些部位传出去，如图 2-15 所示。这些保温性能较低的部位通常称

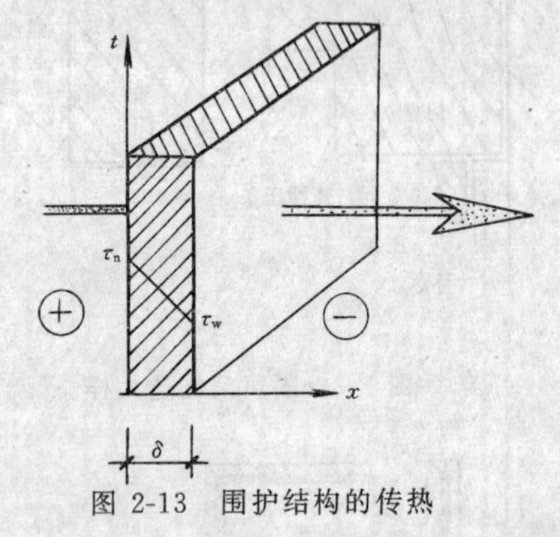

图 2-13 围护结构的传热

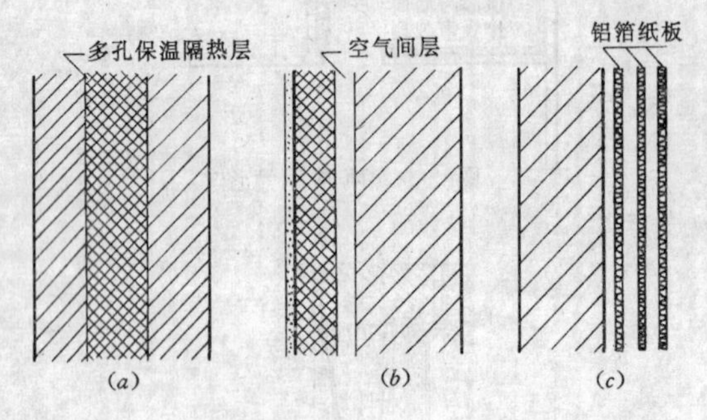

图 2-14 保温墙体构造

(*a*) 轻质材料作间层的保温墙；(*b*) 带空气间层保温墙；(*c*) 铝箔空气间层保温墙

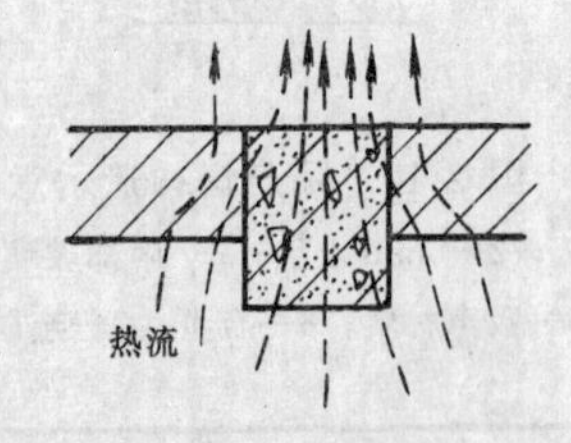

图 2-15 冷桥

为“冷桥”，在冷桥部位最容易产生冷凝水。为了防止热量的过多损失和冷凝水的产生，必须采取保温措施，如图 2-16 所示为钢筋混凝土过梁保温处理的例子。将梁的断面做成 L 形，使梁下挑出的底板承托上部的墙，在梁的外侧与砖墙之间填以保温材料，使其总热阻不低于墙体的热阻。对于框架柱的保温措施，一般是将柱子设在外墙内侧（如图 2-17*a*

所示），或部分设在墙内（图 2-17*b* 所示），当柱子完全把墙隔开或大部分柱子设于墙体内时，则须在柱子外侧做保温处理（图 2-17*c*、*d* 所示）

2.3.2 围护结构的隔热

我国地处温带与亚热带，特别是东南沿海和长江流域以南地区，夏季太阳辐射强烈，气候炎热，且持续时间长。由于太阳辐射强，室外空气中的气温升高，室外的热量便通过建筑物的围护结构、墙壁、门窗、屋顶等传入室内，影响着室内气温和结构内表面的温度，给人体的散热带来困难。因此，必须采取措施，提高围墙结构的隔热能力，为人们创造良好的工作环境。

1）所谓隔热是指对外墙、楼板，不同的温度的房间的隔墙采取降低传热的各种措施。

隔热措施是尽量阻止室内的热量同室外的热量进行交换。一般的说，隔热与保温的区别在于：在冬季通过隔热应尽可能地防止室内热量外流，这叫保温。在夏季隔热的任务是防止热量进入房间，这叫隔热。如果建筑的外墙与楼板热储存能力很强的话，那么来自太阳的热量应首先储存起来，在外面温度低于室内温度的情况下，才向房外散热。

由密实性材料所构成的构件，如混凝土及砂岩墙体及砖墙都有储热性能。

2）热桥。特别注意的是要避免“热桥”的产生，热桥是指构件热阻力的弱点部位，在这些部位应细心处理。

一般钢筋混凝土构件与外部构件连接的地方容易出现“热桥”，如阳台与部分室内钢筋混凝土过梁部分，都应有绝缘层，如图 2-18 所示。

另外作为大楼的外角（几何热桥），也应仔细处理，它是热处理技术的薄弱部分，如图 2-19 所示。

2.3.3 屋面的隔热

屋面的形式较多，常见的有平屋面和坡屋面两种，下面分别将两屋面的隔热降温处理介绍如下：

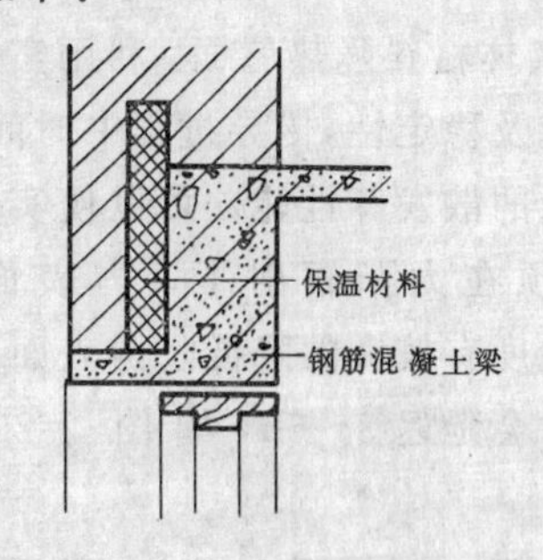

图 2-16 梁的局部保温处

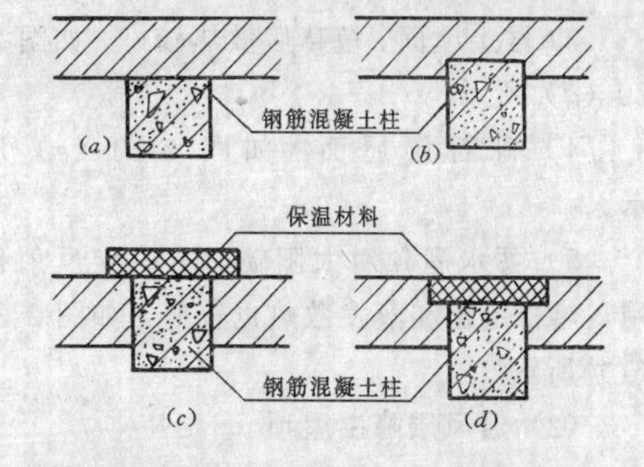

图 2-17 柱的局部保温处理

(1) 平屋面的隔热

一般材料密度较大，蓄热系数越大，这类材料的热稳定性也较好，但自重较大。晚间室内气温降低时，屋顶内的蓄热又要向室

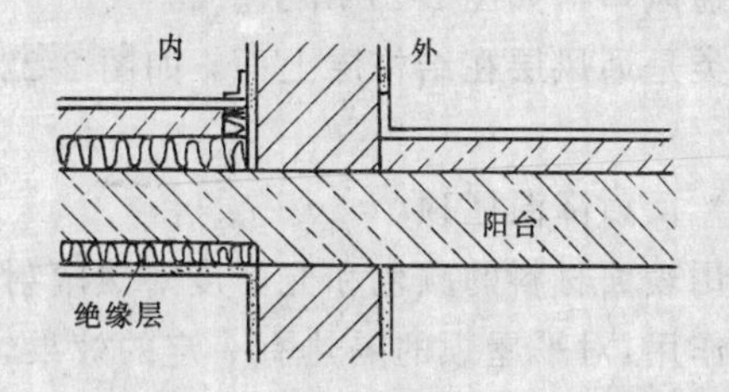

阳台上防止热桥的隔热

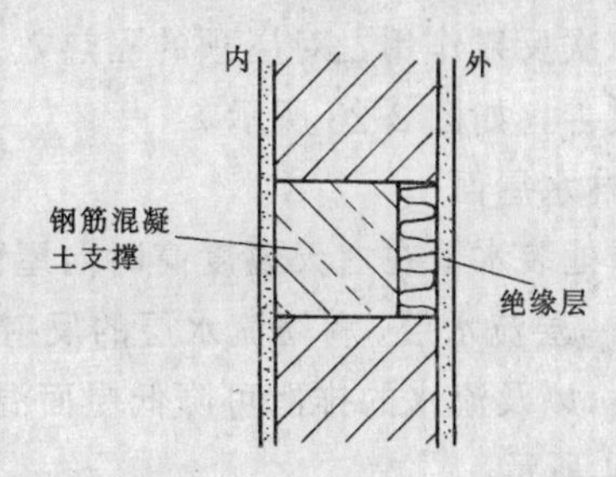

图 2-18 混凝土构件和阳台防止热桥的隔热

内散发，故只能适合于夜间不使用的房间。

1）实体材料隔热屋面。利用实体材料的蓄热性能及稳定性，传导过程中时间延迟，材料中热量的散发等性能，可以使实体材料的隔热屋顶在太阳辐射下，内表面温度比外表面温度有较大的降低。内表面出现高温的时间常会延迟 3～5h，如图 2-20*a*、*b* 所示。

2）大阶砖或混凝土板实铺屋顶，可作上屋面，如图 2-20（*c*）所示。

3）堆土屋面，植草后散热较好，如图 2-20（*d*）所示。

4）砾石层屋面，如图 2-20（*e*）所示。

5）蓄水屋顶对太阳辐射有一定反射作用，热稳定性和蒸发散热也较好，如图 2-20（*f*）所示。

（2）通风层降温屋顶

在屋顶中设置通风的空气间层，利用层间通风，散发一部分热量，使屋顶变成两次传热，以减少传至屋面内表面的温度。

通风隔热屋面根据结构层的地位不同分为两类：

一类是通风层在结构层下面，即吊顶棚须设置通风口，如图 2-21 所示。

一类是通风层在结构层上面，如图 2-22 所示。

（3）反射降温屋顶

利用表面材料的颜色和光滑度对热辐射的反射作用，对平屋顶的隔热有一定的效果，如果在通风屋顶中的基层加一屋铝箔，则可利用第二次反射作用，对屋顶的隔热效果将进一步改善，如图 2-23 所示。

1）淋水屋面

屋脊处装水管在白天温度高时向屋面浇水，形成一层流水层，利用流水层的反射、吸收和蒸发，以及流水的排泄可降低屋面温度，如图 2-24 所示。

2）喷雾层面

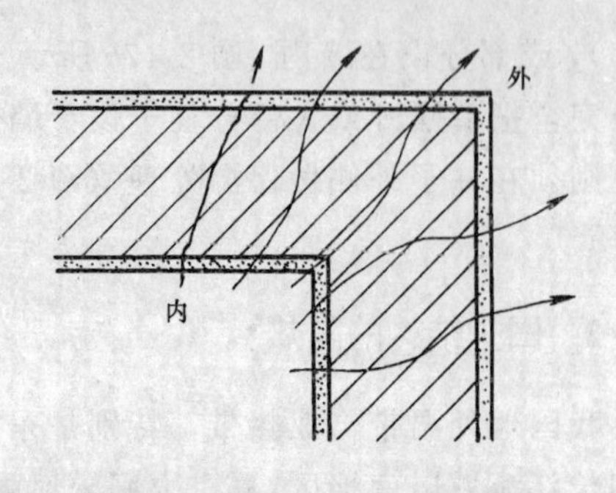

图 2-19 作为几何热桥的外角

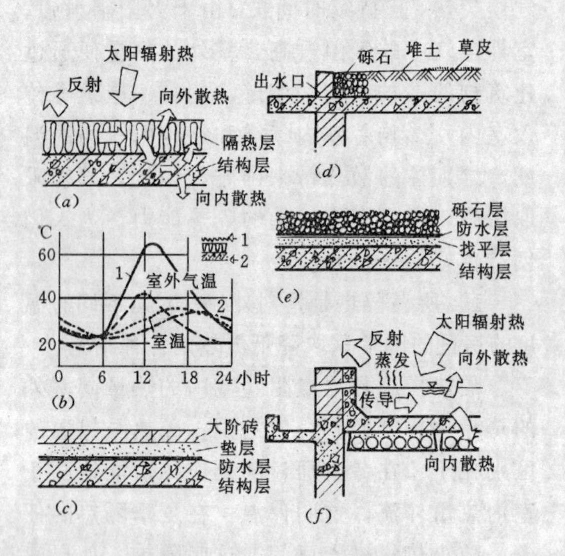

图 2-20 实体材料隔热屋顶

（*a*）实体隔热屋顶的传热示意；（*b*）实体屋顶的温度变化曲线；（*c*）大阶砖实铺屋面；（*d*）堆土屋面；（*e*）砾石屋面；（*f*）蓄水屋面传热示意

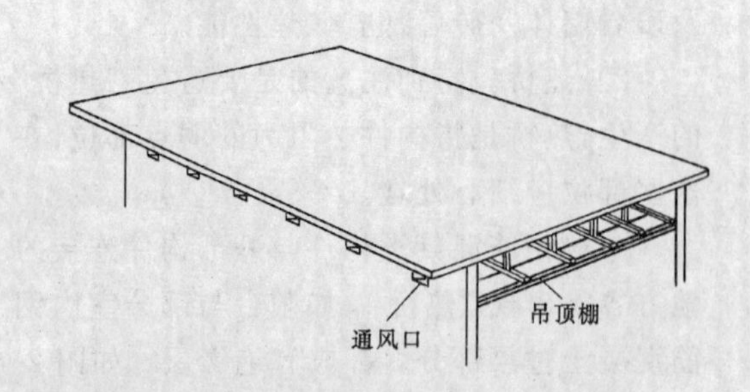

图 2-21 通风层在结构层下面的降温屋顶

在屋面上系统地安装排列水管和喷嘴，夏日喷出的水在屋面上空形成细小水雾层，雾结成小滴又在屋面上形成一层流水层。水滴落下时，从周围的空气中吸取热量，又同时蒸发，因而降低了屋面上空的温度和提高了它的相对湿度，此外雾状水滴也多少吸收

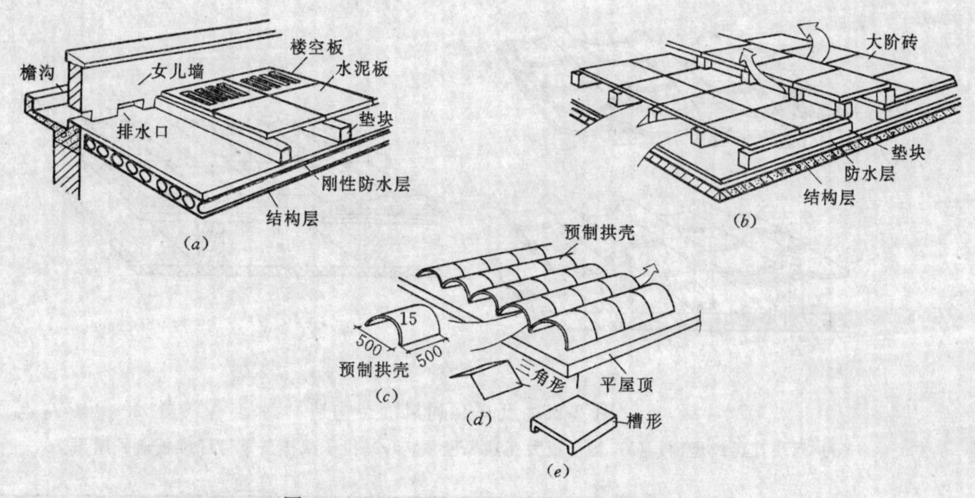

图 2-22 通风层在结构层上面的构造

和反射一部分太阳的辐射热，水滴落到屋面后，与淋水屋顶一样，再从屋面上吸取热量流走，进一步降低了表面温度，因此它的隔热效果更高。

(4) 坡屋顶的隔热与通风

坡屋层的隔热与通风常用如下几种形式

1) 屋面做双层，屋檐设进风口，屋脊设出风口，可以把屋面的夏季太阳辐射热从通风口中带走一些，使瓦底面的温度有所降低，如图 2-25*a* 所示。

2) 采用槽板上设置弧形水瓦，室内可得到斜的较平整的两面，又可利用槽板大瓦通风，耐用槽板还可以把瓦间的雨水排出屋面，如图 2-25*b* 所示。

3)采用椽子或檩条下钉纤维板的隔热屋顶，如图 2-25*c* 所示。

4) 吊顶棚隔热通风

利用吊顶棚的空间通风，由于屋顶层内部空间较大，若通风通畅的话，隔热效果较双层屋面更为有利，通风的进出口通常设置在檐口、屋脊、山墙，也可在屋面开设通风气窗，俗称老虎窗。

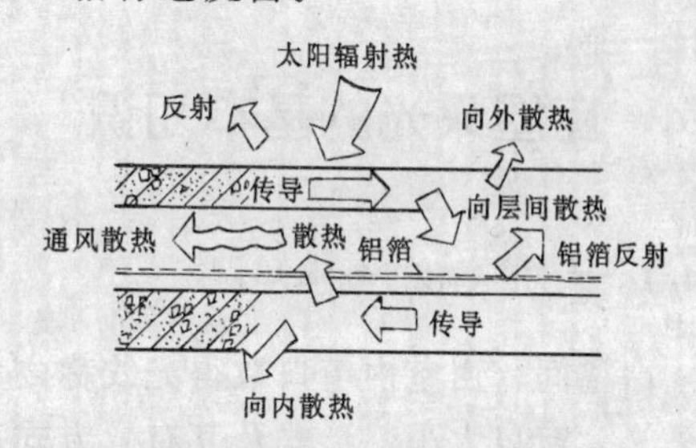

图 2-23 铝箔屋顶反射降温示意

5) 其它隔热降温措施

其它如淋水、喷雾都是降温的有效措施，如前面平屋顶所述。

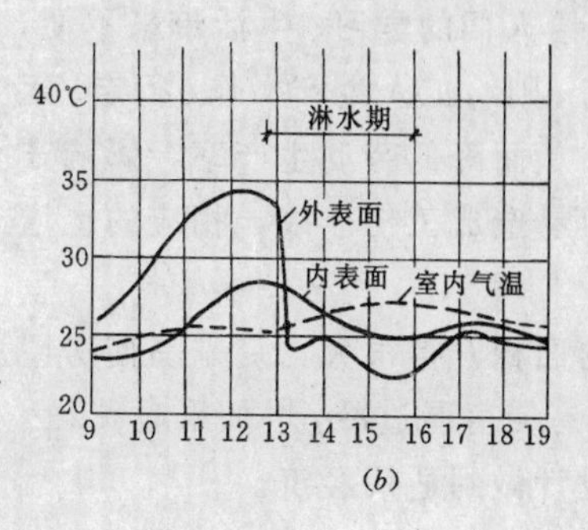

图 2-24 淋水屋面降温情况

(*a*) 淋水屋面散热示意；(*b*) 淋水期屋面温度变化曲线

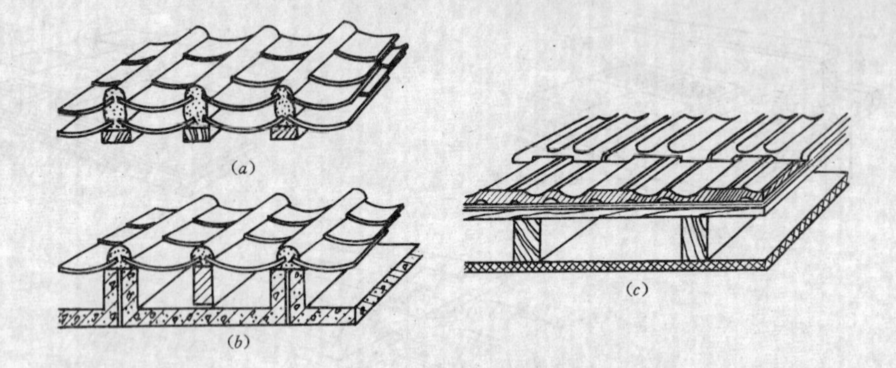

图 2-25 瓦屋顶通风隔热构造

(*a*) 双层瓦通风屋顶；(*b*) 槽形板大瓦通风屋顶；(*c*) 椽子或檩条下钉纤维板通风屋顶

小 结

合理的利用建筑物自身的围护结构进行建筑物的保温和隔热是最经济和理想的作法之一。

结合不同地区不同建筑选择一种合理的隔热屋面是必要的。

2.4 房屋采光的基本知识

2.4.1 天然采光的基本知识

白昼间，由室内窗口取得光线称之为天然采光。窗口大小、形式及其布置方式都直接影响室内的光线。房屋采光设计就是根据室内人们对采光的要求确定窗口大小、形式及其布置，保证室内采光的强度，均匀度及避免眩光。

很明显，窗面积过小，使室内光线很暗，如是住宅，会给人们的学习、生活带来不便，如是工业厂房，则给工人生产操作、行走、运输造成不便，从而降低劳动生产率，影响产品质量，还容易造成工伤事故，相应的也增加电照费。

如把窗的面积开得很大，夏季易使房屋过热，冬季又易使房屋过冷，增加采暖费，因此要使采光设计做到适用经济。

(1) 照度

照度是衡量照射在室内工作面上光线的主要单位，即单位面积上所接受光通量的多少。其单位用勒克司 (lx) 表示，在一平方米面积上均匀分布一个光通量，其照度为一个勒克司。

光通量是指人的眼睛所能感受到的光辐射能量，其单位用流明表示（如一个 20W 的荧光灯约为 700 流明)。

(2) 采光系数

上面提到，室内工作面上光线的强弱，以照度表示，但天然光线，由于季节、天气阴、晴、雾等情况，一年之内，一日之内随时都在变化着，于是室内工作面上的照度也因之而变化。在天然采光设计中不可能用这个变化不同的照度值做为采光设计的依据，而是用采光系数来表示的。

采光系数，即室内工作面上某一点的照度与同时刻露天地平面上照度的百分比表示这个比值称为采光系数。

用公式表示如下：

$$C = \frac{E_n}{E_w}$$

式中 E_n——室内工作面上某点的照度；

E_w——同时刻露天地平面上的天空、扩散光照射下的照度。

C 值是假定天空全阴，即10级云量看不见太阳位置的天空。这样一来在上述天空条件下，不管室外照度如何变化，室内某点的采光系数是不变的，以此不变的采光系数作为设计的标准。

我国现行《工业企业采光设计标准》TJ33—79，生产车间工作面上的采光系数（采光等级共分为五级）最低不应低于表2-3中规定的数值。

2.4.2 实用采光计算方法

采光计算方法很多，现介绍一种常用的窗地面积比来计算的方法，这是在大量调查研究的基础上制定的，在实际中使用更较简便，如表2-4、表2-5所示，表中窗地面积比即窗洞面积与地面面积之比。

生产车间工作面上的采光系数最低值 表2-3

采光等级	视觉工作分类		室内天然光照度最低值（lx）	采光系数最低值（%）
	工作精确度	识别对象的最小尺寸 d（mm）		
Ⅰ	特别精细工作	$d \leqslant 0.15$	250	5
Ⅱ	很精细工作	$0.15 < d \leqslant 0.3$	150	3
Ⅲ	精细工作	$0.3 < d \leqslant 1.0$	100	2
Ⅳ	一般工作	$1.0 < d \leqslant 5.0$	50	1
Ⅴ	粗糙工作及仓库	$d > 5.0$	25	0.5

注：采光系数最低值是根据室外临界照度为5000lx制定的。如采用其他室外临界照度值，采光系数最低值应作相应的调整。

窗 地 面 积 比 表2-4

采光等级	采光系数最低值（%）	单侧窗	双侧窗	矩形天窗	锯齿形天窗	平天窗
Ⅰ	5	1/2.5	1/2.0	1/3.5	1/3	1/5
Ⅱ	3	1/2.5	1/2.5	1/3.5	1/3.5	1/5
Ⅲ	2	1/3.5	1/3.5	1/4	1/5	1/8
Ⅳ	1	1/6	1/5	1/8	1/10	1/15
Ⅴ	0.5	1/10	1/7	1/15	1/15	1/25

注：当Ⅰ级采光等级的车间采用单侧窗或Ⅰ、Ⅱ级采光等级的车间采用矩型天窗时，其采光不足部分应用照明补充。

民用建筑中房间使用性质的采光分级和采光面积比 表2-5

采光等级	视觉工作特征		房间名称	天然照度系数	采光窗地面积比
	工作或活动要求精确程度	要求识别的最小尺寸（mm）			
Ⅰ	极精密	<0.2	绘画室、制图室、画廊、手术室	5～7	1/3～1/5
Ⅱ	精密	0.2～1	阅览室、医务室、健身房、专业实验室	3～5	1/4～1/6
Ⅲ	中等精密	1～10	办公室、会议室、营业厅	2～3	1/6～1/8
Ⅳ	粗糙		观众厅、休息厅、盥洗室、厕所	1～2	1/8～1/10
Ⅴ	极粗糙		贮藏室、门厅、走廊、楼梯间	0.25～1	1/10以下

小　　结

利用窗地面积比进行房屋建筑的采光计算是最简便的计算方法之一，能满足一般建筑的要求。

习题

1. 结合生活、工作环境所在地，举出各种类型的水对建筑物的影响和破坏实例。
2. 噪声有哪些危害，隔声保护的目的是什么？
3. 允许的噪声住宅、会议室是多少分贝？工业区的厂房允许噪声是多少分贝？
4. 建筑物减少噪声在哪几个主要方面有哪些主要措施。?
5. 房屋保温围护结构有哪几种方法？“冷桥”是什么？在哪些部位应怎样处理？
6. 围护结构的隔热中的“热桥”是什么？在哪些部位应怎样处理？
7. 屋面隔热方法有哪几种？请学员自行收集本地区都采用了哪些隔热屋面？
8. 什么叫照度？采光系数指的是什么？窗地面积比的作用是什么？

第3章　建筑施工测量基本知识

3.1　水准测量

利用水准仪进行地面点的高程测量方法，叫水准测量。在建筑工程中，常用水准测量进行施工抄平及标高测定。

3.1.1　水准测量原理

当需要确定地面某未知点高程时，可在已知点 A 及未知点 B 点竖立一根具有刻划的尺子（即水准尺），利用水准仪提供的一条水平视线，在两根尺上分别得到读数 a 及 b。于是可求出两点间高差：$h_{AB}=a-b$。

根据已知点高程 H_A，可算出 B 点高程为：$H_B = H_A + h_{AB}$ 如图 3-1 所示。

若当欲测点距已知高程点较远，或高差较大时，不可能一次观测得到高差，就需要多次架设仪器，逐一测出各段高差，最后计算出两点间高差，求出未知点高程。如图 3-2 所示。

图中 A 点为已知点，B 为待求点，为了得到 AB 点间高差，首先于 A 与 TP_1 点的中间位置，架设水准仪，后视 A 点上的水准尺，读出数据，再前视 TP_1 点上水准尺，读出数据，将该两数据记入相应记录表格中，后视读数减去前视读数，得高差，亦写入表格中。这样，就完成了一测站的工作。下一步，TP_1 点上的水准尺不动，将 A 点水准尺移至前方 TP_2 点，仪器架于 TP_1 与 TP_2 间的中间位置，重复上述方法观测记录，依此类推，直至 B 点。

水准测量的记录格式有多种，下面介绍高差法记录表格。如表 3-1。

记录表中的计算校核，只能判断计算过程中有无错误，而不能检核测量成果的准确性，因此，在观测中，观测者一定要仔细操作与读数。表中最后一项 $\Sigma_{后} - \Sigma_{前} = \Sigma h = +0.520$ 为计算校核。

除了高差法外，在某些场合下，还可使用视线高法记录格式，如表 3-2。

用视线高法记录时，应注意中间点无后

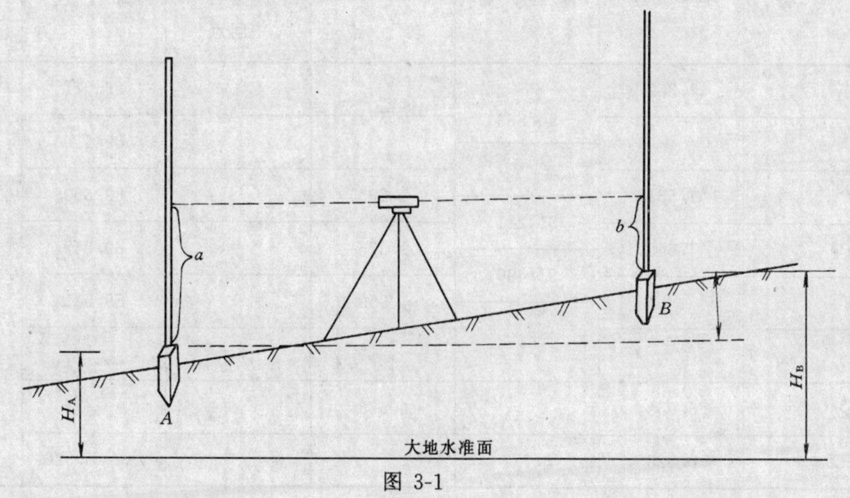

图 3-1

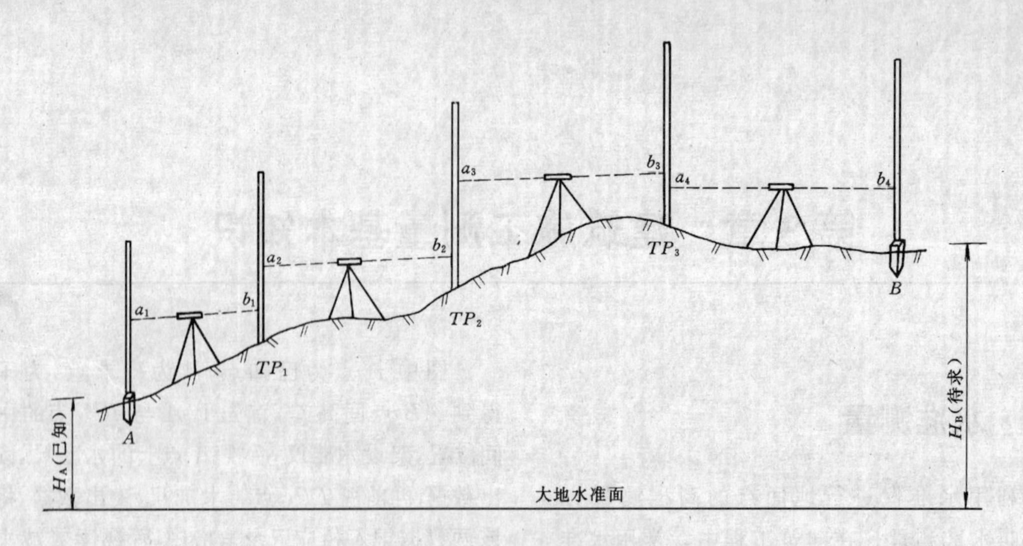

图 3-2

高差法记录表格 **表 3-1**

点号	后视读数	前视读数	高差		高程	备注
			+	−		
A	1.852				89.011	A点为已知点
TP_1	1.561	1.203	0.649		89.660	
TP_2	1.645	1.376	0.185		89.845	
TP_3	1.239	1.428	0.217		90.062	
B		1.770		0.531	89.531	
校核 Σ	6.297	5.777	1.051	0.531		

视线高法记录表格 **表 3-2**

点号	后视读数	视线高	前视读数		高程	备注
			转点	中间点		
A	1.852	90.863		1.447	89.011	A点为已知点
C					89.416	
TP_1	1.561	91.221	1.203		89.660	
TP_2	1.645	91.490	1.376		89.845	
B			1.959		89.531	
Σ	5.058		4.538			
$\Sigma_{后}-\Sigma_{前}$	+0.520	5.777			h_{AB}=0.520	

视读数，它只需计算出高程，而不参与路线高程的传递计算。用此法，可以在一个测站上测出若干中间点高程。

3.1.2 水准测量的操作程序

（1）水准仪的构造

水准仪是进行高程测量的主要仪器，水准仪的种类很多，但基本结构相同。我们以 S_3 型水准仪举例进行介绍。它是由望远镜、水准器、基座三大部分所构成。

1）望远镜

望远镜由物镜、目镜、十字丝分划板及对光透镜所组成。

物镜的作用是将远处目标，缩小成倒立的实像，目镜是将物镜所形成的实像与十字丝一起放大成虚像。十字丝由竖丝与横丝组成，横丝有三根，分为上、中、下横丝、上下的横丝较短，可用来测量视距用，叫视距丝。中横丝是为了读取水准尺数据用的。

我们把十字丝交点与物镜光心的理想连线叫视准轴。如图 3-3 所示。

2）水准器

借助水准器可使仪器的视准轴处于水平位置，仪器上有两个水准器。

a. 圆水准器

圆水准器玻管内壁是个球面，正中的刻有小圆圈，其中心为水准器的零点。过零点的球面法线叫圆水准器。由于球面半径较短，因此其精度不高，当圆水准器的气泡进入圆圈中心，即水准仪纵轴大致处于竖直位置，水准仪器粗略地水平了。如图 3-4 所示。

b. 管水准器

管水准器在望远镜侧面，其玻管的内壁圆弧半径较长，因此其精度较圆水准器高，管上刻有间隔 2mm 的分划线。过水准管中心点圆弧的纵切线，叫水准管轴。当管中气泡中心与玻璃管中心重合时，称为气泡居中。为了观察是否处于居中状态，在水准器上方安有棱镜，当气泡两端半边的影象，经过反射及折射后，在观察镜中可见到两个半边圆弧，若这两半边完全吻合成一个圆弧时则表明气泡居中，此时，若管水准轴与视轴平行，视准轴就处于水平状态了。如图 3-5 所示。

3）基座

基座由轴座、脚螺旋、连接底板、三角压板构成。它是支承望远镜、下与脚架连接的中间部分。

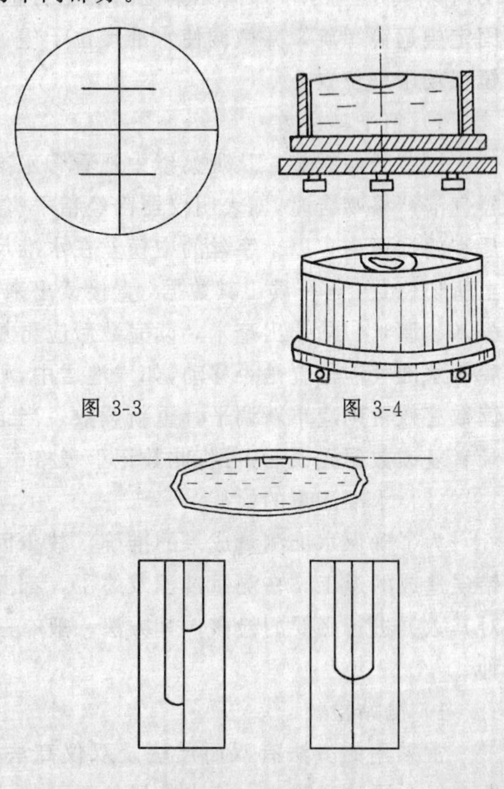

图 3-3　　图 3-4

图 3-5

（2）水准仪的操作程序

使用水准仪进行测量时，应掌握其基本要领，方能快捷、正确地进行测量。

1）安置

首先张开脚架，并使其高度调至适当位置，踩紧脚架尖，使架头处于大致水平，取出水准仪，用连接螺旋将其固紧于架头上。

2）粗平

调节三只脚螺旋，使圆水准器气泡居中，仪器呈粗略水平状态。

3）照准

照准应分三步完成。首先将物镜对准明

亮背景，转动目镜调焦螺旋，使十字丝处于最清晰的状态，然后再转动望远镜对准水准尺，用物镜调焦螺旋调焦，使水准尺目标清晰。为了消除目标成像没有与十字丝平面重合所形成的视差，应反复仔细地调节目镜与物镜的调焦螺旋，直至观测者眼睛上、下晃动时，十字丝与水准尺间无错位的感觉为止。固定望远镜螺旋，并微调使水准尺位于望远镜视场中央位置。

4）精平、读数

调节微倾螺旋，从观察镜中观看管水准器气泡严格吻合时，即表明仪器已经精平。然后在望远镜内，以十字丝的中横丝在水准尺上所切位置，逐一读出其数据，直接读出来，分米、厘米、估读出毫米。读完数后应再复看管水准气泡位置是否移动，如气泡居中，则读数有效否则应重新调平，重新读数。当记录者复读数据无误后，可将此数记于表格中。

(3) 水准测量的检核

为了确保水准测量成果的准确，减少因错误造成的返工，在测量过程及终了，都要对其数据进行必要的检核，其方法一般有三种。

1）测站检核

常采用的方法有双面尺法及双仪高法，即在每个测站观测时，将水准尺的两面都分别读取数据。由于水准尺两面刻划方式的差异，在一个测站上可测到两个高差值。如黑面的底面为零，而红面底端不为零，这在一个测站上所观测的四个数据，用黑面后视读数，减去黑面前视读数所得高差，应等于红面后视读数减去红面前视读数所行的高差。这是其中一种方法，另外，还可以在一个测站上，当观测了一组读数后，再将水准仪升高或降低 10cm 以上，再测出一组数据，第一次求出的高差与第二组求出的高差，应该相等，这叫双仪高法。

2）计算检核

当观测记录表格用完一页后，可将该页的后视读数加起来，得出总的后视读数值，再将总的前视读数也加起来，得到其总值。这两个总值之差值，应等于该页各站高差值之总和，用这种方法校核，叫计算校核。但此法并不能判断测量成果的准确性，只能防止在每站计算高差时所造成的差错。

3）成果校核

为了检核实测高差是否准确，一般将水准测量路线构成一定形式。常采用的形式有闭合水准路线、附合水准路线及往返水准路线。如图 3-6 所示。

显然，闭合水准路线的实测高差之和应等于零，附合水准路线的实测高差之和应等于终点高程与起点高程之差，而往返水准路线，其往测高差之和应等于返测高差之和（其高差符号恰好相反）。

在实际测量中，以上条件往往不符，我们将实测高差与理论高差（或已知高差）之差值，叫做水准测量闭合差。即 $h_{实测}-h_{理论}$

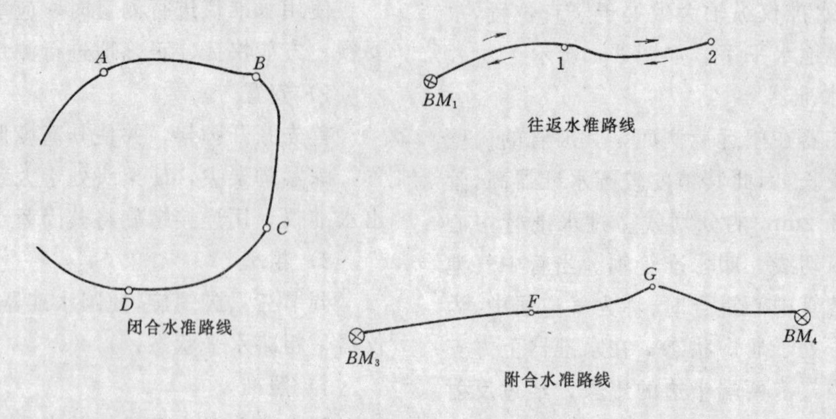

图 3-6

$=\Delta h$。

当闭合差小于或等于容许误差时，可以认为测量成果合格，否则，应重新测量。

在普通建筑施工测量中，其容许误差可按下式规定：

$f_{n容}=\pm 20\sqrt{L}$ mm 平坦地区

或

$f_{n容}=\pm 6\sqrt{n}$ mm 山地

式中 L 为水准路线长度，以公里计：n 为测站数。

当每公里测站数少于 15 站时，用平坦地区公式衡量，每公里测站数大于或等于 15 站时，用山地公式。

若闭合差小于或等于容许闭合差时，应将闭合差值，进行合理分配，使得调整后的高差等于理论高差，从而计算出所求点的高程。

闭合差调整的原则是，按每段线路的长短或测站数多少，成正比例反符号分配。

下面以一闭合水准线路为例，进行测量成果的计算。如图 3-7 所示。

闭合水准路线测量的闭合差调整及各点高程计算表。见表 3-3。

计算步骤如下：

1）高差闭合差计算

$$\Delta h=\Sigma h_{实}-h_{理}=+0.016-0=+0.016$$

2）容许闭合差计算：由于该闭合线路较短且无长度值，故用测站数公式来衡量。

$$f_{n容}=\pm 6\sqrt{n}=\pm 6\sqrt{16}=\pm 24\text{mm}$$

$\because \quad \Sigma h < f_{n容}$

$\therefore$ 可对闭合差进行分配

分配数计算：

$$每站改正值=\frac{-高差闭合差}{总测站数}=\frac{-16}{16}=-1\text{mm}$$

3）各段改正值计算

各段改正值=每站改正值×该段测站数

将计算出之各改正值分别填入表中

4）校核

改正后高差总和=实例高差总和+改正值总和

6）计算待求点高程

以上计算数据逐一填入表格中，至于附合水准路线与往返水准路线的成果计算，原则上与闭合路线同，不再一一举例。

(4) 水准测量的注意事项

水准测量是利用水准仪提供的水平视线来代替大地水准面进行高差测量的，而水平视线与大地水准面之间有一定差距，当视线距离较远时，其差值就会很明显而不可忽视。根据理论推导，该项误差约为$\frac{D^2}{2R}$。式中 R 为地球半径，D 为仪器至水准尺之间的距离。

另外，由于大气密度不均匀，将会对视线产生折射影响，而造成误差，该项差称为大气折光差，其值约为大地水准面与水平视线间误差（即地球曲线差）的 1/7。

除此以外，仪器尚有微小的视准轴不平行水准管轴的误差，这诸多因素的影响，将会对水准测量的精度造成不利结果。因此在水准测量过程中，应尽量使仪器位置架于前、后尺等距处，这将使以上误差得到消除或减小到最低程度。

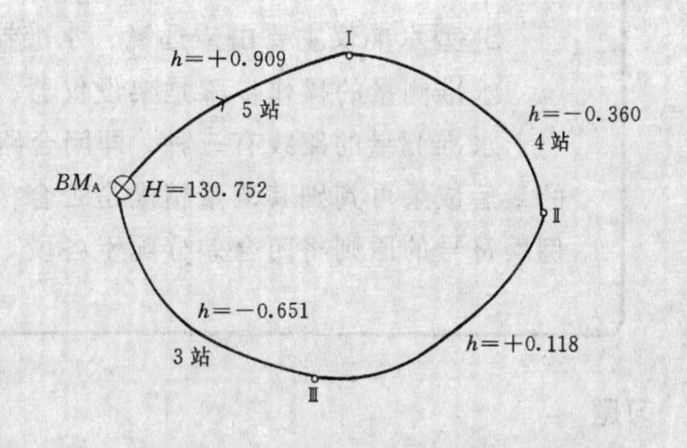

图 3-7

在施测过程中，立尺者的操作也很重要，在前视读数未读出之前，后尺手不应轻易变动尺位，以避免须重新读取后视读数时，后尺已离开原来位置，不能得到真实数据，从而造成错误结果。

另外，立尺时，当水准尺对于仪器左右方向倾斜，很容易识别而纠正。而当水准尺对仪器前后方向倾斜时，则不易识别，从而使测量数据造成误差，因此，扶尺应当为垂直状态。操作经验表明，手感用力最小时，则水准尺基本处于垂直状态。

在进行路线水准测量时，应当使用尺垫以避免水准尺尺位发生下沉或移位。

当天气晴朗，阳光强烈的情况下，为避免仪器受热产生变形，气泡移位影响和误差，应当撑伞遮住阳光对仪器的照射。

在炎热季节，上午十一点至下午二点这段时间，地面受热而辐射，将会对视线造成强烈波动，尤其当视线距地面较近时，（约0.3m 以下）将会使读数造成误差，一般这段时间应避免进行水准作业，平时应使视线距水准尺底部大于 0.3m。

表 3-3

点号	测站数	实测高差	改正数	改正后高差	高程	备注
BM					130.752	*BM* 为已知点
	5	+0.909	−0.005	+0.904		
Ⅰ					131.656	
	4	−0.360	−0.004	−0.364		
Ⅱ					131.292	
	4	+0.118	−0.004	+0.114		
Ⅲ					131.406	
	3	−0.651	−0.003	−0.654		
BM					130.752	
总和	10	+0.016	−0.016	0		

小　结

水准测量原理，就是利用水平视线比较地面点间高差。

S_3 型水准仪主要由望远镜、水准器及基座三大部分构成。

水准测量的操作步骤是架设仪器、粗平、对光、精平、读数四步。

水准测量的路线有三种，即闭合路线、附合路线、往返路线。通过路线测量的最后成果可判别其测量精度是否合格，当其闭合差满足规范要求时，可按正比例反符号的原则将闭合差分配于各段，从而求出各未知点的高程。

习题

1. 水准测量的原理是什么？
2. 什么是高程测量的闭合差？这对于水准测量有何意义？
3. 水准仪架设与前、后尺等距处进行高差测量时，有何重要意义？
4. 进行一段线路的水准测量（距离在 1km 以内，实习时间约 4h）。

3.2　标高的测设与抄平

（1）施工作业时，经常要在地面上及空间设置一些给定的高程点，作为施工高度依据。如场地平整，基础开挖，室内装修，室内、室外地坪设计高程的测设等均属此项工作。

地面标高测设其具体作法，如图 3-8 所示：

如已知高程点 A，$h_A=118.450$m，B 为待测设点，其设计高程为 119.000m。现要求将其设计高度标定在木桩上。

首先，在已知点 A 与待测点 B 之间架设水准仪，在 B 处钉一木桩，注意使桩身留出地面较长一段位置，以便标定设计高度记号。然后在 A 点上立水准尺，并用水准仪观测，得到读数，设其值 $a=1.150$m，则此时水准仪视线高程为 $H_{视}=118.450+1.150=119.600$m。根据水准测量原理，可算出在 B 点设计高程处的水准尺应读数为：119.600－119.000＝0.600m。最后在 B 点立水准尺，注意使水准尺紧贴木桩侧面，上下移动，直至水准仪在尺的读数恰好为 0.600 米，在紧靠尺底的木桩侧面，划一标记线，此线即为设计高程位置。

(2) 空间点位高程的传递与测设

当开挖基槽时，要向低处引测高程，建造高楼时，要向高处引测高程，用常规的方法，就不易完成。因此，一般用吊钢尺法来进行引测。

1) 向低处引测

如图 3-9 (a)，首先将长钢尺悬吊于深槽内，钢尺下端为零端，吊以 10kg 重物或垂球，再于已知高程点 A 上立水准尺，并在附近架设水准仪，可分别读出 a、b、c、d 四个数据，此时可算出 B 点高程

$$H_B=H_a+a-(b-c)-d$$

有时不便在基槽底部设置标志，但又必须控制底部高度，可在槽内壁，离底部略高 0.3～0.5m 位置，钉设若干水平桩，以此作为修整槽底的高程依据。

2) 向高楼引测高程

当向高层建筑或较高建筑引测高程时，可在建筑物电梯井内或墙外悬吊钢尺，引测高程于建筑物上部。如图 3-9 (b) 所示，同理，可算出 B 点高程

$$H_B=H_a+a+(c-b)-d$$

(3) 墙体工程中的标高控制与测设

当基础工程完成后，进行上升作业时，应当确定墙体的±0.000 的标高位置以及墙体上门窗过梁，楼板等的高度位置。常用的方法叫皮数杆法。所谓皮数杆，就是线杆，常用长木方作成，一般在建筑物的转折角位置处或隔墙处设置，其设置高度应精确。

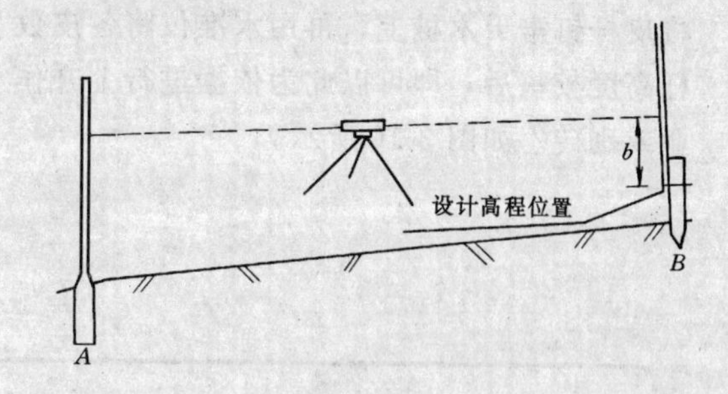

图 3-8

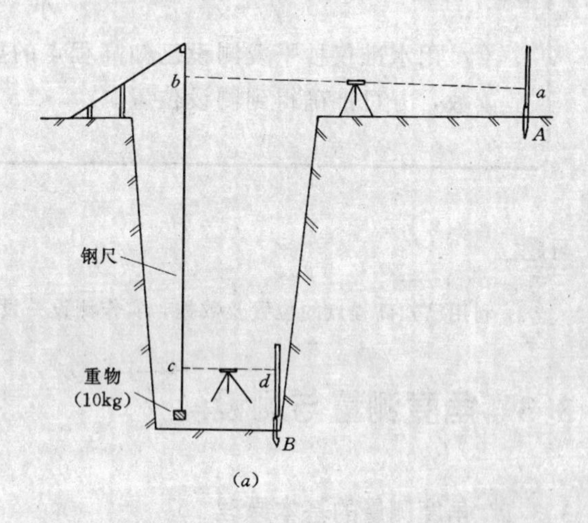

(a)

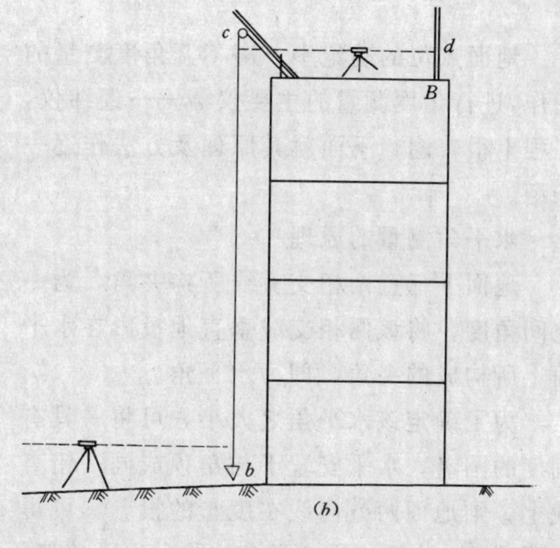

(b)

图 3-9

首先于木方侧面，标出砖行数，门、窗高位置。然后，在需立杆处钉一木桩（若同

一层需设置几处，以确保其为同一高度，便于施工）。用水准仪及水准尺在桩侧标出±0的标高位置(或大于该高度某整分米位置)将皮数杆相应标高位置线，与其对准，用长钉将皮杆钉牢于木桩上，再用水准仪将各皮数杆高度校核后，即可以此为依据进行上升作业或砌砖。如图 3-10 所示。

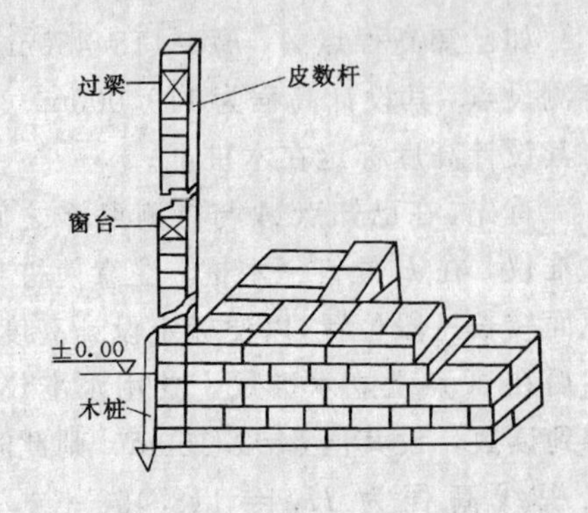

图 3-10

> **小　结**
>
> 用水准仪抄平及测设已知高程点的要领是求出视线高后，再确定水准尺上应读数，方可准确得到测设位置。

习题

1. 利用已知高程点的位置及数据，实作测设一设计标高位置，实习 2 小时。

3.3 角度测量与测设

3.3.1 角度测量的基本原理

地面点位的确定中，离不开角度测量的工作，进行角度测量的主要仪器——经纬仪，工程上很普遍，下面就其原理及方法作逐一介绍。

水平角测量的原理

地面上任意两相交直线所构夹角，为一空间角度，将该两相交线垂直地投影在水平面上所构成的夹角，即为水平角。

为了确定该水平角之大小，可将一具有刻度的圆盘，水平安置于与角顶成同一铅直线上，则地面两方向线在度盘的投影，可得不同读数，该两读数之差值，即为水平角值。刻度盘数据是按顺时针方向增加的，所以角值为右边方向值减去左边方向值。

3.3.2 J6 型光学经纬仪的构造简介

光学经纬仪的刻度盘是玻璃刻制成，刻度均匀，变形小，采用折射系统后，读数更为方便，因此，应用较广泛。J6 型经纬仪的精度为 6″级，一般建筑施工中，大多用这种仪器。如图 3-11 所示。

光学经纬仪主要由三大部分构成——照准部、度盘及基座。

(1) 照准部主要由望远镜、横轴、垂直度盘及管水准器组成。为了控制望远镜的俯仰转动，设置了制动及微动螺旋，照准部水平转动的控制，也有制动及微动螺旋。为了测角方便，还在照准部下端（或基座）设有一度盘变换手轮，用以调节转动水平度盘。

(2) 度盘分水平度盘及竖直度盘，均为玻璃圆环，均匀刻有刻度。水平度盘用于测水平角，竖直度盘用以测竖直角。

(3)基座由三只脚螺旋及连接底板组成，脚螺旋用来整平仪器，拧紧纵轴轴套固定螺旋，可将仪器固定在基座上。

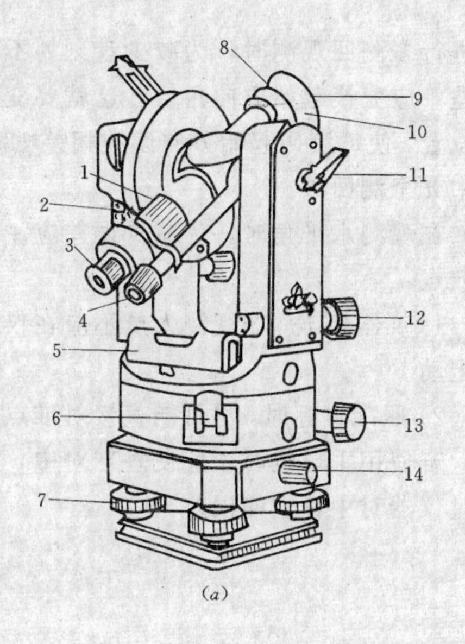

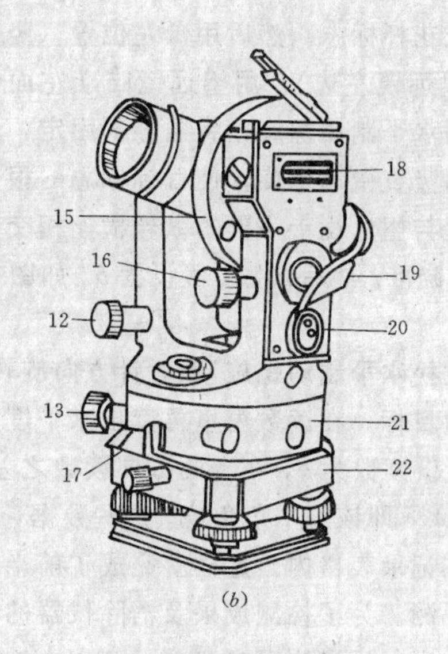

图 3-11

1—物镜调焦螺旋；2—照门；3—目镜；4—读数显微镜；5—照准部水准管；6—复测扳手；7—脚螺旋；8—准星；9—物镜；10—望远镜；11—望远镜制动螺旋；12—望远镜微动螺旋；13—水平微动螺旋；14—轴套固定螺丝；15—竖直度盘；16—指标水准管微动螺旋；17—水平制动螺旋；18—指标水准管；19—反光镜；20—测微轮；21—水平度盘；22—基座

3.3.3 水平角的测量

（1）安置仪器

将经纬仪安置在待测角顶位置上的工作，叫对中，其目的是将仪器中心与待测角顶处于同一铅直线上，具体操作方法有两种，一种是用垂球直接对中法，就是将垂球悬挂于仪器的中心固定螺丝的挂勾上，调节脚架位置使其大致对中。当仪器置于脚架之后，中心固定螺旋留一扣不旋紧，将仪器在脚架上部作细微磨动，使垂球尖精确对准地面标志，当偏差小于 2mm 时，却可将中心螺丝旋紧，此时即对中完毕。

用垂球对中，虽然简单方便，但是若在对中过程中，由于天气原因——刮风，将会使垂球摆动，不好确定中心位置。这时可用仪器的光学对中器进行对中。观测者直接通过对中器镜头，看地面标志是否进入圆圈中，用调节脚架或移动仪器的方法进行对准。但要注意的是，用此法对中，应与整平工作同时进行，否则，仪器整平后，中心又会发生偏移。

对中完毕后，应进行整平工作。整平就是将仪器水平度盘置于水平状态，或者说是将仪器竖轴置于铅直位置。具体方法是，先将水准管方向置于任一对脚螺旋连线方向（旋转照准部可调节其位置），然后调节这一对脚螺旋，使水准器气泡居中。再旋转照准部 90°，此时调节第三只脚螺旋，使气泡居中。这样反复进行，直至气泡在任意位置都居中，同时要反复检查仪器是否仍然对中，直至仪器既对中又整平为止。

仪器安置好后，就可进行角度的测量了。

（2）水平角观测

水平角的测量方法有多种，这要根据精度需要而定，常用的测角方法是测回法，它适用于仅有两方向的测角。下面就具体操作程序进行介绍。

1）在所测角两方向上竖立两明显、准确的观测标志，如果该两方距测站不远，可在这两方向的点位上，架竹杆悬垂球，对准地面上点位，这两垂球线即为照准标志。多数用测钎或花杆标志。然后用盘左位置（竖直度盘在望远镜左边），用望远镜瞄准左面目标，并用水平制动螺旋，将照准部固定，调节水平和竖直微动螺旋，使目标标志的根部正中位置与望远镜十字丝的纵丝横丝相交重合，即为瞄准。然后读数，假设为 b。如图 3-12 所示。

2）放松水平制动螺旋，顺时针方向旋转，照准右边目标，在读数窗里再读出水平度盘读数。假设读数为 a，在上两方向读数之差，$a-b=\alpha$，α 即该水平角角值。这些数据，直接填写在记录表格内。这样就完成了前半个测回的观测。为了检测成果及消除仪器的误差，还应进行后半测回观测。

3）放松望远镜制动螺旋及水平制动螺旋，将望远镜纵旋，此时竖盘在望远镜右边，即盘右（又叫倒镜）转动照准部，先瞄准右边目标，读取水度盘读数，设读数 a'，再逆时针旋转，照准左边目标并读数，设值为 b'，后半测回水平角值为 $\alpha_2=a'-b'$ 这样就完成了一个测回的观测。将前半测回的水平角与后半测回的水平角值进行比较，若相差值在±24″以内，可得两个半测回角值取平均数，可得出该角的一测回平均角值为 78°32′30″，如表 3-4 所示。

在计算水平角值时总是以右边方向的读数减去左边方向的读数，如不够数，则在右边方向读数上加 360°再减左边方向读数，决不可倒过来减。

若要求精度较高时，还可进行多测回观测，再将各测回值的平匀值作为最后角值。但在进行多测回观测时，为减少盘刻划不均匀误差，应变换起始方向角值，这就要变换角盘位置，使每测回起始方向读数相差 $180/n$，式中 n 个测回数。

在观测水平角时，为减少误差应注意以下几点：

1）仪器架牢，非观测人员不应在仪器附近走动。

2）照准目标时，尽可能直接对准点位标志，若使用垂球线时，应使垂球对中，不能超过仪器对中标志的误差。

图 3-12

3）防止日光照射仪器，引起变形及气泡移动。应用伞遮住阳光，并避免在中午时观测。

下面就经纬仪的读数装置进行介绍。光学经纬仪读数方法有多种，J6 型经纬仪多为固定分微尺读数。从读数显微镜中看，有两个读数窗影像，上面一个是水平度盘读数，下面一个为竖直度盘读数。如图 3-13 所示。

测回法观测记录表　　**表 3-4**

测站	目标	盘位	水平度盘读数	半测回角值	一测回平均角值	备注
B	A	左	$b=0°00'00''$	$\alpha_1=78°32'24''$	$\alpha=78°32'30''$	A B α C $\alpha_1-\alpha_2=-14''<\pm24''$ 精度合格
	C		$a=78°32'24''$			
	A	右	$b'=180°00'12''$	$\alpha_2=78°32'36''$		
	C		$a'=258°32'48''$			

在读数窗中，可见一个不动的分微尺，一共有 60 个小格，宽度为 1°，1 小格为 1′。在分微尺上有一条可移动的指标线，线上标有度数注记，当照准部转动时（或调动度盘变换手轮时），指标线会左右移动，进入测微尺中可以直接读出度、分数，并估数到 0.1′。

读数时，是将进入分微尺的指标线注记读作度，该指标线到分微尺的零分划线之间数为分，若指标线与分微尺线重合，则为整分，不重合时，可估计刻度线在两分微尺间所占十分之几格，估读出 0.1′。

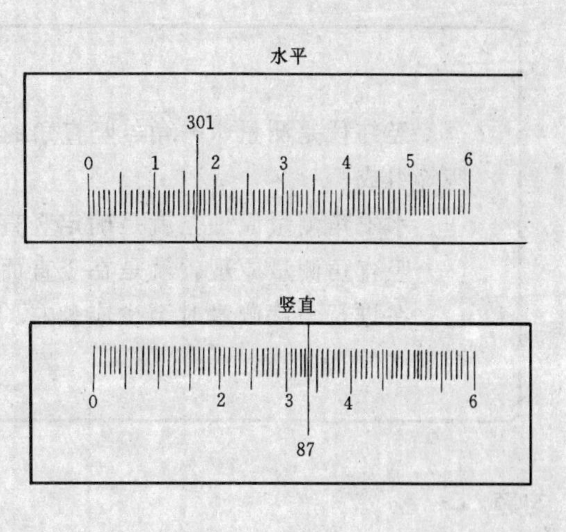

图 3-13

3.3.4 水平角的测设

在工程中，需有根据已知方向及所求方向间夹角关系，在实地标出待定方向，这项工作，称为水平角测设。如矩形建筑物的轴线的夹角为 90°，当起始方向确定后，从已知点及已知方向，标出其余轴线方向位置，就是典型的例子。下面就该项工程程序及要求介绍如下。

(1) 首先在已知端点上，架设好经纬仪，对中整平后，对盘左位置照准已知起始方向，并调节度盘手轮，使水平度盘读数为 0°00′00″，顺时针方向旋转照准部，当旋至度盘读数为规定方向角值附近时（设为 90°），用微动螺旋精确调至 90°00′00″。此时，沿望远镜视线方向，指示在十字丝位置于地面上标出一记号（一般是钉一木桩于地面），并在桩顶上部，标出前后两点，这两点直线方向，即为所求方向。为了消除仪器误差，还应倒镜照准起始方向，并调度盘于 180°00′00″位置，再顺旋照准部，使度盘位置恰好为 180°＋90°＝270°时，盘右在木桩顶上标的直线不重合时，取其平均方向直线为所求方向线，在此位置钉一小钉，为最后标定方向位置。

(2) 多测回平均值弧度垂线改正线（精确法）

此法是测设精度较高的方向时用，其步骤如下：

先用一般方法定出所求方向，然后用测回法进行多测回观测出已知方向与所求方向间的水平夹角，取各测回的平均值，设为 90°00′10″，这样该方向大于所求方向 10″角，根据弧度原理，算出在实地应纠正的位置，距初定方向标志之间距离，在桩顶上最后标定。计算及纠正的方法如下：假设测站距待求方向标志间的距离恰好为 100 米，而纠正方向应减少 10″，则实地改正距离为 $\Delta' = 10''/206265 \times 100\text{m} = 0.0048\text{m} \approx 0.005\text{m}$，即为 5mm。此时在桩顶上划一与标定方向直线成 90°的直线，在此垂线上，沿逆时针方向量 5mm，在桩顶上钉一小钉，即为精确方向位置。如图 3-14 所示。

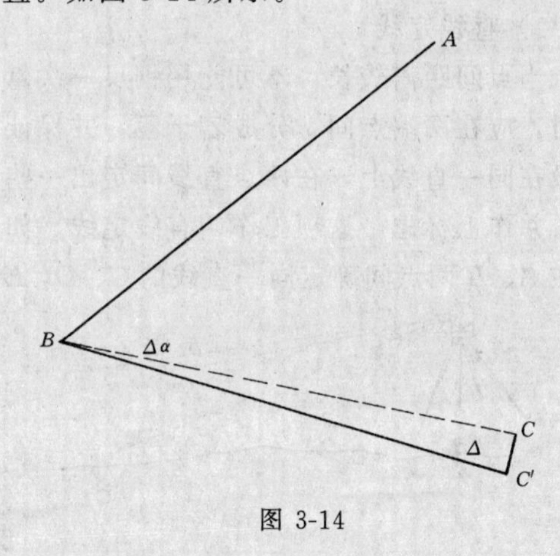

图 3-14

小　　结

经纬仪是测量水平角、竖直角的主要仪器，其构造主要由照准部、度盘、基座等组成。

水平角测量原理，就是确定竖直面在水平面上的位移值。

竖直角测量原理，就是在竖直面内，确定倾斜视线与水平线之间的位移值。

在进行角度测量时至少应盘左、盘右各测一次，取平均值，方能确定其角值。否则此值不可靠。

习题

1. 测量水平角时，对中、整平的目的是什么？
2. 进行一个水平角的测量（用测回法）实习 2 小时，并记录。
3. 用已知一起始方向，精密测设 90°的角，（先初测一 90°值，然后测两个测回，根据此计算改正值），时间为 2 小时。

3.4　长度的测量与测设、点位的标定

3.4.1　地面点间位置的测量

地面点与点之间的距离，严格地说应是其投影到大地水准面后之间的长度，在小范围内可视为点间水平直线长度。

确定地面点间水平直线长度的方法很多，最简便的常用方法是用钢尺直接丈量，下面介绍其操作程序及注意事项。

钢尺量距的一般方法：

1）直线定线

当点间距离较长，不可能用钢尺一次量出时，应在两端点间，分成若干段，并保证各段在同一直线上，在两点直线间定出一些点，并作上标志，这项工作叫直线定线。如图在 A、B 两点间确定同一直线的 C、D，E 点等。用经纬仪进行直线定线是精确而快速的方法。先于端点 A 处，架设经纬仪，对中、整平后，用望远镜十字丝交点精确照准另一端点 B，固定照准部，将望远镜垂直转动，俯视指挥一人在视线内的地面上，钉上木桩，并于桩顶上标出视线方向的直线段，该直线上任意点均与 AB 成一直线，为明确点位，可在桩顶再划一垂直于视线的直线，两直线交点即为点的精确位置。注意这些桩的位置，应保证间距小于一尺段，才能进行丈量，这样依次于地面定出 C、D、E 点。如图 3-15 所示。

2）丈量距离

丈量工作一般至少由 3 人进行，一人为前尺手，一人为后尺手，一个记录兼指挥。后尺手置钢尺零端附近，位于起始端点，前尺手手持钢尺，当两尺手到远点位后，指挥者发出口令：预备——此时两尺手绷直钢尺，其拉力为 100N（约为 10kg）即可，并贴于桩顶。

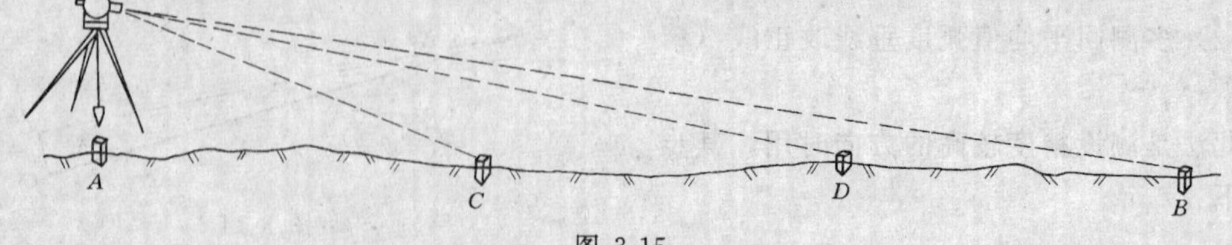

图 3-15

指挥者见两人拉好尺后，立即发布第二口令：读数。两尺手分别读出各自点位在尺的长度位置，读数应至毫米。并马上将数据记入表格中，如此一直量出最后一段。

为了校核与提高丈量精度，还应用同一尺进行返测量矩。于是可得到往、返测两个数据。

我们把往测距离总长减去返测距离总长之差值，比上往返平均总长，用分子为 1 的分数值，表示丈量距离的精度，叫相对误差，即：

$$\frac{往 - 返}{(往 + 返)1/2} = \frac{1}{M}$$

例如，距离 AB，往测为 77.250m，返测为 77.263m，则相对误差为：

$$\frac{77.250 - 77.263}{77.256} = \frac{1}{5943}$$

根据规定，在平坦地区，对于一般丈量距离的相对误差不应大于 1/3000。若相对误差超限，应重新测量。

当误差合格时，平均长度为该两点间水平距离。

3.4.2 水平距离的测设

当地面点间的距离，在设计图已规定其尺寸时，已知一端点实地位置及给定方向，求出另一端点的过程，叫点间水平距离的测设。这在建筑施工中常常要做的工作，如图上标出 A、B 距离为 65.00m，A 点在实地有一标志，并给出 A、B 方向，现需定出 B 点的位置。

首先在 A 点处，架设经纬仪，对中、整平，按规定，定出 AB 直线方向，将望远镜照准规定方向后，固定照准部，望远镜垂直转动。然后由两尺手拉尺，后尺手用零端精确对 A 点标志，前尺手在望远镜指挥下，并在 50m 整距处钉木桩于地面，并在桩顶上标出 50m 位置的十字点标志。此段测设完后，还就延长一段长度，即为 65.00−50=15m。在望远镜指挥下，沿延伸方向，可恰好于 15m 远再打一木桩，精确量出 15m，在桩顶定出标志，该点即为所定 B 点位。为了校核，提高精度，可再重复量测一次，取两次平均点位为最后点位 B。

在以上测量、测设地面间距离的过程中，可以看出，未考虑尺长不准确，气温改变对尺长之影响等，在精确测量或测设点间距离时，应考虑这些因素影响所造成的误差。

3.4.3 点间水平距离测量及测设的精确方法简介

在进行精确测设水平距离前，一定要将所用钢尺送到专门的检定机构，进行检定，以得到该尺在标准拉力、标准气温下的实际长度（当然还在何种丈量方式情况下，如悬垂或贴平），标准拉力为 100N，标准温度为 20℃。

检定部门给出的尺长方程式是这样的：

$$L = l + \Delta l + \alpha(t - t_0)l$$

式中 L——钢尺在温度 t 时实际长度；

l——钢尺名义长度；

Δl——钢尺在温度 t_0 实际长与名义长之差（尺长改正数）；

t——测量时的温度；

t_0——标准温度，一般为 20℃；

α——钢尺的线膨胀系数，具体数值为：$1.15 \times 10^{-5} \sim 1.25 \times 10^{-5}$m/℃.m。

这里应特别指出的是，上面的尺长方程式中，Δl 与温度改正值的符号，均是测量距离时应取的符号。如果是测设，则该两项改正值的符号应为负号。

下面就具体精密测设距离步骤介绍如下：

（1）根据测设长度值与使用钢尺及测设时环境温度，算出该钢尺应量长度值，用全尺长度应分几段丈量。

（2）沿需测设线路进行障碍清除。

（3）定线并确定分段点桩位。各桩位为钢尺最大长度位置处，最后一段为尾数段。各桩的顶端在经纬仪指示下，标出直线方向（前面一点，后面一点，两点连线即可）。

(4) 后尺手持钢尺零端，用零点对准起点标志，前尺手在末端，后尺拉环处用拉力计勾上，当拉力到达规定值时（100N）并稳定后，在钢尺末端处，划出与桩面直线相交之垂线，交点为该段位置。如此，直至最后一整尺段桩位处。然后再以此桩为零点起量，根据所需量取尾段长度，量出并于桩顶作出标记。为了检核提高丈量精度，再从头至尾量取第二遍，看末端点位是否一致。当两次相差在规定范围内时（相对误差应小于 1/10000），取平均位置，作为该直线末端点。至此，用精确法测设直线工作完成。

还需要注意的是，在定线标定分段桩位时，各桩顶间若有高差，也会对距离精度有所影响，还应考虑它的改正值。用公式：

$$\Delta L = \frac{h^2}{2L} \qquad \text{算出 } \Delta L \text{ 来}$$

式中 h——相邻顶间高差；

L——桩间距离。

这里测量出来的该段实际长度，应该是 $L - \Delta L$。

计算表明，当两点间距离为 30m，高差有 0.3m 时，则 ΔL 为 1.5mm，这是不可忽略的。因此，在精密测设或测量距离时，应保证相邻两桩顶高差在 0.1m 以下。这就要求在量距前，用水准仪测出各桩顶间高差，以确保量距精度。

下面举例说明精密量距的计算过程：见表 3-5。

从表中可看出往测精确长度为 80.7973m，用同样原理及方法，可得返测精确长度，最终可算出平均长度及相对误差。

3.4.4 点位的测设

所谓点位的测设，就是根据图上已知数据，将所需在地面上标定出的点位，用测量手段把它确定下来。点位测设的方法有许多种，采用何种方法，可根据已知条件及实地情况而定。

精密量距记录及计算表 **表 3-5**

尺段编号	实测次数	前尺读数 (m)	后尺读数 (m)	尺段长 (m)	温度 (℃)	高差 (m)	温度改正值 (mm)	尺长改正值 (mm)	高差改正值 (mm)	改正后值尺段长 (m)
A-1	1	29.9300	0.0500	29.8800	25	+0.120	+1.8	+1.5	−0.2	29.883
	2	29.9465	0.0650	29.8815						
	3	29.9520	0.0710	29.8810						
	平均			29.8808						
1-2	1	29.9210	0.0320	29.8890	25.5	+0.090	+1.9	+1.5	−0.1	29.898
	2	29.9300	0.0405	29.8895						
	3	29.9430	0.0530	29.8900						
	平均			29.8950						
2-B	1	21.0535	0.0410	21.0125	26	+0.050	+1.4	+1.0	−0.1	21.015
	2	21.0630	0.0500	21.0130						
	3	21.0655	0.0525	21.0130						
	平均			21.0128						
总和							+5.01	+4.0	−0.4	80.797

(1) 直角坐标法

当待测设点在图上标明了坐标，并且在实地有坐标格网的交点标志时，可利用坐标格网交点与待定点之间的坐标差关系，在交点处架设经纬仪，确定点位。如图 3-16。

1)首先算出被测设点与架设仪器的已知点之间的 Δx 及 Δy(或 ΔA、ΔB) 值，然后在 0 点上架设经纬仪，对中、整平后，照准 A 点，固定照准部，并在经纬仪指示下，沿 A 方向量出 Δx 长，在地面钉一木桩并于顶端标出准确位置。

2)将经纬移至该标志处，对中、整平后，照准 0 点，并置水平度盘为 0°00′00″放松制动螺旋，将照准部旋转使水平度盘读数为 270°00′00″。此时沿望远镜视线方向，量出 Δy 长，并在地面钉一木桩，精确地在桩顶标出点位，该点即为待测设点。

(2) 极坐标法

当待测设点有坐标数据，且附近有两个已知点标志，该两已知点坐标数据也在图上标明，则可用此法设待求点位，如图 3-17 所示。

1) 根据待测设点与已知点坐标，画一计算草图，算出已知点至待求点间的距离——极距以及已知边至所求点边的夹角——极角。

根据数学原理，极距 $AP=\sqrt{\Delta x_{AP}^2+\Delta y_{AP}^2}$

同理 $BP=\sqrt{\Delta x_{BP}^2+\Delta y_{BP}^2}$

极角 $\alpha=\alpha_{AB}-\alpha_{AP}$

$\beta=\alpha_{BP}-\alpha_{BA}$

$$\alpha_{AB}=\mathrm{arctg}\frac{y_B-y_A}{x_B-x_A}$$

$$\alpha_{AP}=\mathrm{arctg}\frac{y_P-y_A}{x_P-x_A}$$

$$\alpha_{BP}=\mathrm{arctg}\frac{y_P-y_B}{x_P-x_B}$$

$$\alpha_{BA}=\alpha_{AB}+180°$$

2) 根据算出的极距及极角，在已知点 A 上架经纬仪，照准 B 点使度盘为 0°00′00″。按 α 的关系数据，旋转照准部，到 360°$-\alpha$ 的位置时，固定照准部，沿视线方向，量 AP 长于实地精确定出待测设点 P。

为了校核，可于 B 点架设经纬仪，按 β 及 BP 长，又得一点，看该点与先点的 P 点是否一致。参照图 3-17。

(3) 方向交会法

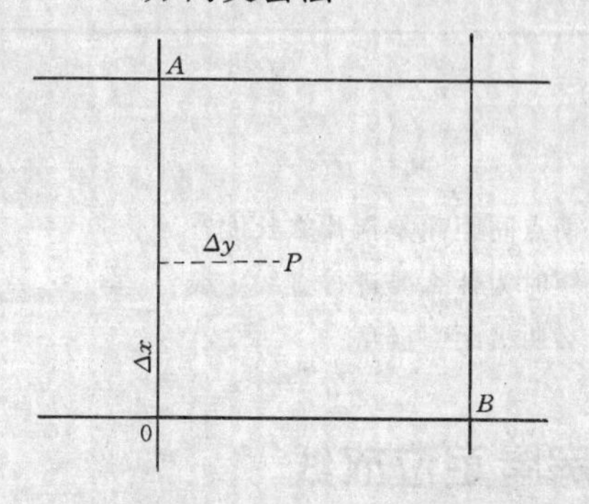

图 3-16

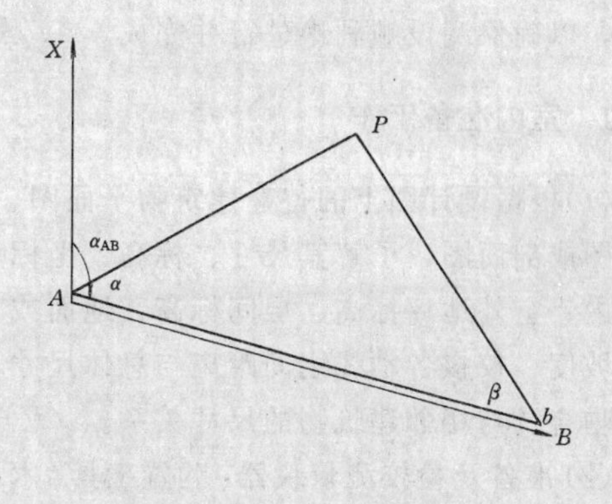

图 3-17

当待设点与已知点之间，有较大沟谷或湖泊，不便量距时，也就不好用极坐标法测设，此时，可照极坐标法的原理，只需计算出 α 及 β，然后于已知点 A 及 B 处同时架设经纬仪，用角度交会的方法定出待求点。

在测设时，两经纬仪指挥一人手持大木桩，在满足两方向条件下，钉下木桩，然后于桩顶分别在经纬仪指示下，标出方向线，两方向线交点，即为所求点位置。

小　结

钢尺量距是建筑施工中是常用的确定点位的手段，距离丈量中，至少应往返各丈量一次，并根据公式算出相对误差，以确认是否精确。

确定点位的方法，用得最多的是直角坐标法，在实验及实测中，应多加练习。

极坐标法确定点位时，应先绘出计算草图，以免计算时发生方位的差错，从而使点位发生偏差。

习题

1. 地面点间距离是指什么长度？
2. 量距时为什么要进行直线定线？
3. 什么叫极距？极角？

3.5 房屋定位放线

为了把建筑物的位置，按照设计要求，将其测设于地面上，必须做许多测设前的准备工作，以确保测设顺利地进行并完成。

3.5.1 室内准备工作

(1)根据设计图上的待建建筑物平面图、立面图或剖面图，了解其尺寸、标高、坐标及室内、室外地坪标高、层间标高，地面或屋面坡度。校核各轴线之间距离与总体尺寸是否吻合及与相邻建筑物的尺寸关系。

(2)准备及检校测量仪器、购置工具、木桩、油漆。

3.5.2 室外准备

(1) 踏勘现场，了解控制点及水准点点位标志。

(2) 平整清理施工现场

根据室内、外准备情况，必要时拟定测设方案及绘制测设草图，计算测设数据。

3.5.3 房屋定位轴线的测设

最简单的矩形建筑物，应将其外部的各轴线交点测设于地面且并用木桩标注或明显记号，然后根据这些点位进行细部放样。

当测设完轴线交点后，应检核是否准确，一般有距离检核及角度检核。

距离检核，就是用钢尺丈量矩形的最后一边，看与理论值相差多少，一般要求距离的相对误差应小于1/5000，绝对值差不大于1厘米（较长的边可放宽为2cm）。

角度检核就是用经纬仪观测矩形的最后一个角，是否为90°，最大相差应在±1′之内。

3.5.4 控制桩法

建筑物的定位轴线点，虽然已用木桩标定在地面上，但是在进行基础施工，基槽开挖时就会将其挖掉，为了恢复轴线并将其投测于各楼层及今后的检查用，一般在测设时，应将轴线延伸距建筑物较远位置，再钉上木桩或延伸到邻近建筑物基础或墙体上，作为确定轴线位置的依据作上标记，这在建筑物以外的轴线桩，叫控制桩。距建筑物近者叫近控桩，远者叫远控桩。如图3-18所示。

3.5.5 龙门板法

在拟建建筑物四周，距基槽0.8～1.5m处，先钉设龙门桩，桩外侧与基槽轴线平行。

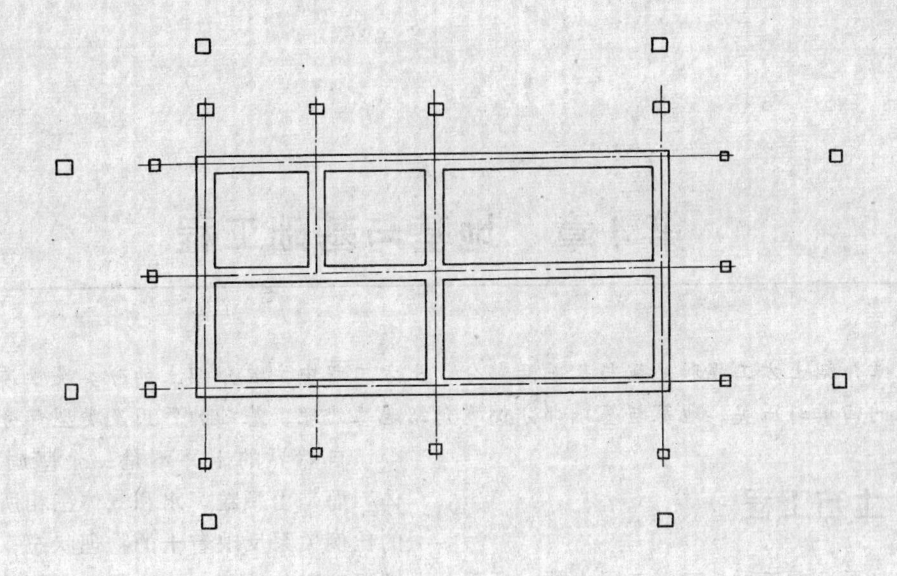

图 3-18

然后在桩侧面，测设出±0.000 标高水平线，以此为钉设龙门板的依据，龙门板上面必须刨平。再将建筑物的轴线延伸标在龙门板顶上，并作上标记（或锯一小口）沿龙门板顶校测各轴线间距同时将基槽边界，墙体边界等标在龙门板上。在施工时，这些明显的标记一目了然，便于操作与校核。但此法有不足之处，一是耗费木材且龙门板在施工现场易受损坏。如图 3-19 所示。

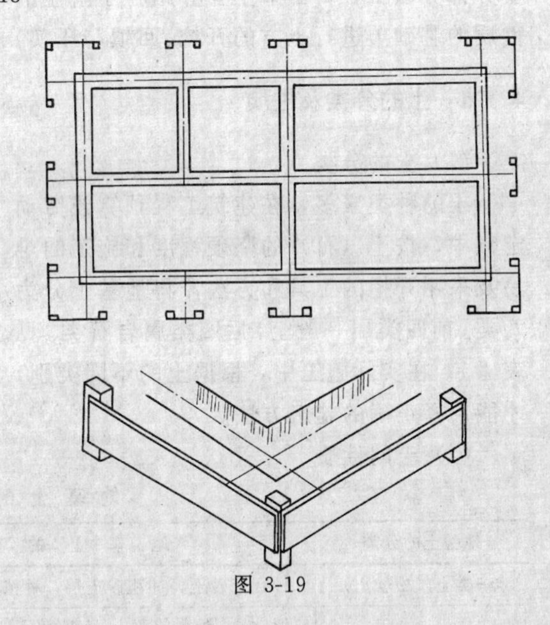

图 3-19

小　结

控制桩法是施工单位普遍使用的方法，它具有许多优点，在控制桩确定时，应注意远控桩设置，它是施工时用得较多的标志，应保证其准确及牢固。

习题

1. 什么叫控制桩？龙门桩？
2. 用控制桩法，在地面标注一矩形建筑物轴线交点，并检查其距离及角度闭合差，实习时间 4 小时。

第4章　地基与基础工程

本章介绍土方工程和地基与基础两部分，土方工程中主要介绍土的分类及性质、土方开挖、土的回填与压实。地基与基础部分侧重介绍地基处理、基础的作用及类型部分。

4.1　土方工程

土（石）方工程是建筑工程中的一项重要分部分项工程，本节主要介绍在了解土的性质的基础上进行土方的开挖、回填与压实。

4.1.1　土的分类及性质

(1) 土的分类

土的种类繁多，在建筑工程预算或劳动定额中，按土（石）的坚硬程度和施工的难易及采用开挖的工具和方法，将地基土分为八类。前四类属一般土，后四类属岩石类。见表4-1。在实际施工中，根据土的不同类别，才能选择正确的施工方法。

(2) 土的性质

自然界的土并不是一个坚固密实的整体，而是由颗粒、水和气体三相所组成。它的比例关系反映着土的物理状态；如干燥或潮湿疏密与软硬，这些都与土颗粒中的含水量和含空气的多少有关。为了便于说明，我们用一个三相图（如图4-1所示）来表示土的组成

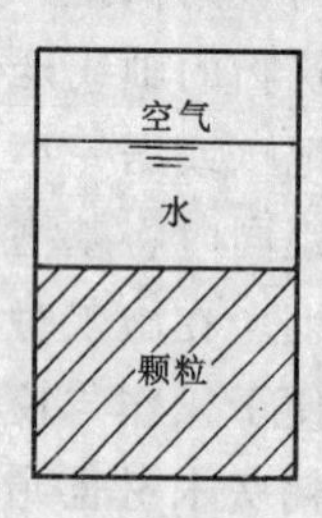

图4-1　土的三相示意图

地基土的工程分类　　表4-1

地基土的分类	地基土的名称	开挖方法及工具
一类土（松软土）	砂，亚砂土，冲积砂土层，种植土，泥炭（淤泥）	能用锹、锄头挖掘
二类土（普通土）	亚粘土，潮湿的黄土，夹有碎石，卵石的砂，种植土，填筑土及亚砂土	用锄头、锹挖掘，少许用镐翻松
三类土（坚土）	软及中等密实粘土，重亚粘土，粗砾石，干黄土及含碎石，卵石的黄土，亚粘土，压实的填筑土	主要用镐，少许用锹、锄头，部分用撬棍
四类土（砂砾坚土）	重粘土及含碎石、卵石的粘土，粗卵石，密实的黄土，天然级配砂石，软泥灰岩及蛋白石	整个用镐、撬棍，然后用锹挖掘，部分用钢楔（钎）及大锤
五类土（软石）	硬石炭纪粘土，中等密实的页岩、泥灰岩、白垩土，胶结不紧的砾岩，软的石灰岩	用镐或钢钎及大锤挖掘，部分使用爆破
六类土（次坚石）	泥岩、砂岩、砾岩，坚实的页岩、泥灰岩，密实的石灰岩，风化花岗岩，片麻岩	用风镐或爆破法挖掘
七类土（坚石）	大理石，辉绿岩，坚实的白云岩，砂岩，砾岩，片麻岩，石灰岩	用爆破方法
八类土（特坚石）	玄武岩，花岗片麻岩，坚实的细粒花岗岩，闪长岩，石英岩，辉长岩	用爆破方法

1）实际密度

在绝对状态下，单位体积土的质量称为土的密度，用γ表示，即：

$$\gamma=\frac{g}{v}$$

其单位为kN/m^3或N/cm^3，一般粒土的质量约为$16\sim22kN/m^3$，密度大的土较密实，挖掘困难。

土的密度采用磨粉法测定，工程上常用表观密度来测定，土的表现密度随含水量的多少而变化，在标注表观密度时，通常要标注出含水量。密度大的土，其土的承载能力也较大，可减少基础的底面面积。

2）含水量

土的天然含水量是土中水的重量与土的固体颗粒重量之比，以百分数表示，天然含水量用w表示，则：

$$w=\frac{g_{水}}{g_{粒}}\times100\%\text{或}\frac{A-B}{B}\times100\%$$

式中 A——含水状态（自然状态）时土的质量；

B——经温度105℃烘干约8h的土的质量。

土的含水量在5%以内称为干土，在5%～30%时称为潮湿土，大于30%时称为湿土。

通过夯压，而使其回填土达到最大的密实时，此含水量称作最佳含水量。砂的最佳含水量为8%～12%，亚砂土的最佳含水量为9%～15%，亚粘土的最佳含水量为12%～15%，粘土的最佳含水量为19%～23%。

3）土的摩擦系数和粘结力

土的摩擦系数和粘结力，是土的两个重要的力学性质，其大小是随土的性质而定。前者是由土的颗粒间的相互位移而产生的；后者则表示土的颗粒间的凝聚能力。它们的这个性质与土方的开挖和地基处理有直接关系。

4）土的可松性

土的可松性指的是在自然状态下的土经开挖后组织破坏，因松散而体积增加，以后虽经回填压实，也不能恢复的性质（土的可松性用可松性系数表示），即

$$K_s=\frac{v_2}{v_1}\qquad K_s'=\frac{v_3}{v_1},$$

k_s、k_s'——土的最初与最后可松性系数；

v_1——土在天然状态下的体积（m^3）；

v_2——土挖出后的松散状态下的体积（m^3）；

v_3——土经压实后的体积（m^3）。

一般用最初可松性系数和最后可松性系数表示。土的可松性的有关参考数值，见表4-2所示。土的可松性系数对土方的平衡，计算土方量都有影响。

5）土的压缩性

土的压缩性是指土在压力作用下其体积变小的性质。土的压缩性的实质是土体受压后，其中孔隙体积的缩小。

由于土方填压后，其体积都有压缩。用土的压缩率来体现土的压缩性。土的压缩率，即压缩后的土和原状土的干密度的百分比值。土的压缩率的参考数值，见表4-3。

6）土的渗透系数

土的渗透系数是表示在单位时间内水穿透单位土层的能力，一般以m/昼夜表示。根据土的渗透系数不同，可分为透水性土（如砂土）和不透水性土（如粘土）。在透水性土层中开挖，如遇地下水较多时，不仅要做好边坡，还要作好排水措施的各项准备。一般土的渗透系数，见表4-4。

土的可松性系数　　表4-2

土的类别	K_s	K_s'	土的类别	K_s	K_s'
一类土	1.08～1.17	1.01～1.03	五类土	1.26～1.32	1.06～1.09
二类土	1.20～1.30	1.03～1.04	六类土	1.33～1.37	1.11～1.15
三类土	1.14～1.28	1.02～1.05	七类土	1.30～1.45	1.10～1.20
四类土	1.24～1.30	1.04～1.07	八类土	1.45～1.50	1.25～1.30

注：K_s为最初可松性系数；K_s'为最终可松性系数。

土的压缩率的参考数值 表 4-3

土的类别		土的压缩率	每立方米松散土压实后体积 (m^3)
一、二类土	种植土	20%	0.80
	一般土	10%	0.90
	砂土	5%	0.95
三类土	天然湿度黄土	12%～17%	0.85
	一般土	5%	0.95
	干燥坚实黄土	5%～7%	0.94

注：1. 深层埋藏的潮湿的胶土，开挖暴露后水分散失，碎裂成 20～50mm 的小块，不易压碎，填筑压实后有 5%的涨余；

2. 胶结密实砂砾土及含有石量接近 30%的坚实亚粘土或亚砂土有 3%～5%的涨余。

土的渗秀系数参考表 表 4-4

土的名称	渗透系数（m/昼夜）	土的名称	渗透系数（m/昼夜）
粘土	<0.005	中砂	5.0～20.0
亚粘土	0.005～0.10	均质中砂	35～50
轻亚粘土	0.10～0.50	粗砂	20～50
黄土	0.25～0.50	圆砾石	50～100
粉砂	0.50～1.00	卵石	100～500
细砂	1.0～5.0		

深度在 5m 内的基坑（槽）管沟边坡的最陡坡度（不加支撑） 表 4-5

土的类别	边坡坡度（高：宽）		
	坡顶无荷载	坡顶有静载	坡顶有动载
中密的砂土	1∶1.00	1∶1.25	1∶1.50
中密的碎石类土（充填物为砂土）	1∶0.75	1∶1.00	1∶1.25
硬塑的轻亚粘土	1∶0.67	1∶0.75	1∶1.00
中密的碎石类土（充填物为粘性土）	1∶0.50	1∶0.67	1∶0.75
硬塑的亚粘土、粘土	1∶0.33	1∶0.50	1∶0.67
老黄土	1∶0.10	1∶0.25	1∶0.33
软土（经井点降水后）	1∶1.00	—	—

注：1. 静载指堆土或材料等，动载指机械挖土或汽车运输作业等。

2. 当有成熟施工经验时，可不受本表限制。

4.1.2 土方开挖及支撑

（1）边坡坡度

在土方工程的施工过程中，不论是挖方或填方，如开挖基坑、沟槽、筑路等，为了防止塌方，保证施工安全，其边坡坡度是重要因素。边坡坡度应根据填挖高度，土的物理、力学性质和工程的重要程度，见图 4-2。

工程界习惯用坡度系数 m 表示，其含义为：

$$边坡坡度 = \frac{h}{b} = 1 : m$$

如设计上文件未安排规定可参考表 4-5，计算边坡宽度。

(2) 基坑（槽）施工

基坑(槽)的开挖应连续进行,尽快完成。

施工中应防止地面水流入坑、沟内，以免边坡塌方或基土遭破坏。

雨期施工或基坑（槽）挖好后不能及时进行下一工序时，可在基底标高以上留 100～300mm 一层不挖，待下一工序开始前再挖，以免扰动基土。

采用机械开挖基坑（槽）时，可在基底标高以上预留 200～300mm 一层用人工清理。

基坑（槽）往外抛土，坑边上缘至弃土堆脚的距离，槽深在 2m 以内者，不应小于 0.8m；槽深在 2～4m 时，应在 0.8～1.5m 以外；槽深在 4m 以上者，应根据情况另行确定。弃土的高度，不应超过 1.5m；其它材料应堆放在距槽边 1m 外的地方；挖土机离边坡应有一定的安全距离，以防塌方。

(3) 支撑

在基坑、沟槽开挖时，如地质条件和周围条件允许，采用放坡开挖是比较经济的。但是在周围环境不允许时，可采用支撑的方法，以保证施工安全，并减少对邻近已有建筑物的影响。根据土质情况常见的支撑有如下几种：

1) 断续式水平支撑

该支撑适用于挖掘湿度小的粘性土及挖土深度小于 3m 的基槽，支撑方法如图 4-3 所示。

2) 连续式水平支撑

该支撑适用于挖掘较潮湿的或散粒的土，挖掘深度 3～5m 的基槽。支撑方法如图 4-4 所示。

3) 连续式垂直支撑

该支撑适用于挖掘松散的或湿度很高的土，深度不限。支撑方法如图 4-5 所示。

4) 板桩

当基槽（坑）处于地下水位以下，尤其是当遇到流沙时，如没有采用降低地下水位的方法，则可采用板桩支撑，如图 4-6 所示。

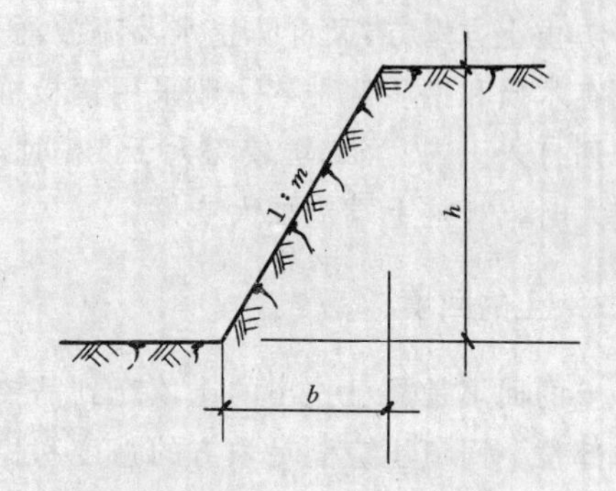

图 4-2 土方边坡

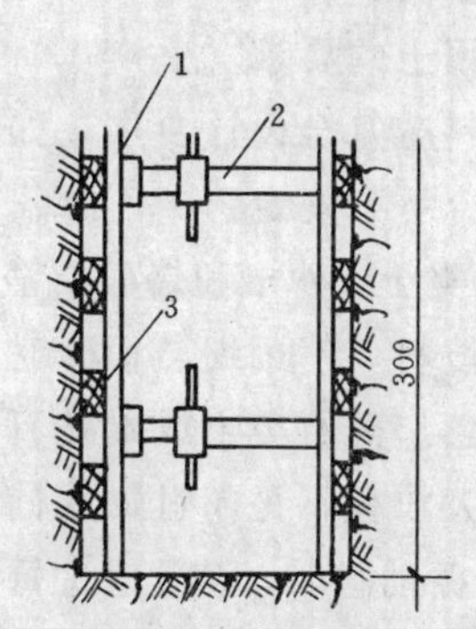

图 4-3 断续式水平支撑

1—竖楞木；2—水平挡土板；3—工具式撑木

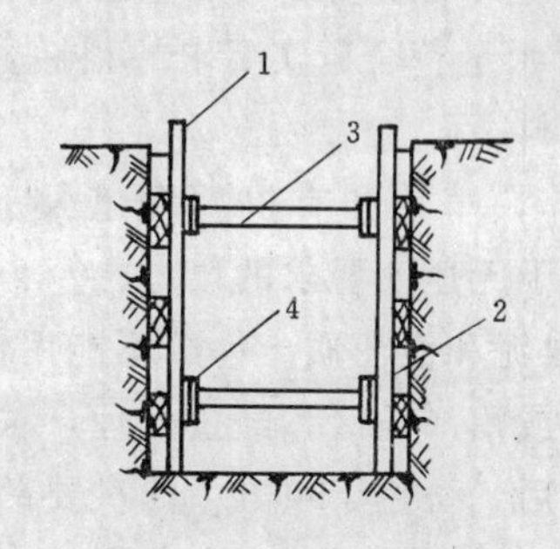

图 4-4 连续式水平支撑

1—竖楞木；2—水平挡土板 3—撑木；4—木楔

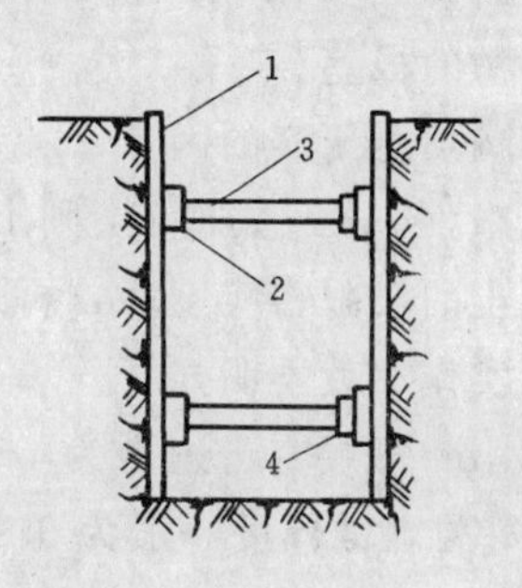

图 4-5 连续式垂直支撑

1—垂直挡土板；2—横楞木；3—撑木；4—木楔

既可防止土方塌方，又可防止水及流沙涌入。板桩有木质和钢质两种，一般采用钢板桩紧密排列打入土中。当基坑较深大于4m时，压力较大时，板桩上端应加大支撑。

4.1.3 土的回填

土的回填是将已挖出的土填充到需要填方的部位，回填土应满足填方的强度和稳定的要求，施工时应根据填方的用途，正确地选择土料及填筑压实的方法。

(1) 对填土的要求

填方土料应符合设计要求，如设计无要求时，应符合下列规定：

1) 碎石类土、砂土和爆破石渣，可用作表层以下的填料，使用细、粉砂时应取得设计单位的同意。碎石类土或爆破石碴用作填料时，其最大粒径不得超过每层铺填厚度的2/3，当使用振动辗时，不得超过每层铺填厚度的3/4。铺填时，大块料不应集中，且不得填在分段接头处或填方与土坡连接处。

2) 含水量符合压实要求的粘性土，可用作各层填料。

3) 碎块草皮和有机质含量大于8%的土，仅用于无压实要求的填方。

4) 淤泥和淤泥质土一般不能用作填料；但在软土或沼泽地区，经过处理含水量符合压实要求后，可用于填方中的次要部位。

5) 含盐量在符合《土方与爆破工程施工及验收规范》(GBJ201—83) 规定的盐渍土，一般可以使用，但填料中不得含有盐晶、盐块或含盐植物的根茎。

(2) 影响填土压实的因素

一般说来，夯击遍数越多，则土越密实。当夯压接近土的极限密实度时，再进行夯压时则起的压实作用就不明显了。填土的虚铺厚度宜为0.4m，每层夯击遍数为4～5次。人工打夯时，每层虚铺厚度一般为0.2m，夯击4～5次。

影响填土压实的主要因素是土的含水量、压实功和每层虚铺厚度。

1) 含水量的影响

在同一压实功的条件下，填土的含水量对压实质量有直接影响。较为干燥的土，由于土颗粒之间的摩阻力较大，因而不易压实。当土具有适当含水量时，水起到润滑作用，土颗粒之间的摩阻力减小，故易压实。每种土都有其最佳含水量。土在这种含水量的条件下，使用同样的压实功进行压实，所得到的密度最大。土的含水量对于挖土的难易，回填时的夯实有直接影响。

2) 压实功的影响

填土压实后的密度与压实机械在其上所施加的功有一定的关系，土的密度与所耗功的关系见图4-7：

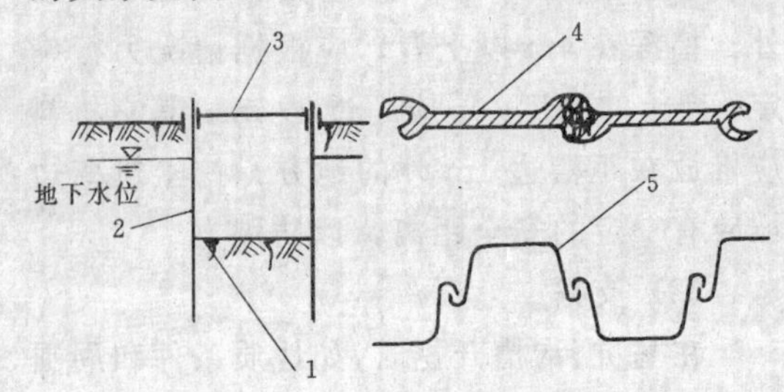

图 4-6 钢板桩

1—槽（坑）底；2—板桩；3—横撑；4—直线型钢板桩；5—槽型钢板桩

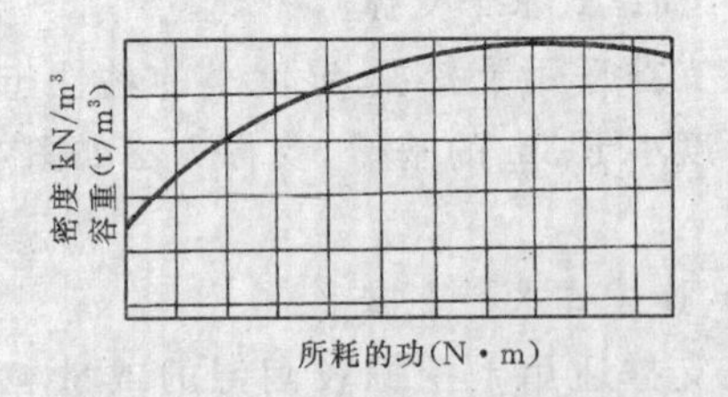

图 4-7 土的密度与压实功的关系

在实际施工中，对于砂土需碾压或夯击2～3遍，亚砂土只需3～4遍，对粘土或亚粘土需5～6遍。此外，松土不宜用重型机械直接滚压，否则土层有强烈起伏现象，效率不高。如果先用轻碾压实，再用重碾压实就会取得较好的效果。

3) 铺土厚度的影响

回填应分层填筑，分层压实，最优的每层铺土厚度应能使土方压实遍数最少。铺得过厚，要压很多遍才能达到规定的密实度。铺得过薄，也要增加机械的总压实遍数。一般情况下，用羊蹄碾时铺土厚度为0.2～0.3m；用平碾时为0.2～0.3m，用动力打夯时为0.2～0.25m；人工打夯机时为0.2m。

（3） 土的压实方法

土的压实方法有碾压、夯压和振压三种。

1） 碾压法，如图4-8。

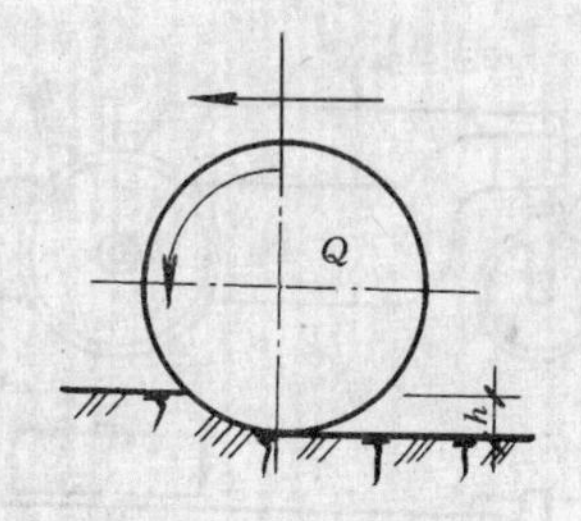

图 4-8 土的碾压法

碾压是以沉重的滚轮碾压土表面，使其在静压力的作用下压实土。例如平滚碾，羊蹄碾，轮胎碾等。用碾压法压实填土时，铺土层厚要均匀，碾压遍数要一样，碾压方向应从填土区的两边逐渐压向中心，每次碾压有15～20cm的重叠部分。

2） 夯压法，如图4-9。

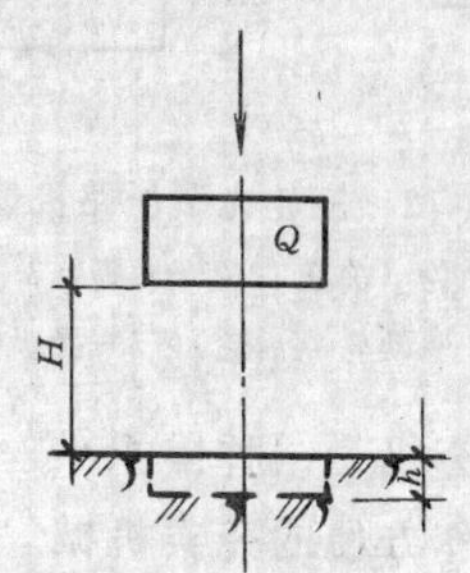

图 4-9 土的夯压法

此法利用夯锤下落的冲击力来压实土，例如木夯、石硪、蛙式打夯机以及把挖土机工作装置改变为夯锤的夯土机等。这种方法加荷时间短，对土的冲压作用大，适用于夯实粘性较低的土，如砂土，亚砂土。在建筑施工中主要用于小面积回填土的夯实工作。

3） 振动压实法，如图4-10。

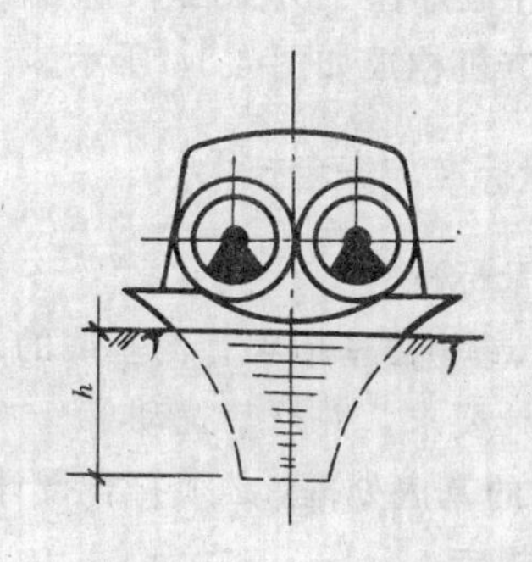

图 4-10 土的振压法

振动压实是用振动设备带动重锤对土进行振压的一种方法，它的振动使土颗粒发生相对位移达到紧密状态。此法荷载作用的频率高，适用于振实非粘性土，以碎砾石和爆破石碴效果好。

（4） 常用压实机具

1） 光碾压路机

此种机械是以内燃机为动力的光碾静力作用自行式压路机。按碾轮和碾轴的数目，有两轮两轴式和三轮两轴式。如图4-11、4-12所示。

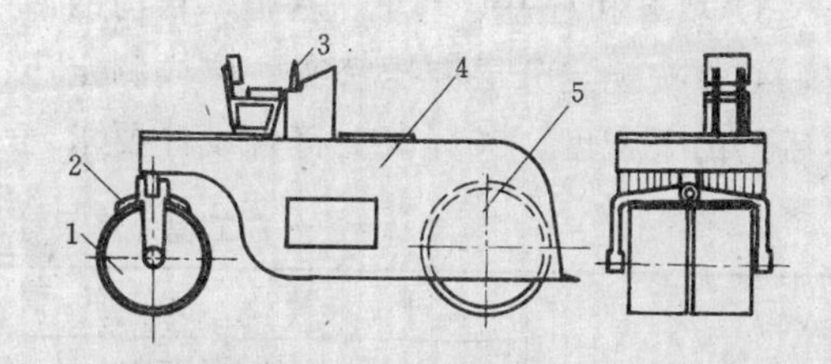

图 4-11 两轮光碾压路机简图

1—转向轮；2—刮泥板；3—操纵台；4—机身；5—驱动轮

光碾压路机主要由工作装置、发动机、操纵机构、机架及辅助部分组成。常用的两轮光碾压路机有Y_1-6/8型和Y_1-8/10型两种。

2） 羊蹄碾

羊蹄碾和平碾不同，它是在碾轮表面上固装有许多羊蹄形的滚压凸脚，如图4-13所示。一般用拖拉机牵引进行作业。碾压时由于作用力集中，故所压实的土层较厚，但工作时羊蹄压入又从土中拨出，致使上部土翻松，适用于亚粘土、亚砂土、黄土等。不宜用于无粒性土、砂、干硬土块、石块及面层的压实。

3） 蛙式打夯机

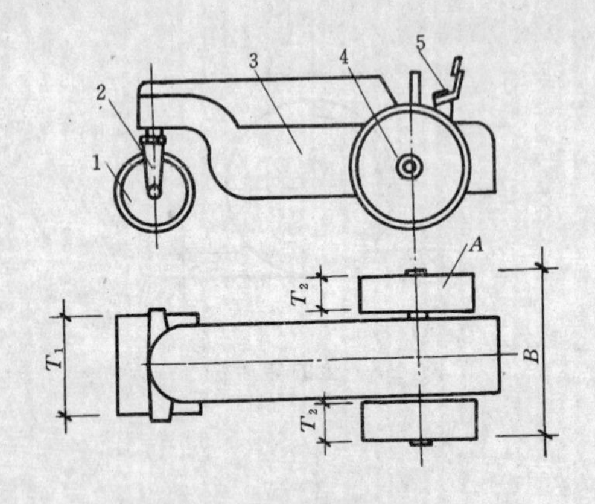

图 4-12　三轮光碾压路机简图

1—转向轮（前轮）；2—叉脚；3—机身；

4—驱动轮（后轮）；5—操纵台

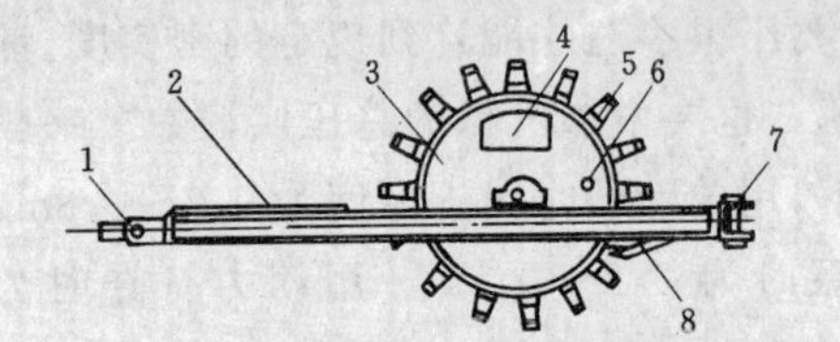

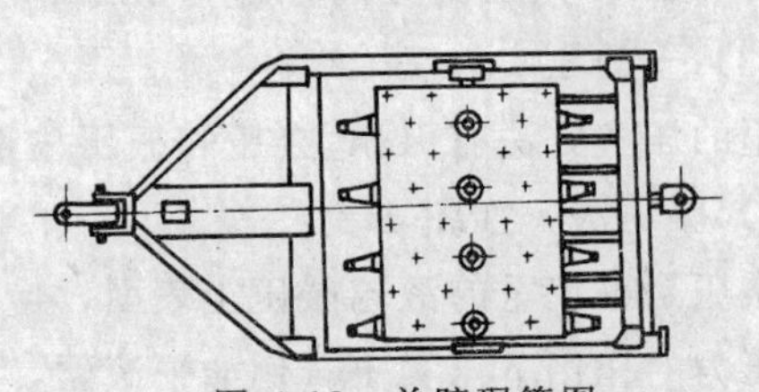

图 4-13　羊蹄碾简图

1—连接器；2—框架；3—轮滚；4—投压重物口；

5—羊蹄；6—活水口；7—后连接器；8—铲刀

蛙式打夯机是一种体积小、重量轻、构造简单而操作方便的夯实机械。多用于夯打灰土及素填土在小型土方工程中应用很广。

蛙式打夯机构成如图 4-14 所示。

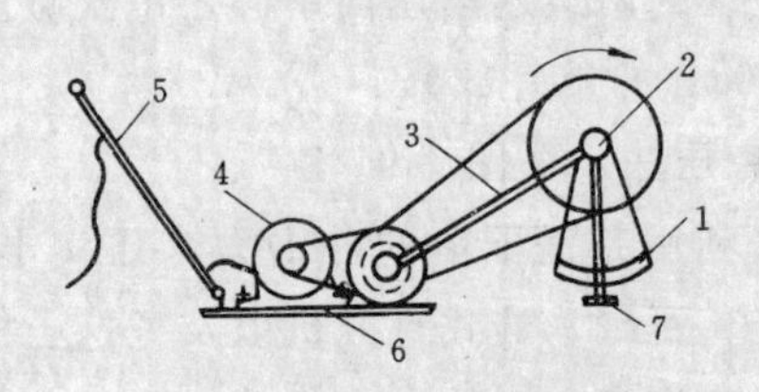

图 4-14　蛙式打夯机示意图

1—偏心法；2—前轴；3—夯头架；4—电动机；5—手柄；6—拖盘；7—夯板

4.1.4　质量标准与安全技术

(1) 质量标准

1) 柱基、基坑、基槽和管沟基底的土质，必须符合设计要求，并严禁扰动。

2) 填方的基底处理，必须符合设计要求或施工规范规定。

3) 填方和柱基、基坑、基槽、管沟的回填，必须按规定分层夯压密实。取样测定压实后土的干密度，90%以上符合设计要求，其余 10%的最低值与设计值的差不应大于 0.08g/cm^3 且不应集中。

4) 土方工程外形尺寸的允许偏差和检验方法，应符合表 4-6 的规定。

土方工程外形尺寸的允许偏差和检验方法　　表 4-6

项　目	允许偏差（mm）					检验方法
	柱基、基坑、基槽、管沟	挖方、填方、场地平整		排水沟	地（路）面基层	
		人工施工	机械施工			
标高	+0 −50	±50	±100	+0 −50	+0 −50	用水准仪检查
长度、宽度（由设计中心线向两边量）	−0	−0	−0	+100 −0	—	用经纬仪、拉线和尺量检查
边坡偏陡	不允许	不允许	不允许	不允许	—	观察或用坡度尺检查
表面平整度	—	—	—	—	20	用 2m 靠尺和楔形塞尺检查

注：地（路）面基层的偏差只适用于直接在挖、填方上做地（路）面的基层。

(2) 安全技术

1) 基坑开挖时，两人操作间距应大于2.5m，多台机械开挖，挖土机间距应大于10m。挖土应由上而下，逐层进行，严禁采取先挖底脚（挖神仙土）的施工方法。

2) 基坑开挖应严格按要求放坡。操作时应随时注意上壁变动情况，如发现有裂纹或部分坍塌现象，应及时进行支撑或放坡，并注意支撑的稳固和土壁的变化。

3) 基坑(槽)挖土深度超过 3m 以上，使用吊装设备吊装时，起吊后，坑内操作人员应立即离开吊点的垂直下方，起吊设备距坑边一般不得少于 1.5m，坑内人员应戴安全帽。

4) 用手推车运土，应先平整好道路。卸土回填，应先检查槽壁是否安全可靠，不得放手让车自动翻转，槽边应加挡车横木。用翻斗汽车运土，运输道路的坡度、转弯半径应符合有关安全规定。

5) 深基坑上下应先挖好阶梯或设置靠梯，或开斜坡道，采取防滑措施，禁止踩踏支撑上下。坑四周应设安全栏杆或悬挂危险标志。

6)使用蛙式打夯机必须装有漏电保护装置，要有专人负责移动胶皮线，操作人员要戴胶手套。电闸箱应可随时移动并放在适宜地点，下班后打夯机要用防雨材料复盖拉闸断电。

7) 基坑（槽）设置的支撑应经常检查是否有松动变形等不安全迹象，特别是雨后更应加强检查。

小　　结

1. 掌握土的性质，其目的是为土的开挖，运输回填夯实等提供依据。

2. 土方的开挖和基坑（槽）施工必须注意放坡和选择合理的支撑，以防塌方、深坑埋人，造成安全质量事故。

3. 土的回填，要正确选用填方土料和结合工程实际的压实机械和方法。

4.2 地基与基础

在建筑工程中，一般将房屋建筑埋在地面以下，地基以上的部分称为基础。其作用是将建筑物全部荷载传递给下面的土层，而位于基础下面并承受建筑物全部荷载的土层或岩石称为地基。

基础是属于建筑物的一个重要组成部分。而地基虽然不属于建筑物，但它处理的好坏，直接影响着整个建筑物的安危。万丈高楼从地起，因此，应对地基引起足够的重视。

4.2.1 地基处理

(1) 地基的分类

地基可分为两大类：天然地基和人工地基。

天然地基，凡位于建筑物下面的土壤，不经过任何人工处理，而能承受建筑物的全部荷载，称为天然地基。

人工地基，当地层的土壤软弱或因荷重较大时，经结构计算不能承受上部建筑物全部荷载时，则必须采用人工加固或处理，称为人工地基。在欧美一些国家称这种地基为地基处理或地基加固。

(2) 地基的处理方法简介

地基处理的方法有多种多样，要根据不同的建筑物对地基的要求，采用相应的处理方法。其基本方法有置换、夯实、挤密、排水、胶结和加固等方法，现简介如下：

1) 换土法

换土法也可叫换土垫层法，其作用是挖去基础底面下需处理的部分土层或全部土层，然后分层换填强度较大的素土、砂、碎石、灰土、矿渣以及其它性能稳定、无侵蚀性等材料，并夯、压或振至到要求的密度为止。如图 4-15。

此法常用于浅层地基的处理。

2）排水固结法

排水固结法是利用在荷载作用下，饱和状态下地基土中的孔隙水压力消散，产生排水固结，同时因其孔隙比的减少，其强度得到相应提高的原理。如图 4-16 所示。为了缩短堆载顶压的时间，常在地基中设置一些排水通道，使孔隙水能迅速排出，设置排水通道的方法主要有两种，就是竖向排水井法和横向排水垫层法。

3）深层密实法

深层密实法是指用强夯、挤密和喷射等施工方法，对松软地基进行振密或挤密。它与浅层加固方法不同的地方，在于使用的施工机具不同，可使地基土在较大的深度范围内得以密实。

常采用的深度密实法有强夯法、挤密法、振动水冲法(简称振冲法)、粉体喷射搅拌法(简称粉体喷搅法)等。根据施工现场及地基情况等情况分别采用。现仅对强夯法简介如下：

强夯是对松软地基进行加固的一种有效方法。由于夯击能量很大，所以加固深度很深。国外资料介绍最深可达 40cm，法国梅那最早试验成功，有 300 多项工程采用这种加固法。

目前各国采用的夯击能量一般是每 m^2 为 50～80kN・m 有的每 m^2 达 1～2 万 kN・m；锤重 8～40t，最大的达 200t；落距一般为 7～40m；锤底面积为 4～6m^2；夯击频率为 1～3r/min；加固深度为 10～40m。最初在砂土地基上有效地进行加固，后来实践证明对软粘土也可获得良好的加固效果。例如，对含水量为 30%～100%，抗剪强度为 5kN/m^2 的软粘土的加固效果也很好，开始在陆地上，后来在海滩上和水下也广泛应用。

强夯法也是一种快速加固的方法，一般夯击 3～6 遍，每遍每点夯 3～20 击，夯击间距为 5～15m，两遍间的间歇时间为 1～4 周(粘性土)，根据量测的孔隙水压力消散和土体变形等情况控制。加固后的土基容许承载力可提高 2～5 倍，施工期地面沉降达 30～300cm。

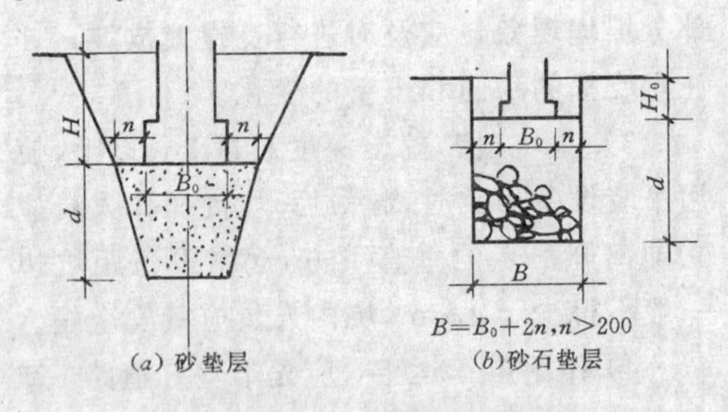

图 4-15　换土法加固地基

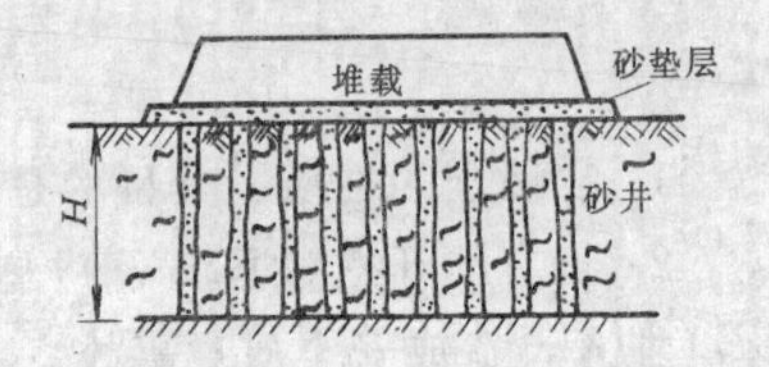

图 4-16　砂井、砂垫层排水固结法示意

用强夯法加固地基，费用较少，我国有资料分析，各种加固法的造价比见表 4-7。

常用软基加固法参考经济比较　表 4-7

加固方法	强　夯	砂井预压	挤密砂桩	钢筋混凝土桩	化学拌和法
造价比	0.3	1.0	2.0	4.0	4.0

当然，采用这种加固方法也存在一些问题，主要是施工时振动和噪音较大，对周围建筑和环境带来不利的影响。

4）化学加固法

化学加固法是指利用水泥浆液或其它化学浆液，使用专门机具，通过压力或电化原理，使浆液与土颗粒胶结起来，从而达到地基加固的目的。这种方法又称为胶结处理法。

化学加固法有多种，现简介其中之一的

土的压力硅化加固法：

土的硅化加固法可分为压力硅化和电动硅化法之分。压力硅化又有压力单液硅化和双液硅化之分。所谓压力单液硅化法是指将水玻璃（硅酸钠溶液）用泵或空压机加压，通过注液管加入土中；压力双液硅化法是将水玻璃与氯化钙两种溶液轮流压入土中，电动双液硅化法是在压力双液硅化法的基础上，设电极通入直流电进行的方法。

5）深层搅拌法

深层搅拌法加固深层软土地基，是利用水泥作固化剂，通过特制的深层搅拌机械，在地基深部就地将软粘土和水泥浆强制搅拌均匀，使软粘土硬结成具有整体性、水稳性和足够强度的水泥土，硬结后的水泥土在地基中形成水泥土搅拌桩，从而提高地基强度和增大变形模量。

浙江省建筑设计院通过1986年施工的杭州电子工业学院工程的实践，对深层搅拌法处理不同的地基，得出以下几点结论：

a. 深层搅拌法可用于10层以下民用建筑软弱地基处理。建筑物实测地基沉降不超过3cm，说明此种加固方法在技术上是可靠的。

b. 可节约大量钢材，造价低，经济效益好；无坍孔、缩颈及邻接地面隆起现象，对邻近建筑物无不利影响。

c. 施工时不需要大的堆料场地，无噪声、振动、排污等环境污染问题。

d. 可连续作业，将地基加固成需要的几何形状。不仅可处理软粘土，也可处理塑状的粘性土与含30%左右粒径小于10cm的杂填土，且处理后不增加地基的附加荷载；可利用桩周面积大的特点，充分发挥软弱地基的承载力，降低地基的沉降量。

e. 但若遇到地基中有大块石等障碍物时，必须清除后才能搅拌成桩；对中粗砂。砾石地层及硬塑的粘土层也无法进行深层搅拌。

（3）地基处理方案的选择

选择地基处理方案，应根据安全可靠、经济合理和施工方便的原则，综合考虑如下各因素：如土的类别、周围环境、上部结构和施工工期的要求；处理后土的加固深度；和所能提供的施工材料、施工机具、施工队伍的技术素质；以及必须进行的施工技术条件和经济指标的比较来选定。

4.2.2 基础的作用和类型

（1）基础的作用

基础是将地基和建筑物联系起来，它能将建筑物上的荷载安全并尽可能无沉降地传递到地基上（建筑物上的荷载指恒载和活载，例如构件的自重为恒载、活载、如人和设备物品所产生的荷载）。

只有选择一种与地基相适应的基础，才会有安全的荷载传递。

（2）基础的类型及构造

基础的形式与种类繁多，现简要介绍如下：

按构造分可分为条形基础、独立基础、平板式片筏基础、薄壳基础、桩基础，如图4-17所示。

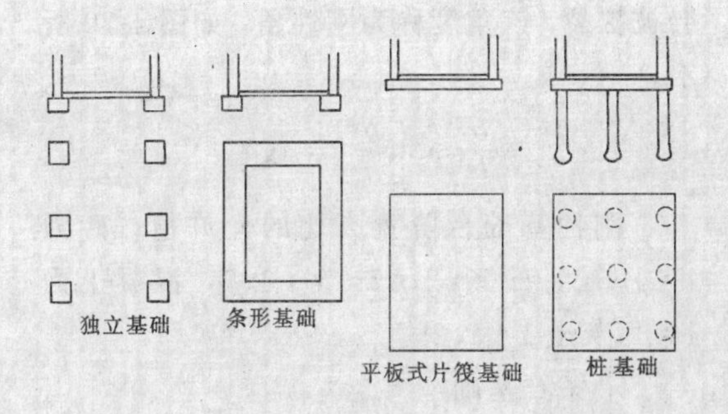

图4-17 基础的类型

1）条形基础 如图4-18所示

条形基础是在民用建筑中最常见的基础形式。施工条形基础速度快，而且与其它基础相比比较便宜，因为在施工条形基础的同时就形成了相应的墙体基面，如果基础的刚度必须很高的话，例如担心产生不均匀沉降，则可以对条形基础配筋。

条形基础按材料可分为砖基础、条石基础。毛石基础、混凝土基础、钢筋混凝土基础等。

a. 砖基础

砖砌条形基础由垫层、砖砌大放脚、基础墙三部分组成。其构造如图 4-19 所示：

垫层一般为 C10 混凝土，高 100～300mm，挑出 120mm。除用混凝土垫层外，也可用三七灰土、碎砖三合土　砂垫层等。

大放脚：等高式　每两皮砖放出 1/4 砖即高 120mm，宽 60mm。间隔砌每两皮砖放出 1/4 砖，与每两皮砖放出 1/4 皮砖相间隔，即高 120mm，宽 60mm。

基础墙：一般同上部墙厚，或大于上部墙厚。为防止受潮，一般采用强度 MU10 砖和 M5 水泥砂浆砌筑。

基础大放脚及垫层的受力如同倒置的悬臂梁，在地基及力作用下，产生很大的拉应力，当所受拉应力超过基础材料的容许拉应力时，则大放脚及垫层开裂而破坏，实践证明，大放脚和垫层控制在某一角度内，则不会被拉裂，该角度称为刚性角，如图 4-20 所示。

$$\frac{b}{h} \leqslant \left[\frac{b}{h}\right] = \mathrm{tg}\alpha$$

刚性基础台阶宽高比的允许值；砖为 1∶1.5，毛石 1∶1.25～1∶1.5，混凝土为 1∶1，灰土 1∶1.25。

b. 条石基础

条石基础是用人工加工的条形石块砌筑而成，剖面形式有矩形，阶梯形和梯形等多种形式，多用于产石地区。如图 4-21 所示。

条石规格（mm）有：

300×300×1000，丁头石 300×300×600

250×250×1000，丁头石 250×250×500

c. 混凝土基础

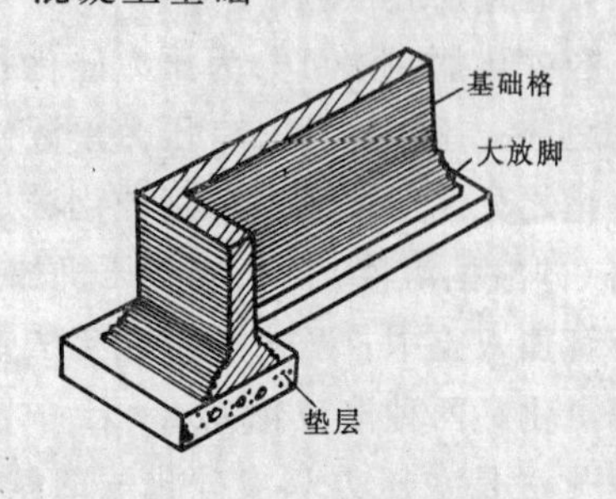

图 4-18　条形基础

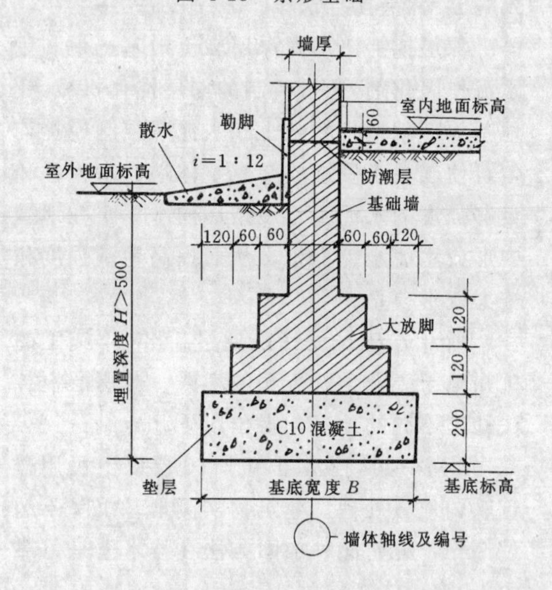

图 4-19　砖基础构造

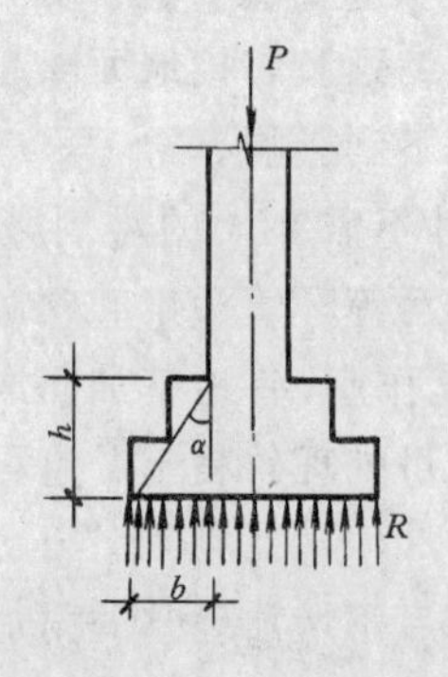

图 4-20　基础剖面与刚性角关系

混凝土基础用混凝土浇捣而成，基础较小时，多用矩形或台阶形截面，基础较宽时，多采用台阶形或梯形，有时为了节约水泥，可在混凝土中投入 30%以下的毛石，这种基础，叫毛石混凝土基础，混凝土基础如图 4-

22 所示。

d. 钢筋混凝土基础

钢筋混凝土因其中钢筋抗拉能力很强，基础承受弯曲的能力较大，因此，基础底面宽度不受高宽比的限制。一般混合结构房屋较少采用此种基础，只有在上部荷载较大，地基承受能力较弱时才采用。

混凝土的强度等级不低于 C15，钢筋根据结构计算配置。基础边缘高度不小于 150mm，基础底部下面常用低强度等级 C10 的混凝土做垫层。厚度为 70～100mm。垫层的作用是使基础与地基有良好接触，以便均匀传力。同时在基础支模时平整而不漏浆，保证施工质量，如图 4-23 所示。

2）独立基础

独立基础将柱子的集中荷载传递到地基上，特别是在基础深度比较大时，与条形基础相比，采用多个独立基础，则其造价可降低，如图 4-24 所示。

3）板式片筏基础

此种基础叫法多异，可叫板式基础、筏式基础，由于布满整个建筑底部，由钢筋混凝土底板梁等整体组成，所以又称为满堂基础，有地下室时，可做成箱式基础。如图 4-25。

4）薄壳基础

薄壳基础是目前基础结构中的新形式，它能充分发挥材料的作用，是基础的一种理想形式，但施工较复杂，目前仅用于少量建筑或构筑物的基础。常见的几种薄壳基础如图 4-26 所示。

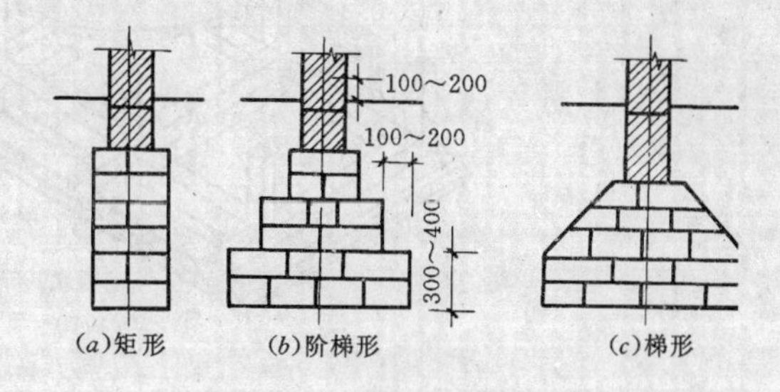

图 4-21　条石基础

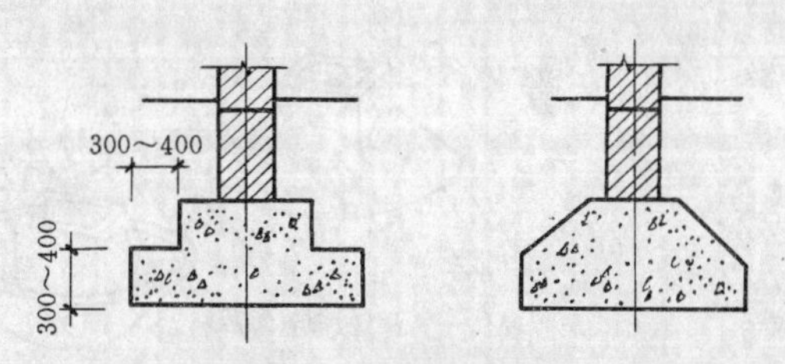

图 4-22　混凝土基础

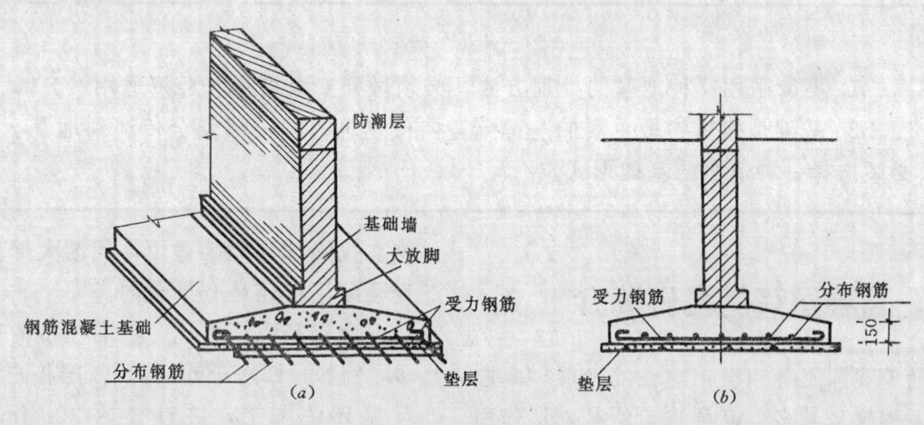

图 4-23　钢筋混凝土基础

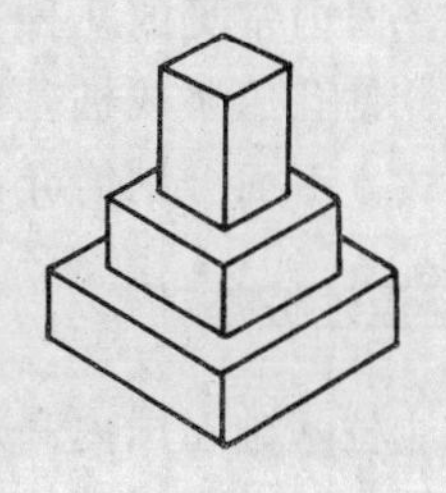

图 4-24　柱下独立基础

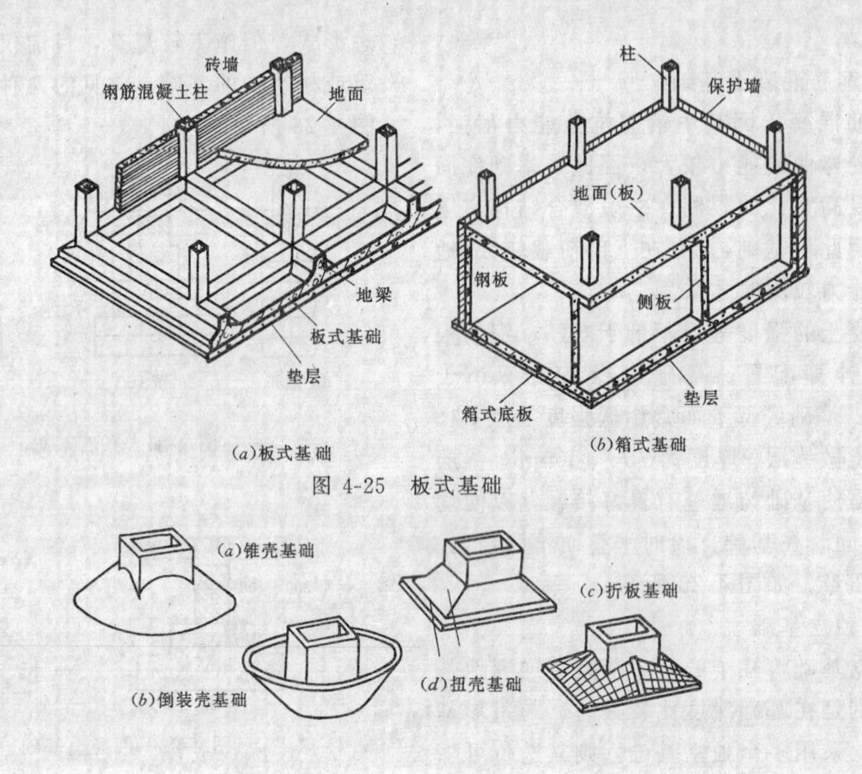

图 4-25　板式基础

图 4-26　薄壳基础

小　　结

1. 不管采用哪种地基的处理方法，必须做到安全可靠、经济适用。

2. 基础是建筑物最重要的一部分，要使建筑物的荷载安全传递到地基上就必须选择一种适当的基础形式。

4.3　高层建筑的基础简介

随着我国工业和城市建设的发展，高层建筑工程越来越多，高层建筑的基础形式和处理方法也在不断的发展和创新。根据近年来经验的总结，国内常见的几种基础有大直径灌注桩基础、钻孔压浆成桩基础、地下连续墙等几种形式，下面分别简介如下：

4.3.1　大直径灌注桩基础

大直径灌注桩基础在国内高层建筑中被大量采用，这是由于大直径灌注桩的单桩承载能力可达数千 kN，甚至数万 kN，这样可以做到一根柱子下面只设一根桩，省去承台，这在我国部分地区适用。我国大部分地区大直径灌注桩还是有承台的。

大直径灌注桩比一般灌注桩的直径大很多，例如，日本千叶县的 20 层松户大厦，用反循环法施工，桩直径达 3000mm，桩长 12.6m 单桩承载力达 1800kN。我国广州 31 层花园酒店采用了 797 根直径 800、1000、1200mm，长 6～22m 嵌入基岩 1m 的大直径灌柱桩。

大直径灌注桩的施工有反循环法、贝诺特利法、人工挖孔法等。我国目前较多地采用人工挖孔法及反循环法。

(1) 人工挖孔法

这种方法是在井壁护圈的保护下，由工人在桩孔中人工挖土，直至设计深度。当设备不足时，或者土质复杂时，可采用此法施工。施工井深大于 20m 时，应有井下通风，必要时送氧。

根据护圈形式不同，国内常用的有混凝土护圈、钢套管护圈两种。

1）混凝土护圈

护圈用 C15 级混凝土浇筑，其断面为斜阶形的圆筒，上厚 17cm，下厚 10cm，每一节高度为 100cm。一般为素混凝土，土质差时，也可加少量钢筋（环筋 ϕ10～12，间距 200mm 竖筋 ϕ10～12，间距 400mm），护圈拆模强度不低于 3MPa。施工方法如图 4-27 所示。

2）钢套管护圈

在流砂地层、地下水丰富的强透水地带或承压水地层，由于不能像混凝土护圈施工时可在孔内强行抽水，此时可采用钢套管护圈法，如图 4-28 所示。

钢套管可用柴油桩锤打入，钢套管下端要打入不透水的基岩层一定深度，阻止地下水渗入孔内。

桩身混凝土的灌浆可采用串筒法，将混凝土通过串筒投入桩孔内。也可采用直接投料法，即将混凝土大量急速地投入桩孔，进行快速浇筑。当浇筑的混凝土面接近地面时，由于落差减小，冲击力不足，要辅以振动器振实。

桩身混凝土浇筑后，要立即拔出钢管。可先用振动锤振动，减小管壁与土层及混凝土间的摩擦阻力，然后用人字把杆或其它设备将钢套管拔出。

(2) 反循环法

这种方法与地下连续墙的施工方法相似，即在泥浆护壁的条件下用钻机进行挖土，挖下的土随同泥浆，用泵或压缩空气通过中空钻头和钻杆由孔底吸至地面，进入沉淀池中，待土渣沉淀后，泥浆通过地面的水沟返回桩孔，如图 4-29 所示。

整个施工过程是：放线定桩位→埋设孔口护筒→钻机就位→钻孔→清底换浆→测桩孔深度→吊入钢筋笼→下导管→浇筑混凝土→拔出孔口护筒。

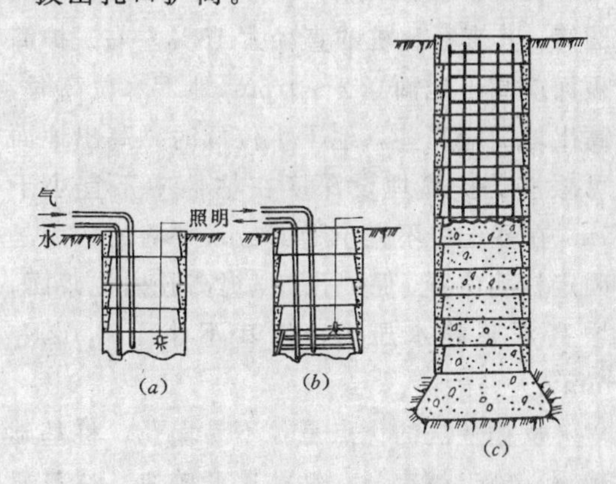

图 4-27 混凝土护圈施工

(a) 在护圈保护下开挖土方；(b) 支模板浇筑混凝土护圈；(c) 浇筑桩身混凝土

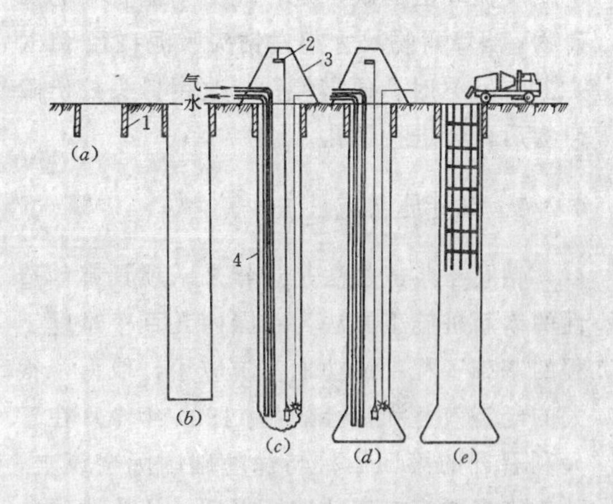

图 4-28 钢套管护圈施工

(a) 构筑井圈；(b) 打入钢管；(c) 在钢管护孔下开挖土方；(d) 桩底护孔；(e) 浇筑混凝土、拔出钢筋

1—井圈；2—链式电动葫芦；3—小型机架；4—钢管

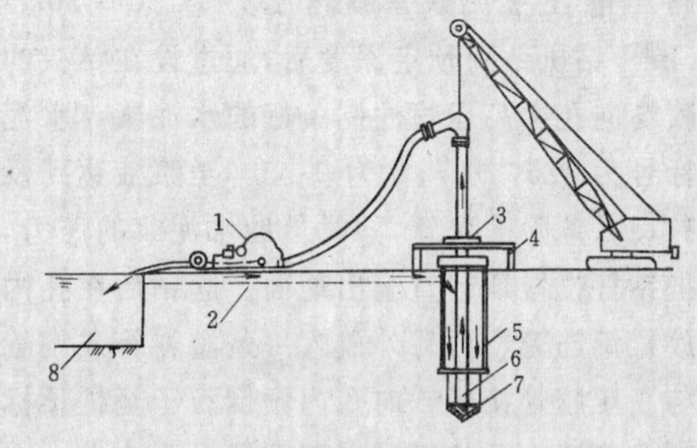

图 4-29 反循环法施工大直径灌柱桩

1—反循环机；2—水沟；3—旋转台盘；4—工作平台；5—护筒；6—钻杆；7—钻头；8—泥浆

孔口护筒是用厚 9mm 的薄钢板卷成的圆筒，其直径比桩的直径大 15%左右。护筒顶面应高出地面 0.2～0.6m，地下水位高时，高出地面应高些，地下水位低时，高出地面可矮些。护筒埋设深度在粘性中不宜小于 1m，在砂土中不宜小于 1.5m，护筒的作用是固定桩孔位置，保护孔口，提高孔内泥浆面，增高泥浆静水压力，使其不小于 0.02N/mm²。

反循环法的优点是：不易塌孔，桩基础越深，施工越有利；钻孔速度较快，在普通土质内，直径 1m 的钻孔桩，每天可钻进 30～40m。

反循环法的缺点是：地下不能有大的障碍物，当障碍物尺寸超过钻头吸泥口径（150～200mm）时，便需停钻，改用抓头挖出障碍物后，再进行钻孔。

4.3.2 钻孔压浆成桩法

钻孔压浆成桩法是近年来一项具有创造性的崭新桩施工方法，在国内几百个难度工程的基础工程中成功地实施应用，取得了很大的经济效益和社会效益。1991 年 4 月在意大利召开的第四届桩与深基础国际会议上，引起许多国家专家的浓厚兴趣，认为这项技术目前在国际上处于领先地位。

（1）施工工艺

所采用钻机与一般灌注桩用长臂螺旋钻机相同，只是在钻杆纵向加装一个从上至下的高压灌注水泥浆系统，压力为 10～30N/mm²。钻机钻到预定深度后，通过设在钻头的喷嘴向孔内高压喷注制备好的水泥浆，水泥标号为 425，水灰比为 0.55，至浆液达到没有塌孔危险的位置，同时借助水泥浆的压力，把钻杆慢慢顶起直至出地面，起钻后在孔内放置钢筋笼，再另外放入一条塑料管或钢管与高压胶管接通，向孔内倾倒石子至桩顶标高，最后水泥浆通过高压胶管自孔底向上多次高压补浆，把孔内带土的泥浆挤压干净，至纯水泥浆溢出地面为止。钻孔压浆成桩法工艺如图 4-30 所示。

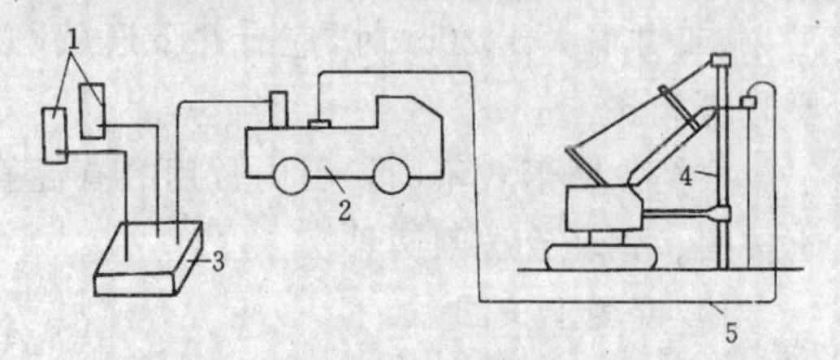

图 4-30 钻孔压浆成桩工艺示意

1—水泥浆搅拌桶；2—高压泵车；3—灰浆过滤池；4—钻机；5—高压胶管

这种工艺既保留了长臂螺旋钻孔桩的优点，又克服了原有的缺点，并具有广泛的适用性。其桩径在 300～1000mm，桩长 50m 左右。目前常用的桩径为 400～600mm，桩长 20m 以内。

（2）适用范围及特点

1）由于钻孔后的土体和钻杆是被孔底的高压水泥浆置换和顶出，所以这种方法除了在钻孔灌注桩适用的地质情况下使用，还能在流砂、淤泥、砂卵石、塌孔和地下水的复杂地质条件下，不用泥浆护壁或套管跟进，借超高压力的水泥浆顺利成孔成桩。

2）这种自下而上的重复高压灌浆的工艺，不仅桩体十分致密，而且对周围的地层有明显的渗透加固、加密的作用，解决了断桩、缩径、桩间虚土等问题，还有局部膨胀扩径现象。因此，其单桩承载力是由摩擦力、支承力和端承力复合而成，比普通灌注桩提高约 1 倍以上。例如，北京燕莎中心作了两根抗拔桩试验，其中 1 号试桩直径 400mm，长 19.8m，要求抗拔工作荷载 250kN，上拔量 5mm。实测数据：1 号试桩加载到 250kN 时，上拔量为 0.662mm；加到 1125kN 时（450%P_w），上拔量仅为 6.714mm。用逆斜率法可预估出 1 号试桩的破坏荷载为 2500kN，相应的极限抗拔荷载为 2000kN，其允许单桩抗压承载力在 2200kN 左右，比一般灌注桩高 1 倍以上。2 号试桩也有同样的结果。

作为帷幕桩，则其桩间土因浆液的扩散渗透而有固结作用，可不用背板、喷浆等措施去保证桩间土的稳定。

3)施工速度比普通打桩法提高1～2倍，而且施工中无震动、无噪音；同时，由于不用泥浆护壁，也就不存在因大量泥浆制备和处理而带来的环境污染问题。

4) 由于单桩承载能力的提高，因此，以消耗同等材料或花费同等费用而取得的承载力计算，造价比普通打桩节约10％～15％。

4.3.3 地下连续墙

地下连续墙是用特制挖槽机械，在地面上沿着开挖工程的周边（如地下结构边墙或挡土墙）在特制的泥浆（又称稳地液）护壁，开挖出具有一定长度（一个单元槽段）、宽度与深度的沟槽，槽段开挖前，应沿地下墙墙面线两侧构筑导墙，然后将钢筋笼吊入沟槽，采用导管在充满泥浆的沟槽中自下而上浇筑混凝土，并把沟槽中泥浆置换出来，筑成一个单元墙段，依此施工，各个单元墙段以某种接头方式连接成一道连续的地下钢筋混凝土墙，就成为地下连续墙。

地下连续墙这项新技术，具有划时代的意义。因为随着工业和城市建设的发展，高层建筑以及各种大型地下设施工程越来越多。同时受到原有建筑物与正常活动的限制，新的建筑物往往是在极为狭窄的现场进行施工。若仍旧采用过去大开挖、大放坡，辅以降水的传统做法已不可能，而采用打桩挡土，又因噪声、振动而产生公害，而采用地下连续墙能较好地适应以上的施工条件，一举革除了降水、挡土、支模、加撑几个工序，实现了以土代模、地下浇灌、以墙挡土。特别是地下连续墙能够肩背并用，施工时既能起支护作用，本身又是工程的基础。

地下连续墙技术有一系列的优点，主要表现在：适应面广，除岩溶地区以及含有较高承压水头的夹层细、粉砂地层外，适用于各种粘性土、砂土及冲填土等土质；施工时无振动、无噪音，开挖基槽时不需放坡，特别适宜于城市与密集的建筑群中施工；具有防渗、截水、承重、挡土、抗滑、防爆等多种功能；单体造价有时可能稍高，但由于可节省邻近建筑物的加固费用，故其综合经济效果较好。

地下连续墙技术亦有不足之处，主要是：施工现场管理不善，会造成现场潮湿和泥泞。由于该施工技术要求高，可能出现墙表面不够光滑，增大表面光洁处理工作等。

地下连续墙除用作高层建筑的深基础外，还普遍用于船坞、水池、设备基础、道路立交、地下铁道、船闸、顶管工作井、护岸、防渗墙、岸壁等工程。

小　结

高层建筑的基础，其主要特点是基础深，单个柱基直径大，施工涉及面广，工艺较复杂，在实施过程中，必须严密组织，谨慎施工。

习题

1. 土分为哪几种，其开挖方法是什么？
2. 土有哪些性质，其作用怎样？
3. 在开挖基槽（坑）时，应注意哪些问题？
4. 回填土施工有哪些要求？
5. 常用的碾压工具有哪些？各自的优缺点如何？

6. 地基和基础各自起什么作用？

7. 请学员收集本地区地基处理的各种方法？

8. 请学员收集本地房屋建筑的基础采用了哪些形式？

9. 刚性角的含义是什么？怎样应用？

10. 采用钢筋混凝土基础时，施工应注意哪些问题？

11. 收集本地区高层建筑的基础处理形式，并写出一个实例调查报告。

第5章 砌 筑 工 程

5.1 砌筑材料

砌筑材料包括烧结粘土砖，硅酸盐砖、多孔砖砌块，石块等砌体材料。水泥，石灰等胶凝材料；骨料等。

5.1.1 烧结粘土砖（简称砖）

烧结粘土砖是以粘土为主要原料，经成型、干燥和焙烧而成。烧结粘土砖取材方便，成本低廉，使用简单灵活，强度可靠，同时，又具备一定的抗冻、保温、隔热性能，是建筑工程中应用最广泛的砌体材料。

烧结粘土砖按生产方式不同分机制砖和手工砖；按颜色不同分为红砖和青砖，青砖较红砖结实且耐碱，耐久性好，但是生产效率低，价格贵。按焙烧时火候不同，还可分为正火砖、欠火砖和过火砖。欠火砖色浅，敲击声哑，孔隙率大，强度低，耐久性差。过火砖敲击声响亮，表面可能釉化，虽强度高，但弯曲变形。过火砖和欠火砖均不宜用于墙体砌筑。

（1）规格和等级

1）规格：烧结粘土砖的标准尺寸为240mm×115mm×53mm。每块砖240mm×115mm的面称为大面，240mm×53mm的面称为条面，115mm×53mm的面称为顶面，见图5-1。在砌体中按每个砂浆灰缝宽10mm考虑，则4块砖长。8块砖宽和16块砖厚均为1m，每$1m^3$砖砌体需用512块砖。

2）砖的等级

a. 强度等级：砖按抗压强度分为：MU30、MU25、MU20、MU15、MU10、MU7.5六个强度等级。

各强度等级的强度应符合表5-1中规定值。

烧结普通砖强度等级(MPa)　　表5-1

强度等级	平均值$\bar{f}\geqslant$	标准值$f_k\geqslant$
MU30	30.0	23.0
MU25	25.0	19.0
MU20	20.0	14.0
MU15	15.0	10.0
MU10	10.0	6.5
MU7.5	7.5	5.0

b. 质量等级：尺寸偏差和抗风化性能合格的砖，根据外观质量，泛霜和石灰爆裂三项指标分为优等品(A)、合格品(C)两个等级。优等品用于清水墙建筑，合格品主要用于混水墙和内墙。MU7.5的砖不能作为优等品。

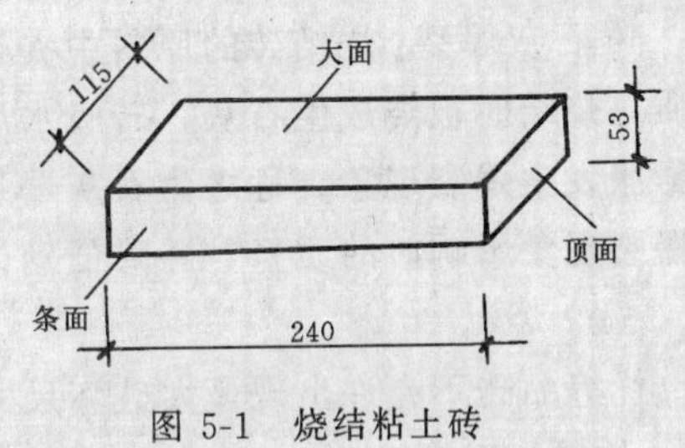

图5-1　烧结粘土砖

（2）技术性质

1）尺寸允许偏差：砖的尺寸允许偏差应符合表5-2的规定。

砖的尺寸允许偏差　　表5-2

公称尺寸(mm)	样本平均偏差(mm)	样本极差≤(mm)
长度240	±2.0	8
宽度115	±1.5	6
高度53	±1.5	4

2）外观质量：砖的外观质量应符合表5-3的规定。

砖的外观质量评定(mm)　　表5-3

项　　目	优等品	合格品
① 两条面高度差　不大于	2	5
② 弯曲　不大于	2	5
③ 杂质凸出高度　不大于	2	5
④缺棱掉角的三个破坏尺寸不得同时大于	15	30
⑤ 裂纹长度　不大于		
a. 大面上宽度方向及其延伸至条面的长度	70	110
b. 大面上长度方向及其延伸至顶面的长度或条顶面上水平裂纹的长度	100	150
⑥完整面	一条面和顶面	—

注：完整面系指宽度中有大于1mm的裂纹长度不得超过30mm；条顶面上造成的破坏面不得同时大于10mm×20mm。

3）泛霜：泛霜又称起霜、盐析、盐霜，是指可溶性盐类在砖表面的盐析现象，一般呈白色粉末、絮团或絮片状。

中等泛霜的砖不得用于潮湿部位；轻微泛霜的砖只对清水墙外观有影响；严重泛霜对建筑结构破坏较大。因此，优等品砖应无泛霜现象，合格品砖不得严重泛霜。

4）石灰爆裂：烧结砖的原料中夹杂着石灰质，烧结时被烧成生石灰，砖吸水后生石灰膨胀发生爆裂现象，称之为石灰爆裂。石灰爆裂现象影响砖的质量，并降低砌体的强度。

优等品砖不允许出现最大破坏尺寸大于2mm的爆裂区域。

合格品砖最大破坏尺寸大于2mm且小于等于15mm的爆裂区域，每组砖样不得多于15处，其中大于10mm的不得多于7处，而且不允许出现最大破坏尺寸大于15mm的爆裂区域。

5）抗风化性能：通常将干湿变化，温度变化，冻融变化等气候对砖的侵蚀作用称为风化作用，抵抗风化作用的能力称为抗风化性能。按《烧结普通砖》(GB5101—93)标准规定，把全国按风化系数分为严重风化区和非严重风化区，见表5-4。

严重风化区与非严重风化区的划分

表5-4

严重风化区		非严重风化区	
1. 黑龙江省	10. 山西省	1. 山东省	10. 湖南省
2. 吉林省	11. 河北省	2. 河南省	11. 福建省
3. 辽宁省	12. 北京市	3. 安徽省	12. 台湾省
4. 内蒙古自治区	13. 天津市	4. 江苏省	13. 广东省
5. 新疆自治区		5. 湖北省	14. 广西自治区
6. 宁夏自治区		6. 江西省	15. 海南省
7. 甘肃省		7. 浙江省	16. 云南省
8. 青海省		8. 四川省	17. 西藏自治区
9. 陕西省		9. 贵州省	18. 上海市

抗风化性能是否合格可用砖5h沸水吸水率和饱和系数来衡量，当两者值都符合表5-5规定时，可视为抗风化性能合格，若有一项指标达不到，须再进行冻融试验，判别抗风化性能是否合格。冻融试验是把吸水饱和的砖在－15℃的温度冻结后，再在20℃的水中融化称为一次冻融循环，这样经15次冻融循环，其干后质量损失和抗压强度平均值符合表5-6规定时则合格。

烧结普通砖吸水率和饱和系数指标　　表5-5

项　目	严重风化区				非严重风化区			
	5h沸煮吸水率不大于(%)		饱和系数不大于		5h沸煮吸水率不大于(%)		饱和系数不大于	
砖种类	平均值	单块最大值	平均值	单块最大值	平均值	单块最大值	平均值	单块最大值
粘土砖	19	21	0.80	0.82	23	25	0.88	0.80
粉煤灰砖[①]	20	22			30	32		
页岩砖	15	17	0.72	0.74	18	20	0.78	0.80
煤矸石砖	18	20			21	23		

① 粉煤灰掺入量(体积比)小于50%时，按粘土砖规定。

严重风化区（除 5、4、1 地区外）和非严重风化区的抗风化性能　　表 5-6

强度等级	抗压强度（MPa）平均值不小于	单块砖的干质量损失（%）不大于
30	23.0	2.0
25	19.0	2.0
20	14.0	2.0
15	10.0	2.0
10	6.5	2.0
7.5	5.0	2.0

（3）烧结粘土砖的应用

烧结粘土砖除用于砌筑墙体外，还可用于砌筑基础、砖柱、炉灶、烟囱、窑体、拱顶屋面等；与轻混凝土，绝热材料等复合使用，砌成轻型墙体；如果在砌体中配入钢筋或钢丝网，还可以制成钢筋砖砌体，代替钢筋混凝土作为各种承重构件。

5.1.2 烧结多孔砖和烧结空心砖

（1）烧结多孔砖

烧结多孔砖是以粘土为主要原料，掺有部分页岩和煤矸石，经成型、干燥、焙烧而成的大面有孔洞的砖，见图 5-2。烧结多孔砖孔洞率一般在 18%～28%，表观密度一般为 1350～1480kg/m³，强度较高，多用于承重墙体的砌筑，使用时孔洞垂直于承压面。

1）规格：多孔砖有两种规格：190mm×190mm×90mm，（代号为 M）和 240mm×115mm×90mm（代号为 P）。

2）技术性能

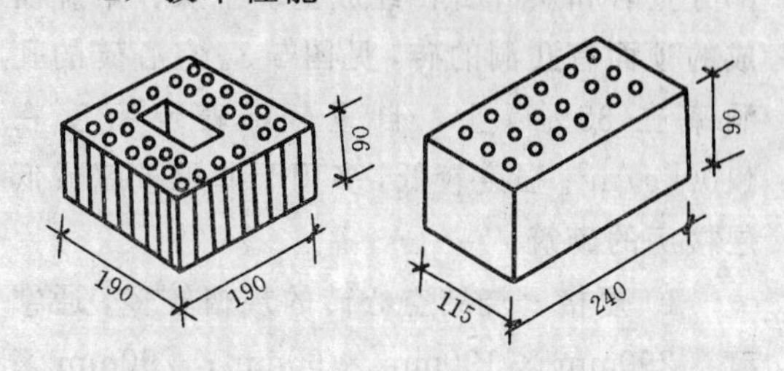

图 5-2　烧结多孔砖

a. 强度等级：多孔砖按抗压强度，抗折荷重分为 MU30、MU25、MU20、MU15、MU10、MU7.5 六个强度等级。详见表 5-7。

b. 产品等级：根据强度等级、尺寸偏差、外观质量等，多孔砖分为优等品（A）、一等品（B）和合格品（C）三个等级。各产品等级的尺寸允许偏差详见表 5-8。

多孔砖各产品等级的强度指标　　表 5-7

产品等级	强度等级	抗压强度（MPa）		抗折荷重（kN）	
		平均值不小于	单块最小值不小于	平均值不小于	单块最小值不小于
优等品	MU30	30.0	22.0	13.5	9.0
	MU25	25.0	18.0	11.5	7.5
	MU20	20.0	14.0	9.5	6.0
一等品	MU15	15.0	10.0	7.5	4.5
	MU10	10.0	6.0	5.5	3.0
合格品	MU7.5	7.5	4.5	4.5	2.5

尺寸允许偏差　　表 5-8

尺寸	尺寸允许偏差		
	优等品	一等品	合格品
240，190	±4	±5	±7
115	±3	±4	±5
90	±3	±4	±4

烧结空心砖各强度等级的强度值 表 5-9

等级	强度等级	大面抗压强度（MPa）		条面抗压强度（MPa）	
		平均值不小于	单块最小值不小于	平均值不小于	单块最小值不小于
优等品	MU5.0	5.0	3.7	3.4	2.3
一等品	MU3.0	3.0	2.2	2.2	1.4
合格品	MU2.0	2.0	1.4	1.6	0.9

（2）烧结空心砖

烧结空心砖是以粘土为主要原料，掺有部分页岩和煤矸石，经成型、干燥、焙烧而成的顶面有孔洞的砖，见图 5-3。空心砖的孔洞率在 35%以上，自重轻，表现密度在 1100kg/m³。强度较低，多用于非承重墙或低层楼房的砌筑。

1）规格　烧结空心砖的规格较多，通常有：290mm × 190mm × 90mm；290mm × 190mm×140mm；240mm×180mm×115mm 等（长度×宽度×高度）。

2）密度级别　根据密度的不同，烧结空心砖分为 800kg/m³、900kg/m³、1100kg/m³ 三个密度等级。各密度等级对应的五块砖平均密度值分别为小于或等于 0.8t/m³；0.8～0.9t/m³；901～1100kg/m³，否则为不合格品。

3）产品等级　根据外观质量、密度级别和强度等级等，空心砖分为优等品(A)、一等品(B)和合格品(C)三个等级，见表 5-9。

4）强度等级　空心砖的强度等级分为 MU5.0、MU3.0、MU2.0 三个等级，各强度等级大面、条面抗压强度见表 5-9。

5.1.3 蒸压蒸养砖

蒸压蒸养砖又称硅酸盐砖，是以硅质材料和石灰为主要原料，必要时加入骨料和适量的石膏，经压制成型、湿热处理制成的建筑用砖。根据所用材料不同有灰砂砖、粉煤灰砖、煤渣砖等。

（1）蒸压灰砂砖　蒸压灰砂砖简称灰砂砖，是以砂和石灰为主要原料，经坯料制备、压制成型、蒸压养护而成。灰砂砖内部组织均匀密实、尺寸偏差较小，外表光洁整齐，如在混合物中加入矿物颜料。可获得各种不同颜色的灰砂砖制品。

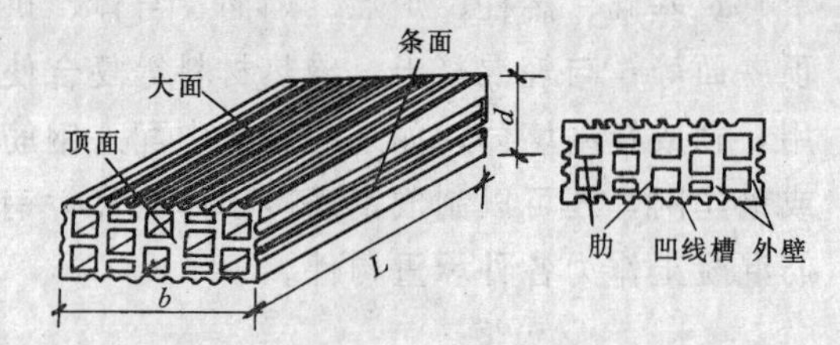

图 5-3　烧结空心砖外形示意图

L—长度；b—宽度；d—高度

1）规格：灰砂砖规格为 240mm×115mm×53mm（长×宽×高）。

2）产品等级：根据外观质量、尺寸偏差、强度等级等，灰砂砖分为优等品（A）、一等品（B）和合格品（C）三个等级。

3）强度等级：根据抗压及抗折强度，灰砂砖分为四个强度等级：MU25、MU20、MU15、MU10，其力学性能详见表 5-10。

灰砂砖力学性能 表 5-10

强度等级	抗压强度（MPa）		抗折强度（MPa）	
	平均值不小于	单块值不小于	平均值不小于	单块值不小于
MU25	25.0	20.0	5.0	4.0
MU20	20.0	16.0	4.0	3.2
MU15	15.0	12.0	3.3	2.6
MU10	10.0	8.0	2.5	2.0

注：优等品的强度等级不得小于 MU15。

4）抗冻性：吸水饱和的灰砂砖经冻融循环，其干质量损失和抗压强度平均值符合表5-11的规定，则抗冻性合格。

灰砂砖的抗冻性指标　　表 5-11

强度等级	抗压强度平均值不小于（MPa）	单块砖的干质量损失（%）不大于
MU25	20.0	2.0
MU20	16.0	2.0
MU15	12.0	2.0
MU10	8.0	2.0

注：优等品的强度等级不得小于MU15。

5）灰砂砖的应用：灰砂砖表观密度为1800～1900kg/m³，自然状态含水率为4.7%～5.2%，可用于工业与民用建筑的墙体和基础砌筑，但不得用于长期受热200℃以上、受急冷急热和有酸介质侵蚀的部位。灰砂砖表面光洁，与砂浆粘结力差，面层抹灰时要进行表面处理。

（2）蒸压（养）粉煤灰砖

蒸压（养）粉煤灰砖简称粉煤灰砖，是以粉煤灰、石灰为主要原料，掺入适量石膏和骨料，经坯料制备、压制成型、高压或常压蒸汽养护而成。

1）规格：粉煤灰砖的规格为240mm×115mm×53mm（长×宽×高）。

2）等级：根据抗压、抗折强度，粉煤灰砖的强度等级分为：MU20、MU15、MU10、MU7.5四个强度等级，见表5-12。根据外观质量、强度等级划分为优等品（A）、一等品（B）和合格品（C）三个产品等级。优等品的强度等级不低于MU15，一等品强度等级不低于MU10。

3）抗冻性：粉煤灰砖吸水饱和，经冻融循环后符合表5-13的规定，则抗冻性合格。

4）粉煤灰砖的应用：蒸压粉煤灰砖的表观密度为1500～1800kg/m³。适用于工业与民用建筑墙体和基础的砌筑，但用于基础或易于受冻融和干湿交替部位时须用一等品砖或优等品砖，不得用于长期受热200℃以上、受急冷急热的部位和有酸性介质侵蚀的部位。面层抹灰时，须进行表面处理。

粉煤灰砖强度指标　　表 5-12

强度等级	抗压强度（MPa）		抗折强度（MPa）	
	10块平均值不小于	单块值不小于	10块平均值不小于	单块值不小于
MU20	20.0	15.0	4.0	3.0
MU15	15.0	11.0	3.2	2.4
MU10	10.0	7.5	2.5	1.9
MU7.5	7.5	5.6	2.0	1.5

注：强度等级以蒸汽养护后1天的强度为准。

粉煤灰砖抗冻性指标　　表 5-13

强度等级	抗压强度（MPa）平均值不小于	砖的干质量损失（%）单块值不大于
MU20	16.0	2.0
MU15	12.0	2.0
MU10	8.0	2.0
MU7.5	6.0	2.0

5.1.4 砌块

砌块是一种用于砌筑的人造块材，是一种新型的墙体材料。它的外形多为直角六面体，其主规格的长度、宽度或高度须有一项或一项以上分别大于 365mm、240mm 或 115mm，但高度不大于长度或宽度的 6 倍，长度不超过高度的 3 倍。因为可以充分利用地方材料和工业废料，所以得到广泛应用。

砌块按用途分为承重砌块与非承重砌块；按有无孔洞分为实心砌块与空心砌块；按使用原材料分为硅酸盐混凝土砌块与轻骨料混凝土砌块；按生产工艺分为烧结砌块与蒸压蒸养砌块；按产品规格分为大型砌块（主规格的高度大于 980mm)、中型砌块(主规格的高度为 380～980mm)和小型砌块(主规格的高度为 115～380mm)。

（1）粉煤灰砌块

粉煤灰砌块是以粉煤灰、石灰、石膏和骨料等为原料，经加水搅拌、振动成型、蒸汽养护制成的密实砌块。其主要规格为 880mm×380mm×240mm；880mm×430mm×240mm，见图 5-4。粉煤灰砌块强度分为两个强度等级，即 MU10、MU13；按外观质量、尺寸偏差和干缩性能分为一等品 (B) 和合格品 (C)。MU10 和 MU13 适用于工业与民用建筑墙体和基础；不适用于受酸侵蚀、受振动较大及密封性要求高的建筑，以及受高温、经常受潮湿的承重墙。

（2）蒸压加气混凝土砌块

蒸压加气混凝土砌块简称加气混凝土砌块，是以水泥、石灰、石膏、粉煤灰或矿渣、砂等基本原料，经配料、浇筑、发气、切割、蒸养等工序制成的一种轻质、多孔的轻型砌块。一般规格有两个系列，单位为 mm，一个系列为长度 600；高度 200、250、300；宽度从 75 起以 25 递增。另一系列为长度 60；高度 240、300；宽度从 60 起以 60 递增。外型见图 5-5。

加气混凝土砌块按抗压强度分为 MU1.0、MU2.5、MU3.5、MU5.0、MU7.5 五个强度等级；按其表观密度分为 03、04、05、06、07、08 六级；按尺寸偏及表观密度分为优等品（A)、一等品（B）和合格品（C）三等。

加气混凝土砌块具有表观密度小、保温及耐火性能好、抗震性能强、易于加工、施工方便等特点。广泛应用于间隔墙、填充墙、围护墙，以及作为保温隔热材料。不适用于有侵蚀介质环境、水中或潮湿环境、温度高于 80℃的结构，以及基础。

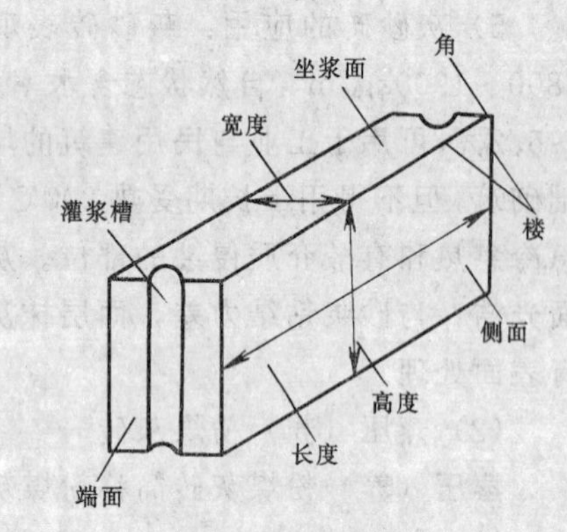

图 5-4 粉煤灰砌块形状示意图

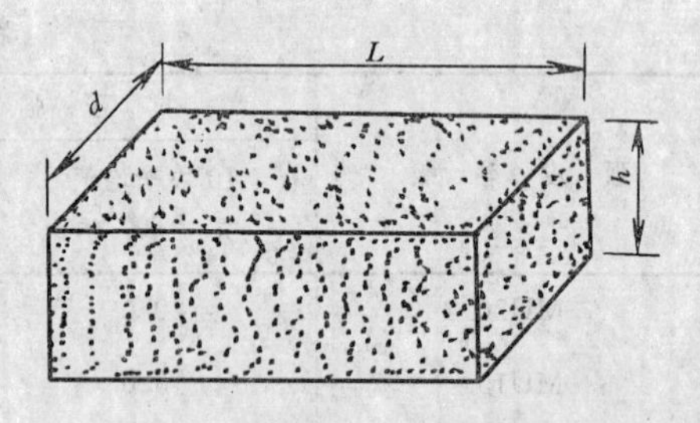

图 5-5 蒸压加气混凝土砌块示意图

L—长；d—宽；h—高

（3）中型空心砌块

中型空心砌块是以水泥或煤矸石无熟料水泥，配以一定比例的骨料制成的。空心率大于或等于 25%。中型空心砌块分为水泥混凝土中型砌块和煤矸石硅酸盐中型空心砌块。其规格为长度 500mm、600mm、800mm、1000mm，宽度：200mm、240mm，高度：400mm、800mm、900mm 属中型砌块，外形见图 5-6。水泥混凝土中型空心砌块按抗压强度分为MU3.5、MU5.0、MU7.5、MU10.0、MU15.0五个强度等级。中型空心砌块重量轻、强度较高、抗冻性好，施工方便，适用于民用与一般工业建筑的墙体砌筑。

(4) 混凝土小型空心砌块

混凝土小型空心砌块是以水泥为胶凝材料，砂、碎石或卵石、煤矸石、矿渣等为骨料加水搅拌，经振动、加压或冲压成型、经养护而制成的小型砌块。各地生产的种类很多，其主要规格为390mm × 190mm × 190mm。外型见图5-7。混凝土小型砌块按抗压强度分为MU3.5、MU5.0、MU7.5、MU10.0、MU15.0五个强度等级；按其外观质量分为一等品和二等品。适用于地震设计裂度为8度和8度以下的一般民用与工业建筑的墙体。

5.1.5 水泥

水泥是一种细粉状物质，与水适量调合后，形成可塑浆体，经过一系列的物理化学作用后，逐渐变成坚硬的人造石材。水泥还有胶结其它物质，并使之联结成整体的能力。水泥浆体除能在空气中凝结硬化外，还能更好地在水中凝结硬化，并保持和发展强度，所以水泥是一种水硬性胶结材料。水泥按用途及性能分为：通用水泥，专用水泥及特性水泥。水泥按其主要水硬性物质名称可分为：硅酸盐系水泥、铝酸盐系水泥、硫酸盐系水泥或硫铝酸盐系水泥、磷酸盐系水泥。

常用的通用水泥品种有硅酸盐水泥、普通硅酸盐水泥、矿渣硅酸盐水泥、火山灰质硅酸盐水泥、粉煤灰硅酸盐水泥及其它品种的硅酸盐水泥。

(1) 硅酸盐水泥

1) 概念及分类：按我国现行国家标准《硅酸盐水泥、普通硅酸盐水泥》(GB175—92) 规定，凡由硅酸盐水泥熟料0～5%的石灰石或粒化高炉矿渣，适量石膏磨细制成的水硬性胶结材料，称为硅酸盐水泥。

硅酸盐水泥可分为两类：Ⅰ型硅酸盐水泥，即不掺混合料的水泥，代号为P.Ⅰ；Ⅱ型硅酸盐水泥，即在硅酸盐水泥熟料磨细时掺入不超过水泥质量5%的石灰石或粒化高炉矿渣混合材料的水泥，代号为P.Ⅱ。

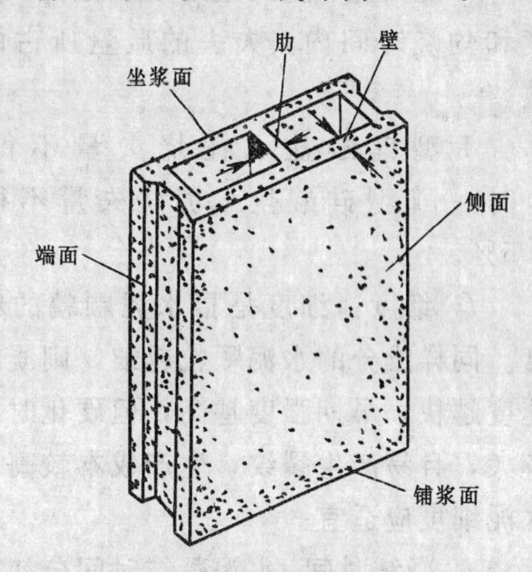

图5-6 中型空心砌块的构造形式示意图

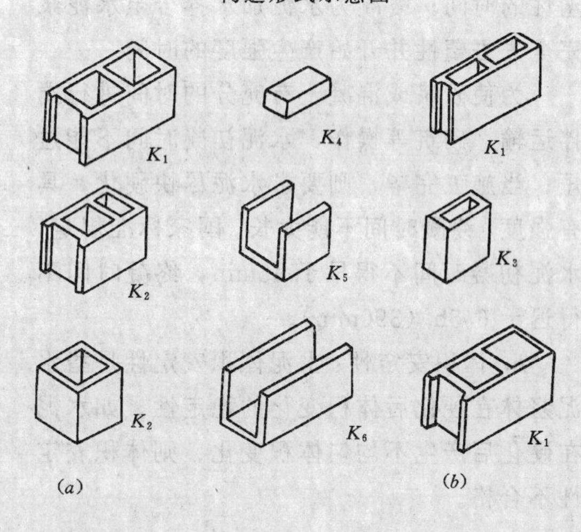

图5-7 几种混凝土空心砌块外形示意图

(a) 主砌块；(b) 辅助砌块

2) 主要技术性质：

a. 实际密度与表观密度：硅酸盐水泥的实际密度为3.10～3.20g/cm^3；表观密度约为1300～1600kg/m^3。

b. 不溶物：Ⅰ型硅酸盐水泥不溶物不得超过0.75%；Ⅱ型硅酸盐水泥不得超过1.50%。

c. 氧化镁：水泥中氧化镁的含量不得超过5.0%。

d. 三氧化硫：水泥中三氧化硫的含量不得超过3.5%。

e. 烧失量：烧失量是指水泥在一定的温度和灼烧时间内，失去的质量所占的百分数。

Ⅰ型硅酸盐水泥烧失量不得大于3.0%；Ⅱ型硅酸盐水泥烧失量不得大于3.5%。

f. 细度：细度是指水泥颗粒的粗细程度。同样成分的水泥颗粒越细，则凝结硬化速度越快，早期强度越高，但硬化时收缩也较大，且易产生裂纹，生产成本较高，所以水泥细度应适宜。

g. 凝结时间：水泥凝结时间分初凝和终凝。初凝为水泥加水拌合至水泥浆开始失去塑性的时间；终凝为水泥加水拌合至水泥浆完全失去塑性并开始产生强度的时间。

为使砂浆或混凝土有充分的时间进行搅拌运输、砌筑等操作，水泥初凝时间不能过短；当施工完毕，则要求水泥尽快硬化，具有强度，终凝时间不能太长。国家标准规定，水泥初凝时间不得早于45min，终凝时间不得迟于6.5h（390min）。

h. 体积安定性：水泥体积安定性是指水泥浆体在硬化后体积变化的稳定性。如水泥在硬化后产生不均匀体积变化、则体积安定性不合格。

水泥遇水后，在凝结硬化过程中，体积必然发生变化，但变化应不太大且均匀，体积安定性不合格会使结构产生膨胀性裂缝，甚至破坏。所以体积安定性不合格的水泥严禁用于工程中。国家标准规定水泥安定性用沸煮法检验必须合格。

i. 需水性：使水泥净浆达到一定的再塑性时所需要的水量称为需水性。通常以水泥净浆标准稠度需水量表示。

拌制水泥净浆时为达到标准稠度所需要的加水量称为水泥净浆标准稠度需水量，一般以占水泥质量的百分数表示。常用水泥净浆需水量为22%～32%。

j. 强度：水泥的强度是水泥力学性能的重要指标。也是划分水泥标号的重要依据。

水泥强度在头7d发展较快，28d时强度达到规定的最大值。水泥按规定龄期的抗折强度和抗压强度来划分标号。按早期强度分为两种类型，其中R为早强型水泥。硅酸盐水泥分为425R，525、525R，625、625R，725R六个标号。各标号水泥的各龄期强度不得低于国家标准。详见表5-14。

k. 水化热：水泥在水化过程中所放出的热量称为水化热。水化热的释放可延续很长时间，但大部分热量是在早期，特别是头7d内放出。

水化热的大小和释放速度取决于水泥的品种、细度等，细度大，则早期放热量较多，且释放速度快。硅酸盐水泥水化热高。

硅酸盐水泥各龄期强度（MPa） **表5-14**

品种	标号	抗压强度		抗折强度	
		3d	28d	3d	28d
硅酸盐水泥	425R	22.0	42.5	4.0	6.5
	525	23.0	52.5	4.0	7.0
	525R	27.0	52.5	5.0	7.0
	625	28.0	62.5	5.0	8.0
	625R	32.0	62.5	5.5	8.0
	725R	37.0	72.5	6.0	8.5

普通硅酸盐水泥各龄期的强度(MPa)　　表 5-15

标号		抗压强度		抗折强度	
		3d	28d	3d	28d
普通水泥	325	12.0	32.5	2.5	5.5
	425	16.0	42.5	3.5	6.5
	425R	21.0	42.5	4.0	6.5
	525	22.0	52.5	4.0	7.0
	525R	26.0	52.5	5.0	7.0
	625	27.0	62.5	5.0	8.0
	625R	31.0	62.5	5.5	8.0

注：表中 R 为早强型。

使用水化热较大的水泥，对一般建筑的冬季施工是有利的，但对大体积混凝土，则由于水化热大，使构件内外温差过大产生较严重的裂缝，所以，大体积混凝土不宜选用水化热大的水泥。

l. 碱含量：水泥中碱含量按 Na_2O＋0.658K_2O 计算值来表示。若使用活性骨料，要求提供低碱水泥时，水泥中碱含量不得大于 0.6%，或由供需双方商定。

3）硅酸盐水泥的特点及应用：硅酸盐水泥凝结时间较短，硬化速度快，早期强度较高，抗冻性好、耐磨能力强，水化热较大，对外加剂作用较敏感。

硅酸盐水泥适用于地上、地下的混凝土工程，对有冻融循环、磨损较大的环境也能很好的适应，除此外，硅酸盐水泥还可配制成建筑砂浆，但不适用大体积工程和受化学及海水侵蚀的工程。

（2）普通硅酸盐水泥

1）概念

按国家标准 (GB175—92) 规定，凡由硅酸盐水泥熟料，6%～15%混合材料、适量石膏磨细制成的水硬性胶结材料称为普通硅酸盐水泥，简称普通水泥，代号 P.O。

2）主要技术性质

a. 烧失量：普通水泥中烧失量不得大于 5.0%。

b. 细度：普通水泥 0.08mm 方孔筛筛余量不得超过 10%。

c. 凝结时间：普通水泥初凝不得早于 45min，终凝不得迟于 10h。

d. 标号：根据各龄期水泥强度值，普通水泥分为 325、425、425R、525、525R、625、625R 七个标号，详见表 5-15。

e. 实际密度：普通水泥的密度略低于硅酸盐水泥，约为 3.10g/cm^3 左右。

普通水泥的其它性质与硅酸盐水泥相同，普通水泥不同于硅酸盐水泥主要是普通水泥在生产过程中加入了混合材料，两者特点相近，适用范围也基本相同。

（3）矿渣硅酸盐水泥、火山灰质硅酸盐水泥、粉煤灰硅酸盐水泥。

1）概念

a. 矿渣硅酸盐水泥：凡由硅酸盐水泥熟料和粒化高炉矿渣，加入适量石膏，磨细后制成的水硬性胶凝材料称矿渣硅酸盐水泥，简称矿渣水泥，代号 P.S。

b. 火山灰质硅酸盐水泥：凡由硅酸盐水泥熟料和火山灰质混合料，加入适量石膏磨细制成的水硬性胶凝材料称为火山灰质硅酸盐水泥、简称火山灰水泥，代号 P.P。

c. 粉煤灰硅酸盐水泥：凡由硅酸盐水泥熟料和粉煤灰，加入适量石膏磨细制成的水硬性胶凝材料，称为粉煤灰硅酸盐水泥，简称粉煤灰水泥，代号 P.F。

2）主要技术性质

a. 实际密度和表观密度：三种水泥的实际密度在 2.6～3.0g/cm³ 之间；表观密度在 1000～1200kg/m² 之间。

b. 三氧化硫含量：矿渣水泥中三氧化硫含量不得超过 4%；火山灰水泥和粉煤灰水泥三氧化硫含量不得超过 3.5%。

c. 标号：三种水泥的标号分为 275、325、425，425R、525、525R、625R 七个，详见表 5-16。

d. 三种水泥的其它性质与普通水泥相同。

3）特点及应用：三种水泥都具有以下特点及适用范围：

凝结硬化速度较慢；早期强度增长慢，后期强度增长快；抗腐蚀性强；水化热较低；抗冻性差。适用于大体积混凝土工程；有抗腐蚀、抗渗性要求的混凝土工程。不适用于早期强度要求较高和有抗冻性要求的混凝土工程。

以上五种水泥的成分。特点及应用详见表 5-17。

矿渣水泥、火山灰水泥及粉煤灰水泥的各龄期强度(MPa)　　**表 5-16**

标号	抗压强度			抗折强度		
	3d	7d	28d	3d	7d	28d
275	—	13.0	27.5	—	2.5	5.0
325	—	15.0	32.5	—	3.0	5.5
425	—	21.0	42.5	—	4.0	6.5
425R	19.0	—	42.5	4.0	—	6.5
525	21.0	—	52.5	4.0	—	7.0
525R	23.0	—	52.5	4.5	—	7.0
625R	28.0	—	62.5	5.0	—	8.0

五种水泥的成分、特征及应用　　**表 5-17**

名称	硅酸盐水泥（P.Ⅰ P.Ⅱ）	普通水泥（P.O）	矿渣水泥（P.S）	火山灰水泥（P.P）	粉煤灰水泥（P.F）
成分	1. 水泥熟料及少量石膏（Ⅰ型） 2. 水泥熟料 5%以下混合材料、适量石膏（Ⅱ型）	在硅酸盐水泥中掺活性混合材料 6%～15%或非活性混合材料 10%以下	在硅酸盐水泥中掺入 20%～70%的粒化高炉矿渣	在硅酸盐水泥中掺入 20%～50%火山灰质混合材料	在硅酸盐水泥中掺入 20%～40%粉煤灰
主要特征	1. 早期强度高 2. 水化热高 3. 耐冻性好 4. 耐热性差 5. 耐腐蚀性差 6. 干缩较小	1. 早强 2. 水化热较高 3. 耐冻性较好 4. 耐热性较差 5. 耐腐蚀性较差 6. 干缩性较小	1. 早期强度低，后期强度增长较快 2. 水化热较低 3. 耐热性较好 4. 对硫酸盐类侵蚀抵抗和抗水性较好 5. 抗冻性较差 6. 干缩性较大 7. 抗渗性差 8. 抗碳化能力差	1. 早期强度低，后期强度增长较快 2. 水化热较低 3. 耐热性较差 4. 对硫酸盐类侵蚀抵抗力和抗水性较好 5. 抗冻性较差 6. 干缩性较大 7. 抗渗性较好	1. 早期强度低，后期强度增长较快 2. 水化热较低 3. 耐热性较差 4. 对硫酸盐类侵蚀和抗水性较好 5. 抗冻性较差 6. 干缩性较小 7. 抗碳化能力较差

续表

名称	硅酸盐水泥（P.Ⅰ P.Ⅱ）	普通水泥（P.O）	矿渣水泥（P.S）	火山灰水泥（P.P）	粉煤灰水泥（P.F）
适用范围	1. 制造地上地下及水中的混凝土、钢筋混凝土及预应力混凝土结构，包括受循环冻融的结构及早期强度要求较高的工程 2. 配制建筑砂浆	与硅酸盐水泥基本相同	1. 大体积工程 2. 高温车间和有耐热耐火要求的混凝土结构 3. 蒸汽养护的构件 4. 一般地上地下和水中的混凝土及钢筋混凝土结构 5. 有抗硫酸盐侵蚀要求的工程 6. 配建筑砂浆	1. 地下、水中大体积混凝土结构 2. 有抗渗要求的工程 3. 蒸汽养护的工程构件 4. 有抗硫酸盐侵蚀要求的工程 5. 一般混凝土及钢筋混凝土工程 6. 配制建筑砂浆	1. 地上、地下、水中和大体积混凝土工程 2. 蒸汽养护的构件 3. 有抗裂性要求较高的构件 有抗硫酸盐侵蚀要求的工程 4. 一般混凝土工程 5. 配制建筑砂浆
不适用处	1. 大体积混凝土工程 2. 受化学及海水侵蚀的工程	同硅酸盐水泥	1. 早期强度要求较高的混凝土工程 2. 有抗冻要求的混凝土工程	1. 早期强度要求较高的混凝土工程 2. 有抗冻要求的混凝土工程 3. 干燥环境的混凝土工程 4. 耐磨性要求的工程	1. 早期强度要求较高的混凝土工程 2. 有抗冻要求的混凝土工程 3. 抗碳化要求的工程

(4) 砌筑水泥

凡由活性混合材料或具有水硬性的工业废料为主要原料，加入少量硅酸盐水泥熟料和石膏经磨细制成的水硬性胶结材料称为砌筑水泥。

1) 技术性质：

a. 三氧化硫含量：砌筑水泥中三氧化硫的含量不大于4%。

b. 细度：0.08mm方孔筛筛余量不得超过10%。

c. 凝结时间：初凝时间不得早于45min；终凝不得迟于24h。

d. 标号：按抗压及抗折强度，砌筑水泥分125、175、225三个标号，其强度限值详见表5-18。

2) 砌筑水泥的特点及应用：砌筑水泥属专用水泥，它标号低，硬化慢，和易性好，可用来配制工业与民用建筑用的砌筑砂浆，抹灰砂浆，但不得用于混凝土中，做其它用途须通过试验。

(5) 水泥的质量等级及评定

1) 水泥的质量等级：常用五种水泥分为三个质量等级，即优等品、一等品、合格品，详见表5-19。

砌筑水泥强度的限值　　表5-18

水泥标号	抗压强度（MPa）		抗折强度（MPa）	
	7d	28d	7d	28d
125	5.5	12.2	1.2	2.4
175	7.6	17.2	1.6	3.4
225	9.8	22.0	2.0	4.4

水泥质量等级标准 **表 5-19**

项目 \ 等级	优等品		一等品	合格品
	硅酸盐水泥 普通水泥	矿渣水泥，火山灰 水泥粉煤灰水泥		
水泥标号	425R（含）以上		425（含）以上	符合各水泥相应标准的技术要求
3d 抗压强度（MPa）不小于	30	26	同标准要求	
28d 抗压强度变异系数①%不大于	3.5		4.0	
初凝时间（h：min）不大于	3：30	4.00	4：30	
终凝时间（h：min）不大于	6：30	8.00	同标准要求	

① 28d 抗压强度变异系数（%），为 28d 抗压强度月标准偏差与 28d 抗压强度月平均值的比值。

2）废品及不合格品的评定

A. 废品：凡氧化镁、三氧化硫、凝结时间、安定性中的任一项不符合标准规定者，即为废品。

B. 不合格品

a. 硅酸盐水泥、普通水泥，凡细度、终凝时间、不溶物和烧失量中的任一项不符合标准规定者；矿渣水泥、火山灰水泥、粉煤灰水泥，凡细度、终凝时间中的任一项不符合标准规定者，均为不合格品。

b. 混合材料掺加量超过最大限量和强度低于商品标号规定的指标时，均为不合格品。

c. 水泥包装标志中的水泥品种、标号、工厂名称和出厂编号不全的属于不合格品。

（6）水泥的保管

1）不同生产厂、不同品种、标号、批号的水泥应分开存放，按到货先后依次排列，做到先进先出。

2）袋装水泥应存放在干燥的仓库内，库房屋顶、墙壁、门窗等部位不得漏水渗水，避免水泥受潮。

3）水泥库房地面垫板要离地 300mm，四周离墙 300mm。袋装水泥堆垛高度以 10 袋为宜，且不得超过 15 袋。散装水泥应用水泥罐贮存，并注意不要混入土块、垃圾等杂物。

4）水泥贮存期不宜过长，以免间接受潮影响水泥强度，一般水泥的有效期为三个月。超过三个月的水泥就应视为过期水泥，如需要使用必须经试验降低标号使用。

5.1.6 石灰

石灰是一种气硬性胶结材料，它只能在空气中凝结硬化，产生并增长强度。

石灰的主要成分是氧化钙，它是用石灰岩（主要成分是碳酸钙）经高温煅烧而成的白色块状材料（$CaCO_3 \xrightarrow{900℃} CaO + CO_2\uparrow$）。

生石灰易在空气中吸收水分分解成熟石灰粉末，而熟石灰又与空气中的二氧化碳发生作用成为碳酸钙，使石灰失去胶结性质，影响石灰的质量，因此，块状生石灰运到工地后必须堆放在地势较高，防潮防水较好的仓库内，并力求随到随化（水化成石灰膏）。

（1）石灰的熟化及硬化

1）石灰的熟化：生石灰加水，使之消解为熟石灰的过程称为石灰的熟化，又称消解或水化，［$CaO + H_2O \longrightarrow Ca(OH)_2 + 6.5kJ$］。熟化过程放出大量热量，同时体积增大 1.5～3.5 倍。

2）石灰的硬化：石灰在空气中的硬化主要有两个过程：

a. 结晶作用：石灰中的游离水蒸发或被砌体吸收，氢氧化钙从饱和溶液中结晶。

b. 碳化作用：氢氧化钙与空气中的二氧化碳化合成碳酸钙结晶，［$Ca(OH)_2 + CO_2 + nH_2O = CaCO_3 + (n+1) H_2O$］。

由于空气中的二氧化碳含量较少，石灰的硬化（碳化）在与空气接触的表面进行，使表面形成一层紧密的外壳——碳酸钙，随着时间的推移，表层碳酸钙厚度增加，进一步增加了内部氢氧化钙硬化（碳化）的难度，所以，石灰的硬化非常缓慢。硬化后的石灰强度不高，如果硬化后的石灰再受潮或长期浸在水中，石灰的强度会逐渐降低，因此，石灰砂浆及石灰制品不宜在潮湿环境中使用。

(2) 建筑石灰的种类

石灰的主要成分为氧化钙和氧化镁，按氧化镁含量的不同，石灰可分为钙质石灰、镁质石灰及高镁石灰（又称白云石石灰）等。

建筑用石灰有下列几种形态：

1）生石灰：生石灰是石灰岩在石灰窑内煅烧后生成的白色或灰色轻质块状物，又称块灰。生石灰经加工可得到建筑常用的生石灰粉、熟石灰粉和石灰膏。生石灰又是制造各种无熟料水泥及碳化制品，硅酸盐制品等的原料。生石灰也可以直接用于地基加固，铺筑道路等。

2）生石灰粉：选取煅烧较好的块状生石灰干磨成粉末，再经过筛后即成生石灰粉。生石灰粉可直接用于砂浆拌合，不用熟化，遇水后能产生大量热，促使砂浆加速硬化，硬化速度可快 30～50 倍，强度也可提高 1.5～2 倍。

3）消石灰粉：生石灰中均匀加水（石灰质量的 70%）。使之充分消解，磨细、筛分，便得到颗粒细小的消石灰粉。消石灰粉常用于拌制石灰土、三合土等应用于垫层施工的材料。

4）石灰膏：生石灰加入过量的水（石灰质量的 2.5～3 倍），得到石灰浆，石灰浆沉淀后形成的膏状物称为石灰膏。

生石灰中常含有欠火和过火石灰。欠火石灰降低石灰利用率，过火石灰熟化慢，当石灰已经开始硬化后，其中过火颗粒才开始熟化，引起体积膨胀而隆起开裂。为了消除过火石灰的危害，石灰应在储灰坑中“陈伏”两星期以上，见图 5-8。陈伏期间，石灰表面应保留一层水分与空气隔绝，以免碳化。

石灰膏主要用于配制砌筑砂浆或抹灰砂浆。

(3) 石灰的主要技术特点

石灰作为胶凝材料，与水泥、石膏等胶凝材料相比有如下技术特点：

1）良好的保水性：利用这一性质，将石灰掺入水泥砂浆中，配制成混合砂浆，克服了水泥砂浆容易泌水的缺点。

2）凝结硬化慢、强度低：由于空气中二氧化碳含量少，所以硬化（碳化）缓慢，且表面碳化后，形成的碳酸钙外壳不利于碳化的深入。

3）体积收缩大：石灰在碳化过程中蒸发大量水分而引起收缩，除调成石灰浆作涂刷外，石灰不宜单独使用，常在其中掺入砂，纸筋等，以减少收缩和节约石灰。

4）耐水性差。

5.1.7 骨料——砂

粒径在 5mm 以下的骨料称为砂。

砂可分为天然砂和人工砂两类。天然砂是岩石风化后的产物；人工砂是岩石经轧碎筛选而成。按产源天然砂分为河砂、山砂、海砂。按粒径的粗细程度分为粗砂（平均粒径 0.5mm 以上）、中砂（平均粒径 0.35～0.5mm）、细砂（平均粒径 0.25～0.35mm）、特细砂（平均粒径 0.25mm 以下）。

砌筑砂浆对砂的要求：

配制砌筑砂浆宜采用中砂，并应过筛，不得含有杂质。砂浆中砂的最大粒径因受灰缝厚度的限制，一般不超过灰缝厚度的 1/4～1/5。

图 5-8 化灰池

砂中含有一定数量的粘土、淤泥、灰尘等杂物，这些杂物含量过大会影响砂浆的强度，所以，强度等级大于M5的砂浆中砂的含泥量不得超过5%；强度等级为M5以下的砂浆中砂的含泥量不得超过10%，若含泥量过大，使用前应用水冲洗干净。

砂的堆放应选择地势较高，平坦坚硬的地面，以防泥水浸入。

小　结

1. 烧结粘土砖规格为240mm×115mm×53mm，有MU30、MU25、MU20、MU15、MU10、MU7.5六个强度等级，和优等品、合格品二个质量等级。烧结粘土砖除用于墙体砌筑外，还可以用于其它砌体及制成钢筋砖砌体或轻型墙体等。

2. 烧结多孔砖和烧结空心砖是砌体表面有孔洞的砖，有优等品、一等品和合格品三个产品等级。烧结多孔砖孔洞率在15%以上，主要用于承重墙砌筑，烧结空心砖主要用于非承重墙或低层房屋的砌筑。

3. 蒸压蒸养砖包括：蒸压灰砂砖、蒸压粉煤灰砖、蒸压煤渣砖等，适用于工业与民用建筑的墙体砌筑，但不得用于冻融、干湿交替部位和受急冷急热等部位。

4. 砌块是一种新型的墙体材料、具有广扩的发展前景。各地生产、使用的品种、规格较多，常用的有粉煤灰砌块、蒸养加气混凝土砌块、中型空心砌块、混凝土小型空心砌块等。

5. 水泥是一种水硬性胶结材料，它具有把块体材料胶结成整体，并且具有一定强度的能力。水泥的品种有硅酸水泥、普通水泥、火山灰水泥、矿渣水泥、粉煤灰水泥、砌筑水泥、白水泥、快硬水泥等多种，每种水泥的特点和应用各不相同。

6. 水泥的标号有多个级别：275、325、425、425R、525、525R、625、625R、725等、产品等级有优等品，一等品、合格品三个级别。水泥应保存在干燥，无有害气体侵蚀的环境中，保存期一般为三个月。

7. 石灰是一种气硬性胶结材料，其种类有块灰、生石灰粉、消石灰粉、石灰膏等。石灰及其制品不宜在潮湿环境中使用，由于石灰具有较好的保水性，可制成混合砂浆，减少泌水。

8. 砂子属于细骨料，拌制砂浆的砂宜用中砂，并应过筛清理大粒径和有害杂质。

习题

1. 烧结粘土砖的标准尺寸是多少？$1m^3$砖砌体需要用砖多少？为什么？
2. 何为烧结粘土砖的大面、条面、顶面？
3. 烧结粘土砖的等级怎样划分的？
4. 烧结粘土砖有哪些技术性质？
5. 烧结多孔砖与空心砖有何区别？
6. 硅酸盐类砖有哪些品种？

7. 什么是砌块？分哪几类？常用的砌块有哪些？

8. 粉煤灰砌块、加气混凝土砌块、中型空心砌块、混凝土小型空心砌块的强度等级有哪些？

9. 简述砌块的适用范围。

10. 何谓水硬性胶凝材料，气硬性胶凝材料？

11. 何谓硅酸盐水泥？简述主要技术性质。

12. 何谓普通水泥、矿渣水泥、火山灰水泥、粉煤灰水泥、砌筑水泥？

13. 五种水泥有哪些强度等级？

14. 简述五种水泥的适用范围。

15. 水泥的质量等级是如何确定的？

16. 简述水泥的验收与保管。

17. 简述石灰的熟化和硬化过程。

18. 简述建筑石灰几种形态的应用。

19. 石灰使用前为什么要进行陈伏？

20. 石灰有哪些技术特点？

21. 砂子有哪些种类？

22. 砌筑砂浆对砂有什么要求？

5.2 建筑砂浆

建筑砂浆是由胶凝材料、细骨料和水，有时也加入某些外掺料组成。建筑砂浆是一种用量大，用途广的建筑材料。按胶凝材料分为水泥砂浆、石灰砂浆、混合砂浆（指水泥石灰砂浆，水泥粘土砂浆、石灰粘土砂浆等）；按其用途分为砌筑砂浆、抹面砂浆、装饰砂浆、防水砂浆等；按表观密度分为重砂浆和轻砂浆。砂浆可用于砌筑、抹面、饰面、粘贴饰面块材等。

5.2.1 砌筑砂浆

砌筑砂浆是指用于砖、石或砌块砌筑的砂浆。

(1) 砌筑砂浆的作用

砌筑砂浆是砌体的重要组成部分，其主要作用有：

1) 胶结作用。把砖、石等块体材料胶结成坚固的整体，从而提高砌体的强度和稳定性。

2) 传递压力作用。通过凝结硬化后的砂浆，块材可以均匀地传递压力。

3) 填充作用。填满砌体缝隙，减少砌体透风，对房屋起到保温、隔热和防潮的作用。

(2) 砌筑砂浆的主要性能

新拌制的砂浆应具有良好的和易性；凝结硬化后应具有一定的强度和粘结力。

1) 和易性：砂浆的和易性包括流动性和保水性两个方面。

A. 流动性：流动性又称稠度，是指砂浆在自重或外力作用下流动的性能。砂浆应具有适当的流动性，便于在凹凸不平的表面上铺成均匀的薄层，并能与底面较好的粘合。砂浆如过稠会造成施工困难，过稀则强度不足。

a. 流动性的表示方法：砂浆的流动性用“沉入度”表示，沉入度值的大小通过砂浆稠度仪试验确定，见图 5-9。用质量 300g、锥径 75mm、顶角为 30°的标准圆锥体，自由沉入砂浆内 10s，沉入的深度（mm）即为沉入度值。沉入度大则流动性大，反之则流动性小。

b. 影响砂浆流动性的主要因素及稠度的选择。

影响砂浆流动性的主要因素有胶凝材料的种类及用量；砂的级配、砂颗粒的粗细及圆滑程度；搅拌时间等。

砂浆稠度的选择应根据施工方法、砌体

材料的吸水程度、施工环境的温湿度不同来确定，详见表 5-20。

砌筑砂浆适宜稠度　　表 5-20

项　次	砖　石　砌　体　种　类	砂浆稠度（mm）
1	实心砖墙、柱	70～100
2	实心砖平拱式过梁	50～70
3	空心砖墙、柱	60～80
4	空斗墙、筒拱	50～70
5	石砌体	30～50

B. 保水性：砂浆的保水性是指砂浆能够保持水分的能力。保水性不好的砂浆，在运输和存放过程中水分容易流失，不易铺成均匀的砂浆层，在砌筑时由于水分容易被砖吸去，影响胶凝材料的正常硬化，降低了砂浆的强度，同时与底面也粘结不牢，影响整个砌体的质量。

a. 保水性的表示方法：砂浆的保水性用分层度表示，分层度的大小用分层度测量仪测定，见图 5-10。将搅拌均匀的砂浆装入分层度筒内，测其沉入度，静置 30min 后，去掉上部 200mm 厚的砂浆，再测其余部分砂浆的沉入度，两次沉入度的差值即为分层度(mm)。分层度大，表明砂浆分层离析现象严重，保水性不好。砂浆分层度以 10～20mm 为宜。

b. 影响保水性的主要因素及改善措施。保水性的好坏与砂浆组成材料有关，如砂及水的用量过多，或砂较细，胶凝材料和掺合材料不足以包裹砂，则水分容易与胶凝材料和砂分离，砂浆分层度就大；如砂过粗容易下沉使水上浮，也会使分层度增大。

要改善砂浆的保水性，除选择适当粒径的砂外，还可以掺入适量的石灰膏、粘土、粉煤灰等塑化剂及加气剂。

2) 强度：砂浆的强度是指砂浆的抗压强度。砂浆在砌体中主要起传递压力的作用，因此要求砂浆具有足够的抗压强度。

a. 强度等级：砂浆强度等级确定的主要依据是砂浆的抗压强度。将砂浆浇筑在尺寸为 70.7mm×70.7mm×70.7mm 的立方体试模中。见图 5-11，制成试块，在温度为 20

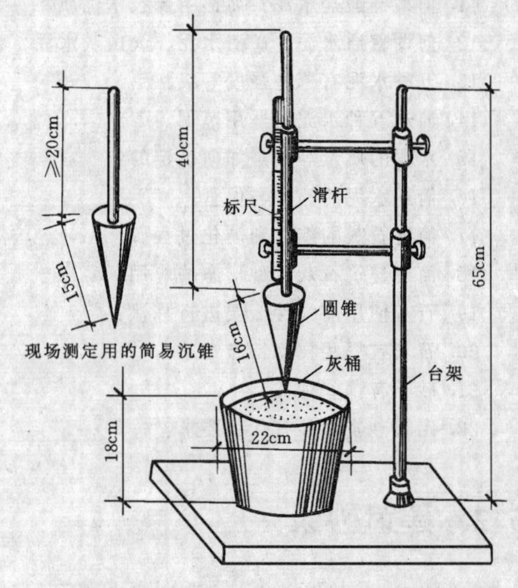

图 5-9　砂浆流动性测定仪（稠度计）

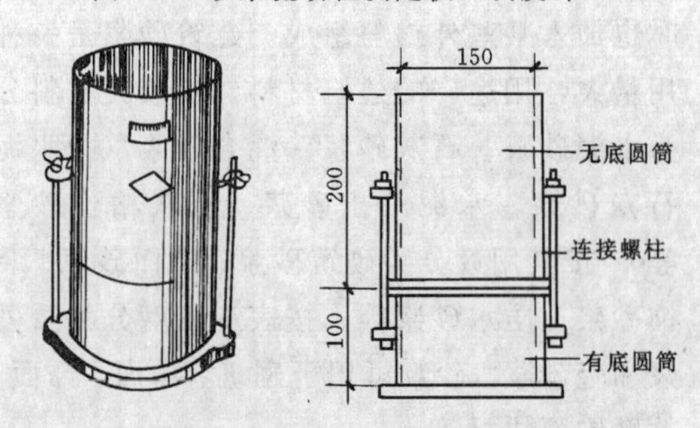

图 5-10　砂浆分层度测定仪

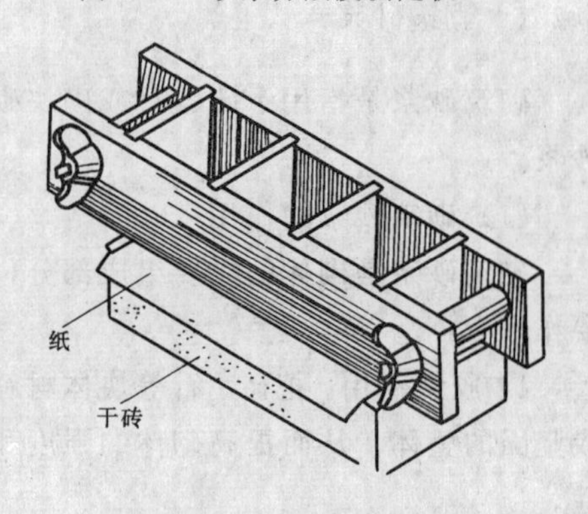

图 5-11　砂浆试模

±3℃，相对湿度为 60%～80%的标准条件下养护 28d，然后在试压机上试压，得到的平均抗压极限强度值，即为砂浆的强度等级。砂浆强度等级有M15、M10、M7.5、M5、M2.5、M1和M0.4七个等级，抗压极限强度及强度等级详见表5-21。

砌筑砂浆强度指标　　　表5-21

强度等级	抗压极限强度（MPa）
M15	15.0
M10	10.0
M7.5	7.5
M5	5.0
M2.5	2.5
M1	1.0
M0.4	0.4

b. 影响砂浆强度的主要因素：影响砂浆强度的因素很多，主要有以下几方面：

配合比是否准确，准确的配合比是保证砂浆强度的关键；

加水量过多会使砂浆强度降低，因此用水量须控制在规定稠度范围内；

砂浆须充分搅拌均匀，否则会明显降低强度，一般搅拌时间不应少于2min；

砂的颗粒级配和杂质含量也含影响强度，一般采用中砂、含泥量不超标。

3）粘结力：为了保证砂浆将砖石等块材粘结成坚固整体，砂浆须具有较好的粘结力。

影响砂浆粘结力的主要因素有组成砂浆的成分、水灰比、基层的干湿程度、基层表面的粗糙程度、养护条件等。一般情况下，砂浆强度等级越高，粘结力越大。为提高砂浆的粘结力，可以在砂浆中掺入聚合物胶结剂。

（3）砌筑砂浆配合比

不同强度等级的砌筑砂浆用不同数量的原材料拌合而成，各组成材料的比例称为配合比。砂浆配合比由试验室提供，常用混合砂浆配合比参见表5-22和表5-23。

常用混合砂浆配合比参考表　　　表5-22

砂浆强度等级	水泥标号	重量配合比 水泥：石灰膏：砂	每立方米用料（kg）		
			水泥	石灰膏	砂子
M1	325	1：3.0：17.5	88.5	265.5	1500
M2.5	325	1：2：12.5	120	240	1500
M5	325	1：1：8.5	176	176	1500
M7.5	325	1：0.8：7.2	207	166	1450
M10	325	1：0.5：5.5	264	132	1450

水泥粉煤灰混合砂浆配合比参考表　　　表5-23

砂浆强度等级	配合比 水泥：粉煤灰：砂	每立方米砂浆用料（kg）		
		水泥	粉煤灰	砂
M5	1：0.63：9.10	160	102	1450
M7.5	1：0.45：7.25	200	90	1450
M10	1：0.31：5.60	260	80	1450

砂浆配合比应用指示牌（见图 5-12），将各种材料的用量和配合比公布在搅拌机上料处，便于计量操作和监督检查。

(4) 砌筑砂浆的选用：

砌筑砂浆按工程类型和砌体部位的设计要求选择砂浆品种和强度等级。多层房屋的墙体一般采用强度等级为 M5 或 M2.5 水泥石灰砂浆；处于潮湿环境一般采用水泥砂浆，砖柱、砖拱，钢筋砖过梁等一般采用强度等级为 M10 或 M5 水泥砂浆；砖基础一般采用强度等级为 M2.5 或 M5 水泥砂浆；低层或单层房屋可采用石灰砂浆。

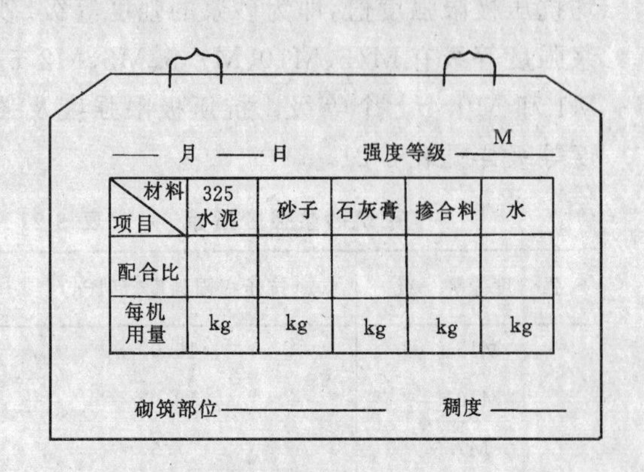

图 5-12　砂浆配合比指示牌

5.2.2　粉煤灰砂浆

粉煤灰砂浆是指掺入一定量粉煤灰的砂浆。砂浆中掺入粉煤灰。以取代部分水泥或石灰膏用量，可提高砂浆强度、改善砂浆保水性能，并可节约大量水泥和石灰，降低工程成本，保证工程质量。

(1) 粉煤灰砂浆品种及适应范围

粉煤灰砂浆按其组成有下列品种：

1) 粉煤灰水泥砂浆：粉煤灰水泥砂浆是由水泥、粉煤灰和砂按一定比例配制而成。主要适用于各种墙体砌筑和勾缝，内、外墙抹面，抹踢脚线和勒脚，抹窗台，磨石地面底层及装修工程。

2) 粉煤灰水泥石灰砂浆：粉煤灰水泥石灰砂浆是由水泥、粉煤灰、石灰膏和砂按一定比例配制而成。简称粉煤灰混合砂浆。主要用于地面以上墙体的砌筑和抹灰工程。

3) 粉煤灰石灰砂浆：粉煤灰石灰砂浆是由粉煤灰、石灰膏和砂按一定比例配制而成。主要用于地面以上内墙的抹灰工程，简易房屋的砌筑工程。

(2) 粉煤灰的合理掺量

适当控制粉煤灰的掺量，才能保证粉煤灰砂浆的质量，粉煤灰的合理掺量应通过试验确定，以取代水泥率 β_c（即砂浆中的水泥被粉煤灰取代的百分率）与超量系数 δ_c（即粉煤灰掺入量与所取代水泥量的比值）来表示，见表 5-24。取代水泥率最大不超过 40%；取代石灰膏率最大不超过 50%。

5.2.3　抹灰砂浆

凡涂抹在建筑物构件表面的砂浆，统称为抹灰砂浆。抹灰砂浆应具有良好的和易性，便于抹成均匀平整的薄层；还应具有较高的粘结力，使砂浆与基层粘结牢固。

砂浆中粉煤灰取代水泥率及超量系数　　　**表 5-24**

砂浆品种		砂浆强度等级				
		M1.0	M2.5	M5.0	M7.5	M10.0
水泥石灰砂浆	β_c (%)	15～40			10～25	
	δ_c	1.2～1.7			1.1～1.5	
水泥砂浆	β_c (%)	—	25～40	20～30	15～25	10～20
	δ_c	—	1.3～2.0		1.2～1.7	

抹灰砂浆根据抹灰的部位和用途不同可以分为普通抹面砂浆、装饰砂浆、防水砂浆和具有某种特殊功能的砂浆等。

(1) 普通抹面砂浆

普通抹面砂浆对建筑物起保护作用，使其不受风、霜、雨、雪或其它有害物质的破坏，提高建筑物的耐久性。同时抹面砂浆还可使建筑物外表平整、光洁、具有一定的装饰作用。

抹面砂浆常分为两层或三层进行施工，各层所起的作用各不相同，要求也不一样。底层抹灰的主要作用是使砂浆与基层粘接牢固，因此底层砂浆应具有良好的和易性和较高的粘接力；中层抹灰的主要作用是找平；面层抹灰要达到平整、美观的效果，因此面层砂浆除应具有良好的和易性和较高的粘接力外，还应比较细腻，稠度略大。抹面砂浆的流动性和砂子的最大粒径见表5-25。抹面砂浆的经验配合比见表5-26。

抹面砂浆流动性及集料最大粒径　表5-25

抹面层名称	沉入度（mm）人工抹面	砂的最大粒径（mm）
底　　层	100～120	2.5
中　　层	70～90	2.5
面　　层	70～80	1.2

(2) 装饰砂浆

装饰砂浆是指涂在建筑物内、外墙表面，具有很好装饰效果的抹面砂浆。装饰砂浆的底层与中层和普通抹灰砂浆基本相同，面层通常选用彩色胶凝材料和骨料，采用特殊的操作工艺，使表面呈现各种不同色彩的线条和花纹。

装饰砂浆采用的胶凝材料常有：普通水泥、白水泥、彩色水泥等。骨料常采用色石渣等。常用的装饰砂浆有彩色砂浆、聚合物砂浆、石膏浆、石渣浆等。

(3) 防水砂浆

防水砂浆是依靠特定的施工工艺或在普通水泥砂浆中掺入防水剂、高分子材料等，从而提高砂浆的密实性或改善砂浆的抗裂性，使硬化后的砂浆层具有防水，抗渗性能的砂浆。

防水砂浆按其组成分为多层抹面水泥砂浆、掺防水剂防水砂浆、膨胀水泥防水砂浆及掺聚合物防水砂浆等多种。

掺防水剂防水砂浆是在普通水泥砂浆中掺入一定量的防水剂；以提高抗渗性能的砂浆。其组成材料有水泥，宜采用标号不低于325号普通硅酸盐水泥、425号矿渣硅酸盐水泥或膨胀水泥；中砂或粗砂；防水剂常采用五矾促凝防水剂、氧化物金属盐类防水剂、氯化铁防水剂等。防水净浆和防水砂浆配合比见表5-27～5-29。

各种抹面砂浆配合比参考表　表5-26

材　　料	配合比(体积比)	应　用　范　围
石灰：砂	1：2～1：4	用于砖石墙表面(檐口,勒脚,女儿墙以及潮湿房间的墙除外)
石灰：粘土：砂	1：1：4～1：1：8	干燥环境的墙表面
石灰：石膏：砂	1：0.4：2～1：1：3	用于不潮湿房间木质表面
石灰：石膏：砂	1：0.6：2～1：1.5：3	用于不潮湿房间的墙及天花板
石灰：石膏：砂	1：2：2～1：2：4	用于不潮湿房间的线脚及其它修饰工程
石灰：水泥：砂	1：0.5：4.5～1：1：5	用于檐口、勒脚、女儿墙外脚以及比较潮湿的部位
水泥：砂	1：3～1：2.5	用于浴室、潮湿车间等墙裙、勒脚等或地面基层
水泥：砂	1：2～1：1.5	用于地面、天棚或墙面面层
水泥：砂	1：0.5～1：1	用于混凝土地面随时压光
水泥：石膏：砂：锯末	1：1：3：5	用于吸音粉刷

续表

材　　料	配合比(体积比)	应　用　范　围
水泥：白石子	1：2～1：1	用于水磨石(打底用1：2.5水泥砂浆)
水泥：白云灰：白石子	1：(0.5～1)：(1.5～2)	用于水刷石(打底用1：0.5：3.5)
水泥：白石子	1：1.5	用于剁石(打底用1：2～2.5水泥砂浆)
白灰：麻刀	100：2.5(质量比)	用于板条天棚底层
白灰膏：麻刀	100：1.3(质量比)	用于木板条天棚面层(或100kg灰膏加3.8kg纸筋)
纸筋：白灰浆	灰膏0.1m³,纸筋0.36kg	较高级墙面、天棚

五矾促凝防水剂防水砂浆配合比　　表5-27

材料名称	水　泥	砂	水	防水剂	备　注
防水净浆	1	—	0.30～0.35	0.01	质量比
防水砂浆	1	2.0～2.5	0.40～0.50	0.01	质量比

氯化物金属盐类防水剂防水砂浆配合比　　表5-28

材料名称	水　泥	砂	水	防水剂	备　注
防水净浆	8	—	6	1	体积比
防水砂浆	8	3	6	1	体积比

氯化铁防水剂防水砂浆配合比　　表5-29

材料名称	水　泥	砂	水	氯化铁防水剂	备　注
防水净浆	1		0.55～0.60	0.03～0.05	质量比
防水砂浆	1	2		0.03～0.05	质量比，底层用，以稠度控制用水量
防水砂浆	1	2.5		0.03～0.05	质量比，面层用，以稠度控制用水量

小　结

1. 建筑砂浆由胶结材料，水与骨料组成。它可以把砖、石等块状材料粘结成整体，也可以用于内、外墙抹面及粘贴瓷砖，大理石等块体材料。

2. 砌筑砂浆是指用于砖、石或各种砌块砌筑的砂浆，其种类有水泥砂浆、混合砂浆、石灰砂浆等。砌筑砂浆应具有良好的和易性、设计要求的强度等级和足够的粘结力，其强度等级有M15、M10、M7.5、M5、M2.5、M1.0、M0.4七个等级。

3. 抹灰砂浆是涂抹有建筑物或构件表面的砂浆，其种类有抹面砂浆、装饰砂浆、防水砂浆等。

4. 抹面砂浆对建筑物起保护作用，装饰砂浆除保护建筑物外，还有很好的装饰效果。

5. 粉煤灰砂浆是指掺入一定量粉煤灰的砂浆，它可以用于砌筑，也可以用于抹面。

6. 防水砂浆是依靠特定的施工工艺或在普通水泥砂浆中掺入防水剂、高分子材料等，从而提高砂浆的密实性或改善砂浆的抗裂性，达到硬化后的砂浆层具有防水、抗渗性能的目的。

防水砂浆按组成分为多层抹面水泥砂浆、掺防水剂防水砂浆，膨胀水泥防水砂浆和掺聚合物防水砂浆四种。

习题

1. 建筑砂浆有哪些种类？
2. 砌筑砂浆的作用有哪些？
3. 试述砌筑砂浆的性能。
4. 影响砂浆流动性和保水性的主要因素有哪些？砂浆流动性和保水性怎样表示？
5. 影响砂浆粘聚力的主要因素有哪些？
6. 影响砂浆强度的主要因素有哪些？砌筑砂浆有哪几个强度等级？
7. 简述砌筑砂浆的选用。
8. 试述粉煤灰砂浆的品种及适用范围。
9. 什么是抹灰砂浆？抹灰砂浆应具有哪些性能？
10. 什么是掺防水剂防水砂浆？常用防水剂有哪些品种？

5.3 砖砌体的组砌原则及砌筑方法

5.3.1 砌筑原则

(1) 墙体的分类及作用

1) 墙体的分类：墙体是由砖、石或砌块等块体材料和砌筑砂浆，按一定的厚度、形状和组砌形式砌筑而成的整体。墙体按所用材料不同可分为砖墙、石墙、砌块墙等。按墙体在房屋中的位置，可分为内墙和外墙。按墙体在房屋中的方向，可分为纵墙和横墙，习惯上称外纵墙叫檐墙、外横墙叫山墙，按砖墙的表面要求可分为清水墙和混水墙，即前者是要求砖面明露的墙，后者是表面还需要装修的墙。按墙体在房屋中的受力情况，又有承重墙和非承重墙之分，非承重墙只承受其本身的荷载和水平力；承重墙除承受其本身的荷载和水平力外，还要承受屋面和楼面的垂直荷载。因此，墙体在房屋中占有重要的地位。墙体类型见图 5-13。

2) 墙体的作用：外墙是建筑的围护结构，除将建筑物分隔为内外空间外，还具有阻隔外界雨、雪、风、霜、日晒和噪声等侵入的作用，内墙也具有划分房间、隔绝干扰

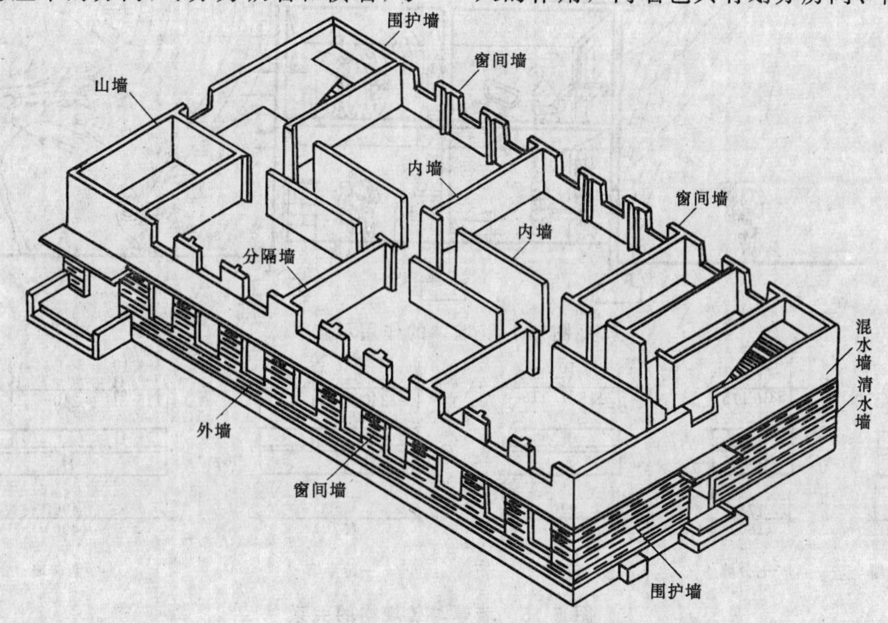

图 5-13　墙体分类

和噪声的作用。墙与楼板（或梁）组成房屋的承力骨架，使房屋成为一个有足够强度和刚度的整体，把承受的建筑物各层荷载传递到基础上去。除此之外，墙体还应具有耐久、防火、隔热和保温等性能，见图 5-14。

3）墙体的厚度：墙体的厚度是在安全和经济的前提下，根据墙体承受荷载的大小，墙体的作用、高度和长度，以及使用要求等因素统筹确定的。对一般房屋来说，首先应满足安全的要求，安全要求包括两个内容：一是要求建筑物有足够的强度，在上部屋面，楼面等荷载的作用下不会被压坏；二是要求建筑物有足够的稳定性。即墙越高则要求墙越厚。墙体的厚度不仅取决于墙体的强度和稳定性，同时还必须满足使用的要求。例如，在北方寒冷地区，保温防寒的要求可能成为确定墙厚的主要因素。而对某些有特殊用途的房屋，隔声、恒温、恒湿和防潮、防射线辐射等要求又可能成为确定墙体厚度的主要因素。

实心砖墙厚度通常是用砖长的倍数表示。如半砖、一砖、一砖半、两砖半厚等。还有一种方法是用长度单位毫米（mm）数表示，即用砖宽的倍数再加灰缝宽度，如 120 墙（半砖墙）、180 墙（七分墙）、240 墙（一砖墙）、370 墙（一砖半墙）、490 墙（两砖墙）、620 墙（两砖半墙）等。此外还有陡砖墙，墙厚为 53mm，见图 5-15。

4）墙体中砖与灰缝的名称：砖在砌筑时要打砍的“找砖”按尺寸不同分为“七分头”（也称七分找）、“半砖”、“二寸条”和“二寸头”（也称二分找），见图 5-16。

砖砌入墙体，随着所砌的部位和砌筑时的摆放形式不同，而出现一些专有名称。如砌一道 240 墙时，顺着墙的长度方向平砌的砖称之为顺砖（条砖、走砖）；横着墙的厚度

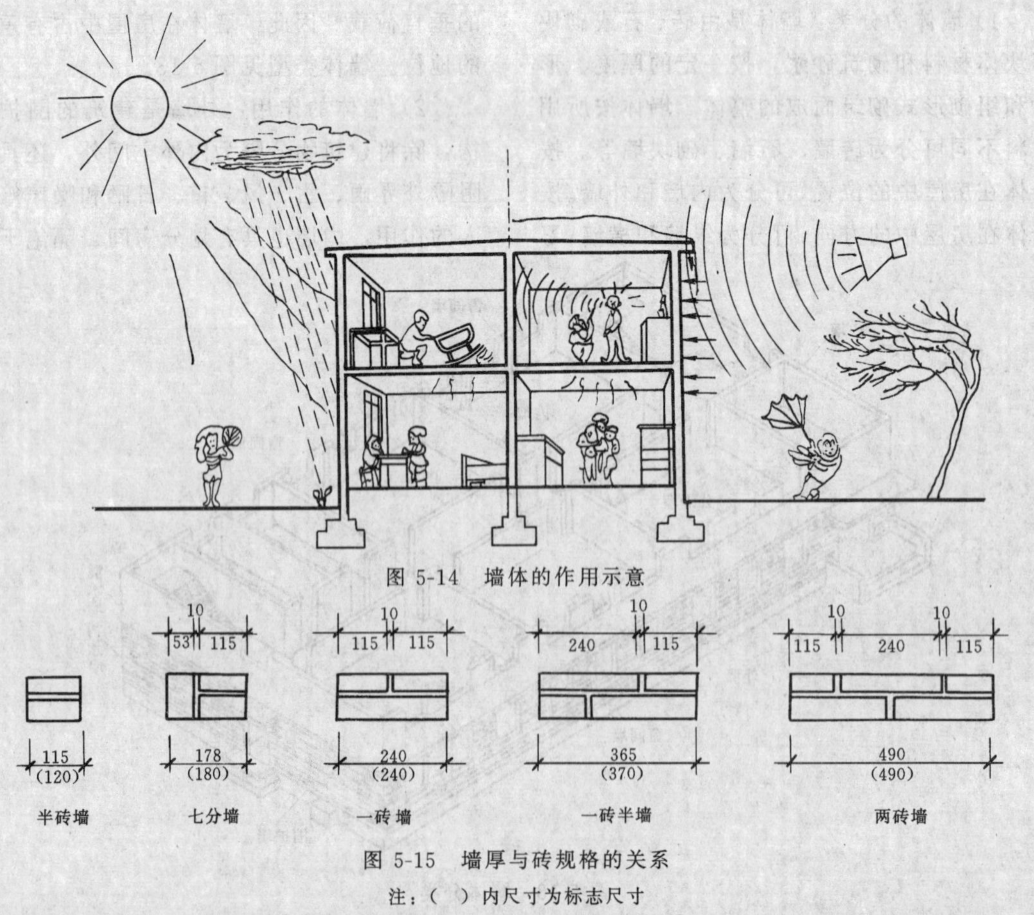

图 5-14　墙体的作用示意

图 5-15　墙厚与砖规格的关系

注：（ ）内尺寸为标志尺寸

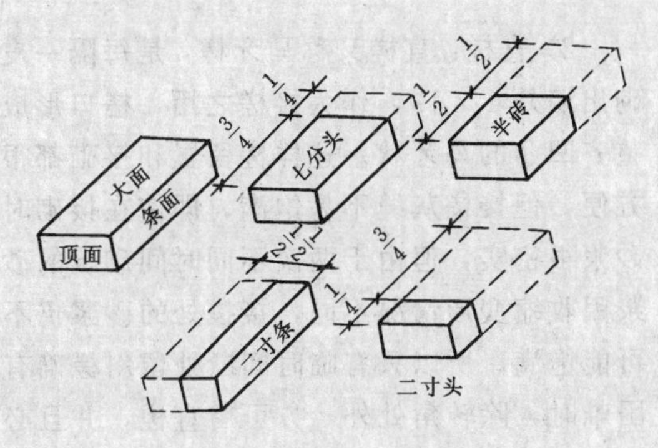

图 5-16 打砍的"找砖"

方向平砌的砖称为丁砖。有些砖砌建筑物，落地第一层砖往往砌一层陡砖（侧砖），这层砖称之为滚砖；而砌清水墙窗台时的一层陡砖（侧砖），有的地方叫虎头砖。陡砖以其不同的形式砌筑空斗墙就称侧砖，而且有侧丁砖（顶脚砖）和侧走砖之分。在砌平拱时砖的名称，陡砌的砖叫木梳砖，竖砌的砖叫立砖（铲刀砖），见图 5-17。

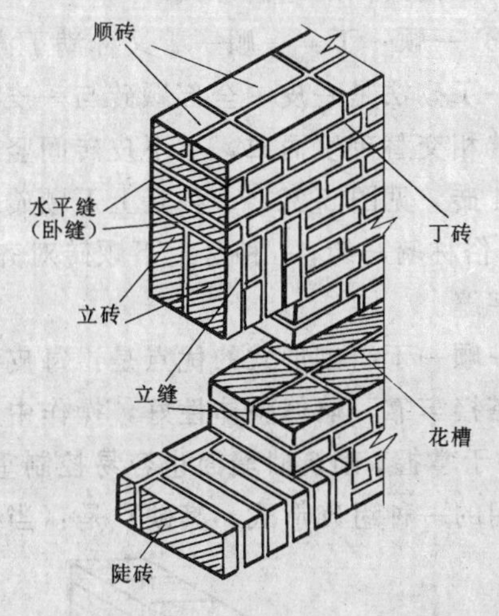

图 5-17 墙体中的砖和灰缝名称

砖与砖之间的缝统称为灰缝。水平方向的缝叫水平缝或卧缝；垂直方向的缝叫立缝或竖缝（又称头缝或碰头缝）；里外两块条砖之间的一条缝叫花槽；左右两块丁砖之间的缝（立缝的里面部分）称为时缝，见图 5-17。

（2）错缝砌筑原则

砖砌体应上下错缝，内外搭砌，这是砌体工程必须遵循的砌筑原则。这是因为互相错缝搭接砌起来的砖墙，构成一个互相连接好的整体，增强了砖墙的稳定性。当砖墙某点或某部分受力时，能通过错缝搭砌的墙体，把这部分力分散传到相应的墙上去，使整个墙体均匀受力，不致于产生裂缝而被破坏。因此，在构造上要求墙体在砌筑时要错缝搭砌，并要有一定的搭砌长度，砖墙错缝搭砌长度不小于 1/4 砖长（约 60mm）。见图 5-18。

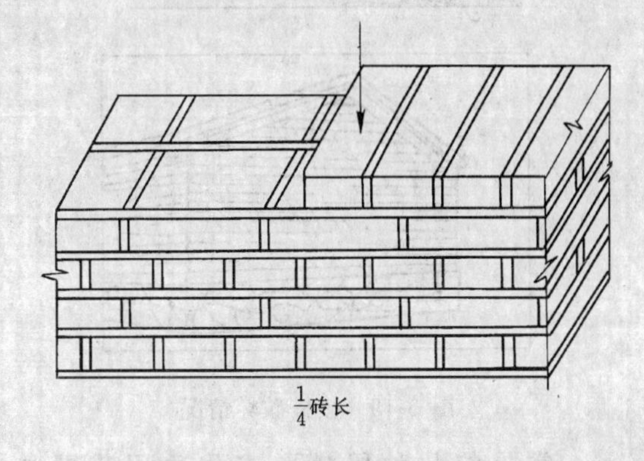

图 5-18 错缝搭砌示意图

（3）控制灰缝厚度与砂浆饱满程度

砖砌体的水平灰缝厚度和竖向灰缝宽度一般为 10mm，最大不超过 12mm，也不小于 8mm。灰缝过厚砌筑时砖容易浮滑放不平，当受力后，灰缝变形较大，会产生坠灰，造成墙面不平直；过薄会降低砖的粘结能力。灰缝厚薄不均匀或不饱满，使砌体各处密合程度不一，当承受上部压力时，因砌体内的砖不是均匀受压而会受到弯曲和剪切的作用。砖的抗剪抗弯强度远较抗压强度为低，在砖的抗压强度还没有充分发挥作用的时候，砖就因受剪切或弯曲而破坏了。因此要求砖砌体的灰缝砂浆必须饱满密实，砂浆的饱满程度应不低于 80%。

（4）墙体的连接原则

砖砌体的转角处和交接处应同时砌筑。这是为了使建筑物的纵横墙互相连接成一个整体，以增强建筑物的刚度，保证建筑物的整体性。对不能同时砌筑又必须临时间断处，则要留槎。留槎、接槎的砌筑方法合理与否、质量好坏对建筑物的整体性影响很大。见图 5-19 为接槎质量不好而破坏的情况。

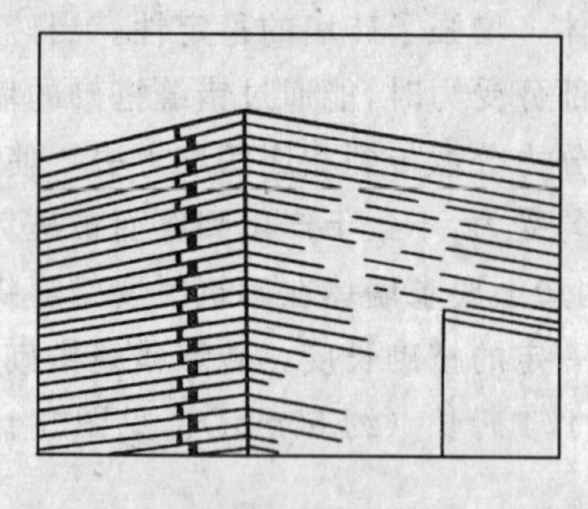

图 5-19 接槎破坏情况

常见的几种留槎形式及适用范围如下：

1）斜槎：斜槎又称踏步槎、退槎，斜槎的留置方法是在墙体连接处将待接砌墙的槎口砌成台阶形式。实心砖砌体的斜槎，其高度一般不大于 1.2m（一步架），长度不少于高度的 2/3。留槎的砖要平整，槎的侧面要垂直。斜槎的优点是：留、接槎都比较方便，接槎砌筑时砂浆容易饱满，接头质量容量得到保证。缺点是留槎接头量大，占工作面多。因其能保证墙体质量，留槎时应尽量采用这种形式。斜槎见图 5-20。

2）直槎：直槎又称马牙槎，是每隔一皮砌出墙外 1/4 砖，作为接槎之用，槎口形成整齐凹凸的马牙状。这样槎留置和接砌都很方便，但接槎灰缝不易饱满，即使在接砌时砂浆很密实，但由于两次不同时间砌筑的砂浆因收缩变形情况不同，接搓处的砂浆仍不可能饱满，所以只有临时间断处留斜槎确有困难时，除转角处外，方可留直槎，并且必须加拉结钢筋。拉结钢筋的数量为每 120mm 墙厚放置一根直径 6mm 的钢筋；沿墙高不得超过 500mm；埋入长度从墙的留槎处算起，每边均不应小于 500mm；末端应有 90°弯钩（见图 5-21）。抗震设防地区建筑物的临时间断处不得留直槎。

拉结钢筋不得穿过烟道和通气孔道。如遇烟道或通气孔道时，拉结钢筋应分成两股沿孔道两侧平行设置。

(5) 砖砌体的组砌形式

1）一顺一丁：一顺一丁又称满丁满条。一顺一丁砌法是一皮中全部顺砖与一皮中全部丁砖相交替砌筑而成，上下皮砖间竖缝错开 1/4 砖，见图 5-22。一种是上下顺砖错开半砖，俗称骑马缝；一种是上下顺砖对齐，俗称十字缝。

一顺一丁组砌形式的优点是：每皮砖间错缝搭接牢靠，墙体整体性好，操作中变化小，易于掌握，砌筑时墙面也容易控制垂直，是常用的一种组砌形式。其缺点是：当砖的

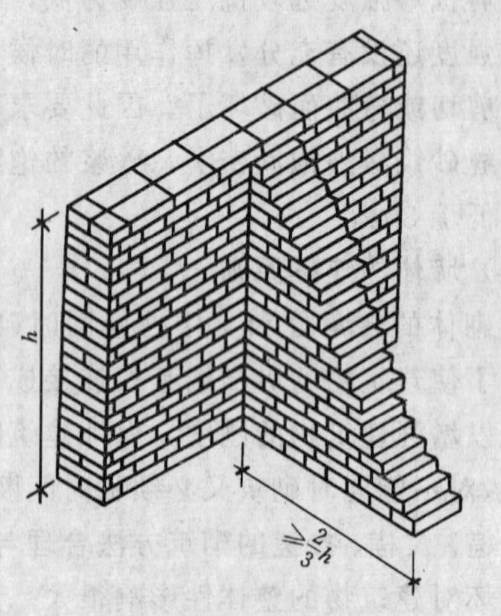

图 5-20 斜槎

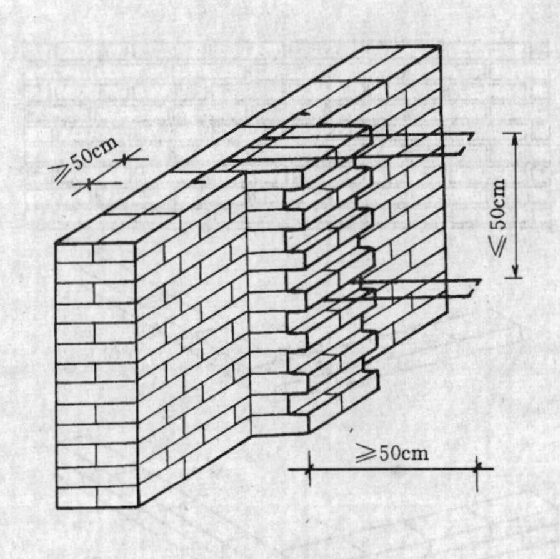

图 5-21 直槎

规格不一致时，竖缝不易对齐；丁砖较多，在墙的转角、丁字接头及门窗洞口等处都要砍砖；当砌 240 墙时，丁砖层的砖有两个面露出墙面（称为出面砖多），对质量要求较高。因此砌筑效率受到一定限制。

一顺一丁砌筑法调整错缝搭接时，是用“内七分头”或“外七分头”但以“外七分头”较为常见，见图 5-22。

2）三顺一丁：三顺一丁砌法是三皮全部顺砖与一皮全部丁砖相互交替砌筑而成。上下皮顺砖间竖缝错开 1/2 砖长，上下皮顺砖与丁砖间竖缝错开 1/4 砖长，檐墙与山墙的丁砖层不在同一皮，以利于错缝搭接，见图 5-23。这种组砌形式由于条砖较多，故可提高工效，但反面墙面的平整不易控制，如果砖较湿或砂浆较稀，则条砖容易向外挤出，影响质量。其抗压强度接近“一顺一丁”，受拉和受剪力学性能均较“一顺一丁”强。通常在头角处的丁砖层采用“内七分头”调整错缝搭接，见图 5-23。

3）梅花丁（又称沙包式）：梅花丁砌法是在同一皮砖层内一块顺砖一块丁砖间隔砌筑，上下两皮间竖缝错开 1/4 砖长，丁砖必须在顺砖的中间，见图 5-24。该砌法内外竖缝每皮都能错开，故抗压整体性较好；墙面易于控制平整，竖缝易于对齐；特别是当砖长、宽比例出现差异时竖缝易于控制。因丁、顺砖交替砌筑，操作时容易搞错，比较费工，抗拉强度不如“三顺一丁”。因外形整齐美观，故多用于砌筑外墙。调整错缝搭接时必须采用“外七分头”。

4）三三一砌法：三三一砌法又称三七缝法，即在同一皮砖内三块顺砖一块丁砖交替砌筑。其特点是，上皮丁砖砌在下皮第二块顺砖中间、上下皮砖的搭接长度为 1/4 砖长这种砌法正反面墙面平整，可以节约抹灰材料。但遇到长度不大的窗间墙时，排砖很不方便，砍砖较多，工效较“三顺一丁”低。因丁砖数量较少，故整体性较差。其调整错缝搭接是在头角处采用内、外七分头进行，见图 5-25。

5）顺砌法：顺砌法是每皮砖全部用顺砖砌筑，两皮砖的竖缝错开 1/2 砖长。此种形式仅用于半砖隔断墙，及高度较低的半砖墙，

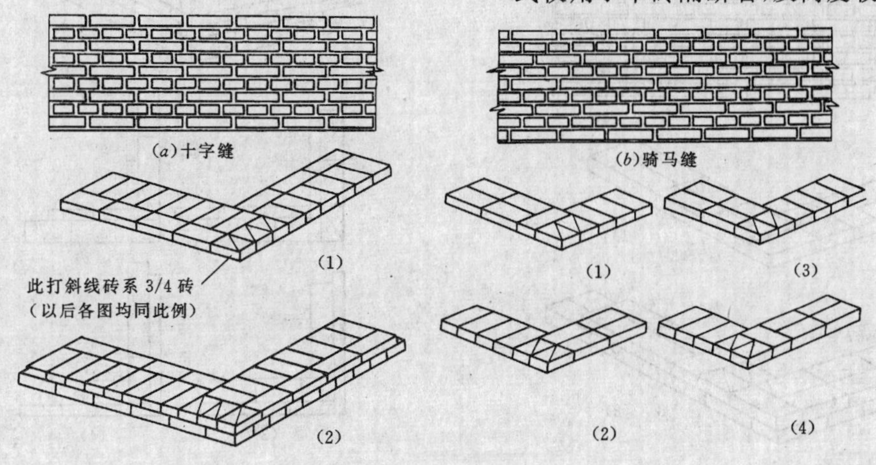

图 5-22 一顺一丁

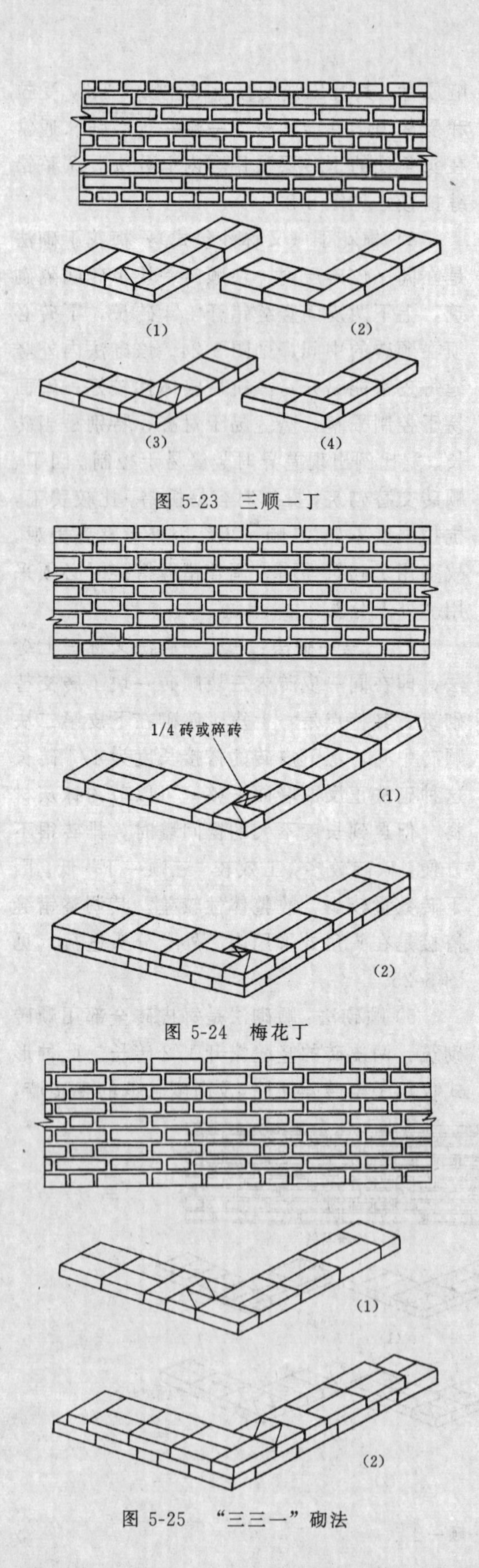

图 5-23　三顺一丁

图 5-24　梅花丁

图 5-25　“三三一”砌法

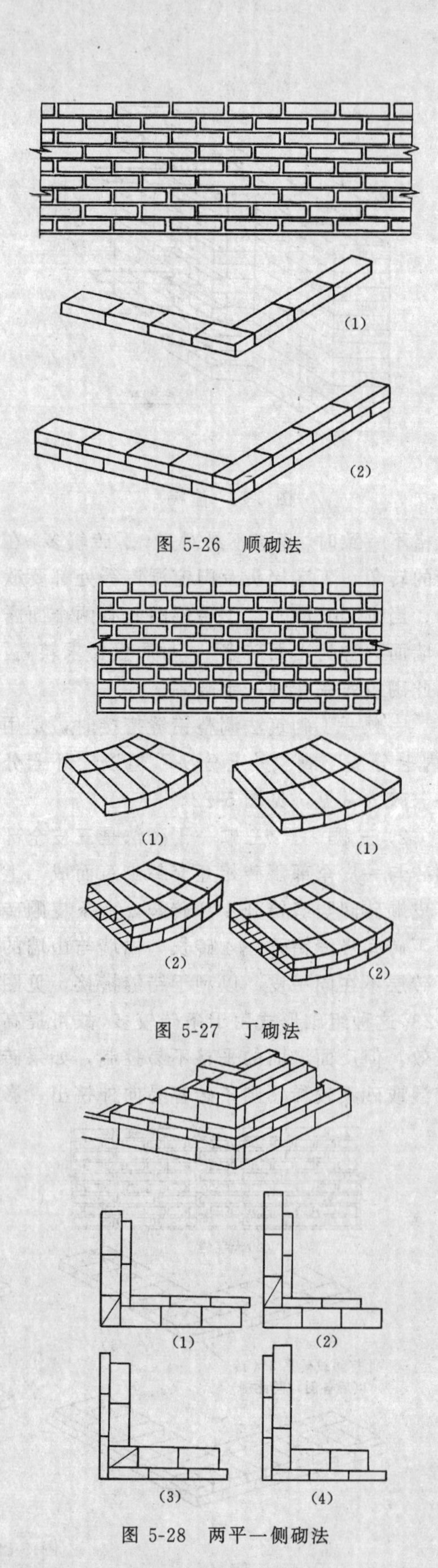

图 5-26　顺砌法

图 5-27　丁砌法

图 5-28　两平一侧砌法

见图 5-26。

6）丁砌法：丁砌法是每皮砖全部用丁砖砌筑，两皮砖间搭接为 1/4 砖长见图 5-27。此种砌法一般多用于圆形建筑物或构筑物，如房屋的弧形墙或水塔、烟囱、水池、圆仓等。

7）两平一侧：两平一侧又称 180 墙，是两皮平砌的顺砖旁砌一皮侧砖，其墙厚为 180mm。两皮平砌砖的竖缝错开 1/2 砖长，侧砌砖的竖缝与平砌砖竖缝可错开 1/4 或 1/2 砖长，见图 5-28。

此种砌法操作较费工，墙体的抗震性较差但能节约用砖量，可用作一层或二层楼房的非承重墙。其调整错缝搭接见图 5-28。

8）空斗墙：空斗墙砌法分有眠空斗墙与无眠空斗墙两种，一般用于一层民用房屋，也用于二三层民用楼房的非承重墙。

a. 有眠空斗墙，是将砖侧砌（称斗）与平砌（称眠）相互交替叠砌而成。形式有一斗一眠以及多头一眠等，见图 5-29。

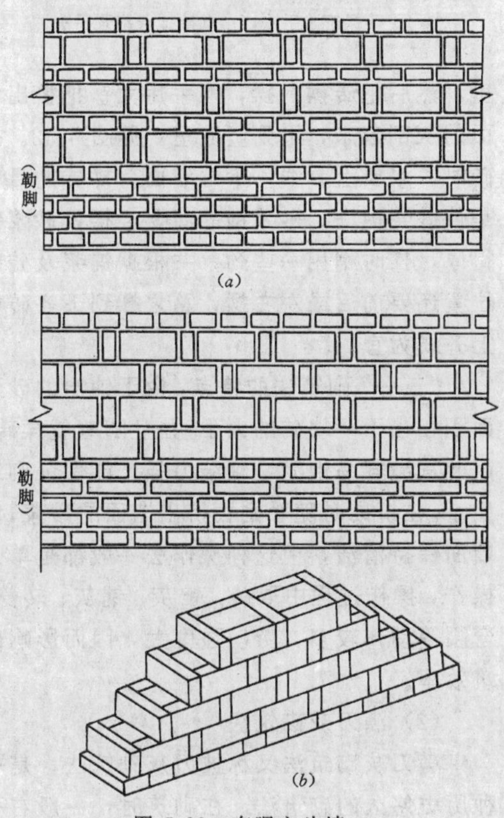

图 5-29 有眠空斗墙

(*a*) 一斗一卧空斗墙；(*b*) 多斗一卧空斗墙

b. 无眠空斗墙是由两块侧砌的顺砖和一块或两块侧砌的横砖相互交替砌而成。常见的两种型式见图 5-30。

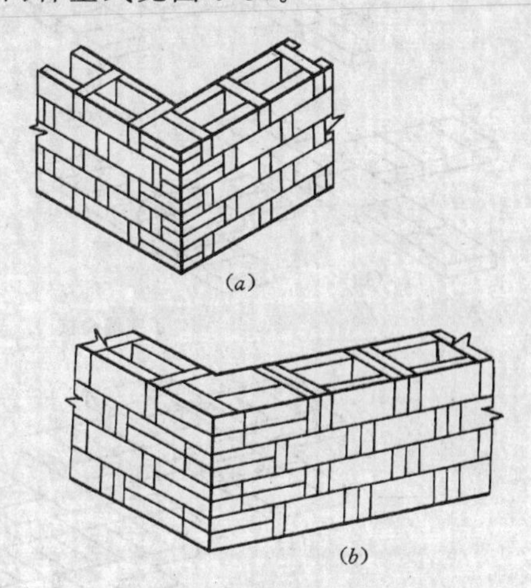

图 5-30 无眠空斗墙

上述几种组砌形式是我国砖砌建筑常用的形式，但并非仅有这些，操作者可根据墙体的各种基本要求进行设计，提出更符合实际需要的其它组砌形式。

9）十字、丁字墙交接：在砖墙的丁字及十字交接处，其连接的方法主要是砖的错缝及加筋。内角相交处竖缝应错开 1/4 砖长。当砌丁字接头时，并在横墙端头加砌“七分头”。错缝压槎的方法随墙的厚度和连接形式的不同而异。见图 5-31。

5.3.2 砌筑方法

我国广大建筑工人在长期操作中总结出多种砌砖操作方法，操作者应根据自身特点，及砌筑部位选择使用，同时要注重学习新的、先进的操作方法，以提高砌筑技术和科学生产水平。

(1)“三一”砌筑法

“三一”砌筑法是施工规范规定，砌筑实砌墙体采用的方法。所谓“三一”砌筑法就是采用一铲灰、一块砖，一挤揉的砌砖操作方法。其操作过程是：

1）铲灰取砖。砌墙时，操作者应顺墙斜站，砌筑方向是由前向后退着砌，这样易于

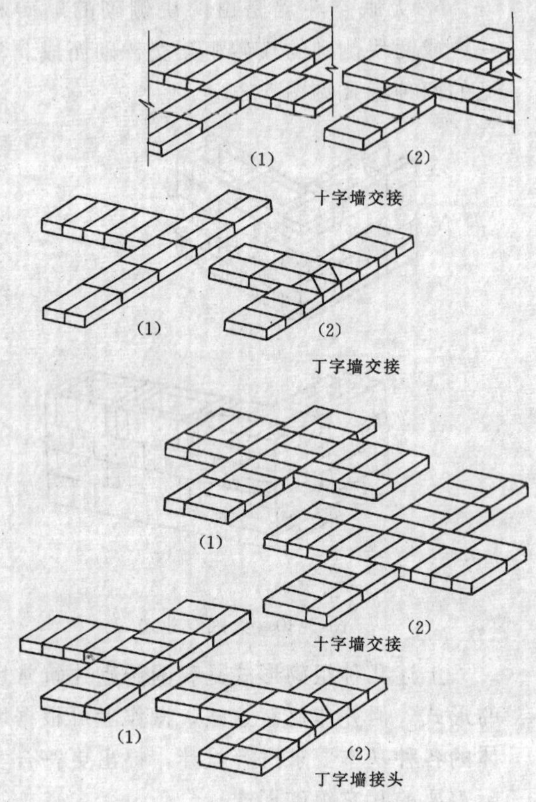

图 5-31　十字与丁字墙交接

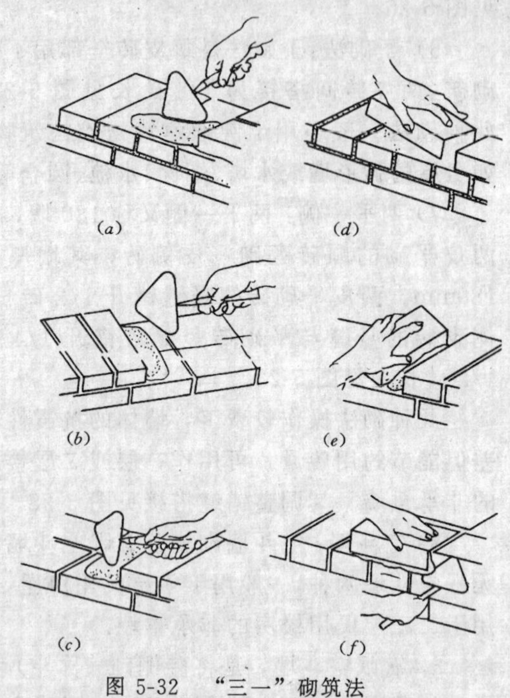

图 5-32　“三一”砌筑法
(a)条砖正手甩浆手法；(b)丁砖正手甩浆手法；
(c)丁砖反手甩浆手法；(d)揉挤浆手法；
(e)丁砖揉挤浆手法；(f)顺砖揉灰刮浆手法

随时检查已砌好的墙是否平直。铲灰时，取灰量应根据灰缝厚度，以满足一块砖的需要量为准。取砖时应随拿随挑选。操作时，左手拿砖与右手铲砂浆同时进行，以减少弯腰次数，争取砌筑时间。

2）铺灰。铺灰是砌筑操作时比较关键的动作，如果掌握不好就会影响砖墙砌筑质量。一般常用的铺设手法是甩灰，有正手甩灰和反手甩灰两种，见图 5-32。灰不要铺得超过砖长太多，长度约比一块砖稍长 10～20mm，宽约 80～90mm，灰口要缩进外墙 20mm。铺好的灰不要用铲来回去扒，或用铲角抠点灰去打头缝，这样容易造成水平灰缝不饱满。

用大铲砌筑时，所用砂浆稠度为 70～90mm 较适宜。不能太稠，过稠不易揉砖，竖缝也填不满；太稀大铲不易舀上砂浆，砂浆容易滑下去，操作不方便。

3）揉挤。灰浆铺好后，左手拿砖在离已砌好的砖约有 30～40mm 处，开始平放并稍蹭着灰面，把砂浆刮起一点到砖顶头的竖缝里，然后把砖揉一揉，顺手用大铲把挤出墙面的灰刮起来，甩到竖缝里，见图 5-32。揉砖时，眼要上看线，下看墙面。揉砖的目的是使砂浆饱满。砂浆铺的薄要轻揉，砂浆铺得厚，揉时稍用一些劲，并根据铺浆及砖的位置还要前后或左右揉，总之揉到下齐砖楞上齐线为宜。

“三一”砌筑法的特点，由于铺出的砂浆面积相当于一块砖的大小，并且随着就揉砖，因此灰缝容易饱满，粘结力强，能保证砌筑质量。在挤砌时随手刮去挤出墙面的砂浆，使墙面保持清洁，但这种操作法一般都是单人操作，操作过程中取砖、铲灰、铺灰、转身、弯腰等动作较多，劳动强度大，因而影响砌筑效率。

（2）满刀灰砌筑法

满刀灰砌筑法又称披刀灰砌筑法，是一种历史悠久的砌筑法。在砌筑时，一般右手拿瓦刀，左手拿砖。将砂浆满刮到在砖的砌筑面上再将砖挤在墙上。见图 5-33。

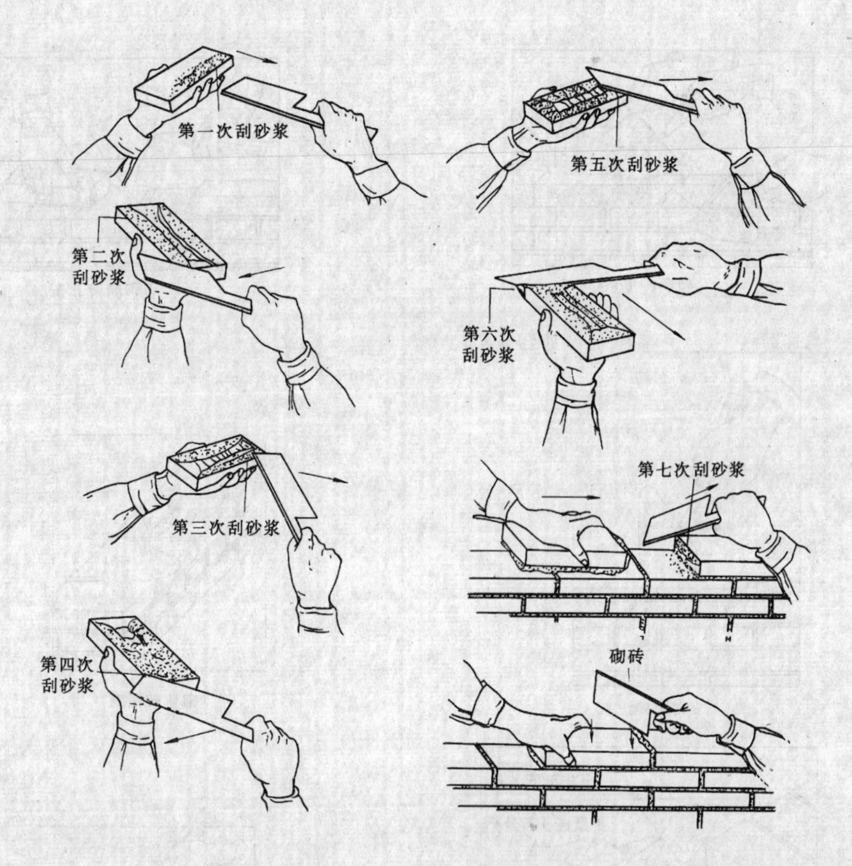

图 5-33　满刀灰砌筑法

满刀灰砌筑时墙体因其砂浆刮得均匀，灰缝饱满，因此砌筑质量较好，但工效慢，目前采用较少。一般用于铺砌砂浆有困难的部位，如砌平拱、弧形拱、窗台、花墙、炉墙、炉灶空斗墙、砖窑及古老建筑的修缮等。

(3) "二三八一" 砌筑法

"二三八一"砌筑法是在我国传统砌砖操作技术基础上，进行研究改进后产生的一种比较科学的砌筑方法。这种砌筑方法包括二种步法，即操作者以丁字步，并列步交替退行操作见图 5-34。三种身法，即操作过程中

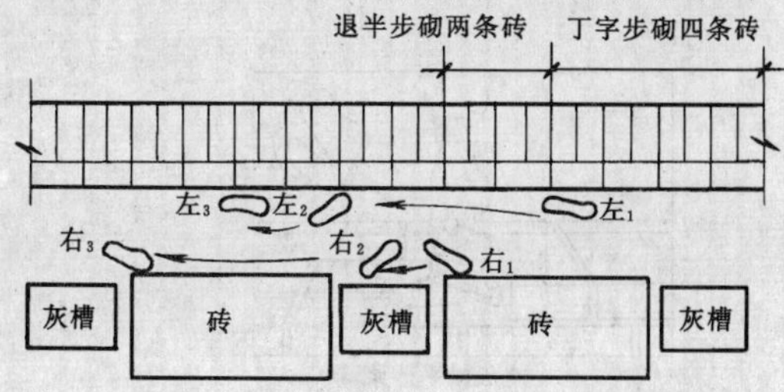

图 5-34　砌砖步法示意图

采用侧弯腰，丁字步弯腰，并列步弯腰进行铲灰、拿砖、铺灰、砌砖。八种铺灰手法，砌条砖采用甩、扣、溜、泼 4 种手法，砌丁砖采用扣、溜、泼、一带二 4 种手法，见图 5-35。一种挤浆动作，即平推挤浆法，见图 5-36。

"二三八一"砌筑法对砌砖操作过程中的每一步骤都作出了形、位、动作的明确规定，有利于操作的规范化，从而减轻了劳动强度，保证了砌筑质量。

5.3.3　砖砌体砌筑工艺顺序

砖砌体是由砖和砌筑砂浆，按一定的排列方式，经多个砌筑过程组砌而成的整体。砖砌体砌筑工艺顺序见图 5-37。

(1) 抄平、放线

为保证砖砌体的标高和轴线位置符合设计要求，便于砌筑过程中对砖砌体标高和轴线位置的控制，在砌筑前应进行抄平和放线工作。

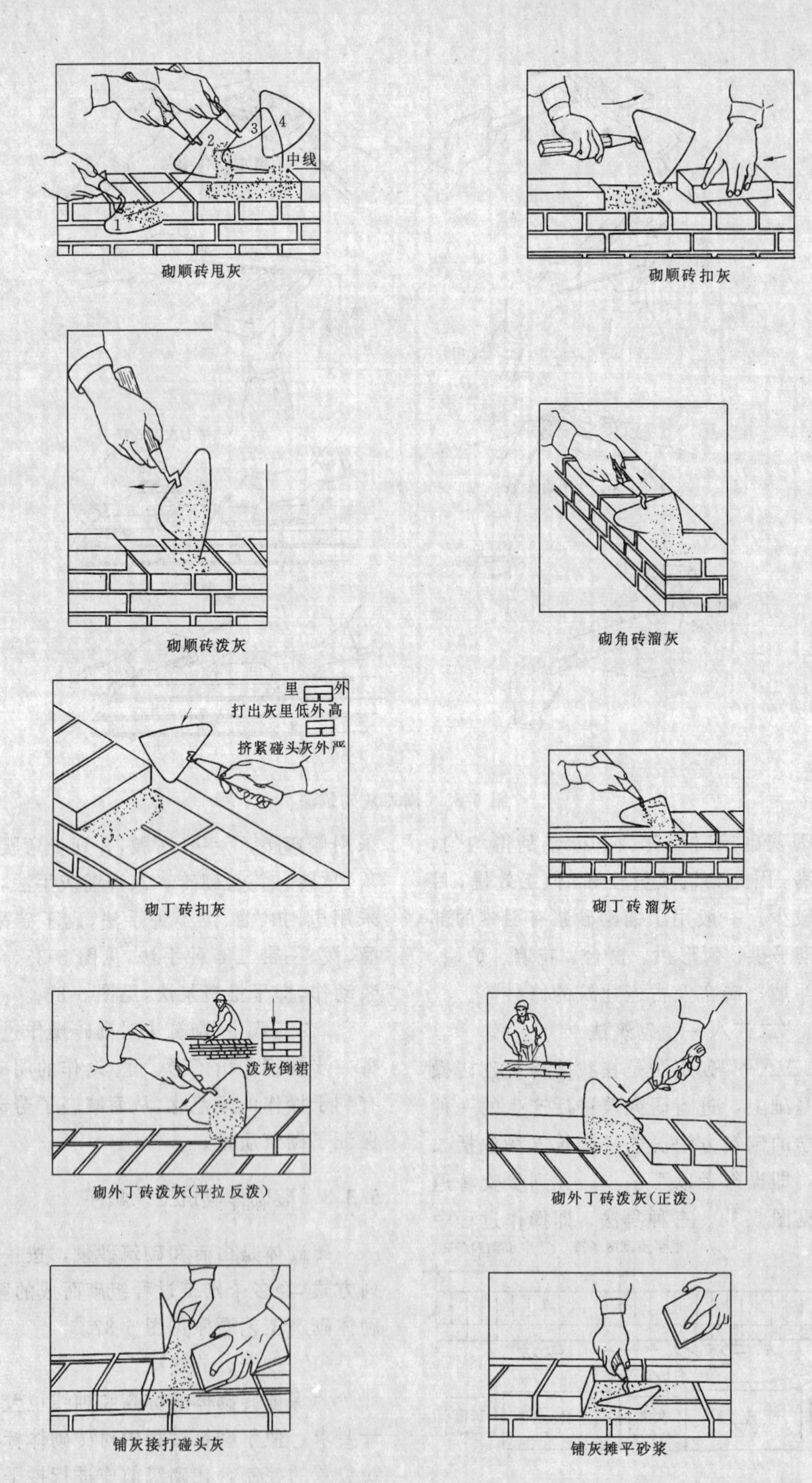

砌顺砖甩灰　砌顺砖扣灰

砌顺砖泼灰　砌角砖溜灰

砌丁砖扣灰　砌丁砖溜灰

砌外丁砖泼灰(平拉反泼)　砌外丁砖泼灰(正泼)

铺灰接打碰头灰　铺灰摊平砂浆

图 5-35　八种铺灰手法

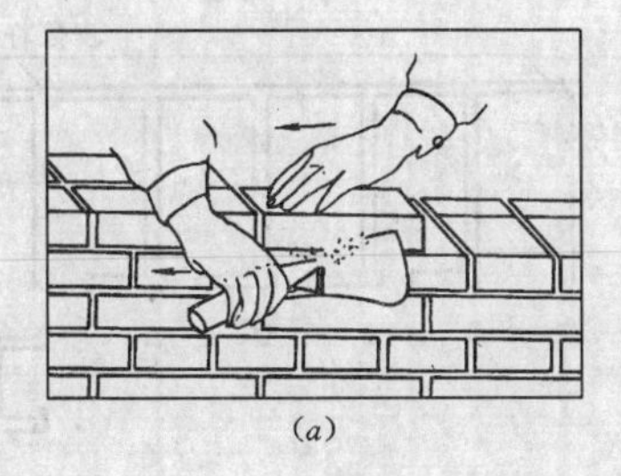
(*a*)

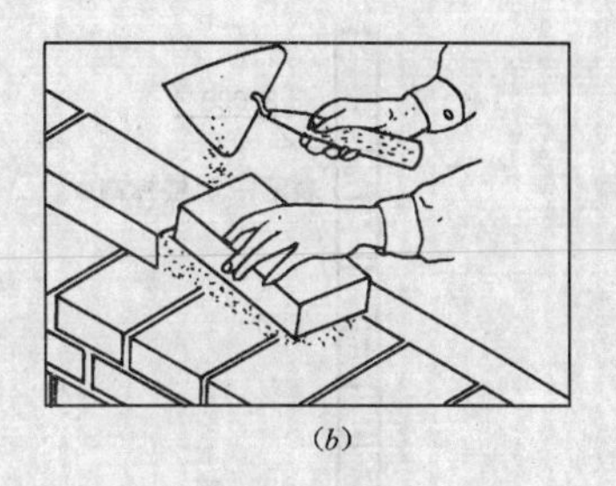
(*b*)

图 5-36　一种挤浆动作

(*a*) 砖外条砖余浆；(*b*) 将余浆甩入碰头缝内

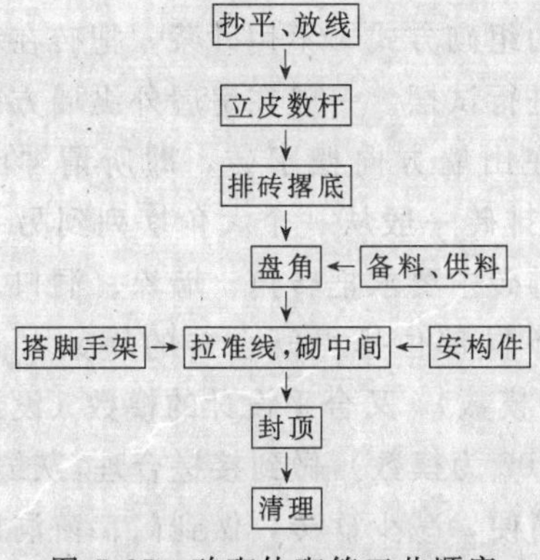

图 5-37　砖砌体砌筑工艺顺序

1) 抄平：砌筑砖墙前在基础防潮层或楼面上测每层标高，如出现偏差，用M7.5水泥砂浆或C10细石混凝土找平，使每段砖墙底段标高符合设计要求。

2) 放线：根据龙门板上给定的轴线及施工图纸上标注的墙体尺寸，在经抄平的基础顶面上用墨线弹出墙的轴线和墙的宽度线，并分出门洞口位置线，当砌清水墙时，还须划出窗洞口的位置。二楼以上墙的轴线可以用经纬仪或线坠将轴线引测上去，并按上述方法弹线。

(2) 立皮数杆

皮数杆是用 50mm×70mm 的方木制成，长度大于一个楼层高，上面划有砖的皮数，灰缝厚度，门窗、过梁、圈梁、楼板、屋架等构件的位置，以及建筑物各种预埋洞口和加筋高度的一种木制标杆。它是砌筑时控制竖向尺寸的标志，砌筑时应先立好皮数杆。

划皮数是从±0.000开始，从正负零（±0.000）向下到垫层面为基础皮数杆，见图 5-38。正负零（±0.000）以上为墙身皮数杆，见图 5-39。楼房如每层高度相同时划到二层楼地面标高为止，平房划到前后檐口为止。

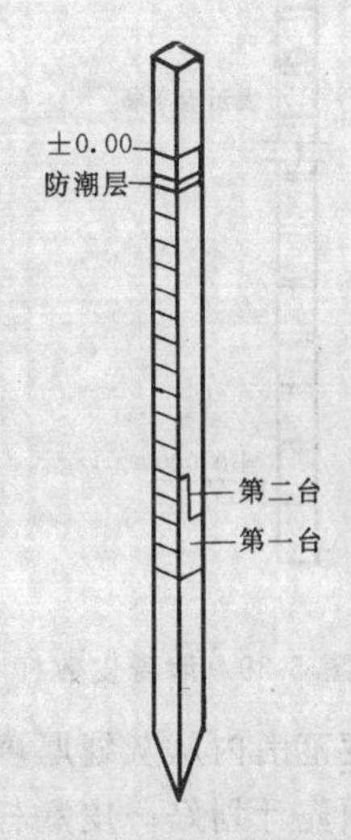

图 5-38　基础皮数杆

皮数杆的划法是根据建筑物的剖面图，将构件的标高及墙高在杆上划出，然后在相应构件标高之间等分砖的皮数，使构件标高之间恰为整皮数，这可用调整灰缝厚度来解决，并且每层砌体的顶面标高允许上、下移动 15mm。由于砖的厚度不完全一样，在划皮数杆之前，从进场的每堆砖中抽取 10 块砖样，量出总厚度取其平均值作为砖厚的依据。再加上灰缝的厚度，就可划出砖层的皮数。常温施工用 10mm 厚灰缝，冬期采用冻结法施工时用 8mm 厚灰缝。划皮数杆过程中如发现楼层高度与砖层皮数不相吻合时，可以在

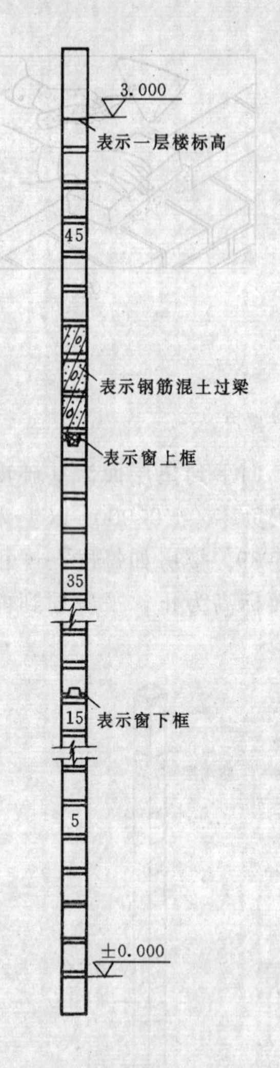

图 5-39　墙身皮数杆

整个楼层高度范围内从灰缝厚度中适当进行调整，但应预先计划好。皮数杆划完后在杆上以每五皮砖为级数，标上砖的皮数，如5、10、15……等，并标出每种构件和洞口的标高位置及其大致图例。

皮数杆应设立在墙的转角处，内外墙交接处及楼梯间和墙面变化较多的部位，大约每隔10～15m立一根，见图5-40。采用外脚手架时，皮数杆应立在墙内侧，反之立在墙外侧，即用线杆卡子或大铁钉子固定在墙上。立皮数杆时可用水准仪测定标高，使各皮数杆立在同一标高上。在砌筑前，应先检查皮数杆上±0.000与抄平桩上的±0.000是否符合（或与楼层地面标高符合），所有应立皮数杆处的皮数杆是否全立了，检查合格后才可砌墙。

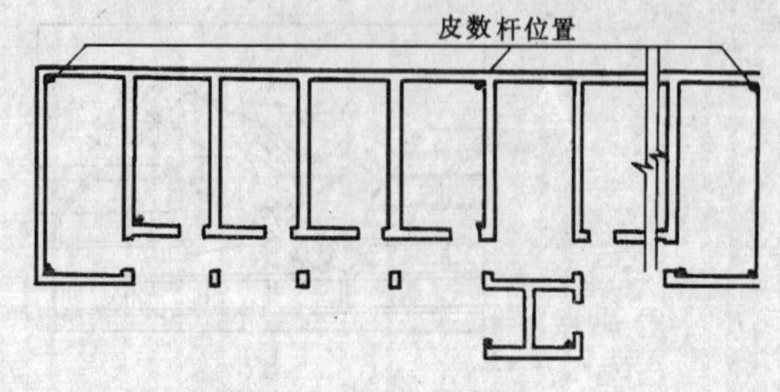

图 5-40　皮数杆设置

（3）排砖撂底（干摆砖）

排砖是按照基面上所弹墙的尺寸线和已确定的组砌方式，不用砂浆，把砖在墙的位置上进行试摆。一般在房屋外纵墙方向摆顺砖，在山墙方向摆丁砖，即所谓“山丁檐跑”。排砖一般从一个大角摆列到另一个大角。排砖中要求把转角、墙垛、洞口、交接处等不同部位排得既合砖的模数（砖是以125为模数），又合乎设计的模数（设计尺寸是以100为模数），做到接槎合理，灰缝均匀，操作简便，减少砍砖，做到门、窗洞口两侧的砖要对称。排砖是用调整竖缝大小来解决砖模数与设计尺寸模数的矛盾。

撂底是指排砖结束后，用砂浆把平摆的砖砌起来。摞底要求，不能使排好的砖的平面位置移动，必须严格与皮数杆标准砌平。对偏差过大的应进行找平处理，如偏差在10mm左右可用调整灰缝厚度来解决。摞底工作全面展开，应在立好皮数杆后拉紧准线进行。

排砖摞底工作的好坏，直接影响到整个砌筑质量，必须全盘计划，严肃认真的进行。

（4）备料、供料

1）备料。备料是指按砌筑砖墙的需要，进行浇砖和拌制砂浆。

a. 浇砖：在常温施工时，视气候情况在砌筑前一天或半天将砖浇水湿润，润湿程度以将砖砍断时还有15～20mm干心为宜。浇砖的目的是冲刷掉砖表面的粉屑，有利于砖与砂浆的粘结；使用时可以无磨手的感觉，同时，砖表面颜色趋于定形，有益于选砖，砌成的墙面色泽一致、美观；使砖含水量（含

水率为10%～15%）适当，砌筑时不会过多地吸收砂浆中的水分，为砂浆凝结硬化提供了养护的潮湿环境，保证了砖砌体的强度。但浇水不宜过多，如砖浇得过湿，会在砖表面形成一层水膜，这不仅影响砖与砂浆的粘结，还会出现砖浮滑、不稳和坠灰现象，使灰缝不平直、墙面不平整。冬期施工时，由于砖浇水后会在砖面冻结成冰膜，影响砖与砂浆的粘结，故一般情况不宜浇水。

b. 拌制砂浆（俗称打灰）：砌筑砂浆的拌制是以试验室为施工现场提供的砂浆配合比为准，以采用机械拌合为好。在拌制砂浆时各用料必须严格按照配合比计量；采用适当的加料顺序，即先倒砂子、水泥、掺合料，最后加水；拌合时间不得少于1.5min；做到随拌随用；按规定制作试块。

2）供料。供料是指将浇好的砖，拌好的砂浆按布料方法运送到砌筑所需的工作面上。包括布料、供砖和供灰。

a. 布料：布料是确定将浇湿的砖和拌成的砂浆在砌墙工作面的摆放方法。一般砂浆放在不漏水的灰槽内，砖直接摆在脚手板上。砖与灰槽间隔排放在距所砌墙外500mm位置上。砖与灰槽间距视墙的长度酌情而定，以铲灰拿砖方便，间隔均匀为原则。通常灰槽间距以150cm左右为宜。见图5-41。

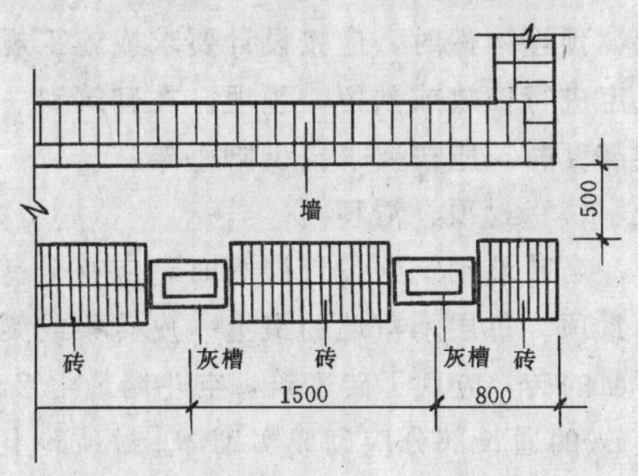

图5-41 布料示意图

b. 供砖：供砖要按砌筑部位用砖数量供应，做到在墙体砌到规定部位时，运到砌墙部位的砖正好用完。如果剩砖很多，则会造成二次搬运，浪费人力，影响生产效率。并且要做到砖的摆放位置准确，砖堆角部的砖交叉摆放，见图5-42。这样可以拿砖方便，并防止单方向砖摆放过高时，角部的砖倒下来掉在灰槽内影响砂浆的使用。

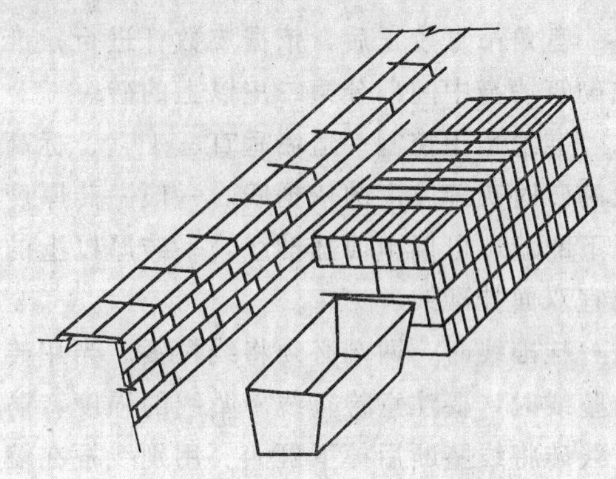

图5-42 砖堆码放示意图

c. 供灰：供灰操作要做到适量、适时、适度。

适量是指按砌筑部位用灰数量供应，做到墙体砌筑到规定部位时，所供的砂浆正好用完。并且一次放入灰槽的砂浆不宜过多。如果灰槽内砂浆过多，则会由于砂浆的使用时间超过凝结时间，造成大部分砂浆还没有使用就已凝结在灰槽内。这样既浪费砂浆，又影响操作效率。

适时是指供灰及时。做到既不能供灰过早，也不能供灰过迟。供灰过早，会因为砂浆来不及使用造成初凝，失去流动性，影响砌筑效率；供灰过迟，会因为没有砂浆不能操作，同样影响砌筑效率。

适度是指供到使用位置的砂浆要有合适的稠度。并且在将砂浆放入灰槽前，要先用水将灰槽湿润。

（5）盘角（又称立头角，把大角）

盘角是指在排砖撂底后，先将砖墙两端大角砌起来，作为墙身砌筑挂线的依据，以及向上引砌大角的砌筑过程。每次盘角不得超过6皮砖，在盘角过程中应随时用托线板检查墙角是否垂直平整，砖层灰缝是否与皮数杆灰缝相吻合。盘角时要挑选平直方整的砖砌筑，用“七分头”搭接错缝。盘角是砌墙的关键，因此要认真对待，特别是开始砌筑 4～5 皮砖时，一定要用托线板或线坠将其找平、吊直、校正，与皮数杆灰缝一致。

(6) 拉准线、砌中间

盘角吊直校正后，依据皮数杆进行拉准线砌筑墙身中间部分第二皮以上的砖。

准线是指控制一道墙垂直、平整、标高及砌砖时灰缝厚度的依据线。一般一砖厚度以下的墙，可以单面挂准线，一砖厚以上的墙宜双面挂准线。

挂准线时，两端必须将线拉紧。当用砖作坠线时，要注意检查线砖坠线的强度，防止线砖将线坠断后掉下砸人。用别线棍在墙角处将线别住，防止线陷入灰缝中而起不到准线的作用。别线棍可根据准线的拉力轻重而选用小竹片或 22 号铅丝制作。挂准线方法见图 5-43。准线挂好拉紧后，在砌墙过程中，要经常检查有没有抗线或塌腰的地方（中间下垂）发现偏差要及时纠正。抗线时要把高出的障碍物除去塌腰的地方要垫一块砖，俗称腰线砖，见图 5-44。此时要注意准线不能向上拱起，检查准线平直无误后再砌筑。

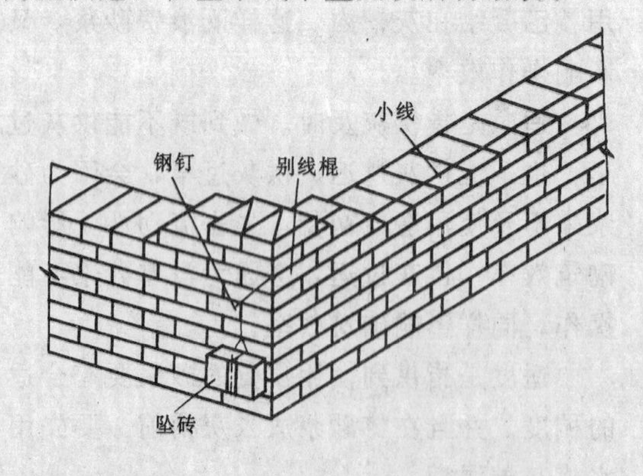

图 5-43 挂准线示意

还有一种不同坠线的挂线方法，俗称拴立线，一般用于砌间隔墙的挂线。操作时将立线的两端拴在钉入纵墙水平缝的钉子上并拉紧。根据拴好的垂直立线拴水平准线，水平准线的两端要由立线的里侧向外拴，两端拴好的水平线要与砖上口一致，不得错层，见图 5-45。

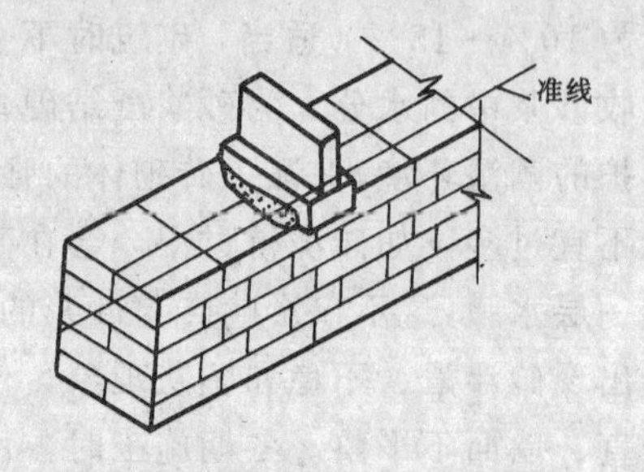

图 5-44 腰线砖

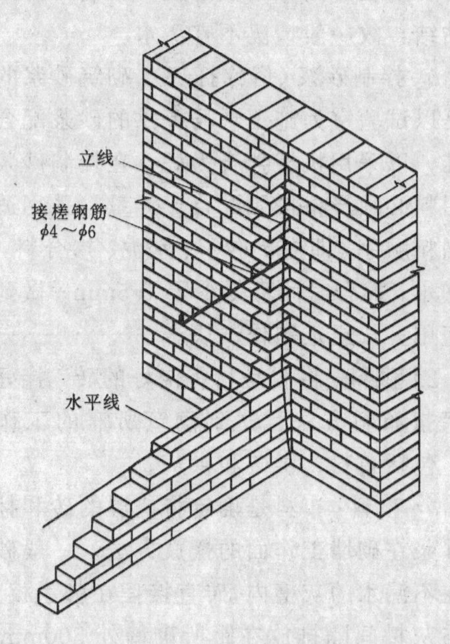

图 5-45 挂立线

砖墙砌筑过程中，如需安放门窗框、木砖、铁件、钢筋、过梁等构件及需预留孔洞、预埋构件时，应按设计要求或施工规范规定进行安放或预留、预埋。在砌筑到一步架高度时，应按要求搭设脚手架。

(7) 封顶、清理

当砖墙砌筑到设计层高时，应有个良好的封顶。每层承重墙的最上一皮砖梁或梁垫下面的砖，应用丁砖砌筑，空斗墙最上 2～4 皮砖 的通长部分应砌成实砌体。封顶砖上表面应用砂浆将竖缝填充密实，从而保证最上一皮砖稳固。填充墙与隔墙的顶面与上层结构的接触处，宜用侧砖或立砖斜砌挤紧，见图 5-46。

当该层砖砌筑完毕后，应进行砌体表面和落地灰的清理，并即时检查砌体质量。

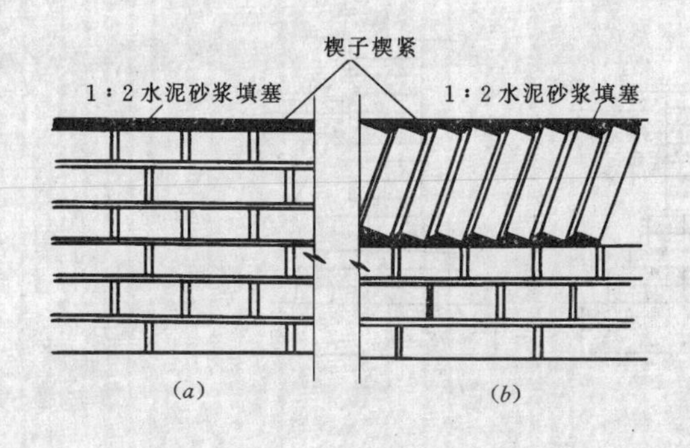

图 5-46　填充墙与框架梁底的砌法

(a) 清水墙；(b) 混水墙

5.3.4　砖基础的砌筑

一般砖基础按其构造型式分为条形基础与独立基础，见图 5-47。

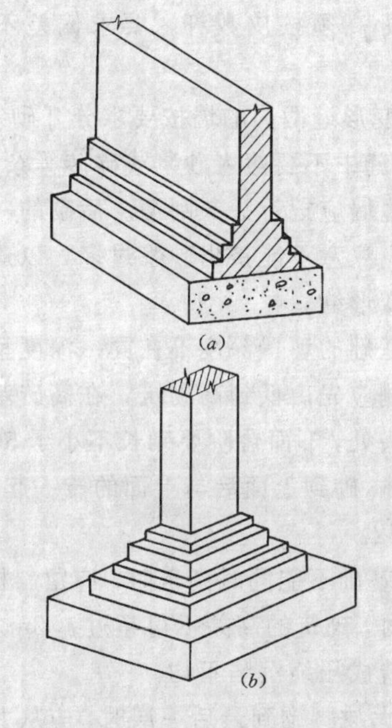

图 5-47　基础形式

(a) 条形基础；(b) 独立基础

砖基础一般砌成台阶形状，称为基础砌体的扩大部分又称为大放脚。大放脚分为等高式和不等高式两种。大放脚砌成两皮砖一收的形式，称为等高式，见图 5-48 (*a*)；砌成两皮砖一收与一皮砖一收相间隔，称为不等高式（间隔式），见图 5-48 (*b*)。不管是哪一种形式，退台均为两边均收进 1/4 砖长。

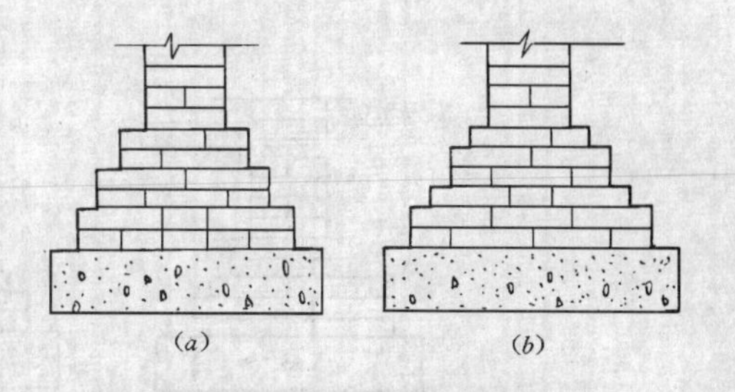

图 5-48　大放脚形式

(a) 等高式；(b) 不等高式

为了使地基与基础有较好的接触面，能把基础承受的荷载比较均匀地传给地基，常在基础底部设置垫层。垫层材料要因地制宜，就地取材。目前常用的垫层材料有 1∶2∶4 或 1∶3∶6 碎砖三合土；3∶7 或 2∶8 灰土以及低强度等级混凝土（一般为 C7.5 或 C10）。

为了防止土壤中水分沿基础墙中砖的毛细管上升浸蚀墙体，造成墙身的表面抹灰层脱落甚至墙身受潮冻结膨胀而破坏。因此在砖基础上，室内地坪±0.000 以下（或同标高）50mm 处设置防潮层，以防止地下水上升，见图 5-49。防潮层的作法，一般是铺抹 20mm 厚的防水砂浆（即在水泥砂浆中掺加防水粉或防水浆），也可浇筑 60mm 厚的细石混凝土防潮层，对防水要求高的可再在砂浆层铺油毡，但有抗震设防地区不能用。在土质情况较差，需要设置地梁时地梁可以作为防潮层，但地梁位置必须设在室内地坪同标高或地坪以下 50mm 处。

（1）弹线，立皮数杆

砖基础砌筑前应先检查垫层表面平整。标高等质量是否符合要求，然后清扫垫层表面，按龙门板的标志弹好基础轴线及边线，见图 5-50。

为保证基础底标高的准确，应在垫层转角基础墙交接处及高低踏步处预先立好基础皮数杆。基础皮数杆上应标明大放脚的皮数、退台、基础的标高线（顶标高与底标高）以及防潮层的位置等。基础皮数标见图 5-38。如果垫层高度与皮数杆标高有偏差时，应在

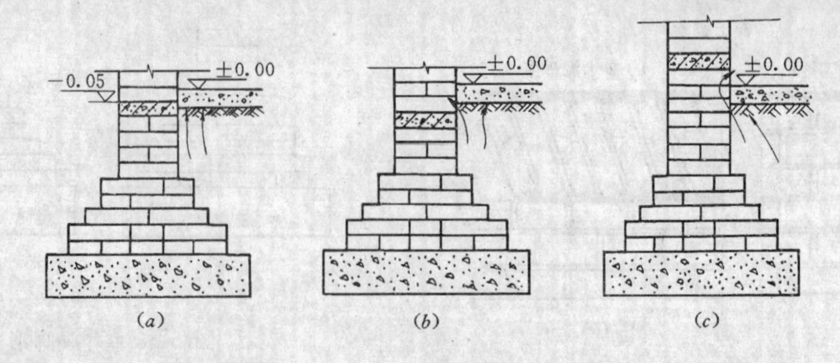

图 5-49　防潮层设置

(a) 正确；(b) 不正确；(c) 不正确

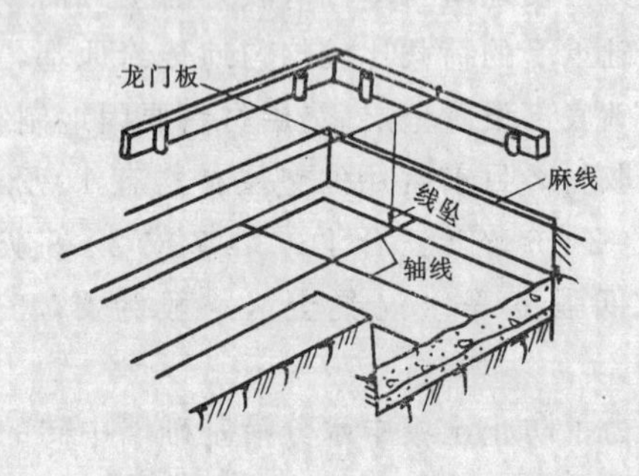

图 5-50　基础弹线

砌大放脚前在垫层处进行找平，如果相差不大，可在砌大放脚的操作过程中逐皮调整(俗称提灰缝或刹灰缝)，但要注意在调整中防止砖错层，即要避免“螺丝墙”情况。

(2) 排砖撂底、砌筑

砌大放脚时，可根据垫层上弹好的基础线按退台压丁的方法进行摆砖撂底。摆完后经复核无误后才能正式开始砌筑。为了砌筑时有规律可循，先在转角处砌几皮砖，叫盘角，再以两端转角为标准拉准线，然后按线逐皮砌筑。砖基础组砌，一般采用一顺一丁砌法。基础大放脚的排砖、撂底尺寸及退收方法，必须符合施工图纸要求。

常见的排砖撂底方法，见图 5-51。大放脚退台到实墙后，按墙的组砌方法砌筑。

砖基础砌筑要点：

1) 所有砖与砂浆的强度等级一定要满足设计要求，不得擅自更改。

2) 基础墙 (包括大放脚及大放脚以上的实墙) 应采用一顺一丁组砌形式，都要求错缝搭接。退台的每台阶上面一皮砖应为丁砖，这样传力好，砌筑及填土时也不易将退台砖碰掉。

3) 灰缝的砂浆要饱满。砌完大放角退台到实墙时，应检查墙的中心线或房屋的轴线位置是否准确。有偏差及时纠正，避免造成返工。标高须按皮数杆，要求偏差不超过±10mm。

4) 变形缝两边的墙按要求分开砌筑，不能搭砌。缝中不要落入砂浆或碎砖等杂物，先砌的一边墙应把舌头灰刮清。后砌的一边墙的灰缝应注意不能挤出砂浆过多，以避免砂浆堵住变形缝。

5)基础的埋置深度不在同一深度呈踏步状时，侧应先由低到高砌筑，在高砖基础低台阶接头处，下面台阶要砌长不小于 500mm 的实砌体，砌到上面后与上面的砖一起退台，见图 5-52。

6) 基础不能同时砌筑时，应留斜槎。多段砌筑时，砌筑的高差不得超过 1.2m。相差过高会造成压缩沉陷不均。

7) 大放脚砌到最后一层时，应从龙门板上拉线将墙身轴线引下，以保证最后一层位置正确。

8) 砖基础中的洞口、沟槽和预埋件等，应在砌筑时正确预留和预埋，宽度超过 500mm 的洞口，其上应砌筑平拱或设置过梁。

9) 基础墙砌完进行回填，必须在墙的两侧同时进行，以免单边填土后，基础墙在土压力的作用下变形。

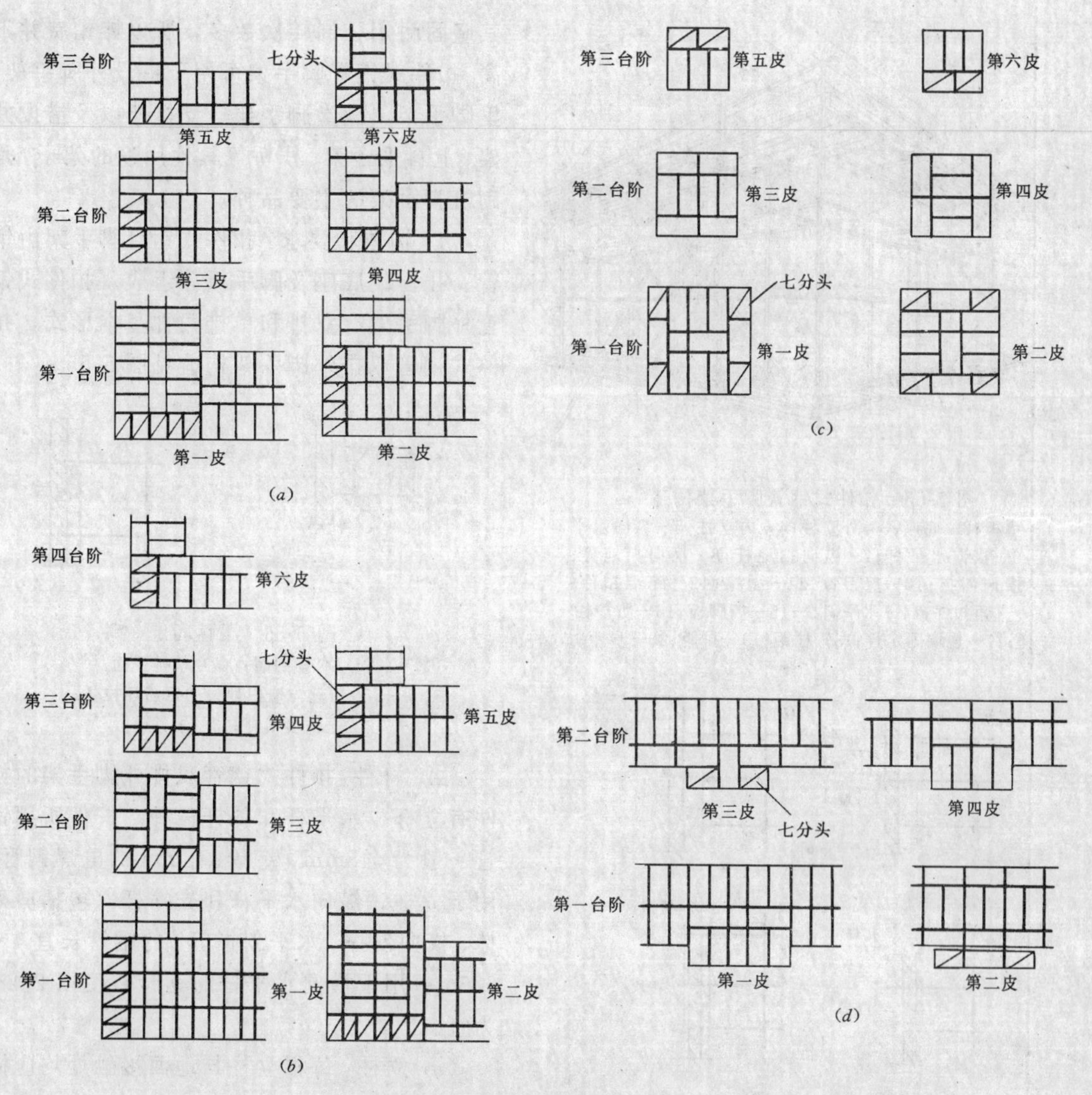

图 5-51 砖基础排砖
(*a*) 6 皮 3 收等高式；(*b*) 6 皮 4 收间隔式；(*c*) 独立方柱砖基础；(*d*) 附墙砖柱基础

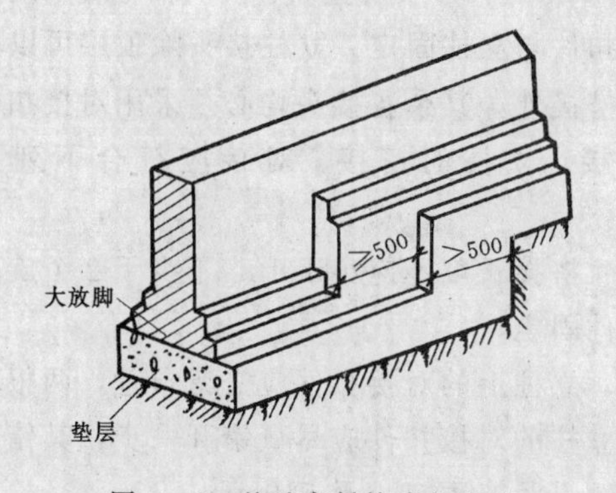

图 5-52 基础高低接头处砌法

5.3.5 砌筑脚手架

脚手架是建筑工程施工中堆放材料和进行操作的临时设施。脚手架种类很多，按用途分有砌筑脚手架、装修脚手架和支撑（负荷）脚手架等；按搭设位置分为外脚手架和里脚手架两大类；按所用材料分为木脚手架、竹脚手架、钢管脚手架；按构造形式分为多立柱式、框组式、碗扣式、桥式、悬吊式、挂式、挑式、爬升式脚手架等。随着高层建筑物的发展，则又有高层脚手架与低层脚手架之分。目前脚手架的发展趋势是采用金属制作的、具有多种功用的组合式脚手架，可以适用不同情况的作业要求。在继续使用传统架设工具的同时，逐步进行更新和改造。

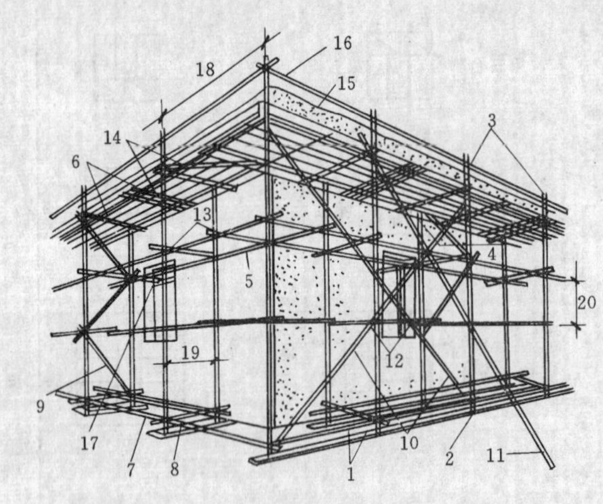

图 5-53 扣件式钢管脚手架构造

1—垫板；2—底座；3—外立柱；4—内立柱；5—纵向水平杆；6—横向水平杆；7—纵向扫地杆；8—横向扫地杆；9—横向斜撑；10—剪刀撑；11—抛撑；12—旋转扣件；13—直角扣件；14—水平斜撑；15—挡脚板；16—防护栏杆；17—连墙固定件；18—柱距；19—排距；20—步距

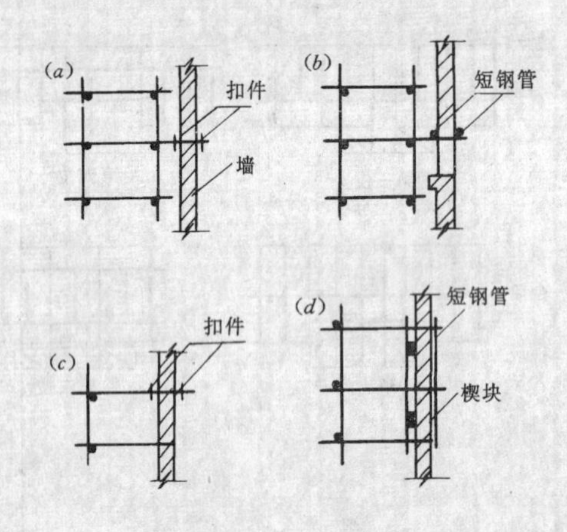

图 5-54 刚性固定

(*a*)、(*b*) 双排剖面；(*c*)、(*d*) 单排平面

对脚手架的基本要求是：有适当的宽度、步高、离墙距离，靠满足操作堆放材料和运输的要求；坚固稳定，具有足够的承载能力，能确保使用安全；构造简单、装拆方便、能多次周转使用，能满足经济合理的要求；能与垂直运输及各种作业形式相适应。

(1) 扣件式钢管脚手架

扣件式钢管脚手架是我国目前使用最为普遍的脚手架。其特点是：装拆方便，搭设灵活，能适应建筑物平立面的变化；强度高，能搭设较大高度；虽然一次性投资较大，因其坚固耐用，周转次数多，所以摊销费并不高。扣件式钢管脚手架可用于搭设外脚手架、里脚手架、满堂脚手架、支撑架以及搭设井架、上料平台架、栈桥等其他用途的架子，是砌筑脚手架的主要品种。

1) 构造和要求：扣件式钢管脚手架由钢管、扣件、底座及脚手板等组成。扣件式钢管外脚手架有双排和单排两种基本形式，扣件式钢管双排外脚手架构造见图 5-55。

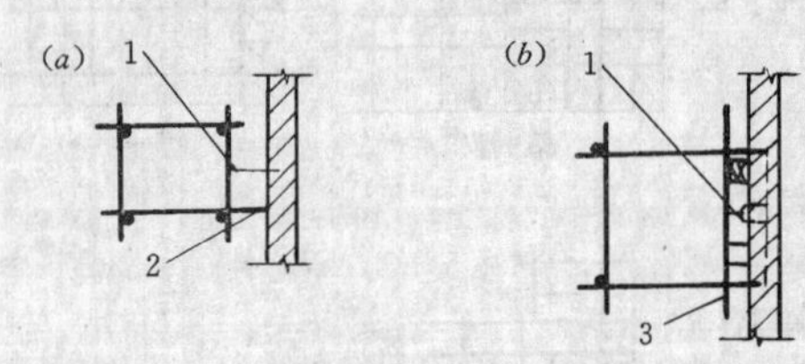

图 5-55 柔性固定

(*a*) 双排剖面；(*b*) 单排平面

1—8 号铅丝与墙内埋设的钢筋环拉住；

2—顶墙横杆；3—短钢管

A. 杆件：扣件式钢管双排外脚手架的杆件有立杆、水平杆和斜杆三种。杆件所用钢管一般为 ϕ48mm，壁厚 3.5mm 的电焊钢管。用于立柱、纵向水平杆和支撑杆（包括剪刀撑、横向斜撑、水平斜撑等）的钢管长宜 4～6.5m；用于横向水平杆的钢管长度以 2.2m 为宜。

a. 立柱：每根立柱与地面接触处均应铺垫板、设置标准底座。由标准底座向上 200mm 处，必须设置纵、横向扫地杆，用直角扣件与立柱固定。立柱接头除顶层可以采用搭接外，其余各接头均必须采用对接扣件连接。立柱的搭接、对接应符合下列要求：

搭接长度不应小于 1m，不少于 2 个旋转扣件固定；

立柱上的对接扣件应交错布置，两根相邻立柱的对接扣件应尽量错开一步，其错开的垂直距离不应小于 500mm；

对接扣件应尽量靠近中心节点（指立柱、纵向水平杆、横向水平杆三杆的交点），靠近固定件节点。其偏离中心节点的距离宜小于步距的 1/3。

为保证立柱的稳定性，立柱必须用刚性固定件（连墙杆）与建筑物可靠连接。见图 5-54。当采用柔性固定件（如铅丝或 1×ϕ6 钢筋）拉结时，必须配用顶撑（顶到建筑物墙面的横向水平杆）顶在混凝土圈梁、柱等结构部位，以防止向内倾覆，见图 5-55。拉结铅丝应采用两根 8 号铅丝拧成一根使用。24m 以上的双排脚手架均应采用刚性固定连接。

固定件布置间距（m）　表 5-30

脚手架类型	脚手架高度 H	垂直间距	水平间距
双　排	≤50	≤6（3 步）	≤7（$\frac{3}{4}$跨）
	>50	≤4（2 步）	≤6（3 跨）
单　排	≤24	≤6（3 步）	≤6（3 跨）

固定件布置间距宜按表 5-30 采用。固定件可以采用棱形、方形、矩形布置。无论采用何种布置型式，其固定件均必须从第一步纵向水平杆处开始设置。

立柱的柱距、排距、最大架设高度可参考表 5-31。当工程所需的脚手架高度等于最大架设高度的以下部位，采用双立柱或其它措施。凡双立柱（高度等于脚手架高者为主立柱，高度低于脚手架高者为副立柱）中，副立柱的高度不应低于三步。

b. 纵向水平杆　纵向水平杆应水平设置，其长度不应小于两跨，两根纵向水平杆的对接接头必须采用对接扣件连接。该扣件距立柱轴心线的距离不宜大于跨度的 1/3；同一步中，内外两根纵向水平杆的对接头应尽量错开一跨；上下两根相邻的纵向水平杆的对接头也应尽量错开一跨，错开的水平距离不应小于 500mm；凡与立柱相交处均必须用直角扣件与立杆固定。

c. 横向水平杆　凡立柱与纵向水平杆的相交处均必须贴近立杆设置一根横向水平杆，严禁任意拆除。跨度中间的横向水平杆宜根据支承脚手板的需要等间距设置；双排脚手架的横向水平杆，其两端均应用直角扣件固定在纵向水平杆上；单排脚手架的横向水平杆一端应用直角扣件固定在纵向水平杆上，另一端插入墙内的长度不应小于 180mm。

B. 扣件、底座：扣件用于钢管之间的连接，其基本形式有三种，见图 5-56。

常用双排 ϕ48×3.5 钢管扣件脚手架构造尺寸与最大架设高度　表 5-31

（连墙固定件按三步三跨布置）

连墙固定图示	横杆向外水伸平长 a	排距 L_s	步距 h	下列施工荷载（kN/m²）时的立柱柱距 t 1	2	3	脚手架最大架设高度 H_{max}
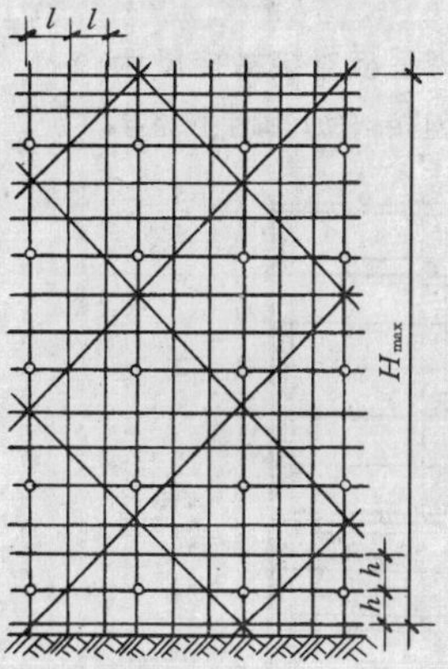 l l H_{max} h h	0.5	1.05	1.35	1.8	1.5	1.2	80
			1.8	2.0	1.5	1.2	55
			2.0	2.0	1.5	1.2	45
		1.55	1.35	1.8	1.5	1.2	75
			1.8	1.8	1.5	1.2	50
			2.0	1.8	1.5	1.2	40

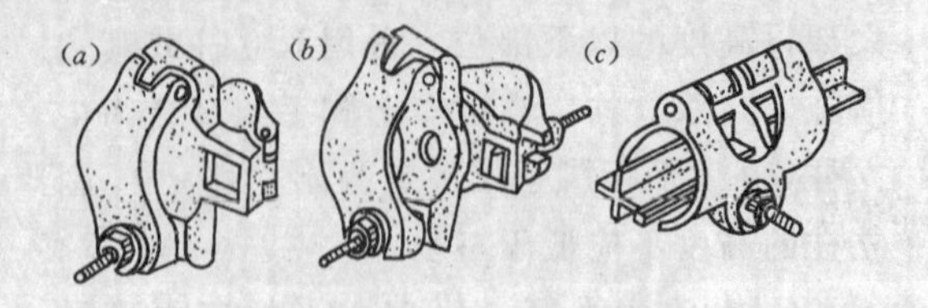

图 5-56 扣件形式图

(a) 直角扣件；(b) 旋转扣件；(c) 对接扣件

a. 直角扣件，用于两根呈垂直交叉钢管的连接；

b. 旋转扣件，用于两根呈任意角度交叉钢管的连接；

c. 对接扣件，用于两根钢管的对接连接。

d. 底座是用于立柱底端，以传递荷载到地面上，底座见图 5-57。

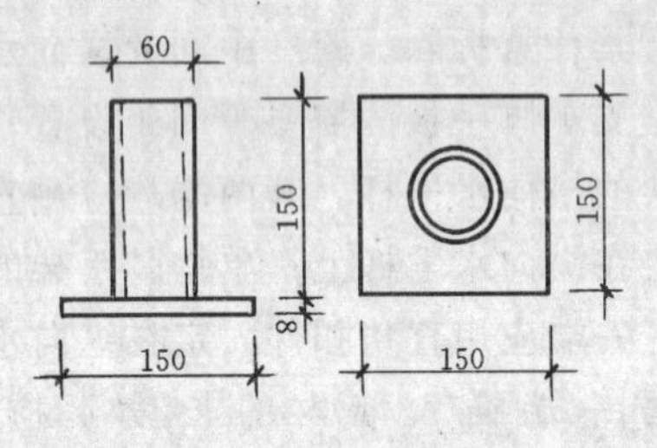

图 5-57 底座

C. 脚手板：脚手板常采用冲压钢脚手板、钢木脚手板、竹脚手板等多种，见图 5-58。脚手板的重量每块不宜大于 30kg。

脚手板的铺放，一般采用顺脚手架长度方向铺放，采用三支点承重。当脚手板长度小于 2m 时，可采用两支点承点，但应将两端固定。以防倾翻。脚手板铺放接头宜采用对接平铺，其外伸长度应小于 150mm，大于 100mm，见图 5-59；也可采用搭接铺设，其搭接长度应大于 200mm，见图 5-59。

为达到取消搭接和避免出现"探头板"，使脚手架的表面平整以便作业，脚手板可采用横铺，见图 5-60。根据脚手架宽度（只适用于双排脚手架或其他允许横向铺板的脚手架），可选用不同规格的脚手板，见表 5-32，还可以将脚手板连成整体并与脚手架水平杆相连，以加强作业面的整体稳定性，连接方式

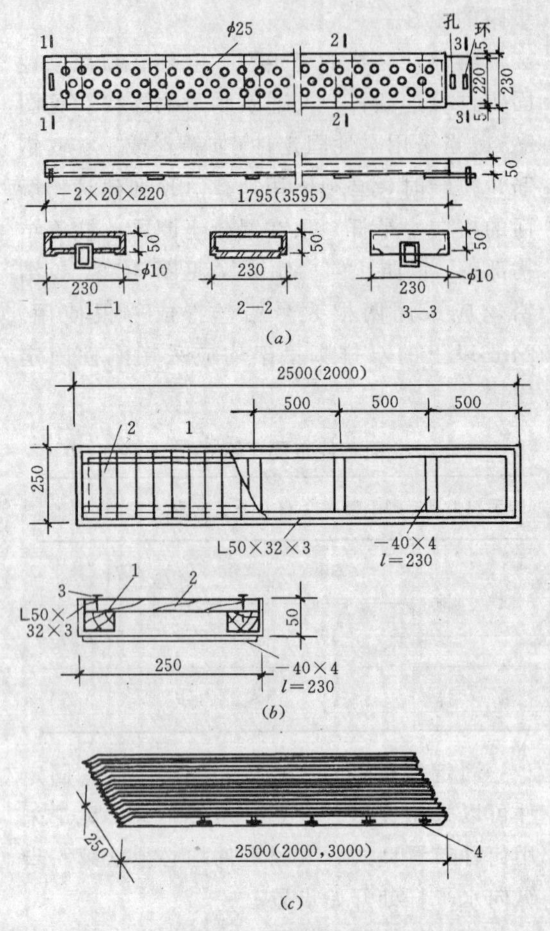

图 5-58 脚手板

(a)冲压钢板脚手板；(b)钢木脚手板；(c)竹脚手板

1—25×40 木条；2—20 厚木条；3—钉子；4—螺栓

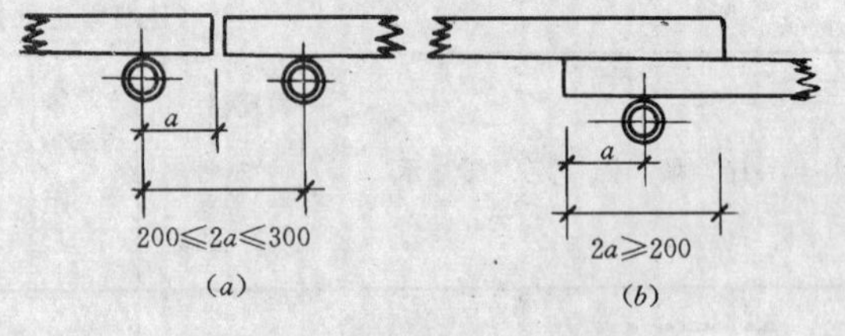

图 5-59 脚手板对接搭接尺寸

(a) 脚手板对接；(b) 脚手板搭接

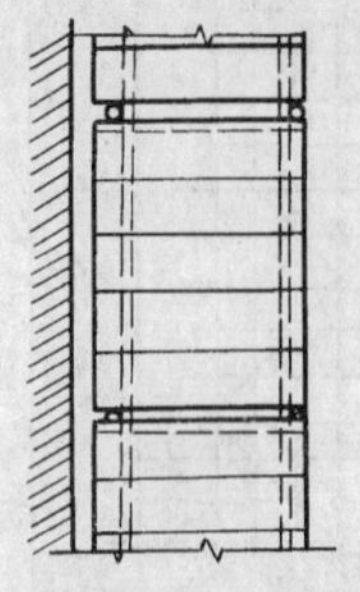

图 5-60 脚手板的横向铺放

很多，见图 5-61，为其中一种连接方式。

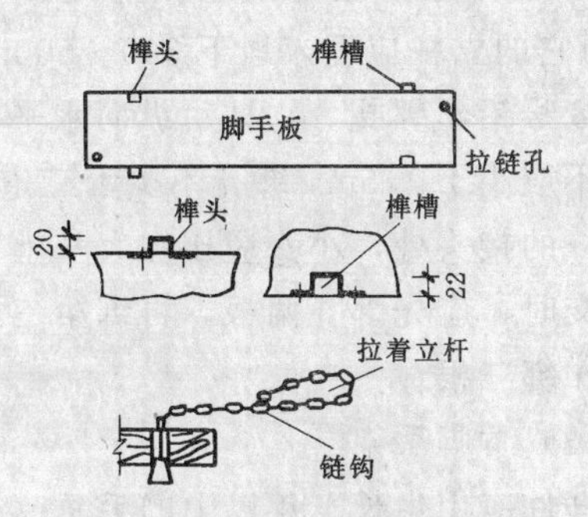

图 5-61　脚手板的连接方式

横铺脚手板的规格　　表 5-32

脚手架宽度（mm）			脚手板规格		
内外横杆距离	里横杆与墙面的距离	作业面宽	长度(mm)	宽度(mm)	板　重(kg)不大于
800	350	1000	1200	350	10.50
				250	7.50
800	500	1200	1400	350	12.25
1000	350			250	8.75
1000	500	1400	1600	350	14.00
1200	350			250	10.00
1200	500	1600	1800	350	15.75
1400	350			250	11.25
填　缝　板			725	50	3.00
			925		3.80
			1125		4.65
			1325		5.50

D. 支撑杆：为保证脚手架的整体稳定性必须设置支撑杆。双排脚手架的支撑杆有剪刀撑、横向斜撑、水平斜撑。单排脚手架有剪刀撑。

剪刀撑设置要求：

a. 24m 以下的单、双排脚手架宜每隔六跨设置一道剪刀撑，从两端转角处起由底至顶连续布置；

b. 24m 以上的双排脚手架应在外立面整个长度和高度上连续设置剪刀撑；

c. 每副剪刀撑跨越立柱的根数不应超过 7 根，与地面成 45°～60°；

d. 顶层以下的剪刀撑中的斜杆接长应采用对接扣件连接，采用旋转扣件固定在立柱上或横向水平杆的伸出端上，固定位置与中心节点的距离不大于 150mm；

e. 顶部剪刀撑可采用搭接，搭接长度不应小于 1m，不少于 2 个旋转扣件。

横向斜撑设置要求：横向斜撑的每一斜杆只占一步，由底至顶呈之字型布置，两端用旋转扣件固定在立柱上或纵向水平杆上；一字型、开口型双排脚手架的两端头均必须设置横向斜撑，中间每隔六跨应设置一道；24m 以下的封闭型双排脚手架可不设横向斜撑；24m 以上的除两端应设置横向斜撑外，中间每隔六跨设置一道。

2）扣件式钢管脚手架的搭设：脚手架搭设范围的地基应验收合格，表面平整，排水畅通。垫板必须铺设平稳，不得悬空。安放底座时应拉线和拉尺，按规定间距摆放并加以固定。

搭设顺序为：摆放纵向扫地杆——逐根树立柱，随即与纵向扫地杆扣紧——装横向扫地杆并与立柱或纵向扫地杆扣紧——安第一步纵向水平杆与各立柱扣紧——安第一步横向水平杆——安第二步纵向水平杆——安第二步横向水平杆——加设临时抛撑——安第三四步纵横向水平杆——安连墙杆——接立柱——加设剪刀撑——铺脚手板——安挡脚板、防护栏杆。竖立第一节立柱时，每六跨应暂设置一根抛撑（垂直于纵向水平杆，一端支承在地面上），直至固定件架设好后方可根据情况拆除，架设至有固定件的构造层时，应立即设置固定件。固定件距离操作层的距离不应大于二步。当超过时，应在操作层下采取临时稳定措施，直到固定件架设完后方可拆除。双排脚手架的横向水平杆靠墙的一端至墙装饰面的距离应小于 100mm。杆端伸出扣件的长度应不小于 100mm。安装扣件时，用于连接纵向水平杆的对接扣件，开口应朝架子内侧，螺栓向上，装扣件螺柱时应注意将根部放正和保持拧紧的程序，这对于脚手架的承载能力，稳定和安全影响很大。螺栓拧得不紧固然不好，但拧得过紧会使扣件和螺栓断裂，所以螺栓的松紧必须适度，要求扭力矩控制在39～49N·m范围内。为了控制拧紧程度，操作人员可根据所用扳手的长度用测力计校核自己的手劲，经过反复练习，以达到准确掌握扭力矩的大小。拧螺栓的工具，以采用棘轮扳手为宜，这种扳手可以连续拧转，使用方便，有利于提高工效。除操作层的脚手板外，宜每隔12m高满铺一层脚手板。

遇到门洞时，不论单排、双排脚手架均可挑空1～2根立柱，亦将悬空的立柱用斜杆逐根连接，使荷载分布到两侧立柱上。单排脚手架遇窗洞时，可增设立柱或吊设一短杆将荷载传布到两侧的横向水平杆上。见图5-62。

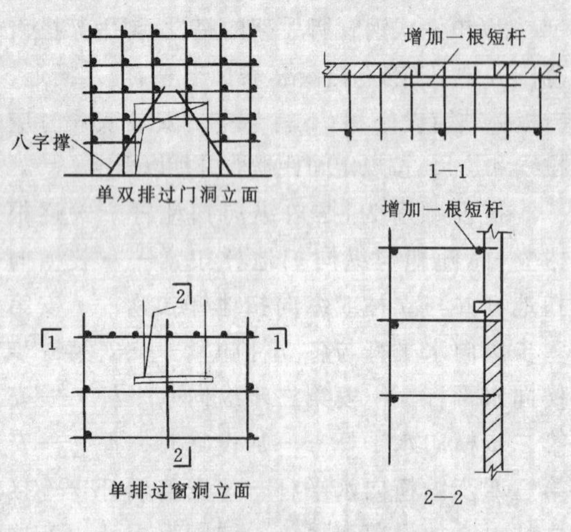

图5-62 门窗洞口处搭设示意

3）扣件式钢管脚手架的拆除：脚手架的拆除应划出工作区标志，禁止非工作人员进入，应有专人指挥，上下呼应，动作协调。应按由上而下，逐层向下的顺序进行，严禁上下同时作业。所有固定件应随脚手架逐层拆除，严禁先将固定件整层或数层拆除后再拆脚手架。分段拆除高差不应大于2步，如高差大于2步，应按开口脚手架进行加固。当拆至脚手架下部最后一节立柱时，应先架临时抛撑加固。后拆固定件。卸下的材料应用滑轮和绳索运送，严禁乱扔。

（2）木脚手架

通常用剥皮杉杆。用于立柱和支撑的杆件小头直径不少于70mm；用于纵向水平杆、横向水平杆的杆件小头直径不小于80mm。木脚手架构造搭设与钢管扣件式脚手架相似，但它的立柱应埋入地下300～500mm，一般用8号铅丝绑扎。立柱、纵向水平杆的接长度不应小于1.5m，绑扎不少于三道、纵向水平杆的接头处，小头应压在大头上。如三杆相交时，应先绑扎两根，再绑第三根，切勿一扣绑三根。

（3）竹脚手架

杆件应用生长三年以上的毛竹（楠竹）。用于立柱、支撑、顶柱、纵向水平杆的竹杆小头直径不小于75mm；用于横向水平杆的小头直径不小于90mm。竹脚手架必须搭设双排架子，一般用竹篾绑扎，在立柱旁加设顶柱顶住横向水平杆，以分担一部分荷载，免使纵向水平杆因受荷载过大而下滑，上下顶柱应保持在同一垂线上，见图5-63。

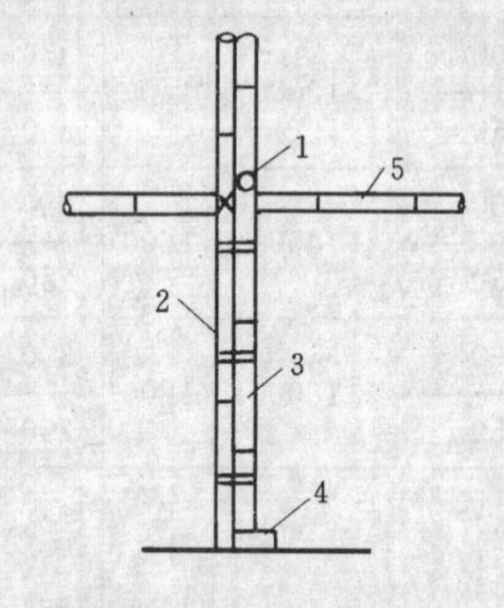

图5-63 顶柱绑扎

1—横向水平杆；2—立柱；3—顶柱；4—砖垫；5—纵向水平杆

木、竹多立柱式脚手架的构造要求见表5-33。

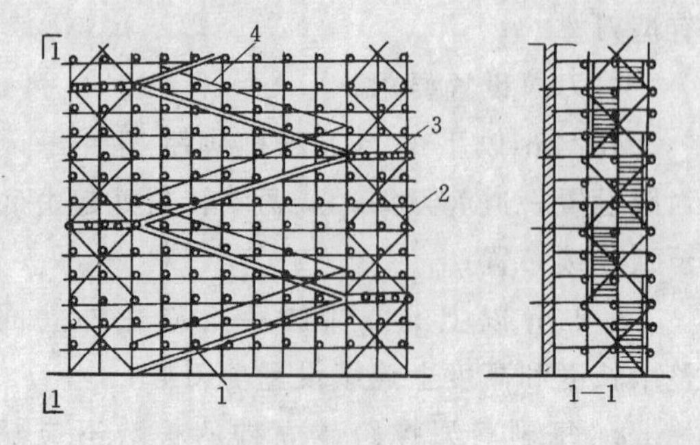

图5-64 斜道

1—斜横杆；2—剪刀撑；3—平台；4—栏杆

多立柱式脚手架一般要搭斜道，又称盘

竹、木多立柱式脚手架的构造要求（单位：m）　　表 5-33

项　目	砌筑用			装饰用			满堂架	
	木		竹	木		竹	木	竹
	单排	双排	双排	单排	双排	双排		
里皮立柱离墙		0.5	0.5		0.5	0.5	0.5	0.5
立柱间距：横向	1.2～1.5	1～1.5	1～1.3	1.2～1.5	1～1.5	1～1.3	1.8～2	1.8～2
纵向	1.5～1.8	1.5～1.8	1.3～1.5	2	2	1.8	1.8～2	1.8～2
纵向水平杆间距	1.2～1.4	1.2～1.4	1.2	1.6～1.8	1.6～1.8	1.6～1.8	1.6～1.8	1.6～1.8
横向水平杆间距	<1	<1	<0.75	1	1	<1	1	<1
横向水平杆悬臂		0.45	0.45		0.4	0.4	0.4	0.4

道、马道，成“之”字形盘旋而上，主要供人员上下之用。人行斜道斜不得大于 1：3，宽度不小于 1m，两端转弯处设置平台，平台宽度不小于 1.5m，长度为斜道宽度的二倍。兼作材料运输时斜道侧面和平台的三面临空处均应加设护身栏杆及踢脚板，见图 5-64。

（4）工具式里脚手架

砌筑房屋外墙和内墙时，还可以采用里脚手架。里脚手架可用钢管搭设，也可以用竹木等材料搭设。目前通长采用工具式里脚手架，其特点是：装拆方便、搭设灵活，能满足多种用途，如砌筑、装修、安装等，能多次反复使用等。工具式里脚手架种类繁多，常用以下品种。

1）折叠式里脚手架：常用的折叠式里脚手架有下列品种：

a. 角钢折叠式里脚手架见图 5-65。

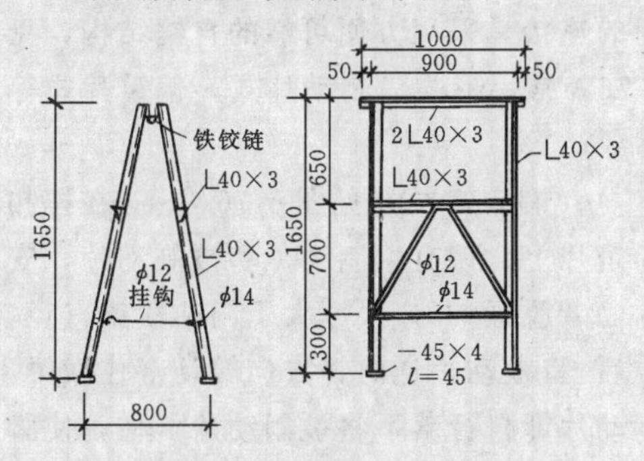

图 5-65　角钢折叠式里脚手

架设间距：砌墙时不超过 2m，抹灰时不超过 2.5m。可搭设两步，第一步高 1m，第二步高 1.65m。每个约重 25kg。

b. 钢管折叠里脚手架见图 5-66。

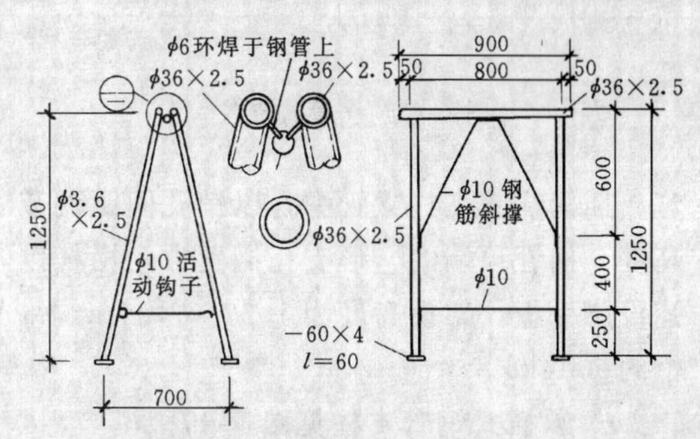

图 5-66　钢管折叠式里脚手

架设间距：砌墙时不超过 1.8m，抹灰时不超过 2.2m。每个约重 18kg。

c. 钢筋折叠里脚手架见图 5-67。

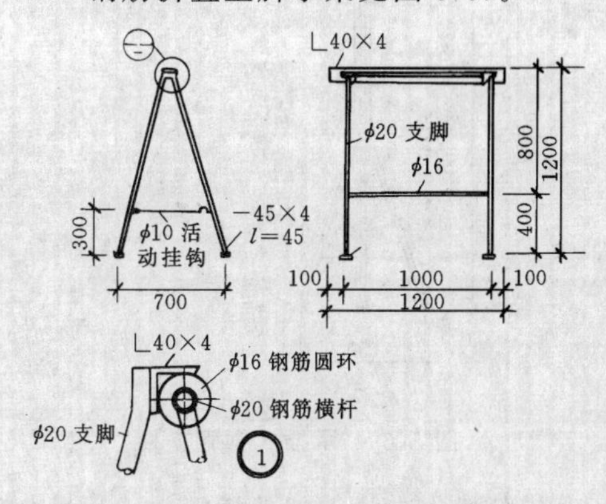

图 5-67　钢筋折叠式里脚手

架设间距：砌墙时不超过 1.8m，抹灰时不超过 2.2m。每个约重 21kg。

2）支柱式里脚手架：支柱式里脚手架是由若干个支柱及横杆组成，上铺脚手板。架设间距：砌墙时不超过 2m，抹灰时不超过 2.5m。

a. 套管式支柱见图 5-68。

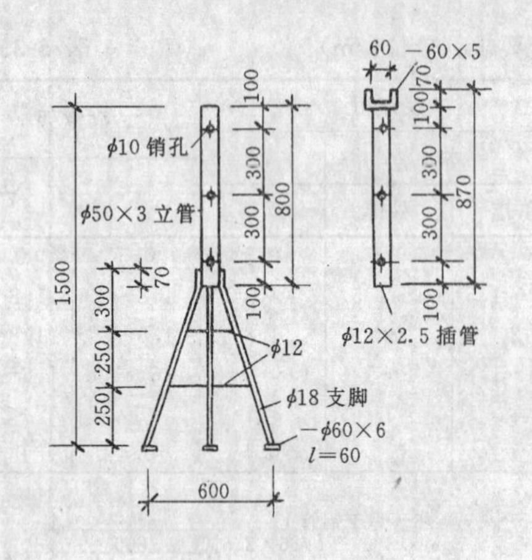

图 5-68 套管式支柱

插管插入支柱立管中，以销孔间距调节高度，插管顶端的凵形支托搁置方木横杆以铺设脚手板。架设高度为 1.57～2.17m。每个约重 14kg。

b. 承插式钢管支柱见图 5-69。

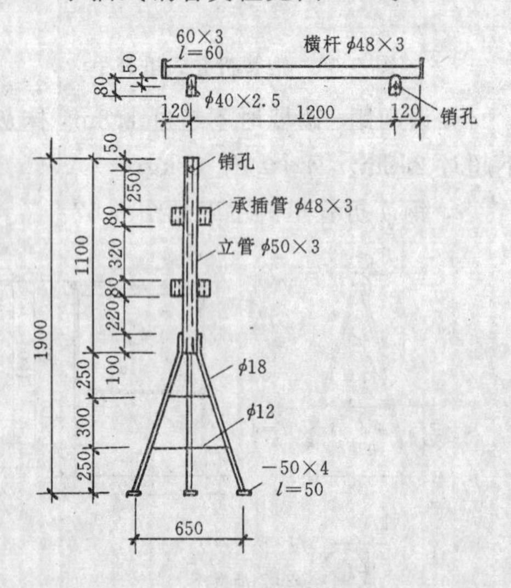

图 5-69 承插式钢管支柱

横杆插入支柱上的承插管中或顶端立管中，以此调节脚手架高度和铺设脚手板。架设高度为 1.2m、1.6m、1.9m，当架设最高步时要加销钉以保安全。每个支柱约重 13.7kg，横杆约重 5.6kg。

c. 承插式角钢支柱 见图 5-70。

架设高度为 0.8m、1.2m、1.6m、2.0m。每个支柱约重 12.4kg，横杆约重 10.4kg。

d. 承插式钢筋支柱 见图 5-71。

架设高度为 1.0m、1.25m、1.5m、1.75m、2.0m。每个支柱约重 17kg，横杆约重 11kg。

3）木、竹、钢制马凳式里脚手架：此类里脚手架是由木、竹、钢等材料制作而成，见图 5-72。架设极为方便，按 1.5m 以内间距摆好，上铺脚手板而成。

除上述品种的工具式里脚手架外，不有伞脚折叠式里脚手，拼式支柱里脚手、门架式里脚手、平台架式里脚手等。

（5）框架组合式脚手架

框架组合式脚手架简称框组式脚手架，又称多功能门型脚手架，它具有强度高，耐久性好，构件标准统一，装拆方便，通用性强，轻便适用，以不同的组合可用于内外脚手架、满堂脚手架以及各种支撑井字架等的特点，因此是目前国际上应用最普遍的脚手架之一。

1）基本构造和主要构件：框组式脚手架是由门式框架，剪刀撑和水平梁架或脚手板构成基本单元，见图 5-73。将基本单元连接起来并增加梯子、栏杆等部件即构成整片脚手架，见图 5-74。这种脚手架的搭设高度一般限制在 45m 以内。

框组式脚手架的主要部件见图 5-75。

2）自锚连接构造：框组式脚手架部件之间的连接是采用方便可靠的自锚结构，见图 5-76，常用形式为制动片式，偏重片式等几种。

a. 制动片式：见图 5-76（*a*），在挂扣的固定片上、铆有主制动片和被制动片，安装前二者脱开，开口尺寸大于门架横梁直径，就位后，将被动片逆时针方向转动卡住横梁，主制动片即自行落下将被制动片卡柱，使脚手板（或水平梁架）自锚于门架横梁上。

b. 偏重片式：见图 5-76（*b*），用于门架与剪刀撑的连接。它是在门架竖管上焊一段端头开槽的 φ12 圆钢，槽呈坡形，上口长 23mm，下口长 20mm，槽内设一偏重片（用 φ10 圆钢制成，厚 2mm，一端保持原直径）。

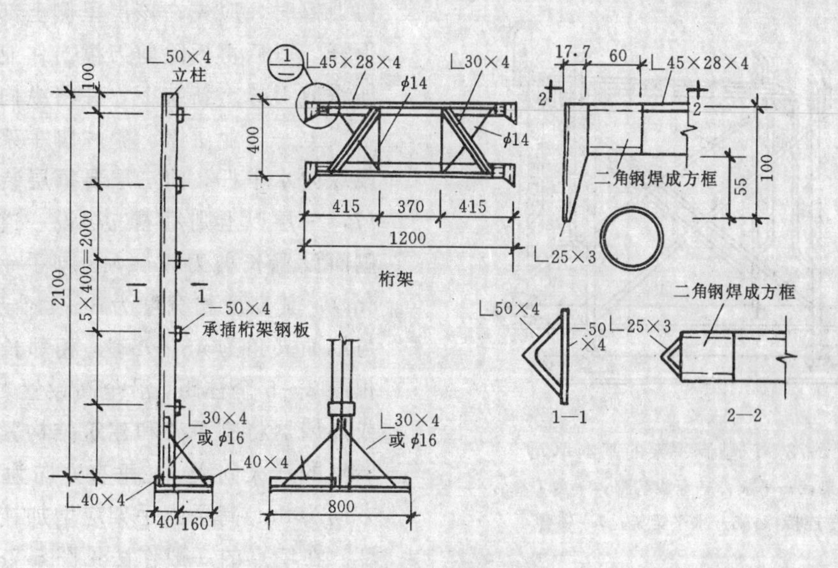

图 5-70 承插式角钢支柱

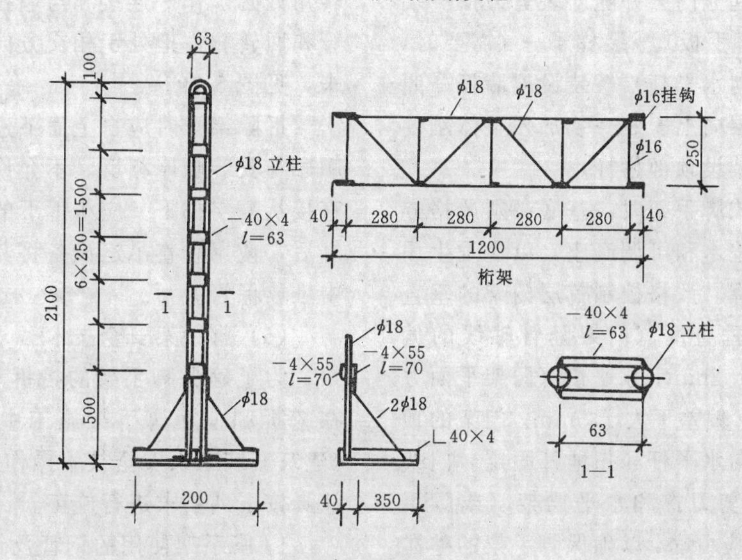

图 5-71 承插式钢筋支柱

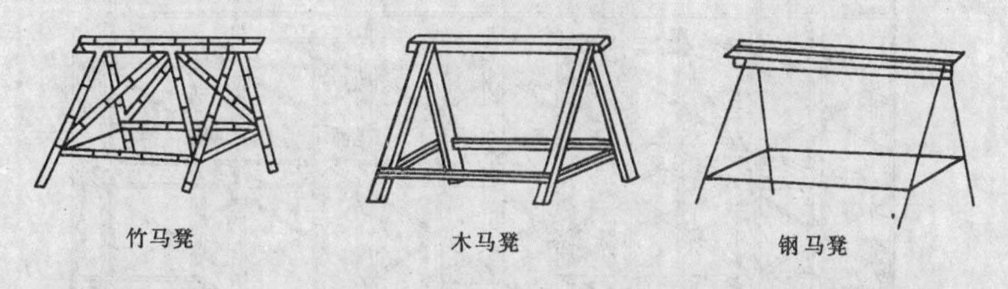

图 5-72 马凳式里脚手

在其近端处开一椭圆形孔，安装时置于虚线位置，其端部斜面与槽内斜面相合，不会转动。而后装入剪刀撑，就位后将偏重片稍向外拉，自然旋转到实线位置，达到自锚。

3）搭设与拆除要求：框组式脚手架一般按以下程序搭设：铺放垫木（板）→拉线、放

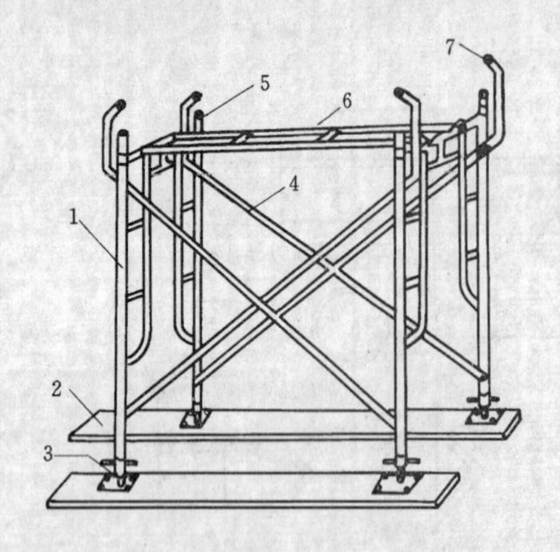

图 5-73 门型脚手架的基本单元
1—门架；2—平板；3—螺旋基脚；4—剪刀撑；
5—连接棒；6—水平梁架；7—锁臂

底座→自一端起立门架并随即装剪刀撑→装水平梁架（或脚手板）→装梯子→（需要时，装设通常的纵向水平杆）→装设连墙杆→照上述步骤，逐层向上安装→装加强整体刚度的长剪刀撑→装设顶部栏杆。

搭设框组式脚手架时，基底必须严格夯实抄平，并铺垫木和可调底座，以免发生塌陷和不均匀沉降。严格控制首层门架的垂直度和水平度，垂直度（门架竖管轴线的偏移）偏差不大于 2mm；水平度（门架平面方向和水平方向）偏差不大于 5mm。门架的顶部和底部用纵向水平杆和扫地杆固定。门架之间必须设置剪刀撑和水平梁架（或脚手板），其间连接应可靠，以确保脚手架的整体刚度。因进行作业需要临时拆除脚手架内侧剪刀撑时，应先在该层里侧上部加设纵向水平杆，以后再拆除剪刀撑。作业完毕后应立即将剪刀撑重新装上，并将纵向水平杆移到下或上一作业层上。整片脚手架必须适量装设纵向水平杆，前三层要每层装设，见图 5-77，三层以上则每隔三层设一道。在架子外侧面设置长剪刀撑（ϕ48 脚手钢管，长 6～8m），其高度和宽度为 3～4 个步距和柱距，与地面夹角为 45°～60°，相邻长剪刀撑之间相隔 3～5 个柱距，沿全高设置。使用连墙管或连墙器将脚手架和建筑结构紧密连接，连墙点的最大间距，在垂直方向为 6m，在水平方向为 8m。高层脚手架应增加连墙点布设密度。在墙点的一般作法见图 5-78。脚手架在转角处必须作好连接和与墙拉结，并利用钢管和回转扣件把处于相交方向的门架连接起来，见图 5-79。

拆除架子时应自上而下进行，部件拆除顺序与安装顺序相反。不允许将拆除的部件直接从高空掷下。应将拆下的部件分品种捆绑后，使用垂直吊运设备将其运至地面，集中堆放保管。

(6) 脚手架安全技术

为了确保脚手架的搭拆和使用的安全，在搭拆和使用脚手架施工中，应严格遵守《建筑安装工人安全技术操作规程》的规定，认真按下列要求进行施工。

1) 脚手架使用的钢管及钢材、扣件及构件、竹木杆及竹木材、绑扎材料等的规格、质

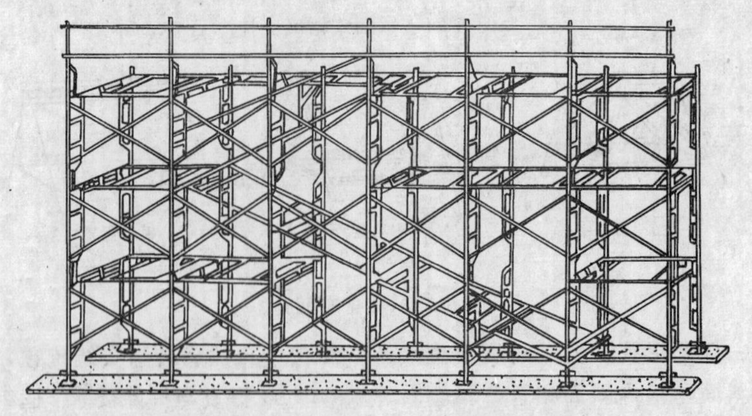

图 5-74 整片门型脚手架

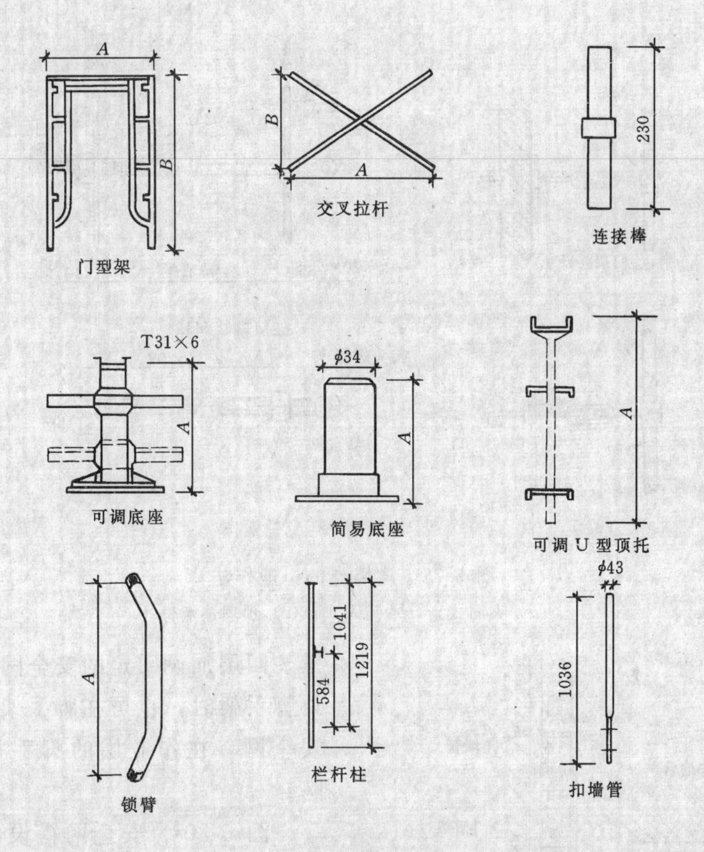

图 5-75　门型脚手架主要部件

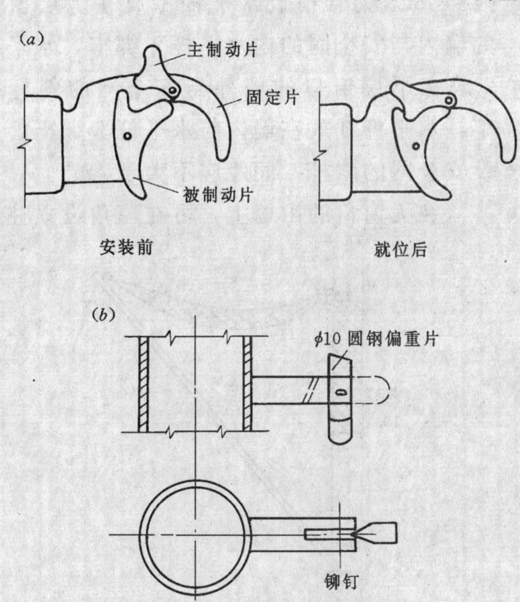

图 5-76　门型脚手架连接形式

(a) 制动片式挂扣；(b) 偏重片式锚扣

量必须合格，必须满足脚手架搭拆和使用的要求。

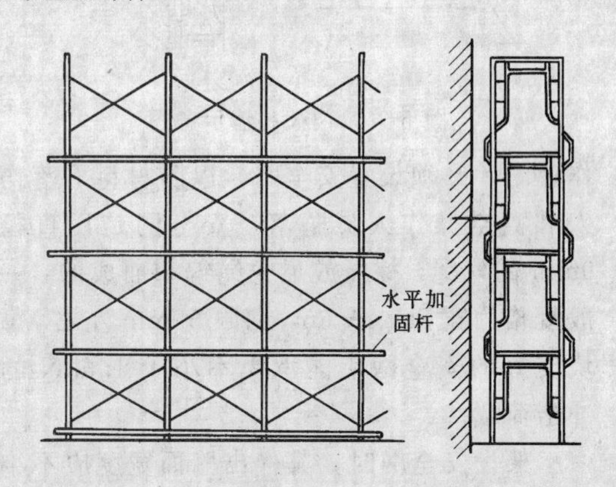

图 5-77　防不均匀沉降的整体加固作法

2）为了确保脚手架的安全，脚手架应具备足够的强度、刚度和稳定性。承重脚手架的负荷量不得超过 2700N/m^2，若需超荷，则应采取相应措施并进行验算。

3）脚手架的搭设，各杆件的搭设方法和尺寸必须符合规定，并应搭接牢固。其作业层的脚手板应设稳当，要设置防护栏杆及挡脚板。

4）当外墙砌砖高度超过 4m 或立体交叉

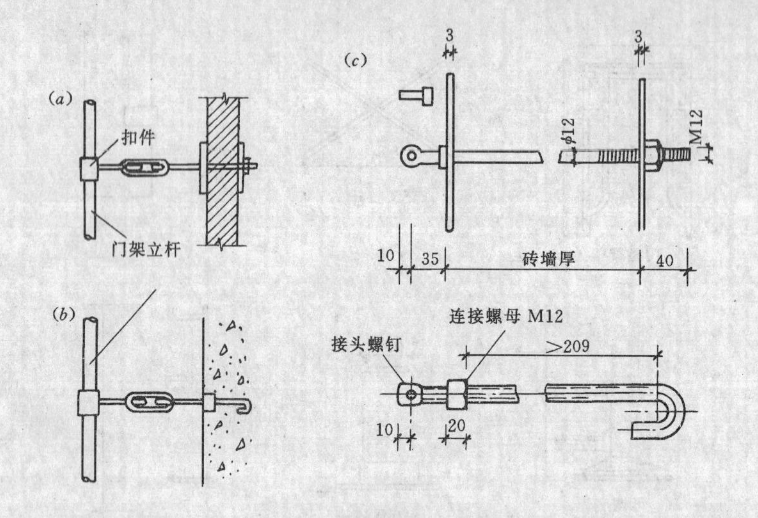

图 5-78 连墙点的一般作法

(a) 夹固式；(b) 锚固式；(c) 预埋连墙件

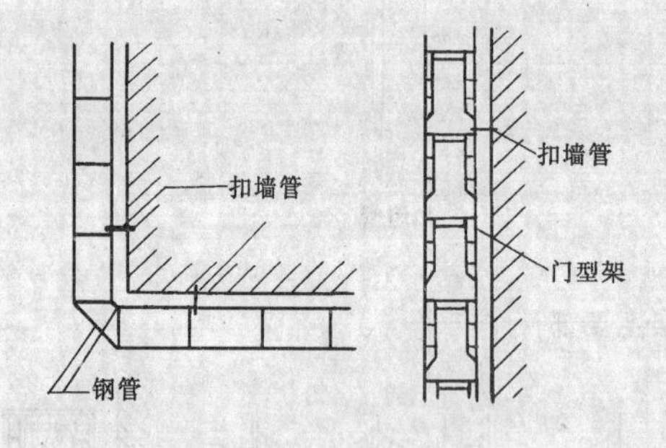

图 5-79 门架扣墙示意图

作业时，必须设置安全网，以防材料下落伤人和高空操作人员坠落。安全网是用直径9mm的麻绳、棕绳或尼龙绳编织而成的，一般规格为宽3m、长6m、网眼50mm左右，每块支好的安全网应能承受不小于1.6kN的冲击荷载。

架设安全网时，其伸出墙面宽度应不小于2m，外口要高于里口500mm，两网搭接应扎接牢固，每隔一定距离应用拉绳将斜杆与地面锚桩拉牢。施工过程中要经常对安全网进行检查和维修，必须严禁向安全网内扔进木料和其它杂物。

当用里脚手架施工外墙时，要沿墙外架设安全网。多、高层建筑用外脚手架时，亦需在脚手架外侧设安全网。安全网要随楼层施工进度逐层上升。多层、高层建筑除一道逐步上升的安全网外，尚应在第二层和每隔三～四层加设固定的安全网。高层建筑满搭外脚手架时，也可在脚手架外表面满挂竖向安全网，在作业层的脚手板下应平挂安全网。

图 5-80 为安全网搭设的一种方式。用 $\phi48\times3.5$ 钢管搭设水平杆 1 放在上层窗口的墙内与安全网的内水平杆 4 绑牢，水平杆 2 放在下层窗口的墙外与安全网的斜杆绑牢，水平杆 3 放在墙内与水平杆 2 绑牢。支设安全网的斜杆 5 间距应不大于 4m。

在无窗口的山墙上，可在墙角设立柱来

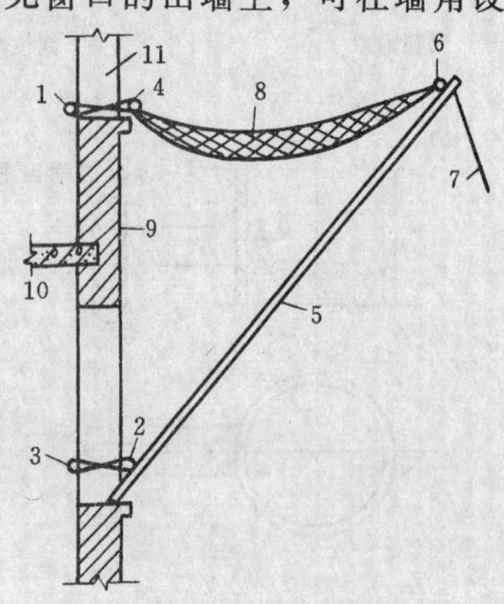

图 5-80 安全网搭设

1、2、3—水平杆；4—内水平杆；5—斜杆；6—外水平杆；7—拉绳；8—安全网；9—外墙；10—楼板；11—窗口挂安全网；也可在墙体内预埋钢筋环以支撑斜杆；还可用短钢管穿墙，用回转扣件来支设斜杆。

5）钢脚手架（包括钢井架、钢龙门架、钢独脚拔杆提升架等）不得搭设在距离35kV以上的高压线路4.5m以内的地区和距离1～10kV高压线路2m以内的地区，否则使用期间应断电或拆除电源。

过高的脚手架必须有防雷措施，钢脚手架的防雷措施是用接地装置与脚手架连接，一般每隔50m设置一处。最远点到接地装置脚手架上的过渡电阻不应超过10Ω。

6）脚手架的拆除应从上而下逐层进行，应有专人指挥、上下呼应、动作协调。

5.3.6 砖墙、柱、垛的砌筑

(1) 砖墙的砌筑

砖墙一般分为清水墙和混水墙两种，这两种墙的操作过程和方法基本上是相同的。只是清水墙面不抹灰而要勾缝，因此清水墙的砌筑对于砖面的选择，墙面的垂直、平整、灰缝的均匀一致等方面要求比混水墙严格。

砌墙前，应根据操作的项目做好准备工作。如检查所弹的轴线及门窗洞口、预留洞口、暖气片槽等墨线是否有遗漏；先立框的，应检查门窗框有无倾斜移动情况；皮数杆的位置是否满足操作上的要求；检查基础上防潮层有无损坏，如有损坏，则应及时修补好。做好材料准备工作。如砖要提前浇水；对砂浆，有时内外墙采用不同的等级，应对运砂浆的人交待清楚，必要时在灰槽（桶）上标出所用砂浆等级，以免错用部位；其它如木砖、预埋铁件、墙体加筋等都必须准备齐全。

1）实砌墙

A. 排砖撂底：在砌墙之前都要进行试摆砖及撂底。排砖撂底的操作要点：

a. 摆砖前应先检查进场砖各面的尺寸偏差，找出中值规格尺寸的砖进行试摆砖，防止用偏差大的砖撂底造成上部砌筑困难。

b. 摆砖必须按选定的组砌形式进行，在同一墙面上各部位的组砌形式应统一，并使上下一致。

c. 摆砖时应遵循“山丁檐跑”规则，即山墙为丁砖时檐墙应为顺砖。例如，采用一顺一丁组砌时，七分头为顺面方向依次砌顺砖，丁面方向依次砌丁砖，这样可使角部调整错缝搭接方便，既满足组砌形式要求，还可少砍砖，便于操作。

d. 摆砖应从一端开始向另一端依次进行，不能从两端向中间或多个起点任意进行排摆。

e. 清水墙的摆砖之前应先做一根与竖缝宽度相同的木棍，用来控制灰缝宽度尺寸。

f. 摆砖时应考虑到门、窗洞口对墙面组砌形式的影响，其中包括两种情况：遇到门洞时，在洞口封砌后的组砌形式应符合要求；上部有窗洞时，则应考虑到留置洞口的灰缝合理。

g. 尽量避免一道墙上的连续两皮砖都有七分头的情况，如果发生则应将它排放到窗台下、中部或不明显的位置上。

h. 清水墙面不允许出现二寸头砖。

B. 盘角操作：砌墙时，先砌墙角，然后从墙角处拉好准线（又叫甩麻线、挂准线），再按准线砌中间的墙，这叫盘角挂线法。砌墙角即为盘角。

墙角多指两道外墙交接的部位，称为大角或头角。由于是先砌大角，后砌墙身，所以大角的垂直度决定着两道墙体的垂直度。又由于墙和角是一条准线，如果角未盘起来则墙无准线也不能砌，所以盘角操作又决定了砌墙的速度。加之大角部位的组砌复杂，砍砖多等原因，即操作时需要兼顾的事项很多，因而决定了盘角操作的重要性。故有“宁砌一跑，不砌一角”之说。一般盘角操作由技术水平高，操作熟练的操作者来负责。

由于在实际操作中存在多种原因，大角部位的砌筑，一般不是两道墙同时进行，而是大角连一道墙砌筑，对另一道墙留槎。为了尽量保证房屋墙体的整体性，应使留槎部位沿墙高错开，见图 5-81，即砌第一部架时在檐墙上留槎，而砌第二步架时在山墙上留槎，如留直槎还应放置拉结筋。因此，盘角又包含了留槎操作。

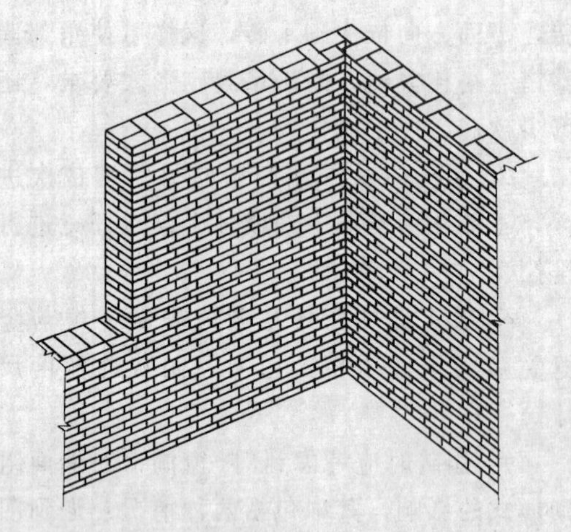

图 5-81　角部留槎位置示意

盘角的操作内容：

a. 做好各项砌筑准备工作。

b. 根据组砌形式的需要打制材料砖。

c. 砌三皮砖盘角。

d. 吊线，即“三层一吊”。

e. 挂准线。

f. 留槎。

g. 盘角到五皮砖后用托线板检查墙面垂直度，即“五层一靠”。

h. 组织指挥其它操作者完成各种砌筑要求。因皮数杆上标有沿墙高各皮砖上的砌筑要求，因此盘角操作人员应根据各皮砖位置上的标志，提醒、指挥、配合其它操作者完成砌筑要求内容。例如：

根据标高，通知其它操作者如何掌握水平灰缝厚度，及时穿线检查挠度及出进。

在第 8 皮及第 16 皮砖砌完后放置拉结钢筋及个别位置砌埋预制件等。

在砌完第 12 皮砖后，砌窗台。

砌到门、窗口木砖位置时通知有关人员砌埋木砖。

如果是二层以上内脚手架砌外清水墙，还应每砌完 3～4 皮砖后安排时间，统一做墙面、勾缝、清扫操作等等。

C. 实砌墙的砌筑要点：

a. 砌筑时应认真选砖，砌清水墙表面应选用边角整齐、无弯曲裂纹、颜色均匀、规格基本一致的砖。砖宽度小于 1m 的窗间墙，应选用整砖，半砖和破损砖应分散使用于墙心或受力较小的部位。

b. 使用的砂浆配合比应正确，和易性应符合要求。如果灰槽中砂浆已沉淀，应用铁铲将砂浆翻动拌合或加浆拌合至符合稠度要求后再行使用。

c. 实砌墙水平灰缝的砂浆饱满度不得低于 80%。立缝宜采用挤浆或加浆方法砌筑使其砂浆饱满。

d. 砌砖必须跟着所挂的准线走。即“上跟线、下跟棱、左右相跟要齐平”，以保证水平灰缝平直，及墙面平整符合要求。

e. 上下层要错缝，相隔层要对直，即不要游丁走缝，更不能上下层通缝。

f. 砌砖必须放平，切不能灰缝半边厚，半边薄，造成砖面倾斜，俗称“张”（向外倾斜）或“背”（向内倾斜）。也可能出墙虽垂直，但每层砖出一点马蹄摆，使墙面不美观。

g. 砌筑过程中应做到三皮一吊、五皮一靠，墙砌起一步架，要用托线板全面检查墙面垂直和平整。砌好的墙不能砸，发现墙面有大的偏差应该拆除重砌。

h. 每层承重墙的最上一皮砖应用丁砖砌筑。在梁或梁垫的下面，砖墙的台阶水平面上以及挑檐、腰线等中，应用丁砖砌筑。这样可使墙体表层牢固，在其他工序操作中不易碰动，同时还能保证墙体厚度。

i. 墙中的洞口、管道、沟槽和预埋件等，应于砌筑时正确留出或预埋，宽度超过 300mm 的洞口，其上面应设置过梁。

j. 下列墙身中不得留置脚手架眼：

半砖墙、空斗墙、独立柱；

砖过梁上与过梁成 60°角的三角形范围

内；

宽度小于 1m 的窗间墙；

梁或梁垫下及其左右各 500mm 的范围内；

门窗洞口两侧 180mm 和转角处 430mm 的范围内；

设计不允许留置脚手眼的部位。

k. 砖墙相邻工作段的高度差，不得超过一个楼层的高度，也不宜大于 4m。工作段的分段位置宜设在变形缝或门窗洞口处。

l. 砖墙每天砌筑高度以不超过 1.8m 为宜。

2）门窗洞口的砌筑

A. 门洞口的砌筑：门洞口在开始砌筑时就会遇到。当采用木门时，门洞口砌筑分先立门框和后立门框两种情况。对先立框的门洞口砌筑，须与框相距 10mm 左右，不要与门框挤得太近或太紧，造成门框变形。后立框的门洞口，应按尺寸线砌筑。根据门的高度在门框位置处放置木砖，其间距不大于 1.2m，木砖必须事先做好防腐处理（一般采用在液沥青中浸渍过的木砖）。2m 以下的门，一侧内砌埋三块，上下两块木砖距门洞口上，下边约 3～4 皮砖，中间一块在上下两块间取中放置，见图 5-82。埋置木砖时，应

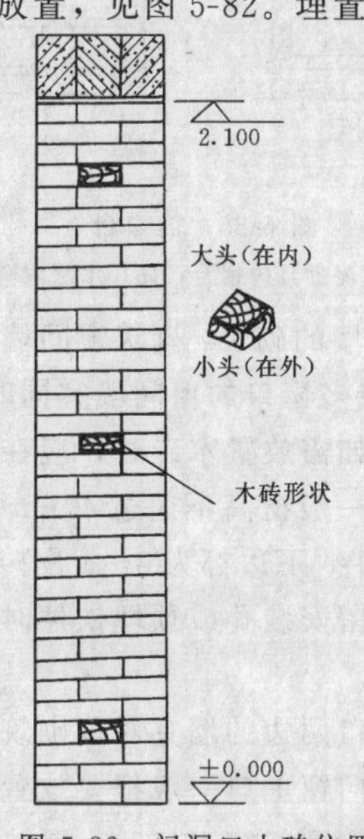

图 5-82　门洞口木砖位置

小头在外，这样不易拉脱。当门洞过高时，也可在门洞口两边墙上各砌埋四块木砖，上下两块距离同前，中间两块可在上下两块间等分放置。当采用推拉门、钢门时，一律采用先砌门洞，后安装门，此时不用埋木砖，其做法有按图砌入铁件，有预留铁件安装洞，但不得事后凿洞。

B. 窗洞口的砌筑

砖墙砌到窗洞口标高时，须按尺寸留置窗洞口或先立窗框（方法同于立门框），然后再砌窗洞间的窗间墙。在这个部分的操作中，应按皮数杆的标志，在砌筑窗台的高度上（此时还未到窗洞口标高），就应将窗洞口位置测量出来，依据窗洞口位置线砌筑窗台。

a. 窗台的砌筑：窗台也称窗盘，在外墙上开设窗口时，窗台以下的墙体极易受潮，因此在窗框的下面，窗基墙的上面陡砌或平砌一层砖，并做构造防潮处理，这层砖就叫窗台。窗台有外窗台，内窗台之分。

常见窗台的砌筑有两种：一种是墙砌到窗洞口时即砌窗台，砌完窗台后再砌窗间墙，即先砌窗台；另一种是墙砌到窗洞口时，留出窗台位置不砌，而继续往上砌窗间墙，待窗框安装好后，根据窗下槛砌筑窗台，即后砌窗台。见图 5-83。后种做法砌筑的窗台位置比较准确，砌完后损坏现象较少，常用于清水窗台。

外窗台。为了防止积水和有利于排水，外窗台一般要做出坡度。它又可分为清水窗台和混水窗台两种，见图 5-84。

清水窗台（也称虎头窗台）是砌一皮向外倾斜坡度约为 50mm 左右的陡砖层，突出墙面约 60mm，两端伸入窗洞口各 60～120mm（也有齐洞口边形式）。窗台面与窗框底留有 10mm 左右的缝隙，窗台的砖缝以及与窗框的缝隙均用 1∶1～1.5 的水泥砂浆勾缝。清水窗台见图 5-84（*a*）。

混水窗台是用丁砖一皮平砌，砖面一般低于窗框下冒头（下槛）40～50mm，窗台突出外墙和两端伸入窗间墙的尺寸均为 60mm。

(a)

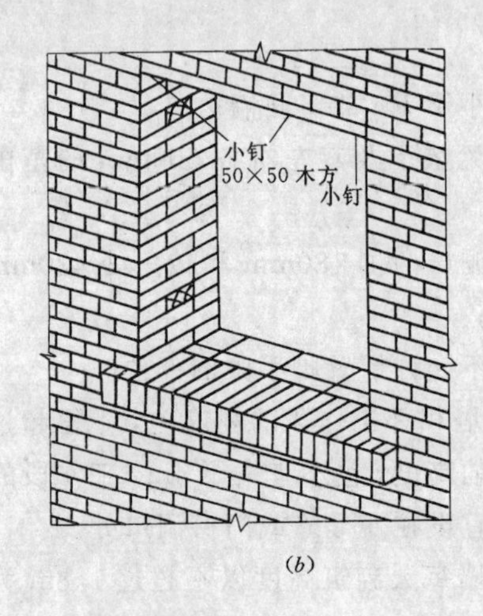

(b)

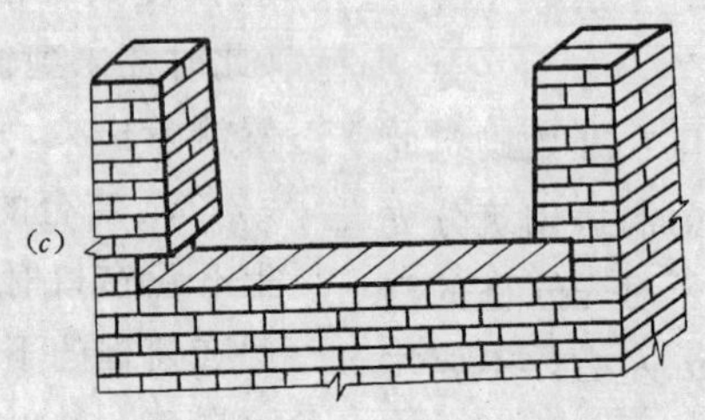

(c)

图 5-83 窗台砌法

(a) 先砌混水窗台；(b) 先砌清水窗台；(c) 后砌窗台留置形式

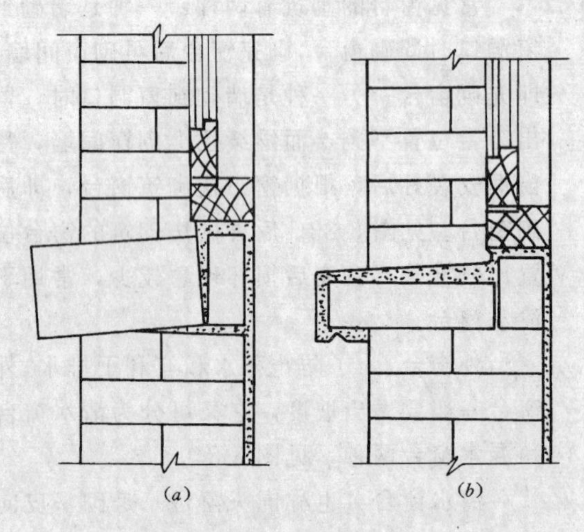

(a) (b)

图 5-84 外窗台

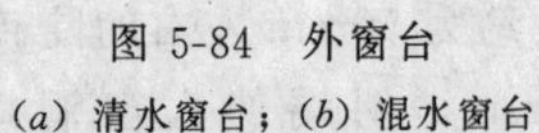
(a) 清水窗台；(b) 混水窗台

上下表面及侧面用水泥砂浆抹灰，窗台面抹出坡度，窗台底抹出滴水槽，见图 5-84 (b)。

内墙台是在一般的住宅建筑中，窗框多安装在墙的中间，窗的里面部分叫做内窗台。内窗台有 1：2 水泥砂浆抹面的作法及预制水磨石窗台或木制窗台作法，基本上无泛水，见图 5-85。

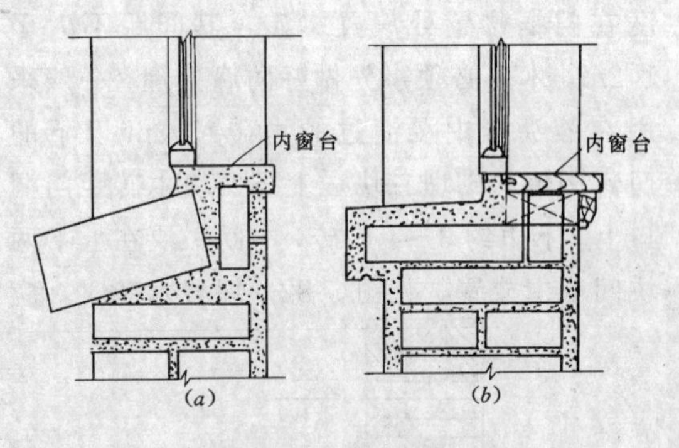

(a) (b)

图 5-85 内窗台

(a) 水泥砂浆内窗台；(b) 木制内窗台

b. 窗间墙的砌筑：砌筑窗间墙时应拉通线，同一轴线多窗口的窗间墙宜同时砌筑。根据窗的高度如需放置木砖时，应在两边墙上砌筑木砖，一般窗高不超过 1.6m 的每边放两块、各距上、下边都为 3～4 皮砖，见图 5-83。如需预留安装孔或预埋铁件时，应按设计位置进行。

门窗洞口两边的墙宜对称砌筑，防止砌成阴阳膀。门窗上口一般都要放置过梁或砌砖过梁，在砌到门窗上口时，要注意门窗洞口的高度是否准确。放置预制钢筋混凝土过梁时应在支承墙上垫铺 1∶3 水泥砂浆，使过梁放置平稳。

3）封顶的砌筑：砖墙砌到大梁支承处，梁垫下的砖应砌成丁砖，梁的两侧要留接槎，待梁安装好后，再将两空隙部分的砖补砌，见图 5-86。当梁支承在清水墙上时，为了墙面美观，应打砍“二寸条”和“二寸头”的材料砖把梁头包起来。如没有砌“二寸砖”的量时，应用抹灰的方法做假清水面。

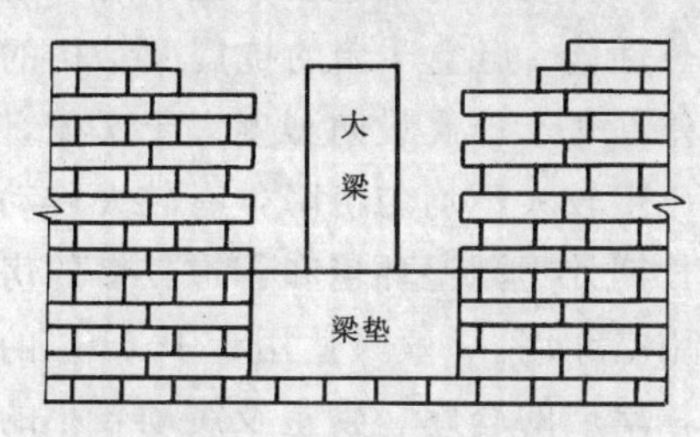

图 5-86　大梁支承处砌砖

墙砌到楼板支承面时，为使墙体受力均匀，应砌成丁砖，有时会遇到连续两皮是丁砖（俗称连丁，重丁）。

4）腰线的砌筑：建筑物构造上的需要或为了增加其外形美观，沿房屋外墙面的水平方向用砖挑出各种装饰线条，这种水平线条叫腰线。一般设置在窗口上边或窗台位置上，而出现在墙体顶部的挑砖又称出线或压顶，这种形式常见于房屋的女儿墙、山墙及围墙等处。

腰线的形式有多种，见图 5-87。砌筑时每皮砖挑出长度一般为 1/4 砖长。最多不得超过 1/3 砖长。

5）异形角及弧形墙的砌筑：异形角墙体及弧形墙体多用于特殊房屋的转角、门厅、门廊及一些有艺术性要求的建筑物。如多角形的亭台、楼阁、多种曲线的回廊及弧形的照墙等。

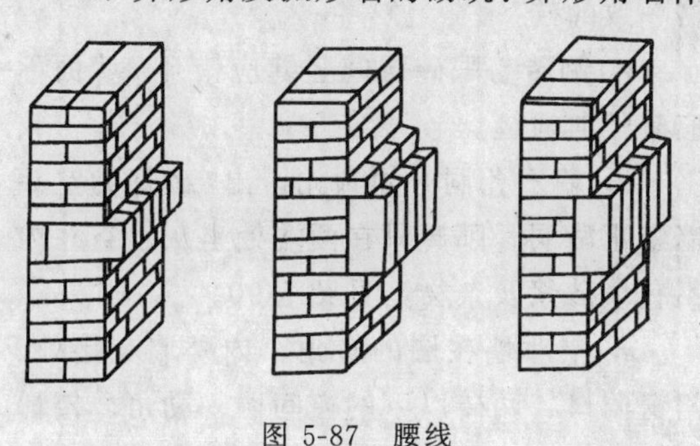
图 5-87　腰线

a. 弧形墙的砌筑：砌筑前应按墙的弧度做木套板，若是多个弧度组成的弧形墙，则应按不同的弧度增加木套板。

砌前按所弹的墙身线，将砖进行试摆，满足错缝搭接要求后再进行砌筑。砌筑时要求灰缝饱满，砂浆密实，水平灰缝一般为 10mm，垂直缝最小不小于 8mm，最大不大于 12mm。当墙的弧度较大时，可采用顺砖和丁砖交替砌筑法；弧度较小时，宜采用丁砖砌法。无论采用何种砌法，上下皮砖竖直缝应错开 1/4 砖长，在砌筑过程中，每砌 3～5 皮砖，用木套板沿弧形墙面进行检查一次，竖向垂直度用托线板进行定点检查，发现偏差应立即纠正。

采用楔形砖砌筑时，应提前做出楔形砖加工样板，将楔形砖加工好，对加工好的砖面应平正，楔形要符合砌筑的要求，再按上述要求砌筑。

b. 异形角（钝角或锐角）墙体的砌筑

异形墙体按形状可分为钝角（又称八字角或大角），其角度大于 90°；锐角（又称凶角或小角），其角度小于 90°。

砌筑前先按角度的大小放出墙身线，按线在角头处将砖进行试摆，摆砖的目的是要达到错缝合理，砍砖少，收头好，角部搭接美观。

大角和小角在砌筑时，也必须用“七分头”来调整错缝搭接，角头处不能采用“二分头”来砌筑。大角一般采用外“七分头”，将“七分头”制成八字形，长边为 3/4 砖，短边为 1/2 砖，见图 5-88。

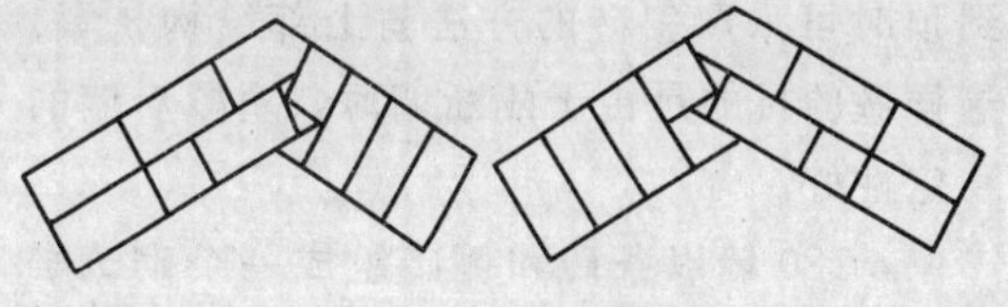
图 5-88　大角排砖

小角一般采用内“七分头”，先将砖砍成锐角形，使其长边仍为一砖，短边稍大于1/2砖，再将其3/4砖长一边的砖与第一块（头角砖）砖的短边砌在同一平面上，其长度要求为一砖半，见图5-89。

图5-89 小角排砖

经试摆，确定组砌方法后，做出角部异形砖加工样板，按样板加工成异形砖，经加工后的砖角部要求平整，不应有凹凸及缺棱等现象。为保证异形角墙体有较好的整体性，其搭接长度不小于1/4砖长。要求角的顶点在一垂直线上，角两侧的墙面要求垂直及平整。

6）120墙与180墙的砌筑

a. 砌筑操作方法同一般实体墙。

b. 120墙的基础如砌在土质地面上时，应将土挖下不小于200mm深，夯打密实后做灰土垫层。如不设垫层时，应砌两皮以上240墙的基础，再砌120墙。当砌在混凝土地坪或楼板上时，应先清理混凝土表面，洒水湿润，再砌墙身。

c. 120墙较高时，应按设计规定加砌拉结钢筋，至少应每砌1～1.2m高，在墙的水平缝中加设2ϕ6钢筋，并与主墙内预留筋连接。

d. 120墙多用于隔断墙，在房屋中砌到顶时、应在墙体与上部结构（如梁或楼板）之间用铁楔子或木契子楔紧。如为混水墙、砌到顶时可采取斜砖的方法与上部结构挤紧。这样做的目的是由于隔断墙薄，塞紧后墙的稳定性好。

e. 180墙以条砖和侧砖组成一个砌筑平面，即平砌两皮顺砖，顺砌一皮侧砖组成一砌筑层。一般应先砌顺砖后砌侧砖；或先砌一顺砖，后砌侧砖，再砌一顺砖。侧砖应铺砌平稳，侧砖与顺砖组成的砌筑平面平整，不得有高差。

f. 承重的180墙，在支承楼面或屋面下的四皮砖，应改砌成240墙厚的丁砖，并不得用半砖砌筑，以扩大板的支承面。

7）空斗墙及轻质墙体的砌筑

A. 空斗墙的砌筑：空斗墙能减轻房屋自重，节约材料，降低造价，还具有一定的保温隔热性能。但空斗墙的抗震及结构的稳定性较差。对于地震设防烈度大于7度，地基可能产生较大不均匀沉降，有较大震动的房屋，长期处于潮湿环境和管道较多的房屋不宜采用空斗墙。一般只适用于1～3层的民用建筑，单层的仓库、食堂及震动较小的车间外墙和框架结构的填充墙。

砌筑空斗墙之前，应先进行试摆砖，试摆时不够放一侧长的地方，用多砌几块侧丁砖解决，禁止打砍侧砖，否则会造成尺寸不符合砖的倍数，增加砌筑困难，外观也不整齐。空斗墙一般采用坐灰砌筑，竖缝要碰接密实，灰缝要均匀一致，一般以10mm为宜；最大不超过12mm；最小不小于8mm。清水空斗墙要在砌好后刮缝、清扫墙面、以备勾缝。

空斗墙的砌筑要点：

a. 准备工作与砌实砌墙相同。外墙大角用标准砖砌成锯齿状与斗砖咬接。常用强度等级为M2.5的水泥石灰混合砂浆砌筑。

b. 空斗墙应采用整砖砌筑，禁上使用半砖或碎砖，并应选用边角整齐、颜色均匀、规格一致的砖。

c. 侧砖与眠砖层间竖缝应错开，墙面不应有竖向通缝。

d. 墙上孔洞必须预先留出，砌好的空斗墙禁止凿洞。卧砖只在两端处坐灰，空斗内不宜填砂浆及杂物，见图5-90。

e. 空斗墙在墙的转角、内外墙交接处、门窗洞口、两砖以下的窗间墙、勒角、楼梯面、地坪以上三皮砖以及梁、屋架、搁栅、檩

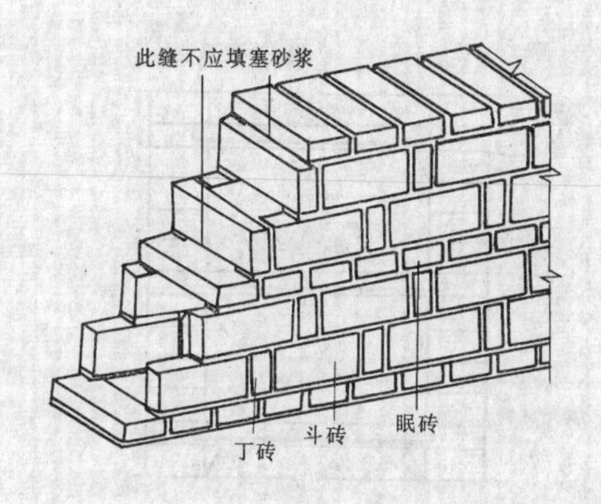

图 5-90 砌筑空斗墙示意图

条以及楼板等支承处以下三皮砖均应用实砌体，其砂浆强度等级按设计要求。

f. 空斗墙转角及交接处应相互搭砌，内外墙应同时砌筑，不宜留槎。操作有困难必须留槎时，应留成斜槎。

g. 砌筑中发现超过允许偏差时，应拆除重砌，不得采用敲击的方法修正。

h. 空斗墙与砂浆的接触面小，要求各接触面砂浆要饱满、密实、砖要湿润。

i. 空斗墙不宜在墙上留脚手眼，应尽量采用双排脚手架施工。

B. 轻质墙体：轻质墙体按其所用材料不同，一般可分为空心砖墙、空心填充墙和空气隔层墙。

a. 空心砖墙：空心砖墙一般可分为承重空心砖墙和非承重空心砖墙两种。

承重空心砖墙是采用烧结多孔砖砌筑而成，一般用于五层以下的建筑物作承重墙。它具有自重轻、保温、隔热、隔声性能好，施工操作方便，工效高等优点。砌筑时要求错缝搭接，灰缝均匀，见图 5-91。

其操作方法与 240 墙相同。

非承重空心砖墙是烧结空心砖砌筑。

砌筑时，此种空心砖不宜打砍，不够整砖时应用其它砖填补；墙上有孔洞时，应在砌筑时留出。砌筑较高较长的分隔墙，为确保墙身稳定，应采取加固措施。一般可在墙的水平缝中加设 $\phi 6$ 钢筋，整砖厚加 3 根、半砖厚加 2 根，或每隔一定高度夹砌几皮实心砖带。它的组砌方式见图 5-92。

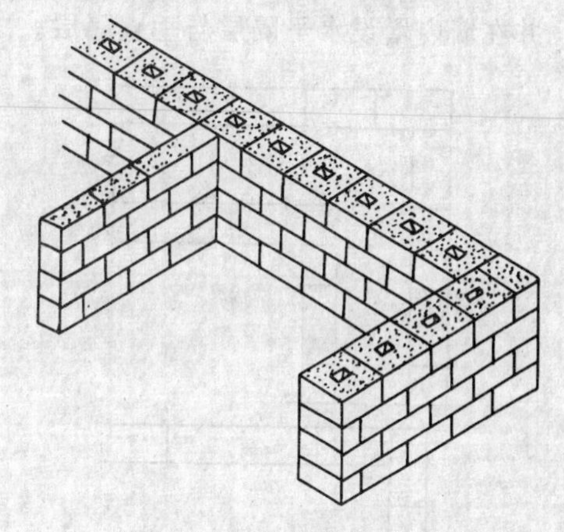

图 5-91 承重空心砖墙排砌

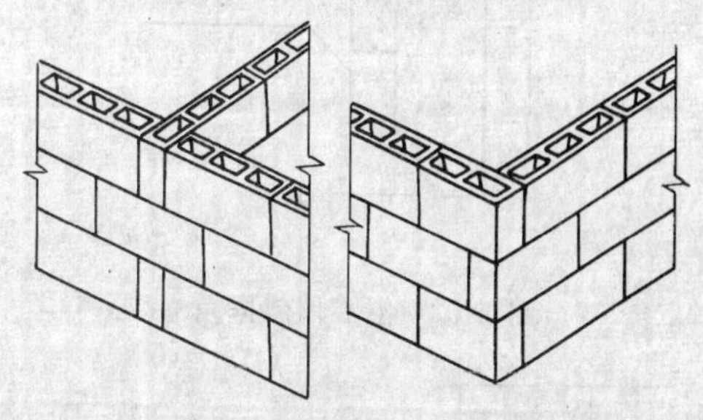

空心砖墙的交接处的砌法

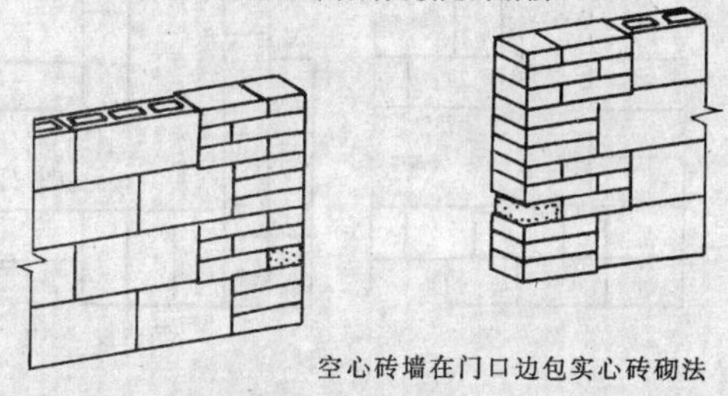

空心砖墙在门口边包实心砖砌法

图 5-92 非承重空心砖墙的组砌

b. 空心填充墙：在高寒地区和一些有特殊防寒要求的建筑物，为了节省砖的用量，减小墙的实际厚度，并能达到砖墙的隔热要求，往往在墙内填充保温性能较好的材料，这就是填充墙。

空心填充墙是用普通砖砌成内外两条平行壁体，在中间留有空隙，并填入保温性能较好的材料。这些材料以疏松状态填入，如炉碴、锯末、蛭石等；也有用胶合材料拌制成轻质混凝土，如蛭石混凝土、膨胀珍珠岩混凝土等。为保证两平行整体互相连接，增强墙体的刚度和稳定性，以及在填入保温材料后避免墙体向外胀出，在墙的转角处要加砌斜撑，见图 5-93，以及外扶墙柱，见图 5-94。并在墙内增设水平隔层与垂直隔层。

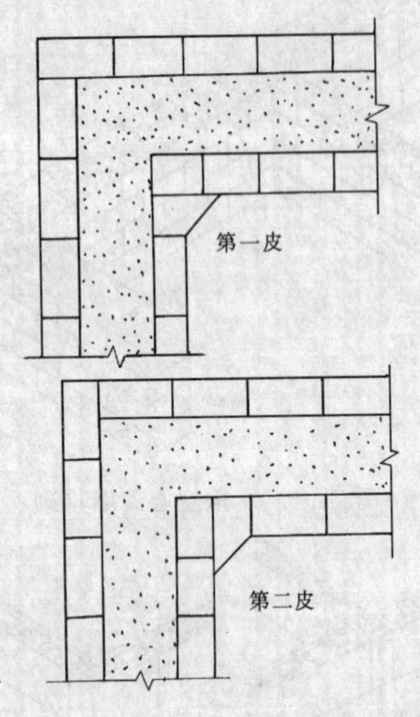

图 5-93　空心墙斜撑角

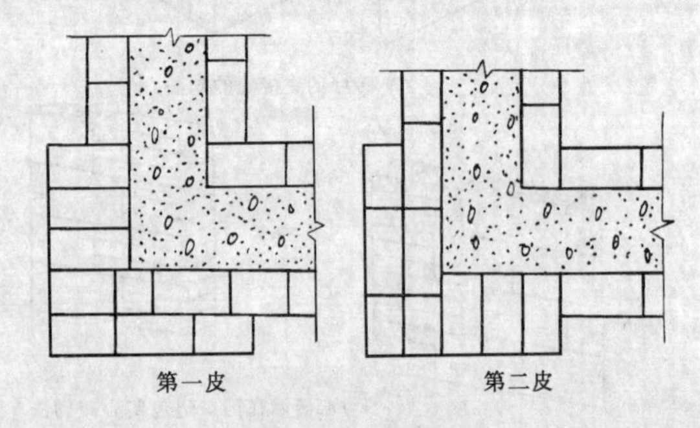

图 5-94　空心墙扶墙柱

水平隔层除起连接墙体作用外，还起到填充料的减荷作用，以防止填充料的下沉，避免墙体底部侧压力增加而倾斜，并使上下填充材料能疏密一致。水平隔层一般有两种作法。一种是每隔 4～6 皮砖将填充料填入后，抹一层厚为 8～10mm 的水泥砂浆，在其上面放置 $\phi4$～$\phi6$ 的钢筋，间距为 400～600mm，然后再抹一层水泥砂浆，使钢筋埋入砂浆内，见图 5-95；另一种是每隔五皮砖砌一皮丁砖层，见图 5-96。

垂直隔层是用丁砖将两平行壁体联系起来，在墙长度范围内，每隔适当距离砌筑垂直隔层一道，见图 5-96。

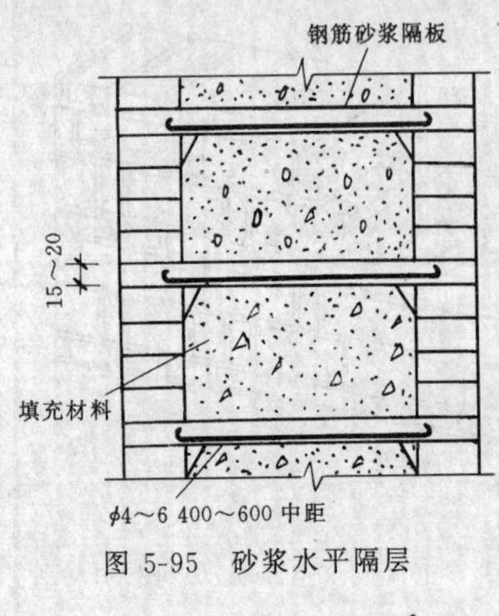

图 5-95　砂浆水平隔层

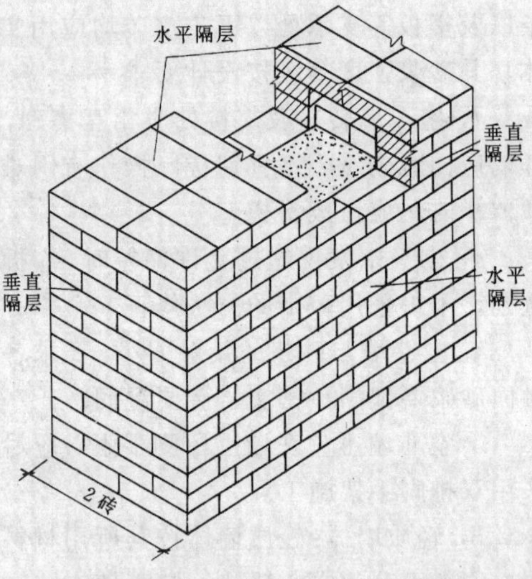

图 5-96　砖砌水平和垂直隔层

c. 空气隔层墙。用普通砖砌成两行壁体，一般约留 40～70mm 的空隙，以空气为隔热层，它既能减轻自重、节约材料，又能起到保温作用，见图 5-97，为提高保温效果，砌筑砖墙时要求灰缝密实饱满，使保温层内空气不与外界空气产生对流。砌筑质量好的“有眠空斗墙”和“无眠空斗墙”也是空气隔层墙的一种。

d. 空心墙的砌筑要点：空心墙的基础及其以上 400～500mm 处和构件支承点以下三皮砖，均应砌成实体墙，以利墙体的传力。

空心墙两侧的平行壁体应同时砌筑。不能同时砌筑时，内外两壁高差不能超过 1.2m，填入的保温材料应分层捣实，捣实时应注意不使内、外墙胀出。

8) 墙面勾缝：清水墙面要进行墙面修整及勾缝，使墙面美观，而且还能防水。勾缝

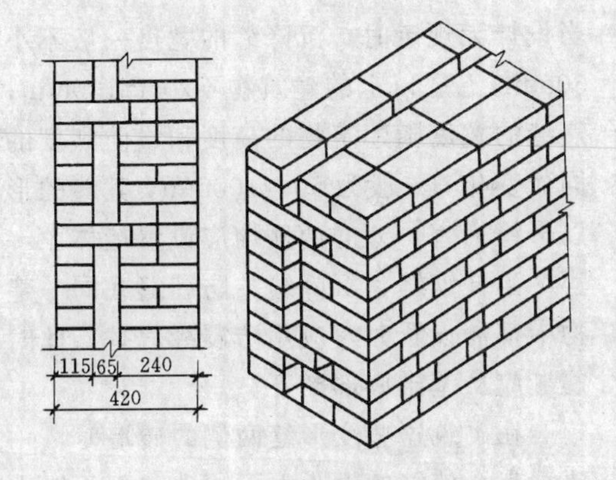

图 5-97　空气隔层墙

工作应在外墙脚手架未拆除之前进行，且从上而下依次进行，这样可以保持墙面清洁。

A. 勾缝的形式：常见的勾缝形式有平缝、斜缝(风雨缝)、凹缝、凸缝等，见图 5-98。

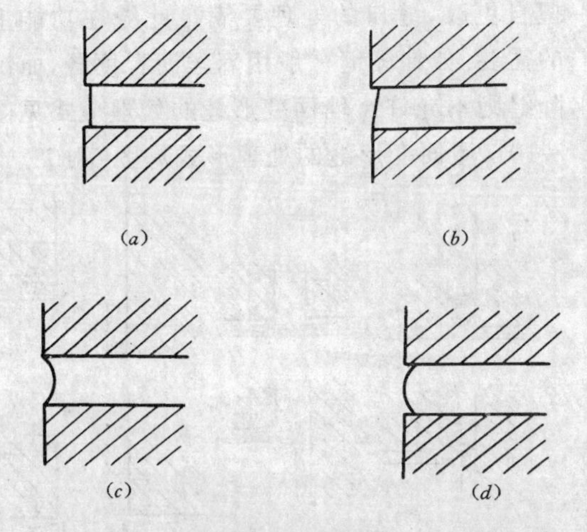

图 5-98　勾缝形式

(*a*) 平缝；(*b*) 斜缝；(*c*) 凹缝；(*d*) 凸缝

a. 平缝：操作简单不易剥落，勾成的墙面平整，灰缝不易纳垢，有深浅两种，深的比墙面约进 3～5mm，多用于外墙；浅的与墙平，多用于内墙。

b. 斜缝：是将水平缝中的上部勾缝砂浆压进一些，使其成为一个斜面向上的缝，该缝泻水较方便，故多于外墙及烟囱。

c. 凹缝：是将灰缝全宽压溜成一个半圆形的凹槽，灰缝呈半圆形，较为美观，但费工较多，现采用较少。

d. 凸缝：是将灰缝做成半圆形凸线，使线条清晰明显，墙面美观，但勾缝费工较凹缝还大。

B. 勾缝要点：

a. 勾缝分为原浆勾缝和加浆勾缝两种。

原浆勾缝是用砌墙的砂浆，随砌墙随勾缝一般勾成平缝（也有在内墙面采用原浆抹缝）。这种勾缝节约材料，省工。

加浆勾缝一般是用 1：2 水泥砂浆，稠度 40～50mm，砂子用细砂，并用筛子过筛。因砂浆用量不多，一般是工人随用随拌。

b. 在勾缝前对墙面先进行修整，这是因为砖大小面厚薄不一，砌墙时往往出现水平缝不平，垂直缝不直等现象。

c. 勾缝前墙面要清水湿润，如需刷色的。应先刷色再勾缝。

d. 勾缝的顺序是从上而下的进行，先勾水平缝，后勾竖缝。

e. 勾好的水平缝和竖缝要深浅一致，交圈对口，要求密实光滑，搭接处要平整，阳角要方正，阴角处不能上下直通和有瞎缝、丢缝的现象。最后要用笤帚用力扫除余灰。

9）伸缩缝、沉降缝、防震缝的砌筑：

伸缩缝、沉降缝、防震缝统称变形缝。

a. 伸缩缝：当建筑物较长时，为防止温度变化产生的热胀冷缩变形引起对建筑物的破坏作用，建筑物的上部在一定长度内从基础顶面至屋面顶即从下到上用垂直缝隔开，使建筑物在气温影响下能自由伸缩，这种缝叫做伸缩缝，如图 5-99。

伸缩缝的作用：允许建筑物在水平方向发生伸缩位移。

b. 沉降缝：当建筑物高度差异（或荷载差异）较大，或房屋建筑在土质差别较大的地基上，以及分期建筑的交界处与相邻房屋设有地下室时，在这些分界处，从基础底部将建筑物由下向上用垂直缝断开，这条垂直缝叫作沉降缝，见图 5-99。

沉降缝的作用是允许建筑物在竖直方向发生移动。

伸缩缝与沉降缝的区别是沉降缝从基础底起，一直到屋面其所有的墙与楼板全部断开，使相邻建筑物在基础不均匀下沉时互不牵连，自由下沉。伸缩缝因地下温度变化不大，所以只从基础面以上竖向断开即可。

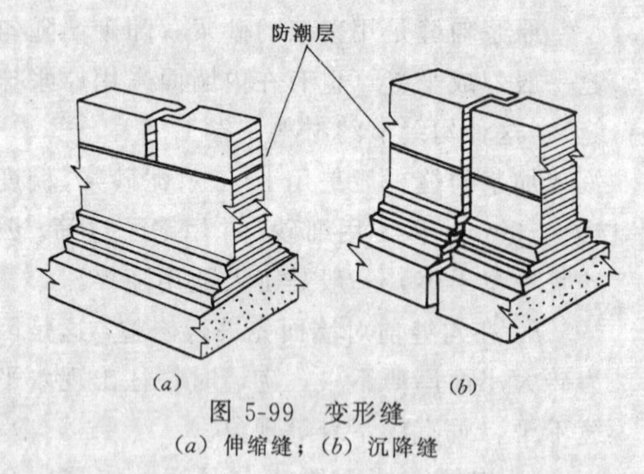

图 5-99 变形缝
(a) 伸缩缝；(b) 沉降缝

伸缩缝、沉降缝构造基本相同。其形式有平缝、错口缝、企口缝等，见图 5-100。

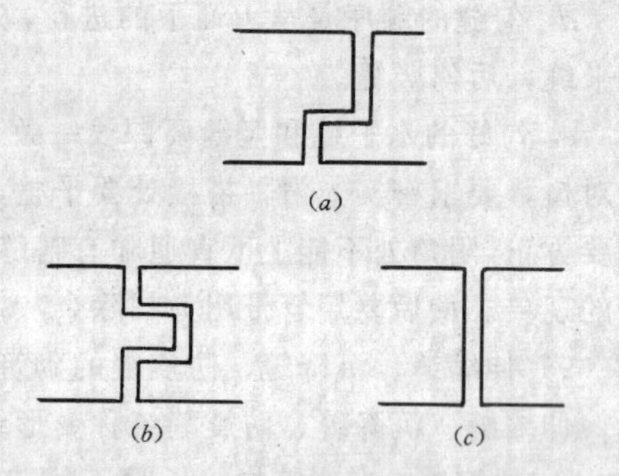

图 5-100 变形缝形式
(a) 错口缝；(b) 企口缝；(c) 平缝

c. 防震缝：在地震影响区，当建筑物的各部分结构刚度、质量截然不同时，房屋有错层、且楼板高差较大时，房屋立面高差在 6m 以上时，均需分别设置防震缝。防震缝也是沿建筑物垂直方向由基础面向上设置，当烈度为 8 度或 8 度以上时，则从基础底起设置。

变形缝的宽度及形式一般应按设计要求。当设计无规定时，沉降缝的宽度一般不小于 50mm，五层以上的建筑物不小于 120mm；防震缝的宽度随建筑物的高度和设防烈度的不同而变化，一般为 50～100mm，其缝的形式以平缝为宜，缝的两侧均应设置墙体。

当伸缩缝、沉降缝、防震缝在同一建筑物中都需设置时，应用防震缝代替。此时防震缝应从基础底部断开。

在砌筑这些变形缝两侧的砖墙时，一定要垂直，使缝的大小上下一致，更不能中间接触或有支撑物，砌墙时要注意不要把砂浆与碎砖掉入缝内，以免影响建筑物自由伸缩、沉降和晃动。

变形缝口的处理必须按设计要求，不要擅自更改，缝口的处理要满足此缝在功能上的需要。如伸缩缝一般用麻丝沥青填缝，而沉降缝则不允许。墙面变形缝的处理形式见图 5-101，屋面变形缝的处理形式见图 5-102。

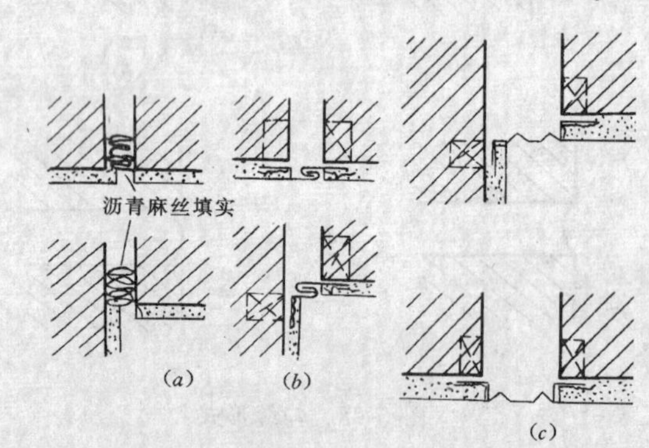

图 5-101 墙面变形缝处理形式

(2) 独立砖柱的砌筑

独立砖柱是砖砌单独受力的柱。它是支承上部系统传下的集中荷载，并把荷载传给

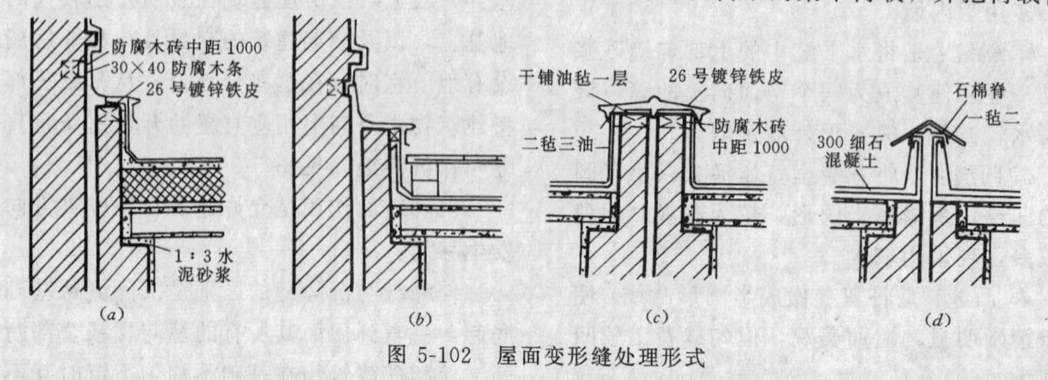

图 5-102 屋面变形缝处理形式

地基，也可起到装饰作用。独立砖柱形状较多，一般有方形柱、矩形柱、多角柱，圆形柱等几种。

独立砖柱在房屋结构中承受上部荷载较大时，可在水平灰缝中置钢筋网片或采用配置钢筋的组合砌体。在柱端要做钢筋混凝土垫头，使集中荷载均匀地传递到砖柱断面上。

1）矩形砖柱砌筑：独立矩形砖柱一般因截面相对小，高度相对大，如果砖块和砂浆的粘结力不够，砖块错缝搭接不好或垂直偏差较大，则可能发生开裂、凸出、甚至倒塌现象。因此，砌筑独立砖柱时操作要求比较严格。

a. 砌筑前先检查砖柱中心线及标高，当多根柱子在同一轴线上时，要拉通线检查柱网纵横中心线。基础面有高低不平时要找平，小于 30mm 的用 1：3 水泥砂浆，大于 30mm 的要用细石混凝土找平，使各柱第一皮砖位于同一标高。

b. 砌筑时，要求无多余动作，操作速度要快，灰缝中砂浆达到饱满、密实，错缝搭接不能采用包心形式砌筑。

c. 常用矩形柱的组砌方式见图 5-103。

d. 对称的清水柱，在组砌时要注意两边对称，防止砌成阴阳柱。

e. 砌筑时要注意砖角的平整、垂直与方正，经常用托线板检查、修正垂直度。对砖柱的质量要求高，表面平整 2m 范围内清水柱不大于 5mm，混水柱不大于 8mm；柱面垂直度每层不大于 5mm，全高 10m 以内（包括 10m）不大于 10mm，10m 以上不大于 20mm；轴线位移不大于 10mm。

f. 砌完数皮砖后要刮缝、清扫墙面。

g. 每天的砌筑高度不宜太大，否则砌体砂浆产生压缩变形后，容易使柱偏斜。一般独立砖柱的砌筑高度不得超过砖柱本身最小宽度的 12 倍，每天砌筑的高度不宜超过1.8m。

h. 砌楼层砖柱时，要检查上一层弹的墨线位置是否与下一层柱有偏差，防止上层柱落空砌筑。

i. 砖柱与墙相交，则柱身要留接槎，当不留斜槎时，要加拉接钢筋，禁止在砖柱内留“母槎”，否则将会减弱砖柱的断面，影响其承载能力。

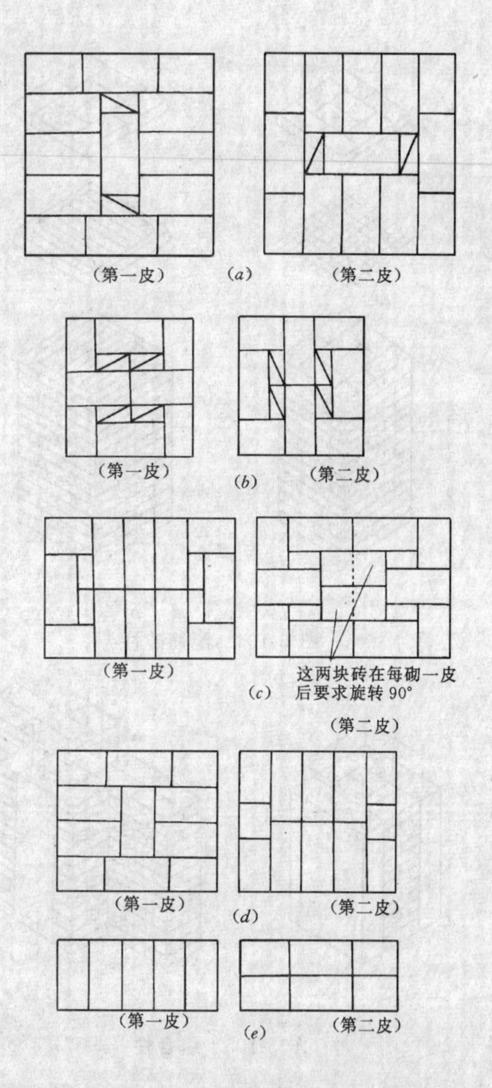

图 5-103　独立砖柱排砌

2）有网状加筋的砖柱：砌筑有网状加筋砖柱的方法和要求与不加筋砖柱相同。应注意的是加筋数量与要求应满足设计规定，砌埋在柱内的钢筋网在柱的一侧露出 1～2mm（从灰缝砂浆边起算，不能出墙面），以便检查。配筋砖柱见图 5-104。

3）砖与钢筋混凝土组合柱

采用砖与钢筋混凝土的组合柱时，因柱内配有纵向钢筋和横向箍筋，使混凝土与砖砌体牢固地粘结。其砌筑操作步骤一般是先绑扎好钢筋，再砌砖柱，然后支模、浇筑混凝土。浇捣混凝土时，要防止砖砌柱面的变形，因此可分段浇捣或加固柱面后整体浇捣。分段浇捣时，要注意砌筑的砂浆和碎砖不要掉入组合柱内，以免影响其质量。砖与钢筋混凝土组合柱见图 5-105。

图 5-104 配筋砖柱

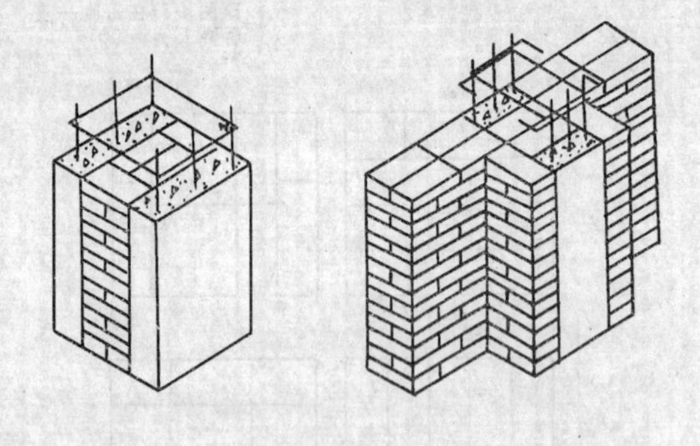

图 5-105 组合柱

4）砖砌圆柱及多角柱：圆形柱和多角形柱多用于门厅及门厅外的大雨篷下的支柱，以及艺术性要求较高的亭台支撑柱等。在砌筑操作中应注意以下几点：

a. 按圆形或多角柱的截面先放线，按线进行试摆，以确定砖的组砌方式。为了使砖柱内外错缝合理，砍砖少，又不出现包心现象，并达到外形美观，有时须试摆几种，从中选用较为合理的一种组砌方式，见图 5-106。然后制作弧形砖（砌圆形柱用）或切角砖（砌多角形柱用）用的木套板。在砖柱正式砌筑前，按套板加工制做材料砖。此时应计算出各种弧面和切角异形砖的数量，制做这些材料砖时，应分种类、规格码放，以便于统计数量，保证砌筑用砖。

b. 当砌筑圆形柱时，还需做出圆形柱圆周的 1/4 或 1/2 弧形套板，用以检查圆柱砌筑的表面弧度是否正确。当圆柱每砌完一皮砖后，用套板沿柱圆周进行弧面检查一次，每砌3～5 皮砖，用托线板定点进行垂直度的检查、修正，至

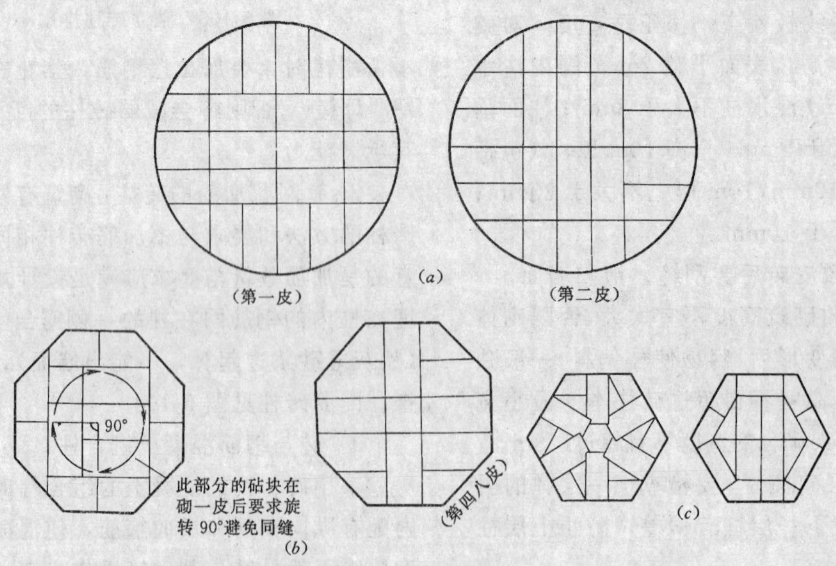

图 5-106 圆柱和多角形砖柱排砌

少要有 4 个沿圆周均匀分布的检查点。

多角形柱每砌筑 2～3 皮砖，用线坠检查每个角的垂直度，用托线板将多边形每边都检查一次，发现问题及时修正。

c. 砌清水的圆柱或多角形柱时，选用的砖要质地坚实，棱角整齐。位于门厅，雨篷边的柱的组砌形式要对称，加工材料砖的弧度及角度要与套板相符，并编号堆放，加工面须磨刨平整，发现大的孔洞、砂眼等，要用磨砖粉末加水泥浆调合后补嵌，颜色要求与砖相同。砌筑时棱角弧度要求正确，应常用托线板和线坠检查，砌完后要刮缝、清扫，以便于勾缝，砌筑方法基本上与方形柱相同。

(3) 附墙砖柱（砖垛、砖墩）

附墙砖柱又称扶墙砖柱，其作用有两个方面：一是抵抗水平方向外来的推力，保持墙体的稳定性；二是与墙共同支承大梁或屋架的集中荷载，提高墙体的承载能力。为使大梁、屋架等的集中荷载均匀地传递到墙体上，常在附墙柱上安放混凝土垫块。

附墙砖柱截面尺寸由设计决定。附墙砖柱排砖见图 5-107。

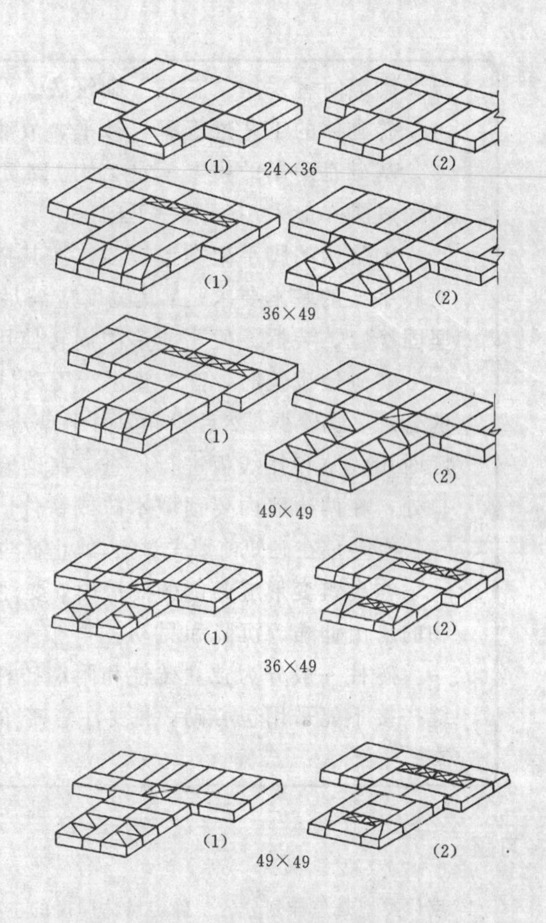

图 5-107 附墙砖柱排砌

砌筑时应使墙与柱垛逐皮搭接，搭接长度不少于 1/4 砖长，柱垛的两个角根据错缝需要应用“七分头”组砌，组砌时不能采用“包心砌法”。墙与柱垛必须同时砌筑，不得留槎。同轴线多柱垛砌筑时，应拉通线控制附墙砖柱内侧的尺寸，使其在同一直线上。柱垛的三个面应保证垂直度的要求。

小　结

墙体在房屋中占有重要的地位，按其在房屋中的位置，可分为内墙与外墙。按墙在房屋中的作用，又有承重墙和非承重墙之分。

墙体的厚度通常是用砖长的倍数表示。

砖砌体的组砌要求：上下错缝，内外搭接，以保证砌体的整体性，其错缝搭接长度不小于 1/4 砖长，并应保证墙体不出现连续的垂直通缝。

常用的墙体组砌形式有：一顺一丁、三顺一丁、梅花丁、顺砌法和丁砌法等。

墙体的转角处和交接处应同时砌筑，不能同时砌筑处，应砌成斜槎。如临时间断处留斜槎有困难，除转角处外，也可留直槎，但应加设拉结钢筋。

砖砌体的砌筑方法有“三一”砌筑法、满刀灰砌筑法及“二三八一”砌筑法等。

因“三一”砌筑法砌筑的墙体灰缝易饱满粘结力好，墙面整洁，所以，砌筑实砌墙时宜采用“三一”砌筑法。

砖砌体的工艺过程有：抄平，放线，摆砖、立皮数杆和砌砖，清理等工序。

基础是房屋的主要承重结构。砌筑前应先立好皮数杆，然后进行摆砖，盘角，砌大放脚一般采用一条一丁砌法。

砌筑用的脚手架类型较多，按其搭设位置分为外脚手架和里脚手架两大类。对脚手架的基本要求是：其宽度应满足操作，材料堆放和运输的需要，构造简单、坚固稳定、装拆方便、能多次周转使用。

实砌墙砌筑时，首先要进行干砖试摆，其目的是为了符合组砌形式，达到错缝合理，砍砖少。然后盘角，由于盘角是砌墙的关键，因此在砌筑中要认真对待，随时用线坠和托线板进行检查。在砌墙身时，一定要拉通线砌筑。若遇有门窗洞口处，在两边墙内要预埋木砖或铁件。

空斗墙在砌筑前要先试摆，禁止砍斗砖。其砌筑方法一般采用满刀灰法砌筑。

在砌筑变形缝两侧的砖墙时，要注意不要把杂物质掉进缝内，以免影响建筑物的自由伸缩、沉降和晃动。

砖柱一般分为独立砖柱和附墙砖柱，在砌筑时，要求灰缝密实、砂浆饱满、错缝搭接不能采用包心砌，并要注意砖角的平整与垂直。经常用线坠托线板进行检查。

习题

1. 墙体类型是怎样划分的？确定墙体厚度的主要因素有哪些？
2. 砖砌体为什么要错缝搭接？
3. 砖墙不能同时砌筑时为什么要留槎？留槎的形式有哪几种？各有什么优缺点？
4. 常见的砖砌体组砌形式有哪几种？其特点是什么？
5. 常见的砌筑方法有哪几种？各有什么特点？
6. 什么叫“三一”砌筑法和“二三八一”砌筑法？
7. 简述砖砌体的砌筑工艺顺序？
8. 什么是排砖撂底，盘角挂线？有何意义？
9. 皮数杆的作用是什么？怎样设立皮数杆？
10. 试述砖基础砌筑时要点。
11. 试述脚手架的作用、基本要求、类型和适用范围？
12. 扣件式钢管脚手架搭设有哪些要求？
13. 试述扣件钢管脚手架的构造。
14. 里脚手架有哪些种类？有哪些搭设要求？
15. 扣件式钢管脚手架拆除有哪些要求？
16. 简述实砌砖墙砌筑要点。
17. 空斗墙和实砌墙砌筑有哪些不同？
18. 勾缝形式有哪几种？各用于何处？
19. 清水窗台的砌筑应注意哪些事项？
20. 简述独立砖柱与附墙砖柱有何不同？
21. 独立砖柱的砌筑注意事项？
22. 变形缝有哪几种？有何区别？

5.4 质量标准及工程验收

砌筑体的质量是影响混合结构建筑物的强度、刚度和稳定性的主要因素，关系到建筑物整体质量的优劣。因此，必须严格按照设计要求和施工规范规定，选择合格的材料，优化操作，精心组织施工；必须严格按照质量检验评定标准规定，精心组织检查验收。以达到合格的工程质量。

5.4.1 影响质量的要素

砌筑体是由砖、石和砌块等砌筑材料与砌筑砂浆，在施工现场，按一定排列次序组砌而成。由于施工条件复杂，多为手工操作，所以影响质量的因素较多，主要有砌筑材料的质量、组砌形式、砌筑技术和气候条件等。

(1) 砌筑材料的质量

1) 砖和砂浆的强度等级：砖和砂浆的强度等级直接影响砖砌体的强度。一般来说，砖和砂浆的强度等级达到设计要求的强度等级，砖砌体的强度也能达到设计要求，当砖和砂浆的强度等级降低时，砖砌体的强度也会随之降低。

2) 砖的外观尺寸和含水率：砖的外观尺寸规则程度显著地影响砖砌体的强度和尺寸偏差。这是因为砖表面歪曲、厚度不一致，会使砖在砌体中不能均匀受压，而处于受弯、受剪和局部受压的复杂应力状态，使砖过早破坏，见图 5-108。砖的外观尺寸规则程度还会影响砖砌体的厚度，水平灰缝厚度和平直度，竖直灰缝的游丁走缝。

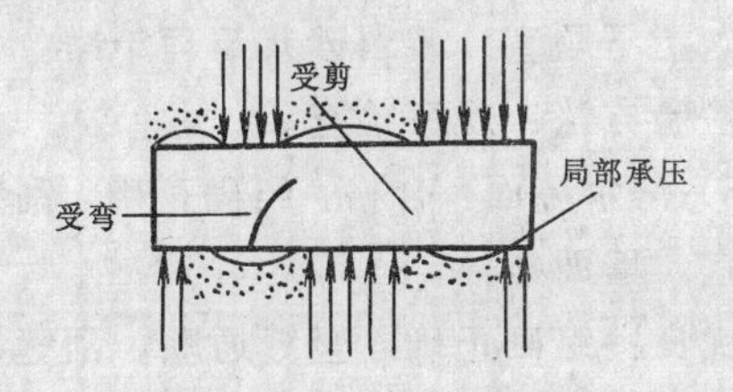

图 5-108 砖受力示意

砖的含水率会影响砖砌体的粘结强度，这是因为干砖在砌筑过程中要过多地吸收砂浆中的水分，过湿的砖在砌筑过程中会产生浮滑现象，不但增大了砌筑困难，而且降低了砖和砂浆的粘结。

3) 砂浆的流动性（稠度）：砌筑砂浆流动性的大小会影响灰缝的质量及砖与砂浆的粘结。具有良好流动性的砂浆，容易铺砌成厚度均匀和密实性好的灰缝，能达到灰缝饱满，砖与砂浆之间的良好粘结。砂浆流动性过大或过小都会增大砌筑的困难，还会使灰缝产生过大的变形和开裂，影响砌体的质量。

(2) 组砌形式

组砌形式直接影响砖砌体的整体性。

合理的组砌形式，如实心砖砌体采用一顺一丁、梅花丁或三顺一丁的组砌形式，砖柱不采用包心砌。这样砖砌体内的砖块内外搭接，上下错缝，形成搭接牢固、整体性好的砌体。砖砌体能均匀地传递荷载，提高了强度、刚度和稳定性，并且清水墙面的灰缝也整齐美观。错误的组砌形式，如实心砖砌体采用五顺一丁或六顺一丁、八顺甚至十几顺一丁的组砌形式、砖柱采用包心砌等，势必在砖砌体中发生通缝现象，形成多个独立小柱。在荷载作用下，这些独立小柱因产生横向变形，失去稳定而破坏，见图 5-109。

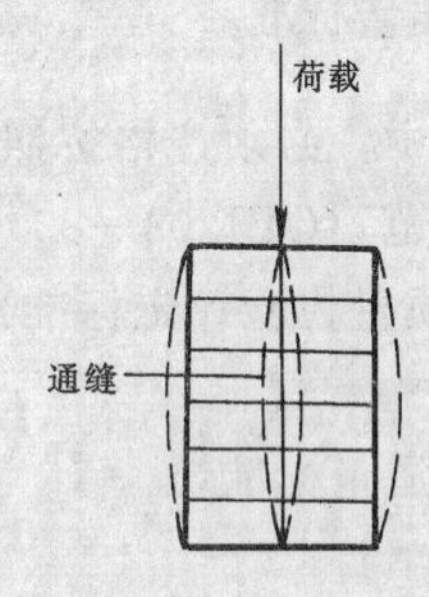

图 5-109 通缝破坏示意

(3) 砌筑技术

1) 砌筑依据：砌筑依据多方面地影响砖砌体的质量。砌筑依据是指墙体位置墨线、皮数杆、准线和托线板。这些依据影响砖砌体的轴线位置、顶面标高、水平灰缝厚度和平直度、垂直度等。

2) 技术水平：技术水平是影响砖砌体质量的关键。砌筑技术水平高、操作熟练，能保证砌体各项质量指标达到质量标准。反之则不能达到质量标准。所以提高砌筑水平是确保砌体质量的有力措施。

3）操作方法：合理地选择砌筑操作方法是保证砖砌体质量的有力手段，将直接影响砖砌体的质量。我国广大建筑工人在长期操作实践中创造和积累了很多的砌筑经验。在具体操作中，各地因使用工具和习惯的不同，形成了多种砌筑操作方法，如满刀灰砌筑法，"三一"砌法、铺灰挤砌法、"二三八一"砌筑法等。这些砌筑法各有其优缺点，在砌筑中，应根据施工对象的特点和要求，施工条件和环境，适当地选择砌筑的操作方法。

4）留槎、接槎：砌体的转角处和交接处不能同时砌筑时，就必须留槎、接槎。留槎、接槎的砌筑方法合理与否，对建筑物的整体性影响很大。

(4) 气候条件

砌筑工程多为露天作业，受气候条件影响很大。如遇雨天、雪天、冰冻、大风和干热等不良气候条件，在施工中不仅增大了砌筑的困难程度，使砌体难以成形，还不容易控制质量，从而增加了发生质量和安全事故的可能性。

5.4.2 砌筑质量标准

砌筑施工中，必须严格按照《砖石工程施工及验收规范》(GBJ203—83)的要求施工和《建筑工程质量检验评定标准》(GBJ301—88）进行检验。

砌砖工程质量标准

(1) 保证项目

1）砖的品种、强度等级必须符合设计要求。

检验方法：观察检查、检查出厂合格证或试验报告。

2）砂浆品种、强度必须符合设计要求。同品种不同强度等级砂浆各组试块平均强度不小于 $f_{m,k}$（试块标准养护条件抗压强度）；任意一组试块的强度不小于 $0.75f_{m,k}$。

检验方法：检查试块试验报告。

3）砌体砂浆必须密实饱满，实心砖砌体水平灰缝的砂浆饱满不少于80%。

检查数量，每步架抽查不少于3处。

检验方法　用百格网检查砖底面与砂浆的粘结痕迹面积，每处掀3块砖取其平均值。

4）外墙转角处严禁留直槎，其他临时间断处留槎做法必须符合施工规范的规定。

检验方法：观察检查。

(2) 基本项目

1）砖砌体上下错缝。合格：砖柱、垛无包心砌法；窗间墙及清水墙面无通缝（通缝是指上下二皮砖搭接长度小于25mm；混水墙每间（处）4～6皮砖的通缝不越过3处。

优良：砖柱、垛无包心砌法；窗间墙及清水墙面无通缝；混水墙每间（处）无4皮砖的通缝。

检验方法　观察或尺量检查。

2）砖砌体接槎：合格：接槎处灰浆密实，缝、砖平直，每处接槎部位水平灰缝厚度小于5mm或透亮的缺陷不超过10个。

优良：接槎处灰浆密实，缝、砖平直，每处接槎部位水平灰缝厚度小于5mm或透亮的缺陷不超过5个。

检验方法：观察或尺量检查。

3）预埋拉结筋：合格：数量、长度均应符合设计要求和施工规范规定，留置间距偏差不超过3皮砖。

优良：数量、长度均应符合设计要求和施工规范规定，留置间距偏差不超过1皮砖。

检验方法：观察或尺量检查。

4）留置构造柱：合格：留置位置应正确，大马牙槎先退后进，残留砂浆清理干净。

优良：留置位置应正确，大马牙槎先退后进，上下顺直，残留砂浆清理干净。

检验方法：观察检查。

5）清水墙面：合格：组砌正确，刮缝深度适宜，墙面整洁。

优良：组砌正确，竖缝通顺，刮缝深度适宜、一致，楞角整齐，墙面清洁美观。

检验方法：观察检查。

(3) 允许偏差项目，见表5-34。

砖砌体尺寸、位置的允许偏差和检验方法　　　　表 5-34

项次	项目			允许偏差（mm）	检验方法
1	轴线位置偏移			10	用经纬仪或拉线和尺量检查
2	基础和墙砌体顶面标高			±15	用水准仪和尺量检查
3	垂直度	每层		5	用 2m 托线板检查
		全高	≤10m	10	用经纬仪或吊线和尺量检查
			＞10m	20	
4	表面平整度	清水墙、柱		5	用 2m 靠尺和楔形塞尺检查
		混水墙、柱		8	
5	水平灰缝平直度	清水墙		7	拉 10m 线和尺量检查
		混水墙		10	
6	水平灰缝厚度（10 皮砖累计数）			±8	与皮数杆比较尺量检查
7	清水墙面游丁走缝			20	吊线和尺量检查，以底层第一皮砖为准
8	门窗洞口（后塞口）	宽度		±5	尺量检查
		门口高度		+15、（−5）	
9	预留构造柱截面（宽度、深度）			±10	尺量检查
10	外墙上下窗口偏移			20	用经纬仪或吊线检查以底层窗口为准

注：每层垂直度偏差大于 15mm 时，应进行处理。

检查数量　外墙，按楼层（或 4m 高以内，每 20m 抽查 1 处，每处延长 3m，但不少于 3 处；内墙，按有代表性的自然间抽查 10%，但不少于 3 间，每间不少于2 处，柱不少于 5 根。

5.4.3　工程验收办法

工程验收是建筑产品施工的最后阶段。工程施工不仅应按期完工，而且应对工程施工质量进行严格检验。在交工验收前，施工单位内部应先验收，检查各项工程的施工质量，同时要整理各项交工验收的技术、经济资料。在此基础上，向建设单位交工验收，验收合格后，办理验收签证书。

（1）砌筑质量检查工具和用途

1）经纬仪：用于检查轴线位置偏移、建筑物大角垂直度、外墙上下窗口偏移。

2）水准仪：用于检查基础和墙砌体顶面标高。

3）托线板（靠尺板）见图 5-110。用于检查墙面垂直度和平整度，有长1m 和 2m 两种。

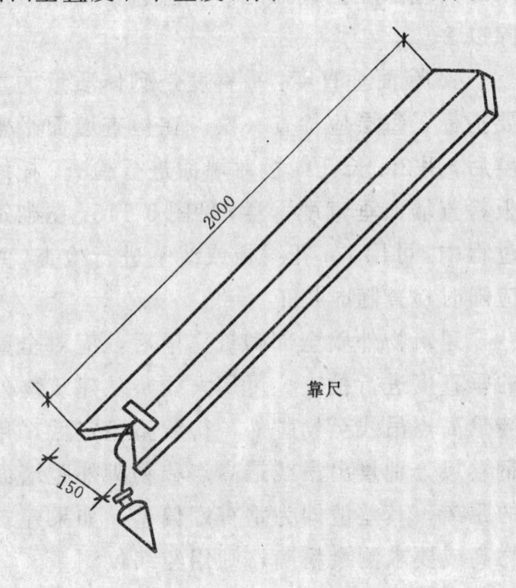

图 5-110　托线板

4）塞尺：见图 5-111。用于检查墙面、地面平整度，规格为 15mm×15mm×120mm，其 70mm 长斜坡上分 15 格。

5）线坠：见图 5-112。用于检查墙面垂直度和游丁走缝。

6）钢卷尺：见图 5-113。用于检查墙身厚度、灰缝厚度、其他偏移等。常用有 1m、2m、30m、50m。

7）百格网：见图 5-114。用于检查水平灰缝的砂浆饱满度。规格为 115mm×240mm，纵横各均分 10 格。

8）小白线：用于检查时的拉线，一般长 5～20m。

（2） 砌体检查项目和方法

1）轴线偏移 用小线拴在龙门板轴线的钉子上，拉紧两端，用小线坠将拉线引测至砌体顶面，用钢卷尺测量与轴线的偏移数，或用经纬仪测量。

2）砌体顶面标高 用水准仪与龙门板或皮数杆上的标高线校对，测出偏差数。

3）墙面平整度 用 2m 托线板和塞尺检查。将托线板一侧紧靠墙面，将塞尺薄端塞入托线板与墙面的最大空隙处，读出塞尺上的刻数，即为墙面平整度的偏差毫米数。如果最大空隙在托线板的一端悬翘，则读数应除以 2。

4）墙面垂直度：垂直度是砌体质量的重要指标，每层应检查一次。在检查墙面平整度后，用 2m 长托线板对墙面进行检查。托线板检查墙面垂直度示意，见图 5-115。在砌筑过程中，可用 1m 托线板或线坠进行检查，并应随时检查随时校正。

建筑物外墙全部砌筑完毕后，应对全高的垂直度进行检查。可用大线坠从建筑物外墙最高点吊线至勒脚外，待线坠稳定后，用钢卷尺分别量出吊线最高点和勒脚外距墙面的距离，其差值即为垂直度偏差。如果建筑物高或要求测量精确，则用经纬仪测量。

5）水平灰缝：水平灰缝平直度的检查，是将 10m 长小线拉直后（当墙长不足 10m 时，全长拉线），贴在墙面的任一皮砖的上棱角，用钢卷尺量出水平灰缝偏离小线的最大值，即为水平灰缝平直度的偏差。

水平灰缝厚度的检查，是用皮数杆与连

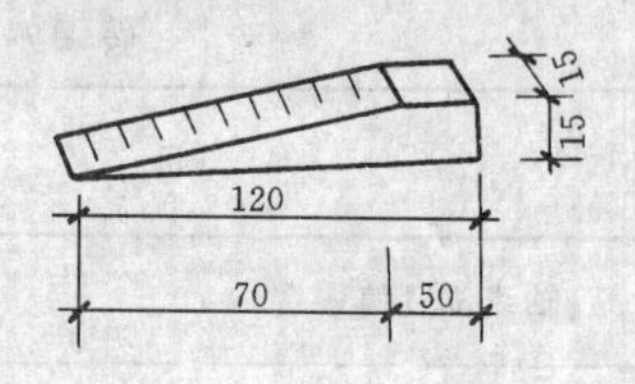

图 5-111 塞尺

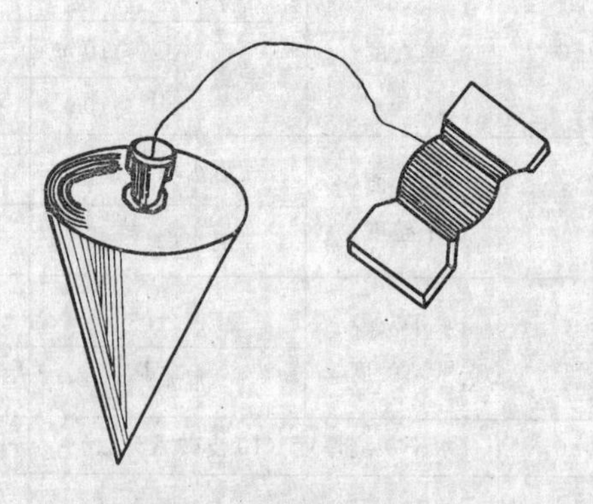
图 5-112 线坠

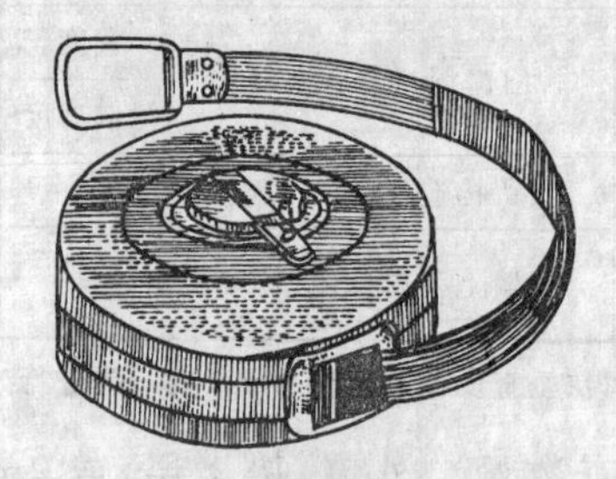
大钢卷尺

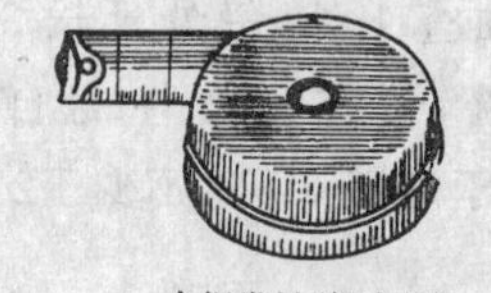
小钢卷尺（钢盒尺）

图 5-113 钢卷尺

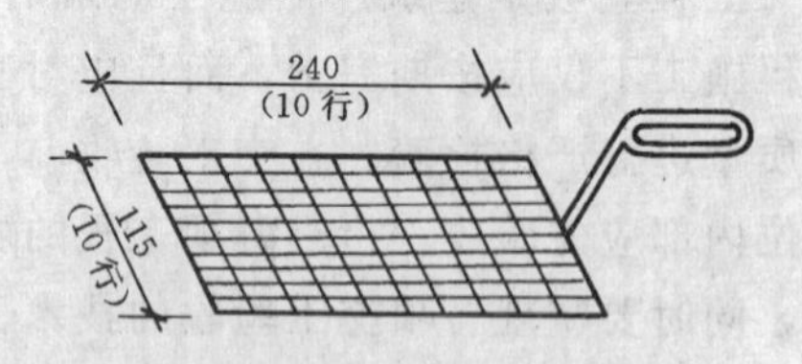

图 5-114 百格网

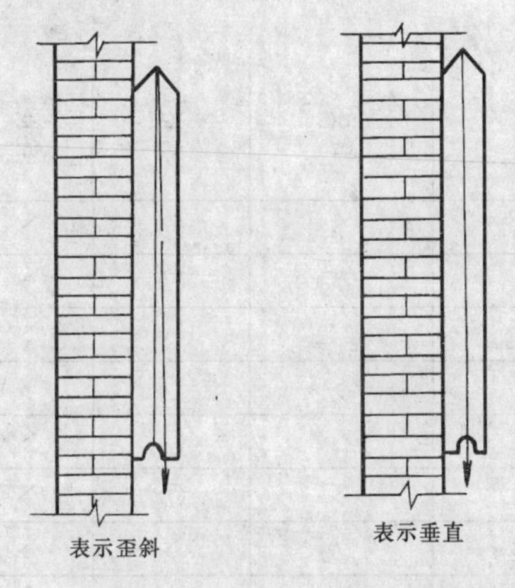

图 5-115　墙面垂直度检查示意

续 10 皮砖的厚度对比，尺量其差值，即为水平灰缝厚度的偏差。

水平灰缝砂浆饱满度的检查，是用百格网检查砖底面与砂浆的粘结痕迹面积。即将百格网对正放在掀起的砖底面上，计算有粘结痕迹的格数，为砂浆饱满度。如粘结痕迹格数为 80 格，则砂浆饱满度为 80%。每处测 3 块取平均值为该处水平灰缝砂浆饱满度。

6）游丁走缝：清水墙面还应检查游丁走缝，一般以底层第一皮砖为准，用线坠吊线，待线坠稳定后，用钢卷尺量出竖缝与吊线的最大偏离数值，即为该处的游丁走缝偏差。也可用 2m 长托线板检查，

（3）砌砖工程质量检验评定的等级

砌砖工程质量分为“合格”与“优良”两个等级。

1）合格

a. 保证项目必须符合质量检验评定标准的规定。

b. 基本项目抽检的处（件）应符合质量检验评定标准的合格规定。

c. 允许偏差项目抽检的点数中，有 70% 及其以上的实测值应在质量检验评定标准的允许偏差范围内。

2）优良

a. 保证项目必须符合质量检验评定标准的规定；

b. 基本项目每项抽检的处（件）应符合质量检验评定标准的合格规定；其中有 50% 及其以上的处（件）符合优良规定，该项即为优良；优良项数应占检验项数 50%及其以上；

c. 允许偏差项目抽检的点数中，有 90% 及其以上的实测值应在质量检验评定标准的允许偏差范围内。

当砌砖工程质量不符合相应质量检验评定标准“合格”规定时，必须返工重做或加固补强等处理后重新评定质量等级。

（4）砌砖工程质量检验评定的组织

砌砖工程质量检验评定，是在班组自检的基础上，由单位工程负责人组织工长，班组长等有关人员进行评定，专职质量检查员核定质量等级。

班组自检，要在操作过程中随时检查随时纠正，还应在砌完一步架后，每次下班前和一砌筑层完成后组织进行一次自检，把质量问题消灭在施工过程中。

砌砖工程质量检验评定的情况，数值逐项填入分项工程质量检验评定表中。砌体工程检验评定实例见表 5-35。

（5）隐蔽验收及验收资料

1）隐蔽验收：施工后凡是要被后继工程埋没或遮盖的工程，都应该办理隐蔽验收手续。砌筑工程施工应作隐蔽验收的有：基础砌体、沉降缝、伸缩缝、防震缝、防潮层、砌体中的配筋、预埋件及其他隐蔽项目。

2）砌砖工程验收时，应检查下列资料：

a. 材料的出厂合格证或试验检验资料；

b. 砂浆试块强度试验报告；

c. 砌砖工程质量检验评定记录；

d. 技术复核记录；

e. 隐蔽验收记录；

f. 冬期施工记录；

g. 重大技术问题的处理或修改设计等的技术文件；

h. 其他必须检查的项目。

砌砖分项工程质量检验评定表

表 5-35

工程名称：教职工 4# 住宅　　部位：四层　　施工单位：市建二司

		项目	质量情况
保证项目	1	砖的品种，标号必须符合设计要求	标准红砖、设计 MU7.5、出厂证明 MU10
	2	砌体砂浆必须密实饱满、实心砖砌体水平灰浆饱满度≮80%	84、85、90、100、92、90，外观密实饱满
	3	砂浆品种符合设计要求： 强度符合：　R≮fm,k R 小≮0.75fmk，	水泥石灰混合砂浆 设计 M5，试场 6.4MPa
	4	外墙转角严禁留直槎，其它留槎必须符合施工规范规定	转角部位同时砌筑、内外墙踏步槎拉筋(a)50cm2ϕ8

		项目			1	2	3	4	5	6	7	8	9	10	等级
基本项目	1	错缝	柱、垛无包心，窗间墙和清水墙无通缝，混水墙组砌正确每间(处)；（通缝系指上下两皮砖搭接长度<25mm）		✓	○	✓	○	✓	✓	○	✓	✓	○	优良
			合格	4～6 层通缝≯3 处											
			优良	无 4 层通缝											
	2	接槎	槎口砂浆密实，缝砖平直，每处接槎部位水平灰缝厚度<5mm 或透亮个数		0	8	5	9	0	1	2	0	0	1	优良
			合格	≯10 个											
			优良	≯5 个											
	3	拉结筋	数量、长度，规格符合设计要求和施工规范规定，留置间距偏差：		○	✓	○	○	✓	✓	✓	○	✓	✓	优良
			合格	≯3 皮											
			优良	≯1 皮											
	4	构造柱	留置位置正确，大马牙槎先退后进。且：		○	○	○	✓	○	○	○	✓	○	○	合格
			合格	残留砂浆清理干净											
			优良	同合格，且上下顺直											
	5	清水墙	合格	组砌正确，刮缝深度适宜，墙面整洁	✓	○	✓	✓	✓	✓	✓	✓	✓	✓	优良
			优良	组砌正确，竖缝通顺，刮缝深度适宜、一致，楞角整齐，墙面整洁美观。											

续表

		项目			允许偏差(mm)	实测值(mm) 1	2	3	4	5	6	7	8	9	10	11	12
允许偏差项目	1	轴线位置偏移			10	2	1	0	7	7	8	7	5	6	7		
	2	基础和墙砌体顶面标高			±15	+16	+16	+14	+16	+15	+12	+15	+14	+16	+14		
	3	垂直度	每层(每层超过15mm应处理)		5	4	5	5	6	4	3	6	7	1	2		
			全高	≤10m	10												
				>10m	20												
	4	表面平整度		清水墙、柱	5												
				混水墙、柱	8	7	2	2	4	7	5	4	3	2	1		
	5	水平灰缝平直度		清水墙	7												
				混水墙	10	7	2	4	2	7	5	4	2	3	1		
	6	水平灰厚度(10皮砖累计数)			±8	+7	+6	+5	+4	+2	+7	+8	+2	+8	+9		
	7	清水墙面游丁走缝			20												
	8	门窗洞口(后塞口)		宽度	±5	+7	+5	+4	+5	+7	+4	+6	−5	−4	+5		
				门口高度	+15 −5	+14	+13	−4	+15	+12	+12	+12	+10	+10	+10		
	9	预留构造柱截面(宽度、深度)			±10	−10	−10	−10	−9	−11	−5	−5	0	+1	+2		
	10	外墙上、下窗口偏移			20	10	10	10	10	10	10	10	10	11	12		

检查结果	保证项目	达到标准 4 项,未达到标准 0 项。		
	基本项目	共检查 5 项,其中优良 4 项,优良率 80%		
	允许偏差项目	共实测 100 点,其中合格 90 点,合格率 90%		
评定等级	优良	工程负责人:王平 工　长:关南 班组长:张忠诚	核定等级	优良 专职质量检查员:李中

基本项目质量等级符号:

优良"√",合格"○",不合格"×"。

施工检查日期 1996 年 4 月 9 日

小　结

砌筑体的质量是影响混合结构的强度、刚度和稳定性的主要因素，是关系到房屋质量优劣的关键，必须高度重视。

影响砌筑体质量的因素较多，主要因素有：砌筑材料的质量（包括砖和砂浆的强度、砖的外观尺寸和含水率、砂浆的流动性）；组砌形式；砌筑技术和气候条件。

砌砖工程质量标准分为保证项目、基本项目和允许偏差项目三类，见《建筑工程质量检验评定标准》(GBJ301—88)。

砌砖工程质量检验评定的组织分为班组自检，单位工程负责人组织评定，专职质检员核定质量等级。砌砖工程质量等级分为合格和优良两个等级。

砌砖工程验收根据质量标准，在自检的基础上，准备好检验资料，进行施工单位内部验收后，向建设单位交工验收。

砌筑质量要求可归纳为横平竖直、砂浆饱满、厚薄均匀、上下错缝、内外搭砌、接槎牢固。

习题

1. 简述保证砌筑体质量的重要性。
2. 如何保证砌筑体的质量？
3. 影响砌筑体质量有哪些主要因素？有哪些影响？
4. 砌砖工程质量标准有哪些内容？
5. 怎样检查砖砌体墙面垂直度和平整度？
6. 怎样检查砖砌体水平灰缝平直度、厚度和游丁走缝？
7. 简述砌砖工程质量检验评定的组织和评定等级。
8. 砌砖工程验收有哪些主要内容？

5.5　砖砌体的质量通病及防治措施

5.5.1　砂浆强度不稳定

砌筑砂浆是砖砌体组成材料之一。由于砂浆的强度等级对砌体的影响，不如混凝土那样敏感。因此，人们对砂浆的配合比、计量、搅拌、使用时间、以及试块制作、养护等缺乏足够的重视，从而经常产生强度不稳定的问题。

砌筑砂浆强度不稳定，表现在砂浆强度波动大，匀质性差，特别是M2.5砂浆强度等级低于设计强度等级的情况较多。

(1) 产生原因

1) 计量不准确，或使用不合格的水泥。砂浆的配合比有些工地采用体积比，以手推小车为计量单位，致使砂浆各用料计量不准或波动大。使用过期或受潮的水泥，将直接影响砂浆的强度。

2) 塑化材料的掺量超过规定用量。水泥混合砂浆中塑化材料（如石灰膏及粉煤灰等）的掺用量，对砂浆强度十分敏感，塑化材料的掺量如超过规定用量的一倍，砂浆强度约下降40%。但施工时为使砂浆和易性好，塑化材料的掺量常常超过规定用量，因而降低了砂浆的强度。

塑化材料材质不佳。如石灰膏中含有较

多的灰渣、或运至现场保管不当，发生结块、干燥等情况，使砂浆中含有较多较弱颗粒，也可降低砂浆强度。

3）在水泥砂浆中掺加微沫剂（微沫砂浆）由于操作不当，使微沫剂掺量超过规定掺用量，严重地降低了砂浆的强度。

4）砂浆搅拌不匀。机械搅拌加料顺序颠倒，拌合时间不够，或人工拌合翻拌次数不够，使塑化材料未散开（砂浆中含有较多的疙瘩），水泥分布不均匀，影响砂浆的匀质性及和易性。

5）砂浆的使用时间过长，超过了3～4h的规定。水泥超过初凝期，严重影响砂浆的强度。

6）砂浆试块的制作，养护方法和强度取值等，没有执行规定的标准，致使测定的砂浆强度度值，缺乏代表性，数据甚至有失真的情况。

（2）防治措施

1）确定正确的施工配合比。砂浆配合比的确定，应结合现场材质情况进行试配，在满足砂浆和易性的条件下，控制砂浆的强度。

2）建立严格的计量制度。砌筑施工中，应建立材料的计量制度和计量工具校验、维修、保管制度。

砂浆中水泥用量对砂浆强度影响明显，应严格按质量比计量，计量误差应控制在±2%以内。不得使用过期或受潮水泥。

砂浆中砂子用量一般为水泥用量的10倍左右，因此砂子计量误差对强度影响不大。在实际操作中，由于砂中含水的影响及计量后运输途中的失落，砂子用量大多出现负偏差，对砂浆强度偏于有利。故为了方便操作，砂子计量允许按质量折成体积，但计量误差应控制在±5%以内。

塑化材料宜调成标准稠度（120mm），进行称量计算，再折算成标准容积计量，并定期抽查核对。如供应的塑化材料含水量比较稳定，也可按稳定含水量进行计量，计量误差应控制在±5%以内。

3)不得用增加微沫剂掺量等方法来改善砂浆的和易性。

4）采用正确的拌合方法。砂浆应尽量采用机械拌合，其投料顺序：如采用砂浆搅拌机拌合，应分两次投料，先加入部分砂子、水和全部塑化材料，将塑化材料打散，拌匀后，再投入其余的砂子、水和全部水泥进行搅拌。如采用鼓筒式混凝土搅拌机拌合砂浆时，则应配备一台抹灰用麻刀机，先将塑化材料搅成稀粥状，再投入搅拌机内搅拌，拌合时间，自投料完算起，不得小于1～5min。

人工拌合砂浆，应在合灰池中进行。先在池内加水将塑化材料打散不见疙瘩，另在池边铁板上干拌水泥和砂子至颜色均匀时，用铁铲将拌好的水泥砂子均匀撒入池内，同时用灰耙来回扒动，直到砂浆拌合均匀。

5）砂浆应按需要用量拌制。水泥砂浆和水泥混合砂浆必须在拌成后3～4h内使用完毕，如施工期间最高气温超过30℃，必须在拌成后2～3h内使用完毕。

6）试块的制作、养护和强度取值，应按照《砖石工程施工及验收规范》（GBJ203—83）规定执行。

5.5.2 灰缝砂浆不饱满

灰缝是砖砌体的组成部分。由于砌筑时单纯为了提高工效，而忽视砂浆饱满程度。加之砌筑技术熟练程度，砂浆和易性等因素的影响，从而常常产生砂浆不饱满的问题。

砖缝砂浆不饱满，是砖层水平灰缝的砂浆饱满度低于80%；竖直灰缝无砂浆或基本无砂浆；砌筑清水墙采用大缩口铺灰，缩口缝深度大于20mm。

（1）产生原因

1）砂浆和易性差，致使挤浆困难，不能把铺刮后的空穴挤平。特别是M2.5或M2.5以下的水泥砂浆，更易发生和易性差的情况。

2)砌筑操作方法不当。铺灰厚度不均匀，挤揉方法不当；铺灰过长，砌筑速度跟不上，砂浆水分被砖吸收过稠而不易挤揉。

3）砌清水墙时，为省去刮缝工序，采取了大缩口铺灰方法，使砌体的灰缝缩口深度达到20～30mm，既降低了砂浆的饱满度，又增加了勾缝的工作量。

4）用干砖砖筑。使砂浆早期脱水，致使铺灰挤浆困难。干砖表面的粉屑起着隔离作用，减弱了砖层与砂浆层的粘结。

（2）防治措施

1）改善砂浆的和易性。在确定砂浆配合比时，要充分考虑到砂浆的和易性（要求砂浆稠度70～100mm）；搅拌时要加水适当，搅拌均匀，从而改善砂浆的和易性；砌筑过程中，如发现砂浆过干或泌水现象，可在灰盆中重新拌合，随时保证砂浆良好的和易性。从而确保灰缝砂浆饱满及提高砂浆粘结能力。

2）提高砌筑操作技术水平，采用适当的砌筑方法。砌筑过程中，宜采用“三一”砌砖法，做到铺灰均匀饱满，宜略有多余，并用力将砂浆挤满砖缝。砌筑竖缝要用挤浆或加浆方法，使其砂浆饱满，严禁用水冲洗灌缝。

3）砖在砌筑前要认真浇水湿润，严禁用干砖砌筑。对于抗震设防地区，在寒冬无法浇砖的情况下不宜进行砌筑。

5.5.3 砖墙面水平缝不平直，游丁走缝

砖墙面水平缝的平直和竖缝的偏移，在砌筑中往往不受重视，造成水平缝不平直和游丁走缝。这不仅影响清水墙的整洁美观，还会降低墙体的承载能力。

如果同一条水平灰缝宽度不一致，产生上翘下垂现象，则为水平缝不平直。如果砖墙面上下砖层间竖缝产生偏移，大面积的清水墙面出现了砖竖缝歪斜、宽窄不匀。窗台部位与窗间墙部位的上下竖缝错位、搬家，则为游丁走缝。

（1）产生原因

1）砖的规格不统一。每块砖长、宽和厚度偏差较大，砌筑时砖缝不易控制。如个别砖厚度误差大于6mm，砖缝会出现过薄，或冒线砌筑；厚度误差小于6mm，砖缝会出现过厚，使水平砖缝不平直。如个别砖的长度误差偏大，超过5mm，宽度偏小，误差超过3mm，竖缝的宽度和位置很难掌握，容易出现游丁走缝。

2）砌筑的砖墙过长（超过20m），拉线不紧出现塌腰，又未垫砌腰线砖，使砖缝中部下垂，两端上翘，造成水平砖缝不平直。脚手架层面处操作不便，也是造成水平砖缝不平直的原因。

3）摆砖时没有考虑窗口位置对竖缝位置的影响。当砌至窗台处分窗口尺寸时，窗的边线不在竖缝位置上。采用里脚手砌外墙（反手墙）时，砌到一定高度后穿缝有困难，也是造成游丁走缝的原因。

（2）防治措施

1）用同一规格的砖组砌。如砖的规格不统一，应按现场用砖的各类规格尺寸、数量，取平均尺寸进行摆砖确定组砌方法，调整砖缝尺寸，个别超标准的砖挑出来使用于不重要的地方。

2）挂线长度超过20m时，应加垫腰线砖，在检查准线平直无误后再砌筑。砌筑过程中应经常检查有没有抗线或塌腰的地方，如有应及时改正。如遇刮风天，更应随时检查。

3）砌筑时，要砍好七分头，排匀立缝，固定七分头砖的位置，使每皮七分头砖都保持在同一条垂直线上。这样每层七分头砖的每个角都在同一条垂直线上，则墙体砖排列均匀不会产生游丁走缝。

4）设竖缝垂直控制线，保证竖缝位置准确。控制线的多少、距离和位置，视操作者水平而定。控制线位置在开始砌筑时就应选好，一般设在墙角和窗口两侧，在竖缝处弹墨线，并随墙体升高（一步架或一层墙）用线坠将墨线向上引伸，用托线板标出。

5.5.4 “螺丝墙”

砌筑墙体的过程中，重视了对每一砌筑层的标高控制。但是，忽视了每皮砖的标高

在同一砌筑层中的整体控制一致。从而形成砌完一个层高的墙体时，同一砖层的标高差一皮砖的厚度而不能交圈，即为“螺丝墙”(又叫错层)。并造成水平灰缝倾斜，这样既影响墙面整齐美观，又影响墙体承载能力。

(1) 产生原因

砌筑时没有按皮数杆控制砖的层数。当砌至基础顶面或预制钢筋混凝土楼板上接砌砖墙时，由于标高偏差大，皮数杆不能与砖层吻合，需要在砌筑中通过灰缝厚度逐步调整。如果调整时，误将负偏差标高当作正偏差而压薄灰缝，在砌至高度赶上皮数杆时，与相邻位置的砖墙正好差一皮砖，形成“螺丝墙”。

(2) 防治措施

1)砌筑前应先检测砌筑部位顶面标高误差。如基础顶面标高相差大，应用细石混凝土找平进行砌筑。如标高相差不大，应在墙体砌砖时，用调整灰缝厚度的办法逐步进行调整，使墙体达到同一标高。

调整灰缝厚度是以提缝或压缝的办法，将误差分配在一步架的各层砖缝中，逐皮调整。提缝或压缝时要注意灰缝均匀，不能忽提忽压，造成水平缝不平直。

2) 内外墙如果顶面不在同一水平面，砌砖层数不好对应时，应以外墙窗台为准，由上到下倒数砖层数进行调整。

3) 操作时挂线两端应相互呼应，并经常检查与皮数杆上的砖层号是否符合。当砌完一步架墙体，施工人员要及时弹出 0.5m 高的水平线，供操作者核准标高，并检查水平灰缝是否平直，砌砖层数与皮数杆是否对应，有无标高误差。如发现标高误差，应在上一步架砌筑时进行调整，做到同一砌筑层墙体砌筑完成时，砖层能交圈。

5.5.5 预留洞槽不适当、随意凿洞

建筑装修和设备安装日趋繁多，需要更多地预留洞槽和预埋构件。当前在砌筑过程中，未按设计或规范要求大小和位置预留洞槽、预埋构件及临时洞口；宽度超过 300mm 的洞口未砌筑平拱或设置过梁；甚至未预留洞槽和预埋构件，造成事后修扩洞槽，现打洞开槽，以及未经设计核算，在已砌好的砖墙、柱上随意打洞开槽现象时有发生。这不仅影响装修和安装的顺利进行，严重的势必影响砌体的强度和整体性。

(1) 产生原因

施工技术员在砌筑前没有认真地进行技术交底。有关的施工人员（如装饰工、管工、电工、木工等）在砌筑中与砖工的配合不协调。砌墙时，没有到现场指导和进行预留和预留工作，造成预留和预埋位置偏离设计位置，或预留预埋位置错误，或漏设、漏埋。

(2) 防治措施

墙体砌筑前各有关人员要认真识读施工图、标准图，搞懂设计要求预留洞槽和预埋构件的位置、尺寸和数量。并认真地进行技术交底、明确责任。砌筑时有关工种应与砖工密切配合，按照施工进度，派人到现场指导，参与和检查预留和预埋工作，使预留和预埋工作得以顺利进行。

5.5.6 砖墙内布筋错误

为了保证砖墙的整体性、抵御房屋不均匀沉降、加强局部墙体的抗裂性，往往需要在砌体灰缝中配置钢筋。如果按设计要求和施工规范规定的配筋砖砌体、钢筋砖过梁、构造柱的插筋、框架结构房屋填充墙与柱的拉结筋、留直槎加设的拉结筋等，未按规定的数量、长度、位置、间距和方法埋置。并且埋筋灰缝过厚、砂浆不饱满，砂浆与钢筋的粘结力弱，甚至发生漏埋现象。在北方地区冬季施工中，没有按要求对拉结筋进行防腐处理，这样就会出现质量问题。

(1) 产生原因

不熟悉设计要求和施工规范规定。对埋置钢筋认识不足，不够重视，埋置方法不适当。

(2) 防治措施

1) 认真做好技术交底，提高埋置钢筋重

要性的认识。

2）墙内配置的钢筋宜采用 $\phi6$ 或 $\phi8$ 热轧钢筋，不宜采用经敲打调直的旧钢筋。

3）需要埋置的钢筋一次加工完成。

4）埋筋砂浆强度等级不宜小于 M5。砂浆应满铺满挤。

5）采用正确的埋置方法。做到埋置位置正确，埋设长度符合规定，见图 5-116。

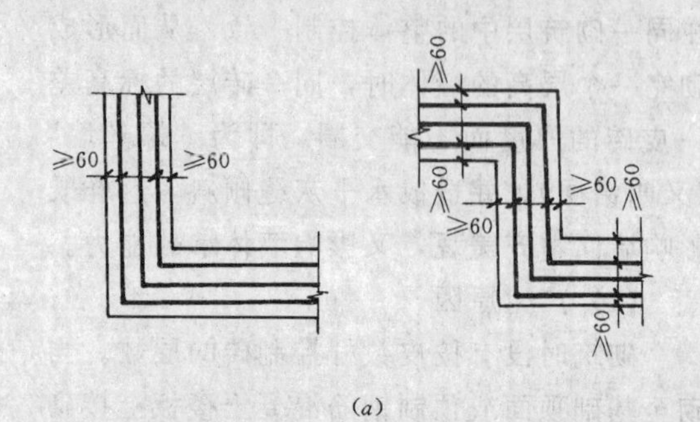

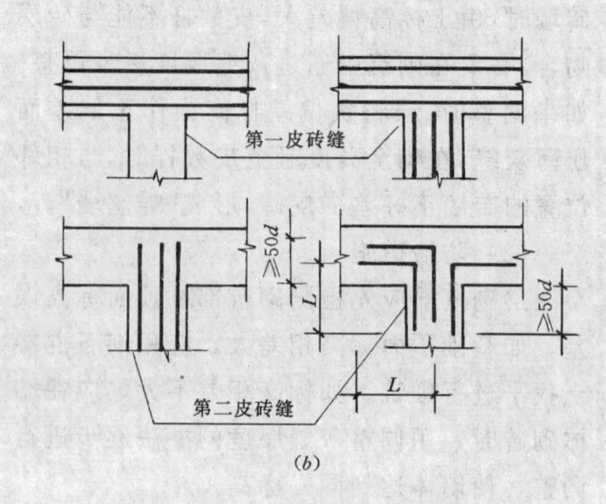

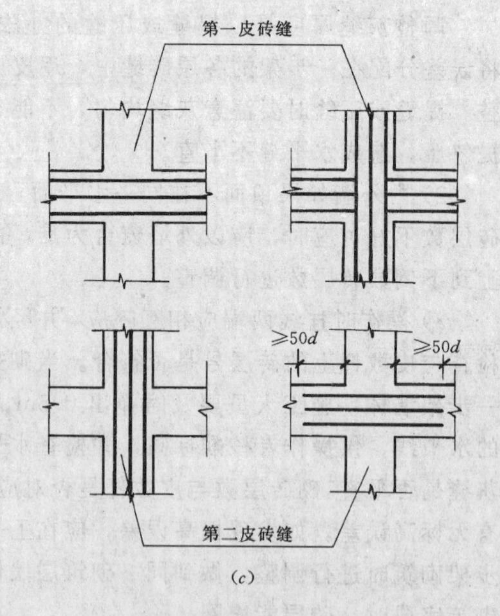

图 5-116 墙体交接处布筋方法

(a) 墙体转角正确布筋；(b) 墙体丁字接头正确布筋；(c) 墙体十字接头布筋方法

5.5.7 墙体裂缝

房屋在使用过程中，由于多种原因使砖砌墙体表面产生一些不同性质的裂缝。由于砖混结构一般性裂缝（除严重开裂外）不危及结构安全和使用，往往容易被人们忽视，致使这类裂缝屡见发生，形成隐患。当在地震及其他荷载作用下，容易引起提前破坏，故应根据具体情况加以分析，采取适当的补救措施。

(1) 地基不均匀下沉造成的墙体裂缝

1）现象

a. 斜裂缝　一般发生在纵墙地基沉降不均匀处，多数裂缝通过窗口的两个对角，裂缝向沉降较大的方法倾斜。并由下向上发展逐渐减少，如果裂缝在墙体中间发生，裂缝宽度下大上小，如裂缝在墙端发生，则裂缝宽度上大下小，这种裂缝常常在房屋建成后不久就出现，其数量及宽度随时间而逐渐发展，见图 5-117。

b. 窗间墙水平裂缝　一般在窗间墙的上下对角处成对出现，沉降大的一边裂缝在下，沉降小的一边裂缝在上，见图 5-118。

2）产生原因

a. 斜裂缝主要发生在不均匀地基上。这种地基有的地方松软，则沉降值大；有的地方坚硬则沉降值小。由于地基下沉不均匀，使墙体承受较大的剪切力，当结构刚度较差，砌筑质量和材料强度不能满足要求时，就会导致墙体开裂。

b. 窗间墙水平裂缝的产生，是因为沉降单元上部受到阻力，使窗间墙受到较大的水平剪力，而发生上下位置的水平裂缝。

3）防治措施

a. 合理设置沉降缝。凡不同荷载（高差

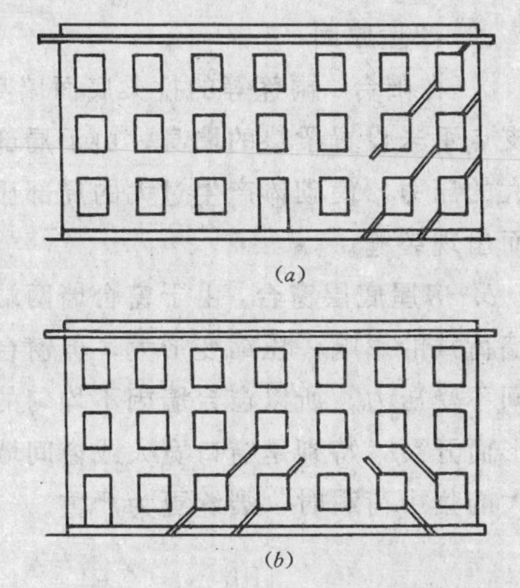
(a)
(b)

图 5-117　地基沉降不均匀引起裂缝
(a) 一端基础下沉；(b) 中间基础下沉

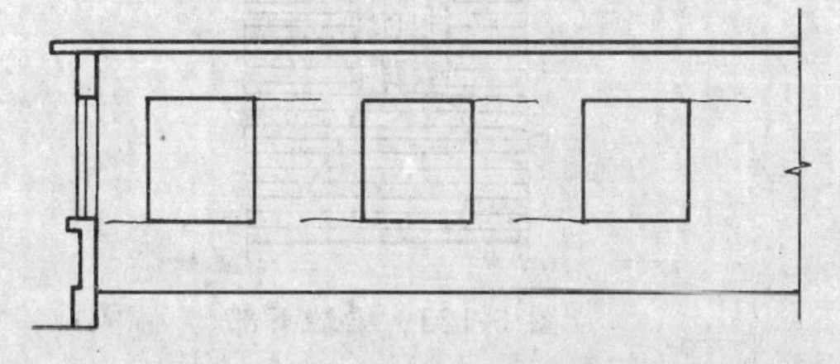

图 5-118　窗间墙水平裂缝

悬殊的房屋)、长度过大，平面形状较复杂，同一建筑地基处理方法不同和有部分地下室的房屋，都应从基础开始分成若干部分，设置沉降缝，使其各自沉降，以减少或防止裂缝产生。

b. 加强上部结构的刚度，重视砌筑质量，提高墙体抗剪强度。由于上部结构刚度较强，可以适当调整地基的不均匀下沉对房屋的影响。故应在基础顶面处及各层门窗口上部设置圈梁，减少建筑物端部门窗数量。操作中严格执行施工规范，做到灰浆饱满、组砌得当、接槎可靠，从而提高墙体的整体性和刚度。

c. 加强地基验槽工作。对于较复杂的地基，在基槽开挖后应进行普遍钎探，对探出的软弱部分，如坟坑、枯井、旧池塘等进行加固处理后，方可进行基础施工。

d. 对于墙体产生的裂缝，首先应做好观察工作，注意裂缝的发展规律。对于非地震区的一般性裂缝，如若干年后不再发展，则可认为不影响结构安全使用，局部宽缝，用砂浆堵抹即可。对于影响安全使用的结构裂缝，应进行加固处理。墙体裂缝的加固方法，应结合裂缝性质和严重程度，由设计部门提出。

(2) 温度变化引起的墙体裂缝

1) 现象

a. 八字裂缝　一般出现在顶层纵墙两端的 1～2 个开间内，严重时可发展至房屋 1/3 长度内，见图 5-119。有时在横墙上也可能发生，裂缝宽度一般中间大、两端小。当外纵墙两端有窗时，裂缝沿窗口对角方向裂开。

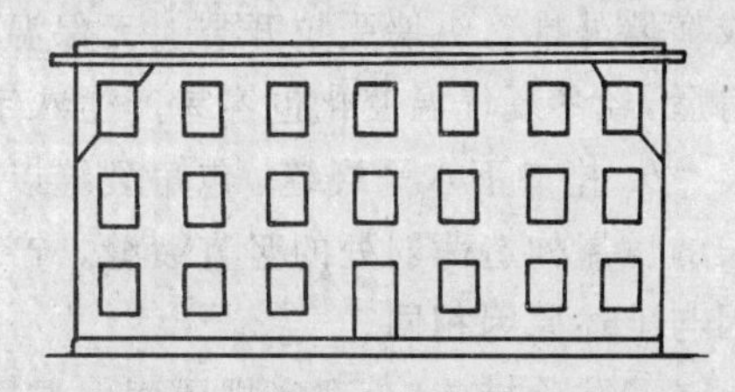

图 5-119　温度裂缝(八字裂缝)

b. 水平裂缝　一般发生在平屋顶檐口下或顶层圈梁 2～3 皮砖的灰缝位置。裂缝一般沿外墙顶部断续分布，两端较中间严重。在转角处，纵、横墙水平裂缝相交而形成包角裂缝见图 5-120。

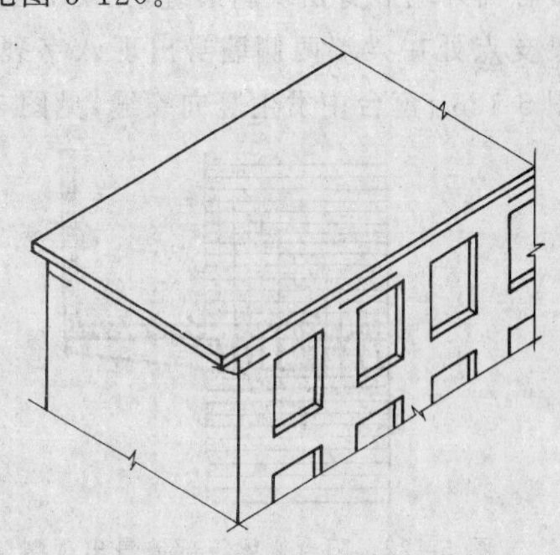

图 5-120　水平裂缝情况

c. 一栋很长的建筑物如中间未设置变形缝，在房屋构造薄弱部位（如楼梯间处）会发生竖直裂缝，见图 5-121。

2) 产生原因

a. 八字裂缝的发生是在夏季屋顶圈梁、

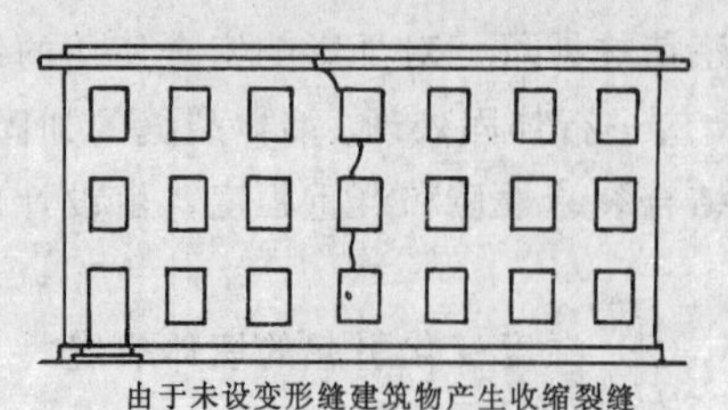

图 5-121　温度裂缝(竖直裂缝)

挑檐或屋面板混凝土浇筑后，而保温层未施工前，由于混凝土和砖砌体两种材料的线膨胀系数不同(前者比后者约大一倍)，在日晒温度剧增情况下，屋顶混凝土构件产生较大的膨胀变形，顶部两端因变形位移最大，造成横墙外推，纵墙受拉开裂。无保温屋盖的房屋,经冬夏气温变化也容易产生八字裂缝。

b. 檐口下水平裂缝、包角裂缝以及在较长的房屋构造薄弱处的竖直裂缝，产生的原因与上述原因相同。

3)防治措施:合理安排屋面保温层施工。由于屋面结构层施工完毕至作好保温层,中间有段时间间隔,因此屋面施工应尽量避开高温季节。过长的建筑物应按规范设置变形缝。

(3) 局部受压引起的墙体裂缝

1)现象:阳台、雨篷等的挑梁底面与砖墙接触面外端墙身出现斜裂缝,见图 5-122。大梁支点处在梁端两侧墙身出现八字裂缝,见图 5-123。窗台中发生竖向裂缝,见图 5-124。

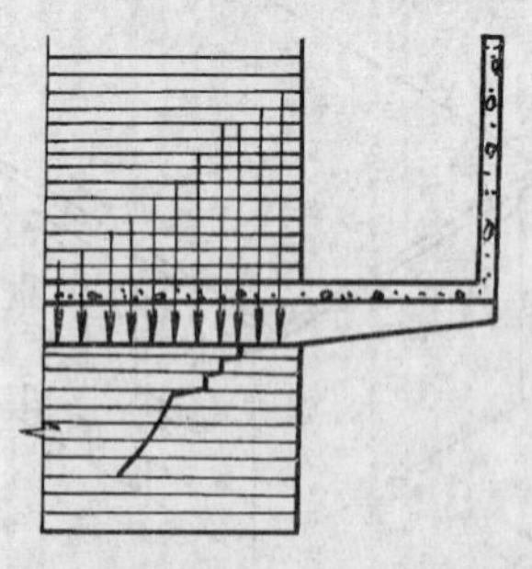

图 5-122　阳台挑梁下部墙身出现裂缝

2) 产生原因

a. 在阳台、雨篷等的挑梁底面墙身，大梁支点下未设置梁垫的墙身，由于局部承受较大的压力，使砌体产生过大的局部压缩变形而出现裂缝。

b. 房屋底层窗台，由于窗台墙两端受窗间墙荷载的影响，压缩变形大，但窗台墙的中间不受压力，所以窗台墙因不均匀的压缩变形而开裂，特别是窗口宽大或窗间墙承受较大的集中荷载时，裂缝更为严重。

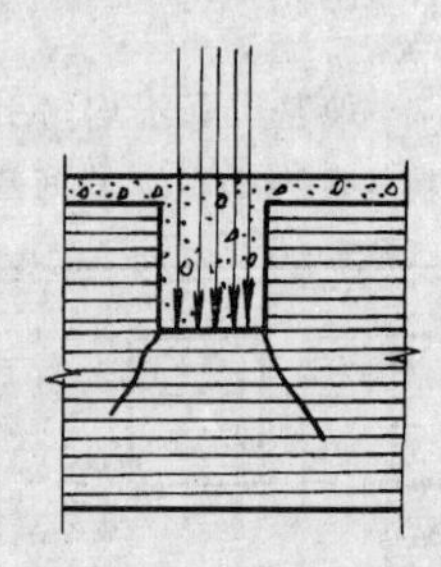

图 5-123　梁端下部两侧墙身出现裂缝

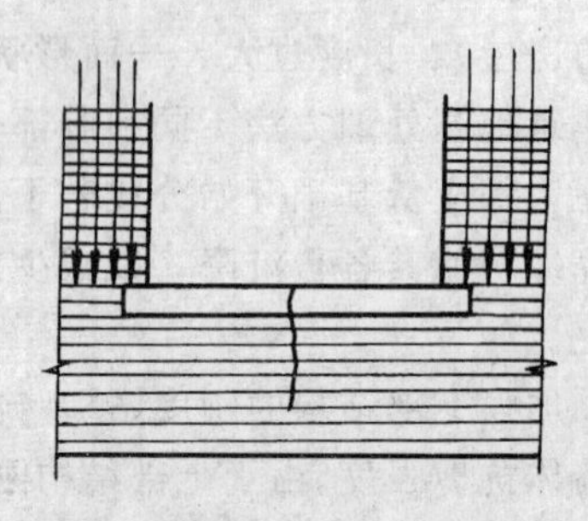

图 5-124　窗台墙出现裂缝

3) 防治措施

a. 砌筑过程中严格执行施工规范，重视砌筑质量，提高砌体承受压力的能力。

b. 设置梁垫以减少局部压力，宽大窗口下部考虑设混凝土梁或砌反砖碳，以提高砌体局部承受压力的能力。

小　结

砖砌体的质量通病及防治措施有：

1. 砂浆强度不稳定　通常是砂浆强度波动较大，匀质性差，砂浆强度低于设计强度标准值，其主要原因有：计量不准确或使用不合格的水泥；塑化材料的掺量超过规定的用量；微沫剂掺量过多；砂浆搅拌不均；砂浆的使用时间超过规定；砂浆试块的强度值缺乏代表性等。防治措施：确定正确的施工配合比；建立严格的计量制度；按规范进行搅拌、使用、试验。

2. 砖缝砂浆不饱满　通常是砖层水平灰缝的砂浆饱满度低于80%；竖直灰缝无砂浆。其主要原因有：砂浆和易性差；操作方法不当；用干砖砌筑。防治措施：改善砂浆和易性和提高砌筑操作技术水平。

3. 砖墙面水平缝不平直，游丁走缝　通常是砖墙面水平缝宽度不一致，不平直；竖缝在上下砖层产生偏移。产生的主要原因：砖的规定不统一；操作方法不当。防治措施是采取正确的操作和控制方法。

4. 螺丝墙　是砌完一个层高的墙体时，同一砖层的标高差一皮砖的厚度而不能交圈。产生的主要原因是砌筑和控制标高出现偏差。防治措施是做好标高控制和提高技术操作水平。

5. 预留洞槽不正确，随意凿洞　是墙体砌筑过程中预留、预埋的位置不正确或未预留和预埋、造成事后凿洞槽。产生的原因是相关工种配合不协调和施工规范不熟悉。防治措施是加强相关工种的配合和认真执行施工规范。

6. 砖墙内布筋错误　是墙内布筋未按规定埋置。产生原因：不熟悉设计和规范。防治措施是做好技术交底和认真检查。

7. 墙体裂缝　有地基不均匀下沉造成的墙体裂缝；温度变化引起的墙体裂缝；局布受压引起的墙体裂缝。防治措施分为构造措施和工艺措施。

习题

1. 砖砌体有哪些质量通病？
2. 砌砖砂浆强度不稳定有哪些表现？产生原因是什么？怎样防治？
3. 砖缝砂浆不饱满有哪些表现？怎样产生和防治？
4. 砌砖施工中为何出现砖墙面水平缝不平直和游丁走缝？
5. 砌砖施工中如何防治出现螺丝墙？
6. 简述墙体裂缝原因。
7. 墙体预留洞槽不正的原因是什么？

5.6 砌筑安全技术

砌筑工程施工条件复杂，常有登高作业，垂直和水平运输量大，受气候影响因素多。因此，施工中易发生高处坠落、物体打击、机械和超重伤害、触电等安全事故。为了保证施工操作人员的人身安全和顺利施工，必须做好安全防护工作，认真贯彻“安全生产，预防为主”的方针，严格按照安全操作规程施工。

砌筑安全注意事项

1. 运输车辆前后车距，在平道上不应小于2m，坡道上不应小于10m。跨越沟槽运输时，应辅宽度为1.5m以上的马道，沟宽如超过1.5m时，应由架子工支搭马道。

对运输道路上的零碎材料，杂物要经常清理干净，以免发生事故。

2. 垂直运输所用的吊笼、滑车、绳索、刹车等必须牢固无损，满足负荷要求，吊运时不得超载。使用时应经常检查，发现问题，要及时修理。

用起重机吊砖要用砖笼；吊砂浆的料斗不能装得过满。在吊臂回转范围内不得有人停留，禁止料斗碰撞架子或下落时压住架子，吊笼或斗落到架子上时，砌筑人员要暂停操作，并避开一边。

3. 砖应预先浇水湿润，不得在地槽边或架子上大量浇水。在砖垛上取砖要先高后低，防止垛倒砸人。

4. 基础砌筑前，必须检查基槽。发现槽帮有垮塌危险时，应及时采取有效措施进行加固并进行清理后才可以进行砌筑。

5. 基础槽宽小于 1m 时，应在站人的一侧留有 400mm 的操作宽度。砌筑基础时，上、下基槽必须设工作梯或坡道，不得随意攀跳基槽，更不得踩踏砌体或从加固土壁的支撑处上下。在基槽边的 1m 范围内禁止堆料。

6. 砌筑墙身高度超过 1.2m 时，一般应由架子工搭设脚手架。在一层楼或高度 4m 以上砌筑时，采用里脚手架必须搭安全网；采用外脚手架应设护身栏和挡脚，不准用不稳定的工具或物件在脚手板面垫高操作，更不准在未经过加固的情况下，在一层脚手架上随意再叠加一层。

7. 上下架子时要走扶梯或马道，不得攀登架子。雨期施工在马道和架板上要设防滑装置。冬期施工要及时清除马道和架板上的霜雪。

8. 脚手架的负荷量，每平方米不得超过 270kgf（2700N）。堆砖不得超过单行侧摆 3 层，丁层朝外堆放，在同一根排木上不得放两个灰桶。同一块架板上的操作人员不超过 2 人。在楼层上施工时，堆放机具、砌块等物品不得超过使用荷载。

9. 砍砖时应面向墙面砍打，防止碎砖飞出伤人。砌砖使用的工具应放在稳妥的地方，挂线用的垂砖必须用小线绑牢固，工作完毕应将架板和墙上的碎砖等清除干净，防止掉落伤人。更严禁向下抛物伤人。

10. 正在砌筑的墙顶不准走人。不准站在墙顶上刮缝、清扫墙面或检查大角垂直等。更不能站在墙上砌砖。

11. 山墙砌完后应立即安装檩条或加临时支撑，防止倒塌。砌出檐砖时，应先砌丁砖，待后边牢固后再砌第二皮出檐砖。

12. 在同一垂直面上下交叉作业时，必须设置安全隔板，下方操作人员必须配戴安全帽。

13. 在屋面坡度大于 25°时，挂瓦必须使用移动板梯，板梯必须有牢固的挂钩。

小　结

在砌筑操作中必须遵守安全操作规程，重视“安全生产，预防为主”的方针，避免安全事故的发生。砌筑安全注意事项有：运输、砌基础、脚手架、砌砖墙，挂瓦等安全注意事项。

习题

1. 简述砌筑生产中有哪些不安全因素及安全生产的重要意义。
2. 砌筑工程运输应注意哪些安全事项？
3. 为什么不能在地槽边或架子上大量浇砖？
4. 砌筑脚手架有哪些安全规定？
5. 砌砖应注意哪些安全事项？

5.7 砖砌房屋的砌筑

砖砌房屋一般是指采用砖砌体作房屋的竖向承重结构（如基础、承重墙，柱等）和水平的钢筋混凝土结构构件组成承重骨架的建筑。同时，砖砌体又起围护和隔断作用（如围护墙隔墙，填充墙等）见图 5-125。砖砌房屋取材方便，能就地取材，材料来源极广；节约钢材、木材、水泥、造价较低，施工工序简单、方便、可连续施工；耐火、防火、隔热、保温性能良好，能满足建筑功能要求。但强度较低，且自重大，抗震性能差，砌筑工作量大，且多为手工操作，施工进度较慢。

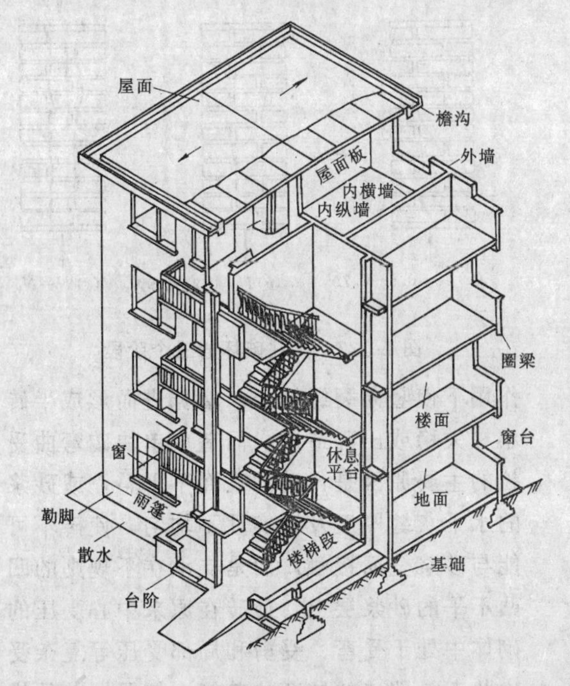

图 5-125 房屋的组成

基本上述特点，目前我国用砖砌体建造的房屋较多，在世界上用砌砖体建造的房屋也大量存在。例如：五层以内的办公楼、教学楼、试验楼；七层以内的住宅、旅馆采用砖砌体作竖向承重结构已很普遍；八九层的砖楼房在非地震区也为数不少。在中、小型工业厂房和广大农村居住建筑中，常用砖砌体作围护和承重结构。但由于砖砌体的缺点，在某些场合下则要限制其应用。

5.7.1 砖砌体的强度概念

砖砌体是由脆性材料砖和砌筑砂浆，按一定的组砌形式砌筑而成的整体。因此砖砌体的抗压强度远高于抗拉、抗剪、抗弯强度。而砖砌体在建筑中主要用作竖向变压构件，所以砖砌体的强度主要是指抗压强度。但在不同荷载作用下，有时也作为受拉、受弯或受剪构件。砖砌体是由单块砖用砌筑砂浆铺平粘结而成，所以它与匀质的整体结构构件有很大的差别。因为，砖砌体灰缝厚度和密实性的不均匀性，砖与砂浆的相互作用等因素，使得砖的抗压强度不能充分发挥，所以砖砌体的抗压强度低于砖的抗压强度。砖砌体的抗压强度设计值见表 5-36。

砖砌体抗压强度设计值（MPa） 表 5-36

砖强度等级	砂浆强度等级							砂浆强度
	M15	M10	M7.5	M5	M2.5	M1	M0.4	
MU30	4.16	3.45	3.10	2.74	2.39	2.17	1.58	1.22
MU25	3.80	3.15	2.83	2.50	2.18	1.98	1.45	1.11
MU20	3.40	2.82	2.53	2.24	1.95	1.77	1.29	1.00
MU15	2.94	2.44	2.19	1.91	1.69	1.54	1.12	0.86
MU10	2.40	1.99	1.79	1.58	1.38	1.26	0.91	0.70
MU7.5	—	1.73	1.55	1.37	1.19	1.09	0.79	0.61

注：灰砂砖砌体的抗压强度设计值，应根据试验确定。

(1) 砖砌体抗压试验

砖砌体的抗压强度是经过试验确定的。烧结普通砖砌体抗压试验，是由一名中等技术水平的砖工操作，采用一定强度等级的砖和砌筑砂浆，按规定的组砌形式，砌成外形尺寸为365mm×490mm×(925～1110)mm的试件，见图5-126，经过温度为20±3℃的室内条件自然养护28d，到期后及时在试验机上进行轴心抗压试验。试体的制作要求砖在砌筑前要适当浇水湿润，在铁垫板上铺10mm厚砂浆砌筑，砖层应上下错缝、满铺满挤，灰缝厚度为10mm，砌完后将试件顶面用水泥砂浆抹灰，试件厚度和宽度的制作允许误差为±5mm。

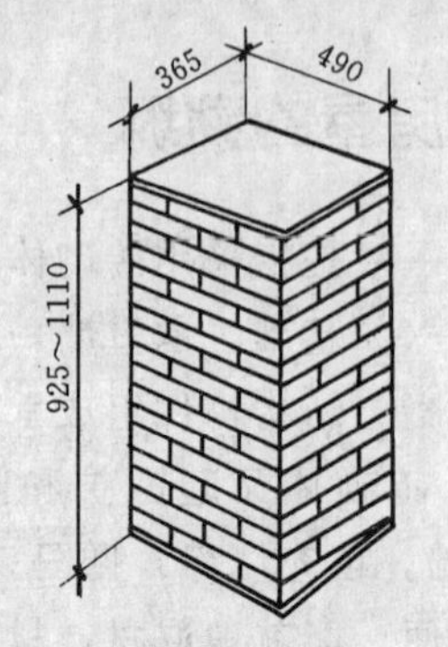

图 5-126 砖砌体抗压强度试件

在砌筑试件的同时，每组试件应至少做一组砂浆试块，并与砌体试件在相同条件下养护以测定砂浆的实际强度。

根据对砖砌体进行大量的实验研究和对房屋破坏时的观察分析可知，砖砌体的受压破坏可分为三个阶段。

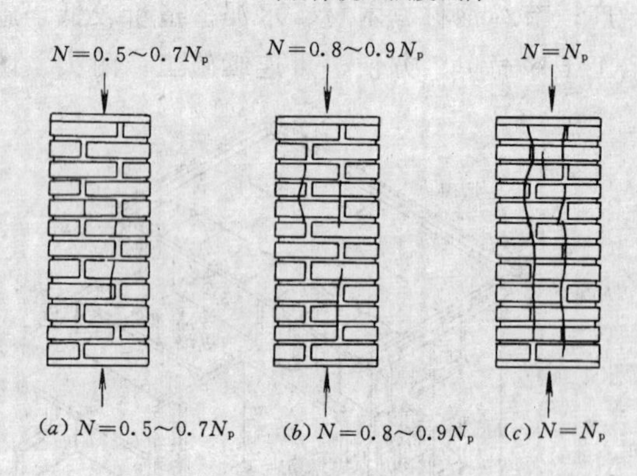

(a) $N=0.5\sim0.7N_p$ (b) $N=0.8\sim0.9N_p$ (c) $N=N_p$

图 5-127 砖柱破坏的三个阶段

第一阶段：在荷载作用下，砖砌体承受压力，砖柱从开始施加荷载到个别单块砖出现第一批裂缝，见图5-127(*a*)。此时，裂缝比较短，且荷载不增大，裂缝并不扩大。出现第一批裂缝的荷载，与砖和砂浆的质量有关，约为破坏荷载N_p的50%～70%。

第二阶段：当荷载继续增加，裂缝继续延长、加宽、单块砖内的个别裂缝连结起来，将该皮砖裂通后进一步向上下发展，并逐步贯穿九皮砖、见图5-127(*b*)。当荷载不增加，裂缝仍继续扩展，这时的荷载值约为破坏荷载N_p的80%～90%。由于实验时是短期荷载的作用，砖砌体在工作条件下，此时荷载就相当于长期荷载下的破坏荷载。

第三阶段：继续增加荷载，裂缝急剧扩展，其中几条主要裂缝将砖砌体分割成几根半砖小柱，整个砖砌体明显外胀，最后由于某些小柱失稳或压碎而导致整个砖砌体瞬间破坏，见图5-127(*c*)。

砖砌体的破坏是由于砌体在受拉、受弯作用下使竖向裂缝增长、增宽进而形成半砖小柱失稳或压碎造成。而造成单块砖弯曲受拉的主要原因是：砖的表面不平整，或砂浆的水平灰缝厚度及密实性不均匀，使砖不可能与砂浆全面接触，而是支承在不规则的凹凸不平的砂浆层上，使砖在原来中心受压的砌体中处于受弯、受剪和局部受压等复杂受力状态，即砖的抗弯抗剪能力较弱，砖的横向变形能力比砂浆弱，在垂直压力作用下，砂浆的横向变形使砖受到横向拉力，而砖的抗拉能力很低。此外，一般砖砌体的竖直灰缝饱满度较小，竖直缝上层或下层的砖发生横向拉应力集中现象。

(2) 影响砖砌体强度的因素

根据上述试验研究分析，可以看出影响砖砌体抗压强度的因素主要有以下几方面。

1) 砖和砂浆的强度等级：砖和砂浆的强度等级是确定砌体强度的主要因素。一般说来，当砖的抗折强度符合标准时，砖的抗压强度平均值和砂浆的抗压强度平均值越高，则砌体的抗压强度较高。试验表明，砖的抗折强度较低，则砌体的抗压强度也较低。由此可见，砖的抗折强度起很大的作用。

2）砂浆的流动性（稠度）：砂浆的流动性大，容易铺成厚度和密实性较均匀的灰缝，因而可减小上面所述的砖砌体承受的弯剪应力，亦即可以在某种程度上提高砌体的强度。采用混合砂浆代替水泥砂浆就是为了提高砂浆的流动性。纯水泥砂浆的流动性较差，所以纯水泥砂浆砌体强度按《砌体结构设计规范》适当折减约15%。但砂浆的流动性对砌体强度的有利影响也不能估计过高，因为砂浆的流动性大，一般其硬化后的变形率也大，所以砂浆的流动性应适当。

3）砖的外观尺寸及含水率：砖形状的规则程度显著地影响着砌体强度。当砖表面歪曲时，将砌成不同厚度的灰缝，因而增加了砂浆铺砌层的不均匀性，引起较大的附加弯曲应力并使砖过早破坏。在同一批砖中，当某些砖块的厚度不同时，将导致灰缝的厚度不同而产生很坏的影响，这种因素可使砌体强度降低25%。当砖的强度相同时，用灰砂砖和干压砖砌成的砌体，其强度高于一般用塑压砖砌成的砌体，因前者的形状较后者要平整。

砖的含水率也影响着砌体抗压强度。因为对抗压强度而言，存在着一个最佳含水率。试验表明，若用含水率为10%的砖砌筑时的砌体抗压强度取1，则干燥的砖的抗压强度为0.8，可见施工前湿润砖是很重要的。

4）砖筑质量：

由砖砌体受压破坏分析可见，水平灰缝的均匀性对砌体强度的影响很大，而砌筑质量的标志之一即为灰缝质量，这包括灰缝的均匀性和饱满程度。《砖石结构施工及验收规范》中规定，水平灰缝的砂浆饱满度不得低于80%。这说明，达到这个砂浆饱满度指标时，砌体强度能基本上保证，当在这个基础上再提高砂浆饱满度时，可使砌体强度得到增长。同时在保证质量的前提下快速砌筑对砌体强度起着有利的影响，因为在砂浆硬化前砌体即受压，这可减轻灰缝中砂浆密实性不均匀的影响。

影响砖砌体强度还有一些其它因素，如砖和砂浆的粘结力，组砌形式以及立缝中砂浆的饱满程度等。

（3）抗震构造措施

地震是一种自然现象，它对房屋建筑的破坏作用，主要是由于地震波在地中传播引起强烈的地运动所造成的。微弱的地震对房屋建筑损害不大，但地震烈度为6度以上时，就会造成房屋建筑的损坏，随烈度增大，损坏程度加剧，甚至倒塌。这种损坏往往在几分钟甚至几秒钟发生，给人们生命财产和国家经济建设带来巨大的损失。因此，在地震区建造房屋，必须考虑抗震设防措施。

1）地震对房屋的破坏作用：地震时，以震源发生的震动，朝各个方向散发出去，传播这种能量的叫地震波。见图5-128。地震能引起地面上下跳动叫纵波和水平晃动叫横

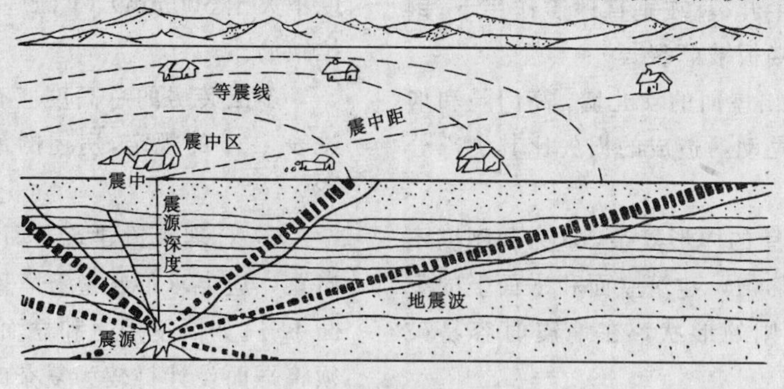

图 5-128 地震示意图

波。地震通过地层的震动引起建筑物上下颠簸和水平晃动。建筑物在地震时，除了受正常荷载的作用外，还受到上下颠簸的竖向力和左右晃动的水平力作用。当建筑各部位不能承受这种地震作用的时候，轻者局部损坏，重者倒塌。

水平地震作用是引起建筑物破坏的主要原因。因为水平方向的地震作用，是作为正反两个方向交替作用在建筑物上的水平力，由于地震作用的反复进行使外墙晃动，严重时外墙与内墙从接槎处被拉开，甚至外墙向外倾倒，所以建筑物抗震设防，主要是抵抗水平地震作用。

2）多层砌体房屋的震害特征

a. 墙体常出现交叉和斜向裂缝。当墙体本身受到与墙体平行的水平剪力超过砌体的抗剪强度时，墙体就会产生阶梯形的剪切破坏，见图 5-129。

图 5-129　墙体阶梯形剪切破坏

b. 房屋的墙角是地震的薄弱部位，因为墙角处在最边缘，刚度差，而且承受两个方向的地震作用，容易产生破坏。

c. 内外墙交接处易开裂，与水平地震作用方向垂直的外墙，由于地震作用的反复进行外墙易晃动倾倒。

d. 墙的薄弱部分受垂直地震力作用被压酥倒塌，钢筋混凝土楼板被撕裂。

e. 房屋的横向墙间距越大，抵抗水平地震作用的能力越低，震害也越大。

f. 屋顶或楼盖与墙体接触面上易产生错裂。在水平地震作用下，易使墙体与楼盖互相错切而产生开裂。在垂直地震作用下，钢筋混凝土预制楼板被颠裂。

g. 局部突出屋面的女儿墙，高门脸和烟囱，在地震时晃动，造成的损失比其它部分要大。

h. 砖砌房屋的体形复杂，重力和刚度不对称和分布不均匀，建筑立面和平面上的突然变化和不规则的形状，在地震时容易破坏。

i. 木架承重房屋的穿斗木架、三角形木架、平顶木架在受地震时，主要表现是木架易变形，围护墙易倒塌，如果接头不牢会造成房屋整个倒塌。因此在建造房屋前应首先考虑这些问题，从设计上提高房屋的抗震能力。

3）抗震措施：地震虽然是一种突发性的自然灾害，但只要房屋的抗震设防构造得当，保证施工质量，灾害是可以减轻，甚至是可以避免的。抗震措施有：

A. 选择好地基：选择平缓地段的稳定岩石层，密实均匀的碎石土、砂砾土和粘土等地质原土层作为地基对抗震有利。选择陡坡、峡谷、深沟地段以及粉砂、淤泥、杂填土、旧河道、旧池塘，河滩等土层作为地基，在地震时会发生滑坡、塌陷等次生灾害，加剧房屋的破坏，所以对抗震不利。

B. 合理布置建筑立面：房屋建筑的体型立面要力求简单，避免高低起伏或局部凸出。应尽量避免建造突出屋面的塔楼、烟囱、水箱等。尽可能不做女儿墙、高门脸、高山墙、大挑檐等，以防地震时甩落伤人。必须建造时则应做矮些（如无锚固的女儿墙的最大高度不大于 500mm）、牢固些，还可在砌体中加拉结筋。

多层砖房的总高度应有所限制，不宜超过表 5-37 的规定，房屋的最大高宽比见表 5-38。

C. 合理布置建筑平面：房屋建筑的平面布置，应力求形状整齐，刚度均匀，不要凹凸不齐。如因使用上和立面处理上的要求，必须将平面设计得较为复杂时应采用防震缝将房屋建筑分成若干个体型简单刚度均匀的独

砌体房屋总高度(m)和层数限值　　表 5-37

砌体类别	最小墙厚(m)	烈	度	数					
		6		7		8		9	
		高度(m)	层数	高度(m)	层数	高度(m)	层数	高度(m)	层数
粘　土　砖	0.24	24	8	21	7	18	6	12	4
混凝土小砌块	0.19	21	7	18	6	15	5	不宜采用	
混凝土中砌块	0.20	18	6	15	5	9	3		
粉煤灰中砌块	0.24	18	6	15	5	9	3		

注:房屋的总高度指室外地面到檐口的高度,半地下室可从地下室室内地面算起,全地下室可从室外地面算起。

房屋最大高宽比　　表 5-38

烈　度	6	7	8	9
最大高宽比	2.5	2.5	2.0	1.5

注：单面走廊房屋的总宽度不包括走廊宽度。

立封闭单元，见图 5-130。

平面布置中另一个问题是墙体的布置，同一方向上的内外纵、横墙应尽可能布置在同一轴线上,并各自对齐贯通，避免转折。横墙对抗震起重要作用,其间距宜密不宜疏。承重窗间墙的宽度，反映墙体抵抗水平地震力的能力，因此它的宽度不宜过窄，其宽度应大于 1m，并且要等宽均匀布置。外墙尽端到门窗洞边的墙体，是最易遭到地震破坏的部位，其宽度最少应大于 1m。

楼梯间因为有错层，顶层常有相当于一层半的墙体，所以刚度较差，易遭到破坏，不宜布置在房屋的尽端或转角处，也不宜将它凸出于房屋建筑平面。

D. 对墙体的要求：内外承重墙要有一定的厚度，砖墙厚度一般不小于 240mm。

为了确保砖墙的抗剪强度，多层砖混结构所用烧结砖的强度等级不应低于 MU7.5，砌筑砂浆强度等级应不低于 M2.5。

加强墙体在交接处的连接是墙体抗震的关键。当房屋未设构造柱时，在外墙转角和内外墙交接处，应沿墙高每 500mm（8 皮砖）灰缝内配置 2ϕ6 钢筋，每边伸入墙内不少

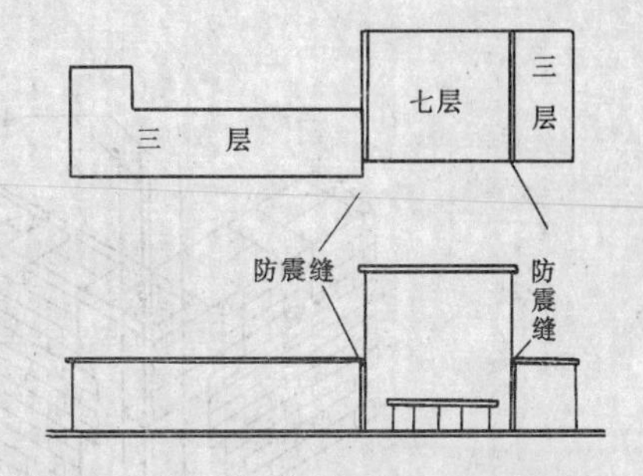

图 5-130　防震缝设置示意

于 1m，见图 5-131。后砌的非承重墙与承重墙交接处，应沿墙高每 500mm（8 皮砖）灰缝内配置 2ϕ6 拉结钢筋每边伸入墙内不少于 500mm。见图 5-132。设计烈度为 8 度和 9 度时，后砌非承重墙的顶部应与楼板或梁拉结。

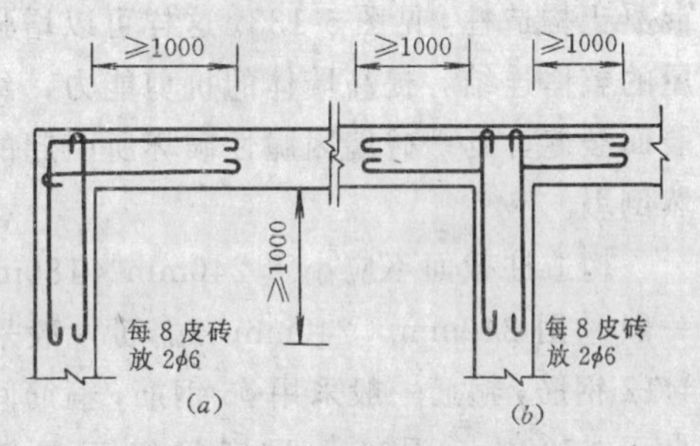

图 5-131　墙体的拉结筋

(*a*) 外墙转角处配筋；(*b*) 内外墙交接处配筋

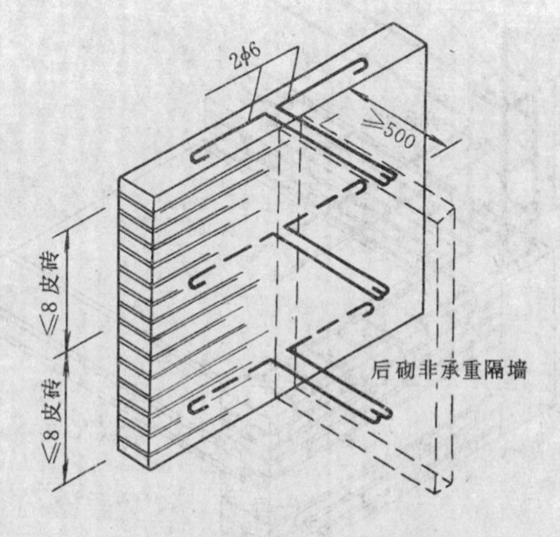

图 5-132　后砌非承重墙与承重墙的拉结

保证砌筑质量，是提高抗震能力的有效措施，所以砌筑时要作到灰浆饱满，横平竖直，错缝搭接，砖块砌筑前应充分湿润，施工时应尽量不在墙体上留施工洞，并应避免冬期施工。

E. 设置构造柱：为提高房屋抗震能力，

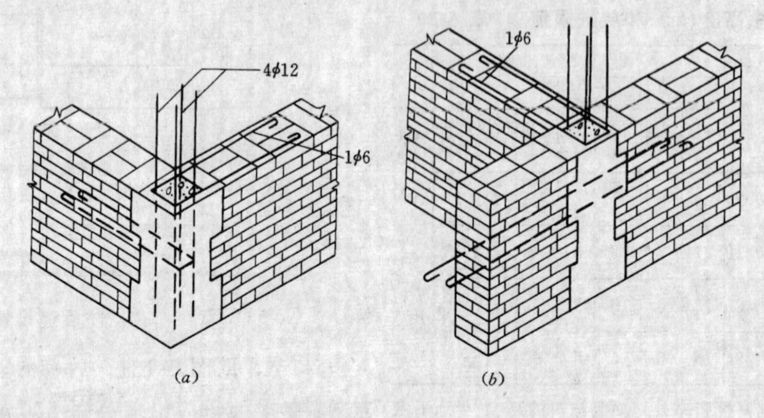

图 5-133 砖砌体中构造柱

(a) 外墙转角处；(b) 内外墙交接处

应在墙角、纵横墙交接处，电梯间设置钢筋混凝土构造柱，见图 5-133。这样可以增强房屋的整体连结，提高墙体的抗剪能力，约束墙面裂缝，延缓砖墙因脆性破坏所引起的突然倒塌。

构造柱截面不应小于 240mm×180mm，一般采用 240mm×240mm，主筋一般采用 4φ12 钢筋，箍筋一般采用 φ6 钢筋，箍筋间距小于 250mm，混凝土强度等级不宜低于 C15，见图 5-134。

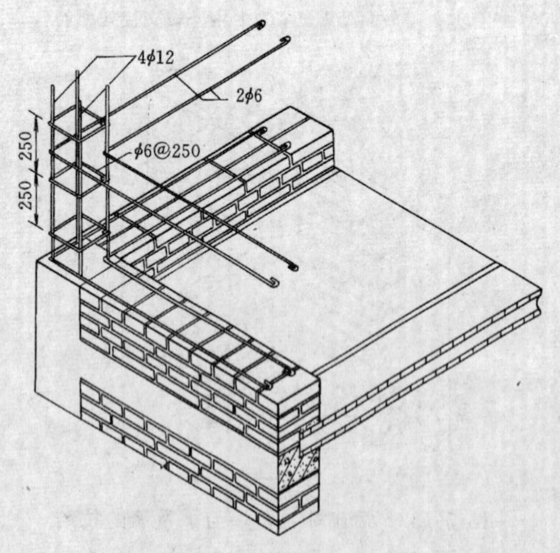

图 5-134 构造柱配筋

为确保构造柱与房屋其他部位的很好连接在高度方向上，构造柱下端应伸入基础（自室外地面下 500mm 或锚入基础圈梁内）或与下一楼层的圈梁连结，应沿墙高每 500mm 设置 2φ6 水平拉结钢筋，每边伸入墙内不少于 1m，见图 5-135。

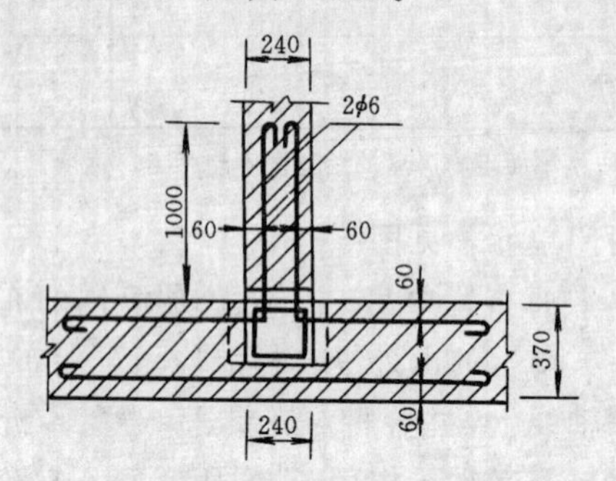

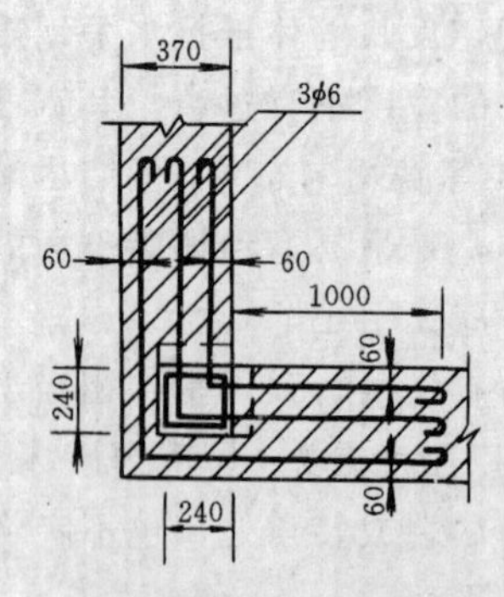

图 5-135 构造柱与墙体水平拉结筋

砖墙应砌成大马牙槎，每一马牙槎沿高度方向的尺寸不宜超过 300mm，见图 5-136。

留置大马牙槎应先退后进，按砖的皮数以四退四出或五退五出为宜。砌筑时，先按构造柱截面尺寸边线退 60mm（1/4 砖长）砌四皮砖，即为四退；之后再向柱边伸出 60mm 砌四皮砖即为四进。这样重复砌筑则成大马牙槎，见图 5-137。砌筑的槎齿尺寸要准确，

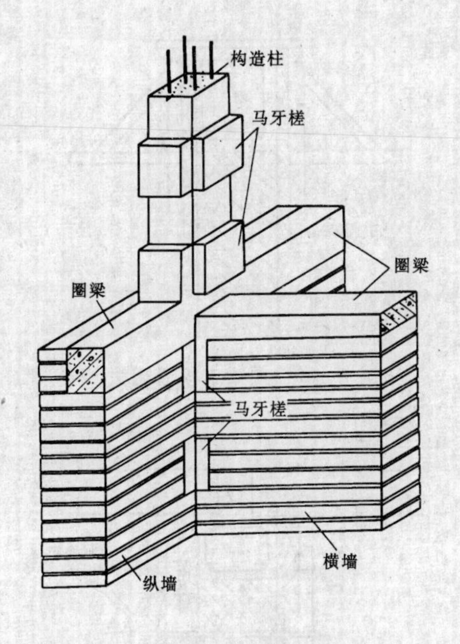

图 5-136　大马牙槎

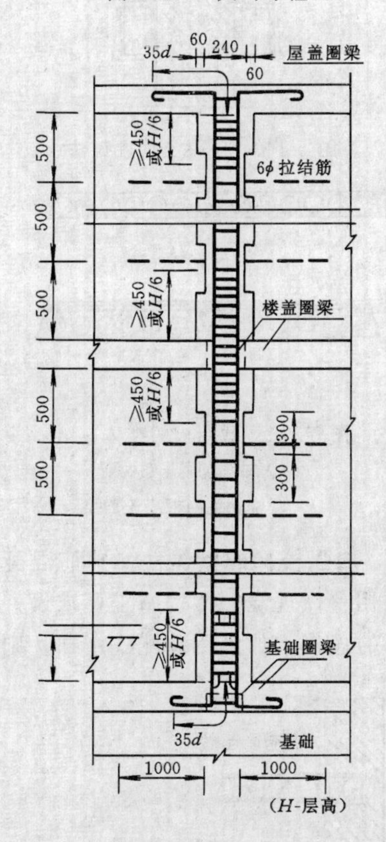

图 5-137　构造柱砌筑要求

确保构造柱截面尺寸符合要求。

F. 设置圈梁：圈梁能增强房屋的整体性，是提高房屋抗震能力的有效措施。在房屋垂直位置上，一般在屋盖处设置一道圈梁，楼盖处每层或隔层设置，对较高的空旷房屋还应沿墙高 3～5m 设置圈梁；在房屋水平位置上，除外墙设置外，内墙也应适当设置圈梁。砖房现浇钢筋混凝土圈梁设置要求见表 5-39。基础顶面宜设置钢筋混凝土地圈梁，既起抗震作用，又可作防潮层。圈梁宜连续设在同一水平面上并交圈封闭。

砖房现浇钢筋混凝土圈梁设置要求

表 5-39

墙　类	烈　度		
	6 度、7 度	8 度	9 度
外墙及内纵墙	屋盖处及隔层楼盖处	屋盖处及每层楼盖处	屋盖处及每层楼盖处
内横墙	同上；屋盖处间距不应大于 7m，楼盖处间距不应大于 15m；构造柱对应部位	同上；屋盖处沿所有横墙，且间距不应大于 7m；楼盖处间距不应大于 7m；构造柱对应部位	同上，各层所有横墙

圈梁分为钢筋混凝土圈梁（包括现浇和预制）和钢筋砖圈梁两种，见图 5-138。

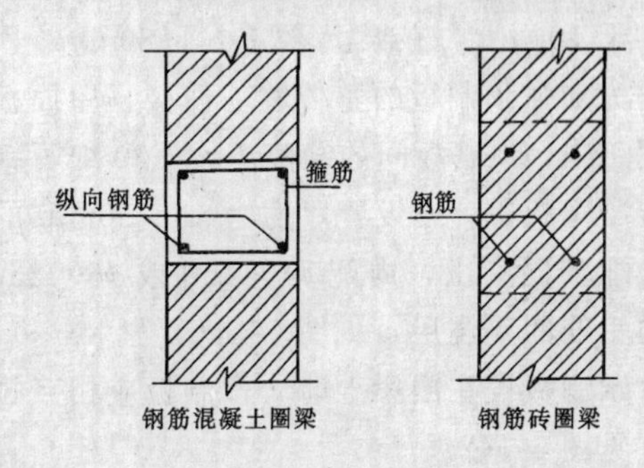

图 5-138　圈梁

钢筋混凝土圈梁的宽度宜与墙厚相同，高度不应小于 120mm。纵向钢筋不宜少于 4ϕ8，箍筋一般为 ϕ6 间距不宜大于 300mm，圈梁配筋要求见表 5-40。混凝土强度等级不宜低于 C15（现浇）和 C20（预制）。

圈梁配筋要求　　　　**表 5-40**

配　筋	烈　度		
	6　7	8	9
最小纵筋	4ϕ3	4ϕ10	4ϕ12
最大箍筋间距	250mm	200mm	150mm

钢筋砖圈梁是砖砌体内配有通长纵向钢筋的配筋砖带，采用不低于 M5 的砂浆砌筑 4～6 皮砖，其中配有不少于 6ϕ6 的纵向钢筋，分上下两层设在此配筋砖带的顶部和底部的水平灰缝内，纵向钢筋的水平间距不宜大于 120mm。

为保证圈梁与墙体紧密连接，钢筋混凝土圈梁宜采用现浇，特别是屋盖处的圈梁应为现浇。现浇钢筋混凝土圈梁的支模方法分为通用法和硬架法两种。通用法是先在墙上支模浇筑混凝土，后安装楼板，见图 5-139。硬架法是先支模安装楼板，后浇筑混凝土，见图 5-140。

当采用预制钢筋混凝土圈梁时，安装时应坐浆稳固，并应保证接头可靠。

G. 加强楼（屋）盖的整体连接：楼（屋）面要尽可能采用现浇钢筋混凝土板，并且伸进纵、横墙内的长度均不宜小于 120mm；装配式钢筋混凝土楼（屋）面板，当圈梁未设在板的同一标高时，板端伸进外墙的长度不应小于 120mm，伸进内墙的长度不宜小于 100mm，在梁上不应小于 80mm。

为加强预制板的整体性，使楼、屋面板共同工作，预制板间的缝隙应设 C20 细石钢筋混凝土板带，或设置厚度为 40～50mm 的 C20 细石混凝土，内配 ϕ4@150 或 ϕ6@250 双向钢筋的整浇层，见图 5-141。

预制板设在圈梁上时，预制板应相互拉结，见图 5-142。

当板的跨度大于 4.8m 并与外墙平行时，靠外墙的预制板侧边应与墙或圈梁拉结，见图 5-143。

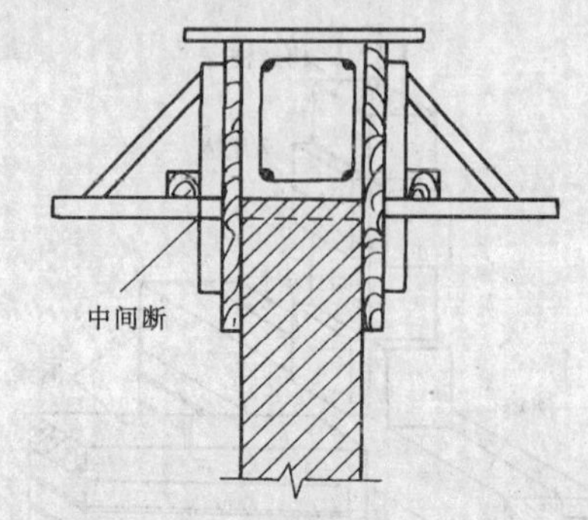

图 5-139 圈梁支模通用法

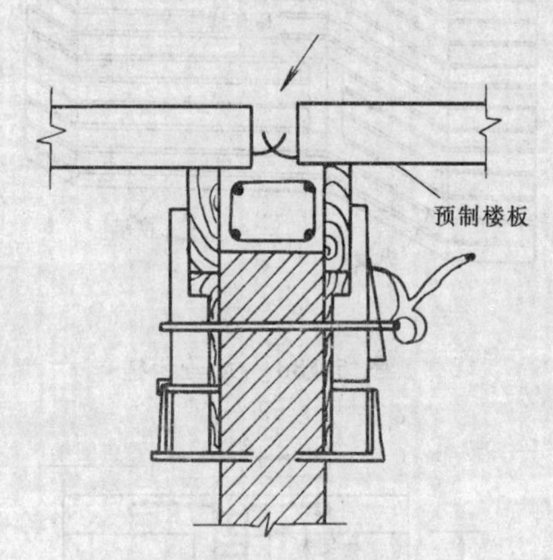

图 5-140 圈梁支模硬架法

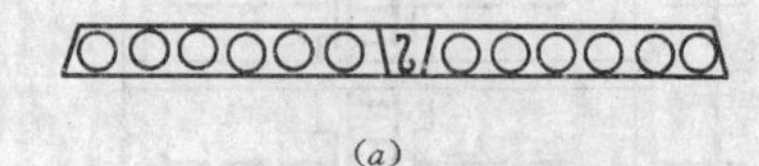

(*a*)

(*b*)

图 5-141 预制板的整体连结

(*a*) 细石混凝土板带；

(*b*) 现浇钢筋网混凝土面层

H. 加强楼梯的整体性：钢筋混凝土楼梯宜采用整体现浇，并按施工要求做好各部分钢筋的连接。如采用装配式楼梯，则应做

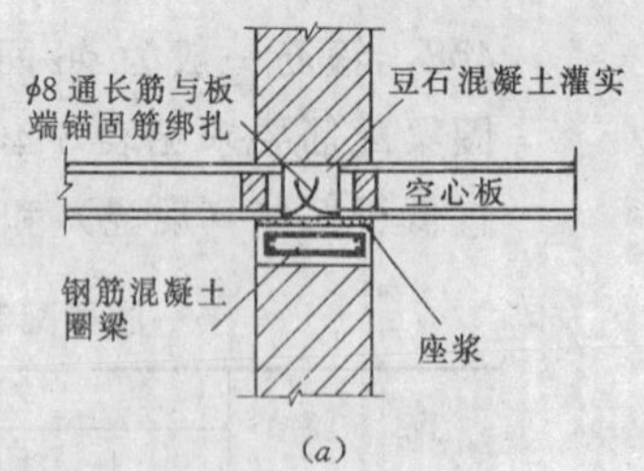

(*a*)

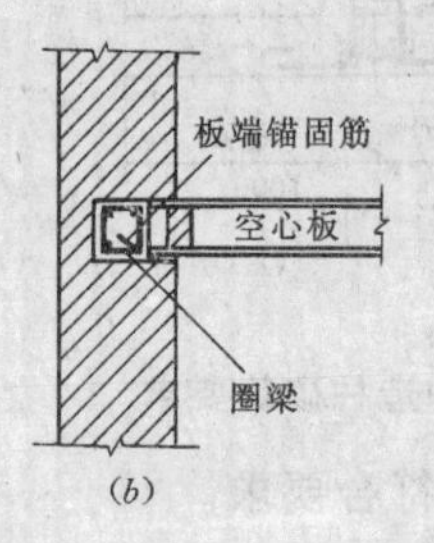

(*b*)

图 5-142 圈梁外楼板的拉结

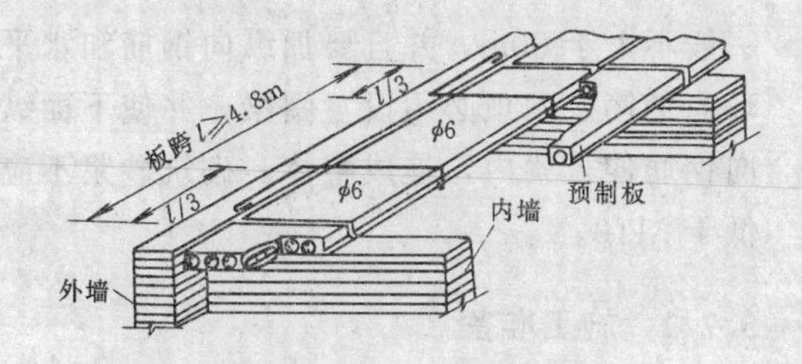

图 5-143 墙与预制板的拉结

好各部件之间及与墙、柱之间的连接。不应采用墙中悬臂踏步楼梯，见图 5-144。

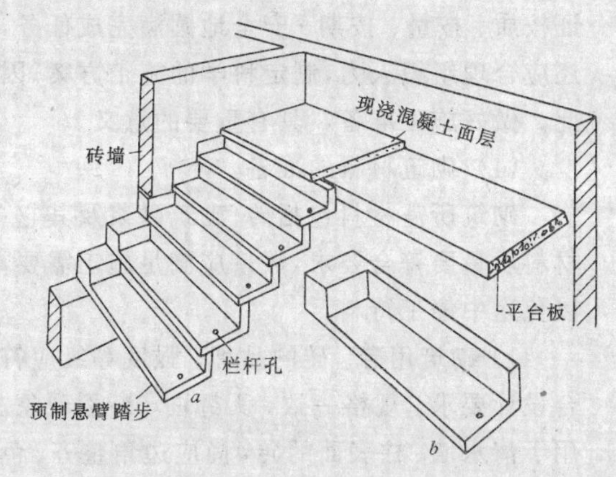

图 5-144 悬臂式楼梯

顶层楼梯间横墙和外墙宜沿墙高每隔 500mm 设 2ϕ6 通长钢筋；其它各层楼梯间可在休息平台板或楼层半高处设置 60mm 厚的配筋砂浆带，砂浆强度等级不宜低于 M5，钢筋不宜少于 2ϕ10。

楼梯间及门厅内墙阳角处的大梁支承长度，不应小于 500mm，并应与圈梁连接。突出屋顶的楼、电梯间，构造柱应伸入顶部，并与顶部圈梁连接，内外墙交接处应沿墙高每隔 500mm 设 2ϕ6 拉结钢筋，且每边伸入墙内不应小于 1m。

I. 单层砖房的抗震。单层砖房宜采用小开间横墙承重，尽量避免采用纵墙承重方案。木屋架或木梁，在墙上的搁置长度不宜小于 240mm，并应用铁件与墙体锚固，见图 5-145。檩条搁置在屋架上的搭接长度应尽量长些，并用扒钉与屋架钉牢。檩条搁置在硬山墙上的长度，不宜小于 120mm；搁置在两端山墙上的长度不宜小于 180mm，并应用铁件或镀锌铁丝将檩条与砖锚固，见图 5-146。

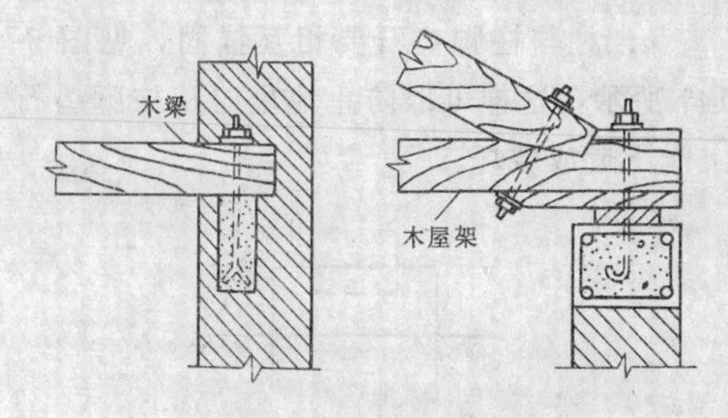

图 5-145 木屋架或梁与墙的锚固

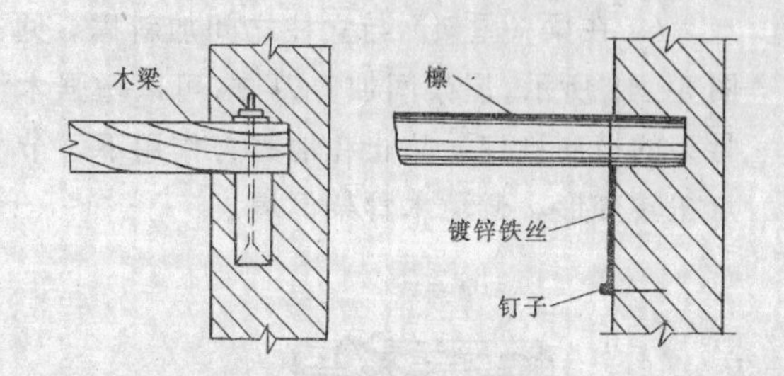

图 5-146 檩条与锚固

门窗过梁不宜采用砖拱过梁、应采用钢筋混凝土过梁或木过梁。砖挑檐要用 M5 砂浆砌筑，挑出长度不宜大于 180mm。

J. 空斗墙的抗压、抗拉和抗剪强度比实心砖砌体要差，因此，除应采取与实心砖墙承重平房有关的抗震措施外，还要采取以下几项措施：

a. 不宜采用灰砂砖砌空斗墙；

b. 外墙转角处均应有一砖和一砖半二进二出的卧砖实心垛；

c. 内外墙连续处应有 240mm×370mm 的实心垛；

d. 门窗口应有不小于半砖和一砖二进二出的卧砖实心周边；

e. 墙中 1.3m 高处，应有不少于三皮砖的实心砖带；

f. 梁端或屋架处应有不小于 4 皮砖的实心砌体；

g. 砂浆强度等级应不低于 M1；

h. 砖柱和配筋砖带的砂浆强度等级不低于 M5。

K. 木骨架承重平房，除应采取与砖墙承重平房有关的抗震措施外，还要采取以下

几项措施：

a. 柱与柱脚垫石要相互锚固，见图 5-147 所示，这样可以防止地震时从柱脚垫石上滑下造成破坏。

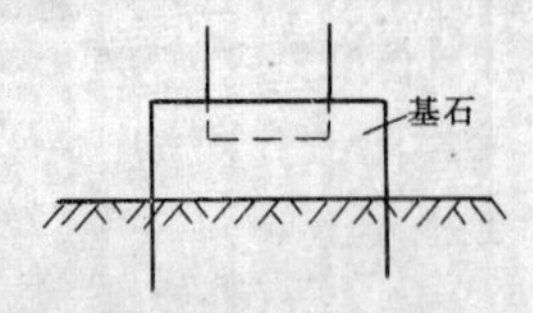

图 5-147　柱脚垫石

b. 在梁（屋架）与立柱之间加斜撑，见图 5-148 所示，屋架间加剪刀撑，可以增强木骨架的横向稳定，防止在地震力作用下，节点扭转变形，避免木骨架倒塌。

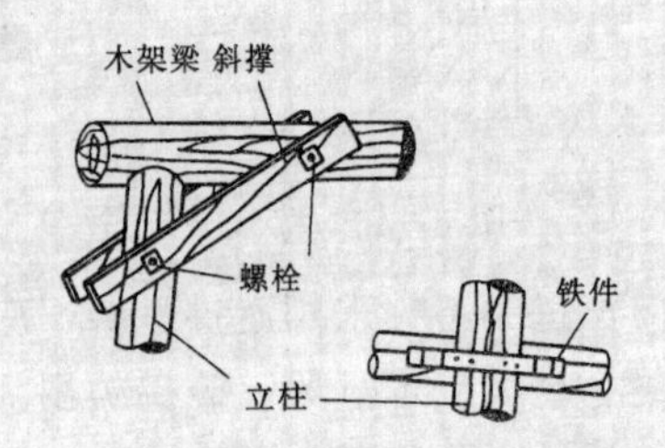

图 5-148　木屋架与立柱的斜撑

c. 不宜将檩条直接搁置在山墙上，这样容易造成山墙倒塌，最好在山墙外做排山木骨架。

d. 增砌横墙隔断，并与木柱拉结，具体见图 5-149 所示。上端与梁（屋架）底顶紧，这样可以限制因横向水平地震力所引起木骨架倾斜变形。

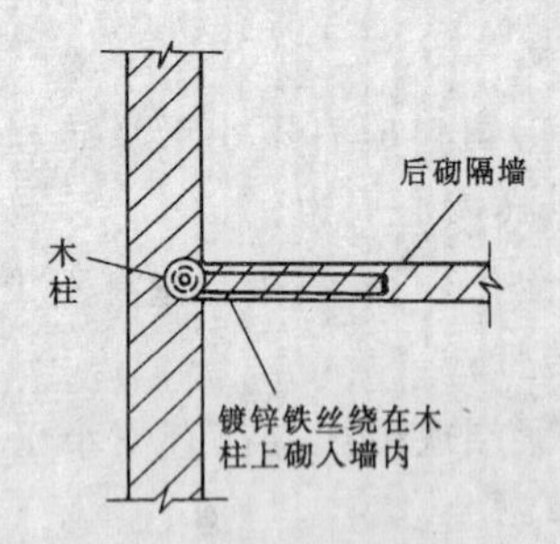

图 5-149　木柱与隔墙拉结

e. 围护墙与木柱之间，也应设二道铁件或用镀锌铁丝拉结，以限制木骨架的侧向倾斜变形。

L. 砖砌烟囱易于损坏，因此，砌筑高度一般不大于 50m，并且要加纵向钢筋和水平环向钢筋。囱顶必须设置圈梁，并使下面纵向钢筋伸入梁内，连成整体。砌筑砂浆不应低于 M10。

5.7.2　施工准备

砖砌房屋施工中需要大量的不同品种、不同规格的建筑材料，使用多种施工工具和机械设备。同时为了砌筑施工顺利实施，保证按质、按量、按期、安全地圆满完成任务，还应合理组织人力，制定科学的施工方案。因此，做好施工准备，具有重要的意义。

（1）砌筑材料的准备

砌筑所需材料包括砖、砌筑砂浆及其它。材料质量要符合要求，数量应满足施工需要，以免途中停工待料。

1）砌筑用砖。砖的品种、强度等级应符合设计要求，规格一致，无翘曲、断裂现象。用于清水墙、柱表面的砖，尚应边角整齐、色泽均匀。使用前应浇水湿润。

2）砌筑砂浆。砌筑用砂浆的种类、强度等级应符合设计要求。为了便于操作，提高劳动生产率和砌体质量，砂浆的稠度，砌筑实心砖墙、柱时，宜为 70～100mm。

水泥品种、标号应符合施工要求，一般采用普通水泥或砌筑水泥，提前进场并妥善保管石灰膏应在砌墙前一周淋好，使其充分熟化。

砂子应提前过筛，清除砂中含有的石粒、泥块。

3）其它材料准备。其它材料包括拉结钢筋、预埋件、预制构件、门窗框等。

这些材料的规格、数量、质量应符合设计或施工要求。在堆放过程中，要分批分类进行堆放，以便施工中取用方便。

（2）工具及机具的准备

砌筑前应根据工程的特点和施工的条件，及工程所处区域和操作习惯，准备好所需工具及机具，并组织入场保管。机具要在施工前就位、安装、调试、试运转。

(3) 砌筑脚手架的准备

砌筑用脚手架是砌筑过程中为堆放材料和操作需要所搭设的架子。砌筑前应按施工需要充分准备所有搭设脚手架的材料，并运进现场整齐堆放保管。

前面所述的各种材料、预制构件及机具的准备是依据材料需要量计划、预制构件需要量计划和机具需要量计划等进行。

(4) 运输机具的准备

砌筑中运输工具有水平运输机具和垂直运输机具。垂直运输机具有塔式起重机、井架、龙门架等，见图 5-150。多层建筑用的塔式起重机由于可沿轨道行驶，能将材料或构件从地面吊送到楼层上所需要的地点，故可同时满足垂直运输和水平运输的需要。而井架及龙门架是安装在固定位置，只能作垂直运输。其安装位置应考虑楼面水平运输的方便，一般可设置在施工段的分界处或高低层的交接处。水平运输机具主要有手推车，机动翻斗车等。见图 5-151。砌筑前应做好充分准备。

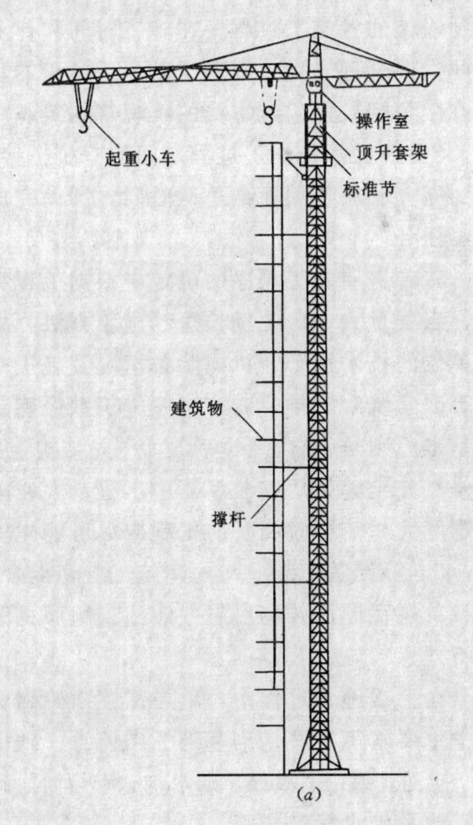

图 5-150（一） QT_4-10 型塔式起重机

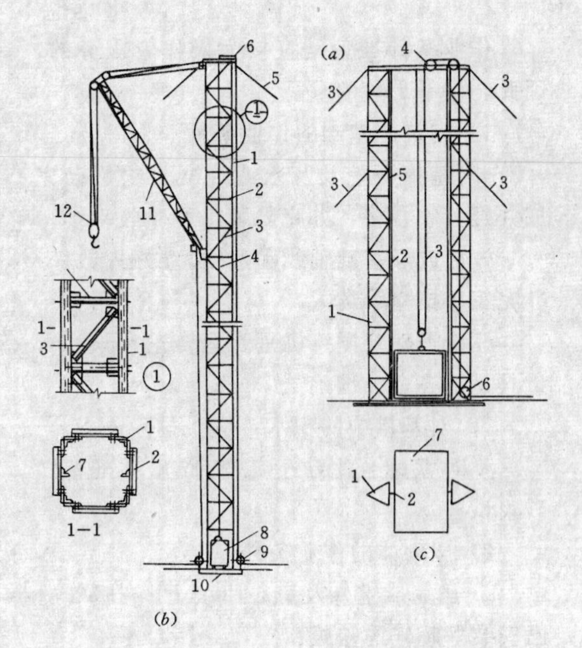

图 5-150（二） 角钢井架

1—立柱；2—平撑；3—斜撑；4—钢丝绳；5—缆风绳；6—天轮；7—导轨；8—吊盘；9—地轮；10—垫木；11—摇臂拔杆；12—滑轮组

图 5-150（三） 龙门架的基本构造形式

1—立杆；2—导轨；3—缆风绳；4—天轮；5—吊盘停车安全装置；6—地轮；7—吊盘

(5) 作业条件的准备

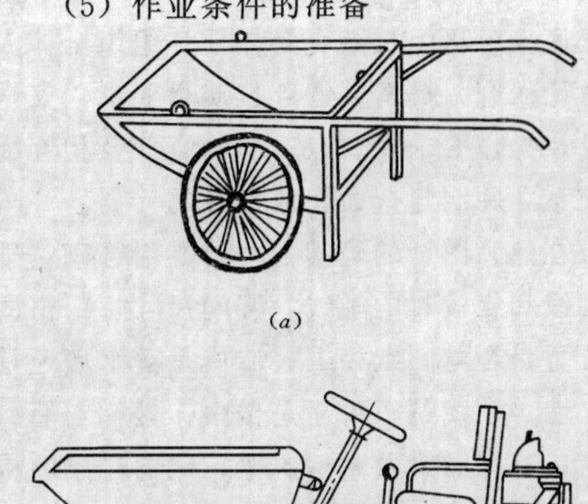

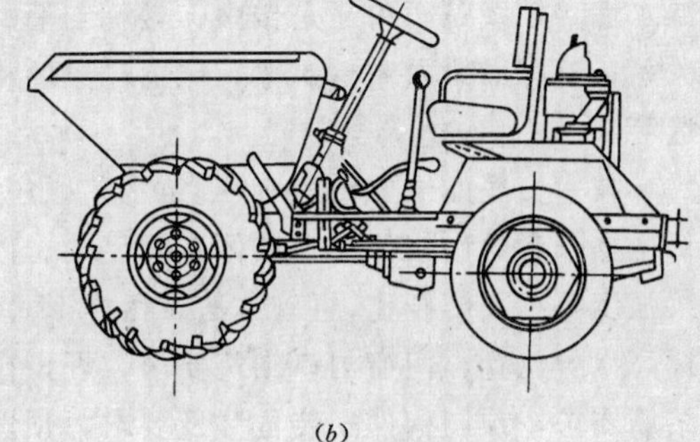

图 5-151 水平运输车

(a) 双轮手推车；(b) 机动翻斗车

作业条件准备是直接为操作者服务的，因此，应予足够的重视。

1）砌筑砖基础的作业条件

a. 基槽开挖及灰土或混凝土垫层已完成并经验收合格，办完隐蔽工程验收手续。

b. 已放好基础轴线和边线，立好皮数杆、办完工序接交手续。

c. 检查砂浆搅拌机是否运转正常，台斗，量具是否齐全、准确。

d. 对基槽中的积水，应予排除。

e. 砂浆配合比已经实验确定，并准备好砂浆试模。

2）砖砌体的作业条件

a. 已完成室外及房心回填土，有暖气的已安装好暖气沟盖板。

b. 办完地基、基础工程隐蔽验收手续。

c. 按标高做好（铺好）基础防潮层。

d. 弹好墙身位置线、轴线、门窗洞的位置线，经验收符合设计图纸要求，并办完预检手续。

e. 按标高立好皮数杆。

（6）技术交底

砌筑前，施工技术人员应向班组进行技术交底，各班组长结合具体任务组织全体人员讨论研究，搞清关键部位质量要求，安全要求，操作要求及要点，明确责任及相互配合关系，并制定全面完成任务的计划。

在熟悉图纸的基础上，要弄清已砌基础的轴线和复校过的轴线、开间尺寸、门窗洞口位置是否与图纸相等；墙体是清水墙还是混水墙，轴线是正中还是偏中；楼梯与墙的关系；有无圈梁及阳台挑梁；门窗过梁的构造等。

技术交底的主要内容有：砌筑工艺顺序，每个操作者的砌筑部位，墙体各部尺寸，砂浆强度等级及配合比，组砌方法及留槎形式，标高设置位置，门窗洞口砌筑要求，埋设拉结筋要求，预制构件安装位置及要求，预埋管件、铁件和预留孔洞位置及要求等。并应明确质量和安全要求。

（7）冬雨期施工准备

砖砌体工程的砌筑大多是露天作业，直接受到气候变化的影响。在正常气候条件下，可以按常规操作，但在冬期和雨期施工，由于天气变化，在施工前应做好充分准备工作。

1）冬期施工准备。按照现行的《砖石工程施工及验收规范》规定，当预计连续10d内的平均气温低于5℃时，或当日最低气温低于－3℃时，即属冬期施工阶段。

冬期施工准备主要是做好施工保温，如搭搅拌机保温栅、水管进行保温等；做好施工热源准备，如安装锅炉等；储备冬期施工需要的材料；维修道路等。

2）雨期施工准备。雨期施工准备工作主要是做好现场防洪，排水工作，现场道路维修工作，材料储备工作、防滑、防雷电工作等。

5.7.3 施工顺序

砖砌房屋的施工顺序是指拟建房屋从开工到竣工的各施工过程，在施工时间和作业空间作出合理安排，以确定其先后施工的步骤。做到既按照建筑本身的客观规律组织施工，又要解决好各施工过程之间的有机搭接。做到充分利用作用面，争取时间，圆满完成施工任务。

砖砌房屋施工顺序的确定应根据工程特点、工程量大小、工期长短、施工方法、施工单位的技术水平、机械装备情况及施工季节等因素统筹安排。砖砌房屋施工顺序确定的基本原则是：先地下，后地上；先结构，后装修；先土建，后安装。其中工程量大、施工难度大，需要时间长的工程应尽可能先安排。水电等设备安装应与土建施工密切配合。

单层瓦屋面砖砌房屋一般施工顺序见图5-152。

在上述施工过程中，单层瓦屋面砖砌房屋中主要施工工序是砌基础、砌墙身、砌山尖、挂瓦、封山、拔檐、砌水沟、砌台阶、砌化粪池及排水管安装等。

（1）基础施工

砖基础施工过程包括定位放线、开挖基槽、基槽验收、设置垫层、砌砖基础、设防潮层、验收基础、回填土等。

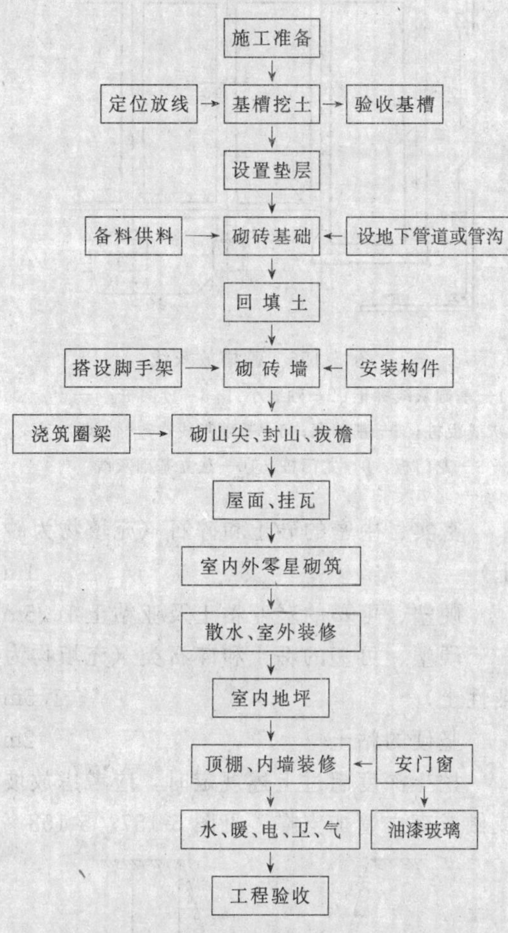

图 5-152 单层瓦屋面砖砌房屋施工顺序

1) 定位放线。当场地平整及清理工作完成后，即可进行定位放线工作。房屋的定位是根据总平面图上拟建房屋位置，在地面上将拟建房屋平面和竖向位置确定下来。而放线是根据已确定的拟建房屋位置，用石灰或其它白色粉末将拟建房屋基础土方开挖的边线在地面上划出来。

房屋的定位工作，对于大中型建筑工程一般用大地坐标 x, y 数值表示，见图 5-153。对于一般民用建筑工程大多用原有建筑物或道路中心线的相对位置表示，见图 5-154。在定位时，通常使用经纬仪和钢卷尺进行。

房屋定位，先由原有建筑物转测新建房屋外轮廓的轴线交点，并用角桩标志出来，桩顶钉有小钉、对应的钉子之间拉线绳，即为基础的定位轴线。由于在基础土方开挖时角桩会被挖掉，因此必须将轴线延长到安全地点设控制桩或在房屋的四大角及其它特殊平面部位的轴线外侧距基槽上口边线 1.5～2.0m 外定设龙门桩，然后根据现场水准点，用水准仪将底层室内地面标高（±0.000）引测在龙门桩上，并用红铅笔或红漆划线。根据红线将龙门板钉在龙门桩上，使龙门板顶面标高正好为±0.000。若地面高低变化较大，这样做有困难时，也可将龙门板顶面钉得比±0.000 高或低。龙门板钉好后，用经纬仪或拉线将各轴线位置引测到龙门板上，并标出基础、墙身边线，作为各施工阶段检查的依据，见图 5-155。

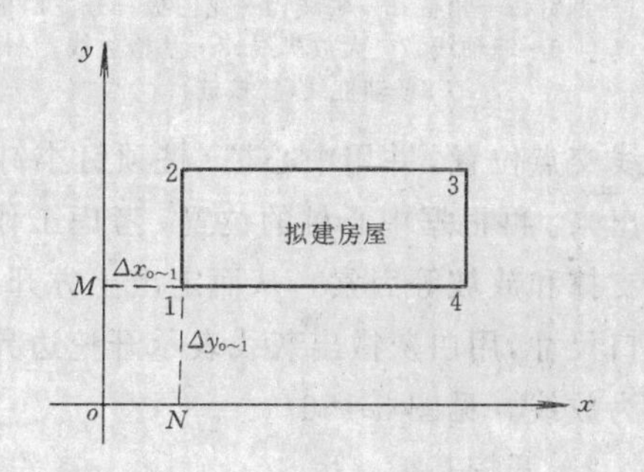

图 5-153 直角坐标法定位

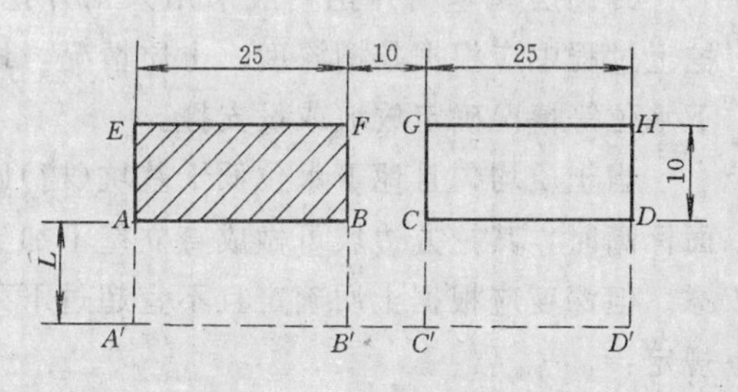

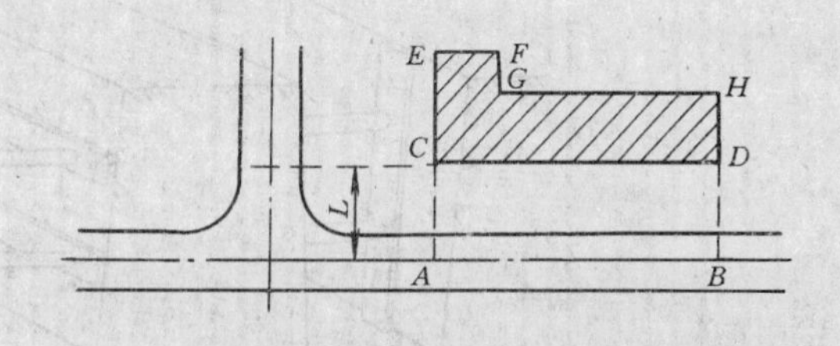

图 5-154 利用原有建筑物或道路中线定位

定位轴线测设好并检查无误后，即可根据已测设好的定位轴线，详细测设建筑物各

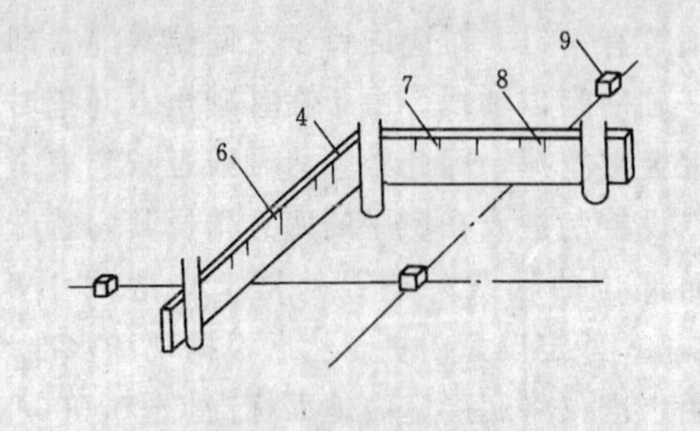

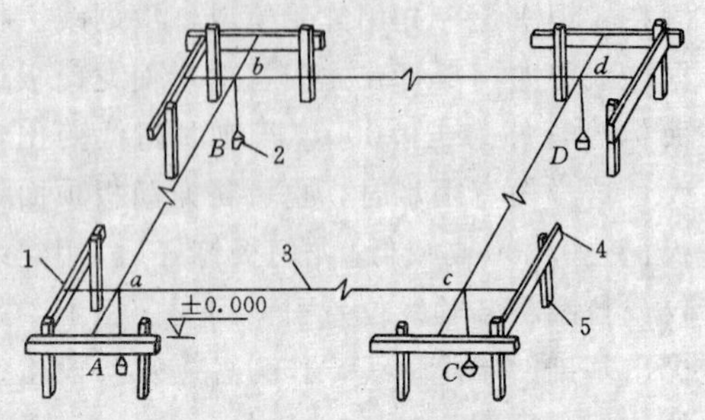

图 5-155　龙门板的设置

1—圆钉；2—角桩；3—轴线；4—龙门板；5—龙门桩；6—墙轴线；7—大放脚线；8—基槽边线；9—轴桩线(校核桩)

轴线交点位置。并用中心桩（桩顶钉小钉）标志出来。再根据中心桩的位置，考虑工作面，加支撑和放坡等因素，从而定出土方开挖的上口尺寸，用白灰撒出灰线表示开挖边界线。即为放线。见图 5-156。

2）开挖基槽

砖砌房屋基槽开挖一般采用人工开挖，挖土过程中应根据基槽深度、土质情况，地下水位等情况确定放坡或设支撑。

当土质均匀且地下水位低于基坑(槽)底面标高时，其挖方边坡可做成直立壁不加支撑。但深度应根据土质确定且不宜超过下列规定：

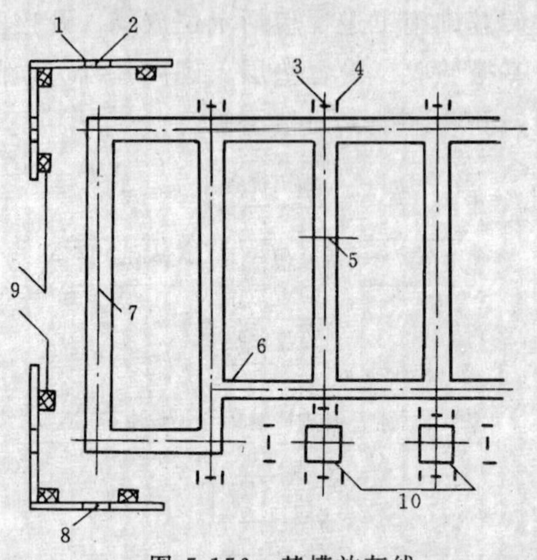

图 5-156　基槽放灰线

1—基础灰线标记；2—轴线小钉；3—分间桩；4—灰线板桩；5—基础宽；6—基础灰线；7—轴线；8—龙门板；9—龙门桩；10—独立基础灰线

密实、中密的砂土和碎石（充填物为砂土）　1m

硬塑、可塑的轻亚粘土及亚粘土　1.25m

硬塑、可塑的粘土和碎石类（充填物为粘性土）　1.5m

坚硬的粘土　2m

挖土深度超过上述规定时，应考虑放坡或做成直立壁加支撑，见图 5-157、5-158。

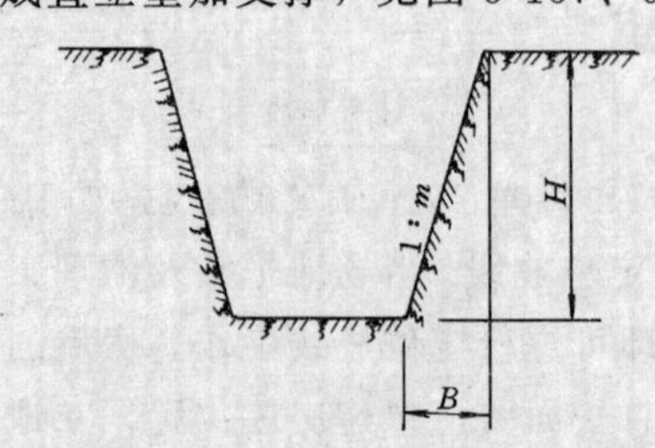

图 5-157　土方边坡

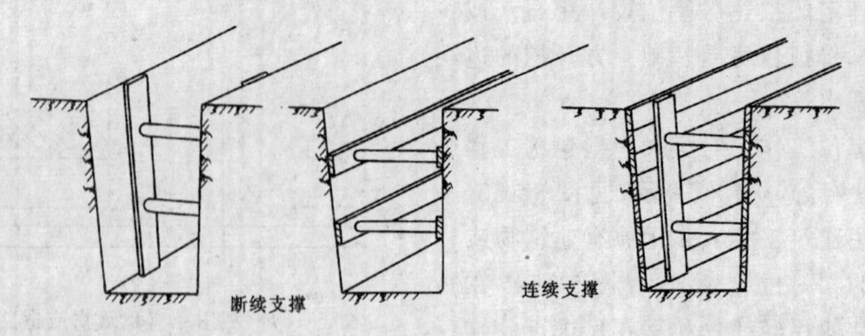

图 5-158　基槽支撑

深度在 5m 内的基坑（槽）、管沟边坡的最陡坡度　　表 5-41

土的类别	边坡坡度（高：宽）		
	坡顶无荷载	坡顶有静载	坡顶有动载
中密的砂土	1：1.00	1：1.25	1：1.50
中密的碎石类土（充填物为砂土）	1：0.75	1：1.00	1：1.25
硬塑的轻亚粘土	1：0.67	1：0.75	1：1.00
中密的碎石类土（充填物为粘性土）	1：0.50	1：0.67	1：0.75
硬塑的亚粘土、粘土	1：0.33	1：0.50	1：0.67
老黄土	1：0.10	1：0.25	1：0.33
软土（经井点降水后）	1：1.00	—	—

注：1. 静载指堆土或材料等，动载指机械挖土或汽车运输作业等。
2. 当有成熟施工经验时，可不受本表限制。

当土质均匀且地下水位低于基坑（槽）底面标高时，挖土深度在 5m 以内不加支撑的边坡最陡坡度应符合表 5-41 规定。

在挖土快到槽底设计标高时，应在槽壁上测设基槽底设计标高为某一整分米数（如 0.500m）的水平桩，用以控制挖土深度，见图 5-159。

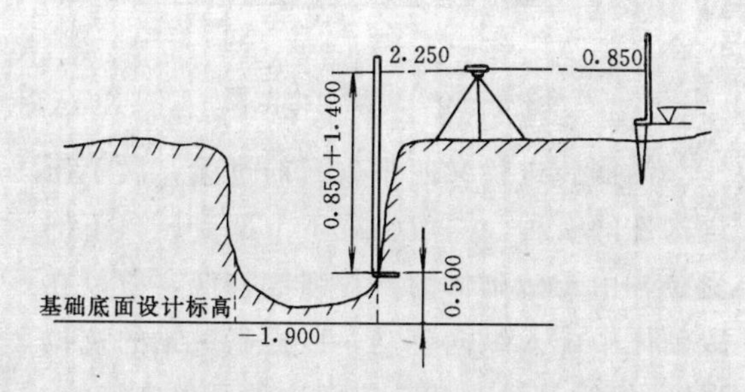

图 5-159　水平桩测设示意图

3）设置垫层。设置垫层是为了使基础与地基有较好的接触面，能把基础承受的荷载均匀地传给地基。常用的垫层有灰土垫层、碎石三合土垫层，振动灌浆垫层、低强度等级混凝土垫层等。

铺设垫层，一般是由远至近，从低到高、分段分层进行虚铺，夯实找平。上下层接缝应相互错开 50cm，留槎位置应避开墙角，柱及承重窗间墙处。

4）砖基础砌筑。砌筑砖基础前，要检查垫层是否符合质量要求，然后清扫垫层表面，弹基础轴线和边线。为保证基础底标高准确，在垫层转角、交接处及高低踏步处预先立好基础皮数杆。砌大放脚时，按弹好基础线进行摆砖、摆底。摆完后经复校无误后就正式砌筑。砌筑时先在转角处盘角，再以两端盘角为标准拉准线、然后按线逐皮砌筑中间墙体。

砌筑过程中，若基础的埋置深度呈踏步状时，应先由低向高砌筑、不允许先砌上面后砌下面。若基础不能同时砌筑时，应留斜槎。在砌到有预留孔洞或预埋管件位置，必须留出预留孔或预埋管件。预留、预埋位置要准确，不能事后打凿基础。

基础防潮层铺设是在基础砌筑完后进行，防潮层做法有水泥防水砂浆防潮层和油毡防潮层等。基础墙砌完后，进行隐蔽验收记录，再进行回填土。回填土应在基础两边对称进行，以免基础两边受力不均，而被破坏。

（2）砖墙的砌筑

砖墙施工顺序的安排应遵循先外墙后内墙、先纵墙后横墙的原则。其施工顺序是抄平、弹线→立门框→砌墙身→砌窗台→立窗框→砌窗间墙→搭脚手架→砌门窗过梁→找平封顶。

(3) 浇筑圈梁

当砖墙砌到圈梁位置时，即进行支圈梁模板、绑扎钢筋、浇筑混凝土、抹圈梁面找平。

(4) 屋面工程

圈梁浇筑完毕达到一定强度后，即可进行砌山尖→吊装屋架→檩条→封山（是指悬山）→拔檐→椽条→辅设屋面板及油毡→钉挂瓦条→铺瓦→做屋脊→封山（指硬山、出山）。

(5) 室内外零星砌筑

室外零星砌筑包括砌筑台阶、砖砌排水沟、砖砌踏步。以及修筑化粪池、安装排水管道等。

室内零星砌筑包括厕所大便蹲位、隔断、小便槽、盥洗台、水池等。

室内外装修工程、地坪工程、门窗、油漆、玻璃工程、水、暖、电、卫、气等工程按施工方案安排进行。

5.7.4 钢筋砖过梁及平拱过梁的砌筑

设置在门窗洞口上的梁叫过梁。用以承担上部荷载，并将这些荷载传递到两边窗间墙体上，以免压坏门窗。过梁承受的荷载有两种：一种是墙体自重，另一种是过梁上部的梁板荷载。这些荷载一般并不全部由过梁承担，过梁承担荷载的范围一般是沿过梁两端支点向跨内上方引45°～60°斜线，两斜线相交所成的三角形以内部分。即三角形内砖砌体荷重全部由过梁承担；三角形以外砖砌体荷重是通过砌体错缝搭接，对称地将荷载传递到两侧窗间墙上，见图5-160。

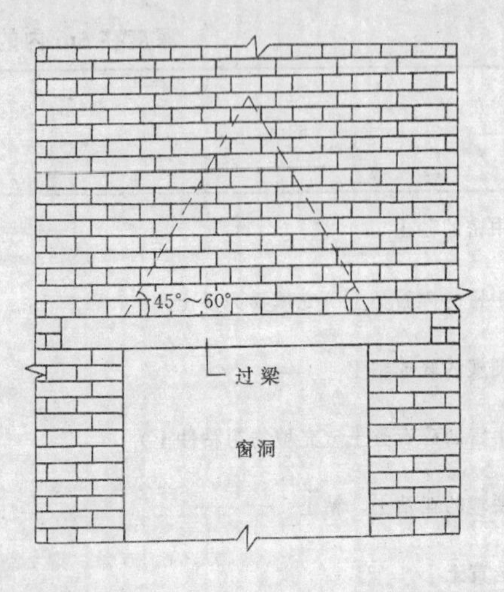

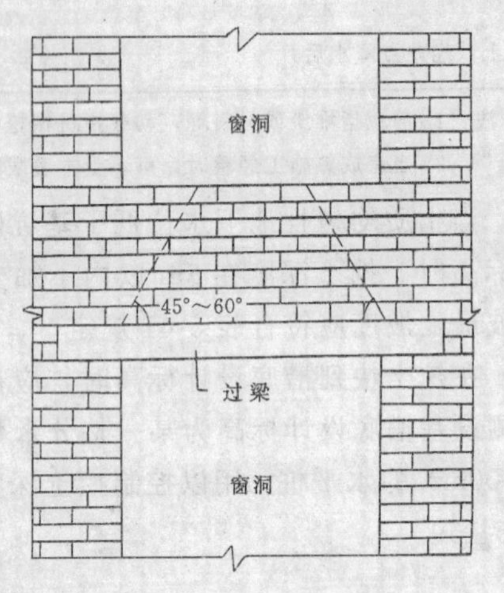

图 5-160 过梁受力范围

门窗过梁的形式较多、所用材料有木、砖、钢筋、钢筋混凝土、型钢等，目前常用的有砖砌过梁和钢筋混凝土过梁两类。砖砌过梁一般有钢筋砖过梁和平拱砖过梁两种。

(1) 钢筋砖过梁的砌筑

钢筋砖过梁又叫平砌配筋过梁，属于压弯构件的一种。一般情况下上部受压，下部受拉，由于砖砌体的抗拉强度较低，所以在砖砌体中配入纵向钢筋，以提高过梁的抗拉强度、钢筋砖过梁就是依靠这种原理砌筑的。钢筋砖过梁一般是用普通砖平砌，将钢筋砌埋于门窗洞上第一皮和第二皮砖的水平灰缝中，也有砌埋在第一皮砖下面的砂浆内。优点是：节约材料、操作简便，适用范围较砖拱为广，跨度可稍大，但不宜超过2m。

钢筋砖过梁砌筑要点：

1) 当砖墙砌到门窗洞口上平口处时，应在门和窗洞口的跨度内支设过梁底模板。模板宽度与墙的厚度相同，长度与门窗洞口宽度相当，中间应起拱，拱高为过梁跨度的

1%，底板平面高于门窗标高一条灰缝。模板用埋入砖缝中的100mm圆钢钉作支点，上垫干砖一块支设，见图5-161。底模板应放平、放稳、放准。

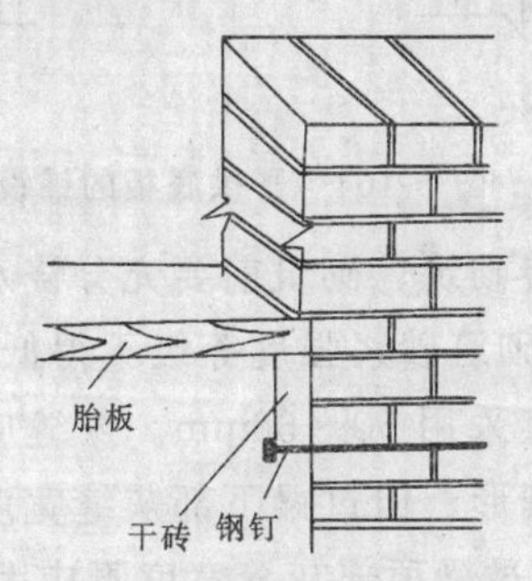

图 5-161 钢筋砖过梁底模板

2）砌筑用砖与砌墙砖相同，采用平砌，组砌形式与墙体相同，第一皮砖应砌成丁砖。

3）埋砌钢筋的砂浆应用M10水泥砂浆。在钢筋长度以及相当于跨度1/4高（但不少于5皮砖）的范围内的砌体，砂浆强度等级应比砌墙砂浆强度等级提高一级，且不低于M5砂浆。要求灰缝砂浆饱满密实。

4）采用钢筋直径应不小于5mm，也不应大于8mm。埋砌钢筋不能少于2根，一般配置3根，间距不宜大于120mm。钢筋两端弯成弯钩、并伸入支座，弯钩向上钩在砖的竖缝内，两端伸入墙内不少于240mm。

5）砌筑混水墙的钢筋砖过梁，应先将底模板面浇水湿润，铺上20mm厚砂浆，将钢筋设置于砂浆层中，均匀摆开，接着逐层砌筑砖层，见图5-162（*a*）。砌筑清水墙的钢筋砖过梁时，则应先在底模上砌一皮丁砖层，然后铺置砂浆和放置钢筋，逐层砌筑砖层，见图5-162（*b*）。

6）过梁上不允许留脚手眼。过梁底模板应在灰缝砂浆强度达到设计强度50%以上时，方可拆除。

（2）平拱过梁的砌筑

平拱过梁又称平拱、平碹、是用砖立砌或侧砌成对称于中心而倾向两边的拱。平拱分为立砖拱。斜形拱（扇子拱）、插子拱（插手碹）等，见图5-163。平拱过梁的特点是节约钢材、水泥、成本低、外形美观等。一般适用于1m左右的门窗洞口，不得超过1.8m。在拱的上部有集中荷载或者有较大震动荷载作用，房屋可能不均匀沉降，以及抗震设计烈度达8度以上时不应采用。

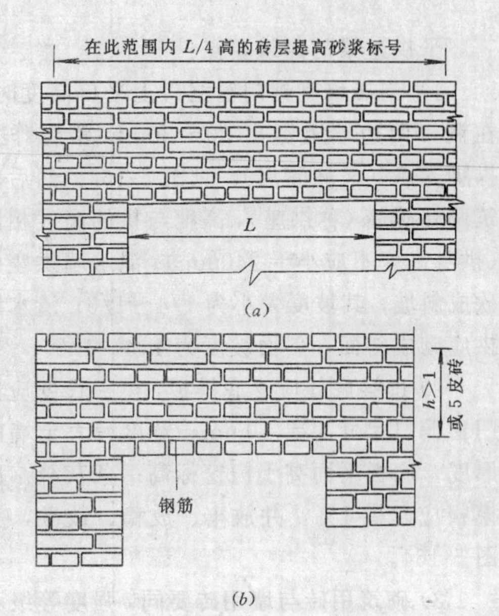

图 5-162 钢筋砖过梁

（*a*）混水墙；（*b*）清水墙

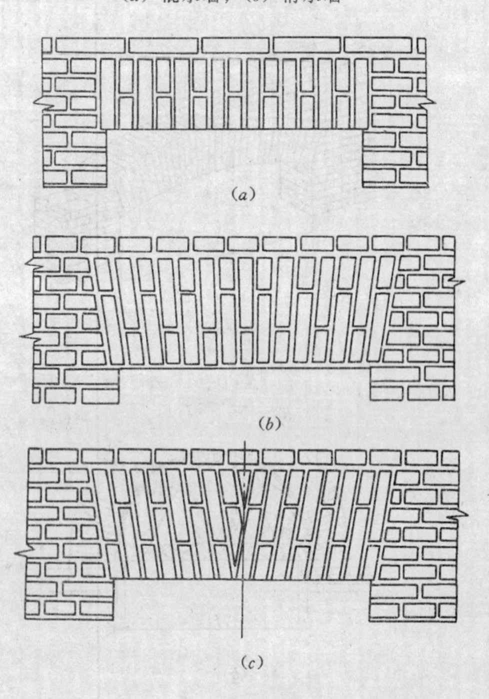

图 5-163 平拱形式

（*a*）立砖碹；（*b*）斜形碹（扇子碹）；（*c*）插子碹

平拱过梁的砌筑要点：

1）当砖墙砌到门窗洞口上平口高度时，在洞口两边墙上留出 20～30mm 错台作为拱脚支点（又称碹肩），见图 5-164。然后砌筑两端砖墙（称拱座），高度与拱的高度相同（拱身高度不应小于 240mm）。混水墙拱座要砍成斜坡，其坡度大小为 1/4～1/6；清水墙拱应砌成斜面，斜面坡度为 1/4～1/6。

2）过梁底处应支底模板，模板长度应比门窗洞口尺寸小于 10mm，宽度稍大于墙的厚度，底板平面高于门窗标高一条灰缝。底模板应起拱 1%，并放牢、放稳、放准，见图 5-164。

3）砌筑用砖与墙用砖要同，强度等级不得低于 MU10。并且必须选用火候足、规格整齐的整砖砌筑、砌筑前要充分浇水润湿。

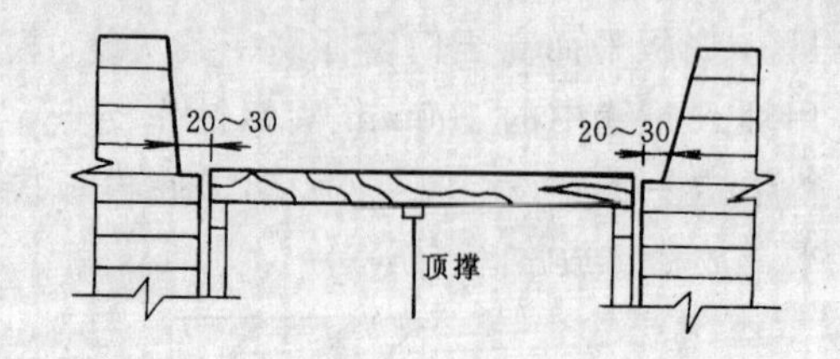

图 5-164 平拱底板的铺设

4）砌筑砂浆强度等级不得低于 M5，砂浆稠度宜采用 50～60mm。灰缝应砌成上大下小的楔形，但过梁下部灰缝宽度不应小于 5mm，在过梁顶部灰缝宽度不应大于 15mm。灰缝必须做到均匀、饱满。

5）砌拱前应在底模板靠操作者侧面划出砖的块数及灰缝的宽度，务使砖的块数成单

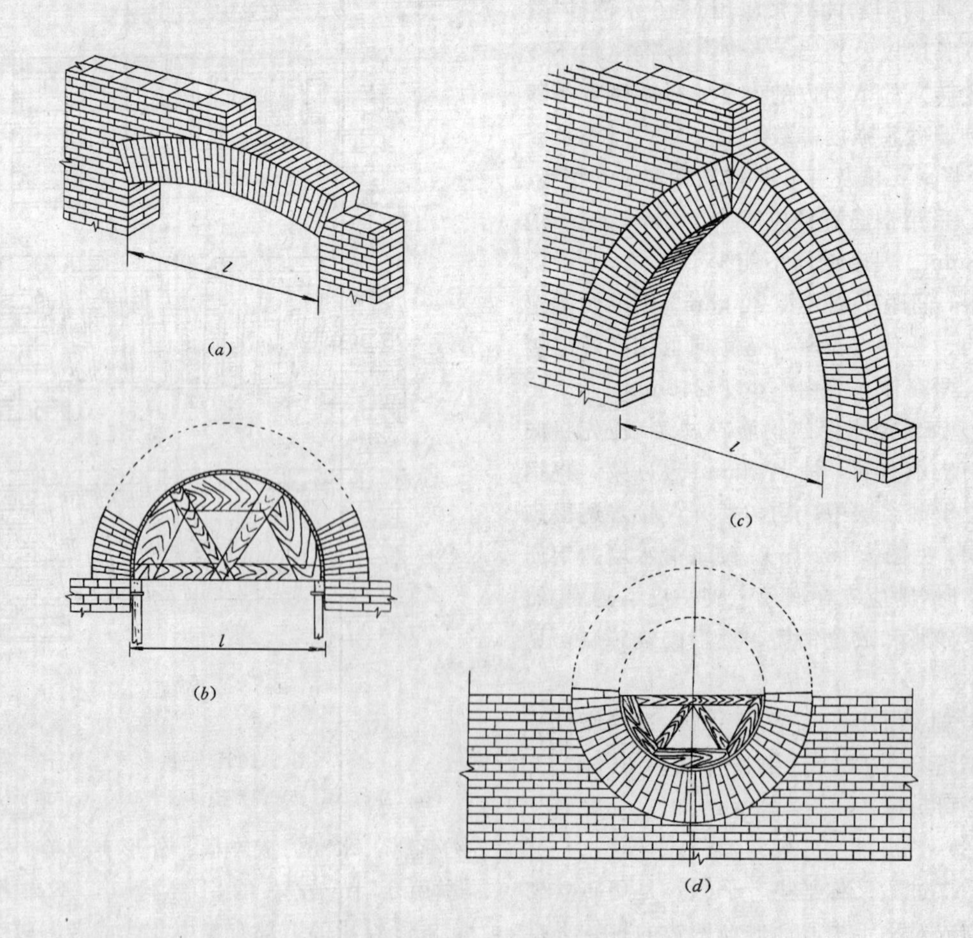

图 5-165 异形拱

(*a*) 弧形拱；(*b*) 半圆拱；(*c*) 鸡心拱；(*d*) 圆形拱

数，两边要相互对称，这样不但美观，而且受力也较为合理。

6）砌拱时，应依所划砖块与灰缝位置从两端拱座同时开始，用立砖与侧砖交替对称地向中间砌筑合拢。当中的一块砖叫键砖，要从上向下塞砌，并且砂浆填嵌密实。为确保平拱的质量，不能从拱的一端砌到另一端。拱砌好后均用稀砂浆灌缝。不得用水冲缝，防止将砂浆中的胶结材料冲出砌体。

7）平拱过梁上不允许留脚手眼，因为施工荷载较大，且具有动荷载效应，所以会压坏平拱过梁，甚至造成事故。

8）平拱过梁底模板的拆除，应在灰缝砂浆强度达到设计强度50%以上时，方可进行，以防止平拱过梁变形坍落。

砖拱过梁是我国砖石工程中的一种传统作法。除平拱外还有孤形拱、半圆拱、鸡心拱、以及圆形拱、椭圆形拱、五角形拱、方角形拱等。见图5-165。这些拱因为造形美观，具独特的风格，所以在一些特殊门窗洞口，留砌孔洞口常见采用，其砌筑方法基本上与平拱相同。

5.7.5 山墙的砌筑

山墙在砖砌房屋中由于其特殊的位置，人们都很重视山墙的砌筑。过去称人字形屋顶的房屋两侧的墙壁为山墙、而现在扩展到房屋（包括楼房）长度方向上两端部的横墙泛称山墙。山墙上的预留孔洞较少（即门窗洞口的数量相对于檐墙少），因此，在整栋建筑物的墙体中，山墙的砌筑质量代表了一栋建筑物的砌筑质量，特别是清水山墙的砌筑质量会给人们留下深刻印象。加之山墙又多是承重墙，并且有些房屋如单层厂房、仓库以及大量民用平房的山墙顶部需要用传统的砌筑艺术操作，因此山墙的砌筑操作很重要。

（1）山墙的形式

房屋的山墙砌到顶部高度后，根据防雨及美观的目的或构造要求，需要采用某种组砌方式使山墙顶部得以封闭，这种封闭山墙的砌筑操作叫做封山。山墙的形式是以封山的形式不同分为高封山和平封山两大类。

1）高封山。高封山又叫出山是指山墙高度超过屋顶的高度，即山墙砌到屋顶高度后，还要再往上砌筑一段女儿墙（女儿墙是高出屋面部分的墙）。常见的高封山形式有人字形高封山和簸箕山等。

a. 人字形高封山见图5-166（*a*），是屋顶为双坡斜屋面，女儿墙与屋面平行成人字形。这种形式应用范围较广，既适用于大型单层房屋，如车间、食堂、又适用于体形较小的民用住宅。

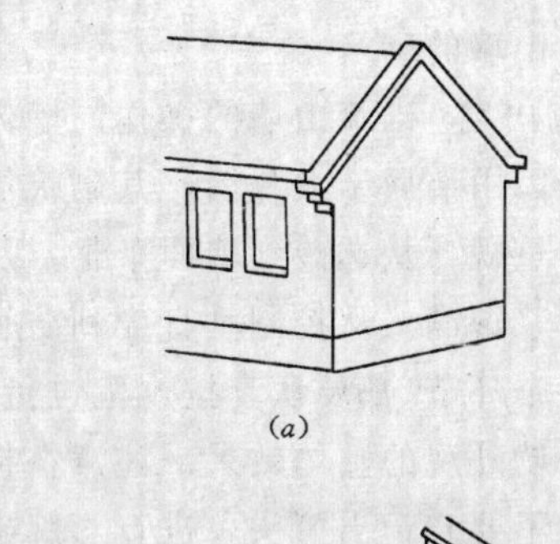

（*a*）

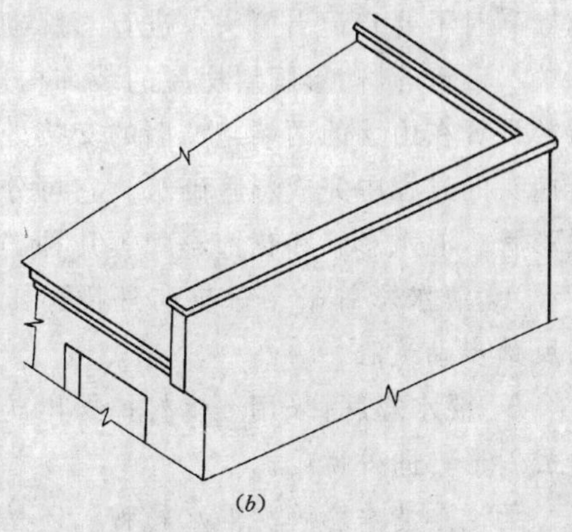

（*b*）

图5-166 高封山

（*a*）人字形高封山；（*b*）簸箕山

b. 簸箕山，见图5-166（*b*），是屋顶为单坡斜屋面，房屋的高面檐墙和两面斜坡山墙上有相同高度的女儿墙，其屋顶形似一斜放簸箕。这种山墙形式可使前后檐墙有较大的差异，多用于临街的小型商店，前檐可做成各种形式的装修，后檐采用清水墙形式，可降低造价。

2）平封山。平封山又叫硬山是指山墙高

度与房屋高度基本持平，即封砌山墙顶部的最后一皮砖高度稍高出屋顶，以能满足排水要求的组砌方式，或是封砌山墙顶部的砖与檩齐平，使屋面得以挑出山墙。平封山的形式有悬山式和剑杆山等。

a. 悬山式，见图 5-167（*a*）是山墙砌筑到与檩齐平的高度，屋顶为双坡斜屋面，且屋面两端间外挑出山墙，体现出一种建筑风格，适用于较大型的单层或多层房屋。

b. 剑杆山，见图 5-167（*b*），是屋顶为双坡斜屋面，山墙砌筑高度稍高于屋面，山墙顶部无女儿墙，因而节省材料，适用于民用住宅及小型别墅建筑。

（2）山墙的砌筑

1）砌山墙。砌筑山墙的操作同墙体砌筑相同，但因山墙属于大片墙，其砌筑质量应予足够的重视，从选砖到墙面平整，从灰缝平整到砂浆饱满。从控制垂直度到防止游丁走缝等各个环节，都要认真按规范进行操作，以保证山墙外观的整体效果。注意在接近拔檐标高时不要忘记出撞头，进行彩牌砌筑。

2)砌筑彩牌。彩牌属房屋的装饰构造物，通常设置在山墙的两端与檐墙的交接处，即出撞头的过程中完成彩牌砌筑。它可分为清水彩牌、混水彩牌和花饰彩牌等几种。

A. 清水彩牌采用每皮向外挑出 1/4 砖的反踏步砌筑法。

B. 混水彩牌:采用逐皮打掉探出砖的下边成斜形，向外挑砌。

无论是清水彩牌、混水彩牌、还是有下座盘线脚的花饰彩牌，在砌筑时都应注意：

a. 排砌的高度与彩牌挑出的宽度尺寸要成正比，即 45°线。例如彩牌挑出 300mm，那么开始挑砌彩牌的位置应从檐口往下回 300mm 即可挑砌，这个尺寸可酌情增大，但绝不能允许偏小。

b. 在挑彩牌时，应先把彩牌头里面的墙身砌高 2～3 皮砖，使其重心经常位于外面挑砌的彩牌之内，第一皮砖应用整砖，绝不允许将挑砌的彩牌高于里面的墙身，否则容易引起倒塌。挑砌彩牌操作见图 5-168。

c. 绝不允许在挑砌的彩牌发现偏差后，用各种物体敲击的办法进行校正，以免影响砌筑质量。一般采用拆除后从新砌筑。

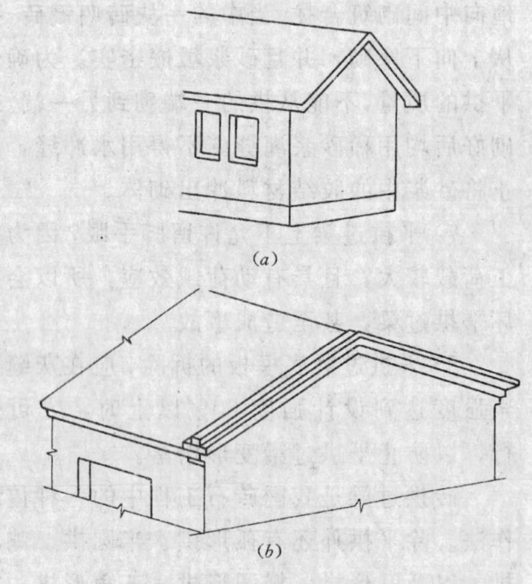

图 5-167　平封山

（*a*）悬山式；（*b*）剑杆山

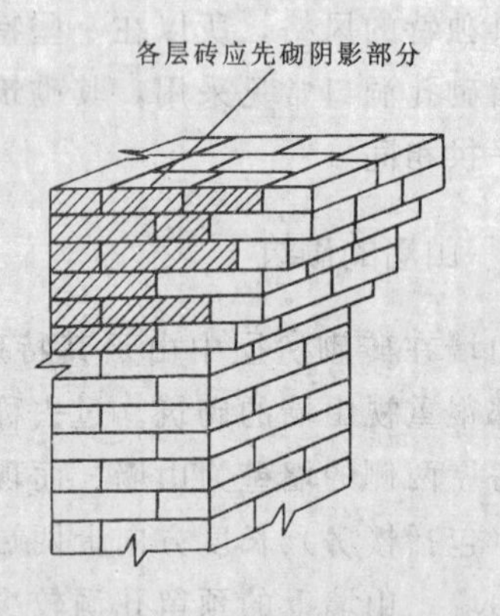

图 5-168　彩牌的砌法

3）山尖墙的砌法。当山墙砌到檐口标高后，即可往上收砌山尖，并在山尖上搁置檩条或其它构件。单坡房屋的山尖呈直角三角形，双坡房屋的山尖呈等腰三角形。砌筑时，山尖墙尖部高度的砌砖皮数需根据屋架的高跨比、房屋跨度尺寸及每皮砖的高度进行计算。

高跨比用下式表示：

$$h/L=M$$

式中　h——房屋起脊高度（m）；

L——房屋的跨度尺寸（m）；

M——高跨比。

山尖高度的砌砖皮数根据下式计算：

$$砌砖皮数=\frac{砌筑高度}{每皮砖高度}$$

式中　每皮砖高度——砖的高度与水平灰灰缝厚度之和。

砌筑山尖一般是在山尖墙的中央钉上一根皮数杆，在皮数杆上按山尖砌筑高度的标高钉上一只钉子作为拉斜向准线的依据。然后以前后檐口与皮数杆的钉子为准拉好斜向准线，见图 5-169，以此作为砌筑屋面坡度的退砌依据。此时虽已拉有斜线，但仍然应拉水平准线，只是挂别线棍的位置随着退台而变化，因此，操作者应按每皮砖挂别线棍的点逐点检查墙体的垂直度。当山尖多于两道时所有的皮数杆都应在同一直线上，准线坡度也应一致。砌筑时先将山尖按准线的坡度砌成踏步形，在砌到檩条底标高后，将檩条位置留出，当有垫块或垫木时，应预先将其按标高放置，待安排好檩条后，才可进行封山。

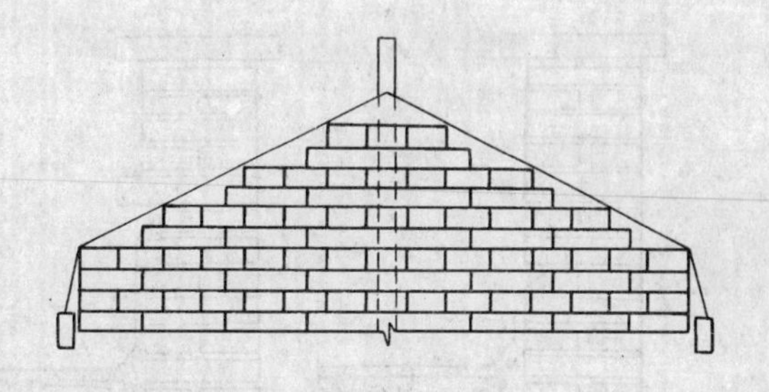

图 5-169　砌山尖拉斜线

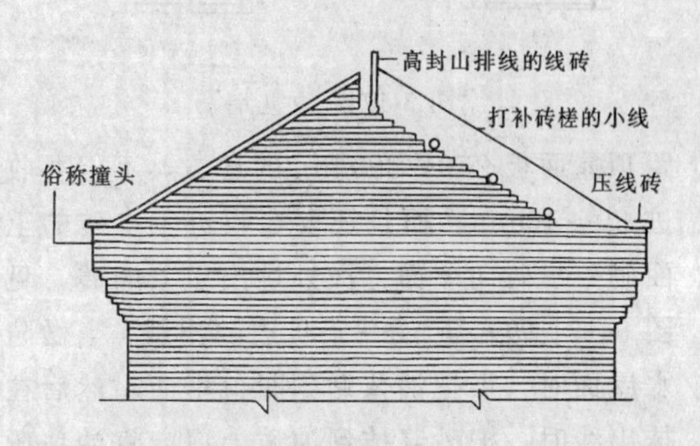

图 5-170　砌高封山

4）封山。高封山砌筑时，应按设计要求的标高将山尖砌成高出屋面。操作前先在靠山墙脊檩一端。竖向钉一根皮数杆，杆上标明女儿墙顶的标高，然后从山尖女儿墙顶部，往前后檐女儿墙顶部拉准线，线的坡度应和坡屋面一致，作为高封山砌筑的标准。按准线砌女儿墙，并在前后檐提前砌筑好撞头，见图 5-170 所示。这时女儿墙砌筑实际上是接砌斜槎，因为砌筑段很短，不好挂水准线。所以，每砌一皮砖均要注意使水平灰缝保持顺直，不能留下接槎痕迹。

如高封山露出屋面较多，在封山内侧 200mm 高外屋面一侧挑出一道滴水檐线，一般挑出为一块砖厚，出墙 60mm。高封山砌筑的最后一皮砖应在墙顶上砌一层或二层压顶出檐砖，其上抹水泥砂浆作压顶。

平封山的砌筑方法较多。如悬山形式，是按已放好的檩条平面拉线，或按屋面钉好的望板找平进行砌筑。硬山的组砌形式多而复杂，一般是从屋顶面往下返算至 3～4 皮砖的高度上开始出檐。因为屋面多为双坡，呈人字形故出檐前应砌成与屋面平行的斜坡，然后砌 3～4 皮出檐砖使墙顶最后一皮砖稍高出屋面。

（3）女儿墙

女儿墙通常指平屋面山墙上高出屋面的墙，也有沿屋面四周外墙上设置，能起到装饰作用。砌筑方式要根据设计要求而定，厚度有一砖或半砖之分。女儿墙面即接近墙顶面的部分可采取花格墙或出檐的形式进行砌筑，以增加建筑物的美观。

砌女儿墙与其它墙的砌筑基本相同，但要特别注意与屋面防水的作法相适应，即什么样的屋面采用什么样的作法，其基本方法有两种，见图 5-171 所示。

1）屋面采用 C20 细石防水混凝土（有钢筋的刚性屋面）时，砌到高出屋面 2～3 皮砖的地方，收进 30～40mm一皮砖厚且贯通的缝见图 5-171（*a*），以便于做屋面细石混凝土时将混凝土嵌入墙内，防止掺水。

2）如果是做沥青防水屋面，女儿墙砌到

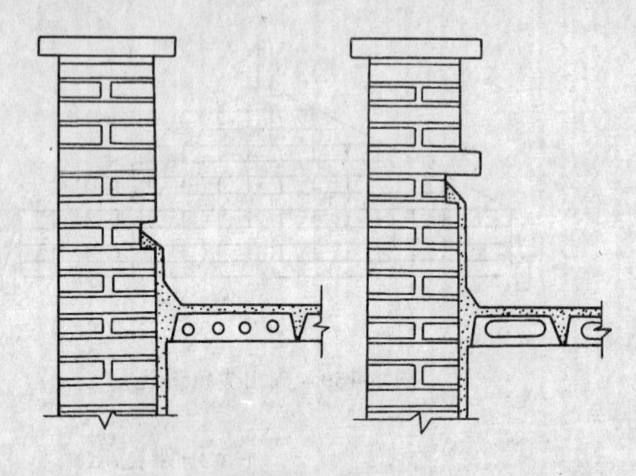

图 5-171　女儿墙

距顶屋面板 250～300mm 的地方，不但要收进 30～40mm，而且还要在收进一皮砖的上面砌一皮砖向屋面方面外挑出 1/4 的砖，见图 5-171 (*b*)，形成一条贯通的出线。当做防水屋面时，可把油毡贴到凹口里面，然后在抹出线时，把砂浆抹到油毡上口，将油毡压牢，以防渗水。

5.7.6　拔檐方法

为了防止下雨时砖砌屋面的雨水流下浸湿墙面、一般在房屋的前后檐墙顶部砌几皮砖向外挑出，这种砌筑操作叫拔檐。

屋檐的出檐方式有许多种，有一皮挑出 1/4 砖、二皮挑出 1/4 砖或间隔挑砌。最简单的屋檐形式为出 1～3 皮平砌砖檐或是砌一皮陡砖檐，每一皮砖的挑出长度稍小于或等于 1/4 砖长。哪一种方法恰当，要根据拔檐长度与高度确定。一般的砖砌屋檐有“菱角檐”、“鸡嗦檐”、“抽屉檐”等，见图 5-172 所示。复杂的形式的砖檐还有“灯笼檐”以及需要制做专门的材料砖所砌筑的砖檐。

拔檐的操作要点

1）用于砌筑砖檐的砖应规格一致，外形方正、整齐的整砖，并且砖不宜过湿。为控制砖的干湿程度，可采用干砖在砌筑现场将砖浸入水中一下的方法，随砌随浸随取用。

2）使用的砂浆要稠一些，并应采用比原墙砂浆强度等级提高一级的砂浆。

3)砌筑清水砖檐时应采用挂下准线的方法，并做到不抗线、不塌腰、以避免砌筑的砖檐不平直。

4）砌筑时应达到砖檐砌体的规整。挑出的砖要求比例协调，阴阳线条均匀；不可挑出过大或过小，一般每皮砖挑出长度稍小于或等于 1/4 砖长；清水砖檐选用的砖应使光面朝下；砌陡砌时要防止陡砖倾斜形成竖缝往一边倒的情况，防止砖檐倾覆及影响美观。

5）砌筑操作时，竖缝要满披砂浆；水平灰缝的砂浆要饱满，并要略使外高内低；放

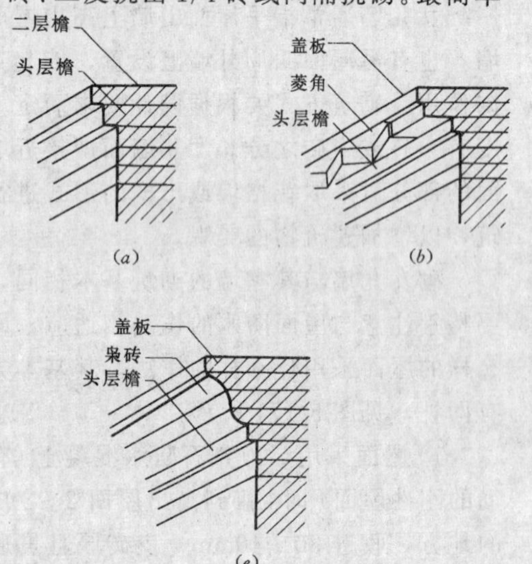

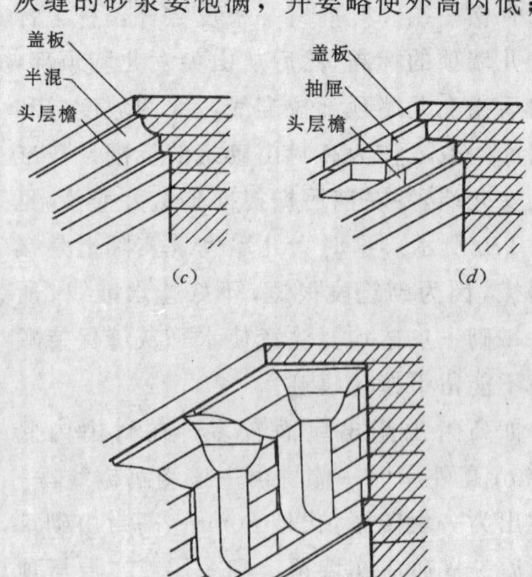

图 5-172　砖檐形式

(*a*) 两层檐；(*b*) 菱角檐；(*c*) 鸡嗦檐；(*d*) 抽屉檐；(*e*) 冰盘檐；(*f*) 灯笼檐

砖时应由外往里水平靠自己砌好的砖，将竖缝挤紧；砖放平后不宜再动，然后再砌一块砖将它压住。

6）当拔檐较大时，不宜一次完成，以免荷重过大，造成水平灰缝变形从而使砖檐倾覆倒塌。

7）砌完砌檐后，对于清水砖檐应随即进行刮缝、清扫；对于混水砖檐也要将缝中挤出且挂在砖缝上的砂浆清扫干净。

8）刚砌筑完成的砖檐应注意保护，防止碰撞或踏压，避免造成各种事故。

5.7.7 坡屋面防水挂瓦

屋面是房屋建筑的重要组成部分，是房屋最上层起覆盖作用的外围护构件，借以抵抗雨雪，避免日晒等自然因素的影响，对保护房屋、延长使用寿命，改善居住条件和环境卫生具有重要意义。因此做好防、排水工作，是发挥屋面作用的重要问题。

（1）屋面的形式

屋面的形式一般有坡屋面、平屋面、拱形屋面等，见图 5-173。

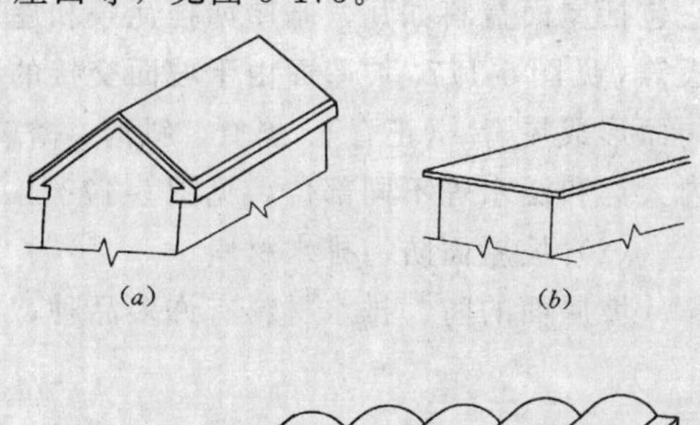

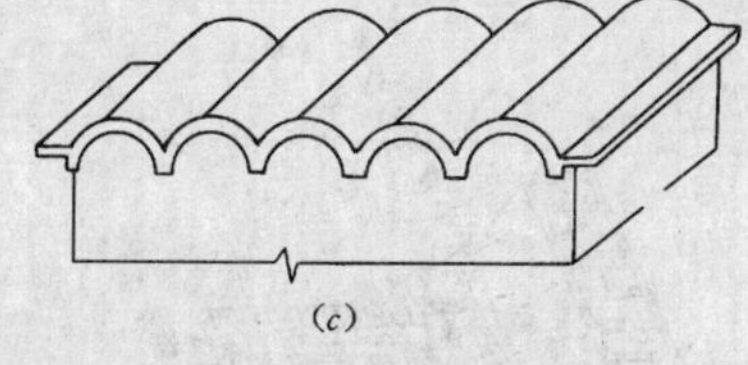

图 5-173 屋面的形式

（*a*）斜屋面；（*b*）平屋面；（*c*）拱形屋面

1）坡屋面的形式。坡屋面又称斜屋面，是排水坡度较大的屋面，由各种屋面的防水材料覆盖。坡屋面的形式主要有单坡屋面、双坡屋面、四坡屋面等。见图 5-174。

双坡屋面由于山墙檐口处理不同可分为：

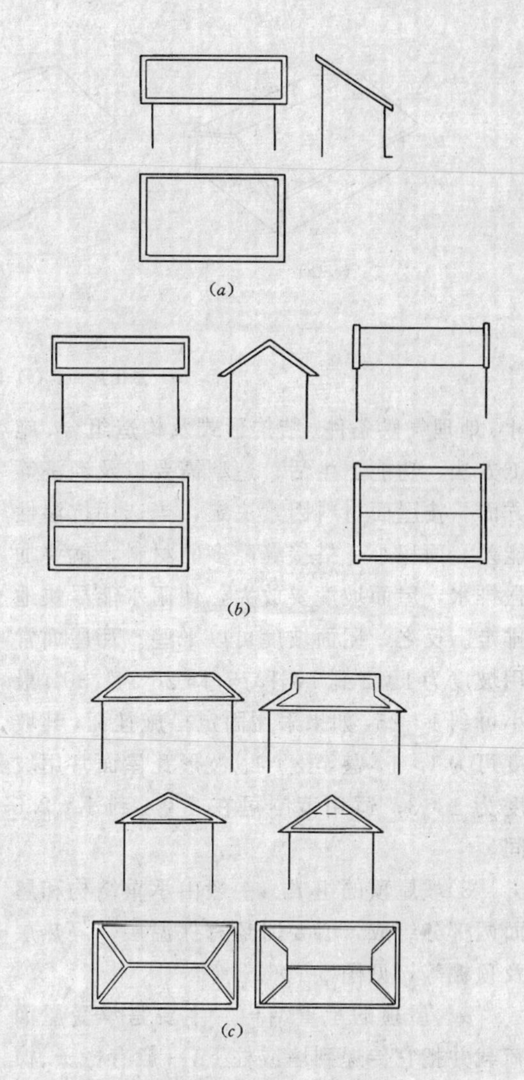

图 5-174 斜屋面的形式

（*a*）单坡屋面；（*b*）双坡屋面；（*c*）四坡屋面

a. 悬山屋面即山墙挑檐的双坡屋面。挑檐可以保护墙身，有利于排水，并有一定遮阻作用，常用于南方多雨地区，见图 5-175（*a*）。

b. 硬山屋面即山墙不出檐的双坡屋面。北方少雨地区采用较广，见图 5-175（*b*）。

c. 出山屋面是山墙高出屋面，砌成具有防火或装饰作用的女儿墙，见图 5-175（*c*）。

2）屋面坡度。屋面的坡度通常是采用屋顶跨中高度 H 与檐墙至跨中长度 L 的比 H/L 来表示，如 1∶2、1∶3 等，也可用角度表示，如 20°，30°等。各种屋面的坡度，是多方面因素决定的，例如屋面材料、形式、尺

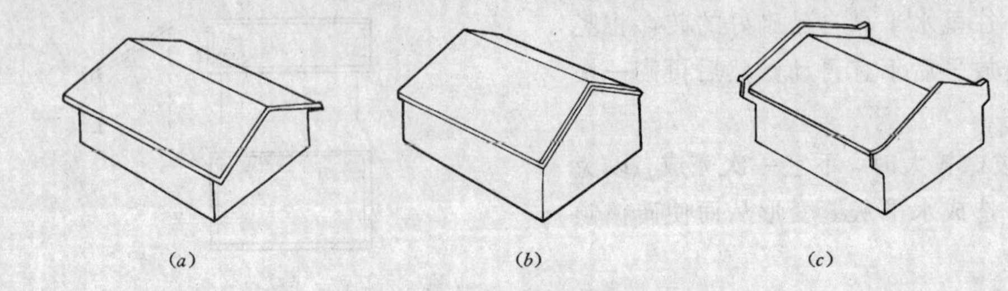

图 5-175　双坡屋面形式
(a) 悬山屋面；(b) 硬山屋面；(c) 出山屋面

寸、地理气候条件、结构形式及构造组合、施工方法、功能、生活、造型需要以及经济等方面。按屋面材料因素决定，当选用抗渗性能差、面积小、搭接缝隙多的材料，就要加强排水，屋面坡度要放大，使雨水能尽快地排走。反之，屋面坡度可以平些。瓦屋面常用坡度为1∶2到1∶1.75；即26°34′、30°；最小可到1∶25，如果采用固定措施挂瓦，其坡度可为1∶1，甚至2∶1。波形瓦屋面常用坡度为1∶3；适用范围可在1∶4到1∶2.5间。

3)坡屋顶的组成　一般由承重结构和屋面两部分组成，必要时还有保温层、隔热层及顶棚等，见图5-176。

a. 屋顶的承重结构　主要是承受屋面荷载并把它传递到墙或柱上，一般有椽子、檩条、屋架或大梁等。

b. 屋面　是屋顶的上覆盖层，直接承受风雨、冰冻和太阳辐射等大自然气候的作用，它包括屋面盖料如瓦，基屋如挂瓦条和屋面板等，见图5-177。坡屋面由于坡面交接的不同而形成屋脊、(正脊)、斜脊、斜沟、檐口、内天沟和泛水等不同部位，见图5-178。

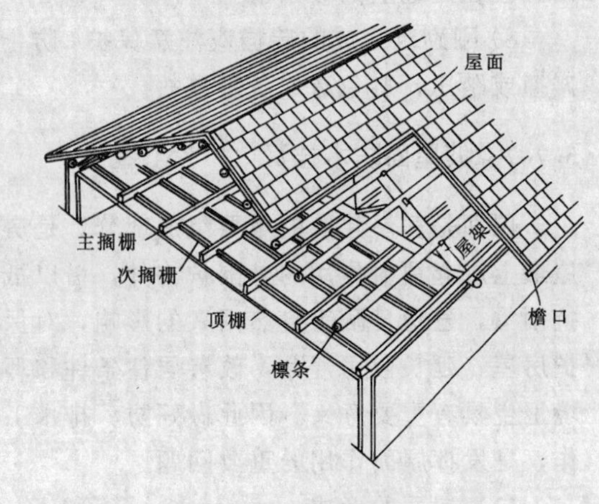

图 5-176　坡屋顶的组成

(2) 坡屋面防、排水材料

坡屋面的防、排水材料有许多品种，常

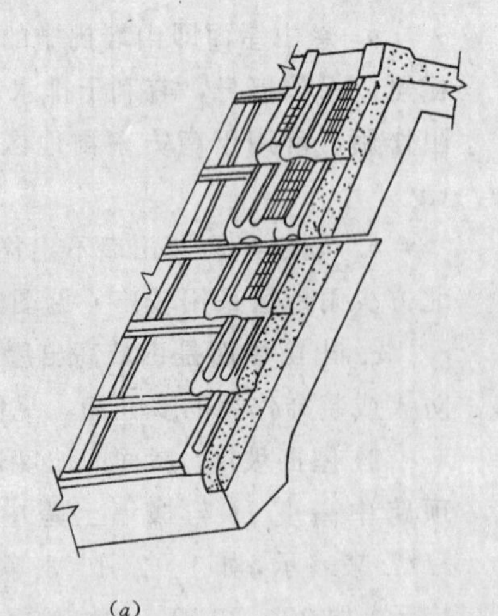

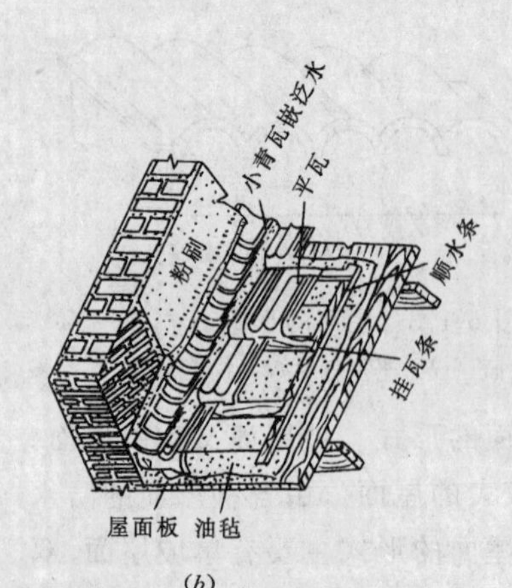

图 5-177　屋面构造
(a) 悬山屋面；(b) 硬山屋面

用的有粘土瓦、水泥瓦、波形瓦、油毡和油纸等。

1）粘土平瓦，见图 5-179。平瓦是坡顶瓦屋面常用的防水材料，分青、红两种颜色。平瓦的尺寸为（400mm×240mm）、（360mm

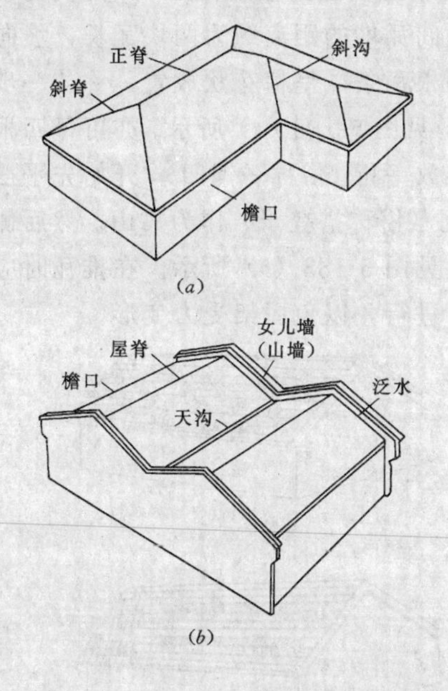

图 5-178　屋面组成

（a）四坡屋顶；（b）并立双坡屋顶

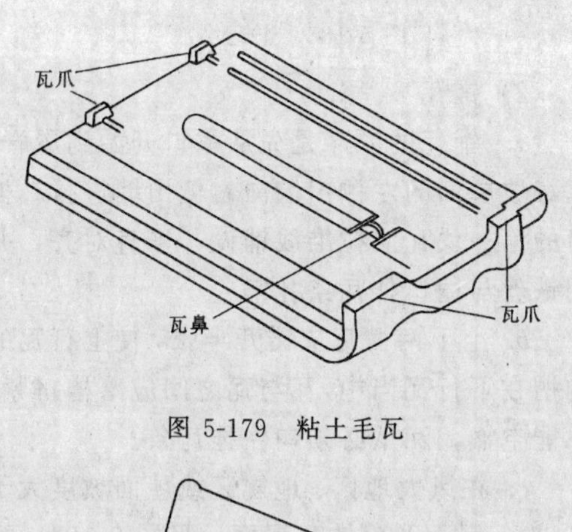

图 5-179　粘土毛瓦

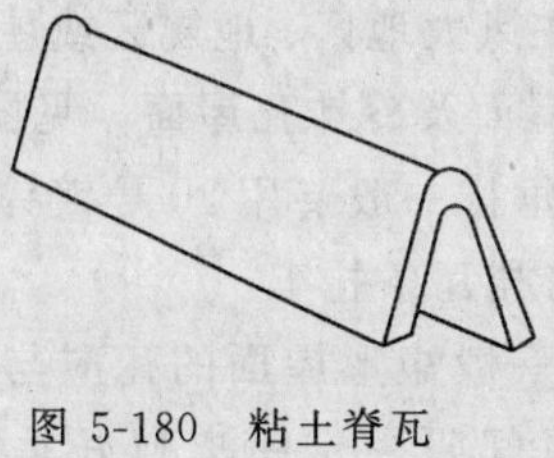

图 5-180　粘土脊瓦

×220mm）等。要求表面光滑、平整、质地坚实、尺寸规则，不得有翘曲、变形、裂纹或夹层等。

2）粘土脊瓦，见图 5-180。脊瓦专用于铺盖坡屋脊。尺寸一般为长 400mm，宽 250mm，每米长约铺 3～4 张。断面形式有三角形和半圆形。

3）粘土小青瓦，见图 5-181。小青瓦是传统的手工制品防水材料。瓦为弧形片状，一般为青灰色，故称小青瓦，也有称合瓦、水清瓦、阴阳瓦、蝴蝶瓦和布纹瓦。习惯上按

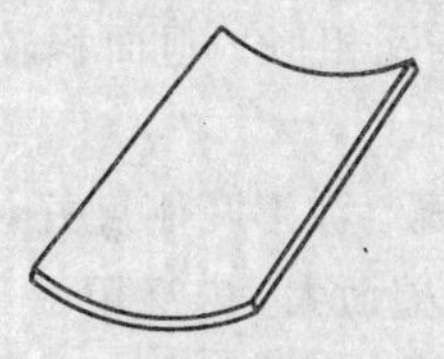

图 5-181　粘土小青瓦

每块的重量作为规格标准分为 18、20、22、24 两（旧制市秤 16 两制）等四种，长度有170～230mm，水平宽有 130～180mm，厚 8～12mm；有大小头的人头宽 170～230mm，小头宽 150～210mm。

4）粘土筒瓦，见图 5-182。筒瓦是坡屋面采用的瓦，是阴阳瓦中的一种，因其形状呈圆筒形，故称之为筒瓦。筒瓦按它的色泽有青、红筒瓦，涂有彩釉的称为琉璃瓦。筒

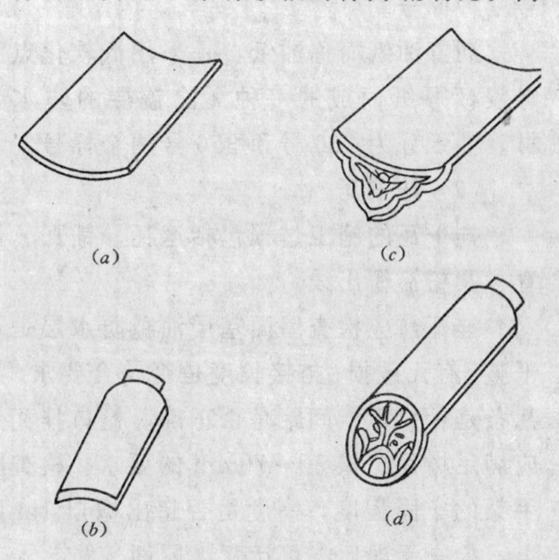

图 5-182　粘土筒瓦

（a）底瓦；（b）盖瓦；（c）滴水；（d）勾头

瓦分为底瓦和盖瓦两类。在檐口外有带滴水的底瓦和带勾头的盖瓦。底瓦尺寸长为 270～320mm，宽为小头 70～112mm，大头 112

～160mm，盖瓦分为四个号：1 号尺寸为 300mm × 175mm；2 号尺寸为 300mm × 150mm；3 号尺寸为 250mm×125mm；4 号尺寸为 250mm×100mm。滴水尺寸有（285～345mm×208～250mm）的四种。勾头尺寸与盖瓦尺寸相仿。

5）水泥瓦。水泥瓦是用水泥加砂配合，经机械压制成型，养护硬化而成。其外形基本上与粘土平瓦相似；但面积较大，分为平瓦与脊瓦两种。

6）波形瓦。波形瓦刚度好，厚度薄、重量轻、单瓦覆盖面大，广泛用于工厂车间、散热棚、仓库和临时性建筑的屋面。波形瓦品种较多，常见有石棉水泥波形瓦、钢丝网水泥波形瓦、木质纤维波形瓦、镀锌铁皮波形瓦、塑料纤维波形瓦等。

7）油毡和油纸。沥青油毡简称油毡，是采用高软化点沥青涂盖油纸的双面，再涂或撒隔离材料（滑石粉或云母片）所制成的一种纸胎防水材料。油毡的幅宽分为 915mm 和 1000mm 两种，每卷一般长 20m。按厚纸 $1m^2$ 的质量克数分为 200 号、300 号和 500 号三种标号。

沥青油纸简称油纸，是采用低软化点沥青浸渍厚纸而成的一种无涂盖层的防水卷材。油纸分为 200 号和 350 号两个标号。

(3) 挂平瓦

挂平瓦的施工过程包括运瓦、铺瓦、做脊、及粉瓦楞出线。

挂瓦前应检查屋面基层油毡防水层是否平整、有无破损、搭接长度是否符合要求，挂瓦条是否钉牢、间距是否正确。檐口挂瓦条应满足檐瓦出檐 50～70mm 的要求。检查脚手架的牢固程度，高度是否超出檐口 1m 以上。检查无误后方可运瓦上屋面。

1）运瓦

a. 运瓦时应进行选瓦，凡缺边、掉角、裂缝、砂眼、翘曲不平和缺少瓦爪的不得使用，并准备好山墙、天沟及斜脊的加工瓦。

b. 运瓦可利用垂直运输机运到屋顶标高，然后按脚手分散到檐口各处堆放。向屋面顶运输主要靠人力传递的方法，每次传递两块平瓦，分散堆放到坡屋面上，防止碰破油毡。

c. 瓦在屋面上的堆放，以一垛九块均匀摆开，横间瓦堆的距离约为两块瓦长，坡向间距为两根瓦条，呈梅花状放置，称“一步九块瓦”，见图 5-183（*a*）所示。亦可每四根瓦条间堆放一行（俗称一铺四），开始先平摆 5～6 张瓦（俗称搭登子）作为靠山。然后侧摆堆放，见图 5-183（*b*）所示。在推瓦时应两坡同时进行，以免屋架受力变形。

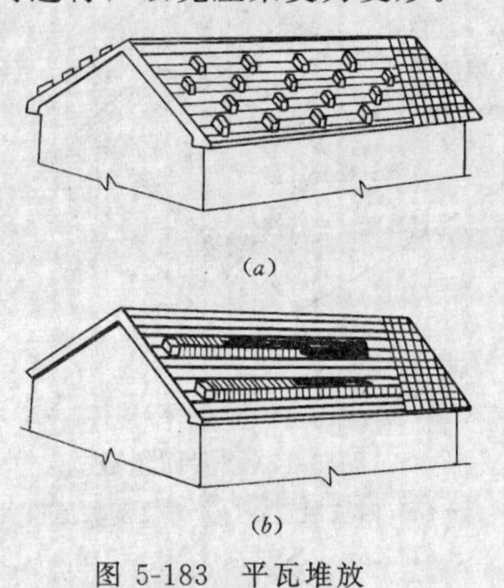

(*a*)

(*b*)

图 5-183　平瓦堆放

2）铺瓦

a. 铺瓦的顺序是先从檐口开始到屋脊，以每坡屋面的左侧山墙向右侧山墙进行。檐口的第一块瓦应拉准线铺设，平直对齐，并用铁丝与檐口挂瓦条扎牢。

b. 上下两楞瓦应错开半张，使上行瓦的沟槽在下行瓦当中，瓦与瓦之间应落槽挤紧，不能空搁，瓦爪必须勾住挂瓦条。

c. 在风大地区、地震区或屋面坡度大于 30°的瓦屋面及冷摊瓦屋面，见图 5-184，瓦应固牢，每排一般要用 20 号镀锌铁丝穿过瓦鼻小孔与挂瓦条扎牢。

d. 一般矩形屋面的瓦应与屋檐保持垂直，可以间隔一定距离弹好垂直线加以控制。

e. 在斜沟、戗角见图 5-185 处应先试铺，然后弹上墨线编好号，用锯子锯齐或用瓦刀

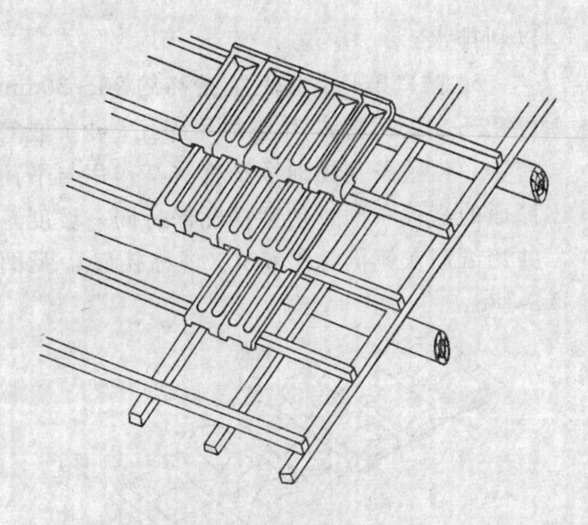

图 5-184 冷摊瓦屋面

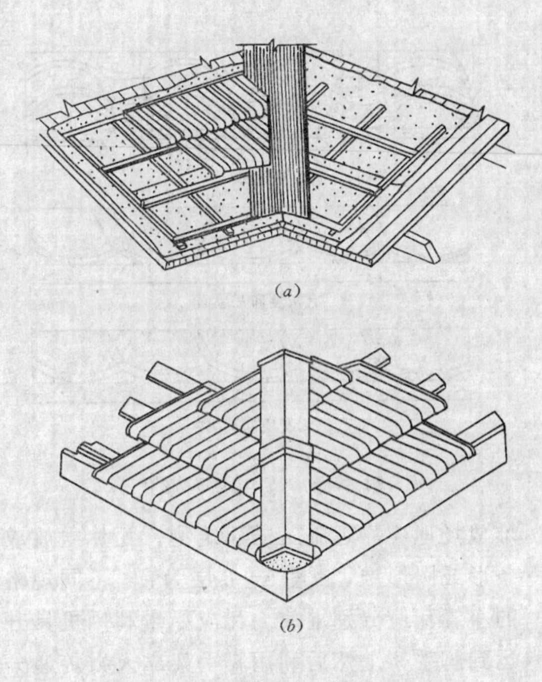

图 5-185 屋面斜沟与戗角

(*a*) 斜沟；(*b*) 戗角

砍齐，再按编号铺上，斜沟处应与白铁天沟搭接 150mm。

3）做脊。铺瓦完成后，应在屋脊处铺盖脊瓦，俗称做脊。做脊是先在屋脊两端各稳上一块脊瓦，然后拉好通线，用水泥石灰砂浆将屋脊处铺满，先后依次扣好脊瓦。要求脊瓦内砂浆饱满密实，以防被风掀掉，脊瓦盖住平瓦的边必须大于 40mm，脊瓦间的搭接缝隙和脊瓦与平瓦之间的搭接缝隙，应用掺有麻丝的混合砂浆填实。

4）粉瓦楞出线。将脊瓦端部和封檩板与瓦片之间的空隙用碎瓦与砂浆嵌塞密实，再在封檩板上用钢筋夹头卡住引条，进行水泥砂浆刮糙，稍干即可进行第二遍粉光。

硬山屋面通常做白铁踏步泛水，或用小青瓦沿屋面仰贴墙面形成泛水，见图 5-186。

(4) 铺小青瓦

小青瓦的铺法分仰瓦屋面和阴阳瓦屋面两种。仰瓦屋面又分有灰梗与无灰埂两种，但铺法比阴阳瓦屋面简单，见图 5-187。小青瓦

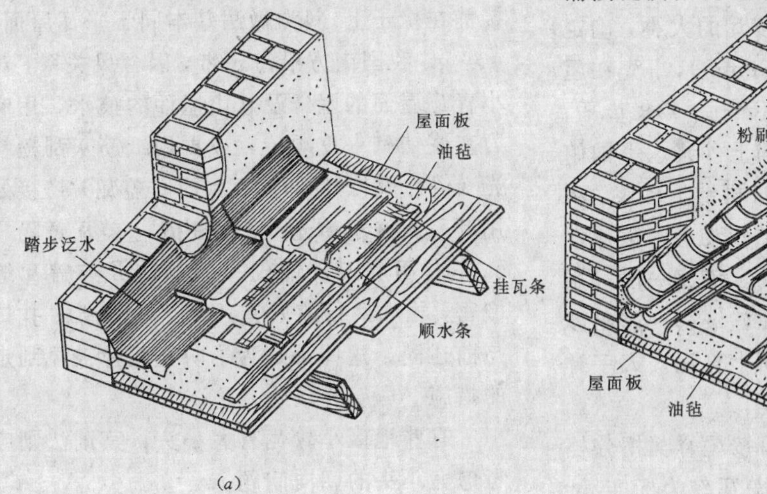

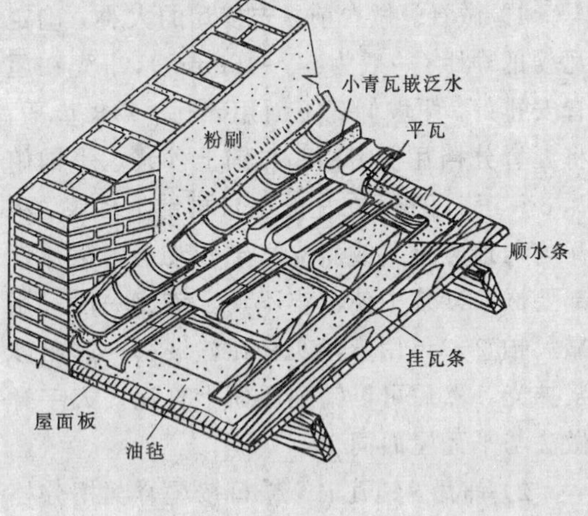

图 5-186 屋面泛水

(*a*) 镀锌铁皮踏步泛水；(*b*) 小青瓦冷水

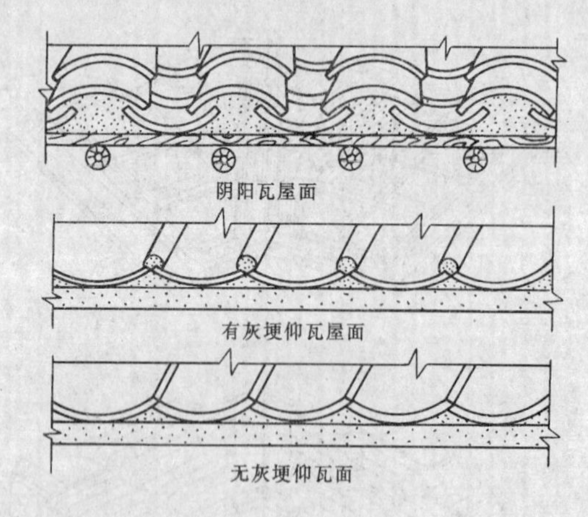

图 5-187　青瓦屋面形式

堆放场地应靠近施工的建筑物，瓦片立放成条形或圆形堆，高度 5～6 层为宜。不同规格的小青瓦应分别堆放。瓦应尽量利用机具升运到脚手架上然后利用脚手架靠人力传递分散到屋面各处堆放。

小青瓦应均匀有次序的摆在椽子上，屋脊边应多摆一些。

阴阳瓦屋面的铺法：

小青瓦很薄，易于破损，故与平瓦铺法不同，一般铺前先做脊。小青瓦的屋脊有八字脊（采用平瓦的脊瓦）、直脊（瓦片平铺于层脊上或竖直排列于屋脊，两端各叠一垛，作为瓦片排列时的靠山）与斜脊（瓦片斜立于屋脊上，左右与中间成对称）等几种。

1）做脊。做脊前，先按瓦的大小，确定瓦楞的净距（一般为 50～100mm），事先在屋脊安排好。两坡仰瓦下面用碎瓦、砂浆垫平，将屋脊分档瓦楞窝稳，再铺上砂浆，平铺俯瓦 3～5 张，然后在瓦的上口再铺上砂浆，将瓦均匀地竖排（或斜立）于砂浆上，瓦片下部要嵌入砂浆中使窝牢不动。铺完一段，用靠尺拍直，再用麻丝灰将瓦缝嵌密，露出砂浆抹光，然后可以铺列屋面小青瓦。人字脊做法与平瓦屋面同。

2）铺瓦。铺瓦时，檐口按屋脊瓦楞分档用同样方法铺盖 3～5 张底盖瓦作为标准。

其铺瓦要点是：

a. 檐口第一张底瓦应挑出檐口 50mm，以利排水。

b. 檐口第一张盖瓦应抬高约 20～30mm（约 2～3 张瓦高），其空隙用碎瓦、砂浆嵌塞密实，使整条瓦楞通顺平直（其作用与平瓦屋面的满檩条同，使整楞瓦保持同一坡度）。并用纸筋灰镶满抹平粉光（俗称扎口），见图 5-188。

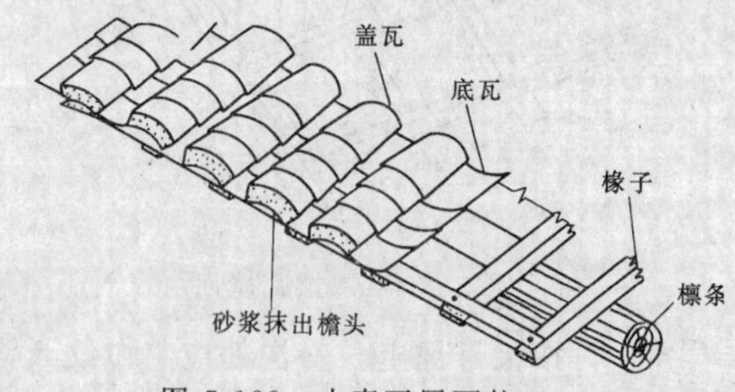

图 5-188　小青瓦屋面扎口

c. 底盖瓦每张瓦搭接不少于瓦长的 2/3（俗称“一搭三”），铺时两边搭盖要对称。

d. 铺完一段，用 2m 长靠尺板拍直，随铺随拍，使整楞瓦从屋脊至檐口保持前后整齐正直。

e. 檐口楞瓦分档标准做好后，自下而上、以左到右，一楞一楞地铺设，也可左右同时铺设。为使屋架受力均匀，两坡屋面应同时进行。

f. 悬山屋面，山墙应多铺一楞盖瓦，挑出半张作为披水。硬山屋面用仰瓦随屋面坡度侧贴于墙上作泛水。冷摊瓦屋面，将底瓦直接铺在椽子上。斜沟做法基本同于平瓦屋面。

g. 我国南方沿海一带，因台风关系，对小青瓦屋面的屋脊及悬山屋面的披水，用麻刀灰浆铺砌一皮顺砖，或再用纸筋灰刮糙粉光（俗称佩带）。仰俯瓦（即底盖瓦）搭接处用麻刀灰嵌实粉光（俗称杠槽）。盖瓦每隔一 m 左右用麻刀灰铺砌一块顺砖并与盖瓦缝嵌密，相邻两行前后错开（俗称压砖）。扎口与前述同。这些都是为了防止瓦片被风刮走的措施。

有些地区小青瓦有大小头，其铺法则应考虑大小头的朝向问题。

(5) 筒瓦屋面的铺法

筒瓦不论是底瓦还是盖瓦都有大小头，

使铺叠时弧面能密切吻合，底瓦子沿口处改用滴水瓦，雨水流经滴水瓦端头下垂的尖圆形瓦片排走。盖瓦于沿口处则用花边瓦或钩头瓦。盖瓦因高出底瓦，其下面形成的空隙，就是靠花边瓦或钩头瓦端部下垂的扇形或圆形瓦片封住，以阻挡鼠雀进入，起保护作用(俗称瓦挡)。

铺瓦要点：

1）铺前应对瓦片进行挑选，凡裂缝、砂眼、缺角、掉边和翘曲者不能使用。有的能利用在斜背处，应集中堆放，待做脊时弹线后再进行加工使用。铺前先将瓦片浇水润湿，以便砂浆与瓦片有较好的粘结力。

2）底（盖）瓦与底（盖）瓦相叠搭接均为 30mm，盖瓦覆于底瓦之上其搭接一般为 25～30mm，底瓦之间净距及沟宽视瓦的规格不同而不同，一般前者为 60mm，后者为 80～160mm。根据上述搭接要求，铺前先在地上试铺 1～2 楞，长 1m 左右，认为合适后即可画出样棒，然后按此样棒将屋面瓦楞分好。若分一楞不足，半楞又有多余，可视山墙形式进行调整（硬山边楞为盖瓦、女儿墙边楞为底瓦，底盖瓦均要一半嵌入墙中）。

3）铺时从下而上，从右到左或从左到右均可，但必须按分楞弹线进行。底瓦大头朝上盖瓦大头朝下，檐口第一张底瓦要离开封沿板 50mm，以利排水。若檐口不用滴水瓦时，第一张底瓦大头朝下，以便盖瓦覆于底瓦之上有足够的搭接，同时使檐口瓦片大小整齐一致。底瓦下面要用石灰混合砂浆坐灰，并以碎砖碎瓦垫塞密实。铺一段距离后，用靠尺板检查看是否平直、整齐、通顺。第二列底瓦按同法铺出一段长度后即可铺挂盖瓦，此时，在盖瓦下要铺满同样砂浆，但不要超出搭接范围，使盖瓦能坐灰覆上，用手推移找准，看搭在两列底瓦上是否对称，如合适即可将瓦压实。其余部分均按此法继续铺挂，瓦缝应随铺随勾。

4）做脊前，应计划好张数，尽量避免有破活。如铺到脊上须砍瓦时，应用钢锯条锯断，统一加工好开始做脊，其做法与机平瓦屋脊同。

与斜脊（或天沟）交接处应先试铺，弹好墨线编好号，待加工好再按编号铺挂。

（6）挂瓦安全注意事项

1）铺盖屋面瓦片时，檐口处必须搭设防护设施。屋顶脚手面应在檐口下 1.2～1.5m 处，并满铺脚手板，外排立杆应绑设护身杆，并高出檐口 1m，设三道副栏，外面要挂安全网，第一道应高出脚手面 500mm 左右，以此往上再设一道。上人屋面应搭设专用爬梯，不得攀爬檐上和山墙上下，每天上班应先检查脚手架的稳固情况。

2）雨天和冬期，应打扫雨水和霜雪，并增设防滑设施。

3）屋面材料必须均匀堆放，应垫平稳，两侧坡屋面要对称堆放，特别是屋架承重时，若不对称堆放，可能引起因屋架受力不均而倒塌。

4）屋面施工为高空作业、散碎瓦片及其它物品不得任意抛掷，以免伤人。

5）上岗前应对操作者进行健康检查，有高血压、心脏病、癫痫病者不得从事高处作业。在坡屋面上行走时，应面向屋脊或斜脊，以防滑倒。

小　结

砖砌房屋的砌筑是砌筑工程这一章中涉及知识面广，内容多且又最基本的知识结构体系。该节在抓住砖砌房屋的“砌筑”这一要点的基础上，首先介绍了砖砌体的强度概念，包括砖砌体的抗压强度试验；影响砖砌体抗压强度的因素；抗震构造措施等最基础的理论知识。然后较清楚完善地对砖砌房屋的砌筑施工准备；施工顺序作了相应实际的讲解，使学生对普通砖砌房屋的砌筑有了一个基本认识。最后着重讲解了砖砌房屋的砌筑中，钢筋砖过梁及平拱过梁的砌筑工艺、施工方法；山墙的砌筑方法；拔檐方法；坡屋面防水挂瓦的施工工艺和方法。较为完善地阐述了砖砌房屋的砌筑过程中的重点和难点。

学生在学习过程中要理论联系实际，注意以建筑实体相结合来学习，才能达到融汇贯通、举一返三的学习效果。

习题

1. 砖砌体抗压强度如何确定？
2. 影响砖砌体强度因素有哪些？
3. 地震对房屋有哪些破坏作用？
4. 砖砌房屋承重墙的震度特点是什么？
5. 砖砌房屋抗震措施有哪些？
6. 砌筑工程施工准备工作主要有哪些内容？
7. 作业条件准备有什么重要意义？
8. 技术准备在砖砌体房屋施工中的重要性是什么？
9. 砖砌房屋冬雨季施工应做好哪些准备工作和措施？
10. 简述单层砖砌瓦屋面房屋施工顺序。
11. 什么是过梁及过梁作用是什么？
12. 试述过梁种类及适用范围。
13. 试述钢筋砖过梁的砌筑及构造要求？
14. 试述平拱过梁的砌筑及构造要求？
15. 山墙砌筑有哪些注意事项？
16. 封山有哪些形式？
17. 屋面的作用和要求是什么？
18. 屋面有哪些形式？
19. 屋面坡度是由什么来确定？
20. 挂平瓦和小青瓦的主要区别是什么？

第6章　一般饰面工程

在《建筑安装工程质量检验评定标准》中，划分为10个分部工程。建筑装饰工程是其中一个，装饰工程一般划分为11个分项工程。也通常称建筑饰面工程。

6.1　一般抹灰工程

6.1.1　概述

为了保护墙体、满足装饰、使用要求，砖、石、砌块的基体，除外墙可作清水处理者外，绝大多数都要抹灰，加气混凝土条板或砌块基层、混凝土基层，多数也都要抹灰。在建筑饰面工程中，一般抹灰、装饰抹灰、涂料、刷（喷）浆、裱糊、饰面板，花饰安装等饰面做法都需要抹底灰。所以，在建筑饰面工程中，抹灰工作量是很大的，必须保证质量。

抹底灰时，保证质量的关键是粘结牢固和不开裂。

（1）粘结力

使抹灰粘结牢固，一是抹灰层与基层之间要粘结牢固防止空鼓；二是抹灰层与抹灰层之间要粘结牢固防止脱层。要使抹灰粘结牢固，应提高抹灰层与基层和抹灰层与抹灰层之间的粘结力。

要使抹灰粘结牢固，可采取下列措施：

1）使基层表面粘糙。表面积增加，粘结力增大；

2）提高抹灰砂浆的粘结力。例如，在抹灰前刷一道素水泥浆，再抹灰，或在抹灰砂浆中掺适量的聚合物等；

3）抹灰前充分湿润基层，防止基层过多地吸收砂浆中的水分，使砂浆中的水泥不能充分水化，降低粘结力；

4）基层应有一定的强度。基层强度过低，疏松掉粉，会影响砂浆与之粘附。

5）清除基层表面的污垢、油渍、碱膜、模板隔离剂等，防止空鼓脱层。

（2）开裂

任何物体开裂都是内力作用的结果。产生内力的原因一般有：热胀冷缩引起的温度应力；湿胀干缩引起的干缩应力；外力引起的内应力。抹灰产生裂缝主要是干缩裂缝，因此，要防止抹灰产生裂缝，主要是减少砂浆在凝结过程中的收缩。为此，应注意下列问题：

1）抹灰砂浆中的胶结材料与骨料的比例要适当。胶结材料多、干缩大，容易开裂，通常底灰胶结材料与骨料的比例为1∶3。

2）骨料平均粒径不宜过小或级配不当。骨料平均粒径小或级配不当，骨料表面积大，空隙率大，砂浆也容易收缩，所以骨料平均粒径一般应不小于0.25mm，最好是0.35～0.5mm的中砂。

3）抹灰层厚度较厚时，应分层抹灰。一次抹灰厚度大，收缩也大，反之亦然。每层抹灰厚度较薄，收缩较少，待下层砂浆收缩基本完成后再抹上层，即使总的抹灰厚度较大，总的收缩也小。如抹灰层总厚度20mm时，最好分三层抹，待前一层6～7成干后，再抹后一层。

4）底灰砂浆与基层两者的强度相差过于悬殊也易产生裂缝和粘结不牢。这是由于砂浆与基层的干缩、变形、线膨胀系数等相差悬殊所造成的。如混凝土基层直接抹石灰砂浆，或加气混凝土基层不作基层处理直接抹水泥砂浆都容易出现裂缝、空鼓、脱层等现象。

5）粘结不牢也容易出现裂缝，抹灰层与基层粘结牢固；基层对抹灰层起制约作用，能减少收缩、开裂倾向。所以，大面积的空鼓、脱层，往往都伴随裂缝产生。

6）抹灰是否开裂，还与基层的湿度、操作技术、养护条件有关、甚至与环境温度、通风情况等有关。

（3）配比

根据基层材料、使用要求、室内室外以及气候条件等的不同，底灰砂浆可分别应用石灰砂浆、水泥混合砂浆或水泥砂浆。一般室内砖墙多采用石灰砂浆，需作涂料墙面时，底灰可取1∶3∶9的混合砂浆；室外或室内有防水、防潮要求时，应采用1∶3的水泥砂浆；混凝土墙体一般采用混合砂浆或水泥砂浆；加气混凝土墙体室内可用石灰砂浆或混合砂浆，室外宜用混合砂浆；外墙易受雨雪侵蚀的部位，如檐口、窗套、腰线、勒脚等处，底灰应采用1∶3水泥砂浆。

6.1.2 抹灰饰面的分类和组成

（1）分类

1）按建筑部位分类

a. 室内抹灰：一般包括墙面、顶棚、墙裙、踢脚板等。

b. 室外抹灰：一般包括屋檐、女儿墙、压顶，窗楣、窗台、腰线、阳台、雨篷、勒脚及墙面等。

2）按使用材料和装饰效果分类

a. 一般抹灰：一般抹灰面层所使用的材料，分为石灰砂浆、水泥混合砂浆、水泥砂浆、聚合物水泥砂浆、膨胀珍珠岩水泥砂浆、麻刀石灰灰浆纸筋石灰灰浆、石膏灰等。一般抹灰面层平整光滑、颜色均匀，线角平直方正，清晰美观。

b. 装饰抹灰：装饰抹灰又分为砂浆类装饰抹灰和石渣类装饰抹灰。

砂浆类装饰抹灰采用一般抹灰砂浆、灰浆。面层做成具有一定凹凸质感的饰面层。分为拉毛灰洒毛灰、搓毛灰、拉条灰、假面砖、仿石抹灰以及喷除、滚涂、弹除等。

石渣类装饰抹灰是以水泥为胶结材料，石渣为骨料的水泥石渣浆作面层，分为水刷石、剁斧石、水磨石、干粘石、喷石屑等。

c. 特种砂浆抹灰：特种砂浆抹灰是为了满足某些功能要求而底灰上抹上某些特殊砂浆面层。一般分为保温砂浆、耐酸砂浆、防水砂浆等。

（2）一般抹灰分级

一般抹灰按主要工序和质量标准分为普通、抹灰、中级抹灰和高级抹灰三级。

1）普通抹灰：一底层、一面层，两遍成活做法。主要工序是分层赶平、修整和表面压光。达到表面光滑、洁净，接槎平整，适用于简易宿舍、仓库、地下室、临时设施工程等。

2）中级抹灰：一底层、一中层、一面层三遍成活做法。主要工序是设置标筋、阴阳角找方，分层赶平，修整和表面压光。达到表面光滑、洁净、接槎找平，线角顺直清晰。适用一般工业建筑和民用建筑。如住宅、宿舍、办公楼、教学楼以及高级建筑物中的附属用房等。

3）高级抹灰：一底层、数层中层、一面层多遍成活做法。主要工序是设置标筋。阴阳角找方，分层赶平、修整和表面压光。达到表面光滑、洁净、颜色均匀、无抹纹、线角平直正方，清晰美观。适用于公共性建筑物和纪念性建筑物，如剧院、展览馆、高级宾馆以及有特殊要求的高级建筑物。

（3）抹灰饰面的组成

1）抹灰的分层：为使抹灰层与基层和抹灰层与抹灰层之间粘结牢固，防止空鼓开裂，并使抹灰层表面平整，应分层涂抹。一般分为底层、中层和面层。底层主要起与基层粘结的作用，中层主要起找平作用，面层起装饰作用。底层和中层合并即只分为底、面两层。所谓底灰即是指底层和中层抹灰。

2）抹灰层的厚度。抹灰层的厚度，包括抹灰层的总厚度和每遍抹灰厚度。

抹灰层的总厚是根据基层不同的材料、部位、抹灰等级等要求，均不应大于表 6-1 规定的厚度。

抹灰层的总厚度　　表 6-1

项次	部位或基体	抹灰层的平均总厚度(mm)
1	顶棚、板条、空心砖、现浇混凝土 预制混凝土 金属网	15 18 20
2	内墙	18（普通抹灰） 20（中级抹灰） 25（高级抹灰）
3	外墙 勒脚及突出墙面部分	20 25
4	石墙	35

抹灰层每遍的厚度是根据使用的砂浆、灰浆品种不同，各层抹灰经赶平压实后，每遍厚度应符合表 6-2 的规定。

抹灰层每遍厚度　　表 6-2

采用砂浆品种	每遍厚度（mm）
水泥砂浆	5～7
石灰砂浆和水泥混合砂浆	7～9
麻刀石灰	不大于 3
纸筋石灰和石膏灰	不大于 2
装饰抹灰用砂浆	应符合设计要求

6.1.3　一般抹灰砂浆的配制

（1）砂浆的技术要求

配制砂浆的各种原材料及外掺剂必须符合材料标准，不合格的不得使用。

一般抹灰砂浆的技术要求是砂浆的稠度和分层度应符合规定的要求。由于各层砂浆的作用不同，其成份和稠度也各不相同。底层主要与基层起粘结的作用，要求砂浆有较好的保水性，其稠度较中层和面层要大些，原材料的组成应根据不同种类的基层选用相应的配合比。中层起找平作用，砂浆种类基本与底层相同，但稠度稍小些。面层起装饰作用，应用较细的砂子，或不用砂子而掺用麻刀或纸筋等纤维材料，防止裂缝。

抹灰砂浆的配合比和稠度应经检查合格后方可使用。一般抹灰砂浆的稠度及骨料最大粒径见表 6-3。

手工抹灰一般砂浆稠度及骨料最大粒径　　表 6-3

抹灰层	砂浆稠度(cm)	砂最大粒径(mm)
底　层	10～12	2.8
中　层	7～9	2.6
面　层	7～8	1.2

一般抹灰砂浆的分层度要求在 1～2cm 之间，分层度过小，砂浆涂抹后易开裂；过大则砂浆易产生离析，不便操作。

（2）砂浆的配制

由于施工条件不同，抹灰砂浆可采取人工拌制和机械拌制。

无论采用什么方法拌制，都要求砂浆拌合均匀，颜色一致，没有疙瘩。水泥砂浆及掺有水泥或石膏的砂浆、灰浆要随拌随用，不得积存过多，应控制在水泥初凝前或石膏凝结前用完。

1）机械搅拌：拌制水泥砂浆时，先将配量的水和砂子进行搅拌，然后加配量的水泥拌合均匀，颜色一致，稠度符合要求为止。

拌制石灰砂浆时，先加入少量的水及砂子和全部石灰膏，搅拌均匀后，再加入配量的水和砂子，继续拌合砂浆颜色一致，稠度符合要求即成。

机械拌合时间一般不少于 2min。

拌制珍珠岩水泥砂浆一次不应拌得过多，要随拌随用，停放时间不宜超过 20min。稠度宜控制在 8～10cm，搅拌时间不宜过长。

聚合物水泥砂浆是将水泥砂浆搅拌好后，按配合比规定的数量，把聚合物稀释后加入搅拌机内，继续搅拌至充分混合为止。

2）人工搅拌：人工拌制水泥砂浆、石灰砂浆或水泥混合砂浆时，将定量的砂子和水泥在铁板上或水泥地面上先干拌均匀，再将干灰堆成中间有凹坑的圆锥形，将定量的水、石灰膏投入凹坑内，用齿耙将石灰膏耙碎，拌合均匀、稠度合适即成。也可将定量的石灰膏和水放入灰浆池或大容器内拌成石灰浆，与配量的砂子拌合均匀即为石灰砂浆；与配量的砂子和水泥拌合均匀即为混合砂浆，但砂和水泥需在铁板上干拌均匀后再加入石灰浆。

拌制纸筋石灰浆和麻刀石灰浆一般在铁皮或木制大灰槽中，或化灰池中进行。先配制石灰浆，将纸筋投入，拌合均匀即成纸筋石灰浆。纸筋应洁净并用水浸透、捣烂成纸浆。用于罩面的纸筋石灰浆需在贮灰池（槽）内存放 20d 以上再用。纸筋用量一般为石灰浆的 5%～7%。在石灰浆中加入加工好的麻刀，拌合均匀即为麻刀石灰浆。麻刀应坚韧、干燥、不得含杂质，并剪切成不大于 3cm 的碎段、掺量为石灰膏的 1.5%～2%。

还有一种叫细纸筋灰（也叫桩光灰）的，常用于灰线抹灰或高级面层抹灰。拌制时，将存放 1～2 个月的纸筋灰放入容器中，用齿耙或木棒不断地锤捣、搅拌，次数越多越好，使粗纸筋沉底，取用浮在上面的细纸筋灰，即是桩光灰。

石膏灰的拌制，在施工前应对所用石膏粉先进行试验，以确定凝结时间。石膏粉凝结很快，几分钟后开始凝结，终凝时间不超过 30min。但凝结时间可根据施工情况进行调整，如需加速凝固，可在石膏粉中掺生石膏粉，如需减慢凝固时间，可在石膏灰中掺石灰膏、胶料、硼砂等。掺量多少根据施工要求可由试验确定凝结时间。拌制时，应在操作地点用小桶随拌随用。

6.1.4 一般抹灰常见做法

（1）基层处理

1）处理前的检查与交接。抹灰工程施工，必须在基层质量检验合格并进行工序交接后进行。对其他配合工种项目也必须进行检查，检查内容如下：

a. 主体结构和水电、暖卫、煤气设备的预埋件，消防梯、水落管管箍，泄水管、阳台栏杆、电线绝缘的托架等安装是否齐全和符合质量要求，各种预埋件位置是否正确。

b. 门窗框及其他木制品是否安装齐全、牢固，位置是否正确，是否留有抹灰厚度。

c. 水、电管线、配电箱等是否安装完毕，有无漏项；水暖管道是否做过压力试验。

2）基层表面一般处理

a. 脚手眼，各种管道穿越的洞口、剔槽等用 1：3 的水泥砂浆填嵌密实或堵砌好。散热器和密集管道等背后应在安装前进行墙面抹灰，抹灰面接槎应平顺。

门窗框与墙面交接处按规定用水泥砂浆或混合砂浆（掺少量纤维材料）等材料分层嵌塞密实。

b. 基层表面的尘土、污垢、油渍、碱膜、沥青渍、浮浆等均应清除干净。

c. 墙体表面的凹凸处，应用砂浆分层补平或剔平，混凝土表面的铁线应剪除。

d. 不同材料墙体交接处的表面应钉金属网并绷紧牢固。金属网与各基层的搭接宽度从缝边起每边不小于 100mm。见图 6-1。

e. 混凝土表面应清除隔离剂并凿毛。

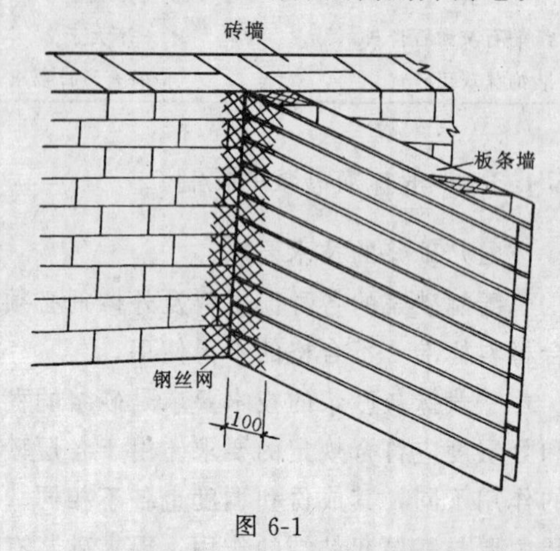

图 6-1

3）不同材料基层处理

a. 粘土砖与砂浆的粘结力较好，又有纵横砖缝可以形成键榫，所以适当浇水湿润基层后直接抹底灰即能粘结牢固。

b. 混凝土基层表面比较平滑，除凿毛外，也可在浇水湿润基层后，先刷一道素水泥浆后再抹灰；或喷、甩1∶1水泥砂浆疙瘩后抹灰；或刷一道掺聚合物的水泥浆再抹灰，效果会更好；或用界面剂处理基层表面，待表面干燥后直接抹底灰。

c. 加气混凝土基层由于表面疏松，吸水率高、吸水速度慢，应在抹灰前半天左右充分浇水湿润，抹灰时随刷聚合物水泥浆随抹底灰。

d. 粉煤灰制品基层，表面强度低、疏松掉粉，吸水率高，新抹砂浆特别是粘结面处的水分很快被吸走，影响粘附质量。应在浇水充分湿润，用聚合物砂浆处理后再抹同样的砂浆

4）浇水湿润基层。抹灰前应浇水湿润基层，渗水深度以8～10mm为适，但切勿使基层处于饱和状态。

在刮风季节，为防止抹灰面层干裂，在抹灰前，必须先把外门窗封闭，对砖基层，应在抹灰前一天浇水1～2遍，每一遍要使基层全部湿润。

在常温下进行外抹灰，基层应浇水两遍。炎热、刮风天气，浇水遍数应酌情增加。

加气混凝土基层应提前1～2天浇水，每天两遍以上，混凝土基层吸水率低，抹灰前浇水可少一些。

(2) 内墙抹灰

1）找规矩。为保证墙面抹灰面垂直平整，抹灰前必须找规矩。

a. 做标志块(贴灰饼)：先用靠尺和托线板全面检查基层表面的平整度和垂直度，根据检查的实际情况并兼顾抹灰总厚度的规定，确定墙面抹灰厚度。接着在2m左右的高度，距墙阴角10～20cm处用底层抹灰砂浆各做一个标志块，其厚度即为底灰厚度，大小为5cm见方，表面抹平。以这两个标志块为依据，用托线板靠吊确定下部对应的两个标志块厚度，使上下两标志块的顶部平面在一条垂线上，其位置应在踢脚板以上。再在两水平标志块上拉通线，按间距1.2～1.5m左右加做若干标志块，见图6-2。注意在洞口、垛角处必须做标志块。

b. 做标筋(冲筋)：标筋可做垂直标筋，也可做水平标筋。标筋是在上下或左右两个标志块之间抹出一长条梯形灰埂，宽度5cm左右，厚度与标志块相平，作为墙面抹底灰填平的标准。

做标筋时，先在两标志块之间抹一层灰，使其粘结牢固，再抹第二遍凸出成八字形，要比标志块高出1cm左右的抹灰带，然后用木杠顺标志块方向槎，直至与标志块一样平为止，同时用刮尺将标筋修成斜面，以便以后与抹灰层接槎平顺。标筋用砂浆应与底灰砂浆相同，标筋做法如图6-2所示。

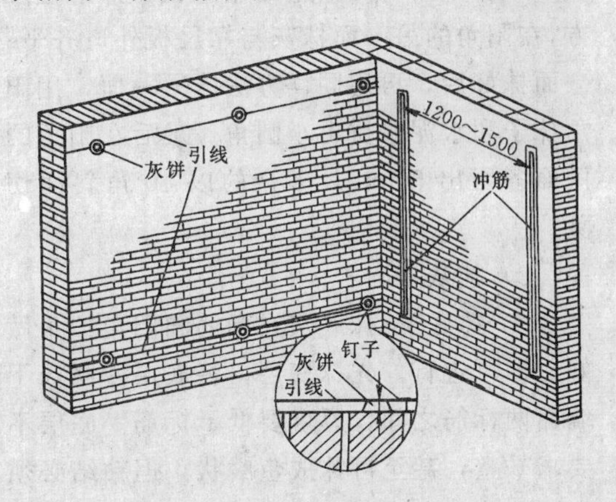

图6-2 挂线做标志块及标筋

c. 阴阳角找方：中级抹灰要求阳角找方。除门窗口、洞口外，还有阳角的房间，则首先要将房间大致规方。做法是先在阳角一侧面做基线，用方尺规方阳角，然后弹出抹灰准线，并在准线上下挂通线做标志块。

高级抹灰要求阴阳角都要找方，阴阳角两面都要弹基线，为了便于做角和保证阴阳角方正垂直，必须在阴阳角两面都做标志块、标筋。

d. 阳角做护角：室内墙面、柱、垛、门窗口、洞口等的阳角抹灰要求线条清晰、挺直，并防止碰坏，因此不论设计有无规定，都需要做护角。护角也起标筋作用。

护角一般用1：2水泥砂浆，高度从地面起不低于2m，护角每侧宽度不小于50mm，见图6-3。

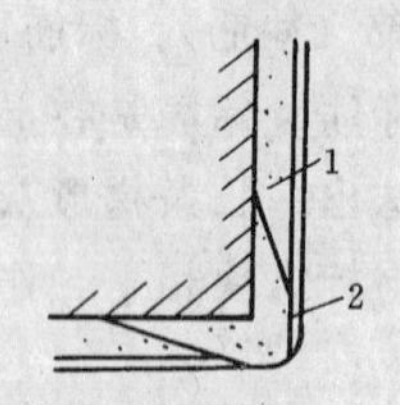

图6-3 护角
1—墙面抹灰；2—水泥护角

做护角时，以标志块为依据。若为门窗口，以门窗框距墙的空隙为准，另一面以墙面的标志块厚度为准，最好在地面划出准线。按准线在阳角的一面粘好靠尺板，并吊直规方，在阳角的另一面抹灰与靠尺板外口齐平；一面抹好后，再用同样方法抹另一面，用阳角抹子和水泥浆捋出小圆角。最后在阳角的两面各留出50mm，多余的以40°角斜面切除。

2）抹灰

A. 抹底灰：抹底灰在标筋和阳角护角做好后即可进行。先抹底层，将底层砂浆抹于墙面两标筋之间，厚度要低于标筋。底层不要求平整，甚至可抹成鱼鳞状，但粘结必须牢固。待底层收水后，进行中层抹灰，厚度以标筋为准，并略高于标筋。然后用木杠刮平，使用木杠时，用力要均匀，往复移动，使木杠前进方向的一边略微翘起，手腕要灵活。凹陷处补抹砂浆，然后再刮，直至平直为止。紧接着用木抹子搓磨一遍，使表面平整密实。

墙的阴角，先用方尺上下核对方正，再用阴角器上下抽动，使其垂直正方，见图6-4所示。

一般情况下，标筋做好后便可抹底灰。但需注意，标筋过软，容易将标筋刮坏产生凹凸现象；标筋过硬，有一定强度时再抹灰，待底灰收缩后，会产生标筋高于底灰的现象，而出现抹灰面不平等质量通病。

当层高小于3.2m时，一般先抹下面一步架，后抹上一步架。抹上步架时，可不做标筋，在用杠刮平时，将下面已抹好的平面延伸上去。

当层高大于3.2m时，一般从上往下抹。

如果后做地面、墙裙、踢脚板时，抹灰到墙裙、踢脚板准线上5cm处，并切成直槎。墙面要清理干净，并及时清除落地灰。

B. 抹面层（罩面）；罩面灰一般在底灰上抹，但也有直接抹在基层上的。如加气混凝土条板、大模板现浇混凝土墙体等，由于其表面很平整，只需对其表面加以处理后，便可直接抹罩面灰。

内墙罩面常用纸筋石灰、麻刀石灰、石灰砂浆、膨胀珍珠岩灰浆及刮大白腻子等。在底灰上抹罩面灰，应在底灰稍干后进行，太湿会影响抹灰平整，还可能出现“咬色”现象；太干易使面层脱水太快而影响粘结，造成脱层。

a. 纸筋石灰浆或麻刀石灰浆罩面：为了表面平滑细腻，内墙罩面一般只用掺纤维材料不掺骨料的石灰膏罩面灰浆。纸筋麻刀等纤维材料起拉结作用，提高其抗拉强度增加罩面灰的耐久性，使其不易开裂、脱落。

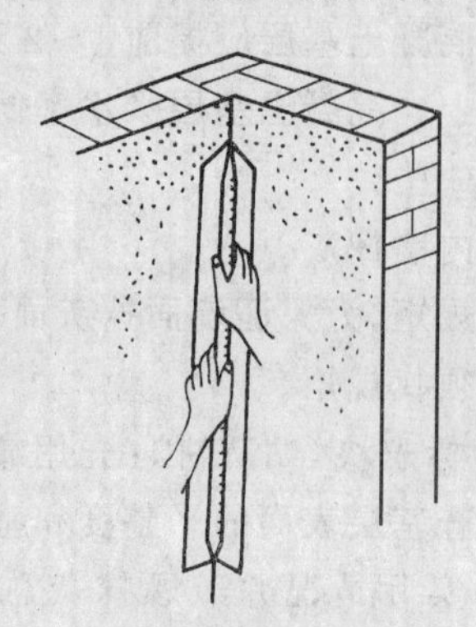

图6-4 阴角的扯平找直

纸筋石灰浆罩面应在底灰砂浆六至七成干后进行。底灰过于干燥，应先浇水湿润。抹灰操作一般使用钢皮抹子，两遍成活，厚度不大于2mm。从阴角开始，自左向右进行。两人配合操作，一人先竖向（或横向）薄薄地抹一层，要使其与底灰紧密结合，另一人横向（或竖向）抹第二层，抹平、并压平溜光。压平后，如用排笔蘸水横刷一遍，再用钢皮抹子压实、揉平、抹光一次，则表面更为细腻光滑，阴阳角分别用阴阳角抹子捋光，随后用毛刷子蘸水将门窗边口阳角、墙裙和踢脚板上口刷净。

麻刀石灰浆罩面的操作方法与纸筋石灰浆罩面相同。但纸筋纤维较细，容易捣烂形成纸浆状，故纸筋石灰浆比较细腻，可以达到罩面灰厚度不超过2mm的要求。麻刀纤维较粗，且不易捣烂，故罩面灰厚度要求不超过3mm比较困难。如果太厚，容易产生收缩裂缝，影响质量，操作时应注意。

b. 石灰砂浆罩面：石灰砂浆罩面应在底灰五至六成干时进行。如底灰较干时，须洒水湿润后再进行。操作时，先用铁抹子抹灰，再用刮尺由下向上刮平，然后用木抹子槎实槎平，最后用铁抹子压光。

c. 膨胀珍珠岩灰浆罩面：膨胀珍珠岩灰浆是以膨胀珍珠岩为骨料，水泥或石灰膏为胶结材，按一定比例混合拌制而成。可作为保温砂浆用于保温、隔热的内墙抹灰。

膨胀珍珠岩灰浆的配合比例目前有两种做法，一是石灰膏：膨胀珍珠岩：纸筋：醋酸乙烯乳液＝100：10：10：0.3（松散体积比），二是水泥：石灰膏：膨胀珍珠岩＝100：10～20：3～5（质量比）。用于大模板现浇混凝土时，应先清除表面的隔离剂，然后涂刷一层结合层（如醋酸乙烯乳液水溶液等）后抹罩面灰浆。操作时要随抹随压，至表面平整光滑为止。厚度越薄越好，通常2mm左右。安装平整的加气混凝土条板墙体，适当浇水或刷聚合物水溶液作封闭处理后抹水泥石灰膏珍珠岩灰浆。大模板现浇混凝土墙体和加气混凝土条板墙体经处理后也可直接抹纸筋石灰浆或麻刀石灰浆。

罩面灰表面可以喷刷大白浆或其他饰面材料，也可直接作为内墙饰面。直接作为内墙饰面时，所用纸筋、麻刀应捣碎并漂白，面层压实压光，表面色泽一致，不显抹纹。

d. 刮大白腻子：内墙罩面也可不抹罩面灰浆，而采用刮大白腻子的做法。除在底灰上刮大白腻子外，安装平整的加气混凝土条板墙体和平整的大模板混凝土墙体也可以采用刮腻子的做法。刮大白腻子的基层应干透，没有水迹及潮湿痕迹。

大白腻子一般按：大白粉：滑石粉：聚醋酸乙烯乳液：羧甲基纤维素溶液（浓度5%）＝60：40：2～4：75（质量比）配合。或使用现成的商品袋装腻子粉。

刮大白腻子一般不少于两遍，总厚度1mm左右。用钢皮或胶皮刮板，每遍按同一方向往返刮抹。在头遍腻子干后，用0号砂纸打磨平整，扫净浮灰，再进行第二遍。要求表面平整，纹理质感一致，阴阳角正方。

（3）外墙抹灰

1）找规矩、抹底灰：外墙抹灰与内墙抹一样要挂线做标志块、标筋。但外墙面由檐口到地面，抹灰面大，抹灰操作必需从上往下一步架一步架进行。因此，外墙抹灰找规矩先要在大角挂好自上至下垂直通线，然后根据通线来确定抹灰厚度，大角两侧最好弹上控制线。每步架应挂水平通线，并弹水平线做标志块，竖向每步架作一个标志块，然后做标筋。

底灰所用材料因地区和建筑物部位不同而有所差异。南方地区主要采用1：1：6水泥混合砂浆；北方因冬季寒冷，为防止冻融破坏，外墙易受雨雪侵蚀的部位，如檐口、窗套、腰线、勒脚等处底灰多采用1：3水泥砂浆；华北地区平直大墙面则可采用1：1：6的水泥混合砂浆，底灰抹灰方法与内墙面基本相同。

2）分格缝。为了增加墙面的装饰效果、避免和减少面层收缩后产生裂缝和便于施工，外墙面层一般都做分格缝。分格尺寸由设计确定。分格缝的宽度一般 20mm，深度为面层抹灰厚度。分格缝是采用粘分格条来形成的。分格条一般用红、白松做成梯形断面。为了便于起条，分格条粘贴前应充分泡水。

底灰抹完后，按分格尺寸弹出分格线，分格线应横平竖直。

按分格线粘分格条。水平分格条一般粘在水平线的下面；竖向分格条粘在垂直线的左面。根据分格线的长度将分格条尺寸分好。在分格条背面抹素水泥浆进行粘贴，用直尺校正平整，再将分格条两侧用水泥浆抹成八字形的斜面。当天抹面的分格条，两侧八字形斜面可抹成 45°角，当天不抹面的“隔夜条”，八字形斜面可抹得陡些，成 60°角，如图 6-5（1）、（2）。

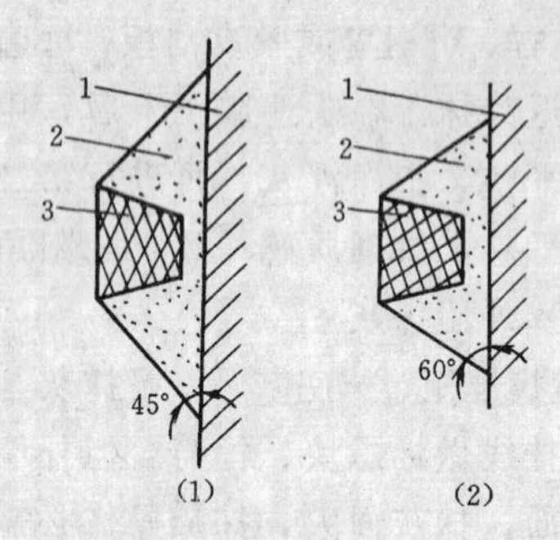

图 6-5　分格条

1—基体；2—水泥浆；3—分格条

面层抹灰与分格条齐平，然后按分格条厚度刮平、槎实，并将分格条表面的余灰清除干净，以免起条时因分格条表面余灰与面层砂浆粘结而损坏面层。当天粘的分格条在面层完后即可起出；“隔夜条”不宜当天起条，应在面层砂浆有强度后再起出。起出的分格条应清理干净、收存待用。分格缝用水泥浆勾缝。为了显示分格缝的装饰效果，在缝内涂与面层颜色对比强烈的涂料。

3）面层抹灰。外墙面层抹灰宜采用 1∶2.5 或 1∶3 水泥砂浆。一般小面积抹灰如窗套、腰线等采用抹光面。铁抹子压光会形成浆多砂少的表层，在干湿、温差的反复作用下会逐步出现蛛网状裂纹而影响耐久性和美观。为了改善抹灰面的耐久性和提高与涂料等的粘附性能，宜用铁抹子压光后再用蘸水刷子带出小麻面，即用水带去表面灰浆，露出砂粒的做法。大面积抹灰时，为防止表面龟裂和使颜色一致，应采用搓毛面。

面层抹灰时先用 1∶2.5 水泥砂浆薄薄刮一遍，第二遍与分格条抹平，然后按分格条厚度刮平、用木抹子搓成毛面，搓毛时用力要轻重一致，先以圆圈形搓抹，然后上下抽动，方向一致，使面层纹路均匀，颜色一致。然后起出分格条，并用水泥浆勾缝。面层抹灰完成后，24h 内淋水养护 3 天以上。

另外，外墙抹灰时，对凸出墙面的窗台、窗楣、雨篷、阳台、檐口等部位应做流水坡，设计无要求时，可按 10%的坡度做泛水。其下面应做滴水线或滴水槽，滴水线应顺直；滴水槽的宽度和深度均不小于 10mm，要求楞角整齐，光滑平整，顺直。

（4）机械喷除抹灰

机械喷涂抹灰是把拌好的砂浆，经振动筛进入灰浆输送泵，通过管道由压缩空气将灰浆连续而均匀地喷到抹面层上，最后找平、搓实，完成抹底灰的过程。工艺流程如图 6-6。

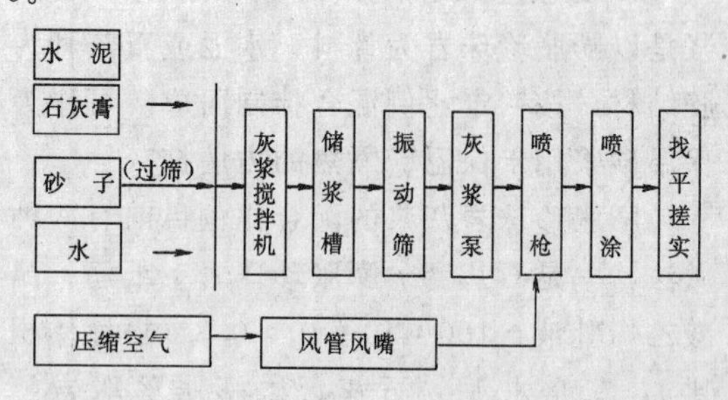

图 6-6　机械喷涂抹灰工艺流程

1）主要机具设备。主要机具设备有组装车、管道、喷枪及常用的抹灰工具等。

a. 组装车：将砂浆搅拌机、灰浆输送泵、空气压缩机、储浆槽、振动筛和电气设备等都装在一辆拖车上，组成喷灰作业组装车，以便于移动，如图 6-7 所示。

b. 管道：管道是输送砂浆的主要设备。室外管道采用钢管，采用法兰盘连接。在管道的最低处安装三通，以便冲洗灰浆泵及管

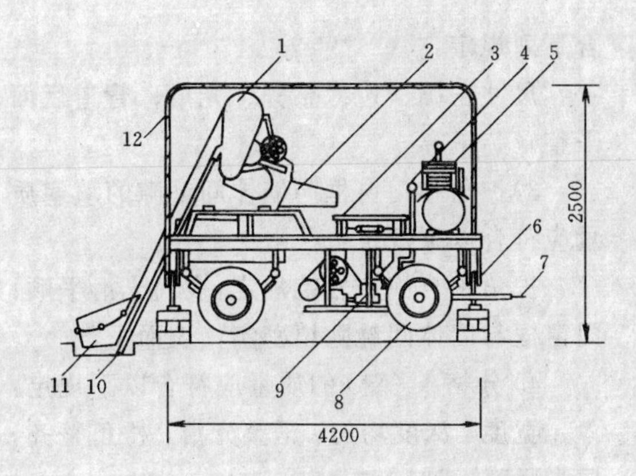

图 6-7　机械喷涂组装车示意图

1—砂浆搅拌机；2—储浆槽；3—振动筛；4—压力表；5—空气压缩机；6—支腿；7—牵引架；8—行走轮；9—灰浆泵；10—滑道；11—上料斗；12—防护棚

道。工作面采用胶管，用铸铁卡具连接。空气压缩机用胶管与喷枪头连接，以便输送压缩空气。

c. 喷枪：喷枪是喷涂机具设备中的重要组成部分。喷枪头用钢板焊成，气管用铜管，插入喷枪头上的进气口内用螺栓固定。要求操作省力、喷出的砂浆均匀、且落地灰少。

2）施工要点

a. 合理布置机具和使用喷嘴：管路布置要尽量缩短，拐弯、弯曲尽可能少，弯曲半径尽可能大，以防管道堵塞。

掌握好喷嘴距被喷面的距离和选择压力的大小。喷嘴距被喷面一般 15～30cm，最大时 60～80cm，喷射角度 65°～90°之间。喷射压力一般为 0.15～0.2MPa，压力过大，射出速度快，会使砂粒回弹、落地灰多。压力过小，冲击力不够，会降低灰浆与被喷面的粘结力，并形成砂浆流淌。

b. 严格控制砂浆稠度：喷涂抹灰所用砂浆稠度为 9～11cm。掺适量的塑化剂可改善砂浆的和易性。

c. 采用合适的喷涂方法：内墙喷底灰一般是先做标志块、标筋，阳角做护角，然后喷灰。基层处理、标筋、做护角方法与手工抹灰相同。做标筋一般是横标筋，上下间距 2m 左右，下横筋在踢脚板上口，若先做踢脚板，就以踢脚板的底灰作为下标筋。

喷灰时先喷下半部，后喷上半部。在喷上半部时，刮杠依下半部已刮平的为准。层高大于 3.2m，每步架都要做标筋，喷灰从最高一步架开始往下喷。

喷灰一次不宜过厚，为达到厚度要求，应分多次重复喷灰。

d. 注意清理管路：喷涂前应先进行空运转、疏通和清洗管路，然后压入少量石灰膏润滑管道，以保证畅通。每次喷涂接近结束时，也要压入少量石灰膏，再压入清水冲洗管道中的残留砂浆，以保持管道内壁光滑，最后用 0.4MPa 左右压力的压缩空气吹刷数分钟，以防砂浆结块，影响下次使用。

3）应用范围及特点

由于灰浆输送泵垂直运送距离的限制，且只能输送稠度较大的砂浆，所以应用范围有限。目前只在宿舍楼、办公楼等一般民用和工业建筑中使用。一辆组装车配备的人员较多，从综合经济效益分析，它适用于建筑面积较大、抹灰工作量大的工程。对一些要求高的装饰工程需采取严格的措施后，才能使用。

机械喷涂的主要特点是：

a. 砂浆与基层粘结牢固：砂浆是通过在管道的蠕动被输送的，提高了砂浆的和易性；用压缩空气把砂浆喷射到基层上，喷射压力比手工抹灰压力大得多，砂浆与基层粘结牢固，能更好地保证粘结质量。根据试验，机喷比手工抹灰粘结强度提高 50%～100%。

b. 生产效率高：每台班可达 $1000m^2$ 左右。

c. 劳动强度降低：基本上不用人工运输砂浆，也不用人工将砂浆抹上墙，因而减轻了抹灰工人的劳动强度。

d. 清理用工多：落地灰多，需人工及时清理。

e. 砂浆稠度大，干燥过程中易出现裂缝。

目前机械喷涂抹灰施工，仅解决了砂浆的垂直运输和水平运输，以及砂浆上墙的问题。至于喷前的基层处理、做标志块、标筋、护角；喷后的找平、压实、搓毛、罩面等工序仍需手工操作。距抹灰工程全面机械化还有较大的距离。

6.1.5 质量标准

按照国家《建筑工程质量检验评定标准》一般抹灰的质量应符合下列规定：

(1) 保证项目

各抹灰层之间及抹灰层与基体之间必须粘结牢固，无脱层、空鼓、面层无爆灰和裂缝等缺陷。

(2) 基本项目

1) 一般抹灰表面应符合下列规定：

a. 普通抹灰：表面光滑、洁净，接槎平整；

b. 中级抹灰：表面光滑、洁净，接槎平整。线角顺直清晰（毛面纹路均匀）；

c. 高级抹灰：表面光滑、洁净，颜色均匀，无抹纹，线脚和灰线平直方正，清晰美观。

2) 孔洞、槽、盒和管道后面的抹灰应符合下列规定：

尺寸正确、边缘整齐、光滑；管道后面平整。

3)护角和门窗框与墙体间缝隙的填塞质量应符合以下规定：

护角符合施工规范规定，表面光滑平顺；门窗框与墙体间缝隙填密实，表面平整。

4)分格条（缝）的质量应符合以下规定：

宽度、深度均匀，平整光滑，楞角整齐，横平竖直，通顺。

5) 滴水线和滴水槽应符合以下规定：

流水坡向正确；滴水线顺直；滴水槽深度、宽度均不小于10mm，整齐一致。

(3) 允许偏差项目

1) 表面平整：普通级5mm，中级4mm，高级2mm，用2m靠尺和楔形塞尺检查；

2)阴、阳角垂直：中级4mm，高级2mm，用2m托线板检查；

3) 立面垂直：中级5mm，高级3mm。

4)阴、阳角正方：中级4mm，高级2mm，用方尺和楔形塞尺检查；

5)分格条（缝）平直：中级3mm，拉5m线和尺量检查。

小　结

抹灰层与基层和抹灰层与抹灰层之间必须粘结牢固、无空鼓、脱层。抹灰前应清除基层上起隔离作用的物质，使基层粗糙，基层有一定强度、湿润，以及提高砂浆的粘结力或做结合层。

抹灰层开裂是内力引起的，内力来自砂浆在干燥过程中的收缩。胶结材料与骨料的比例、骨料粒径及级配、基层强度与砂浆种类、操作技术、养护条件、环境等都可能使干缩增大而开裂。

一般抹灰分为普通级、中级、高级三个级别，分别适用于不同场合。

抹灰总厚度是根据基层材料、部位、抹灰等级确定的；每遍抹灰厚度是根据抹灰砂浆种类确定的。

抹灰砂（灰）浆可采用机械或人工拌合，要求配合比正确、拌合均匀、稠度合适。

抹灰基层在抹灰前必需处理。处理前应有检查和交接。除一般处理外，不同材料的基层应有不同的处理方法。

为使抹灰层垂直、平整，抹灰前应找规矩，阴阳角正方，阳角做护角。

纸筋、麻刀、石灰砂浆罩面是传统做法。抹 2mm 厚的膨胀珍珠岩砂浆和刮 1mm 厚大白腻子做法是近年来新的做法。施工条件、作业要求、工艺过程各有差异。

外墙抹灰为增加墙面的装饰效果、避免或减少裂缝、便于施工，一般都要在底灰上分格，面层做分格缝。分格缝用木条按要求粘贴，抹完罩面灰后取出并用水泥浆勾缝。

目前机械喷涂抹灰主要解决了砂浆的垂直和水平运输、砂浆上墙的问题，其他工作还需手工操作。其主要特点是砂浆与基层粘结牢固。生产效率高，劳动强度降低；但落地灰多，清理用工多、抹面层易出现裂缝。

习题

1. 如何使抹灰粘结牢固，防止空鼓、脱层？
2. 抹灰为什么会开裂？如何防止开裂？
3. 抹灰基层表面一般处理的内容有哪些？
4. 混凝土、加气混凝土、粉煤灰制品基层有何特点？抹灰前如何处理？
5. 怎样保证抹灰面垂直、平整？
6. 内墙抹灰阳角为什么要做护角？如何做护角？
7. 抹上层灰时，下层灰为什么要适当干燥？
8. 室内罩面灰有哪些种类？各如何进行施工？
9. 外墙抹罩面灰为什么要分格？如何做分格缝？
10. 试述机械喷涂抹灰的原理？为什么机械喷涂比手工抹灰质量好？
11. 一般抹灰应达到什么质量要求？

6.2 瓷砖饰面

6.2.1 概述

瓷砖饰面是贴面（饰面）类饰面的一种。贴面类饰面的施工方法可分为镶（粘）贴和安装。各种饰面砖及边长小于 40cm 的小规格饰面板采用镶贴的方法；大规格饰面板则采用安装的方法。瓷砖一般用砂（灰）浆粘贴到基层上。目前，镶贴瓷砖也有不用砂（灰）浆的，而是采用胶（如 903 建筑胶粘剂）粘贴的。

瓷砖表面光滑、美观、不吸水，可用于室内需经常擦洗的墙面，如厨房、厕所、盥洗间等。由于瓷砖胎体质地疏松，吸水率较高而耐候性差，一般不用于外饰面。

瓷砖吸水率是瓷砖质量的一个重要指标。吸水率越大，表明其内部有较多的细微而连通的孔隙。因而吸水率大、材质疏松、孔隙多、断面减少，力学强度差；根据试验：一般情况下，在一定范围内，吸水率每增加 1%，瓷砖的抗拉强度降低约 0.5MPa，其抗压、抗折强度也相应降低。吸水率大，抗冻性差；吸水率大，湿膨胀大，因湿膨胀大而引起内应力增加，可引起釉面龟裂；吸水率大，吸水时可将溶于水的各种颜色从坯体中吸进去，在正面透过透明的釉反映出来，造成瓷砖随时间的延续，而使白度下降，花变色、发黄，甚至变成深灰色。因而装饰施工验收规范规定：瓷砖的吸水率不得大于18%。

6.2.2 瓷砖

瓷砖表面挂釉，所以又叫釉面砖。是用瓷土或优质陶土经高温烧制成的饰面材料。瓷砖底胎均为白色，表面挂釉可以是白色的，也可以是各种颜色的，或印制各种图案、花纹的。

(1) 种类和特点

瓷砖有白色、彩色、印花、图案以及装饰瓷砖等多种品种。瓷砖是由氧化钛、氧化钴、氮化铜等经高温煅烧而成，所以颜色稳定，经久不变；其表面光滑，易于清洁，常用种类及特点见表6-4。

釉面砖的种类、特点　　表6-4

种类		特点
白色釉面砖		色纯白、釉面光亮，镶于墙面、清洁大方
彩色釉面砖	有光彩色釉面砖	釉面光亮晶装，色彩丰富雅致
	无光	釉面半无光，不显眼，色泽一致，色调柔和
装饰釉面砖	花釉砖	系在同一砖上，施以多种彩釉，经高温烧成。色釉互相渗透，花纹千姿百态，有良好装饰效果
	结晶釉砖	晶花辉映，纹理多姿
	斑纹釉砖	斑纹釉面、丰富多彩
	理石釉砖	具有天然大理石花纹，颜色丰富，美观大方
图案砖	白地图案砖	系在白色釉面砖上装饰各种彩色图案，经高温烧成。纹样清晰，色彩明朗，清洁优美
	色地图案砖	系在有光或无光彩色釉面砖上，装饰各种图案，经高温烧成。产生浮雕、缎光、绒毛、彩漆等效果。做内墙饰面，别具风格
瓷砖画及色釉陶瓷字	瓷砖画	以各种釉面砖拼成各种瓷砖面，或根据已有画稿烧制釉面砖拼装成各种瓷砖面，清洁优美

(2) 规格尺寸

瓷砖中白色品种是最常用的一种。白色瓷砖有正方形、长方形两种及它们的配件(见图6-8)。规格见表6-5。

白色釉面砖的规格　　表6-5

分类	名称	编号	规格 (mm)				
			长	宽	厚	圆弧半径	
正方形	平边	F_1	152	152	5	—	
		F_2	152	152	6	—	
	平边-边圆	F_3	152	152	5	8	
		F_4	152	152	6	12	
	平边两边圆	F_5	152	152	5	8	
		F_6	152	152	6	12	
	小圆边	F_7	152	152	5	5	
		F_8	152	152	6	7	
		F_9	108	108	5	5	
	小圆边-边圆	F_{10}	152	152	5	5	8
		F_{11}	152	152	6	7	12
		F_{12}	108	108	5	5	8
	小圆边两边圆	F_{13}	152	152	5	5	8
		F_{14}	152	152	6	7	12
		F_{15}	108	108	5	5	8

续表

分类	名称	编号	规格 (mm)				
			长	宽	厚	圆弧半径	
配件砖	阴角条	P_5	152	—	6	22	—
	阳角-端圆	P_6	152	—	6	22	12
	阴角-端圆	P_7	152	—	6	22	12
	阳角座	P_8	50	—	6	22	—
长方形	平边	J_1	152	75	5	—	
		J_2	152	75	5	—	
	长边圆	J_3	152	75	5	8	
		J_4	152	75	6	12	
	短边圆	J_5	152	75	5	8	
		J_6	152	75	6	12	
	左二边圆	J_7	152	75	5	8	
		J_8	152	75	6	12	
长方形	右二边圆	J_9	152	75	5	8	
		J_{10}	152	75	6	12	
配件砖	压顶条	P_1	152	38	6	—	9
	压顶阳条	P_2	—	38	6	22	9
	压顶阴条	P_3	—	38	6	22	9
	阳角条	P_4	152	—	6	22	—
	阴角条	P_9	50	—	6	22	—
	阳三角	P_{10}	—	—	6	22	—
	阴三角	P_{11}	—	—	6	22	—
	腰线砖	P_{12}	152	25	6	—	—

(3) 技术要求

瓷砖按外观质量分为：一级、二级和三级。技术要求和允许公差见表 6-6。

白色釉面砖的允许公差及技术要求

表 6-6

项目	公差值 (mm)	主要技术要求
长度	±0.5	1. 白度不低于 78 度
宽度	±0.5	2. 吸水率不大于 18%
厚度	+0.3～0.2	3. 耐急冷急热性能 105℃至 19±1℃热交换一次不裂
圆弧半径	±0.5	4. 比重 2.3～2.4 (g/cm^3)
		5. 硬度 85～87 (度)

6.2.3 施工准备

(1) 基层处理

镶贴瓷砖的基体应有足够的强度、刚度和稳定性。粘土砖、混凝土、加气混凝土、粉煤灰制品基层的处理与一般抹灰相同，不再赘述。

石膏板基层处理，主要是防潮。对纸面石膏板的防潮处理的实质是对石膏板护面纸的防潮处理。在护面纸上刷或喷一道汽油稀释的熟桐油；或一道含固量 3%的中和甲基硅醇钠；或一道氯乙烯——偏二氯乙烯乳液；或一道乳化熟桐油，能达到防潮的目的。涂刷应均匀，以见湿不流为宜。

对空心石膏板基层，无纸面，是直接对石膏进行防潮处理。对纸面石膏板防潮处理的一些涂料，对无纸石膏板几乎完全没有防潮效果。只有甲基硅醇钠对无纸石膏板防潮效果最明显。故对空心石膏板防潮处理是用含固量 3%的甲基硅醇钠连续喷（刷）两道，以见湿不流为度。

石膏板基层经防潮处理后，直接用聚合物水泥浆粘贴瓷砖。

(2) 抹找平层

用 1∶3 水泥砂浆或 1∶0.5∶3 水泥石灰混合砂浆抹找平层。涂抹方法与一般抹灰的抹底灰相同。

(3) 选砖

贴砖前应先选砖。根据设计要求，挑选规格一致，形状平整方正，不缺棱掉角、不开裂、不脱釉，无凹凸扭曲，颜色均匀的砖块和配件。选砖可采取自制的套板，根据瓷砖的标准尺寸做一个"□"形木框钉在木板上。选砖应一块一块地进行，先将瓷砖从"□"形的木框开口处插入检查，再转 90°插入开口处检查，这样可分出合乎标准尺寸的、大于或小于标准尺寸的三类，即可按大、中、小三类分别堆码。同一类尺寸的应用于同一层间或同一墙面上，以使接缝横平竖直、均匀一致。对矩形的瓷砖可按长、宽制作两个

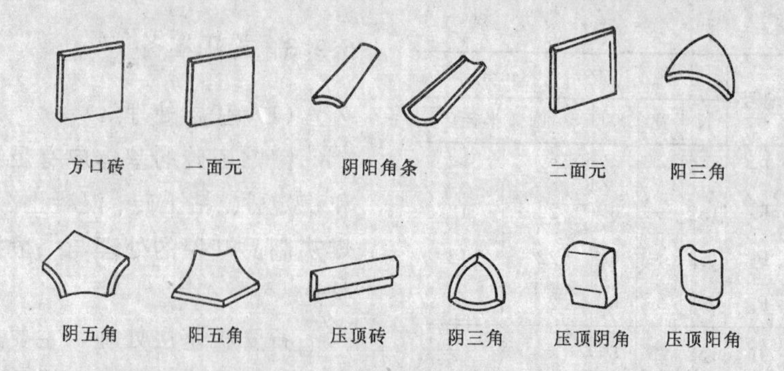

图 6-8　白色釉面砖及配件

“└┘”木框进行，分别选出大、中、小三类。

（4）瓷砖浸水、阴干

瓷砖镶贴前应将砖的背面清理干净，放入清水中浸泡，要浸泡到不冒泡为止，一般不小于 2h。然后拿出来阴干，阴干的时间视气温或环境温度而定，一般约半天的时间，即以瓷砖背面手摸有潮湿感，但无水迹为准。没有浸泡的瓷砖吸水性大，镶贴后会迅速吸收粘贴砂（灰）浆中的水分，使粘贴砂（灰）浆中的水泥不能充分水化，影响粘结强度；而浸水没有阴干的砖，由于表面有水膜，镶贴时会产生砖面浮滑现象，不仅操作不便，而且因水分蒸发会引起瓷砖与基层分离自坠。

（5）预排

瓷砖镶贴前应预排。根据贴瓷砖部位的实际尺寸和瓷砖尺寸，并考虑缝隙宽度统一安排贴砖的行列数。预排要注意：同一墙面的横竖排列都不得有一行以上的非整砖，非整砖应排在次要部位或阴角处。如设计无规定时，瓷砖接缝宽度为 1～1.5mm，用接缝宽度可调整砖的行列。

瓷砖的排列方法有“直缝”排列和“错缝”排列两种，见图 6-9 和图 6-10。

在管线、灯具、卫生设备等的支承部位，应用整砖套割吻合，不得用非整砖拼凑镶贴，以使饰面美观。

若瓷砖的厚薄尺寸不一，可将厚薄不一的砖分开，分别镶贴在不同的墙上；或调节粘贴砂浆的用量来使镶贴面平整。

6.2.4　瓷砖镶贴

（1）墙面镶贴方法

在清理干净的找平层上，根据室内的标准水平线找出地面标高，按贴砖的面积计算出纵横皮数，用墨线弹出瓷砖的水平线和垂直控制线，竖线间距 1m 左右，横线间距 5～10 皮砖，有墙裙的弹在墙裙上口。如用阴阳三角时，则应将镶边位置预先分配好。如竖向有非整砖行，应留在最下一皮砖与地面连接处。

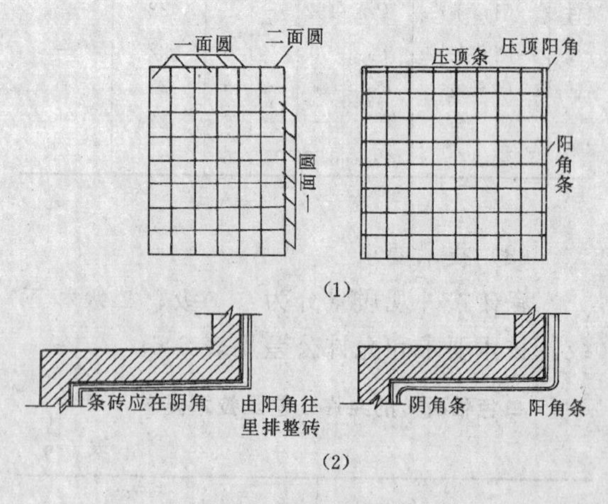

图 6-9　直缝排列

（1）平面；（2）横剖面

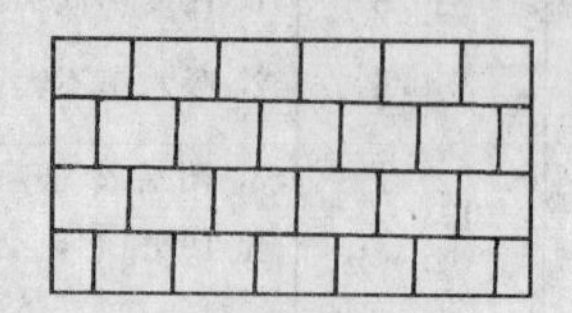

图 6-10　错缝排列

瓷砖墙裙一般较抹灰面凸出 5mm。

1）做标志块

用废瓷砖粘贴在找平层上，上下标志块应用托线板找垂直，横向标志块间距 1.5m 左右，应拉线找平。

在门洞口或阳角处，如有阳三角镶边时，应留出镶边宽度，先镶贴一侧墙面，并用托线板校正靠直。如无镶边，标志块应双面挂直，见图 6-11。

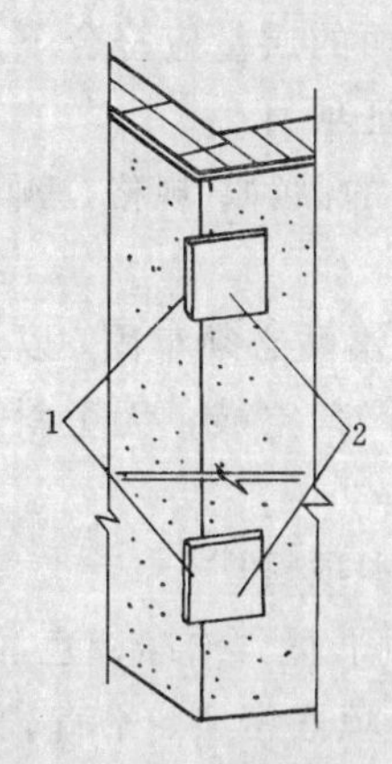

图 6-11 双面挂直

1—小面挂直靠平；2—大面挂直靠平

2）垫底尺

根据计算好的最下皮砖的下口标高，垫放尺板作为第一皮砖下口的标准。底尺上皮一般比地面低 1cm 左右，以便地面压住墙面砖。镶贴时，瓷砖的下口坐在底尺上，防止瓷砖因自重而下滑，故底尺必须水平，摆实摆稳。底尺垫点间距应在 40cm 以内，保证底尺牢固。墙面与地面的相交处有阴三角条镶边时，需将三角条的位置留出后，方可垫底尺。

3）镶贴瓷砖

镶贴瓷砖宜从阳角开始，并由下往上进行镶贴一般用 1∶0.1∶2.5 水泥石灰混合砂浆，用铲刀在瓷砖背面刮满刀灰，厚度 5～6mm，最大不超过 8mm，贴于墙面后用力按压，并用铲刀柄轻轻敲击砖面，使其紧贴于墙面，每行砖镶贴以上口水平线为准。贴完一行以后，要用靠尺横向校正。对高于标志块的用铲刀柄轻轻敲平，低于标志块的，应取下瓷砖重新抹满刀灰镶贴，不得在砖口塞灰，否则会产生空鼓。门口或阴角处以及墙长每间距 2m 左右均应先竖向贴一列砖，做为墙面垂直、平整和砖层的标准，并按此标准向两侧挂线镶贴。如有水池、镜框时，必须以水池、镜框为中心线往两边分贴。镶贴墙裙、浴盆、水池上口和阴阳角处，应使用配件砖。

4）镶贴边角

瓷砖贴到最上一行时，上口必须平直成一线。上口如没有压条镶边，应用一面圆的瓷砖。阳角不用阳角条时，大面一侧必须用一面圆的砖。这一列最上一块砖必须用两面圆的砖。见图 6-9。

制作非整砖时，可根据所需要的尺寸用合金钢錾划痕，折断后在磨石上磨边，也可用无齿锯或电热切割器等切割。

如墙面留有孔洞，应将瓷砖按孔洞尺寸与位置用陶瓷铅笔划好，放在平整的硬物上用小锤和合金錾子轻轻敲凿，先凿面层，后凿内层，凿到符合要求为止。如果使用打眼器打眼，则操作简便，且可保证质量。

5）擦缝

镶贴完后进行质量检查，有无空鼓、不平、缝不直等现象，发现问题应及时返工修理。然后用清水将瓷砖擦洗干净。接缝处用与瓷砖颜色相同的石膏灰（潮湿的房间不得使用）或水泥浆擦嵌密实，并将瓷砖表面擦净。

（2）顶棚镶贴

镶贴前，应把墙上的水平线移到墙顶交接处，四边均弹水平线，校核顶棚方正、阴阳角找直，并按水平线将顶棚找平。如墙与顶棚全贴瓷砖，则房间要求规方，阴阳角均应方正，墙与顶棚交接成 90°直角。排砖时，非整砖应留在墙面同一方向，使墙和顶棚砖缝交圈。镶贴前应先贴标志块，间距 1.2m。其他操作方法与镶贴墙面相同。

（3）瓷砖镶贴方法的改进

用普通水泥砂浆或水泥石灰混合砂浆镶贴瓷砖是传统的施工方法。其缺点是粘结砂浆层厚，镶贴瓷砖时不容易掌握平整度，施工效率低。

在普通砂（灰）浆中加适量的聚合物，如聚乙烯醇缩甲醛（即107胶）、聚醋酸乙烯乳液等，便成为聚合物水泥砂（灰）浆。聚合物水泥砂（灰）浆的和易性较普通砂（灰）浆有很大改善，凝结时间变长。采用聚和物砂（灰）浆镶贴瓷砖，对改善施工操作，提高饰面质量，加快施工速度都十分有利。

由于聚合物砂浆凝结速度变慢，瓷砖镶贴时就有充足的时间将镶贴的瓷砖拨缝调正，使压平对线的工作做得更好，不致因多拨动瓷砖而出现脱壳现象。

聚合物砂浆保水性好，减少了泌水沉淀，砂浆稠度变化慢，可连续2～3h，不需重新搅拌，从而提高了工效；另外还可减少因砂浆泌水而引起墙面砂浆流淌，使操作面较洁净，减少了洗刷墙面的工作量。砂浆保水性好，所以对基层干湿度要求不很严格，在底灰完成后隔天即可镶贴，如底灰做完相隔时间较长，在清扫干净，喷水湿润，待无水迹后便可镶贴；

由于聚合物水泥浆的流动性和饱水性好，镶贴时粘结灰浆厚度可在3mm以下，这样在硬底薄层上镶贴容易平整，对镶贴工人的技术要求可适当放宽，低级工也可镶贴墙面。

1）聚合物水泥砂浆法

用1：2的水泥砂浆，掺水泥重量2%～3%的107胶。先将砂浆拌合均匀，再将107胶用两倍水稀释加入砂浆中继续搅拌，使其充分混合，稠度6～8cm。镶贴时，用铲刀将聚合物水泥砂浆均匀涂抹在瓷砖背面，厚度在5mm左右，四周刮成斜面，按线就位，用手轻压，再用橡皮锤轻轻敲击，使其与找平层贴紧，用靠尺找平。

2）聚合物水泥浆法

用掺水泥重量5%的107胶的水泥浆镶贴瓷砖，聚合物水泥浆满刮瓷砖背面，厚度3mm左右，贴于墙面用手轻压，并用橡皮锤轻轻敲击。并随时用棉丝或干布将挤出的浆液擦净。贴好的瓷砖不要碰撞，以免错动。聚合物水泥浆应随拌随用，在收工前应全部用完。

注：在选择聚合物时，107胶应慎用。

6.2.5 质量标准

按照国家《建筑工程质量检验评定标准》瓷砖饰面的质量应符合下列规定：

（1）保证项目

1）瓷砖的品种、规格、颜色和图案必须符合设计要求。

2）瓷砖镶贴必须牢固，以水泥为主要粘结材料时，严禁空鼓，无歪斜、缺楞掉角和裂缝等缺陷。

（2）基本项目

1）表面平整、洁净、色泽协调一致。

2）接缝填嵌密实、平直、宽窄一致，颜色一致，阴阳角处的砖压向正确，非整砖的使用部位适宜。

3）突出物周围砖套割质量：用整砖套割吻合、边缘整齐，墙裙、贴脸等上口平顺，突出墙的厚度一致。

（3）允许偏差项目

1）表面平整2mm。用2m靠尺和楔形塞尺检查。

2）立面垂直2mm。用2m托线板检查。

3）阳角方正2mm。用200mm方尺和楔形塞尺检查。

4）接缝平直2mm。拉5m线检查，不足5m拉通线和尺量检查。

5）墙裙上口平直2mm。拉5m线检查，不足5m拉通线和尺量检查。

6）接缝高低0.5mm。用直尺和楔形塞尺检查。

镶贴瓷砖要达到上述标准，必须加强工序控制：严格遵守工艺操作规程，严肃工艺纪律；主动控制工序活动条件质量；及时检查工序活动效果质量。班组应开展“三检”活动，即自检、互检、交接检。和“三工序”活动，即检查上道工序、保证本道工序、服务　下道工序。

小　结

瓷砖除外观质量外，吸水率是其质量的一个重要指标。吸水率大，其力学强度、抗冻性差，易龟裂、变色。瓷砖吸水率按规定不大于18％。

为了使瓷砖镶贴缝隙平直、颜色均匀一致美观，必需选砖，按大、中、小尺寸堆码，同类尺寸的砖分别用于同一层间或同一墙面上。

采用砂（灰）浆粘贴时，为保证粘贴牢固和便于施工，瓷砖应泡水、阴干。如采用胶粘剂粘结，基层和瓷砖均应干燥。

瓷砖镶贴前应进行预排弹线，尽可能减少非整砖，非整砖应排在阴角处或不显眼的部位。

瓷砖镶贴的工艺是：基层处理——→抹找平层——→预排弹线——→做标志块——→垫底尺——→镶贴——→擦缝——→清理

（镶贴 ←——阴干←——泡水←——选砖）

用聚合物水泥（砂）浆粘贴瓷砖、聚合物（砂）灰浆的保水性好、粘结力强。聚合物砂浆粘结层厚度可在5mm左右，聚合物水泥浆粘结层厚度可在3mm左右。在硬底薄层上进行镶贴，质量好、工效高、操作简便、省工省料。

瓷砖镶贴按保证项目、基本项目、允许偏差项目进行检查，按《建筑安装工程质量检验评定统一标准》评定质量等级。

习题

1. 为什么瓷砖不宜用于室外？贴好的瓷砖使用几年后为什么有的砖会出现裂缝、变色？
2. 瓷砖镶贴前为什么要选砖？如何选砖？
3. 瓷砖镶贴前为什么要泡水、阴干？
4. 瓷砖镶贴应怎样进行弹线排砖？镶贴的工艺过程有哪些？
5. 瓷砖镶贴应达到什么质量标准？如何进行检查？

第7章 钢筋混凝土工程

7.1 概述

7.1.1 钢筋混凝土的概念

钢筋混凝土是由钢筋和混凝土两种力学性能完全不同的材料组成。

混凝土的主要组成材料为水泥,砂子,石子和水,有时还加入减水剂或其它外加剂。它的主要特点是抗压强度高，抗拉强度低，在拉应力作用下很容易开裂。如图7-1（*a*）所示的一素混凝土梁，在荷载作用下，其跨中横截面中性轴上部为受压区，中性轴下部为受拉区。由于混凝土的抗拉强度很低，在荷载不大时，受拉区的拉应力即超过混凝土的抗拉强度，而引起混凝土开裂，裂缝一旦出现即迅速向上扩展，梁随即产生断裂。这种破坏来得突然，没有预兆，属脆性破坏。如果在混凝土梁受拉区配置一定数量的钢筋，用钢筋来承担由荷载所产生的拉应力，其破坏情况完全不同于素混凝土梁。因此，由钢筋和混凝土所组成的构件就称为钢筋混凝土构件见图7-1（*b*）。

（1）钢筋混凝土结构的优、缺点及应用范围

1）优点：

a. 强度高。钢筋混凝土的强度很高，适用于做各类承重结构,近代许多高层建筑,都是采用钢筋混凝土建造的。

b. 耐久性能好。由于混凝土将钢筋包裹在内，阻止钢筋与外界接触，在正常情况下，它可保持长期不生锈，而混凝土的强度又能随龄期的增长还有所增加。因此，钢筋混凝土结构具有良好地耐久性,无需保养和维修。

c. 耐火性好。由于钢筋被包裹在混凝土内，而混凝土又是阻燃的不良传热导体，即使遇上火灾，钢筋也不会由此而丧失其承载能力,故钢筋混凝土结构具有较好地耐火性。

d. 具有可模性。根据工程实际需要，钢筋混凝土可制成各种形状和尺寸的构件。

e. 抗震性能好。由于钢筋混凝土结构多采用整体浇筑，故结构的整体性就好。而结构的抗震能力与结构的整体性有关，整体性越好，抗震能力愈高。因此，只要设计合理，钢筋混凝土结构具有良好地抗震性能。

f. 就地取材。钢筋混凝土除钢筋和水泥外，所需大量砂石材料，可就地取材，减少了材料的运输，降低工程造价。

2）缺点

a. 自重大。钢筋混凝土的自重大，因此，

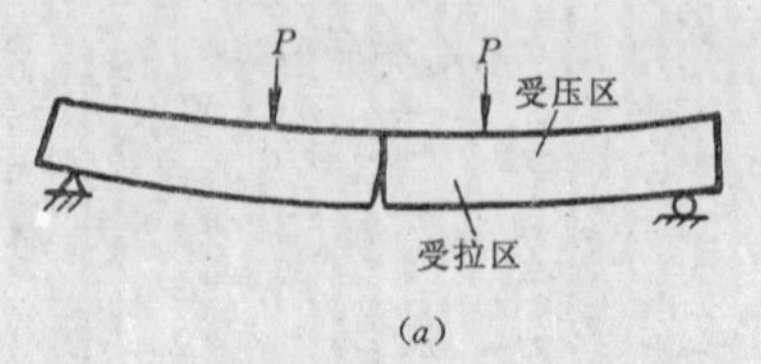

(*a*)

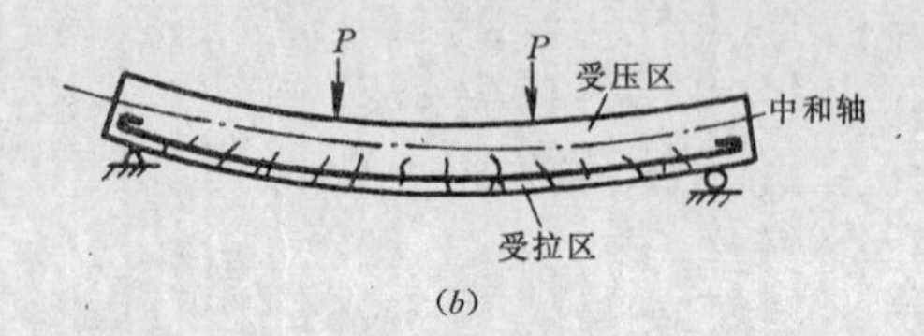

(*b*)

图7-1 梁的受力情况

（*a*）素混凝土梁；（*b*）钢筋混凝土梁

其使用范围受到限制。减轻自重大的方法，可采用预应力混凝土结构和具有一定强度的轻混凝土。

b. 费材、费工、费时。在整体浇筑钢筋混凝土结构时，需用大量的模板和模板支架，劳动用工也相应的多；施工时必须待混凝土达到一定强度时方可拆除模板，故施工工期较长。

c. 抗裂性差。在正常使用时，普通钢筋混凝土结构往往带裂缝工作，这对要求不开裂的结构是很不利的。

钢筋混凝土除上述主要缺点外，还有隔热、隔音性能较差，加固和返修困难，以及施工的季节性等缺点。

3) 应用范围：由于钢筋混凝土结构具有很多优点，因此在基本建设中广泛应用。如一般民用和公共建筑；单层和多层工业厂房；市政工程；水工建筑；国防工程；以及特种结构，如贮油罐、料仓、水塔、轨枕、管道、电杆、烟囱等。随着改革开放的深入，科学技术的发展，新技术、新材料、新工艺、新设备的广泛应用，钢筋混凝土结构的应用范围、将不断地扩大。

(2) 混凝土的力学性能

混凝土的力学性能主要有：混凝土的强度和变形。

1) 混凝土的强度。材料的强度是指材料所能承受的极限应力。混凝土的强度大小与材料的质量和配合比有关，同时与混凝土的养护、龄期、受力情况、试验方法也有着密切的关系。工程中常用的混凝土强度有：立方体抗压强度 (f_{cu})、轴心抗压强度 (f_c)、轴心抗拉强度 (f_t)、弯曲抗压强度 (f_{cm})。

a. 混凝土立方体抗压强度——f_{cu}：混凝土立方体抗压强度是衡量混凝土强度的主要指标。我国《混凝土结构设计规范》(GBJ10—89)（以下简称《混凝土规范》）规定：用边长为 150mm 的标准立方体试件，在标准条件下养护 28d 后，采用标准试验方法所测定的抗压强度，称为立方体抗压强度，用符号 f_{cu} 表示。

我国《混凝土规范》规定，混凝土强度等级分为 12 级：C7.5、C10、C15、C20、C25、C30、C35、C40、C45、C50、C55、C60，其中 C 表示混凝土，C 后的数字表示混凝土的立方体抗压强度标准值，单位为 N/mm^2。如 C25 为混凝土的立方体抗压强度标准值为 $25N/mm^2$。

在实际工程中，钢筋混凝土结构的混凝土强度等级不宜低于 C15；当采用Ⅱ级钢筋时，混凝土强度等级不宜低于 C20；当采用Ⅲ级钢筋以及承受重复荷载的构件，混凝土强度等级不得低于 C20。

预应力混凝土结构的混凝土强度等级不宜低于 C30；当采用碳素钢丝、钢铰线、热处理钢筋作预应力钢筋时，混凝土强度等级不宜低于 C40。

b. 混凝土的轴心抗压强度——f_c：实际工程中的受压构件大多数为棱柱体，而不是立方体，即构件的长度远大于截面尺寸。因此，这一类构件的混凝土抗压强度应采用棱柱体轴心抗压强度，简称为轴心抗压强度，用符号 f_c 表示。其强度标准值 f_{ck}、强度设计值 f_c 参见表 7-1、表 7-2。

c. 混凝土的轴心抗拉强度——f_t：混凝土试件在轴向拉伸时的极限强度称为轴心抗拉强度，用符号 f_t 表示。它在结构设计中是确定钢筋混凝土抗裂度的重要指标。

混凝土的抗拉强度很低，一般只有抗压强度的 $\frac{1}{9}\sim\frac{1}{18}$，在钢筋混凝土构件的强度计算中，一般不考虑混凝土的抗拉作用。但对于使用过程中不允许开裂的构件，就应该考虑混凝土的抗拉作用。其强度标准值 f_{tk}、强度设计值 f_t 参见表 7-1、表 7-2。

d. 混凝土的弯曲抗压强度——f_{cm}：混凝土的弯曲抗压强度 f_{cm} 不是通过试验测定的。因为，梁在弯曲时受压区混凝土为非均匀受压。当压应变 $\varepsilon_0 \leq 0.002$ 时，应力与应变关系曲线为抛物线，当压应变 $\varepsilon_0 > 0.002$ 时，

混凝土强度标准值（N/mm²） 表 7-1

项次	强度种类	符号	混凝土强度等级											
			C7.5	C10	C15	C20	C25	C30	C35	C40	C45	C50	C55	C60
1	轴心抗压	f_{ck}	5	6.7	10	13.5	17	20	23.5	27	29.5	32	34	36
2	弯曲抗压	f_{cmk}	5.5	7.5	11	15	18.5	22	26	29.5	32.5	35	37.5	39.5
3	抗　　拉	f_{tk}	0.75	0.9	1.2	1.5	1.75	2	2.25	2.45	2.6	2.75	2.85	2.95

混凝土强度设计值（N/mm²） 表 7-2

项次	强度种类	符号	混凝土强度等级											
			C7.5	C10	C15	C20	C25	C30	C35	C40	C45	C50	C55	C60
1	轴心抗压	f_c	3.7	5	7.5	10	12.5	15	17	19.5	21.5	23.5	25	26.5
2	弯曲抗压	f_{cm}	4.1	5.5	8.5	11	13.5	16.5	19	21.5	23.5	26	27.5	29
3	抗　　拉	f_t	0.55	0.65	0.9	1.1	1.3	1.5	1.65	1.8	1.9	2	2.1	2.2

应力与应变关系曲线呈水平线，其极限压应变 $\varepsilon_\mu=0.0033$，相应的最大应力取为混凝土弯曲抗压强度 f_{cm}。我国《混凝土规范》规定，无论梁的截面相对受压区高度有多大，统一取混凝土的弯曲抗压强度设计值与轴心抗压强度设计值的关系为：

$$f_{cm}=1.1f_c$$

混凝土的弯曲抗压强度标准值和强度设计值见表 7-1，表 7-2。

2）混凝土的变形。混凝土的变形分为两类：第一类是混凝土的受力变形，包括在一次短期荷载、长期荷载和重复荷载作用下的变形；第二类是混凝土的体积变形，如混凝土收缩和膨胀产生的变形。

A. 混凝土在一次短期荷载作用下的变形：混凝土在一次短期荷载作用下的应力-应变曲线，是研究钢筋混凝土构件的截面应力，建立强度计算和变形计算理论必不可少的依据。混凝土受压时的应力-应变曲线见图 7-2。

B. 混凝土的弹性模量—E_c：混凝土棱柱体受压时的应力-应变曲线原点的切线斜率，称为原点弹性模量、用符号 E_c 表示，如图 7-2。不同强度等级的混凝土，其弹性模量 E_c 也不同，可查表 7-3，也可由下式计算。

$$E_c=\frac{10^5}{2.2+\frac{34.7}{f_{cu}}}$$

C. 混凝土的收缩和徐变

a. 混凝土的收缩：混凝土在空气中结硬时体积缩小的现象称为收缩。收缩将引起钢筋混凝土开裂和对预应力混凝土结构产生预应力损失等不利影响。减少混凝土的收缩，避免对结构产生不利影响，其措施有：

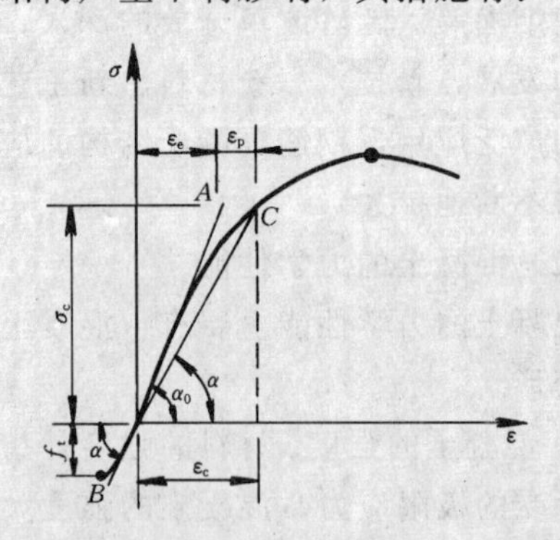

图 7-2　棱柱体一次加载的 σ-ε 曲线

混凝土弹性模量 E_c 表 7-3

项次	混凝土强度等级	弹性模量（N/mm²）
1	C7.5	1.45×10^4
2	C10	1.75×10^4
3	C15	2.20×10^4
4	C20	2.55×10^4
5	C25	2.80×10^4
6	C30	3.00×10^4
7	C35	3.15×10^4
8	C40	3.25×10^4

续表

项次	混凝土强度等级	弹性模量（N/mm²）
9	C45	3.35×10⁴
10	C50	3.45×10⁴
11	C55	3.55×10⁴
12	C60	3.60×10⁴

控制水灰比、减少水泥用量；骨料的弹性模量要大；混凝土应振捣密实；加强养护。

b. 混凝土的徐变：混凝土在长期不变荷载作用下，其应变随时间继续增长的现象，称为混凝土的徐变。徐变将增大混凝土构件的变形和在预应力结构中引起预应力损失的不利影响。减少徐变的措施有：

减少水泥用量，控制水灰比；骨料弹性模量要大，增加骨料用量可减少混凝土徐变；加强养护；在条件许可的情况下，延长加荷前混凝土的龄期。

（3）钢筋的力学性能

钢筋的分类及钢筋的力学性能，请见本章第三节钢筋工程，此处不再叙述。各种钢筋、钢丝的强度标准值、强度设计值、钢筋的弹性模量分别见表 7-4～表 7-8。

钢筋强度标准值（N/mm²） **表 7-4**

项 次	种	类	f_{yk}或f_{pyk}或f_{ptk}
1	热轧钢筋	Ⅰ级（A_3、AY_3）	235
		Ⅱ级（20MnSi、20MnNb（b）） d≤25 d=28～40	 335 315
		Ⅲ级（25MnSi）	370
		Ⅳ级（40Si2MnV，45SiMnV，45Si2MnTi）	540
2	冷拉钢筋	Ⅰ级（d≤12）	280
		Ⅱ级 d≤25 d=28～40	450 430
		Ⅲ级	500
		Ⅳ级	700
3	热处理钢筋	40Si2Mn（d=6.0） 48Si2Mn（d=8.2） 45Si2Cr（d=10.0）	1470

钢丝、钢绞线强度标准值（N/mm²） **表 7-5**

项 次	种	类	f_{stk}或f_{ptk}
1	碳素钢丝	ϕ4 ϕ5	1670 1570
2	刻痕钢丝	ϕ4	1470

续表

项次	种类			f_{stk}或f_{ptk}	
3	冷拔低碳钢丝	甲级		Ⅰ级	Ⅱ级
			$\phi4$	700	650
			$\phi5$	650	600
		乙级			
			$\phi3\sim\phi5$	550	
4	钢绞线		9.0（$7\phi3.0$）	1670	
			12.0（$7\phi4.0$）	1570	
			15.0（$7\phi5.0$）	1470	

钢筋强度设计值（N/mm^2）　**表 7-6**

项次	种类		f_y或f_{py}	f'_y或f'_{py}
1	热轧钢筋	Ⅰ级（A_3、AY_3）	210	210
		Ⅱ级（20MnSi、20MnNb（b））		
		$d\leqslant25$	310	310
		$d=28\sim40$	290	290
		Ⅲ级（25MnSi）	340	340
		Ⅳ级（40Si2MnV、45SiMnV、45Si2MnTi）	500	400
2	冷拉钢筋	Ⅰ级 $d\leqslant12$	250	210
		Ⅱ级 $d\leqslant25$	380	310
		$d=28\sim40$	360	290
		Ⅲ级	420	340
		Ⅳ级	580	400
3	热处理钢筋	40Si2Mn（$d=6$） 48Si2Mn（$d=8.2$） 45Si2Cr（$d=10$）	1000	400

注：1. 在钢筋混凝土结构中，轴心受拉和小偏心受拉构件的钢筋抗拉强度设计值大于 310N/mm² 时，仍应按 310N/mm² 取用；其他构件的钢筋抗拉强度设计值大于 340N/mm² 时，仍应按 340N/mm² 取用；对于直径大于 12mm 的Ⅰ级钢筋，如经冷拉，不得利用冷拉后的强度。

2. 当钢筋混凝土结构的强度等级为 C10 时，光面钢筋的强度设计值应按 190N/mm² 取用，变形钢筋（包括月牙钢筋和螺纹钢筋）的强度设计值应按 230N/mm² 取用。

3. 构件中配有不同种类的钢筋时，每种钢筋根据其受力情况应采用各自的强度设计值。

钢丝、钢绞线强度设计值（N/mm^2）　**表 7-7**

项次	种类		f_y或f_{py}	f'_y或f'_{py}
1	碳素钢丝	$\phi4$	1130	400
		$\phi5$	1070	
2	刻痕钢丝	$\phi5$	1000	360
3	钢绞线	$d=9.0$（$7\phi3$）	1130	360
		$d=12.0$（$7\phi4$）	1070	
		$d=15.0$（$7\phi5$）	1000	

续表

项次	种类		f_y 或 f_{py}	f'_y 或 f'_{py}
4	冷拔低碳钢丝	甲级	Ⅰ级	Ⅱ级
		400 $\phi4$	460	430
		$\phi5$	430	400
		乙 $\phi3\sim\phi5$		
		用于焊接骨架和焊接网时	320	320
		用于绑扎骨架和绑扎网时	250	250

注：1. 冷拔低碳钢丝作预应力钢筋时，应按表 9-5 规定的钢丝强度标准值逐盘进行检验，其强度设计值应按甲级采用；乙级冷拔低碳钢丝可按分批检验，并宜作焊接骨架、焊接网、架立筋、箍筋和构造钢筋。

2. 当碳素钢丝、刻痕钢丝、钢绞线的强度标准值不符合表 9-5 的规定时，其强度应进行换算。

钢筋弹性模量 E_s（N/mm^2） **表 7-8**

项次		
1	Ⅰ级钢筋、冷拉Ⅰ级	210×10^3
2	Ⅱ级钢筋、Ⅲ级钢筋、Ⅳ级钢筋、热处理钢筋、碳素钢丝、冷拔低碳钢丝	200×10^3
3	冷拉Ⅱ级钢筋、冷拉Ⅲ级钢筋、冷拉Ⅳ级钢筋、刻痕钢丝、钢绞线	180×10^3

（4）钢筋与混凝土的共同工作

钢筋和混凝土是两种力学性能完全不同的材料，两者组合在一起共同工作的主要原因有：

1)钢筋与混凝土两种材料的温度线膨胀系数大致相同。钢筋的温度线膨胀系数为 0.00002，混凝土的温度线膨胀系数为 0.00001～0.000014。所以，当温度发生改变时，不致产生较大的温度应力而破坏钢筋与混凝土之间的整体性。

2)混凝土硬化后，在钢筋与混凝土之间产生良好的粘结力，将钢筋与混凝土可靠地粘结在一起，从而保证构件在受力时，钢筋与混凝土共同变形，而不产生相对滑动。

3)钢筋被包裹在混凝土中间，混凝土能很好地保护钢筋，免于受外界的侵蚀，从而增加了结构的耐久性，使构件始终处于整体工作状态。

7.1.2 施工要求

为保证钢筋混凝土工程的施工质量，施工时应满足下列要求：

（1）对模板的要求

1)应保证结构和构件各部分形状、尺寸、标高和位置的正确；

2)模板及支架应保证有足够的强度、刚度和稳定性；

3)模板应构造简单、便于加工，便于拆除；

4)模板接缝应严密，缝隙和孔洞应堵严，以防止漏浆；

5)模板内的积水、垃圾、木屑等物质应及时清除，木模板在混凝土浇筑前应浇水湿润。

（2）对钢筋的要求

1)钢筋的级别、直径、数量、位置、排列应符合设计图纸的要求；

2)混凝土的保护层厚度应符合《混凝土规范》规定；

3)钢筋上的浮锈、油污应清除干净；

4)预埋件的数量、位置及预留孔洞应符合设计图纸的要求；

5)钢筋骨架绑扎应牢固，接头位置、搭接长度应符合《混凝土规范》规定；

6)钢筋工程在钢筋混凝土结构中属隐蔽工程，检查结果应填入隐蔽工程记录中备案。

(3) 对混凝土的浇筑要求

1) 混凝土必须分层浇筑，分层厚度及要求，见后第五节混凝土工程；

2) 为保证混凝土的整体性，混凝土必须连续浇筑。如因技术上、设备和人力的限制，混凝土不能连续浇筑而需要留置施工缝时，应满足施工缝留置的原则；

3) 混凝土应在其初凝前进行浇筑，如出现混凝土初凝，应将混凝土再进行一次强力搅拌后，再进行浇筑；

4) 混凝土在浇筑前如出现离析现象，应重新搅拌后才能进行浇筑；

5) 混凝土浇筑时，其自由倾落高度应满足：

a. 对于素混凝土及钢筋混凝土工程，一般不超过 2m。

b. 对于钢筋配置较密或不便于捣实的结构，最大不应超过 0.6m。

6) 混凝土应捣实，并及时加以养护；

7)在混凝土初凝后、终凝前应防止振动，只有在混凝土强度达到 $12N/mm^2$ 以后，才允许在其上继续进行施工活动。

小　结

1. 混凝土的强度有：混凝土立方体抗压强度 f_{cu}、混凝土轴心抗压强度 f_c、混凝土轴心抗拉强度 f_t、混凝土弯曲抗压强度 f_{cm}。

2. 混凝土的变形有：混凝土在一次短期荷载作用下的变形、混凝土的弹性模量、混凝土的收缩和徐变。

3. 钢筋和混凝土共同工作的原因有：钢筋与混凝土的温度线膨胀系数大致相同；混凝土结硬后在钢筋间产生良好的粘结力；钢筋被包裹在混凝土中而受到混凝土的保护。

4. 为保证钢筋混凝土工程的施工质量，施工时应满足：对模板的要求、对钢筋的要求、对混凝土的浇筑要求。

习题

1. 钢筋混凝土结构有那些优缺点及其应用范围？

2. 什么叫混凝土立方体抗压强度？《混凝土规范》规定混凝土的强度等级为多少级？在实际工程中混凝土的强度等级该如何选择？

3. 什么是混凝土的收缩和徐变？其对工程结构有哪些危害？如何减少收缩和徐变？

4. 钢筋与混凝土是两种力学性能完全不相同的材料，为什么它们能共同工作？

5. 钢筋混凝土工程的施工要求有哪些？

7.2 钢筋混凝土结构设计简介

7.2.1 钢筋混凝土结构设计基本原理

(1) 结构的功能要求

钢筋混凝土结构设计的基本目的是：以最经济的手段，使所设计的结构在规定的使用期内，具备预定的各种功能。

建筑结构应满足的功能为：

1) 安全性。即结构在正常施工和正常使用条件下，承受可能出现的各种作用的能力（如荷载、温度变化、外加变形等），以及偶然作用（如撞击、爆炸、地震）发生时或发生后，仍能保持整体稳定性的能力。

2）适用性。即结构在正常使用条件下，应具有良好的工作性能的能力。

3）耐久性。即结构在正常维护条件下，随时间的变化，在设计所规定的年限内，仍能满足其预定的功能要求的能力。

建筑结构的安全性、适用性和耐久性统称为结构的可靠性，结构的可靠性用可靠度来度量。可靠度是指建筑结构在规定的使用年限内（一般取50年），在正常设计、正常施工和正常使用的条件下，如结构的安全性、适用性和耐久性均能满足要求，则该结构是可靠的，否则就是不可靠的。

（2）结构的极限状态

极限状态是指结构或结构的一部分，超过某一特定状态就不能满足设计所规定的某一功能要求，此特定状态称为该功能的极限状态。

我国《建筑结构设计统一标准》(GBJ68—84）将结构的极限状态分为以下两类：

1）承载能力极限状态。结构或结构构件达到最大承载能力或不适于继续承载的变形时的状态，称为承载能力极限状态。当结构或结构构件出现下列状态之一时，即可认为超过了承载能力极限状态：

a. 整个结构或结构的一部分作为刚体失去平衡（如滑移和倾覆等）；

b. 结构构件或连接因材料强度不足而破坏（疲劳破坏），或因过度的塑性变形而不适于继续承受荷载；

c. 结构变为机动体系；

d. 结构或结构构件丧失稳定（如压杆失稳等）。

承载能力极限状态主要考虑结构的安全性，而结构的安全又关系到人的生命和财产的安危。因此，应严格地控制结构或结构构件，不容许其超过承载能力极限状态。

2）正常使用极限状态。结构或结构构件达到正常使用或耐久性的某项规定值的状态，称为正常使用极限状态。当结构或结构构件出现下列状态之一时，即可认为超过了正常使用极限状态：

a. 影响正常使用或外观产生过大的变形；

b. 影响正常使用或耐久性的局部破坏（如裂缝等）；

c. 影响正常使用的振动；

d. 影响正常使用的其它特定状态。

正常使用极限状态主要考虑建筑结构的适用性和耐久性，一般不会危及人和财产的安全。

（3）建筑结构荷载

建筑结构在使用过程中要承受各种“作用”。“作用”又分为直接作用和间接作用，直接作用包括施加在结构上的各种荷载；间接作用包括引起结构变形或约束变形的原因，如地基不均匀沉降、温度变化等。

1）荷载的分类

A. 荷载按作用的时间长短来划分：

a. 永久荷载：又称为恒载，其值不随时间变化，如结构自重、土压力等。

b. 可变荷载：又称为活荷载，其值随时间变化，如楼面活荷载、风荷载、雪荷载、吊车荷载、积灰荷载等。

c. 偶然荷载：在结构使用期内，其可能出现、也可能不会出现，如一旦出现，其量值极大，且持续时间很短，如撞击力、爆炸力、地震荷载等。

B. 按荷载空间位置变异来划分：

a. 固定荷载：其在结构上具有固定分布的荷载，如结构构件的自重、结构上固定设备的重量等。

b. 移动荷载：其在结构上任意分布的荷载，如工业厂房中的吊车荷载等。

C. 按荷载对结构的反应来划分：

a. 静力荷载：不使结构或结构构件产生加速度，或所产生加速度可忽略不计的荷载，如结构自重、楼面活荷载等。

b. 动力荷载：使结构或结构构件产生加

速度，如设备的振动，作用在高耸结构上的风荷载等。

2）荷载的代表值；《建筑结构荷载规范》(GBJ9—87) 中给出了三种荷载代表值：荷载标准值、荷载准永久值和荷载组合值。

a. 荷载标准值：荷载标准值是指建筑结构在使用期间，在正常情况下可能出现的最大荷载值。荷载标准值分为：恒载标准值；民用建筑楼、屋面活荷载标准值；雪荷载标准值；风荷载标准值。荷载标准值的计算参见《建筑结构荷载规范》(GBJ9—87)。

b. 可变荷载准永久值：在对结构构件进行变形和裂缝宽度计算时，应考虑在荷载长期作用下对构件刚度和裂缝宽度的影响，所以可变荷载应采用准永久值。其值的计算参见《建筑结构荷载规范》(GBJ9—87)。

c. 可变荷载组合值：当结构上同时作用两种或两种以上可变荷载时，应采用可变荷载组合值。其值的计算参见《建筑结构荷载规范》(GBJ9—87)。

(4) 概率极限状态设计法

在进行建筑结构设计时，应针对上述两类极限状态，根据结构的特点和使用要求给出的具体标准限值，以作为结构设计的依据，这种以相应结构各种功能要求的极限状态作为结构设计依据的设计方法，称为极限状态设计法。采用以概率理论为基础的极限状态设计法，称为概率极限状态设计法。其实用设计表达式为：

1）承载能力极限状态设计表达式：

$$S=\gamma_0(\gamma_G c_G G_k+\gamma_{Q1}c_{Q1}Q_{1k}+\sum_{i=2}^{h}\psi_{Qi}\gamma_{Qi}C_{Qi}Q_{ik})=R(f_c、f_s\alpha_k\cdots\cdots)$$

式中 r_0——结构重要性系数，安全等级为一级、二级和三级的结构构件，可分别取 1.1、1.0 和 0.9；

S——荷载效应设计值，分别表示轴力 N、弯矩 M、剪力 V 设计值等；

R——结构构件的设计抗力；

f_c、f_s——混凝土、钢筋的设计强度；

α_k——截面几何参数标准值；

G_k——永久荷载标准值；

Q_{1k}——第一个可变荷载标准值，该可变荷载标准值的效应大于其它任意第 i 个可变荷载标准值的效应；

r_G——永久荷载分项系数，一般采用 1.2，当永久荷载效应对结构构件承载能力有利时，采用 1.0；

γ_{Q1}、γ_{Qi}——第一个和其它第 i 个可变荷载分项系数，一般情况采用 1.4（当楼面可变荷载 ≥ $4kN/m^2$ 时，采用 1.3）；

c_G、c_{Q1}、c_{Qi}——永久荷载、第一可变荷载和第 i 个可变荷载的荷载效应系数；

ψ_{ci}——第 i 个可变荷载组合系数，当风荷载与其它可变荷载组合时采用 0.6，其它情况采用 1.0。

荷载分项系数和可变荷载组合系数，参见表 7-9 和表 7-10。

荷载分项系数　　表 7-9

荷载类别	荷载特性	荷载分项系数 γ_G、γ_Q
永久荷载	荷载效应对结构不利时	1.2
	荷载效应对结构有利时 永久荷载效应与可变荷载效应变号	1.0
	倾覆和滑移时	0.9
可变荷载	一般情况	1.4
	≥$4kN/m^2$ 的楼面均布可变荷载	1.3

可变荷载效应组合系数　　表 7-10

可变荷载组合情况		一般组合 (ψ_{C1})	简单组合 (ψ)
不包括风荷载		1.0	1.0
包括风荷载	第 1 项	1.0	0.85
	第 i 项	0.6	

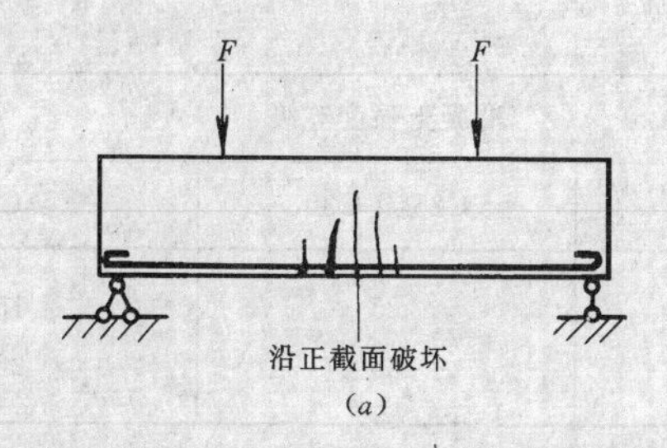

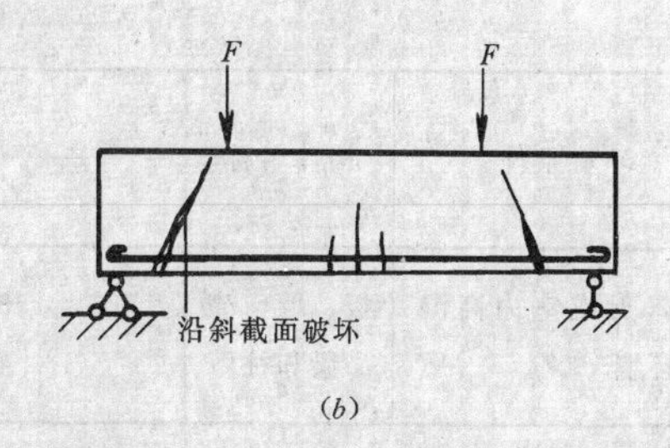

图 7-3 受弯构件的破坏截面

2) 正常使用极限状态验算：对于正常使用极限状态，结构构件应分别按荷载的短期效应组合和长期效应组合进行验算，以满足结构构件的使用要求。使变形、裂缝等设计值不得超过各种结构设计规范规定的容许值。

7.2.2 钢筋混凝土受弯构件

受弯构件是指以弯曲变形为主的构件。它是钢筋混凝土结构中用得最多的一种基本构件，如房屋建筑中的梁和板，工业厂房中的吊车梁等就是典型的受弯构件。

受弯构件在荷载作用下，截面上将产生弯矩和剪力。在弯矩作用下，构件可能在跨中部位沿正截面产生破坏如图 7-3 (*a*)；在弯矩和剪力共同作用下，构件还可能在支座附近沿斜截面产生破坏如图 7-3 (*b*)。

(1) 梁、板的构造要求

一个完整的结构设计，应该是既有可靠的计算依据，又有合理的构造措施，计算依据和构造措施是相辅相成的，二者缺一不可。

1) 纵向受力钢筋的锚固长度。为保证钢筋混凝土构件可靠地工作，纵向受力钢筋必须伸过其受力截面一定长度，以借助于此长度的粘结力把钢筋锚固在混凝土中，故此长度称为锚固长度。纵向受拉钢筋的锚固长度见表 7-11。

纵向受拉钢筋最小锚固长度 l_a **表 7-11**

钢筋类型	混凝土强度等级			
	C15	C20	C25	≥C30
Ⅰ级钢筋（端部带标准弯钩）	40*d*	30*d*	25*d*	20*d*
Ⅱ级钢筋（月牙纹）	50*d*	40*d*	35*d*	30*d*
Ⅲ级钢筋（月牙纹）	—	45*d*	40*d*	35*d*
冷拔低碳钢丝	250mm			

注：1. 当钢筋表面为螺纹且 $d\leqslant25$mm 时，锚固长度按表中数值减去 5*d* 采用；
2. 直径大于 25mm 的月牙纹Ⅱ、Ⅲ级钢筋，锚固长度应按表中及注 1 数值增加 5*d* 采用；
3. 受拉钢筋的锚固长度在任何情况下均不应小于 250mm。

2) 梁、柱、板混凝土保护层。为防止钢筋锈蚀和保证钢筋与混凝土之间的共同工作，梁、柱、板都应具有足够的混凝土保护层，以满足钢筋与混凝土间的紧密粘结。混凝土保护层为钢筋外边缘至截面边缘的距离。梁、柱、板受力钢筋的混凝土保护层最小厚度应符合表 7-12 的规定。

混凝土保护层最小厚度（mm） **表 7-12**

项次	环境条件	构件名称	混凝土强度等级		
			≤C20	C25 及 C30	≥C35
1	室内正常环境	板、墙、壳	15		
		梁和柱	25		

续表

项次	环境条件	构件名称	混凝土强度等级		
			≤C20	C25 及 C30	≥C35
2	露天或室内高湿度环境	板、墙、壳 梁和柱	35 45	25 35	15 25

注：1. 处于室内正常环境由工厂生产的预制构件，当混凝土强度等级不低于C20时，其保护层厚度可按表中规定减少5mm，但预制构件中的预应力钢筋（包括冷拔低碳钢丝）的保护层不应小于15mm；处于露天或室内高湿度环境的预制构件，当表面另作水泥砂浆抹面且有质量保证措施时，保护层厚度可按表中室内正常环境中构件的数值采用。

2. 预制钢筋混凝土受弯构件，钢筋端头的保护层厚度宜为10mm；预制的肋形板、其主肋的保护层厚度可按梁考虑。

3. 处于露天或室内高湿度环境中的构件，其混凝土强度等级不宜低于C25，当非主要承重结构的混凝土强度等级采用C20时，其保护层厚度可按表中C25的规定值采用。

4. 板、墙、壳中分布钢筋的保护层厚度不应小于10mm。梁、柱中箍筋和构造钢筋的保护层不应小于15mm。

5. 要求使用年限较长的重要建筑物和受沿海环境侵蚀的建筑物的承重结构，当处于露天或室内高湿度环境时，其保护层厚度应适当增加。

6. 有防火要求的建筑物，其保护层厚度尚应符合国家现行有关防火规范的规定。

3）梁的构造要求

A. 梁的截面形式及尺寸

a. 梁的截面形式：梁常采用的截面形式有：矩形、T形、工字形、倒L形、十字形、Z字形等见图7-4。

b. 梁的截面尺寸：梁的截面高度与梁的跨度及荷载的大小有关。梁的截面尺寸的确定应满足承载力、刚度和裂缝三方面的要求。一般先从刚度条件出发，由表7-13初步选定梁的截面最小高度。梁的截面宽度常由高宽比来确定。即：

$$\text{矩形截面梁：}b=\left(\frac{1}{2}\sim\frac{1}{2.5}\right)h$$

$$\text{T形截面梁：}b=\left(\frac{1}{2.5}\sim\frac{1}{3}\right)h$$

为了方便施工，梁的截面尺寸应满足统一规定的模数要求。当梁的高度大于250mm时，取50mm的整倍数。

不需作挠度计算梁的截面最小高度

表 7-13

项次	构件种类		简支	两端连续	悬臂
1	整体肋形梁	次梁	$l_0/15$	$l_0/20$	$l_0/8$
		主梁	$l_0/12$	$l_0/15$	$l_0/6$
2	独立梁		$l_0/12$	$l_0/15$	$l_0/6$

注：表中 l_0 为梁的计算跨度，当梁的跨度大于9m时表中数值应乘以1.2。

B. 梁的配筋：在钢筋混凝土梁中一般配置有四种钢筋，即纵向受力钢筋、弯起钢筋、箍筋和架立钢筋，如图7-5中的①、②、③、④号钢筋。

a. 纵向受力钢筋：纵向受力钢筋一般配置在梁的受拉区，承受由弯矩作用而产生的拉应力，其数量由计算确定。

纵向受力钢筋的常用直径为12～25mm，当梁高 $h \geqslant 300$mm时，其直径不宜

(*a*)

(*b*)

(*c*)
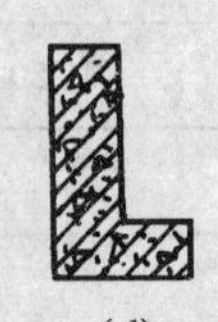
(*d*)

(*e*)
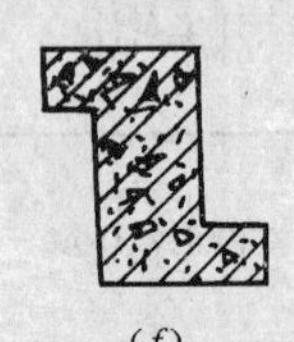
(*f*)

图 7-4　梁的截面形式

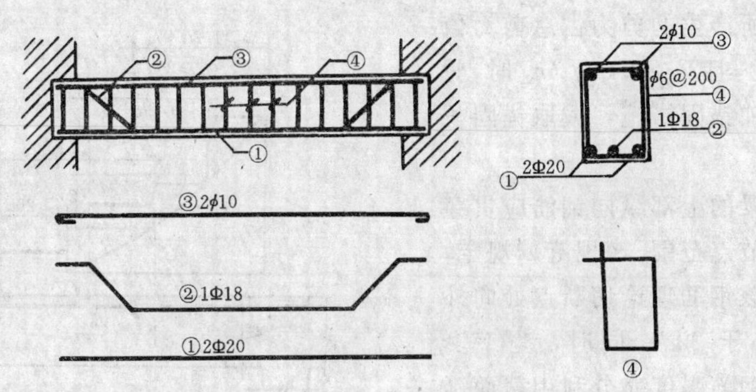

图 7-5 梁的配筋

小于 10mm，当梁高 $h<300$mm 时，其直径不宜小于 6mm。

为了便于混凝土的浇筑以保证混凝土与钢筋之间具有足够的粘结力，对绑扎骨架的钢筋混凝土梁，其纵向受力钢筋间应留有一定的净距。《规范》规定：梁内上部纵向受力钢筋净距不得小于 30mm，且不得小于 $1.5d$；下部纵向受力钢筋净距不得小于 25mm，且不得小于 d（如图 7-6）。

纵向受力钢筋伸入梁支座范围内的根数，当梁宽 $b\geqslant150$mm 时，不应少于 2 根；当梁宽 $b<150$mm 时，可为一根。

伸入支座范围内纵向受力钢筋的锚固长度 l_{as}，如图 7-7，其值应符合下列条件：

当 $V\leqslant0.07f_cbh_0$ 时：$l_{as}\geqslant5d$

当 $V>0.07f_cbh_0$ 时：

月牙钢筋　　　　$l_{as}\geqslant12d$

螺纹钢筋　　　　$l_{as}\geqslant10d$

光面钢筋（带弯钩）$l_{as}\geqslant15d$

因条件限制纵向受力钢筋不能满足上述规定的锚固长度时，常采取的锚固措施有：在纵向受力钢筋上加焊横向钢筋，横向角钢、锚固钢板，或将受力钢筋焊接在支座的预埋件上。如图 7-8。

如焊接骨架中采用光面钢筋作纵向受力钢筋时，则在支座锚固长度 l_{as} 范围内应加焊横向钢筋：当 $V\leqslant0.07f_cbh_0$ 时，至少焊接一根；当 $V>0.07f_cbh_0$ 时，至少焊接二根；横向钢筋的直径不应小于纵向受力钢筋直径的一半；同时，加焊在最外边的横向钢筋，应靠近纵向受力钢筋的末端。

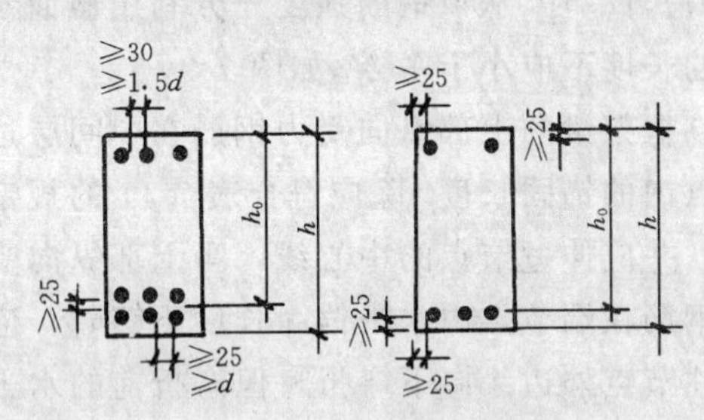

图 7-6 钢筋间距

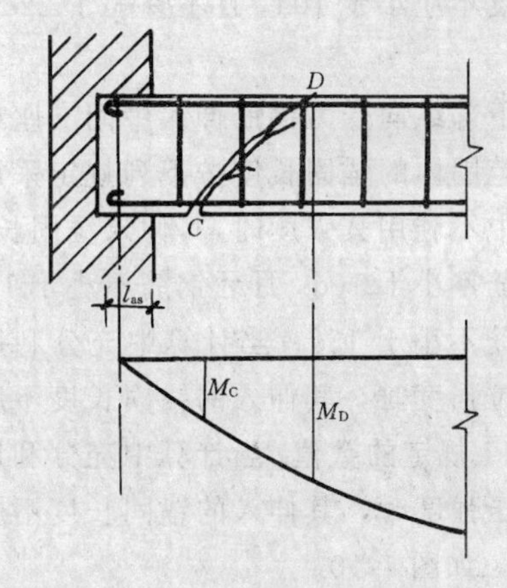

图 7-7 纵向受力钢筋伸入支座范围的锚固

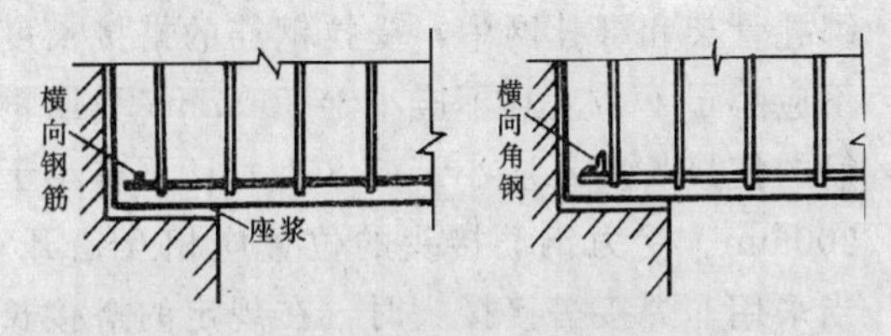

图 7-8 纵向钢筋在支座上的锚图

对于混凝土强度等级小于或等于 C25 的简支梁，在距支座边缘 1.5h 范围内作用有集中荷载（包括作用有多种荷载、且其中集中荷载对支座截面所产生的剪力占总剪力值的75%以上的情况)，且 $V>0.07f_cbh_0$ 时，对变形钢筋宜采用附加锚固措施，或取锚固长度 $l_{as}\geqslant15d$。

连续梁或框架梁的上部纵向钢筋应贯穿其中间支座或中间节点范围。《规范》规定，如需截断时，应由该钢筋理论切断点处向外延伸的长度不应小于 $20d$；同时，当 $V\geqslant0.07f_cbh_0$ 时，从该钢筋强度充分利用截面延伸的长度不应小于 $(1.2l_a+h_0)$；当 $V<0.07f_cbh_0$ 时，从该钢筋强度充分利用截面延伸的长度不应小于 $1.2l_a$ 如图 7-9。

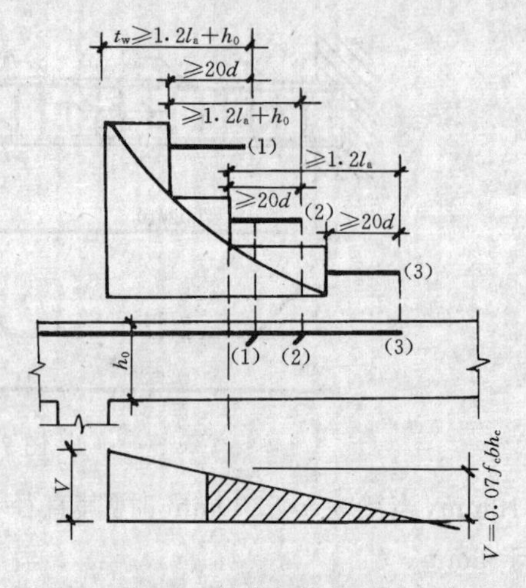

图 7-9 梁内钢筋的延伸长度

框架梁的上部纵向受力钢筋在中间层边节点内的锚固长度，除应符合表 7-11 的规定外，并应伸过节点的中心线，当上部纵向受力钢筋在端节点内水平锚固长度不够时，应沿柱节点外边缘向下弯折，但弯折前的水平锚固长度不应小于 $0.45l_a$，弯折后的垂直锚固长度不应小于 10d，且不宜大于 22d。如图 7-10。

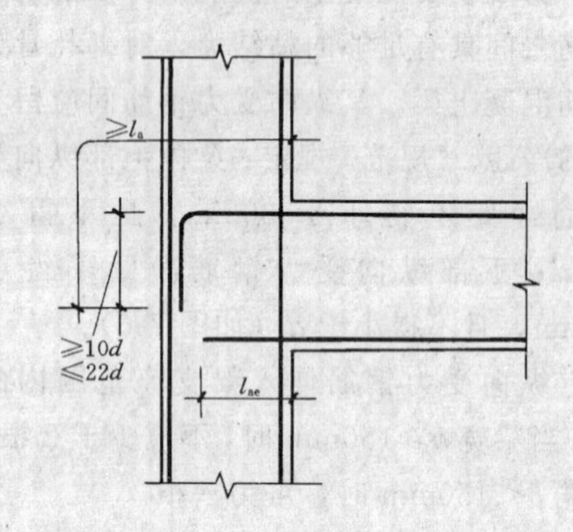

图 7-10 框架中间层端节点

下部纵向受力钢筋伸入中间支座或中间节点范围内的锚固长度按下列规定采用：当计算中不利用其强度时，其伸入锚固长度，螺纹钢筋不小于 10d，月牙钢筋不小于 12d，光面钢筋不小于 15d；当计算中充分利用钢筋的抗拉强度时，其伸入的锚固长度不应小于表 7-11 规定的数值；当计算中充分利用钢筋的抗压强度时，其伸入的锚固长度不应小于 $0.7l_a$，如图 7-10。

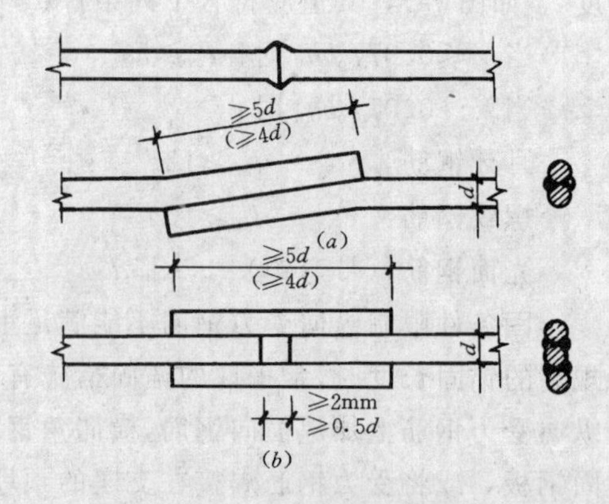

图 7-11 钢筋的焊接

钢筋的接头分为焊接接头如图 7-11 和搭接接头如图 7-12。《混凝土规范》规定：在绑扎骨架和绑扎网中，受拉钢筋的搭接长度不应小于 $1.2l_a$，且不应小于 300mm；受压钢筋的搭接长度不应小于 $0.85l_a$，且不应小于 200mm。受力钢筋接头的位置应相互错开。当采用非焊接搭接接头时，在规定的搭接长度的任一区段内和采用焊接接头时在焊接接头处的 35d，且不小于 500mm 区段内，有接头的受力钢筋截面面积占受力钢筋总截面面积的百分率应满足表 7-14 的规定。

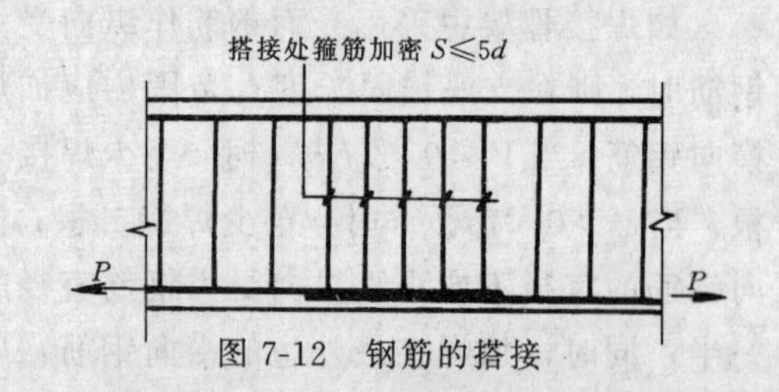

图 7-12 钢筋的搭接

接头区段内受力钢筋

接头面积的允许百分率（%） 表 7-14

接 头 形 式	接头面积允许百分率（%）	
	受拉区	受压区
绑扎骨架和绑扎网中钢筋的搭接接头	25	50
焊接骨架和焊接网的搭接接头	50	50
受力钢筋的焊接接头	50	不限制
预应力钢筋的对焊接头	25	不限制

在绑扎骨架中非焊接接头长度范围内，当搭接钢筋为受拉钢筋时，其箍筋间距不应大于5d，且不应大于100mm；当搭接钢筋为受压钢筋时，其箍筋的间距不应大于10d，且不应大于200mm（d为受力钢筋中的最小直径）如图7-12。

b. 弯起钢筋：弯起钢筋是由纵向受力钢筋在支座附近弯起而成的，弯起部分用来承担斜截面上的剪力和弯距所产生的主拉应力，跨中部分承受由弯矩所产生的拉应力。

弯起钢筋的弯起角度：当梁高 $h\leqslant$ 800mm 时为45°；当梁高 $h>800$mm 时为60°

弯起钢筋的弯终点处应留有锚固长度，其长度在受拉区不应小于20d，在受压区不应小于10d；对于光面钢筋在其末端应设置弯钩如图7-13。位于梁底层两侧的纵向受力钢筋不应作弯起钢筋。《规范》规定：前一排弯起钢筋的弯起点至后一排弯起钢筋的弯终点间的距离如图7-14，应不超过表7-15的规定。

梁中箍筋和弯起钢筋最大间距 S_{max}（mm）

表 7-15

梁高（mm）	$V>0.07f_cbh_0$	$V\leqslant0.07f_cbh_0$
$150<h\leqslant300$	150	200
$300<h\leqslant500$	200	300
$500<h\leqslant800$	250	350
$h>800$	300	500

c. 箍筋：箍筋的作用是承担由弯矩和剪力产生的主拉应力。同时，箍筋通过绑扎或焊接将其它钢筋连接起来，最终形成一个空间的钢筋骨架，箍筋的数量由计算来确定。

如按计算不需要设置箍筋时：当截面高度 $h>300$mm 时，应沿梁的全长设置箍筋；当截面高度 $h=150\sim300$mm 时，仅在构件两端$\frac{1}{4}$跨度范围内设置箍筋，但当在构件中部$\frac{1}{2}$跨度范围内有集中荷载作用时，则应沿梁全长设置箍筋；当截面高度 $h<150$mm 时，可不设置箍筋。

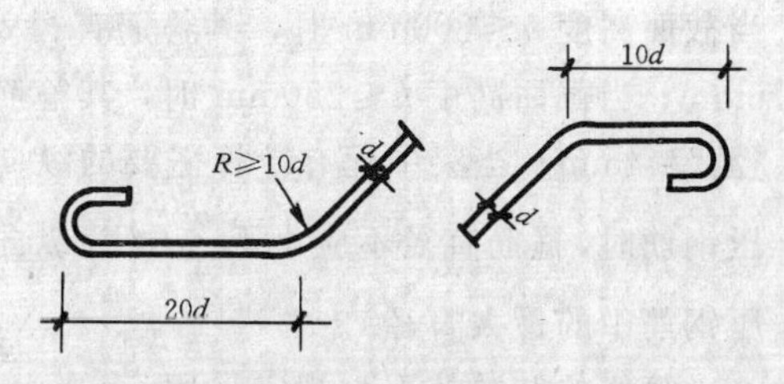

图 7-13 弯筋弯终点处的水平延伸长度

梁内箍筋的间距不能太大，以防止在箍筋之间出现斜裂缝如图7-15，从而降低梁的受剪承载力。《规范》规定，梁内箍筋间距不得超过表7-15规定的最大间距 S_{max}。

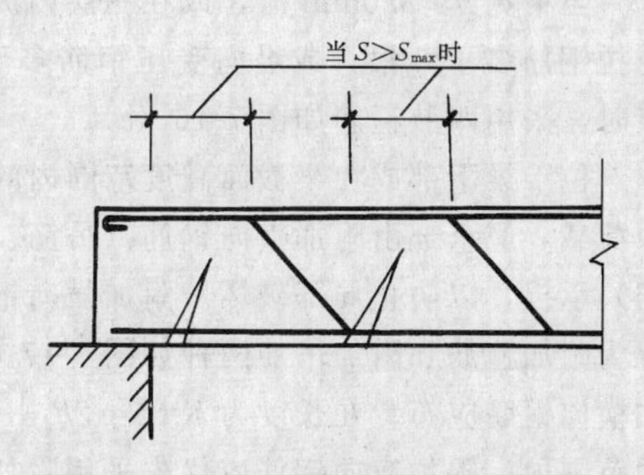

图 7-14 弯起点与弯终点间的距离

当梁中配有计算需要的纵向受压钢筋时，箍筋应做成封闭式如图7-16（*d*）；箍筋的间距在绑扎骨架中不应大于15*d*，在焊接骨架中不应大于20*d*（*d*为纵向受压钢筋中的最小直径），同时在任何情况下均不应大于400mm；当一层内的纵向受压钢筋多于三根时，应设复合箍筋；当一层内的纵向受压钢

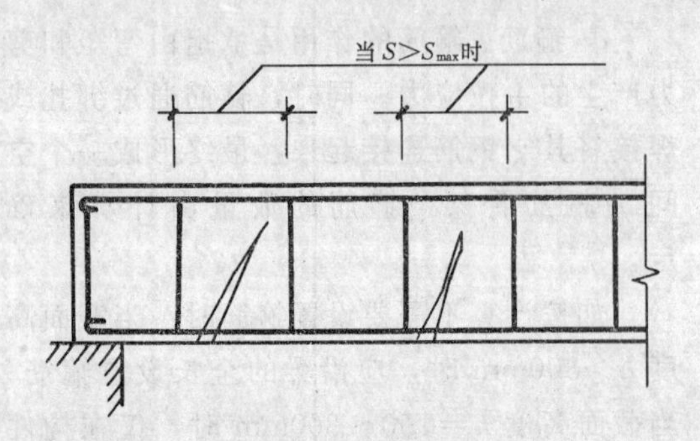

图 7-15　箍筋的间距

筋多于五根且直径大于 18mm 时，箍筋间距不应大于 10d。

箍筋的直径与梁的截面高度有关：当截面高度 $h>800$mm 时，其箍筋直径 $d\geqslant8$mm；当截面高度 $h\leqslant800$mm 时，其箍筋直径 $d\geqslant6$mm；当截面高度 $h\leqslant250$mm 时，其箍筋直径 $d\geqslant4$mm；当梁中配有计算需要的纵向受压钢筋时，箍筋直径不应小于$\frac{d}{4}$（d 为纵向受压钢筋中的最大直径）。

箍筋的肢数按下列规定采用：

当梁宽 $b\leqslant150$mm 时，采用单肢箍筋如图 7-16（a）。

当梁宽 150mm$<b<$350mm 时，采用双肢箍筋如图 7-16（b）。

当梁宽 $b\geqslant350$mm 时，或在一层内纵向受拉钢筋多于 5 根，或纵向受压钢筋多于 3 根时，采用四肢箍筋如图 7-16（c）。

位于梁下部或在梁截面高度范围内的集中荷载，应全部由附加横向钢筋（吊筋、箍筋）承担，以防止局部破坏。附加横向钢筋分为附加箍筋和附加吊筋两种如图 7-17。附加横向钢筋应布置在长度为 S（$S=2h_1+3b$）的范围内，附加横向钢筋应优先采用附加箍筋。

d. 架立钢筋：架立钢筋的作用是固定箍筋和形成钢筋骨架。其设在梁的受压区边缘两侧，与纵向受力钢筋平行，如受压区配有纵向受力钢筋，可不再配置架立钢筋。

架立钢筋的直径与梁的跨度有关，当梁的跨度小于 4m 时，架立钢筋的直径不宜小于 6mm；当梁的跨度等于 4～6m 时，不宜小于 8mm；当梁的跨度大于 6m 时，不宜小于 10mm。

当梁的截面高度超过 700mm 时，在梁的两个侧面沿梁高每隔 300～400mm，应设置一根直径不小于 10mm 的纵向构造钢筋。并用拉筋连接，拉筋的直径同箍筋、间距一般取箍筋间距的 2 倍。如图 7-18。

4）板的构造要求

A. 板的厚度：板的厚度与板的跨度及其所受的荷载大小有关，板的厚度应满足承载

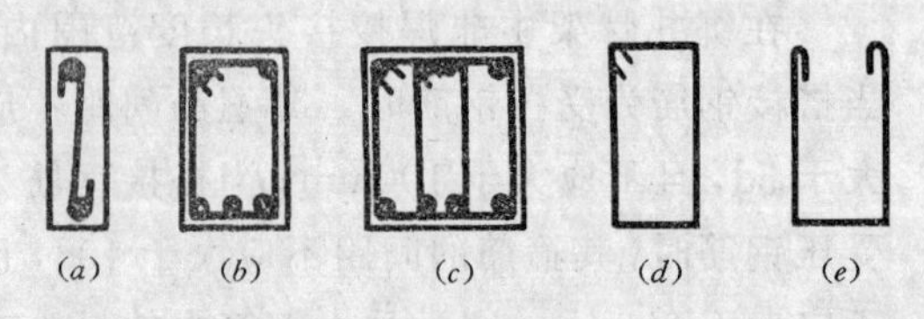

图 7-16　箍筋的肢数和形式

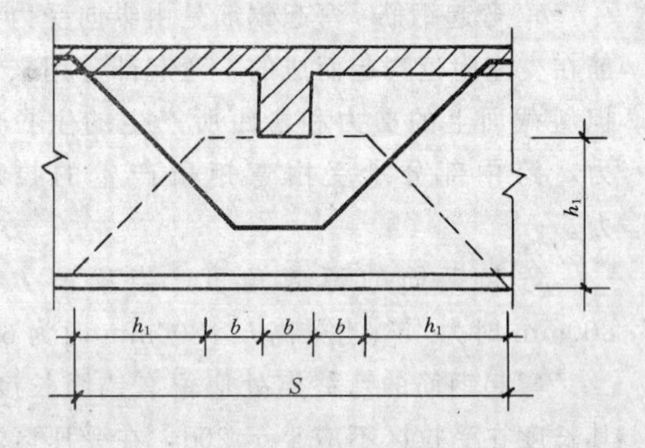

图 7-17　附加横向钢筋（吊筋）

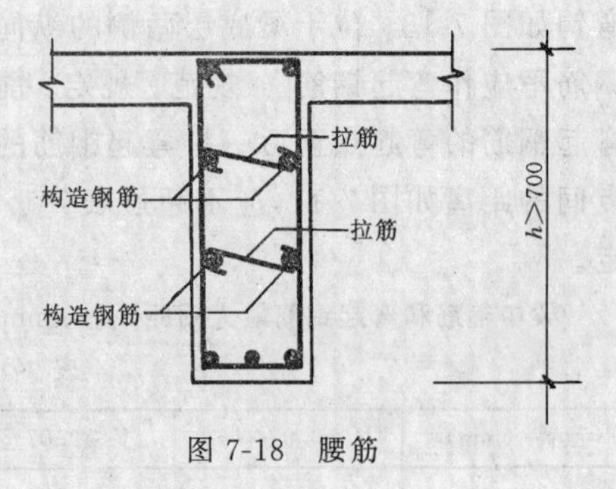

图 7-18　腰筋

能力、刚度和裂缝的要求。从刚度条件出发，板的厚度可以按表 7-16 确定，同时还应不小于表 7-17 的规定。

板的厚度按 10mm 进级。

不需作挠度计算板的最小厚度

表 7-16

项次	支座构造特点	板的厚度
1	简　支	$l_0/30$
2	弹性约束	$l_0/40$
3	悬　臂	$l_0/12$

注：表中 l_0 为板的计算跨度。

现浇板的最小厚度（mm）　表 7-17

屋面板	一般楼板	密肋楼板	车道下楼板	悬臂板
50	60	50	80	70（根部）

B. 板的配筋：在板中一般配置有两种钢筋：受力钢筋和分布钢筋，如图 7-19 所示。

受力钢筋沿板跨方向配置于受拉区，以承担由弯矩作用而产生的拉应力，其数量由计算确定。

分布钢筋与受力钢筋垂直，一般设置在受力钢筋的内侧。分布钢筋的作用：将荷载均匀地传给受力钢筋；抵抗因混凝土收缩及温度变化在垂直于受力钢筋方向的拉力；固定受力钢筋的位置。

a. 受力钢筋：板中受力钢筋的直径常采用 6、8、10、12mm。应尽量选用直径小的钢筋，钢筋的种类在同一板中一般不要多于两种规格。

当采用绑扎钢筋时，板中受力钢筋间距应满足下列要求：

当板厚 $h \leqslant 150$mm 时，间距不应大于 200mm；

当板厚 $h > 150$mm 时，间距不应大于 1.5h，且不应大于 300mm；

板中受力钢筋的间距，不应小于 70mm。

板中伸入支座的下部受力钢筋，其间距不应大于 400mm，其截面面积不应小于跨中受力钢筋截面面积的 1/3。

板中弯起钢筋的弯起角度不宜小于 30°。

简支板的下部纵向受力钢筋应伸入支座，其锚固长度 l_{as} 不应小于 $5d$。当采用焊接网配筋时，其末端至少应有一根横向钢筋配置在支座边缘内见图 7-20（*a*）；如不符合上述要求时，应在受力钢筋末端作成弯钩见图 7-20（*b*）或加焊附加横向锚固钢筋如图 7-20（*c*）。当 $V > 0.07 f_c b h_0$ 时，配置于支座边缘内的横向锚固钢筋不应少于二根，其直径不应小于纵向受力钢筋直径的一半。

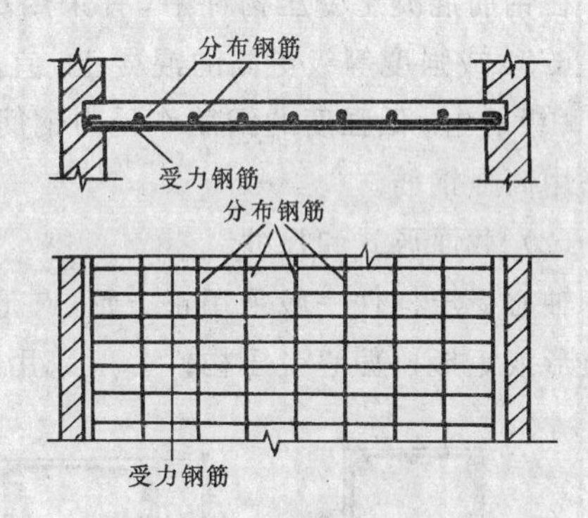

图 7-19　板的截面形式

b. 分布钢筋：板中单位长度上分布钢筋的截面面积，不应小于单位长度上受力钢筋截面面积的 10%，其间距不应大于 300mm。

7.2.3　钢筋混凝土受压构件

钢筋混凝土受压构件是钢筋混凝土结构中应用得最多的另一种基本构件。其根据轴向力作用线与截面形心轴线间的相互关系分为：轴心受压构件和偏心受压构件。当轴向

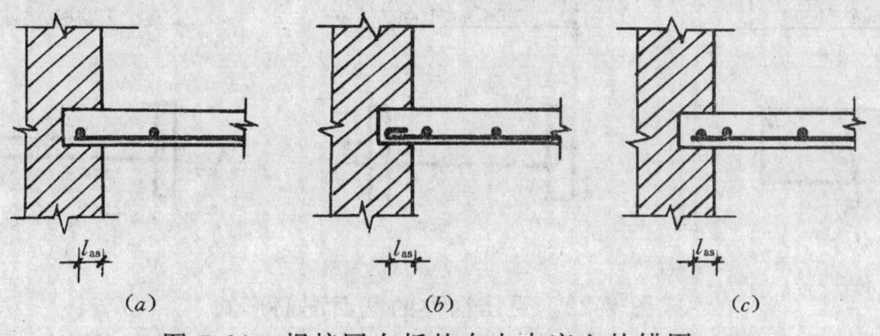

（*a*）　（*b*）　（*c*）

图 7-20　焊接网在板的自由支座上的锚固

力作用线与截面形心轴线重合时，该构件称为轴心受压构件；当轴向力作用线不与截面形心轴线重合时，该构件称为偏心受压构件如图 7-21 所示。

实际上，理想的钢筋混凝土轴心受压构件是没有的。因为钢筋混凝土构件中混凝土的非均匀性、配筋的不对称性以及施工中安装偏差等因素的影响，受压构件截面上的轴向力总是或多或少地具有一定的偏心距，只是这些因素的引起的偏心距很小，计算中忽略不计，简化为轴心受压构件来计算。

下面分别叙述受压构件的构造要求：

(1) 材料

在钢筋混凝土受压构件中，宜采用C20、C25、C30或强度等级更高的混凝土；宜采用Ⅱ、Ⅲ级的中、低强度的钢筋作受力钢筋，不宜采用高强钢筋。

(2) 截面形式和尺寸

轴心受压构件一般采用正方形、圆形、正多边形或矩形；偏心受压构件一般采用矩形工字形截面。

柱截面尺寸的大小，主要取决于构件截面上内力的大小以及构件的长短。为提高受压构件的承载能力，截面尺寸不宜过小，一般截面的短边尺寸为 (1/10～1/15) l_0。为方便施工，柱的截面尺寸要取整数，柱截面尺寸在 800mm 以上者，宜取 100mm 的整倍数；在 800mm 以下者，取用 50mm 的整倍数。

(3) 钢筋

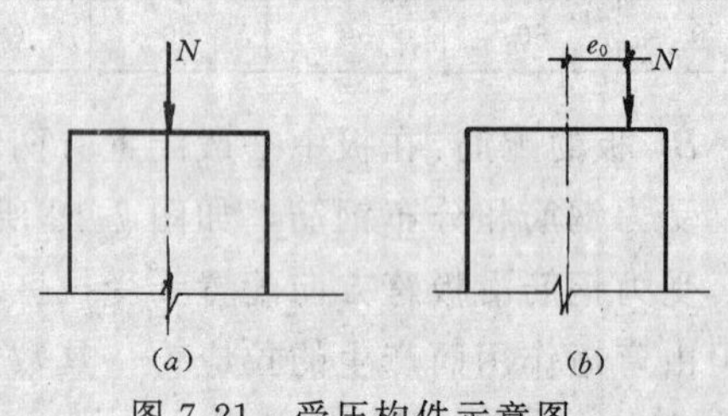

图 7-21 受压构件示意图

1) 纵向受力钢筋。纵向受力钢筋的直径不宜小于 12mm，通常在 12～32mm 范围内选用，宜采用直径较粗的钢筋。柱内纵向受

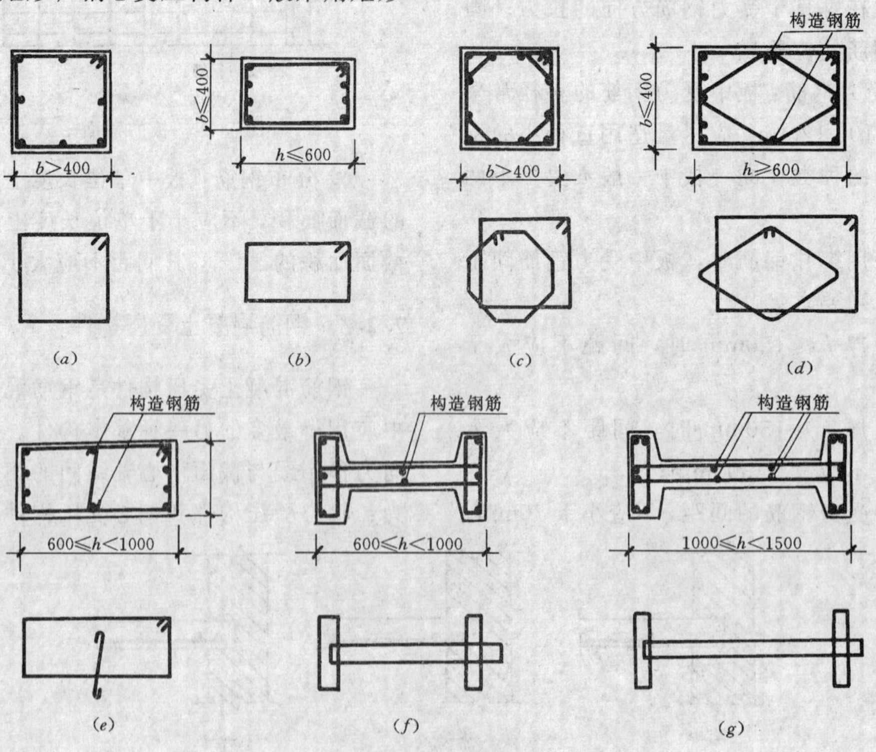

图 7-22 受压构件的截面配筋形式

(a)、(c) 轴心受压构件；(b)、(d)、(e)、(f)、(g) 偏心受压构件

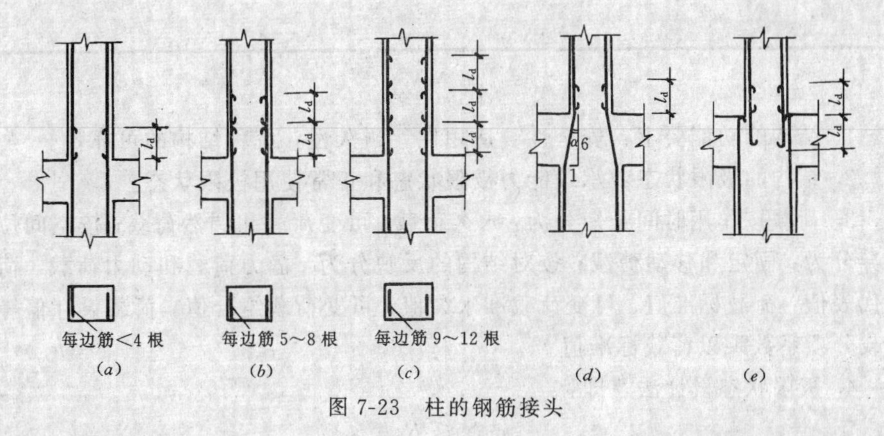

图 7-23 柱的钢筋接头

力钢筋不得少于 4 根。

轴心受压构件的纵向受力钢筋沿截面四周均匀布置；偏心受压构件的纵向受力钢筋应布在垂直于弯矩作用方向的两边，采用对称或非对称配置。

柱内纵向受力钢筋间的净距不应小于 50mm。对水平浇筑的预制柱，其纵向受力钢筋间的净距应满足梁的有关规定。

当偏心受压构件截面高度 $h \geqslant 600$mm 时，应在构件侧面设置直径为 10～16mm 的纵向构造钢筋，并相应地设置复合箍筋或拉筋如图 7-22。

在多层房屋中，柱内纵向受力钢筋的接头位置一般设在各层楼面处。其搭接长度轴心受压时不小于 0.85la，且不小于 200mm；偏心受压柱内纵向受力钢筋的搭接长度不应小于 1.2la，且不应小于 300mm。柱内每边纵筋不多于 4 根时，可在同一水平截面处接头如图 7-23（*a*）；每边为 5～8 根时，应在两个水平截面上接头如图 7-23（*b*）；每边为 9～12 根时，应在三个水平截面上接头如图 7-23（*c*）。当上下柱截面尺寸不同时，且 $\mathrm{tg}\alpha \leqslant 1/6$ 时，下柱钢筋可直接弯折后伸入上柱如图 7-23（*d*）；当 $\mathrm{tg}\alpha > 1/6$ 时，应另加插筋，插筋的直径和根数同上柱受力钢筋如图 7-23（*e*）。

2）箍筋。箍筋一般采用 I 级钢筋，而且应做成封闭式。其作用为固定纵向受力钢筋位置，防止纵向受力钢筋被压屈、增强柱的抗剪强度，提高柱的承载力。

箍筋的直径：当采用热轧钢筋时，箍筋直径不应小于$\frac{d}{4}$，且不小于 6mm；当采用冷拔低碳钢丝时，箍筋直径不应小于$\frac{d}{5}$，且不应小于 5mm（d 为纵向受力钢筋的最大直径）。

箍筋间距：不应大于 400mm，且不应大于构件截面的短边尺寸；同时，在绑扎骨架中，不应大于 $15d$；在焊接骨架中，不应大于 $20d$（d 为纵向受力钢筋的最小直径）。

当柱内全部纵向受力钢筋的配筋率超过 3%时，则箍筋直径不应小于 8mm，且应焊成封闭环式，箍筋间距不应大于 $10d$（d 为纵向受力钢筋的最小直径），且不应大于 200mm。

当柱内各边纵向受力钢筋多于三根时，应设置复合箍筋；当柱子短边不大于 400mm，且纵向钢筋不多于 4 根时，可不设置复合箍筋。

对于截面形状复杂的构件，不允许采用带有内折角的箍筋，避免产生向外的拉力，而使内折角处混凝土破坏如图 7-24。

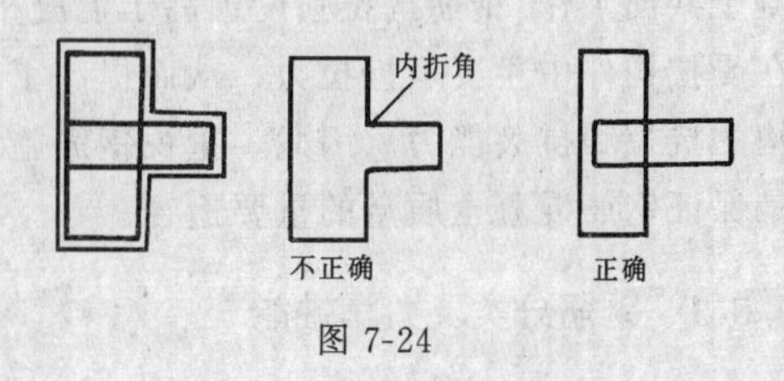

图 7-24

小　结

1. 结构的功能要求：安全性、适用性、耐久性，统称结构的可靠性。

2. 结构的极限状态：承载能力极限状态和正常使用极限状态。

3. 荷载按作用时间长短分为：永久荷载、可变荷载和偶然荷载；按空间位置变异分为：固定和移动荷载；按对结构的反映分为：静力荷载和动力荷载。荷载的代表值：荷载标准值、可变荷载准永久值、可变荷载组合值。荷载设计值等于荷载分项系数乘以荷载标准值。

4. 极限状态设计法，即：

$$S \leqslant R$$

5. 梁、板、柱的构造要求。

6. 钢筋混凝土受压构件分为：轴心受压和偏心受压。在钢筋混凝土受压构件中，不宜采用高强钢筋，因其应力最大只能达到 $400N/mm^2$，采用高强钢筋，其强度不能充分发挥。

习题

1. 钢筋混凝土结构应满足那些功能要求？
2. 什么是结构功能的极限状态？极限状态分为哪两类？
3. 结构上的荷载是如何划分的？荷载的代表值分为哪几种？
4. 什么叫钢筋混凝土受弯构件？受弯构件的破坏截面分为哪两类？
5. 梁的截面尺寸的选择应满足那些要求？
6.《规范》对梁的纵向受力钢筋直径的选择、净距、伸入支座中钢筋的根数是如何规定的？
7.《规范》对箍筋的直径、间距、肢数是如何规定的？架立钢筋的直径应如何选用？
8. 如何确定受压构件的混凝土强度等级钢筋的级别、直径和净距？柱内箍筋的作用有哪些？
9. 为什么在受压构件中不宜采用高强钢筋？

7.3 钢筋工程

钢筋工程的施工工艺包括配料、加工、绑扎、安装等过程，是钢筋混凝土工程的重要组成部分。在钢筋混凝土结构中，钢筋与混凝土共同工作，钢筋抗拉强度远高于混凝土，在受拉构件中主要承担拉力，从而提高了结构的抗拉和抗裂能力。因此，重视钢筋施工是保证钢筋混凝土质量的重要途径。

7.3.1 钢筋分类及力学性能

钢筋是建筑工程中用量最大的钢材品种之一。钢筋是在严格的技术条件下生产的材料，具有品质均匀、强度高，有一定的塑性和韧性，能承受冲击和振动荷载，并且连接方式灵活等优点，在工业与民用建筑中得以广泛采用。

(1) 钢筋的种类

1) 按化学成分划分：钢筋按化学成分可划分为碳素钢钢筋和普通低合金钢钢筋。

a. 碳素钢钢筋：碳素钢钢筋按含碳量分为低碳钢钢筋、中碳钢钢筋和高碳钢钢筋。

低碳钢钢筋，含碳量≤0.25%，如Q235—BF 钢钢筋。Q235—BF 表示屈服强度为 235MPa，质量等级为 B 级的沸腾钢，它具有较高的强度和良好的塑性、韧性、易于焊接，并具有在焊接及气割后机械性能也仍稳定，适合冷热加工。

中碳钢钢筋，含碳量为0.26%～0.60%，其强度较高，但塑性、韧性和可焊性较差。低碳钢和中碳钢钢筋，是建筑工程中主要使用的碳素钢钢筋品种。

高碳钢钢筋，含碳量为0.61%～1.40%，其强度高，施工中主要用于预应力钢筋混凝土的配筋，其品种有光面钢丝、刻痕钢丝和钢绞线等。

b. 普通低合金钢钢筋：普通低合金钢钢筋是在低碳钢和中碳钢的成分中加入少量合金元素(不超过5%)，获得强度高和塑性、韧性和可焊性能均好的钢筋。如常用的20锰硅(20MnSi)，表示平均含碳量为20/10000，主要元素有锰和硅，其平均含量均小于1.5%；40硅2锰钒(40SiZMnV)，表示平均含碳量为40/10000，主要合金元素有硅(平均含量为1.5%～2.49%)、锰和钒(平均含量均小于1.5%)。

2) 按生产工艺划分：钢筋按生产工艺可划分为热轧钢筋、冷拉钢筋、热处理钢筋、钢丝和钢铰线等。

a. 热轧钢筋：由轧钢厂用加热钢坯轧成的钢筋，称为热轧钢筋。热轧钢筋按轧制外形可分为热轧光圆钢筋和热轧带肋钢筋，见图7-25。热轧钢筋按力学性能分为Ⅰ级、Ⅱ级、Ⅲ级、Ⅳ级钢筋，随着级别的增大，钢筋的强度提高，塑性降低。热轧钢筋公称直径、公称截面积和公称质量见表7-18。热轧钢筋广泛应用于钢筋混凝土和预应力混凝土构件的配筋。

公称横截面积与公称质量　　表7-18

公称直径 (mm)	公称横截面面积 (mm^2)	公称重量 (kg/m)
8	50.27	0.395
10	78.54	0.617
12	113.1	0.888
14	153.9	1.21
16	201.1	1.58
18	254.5	2.00
20	314.2	2.47
22	380.1	2.98
25	490.9	3.85
28	615.8	4.83
32	804.2	6.31
36	1018	7.99
40	1257	9.87
50	1964	15.42

注：表中公称质量按密度为7.85g/cm^3计算。

b. 冷拉钢筋：冷拉钢筋是将热轧钢筋在常温下进行强力拉伸，使其产生一定塑性变形，使屈服强度和硬度提高，而塑性和韧性降低的一种钢筋。这种冷拉操作一般在施工工地进行。冷拉还可起到除锈、调直作用。冷拉钢筋适用于钢筋混凝土和预应力混凝土的配筋，但不适于承受冲击和振动荷载的结构及吊环。

c. 热处理钢筋：热处理钢筋是用热轧中碳低合金钢筋经淬火和回火的调质热处理制成。经过热处理的钢筋，具有高强度、高韧性和高粘结力等优点。主要应用于预应力混凝土构件的配筋。

热处理钢筋代号为RB150。按其螺纹外形分为带纵肋和无纵肋两种，见图7-26。公称直径有6mm、8mm、10mm三种。

热处理钢筋系成盘供应，每盘钢筋由一整根100～120m钢筋盘成，开盘后能自行伸直，不需调直、焊接、故施工简便，并可节约钢材。

d. 钢丝：钢丝按生产工艺分为冷拔低碳钢丝和高强圆形钢丝。

冷拔低碳钢丝是将直径为6～10mm的热轧低碳钢圆盘条钢筋，在常温下用拔丝机通过钨合金冷拔模孔以强力拉拔制成。经冷拔后的钢丝强度大幅度提高，而塑性显著降

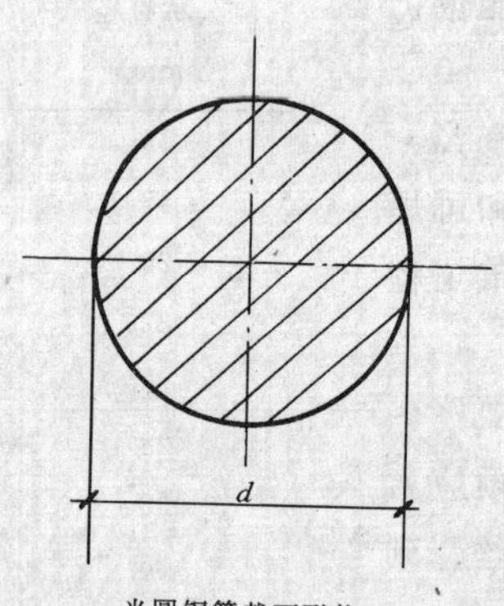

光圆钢筋截面形状

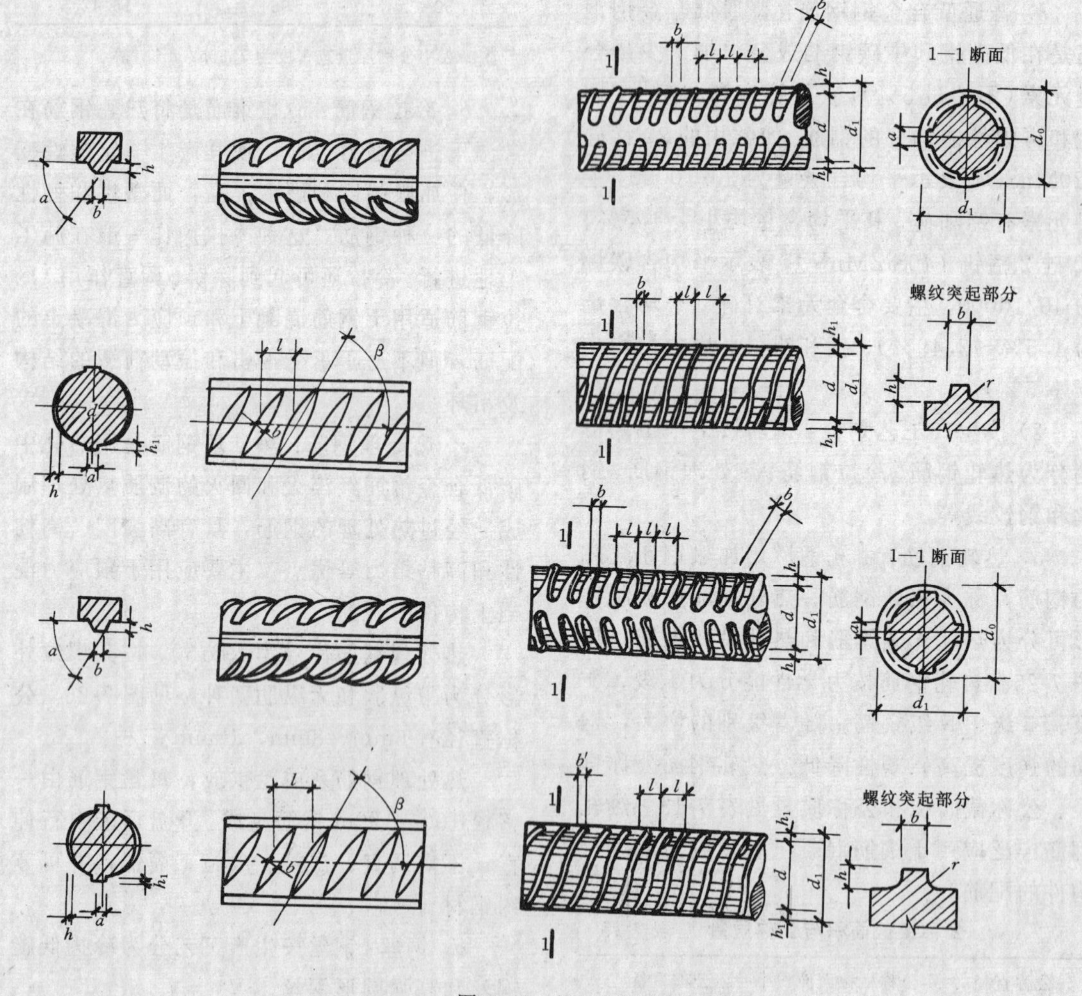

图 7-25　热轧钢筋外形

月牙肋钢筋表面及截面形状

d—钢筋内径；α—横肋斜角；h—横肋高度；

β—横肋与轴线夹角；h—纵肋高度；θ—纵肋斜角；

a—纵肋顶宽；l—横肋间距；b—横肋顶宽

等高肋钢筋表面及截面形状

d—钢筋内径；a—纵肋宽度；h—横肋高度

b—横肋顶宽；h—纵肋高度；l—横肋间距；

r—横肋根部圆弧半径

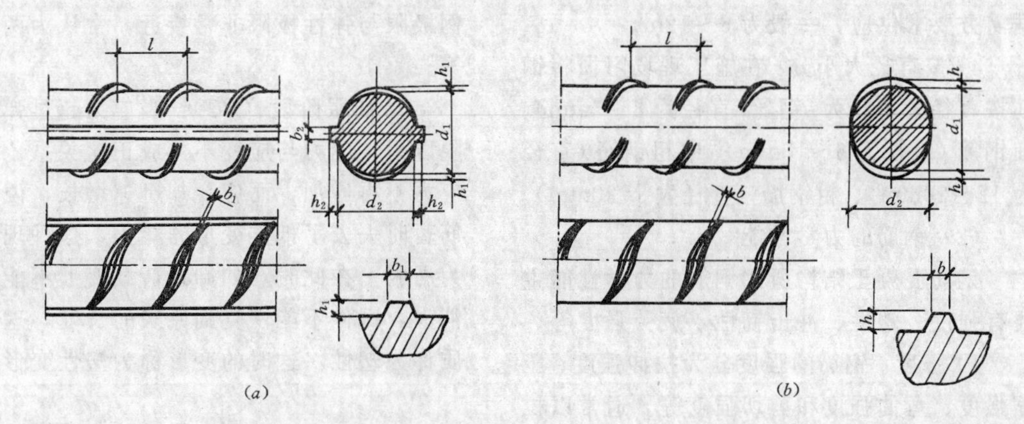

图 7-26　热处理钢筋的外形

(*a*) 有纵肋的热处理钢筋外形尺寸；(*b*) 无纵肋的热处理钢筋外形尺寸

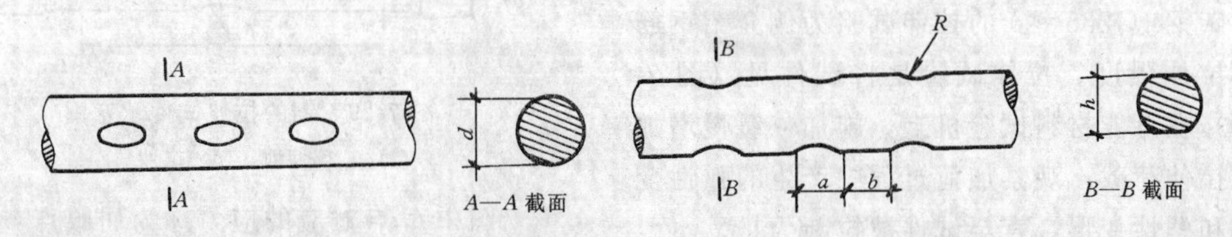

图 7-27　刻痕钢丝外形图

低。冷拔低碳钢丝按强度分为甲级和乙级。甲级用于中小型预应力构件中作预应力钢筋；乙级主要用作焊接骨架、焊接网、箍筋和构造钢筋。

高强圆形钢丝是由高碳钢盘条经淬火、酸洗、冷拔加工制成，又称碳素钢丝或预应力钢丝。高强圆形钢丝按交货状态分为冷拉钢丝（代号为L）及矫直回头钢丝（代号为J）两种；按外形分为光面钢丝及刻痕钢丝(代号为JK)。刻痕钢丝外形见图 7-27。高强圆形钢丝主要用于预应力钢筋混凝土结构的配筋。

e. 钢绞线：预应力钢绞线一般是 7 根钢丝在绞线机上的一根钢丝为中心，其余 6 根钢丝围绕着进行螺旋状绞合，再经低温回火制成，见图 7-28。国内多用 7ϕ4 钢绞线，也有 7ϕ3 和 7ϕ5 钢绞线。

钢绞线按其应力松弛分两级：Ⅰ级松弛、Ⅱ级松弛。钢绞线具有强度高，与混凝土粘结性能好、截面较大，使用根数少，在结构中排列方便、易于锚固等优点，多用于大跨度、重荷载的预应力混凝土结构中。

3）按供货形式分：钢筋按供货形式可分为圆盘条钢筋和直条钢筋两种。

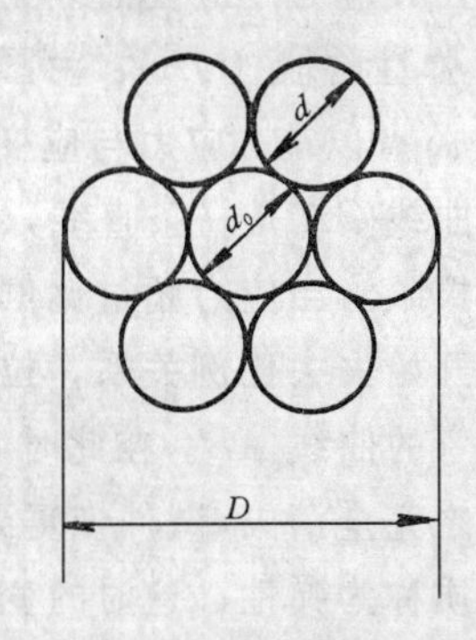

图 7-28　预应力钢绞线截面图

D—钢绞线直径；d_0—中心钢丝直径；

d—外层钢丝直径

圆盘条钢筋又称盘条或盘圆，是卷成盘状供货的钢筋。盘条钢筋公称直径有：5.5、6.0、6.5、7.0、8.0、9.0、10.0、11.0、12.0、13.0、14.0mm 等。盘条钢筋类别应在订货合同中注明，可分为供拉丝用盘条（代号为L）；供建筑及其他用途的盘条（代号为J）。

直条钢筋是以直钢筋绑扎成捆状供货的钢筋。直条钢筋直径为 8mm 及以上，长度根据需方要求供应，一般为 6～12m。

4）按直径大小分：在施工现场习惯将钢筋按直径大小分为：钢丝（直径为 3～5mm）、细钢筋（直径为 6～10mm）、中粗钢筋（直径为 12～20mm）、粗钢筋（直径大于 20mm）。

（2）钢筋的力学性能

钢筋混凝土结构所用钢筋的力学性能主要有强度、塑性、冲击韧性，疲劳强度等。

1）强度。钢筋的强度分为拉伸强度、压缩强度、弯曲强度和剪切强度等。通常以拉伸强度作为最基本的强度值。

钢筋的拉伸强度由拉伸试验测定。现以低碳钢（Q235 钢）的拉伸试验为例介绍钢筋的拉伸强度。拉伸试验是将试件见（图 7-29），在万能材料试验机上，施加一缓慢增加的拉伸荷载，观察加荷过程中产生的弹性变形和塑性变形，直至试件被拉断为止。

低碳钢在外力作用下一般可分为四个阶段，即弹性阶段、屈服阶段，强化阶段和颈缩阶段，其应力—应变曲线见图 7-30。

a. 弹性阶段（*OB*）：由图中可见，在应力达到 A 点以前，应力与应变成正比，应力—应变曲线 *OA* 是一条直线，*A* 点的应力称为比例极限。当应力超过比例极限后，应力与应变开始失去比例关系，拉伸图由直线过渡到微弯的曲线 *AB*。在此时，如卸去荷载，变形随之完全消失，试件恢复到原来的长度，这种性质称为弹性，这时的变形称为弹性变形。

图中 *B* 点对应的应力称为弹性极限，比例极限与弹性极限非常接近，常认为两者相等。

b. 屈服阶段（*BC*）：当应力超过弹性极限以后，应力与应变不再成正比关系。此时应力不再增加，而应变却迅速增长，说明钢筋暂时失去了抵抗变形的能力，这种现象称为屈服。在此时，如卸去荷载变形不能完全消失，试件不能恢复到原来的长度，这种性质称为塑性，这时的变形称为塑性变形。

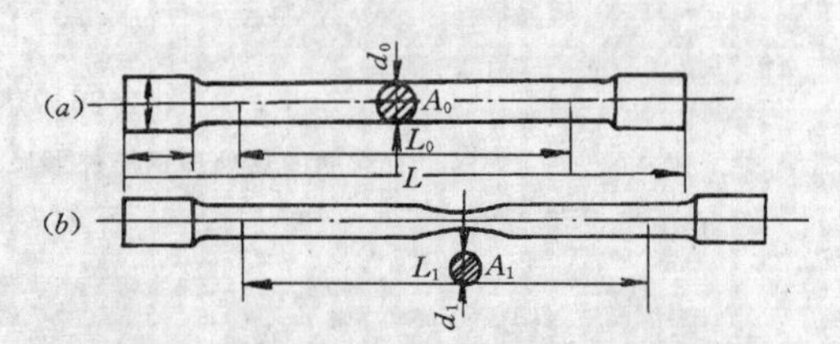

图 7-29 钢的拉伸试件示意图

（*a*）拉伸前；（*b*）拉伸后

图中 *C* 点对应的应力称为屈服点，又称屈服强度，用 σ_s 表示。*C* 上点对应的应力称为上屈服点，用 σ_{Sv} 表示。*C* 下点对应的应力称为下屈服点，用 σ_{Sk} 表示。钢筋受力达到屈服点以后，变形即迅速发展，尽管尚未破坏，但已不能满足使用要求，故设计中一般以屈服点 σ_s 或下屈服点 σ_{SL} 作为拉伸强度为依据。

c. 强化阶段（*CD*）：钢筋经过屈服阶段后，内部组织进行了重新调整，又恢复了抵抗外力的能力，这种现象称为强化。此阶段拉伸图呈上升曲线，应力与应变不成正比，但随应力增大，应变也要增大。图中 *D* 点对应的应力称为极限强度，又叫抗拉强度，用 σ_b

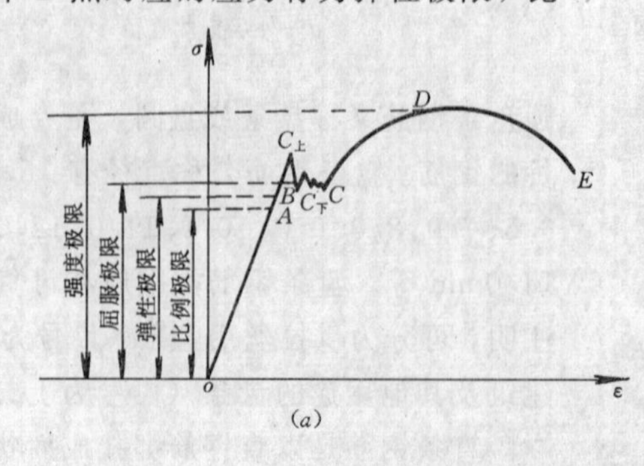

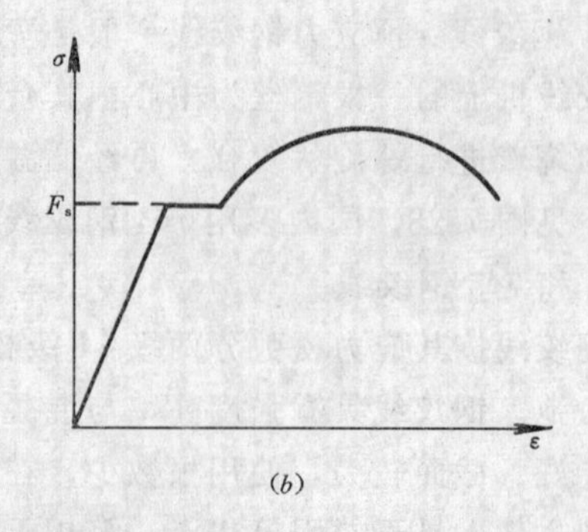

图 7-30 有明显屈服点钢筋 σ-ε 曲线的两种情况

表示。

d. 颈缩阶段（DE）：当荷载继续增加到拉伸图 D 点后，在试件的某一薄弱部分断面开始显著缩小，这种现象称为颈缩，此时拉伸图呈下降曲线，说明应变迅速增大，应力随之下降，最后在 E 点断裂。

中碳钢和高碳钢钢筋的拉伸曲线形状与低碳钢钢筋不同，屈服现象不明显，无屈服点，见图 7-31。这类钢筋的屈服点常用规定残余塑性应变为 0.2%时的应力 $\sigma_{0.2}$ 表示。

屈服点 σ_s 和抗拉强度 σ_b 是衡量钢筋强度的两个重要指标，也是设计中的重要依据。

钢筋受压时的屈服强度与受拉时基本相同。

2）塑性。钢筋的塑性指标有伸长率和冷弯性能。

a. 伸长率：伸长率是钢筋试件拉断时标距长度的增量与标距原始长度的百分比，用 δ 表示，见图 7-29。伸长率越大表示塑性越好。

$$\delta = \frac{L_1 - L_0}{L_0} \times 100\%$$

式中 L_0——试体标距原始长度（mm）；

L_1——试件拉断时标距长度（mm）。

b. 冷弯：冷弯是在常温下将钢筋试件以规定尺寸的弯芯直径 d 进行试验，弯曲至规定角度（180°或 90°）、检查试件弯曲处的外面及侧面，不产生裂缝、鳞落或断裂现象，则该试件冷弯合格，见图 7-32。冷弯是保证钢筋在加工、使用时不开裂、弯断或脆断的重要性能。钢筋试件出现裂纹之前的弯曲角度 α 愈大，弯芯直径愈小，表示塑性愈好。

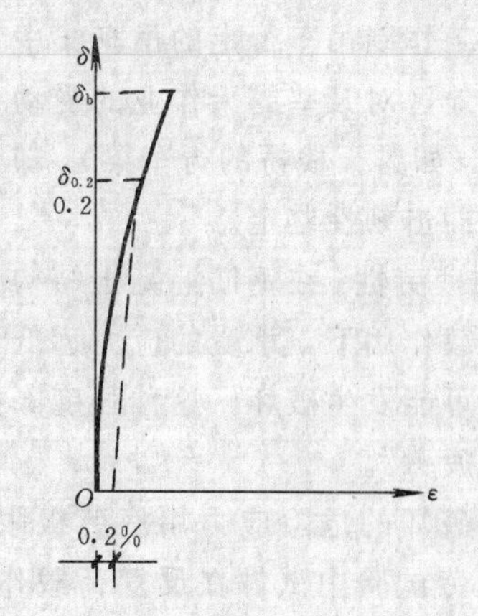

图 7-31 高碳钢的应力-应变图

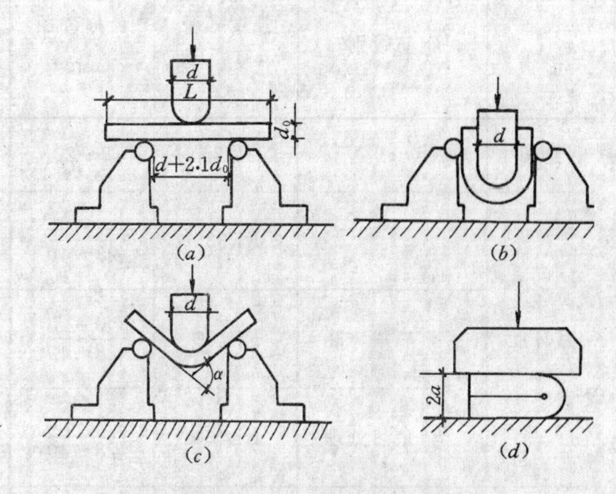

图 7-32 钢筋冷弯

（a）试样安装；（b）弯曲 90°；

（c）弯曲 180°；（d）弯曲至两面重合

3）冲击韧性。冲击韧性就是钢筋抵抗冲击荷载而不破坏的能力。冲击韧性是使用专门的冲击试验机进行测定的。见图 7-33。

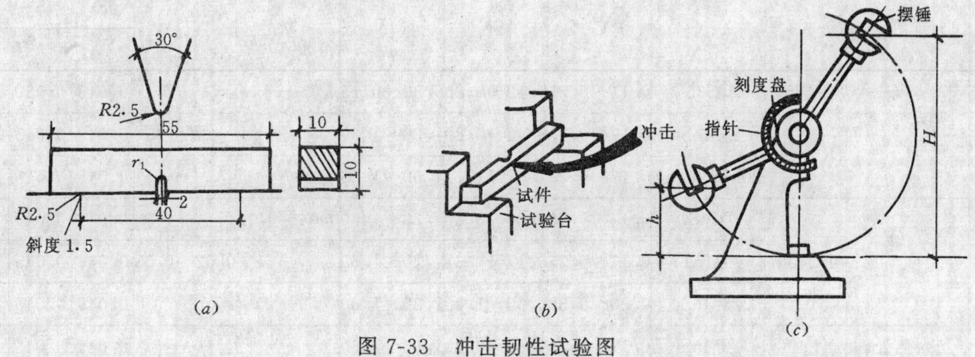

图 7-33 冲击韧性试验图

（a）试件尺寸；（b）试验装置；（c）试验机

一般钢筋混凝土结构中所用的钢筋并不需要提供冲击韧性指标，但在某些有特殊要求的重级工作制吊车行走的吊车梁中，或在北方寒冷地区对某些露天作业的受动荷载作用的构件（如露天栈桥的行车梁），却需要对钢筋进行冲击韧性鉴定。

4）耐疲劳性。在钢筋混凝土结构受到反复交变荷载作用下，承受的应力远低于屈服点，也有可能发生破坏，这种强度降低的现象称为“疲劳”。

疲劳破坏的危险应力用疲劳极限表示。它是指疲劳试验中试件在反复荷载作用下，在规定周期基数（即加荷的循环次数，根据要求不同，每分钟加300～600次或7000～8000次）内不发生断裂，所能承受的最大应力。

一般认为，钢筋的疲劳破坏是由拉应力引起的，先从局部形成细小裂纹，由于裂纹尖端的应力集中而使其逐渐扩大，直至破坏。它的破坏特点是断裂突然发生，断口可明显地区分为疲劳裂纹扩展区和残余部分的瞬时断裂区。

钢筋力学性能见表7-19～表7-27。

热轧钢筋的力学性能、工艺性能 **表7-19**

表面形状	钢筋级别		强度等级代号	公称直径（mm）	屈服点 σ_s（MPa）	抗拉强度 σ_b（MPa）	伸长率 δ（%）	冷弯 d—弯芯直径 a—钢筋公称直径
					不小于			
光圆	Ⅰ		R235	8～20	235	370	25	180° $d=a$
月牙肋	Ⅱ		RL335	8～25 28～40	335	510 490	16	180° $d=3a$ 180° $d=4a$
	Ⅲ	热轧	RL400	8～25 28～40	400	570	14	90° $d=3a$ 90° $d=4a$
		余热处理	KL400	8～25 28～40	440	600	14	90° $d=3a$ 90° $d=4a$
等高肋	Ⅳ		RL540	10～25 28～32	540	835	10	90° $d=5a$ 90° $d=6a$

注：1. R—热轧的汉语拼音字头。

2. K—余热处理带肋钢筋（热轧后立即穿水进行表面控制冷却），K为控制的汉语拼音字头。

热轧钢筋牌号及化学成分 **表7-20**

表面形状	钢筋级别		强度等级代号	牌号	化学成分 % C	Si	Mn	V	Ti	P	S	Nb
										不大于		
光圆	Ⅰ		R235	Q235	0.11～0.21	0.12～0.30	0.30～0.15	—	—	0.045	0.050	
月牙肋	Ⅱ		RL335	20MnSi	0.17～0.25	0.40～0.80	1.20～1.60	—	—	0.045	0.045	
				20MnNb(b)	0.17～0.25	<0.17	1.00～1.50	—	—	0.045	0.045	0.05
	Ⅲ	热轧	RL400	20MnSiV	0.17～0.25	0.20～0.80	1.20～1.60	0.04～0.12	—	0.045	0.045	
				20MnTi	0.17～0.25	0.17～0.37	1.20～1.60	—	0.02～0.05	0.045	0.045	
				25MnSi	0.20～0.30	0.60～1.00	1.20～1.60	—	—	0.045	0.045	
		余热处理	KL400	20MnSi	0.17～0.25	0.40～0.80	1.20～1.60	—	—	0.045	0.045	

续表

表面形状	钢筋级别	强度等级代号	牌号	化学成分 %							
				C	Si	Mn	V	Ti	P	S	Nb
									不大于		
等高肋	Ⅳ	RL540	40Si2MnV	0.36～0.46	1.40～1.80	0.70～1.00	0.08～0.15	—	0.045	0.045	
			45SiMnV	0.40～0.50	1.10～1.50	1.00～1.40	0.05～0.12	—	0.045	0.045	
			45Si2MnTi	0.40～0.48	1.40～1.48	0.80～1.20	—	0.02～0.08	0.045	0.045	

热处理钢筋的力学性能 **表 7-21**

公称直径 (mm)	牌号	屈服强度 $\sigma_{r0.2}$ (MPa)	抗拉强度 σ_b (MPa)	伸长率 δ_{10} (%)
		不小于		
6	40Si2Mn	1325	1470	6
8.2	48Si2Mn			
10	45Si2Cr			

冷拉钢筋的力学性能 **表 7-22**

钢筋级别	钢筋直径 (mm)	屈服强度 (N/mm²)	抗拉强度 (N/mm²)	伸长率 δ_{10} (%)	冷弯	
		不小于			弯曲角度	弯曲直径
Ⅰ级	≤12	280	370	11	190°	3*d*
Ⅱ级	≤25	450	510	10	90°	3*d*
	28～40	430	490	10	90°	4*d*
Ⅲ级	8～40	500	570	8	90°	5*d*
Ⅳ级	10～28	700	835	6	90°	5*d*

注：1. *d* 为钢筋直径（mm）；

2. 表中冷拉钢筋的屈服强度值，系现行国家标准《混凝土结构设计规范》中冷拉钢筋的强度标准值；

3. 钢筋直径大于 25mm 的冷拉Ⅲ、Ⅳ级钢筋，冷弯弯曲直径应增加 1*d*。

冷拉钢丝力学性能 **表 7-23**

公称直径 (mm)	抗拉强度 σ_b (MPa) 不小于	屈服强度 $\sigma_{r0.2}$ (MPa) 不小于	伸长率 (%) L_0=100mm 不小于	弯曲次数	
				次数不小于	弯曲半径 *R* (mm)
3.0	1470	1100	2	4	7.5
	1570	1180	2	4	7.5
4.0	1670	1255	3	4	10
5.0	1470	1100	3	5	15
	1570	1180	3	5	15
	1670	1255	3	5	15

冷拔低碳钢丝力学性能 表7-24

项次	钢丝级别	直径(mm)	抗拉强度(MPa)		伸长率(标距100mm)(%)	反复弯曲(180°)次数
			Ⅰ组	Ⅱ组		
			不小于			
1	甲级	5	650	600	3	4
		4	700	650	2.5	
2	乙级	3～5	550		2	4

注：1. 甲级钢丝应采用符合Ⅰ级热轧钢筋标准的圆盘条拔制。

2. 预应力冷拔低碳钢丝经机械调直后，抗拉强度标准值应降低 $50N/mm^2$。

矫直回火钢丝力学性能 表7-25

公称直径(mm)	抗拉强度 σ_b (MPa) 不小于	屈服强度 $\sigma_{r0.2}$ (MPa) 不小于	伸长率(%) L_0=100mm 不小于	弯曲次数		松弛		
				次数 不小于	弯曲半径 R (mm)	初始应力相当于公称强度百分数(%)	1000h应力损失(%)不大于	
							Ⅰ级松弛	Ⅱ级松弛
3.0	1470 1570	1255 1330	4	3 3	7.5 7.5	70	8	2.5
4.0	1670	1410		3	10			
5.0	1470 1570 1670	1255 1330 1410		4 4 4	15 15 15			
6.0	1570 1670	1330 1410		4	20			
7.0	1470 1570	1255 1330		4	20			

注：屈服强度 $\sigma_{r0.2}$ 值不小于公称抗拉强度的85%。

刻痕钢丝力学性能 表7-26

公称直径(mm)	抗拉强度 σ_b	屈服强度 $\sigma_{r0.2}$	伸长率(%) L_0=100mm 不小于	弯曲次数		松弛		
	(MPa)			次数 不小于	弯曲半径 R (mm)	初始应力相当于公称强度百分数(%)	1000h应力损失(%)不大于	
							Ⅰ级松弛	Ⅱ级松弛
5.0	1180 1470	1000 1255	4	4	15	70	8%	2.5%

注：屈服强度 $\sigma_{r0.2}$ 值不小于公称抗拉强度的85%。

预应力钢绞线的力学性能 表7-27

钢绞线公称直径(mm)	强度等级(MPa)	整根钢绞线破坏荷载(kN)	屈服负荷(kN)	伸长率(%)	1000h松弛值(%)不大于			
					Ⅰ级松弛		Ⅱ级松弛	
					初始负荷			
		不大于			70%破断负荷	80%破断负荷	70%破断负荷	80%破断负荷
9.0	1670	83.89	71.30	3.5	8.0	12	2.5	4.5
	1770	88.79	75.46	3.5				
12.0	1570	140.24	119.17	3.5				
	1670	149.06	126.71	3.5				
1.5	1470	205.80	174.93	3.5				
	1570	219.52	186.59	3.5				

注：1. Ⅰ级松弛即普通松弛级，Ⅱ级松弛即低松弛级。

2. 屈服负荷是整根钢绞线破断负荷的85%。

7.3.2 钢筋的验收与存放

(1) 钢筋的验收

1) 一般规定

a. 钢筋从钢厂发出时，应该具有出厂质量证明书或试验报告单。每捆（盘）钢筋均应有标牌。

b. 钢筋进场时应按炉罐（批）号及直径分批验收。

2) 验收方法：钢筋应分批验收，每批质量不超过60t。验收内容包括查对标牌、外观检查，并按技术标注的规定抽取试样作力学性能的试验，检验合格后方可使用。

a. 查对标牌上标注的钢筋名称、级别、直径、质量等级等是否与实际相符。

b. 外观检查。钢筋表面不得有裂缝、结疤、耳子、分层、夹杂、机械损伤、氧化铁皮和油迹等。局部不影响使用的缺陷允许不大于0.2mm及高出横肋。盘条和钢绞线是由一整根盘成。

c. 力学性能试验应以每批钢筋中任选两根钢筋，每根取两个试样分别进行屈服点、抗拉强度、伸长率和冷弯试验。如有一项试验结果不符合规定，则从同一批中另取双倍数量的试样重作各项试验。如仍有一个试样不合格，则该批钢筋为不合格品，应该降级使用。

d. 钢筋在加工过程中如发生脆断，弯曲处裂缝或焊接性能不良，或机械性能显著不正常（如屈服点过高）等现象时，应进行化学成分检验或其它专项检验。

3) 钢筋的外观质量应符合下列要求：

a. 盘条每盘必须是由一整根盘成。盘条表面不得有裂缝、折迭、结疤、耳子、分层及夹杂，允许有压痕及局部的凸块、凹块、划痕、麻面，但其深度和高度（从实际尺寸算起），不得大于0.2mm。

b. 热处理钢筋表面不得有肉眼可见的裂缝、结疤和折叠。钢筋表面允许有凸块，但不得超过横肋的高度。钢筋表面允许有不影响使用的缺陷。钢筋表面不得沾有油污。

c. 碳素钢丝表面不得有裂缝、毛刺、机械损伤、氧化铁皮和油迹，但表面上允许有浮锈和回火色。

d. 刻痕钢丝应成批验收，每批应有由同一钢号，同一公称直径、同一强度组别的钢丝组成，还要逐盘检查外表缺陷。

e. 钢绞线内不应有折断、横裂和相互交叉的钢丝，每盘由一根钢绞线卷成，盘的内径应不小于1m，长度一般不小于200m，其直径允许偏差为$^{+6}_{-2}$%。

(2) 钢筋的存放

钢筋运进现场后，必须做好存放工作，以防止钢筋锈蚀、污染、混料，并且方便施工。

1) 钢筋必须严格按批分等级、牌号、直径长度挂牌存放，并标明数量，不得混淆。

2) 钢筋不能和酸、碱、盐、油类等物品一起存放，存放的地点不得与有害气体生产车间靠近，以防钢筋被污染和腐蚀。

3) 对工程量较大、工期较长的工程，钢筋应堆放在仓库或简易料棚内。仓库和料棚四周应设置排水沟，以保持室内干燥，防止锈蚀。

4) 对工程量较小，工期较短的工程，或受条件限制的工地，应选择地势高，土质坚实较为平坦的场地堆放，且在四周挖好排水沟。

5) 堆放时钢筋下面要垫好垫木，离地面不宜小于200mm。直条形钢筋最好设置堆放架，严格分类码放。

6) 钢筋成品要分工程名称和构件名称，按编号顺序存放。同一项工程与同一构件的钢筋要存放在一起，按号挂牌排列，牌上注明工程和构件名称、部位、钢筋型式、尺寸、钢号直径、根数，不能将几项工程的钢筋混放在一起。

7.3.3 钢筋加工及质量要求

钢筋加工是指根据设计图纸和施工规范将钢筋在钢筋车间加工成符合要求的尺寸和

形状。钢筋的加工作业包括配料、冷拉与冷拔，调直除锈、切断、弯曲成型等工序。

(1) 钢筋配料

钢筋配料是根据构件配筋图，先绘出各种形状和规格的单根钢筋简图并加以编号，然后分别计算钢筋下料长度和根数、质量，填写配料单，申请备料加工的过程。

1) 钢筋下料长度计算方法及规定。构件中的钢筋、因弯曲或弯钩会使其长度变化，在配料中不能直接根据图纸中尺寸下料，必须了解对混凝土保护层、钢筋弯曲、搭接、弯钩等规定，根据图中尺寸计算其下料长度。

A. 常用钢筋下料长度计算方法。直钢筋下料长度＝构件长度－保护层厚度＋弯钩增加长度。

弯曲钢筋下料长度＝直段长度＋斜段长度－弯曲调整值＋弯钩增加长度。

箍筋下料长度＝箍筋周长＋箍筋调整值。

上述钢筋需要搭接时，还应增加钢筋搭接长度。

变截面构件钢筋下料长度，如梯形构件、圆形构件、曲线构件等可用计算的方式求得钢筋下料长度。对于外形更为复杂的构件，一般用1：1足尺或放小样的办法放样后用钢尺量得钢筋下料长度。

B. 钢筋下料长度计算规定

a. 钢筋长度。结构施工图中所指钢筋长度是钢筋外缘至外缘之间的距离，即外包尺寸，这是施工中量度钢筋长度的基本依据。

b. 混凝土保护层厚度。混凝土保护层厚度是指受力钢筋外边缘至混凝土构件表面的距离，其作用是保护钢筋在混凝土结构中不受锈蚀，如设计无要求时应符合表7-28。

c. 钢筋弯曲尺寸，见表7-29。

d. 量度差值。钢筋弯曲后，外边缘伸长，内边缘缩短，而中心线既不伸长也不缩短。但钢筋长度的度量方法系指外包尺寸，因此钢筋弯曲后，存在一个量度差值，在计算下料长度时必须加以扣除。否则势必形成下料太长，造成浪费，或弯曲成型后钢筋尺寸大于要求造成保护层不够，甚至钢筋尺寸大于模板尺寸而造成返工。

2) 配料计算注意事项：

a. 在设计图纸中，钢筋配料的细节问题没有注明时，一般可按构造要求处理。

混凝土保护层厚度 (mm) **表7-28**

<table>
<tr><th rowspan="2">项　次</th><th rowspan="2">环境与条件</th><th rowspan="2">构件名称</th><th colspan="3">混凝土强度等级</th></tr>
<tr><th>≤C20</th><th>C25及C30</th><th>≥C35</th></tr>
<tr><td rowspan="2">1</td><td rowspan="2">室内正常环境</td><td>板、墙、壳</td><td colspan="3">15</td></tr>
<tr><td>梁和柱</td><td colspan="3">25</td></tr>
<tr><td rowspan="2">2</td><td rowspan="2">露天或室内高湿度环境</td><td>板、墙、壳</td><td>35</td><td>25</td><td>15</td></tr>
<tr><td>梁和柱</td><td>45</td><td>35</td><td>25</td></tr>
<tr><td rowspan="2">3</td><td>有垫层</td><td rowspan="2">基　础</td><td colspan="3">35</td></tr>
<tr><td>无垫层</td><td colspan="3">70</td></tr>
</table>

注：1. 轻骨料混凝土的钢筋保护层厚度应符合《轻骨料混凝土结构设计规程》JCJ12—82规定。

2. 处于室内正常环境由工厂生产的预制构件，当混凝土强度等级不低于C20且施工质量有可靠保证时，其保护层厚度可按表中规定减少5mm，但预制构件中的预应力钢筋（包括低碳冷拔钢丝）的保护层厚度不应小于15mm，处于露天或室内高湿环境的预制构件，当表面另作水泥砂浆抹面层且有质量保证措施时，保护层厚度可按表中室内正常环境中构件的数值采用。

3. 钢筋混凝土受弯构件，钢筋端头的保护层厚度一般为10mm。预制的肋形板，其主肋的保护层厚度可按梁考虑。

4. 板、墙、壳中分布钢筋的保护层厚度不应小于10mm。梁柱中箍筋和构造钢筋的保护层厚度不应小于15mm。

钢 筋 弯 曲 尺 寸 表 7-29

钢筋级别	图例	弯曲角度	圆弧弯曲直径	平直部分长度
Ⅰ级	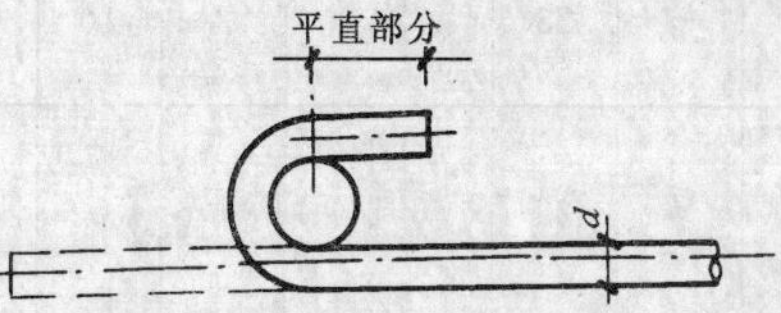 平直部分；d	180°	$2.5d_0$	$\geqslant 3d_0$
Ⅱ级	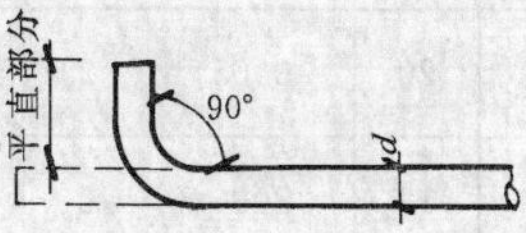 平直部分；90°；d	9° 135°	$\geqslant 4d_0$	按设计要求
Ⅲ级	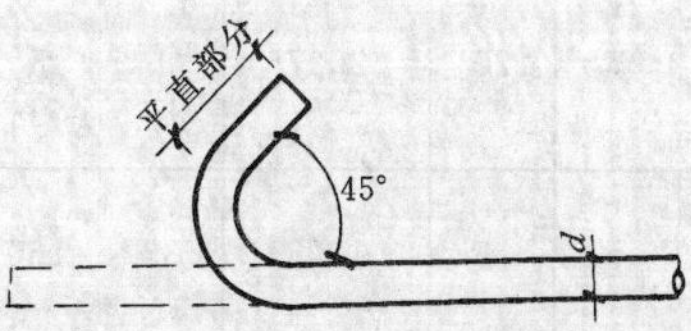 平直部分；45°；d	90° 135°	$\geqslant 5d_0$	
弯起筋中间部位弯折处	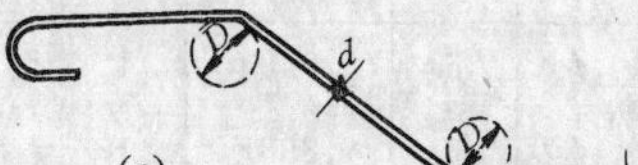 D；d；D；(c)		$\geqslant 5d_0$	
箍筋	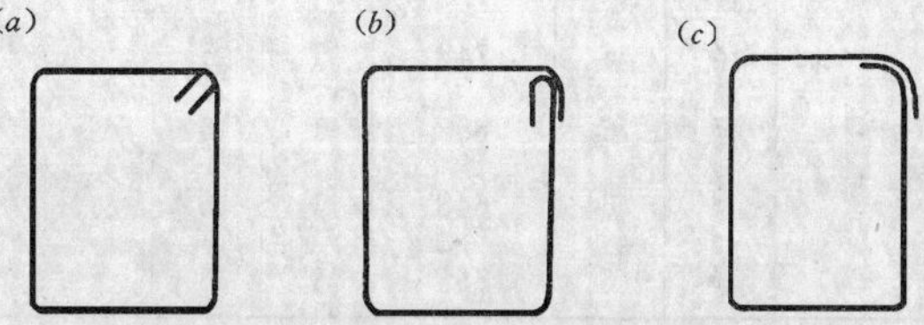 (a) (b) (c) (a)135°/°135°；(b)90°/180°；(c)90°/90°	90°/180° 90°/90° 135°/135°	$>d_{0主筋}$ $\geqslant 2.5d_{0箍筋}$	$\geqslant 5d_{0箍筋}$

b. 配料计算时，要考虑钢筋的形状和尺寸在满足设计要求的前提下有利于加工安装。

c. 配料时，还要考虑施工需要的附加钢筋。例如，后张预应力构件预留孔道定位用的钢筋井字架、基础双层钢筋网中保证上层钢筋位置用的钢筋撑脚、墙板双层钢筋网中固定钢筋间距用的钢筋撑铁等。

3）配料单与料牌

a. 钢筋配料单：钢筋配料单是汇总钢筋配料计算成果的表格。编制配料单是钢筋施工中的一道重要工序。配料单是钢筋加工、签发任务书、提出材料计划和限额领料的依据。在配料单中必须反映出工程名称、构件名称、钢筋编号、钢筋简图及尺寸、钢号、钢筋直径、下料长度、数量和重量，见表 7-30。配料单编制过程有熟悉图纸、绘制钢筋简图、计算每种规格钢筋的下料长度、汇总填写钢筋配料单等。

钢筋配料单 **表 7-30**

构件名称	钢筋编号	简图	钢号	直径	下料长度 (mm)	单位根数	合计根数	重量 (kg)
某教学楼 L_1 梁（共5根）	①	6690 150	ϕ	25	7203	2	10	277.3
	②	265 1740 175 635 635 4810	ϕ	22	8316	1	5	123.91
	③	5675 150	ϕ	12	5825	2	10	51.73
	④	3155	ϕ	20	3405	2	10	83.9
	⑤	1960	ϕ	12	2080	2	10	18.47
	⑥	340 593 353 400 200	ϕ	20	2027	1	5	25.03
	⑦	462 162	ϕ	6	1298	32	160	ϕ6 总长度=244m 重量=54.07kg
	⑧	312 162	ϕ	6	998	1	5	
	$⑧_2$	287×162	ϕ	6	948	1	5	
	$⑧_3$	262×162	ϕ	6	898	1	5	
	$⑧_4$	237×162	ϕ	6	848	1	5	
	$⑧_5$	212×162	ϕ	6	798	1	5	
	$⑧_6$	187×162	ϕ	6	748	1	5	
	$⑧_7$	162×162	ϕ	6	698	1	5	
	$⑧_8$	137×162	ϕ	6	648	1	5	
	$⑧_9$	112×162	ϕ	6	598	1	5	

总重 632.6kg

b. 钢筋料牌：钢筋料牌是根据列入加工计划的配料单，为每一编号的钢筋制作的一块 100mm×70mm 的薄木板或纤维板，见图 7-34。料牌是钢筋加工和绑扎的依据，它随着加工工艺传送，最后系在加工好的钢筋上作为标志。

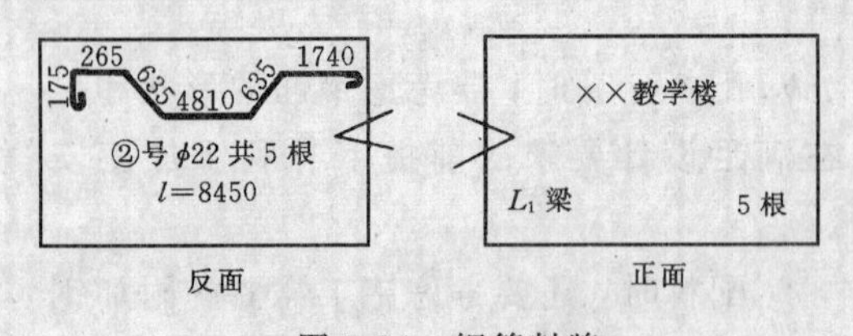

图 7-34 钢筋料牌

4）钢筋代换。当施工中遇到钢筋品种或规格与设计要求不符时，在配料时就要进行钢筋代换。钢筋代换方法有：

等强度代换。不同种类的钢筋代换，按抗拉设计值相等的原则进行代替。

等面积代换。相同种类和级别的钢筋代换，应按相等面积原则代换。

（2）钢筋冷拉

钢筋冷拉是在常温下以超过钢筋屈服点的拉应力拉伸钢筋，使钢筋产生塑性变形，以提高强度、节约钢材。同时钢筋表面锈皮脱落，起到除锈、调直作用。冷拉Ⅰ级钢筋适用于钢筋混凝土结构中的受拉钢筋，冷拉Ⅱ～Ⅳ级钢筋用于预应力混凝土结构的预应力筋。

1）冷拉原理：如图 7-35，*abcde* 为钢筋的拉伸特性曲线。当拉伸钢筋使其应力超过屈服点，例如 *C* 点，然后卸除外力。由于钢筋已产生塑性变形，卸荷过程中应力—应变图沿直线 CO_1 变化。如再立即重新拉伸，再经"时效"后，新的应力—应变曲线将沿 $o_1c'd'e'$ 变化，屈服点进一步提高到 c'，塑性再次降低。

2）钢筋冷拉控制方法：钢筋冷拉控制可采用控制应力和控制冷拉率两种方法。

a. 控制应力法：采用控制应力法冷拉钢筋时，其冷拉控制应力应按表 7-31 的值采用。冷拉后，应检查钢筋的冷拉率，如超过表 7-31 的规定，则原材料的抗拉强度可能不够，还应进行力学性能试验。

冷拉控制应力及最大冷拉率　　表 7-31

项次	钢筋级别		冷拉控制应力 (N/mm^2)	最大冷拉率 (%)
1	Ⅰ级（$d \leqslant 12$）		280	10
2	Ⅱ级	$d \leqslant 25$	450	5.5
		$d=28 \sim 40$	430	
3	Ⅲ级（8～40）		500	5
4	Ⅳ级（$d=10 \sim 28$）		700	4

控制应力方法的特点是：钢筋冷拉后屈服点较为稳定，不合格的钢筋不易发现，对预应力混凝土构件中的预应力筋，宜优先采用此法。

b. 控制冷拉率法：采用控制冷拉率方法冷拉钢筋时，冷拉率必须由试验确定。按表 7-32 规定冷拉应力，测定同炉批钢筋冷拉率。其试件不少于 4 个，并取其平均值作为该批钢筋实际采用的冷拉率。若钢筋的抗拉强度偏高，测定的平均冷拉率低于 1%时，仍按 1%冷拉。

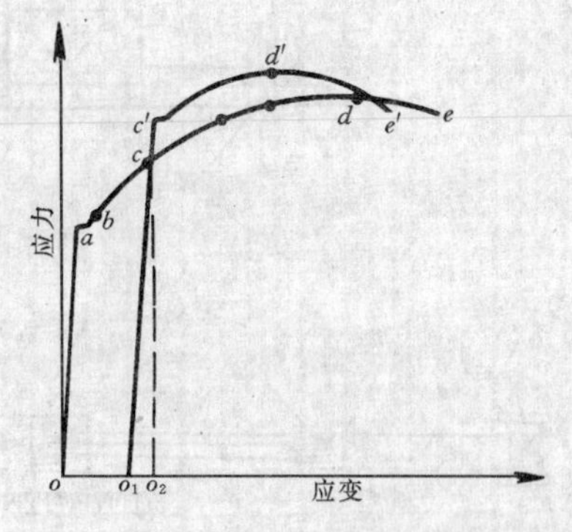

图 7-35　钢筋拉伸曲线

测定冷拉率时钢筋的冷拉应力　　表 7-32

项次	钢筋级别		冷拉应力 (N/mm^2)
1	Ⅰ级		310
2	Ⅱ级	$d \leqslant 25$	480
		$d=28 \sim 40$	460
3	Ⅲ级　$d=8 \sim 40$		530
4	Ⅳ级　$d=10—28$		750

控制冷拉率法的优点是：设备简单，并能做到等长或定长要求，但对材质不均匀或混炉批的钢筋，冷拉率波动大，不宜采用控制冷拉率法。

3）冷拉工艺及主要工序

a. 阻力轮冷拉工艺。主要适用于冷拉直径为 6～8mm 的盘圆钢筋，冷拉率为 6%～8%，工艺见图 7-36。

b. 卷扬机冷拉工艺。是目前钢筋冷拉中普遍采用的加工工艺，见图 7-37 所示为卷扬机冷拉工艺的四种方案。

c. 丝杠钢筋冷拉工艺。基本上同卷扬机冷拉工艺，主要区别于冷拉设备由丝杆冷拉机代替卷扬机，适用于冷拉 16mm 以上的钢筋，见图 7-38。

d. 液压冷拉工艺。是用液压冷拉机替代钢筋冷拉动力设备的一种冷拉工艺，适用于冷拉 20mm 以上的钢筋，见图 7-39 所示。

钢筋冷拉操作的主要工序有：

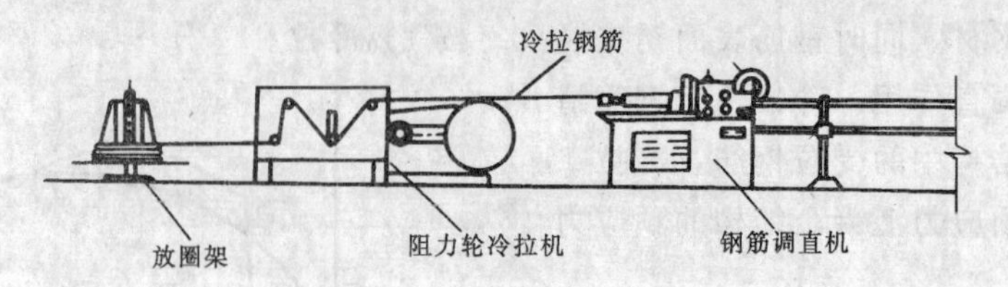

图 7-36 阻力轮冷拉工艺

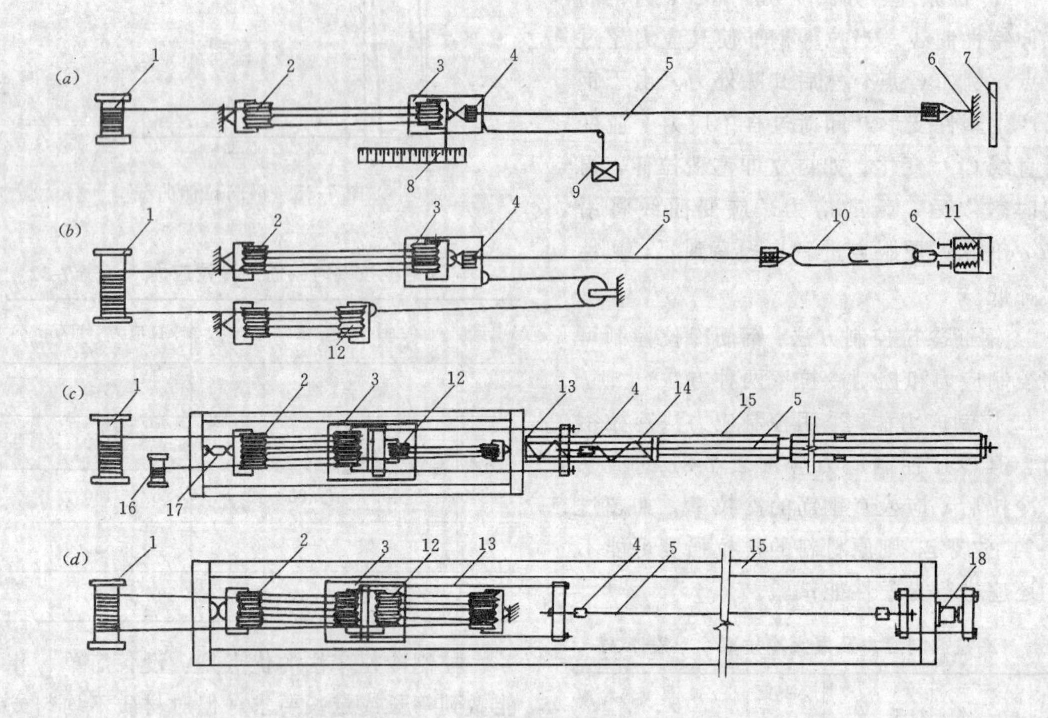

图 7-37 卷扬机冷拉钢筋设备工艺布置方案

1—卷扬机；2—滑轮组；3—冷拉小车；4—钢筋夹具；5—钢筋；6—地锚；7—防护壁；8—标尺；9—回程荷重架；10—连接杆；11—弹簧测力器；12—回程滑轮组；13—传力架；14—钢压柱；15—槽式台座；16—回程卷扬机；17—电子秤；18—液压千斤顶

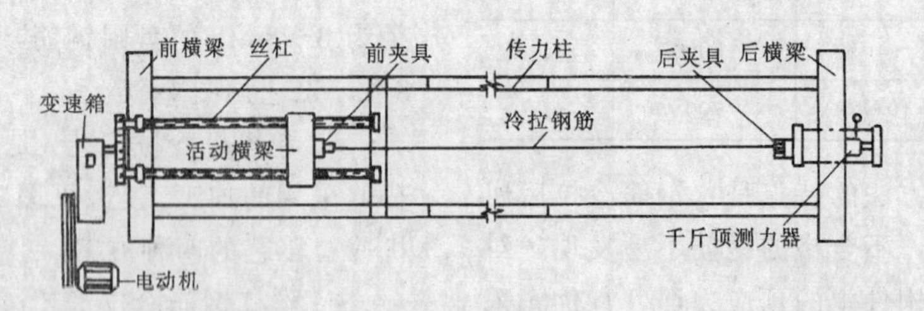

图 7-38 丝杠粗钢筋冷拉工艺

钢筋上盘→放圈（*C* 开盘）→切断→夹紧夹具→冷拉→放松夹具→捆扎堆放→分批验收。

4）冷拉设备

a. 电动卷扬机。一般采用牵引力为 3～5*t*，卷筒直径为 350～450mm，卷筒转速为 6～8r/min 的慢速卷扬机。

b. 滑轮组及回程装置。一般采用 3～8 门，15～50t。

c. 冷拉夹具。常用的有：楔块式夹具，见图 7-40 所示。

偏心夹具，见图 7-41 所示。

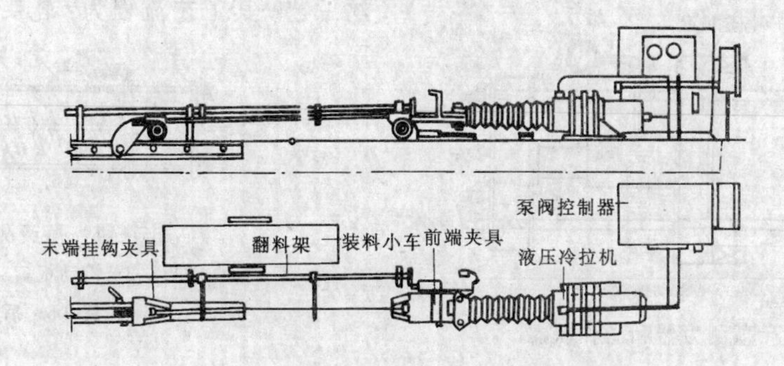

图 7-39　液压粗钢筋冷拉工艺

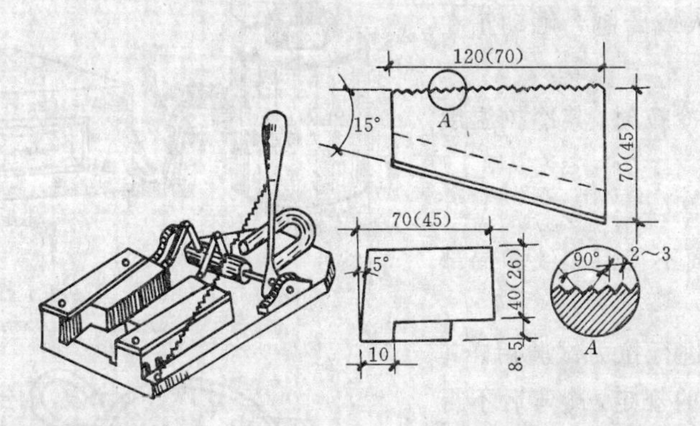

图 7-40　楔块式夹具

注：括号内数字为一种夹具加工尺寸。

槽式夹具，见图 7-42 所示。

d. 测力器：测力器是控制钢筋冷拉应力的测量装置，其主要形式有：千斤顶，见图 7-43 所示。

弹簧测力器，见图 7-44 所示。

电子称测力器，见图 7-45 所示。

拉力表，见图 7-46 所示。

e. 盘圆钢筋放圈（开盘）装置。盘圆钢筋冷拉前先要将钢筋拉开，夹在两端夹具上，这个放圈有人工、卷扬机、电动跑车等几种形式。

f. 地锚。见图 7-47 所示。

5）钢筋冷拉注意事项。

a. 在钢筋冷拉前应对各种仪表、数据进行检验和复核，无误后再进行操作。在操作过程中要作好原始记录。

b. 钢筋冷拉速度不宜过快，待拉到控制应力或规定的冷拉率后，须稍停，然后放松钢筋。

c. 预应力钢筋应先对焊后冷拉，以免因焊接而降低冷拉后的强度并可检验对焊接头

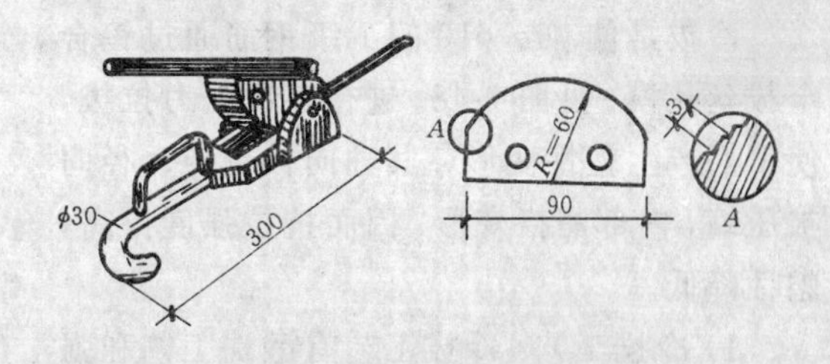

图 7-41　偏心夹具

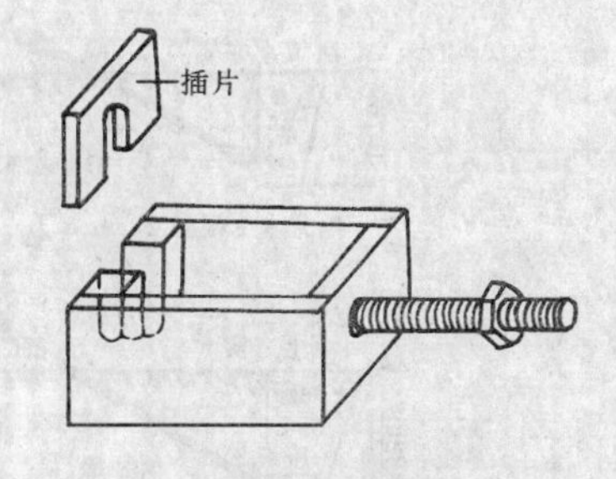

图 7-42　槽式夹具

质量。

d. 钢筋冷拉时，如焊接接头被拉断，可重新焊后再拉，但一般不超过 2 次。

e. 冷拉线两端必须装置防护设施。冷拉

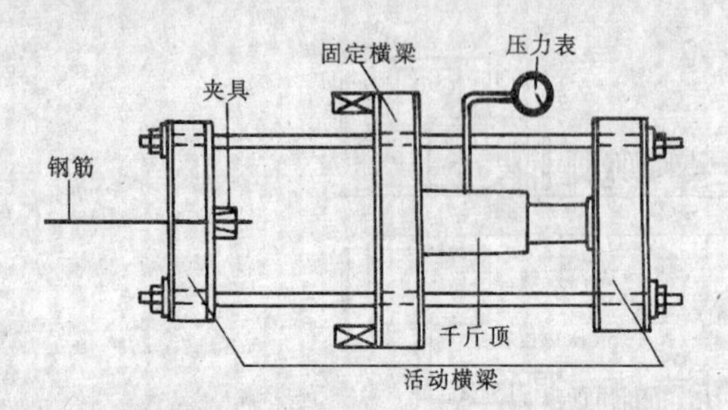

图 7-43 千斤顶测力器和工作状态

时严禁在冷拉线两端站人或跨越，触动正在冷拉的钢筋。

f. 在负温下对钢筋冷拉时，其冷拉温度不得低于－20℃。

6）质量要求

a. 冷拉后、钢筋表面不得有裂纹和局部颈缩。

b. 按施工规范要求进行拉力试验后，其力学性能应符合表 7-22 的规定。冷弯后不得有裂纹、裂断或起层现象。

（3）钢筋冷拔

冷拔是使 $\phi6 \sim \phi10$ 的 I 级钢筋通过钨合金拔丝孔模。见图 7-48。进行多次强力拉拔，使钢筋产生塑性变形，其轴向被拉伸、径向被压缩，内部晶格变形，因而抗拉强度提高，塑性降低。

1）冷拔工艺：冷拔工艺有酸洗工艺和强迫拔丝工艺两种，建筑单位一般采用强迫拔丝工艺。其工艺流程为：轧头→剥壳→拔丝。

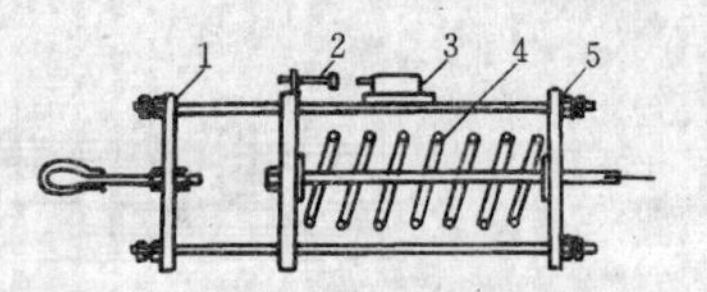

图 7-44 弹簧测力器

1—端板；2—滑动板；3—限位开关；4—弹簧；5—后挡板

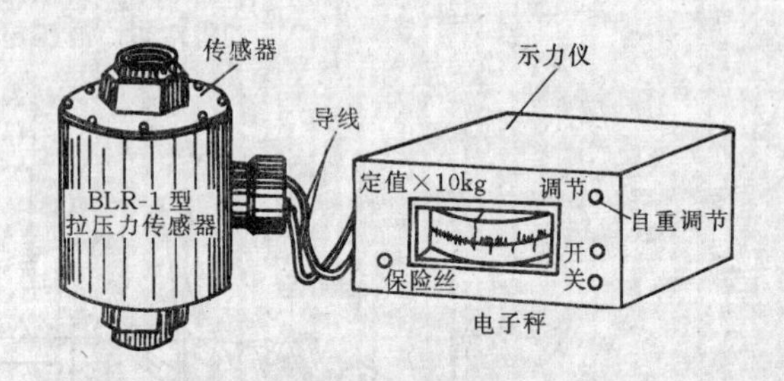

图 7-45 电子秤

图 7-46 压力表

在拔丝过程中不用酸洗，并不得退火。影响冷拔丝强度的主要因素是原材料的强度和拔

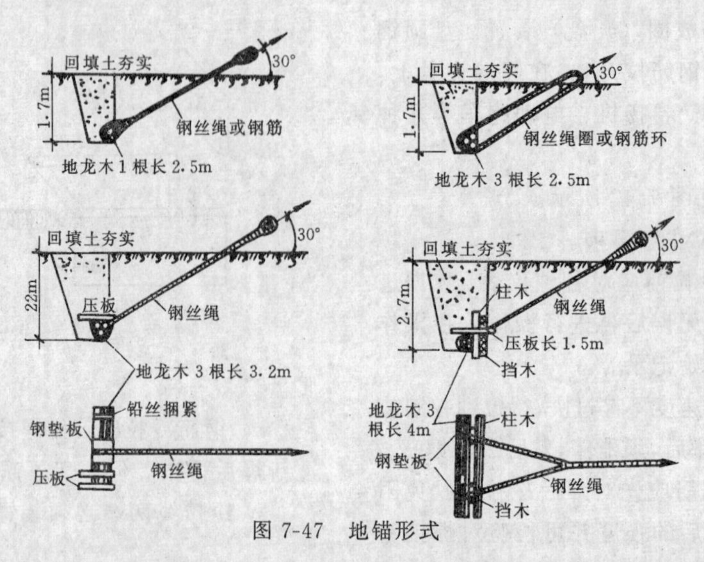

图 7-47 地锚形式

丝工艺的总压缩率。

A. 对原材料的要求：甲级冷拔丝必须采用符合Ⅰ级钢筋标准的 $Q235$ 钢筋条拔制。对钢号不明或无出厂证明书的钢筋，应在拔丝前取样检验。只有同钢厂、同钢号、同直径的钢材才可以对焊后拔丝。遇到扁圆的、带刺的、太硬的、潮湿的钢筋不能勉强拔制，否则不但拔出钢丝质量不好，而且容易损坏拔丝模。

B. 冷拔次数：冷拔次数对冷拔丝的强度影响不大。冷拔次数不宜过多，一是影响生产效率，二是钢丝塑性降低过大；但冷拔次数过少，每道压缩量过大，也易发生断丝和设备安全事故。故冷拔次数选择应适宜。一般以后道钢丝直径等于 0.85～0.9 前道钢丝直径为宜参见表 7-33。

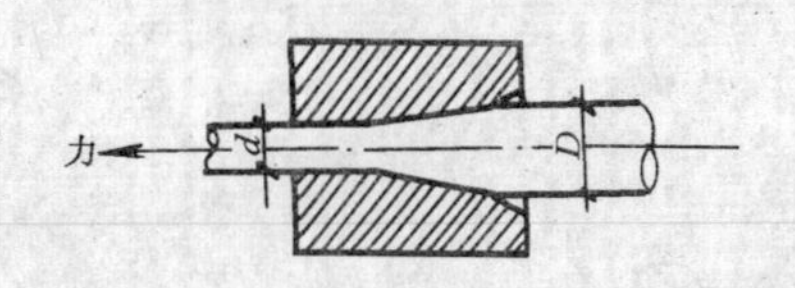

图 7-48　冷拔模孔

钢丝冷拔次数参考表　　表 7-33

项　次	钢丝直径	盘条直径	冷拔总压缩率（%）	冷拔次数					
				第1次	第2次	第3次	第4次	第5次	第6次
1	ϕ_5^b	$\phi8$	61	6.5	5.7	5.0			
				7.0	6.3	5.7	5.0		
2	ϕ_4^b	$\phi6.5$	62.2	5.5	4.6	4.0			
				5.7	5.0	4.5	4.0		
3	ϕ_3^b	$\phi6.5$	78.7	5.5	4.6	4.0	3.5	3.0	
				5.7	5.0	4.5	4.0	3.5	3.0

注：总压缩率 $=\frac{d_0^2-d^2}{d_0^2}\times100\%$；

式中　d_0—盘条直径；d—冷拔丝直径。

C. 冷拔总压缩率：冷拔总压缩率 β，即由盘条拔至成品钢丝的横截面总压缩率，可按下式计算。

$$\beta=\frac{d_0^2-d^2}{d_0^2}\times100\%$$

式中　d_0——盘条钢筋直径；

d——成品钢丝直径。

冷拔总压缩率越大，则抗拉强度提高越多，但塑性降低也越多。为保证甲级冷拔丝的强度和塑性相对稳定，必须控制总压缩率，参见表 7-33。

D. 润滑剂：拔丝工艺中，润滑剂选用尤为重要。对润滑剂的要求是：

a. 润滑效果好，以减少拔丝力和模子损耗。

b. 成品钢丝表面不应有油污或皂渍，以免影响钢丝点焊及钢丝与混凝土粘结；

c. 成本低，货源易解决。

润滑剂常用石灰 100kg，动物油 20kg 的配方制成。

2）冷拔设备：冷拔设备由拔丝机、拔丝模、剥皮装置、轧头机等组成。常用拔丝机有立式和卧式两种，见图 7-49。

3）冷拔质量要求

a. 冷拔低碳钢丝表面不得有裂纹和机械损失；

b. 按施工规范要求进行拉力试验和反复弯曲试验。甲级钢丝逐盘取样检查，乙级钢丝可分批抽样检查。

(4) 除锈

钢筋的表面应洁净，油渍、漆污和用锤敲击时能剥落的浮皮、铁锈等应在使用前清

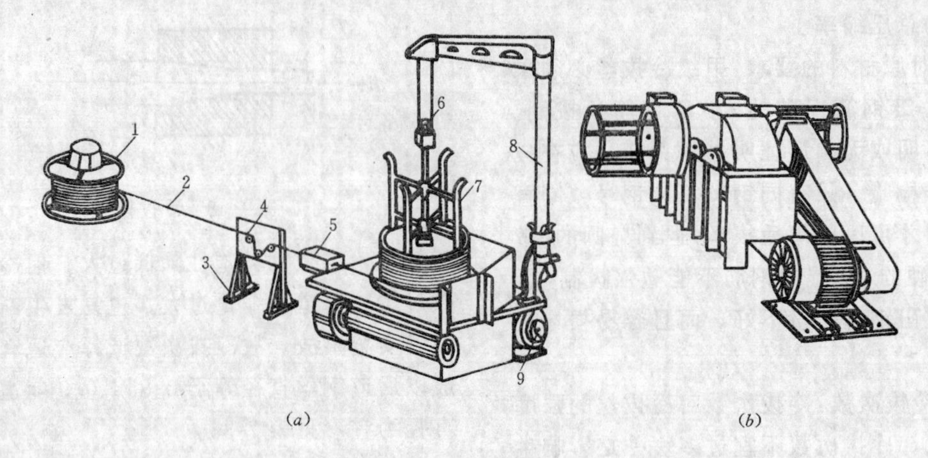

图 7-49　冷拔设备

(a) 立式单卷筒拔丝机；(b) 卧式双卷筒拔丝机

1—盘圆架；2—钢筋；3—剥壳装置；4—槽轮；5—拔丝模；6—滑轮
7—绕丝筒；8—支架；9—电机

除干净。这种清除锈蚀污染的过程，称为"除锈"。

1) 锈蚀现象。锈蚀现象随原材料保管条件优劣和存放时间长短而不同，长期处于潮湿环境或堆放于露天场地的，会导致严重的锈蚀。

锈蚀程度可由锈迹分布状况，色泽变化以及钢筋表面平滑或粗糙程度等，凭肉眼外观确定，根据锈蚀程度的具体情况采用除锈措施。

a. 浮锈。钢筋表面附着较均匀的细粉末，呈黄褐色或淡红色。

b. 陈锈。锈迹粉末较粗，用手捻略有微粒感，颜色转红，有的呈红褐色。

c. 老锈。锈斑明显，有麻坑，出现起层的片状分离现象，几乎遍及钢筋表面，颜色变暗，深褐色，严重的接近黑色。

2) 清除方法

A. 浮锈不必处理，但为了防止锈迹污染，必要时可用麻袋布擦拭。

B. 陈锈清除一般可通过以下三个途径：

a. 钢筋冷拉或钢丝调直过程中除锈，对大量钢筋的除锈较为经济省力；

b. 机械方法除锈，如采用电动除锈机除锈，对钢筋的局部除锈较为方便。电动除锈机见图 7-50 所示。该机的圆盘钢丝刷有成品供应，也可用废钢丝绳头拆开编成，其直径为 200～300mm，厚度为 50～150mm，转速为 1000r/min，电动机功率为 1.0～1.5kV。为了减少除锈时尘土飞扬，应装设排尘罩和排尘管道。

c. 手工除锈：工程量不大或在工地设置的临时工棚中操作时，可用麻袋布擦或钢刷子刷；对于较粗的钢筋，可用砂盘除锈法，即

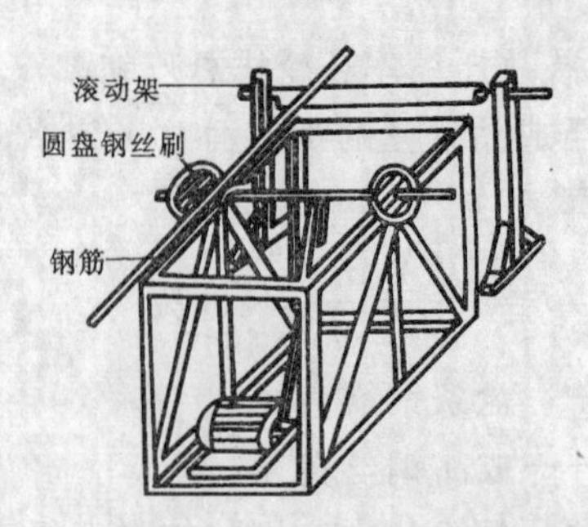

图 7-50　固定式电动除锈机

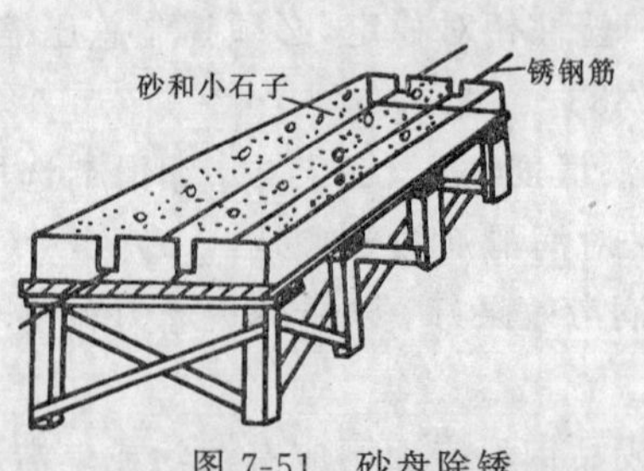

图 7-51　砂盘除锈

制做钢槽或木槽，槽盘内放置干燥的粗砂和细石子，将有锈的钢筋穿入砂盘中来回抽拉，其示意见图 7-51。

还可采用喷砂法除锈，酸洗除锈等方法。

C. 老锈的清除：对于有起层锈片的钢筋，应先用小锤敲击，使锈片剥落干净，再用砂盘或除锈机除锈。因麻坑、斑点以及锈皮起层会使钢筋截面减小，所以，使用前应鉴定是否降级使用或另作处理。

（5）调直

钢筋在加工前，均应调直。调直的方法有两种：一是手工调直，如锤直，板直；二是机械调直，如冷拉调直，调直机调直等。

1）手工调直。工作量小或临时在工地加工钢筋，经常采用手工调直钢筋。对于冷拔低碳钢丝，一般可通过夹轮牵引调直，见图 7-52 (*a*)。如牵引过管的钢丝还存在慢弯，可用小锤敲打平直。对于盘圆Ⅰ级钢筋，可采用小锤敲直或绞盘拉直装置，见图 7-52 (*b*)，直条钢筋的直径较大，但弯曲平缓，可根据具体弯折状况将弯折部位置于工作台的板柱之间，就势利用手板子调直，见图 7-52 (*c*)。

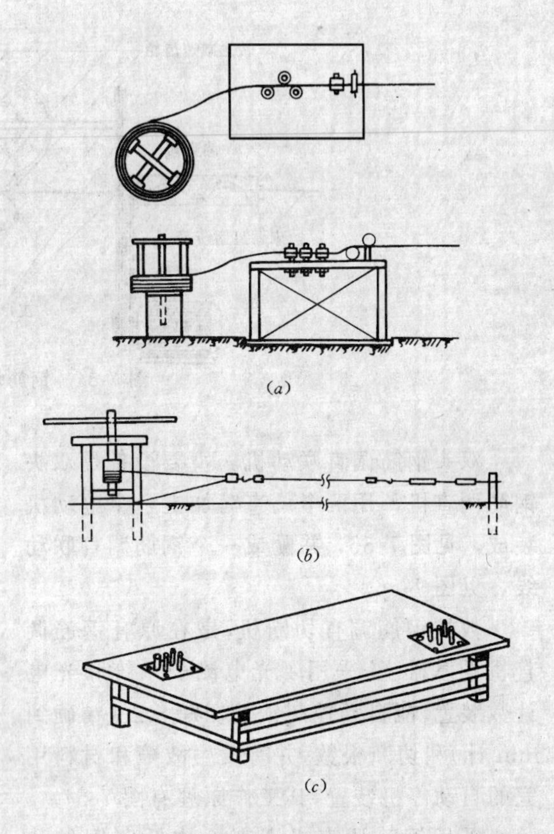

图 7-52 钢筋调直装置

(*a*) 夹轮牵引调整装置；(*b*) 绞盘拉直装置；(*c*) 钢筋校正台

2）机械调直

a. 调直机调直：目前采用的钢筋调直机械，都具有钢筋除锈、调直、切断三种功能一次完成，使用方便、工效高、调直质量好，主要种类有：

钢筋调直机，主要型号有 GJ6-4/8 (TQ4-8) 和 GJ4-4/14 (TQ4-14) 两种见图 7-53，其工作原理基本一样，见图 7-54，只是调直钢直径不同，见表 7-34。

钢筋调直机技术性能　　表 7-34

机械型号	钢筋直径 (mm)	调直速度 (m/min)	断料长度 (mm)	电机功率 (kW)	外形尺寸 (mm) 长×宽×高	机　重 (kg)
GJ6-4/8 (TQ4-8)	4～8	40	300～600	5.5	7250×550×1150	720
CJ4-4/14 (TQ4-14)	4～14	30, 54	300～7000	2×4.5	8860×1010×1365	1500

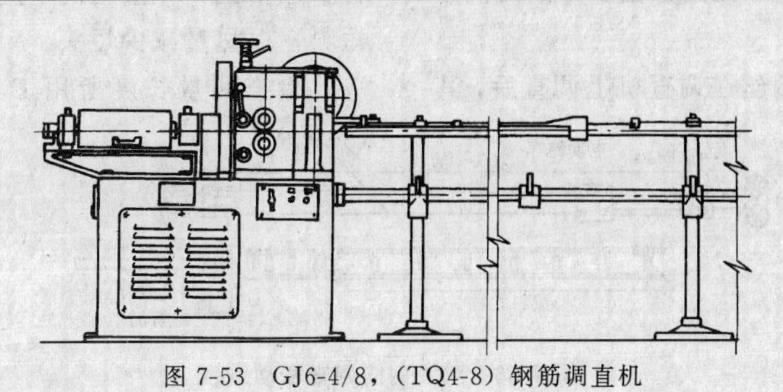

图 7-53 GJ6-4/8，(TQ4-8) 钢筋调直机

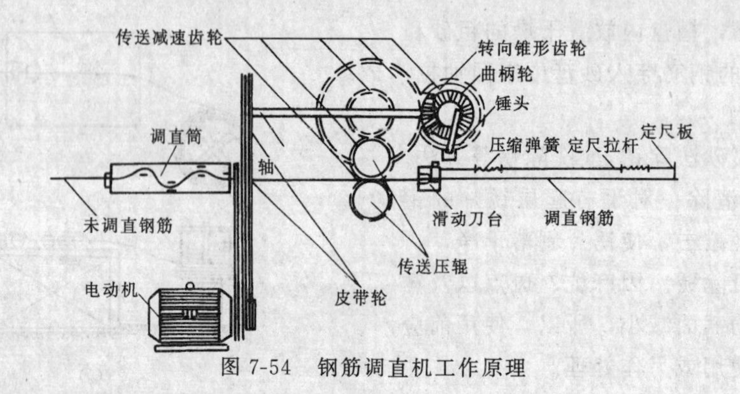

图 7-54　钢筋调直机工作原理

双头钢筋调直联动机，主要设备是双头钢筋调直机，用两个调直筒加上一个电动机装成，见图 7-55，并配成一个钢筋调直联动线，见图 7-56。

数控钢筋调直切断机，是在原有钢筋调直机的基础上，采用了光电测长系统和光电计数装置，能自动控制钢筋切断长度（精确到 mm 计）和切断根数，并有发生故障和材料用完的自动停机装置，其工作原理有图 7-57。

采用钢筋调直机调直冷拔低碳钢丝和 14mm 以内的细钢筋时，要根据钢筋的直径选用调直筒和传送压辊，并要正确掌握调直筒的偏移量和压辊的压紧程度。

b. 卷扬机冷拉调直：采用卷扬机拉直钢筋，其调直冷拉率：Ⅰ级钢筋不宜大于 4%，Ⅱ、Ⅲ级钢筋不宜大于 1%。如所使用的钢筋无弯钩弯折要求时，调直冷拉率可适当放宽，Ⅰ级钢筋不大于 6%；Ⅱ、Ⅲ级钢筋不超过 2%。对不准采用冷拉钢筋的结构，调直冷拉率不得大于 1%。

3）钢筋调直质量要求：

a. 钢筋应平直，无局部曲折，截面积减小应小于 5%；

b. 冷拔低碳钢丝在调直机上调直后，其表面不得有明显擦伤，抗拉强度不得低于设计要求。

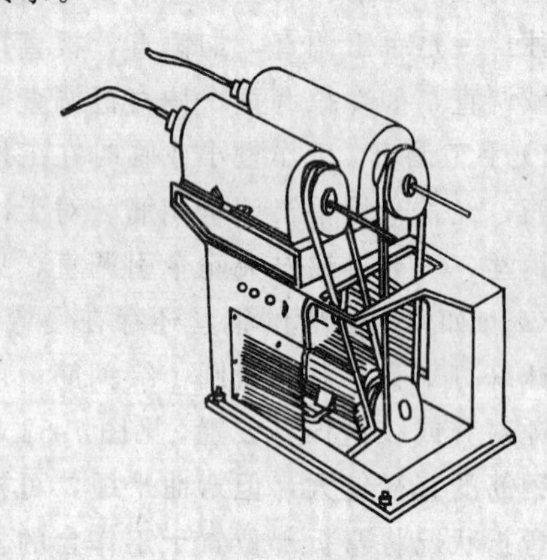

图 7-55　双头钢筋调直机

注意：冷拔低碳钢丝经调直机调直后，其抗拉强度要降低 10%～15%。使用前，应加强检验，按调直后的抗拉强度选用。

（6）钢筋切断

钢筋切断进行之前，要做好以下工作：

汇集当班所要切断钢筋的料牌，将同级别、同直径的钢筋分别统计，按不同长度进行长短搭配，一般情况下应先断长料，后断短料，以尽量减少短头。

检查测量长度所用工具或标志的准确

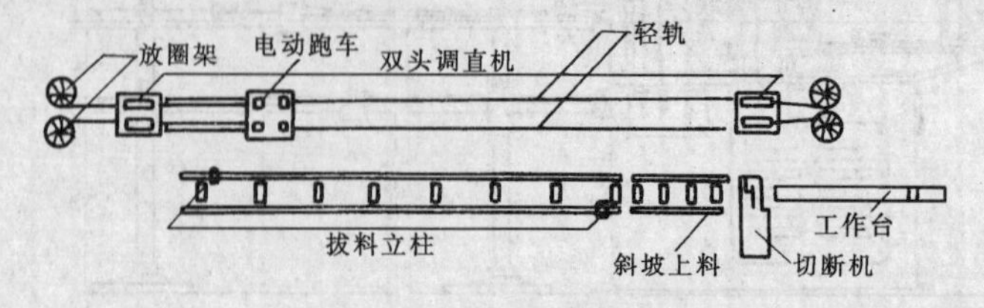

图 7-56　双头钢筋调直联动线

性。在工作台上有量尺刻度线的，应事先检查定尺档板的牢固和可靠性。

对根数较多的批量切断任务，在正式操作前应试切两三根，以检验长度的准确性。

当前钢筋切断工艺有两种，一种是切断工序已作为钢筋联动机械的一部分，如钢筋调直机；另一种是以单独的切断工序存在。

1）手工切断

a. 切断钢丝可用断线钳，断线钳是定型产品，市面有售，形状见图 7-58。

b. 切断直径为 16mm 以下的Ⅰ级钢筋可用图 7-59 所示的手动切断器，这种切断器一般由固定刀口、活动刀口、边夹板、把柄、底座等组成。

c. 切断 16mm 以下的钢筋还可采用 GJ5r—16 型手动液压切断器，见图 7-60 所示，切断力 80kN，活塞行程 30mm，压柄作用力 720N，总重量 6.5kg。这种机具体积小，重量轻，操作简单，便于携带。

d. 工作量很少或在简陋工地施工时，也可以采用“克子”切断器，见图 7-61。使用“克子”切断器时，将下克插在铁砧的孔里，把钢筋放在下克槽内，上克边紧贴下克边，用锤打击上克使钢筋切断。

2）机械切断：机械切断是指使用钢筋切断机把钢筋切断。常用的钢筋切断机有机械传动和电动液压传动两种类型。其外形见图 7-62～63，技术性能见表 7-35。

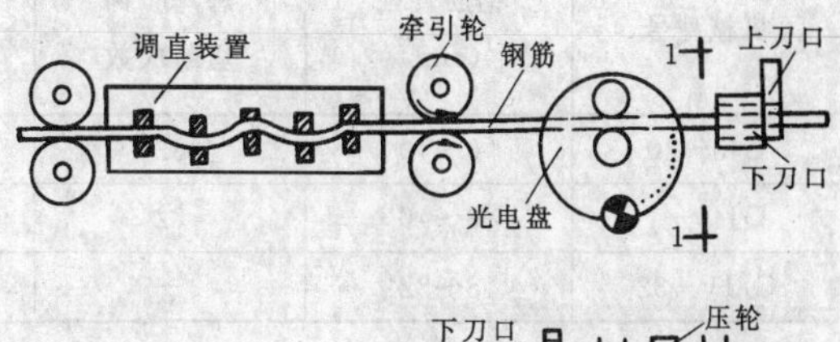

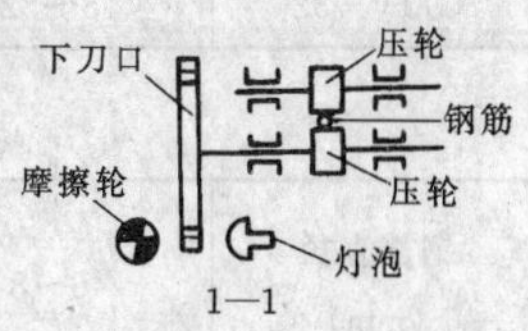

图 7-57　数控钢筋调直切断机工作简图

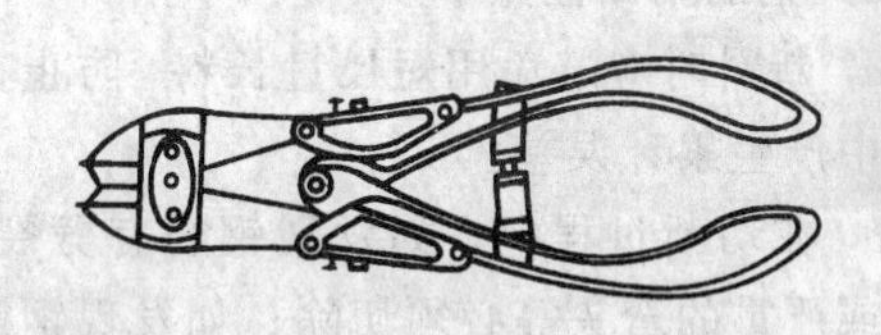

图 7-58

图 7-59　手动切断机

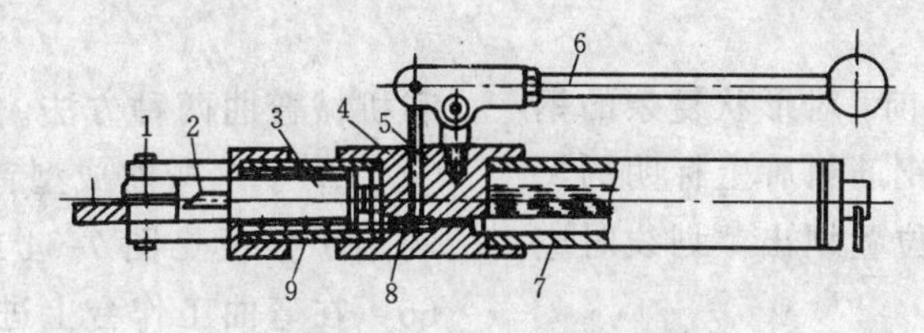

图 7-60　手动液压切断器

1—滑轨；2—刀片；3—活塞；4—缸体；5—柱塞；6—压杆；7—贮油筒；8—吸油阀；9—回位弹簧

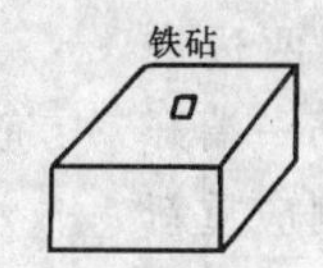

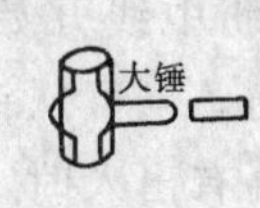

图 7-61　克子切断工具

钢筋切断机技术性能　表 7-35

机械型号	钢筋直径 (mm)	每分钟切断次数	切断力 (kN)	工作压力 (N/mm²)	电机功率 (kN)	重量 (kg)
GJ5—40	6～40	32	—	—	7.5	950
QJ40—1	6～40	32	—	—	5.5	450
CJTy—32	8～32	—	320	45.5	3.0	145

GJ5-40 型钢筋切断机每次切断根数

钢筋直径 (mm)	6～8	10～12	14～16	18～20	22～40	备　注
每次切断根数	12—8	6～4	3	2	1	Ⅰ级钢筋

3）钢筋切断注意事项

a. 断料时应避免用短尺量长料，防止在量料中产生累计误差。

b. 在切断过程中，如发现钢筋有劈裂、缩头或严重的弯头等必须切除；如发现钢筋的硬度与该钢种有较大的出入，应及时向有关人员反映，查明情况。

c. 严禁超载或切断超过刀片硬度的钢材。

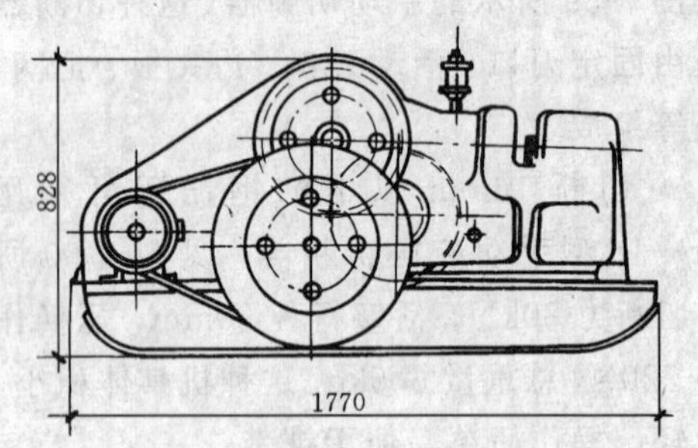

图 7-62　GJ5-40 型钢筋切断机

4）切断质量要求

a. 钢筋的断口不得有蹄形或起弯等现象。

b. 钢筋的长度应力求准确，其允许偏差为±10mm。

图 7-63　GJ5y-32 电动液压切断机

(7) 钢筋弯曲成型

1）弯曲成型工艺

A. 划线：钢筋弯曲前，对形状复杂的钢筋（如弯起钢筋），根据钢筋料牌上标明的尺寸，用石笔将各弯曲点位置划出。划线时应注意：

根据不同的弯曲类型、弯曲角度、伸长值、弯钩曲率半径、板距等因素综合计算后，才能进行划线；

划线工作宜从钢筋中线开始向两边进行；两边不对称的钢筋，也可从钢筋一端开始划线，如划到另一端有出入时，则应重新调整。

B. 弯曲成型：钢筋弯曲成型可采用手工和机械弯曲两种方法。

a. 手工弯曲成型：钢筋手工弯曲成型是利用手摇扳见图 7-64 或卡盘和扳子见图 7-65，在弯曲工作台上进行。

箍筋成型一般步骤见图 7-66。

弯起钢筋成型一般步骤见图 7-67。

手工弯曲注意事项：弯曲钢筋时，扳子一定要托平，不能上下摆动，以免弯曲的钢筋不在一个平面上而发生翘曲。

搭好扳手，注意扳距。弯曲点要放正，以保证弯曲后形状尺寸准确。扳口卡牢钢筋，起弯时用力要慢，防止扳手脱落。结束时要稳，要掌握好弯曲位置，以免弯过头或没有弯到要求的角度。

不允许在高空或脚手板上弯粗钢筋，以免操作中脱板造成高空坠落事故。

在弯曲钢筋混凝土配筋较密的钢筋时，对每种编号钢筋弯曲成型后，应进行试配，安

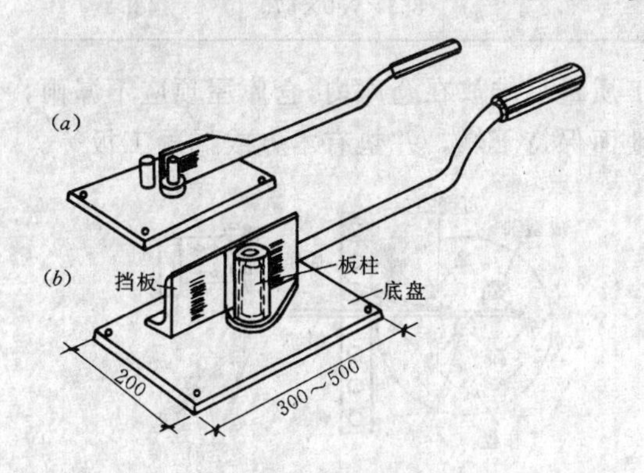

图 7-64 手摇扳
(a) 弯曲单根钢筋手摇扳；
(b) 弯曲多根钢筋手摇扳

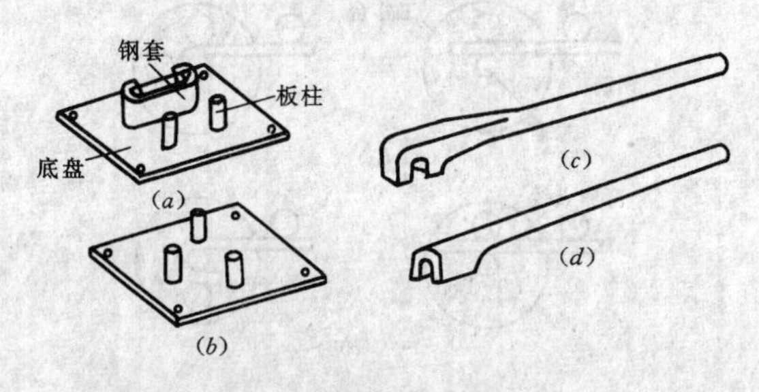

图 7-65 卡盘和扳子
(a) 四扳柱卡盘；(b) 三扳柱卡盘；
(c) 横口扳子；(d) 顺口扳子

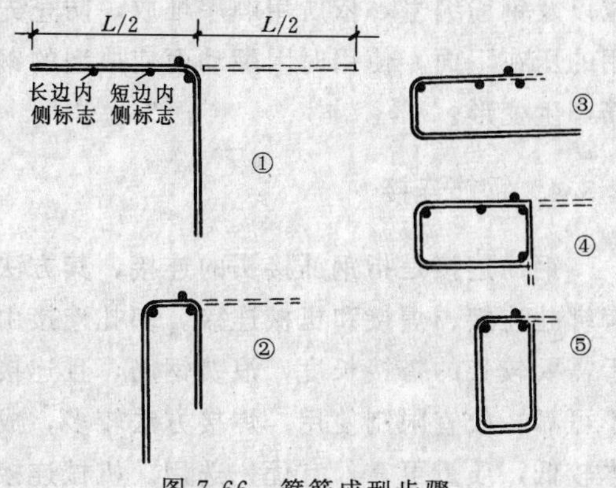

图 7-66 箍筋成型步骤

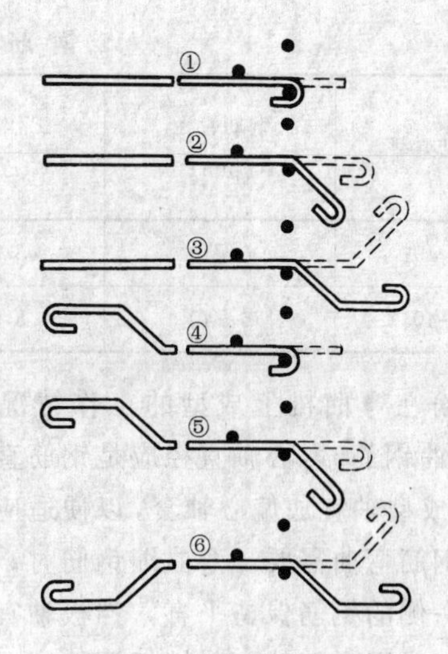

图 7-67 弯起钢筋成型步骤

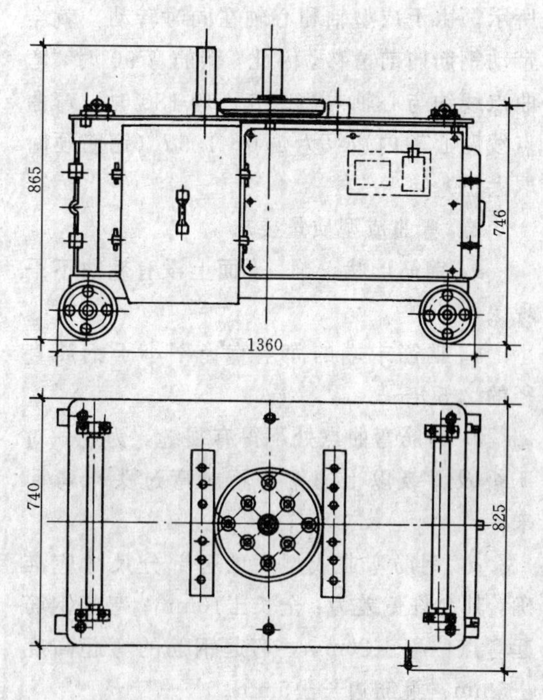

图 7-68 GJ7-40 型钢筋弯曲机

装合适后再成批生产。

b. 机械弯曲成型：钢筋机械弯曲成型是在钢筋弯曲机上进行，通用的钢筋弯曲机型号为 GJ7-40，见图 7-68。它能将钢筋弯曲成各种形状和角度，使用方便。主要由传动部分、机架和工作台组成，其技术性能见表 7-36。

钢筋弯曲机技术性能 **表 7-36**

弯曲机类型	钢筋直径 (mm)	工作盘转速 (r/min)	电机功率 (kN)	外形尺寸 长×宽×高 (mm)	重 量 (kg)
GJ7-40	6～40	3.6.11	2.8	1360×865×746	662
GJ7-40	6～40	3.7.14	2.8	855×780×670	435

钢筋在弯曲机上成型的工作情况见图7-69。弯曲钢筋时，心轴直径应是钢筋直径的2.5倍，成型轴宜加偏心轴套，以便适应不同直径的钢筋弯曲需要。弯曲细钢筋时，为了使弯弧一侧的钢筋保持平直，挡板轴宜做成可变挡架或固定挡架（如铁板调整）。

钢筋弯曲点线和心轴的关系，见图7-70所示。由于成型轴和心轴在同时转动，就会带动钢筋向前滑移。因此，钢筋弯90°时，弯曲点线约与心轴内边缘齐；弯180°时，弯曲点线距心轴内边缘为1.0～1.5d（钢筋硬时取大值）。

2）弯曲成型质量要求

a. 钢筋形状正确，平面上没有翘曲不平现象；

b. 钢筋末端的净空直径不小于钢筋直径的2.5倍；

c. 钢筋弯曲点处不得有裂缝，为此，对Ⅱ级及Ⅱ级以上的钢筋不能弯过头再弯回来；

d. 钢筋弯曲成型后的各部分尺寸应准确，其允许偏差为：全长±10mm；弯起钢筋起弯点位移±20mm，弯起钢筋的弯起高度±5mm；箍筋边长±5mm。

（8）成品管理

1）弯曲成型好的钢筋必须轻抬轻放，避免产生变形。经过规格、外形检查过的成品应按编号拴上料牌。

2）清点某一编号成品钢筋准确无误后，将该号钢筋按全部根数远离成型地点，在指定的堆放场地上，按编号分别堆放整齐，并记住所属工程名称。

3）非急用于工程上的钢筋成品，复查加工质量后堆放在仓库内，仓库屋顶应不漏雨，地面保持干燥，并垫有木方或混凝工板等。

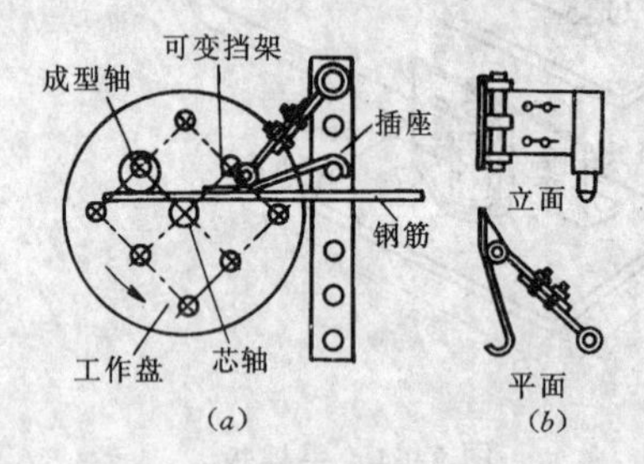

图 7-69 钢筋弯曲成型

（*a*）工作简图；（*b*）可变挡架构造

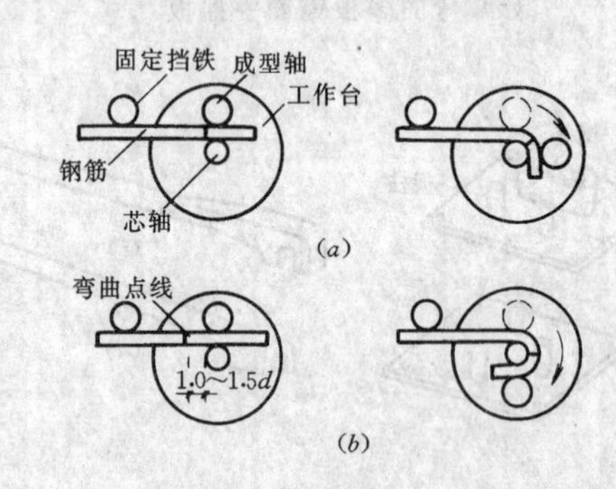

图 7-70 弯曲点线与心轴关系

（*a*）弯90°；（*b*）弯180°

4）与安装班组联系好，按工程名称、部位以及钢筋编号，依所用顺序堆放，防止先用的压在下面，使用时因翻动而使成型的钢筋产生变形。

7.3.4 钢筋连接

钢筋连接是指钢筋接头的连接，其方法有绑扎连接、焊接和机械连接。绑扎连接由于需要较长的搭接长度，浪费钢筋，且连接不可靠，故宜限制使用。焊接方法较多，成本较低，质量可靠，宜优先选用。机械连接无明火作业，设备简单，节约能源，不受气候条件影响，可全天候作业，连接可靠，技术易掌握，适用范围广，尤其适用于现场焊接有困难的场所。

(1) 绑扎连接

钢筋的绑孔连接，是在钢筋搭接处的中心及两端用20～22号铁丝扎牢。见图7-71。

钢筋绑扎连接应符合下列规定。

1) 搭接长度的末端与钢筋弯曲处的距离，不得小于钢筋直径的10倍，接头不宜位于构件最大弯矩处。

2) 受拉区域内，Ⅰ级钢筋绑扎接头的末端应做弯钩，Ⅱ、Ⅲ级钢筋可不做弯钩；直径等于和小于12mm的受压Ⅰ级钢筋的末端，以及轴心受压构件中任意直径的受力钢筋的末端，可不做弯钩，但搭接长度不应小于钢筋直径的30倍。

3) 钢筋搭接处，应在中心和两端用铁丝扎牢。

4)受拉钢筋绑扎接头的搭接长度应符合表7-37的规定；受压钢筋绑扎接头的搭接长度，为表7-37中数值的0.7倍。

5) 焊接骨架和焊接网采用绑扎连接时，应符合下列规定：

a. 焊接骨架和焊接网搭接接头，不宜位于构件的最大弯矩处；

b. 受拉焊接骨架和焊接网在受力钢筋方向的搭接长度，应符合表7-38的规定；

受压焊接骨架和焊接网在受力钢筋方向的搭接长度，应为表7-38数值的0.7倍。

c. 焊接网在非受力方向的搭接长度，宜为100mm。

6) 受力钢筋的绑扎接头位置应相互错开。在绑孔接头任一搭接长度L_1区段内的受力钢筋截面面积占受力钢筋总截面面积的百分率，应符合下列规定：

a. 受拉区不得超过25%；

b. 受压区不得超过50%；

c. 焊接骨架和焊接网在构件宽度内，其接头位置应错开。在搭接接头任一搭接长度L_1区段内的受力钢筋截面面积不得超过受力钢筋总截面面积的50%；

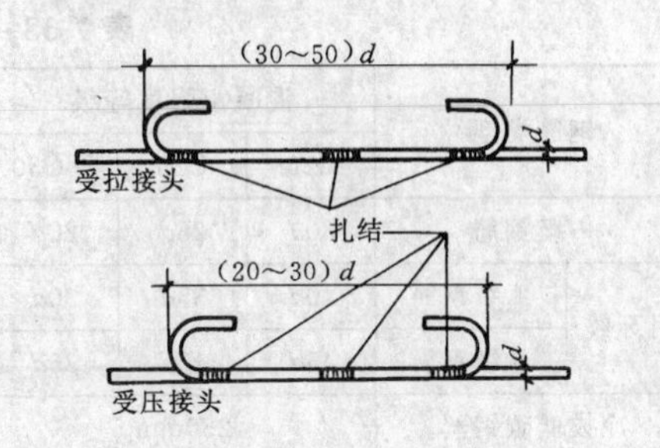

图 7-71

d. 绑扎接头中钢筋的横向净距(s)不应小于d且不应小于25mm见图7-72。采用绑扎骨架的现浇柱，在柱与基础交接处，当采用搭接接头时，其接头面积允许百分率，经设计单位同意，可适当放宽。

受拉钢筋绑扎接头的搭接长度 表7-37

项次	钢筋类型		混凝土强度等级		
			C20	C25	≥C30
1	Ⅰ级钢筋		35d	30d	25d
2	月牙纹	Ⅱ级钢筋	45d	40d	35d
3		Ⅲ级钢筋	55d	50d	45d
4	冷拔低碳钢丝		300mm		

注：1. 当Ⅰ、Ⅱ级钢筋直径d大于25mm时，其受拉钢筋的搭接长度应按表中数值增加5d采用。

2. 当螺纹钢筋直径d小于或等于25mm时，受拉钢筋的搭接长度应按表中数值减少5d采用。

3. 当混凝土在凝固过程中受力钢筋易受扰动（如滑模施工）时，其搭接长度宜适当增加。

4. 在任何情况下，纵向受拉钢筋的搭接长度不应小于300mm；受压钢筋的搭接长度不应小于200mm。

5. 轻骨料混凝土的钢筋绑扎结头搭接长度应按普通混凝土搭接长度增加5d(冷拔低碳钢丝增加50mm)。

6. 当混凝土强度等级低于C20时，对Ⅰ、Ⅱ级钢筋最小搭接长度应按表中C20的相应数值增加10d。Ⅲ级钢筋不宜采用。

7. 有抗震要求的受力纵向钢筋，其搭接长度相应增加。对一级抗震等级相应增加10d；对二级抗震等级相应增加5d。

8. 两根直径不同的钢筋的搭接长度，以细钢筋的直径为准。

受拉焊接骨架和焊接网绑扎接头的搭接长度

表 7-38

项次	钢筋类型		混凝土强度等级		
			C20	C25	≥C30
1	Ⅰ级钢筋		30d	25d	20d
2	月牙纹	Ⅱ级钢筋	40d	35d	30d
		Ⅲ级钢筋	45d	40d	35d
3	冷拔低碳钢丝		250mm		

注：1. 搭接长度除应符合本表规定外，在受拉区不得小于 250mm，在受压区不得小于 200mm。

2. 当混凝强度等级低于 C20 时，对Ⅰ级钢筋最小搭接长度不得小于 400d；表中Ⅱ级钢筋不得小于 50d，Ⅲ级钢筋不宜采用。

3. 当月牙纹钢筋直径 d>25mm 时，其搭接长度应按表中数值增加 5d 采用。

4. 当螺纹钢筋直径 d≤25mm 时，其搭接长度应按表中数值减小 5d 采用。

5. 当混凝土在凝固过程中易受扰动时（如滑模施工），搭接长度宜适当增加。

6. 轻骨料混凝土的焊接骨架和焊接网绑扎结头的搭接长度，应按普通混凝土搭接长度增加 5d（冷拔低碳钢丝增加 50cm）。

7. 有抗震要求时，对一级抗震等级相应增加 10d，二级抗震等级相应增加 5d。

7)在绑扎骨架中非焊接的搭设接头长度范围内，当搭接钢筋受拉时，其箍筋的间距不应大于 5d，且不应大于 100mm。当搭设钢筋为受压时，其箍筋间距不应大于 10d，且不应大于 200mm（d 为受力钢筋中的最小直径）。

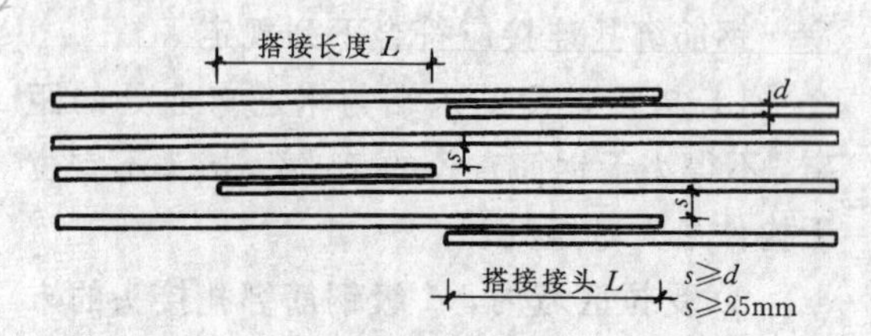

图 7-72 绑扎接头区钢筋横向净距（s）示意图

（2）焊接

建筑工程中钢筋焊接的方法按焊接工艺不同，可以分为闪光对焊，电弧焊，电渣压力焊，电阻点焊、埋弧压力焊、气压焊等多种。在实际工程中，应根据钢筋的直径大小，在结构中的受力状态，连接形式及部位，以及施工现场的条件等因素选择确定，见图 7-39。

焊接方法适用范围

表 7-39

项次	焊接方法			接头型式	适用范围	
					钢筋级别	直径（mm）
1	闪光对焊				Ⅰ～Ⅲ级 Ⅳ 级	10～40 10～25
2	电弧焊	帮条焊	双面焊		Ⅰ～Ⅲ级	10～40
			单面焊		Ⅰ～Ⅲ级	10～40
		搭接焊	双面焊		Ⅰ、Ⅱ级	10～40
			单面焊		Ⅰ、Ⅱ级	10～40
		熔槽帮条焊			Ⅰ～Ⅲ级	25～40

续表

项次	焊接方法			接头型式	适用范围	
					钢筋级别	直径（mm）
2	电弧焊	坡口焊	平焊		Ⅰ～Ⅲ级	18～40
			立焊		Ⅰ～Ⅲ级	18～40
		钢筋与钢板搭接焊			Ⅰ、Ⅱ级	18～40
		预埋件T型接头电弧焊	贴角焊		Ⅰ、Ⅱ级	6～16
					Ⅰ、Ⅱ级	≥18
3	电渣压力焊				Ⅰ、Ⅱ级	14～42
4	电阻点焊				Ⅰ Ⅱ级 冷拔低碳钢丝	6～14 3～5
5	预埋件T型接头埋弧压力焊				Ⅰ、Ⅱ级	6～20
6	气压焊				Ⅱ、Ⅲ级	20～40

1）钢筋焊接应符合下列规定。

A. 对参加钢筋焊接的焊工，必须有当地劳动部门专门发给的焊工考试合格证，并只能在合格证规定的项目内从事焊接操作；钢筋焊接前，必须根据设计要求和施工条件进行试焊，合格后方可焊接。

B. 冷拔钢筋的闪光对焊或电弧焊，应在冷拉前进行，冷拔低碳钢丝的接头，不得采

用焊接。

C. 轴心受拉和小偏心受拉杆件中的钢筋接头，均应焊接。普通混凝土中直径大于22mm的钢筋和轻骨料混凝土中直径大于20mm的Ⅰ级钢筋及直径大于25mm的Ⅱ、Ⅲ级钢筋，均应采用焊接接头。对轴心受压和偏心受压柱中的受压钢筋，当直径大于32mm时，应采用焊接接头。

D. 有抗震要求的受力钢筋宜优先采用焊接接头，并应符合下列规定：

a. 纵向钢筋接头，对一级抗震等级，应采用焊接接头；对二级抗震等级，宜采用焊接接头；

b. 框架底层柱、剪力墙加强部位纵向钢筋的接头，对一、二级抗震等级，应采用焊接接头；对三级抗震等级，宜采用焊接接头；

c. 钢筋接头不宜设置在梁端、柱端的箍筋加密区范围内

E. 受力钢筋采用焊接接头时，设置在同一构件内的焊接接头应相互错开。在焊接接头处的35d且不小于500mm区段*L*内、同一根钢筋不得有两个接头。有接头的受力钢筋截面面积与受力钢筋总截面面积的百分率，应符合下列规定：见图7-73。

非预应力筋受拉区不宜超过50%；受压区和装配式构件连接处不受限制。

预应力筋受拉区不宜超过25%；当有保证焊接质量的可靠措施时，可放宽至50%；受压区和后张法的螺丝端杆不限制。

F. 焊接接头距钢筋弯折处，不应小于钢筋直径10倍，也不宜位于构件最大弯矩处。

G. 直接承受中、重级工作制吊车的构件中，受力钢筋不得采用绑扎接头，也不宜采用焊接接头，且不得在钢筋上焊有任何附件(端头铆固除外)。

如设计允许采用闪光对焊，对非预应力筋和预应力筋均应除去焊接的毛刺和卷边。在钢筋直径的45倍区段范围内，焊接接头截面面积占受力钢筋总截面面积不得超过25%。

需要进行疲劳验算的构件，不得采用有焊接接头的冷拉Ⅳ级钢筋。

H. 装配式框架结构预制柱的钢筋外露长度，应按设计要求采用，当设计无要求时，应符合表7-40的规定。

预制柱钢筋外露长度(mm)　　**表7-40**

项次	接头形式	钢筋外露长度	
		受力钢筋≤14根	受力钢筋>14根
1	坡口焊	250	350
2	搭接焊	250+焊缝长度	350+焊缝长度

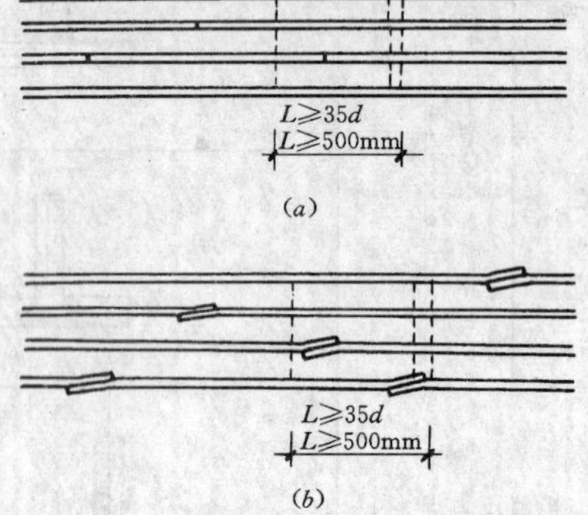

图7-73　焊接接头为50%区段示意图

(*a*) 对焊接头；(*b*) 搭接焊接头

2) 闪光对焊。钢筋的纵向连接及预应力筋与螺丝端杆的焊接广泛采用闪光对焊。钢筋闪光对焊的原理见图7-74所示，它是利用对焊机使需焊的两段钢筋接触，通以低电压的强电流，把电能转化为热能，使钢筋加热至白热状态，随即施加轴向压力顶锻，使钢筋焊合形成对焊接头。焊接时，由于两段钢筋轻微接触，接触面小，电流密度和接触电阻大，接触点很快熔化，产生金属蒸气飞溅，形成闪光现象，故名闪光焊。闪光焊可防止接口氧化。又可烧去接口中原有杂质和氧化膜，故可获得良好的焊接效果。

闪光对焊工艺根据焊机型号、钢筋品种和直径不同可分为连续闪光焊、预热闪光焊和闪光—预热—闪光焊。

A. 连续闪光焊：连续闪光焊的工艺过程是：连续闪光→顶锻。施焊时将钢筋夹紧在电极钳口上，闭合电源，使两端钢筋端面轻微接触，此时端面的间隙中即喷出火花般熔化的金属微粒—闪光，接着徐徐移动钢筋使两端面仍保持轻微接触，形成连续闪光；当闪光到预定长度，钢筋端头加热到将近熔点时，即施加轴向压力迅速顶锻，先带电顶锻，后无电顶锻，使钢筋焊合。连续闪光焊应于焊接直径 22mm 以内的Ⅰ、Ⅱ级钢筋。

B. 预热闪光焊：预热闪光焊是在连续闪光焊之前增加一次预热过程，以扩大焊接热影响区。其工艺过程是：预热—闪光—顶锻。施焊时，先闭合电源，然后使两钢筋端面交替地接触和分开，这时钢筋端面的间隙中即发出断续的闪光，而形成预热过程。当钢筋达到预热温度后进入闪光阶段，随后顶锻而成。预热闪光焊宜于焊接直径大于 25mm，且端面较平整的钢筋。

C. 闪光—预热—闪光焊：闪光—预热—闪光焊是在预热闪光焊前加一次闪光过程，目的是使不平整的钢筋端面烧化平整，使预热均匀。其工艺过程是：一次闪光—预热—二次闪光—顶锻。施焊时，首先连续闪光，使钢筋端部闪平，然后同预热闪光焊。它宜于焊接直径大于 25mm，且端面不平整的钢筋。

D. 焊后通电热处理：Ⅳ级钢筋可焊性差，易产生氧化缺陷和脆性组织，可在焊后进行通电热处理，以消除脆性组织，改善塑性。通电热处理的方法是：待接头冷却到 300℃（暗黑色）以下，将电热钳口调至最大距离，接头居中，重新夹紧钢筋，用较低的变压器级数进行脉冲式通电加热（通电频率为 0.5～1 次/s），待接头表面成桔红色（750～850℃）时，即可断电，然后在空气中冷却。

E. 对焊参数：为了获得良好的对焊接头，应合理选择焊接参数。焊接参数包括：调伸长度、闪光留量、预热留量、顶锻留量、闪光速度、顶锻速度和压力，见图 7-75。

a. 调伸长度：调伸长度是指焊接前两钢筋端部从电极钳伸出的长度，见图 7-75。调伸长度的选择与钢筋品种和直径有关，应使

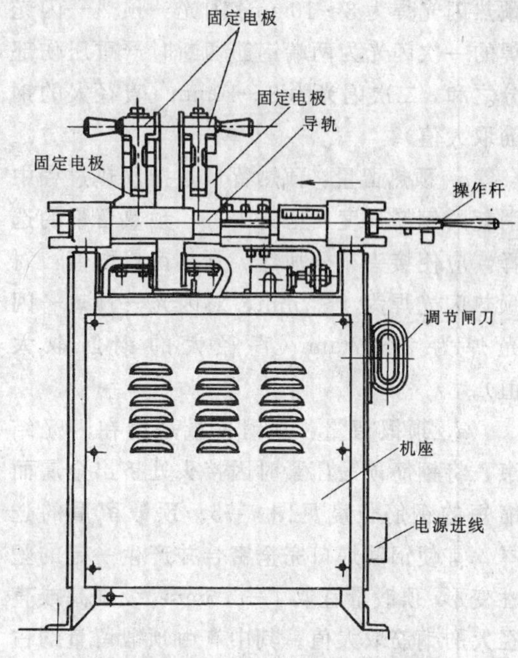

图 7-74　UN1-75 型对焊机外部形状

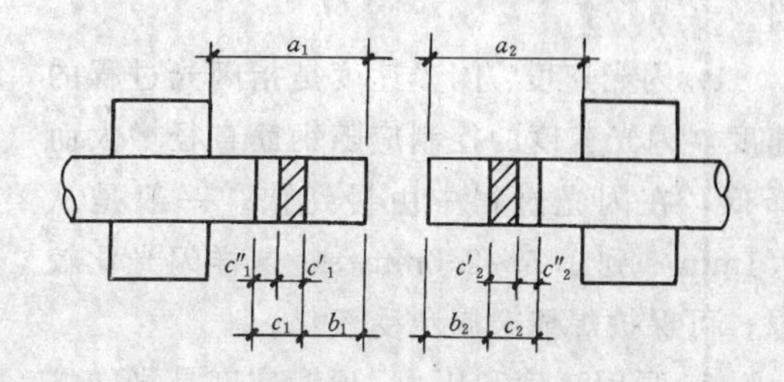

图 7-75　调伸长度、闪光留量及顶锻留量

a_1、a_2—左、右钢筋调伸长度；

b_1+b_2—闪光留量；c_1+c_2—顶锻留量；

$c'_1+c'_2$—有电顶锻留量；

$c''_1+c''_2$—无电顶锻留量。

接头能均匀加热，并使钢筋顶锻时不致发生旁弯。调伸长度取值：Ⅰ级钢筋为 0.75～1.25d，Ⅱ、Ⅲ级钢筋为 1.0～1.5d（d 为钢筋直径）；直径小的钢筋宜取较大的系数值。

b. 闪光留量：闪光留量是指闪光过程中，闪出金属所消耗的钢筋长度，又称烧留

量，见图7-75。闪光留量的选择，应使闪光过程结束时钢筋端部的热量均匀，并达到足够的温度。闪光留量取值：连续闪光焊为两段钢筋切断时严重压伤部分之和另加8mm；预热闪光焊为8～10mm；闪光—预热—闪光焊的一次闪光为两端钢筋切断时严重压伤部分之和，二次闪光为8～10mm（直径大的钢筋取大值）。

c. 预热留量：预热留量是指预热过程中消耗的钢筋长度，见图7-75。预热留量的选择，应使接头充分加热。预热留量取值：对预热闪光焊为4～7mm，对闪光—预热—闪光焊为2～7mm（直径大的钢筋取大值）。

d. 顶锻留量：顶锻留量是指在闪光结束，将钢筋顶锻压紧时因接头处挤出金属而缩短的钢筋长度见图7-75。顶锻留量的选择，宜使钢筋焊口完全密合并产生一定的塑性变形。顶锻量宜取4—6.5mm，级别高或直径大的钢筋取大值。其中有由顶锻留量约占1/3，无电顶锻留量约占2/3，控制必须得当。

e. 闪光速度：闪光速度是指闪光过程的速度。闪光速度的控制应随钢筋直径增大而降低，在闪光过程中由慢到快，一般是从0.1mm/s到1.5～2.0mm/s，这样闪光比较强，可保护焊缝金属免受氧化。

f. 顶锻速度和压力：顶锻速度是指在挤压钢筋接头时的速度。顶锻速度的控制应愈快愈好，在顶锻开始的0.1s应将钢筋接头压缩2～3mm，以使焊口迅速闭合，保护焊缝金属免受氧化。在火口紧密封闭之后，要以适当的快速完成顶锻过程。

顶锻压力是将钢筋接头压紧所需要的挤压力，随钢筋直径增大而增加。

F. 对焊注意事项：

a. 对焊前应清除钢筋端头约150mm范围内的铁锈、污泥等，以免在夹具和钢筋间因接触不良而引起“打火”（对Ⅰ级钢筋尤为致命点）。如钢筋端头有弯曲，应予以调直或切除。

b. 当调换焊工或更换焊接钢筋的品种和规格时，应先制作对焊试件（不少于2个）进行冷弯试验合格后，才能进行成品焊接。

c. 夹紧钢筋时，应使两钢筋端面的凸出部分相接触，以利均匀加热和保证焊缝与钢筋轴线相垂直。

d. 螺丝端杆与钢筋焊接时，因两者钢号、强度及直径不同，焊接比较困难，宜事先对螺丝端杆预热，或适当减小螺丝端杆的调伸长度。

e. 闪光过程应稳定、强烈，防止焊缝氧化；顶锻过程应在足够大的压力下快速完成，保证焊口闭合良好和使接头处产生适当的镦粗变形。

2）电弧焊：电弧焊一般是指熔化板手工电弧焊，简称手工电弧焊。见图7-76。它是利用弧焊机使焊条与焊件之间产生高温电弧，使焊条和电弧燃烧在范围内焊件熔化，待其凝固后便形成焊缝或接头。电弧焊广泛用于钢筋接头，钢筋骨架焊接，装配式结构接头焊接，钢筋与钢板的焊接及各种钢结构的焊接。

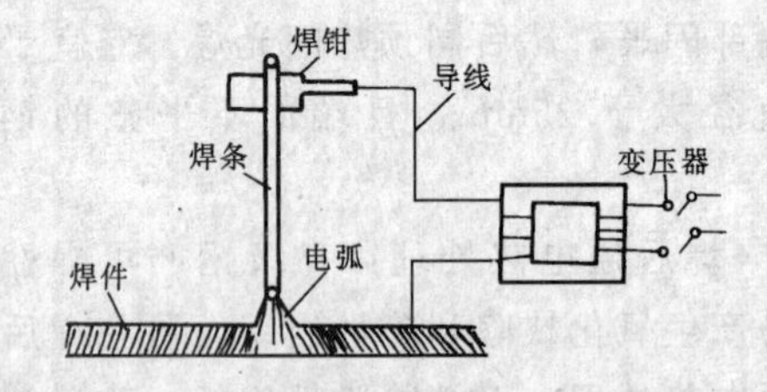

图7-76　电弧焊示意图

电弧焊有交流（见图7-77）和直流（见图7-78）两种。交流弧焊机具有结构简单、价格低廉、保护和维修方便等优点，建筑工地上最常采用。

钢筋电弧焊常采用的接头形式有：搭接接头、帮条接头及坡口接头、熔槽帮条焊接头等。

A. 搭接接头：搭接接头适用于直径为10～40mm的Ⅰ、Ⅱ级钢筋的焊接，其接头形

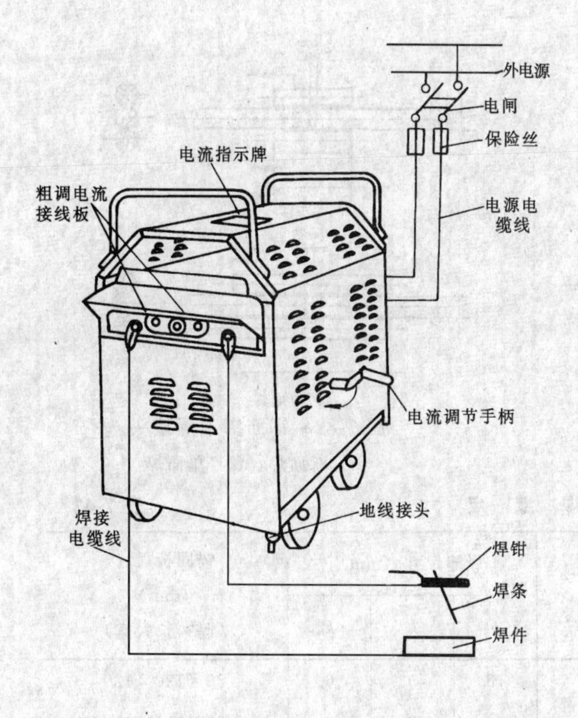

图 7-77　BX1-330 型交流电焊机

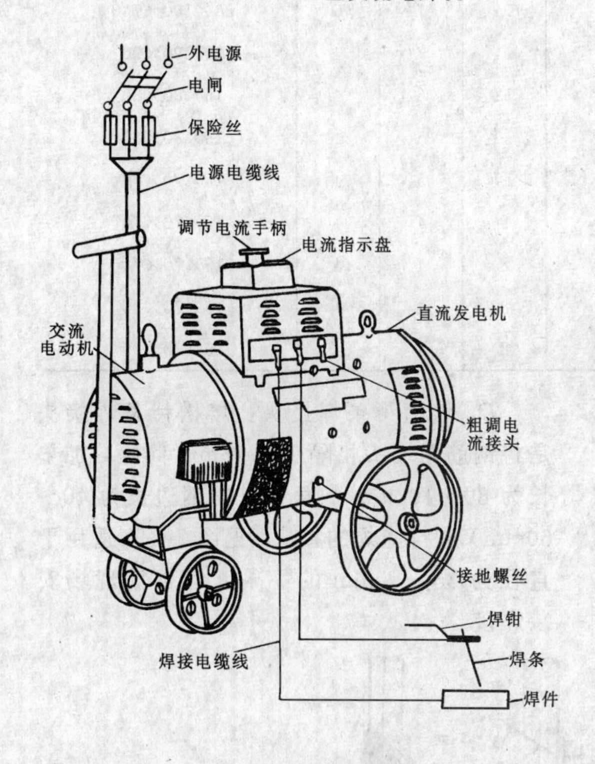

图 7-78　AX1-500 型直流电焊机

式见图 7-79，可分为双面焊缝和单面焊缝两种，双面焊接受力性能好，应尽可能采用。不能进行双面焊时，也可采用单面焊接。钢筋搭接长度与帮条长度相同，见表 7-41。搭接处应预弯，以保证两钢筋的轴线在一直线上。焊缝厚度 h 应不小于 $0.3d$，焊缝宽度 b 不小于 $0.7d$，见图 7-80。

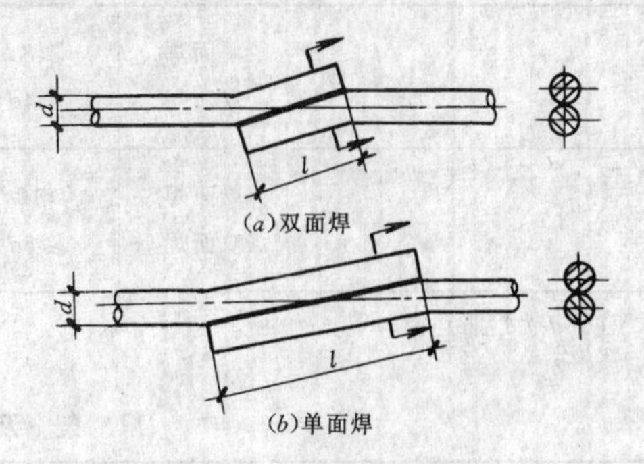

图 7-79　钢筋搭接焊接头

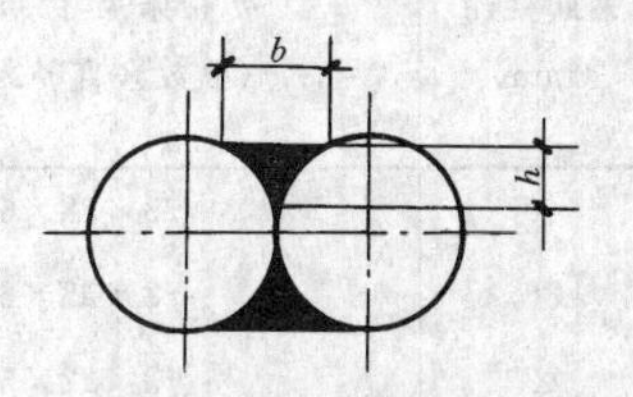

图 7-80　焊缝尺寸示意图

b—焊缝宽度；h—焊缝厚度

B. 帮条接头：帮条接头适用于直径为 10～40mm 的 Ⅰ～Ⅲ级钢筋的焊接，其接头形式（见图 7-81 和 7-82）可分为双面焊缝和单面焊缝，一般应优先采用双面焊缝。帮条宜用与主筋同级别、同直径的钢筋制作，帮条长度见表 7-41。如帮条直径与主筋直径相同时，帮条级别可比主筋低一个级别；如帮条级别与主筋级别相同时，帮条直径可比主筋直径小一个规格。焊缝厚度 h 应不小于 $0.3d$，焊缝宽度 b 不小于 $0.7d$，Ⅱ、Ⅲ级钢筋作为预应力主筋时，锚固端可采用帮条焊锚头。帮条焊尺寸及焊缝尺寸见表 7-42。

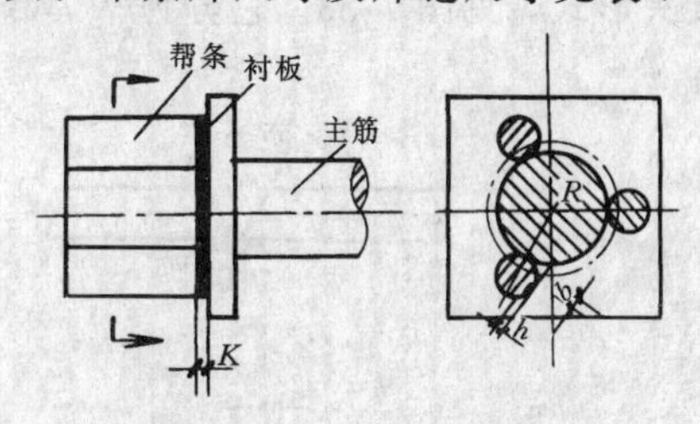

图 7-81　预应力钢筋帮条焊锚头

h—焊缝厚度；b—焊缝宽度；

K—焊脚；R—主筋半径

钢筋帮条长度　　　表 7-41

项　次	钢筋级别	焊缝型式	帮条长度 l
1	Ⅰ　级	单面焊 双面焊	$\geqslant 8d$ $\geqslant 4d$
2	Ⅱ、Ⅲ级	单面焊 双面焊	$\geqslant 10d$ $\geqslant 5d$

注：d 为钢筋直径。

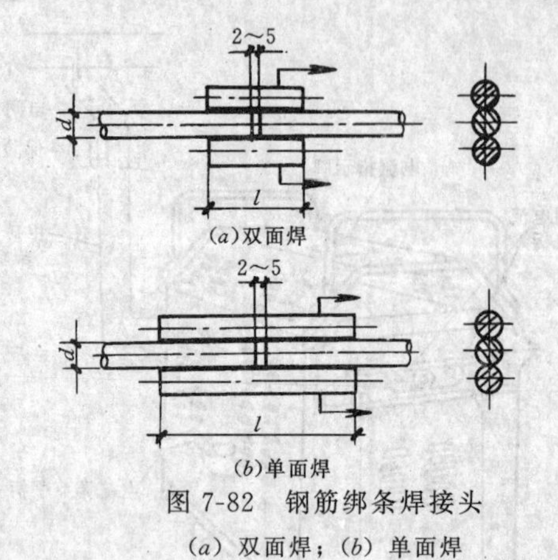

图 7-82　钢筋绑条焊接头
(a) 双面焊；(b) 单面焊

帮条及焊缝尺寸　　　表 7-42

项次	钢筋直径 (mm)	帮条尺寸 (mm) (根数×直径×长度)	焊缝尺寸 (mm)			锚固板尺寸 (mm) (厚×长×宽)
			b	h	k	
1	40	3×28×60	18	9	6	20×120×120
2	36	3×25×60	16	8	6	20×110×110
3	32	3×22×55	14	7	6	20×100×100
4	28	3×20×55	14	7	4	20×90×90
5	25	3×18×55	12	6	4	15×80×80
6	22	3×16×55	10	5	4	15×80×80
7	20	3×14×50	10	5	4	15×70×70
8	18	3×14×50	8	4	4	15×70×70
9	16	3×12×50	8	4	4	15×70×70
10	14	3×10×50	8	4	4	15×70×70
11	12	3×10×50	8	4	4	15×70×70

C. 坡口焊接头：坡口焊接头耗用钢材少，热影响区小，适用于现场焊接装配式结构中直径 16～40mm 的Ⅰ～Ⅱ级钢筋。坡口焊接头是在钢筋端部剖成坡口，加钢垫板施焊的接头形式，见图 7-83。它分为平焊和立焊两种。

D. 熔槽帮条焊接头：熔槽帮条焊接头是将钢筋两端头相隔 10～16mm 间距，加垫长为 80～100mm 的角钢（角钢边长为 40～60mm）进行施焊的接头（见图 7-84）适用于直径为 25～40mm 的Ⅰ～Ⅲ级钢筋现场安装焊接。

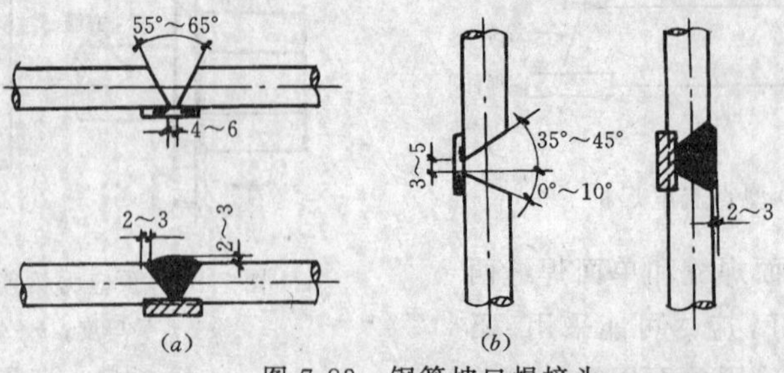

图 7-83　钢筋坡口焊接头

E. 预埋件与钢筋焊接：预埋件T形接头电弧焊的接头形式分贴角焊和穿孔塞焊两种。见图7-85。

采用贴角焊时，焊缝的焊脚高度*K*：Ⅰ级钢筋不小于0.5d，Ⅱ级钢筋不小于0.6d。

预埋件与钢筋搭接接头见图7-86。

采用穿孔塞焊时，电弧焊板的孔洞应做成喇叭口，其内口直径应比钢筋直径大4mm，倾斜角45°。钢筋缩进2mm。

电弧焊工艺参数通常包括：焊条选择、焊接电流、电弧电压、焊接速度、焊接层数等。应根据钢筋级别、直径、接头形式等选择适当的焊接参数，以保证焊接接头质量，提高工效。

F. 电弧焊注意事项

a. 焊接地线应与主筋接触良好，防止因起弧而烧伤主筋。

b. 焊接过程中及时清渣，焊缝表面光滑平整，加强焊缝应平缓过度，弧坑应填满。

c. 带有垫块或帮条的接头，引弧应在垫块或帮条上进行。无垫板或无帮条的接头，引弧应在形成焊缝部位，防止烧伤主筋。

3）电渣压力焊：电渣压力焊是利用电流通过渣池产生的电阻热使钢筋端部熔化，然后施加压力使钢筋焊合。见图7-87。电渣压力焊比电弧焊容易掌握，工效高、成本低、工作条件好，宜用现浇钢筋混凝土结构直径为14～40mm的Ⅰ、Ⅱ级钢筋的竖向或斜向接长。

a. 焊接工艺：钢筋电渣压力焊，工艺过程包括：引弧—电弧—电渣—顶压过程；分手工操作与自动控制两种。见图7-88。

手工电渣压力焊，采用直接引弧法。先将上钢筋与下钢筋接触，装满焊剂，通电后，即将上钢筋提升2～4mm引燃电弧，然后，继续提升上钢筋几mm，使电弧稳定燃烧；随着钢筋的熔化，电弧熄灭，转为电渣过程，焊接电流通过渣池而产生大量的电阻热，使钢筋端部继续熔化；钢筋端部熔化到一定程度后，在切断电源的同时，迅速进行顶压。持续几秒钟，方可松开操纵杆，以免接头偏斜或接合不良。

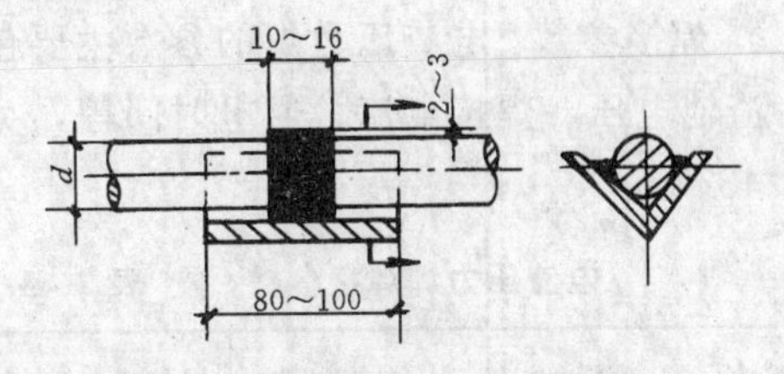

图7-84　钢筋熔槽帮条焊接头

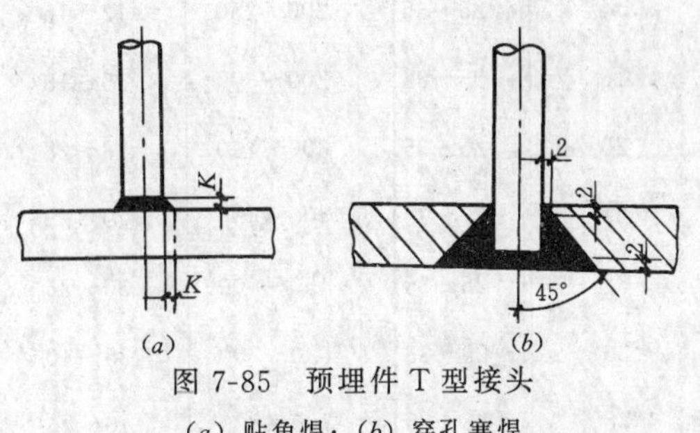

(*a*)　　(*b*)

图7-85　预埋件T型接头

(*a*) 贴角焊；(*b*) 穿孔塞焊

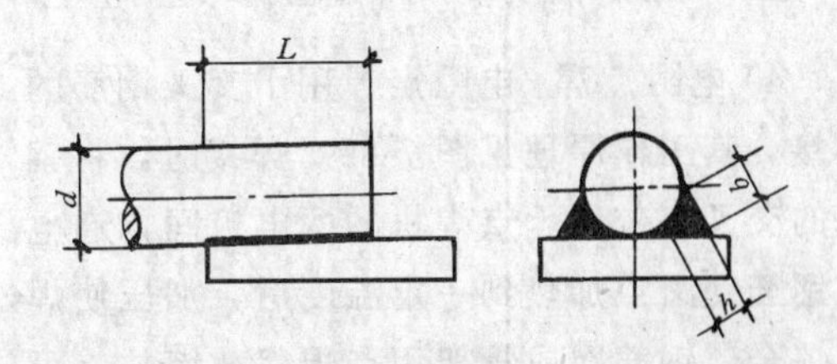

图7-86　钢筋与钢板搭接接头

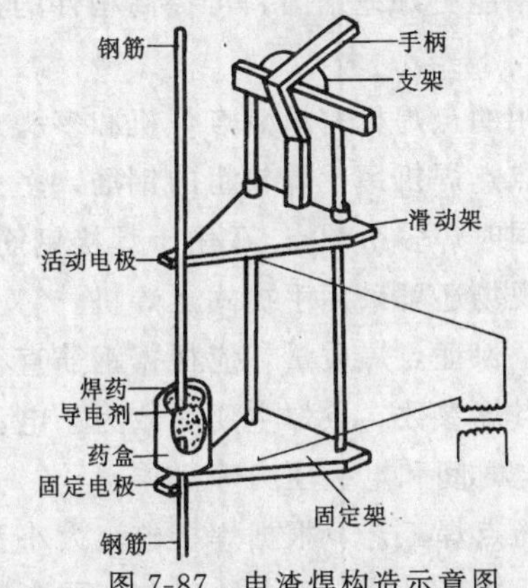

图7-87　电渣焊构造示意图

自动电渣压力焊，采用铁丝圈引弧法，铁丝圈高约10～12mm。焊接时的引弧、电弧、电渣及顶压过程由凸轮自动控制。

钢筋电渣压力焊时，应采取措施，扶持钢筋上端，以防上、下钢筋错位和夹具变形。

b. 焊接参数：电渣压力焊的参数主要包括：渣池电压、焊接电流、通电时间等，见表 7-43。

电渣压力焊焊接参数　　表 7-43

钢筋直径 (mm)	渣池电压 (V)	焊接电流 (A)	焊接通电时间 (s)
14	25～35	200～250	12～15
16	25～35	200～300	15～18
20	25～35	300～400	18～23
25	25～35	400～450	20～25
32	25～35	450～600	30～35
36	25～35	600～700	35～40
38	25～35	700～800	40～45
40	25～35	800～900	45～50

注：外观检查合格后，方可按选定的参数进行生产。

4) 电阻点焊：电阻点焊用于交叉钢筋的焊接，其工作原理见图 7-89。焊接时，将钢筋的交叉点位置于点焊机的两电极间，通电使钢筋交叉点加热到一定温度后，加压使焊点焊合。钢筋网或骨架用点焊代替绑扎，可提高工效，成品刚性好，便于运输，钢筋在混凝土中能更好地锚固，可提高构件的抗裂性。

常用的点焊机有单点点焊机和多头点焊机，单点点焊机用于焊较粗的钢筋，多头点焊机可同时焊多个焊点，适用于焊接钢筋网。此外，现场还可采用手提式点焊机。

为了保证点焊质量，应根据钢筋直径正确选择点焊参数。点焊主要参数为：电流强度、通电时间和电极压力等。

钢筋点焊工艺，根据焊接电流大小及通电时间长短，可分为强参数工艺和弱参数工艺。强参数工艺的电流强度大 (120～360A/mm^2)，而通电时间很短 (0.1～0.5s)；弱参数工艺的电流强度小 (80～120A/mm^2)，而通电时间长 (7～0.5s)。点焊热轧钢筋时，除因钢筋直径较大，焊机功率不足，需采用弱参数外，一般都采用强参数，以提高点焊效率。点焊冷处理钢筋时，为了保证点焊质量，必须采用强参数。

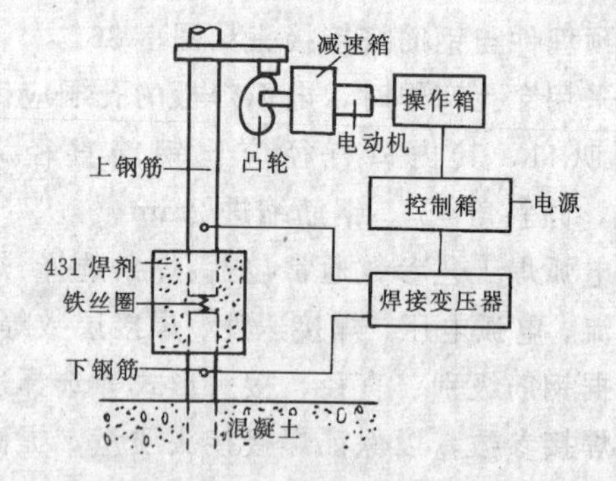

图 7-88　自动电渣压力焊示意图

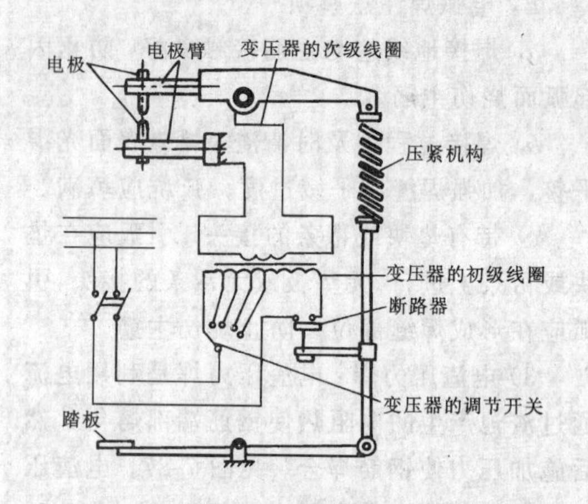

图 7-89　点焊机工作原理图

5) 埋弧压力焊：埋弧压力焊是利用焊剂层下的电弧燃烧将两焊件相邻部位熔化，然后加压顶锻使两焊件焊合，见图 7-90。这种焊接方法工艺简单，比电弧焊工效高，质量好，成本低，适用于直径 6～20mm 的 Ⅰ、Ⅱ 级钢筋与钢板作丁字形接头焊接。

埋弧压力焊分手工埋弧压力焊和自动埋弧压力焊。

采用手工埋弧压力焊时，先将钢板置于台面用电磁吸置固定，放上焊剂盒，然后将钢筋放入钳口内夹紧，使钢筋与钢板接触，并放满焊剂。接通焊接电源后，借助手柄将钢筋上提 1～3mm，引燃电弧。随后，根据钢筋直径大小，适当延时或者继续缓慢提升 3—4mm，再渐渐下送，使钢筋端部和钢板熔化，待达到一定时间后，迅速顶压。

自动埋弧压力焊是由自动埋弧压力焊机，自动完成，延续一定时间进行熔化，随后及时顶压。

埋弧压力焊接参数主要包括：引弧提升高度、焊接电流、通电时间、电弧电压等。随着钢筋直径的增大，引弧提升高度相应增大，焊接电流也应增加。

6）气压焊：钢筋气压焊是以氧气和乙炔火焰对钢筋的结合端部加热至熔融状态，并在高温下施加一定的压力使两根钢筋焊合。这种焊接工艺具有设备简单、操作方便、质量好、成本低等优点，近年来发展较快，适用于各种位置及各种直径的钢筋的现场焊接；见图 7-91。

a. 焊前准备：钢筋下料要用切割机切齐，端头周边用砂轮磨成小八字角。

钢筋端面附近 50～100mm 范围内的铁锈，油污、水泥浆等杂物必须清除干净。

钢筋端面处理好后，用压接器将两根被连接的钢筋对正夹紧。

b. 焊接过程：钢筋气压焊的工艺过程包括：预压—加热—压接过程。

钢筋卡好后要施加一定的初压力（一般为 30～40MPa），使钢筋接触，其间隙不超过 3mm。

钢筋加热初期，即压接面的间隙完全闭合前，要用碳化焰加热，这时火焰的中心不要离开钢筋接缝的部位。加热初期使用碳化焰，可使钢筋内外温度均匀并防止钢筋端面氧化。

待钢筋端面间隙闭合后再改用中性焰加热，这时火焰在以焊缝为中心的两根钢筋直径范围内均匀摆动。改用中性焰其目的是提高温度，加快加热速度。

当钢筋端面加热到所需的温度时，对钢筋轴向再次加压，使焊接缝处膨鼓的直径为钢筋直径的 1.3～1.5 倍。臌鼓的形状要呈平滑的圆球形，不能有明显的凸起和塌陷，这时可以停止加热、加压，待接点的红色消失后取下夹具。

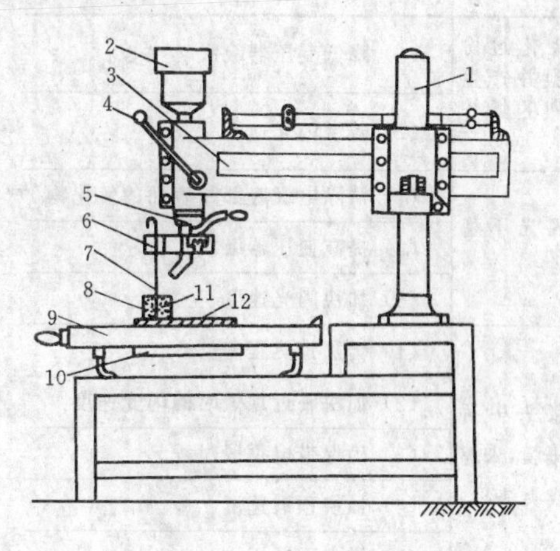

图 7-90 埋弧压力焊机

1—立柱；2—焊剂箱；3—摇臂；4—压柄；5—工作头；6—钢筋夹头；7—钢筋；8—431 焊剂；9—工作平台；10 —焊剂储斗；11—铁圈；12—预埋钢板

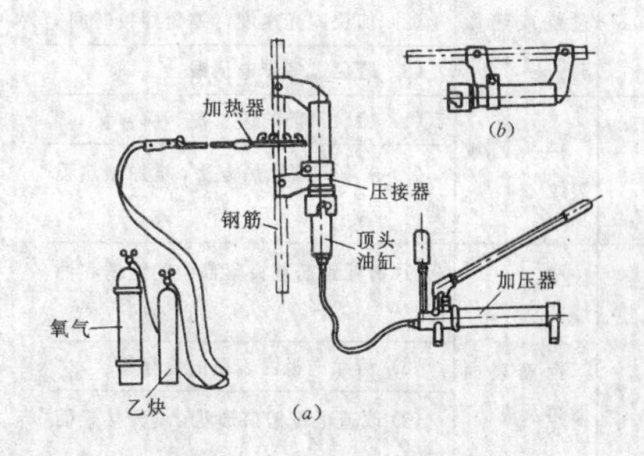

图 7-91 气压焊装置系统图

(*a*) 竖向焊接；(*b*) 横向焊接

7)低温条件下焊接：在冬期的钢筋焊接，宜在室内进行，如必须在室外施焊时，其最低温度不宜低于－20℃，且应有防雪挡风措施。采用低温施焊时，应采用预热、分层控温施焊，缓慢冷却通电热处理接头等必要的工艺措施。并调整焊接参数，严禁立即碰到冰雪。

8）钢筋焊接时缺陷及防止措施

a. 对焊接缺陷及防止措施见表 7-44。

对焊接缺陷及防止措施　　表 7-44

项次	异常现象和缺陷种类	防止措施
1	烧化过份剧烈并产生强烈的爆炸声	(1) 降低变压器级次
		(2) 减慢闪光速度
2	闪光不稳定	(1) 清除电极底部和表面的氧化物
		(2) 提高变压器级次
		(3) 加快闪光速度
3	接头中有氧化膜,未焊透或夹渣	(1) 增加预热程度
		(2) 加快临近顶锻时的闪光速度
		(3) 确保带电顶锻过程
		(4) 加快顶锻速度
		(5) 增大顶锻压力
4	接头中有缩孔	(1) 降低变压级次
		(2) 避免闪光过程过分强烈
		(3) 适当增大顶锻压力和顶锻留量
5	焊缝金属过烧或热影响区过热	(1) 减小预热程度
		(2) 加快闪光速度，缩短焊接时间
		(3) 避免过多带电顶锻
6	接头区域裂纹	(1) 检验钢筋的碳、硫、磷含量
		(2) 采取低频预热方法，增加预热程度
7	钢筋表面微熔及烧伤	(1)清除钢筋被夹紧部位的铁锈和油污
		(2) 清除电极内表面的氧化物
		(3) 改造电极槽口形状，增大接触面积
		(4) 夹紧钢筋
8	接头弯折或轴线偏移	(1) 正确调整电极位置
		(2)修整电极钳口或更变已变形的电极
		(3) 切除或矫直钢筋的弯头

b. 钢筋电渣压力焊焊接缺陷和防止措施见表 7-45。

钢筋电渣压力焊焊接缺陷和防止措施

表 7-45

项次	焊接缺陷	防止措施
1	偏心	1) 把钢筋端部矫直
		2) 上钢筋安放正直
		3) 顶压用力适当
		4) 及时修理夹具
2	弯折	1) 把钢筋端部矫直
		2) 把钢筋安放正直
		3) 适当延迟松开夹具时间
3	咬边	1) 适当调小焊接电流
		2) 适当缩短焊接通时间
		3) 及时停机
		4) 适当加大顶压量
4	未熔合	1) 提高钢筋的下送速度
		2) 延迟断电时间
		3) 检查夹具，使上钢筋均匀下送
		4) 适当增大焊接电流
5	焊包不匀	1) 把钢筋端部切开
		2) 铁丝圈放置正中
		3) 适当加大熔化量
6	气孔	1) 按规定烘烤焊剂
		2) 把铁锈清除干净
7	烧伤	1) 把钢筋端部彻底除锈
		2) 把钢筋夹紧
8	焊包下流	塞好石棉布

c. 电阻点焊缺陷及防止措施；见表 7-46。

电阻点焊缺陷及防止措施　　表 7-46

项次	缺陷种类	产生原因	防止措施
1	焊点过烧	1) 变压器级次过高	1) 降低变压器级次
		2) 通电时间太长	2) 缩短通电时间
		3) 上下电极不对中心	3) 切断电源，校正电极
		4) 继电器接触失良	4) 调节间隙，清理触点

续表

项次	缺陷种类	产生原因	防止措施
2	焊点脱落	1）电流过小	1）提高变压器级次
		2）压力不够	2）加大弹簧压力或调大气压
		3）压入深度不足	3）调整两电极间距离符合压入深度要求
		4）通电时间太短	4）延长通电时间
3	表面烧伤	1）钢筋和电极接触面太脏	1）清刷电极和钢筋表面的铁锈和油污
		2）焊接时没有预压过程或预压力小	2）保证预压过程和适当的预压力
		3）电流过大	3）降低变压器级次

d. 埋弧压力焊焊接缺陷及防止措施，见表 7-47。

埋弧压力焊焊接缺陷及防止措施

表 7-47

项次	缺陷种类	防止措施
1	钢筋咬边	1）减小焊接电流及缩短焊接时间
		2）增大压入量
2	气孔	1）烘烤焊剂
		2）清除钢筋和钢板上的铁锈、油污及熔渣
3	夹渣	1）清除焊剂中杂物
		2）避免过早切断焊接电流
		3）加快顶压速度
4	熔化不良	1）增大焊接电流，增加熔化时间
		2）适时顶压
5	焊包不均匀	1）保证两焊接地线的接触良好
		2）保证焊接处具有对称的导电条件
6	钢板焊穿	1）减少焊接电流或焊接熔化时间
		2）在焊接时避免钢板呈悬空状态
7	钢筋脆断	1）减少焊接电流延长焊接时间
		2）检查钢筋的化学成分是否合格
8	钢板凹陷	1）减少焊接电流
		2）延长焊接时间

（3）机械连接

钢筋机械连接是通过连接件的机械咬合作用或钢筋端面的承压作用，将一根钢筋中的力传递至另一根钢筋的连接方法。按规范规定，钢筋接头宜优先采用焊接或机械连接。目前在工业与民用建筑钢筋混凝土结构施工中机械连接应用极为广泛。

1）接头性能等级。钢筋机械连接接头根据静力单向拉伸性能以及高应力和大变形条件下反复拉、压性能的差异分为三个性能等级，应根据钢筋混凝土结构中对钢筋强度或对接头延性的要求选用。

a. A 级。接头抗拉强度达到或超过母材抗拉强度标准值，并具有高延性及反复拉压性能。当混凝土结构中要求充分发挥钢筋强度或处于对接头延性要求较高的部位，应采用 A 级接头。这个等级接头应用范围比较广。

b. B 级。接头抗拉强度达到或超过母材屈服强度标准值的 1.35 倍，具有一定的延性及反复拉压性能，当混凝土结构中钢筋受力小或处于对接头延性要求不高的部位，可采用 B 级接头。这个等级接头应用范围有一定限制。

c. C 级。接头仅能承受压力。应用于非抗震设防和不承受动力荷载的混凝土结构中钢筋只承受压力的部位。这个等级接头目前国内尚未开发。

钢筋接头机械连接的应用应遵守下列规定。

钢筋连接件的混凝土保护层厚度宜满足

规定。

受力钢筋机械连接接头的位置应相互错开。在任一接头中心至长度为钢筋直径35倍的区段范围内，有接头的受力钢筋截面面积占受力钢筋总截面面积的百分率，应符合下列规定：

受拉区的受力钢筋接头百分率不宜超过50%；在受拉区的钢筋受力小的部位，A级接头百分率可不受限制；

接头宜避开有抗震设防要求的框架的梁端和柱端的箍筋加密区；当无法避开时，接头应采用A级，且接头百分率不应超过50%；

受压区和装配式构件中钢筋受力较小部位，A级和B级接头百分率可不受限制。

钢筋接头机械连接的种类较多，如钢筋挤压套筒连接、锥螺纹套筒连接、直螺纹套筒连接、熔融金属充填套筒连接、水泥灌浆充填套筒连接、受压钢筋端面平连接等。

2）带肋钢筋套筒挤压连接。挤压套筒接头是通过挤压力使连接用套筒塑性变形与带肋钢筋紧密咬合形成的接头。带肋钢筋套筒挤压连接技术与搭接和焊接相比，具有接头性能可靠、质量稳定，不受气候及焊工技术水平的影响，连接速度快，安全、无明火，不需大功率电源，可焊与不可焊钢筋均能可靠连接等优点。在多项重大工程中应用，受到普遍好评。

带肋钢筋套筒挤压连接工艺是将两根待接钢筋插入连接套筒，采用专用液压压接钳侧向或轴向挤压连接套筒，使套筒产生塑性变形，从而使套筒的内周壁变形而嵌入钢筋肋纹，由此产生抗剪力来传递钢筋连接处的轴向力。挤压连接有径向挤压和轴向挤压两种，见图7-92。适用于连接直径为16～40mm的Ⅱ、Ⅲ级带肋钢筋和余热处理钢筋。不同直径的带肋钢筋也可采用挤压接头连接，但是套筒两端外径和壁厚相同时，被连接钢筋的直径相差不应大于5mm。

a. 径向挤压连接：径向挤压连接操作人员必须持证上岗。挤压操作时采用的挤压力、压模宽度、压痕直径或挤压后套筒长度的波动范围以及挤压道数，均应符合经型式检验确定的技术参数要求。

径向挤压连接工艺为：钢筋、套筒验收，施工准备→钢筋断料、划定位标记→套筒套入钢筋→安装压接钳→开动液压泵、逐扣压套筒至接头成型→卸下压接钳→接头验收。

用于挤压连接的钢筋应符合现行国家标准，使用前应除锈、调直。挤压连接套筒应有出厂合格证，使用前应进行外观尺寸检查，其尺寸的允许偏差应符合表7-48的要求。各类规格的钢筋都要与相应规格的套筒相匹配，不得随意混用，使用前要对钢筋与套筒进行试套。钢筋和套筒在运输和储存中，应按不同规格分别堆放整齐，不得露天堆放，防止锈蚀和沾污。

套筒尺寸的允许偏差（mm）　　**表7-48**

套筒外径 D	外径允许偏差	壁厚（t）允许偏差	长度允许偏差
≤50	±0.5	$+0.12t$ $-0.10t$	±2
>50	±0.10D	$+0.12t$ $-0.10t$	±2

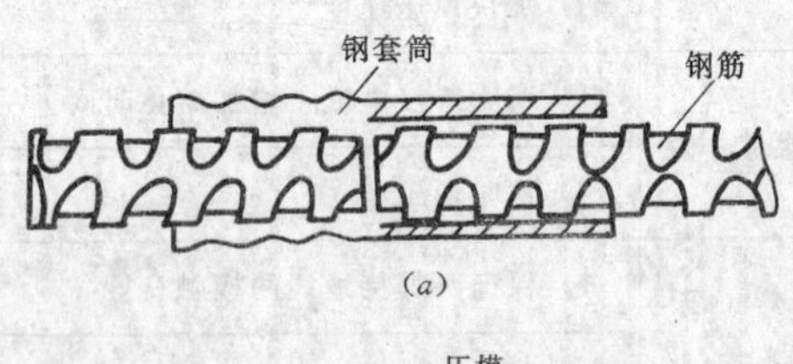

(*a*)

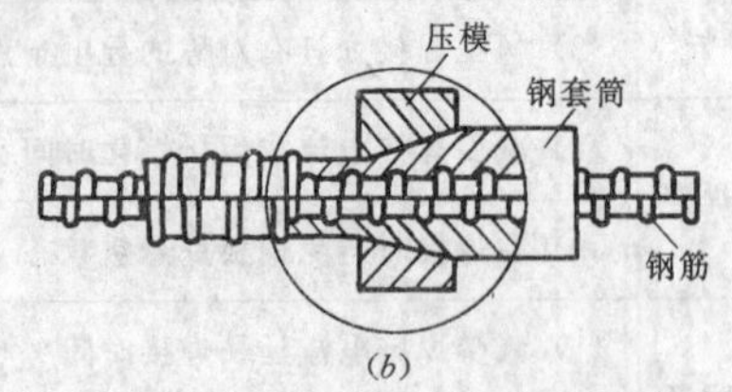

(*b*)

图7-92　钢筋挤压连接

(*a*) 径向挤压；(*b*) 轴向挤压

径向挤压连接主要设备包括挤压机、超高压油泵、平衡器、吊挂小车、划标志用工具和检查压痕卡板等，见图7-93。挤压机有

YJ 型和 CY 型。YJ650 型挤压机，最大挤压力为 650kN，用于直径 32mm 以下钢筋的连接；YJ800 型，最大挤压力为 800kN，用于直径 32mm 以上钢筋。CY 型挤压机系列分为 CY16～CY40 共七种型号规格，其最大工作压力为 32～150MPa，整机功率为 0.8～1.5kW，压接钳重 8.5～24kg。使用前应检查挤压设备情况，并进行试压，符合要求后方可作业。

钢筋下料应优先采用砂轮锤，见图 7-94，如用切筋机切割应及时更换刀片，使钢筋端头不产生弯曲或马蹄形。钢筋端部如有马蹄、弯折或纵肋尺寸过大，应预先矫正或用砂轮打磨，以保证套筒能自由套入钢筋。钢筋连接端应划出明显定位标记，确保在挤压时和挤压后可按定位标记检查钢筋伸入套筒内的长度。

连接套筒之间的横向操作净距不宜小于 25mm。

挤压接头的压接一般宜分两次进行，第一次压接是在钢筋加工车间进行，第二次压接是在施工现场进行。

第一次压接是先将套筒一半套入一根被连接钢筋端部，套入深度不宜超过套筒长度中点 10mm，用标记进行检查。然后开机压接半个接头，其挤压机与钢筋轴线应保持垂直，从套筒中央开始，并依次向端头逐扣挤压，在靠套筒空腔部位宜少压一扣，以免将另半个套筒空腔压扁。最后将未压接的半个套筒空腔部位套上塑料袋护套，以免存放和运输中污染。

第二次压接是先拆除塑料袋护套，将待连接钢筋插入未压接的半个套筒内，并注意钢筋要对直。在确认钢筋完全插入套筒后开机压接。压接时应将第一次少压的一扣进行补压，并从套筒中央逐扣向端部进行。挤压连接基本参数见表 7-49。压接完成后用压痕卡板认真进行接头外形检查。

b. 轴向挤压连接：轴向挤压连接工艺分为钢筋半接头挤压工艺见表 7-50，钢筋连接挤压工艺见表 7-51。

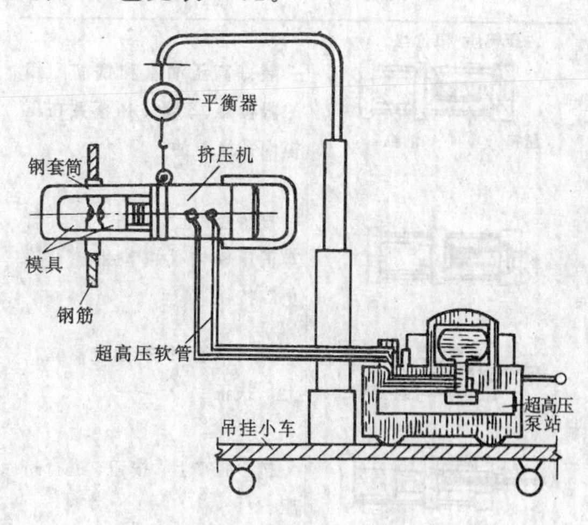

图 7-93　钢筋径向挤压连接设备示意图

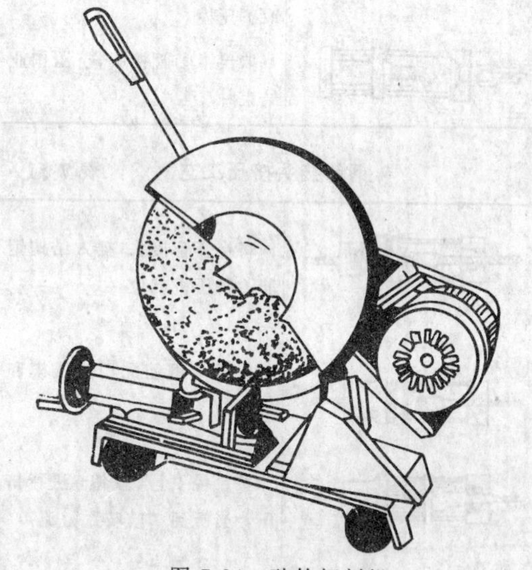

图 7-94　砂轮切割机

采用 YJ650 和 YJ800 型挤压机压接参数

表 7-49

钢筋直径 (mm)	钢筋筒外径×长度 ($\phi \times L$) (mm)	挤压力 (kN)	每端压接道数
ϕ25	43×175	500	3
ϕ28	49×196	600	4
ϕ32	54×224	650	5
ϕ36	60×252	750	6

注：压模宽度为 18、20mm 两种。

钢筋半接头挤压工艺　　表 7-50

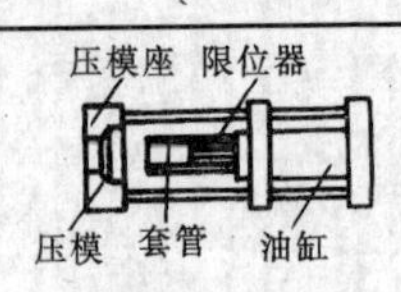	装好高压油管和钢筋配用的限位器、套管、压模并在压模内孔涂羊油
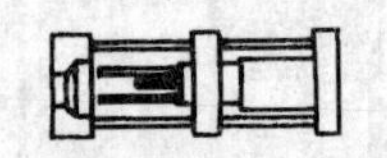	按手控"上"按钮，使套管对正压模内孔再按手控"停止"按钮
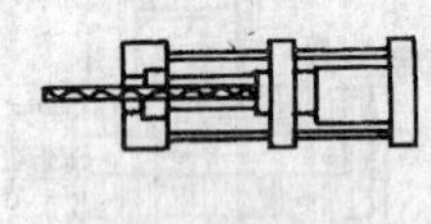	插入钢筋，顶在限位器立柱上，扶正
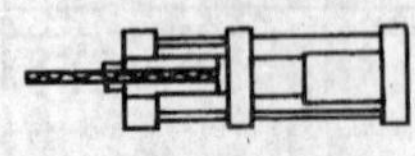	按手控"上"按钮，进行挤压
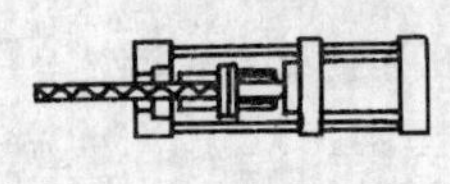	当听到溢流"吱吱"声，再按手控"下"按钮，退回柱塞，取下压模
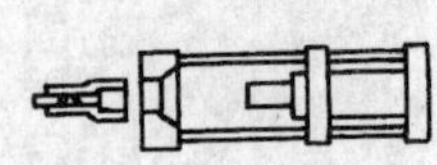	取出半套管接头，挤压作业结束

钢筋接头挤压工艺　　表 7-51

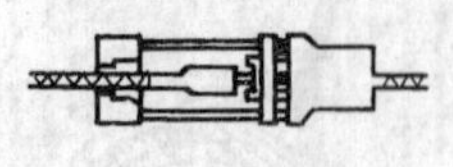	将半套管接头，插入结构钢筋，挤压机就位
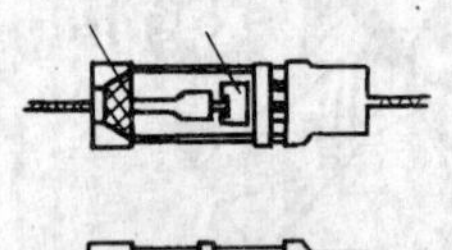	放置与钢筋配用的压模和垫块 B
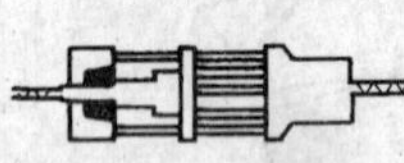	按手控"上"按钮，进行挤压，当听到"吱吱"溢流声
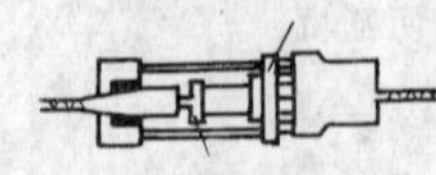	按手控"下"按钮。退回柱塞及导向板；装上垫块 C
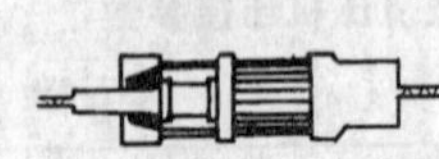	按手控"上"按钮，进行挤压
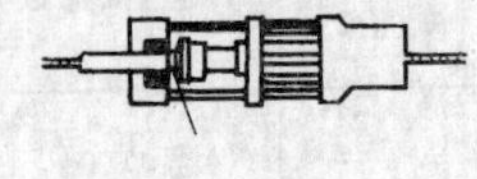	按手控"下"按钮，退回柱塞，注加垫块 D
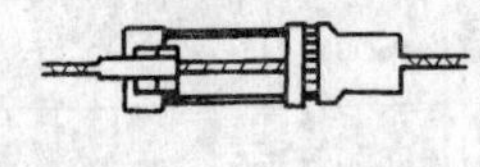	按手控"上"按钮，进行挤压；再按手控"下"按钮，退回柱塞
	取下垫块、模具、挤压机，接头挤压连接完毕，挂上挂钩，提升挤压机

轴向挤压连接主要设备包括超高液压泵站、半挤压机、挤压机、压模、垫块、手拉葫芦、划线尺、量规等。压模采用合金钢制成，有半挤压压模和挤压压模，使用时按钢筋规格选用。

轴向挤压连接先在钢筋加工车间用半挤压机进行半接头挤压，然后在施工现场用挤压机进行钢筋连接挤压。

钢筋套筒挤压连接的现场验收应以 500 个相同规格相同制作条件的接头为一个验收批，不足 500 个仍为一批，对挤压接头外观质量在自检基础上，每批随机抽取 10%的挤压接头作外观质量检验，并抽取不少于三个试件，且每个结构层不宜少于一个试体，作抗拉强度检验，也可做模拟试验。

挤压连接操作应遵守安全技术规范、用电安全技术规范等，并应严格按油泵和挤压机操作规程进行操作。

3）锥螺纹套筒连接。钢筋锥螺纹接头是把钢筋的连接端加工成锥形螺纹（简称丝头），通过锥螺纹连接套筒把两根带丝头的钢筋，按规定的力矩值连接成一体的钢筋接头，见图 7-95。这种接头形式，适用于连接直径为 16～40mm 的Ⅱ、Ⅲ级钢筋，以及Ⅰ级钢筋的连接。也可连接异径钢筋，但一次连接钢筋直径之差不宜超过二级。连接套筒之间的横向操作净距不宜小于 25mm。连接前应试连，并进行接头试件试验，符合要求后方可正式施工。

钢筋锥螺纹套筒连接工艺是钢筋、套筒

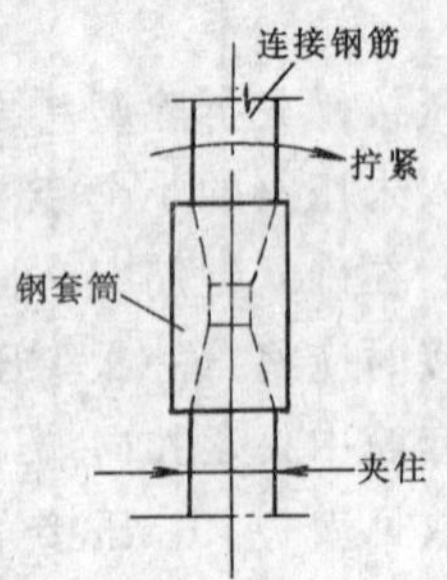

图 7-95　钢筋锥螺纹套筒连接

验收，施工准备→钢筋下料、套丝→用连接套筒进行钢筋连接→验收。

a. 材料验收和施工准备：使用钢筋应符合国家现行标准的有关规定，使用前应除锈、调查。连接套筒应有出厂质量合格证，两端锥孔应有密封盖，其表面应有规格标记。钢筋和连接套规格应一致。塑料保护帽和塑料封盖要备齐。全部材料应按品种、规格分别整齐储存在仓库内，不得损坏、锈蚀和沾污。

钢筋锥螺纹套筒连接主要机具有钢筋套丝机、切断机、力矩扳手、卡钳、锥螺纹牙形规、卡规或环规、塞规等。力矩扳手分为质检用和施工用两种，不得混力，为保证连接质量，力矩扳手应由具有生产计量器和许可证的工厂制造，并有产品出厂合格证。

操作人员均应参加技术规程培训，持证上岗。

b. 钢筋下料、套丝：钢筋下料不得用气割，可采用钢筋切断机或砂轮切割机进行。切口端面应与钢筋轴线垂，不得有马蹄形或挠曲。

钢筋锥螺纹加工是保证锥螺纹连接质量的重要环节，锥螺纹丝头的锥度、牙形、螺距等必须与连接套一致。丝头的加工是在套丝机上进行，操作时应采用水溶性切削润滑液进行冷却润滑，当气温低于0℃时应掺入15%～20%亚硝酸钠。不得用机油作润滑液或不加润滑液套丝。丝扣完整数要达到表7-52的要求。丝头应牙形饱满、无断牙、秃牙等缺陷，且与牙形规的牙形吻合，牙齿表面光洁为合格品，见图7-96。锥螺纹丝头锥度与小端直径必须在卡规或环规的允许误差范围内，见图7-97。操作人员应按上述要求对丝头进行逐个检查，经检查合格后，一端柠上塑料保护帽，另一端用力矩扳手拧紧连接套，并加上塑料封盖，按规格分类整齐堆放待用。

c. 钢筋连接：钢筋连接是将加工好锥螺纹的钢筋运至现场进行。连接时先分别取下待接钢筋端的塑料保护帽或塑料封盖，将钢筋对正轴线后拧入锥螺纹连接套筒，再用以调至规定力矩值的力矩扳手拧紧，当力矩扳手发出“咔嗒”声响时，即表明钢筋接头已达到规定的拧紧力矩值，见表7-53。最后用涂料在套筒上作好标记，施工完后应进行检查验收。

钢筋锥螺纹完整牙数　　表 7-52

钢筋直径(mm)	φ16—18	φ20—22	φ25—28	φ32	φ36	φ40
完整牙数	5	7	8	10	11	12

钢筋接头的拧紧力矩值　　表 7-53

钢筋直径(mm)	16	18	20	22	25—28	32	36—40
扭紧力矩(N·m)	118	145	177	316	275	314	343

常用的接头连接方法。

同径或异径普通接头，分别用力矩扳手将①与②、②与④拧到规定的力矩值，见图7-98。

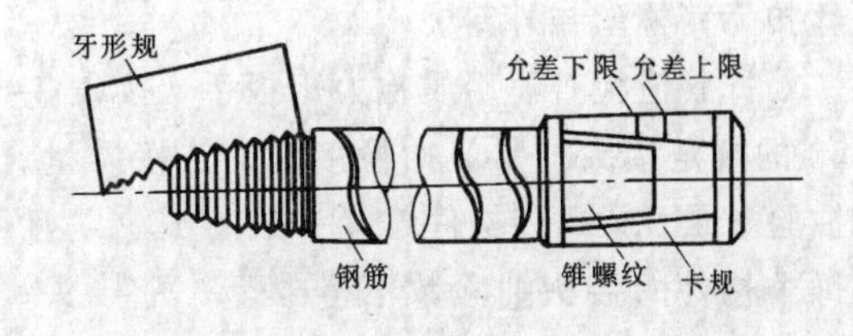

图 7-96　锥螺纹牙型与牙形规

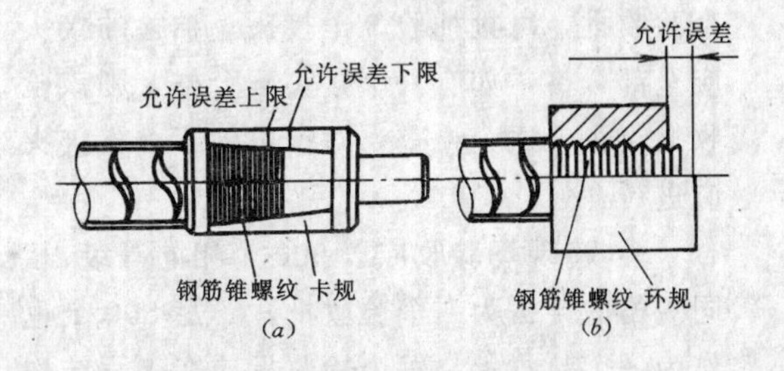

图 7-97　丝头锥度和小端直径检查

单向可调接头，分别用力矩扳手将①与②、③与④拧到规定的力矩值，再把⑤与②拧紧，见图7-99。

双向可调接头，分别用力矩扳手将①与②、③与④拧到规定的力矩值，且保持②、③的外露丝扣数相等，然后分别夹住②与③，把⑤拧紧，见图 7-100。

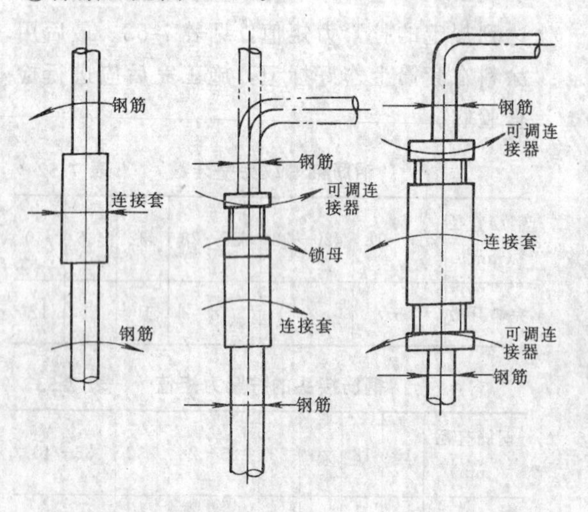

图 7-98 同径或异径普通接头　图 7-99 单向可调接头　图 7-100 双向可调接头

d. 接头施工现场检验与验收：外观检查。随机抽取同规格接头数的 10%进行检查，应满足钢筋与连接套的规格一致，接头丝扣无完整丝扣外露。

拧紧值检查。用质检力矩扳手，按表 7-53 的规定接头拧紧值抽检接头的连接质量。抽验数量：梁、柱构件按接头数的 15%，且每个构件的接头抽验数不得少于一个接头；基础、墙、板构件按各自接头数，每 100 个接头作为一个验收批，不足 100 个也作为一个验收批，每批抽验 3 个接头。抽检的接头应全部合格，如有一个接头不合格，则该验收批接头应逐个检查，对查出的不合格接头应进行补强。

验收。现场验收应以 500 个相同等级、相同规格的接头为一个验收批，不足 500 个也作为一个验收批，每个验收批应在工程结构中随机截取 3 个试件作单向拉伸试验。

7.3.5 钢筋的绑扎与安装

（1）钢筋的现场绑扎

1）准备工作

a. 熟悉审查施工图。检查钢筋施工图纸张数是否齐全；熟记各结构中各钢筋网或钢筋骨架之间的相互关系；核对每编号钢筋的直径、形状、根数是否与配料单相符；通晓钢筋施工与本工程有关的模板、结构安装、管道配置等多方面的联系。

b. 确定各分部分项工程的绑扎顺序和进度，以便填写钢筋用料表。

c. 检查钢筋的外观。着重检查锈蚀状况，确定有无必要进行除锈、在运料前要核对钢筋直径、形状、尺寸以及钢筋级别是否与料牌相符，如有错漏，应纠正增补。

d. 准备绑扎用的工具，如绑扎架、铁丝等。钢筋绑扎用的铁丝，可采用 20～22 号铁丝（火烧丝）或镀锌铁丝（铅丝），其中 22 号铁丝只用于绑扎直径 12mm 以下的钢筋。铁丝长度可参考表 7-54 的数值采用；因铁丝是成盘供应的，故习惯上是按每盘铁丝周长的几分之一来切断。

钢筋绑扎铁丝所需长度表(cm)　**表 7-54**

钢筋直径(mm)	3～4	5	6	8	10	12	14	16	18	20	22	25	28	32
3～4	11	12	12	13	14	15	16	18	19					
5		12	13	13	14	16	17	18	20	21				
6			13	14	15	16	18	19	21	23	25	27	30	32
8				15	17	17	18	20	22	25	26	28	30	33
10					18	19	20	22	24	25	26	28	31	34
12						20	22	23	25	26	27	29	31	34
14							23	24	25	27	28	30	32	35
16								25	26	28	30	31	33	36
18									27	30	31	33	35	37
20										31	32	34	36	38
22											34	35	37	39

e. 准备控制混凝土保护层用的水泥砂浆垫块或塑料卡。

水泥砂浆垫块的厚度应等于保护层厚度，一般情况下，当保护层厚度在 20mm 以下时，垫块平面尺寸为30mm×30mm；厚度在20mm以上时，约为50mm×50mm。当在垂直方向使用垫块时，可在垫块中埋入20号铁丝。

塑料卡的形状有两种：塑料垫块和塑料环圈。塑料垫块用于水平构件（如梁、板），在两个方向均有凹槽，以便适应保护层厚度。塑料环圈用于垂直构件（如柱、墙），使用时钢筋从卡嘴进入卡腔，卡腔的大小能适应钢筋直径的变化。

f. 绑扎形式复杂的结构部位时，为了避免混乱和差错，应先研究逐根钢筋穿插就位的顺序，并与支模有关人员联系讨论支模和绑扎钢筋的先后秩序，以减少绑扎困难。

2）一般规定。

a. 钢筋的交叉点应用铁丝扎牢。

b. 板和墙的钢筋网，除靠近外围两行钢筋的相交点全部扎牢外，中间部分交叉点可相隔交错扎牢，但必须保证受力钢筋不产生位置偏移。双向受力钢筋，须全部扎牢。

c. 梁和柱的箍筋，除设计有特殊要求外。应与受力钢筋垂直设置。箍筋弯钩叠合处，应沿受力钢筋方向错开设置。

d. 柱中的竖向钢筋搭接时，角部钢筋的弯钩应与模板成45°（多边形柱为模板内角平分线角；圆形柱与模板切线垂直）；中间钢筋的弯钩应与模板成90°。如果采用插入式振动器浇筑小型截面时，弯钩与模板的角度最小不得小于15°。

e. 在绑扎钢筋接头时，一定要把接头先行绑好，然后再和其它钢筋绑扎。

f. 绑扎和安装钢筋时，一定要符合主筋的混凝土保护层厚度。

g. 绑扎的钢筋网和钢筋骨架，不得有变形、松脱。

钢筋工程属于隐蔽工程，在浇筑混凝土前应对钢筋及预埋件进行验收，并作好隐蔽工程记录。

3）绑扎方法

A. 钢筋位置划线。

a. 梁的箍筋位置划在纵向钢筋上。

b. 平板或墙板钢筋划在模板上。

c. 柱的箍筋划在两根对角线纵向钢筋上。

d. 基础钢筋在每个方向的两边各取一根划点，或画在垫层上。

梁、板、柱等类型较多时，为避免混乱和差错，对各种型号的钢筋规格，形状和数量，应在模板上分别标明。

B. 绑扎扣样，见图7-101。

绑扎扣样有：一面顺扣，用于平面上扣量很多的地方；十字花扣和反十字花扣，用于要求绑扎比较牢固结实的块方；兜扣，可用于平面，也可用于直筋与弯曲处的交接；缠扣，是为防止钢筋滑动或脱落，而在扎结时加缠，加缠的方向根据钢筋可能移动的情况确定，缠绕一次或两次均可，并可结合十字花扣和反十字花扣、兜扣等实现；套扣，用于梁的架立筋与箍筋的绑口处。

4）绑扎工艺

A. 独立基础：操作程序：划线→摆放钢筋→绑扎网片→放置垫块或撑脚。

绑扎要点：

a. 绑扎基础钢筋应遵守钢筋绑扎规定。

b. 网片中相邻扎点的铁丝扣应成八字形以免网片歪斜变形。

c. 基础底板采用双层钢筋网时，在上下层钢筋网之间应设置撑脚，以保证钢筋网位置正确。撑脚用混凝土或钢筋制成。钢筋撑脚形式有多种，钢筋直径视板厚而定，板越厚钢筋越大；一般每隔80～100mm放置一个。见图7-102。

d. 独立基础为双向弯曲，其底面短边的钢筋应放在长边的钢筋上面。

e. 应防止钢筋弯钩平放，应预先使弯钩朝上，但双层钢筋网的上层钢筋弯钩应朝下。

f. 现浇柱与基础连接用的插筋，其箍筋

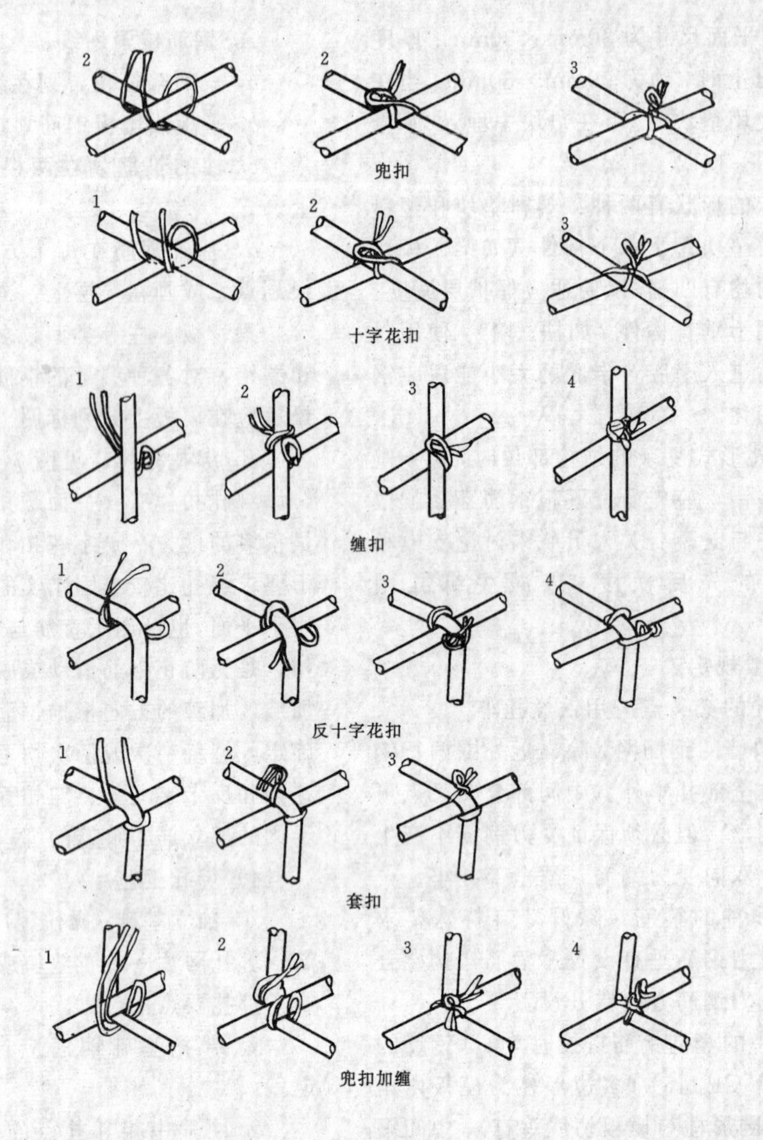

图 7-101　钢筋的其他绑扎方法

应比柱箍筋缩小一个柱筋直径，以便连接。插筋下端用 90°弯钩与基础钢筋进行绑扎，插筋位置应准确，固定应牢靠。

B. 条形基础：操作程序：绑扎底板网片→绑扎条形骨架。

绑扎要点：

a. 基础底板网片绑扎是现场就地进行，其绑扎要点同于独立基础。

b. 条形骨架绑扎是在现场就地安放绑扎架，在其上进行。

c. 条形骨架绑扎成型后抽去绑扎架，就位与底板网片绑扎连接成一整体。

C. 现浇柱：操作程序：整理插筋→套箍筋→立主筋→绑插筋接头→绑扎箍筋。

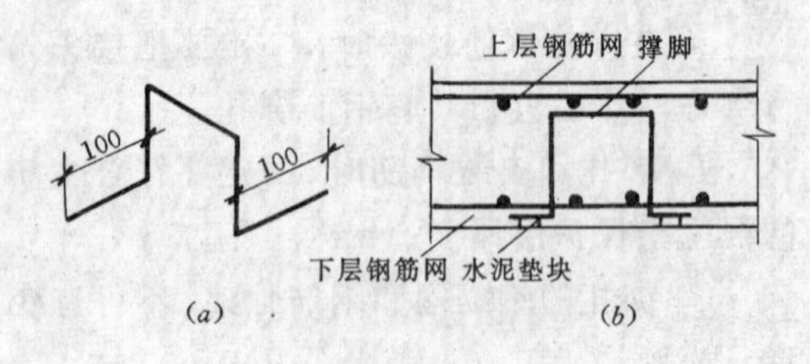

图 7-102　钢筋撑脚
(*a*) 钢筋撑脚；(*b*) 撑脚设置

绑扎要点：

a. 下层柱的纵向钢筑露出楼面部分，宜用工具式箍筋（按柱的箍筋设置）将其收进一个柱筋直径，以利上层柱的钢筋搭接；当柱截面有变化时，其下层柱纵向钢筋的露出部分，必须在绑扎其它部位钢筋之前，先行收缩准确。

b. 箍筋的接头（弯钩叠合外）应交错布置在四角纵向钢筋上；箍筋转角与纵向钢筋交叉点均应扎牢（箍筋平直部分与纵向钢筋交叉点可间隔扎牢），绑扎箍筋时绑扣相互间应成八字形。见图 7-103。设计要求箍筋设拉筋时拉筋应钩住箍筋，见图 7-104。

c. 框架梁，牛腿及柱帽等钢筋，应放在柱的纵向钢筋内侧。

D. 墙板：操作程序：整理插筋→划线→立纵筋→与插筋绑扎→绑扎横筋→绑扎另一网片→设置撑铁。

绑扎要点：

a. 墙（包括水塔壁、烟囱筒身、池壁等）的垂直钢筋每段长度不宜大于 4m（钢筋直径≤12mm）或 6m（直径>12m），水平钢筋每段长度不宜超过 8m，以利绑扎。

b. 墙体中配置双层钢筋时为了使两层钢筋网保持正确位置，可采用挂钩件或撑件（一般可用细钢筋制作）加以固定，见图 7-105 所示。

c. 墙的钢筋网绑扎同于基础网片，钢筋的弯钩应朝向混凝土内。

E. 梁与板：操作程序：主梁→次梁→板。

绑扎要点：

a. 当梁中配有两排受力钢筋时，为了使上排钢筋保持正确位置，要用短钢筋作为垫筋垫在它的下面。见图 7-106 所示。

b. 箍筋，除设计有特殊要求外，应与受力钢筋保持垂直，弯钩叠合处，应沿受力钢筋方向错开放置，见图 7-107 所示，此外梁的箍筋弯钩应放在受压区。

c. 板的钢筋网绑扎与基础相同，但应注意板上部的负筋，要防止被踩下，特别是雨篷阳台，挑檐等悬臂板，要严格控制负筋位置，以免拆模时断裂。

d. 板、次梁与主梁交叉处，板的钢筋在上，次梁钢筋居中，主梁的钢筋在下见图 7-108；当有圈梁或梁垫时，主梁的钢筋在上见图 7-109 所示。

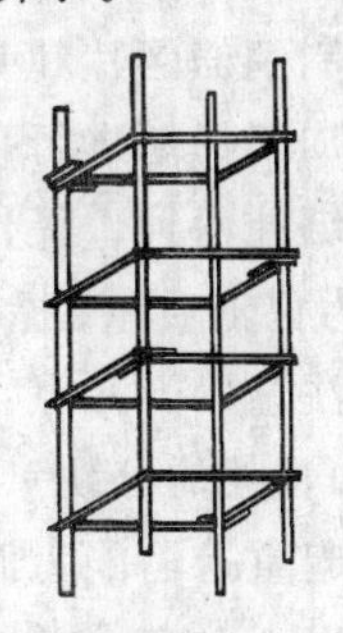

图 7-103 柱箍筋接头交错布置示意图

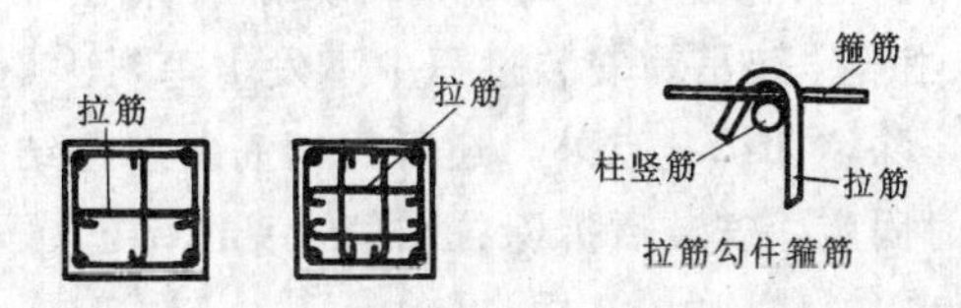

图 7-104 柱拉筋示意图

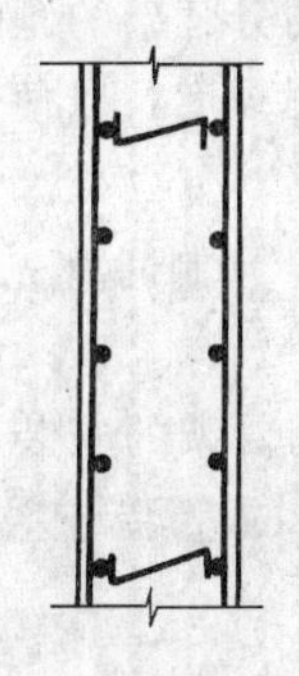

图 7-105 墙钢筋的撑铁

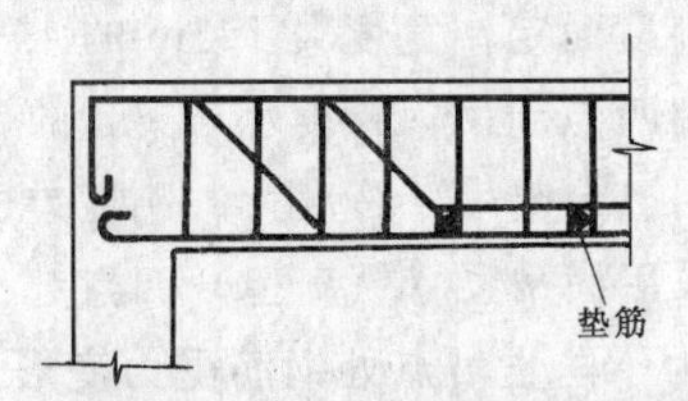

图 7-106 梁中垫筋布置示意图

e. 框架节点处，钢筋穿插十分稠密时，应特别注意梁顶面主筋间的净距要有 30mm，以利浇筑混凝土。

(2) 钢筋网片和骨架的预制。

形状比较规则，同类型号数量较多的现浇构件及预制构件，为加快施工进度，减少高空和现场绑扎作业，在起重运输条件允许的情况下，经常采用预制钢筋网片和骨架，然后在现场安装。预制钢筋网片和骨架可在钢筋加工车间或现场加工场地进行，其预制成形方法分为焊接和绑扎两种、操作程序与现场绑扎基本相同。为保证质量、提高工效、方便绑扎和安装，应注意以下几点：

1）钢筋网片和骨架的分块（段），应根据结构配筋特点及起重运输能力而定。一般钢筋网的分块面积以 6～20m^2 为宜；钢筋骨架的分段长度以 6～12m 为宜。

2）为保证绑好的钢筋网片和骨架在堆放、搬运、起吊和安装过程中不发生歪斜、扭曲，除增加绑扎点外，还可用钢筋斜向拉结临时固定，安装后拆除拉结筋，见图 7-110、7-111。

3）钢筋骨架制作，应根据设计对钢筋骨架的具体要求合理划分骨架的预制和绑扎部位，考虑节点的预制程度，以便使骨架安装时合理地穿插、拼接。

4）为提高工效，预制时宜先作模具。并尽可能采用焊接。

(3) 钢筋网片与骨架的安装。

钢筋网与骨架的吊装应注意以下几点：

1）按图施工，对号入座。

2)钢筋网与骨架的吊点，应根据其尺寸、质量及刚度而定。宽度大于 1m 的水平钢筋网宜采用四点起吊，跨度小于 6m 的钢筋骨架宜采用二点起吊，跨度大、刚度差的钢筋骨架宜采用横吊梁（铁扁担）四点起吊见图 7-112。为了防止吊点处钢筋受力变形，可采取兜底吊或加短钢筋。

3）钢筋网骨架安装入模后，一直到混凝土浇筑完毕的整个过程中，都必须始终注意维护工作。安装后的维护工作主要是防止移位和变形，因此要随时检查钢筋的绑扣和固定是否牢固，并且要防止钢筋网和骨架受压，也要尽量避免行人在其上走动，特别要注意

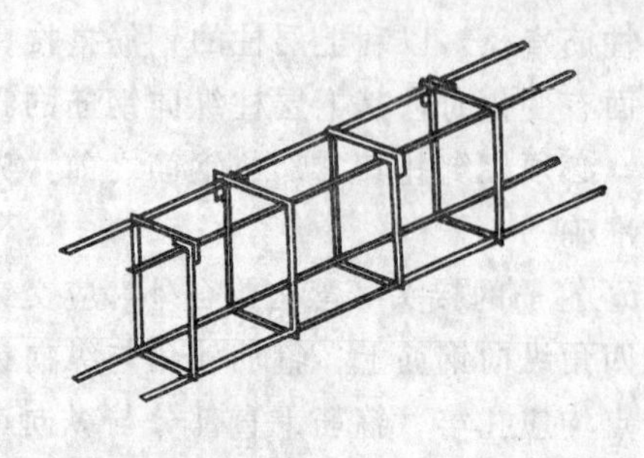

图 7-107　梁箍筋接头放在受压区示意

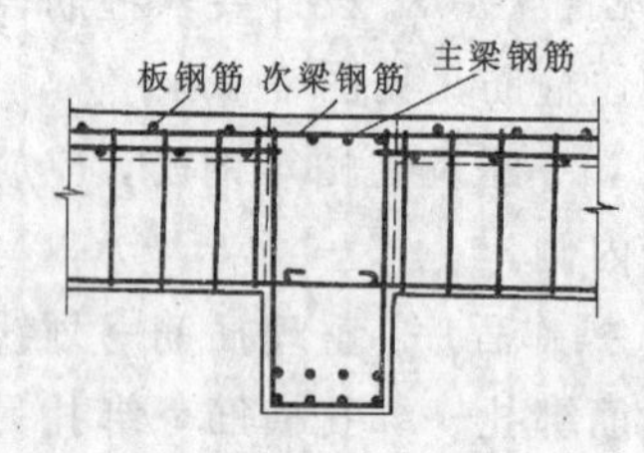

图 7-108　板、次梁与主梁交叉处钢筋

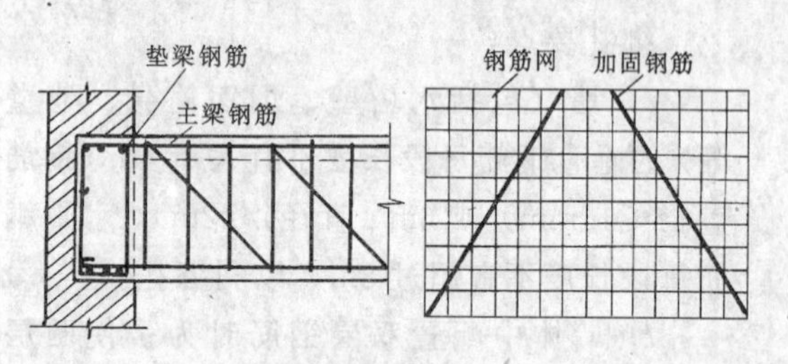

图 7-109　主梁与垫梁交叉处钢筋

图 7-110　绑扎钢筋网的临时加固

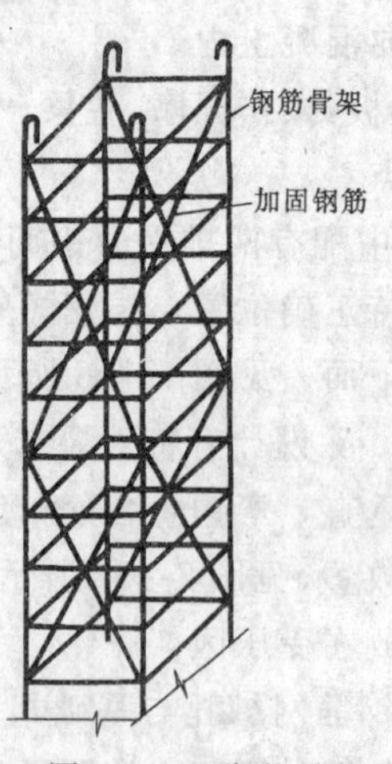

图 7-111　绑扎骨架的临时加固

上部钢筋压弯下垂，如发现移位和变形，应及时根据具体情况予以修理。对于已安装好的钢筋网和骨架，还应采取加盖或其它措施预防钢筋生锈。

7.3.6 绑扎安装质量要求

钢筋绑扎安装完毕后，应进行质量验收，验收结果应满足质量标准要求。

（1）钢筋的级别、直径、根数、间距和锚固长度，预埋件的规格、位置、数量应符合设计图的要求。

（2）钢筋接头位置、数量、搭接长度符合规定要求。

（3）结构上部钢筋位置要准确，浇筑混凝土时不得被踩下。

（4）绑扎的钢筋网或骨架必须牢固，不得有变形松动现象。

（5）钢筋表面不允许有油渍、漆污和颗粒状（片状）铁锈。

（6）钢筋位置的允许偏差不得大于标准规定。

（7）混凝土保护层应符合要求。

7.3.7 钢筋加工绑扎安全技术

（1）钢筋加工要求

1）除锈安全技术

a. 使用电动除锈机进行除锈时，传动皮带、钢丝刷等转动部分要设置防护罩，并须设有排尘装置（排尘罩或排尘管道），使用前应检查各装置是否处于良好和有效状态。

b. 加强操作人员的劳动保护，操作时要扎紧袖口、戴好口罩、手套和防护眼镜。

c. 操作时应将钢筋放平握紧，操作人员必须侧身送料，禁止在除锈机的正前方站人；钢筋与钢丝刷松紧程度要适当，避免过紧使钢丝刷损坏，或过松影响除锈效果；钢丝刷转动时不可在附近清锈尘；换钢丝刷时要认真检查，务必使更换的刷子固定牢靠。

d. 除锈机多系自制，故应特别注意电气系统的绝缘及接地良好状况，每次使用前都要检查各部位，确保操作安全。

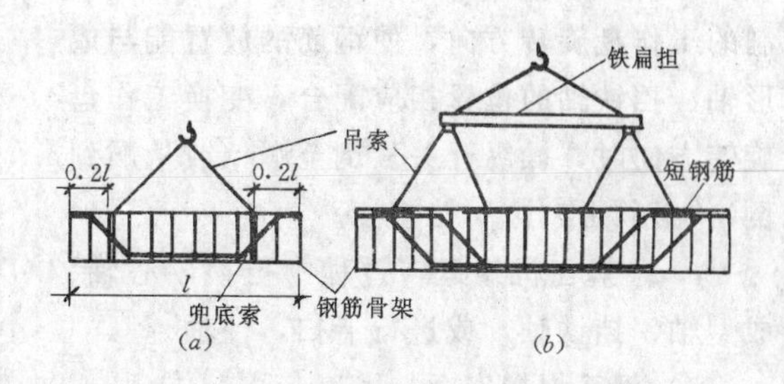

图 7-112 钢筋骨架的绑扎起吊

（*a*）二点绑扎；（*b*）采用铁扁担四点起吊

2）钢筋调直安全技术

a. 使用钢筋调直机调直钢筋时，每次工作前应先空载试运转，观察机器运转情况，确定无异常现象后才开始工作。

b. 操作过程中应注意观察，如发生钢筋脱架等，应立即停车处理。

c. 在每盘钢筋调直至最后约余 1m 的长度时，要暂时停止机器运转，并用一段钢管套在钢筋尾部，顶紧导向筒，再开机器让钢筋通过调直筒，以避免钢筋尾端甩弯伤人。

3）钢筋切断安全技术

a. 使用钢筋切断机切断钢筋时，使用前应检查刀片安装是否正确（固定刀片的间隙以 0.5～1mm 为宜），牢固，润滑及空车试运转正常。

b. 断料时，必须握紧钢筋；在活动刀片向后退时将钢筋送入刀口，以防止钢筋末端摆动或弹出伤人。

c. 切短钢筋时，须用钳子夹住送料。不得用手抹或嘴吹遗留于切断机上的铁屑，铁末。

d. 禁止切断机械性能规定范围外的钢材及超过刀片硬度或烧红的钢筋。

4）钢筋弯曲成型安全技术

a. 使用钢筋弯曲机械弯曲成型时，操作前要对机械各部件进行全面检查以及试运转，并查点芯轴、成型轴、挡铁轴及轴套等备件是否齐全。

b. 要熟悉倒顺开关的使用方法及所控

制的工作盘旋转方向，使钢筋的放置能与成形轴、挡铁轴的位置相应配合，变换工作盘旋转方向时，操纵开关从倒至顺（或从顺到倒），必须由“停”档过渡。

c. 严禁在机械运转过程中更换中心轴、成型轴、挡铁轴，或进行清扫，注油。

5）钢筋焊接安全技术

a. 焊机必须接地，以保证操作人员安全，对于焊接导线及焊钳接导线处，都应可靠地绝缘。

b. 大量焊接时，焊接变压器不得超负荷，变压器升温不得超过60℃，为此，要特别注意遵守焊机暂载规定，以免过热而损坏。

c. 点焊、对焊时，必须开放冷却水，焊机出水温度不得超过40℃，排水量应符合要求。天冷时，应放尽焊机内存水，以免冻塞。

d. 对焊机闪光区域内，须设铁皮隔拦。焊接时禁止其它人员停留在闪光范围内，以防火花烫伤。焊机工作范围内，严禁堆放易燃物品，以免引起火灾。

e. 室内电弧焊时，应有排气通风装置。焊工操作地点相互之间应设挡板，以防弧光刺伤眼睛。

f. 气压焊时，乙炔发生器上若没有回火防止器，禁止使用，氧气瓶的瓶嘴瓶身严禁沾染油脂，氧气瓶禁止在日光下暴晒，搬动时不得碰撞，回火防止器要直放，不可斜放使用，加入乙炔发生器及回火防止器中的水，不能含有油脂。

g. 焊工必须穿戴防护用具。接触焊焊工要带无色玻璃眼镜，电弧焊工要戴防护面罩。施焊时、焊工应站在干木垫或其它绝缘垫上。

h. 焊接过程中，如焊机发生不正常响声，冷却系统堵塞或漏水，变压器绝缘电阻过小、导线破裂、漏电等，均应立即进行停机检修。

i. 为了避免影响三相电路中其它三相用电设备的正常运转，焊机最好设有单独的供电系统。

j. 为防止触电，必须遵守有关电气操作安全规定。

6）钢筋冷加工安全技术

A. 钢筋冷拉的安全要求

a. 卷扬机或电气设备必须可靠接地，动力线应从地下通过或离地面5米以上，电源开关应设木箱加锁保护。

b. 冷拉前应检查冷拉设备是否正常，冷拉设备能力和钢筋的冷拉控制力是否相符，不得超负载张拉。

c. 冷拉钢筋在张拉时，不得从钢筋上跨超并应离开3m以外，以免钢筋滑膜伤人。

d. 冷拉钢筋两端应设置防护设施，以防止钢筋因断裂回弹伤人。

e. 操作人员将钢筋两端装入夹具并离开后，方可开动卷扬机。卷扬机初速要缓慢，在冷拉过程中要防止超张拉。

f. 在冷拉操作过程中，操作人员应听从统一指挥。卷扬机操作人员思想要集中，按规定信号开车，停车。

g. 要经常检查地锚是否稳固，钢丝绳是否有断裂现象，以防张拉过程中发生意外。

B. 钢筋冷拔安全技术要求：

a. 开始拔丝的速度要慢，逐渐加快至规定速度。在操作过程中要注意设备各部分及时加油润滑。

b. 放置拔丝模具时，要注意模孔的正反面，钢筋扎头从模子大孔一面穿进，从小孔一面拉出。如果放反。就会损坏拔丝模孔。在拔丝中应对拔丝座及时加润滑剂。

c. 操作时，应集中精神，经常检查，防止钢筋突然发生断裂。拔到最后，要防止钢筋末端回弹伤人。

d. 钢筋经过冷拔后，温度升高100～200℃操作时，要戴好帆布手套，避免烫伤皮肤。

e. 在操作过程中，若发现有异常情况，应停机检查修理。拔丝模孔如有损坏或磨损严重，要按时更换。

（2）钢筋绑扎安装安全技术

a. 高空绑扎、安装钢筋时，不要把工具

放在脚手板或不牢靠的地方，以防工具下落伤人。

b. 钢筋网片骨架在运输和吊运过程中，要防止碰人，高空吊装时，应看清周围有无动力线和照明线，若有时，应采取隔离措施，确保安全，以防钢筋碰电线。起吊钢筋时，下方禁止站人，必须待钢筋降落至离地1m以内始准靠近，放好垫木后方可摘钩。

c. 钢筋或钢筋网，骨架不得集中堆放在脚手架或模板上的某一部位，以防荷载集中，造成架子、模板局部变形，甚至破坏。

d. 在高空安装预制骨架时，不允许站在模板和墙上操作，操作地点应搭设脚手架。

e. 应避免在高空修整、扳弯粗钢筋。必要操作时，要系好安全带、选好位置。脚要站稳，防止扳手脱空而摔倒。

f. 绑扎墙板、筒壁结构时，不准踩在钢筋网片横梁上操作或在网片钢筋上攀登，以防网片变形。

g. 进入工地，必须戴好安全帽，严禁穿高跟鞋、拖鞋上班。

h. 绑扎大型基础双层钢筋时，必须在搭好的脚手架上行走，而不得在上层钢筋和基础边模上面行走。

i. 操作架上抬钢筋时，两人应同肩，动作协调，落肩要同时慢放，防止钢筋弹起伤人。

j. 夜间施工应有足够的照明。在绑扎钢筋时不要碰撞电线、钢筋上严禁绑电线，以防触电。

k. 如支模、绑扎、浇筑三个工种交叉作业时应互相配合，采取必要的安全措施。

小　结

1. 钢筋的分类及力学性能

(1) 钢筋的分类

钢筋可从化学成分、生产工艺、供货形式、直径大小四个不同的角度进行分类

(2) 钢筋的力学性能

钢筋混凝土结构所用钢筋的力学性能主要有强度、塑性、冲击韧性，疲劳强度等。

2. 钢筋验收与存放

(1) 钢筋从钢厂发出，必须经过严格的检验，并从外观，力学性能、名称、级别、直径、质量等级等各方面进行验收。

(2) 钢筋进场后，必须做好存放工作，以防止钢筋锈蚀，污染、混料等。

3. 钢筋加工及质量要求

钢筋的加工作业包括配料、冷拉与冷拔、调直、除锈、切断、弯曲成型等工序，并要满足其工艺流程的质量要求。

4. 钢筋连接

钢筋连接方法有绑扎连接、焊接和机械连接。

(1) 绑扎连接。绑扎连接由于需要较长的搭接长度，浪费钢筋，且连接不可靠，宜限制使用。

(2) 焊接连接。钢筋焊接的方法有：闪光对焊、电阻点焊、电渣压力焊、电弧焊、气压焊、埋弧压力焊等。

(3) 机械连接。

5. 钢筋的绑扎与安装

(1) 钢筋的现场绑扎应符合一般规定要求，绑扎接头和搭接长度应符合有关规定。

(2) 钢筋网片与骨架的安装应按图施工，对号入座，并注意质量安全。

6. 绑扎安装质量要求。(详见 7.3.6)

7. 钢筋加工绑扎安全技术。(详见 7.3.7)

习题

1. 简述钢筋的分类及力学性能。
2. 钢筋验收与存放的一般规定是什么？如何进行机械性能验收？
3. 钢筋加工过程一般包括哪些？
4. 什么是钢筋冷拉？冷拉作用和目的有哪些？钢筋冷拉控制方法有几种？
5. 试述钢筋冷拔工艺。冷拉与冷拔工艺有何区别？
6. 钢筋调直，切断及成型的方法有几种？质量要求是什么？
7. 简述钢筋焊接的种类、质量要求，缺陷及防止措施。
8. 怎样计算钢筋下料长度及编制配料单？
9. 简述钢筋绑扎，安装的一般要求？绑扎接头有何规定？
10. 钢筋工程的质量检验及要求包括哪几方面？
11. 简述钢筋加工绑扎的安全技术。
12. 钢筋绑扎与安装前的施工准备工作有哪些？
13. 钢筋的绑扎方法有哪些？
14. 画出闪光对焊、坡口平焊、光面钢筋绑扎的结构图。

7.4 模板工程

模板工程是钢筋混凝土工程的重要组成部分，特别是现浇钢筋混凝土结构施工中占有主导地位，模板工程的施工工艺包括模板的选材、选型、配板、制作、安装、拆除和周转等过程。

7.4.1 模板的作用、要求及组成

混凝土在生产制作时是塑性可变形的，模板作为混凝土的外壳，起到挤压并赋予混凝土理想的形状和尺寸；在混凝土凝结硬化过程中对混凝土进行保护和养护。

(1) 模板的要求

模板必须符合下列要求：

1)保证结构和构件各部分形状尺寸和相互位置的正确性；

2) 具有足够的强度、刚度和稳定性，能可靠地承受所浇混凝土的自重和侧压力，以及在施工过程中所产生的荷载；

3) 构造简单，装拆方便，并便于钢筋绑扎安装、混凝土浇筑及养护等工艺要求；

4) 模板的接缝应严密，不漏浆。

(2) 模板的种类

模板的种类较多，为满足施工要求，降低工程成本，模板的选用要因地制宜，就地取材，尽量选用周转次数多，损耗少，成本低，技术先进的模板。

1) 按其型式不同，现浇钢筋混凝土结构采用的有整体式模板、定型模板、工具式模板、滑动模板等；预制混凝土构件采用的有翻转模板、胎模和拉模等。

2) 按其所用材料不同有木模板、钢木模板、钢模板、铝合金模板、塑料模板、玻璃钢模板、胶合板模板、预应力混凝土薄板、土

模和砖模等。

(3) 模板的组成

模板系统由模板、支架和紧固体三个部分组成。现浇钢筋混凝土结构各种构件的模板组成分述如下：

1）基础模板

a. 阶梯式独立基础模板：阶梯式独立基础模板组成见图 7-113。下层阶梯钢模板的长度与下层阶梯等长，四角用连接角模拼接，并用角钢三角撑固定。上层阶梯外侧模板较长，用两块钢模板拼接，拼接处除用两根 L 形插销外，上下可加扁钢并用 U 形卡连接。上层阶梯内侧模板长度与阶梯等长，与外侧模板拼接处，上下加 T 形扁钢板连接。

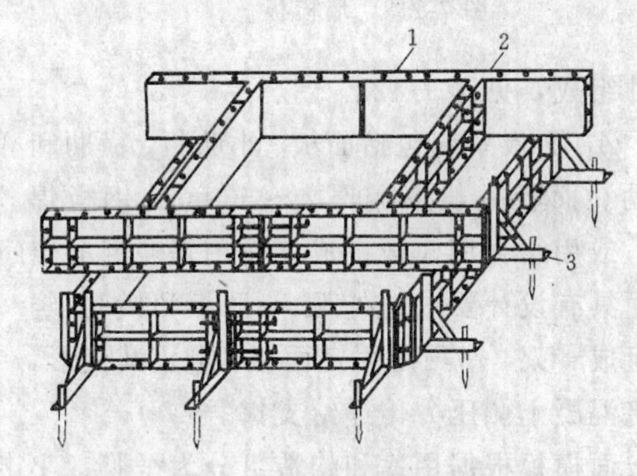

图 7-113 阶梯式独立基础模板
1—扁钢连接件；2—T 形连接件；3—角钢三角撑

杯形基础是在阶梯式基础上层模板中间安装杯芯模板预留杯口，杯芯模板分为整体式和装配式两种，见图 7-114、7-115。

b. 条形基础：条形基础高度一般不大而长度较长，由上阶侧模板和下阶侧模板组成，见图 7-116。上阶侧模板由若干块钢模板拼成，用钢管吊架支承；下阶侧模板也由若干块钢模板拼成，用支杆支承在基础壁上。

2）柱模板：柱模板截面尺寸不大但比较高，由四块拼板围成，四角用角模连接，见图 7-117。每片拼板由若干块钢模板用连接件拼接，柱模板的下端留清理口，若柱较高，可根据需要在板的中部设置混凝土浇筑孔。柱模板外要设置柱箍加固，柱间设置水平和斜向支撑保持稳定。

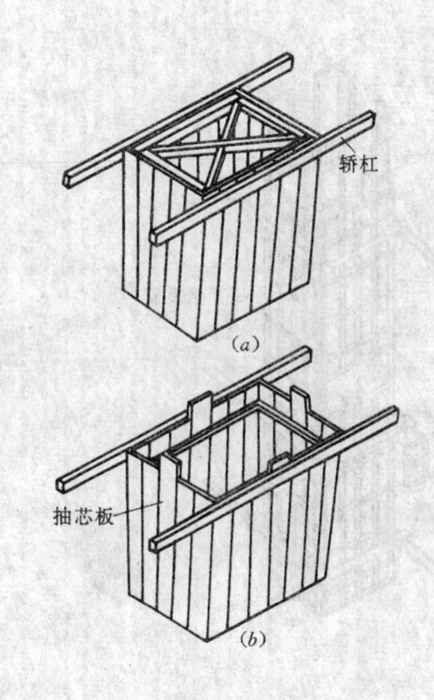

图 7-114 杯芯模
(*a*) 整体式；(*b*) 装配式

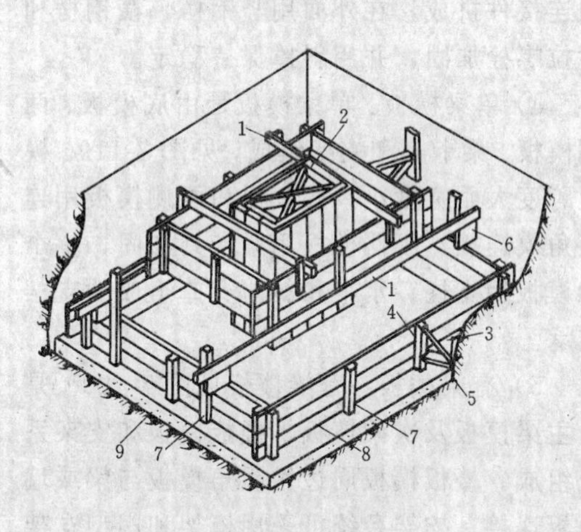

图 7-115 杯形独立基础模板组装图
1—轿杠；2—杯芯模；3—斜撑；4—垫木；5—平撑；6—托木；7—木档；8—侧板；9—垫层

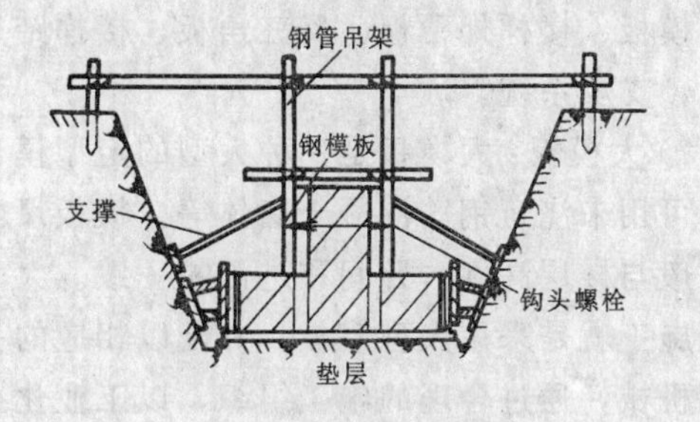

图 7-116 条形基础模板

3）墙模板：墙模板由两层模板组成，见图

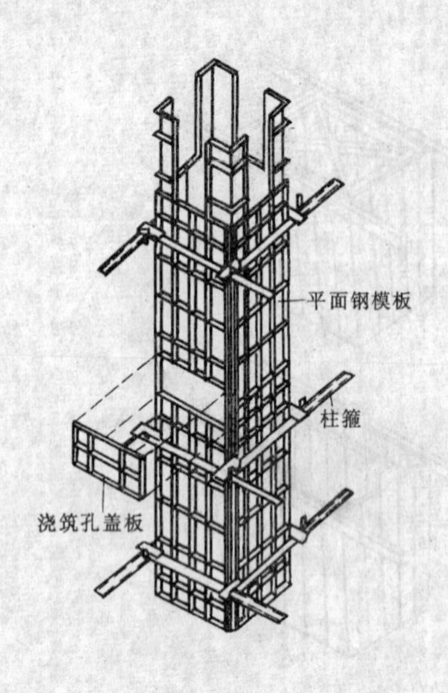

图 7-117　柱模板

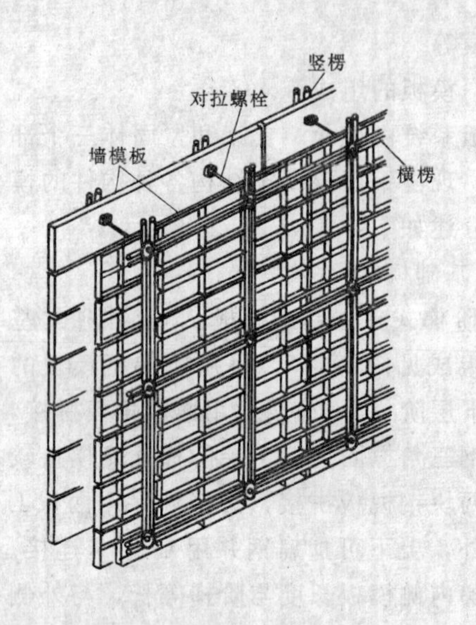

图 7-118　墙模板

7-118。每片模板面积较大；由若干块钢模板用连接件拼成，在外面用竖钢楞，横钢楞和对拉螺栓加固，并用斜撑保持稳定。

4）单梁模板：单梁模板是由底模板、两侧模板、梁卡具和支架组成，见图 7-119。模板跨度大而宽度小，底模板和两侧模板用连接角模连接。小侧模板用梁卡具加固，整个梁模板用支柱、水平和斜向支撑组成的支架支承。

5）有梁楼板：有梁楼板见图 7-120。是由主梁模板及次梁模板、楼板模板和支架系统组成。楼板模板周边用阴角模板与梁或墙模板连接。支架系统可采用桁架和门型支架等组成。

6）楼梯模板：楼梯模板的组成见图 7-121。分为平台梁、平台板模板，楼梯斜梁、底板模板、楼梯外帮板、反三角板、楼梯踏步板，支承系统。

7）大模板：大模板是一种大型的定型模板，可用来浇筑钢筋混凝土墙体等。模板尺寸一般与楼层高度、开间和进深相一致。大模板施工就是采用大型模板，并配以相应的施工机械，通过合理的施工组织，以工业化生产方式在现场浇筑钢筋混凝土墙体。大模板主要由面板系统、支撑系统、操作平台和附件组成，见图 7-122。

A. 面板系统包括面板、小肋板、横肋和竖肋。面板一般采用厚 4～5mm 的钢板焊成，或用组合钢模板拼成，作用是使混凝土墙面具有设计要求的外观。小肋板和横肋、竖肋组成骨架，作用是固定面板，阻止其变形，并将混凝土侧压力传递给支撑。

面模板根据用途和构造可分为平膜、小角模、大角模、筒子模等。

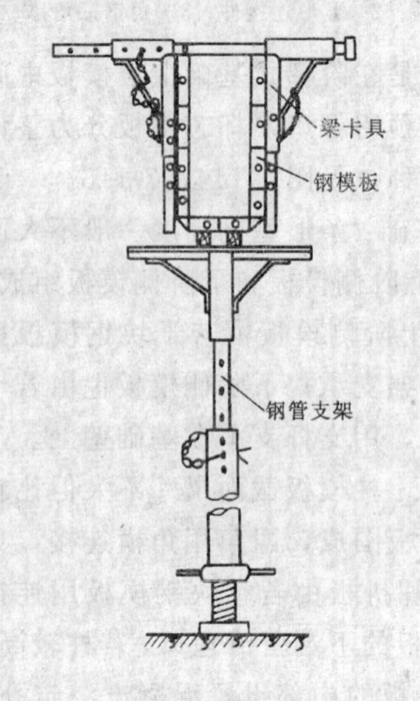

图 7-119　单梁模板

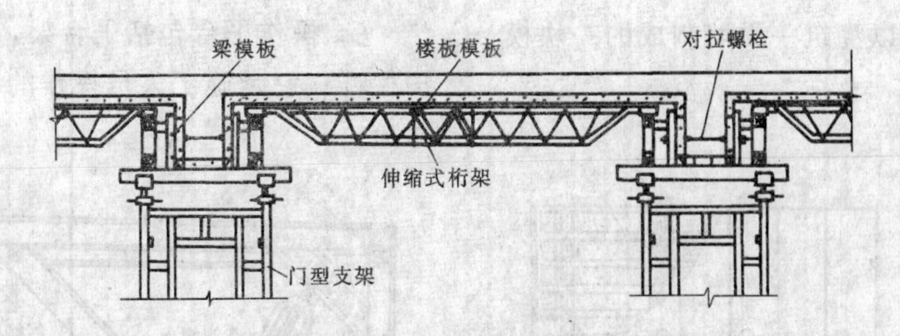

图 7-120　梁、楼板模板

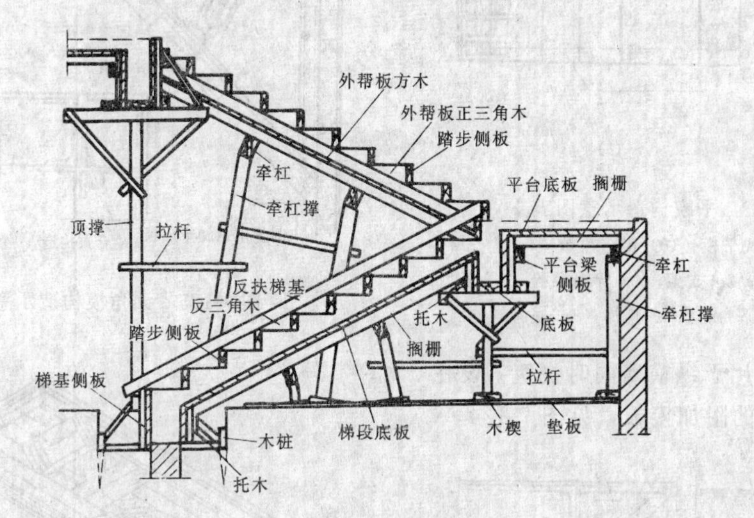

图 7-121　楼梯模板

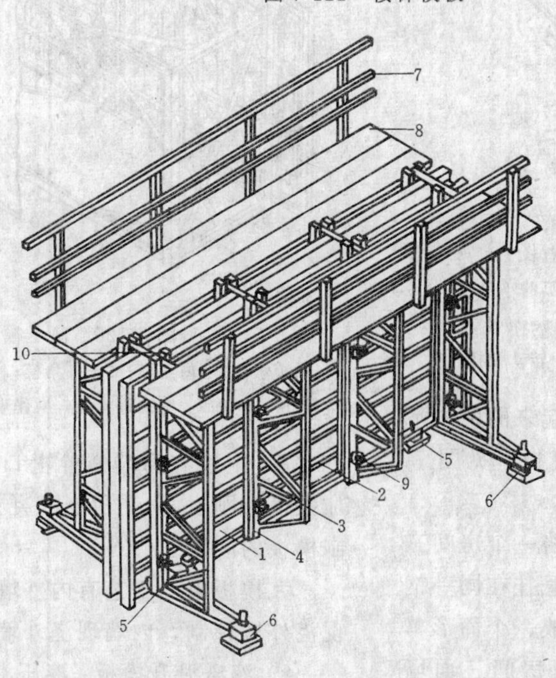

图 7-122　大模板组成示意图

1—面板；2—水平加劲肋；3—支撑桁架；4—竖楞；5—调整水平度的螺旋千斤顶；6—调整垂直度的螺旋千斤顶；7—栏杆；8—脚手板；9—穿墙螺栓；10—固定卡具

a. 平模。是以浇筑一面墙制成的一块模板，见图 7-123。

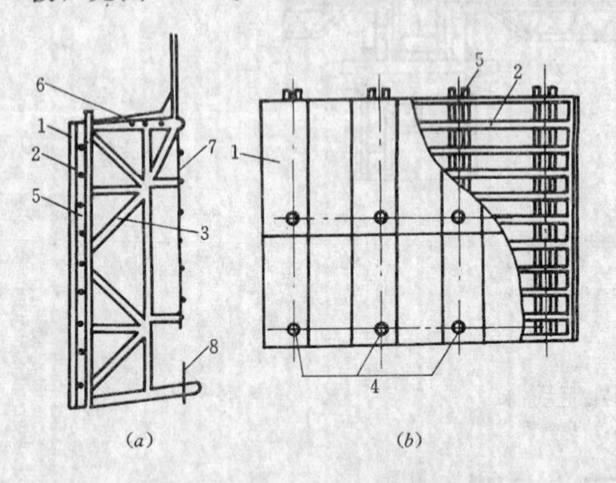

图 7-123 平模构造示意图

(*a*) 整体式平模；(*b*) 组合模数模

1—面板；2—横肋；3—支架；4—穿墙螺栓；5—竖向主肋；6—操作平台；7—铁爬梯；8—底脚螺栓

b. 小角模。用于纵横墙同时浇筑，设在相交处连接平模的附加模板，见图 7-124。

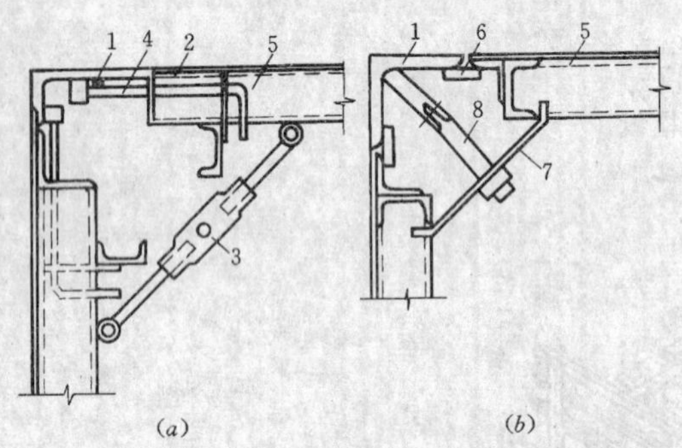

图 7-124 小角模构造示意图

(*a*) 带合页的小角模；(*b*) 不带合页的小角模

1—小角模；2—合页；3—花篮螺丝；4—转动铁拐；5—平模；6—扁铁；7—压板；8—转动拉杆

c. 大角模。是用合页连接起来的两块平模，用于纵横墙同时浇筑的模板，见图 7-125。

d. 筒子模。见图 7-126，是将一个房间三面现浇墙体的平模，通过挂轴悬挂在同一钢架上。墙角用小角模封闭而构成一个筒形单元体。可多次使用，同时浇筑房间三面墙体。

B. 支撑系统包括支撑架和地脚螺丝。其作用是承受水平荷载，防止模板倾覆。

C. 操作平台包括平台架，脚手架台和防护栏杆。它是施工人员操作的场所和运行的通道。

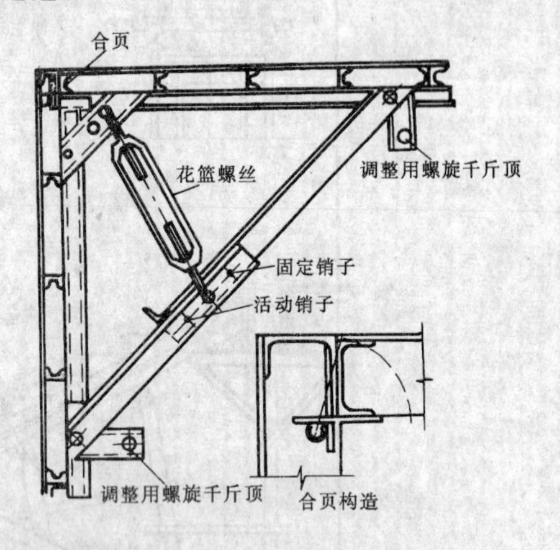

图 7-125 大角模构造示意图

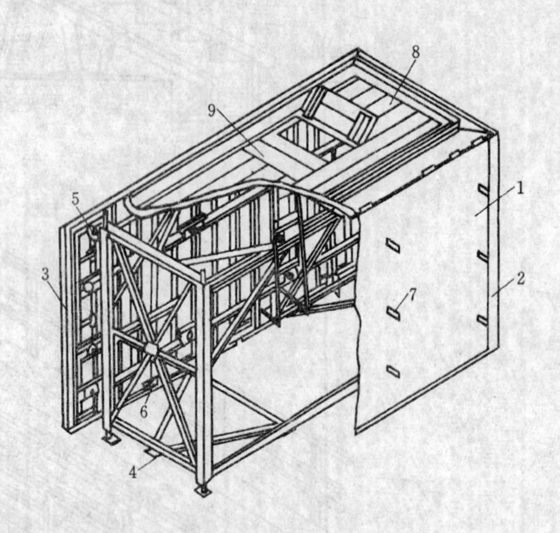

图 7-126 筒子模

1—模板；2—内角模；3—外角模；4—钢架；5—挂轴；6—支杆；7—穿墙螺栓；8—操作平台；9—出入孔

D. 附件有穿墙螺栓上口卡子，作用是加强模板刚度，承受所浇混凝土的侧压力，控制模板的间距。

大模板施工工艺有内外墙全现浇，内墙现浇外墙预制，内墙现浇外墙砌砖等。

8) 液压滑升模板：液压滑升模板（简称滑模）施工工艺，是现浇混凝土工程施工中机械化程度较高的施工方法。它是用一套 1m 多高的模板及液压提升设备，按照工程设计的平面尺寸组装成滑模装置，就可绑扎钢筋，浇筑混凝土，连续不断地施工，直至结构完成。

滑模装置主要包括模板系统、操作平台系统和提升机具系统三部分。由模板、围圈、提升架、操作平台、内外吊平台、支承杆及千斤顶等组成，见图 7-127。

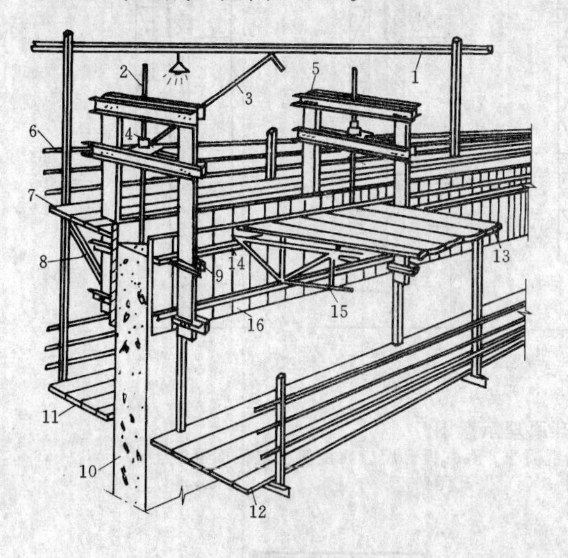

图 7-127　滑升模板的组成

1—支架；2—支承杆；3—油管；4—千斤顶；5—提升架；6—栏杆；7—外平台；8—外挑架；9—收分装置；10—混凝土墙；11—外吊平台；12—内吊平台；13—内平台；14—上围圈；15—桁架；16—模板

9）爬升模板：爬升模板（简称爬模）施工工艺，是在综合大模板施工和滑模施工原理的基础上，改进和发展起来的一项施工工艺。

爬升模板是由爬升模板、爬升支架和爬升设备三部分组成，见图 7-128。

a. 爬升模板。其组成与大模板基本相同。高度为层高加 50～100mm，其长出部分用来与下层墙搭接；宽度根据开间宽度而定。模板下口装有防止漏浆的橡皮垫衬。模板下面还装有修整墙面用的吊脚手架。

b. 爬升支架（简称爬架）。是一格构式钢架，由上部支承架和下部附墙架两部分组成。支承架的高度大于两块爬模的高度，其顶端装有挑梁，用来安装爬升设备；附墙架由螺栓固定在下层墙壁上，只有爬架提升时才暂时脱离墙体。

c. 爬升设备。目前使用的爬升设备有手拉葫芦、千斤顶及电动提升设备。

爬升原理见图 7-129。

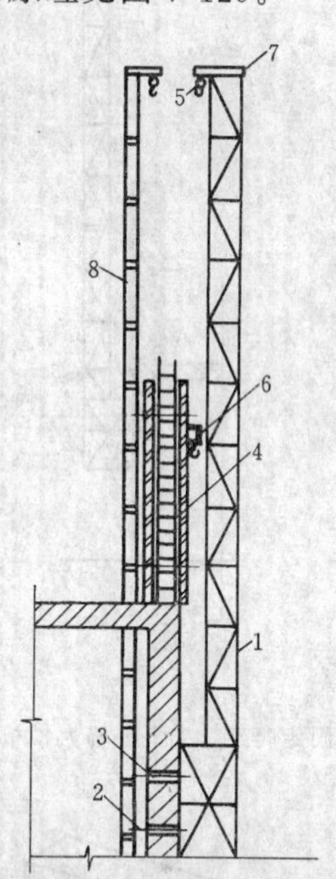

图 7-128　爬模构造图

1—爬架；2—穿墙螺栓；3—预留爬架孔；4—爬模；5—爬模提升装置；6—爬架提升装置；7—爬架挑梁；8—内爬架

10）门窗洞及预留洞模板：在大模板、滑升模板和爬升模板施工中，会遇到门窗洞和预留孔洞的留设。其施工方法有框模法、堵头模板法和孔洞胎模法等。

a. 框模法：是事先按设计要求的尺寸制成孔洞框模，见图 7-130。框模可用钢材、木材或钢筋混凝土预制体制成。其尺寸可比设计尺寸大 20～30mm，厚度应比内外模板上口尺寸小 5～10mm。为方便框模的拆出，并可多次使用，各地采取了各种措施，如图 7-131 在门窗洞及预留孔框模的转角处采用铁件和螺栓连接，只要放松螺栓，取下内铁件，就可方便拆出框模板。有时也可利用门窗框直接作为框模使用，但需在两侧边框上加设档条，并加临时支撑加固，见图 7-132。

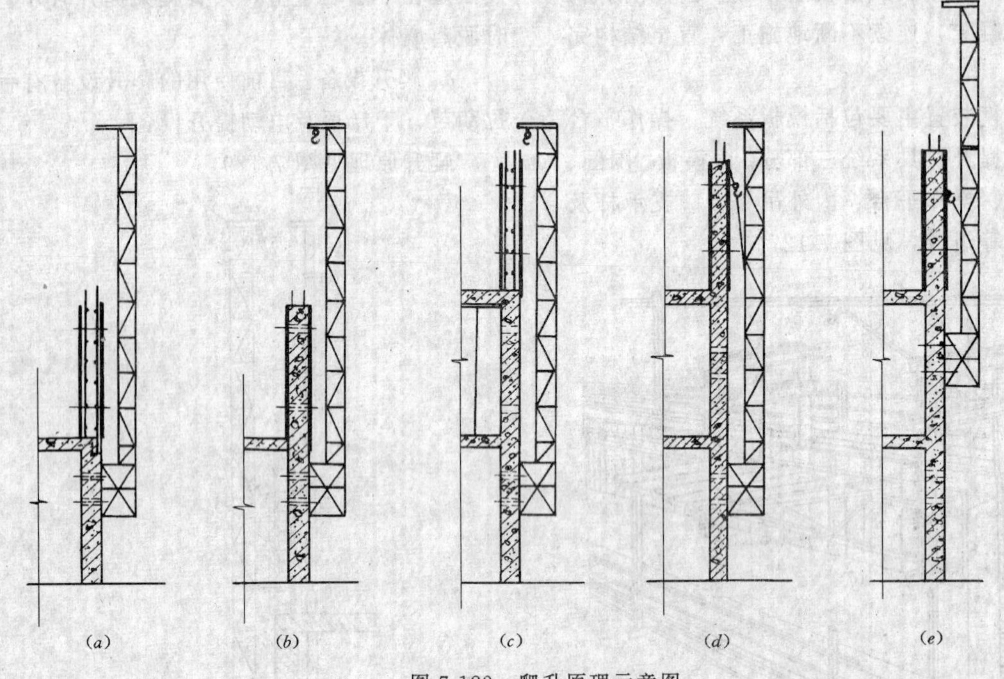

图 7-129　爬升原理示意图

(a) 固定爬架，支上层墙大模板；(b) 浇上层墙混凝土；(c) 提升爬模，浇筑上层楼面混凝土；(d) 浇墙身混凝土；(e) 提升爬架

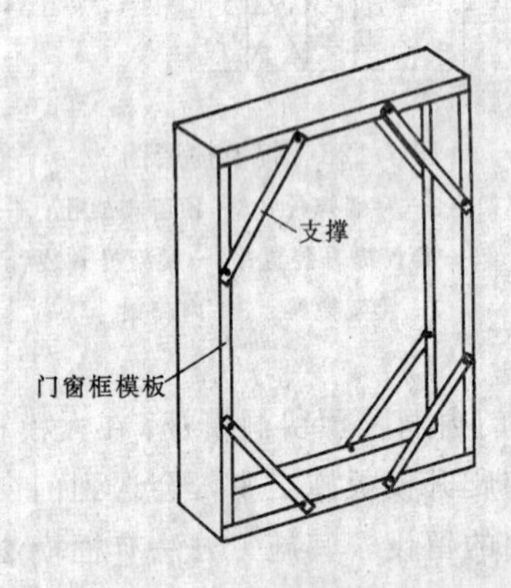

图 7-130　门窗口框模

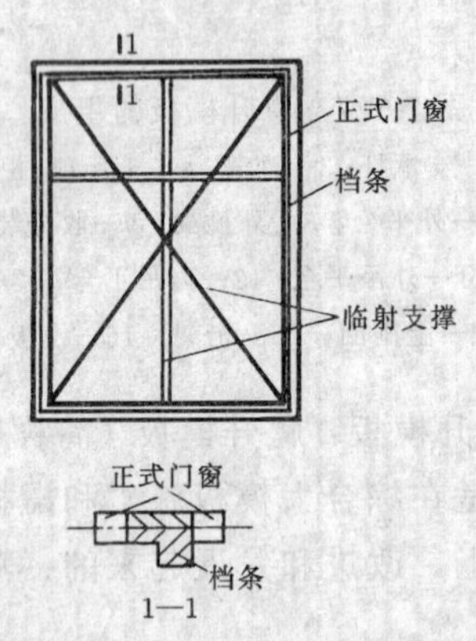

图 7-132　正式门窗框作框模

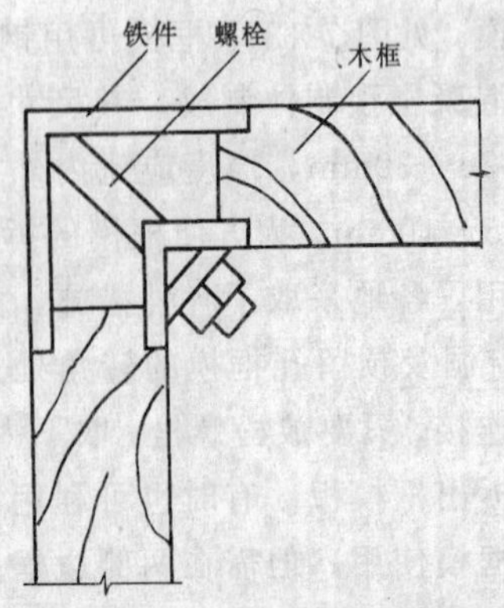

图 7-131　门窗洞口框模角接点

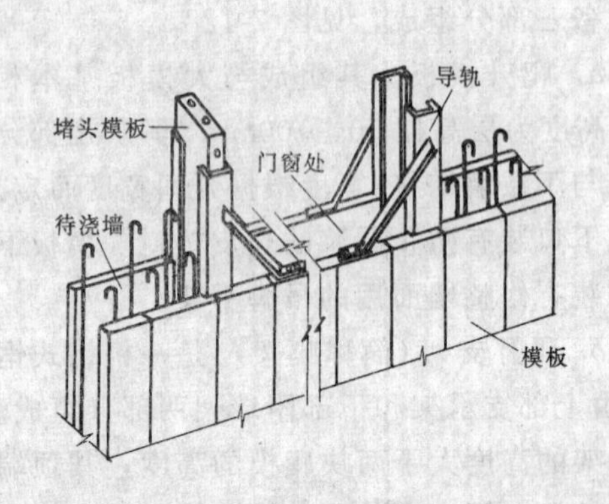

图 7-133　滑模堵头模板

b. 堵头模板法：是在孔洞两侧的内外模板之间设置堵头模板，并通过连接件与内外模板配合，见图 7-133 是滑模堵头模板。

c. 孔洞胎模法：适用于较小的预留孔洞及接线合等。其做法是事先按孔洞形状、尺寸，制作空心或实心的孔洞胎模，尺寸应比设计要求大 50～100mm，厚度应比内外模上口小 10～20mm。

7.4.2 木模板

建筑工程中，目前还在使用有限数量的木模板，木模板具有自重轻，易于加工，一次性投资小等特点。但是木模板在制作安装时费工、重复使用次数少，损耗大、受潮后产生膨胀，干燥时会收缩扭曲变形，而且木材资源短缺，故木模板的使用受到很大的限制。只是在制作特殊形状尺寸结构构件模板，其它模板中的调节模板，孔洞模板时，木模板采用较多。

（1）木模板的选材

木模板一般使用松木和杉木制作。板条厚度一般为 25～50mm，宽度不宜超过 200mm，以保证干缩时缝隙均匀，浇水后易于密缝。但梁底板的板条宽度不受限制，以减少拼缝，防止漏浆。拼条截面尺寸为 25mm×35mm 至 50mm×50mm。钉子长度为木板厚度的 1.5～2 倍。

（2）木模板的制作

木模板系统包括模板、支架和紧固件，其制作一般是在加工厂或现场木工棚制成元件，然后再在现场拼装，基本元件之一见图 7-134。通常称为拼板。拼板的长短、宽窄可以根据钢筋混凝土构件的尺寸，设计出几种标准规格，以便组合使用。每块拼板自重以两人能搬动为宜。拼板的板面有刨平或不刨平两种；接缝的形式有平头对接、交错对接，榫头对接等，见图 7-135。拼条间距决定于所浇筑混凝土侧压力的大小及板条厚度，一般为 400～500mm。

木模板也可以利用一些短料拼钉在木边框或钢边框上制成定型模板，见图 7-136。在

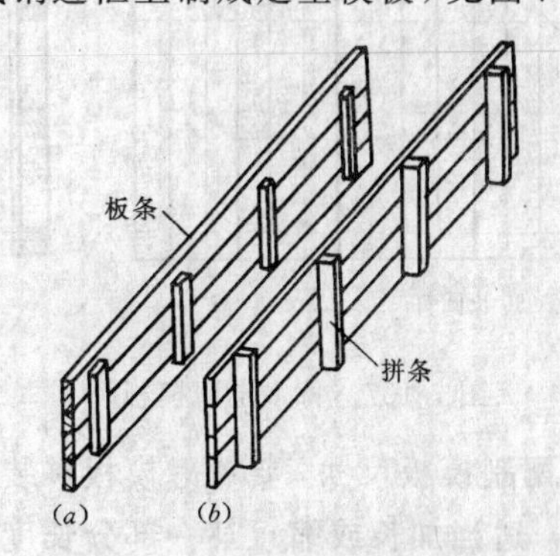

图 7-134　拼板的构造

（*a*）一般拼板；（*b*）梁侧板的拼板

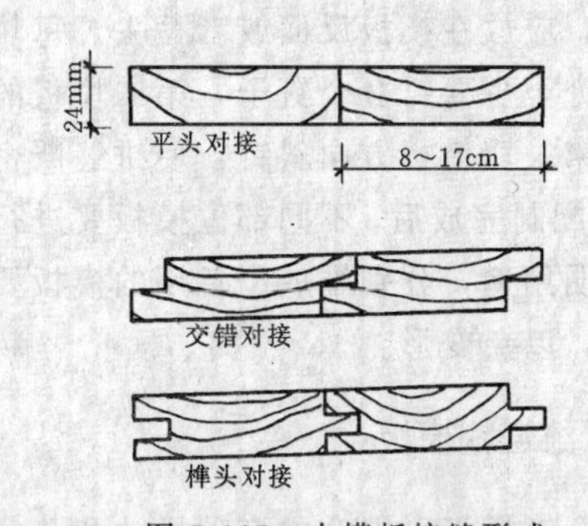

图 7-135　木模板接缝形式

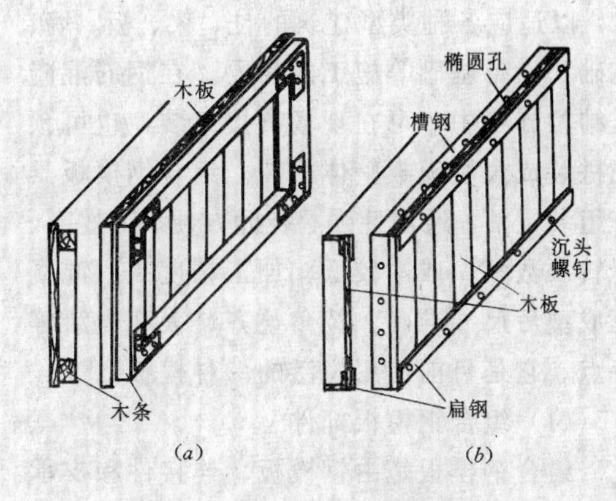

图 7-136　木定型模板

（*a*）木制；（*b*）钢木混合

产竹地区可作成竹木定型模板，见图 7-137。定型模板规格一般为 1000mm×500mm，这种模板周转次数多，刚度好，节约木材。

（3）配板注意事项

1）木模板的配制要注意节约，考虑周转使用及以后适当改制使用。

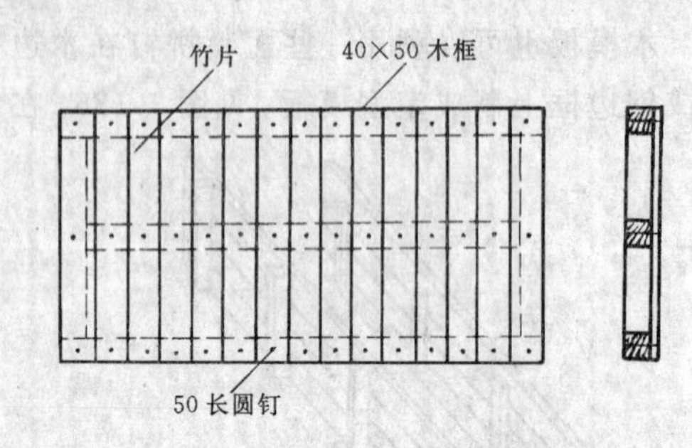

图 7-137　竹木定型模板

2）配制模板尺寸，要考虑模板拼装接合的要求，适当加长或缩短某一部分长度。

3）拼制模板时，板边要找平刨直，接缝严密，不漏浆。木料上有节疤、缺口等疵病的部位，应放在模板反面或者截去。每块板在横挡处至少要钉 2 个钉子，第二块板的钉子要朝第一块模板方向斜钉，使拼缝严密。

4）配制完成后，不同部位模板要进行编号、写明用途，分别堆放。备用的模板要遮盖保护，以免变形。

7.4.3　组合钢模板

组合钢模板可组合成多种尺寸和几何形状，以适应各种类型建筑的柱、梁、板、墙、基础和设备基础等施工的需要。在钢筋混凝土结构施工中，可在现场直接组装，也可预先拼装成大块模板整体吊装。组合钢模板具有组装灵活、通用性强、装拆方便、工效高、周转次数多、成本较低、加工精度高、混凝土成型后尺寸准确、棱角整齐、表面光滑等特点。它是目前使用广泛的一种模板。

（1）组合钢模板部件

组合钢模板是由钢模板、连接件和支承件等部分组成。

1）钢模板。钢模板是由 2.3mm 或 2.5mm 厚的钢板焊接而成，包括平面模板、阴角模板、阳角模板、连接角模等，此外还有一些异形模板。

a. 平面模板。是由面板和肋条组成，肋条上设有 U 形卡孔，利用 U 形卡和 L 形插销等拼装成各种平面大块板，U 形卡孔两边设凸鼓；以增加 U 形卡的夹紧力。边肋倾角处有 0.3mm 的凸棱，可增强模板的刚度和拼缝的严密，见图 7-138。

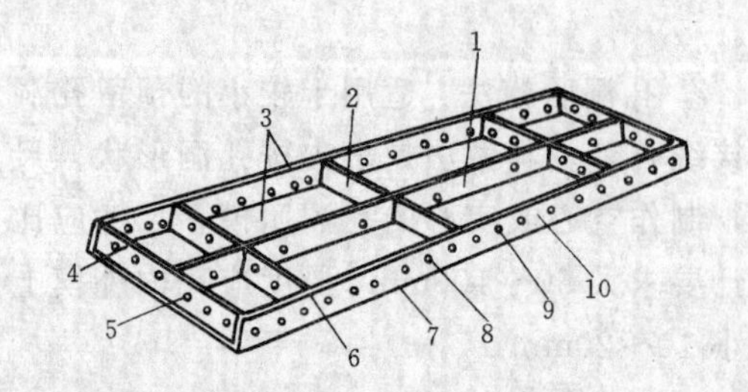

图 7-138　平面钢模板

1—中纵肋；2—中横肋；3—面板；4—横肋；5—插销孔；6—纵肋；7—凸棱；8—凸鼓；9—⊔形长孔；10—钉子孔

b. 转角模板。有阴角模板、阳角模板、连接角模板、用于结构和构件转角部位，见图 7-139。

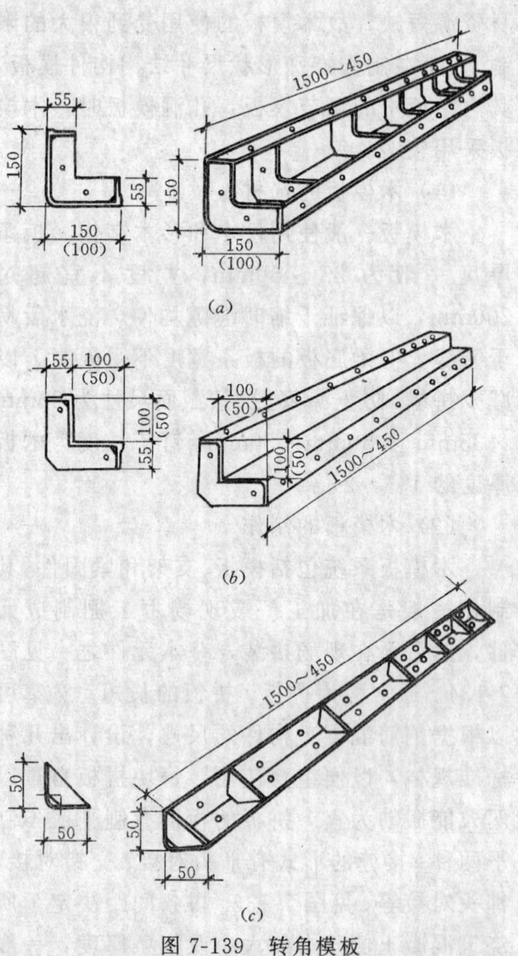

图 7-139　转角模板

(*a*) 阴角模板；(*b*) 阳角模板；(*c*) 连接角模板

c. 其它模板：倒棱模板。分角棱和圆棱两种模板，见图 7-140。主要用于柱、梁、墙等阳角的倒棱部位。

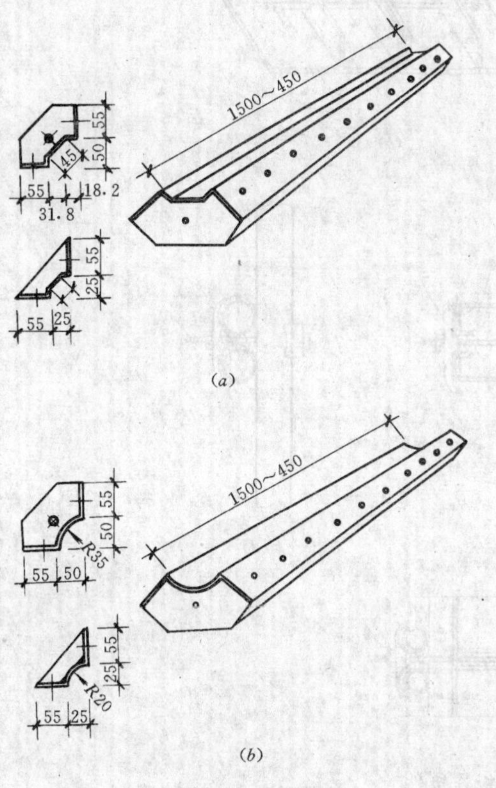

图 7-140 倒棱模板

(*a*) 角棱模板；(*b*) 圆棱模板

柔性模板，见图 7-141。用于圆形筒壁和曲面体等结构。

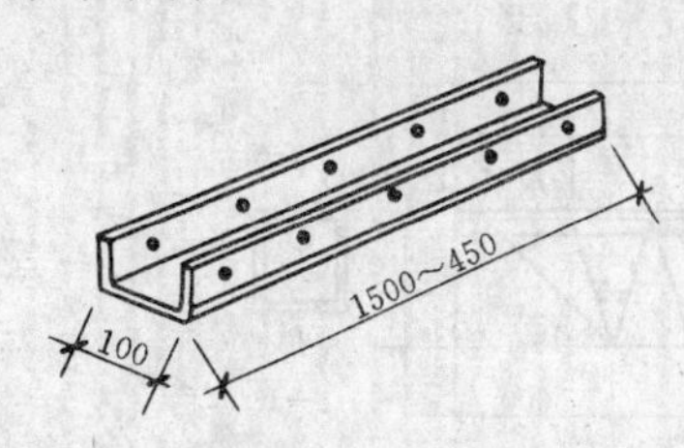

图 7-141 柔性模板

可调模板，见图 7-142。用于拼装模板面尺寸小于 50mm 的补齐部分。

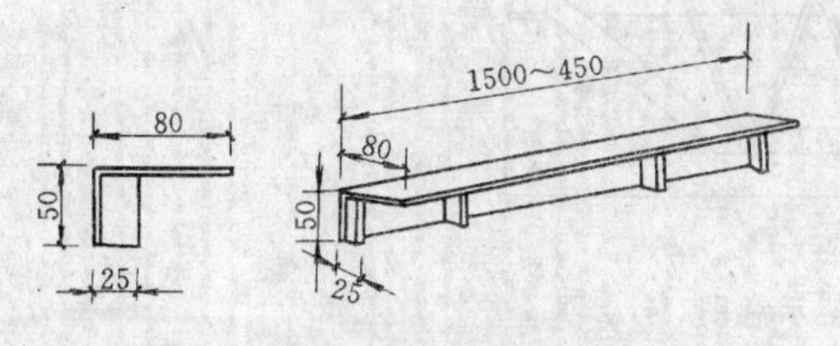

图 7-142 可调模板

梁腋模板，见图 7-143。用各种结构梁腋部位及其接头部位的嵌补模板。

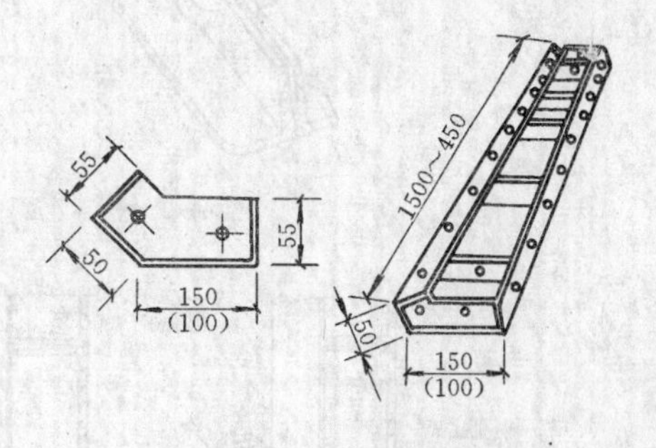

图 7-143 梁腋模板

2）连接件。组合钢模板的连接件有 U 形卡、L 形插销、钩头螺栓、对拉螺栓、紧固螺栓和扣件等，见图 7-144。

a. U 形卡。用于相邻模板的拼接。其安装的距离不大于 300mm，即每隔一孔卡插一个，安装方向一顺一倒相互交错，以抵消因打紧 U 形卡可能产生的位移。

b. L 形插销。用于插入钢模板端部横肋的插销孔内，以加强两相邻模板接头处的刚度和保证接头处板面平整。

c. 钩头螺栓。钩头螺栓用于钢模板与内外钢楞的加固。安装间距一般不大于 600mm，长度应与采用的钢楞尺寸相适应。

d. 紧固螺栓。用于内外钢楞，长度应与采用的钢楞尺寸相适应。

e. 对拉螺栓。用于连接墙壁两侧模板，保持模板与模板之间的设计厚度，并承受混凝土侧压力及水平荷载，使模板不致变形。

f. 扣件。用于钢楞与钢楞或与钢模板之间的扣紧。按钢楞的不同形状，分别采用蝶形扣件和 3 形扣件。

3）支承件。组合钢模板的支承件有钢桁架、钢支架、斜撑、钢楞、梁卡具、柱箍、钢筋托具等。

a. 钢桁架，见图 7-145。其两端可支承在钢筋托具、墙、梁侧模板的横挡以及柱顶梁底横档上，以支承梁或板的模板。分为整榀式，一榀桁架的承载能力约为 30kN（均匀放

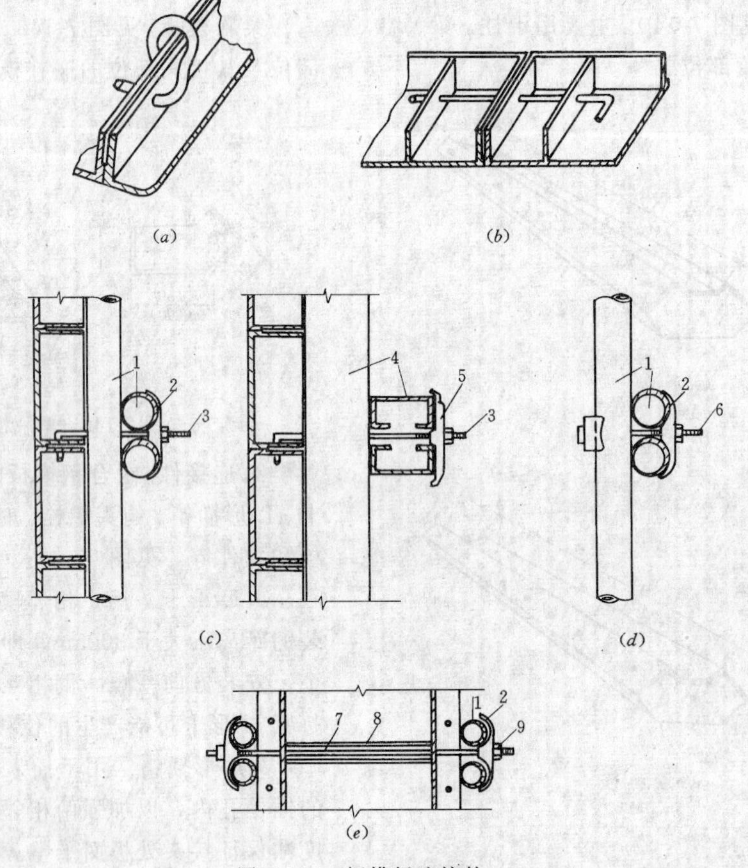

图 7-144　钢模板连接件

(a) ⊔形卡连接；(b) L 形插销连接；(c) 钩头螺栓连接；(d) 紧固螺栓连接；(e) 对拉螺栓连接

1—圆钢管钢楞；2—3 形扣件；3—钩头螺栓；4—内卷边槽钢钢楞；5—蝶形扣件；

6—紧固螺栓；7—对拉螺栓；8—塑料套管；9—螺母

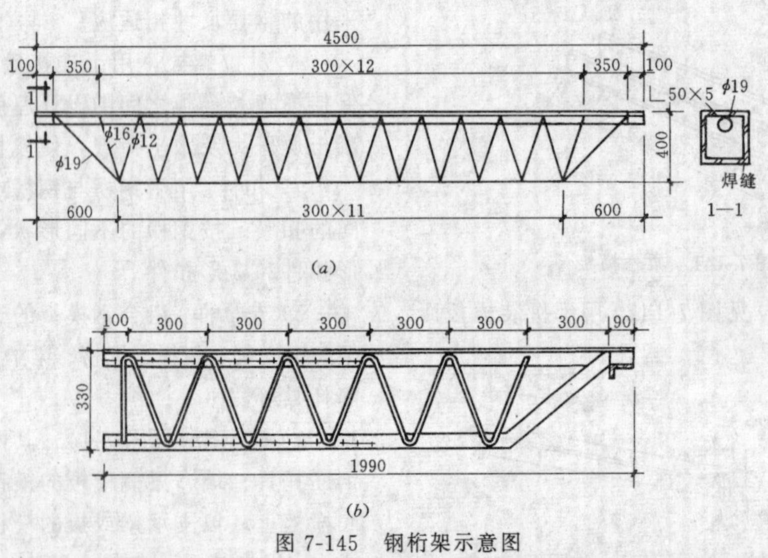

图 7-145　钢桁架示意图

(a) 整榀式；(b) 平面组合式

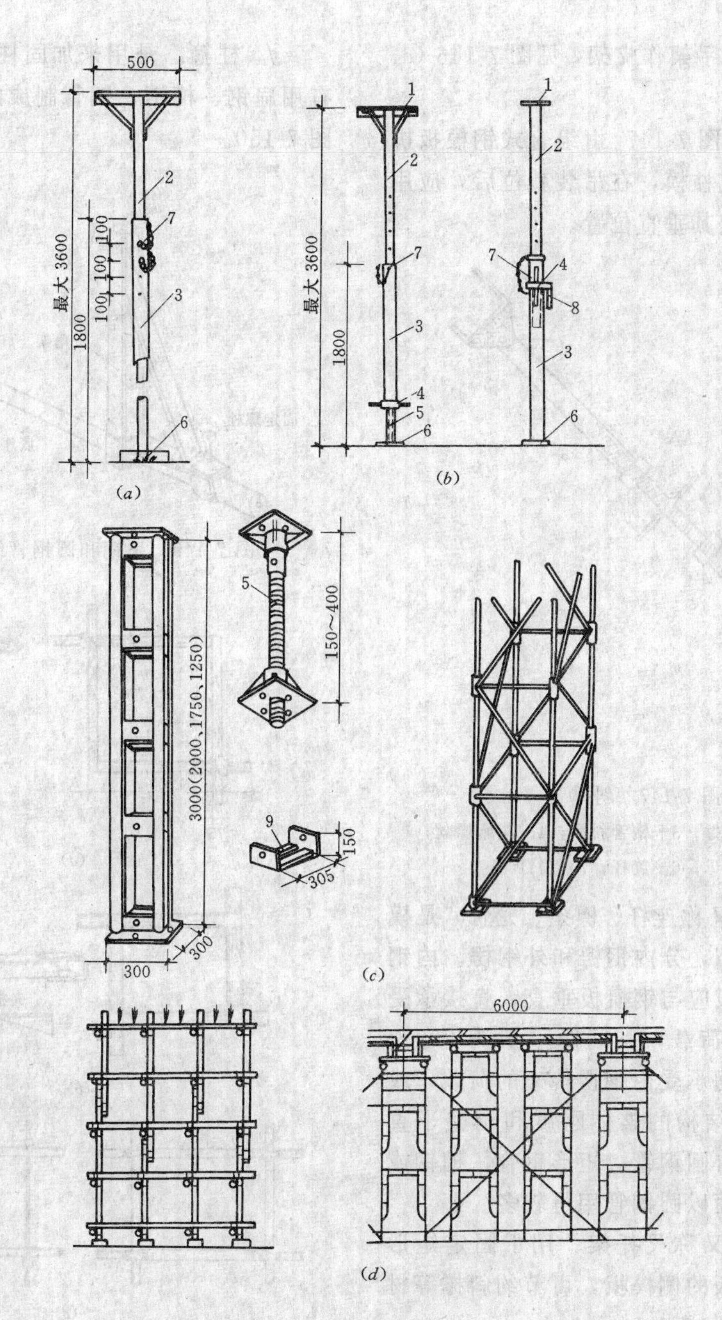

图 7-146 钢支架

(a) 钢管支架；(b) 调节螺杆钢管支架；(c) 组合钢支架和钢管井架；(d) 扣件式钢管和门型脚手架支架

1—顶板；2—插管；3—套管；4—转盘；5—螺杆；6—底板；7—插销；8—转动手柄

置)；组合式桁架，可调范围为 2.5～3.5m，一榀桁架的承载能力约为 20kN（均匀放置)。

b. 钢支架，见图 7-146。常用钢支架是由内外两节钢管制成，其高低调节距模数为 100mm，支架底部除垫板外，均用木楔调整，以利于拆除，见图 7-146 (a)。另一种钢管支架本身装有调节螺杆，能调节一个孔距的高度，使用方便，但成本略高，见图 7-146 (b)。

当荷载较大单根支架承载力不足时，可用组合钢支架或钢管井架、扣件式钢管脚手架、门型脚手架作支架，见图 7-146（*c*、*d*）。

c. 斜撑，见图 7-147。由组合式钢模板拼成的整片墙模或柱模，在吊装就位后，应用斜撑调整和固定其垂直位置。

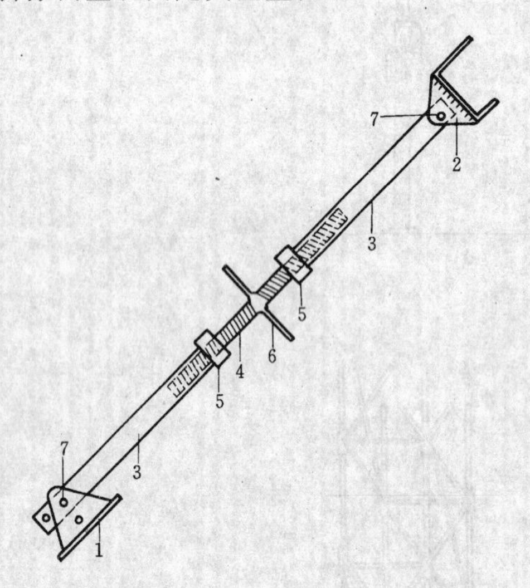

图 7-147　斜撑

1—底座；2—顶撑；3—钢管斜撑；4—花篮螺丝；5—螺母；6—旋杆；7—销钉

d. 钢楞，又称连杆、檩条、龙骨，是模板的横挡和竖挡，分内钢楞和外钢楞。内钢楞配置方向一般应与钢模板垂直，直接承受钢模板传来的荷载，其间距一般为 700～900mm。外钢楞承受内钢楞传来的荷载，或用来加强模板结构的整体刚度和调整平直度。钢楞材料有圆钢管、矩形钢管，槽钢或内卷边槽钢，而以圆钢管用得较多。

e. 梁卡具又称梁托架、用于固定矩形梁、圈梁等模板的侧模板，可节约斜撑等材料，见图 7-148、7-149。

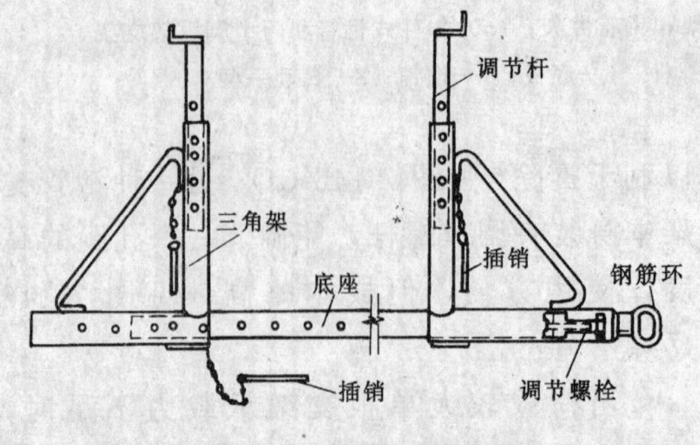

图 7-148　钢管型梁卡具

f. 柱箍。是用来加固柱模板的支承件，有用扁钢、槽钢、钢管制成的多种型式，见图 7-150。

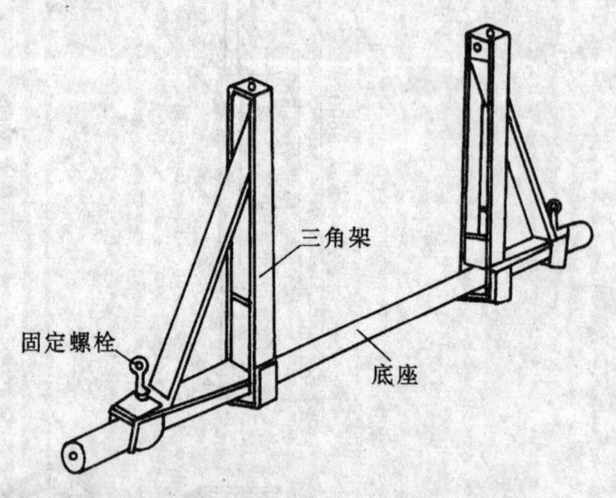

图 7-149　扁钢和圆钢管组合梁卡具

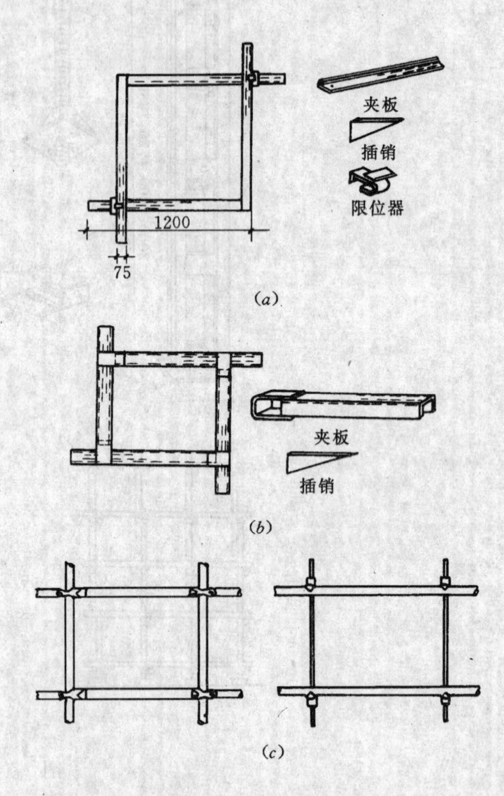

图 7-150　柱箍

（*a*）扁钢柱箍；（*b*）槽钢柱箍；（*c*）钢管柱箍

g. 钢筋托具。用于支承桁架，节约支柱。钢筋托具安放是随墙体砌筑时安放在需要位置上，也有采取打入砖墙灰缝的办法。但以预先砌筑为好，见图 7-151。

（2）组合钢模板配板原则

钢模板的宽度模数以 50mm 进级，长度

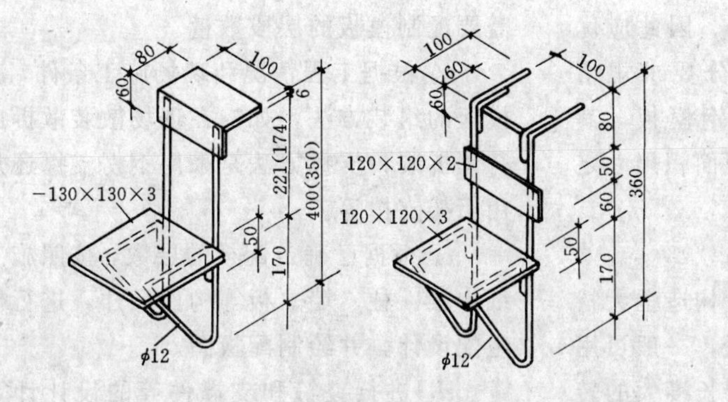

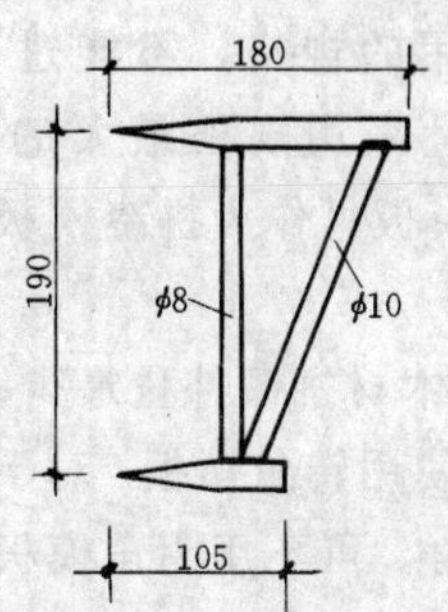

图 7-151　钢筋托具

模数以 150mm 进级，有多种规格型号，见表 7-55。对同一模板面积可以用不同规格型号的钢模板作多种的排列组合，但究竟哪一种排列型式最好，组合方案最佳，需要以多方面进行分析对比，为了使配板工作能提高效率，保证质量、一般考虑下列原则：

钢模板规格编码表　　表 7-55

模板名称			模板长度 (mm)					
			450		600		750	
			代号	尺寸	代号	尺寸	代号	尺寸
平面模板 (代号 P)	宽度 (mm)	300	P3004	300×450	P3006	300×600	P3007	300×750
		250	P2504	250×450	P2506	250×600	P2507	250×750
		200	P2004	200×450	P2006	200×600	P2007	200×750
		150	P1504	150×450	P1506	150×600	P1507	150×750
		100	P1004	100×450	P1006	100×600	P1007	100×750
阴角模板 (代号 E)			E1504	150×150×450	E1506	150×150×600	E1507	150×150×750
			E1004	100×150×450	E1006	100×150×600	E1007	100×150×750
阳角模板 (代号 Y)			Y1004	100×100×450	Y1006	100×100×600	Y1007	100×100×750
			Y0504	50×50×450	Y0506	50×50×600	Y0507	50×50×750
连接角模 (代号 J)			J0004	50×50×450	J0006	50×50×600	J0007	50×50×750

模板名称			模板长度 (mm)					
			900		1200		1500	
			代号	尺寸	代号	尺寸	代号	尺寸
平面模板 (代号 P)	宽度 (mm)	300	P3009	300×900	P3012	300×1200	P3015	300×1500
		250	P2509	250×900	P2512	250×1200	P2515	250×1500
		200	P2009	200×900	P2012	200×1200	P2015	200×1500
		150	P1509	150×900	P1512	150×1200	P1515	150×1500
		100	P1009	100×900	P1012	100×1200	P1015	100×1500
阴角模板 (代号 E)			E1509	150×150×900	E1512	150×150×1200	E1515	150×150×1500
			E1009	100×150×900	E1012	100×150×1200	E1015	100×150×1500
阳角模板 (代号 Y)			Y1009	100×100×900	Y1012	100×100×1200	Y1015	100×100×1500
			Y0509	50×50×900	Y0512	50×50×1200	Y0515	50×50×1500
连接角模 (代号 J)			J0009	50×50×900	J0012	50×50×1200	J0015	50×50×1500

1）应使钢模板的块数最少。因此应优先采用最通用的规格，不能过分要求规格的齐全，尽量采用规格最大的钢模板，其它规格的钢模板只作为拼凑模板面积尺寸之用；

2）应使木材拼镶补量最少；

3）合理使用转角模板。对于构造上无特殊要求的转角，可不用阴角模板，一般可用连接角模代替。阴角模板宜用于长度大的转角处，柱头、梁口及其他短边转角部位，如无合适的阴角模板，也可用55mm的木方代替。

4）应使支承件布置简单，受力合理。一般应与钢模板的长度沿着墙及板的长度方向、柱子的高度方向和梁的长度方向排列，这样有利于使用长度较大的钢模板和扩大钢模板的支承跨度，并应使每块钢模板都能有两处钢楞支承。在条件允许的情况下，钢模板端头接缝宜错开布置，这样模板整体刚度较好。

5）钢模板尽量采用横排或竖排，尽量少用横竖兼排的方式，因为这样会使支承系统布置困难。

（3）组合钢模板配板方法

1）配板步骤

a. 根据施工组织设计对施工区段的划分、施工工期和流水作业的安排，首先明确需要配制模板的层段数量。

b. 根据工程情况和现场施工条件，决定模板的组装方法，如：在现场散装散拆或进行预拆装；支撑方法是采用钢楞支撑还是采用桁架支撑等。

c. 根据已确定配模的层数，按照施工图纸中梁、柱、墙、板等构件尺寸，进行模板组配设计，并绘制配板图。

d. 进行夹箍和支撑件等的设计计算和选配工作。

e. 明确支撑系统的布置、连接和固定方法。

f. 确定预埋件的固定方法，管线埋设方法，以及特殊部位（如预留孔洞等）的处理方法。

g. 根据所需钢模板、连接件、支撑及架设工具等列出统计表，以便于备料。

2）组配方法：拼配同样一块模板面积，使用各种型号的钢模板，可以有多种方式的排列组合。但应从施工方便和构造合理着眼，统筹考虑，排列组合出最佳配板方案。按300mm×1500mm×55mm的钢模板为主板编制的配板表，见表7-56横排时基本长度配板表，表7-57横排时基本高度配板表，选配出几种方案进行分析对比，找出其中的最佳方案。

横排时基本长度配板表（单位：mm）　　**表 7-56**

主板块数 / 配模长度 / 序号	0 / 1	1 / 2	2 / 3	3 / 4	4 / 5	5 / 6	6 / 7	7 / 8	8 / 9	其余规格块数	备注
1	1500	3000	4500	6000	7500	9000	10500	12000	13500		
2	1650	3150	4650	6150	7650	9150	10650	12150	13650	2×600+1×450=1650	△
3	1800	3300	4800	6300	7800	9300	10800	12300	13800	2×900=1800	☆
4	1950	3450	4950	6450	7950	9450	10950	12450	12450	1×450=450	

续表

主板块数 / 配模长度 / 序号	0 / 1	1 / 2	2 / 3	3 / 4	4 / 5	5 / 6	6 / 7	7 / 8	8 / 9	其余规格块数	备注
5	2100	3600	5100	6600	8100	9600	11100	12600	14100	1×600=600	
6	2250	3750	5250	6750	8250	9750	11250	12750	14250	2×900+1×450=2250	△
7	2400	3900	5400	6900	8400	9900	11400	12900	14400	1×900=900	☆
8	2550	4050	5550	7050	8550	10050	11550	13050	14550	1×600+1×450=1050	△
9	2700	4200	5700	7200	8700	10200	11700	13200	14700	2×600=1200	
10	2850	4350	5850	7350	8850	10350	11850	13350	14850	1×900+1×450=1350	

注：1. 当长度为14.85m以上时，可依次类推。

2. ☆（△）表示由此行向上移两行（一行），可获得更好的配板效果。

横排时基本高度配板表（单位：mm） **表 7-57**

主板块数 / 配模长度 / 序号	0 / 1	1 / 2	2 / 3	3 / 4	4 / 5	5 / 6	6 / 7	7 / 8	8 / 9	9 / 10	其余规格块数
1	300	600	900	1200	1500	1800	2100	2400	2700	3000	
2	350	650	950	1250	1550	1850	2150	2450	2750	3050	1×200+1×150=350
3	400	700	1000	1300	1600	1900	2200	2500	2800	3100	1×100=100
4	450	750	1050	1350	1650	1950	2250	2550	2850	3150	1×150=150
5	500	800	1100	1400	1700	2000	2300	2600	2900	3200	1×200=200
6	550	850	1150	1450	1750	2050	2350	2650	2950	3250	1×150+1×100=250

注：高度3.25m以上者，依次类推。

配板时，应绘制配板图，在配板图上应标出钢模板的位置、规格、型号和数量。有特殊构造时，应加以标明。预埋件和预留孔洞的位置，也应在配板图上标明，并注明固定方法。对于预制整体模板，应标绘出分界线，以减少差错。在绘制配板图前，可先绘出模板放线图，见图7-152，为一框架结构模板的放线图；再绘制配板图，见图7-153，为该框架结构梁、板模板的配板图。

A. 模板横排合理方式的选用：当钢模

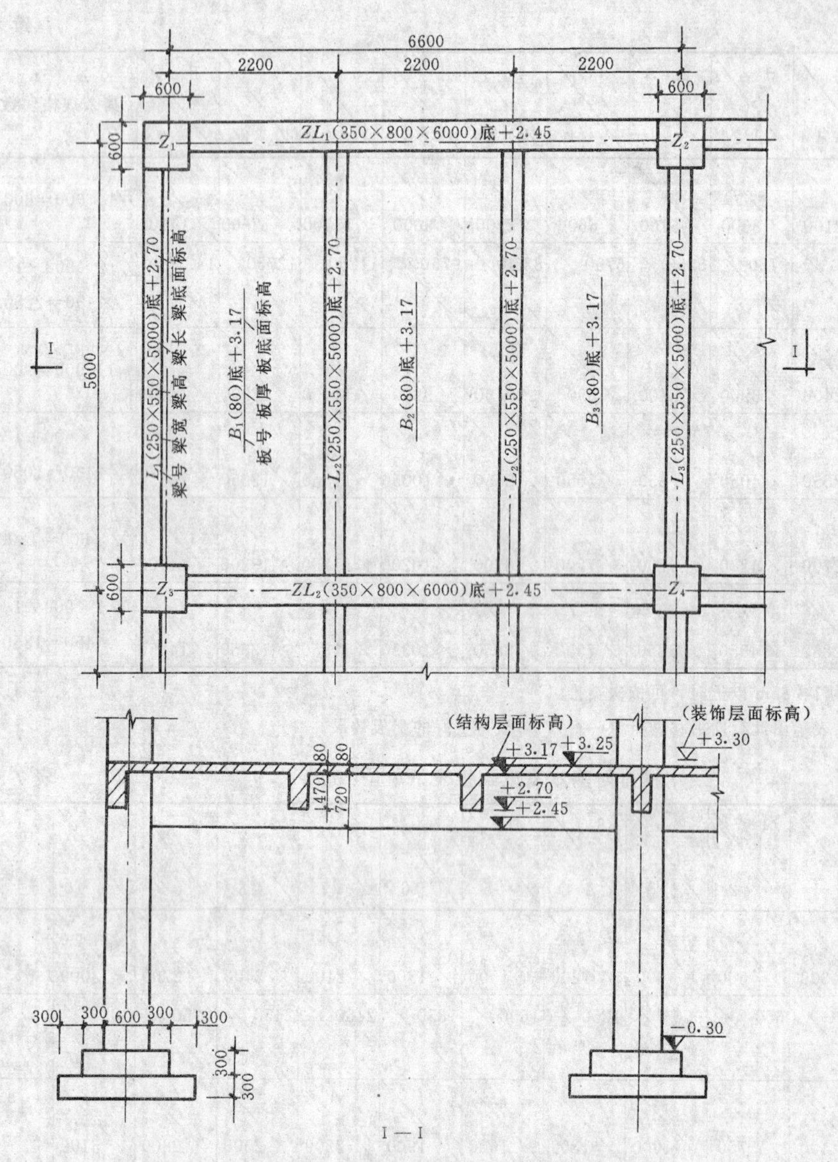

图 7-152 框架结构模板放线图

板以 300mm×1500mm×55mm 为主板作横排时，各适用长度列于表 7-56 中，使用时，首先从上往下，从左往右找到要配板长度的数字范围，然后由最上一行找到所需钢模板主规格的模板数量，不足之处，再由其余规格块数栏中查出。表中以斜线分为两种情况，分别各自对应采用。

【例 1】墙面长 8560mm，作配板设计。

参照表 7-56 以序号 7 按 8400mm 查找，用 5 块 1500mm、1 块 900mm 的钢模板，余下 160mm 可贴上 1 块 150mm 宽的竖向模板，则需要镶拼的宽度只剩下 10mm。

【例 2】墙面长 8330mm，作配板设计。

方案一：参照表7-56 以序号6 按8250mm 查找，用 4 块 1500mm，2 块 900mm 和 1 块 450mm 的钢模板，余 80mm 需要另行镶拼。

方案二：按表 7-56 以序号 6 向上移一行，按 8100mm 查找，则为 5 块 1500mm 和 1 块 600mm 的钢模板，则需要镶拼的宽度只有 30mm。

从以上两个方案比较可以看出，虽然组拼模板块数为 7 块，但方案二优于方案一。

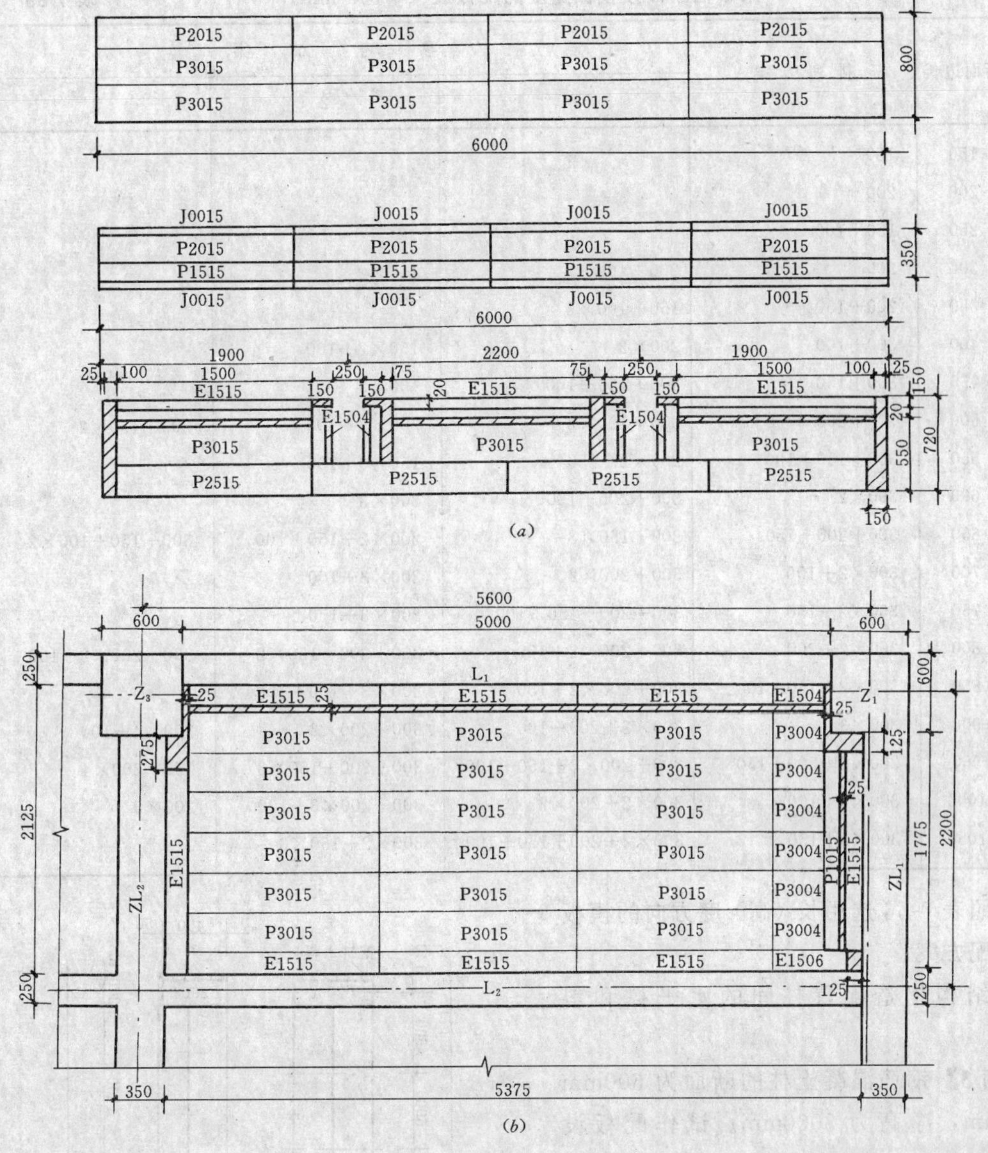

图 7-153　配板图

(a) ZL_1 梁配板图；(b) B_1 板配板图

在表 7-56 中，如遇到备注栏内有☆号者（如序号 3 和 7）时，上移一行虽可减少镶拼宽度，但钢模板块数增加较多，故上移两行查用为好。

B. 模板竖排合理方式的选用：模板竖排时，可看作将该配板平面旋转 90°，即将高度当作横向长度，仍可采用表 7-56 配板。

然后将长度尺寸当成高度，再按表7-57 查出主规格钢膜板块数，不足部分，再以200、150、100mm 宽的钢模板补足，其组合方式及所需块数由其余规格块数一列中查出。任何高度需镶拼木料的宽度，均不超过 40mm。

C. 柱、墙、梁配板

a. 柱的配板设计：柱模板的施工，首先应按单位工程中不同断面尺寸和长度的柱，所需配制模板的数量作出统计，并编号、列表，然后，再进行每一种规格的柱模板的施工设计，其具体步骤如下：

依照断面尺寸按表 7-58 选用宽度方向的模板规格组配方案；

梁、柱断面按模板宽度的配板表（单位：mm）　　表 7-58

序号	断面边长	排列方案	参考方案		
			1	2	3
1	150	150			
2	200	200			
3	250	150＋100			
4	300	300	200＋100	150×2	
5	350	200＋150	150＋100×2		
6	400	300＋100	200×2	150×2＋100	
7	450	300＋150	200＋150＋100	150×3	
8	500	300＋200	300＋100×2	200×2＋100	200＋150×2
9	550	300＋150＋100	200×2＋150	150×3＋100	
10	600	300×2	300＋200＋100	200×3	
11	650	300＋200＋150	200＋150×3	200×2＋150＋100	300＋150＋100×2
12	700	300×2＋100	300＋200×2	200×3＋100	
13	750	300×2＋150	300＋200＋150＋100	200×3＋150	
14	800	300×2＋200	300＋200×2＋100	300＋200＋150×2	300＋200×2＋100
15	850	300×2＋150＋100	300＋200×2＋150	200×3＋150＋100	
16	900	300×3	300×2＋200＋100	300＋200×3	200×4＋100
17	950	300×2＋200＋150	300＋200×2＋150＋100	300＋200＋150×3	150＋200×4
18	1000	300×3＋100	300×2＋200×2	300＋200×3＋100	200×5
19	1050	300×3＋150	300×2＋200＋150＋100	300×2＋150×3	

参照表 7-56 选用长（高）度方向的模板规格组配方案；

按结构构造配置柱间的水平撑和斜撑。

【例 3】 钢筋混凝土柱的断面为 600mm×500mm，净高为 3000mm。试作配板设计。

按表 7-58，宽度 600mm 方向用 2×300mm，即 2 块宽度为 300mm 并列；宽度 500mm 方向用 300mm 和 200mm 各 1 块。

按表 7-56，高度方向选用 2×1500mm，即 2 块长度为 1500mm 的钢模板，在宽度 600mm 方向，上设横向 200mm×600mm 的钢模板 1 块，总高为 3200mm，余下 40mm 拼木料；在宽度 500mm 方向，上设横向 200mm×450mm 钢模板 1 块，余 40mm 及旁 50mm×200mm 处均拼木料，见柱模配板图 7-154。

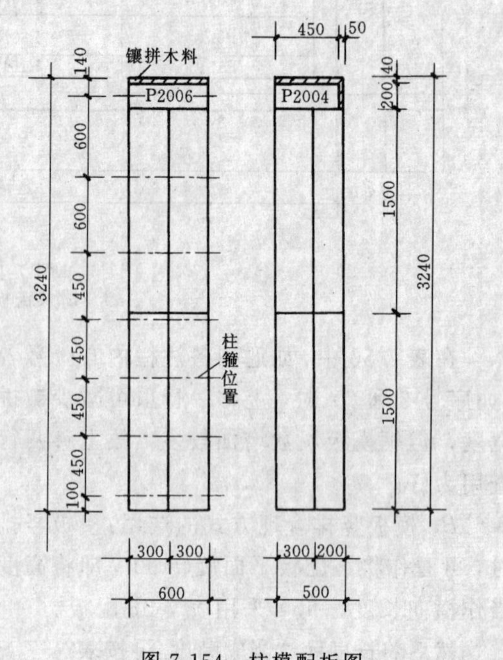

图 7-154　柱模配板图

b. 墙的配板：按图纸统计所有墙需配模板平面并进行编号，然后对每一种平面模板

进行配板设计，其具体步骤如下：

根据墙的平面尺寸，采用横排表7-56确定长度方向模板的配板组合，再按表7-57确定宽度方向模板的配板组合，计算模板块数和需镶拼木模的面积；

根据墙的平面尺寸，采用竖排原则按表7-56和表7-57确定长度和宽度方向模板的配板组合；

对上述横、竖排的方案进行比较，择优选用；

确定内、外钢楞的规格型号及对拉螺栓的规格型号；

对需配模板、钢楞、对拉螺栓的规格型号和数量进行统计、列表，以便备料。

【例4】 某高层建筑剪力墙平面尺寸为3670mm×2670mm。试进行配板设计。

除去两边角模共300mm外，实际需配板面积为3370mm×2670mm。

a）按横排原则：方案一：查表7-56序号3，长度方向为1500＋900×2＝3300mm，余70mm；再查表7-57序号6，高度方向为8×300＋150＋100＝2650mm，余20mm。则共需模板30块，拼木模面积约2.8%。

方案二：如按表7-56序号3上移两档，改取序号1，长度方向为2×1500mm，并镶拼竖向200mm及150mm各一列，余20mm；高度方向仍为8×300＋150＋100＝2650mm，余20mm。则共需模板26块，拼木模面积仅为1.7%。

从以上两个方案比较，方案二为好。

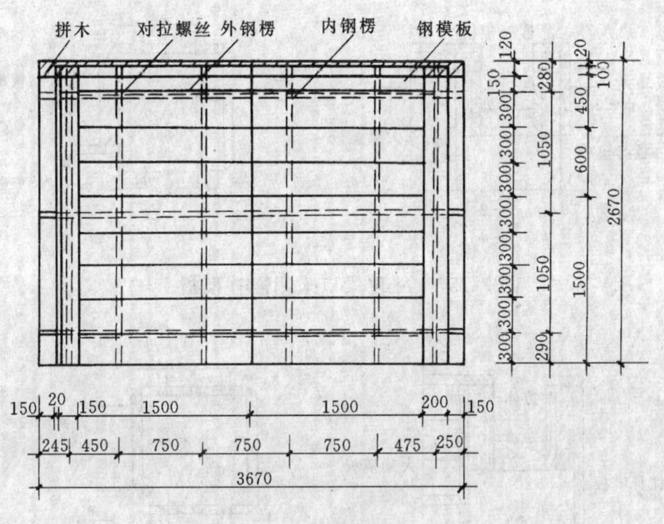

图7-155　墙体模板配板图

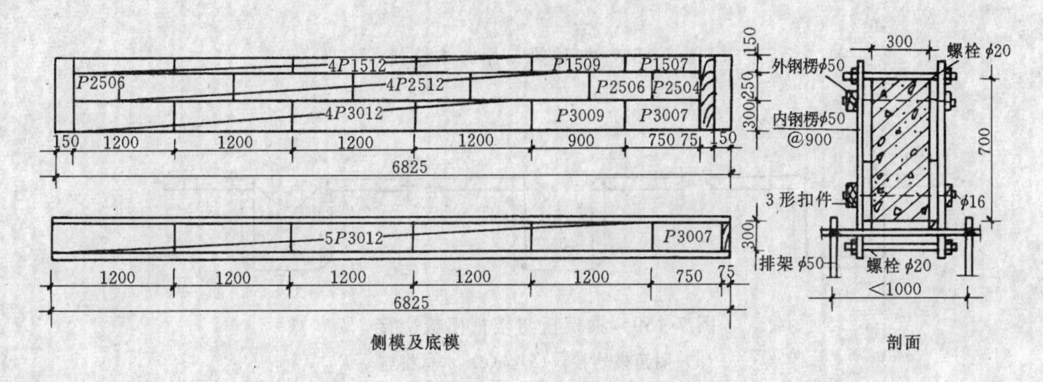

图7-156　梁模板配板图

b）按竖排原则：在 2670mm 方向，按表 7-56 序号 8 取竖向 1×1500＋1×600＋1×450＝2550mm，再配上 100mm 宽横向一行，余 20mm；在 3370mm 方向，按表 7-57 序号 6，取 10×300＋1×200＋1×150＝3350mm，余 20mm。这样共需模板 39 块，拼木模面积约为 1.4%。

通过横、竖排比较，决定采用横排第二方案，见图 7-155 为墙模板配板图。

c. 梁的配板：梁模板往往与柱、墙、楼板相交接，配板比较复杂。

梁模板的配制，宜沿梁的长度方向横排，端缝一般都应错开，图 7-156，为一矩形梁的配板图实例，配板的长度和高度要看与柱、墙和楼板的交接情况而定。

独立梁的配板：指梁模板的两端和顶部与其它模板无相连关系的梁模板，配板的长度即为梁的净跨长度，配板高度可以高出混凝土浇筑面。

梁模板两端与其它模板交接：配板长度不宜等于梁的净跨长度，否则会使模板端肋直抵混凝土面，浇筑时端肋孔眼会漏浆，并增加拆模的困难，易损坏模板。

正确的方法是在柱、墙或大梁的模板上，用嵌补模板拼出梁口，见图 7-157 所示，其配板长度为梁净跨减去嵌补模板的宽度；或在梁口用 55mm 方木镶拼，见图 7-158 所示，则配板长度为梁净跨减去两端拼木共 110mm。

梁模板与楼板模板交接可采用阴角模板或木材拼镶，见图 7-159 所示。

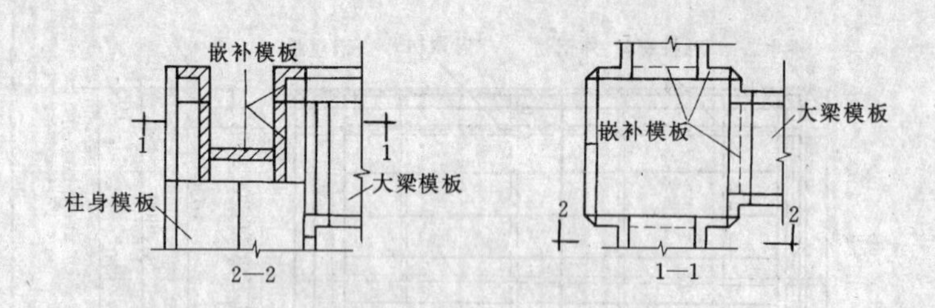

图 7-157　柱顶梁口采用嵌补模板

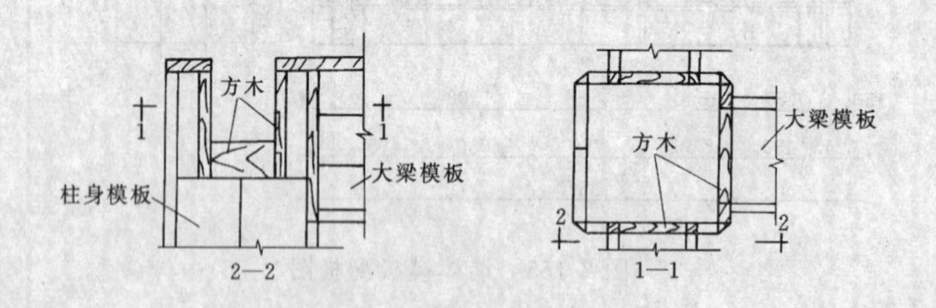

图 7-158　柱顶梁口用方木镶拼

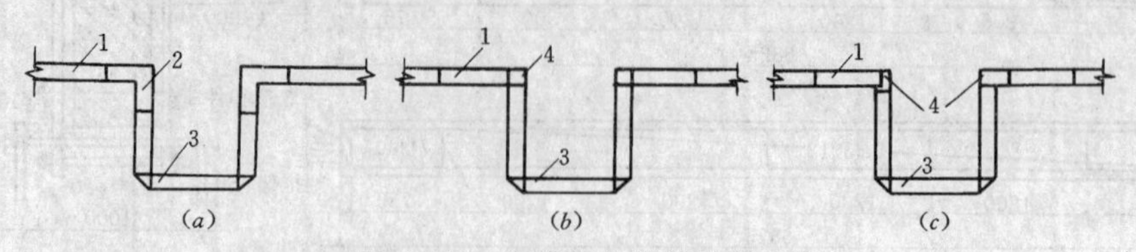

图 7-159　梁模板与楼板模板交接

(*a*) 阴角模连接；(*b*)、(*c*) 木材拼镶

1—楼板模板；2—阴角模板；3—梁模板；4—木材

7.4.4 钢框胶合板模板

钢框胶合板模板是由钢框和防水胶合板组成，防水胶合板平铺在钢框上，用沉头螺栓与钢框连牢，构造见图 7-160，这种模板在钢边框上钻有连接孔，用连接件纵横连接，组装成各种尺寸的模板，其组装方式与组合钢模板相同。钢框胶合板模板具备组合钢模板的一些优点，而且自重比钢模板轻，施工方便，浇筑的混凝土表面粗糙，有利于装饰，是钢筋混凝土模板发展的品种。

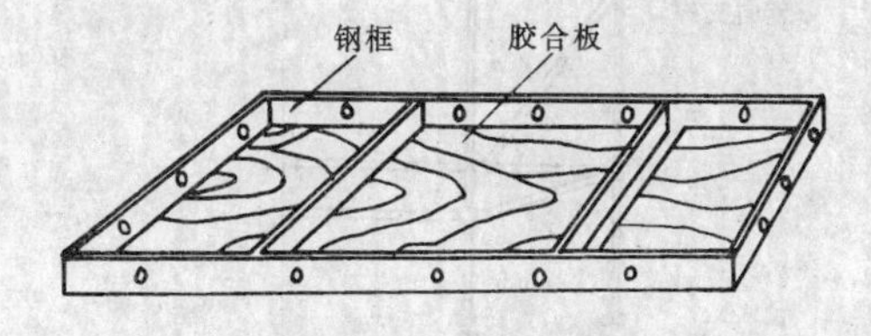

图 7-160 钢框胶合板模板

钢框胶合板模板依据组合单元的大小和轻重，可分为轻型和重型两种，其主要差别在边框截面上。

轻型钢框胶合板模板的边框为实腹异型材截面。截面高度有 55、63、65、70、75 和 80mm 等几种，实腹厚一般为 3mm 左右。图 7-161 为国内外几种常见的轻型钢框截面形式。结合国内实际施工情况，当需要与原有组合钢模板配合混用时，宜选用边框截面高度为 55mm 的钢框胶合板模板，但应注意其抗弯刚度以及抗扭转刚度是否有保证。当需要取得跨度较大的支模效果，且尽量减少模板下的楞木时，优先选用 65、70mm 边框高度的模板。轻型钢框胶合板模板标准系列产品规格有：长度为 600、900、1200、1500、1800mm；宽度为 200、300、450、600、900mm 等。

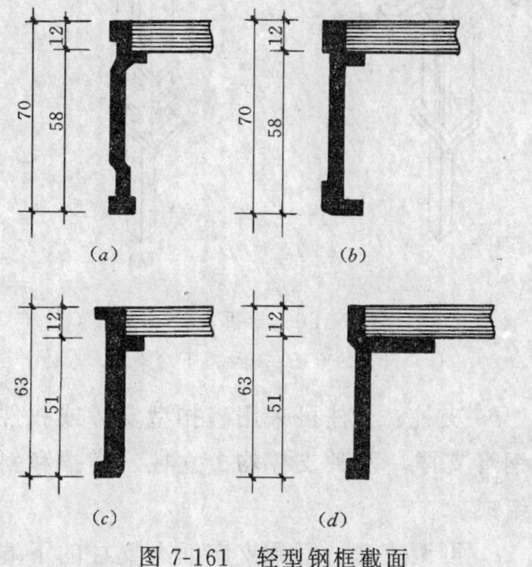

图 7-161 轻型钢框截面

(*a*) 广东 SP-70；(*b*) 英国 SGB；(*c*) 美国 SYMONS；(*d*) 法国 VNI

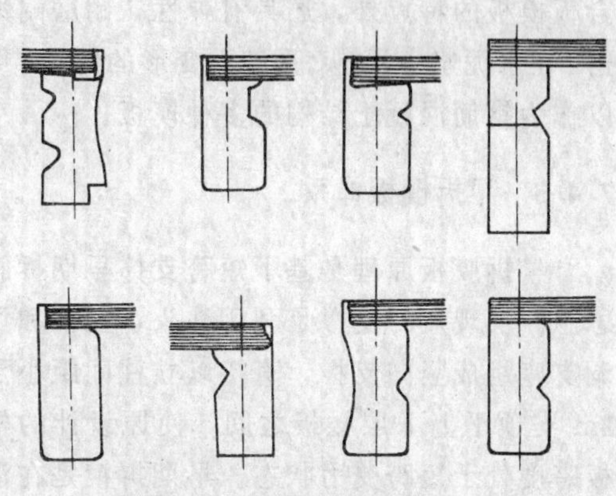
图 7-162 重型钢框截面

重型钢框胶合板模板的边框为箱形空心截面。截面高度一般为 100～140mm，宽度为 60mm 左右，周边厚度为 3mm 左右，常用钢材或铝合金材料轧制或挤压成形，见图 7-162。板面常用厚度为 21mm 的木胶合板。这种模板单元块的基本尺寸：长度一般不超过 2700mm，宽度为 300、450、600、900、1350mm 等。主要用作墙模板，见图 7-163。

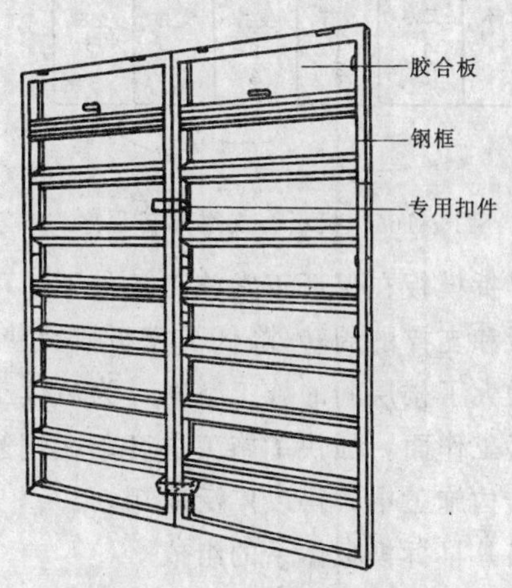

图 7-163 重型钢框胶合板模板

在产竹地区，常用竹胶板作板面与钢框组成钢框竹胶板模板，其构造与钢框胶合板模板相同。用于板面的竹胶板是用竹片或竹帘涂胶粘剂，纵横向铺放，组坯后热压成型。为使竹胶板板面光滑平整，便于脱模和增加周转次数，一般板面涂料复面处理或浸胶纸复面处理。钢框竹胶板模板的长度有 900、1200、1500、1800、2400mm 等，宽度有 300，600mm 两种。钢框竹胶板模板除具有钢框胶合板模板的特点外，还具有弹性，耐磨耐冲击，在水泥浆中浸泡、受潮不变形的特点，可以作为钢筋混凝土结构的多种模板。

7.4.5 早拆模板体系

早拆膜板原理是基于短跨支撑早期拆膜思想。实现短跨支撑是利用柱头，立柱和可调支座组成竖向支撑，直接以立柱间距小于 2m 支顶于上下层楼板之间，使原设计的楼板跨度处于短跨受力状态。早期拆模是在混凝土楼板的强度达到规定标准强度的 50%（常温下 3～4d）即拆除梁、板模板及部分支撑，使竖向支撑仍保持支撑状态。当混凝土强度增大到足以在全跨条件下承受自重和施工荷载时，再拆除全部竖向支撑，其模板、支撑周转程序见图 7-164。

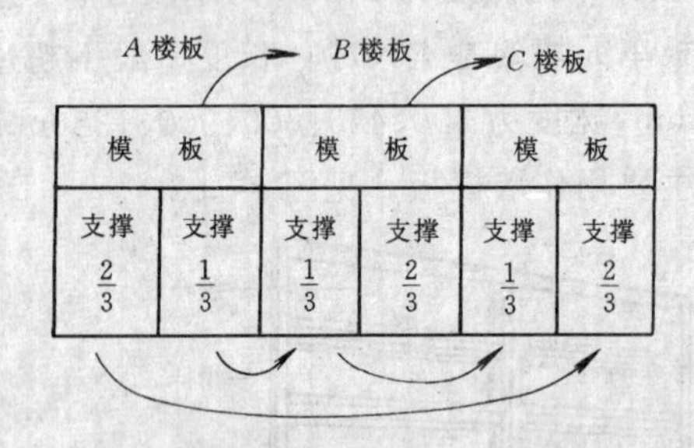

图 7-164　模板、支撑周转程序

早拆模板在保证正常施工条件下，可加快模板和支撑的周转，降低了模板摊销费用，并且增大了楼层间的施工空间，为后续工序提供了工作面，加快了施工进度。在钢筋混凝土结构施工中，得以广泛应用。

(1) 早拆模板体系的组成

早拆模板体系由竖向支撑、模板梁和模板三部分组成，见图 7-165。

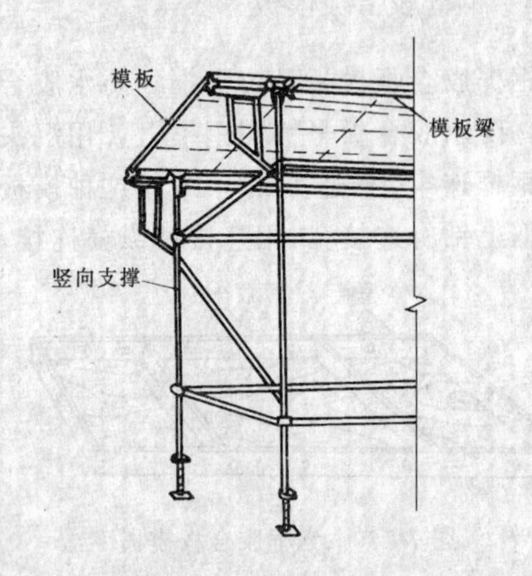

图 7-165　早拆模板体系示意图

1）竖向支撑。竖向支撑包括早拆柱头、支柱、可调支座及横撑和斜撑。

a. 早拆柱头：早拆柱头为精密铸钢件，见图 7-166。柱顶板（50mm×150mm）直接与混凝土接触，两侧梁托挂住梁头，梁托附着在方形管上，方形管可上下移动 115mm，方形管在上方时，通过支承板锁住，用锤敲击支承板则梁托随方形管下落。

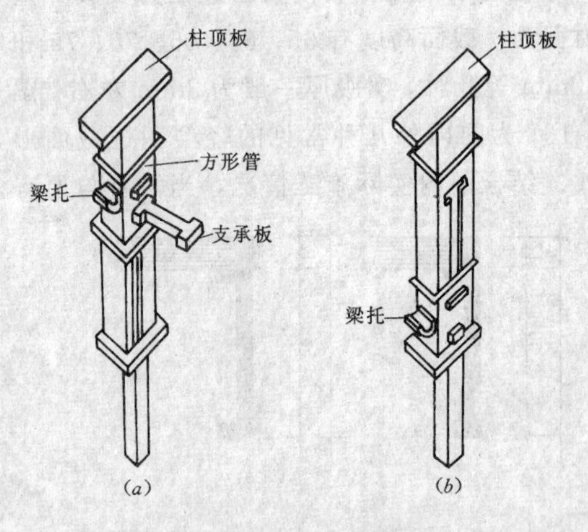

图 7-166　早拆柱头

(*a*) 升起的梁托；(*b*) 落下的梁托

b. 支柱：支柱可采用碗扣型支撑或扣件式钢管支撑。两种支撑均由立柱、横撑和斜撑组成。

c. 可调支座：可调支座插入支柱的下端与楼地面接触，通过螺杆调节支柱的高度，可调范围为 0～50mm，见图 7-167。

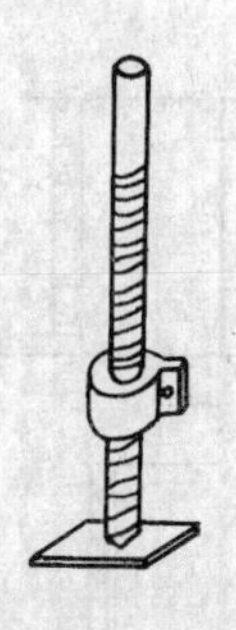

图 7-167　可调支座

2）模板梁。模板梁分主梁和悬臂梁，见图 7-168、7-169。模板主梁是薄壁空腹结构，上端带有 70mm 的凸起部分，与混凝土直接接触；两翼缘宽度为 50mm，上面安放模板。

图 7-168　模板主梁

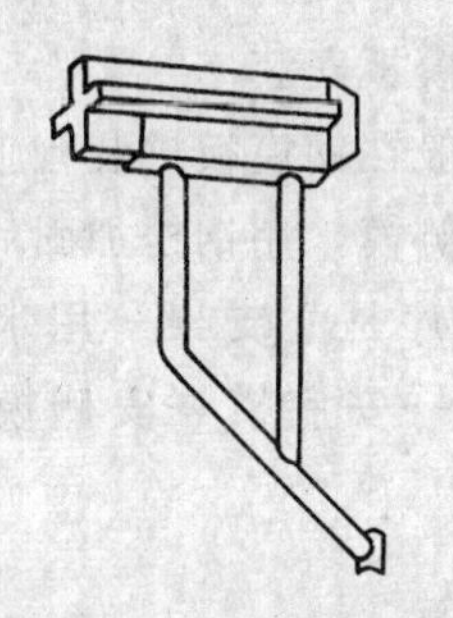

图 7-169　模板悬臂梁

当梁的两端头挂在柱头的梁托上时，将梁支起，并自行销住而不脱落，梁翼缘上安放模板后上表面与模板面平。主梁长度有 1.75m、1.45m、1.15m、0.85m 等四种规格。模板悬臂梁用于模板悬挑部分，长度有 0.4m、0.5m 两种。

3）模板。模板可采用钢框胶合板模板或其它模板，模板高应为 70mm，长和宽按配板选用。

(2) 早拆模板体系的安装

先在支模位置立两根支柱，在支柱上部套上早拆柱头，下部套上可调支座，在两柱头的梁托上装上一根主梁架起一拱，然后再架起另一拱，用横撑临时固定，这样依次把周围的支柱和模板梁架起来，再调整支柱高度和垂直度，并加装横撑和斜撑锁紧碗扣接头，最后在模板梁间铺放模板，即早拆模板体系安装完成。

(3) 早拆模板体系的拆除

模板拆除时，只要用锤敲下早拆柱头上的支承板，则模板梁和模板将随同方形管下落 115mm，卸下模板和模板梁，保留支柱支撑梁板结构，见图 7-170。当混凝土达到设计强度后，调低可调支座，解开碗扣接头，即可拆除支柱和柱头，则整个模板系统全部拆除。

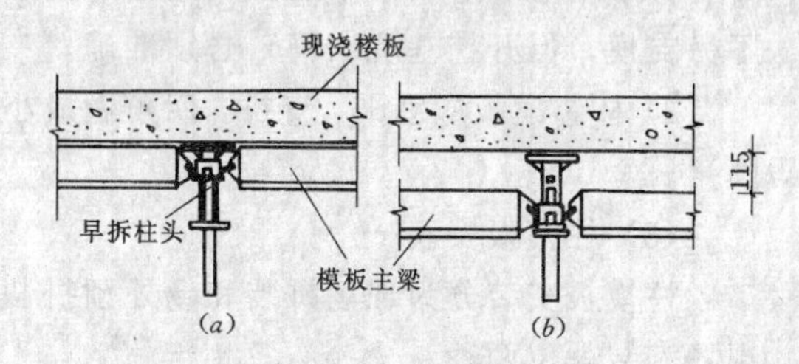

图 7-170　早期拆模方法

(a) 支模状态；(b) 拆模状态

7.4.6　模板安装程序和要求

现浇钢筋混凝土结构模板安装，对不同的结构构件模板安装程序及要求，即有所不同，又有其共同之处。为了保证模板安装质量，方便施工，做到安全生产，按期完成生产任务，必须合理安排安装程序，按照安装要求施工。

(1) 模板安装一般程序及要求

模板安装程序应根据构件类型和特点，施工方法和机械选择，施工条件和环境等确定。一般安装程序是：先下后上，先内后外，先支模，后支撑，再紧固。模板安装的一般要求有：

1）做好施工准备工作，并认真复查所弹的模板中心线、边线及标高位置。

2）模板安装位置、截面尺寸、标高、预埋件和预留孔洞位置等要符合设计要求。

3）模板要安装牢固，做到横平竖直，支撑平稳，受力均匀。

4）要便于模板拆除，模板内侧应刷涂隔离剂。

5）要与相关工种密切配合。

（2）基础模板安装

阶梯式基础模板一般在现场拼装，其安装程序是安装下层阶梯模板→用角钢三角撑支撑下阶梯模板→在下层阶梯模板上安装上层阶梯模板→设附加支承点。如是杯形基础，则最后安装杯芯模板。

安装要求：

1）如果土质较好，下层可利用原土削平不另支模，但开挖基坑（槽）必须准确。

2）杯芯模板应刨平、直拼，四角做成小圆角。

（3）柱模板安装

柱模板安装分为现场拼装和场外预拼装现场安装就位两种。

柱模板现场拼装程序是：安装最下一圈钢模板（留清理孔）→逐圈安装而上直至柱顶（留浇筑孔）→校正垂直度→装设柱箍→装水平和斜向支撑。

场外预拼装现场安装就位程序是：场外将柱模板分四片预拼装→运至现场→立四边拼板用角膜连接成整体→校正垂直度→装设柱箍→装水平和斜向支撑。

安装要求：

1）柱模板底面应先用水泥砂浆找平，并调整好柱模板安装底面的标高，或设木框，在木框上安装钢模板。一层楼以上的柱模板外侧需支承在承垫板条上，板条要用螺栓固定在下层结构上，见图7-171。

2）柱模板下端应设清理口，由楼地面起每隔1～2m留一道浇筑口。

（4）墙模板安装

墙模板安装分为现场散拼和场外预拼现场整片安装两种。墙模板安装程序和要求基本上与柱模板安装相同。只是不用柱箍，而用竖楞、横楞和对拉螺柱加固。也有先安一侧模板，待墙钢筋绑扎后，再安另一侧模板的做法。

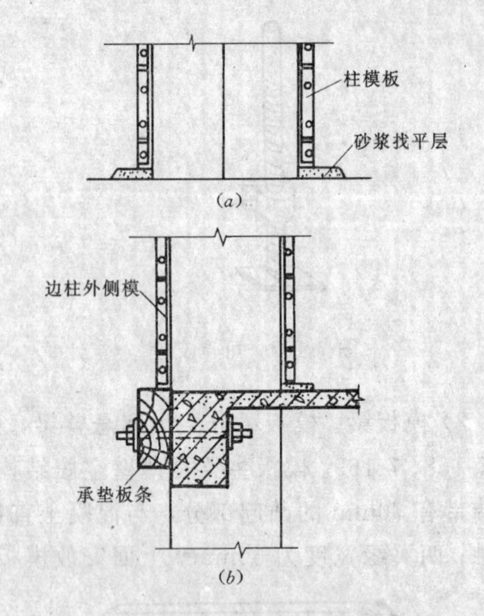

图7-171　柱模板安装

（a）柱模板安装底面处理；

（b）边柱外侧模板的固定方法

（5）单梁模板安装

梁模板一般在钢模板拼装台上按配板图样拼成底模和侧模，用钢楞加固后运往现场安装。安装程序是立支架→用水平和斜向支撑加固支架→安底模→安侧模→加固侧模。

安装要求：

1）当梁跨度等于或大于4m时要起拱，起拱高度宜为全跨长度的1/1000～3/1000。

2）梁侧模一般拆除较早，应将侧模包在底模板外面。

3）梁的模板不应伸到柱模板的开口内，见图7-172，同样次梁模板也不应伸到主梁侧板的开口内。

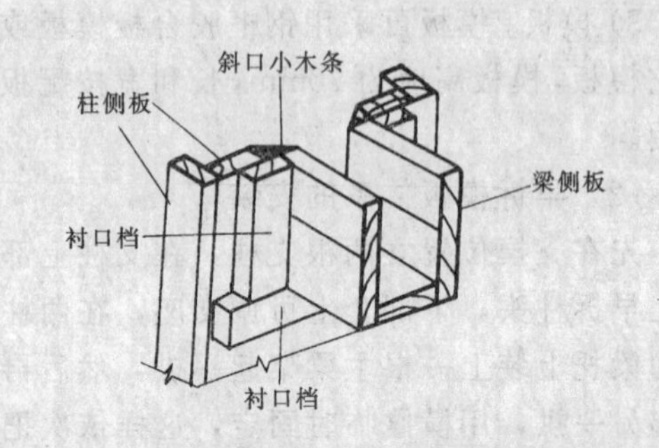

图7-172　梁、柱模板连接

(6) 有梁楼板模板安装

有梁楼板模板安装程序是：主梁模板→次梁模板→铺设底楞→安楼板模板→与梁或墙模板连接→封四边模板。

安装要求：桁架之间要设拉结，以保持桁架垂直；模板两端应固牢，中间尽量少设或不设固定点，以便拆模。

(7) 楼梯模板安装

楼梯模板安装程序是：安平台梁和板模板及基础梁模板→安装楼梯斜梁或楼梯底板模板→支撑→安楼梯外帮侧板→安反三角板→安踏步侧板。

安装要求：楼梯段放线时，每一踏步要等高，特别要注意每层楼梯第一步和最后一个踏步的高度，不要造成高低不同。

7.4.7 模板拆除及安全要求

及时拆模，可提高模板的周转率，也可为其它工作创造条件。但过早拆除，混凝土会因强度不足以承担本身自重，或受到外力作用而变形甚至断裂，造成重大的质量事故。模板拆除时间应根据混凝土的强度，各个模板的用途，结构的性质，混凝土硬化时的气温确定。

(1) 侧模板拆除

侧模板应在混凝土强度能保证其表面及棱角不因拆除模板而损坏时，方可拆除。具体时间可参考表7-59。

拆除侧模时间参考表　　表7-59

水泥品种	混凝土强度等级	混凝土的平均硬化温度（℃）					
		5°	10°	15°	20°	25°	30°
		混凝土强度达到2.5MPa所需天数					
普通水泥	C10	5	4	3	2	1.5	1
	C15	4.5	3	2.5	2	1.5	1
	≥C20	3	2.5	2	1.5	1.0	1
矿渣及火山灰质水泥	C10	8	6	4.5	3.5	2.5	2
	C15	6	4.5	3.5	2.5	2	1.5

(2) 底模板的拆除

底模板应在与混凝土结构同条件养护的试件达到表7-60规定强度标准值时，方可拆除。达到规定强度标准值所需时间可参考表7-61。

现浇结构拆模时所需混凝土强度　　表7-60

结构类型	结构跨度（m）	按设计的混凝土强度标准值的百分率计（%）
板	≤2	50
	>2，≤8	75
	>8	100
梁、拱、壳	≤8	75
	>8	100
悬臂构件	≤2	75
	>2	100

注：本规范中"设计的混凝土强度标准值"系指与设计混凝土强度等级相应的混凝土立方体抗压强度标准值。

拆除底模板的时间参考表（d）　表7-61

水泥的标号及品种	混凝土达到设计强度标准值的百分率（%）	硬化时昼夜平均温度					
		5℃	10℃	15℃	20℃	25℃	30℃
325号普通水泥	50	12	8	6	4	3	2
	75	26	18	14	9	7	6
	100	55	45	35	28	21	18
425号普通水泥	50	10	7	6	5	4	3
	75	20	14	11	8	7	6
	100	50	40	30	28	20	18
325号矿渣或火山灰质水泥	50	18	12	10	8	7	6
	75	32	25	17	14	12	10
	100	60	50	40	28	24	20
425号矿渣或火山灰质水泥	50	16	11	9	8	7	6
	75	30	20	15	13	12	10
	100	60	50	40	28	24	20

(3) 拆模操作要点

1) 拆模一般顺序是先支后拆，后支先拆，先拆除侧模板部分，后拆除底模板部分。

2) 重大复杂模板的拆除，事前应制定拆模方案。

3) 肋形楼板应先拆柱模板，再拆楼板底模板、梁侧模板，最后拆梁底模板。

4）侧模板的拆除应按自上而下的顺序进行。跨度较大的梁底支柱拆除应从跨中开始分别拆向两端。

5）多层楼板模板支架的拆除，当上层楼板正在浇筑混凝土时，下一层楼板的模板支架不得拆除，再下一层楼板模板的支架仅可拆除一部分。跨度等于及大于4m的梁下均应保留支架，其间距不得大于3m。

6）工具式支模的梁、板模板的拆除，应先拆卡具、横楞、侧模，再松动木楔或可调螺杆，使支柱、桁架等平稳下降，逐级抽出底模和横档木，最后拆除桁架、支柱和托具。

7）拆模时要避免模板受到损坏，拆下的模板应及时加以清理、修理，按种类及尺寸分别堆放、保管。组合钢模板倘背面油漆脱落，应补刷防锈漆，配件也要涂油防锈。

（4）安全要求

1)模板拆除必须在混凝土达到规定强度后才能进行，已拆除模板及其支架的结构，应在混凝土强度达到设计强度标准值后，才允许承受全部使用荷载，当承受施工荷载产生的效应比使用荷载更为不利，必须经过核算，加设临时支撑。

2）拆除模板时要遵守安全操作规程，做好个人防护。

3）拆模时不能硬撬、硬砸用力过猛；不能采取大面积同时撬落和拉倒的方法，应分段从一端退拆，边拆边清理。

4）拆模时不能站在正在拆除的模板上或正拆除的模板下方、拆模区域应有专人看守，禁止通行。

5)拆下的模板应采用有效方法搬运到指定的堆场整齐堆放，禁止向下投掷；有钉子的模板，要使钉尖朝下，以免扎脚。

小　结

模板工程的施工工艺包括模板的选材、选型、配板、制作、安装、拆除和周转等过程。本节讲述了模板的种类、作用、要求、组成及各种结构构件的支模方法，其重点介绍了钢模板。并介绍了钢框胶合板模板、钢框竹胶板模板、早拆模板体系等新工艺；以及大模板、液压滑升模板、爬升模板等。由于模板工程在现浇钢筋混凝土工程中所消耗的人工、材料比重较大，构造比较复杂，对其强度、刚度、稳定性及几何尺寸要求较高，因此人们对模板工程十分重视。

组合钢模板是由钢模板、连接件和支承件等部分组成。它可以灵活地组装成柱、墙、梁、板及基础等的模板，目前适用较广。钢框胶合板模板是钢模板的替代产品。

组合钢模板的配板是一项重要的施工过程，要认真地遵守配板原则，按配板步骤和方法进行。

早拆模板体系是由竖向支撑、模板梁和模板等组成，是基于短跨支撑早期拆模思想，常温下施工，在混凝土浇筑3～4d即可拆除梁板的部分模板和支撑。

模板的拆除要按规定时间和方法及时进行、过早、过迟拆模都会影响混凝土的质量或模板周转率。

习题

1. 试述模板的作用和要求。
2. 模板按其型式和使用材料不同是如何分类？
3. 模板系统由哪几部分组成？

4. 简述柱、梁、楼板采用组合钢模板的组成。

5. 试述大模板、液压滑升模板、爬升模板的组成，以及门窗洞及预留洞模板的施工方法。

6. 怎样制作木模板？

7. 组合钢模板由哪几部分组成？各起什么作用？

8. 如何进行组合钢模板的配制？

9. 简述柱、墙、梁的配板过程。

10. 钢框胶合板模板由哪几部分组成？分为哪两类？

11. 早拆模板体系是怎样实现早期拆模的？早期拆模何时进行？模板、支撑如何周转？

12. 早拆模板体系由哪几部分组成？各起什么作用？

13. 早拆模板体系如何安装？如何拆除？

14. 模板安装有何要求？

15. 如何确定模板拆除的时间？模板拆除时应注意哪些问题？

16. 模板拆除有哪些安全要求？

7.5 混凝土工程

混凝土工程的施工包括配料、搅拌、运输、浇筑和养护等施工过程，整个施工工艺的各个环节是紧密联系又相互影响，任何一个环节处理不当都会影响混凝土的最终质量。因此，必须重视施工过程中的每一个环节，以确保混凝土的质量。

7.5.1 混凝土组成材料

混凝土是由水泥、砂、石子、水，必要时掺入化学外加剂和矿物质混合材料，按适当比例配合组成。混凝土的组织结构见图7-173。

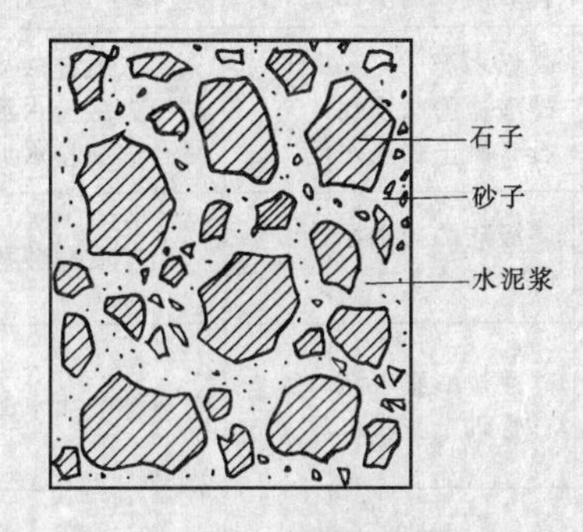

图 7-173　混凝土组织结构示意图

(1) 水泥

水泥是一种无机水硬性胶凝材料，当它与水拌合后所形成的浆体，经过一系列物理、化学作用后，即能在空气中硬化，又能更好地在水中硬化，保持发展其强度，并能把砂、石等材料牢固地胶结在一起。

水泥按其用途及性能分为三类，即通用水泥、专用水泥和特性水泥。按其所含主要水硬性矿物质的不同又可分为：硅酸盐系水泥、铝酸盐系水泥、硫酸盐或硫铝酸盐系水泥、磷酸盐系水泥等。

在混凝土工程中最常用的五种水泥，即硅酸盐水泥，普通硅酸盐水泥，矿渣硅酸盐水泥，火山灰质硅酸盐水泥，粉煤灰硅酸盐水泥。由于水泥的性质直接决定着混凝土的特性，所以必须根据混凝土工程的要求认真选择水泥的品种和标号。所用水泥应符合《硅酸盐水泥、普通硅酸盐水泥》(GB175—92),《矿渣硅酸盐水泥、火山灰质硅酸盐水泥及粉煤灰硅酸盐水泥》(GB1344—92)标准规定。

1) 水泥品种的选择见表 7-62。

2) 水泥标号的选择：在配制混凝土时，水泥标号的选择应与混凝土的设计强度等级相适应，选择时应注意：

a. 一般情况下，水泥标号为混凝土强度等级的 1.5～2.0 倍为宜；

b. 配制高强度等级混凝土时，水泥标号宜为混凝土强度等级的 0.9～1.5 倍；

c. 用高标号水泥配制低强度等级混凝土

常用水泥选用表 表 7-62

序号	工程特点或所处环境条件	优先选用	可以选用	不得使用
1	一般地上土建工程	普通硅酸盐水泥 复合硅酸盐水泥	矿渣硅酸盐水泥 火山灰质硅酸盐水泥	
2	在气候干热地区施工的工程	普通硅酸盐水泥	矿渣硅酸盐水泥	火山灰质硅酸盐水泥 高铝水泥
3	大体积混凝土工程	矿渣硅酸盐水泥 火山灰质硅酸盐水泥	普通硅酸盐水泥	高铝水泥
4	地下、水下的混凝土工程	火山灰质硅酸盐水泥 矿渣硅酸盐水泥 抗硫酸盐硅酸盐水泥	普通硅酸盐水泥	
5	在严寒地区施工的工程	高标号普通硅酸盐水泥 快硬硅酸盐水泥 特快硬硅酸盐水泥	矿渣硅酸盐水泥 高铝水泥	火山灰质硅酸盐水泥
6	严寒地区水位升降范围内的混凝土工程	高标号普通硅酸盐水泥 快硬硅酸盐水泥 特快硬硅酸盐水泥 抗硫酸盐硅酸盐水泥	高铝水泥	火山灰质硅酸盐水泥 矿渣硅酸盐水泥
7	早期强度要求较高的工程 (≤C30 混凝土)	高标号普通硅酸盐水泥 快硬硅酸盐水泥 特快硬硅酸盐水泥	高标号水泥 高铝水泥	火山灰质硅酸盐水泥 矿渣硅酸盐水泥 复合硅酸盐水泥
8	大于 C50 的高强度混凝土工程	高标号水泥 浇筑水泥 无收缩快硬硅酸盐水泥	特快硬硅酸盐水泥 快硬硅酸盐水泥 高标号普通硅酸盐水泥	火山灰质硅酸盐水泥 矿渣硅酸盐水泥 复合硅酸盐水泥
9	耐酸防腐蚀工程	水玻璃耐酸水泥	硫磺耐酸胶结料	耐铵聚合物胶凝材料
10	耐铵防腐蚀工程	耐铵聚合物胶凝材料		水玻璃型耐酸水泥 硫磺耐酸胶结料
11	耐火混凝土工程	低钙铝酸盐耐火水泥	高铝水泥 矿渣硅酸盐水泥	普通硅酸盐水泥
12	防水、抗渗工程	硅酸盐膨胀水泥 石膏矾土膨胀水泥	自应力(膨胀)水泥 普通硅酸盐水泥 火山灰质硅酸盐水泥	矿渣硅酸盐水泥
13	防潮工程	防潮硅酸盐水泥	普通硅酸盐水泥	
14	紧急抢修和加固工程	高标号水泥 浇筑水泥 快硬硅酸盐水泥	高铝水泥 硅酸盐膨胀水泥 石膏矾土膨胀水泥	火山灰质硅酸盐水泥 矿渣硅酸盐水泥 复合硅酸盐水泥
15	有耐磨性要求的混凝土	高标号普通硅酸盐水泥 (≥425 号)	矿渣硅酸盐水泥 (≥425 号)	火山灰质硅酸盐水泥
16	混凝土预制构件拼装锚固工程	浇筑水泥 高标号水泥 特快硬硅酸盐水泥	硅酸盐膨胀水泥 石膏矾土膨胀水泥	普通硅酸盐水泥
17	保温隔热工程	矿渣硅酸盐水泥 普通硅酸盐水泥	低钙铝酸盐耐火水泥	
18	装饰工程	白色硅酸盐水泥 彩色硅酸盐水泥	普通硅酸盐水泥 火山灰质硅酸盐水泥	

注：各种结构构件所需的水泥品种，一般不在图纸上注明，有特殊要求时，需注明。

时，每立方米混凝土中水泥用量偏少，会影响混凝土的和易性和密实度，因此在混凝土中应加入一定的外掺料，如粉煤灰等。

d. 用低标号水泥配制高强度等级混凝土时，即使水泥用量很多，也难以达到混凝土设计强度等级。

（2）砂

混凝土中用砂的技术要求应符合《普通混凝土用砂质量标准及检验方法》（JGJ52—92）的规定。

1）为保证混凝土有良好的和易性，并节约水泥，比较经济地配制混凝土，应选择颗粒级配好，粗细程度适宜的砂。这样可使在砂用量一定的情况下，砂的孔隙率小，而且总表面积也小。

2）为保证用砂量符合配合比的要求，应该通过试验测得砂的视密度、堆积密度、空隙率和含水量等。

3）砂中常含有一些对混凝土有害的杂质，如粘土、淤泥、云母片等。这些杂质附着在砂的表面会妨碍混凝土的硬化，并影响混凝土的强度。所以砂中有害物质的含量应符合表7-63的规定。

砂中杂质含量限值　　表7-63

混凝土强度等级	大于或等于C30	小于C30
含泥量（按质量计%）	≤3.0	≤5.0
泥块含量（按质量计%）	≤1.0	≤2.0
云母含量(按质量计%)	≤2.0	
轻物质含量(按质量计%)	≤1.0	
硫化物及硫酸盐含量(折算成SO_3,按质量计%)	≤1.0	
有机物含量(用比色法试验)	颜色不应深于标准色，如深于标准色，则应按水泥胶砂强度方法，进行强度对比试验，抗压强度比不应低于0.95	

（3）石子

石子是由天然岩石或卵石经破碎，筛分而得的。

混凝土用石的要求：混凝土所用石子应符合《普通混凝土用碎石和卵石质量标准及检验方法》（JGJ53—92）的规定。并要满足下列要求：

1）为提高混凝土的和易性，并做到节约水泥，石子应选择颗粒级配良好，以减小孔隙率；选用大的粒径，以减小总表面积。石子的最大粒径的选择，应当根据建筑的种类，结构构件尺寸，钢筋间距及施工机械等来确定。最大粒径不得大于结构构件最小截面的最小边长的1/4，同时不得大于钢筋间最小净距的3/4。对混凝土实心板，石子的最大粒径不宜超过板厚的1/2，且不得超过50mm。

2）为保证混凝土的强度，要求石子必须是密实、坚硬，具有足够强度。岩石的抗压强度与混凝土强度等级之比不应小于1.5。

3）石子的有害杂质含量应控制在表7-64所规定的范围之内。

碎石或卵石中杂质含量　　表7-64

混凝土强度等级	大于或等于C30	C25～C15
针、片状颗粒含量，按质量计（%）	≤15	≤25
含泥量按质量计（%）	≤1.0	≤2.0
泥块含量按质量计(%)	≤0.50	≤0.70
硫化物及硫酸盐含量（折算成SO_3，按质量计）（%）	≤1.0	
卵石中有机质含量（用比色法试验）	颜色应不深于标准色。如深于标准色，则应配制成混凝土进行强度对比试验，抗压强度比应不低于0.95	

注：1. 对有抗冻、抗渗或其它特殊要求的混凝土，其所用碎石或卵石的含泥量不大于1.0%，泥块含量不大于0.5%；

2. 对于等于或小于C10级的混凝土用碎石或卵石的含泥量可放宽到2.5%，泥块含量可放宽到1.0%。

(4) 水

拌制混凝土所用的水应采用符合国家标准的生活饮用水。各种物质含量应满足《混凝土拌合用水标准》(JGJ63—89)的规定。未经净化处理的污水、工业废水等均不得用于混凝土中；海水不得用于钢筋混凝土、预应力混凝土结构中及有饰面要求的混凝土中。

(5) 外加剂

混凝土化学外加剂简称外加剂。它是在拌制混凝土过程中掺入，用以改善混凝土性能的物质。掺量一般不大于水泥用量的5%。

1) 早强剂。早强剂是指能提高混凝土早期强度,并对后期强度无显著影响的外加剂。早强剂的常用品种有氯盐、硫酸盐、三乙醇胺及它们的复合物(复合早强剂)。早强剂可用于蒸养混凝土及常温、低温和负温(最低温度不低于-5℃)条件下施工的有早强或防冻要求的混凝土工程。

2) 减水剂。减水剂是在不影响混凝土和易性条件下,具有减水及增强作用的外加剂。目前国内生产的减水剂有数十个品种，具有一般减水、增强作用的为普通型减水剂；具有大幅度减水、增强作用，并且引气量低的为高效减水剂。按其化学成份可分为木质素系、磺化煤焦油系、树脂系、糖蜜系、腐殖酸系及复合系六大类；按加气性质分为加气型和非加气型；按调凝性质分为普通型、早强型、缓凝型。减水剂适用范围见表7-65。

减水剂适用范围　　表7-65

外加剂类型	主要功能	适用范围
普通减水剂	1. 在保证混凝土工作性及强度不变的条件下，可节约水泥用量 2. 在保证混凝土工作性及水泥用量不变的条件下，可减少用水量提高混凝土强度 3. 在保持混凝土用水量及水泥用量不变的条件下，可增大混凝土流动性	1. 用于日最低气温+5℃以上的混凝土施工 2. 各种预制及现浇混凝土、钢筋混凝土、预应力混凝土 3. 大模板施工、滑模施工，大体积混凝土，泵送混凝土及流动性混凝土
高效减水剂	1. 在保证混凝土工作性及水泥用量不变条件下，可大幅度减少用水量(减水率大于12%)，制备早强、高强混凝土 2. 在保持混凝土用水量及水泥用量不变条件下，可增大混凝土流动性，制备大流动性混凝土	1. 用于日最低气温0℃以上的混凝土施工 2. 用于钢筋密集、空间窄小及混凝土不易振捣的部位 3. 凡普通减水剂适用的范围，高效减水剂亦适用 4. 制备早强、高强混凝土以及大流动性混凝土
缓凝减水剂	降低混凝土热峰值及推迟热峰出现的时间	1. 大体积混凝土 2. 夏季和炎热地区的混凝土施工 3. 用于日最低气温+5℃以上的混凝土施工 4. 预拌混凝土、泵送混凝土以及滑模施工
引气减水剂	1. 改善混凝土拌合物的工作性，减少混凝土泌水离析 2. 提高硬化混凝土的抗冻性	1. 有抗冻融耐久性要求的混凝土 2. 集料质量差以及轻集料混凝土 3. 提高混凝土的抗渗性 4. 泵送混凝土 5. 改善混凝土的抹光性
早强减水剂	1. 缩短混凝土的热蒸养时间 2. 加速自然养护混凝土的硬化，提高早期强度	1. 用于日最低温度-3℃以上时自然气温，正负交替的亚寒区的混凝土施工 2. 用于蒸养混凝土，早强混凝土

3）速凝剂。速凝剂是能使混凝土迅速凝结，并改善混凝土与基底粘结性及稳定的外加剂。它多用于喷射混凝土。主要产品有红星一型、711型、782型等。

4）缓凝剂。缓凝剂是指能延缓混凝土凝结时间，并对混凝土后期强度发展无不利影响的外加剂。缓凝剂有糖类、木质素磺酸盐类、羟基羧酸及其盐类、无机盐类等类型。目前用得较多的是糖蜜缓凝剂。缓凝剂主要适用于夏季和高温施工的混凝土、大体积混凝土、滑模施工、泵送混凝土、长时间或长距离运输的混凝土。不适用于温度在5℃以下的混凝土，有早强要求及蒸养混凝土。

5）抗冻剂。抗冻剂是在规定温度下，能显著降低混凝土的冰点，使混凝土液相不冻结或仅部分冻结，以保证水泥的水化作用，并在一定时间内获得预期强度的外加剂。抗冻剂品种有氧化钠、亚硝酸钠、尿素、碳酸钾、氯化钙、硝酸钙及复合防冻剂等。

6）引气剂。引气剂是在混凝土搅拌过程中能引入大量分布均匀的微小气泡，可减少混凝土拌合物泌水离析，改善和易性，并能显著提高硬化混凝土抗冻融性和耐火性的外加剂。目前国内常用的引气剂有松香热聚物、松香酸钠等。

（6）粉煤灰

以工业废料粉煤灰作为混凝土的外掺料，能改善混凝土的性能、节约水泥、提高工程质量和降低成本。用于混凝土工程的粉煤灰可根据成品质量分为Ⅰ、Ⅱ、Ⅲ三个等级，其各等级成品质量指标应符合表7-66的规定。

粉煤灰质量指标的分级（%）　表7-66

粉煤灰等级	质量指标			
	细度（45μm方孔筛筛余）	烧失量	需水量比	三氧化硫含量
Ⅰ	≤12	≤5	≤95	≤3
Ⅱ	≤20	≤8	≤105	≤3
Ⅲ	≤45	≤15	≤115	≤3

粉煤灰在混凝土工程中的应用：

1）Ⅰ级粉煤灰，细度较细，烧失量小，含水量小，是煤炉烟道气体中用静电收尘器收集的粉末。掺入混凝土中，可降低用水量，替代部分水泥，并提高混凝土的密实性。因此，Ⅰ级粉煤灰主要用于钢筋混凝土和跨度小于6m的预应力混凝土结构。

2）Ⅱ级粉煤灰，细度较Ⅰ级灰粗些，烧失量较大，是火电厂排出物。掺入混凝土中，稍有减水作用。掺入Ⅱ级灰的粉煤灰混凝土，其各项性能均与基准混凝土接近或相同，并能保证耐久性。Ⅱ级粉煤灰主要适用于钢筋混凝土和无筋混凝土。

3）Ⅲ级粉煤灰主要是火电厂排出的原状灰或湿灰，其颗粒较粗，且未燃尽的灰粒较多。掺入粉煤灰的混凝土，用水量一般较不掺粉煤灰的多，并对混凝土耐久性有影响。因此，Ⅲ级粉煤灰主要用于设计强度等级低于C30的素混凝土。

7.5.2 混凝土主要技术性质

经搅拌后尚未凝结硬化的混凝土称为混凝土拌合物，又称为新拌混凝土。混凝土拌合物应具有良好的和易性。凝结硬化后的混凝土应具有足够的强度和耐久性。

（1）和易性

和易性是指混凝土拌合物的施工操作难易程度和抵抗离析作用程度的性质。和易性是一项综合性的技术指标，包括流动性、粘聚性、保水性等三个主要方面。

1）流动性。流动性是指混凝土拌合物在本身自重或机械振捣的作用下，能产生流动并且均匀密实地填满模板中各个角落的性质。流动性大小用“坍落度”（适用于塑性和流动性混凝土拌合物），或“维勃稠度”（适用于干硬性混凝土拌合物）指标表示。

a. 坍落度测定：坍落度是用坍落度筒测定，见图7-174。即将混凝土拌合物用小铲分三层装入坍落筒内，每层插捣25次，三层装完后刮平，垂直向上将筒提起移到一旁，拌合物因自重将产生坍落现象，量出筒高与坍

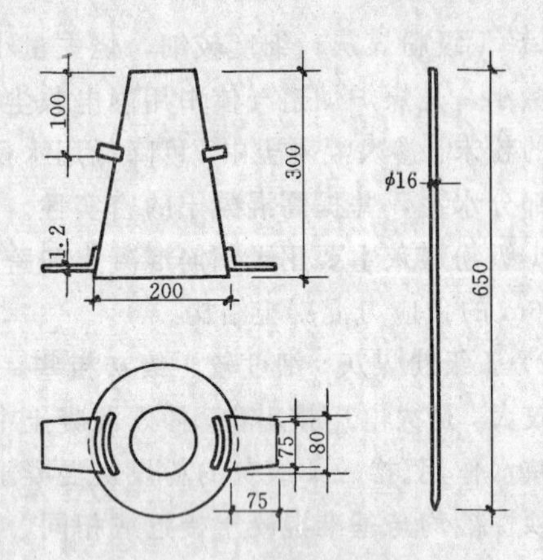

图 7-174 坍落筒和捣棒

落后混凝土拌合物最高点之间的高度差，以"毫米"表示，称为坍落度，见图 7-175。混凝土拌合物按其坍落度大小，可分为四级，见

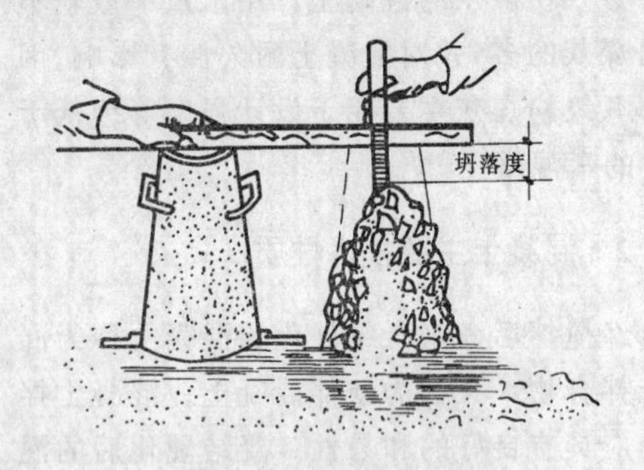

图 7-175 坍落度试验示意图

表 7-67。坍落度值大，说明混凝土拌合物的流动性大，反之则小。流动性过大过小都会给施工带来不便，影响工程质量，甚至造成工程事故。混凝土拌合物的坍落度适宜，流动性就好，操作方便，易于捣实、成型，工程质量好。坍落度值的大小，可根据结构种类、钢筋疏密和振捣方法按表 7-68 合理选用。

混凝土按坍落度分级及允许偏差　　表 7-67

级别	名　　称	坍落度(mm)	允许偏差(mm)
T_1	低塑性混凝土	10～40	±10
T_2	塑性混凝土	50～90	±20
T_3	流动性混凝土	100～150	±30
T_4	大流动性混凝土	＞160	±30

混凝土浇筑时的坍落度　　表 7-68

结　　构　　种　　类	坍落度(mm)
基础或地面等的垫层、无配筋的大体积结构(挡土墙、基础等)或配筋稀疏的结构	10～30
板、梁和大型及中型截面的柱子等	30～50
配筋密列的结构(薄壁、斗仓、筒仓、细柱等)	50～70
配筋特密的结构	70～90

注：1. 本表系指采用机械振捣的坍落度；采用人工捣实时可适当增大；
2. 需要配制大坍落度混凝土时，应掺用外加剂；
3. 曲面或斜面结构混凝土；其坍落度值，应根据实际需要另行选定；
4. 轻骨料混凝土的坍落度，宜比表中数值减少 10～20mm。

b. 维勃(VB)稠度测定：混凝土拌合物

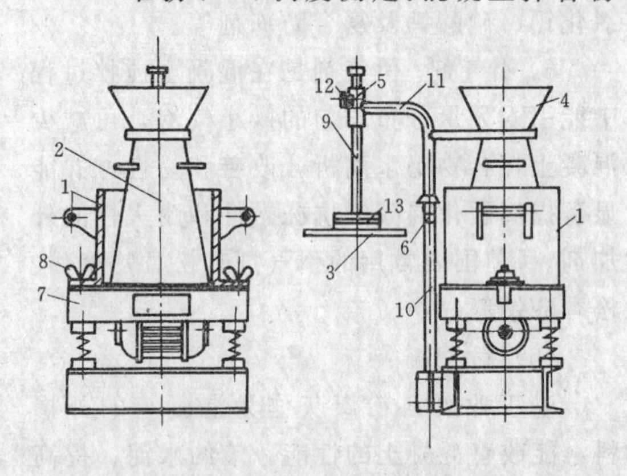

图 7-176 维勃稠度仪

1—容器；2—坍落度筒；3—透明圆盘；4—喂料斗；5—套管；6—定位螺丝；7—振动台；8—固定螺丝；9—测杆；10—支柱；11—旋转架；12—荷重块；13—测杆螺丝

的流动性采用维勃稠度仪测定时，见图 7-176。是在振动台上的坍落度截头圆锥筒内充填混凝土拌合物，然后提去坍落度筒，将混凝土加以振动，振至仪器上透明圆盘底面被水泥浆布满时所需的时间"s"，即为维勃稠度。混凝土拌合物根据维勃稠度的大小，可分为四级，并应符合表 7-69 的规定。

混凝土按维勃稠度分级及允许偏差

表 7-69

级别	名　称	维勃稠度(s)	允许偏差(s)
V_0	超干硬性混凝土	＞31	±6
V_1	特干硬性混凝土	30～21	±6
V_2	干硬性混凝土	20～11	±4
V_3	半干硬性混凝土	10～5	±3

2）粘聚性。粘聚性是指混凝土拌合物在施工过程中互相之间有一定粘聚力，不分层，能保持整体均匀的性能。如果混凝土拌合物粘聚性差，则在施工中易发生分层、离析、泌水等现象。致使混凝土硬化后产生“蜂窝”、“麻面”等缺陷，影响混凝土的强度和耐火性。

粘聚性评定是以直观经验观察坍落后混凝土拌合物的崩裂和离析情况，即用捣棒在已坍落的混凝土锥体侧面轻轻敲打，此时如果锥体逐渐下沉，则表示粘聚性良好；如果锥体倒塌、部分崩裂或出现离析现象，则表示粘聚性不好。见图 7-177。

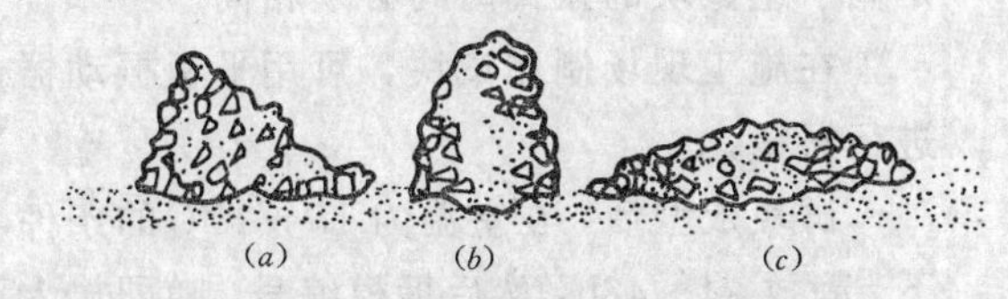

图 7-177　混凝土粘聚性评定示意图

(a)部分(剪切)坍落型；(b)正常坍落型；(c)崩溃型

3）保水性。保水性是指混凝土拌合物保持水分不易析出的能力。保水性差的混凝土拌合物，在浇筑过程中，凝结硬化前容易泌水，这些水聚集到混凝土表面，引起表面疏松，或积聚有骨料或钢筋的下表面形成孔隙，削弱了骨料或钢筋与水泥石的粘结力，影响混凝土的质量，见图 7-178。

保水性的评定是以直观经验观察混凝土拌合物中稀浆析出的程度，即坍落度筒提起后如有较多的稀浆从底部析出，锥体部分混凝土拌合物也因失浆而骨料外露，则表明混凝土拌合物的保水性能不好；如果坍落筒提起后无稀浆自底部析出，则表示混凝土拌合物保水性良好。

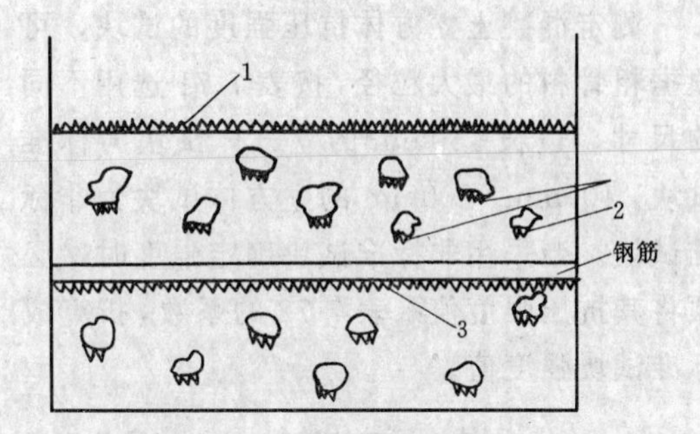

图 7-178　混凝土中泌水的不同型式

1—渗出水积聚于混凝土表面；2—渗出水积聚于集料下表面；3—渗出水积聚于钢筋下表面

当测定混凝土拌合物的坍落度适宜，并观察得出粘聚性和保水性均好时，则混凝土拌合物的和易性好；反之，则不佳。

(2) 强度

强度是硬化后混凝土的一项重要技术性质，有抗压强度、抗拉强度和抗剪强度等。在钢筋混凝土结构中大都采用混凝土的立方体抗压强度作为设计依据，也是施工中控制评定混凝土质量的主要指标。混凝土按立方体抗压强度标准值划分为若干个强度等级，见表 7-70。

混凝土强度标准值 (MPa)　表 7-70

强度种类	符号	混凝土强度等级					
		C7.5	C10	C15	C20	C25	C30
轴心抗压	f_{ck}	5	6.7	10	13.5	17	20
弯曲抗压	f_{cmk}	5.5	7.5	11	15	18.5	22
抗　拉	f_{tk}	0.75	0.9	1.2	1.5	1.75	2
强度种类	符号	混凝土强度等级					
		C35	C40	C45	C50	C55	C60
轴心抗压	f_{ck}	23.5	27	29.5	32	34	36
弯曲抗压	f_{cmk}	26	29.5	32.5	35	37.5	39.5
抗　拉	f_{tk}	2.25	2.45	2.6	2.75	2.85	2.95

立方体抗压强度标准值系按标准方法制作和养护的边长为 150mm 的立方体试体，在 28d 龄期，用标准试验方法测得的抗压强度总体分布中的一个值，强度低于该值的百分率不超过 5%。

测定混凝土立方体抗压强度的试块，可根据粗骨料的最大粒径，按表7-71选用不同的尺寸。边长150mm的立方体试块为标准试块，100mm、200mm的立方体试块为非标准试块。当采用非标准试块确定强度时，必须将其抗压强度值乘表7-72的系数，折算成标准试块强度值。

试块尺寸的选择　　表7-71

集料的最大粒径（mm）	试块尺寸（mm）
≤30	100×100×100
≤40	150×150×150
≤60	200×200×200

试块尺寸的折算系数　　表7-72

试块尺寸（mm）	系　数
100×100×100	0.95
150×150×150	1
200×200×200	1.05

试块要在浇筑地点用钢模（见图7-179）制作，试块留置数量为每组3块，其留置组数应根据工程量大小，按下列要求留置。

图7-179　混凝土试验

a. 每拌制100盘且不超过100m³的同配合比的混凝土，其取样不得少于一组；

b. 每工作班拌制的同配合比的混凝土不足100盘时，其取样不得少于一组；

c. 现浇楼层，每层取样不得少于一组；

d. 预拌混凝土应在预拌混凝土厂内按上述规定取样，混凝土运到施工现场后，仍应按上述规定留置试件；

e. 为检查结构或构件的拆模、吊装、预应力张拉、放张及施工期间临时负荷的需要，尚应留置与结构构件同条件养护的试块，试块组数可按实际需要确定。

试块制作可用人工插捣或机械振捣。

人工插捣是将混凝土分两层装入钢模中，每层插捣次数，做边长为100mm的立方体试块时每层插捣12次；150mm试块每层插捣25次；200mm试块每层插捣50次。

插捣是用直径为16mm的捣棒按螺旋方向从边缘向中心均匀地进行。在插捣下层时，捣棒应插至钢模底面；捣上层时捣棒应插入下层顶面以下20～30mm处。面层捣完后，用抹刀沿模壁插捣几下，以消除混凝土与模壁间的气泡。然后再用抹刀刮去表面多余的混凝土，将表面抹光稍高于试模，待静放半小时后，再将试块面仔细抹平抹光，使误差不超过±1mm。

机械振捣是将混凝土拌合物一次装满试模，并用捣棒初步插实，使混凝土略高于试模，放在振动台上，一手扶住试模，另一手用抹刀在混凝土表面来回不断压抹，到振捣将结束时，用抹刀刮去多余混凝土，并将表面抹平。振捣时间以混凝土表面出浆为止，但是同一组试块的振捣时间必须相同。

在施工现场制作试块，可用平板振动器进行振捣。

试块成型后，在室温为15～20℃的条件下，静放24～48h，然后拆模编号，随即放入准标养护室内养护28d取出进行抗压试验。

(3) 耐火性

混凝土耐火性，是指混凝土在实际使用条件下抵抗各种破坏因素作用，长期保持强度和外观完整性的能力。混凝土耐火性主要包括抗冻性、抗渗性、抗腐蚀性、抗碳化性能及抗风化性能等。

7.5.3　混凝土工程施工准备

(1) 技术交底

混凝土浇筑应向操作人员进行必要的技术交底，其内容有：

1) 班组的计划工程量、劳动力组合与分工、材料消耗量、人工工资定额、质量和安全要求等。

2) 混凝土施工配合比，每盘投料量和搅

拌要求。

3）浇筑顺序及方法，施工缝留置位置及处理，操作要点及要求，养护条件等。

（2）物资准备

物资准备包括原材料、工具及机械设备、供水、供电、供热、脚手架等的准备。防雨、防冻、防曝晒设施准备。

（3）浇筑前的检查

混凝土浇筑前应认真检查道路、地基、模板、钢筋等。

1）运输道路应平整、通畅、无障碍，并考虑重载与空载车辆的分流，以免发生碰撞。

2）检查地基轴线位置及标高、各部分尺寸，基坑（槽）的支护及边坡的安全措施，排水及降水情况，发现问题应及时处理。

3）检查模板轴线位置、标高、截面尺寸及预留孔洞和预埋件位置是否与设计相符；支撑是否稳；涂刷隔离剂清况；清理、浇水润湿、板缝堵塞情况。

4）检查钢筋的规格、数量、安装位置是否与设计一致；钢筋的混凝土保护层厚度是否合格；绑扎安装是否牢固；并清除钢筋上的污物，做好钢筋的隐蔽工程验收及记录。

7.5.4 混凝土施工配料

混凝土的施工配料是保证混凝土质量的一个重要环节，必须加以严格控制。施工配料时影响混凝土质量的主要因素有未按砂、石料实际含水率的变化换算成投料的施工配合比；各组成材料称量不准。为了确保混凝土的质量，在配料时必须及时进行施工配合比换算和严格控制称量。

（1）施工配合比换算

由试验室提供的混凝土配合比中的砂、石等材料，是指干燥的质量，但实际使用的砂、石料因受雨、雪等影响，一般都含有一定的水分，而且含水率又随气候条件发生变化。所以配料时应按砂、石含水率的变化，及时调整配合比。

施工配合比换算方法。

假设实验室配合比为：水泥：砂子：石子$=1:x:y$，测得砂子含水率为W_x、石子含水率为W_y，则施工配合比为：水泥：砂子：石子$=1:x(1+W_x):y(1+W_y)$。

按实验室配合比每 m^3 混凝土中水泥用量为C（kg），计算时确保混凝土的水灰比（W/C）不变（W为用水量），则换算成施工配合比后每 m^3 混凝土中各材料用量为：

水泥：$C'=C$

砂子：$G_{砂}=Cx(1+W_x)$

石子：$G_{砂}=Cy(1+W_y)$

水：$W'=W-CxW_x-CyW_y$

（2）施工配料

混凝土施工配合比确定以后，还必须根据现场使用的搅拌机的出料容量和水泥包装形式，确定搅拌一盘的投料数量。并用投料牌挂在搅拌机旁公布。

1）采用袋装水泥每盘投料数量确定：根据搅拌机出料容量（搅拌机每次搅拌出混凝土的体积）和施工配合比，计算搅拌机满载时每盘水泥用量，以最接近每盘水泥用量确定水泥使用袋数。根据确定使用水泥袋数和施工配合比，计算出砂、石和水的每盘投料量。

2）采用散装水泥每盘投料数量确定：按上述计算搅拌机满载时每盘水泥用量，取略小于满载值为每盘用量，再计算其它材料用量。

（3）掺外加剂和外掺料

1）外加剂的掺合方法

a. 外加剂直接渗入水泥中，施工时采用这种水泥拌制混凝土。

b. 把外加剂先用水配成一定浓度的水溶液，搅拌混凝土时，取规定掺量，直接加入搅拌机中进行拌合，这种方法目前使用较多。

c. 把外加剂直接按掺量投入搅拌机内的混凝土拌合料中拌合。

d. 以外加剂为基料，以粉煤灰、石粉为载体制成干掺料，在搅拌混凝土时，按掺量

将干掺料投入混凝土干料中一起搅拌。

2) 粉煤灰混凝土的配料。粉煤灰混凝土的配合比是在普通混凝土基准配合比的基础上，采用等量取代法（粉煤灰用量等量取代水泥量）、超量取代法（粉煤灰用量超过取代的水泥量）、外加法（水泥用量不变，额外加入一部分粉煤灰）来确定的，目前比较普遍采用超量取代法。其配料方法与普通混凝土配料基本相同，不同的是多加入了粉煤灰。

(4) 混凝土配料的计量

准确的计量是保证混凝土质量的前提。因此要认真选择计量方法，做到每盘所用各种材料一一称量，严禁采用一次性称量后，用估准的方法投料。

干料的计量方法有：磅称计量，见图 7-180；电动磅称计量，见图 7-181；杠杆式连续计量，见图 7-182。

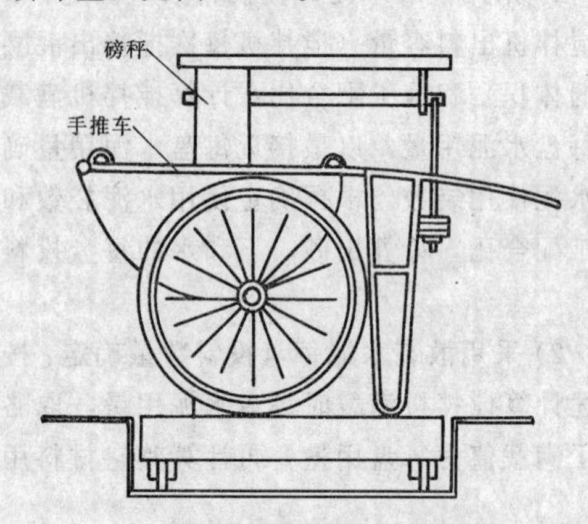

图 7-180 简易磅秤

水的计量方法有：配水箱计量、定量水表计量等。

计量误差：在投放混凝土材料时，其允许误差不应大于表 7-73 的规定。

投料时允许的称量误差 表 7-73

材料名称	允许误差（不大于）
水泥、混合材、水、外加剂	±2
砂、石子、轻骨料	±3

注：各种衡器应定期校核，经常保持准确；
骨料含水率应经常测定，雨天施工时，应增加测定次数。

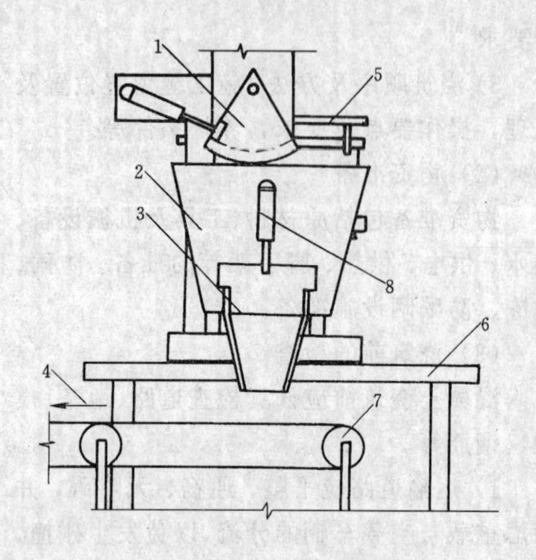

图 7-181 电动磅秤

1—给料器；2—称量斗；3—出料口；4—送至集料斗；5—源闭路按钮；6—支架；7—水平胶带；8—液压或气压

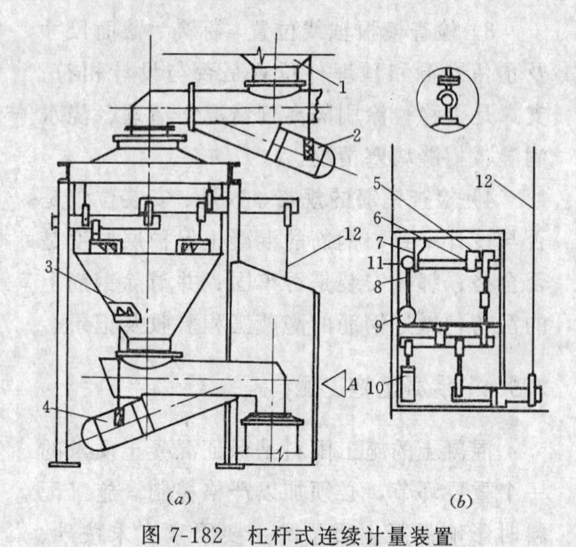

图 7-182 杠杆式连续计量装置

(a) 总图；(b) A 向内视构造图

1—贮料斗；2、4—电磁振动给料器；3—称量斗；5—调整游锤；6—游锤；7—接触棒；8—重锤托盘；9—附加重锤（构造如小圆图）；10—配重；11—标尺；12—传重拉杆

7.5.5 混凝土搅拌

混凝土的搅拌就是将水、水泥和砂石进行均匀拌合及混合的过程。同时通过搅拌，还要使材料达到强化、塑化的作用。混凝土搅拌方法有机械搅拌和人工拌合两种，条件许可时应优先选用机械搅拌，以保证混凝土搅拌质量。

(1) 常用混凝土搅拌机

常用的混凝土搅拌机按其搅拌原理分为自落式搅拌机和强制式搅拌机两种。

1) 自落式搅拌机。自落式搅拌机的搅拌原理是随着搅拌筒的转动，混凝土拌合料在鼓筒内作自由落体式翻转搅拌，从而达到搅拌的目的。自落式搅拌机分为鼓筒式和双锥式两种，多用以搅拌塑性混凝土和低流动性混凝土。目前应用较多的为锥形反转出料搅拌机，它正转搅拌，反转出料，见图 7-183。

2) 强制式搅拌机。强制式搅拌机的搅拌筒不转动。筒内有两组叶片，搅拌时叶片绕竖轴旋转，将材料强行搅拌，直至搅拌均匀。这种搅拌机的搅拌强烈，适宜于搅拌干硬性混凝土和轻骨料混凝土，也可以搅拌低流动性混凝土。强制式搅拌机分为立轴式和卧轴式两种，图 7-184 是一种立轴式强制搅拌机。

搅拌机使用的注意事项：

1) 搅拌机安装位置应平坦、坚实，用方木垫起，使轮胎搁高架空，以免在开动时发生走动。固定式搅拌机要装在固定的机座或底架上。

2) 电源接通后，必须仔细检查，经 2～3min 空车试转认为合格，方可使用，试运转时应校验拌筒转速是否合适，一般情况下，空车转速比重车（装料后）稍快 2～3 转，如相差较多，应调整动轮与传动轮的比例。拌筒的旋转方向应符合箭头指示方向，如不符合时，应更正电机接线。检查传动离合器和制动器是否灵活可靠，钢丝绳有无损坏，轨道滑轮是否良好，周围有无障碍及各部位的润滑情况等。

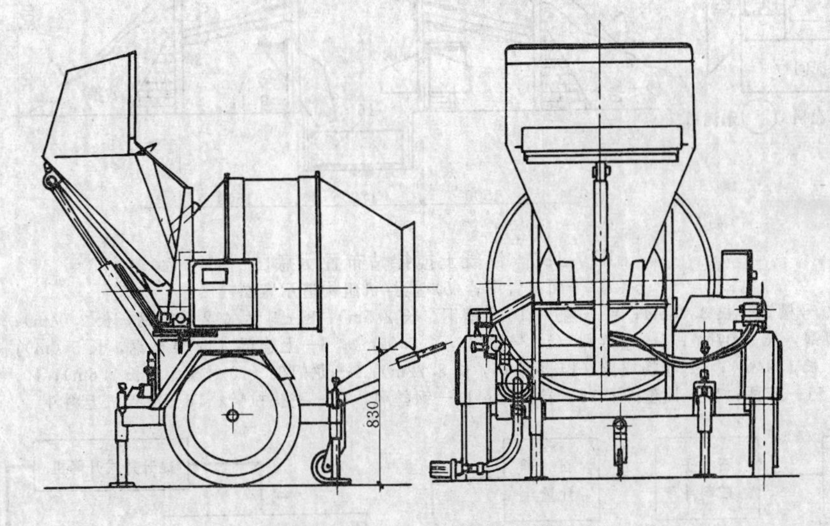

图 7-183 JZ250 型混凝土搅拌机

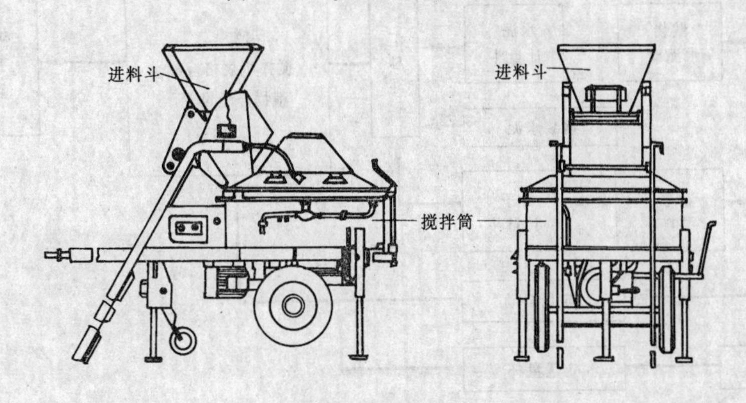

图 7-184 强制式搅拌机

3)电动机应装设外壳或采用其它保护措施，防止水分和潮气浸入而损坏。电动机必须安装启动开关，速度由缓变快。开机后，经常注意搅拌机各部件的运转是否正常。停机时，经常检查搅拌机的叶片是否打弯，螺丝有否打落或松动。当混凝土搅拌完毕或停歇时间较长时，除将余料除净外，还应用石子和清水倒入拌筒内，开机转动 5～10min，把粘在料筒上的砂浆冲洗干净后全部卸出。料筒内不得有积水，以免料筒和叶片生锈。同时还应清理搅拌筒外积灰，使机械保持清洁。

下班后即停机不用时，将电动机保险丝取出，以策安全。

(2) 混凝土搅拌站

1) 现场混凝土搅拌站。现场混凝土搅拌站必须考虑工程任务大小、工期长短、施工现场条件，机具设备等情况，因地制宜设置。一般宜采用流动性组合方式，使所有机械设备采取装配联接结构，基本能做到拆装、搬运方便，有利于建筑工地转移。搅拌站的设计尽量做到自动上料，自动称量，机动出料和集中操纵控制，使搅拌站作业走向机械化，自动化生产。图 7-185 为一简易现场混凝土搅拌站示意图。砂、石运到现场堆场后，用

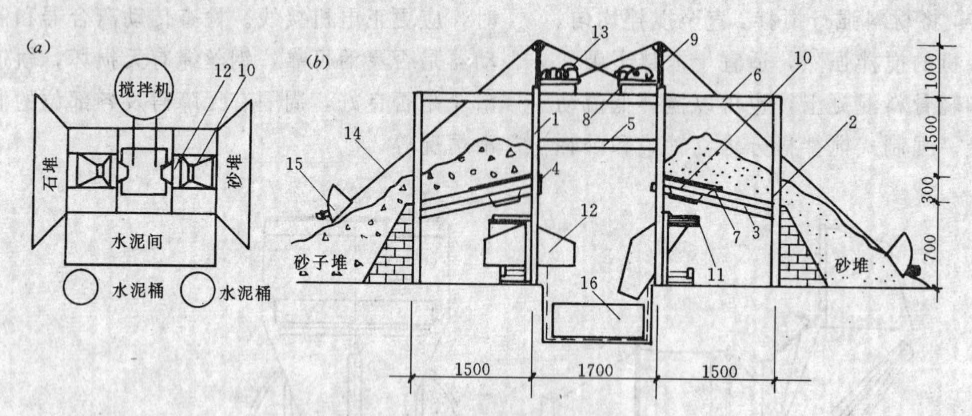

图 7-185　混凝土搅拌站布置示意图

(a) 平面布置图；(b) 搅拌机组构造示意图

1—中柱（10 号槽钢，长 3.04m）；2—边柱（10 号槽钢，长 2.5m）；3—斜梁（12 号槽钢，长 2.04m）；4—边柱梁（14 号槽钢，长 3.07m）；5—中连梁（12 号槽钢，长 2.02m）；6—上连梁（12 号槽钢，长 5.0m）；7—斗梁（12 号槽钢，长 1.94m）；8—卷扬机梁（14 号槽钢，长 3.72m）；9—龙门架（10 号槽钢，长 2.6m）；10—卸料斗；11—磅秤；12—计量斗；13—卷扬机；14—钢丝绳；15—手扶拉铲；16—搅拌机上料斗

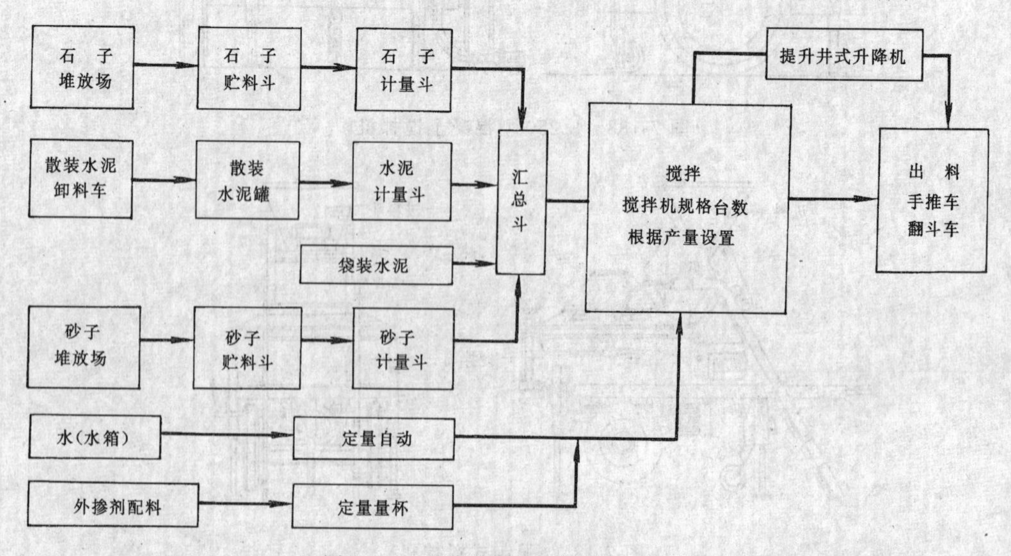

图 7-186　现场混凝土搅拌站工艺流程

卷扬机牵动手扶拉铲将砂、石送到卸料斗内。水泥运至现场储存在水泥桶内。在卸料斗和水泥桶下方设有计量计，砂、石、水泥经计量后卸入搅拌机上料斗内，然后被提升送至搅拌筒内搅拌。装料和计量工作均能自动进行。现场混凝土搅拌站工艺流程见图 7-186。

2）预拌混凝土。预拌混凝土又称商品混凝土，是近十年来迅速发展起来的新事物。预计到 2000 年全国大中城市的商品混凝土产量达到 2000 万 m^3 左右。

商品混凝土是将生产合格的混凝土拌合物，以商品的形式出售给施工单位并运到灌注地点，注入模板内。从工艺、技术角度上又称预拌混凝土，即预先拌好送至土地浇筑的混凝土。一般分两种：

a. 专业工厂集中配料、搅拌运至工地使用；一些施工单位内部的混凝土集中搅拌站，也属这一性质，称为集中搅拌混凝土。

b. 专业工厂集中配料，在装有搅拌机的汽车上，在途中一面搅拌一面输送至工地使用，称为车拌混凝土。

采用商品混凝土，有利于实现建筑工业化，对提高混凝土质量、节约材料、实现现场文明施工和改善环境（因工地不需要设置搅拌站）都具有突出的优点，并能取得明显的社会经济效益。

(3) 投料顺序

投料顺序应从提高搅拌质量，节约水泥，减少水泥飞扬改善工作环境，减少叶片、衬板的磨损，减少拌合物与搅拌筒的粘接等方面综合考虑确定。常用一次投料法、二次投料法和水泥裹砂法等。

1）一次投料法。是目前最普遍采用的方法。它是将砂、石、水泥和水一起同时加入搅拌筒中进行搅拌。为了减少水泥飞扬和粘罐现象，对自落式搅拌机常采用先将石子倒入上料斗内，再倒水泥，然后倒入砂子，将水泥夹在砂、石之间，最后与水一起加入搅拌筒内搅拌。

2）二次投料法。又分为预拌水泥砂浆法和预拌水泥浆法。

预拌水泥砂浆法是先将水泥、砂和水加入搅拌筒内充分搅拌成水泥砂浆，然后加入石子搅拌成均匀的混凝土。

预拌水泥浆法是先将水泥加水充分搅拌成水泥浆，然后加入砂和石搅拌成均匀的混凝土。

3）水泥裹砂法。其投料顺序是先将处理后的砂子、水泥和部分水进行第一次搅拌，使砂子周围形成粘着性很强的水泥糊包裹层。再加入第二次水和石子，搅拌成均匀的混凝土。其投料顺序见图 7-187。

(4) 搅拌时间

搅拌时间是从全部材料投入搅拌筒起，到开始卸料为止所经历的时间。搅拌时间与搅拌质量密切相关，搅拌时间过短，混凝土还不均匀，强度及和易性都将下降；搅拌时间过长，会降低搅拌效率，并会使粗骨料脱角、破碎等而影响混凝土的质量。混凝土的最短搅拌时间见表 7-74。

(5) 搅拌要求

1）混凝土搅拌前，应预先加水空转数分

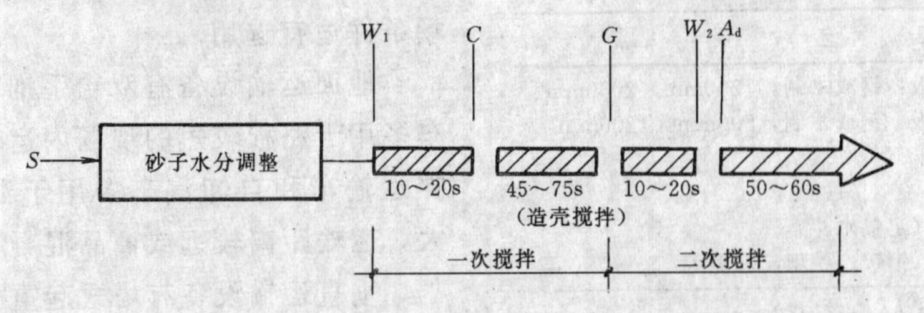

图 7-187 水泥裹砂法的投料顺序

S—砂；G—石子；C—水泥；W_1—一次水；W_2—二次水；A_d—外加剂

混凝土搅拌的最短时间（s） 表 7-74

混凝土坍落度（mm）	搅拌机类型	搅拌机出料量		
		<250	250～500	>500
≤30	自落式	90	120	150
	强制式	60	90	120
>30	自落式	90	90	120
	强制式	60	60	90

注：1. 掺有外掺剂时，搅拌时间应适当延长；
2. 当采用其它形式的搅拌设备时，搅拌的最短时间应按设备说明书的规定或经试验确定。

钟，使搅拌筒内壁充分润湿，并将积水倒净。

2）搅拌第一盘时，考虑到筒壁上会粘附砂浆，石子用量应按配合比规定减半。

3）混凝土在搅拌过程中，应待搅拌筒内混凝土料出净后，再投料进行搅拌。严禁边出料，边进料。

4）当拌合料投入搅拌筒后，应即时打开水箱控制器，加入拌合水拌合。严禁无计量加水，避免因水灰比过小无法操作或因水灰比过大影响混凝土强度和质量。

（6）人工拌合

人工拌合质量差，水泥耗量多，只有在混凝土用量不大，而又缺乏机械设备时，可用人工拌制。拌合一般应在铁板或包有白铁皮的木拌板上进行。拌合时要先干拌均匀，再按规定用水量随加水随湿拌至颜色一致，即三干三湿法，见图 7-188、7-189。人工拌合工艺要点见表 7-75。

人工拌制混凝土的工艺要点 表 7-75

项目	工艺要点
工具	1. 大拌板：钢或木制，1200mm×2000mm 2. 小拌板：钢或木制，800mm×1200mm 3. 手推车 4. 磅秤 5. 水箱（定量水斗） 6. 工具：钢铲、铁耙、马凳等
劳动组织	1. 技工五人（主操作） 2. 辅助工若干人（送料） 3. 操作岗位，如图 4-22
操作要求	三干拌，三湿拌，如图 4-23

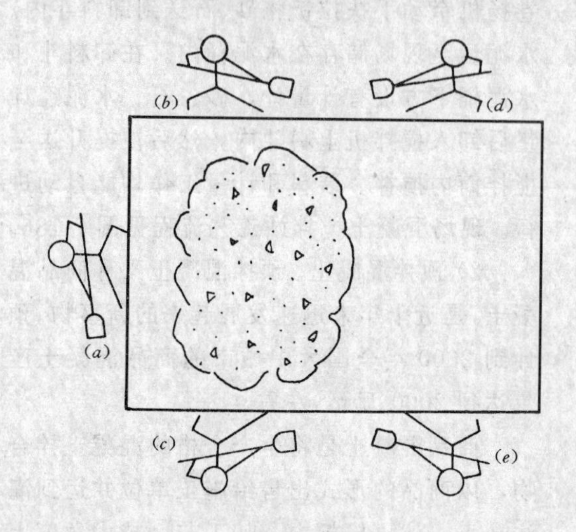

图 7-188 人工拌和混凝土工艺图
（a）班长：负责下料，协助操作，掌握质量；
（b）（c），左拌手：负责将拌合物从左拌至右；
（d）（e），右拌手：负责将拌合物从右拌至左

7.5.6 混凝土运输

混凝土的运输，是将拌制好的混凝土拌合物，由运输机具运至混凝土浇筑地点的过程。它包括地面运输、垂直运输和楼面运输三种。

混凝土在运输过程中，应保持其匀质性，做到不分层、不离析、不漏浆；混凝土运至灌筑地点时，应具有规定的坍落度；混凝土运输应连续进行，保证在混凝土初凝前浇筑完毕。

（1）运输设备

混凝土运输设备种类较多，应根据工程量大小、运输距离长短、运输种类及施工现场条件适宜选用。

地面运输设备有双轮手推车和机动翻斗车多用于路程较短的现场内运输；混凝土搅拌运输车和自卸汽车多用于混凝土需要量大，运输距离较远或商品混凝土的运输。

垂直运输设备有塔式起重机加料斗见图 7-190、井架和混凝土泵等。

楼面运输设备有双轮手推车、皮带运输机、塔式起重机和混凝土泵等。用于大型建

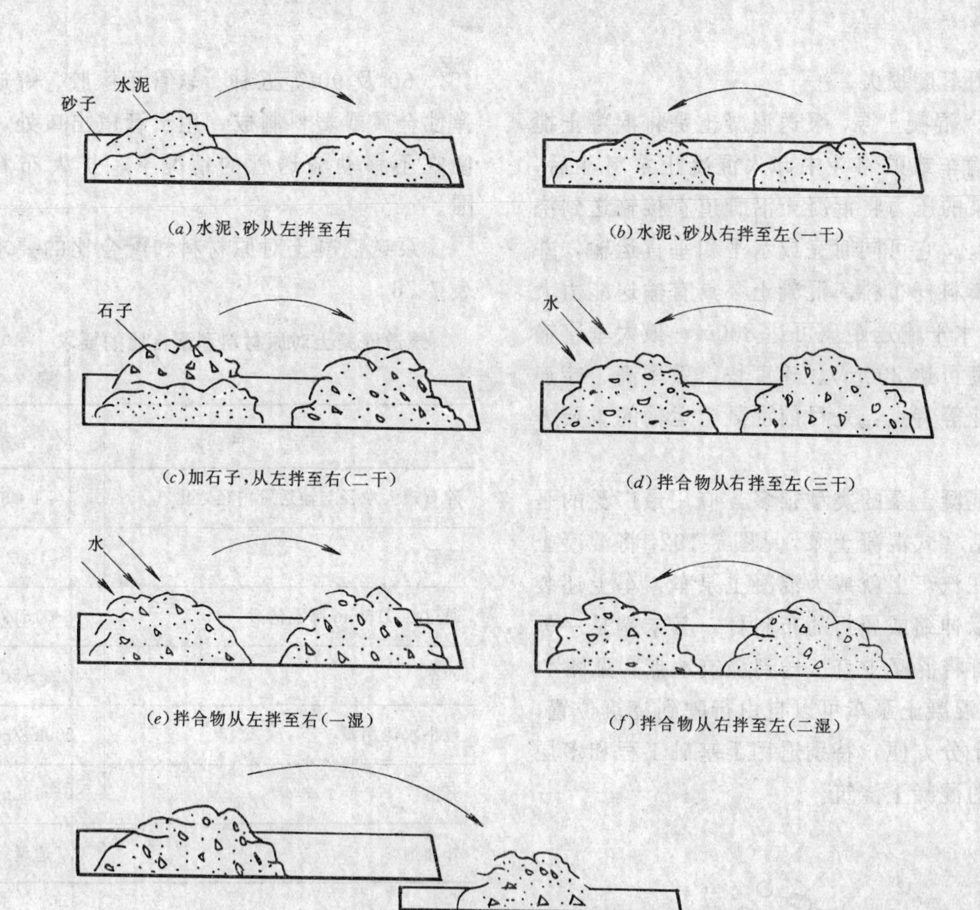

(a) 水泥、砂从左拌至右　(b) 水泥、砂从右拌至左（一干）

(c) 加石子，从左拌至右（二干）　(d) 拌合物从右拌至左（三干）

(e) 拌合物从左拌至右（一湿）　(f) 拌合物从右拌至左（二湿）

(g) 拌合物从大拌板拌至小拌板（三湿）备用

图 7-189　人工拌和三干三湿工艺图

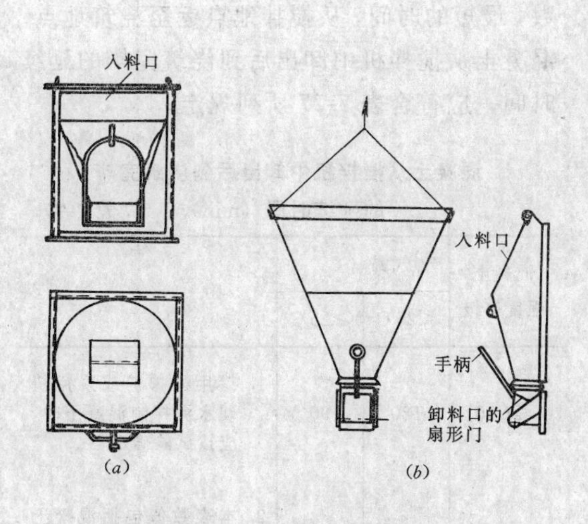

图 7-190　混凝土浇筑料斗

(a) 立式料斗；(b) 卧式料斗

筑和高层建筑的垂直和水平运输的塔式起重机通常有行走式、附着式、内爬式等。

1) 混凝土搅拌输送车。混凝土搅拌输送车是一种用于长距离输送混凝土的高效能机械，见图 7-191。它是将混凝土搅拌筒安装在汽车底盘上，搅拌筒在运输过程中可按规定要求慢速转动，从而使从商品混凝土工厂装入筒内的混凝土拌合物连续得到搅拌，使之不致产生离析现象。在长距离运输时，也可将配合好的混凝土干料装入筒内，在运输途中加水搅拌，以减少因长途运输而引起的混

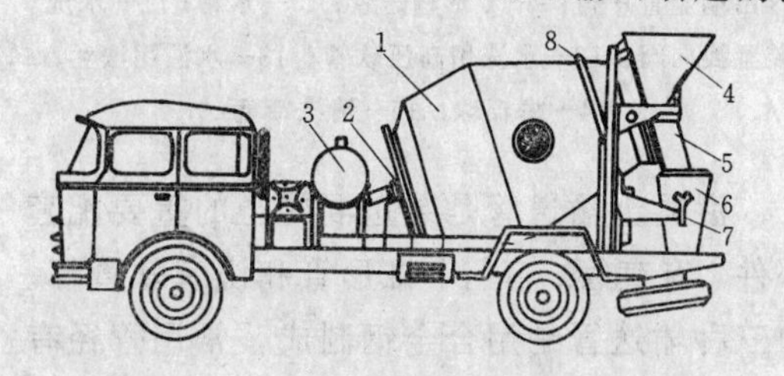

图 7-191　混凝土搅拌运输车外形示意图

1—搅拌筒；2—轴承座；3—水箱；4—进料斗；5—卸料槽；6—引料槽；7—托轮；8—轮圈

凝土坍落度损失。

2）混凝土泵。泵送混凝土是将混凝土搅拌运输车或贮料斗中卸入混凝土泵料斗后，利用泵的压力将混凝土沿管道直接输送到浇筑地点。它可同时完成水平和垂直运输，并可经布料杆布料。混凝土泵具有输送能力大（最大水平输送距离可达800m，最大垂直输送高度可达300m）、速度快、效率高、能连续作业等特点，是目前混凝土运输的重要方法。

混凝土泵的类型很多，应用最广泛的是液压活塞式混凝土泵，见图7-192。将混凝土泵装在汽车上就成为混凝土泵车，车上还装有可以伸缩或屈折的布料杆，其末端是一软管，可将混凝土直接送到浇筑地点，见图7-193。混凝土泵车可以自由行驶到浇筑位置，使用十分方便，特别适用于基础工程和多层建筑的混凝土浇筑。

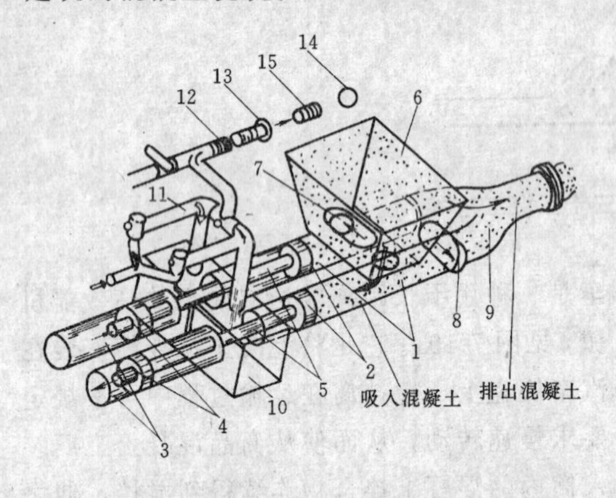

图7-192 液压活塞式混凝土泵工作原理图
1—混凝土缸；2—混凝土活塞；3—液压缸；4—液压活塞；5—活塞杆；6—受料斗；7—吸入端水平片阀；8—排出端竖直片阀；9—Y形输送管；10—水箱；11—水洗装置换向阀；12—水洗用高压软管；13—水洗用法兰；14—海棉球；15—清洗活塞

混凝土输送管是泵送混凝土的重要配套部件，有直管、弯管、锥形管和浇筑软管等。前三种输送管是用合金钢制成，常用管径有100mm、125mm和150mm等。主直管长度为3.0m，辅助直管长度为4.0、2.0、1.0、0.5m等数种。弯管的弯曲角度有15°、30°、45°、60°及90°等五种。软管用橡胶、螺旋形弹性金属或塑料制成，用于管道出口处，以便在不移动输送管的情况下，扩大布料范围。

泵送混凝土对原材料和配合比的要求见表7-76。

泵送混凝土对原材料和配合比的要求

表7-76

项目	要求
碎石最大粒径与输送管内径之比	≤1∶3
碎石	≤1∶25
通过0.315mm筛孔的砂	≮15%
砂率	40%～50%
最小水泥用量	300kg/m³
坍落度	80～180mm
外加剂	适量

（2）运输要点

1）运输时间。混凝土应以最少的转载次数，最短的时间，从搅拌地点运至浇筑地点。混凝土从搅拌机中卸出后到浇筑完毕的延续时间，应符合表7-77所列规定。

混凝土从搅拌机中卸出后到浇筑完毕的延续时间（min） **表7-77**

<table>
<tr><th rowspan="2">混凝土强度等级</th><th colspan="2">气温（℃）</th><th rowspan="2">附注</th></tr>
<tr><th><25℃</th><th>≥25℃</th></tr>
<tr><td>≤C30</td><td>120</td><td>90</td><td>1. 掺用外掺剂或采用快硬水泥拌制混凝土时，应按试验确定</td></tr>
<tr><td>>C30</td><td>90</td><td>60</td><td>2. 本表数值包括混凝土运输和浇筑完毕的时间</td></tr>
</table>

2）运输道路。场内运输道路应尽量平坦，以减少运输时的振荡，避免造成混凝土分层离析。同时还应考虑布置环形回路，施工高

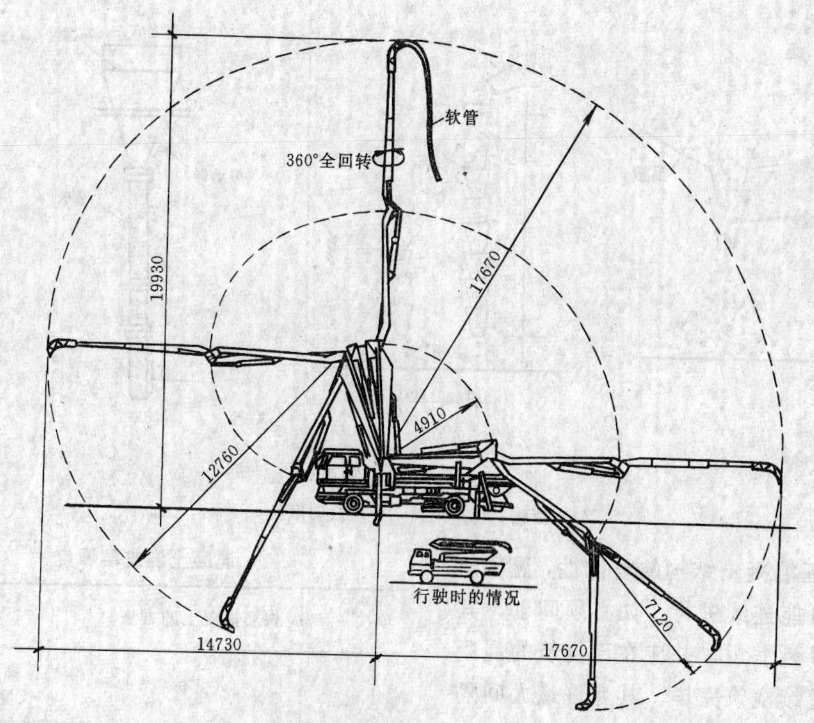

图 7-193　三折叠式布料杆泵车（图中数字为浇筑范围）

峰时应设专人管理指挥，以免车辆互相拥挤阻塞。临时架设的桥道要牢固，桥板接头须平顺。

浇筑基础时，可采用单向运输主道和单向运输支道的布置方式；浇柱子时，可采用来回运输主道和盲肠支道的布置方式；浇筑楼板时，可采用来回运输主道和单向运输支道结合的布置方式。

对于大型混凝土工程，还必须加强现场指挥和调度。

7.5.7　混凝土浇筑成型

混凝土浇筑是混凝土工程施工的关键过程，它对混凝土的密实性和耐久性、结构整体性和外形正确性等都有重要影响。混凝土浇筑成型包括布料摊平、捣实和抹面修整等工序。

(1) 浇筑要点

1) 混凝土运到工作面后应随即进行浇筑，并应在初凝前完成。混凝土运到工作面时的坍落度应符合表 7-78 的要求，如发现坍落度过小难以浇筑时，不得在混凝土内随意加水拌合，而应按原水灰比增加水泥浆，重新拌合后浇筑。

混凝土浇筑时的坍落度　　表 7-78

结构种类	坍落度(mm)
基础或地面等的垫层、无配筋的大体积结构（挡土墙、基础等）或配筋稀疏的结构	10～30
板、梁和大型及中型截面的柱子等	30～50
配筋密列的结构(薄壁、斗仓、筒仓、细柱等)	50～70
配筋特密的结构	70～90

注：1. 本表系指采用机械振捣的坍落度；采用人工捣实时可适当增大；
2. 需要配制大坍落度混凝土时，应掺用外加剂；
3. 曲面或斜面结构混凝土；其坍落度值，应根据实际需要另行选定；
4. 轻骨料混凝土的坍落度，宜比表中数值减少 10～20mm。

2)混凝土自高处倾落时的自由倾落高度不宜超过 2m，如超过 2m，应采用串筒或溜槽见图 7-194，使混凝土沿串筒式溜槽下落，以避免混凝土离析。

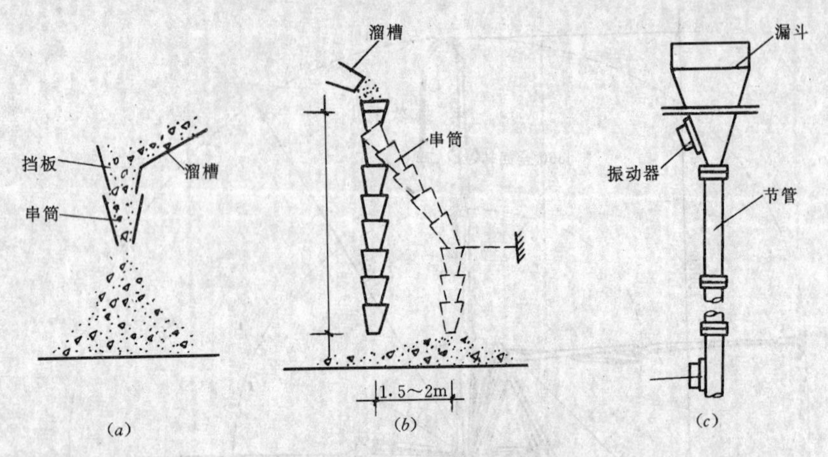

图 7-194　溜槽与串筒

(a) 溜槽；(b) 串筒；(c) 振动串筒

3）为保证混凝土结构的整体性，混凝土的浇筑应尽可能连续进行。如必须间歇，其间歇时间应尽量缩短，并应在已浇筑的混凝土初凝之前继续浇筑完毕。其允许最大间隔时间不得超过表 7-79 的规定，如超过规定，应考虑留置施工缝。

混凝土浇筑中的最大间歇时间（min）　**表 7-79**

混凝土强度等级	气温	
	低于 25℃	不低于 25℃
低于及等于 C30	210	180
高于 C30	180	150

注：1. 本表数值包括混凝土的运输和浇筑时间；

2. 当混凝土中掺有促凝或缓凝型外加剂时，浇筑中的最大间歇时间，应根据试验结果确定。

4)分层浇筑。为了便于混凝土振捣密实，必须分层浇筑，绝不可一次投料过多、过厚、造成混凝土无法振捣密实。混凝土分层厚度与振捣方法、结构的配筋情况有关，应符合表 7-80 的规定。

5）在竖向结构（如柱、墙）中浇筑混凝土，若浇筑高度超过 3m 时，应采用溜槽式串筒。浇筑竖向结构混凝土前，底部应先填以 50～100mm 厚与混凝土成分相同的水泥砂浆。混凝土的水灰比和坍落度，宜随浇筑高度的上升酌予递减。

混凝土浇筑层厚度　**表 7-80**

项次	捣实混凝土的方法		浇筑层的厚度 (mm)
1	插入式振捣		振捣器作用部分长度的 1.25 倍
2	表面振动		200
3	人工捣固	在基础、无筋混凝土或配筋稀疏的结构中	250
		在梁、墙板　柱结构中	200
		在配筋密列的结构中	150
4	轻骨料混凝土	插入式振捣器	300
		表面振动（振动时需加荷）	200

6）浇筑混凝土时，应经常观察模板、支架、钢筋、预埋件和预留孔洞的情况，当发现有变形、移位时，应立即停止浇筑，并应在已浇筑的混凝土凝结前修整完好。

7）在浇筑与柱和墙连成整体的梁和板时，应在柱和墙浇筑完毕之后停歇 1～1.5h，使混凝土获得初步沉实后，再继续浇筑，以防止接缝处出现裂缝。

8)梁和板应同时浇筑混凝土，较大尺寸的梁(梁的高度大于 1m)、拱和类似的结构，可单独浇筑。但施工缝的位置应符合有关规定。

9）混凝土浇筑过程中，要保证混凝土保护层厚度及钢筋位置的正确性。不得踩踏钢筋，移动预埋件和预留孔洞的原来位置，如发现偏差，要及时校正。特别要注意竖向结构的保护层和板，雨蓬结构负弯矩部分钢筋的位置。

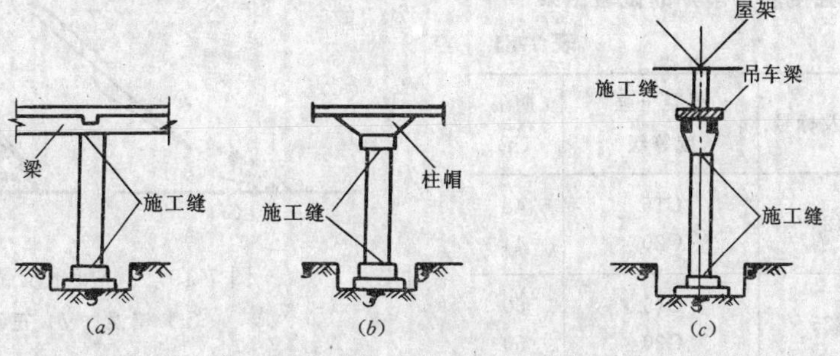

图 7-195 柱子施工缝的位置

(*a*) 肋形楼板柱；(*b*) 无梁楼板柱；(*c*) 吊车梁柱

(2) 施工缝留设与处理

施工缝留置位置应事先确定。由于该处混凝土的结合力较差，是结构中薄弱环节，如果位置不当或处理不好，就会轻则开裂、漏水，影响使用寿命；重则危及安全，不能使用。故施工缝宜留在结构受剪力较小且便于施工的部位。

1) 施工缝留置位置

a. 柱子留置在基础的顶面，梁或吊车梁牛腿的下面，吊车梁的上面，无梁楼板柱帽的下面。在框架结构中，如果梁的负筋向下弯入柱内，施工缝也可设置在这些钢筋的下端，以便施工，见图 7-195。

b. 和板连成整体的大断面梁，留置在板底面以下 20～30mm 处，当板下有梁托时，留在梁托下部。

c. 单向板，留置在平行板的短边的任何位置。

d. 有主次梁的楼板，宜顺着次梁方向浇筑，施工缝应留置在次梁跨度的中间三分之一范围内，见图 7-196。

e. 墙留置在门洞口过梁跨中 1/3 范围内，也可留在纵横墙的交接处。

施工缝的表面应与构件的纵向轴线垂直。即柱与梁的施工缝表面垂直其轴线，板和墙的施工缝应与其表面垂直。

2) 施工缝的处理。在施工缝处继续浇筑混凝土时，已浇筑的混凝土抗压强度不应小于 1.2MPa。混凝土达到 1.2MPa 的时间，可通过试验确定，亦可参照表 7-81 选用。同时，必须对施工缝进行必要的处理。

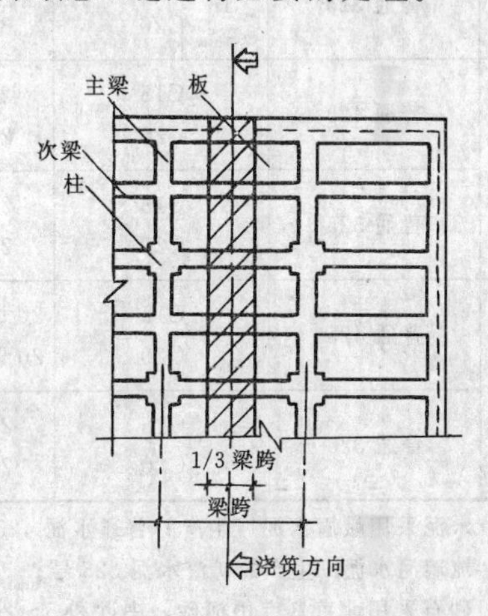

图 7-196 有梁板的施工缝位置

a. 在施工缝处浇筑混凝土之前，应清除施工缝表面的水泥薄膜，松动的砂石和软弱混凝土层。同时还应用水冲洗干净并充分润湿，但不得积水。

b. 整理好施工缝处的钢筋，但不要松动钢筋附近的混凝土。

c. 在浇筑前，水平施工缝宜先铺上 10～15mm 厚的水泥浆一层，其配合比为水泥：水＝1：0.4，以保证接缝良好。

d. 浇筑混凝土过程中，施工缝应细致捣实，使其紧密结合。

(3) 浇筑工艺

1) 布料。布料是将运到浇筑工作面的混凝土拌合物，按浇筑厚度依次投入模板内的操作过程，它是混凝土浇筑工作的开始。布料的要求是：当浇筑深度在 2m 以内采用人

达到 1.2MPa 强度所需龄期的试验结果

表 7-81

外界温度	水泥品种及标号	混凝土强度等级	期限(h)
1～5℃	普通 425	C15	48
		C20	44
	普通 325	C15	60
		C20	50
5～10℃	普通 425	C15	32
		C20	28
	普通 325	C15	40
		C20	32
10～15℃	普通 425	C15	24
		C20	20
	普通 325	C15	32
		C20	24
15℃以上	普通 425	C15	20 以下
		C20	20 以下
	普通 325	C15	20
		C20	20

注：1. 水泥采用峨眉水泥厂生产的普通水泥 425 号，琉璃河水泥厂生产的矿渣水泥 325 号。
2. 砂石采用北京八宝山河砂、中砂和 5～20mm 卵碎石。
3. 水灰比，采用普通水泥为 0.65～0.8，采用矿渣水泥为 0.56～0.68。

工投料时，应将混凝土先卸在料盘上，采用反铲下料法投入模板内，见图 7-197；当浇筑深度超过 2m，不到 8m 时，应采用串筒下料，其串筒最下端二至三节应保持垂直，见图 7-197 (*b*)；当浇筑深度超过 8m 时，应采用带节管的振动串筒，即在串筒上每隔 2～3 节安装一台振动器，见图 7-197 (*c*)；当采用小车下料浇筑厚度尺寸较大的竖向构件时，应在模板上口装料斗缓冲，见图 7-198。

2）捣实

混凝土的强度、抗冻性、抗渗性及耐火性等一系列性质，都与混凝土的密实度有关。而混凝土拌合物入模后，由于内部骨料之间的摩擦力、水泥净浆的粘结力、拌合物与模

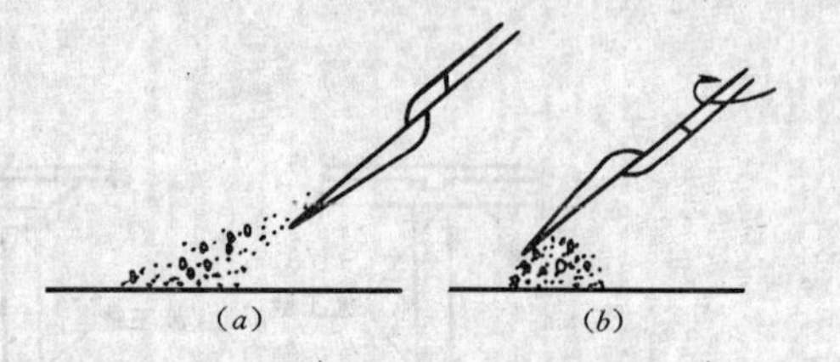

图 7-197　混凝土反铲投料
(*a*) 错误；(*b*) 正确

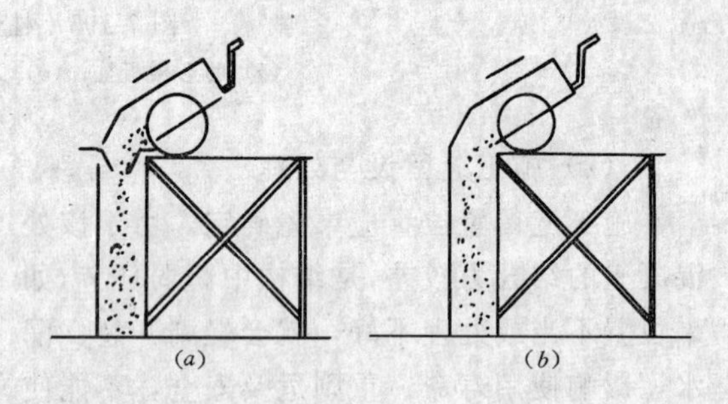

图 7-198　料斗对混凝土质量的影响
(*a*) 正确；(*b*) 错误

板之间的摩擦力，使混凝土处于不稳定的平衡状态。其内部是疏松的，空洞与气泡含量占混凝土体积约 5%～20%。因此，在混凝土拌合物初凝之前必须采用适当的方法进行捣实，以保证其密实度。混凝土捣实方法分机械振实和人工捣实两种。

A. 振动器：混凝土振动器按其工作方式分为内部振动器、外部振动器、表面振动器和振动台等。

a. 内部振动器（插入式振动器）：内部振动器的外形见图 7-199。其传动部分有硬管和软管两种。振动部分有锤式、棒式、片式等几种。振动频率有高有低。主要适用于大体积混凝土、基础、柱、梁、墙、厚度较大的板，以及预制构件的振实工作。当钢筋十分稠密或结构厚度很薄时，其使用就会受到

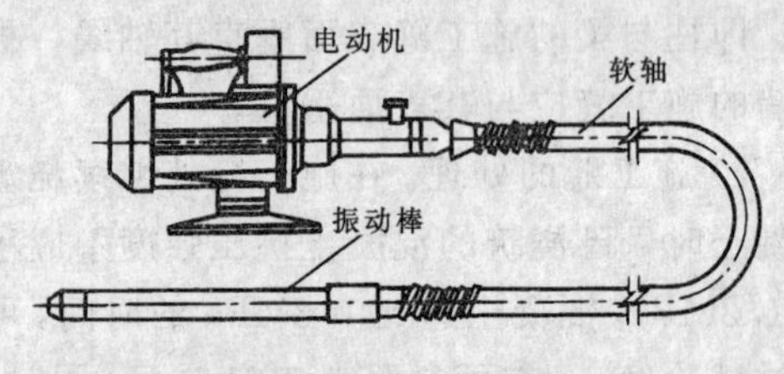

图 7-199　插入式振动器

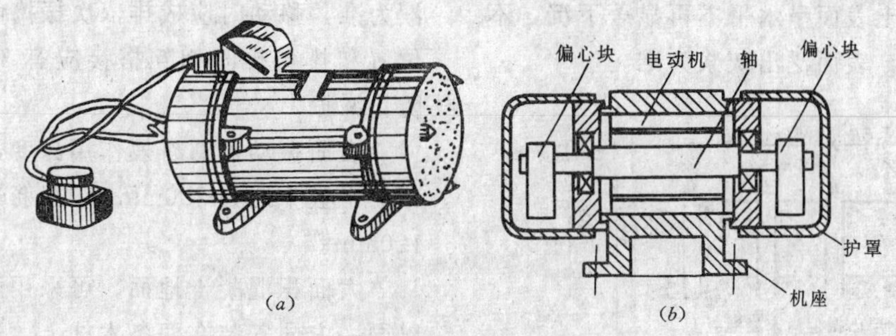

图 7-200　附着式振动器

一定的限制。

b. 外部振动器（附着式振动器）：外部振动器外形见图 7-200。这种振动器通常是利用螺栓或钳形夹具固定在模板外侧，不与混凝土直接接触，借助模板或其它物体将振动力传递给混凝土。由于振动作用不能深远，仅适用于振捣钢筋较密、厚度较小以及不宜使用插入式振动器的结构构件。

c. 表面振动器（平板式振动器）：表面振动器外形见图 7-201。其工作部分是在钢制或木制平板上安装一个振动器。振动力通过平板传递给混凝土，由于其振动作用深度较小，仅适用于表面积大而平整的结构物，如平板、地面、屋面等构件。

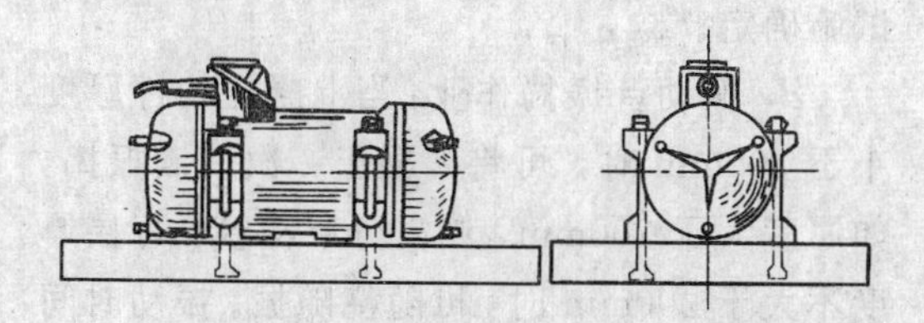

图 7-201　平板式振捣器

d. 振动台：振动台由上部框架和下部支架、支承弹簧，电动机、齿轮同步器、振动子等组成。上部框架是振动台的台面，上面可固定放置模板，通过螺旋弹簧支承在下部的支架上，振动台只能作上下方向的定向转动，适用于混凝土预制构件的振捣。振动台见图 7-202。

B. 机械振捣作业

a. 插入式振动器振捣作业：振动器的振捣方法有两种，一种是垂直振捣，即振动棒与混凝土表面垂直；一种是斜向振捣，即振动棒与混凝土表面成一定角度，约 40°～45°。见图 7-203。

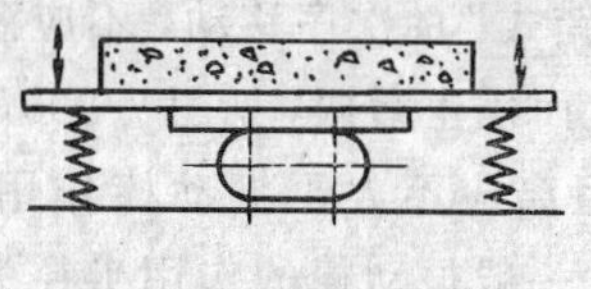

图 7-202

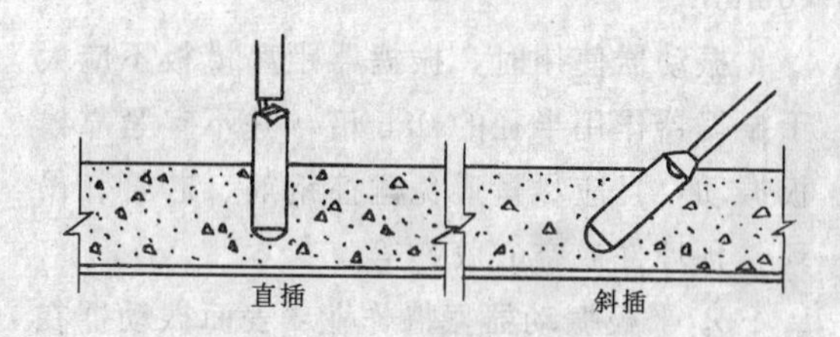

图 7-203　振动器振捣方式示意图

振动器的操作，要做到“快插慢拔”。快插是为了防止先将表面混凝土振实而与下面混凝土发生分层、离析现象；慢拔是为了使混凝土能填满振动棒抽出时所造成的空洞。对于硬性混凝土，有时还要在振动棒抽出的洞旁不远处，再将振动棒重新插入才能填满空洞。在振捣过程中，宜将振动棒上下略为抽动，以使上下振捣均匀。

混凝土分层浇筑时，每层混凝土厚度应不超过振动棒长的 1.25 倍；在振捣上一层时，应插入下层中 50mm 左右，以消除两层之间的接缝，同时在振捣上层混凝土时，要在下层混凝土初凝之前进行，见图 7-204。每一插点要掌握好振捣时间，过短不易捣实，过长可能引起混凝土产生离析现象，对塑性混凝土尤其要注意。一般每点振捣时间为 20～30s，使用高频振动器时，最短不应少于 10s，但应视混凝土表面呈水平不再显著下沉，不再出现气泡，表面泛出灰浆为准。

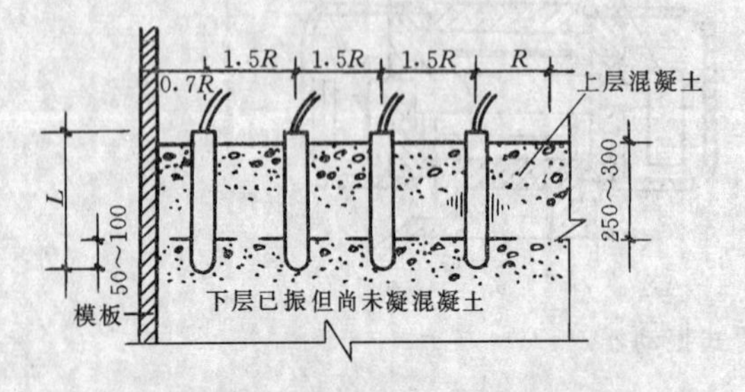

图 7-204　插入式振动器的插入深度

R—有效作用半径；L—振捣棒长度

振动器插点要均匀排列，可采用“行列式”或“交错式”的次序移动，不应混用，以免造成混乱而发生漏振，见图 7-205。每次移动位置的距离应不大于振动棒作用半径 R 的 1.5 倍。一般振动棒的作用半径为 300～400mm。

振动器使用时，振捣器距离模板不应大于振捣器作用半径的 0.5 倍，并不宜紧靠模板振动，且应尽量避免碰撞钢筋、芯管、吊环、预埋件或空心胶囊等。

b. 平板振动器振捣作业：表面振动器在每一位置上应连续振动一定时间，正常情况下约为 25～40s，但以混凝土面均匀出现浆液为准，移动时应成排依次振捣前进，前后位置和排与排间相互搭接应有 30～50mm，防止漏振。

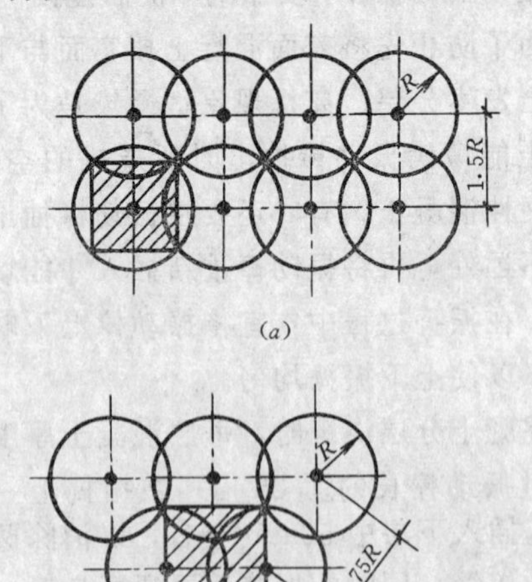

图 7-205　振捣点的布置

(*a*) 行列式；(*b*) 交错式

R—振动棒有效作用半径

表面振动器的有效作用深度，在无筋及单筋平板中约为 200mm，在双筋平板中约为 120mm。

大面积混凝土地面，可采用两台振动器以同一方向安装在两条木杠上，通过木杠的振动使混凝土密实。

振动倾斜混凝土表面时，应由低处逐渐向高处移动，以保证混凝土振实。

c. 附着式振动器振捣作业：外部振动器的振动作用深度约为 250mm 左右。如构件尺寸较厚时，需在构件两侧安设振动器同时进行振捣。待混凝土入模后方可开动振动器，混凝土浇筑高度要高于振动器安装部位。当钢筋较密和构件断面较深较窄时，亦可采取边浇筑边振动的方法。

振动时间和有效作用半径，随结构形状、模板坚固程度、混凝土坍落度及振动器功率大小等各项因素而定。一般每隔 1～1.5m 距离设置一个振动器。当混凝土成一水平面不再出现气泡时，可停止振动。必要时应通过试验确定。

d. 振动台振捣作业：当混凝土构件厚度小于 200mm 时，可将混凝土一次装满振捣，如厚度大于 200mm，则需分层浇筑，每层厚度不大于 200mm 时，可随浇随振。振动时间要根据混凝土构件的形状、大小及振动能力而定，一般以混凝土表面呈水平并出现均匀的水泥浆和不再冒气泡时，表示已振实，即可停止振捣。

振动器故障及其产生原因和排除方法见表 7-82。

C. 人工捣实作业：人工浇捣一般只有在缺少振动机械和工程量很小的情况下才采用。人工浇捣多采用流动性较大的塑性混凝土。人工浇捣混凝土时应注意布料均匀，浇筑层厚度应符合要求。为了保证浇筑质量，必须用捣棍捣实、或者用木锤轻轻敲击木板的

振动器故障及其产生原因和排除方法　　表 7-82

故障现象	故障原因	排除方法
电动机定子过热，机体温度过高（超过额定温升）	1. 工作时间过久 2. 定子受潮，绝缘程度降低 3. 负荷过大 4. 电源电压过大，过低，时常变动及三相不平衡 5. 导线绝缘不良，电流流入地中 6. 线路接头不紧	1. 停止作业，让其冷却 2. 应立即干燥 3. 检查原因，调整负荷 4. 用电压表测定，并进行调整 5. 用绝缘布缠好损坏处 6. 重新接紧线头
电动机有强烈的钝音，同时发生转速降低，振动力减少	1. 定子磁铁松动 2. 一相保险丝断开或内部断裂	1. 应拆除检修 2. 更换保险丝和修理断线处。
电动机线圈烧坏	1. 定子过热 2. 绝缘严重受潮 3. 相间短路，内部混线或接线错误	必须部分或全部重绕定子线圈
电动机或把手有电	1. 导线绝缘不良漏电，尤其在开关盒接头处 2. 定子的一相绝缘破坏	1. 用绝缘胶布包好破裂处 2. 应检修绕圈
开关冒火花，开关保险丝易断	1. 线间短路或漏电 2. 绝缘受潮、绝缘强度降低 3. 负荷过大	1. 检查修理 2. 进行干燥 3. 调整负荷
电动线滚动轴承损坏，转子、定子相互摩擦	1. 轴承缺油或油质不好 2. 轴承摩损而至损失	更换滚动轴承
振动棒不振	1. 电动机转向反了 2. 单向离合器部分机体损坏 3. 软轴和机体振动子之间接头处没有接合好 4. 钢丝转轴扭断 5. 行星式振动子柔性铰损坏或滚子与滚道间有油污	1. 需改变接线(交换任意两相 2. 检查单向离合器，必要时加以修理或更换零件 3. 将接头连接好 4. 重新用锡焊焊接或更换软轴 5. 检修柔性铰链和清除滚子与滚道间的油污，必要时更换像胶油封
振动棒振动有困难	1. 电动机的电压与电源电压不符 2. 振动棒外壳磨坏，漏入灰浆 3. 振动棒顶盖未拧紧或磨坏而漏入灰浆，使滚动轴承损坏 4. 行星式振动子起振困难 5. 滚子与滚道间有油污 6. 软管衬簧和钢丝软轴之间摩擦太大	1. 调整电源电压 2. 更换振动棒外壳，清洗滚动轴承和加注润滑脂 3. 清洗或更换滚动轴承，更换或拧紧顶盖 4. 摇晃棒头或将棒头尖对地面轻轻一碰 5. 清洗油污，必要时更换油封 6. 修理钢丝软轴并使软轴与软管衬簧的长短相适应
胶皮套管破裂	1. 弯曲半径过小 2. 用力斜推振动棒或使用时间过久	割去一段，重新连接或更换新的软管
附着式振动器机体内有金属撞击声	振动子锁紧，螺栓松脱振动子产生轴向位移	重新锁紧振动子，必要时更换锁紧螺栓
平板式振动器的底板振动有困难	1. 振动子的滚动轴承损坏 2. 三角皮带松弛	1. 更换滚动轴承 2. 调整或更换电动机机座的橡胶垫，调整或更换减振弹簧

外侧，使混凝土尽快密实。捣实时，以100～200mm的间距分别将捣棍插入模板内混凝土中，并随着混凝土浇筑的上升而全面地把每个角落进行捣实。采用敲击方法时，混凝土每浇筑100mm左右就敲击下部模板，使其充分沉实。对柱角处、柱侧面、钢筋密集处，主钢筋底部、模板阴角处以及施工缝结合处，应特别加强。

3）抹面修整。待混凝土振捣结束后，随即将混凝土上表面用大铲进行铲填、拍平，使其平整与设计标高一致。对混凝土地面、楼板等的上表面应先用大铲将表面拍平，再用木抹子打搓，铁抹子压实、抹平，局部石多浆少处还应补浆拍平，如另有要求应加水泥砂浆抹面。

（4）基础混凝土浇筑

1）柱基础浇筑

台阶式独立柱基础施工时，可按台阶分层一次浇筑完毕不留设施工缝。每层混凝土要一次卸足，顺序是先边角后中间，务使混凝土充满模板。浇筑台阶式柱基时，为防止台阶交角处可能出现吊脚（上层台阶与下口混凝土脱空）现象，可采取如下措施：

a. 在第一级混凝土捣固下沉20～30mm后暂不填平，继续浇筑第二级，先用铁锹沿第二级模板底圈做成内外坡，然后再分层浇筑，外圈边坡的混凝土于第二级振捣过程中自动推平，待第二级混凝土浇筑后，再将第一级混凝土齐模板顶边拍实抹平。见图7-206。

b. 捣完第一级后拍平表面，在第二级模板外先压以200mm×100mm的压角混凝土并加以捣实后，再继续浇筑第二级。待压角混凝土接近初凝时，将其铲平重新搅拌利用。

c. 如条件许可，宜采用柱基流水作业方式，即顺序先浇一排杯基第一级混凝土，再回转依次浇第二级。这样对已浇好的第一级将有一个下沉的时间，但必须保证每个柱基混凝土在初凝之前继续施工。

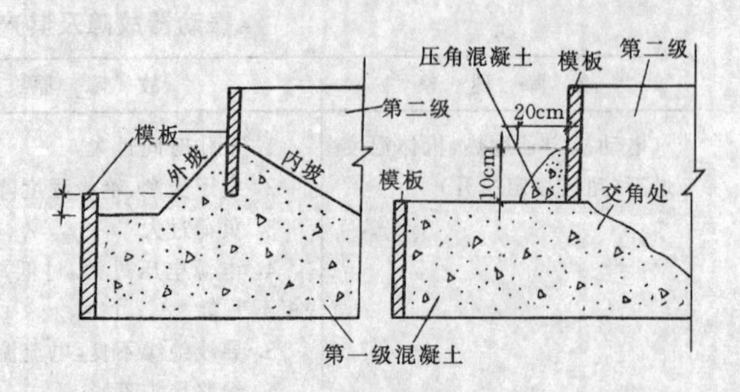

图7-206　台阶式柱基础交角处浇筑方法示意图

为保证杯形基础杯口底标高的正确性，宜先将杯口底混凝土振实并稍停片刻，再浇筑振捣杯口模四周的混凝土，振动时间尽可能缩短。同时还应特别注意杯口模板的位置，应在两侧对称浇筑，以免杯口模挤向一侧或由于混凝土泛起而使芯模上升。

高杯口基础，由于这一台级较高且配置钢筋较多，可采用后安装杯口模的方法，即当混凝土浇筑到接近杯口底时，再安装杯口模板后继续浇筑。

锥式基础，应注意斜坡部位混凝土的捣固质量，在振捣器振捣完毕后，用人工将斜坡表面拍平，使之符合设计要求。

为提高杯口芯模周转率，可在混凝土初凝后终凝前将芯模拔出，并将杯壁划毛。

现浇杯下基础时，要特别注意连接钢筋的位置，防止移位和倾斜，发生偏差时及时纠正。

2）条形基础浇筑。条形基础的浇筑应根据基础深度分段分层连续浇筑混凝土，一般不留施工缝。各段层间应相互衔接每段间浇筑长度控制在2～3m距离，做到逐段逐层呈阶梯形向前推进。

3）大体积基础浇筑

a. 大体积混凝土基础要求有很高的整体性，一般应连续浇筑，一次成形。在施工工艺上应做到分层浇筑、分层捣实，但又必须要保证上下层混凝土在初凝前结合好，不致于形成施工缝。在特殊的情况下可以留有基础后浇带。基础后浇带是指在大体积混凝

土基础中预留有一条后浇的施工缝，将整块大体积混凝土分成两块或若干块浇筑，使所浇筑的混凝土经一段时间的养护干缩后，再在预留的后浇带中浇筑补偿混凝土，使分块的混凝土连成一个整体。

对于基础后浇带的浇筑，必须考虑补偿收缩混凝土的膨胀效应，当后浇带的直线长度大于50m时，混凝土要分两层浇筑，时间间隔为5～7d。要求混凝土振捣密实，既要防止漏振、也要避免过振。混凝土浇筑后，在硬化前1～2h，应抹压，防止沉降裂缝的产生。

b. 浇筑方案应根据整体性的要求、结构大小、钢筋疏密、混凝土供应等具体情况，选用以下三种方式：

全面分层见图7-207（*a*）：在整个基础内全面分层浇筑混凝土，要做到第一层全面浇筑完毕后浇筑第二层时，第一层浇筑的混凝土还未初凝，如此逐层进行，直到浇筑完毕。这种方案适用于结构平面尺寸不太大，施工时从短边开始，沿长边进行较适宜。必要时也可以分为两段，从中间向两端或从两端向中间同时进行。

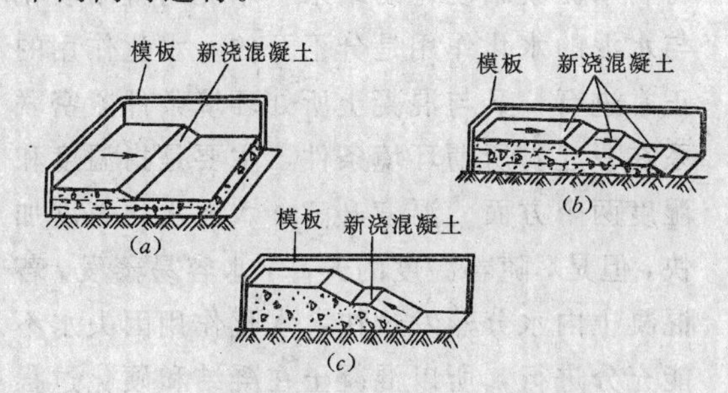

图7-207 大体积基础施工方案

（*a*）全面分层；（*b*）分段分层；（*c*）斜面分层

分段分层见图7-207（*b*）：适用于厚度不太大，而面积或长度较大的结构。混凝土从底层开始浇筑，进行一定距离后回来浇筑第二层，如此依次向前浇筑以上各分层。

斜面分层见图7-207（*c*）：适用于结构的长度超过厚度的三倍。振捣工作应从浇筑层的下端开始，逐渐上移，以保证混凝土施工质量。

分层的厚度决定于振动器的棒长和振动力的大小，也要考虑混凝土的供应量大小和可能浇筑量的多少，一般为200～300mm。

c. 浇筑大体积基础混凝土时，由于凝结过程中水泥会散发出大量的水化热，因而形成内外温度差较大，易使混凝土产生裂缝。因此，必须采取措施：

选用水化热较低的水泥（如矿渣水泥、火山灰质或粉煤灰水泥），掺加缓凝剂或粉煤灰；选择合适的砂石颗粒级配，尽量减少水泥用量，使水化热相应降低；尽量降低每立方米混凝土的用水量；降低混凝土的入模温度（如夏季采用低温水或冰水拌制混凝土）；必要时采用人工导热法，即在混凝土内部埋设冷却水管，用循环水来降低混凝土温度。

d. 在厚大无筋或者结构配筋稀疏的块体基础施工中，为节约混凝土用量，可在混凝土中掺入适量的块石，但必须遵守下列规定：

应选用无裂缝、无夹层和未锻烧过的石块，其抗压极限强度不应小于30N/mm^2。条形片状的石块和卵石，不宜使用。填充前，应用水冲洗干净；石块的粒径须大于150mm，但最大尺寸不宜超过300mm；填入石块应大面向下，均匀分布，间距应能使插入式振动器在其中进行捣实为宜一般不小于100mm；为保证每一石块均能被混凝土包裹，石块离模板的距离不应小于150mm，亦不得与钢筋接触。填充第一层石块前，应先浇筑100～150mm厚的混凝土，最上层石块的表面上，必须有不小于100mm厚的混凝土覆盖层；如厚大结构分成单独的区段浇筑时，在已浇筑完毕区段的水平接缝中的石块。应露出在区段的表面外，其露出部分约为石块体积的1/2，以保证区段之间有较好的连接。在达到一定强度后，视壁高度可一次或分段支模，浇筑混凝土。

4）框架浇筑

A. 多层框架按分层分段施工，水平方向

以结构平面的伸缩缝分段、垂直方向按结构层次分层。在每层先浇筑柱、再浇筑梁、板。浇筑一排柱的顺序应从两端同时开始，向中间推进，以免因浇筑混凝土后由于模板吸水膨胀、断面增大而产生横向推力，最后使柱发生弯曲变形。柱子的浇筑宜在梁板模板安装之后，钢筋未绑扎前进行，以便利用梁板模板稳定柱模和作为浇筑柱混凝土操作平台用。

B. 在竖向结构中浇筑混凝土时，应遵循下列规定：

a. 柱子应分段浇筑，边长大于 400mm 且无交叉箍筋时，每段的高度不应大于 3.5m；

b. 墙应分段浇筑，每段的高度不应大于 3m；

c. 采用竖向串筒导送混凝土时，竖向结构的浇筑高度可不加限制。凡是柱断面在 400mm×400mm 以内，并有交叉箍筋时，应在柱模板侧面开不小于 300mm 的门洞，装上斜溜槽分段浇筑，每段高度不得超过 2m；

C. 肋形楼板的梁板应同时浇筑，浇筑方法应先将梁根据高度进行分层浇筑成阶梯形，当达到板底位置时即与板的混凝土一起浇筑，见图 7-208 倾倒混凝土的方向应与浇筑方向相反，见图 7-209 当梁的高度大于 1m 时，允许单独浇筑，施工缝可留在距板底面以下 20～30mm 处。

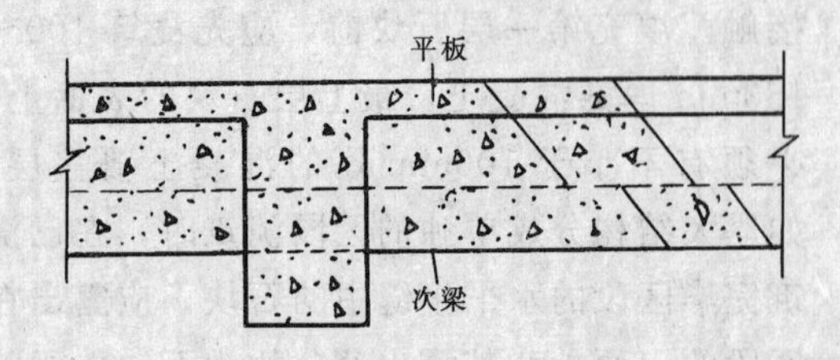

图 7-208　梁板同时浇筑方法示意图

D. 浇筑无梁楼盖时，在离柱帽下 50mm 处暂停，然后分层浇筑柱帽，下料必须倒在柱帽中心，待混凝土接近楼板底面时即可连同楼板一起浇筑。

E. 当浇筑柱梁及主次梁交叉处的混凝土时，一般钢筋很密集，特别是上部负钢筋直径大、数量多，因此既要防止混凝土下料困难，又要注意砂浆挡住石子下不去，必要时这一部分可改用细石混凝土进行浇筑。同时，振捣棒头可改用片式并辅以人工捣固配合。

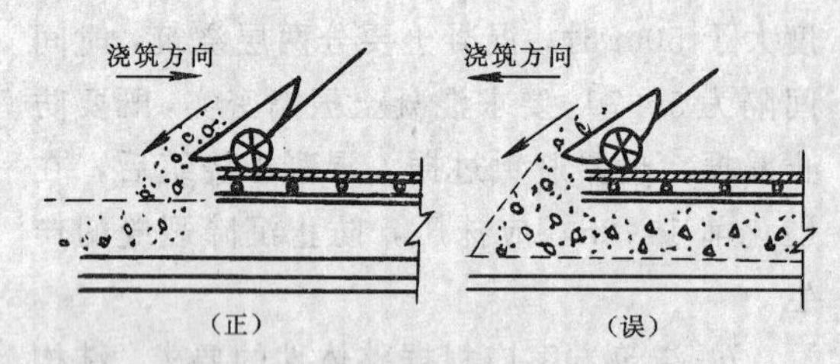

图 7-209　混凝土浇筑方向的正误

F. 梁板施工缝可采用企口式接缝或垂直立缝的做法，不宜留坡槎，在预定留施工缝的地方，在板上按板厚放一木条，在梁上闸以木板，其中间要留切口以通过钢筋。

7.5.8　混凝土的养护

混凝土强度的增长过程，实质上是胶凝材料水泥凝结硬化的结果。水泥的凝结硬化与水泥的水化作用是分不开的。水化作用的正常进行，又与混凝土所处环境条件紧密联系在一起。所谓环境条件，主要是指温度和湿度两个方面。温度升高，水泥水化速度加快，但是，随着温度的升高，水容易蒸发。若混凝土内水分蒸发过快，水化作用因失水不能充分进行，所以混凝土在凝结和硬化过程中，还要保持周围空气处于湿润状态。空气的潮湿情况，用相对湿度来表示。相对湿度越大，空气中所含水蒸气就多，混凝土内水分就难于蒸发，有利于水泥水化作用的进行。如果空气干燥，混凝土内水分蒸发过快，就会引起脱水、表面脱皮或起砂，内部晶体结构松弛，强度降低。因此，要保证混凝土的正常凝结硬化，必须认真做好养护工作。

(1) 自然养护

混凝土的自然养护是指在平均气温高于

+5℃的条件下于一定时间内使混凝土保持湿润状态。自然养护可分为覆盖浇水养护和塑料薄膜养护等。

1）覆盖浇水养护。覆盖浇水养护是用吸水保湿能力较强的材料，（如草帘、草袋麻袋等）将混凝土表面加以覆盖并浇水，使混凝土在一定的时间内保持水泥水化作用所需要的适当温度和湿度。

大面积结构如地坪、楼板、屋面等也可采用湿土、湿砂覆盖或蓄水养护。贮水池等类工程可于拆除内模，混凝土达到一定强度后注水养护。

2）塑料薄膜养护。塑料薄膜养护是将塑料薄膜养生溶液喷洒在混凝土表面上，溶液挥发后，塑料与混凝土表面结合成一层薄膜，使混凝土表面与空气隔绝，封闭混凝土中的水分不再被蒸发，而完成水化作用。这种养护方法一般适用于高耸构筑物表面积大的混凝土结构和缺水地区。塑料薄膜养生溶液有过氯乙烯养生液、氯乙烯—偏氯乙烯养生溶液。塑料薄膜养生溶液的喷洒，是由空压机、高压罐，喷具等组成的喷洒设备完成，喷洒时空压机工作压力为0.4～0.5MPa，容罐压力为0.2～0.3MPa喷嘴以离混凝土表面500mm为宜。

喷洒时间，应根据混凝土水分蒸发情况，在不见浮水以及混凝土表面以手指轻按无指印时即可进行喷洒。过早影响塑料薄膜与混凝土表面结合，过迟也会影响混凝土强度。

溶液喷洒厚度以2.5m²/kg为宜，厚度要求均匀一致。

喷完后，应将输液管取下洗净，防止管子堵塞或腐蚀。

溶液喷洒后很快就形成塑料薄膜，为达到养护目的，必须加强薄膜的保护，要求不得有损坏破裂，禁止车辆行驶，硬质物品及工具等不得在混凝土表面拖拉撞击，发现损坏应及时补喷塑料溶液。

溶液中的粗苯及丙酮等材料是易燃有毒物品，注意加强安全防护工作，工作人员应配备眼镜、口罩、手套、围裙等物品，喷洒时注意站在上风向。

3）养护时间。对于一般塑性混凝土应在浇筑后10～12h内加以覆盖浇水，（炎夏时可缩短至2～3h）。对于干硬性混凝土应在浇筑后1～2h内进行覆盖浇水养护。混凝土浇水养护日期可参照表7-83。混凝土在养护过程中，如发现遮盖不好，浇水不足，以致表面泛白或出现干缩细小裂缝时，要立即仔细加以遮盖，加强养护工作，充分浇水，并延长浇水时间，加以补救。

混凝土养护时间参考表　　表7-83

分类	浇水养护时间(d)
硅酸盐水泥，普通硅酸盐水泥，矿渣硅酸盐水泥拌制混凝土	不小于7
抗渗混凝土，火山灰质硅酸盐水泥和粉煤灰硅酸盐水泥拌制的混凝土，混凝土中掺用缓凝型外掺剂	不小于14

在已浇筑的混凝土强度达到1.2MPa以后，才能在其上来往行人和安装模板及支架。自不得冲击混凝土。

（2）加热养护

1）蒸汽养护。蒸汽养护是缩短养护时间的有效方法之一。混凝土在较高湿度和温度条件下，可迅速达到要求强度。蒸汽养护是在固定的养护窑或坑内进行。施工现场由于条件限制，现浇或预制构件一般可采用临时性地面或地下的养护坑，上盖养护罩或用简易的帆布、油布覆盖进行。

蒸汽养护分四个阶段：

静停阶段：就是指混凝土浇筑完毕至升温前在室温下先放置一段时间。一般需2～6h（干硬性混凝土为1h）。

升温阶段：就是混凝土由原始温度上升到恒定养护温度的阶段，升温速度一般为10～25℃/h（干硬性混凝土为35～40℃/h）。

恒温阶段：是保持恒定养护温度的阶段，

这一阶段，混凝土强度增长最快，恒温的温度应随水泥品种不同而异，普通水泥的养护温度不得超过 80℃，矿渣水泥、火山灰质水泥可提高到 90～95℃。一般恒温时间为 5～8h，恒温加热阶段应保持 90%～100%的相对湿度。

降温阶段，是由恒温阶段的温度降低至槽温度的阶段。一般情况下，构件厚度在 100mm 左右时，降温速度每小时不大于 20～30℃。

为了避免由于蒸气温度骤然升降而引起混凝土构件产生裂缝变形，必须严格控制升温和降温的速度。出槽的构件温度与室外温度相差不得大于 40℃，当室外为负温度时，不得大于 20℃。

2) 太阳能养护。太阳能养护就是用透光材料搭设的养护棚（罩）直接利用太阳能加热养护棚（罩）内的空气，使棚内混凝土能在足够的温、湿度下进行养护，获得早强。常用的太阳能养护法有棚（罩）式、覆盖式和窑式等几种，并以前两种方法使用较为广泛。

7.5.9 质量通病及防治

在混凝土工程施工过程中，因为操作人员在思想和技术上的疏忽，可能出现表面缺陷、外形尺寸偏差、构件位移、内在缺陷和裂缝等质量问题·其质量通病有蜂窝、麻面、露筋、孔洞、裂缝及夹层等。发生质量问题，应本着对工程质量负责的精神，正确对待，认真处理，以防后患。质量问题的处理首先要对发生问题的混凝土进行观察，做好记录，并根据质量问题的情况、发生部位、影响程度等全面分析。对于发生在结构表面浅层局部轻微的问题，应按要求进行修补。而对影响混凝土强度或结构承载能力的质量问题，应会同有关部门研究必要的加固方案或补强措施。另外还必须分析问题产生的原因，总结经验教训，杜绝问题的再发生。

(1) 麻面

麻面是指在混凝土表面出现无数直径不大于 5mm 的不规则小凹点，但无钢筋外露现象。

1)麻面产生的原因木模板在混凝土浇筑前没有浇水湿润或湿润不足；模板表面粗糙或重复使用的模板表面清理不干净；钢模板隔离剂涂刷不均匀或局部漏刷；模板拼缝不严密，混凝土浇筑时缝隙漏浆；混凝土振捣不足，混凝土中气泡未排出，部分气泡停留在模板表面等。

2) 防治措施有木模板在浇筑混凝土前。应用清水充分湿润，模板拼接不严密所形成的缝隙应设法封嵌；重复使用的模板要将表面清理干净；钢模板隔离剂的涂刷要均匀，不要漏刷；混凝土振捣时需按要求分层振捣密实，严防漏振或振捣不足等。

3) 麻面的修补。麻面主要影响混凝土外观，对于构件表面不作装饰的部位应加以修补。修补前先将麻面部位用钢丝刷加清水刷洗，或用加压清水冲洗，并使其充分湿润，然后用水泥素浆或 1∶2～1∶2.5 水泥砂浆抹平。

(2) 露筋

露筋是指部分或局部主筋未被混凝土包裹而外露。

1)产生露筋的原因是钢筋保护层垫块移位或垫块铺垫间距过大甚至漏垫；混凝土保护层厚度不够或钢筋绑扎不牢，脱位突起；构件断面尺寸较小而钢筋过密，骨料粒径过大，被卡在钢筋上，加之振捣不足或漏振；配合比不当或灌注方法不正确；模板拼缝过大，混凝土严重漏浆，或木模湿润不足；振捣时，振捣棒碰击钢筋使钢筋移位，也会引起漏筋。

2) 防治措施有混凝土浇筑前，应检查钢筋绑扎是否牢固，保护层厚度是否正确，铺垫是否得当；钢筋较密集的构件，应选配适当级配和粒径的石子；混凝土浇筑前应将木模板充分湿润，并填堵好模板拼缝；操作人员不得踩踏钢筋，如钢筋有脱位和踏弯变形时，应及时调直并重新绑扎；混凝土振捣时，严禁振捣棒碰击钢筋等。

3）露筋部位的修补。构件表面露筋，可按麻面修补方法抹面；露筋较深部位，应将薄弱混凝土层及突出骨粒剔除，用清水冲刷干净并使之充分湿润，然后用高于原强度一个等级的细石混凝土填补捣实并认真养护。

(3) 蜂窝

蜂窝是指混凝土表面无水泥浆，形成大小如蜂窝形状不规则的孔洞。露出石子深度大于5mm，但不露主筋，可能露箍筋。

1）产生蜂窝的原因是配合比不准确，造成浆少石子多；混凝土搅拌时间不足，混凝土拌合不均匀；下料不当，使混凝土产生离析；混凝土一次下料过多，未进行分段分层浇筑，振捣不密实或漏振；模板缝隙过大或模板支撑不牢固，引起严重漏浆等。

2）防治措施有严格控制配合比，保证其称量的准确性；掌握好混凝土的搅拌时间，混凝土应拌合均匀；混凝土应按规定分层浇筑，确保浇筑质量；模板拼缝应严密，支撑应牢固等。

3）蜂窝的修补。对于小蜂窝，可按麻面修补方法抹面；对于大蜂窝，应先将蜂窝处松动的石子和突出颗粒剔除，尽量凿成外大内小的喇叭口，然后用清水冲洗干净并充分湿润，再用高一级强度等级的细石混凝土填补捣实并认真养护。

(4) 孔洞

孔洞是指混凝土表面有超过保护层厚度，但不超过截面尺寸1/3的空腔。

1)产生孔洞的原因是混凝土振捣时产生漏振，分层浇捣时，振捣棒未伸入下一层混凝土；混凝土离析或跑浆严重；混凝土中有泥块或杂物掺入，或将木块捣入混凝土中；冬期施工，石料中有冰块未融化而捣入混凝土内；钢筋密集处或预留孔洞、预埋件处，混凝土浇筑不通畅；一次下料过多过厚，下部因振捣器的振动作用达不到等。

2)防治措施有振捣时按照振捣顺序合理布置插点，严防漏振，掌握正确的振捣方法；控制好下料高度；防止砂、石料中掺有泥块、杂物和冰块，一经发现要立即清除；预留孔洞处，钢筋密集处，采用正确下料和振捣方法等。

3）孔洞的修补。对混凝土孔洞的处理，须经有关部门研究，制定其补强方案，经批准后方可处理。孔洞修补前，应将孔洞周围的不密实的混凝土和突出石子颗粒剔除，孔洞剔凿应方正，避免剔成斜岔和留有死角，以便浇筑混凝土。为使新旧混凝土结合好，应将剔凿好的孔洞用压力水冲洗或用钢丝刷刷洗，并充分湿润，保持湿润的时间不少于72h。然后浇筑比原强度等级高一级的细石混凝土。孔洞较大的垂直面可采取支模浇筑的办法加以解决，见图7-210。混凝土的水灰比宜控制在0.5以内，并掺水泥用量万分之一的铝粉，采用捣棒分层仔细捣实并认真做

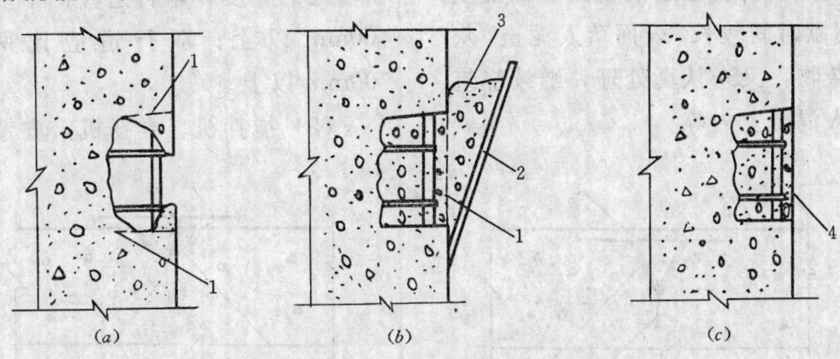

图7-210 混凝土外部空洞的修补

(a) 空洞；(b) 模板及浇筑；(c) 凿除

1—旧混凝土凿除线；2—模板；3—掺微量膨胀剂混凝土；4—待新浇混凝土达到设计强度后凿平

好养护工作。

对于支模浇筑伸出构件面外的混凝土，待达到一定强度后，再将多余部分剔凿掉。

(5) 裂缝

1) 产生裂缝的原因是施工过程中，梁、板上荷载，梁、板在受拉区域出现垂直裂缝，以及在支座附近出现斜向裂缝；体积的收缩而出现收缩裂缝；混凝土在硬化过程中出现温度裂缝；混凝土在硬化过程中，由于模板支撑下沉或拆模时受剧烈的振动；养护不当或养护时间过短等。

2) 防治措施有施工过程中，梁、板上不可堆积过量的材料、机具等；延长梁、板底模及支撑的拆除时间；拆模时应考虑拆模方案，不可硬撬硬拆，防止用力过猛；加强养护，并按设计要求留置温度缝。

3) 裂缝的修补。规定范围内的裂缝并不影响构件的正常使用。对于构件表面出现的细微裂缝，可将裂缝处冲洗干净，用水泥浆抹补。当裂缝宽度超过 0.1mm 以上时，可用环氧树脂修补，见图 7-211。

(6) 缝隙及夹层

缝隙及夹层是指施工缝处结合不好，有缝隙或夹有泥土等杂物，将构件分隔成几个不相联结的部分。

1)产生缝隙及夹层的原因是施工缝表面未认真处理；混凝土分层浇筑时，下层混凝土出现初凝后继续浇筑上层混凝土；混凝土浇筑后，因间歇时间较长，表面落入泥土，灰尘、锯末等杂物，又未认真处理，继续浇筑混凝土时混入混凝土内等。

2) 防治措施有按规定留置的施工缝，在新混凝土浇筑前，按施工缝的处理方法认真处理；分层浇筑混凝土时，应待下层混凝土初凝前进行上层混凝土的浇筑；认真清理老混凝土面上的泥土、木屑、锯末等杂物，并按施工缝的处理方法处理旧混凝土表面，然后再浇筑新混凝土等。

3) 缝隙及夹层的修补。对于夹层较小，缝隙不大的，可顺夹缝走向用凿将夹缝外部扩凿成 V 字形，宽约 5～6mm，深度等于夹缝深度，并将夹缝中的杂物清除干净，用动力水将 V 型槽冲洗并湿润。用与混凝土内成分相同的砂浆捻塞。或用毛刷将 V 形槽内颗粒及粉尘清除，用喷灯或电吹风吹干，再用刮刀将环氧树脂胶泥压填在 V 形槽上，反复搓动，使之紧密粘结。如夹层较大，应先对构件作好必要的支撑，安装好模板，将夹层部位的混凝土剔除，用清水冲洗干净并充分湿润，再灌筑提高一级强度等级的细石混凝土。并加强养护工作。

7.5.10 混凝土施工安全技术

混凝土施工要严格遵守安全规章制度，切实加强安全管理，做到安全生产。

(1) 在进行混凝土施工前，应仔细检查脚手架，工作台和马道是否绑扎牢固，如有空头板要及时搭好，脚手架应设保护栏杆。运输马道的宽度，单行道应比手推车的宽度大 400mm 以上；双行道应比两车宽度大 700mm 以上。

(2) 搅拌机、卷扬机，皮带运输机和振

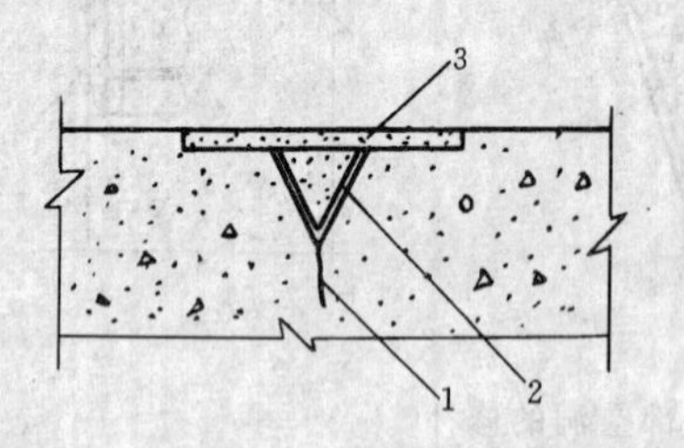

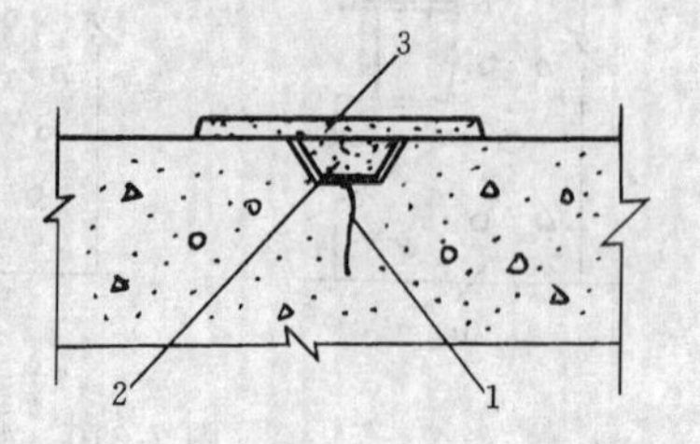

图 7-211 深裂缝的修补

1—低稠度，石填充料环氧树脂粘结剂；2—环氧胶泥；

3——或三层做法环氧树脂玻璃布

动器等接电要安全可靠，绝缘接地装置良好，并应进行试运转。

(3) 搅拌台上操作人员应戴口罩，搬运水泥的工人也应戴口罩和手套。有风时戴好防风眼镜。

(4) 搅拌机必须安置在坚实的地方，用支架或支脚筒架稳，不准以轮胎代替支撑。

(5) 搅拌机应由专人操作，中途发生故障，应立即切断电源进行修理，运转时不得将铁锹伸入搅拌筒内卸料；其外露装置应加保护罩。

(6)夜间施工应装设足够的照明系统，对深坑和潮湿地点的施工应使用低压安全照明。

(7) 垂直运输应设专人指挥，井字架上卸料人员不能将头和脚伸入井字架内，起吊时禁止在拔杆下站人。

(8) 振动器应正确操作，使用内部振动器应穿胶鞋，湿手不得触动开关、电源，线不得有破皮，接电要安全可靠，严防触电事故的发生。如使用过程中发生故障，应立即停振检修。每操作 30s，宜停振数分钟，插入式振动器的软轴不得插入混凝土内，软轴的弯曲半径不能小于 500mm，弯曲处不宜多于 2 个。每班工作完毕后，必须按规定进行保养。

(9) 浇筑框架结构梁柱混凝土时，应搭设脚手架并设防护栏，不得站在模板或支撑上操作。

(10)浇筑混凝土使用溜槽或串筒应连接牢固。操作部位应有护身栏，不准站在溜槽帮上操作。

7.5.11 地下防水工程

地下工程常年受到地表水、潜水、上层滞水、毛细管水等的作用，所以，对地下工程的防水要求高，且施工技术难度大。地下工程的防水，按围护结构允许渗漏量划分为四级，各级的标准见表 7-84。

地下工程防水方案，应根据使用要求，全面考虑地质、地形地貌、抗震要求、冻结深度、环境条件、结构形式、施工工艺及材料来源等因素合理确定。防水方案通常有防水混凝土自防水结构、普通混凝土结构或砌体结构附加防水层、防水砂浆、卷材或涂料防水等。

地下工程防水等级　　表 7-84

防水等级	标准
一　级	不允许渗水，围护结构无湿渍
二　级	不允许漏水，围护结构有少量，偶见的湿渍
三　级	有少量漏水点，不得有线流和漏泥沙，每昼液漏水量$<0.5L/m^2$
四　级	有漏水点，不得有线流和漏泥沙，每昼液漏水量$<2L/m^2$

防水混凝土自防水结构是指以本身的密实性而具有一定防水能力的整体式混凝土或钢筋混凝土结构。它兼有承重、围护和抗渗的功能，还可满足一定的耐冻融及耐侵蚀要求。其施工方法有调整混凝土配合比或掺外加剂等。

与其它防水方案相比，防水混凝土结构具有材料来源广泛、工艺操作简便、改善劳动条件、缩短施工工期、节约工程造价、检查维修方便等优点。单从经济角度讲，防水混凝土结构比一般混凝土结构所需增加的费用，仅相当于一般混凝土结构采用卷材防水层所耗资金的 10%左右。因此，防水泥凝土结构以其独具的优越性成为地下防水工程的一种主要形式。

防水混凝土结构适用于一般工业与民用建筑的地下室、地下水泵房、水池、水塔、大型设备基础、沉箱等防水建筑，以及地下通廊、转运站、桥墩、码头、水坝等构筑物。

(1) 普通防水混凝土

混凝土是一种非匀质的多孔人造石材，其内分布有许多大小不等以及彼此连通的孔隙和裂缝，是造成混凝土渗漏的主要因素。抑制孔隙，减少裂缝，增加混凝土的密实度，是提高混凝土抗渗性的关键所在。实践表明只要调整混凝土配合比，是可以达到防水目的的，普通防水混凝土就是根据所需抗渗标号配制的混凝土。

1）基本要求：防水混凝土的抗渗能力应不小于0.6MPa，环境温度不得高于100℃，处于侵蚀性介质中其耐侵蚀系数应不小于0.8。防水混凝土结构垫层的抗压强度等级应不小于C10，厚度应不少于100mm；衬砌厚度应不小于200mm。防水混凝土裂缝宽度应不大于0.2mm；钢筋保护层厚度迎水面应不小于35mm，当直接处于水侵蚀性介质中时应不小于50mm，绑扎铁丝不得接触模板。

2）材料要求

a. 水泥：水泥标号宜不低于425号，在不受侵蚀性介质和冻融作用的条件下，宜采用火山灰质硅酸盐水泥、普通硅酸盐水泥、粉煤灰硅酸盐水泥。在掺加适当品种外加剂的情况下，也可以采用矿渣硅酸盐水泥；在受冻融作用的条件下，宜采用普通硅酸盐水泥，不宜采用火山灰质硅酸盐水泥和粉煤灰硅酸盐水泥。在受硫酸盐侵蚀介质作用的条件下，可采用火山灰质硅酸盐水泥、粉煤灰硅酸盐水泥、抗硫酸盐硅酸盐水泥。

b. 砂、石：砂石应符合规范要求，且石子的最大粒径不宜大于40mm，吸水率应不大于1.5%：砂宜用中砂。

c. 水：拌制防水混凝土的水，应采用不含有害物质的洁净水。

d. 外掺料：防水混凝土可掺加一定数量的磨细通过0.15mm筛孔的外掺料，其掺量：粉煤灰应不大于20%，磨细砂、石料不宜大于5%。

3）配合比：防水混凝土的配合比应通过试验确定。其水泥用量不得少于300kg/m³；砂率宜为35%～40%；灰砂比宜为1：2～1：2.5；水灰比宜小于0.55；坍落度不宜大于50mm。

（2）外加剂防水混凝土

外加剂防水混凝土是指用掺入适量外加剂的方法，改善混凝土内部组织结构，以增加密实性，提高抗渗性的混凝土。

外加剂主要是以吸附、分散、引气、催化，或与水泥的某种成分发生反应等物理、化学作用，使混凝土得到改性。不同的外加剂，其性能、作用各异，应根据工程结构和施工工艺等对混凝土的具体要求，慎重选用。外加剂防水混凝土按外加剂品种不同可分为减水剂防水混凝土、引气剂防水混凝土、早强剂防水混凝土、防水剂防水混凝土等。

1）减水剂防水混凝土。减水剂防水混凝土是在混凝土中掺入适量的减水剂配制而成。适用于一般工业与民用建筑的地下防水结构、薄壁结构以及泵送混凝土施工工艺，并可适应季节影响，满足对混凝土凝结时间有特殊要求的防水工程。

减水剂防水混凝土的配制要点：

a. 选择减水剂品种及其适宜掺量。应根据结构要求、施工工艺、施工温度，以及混凝土原材料的组成、特性等因素，正确地选择减水剂品种。对所选减水剂，应经试验复核产品说明书所列技术指标。不能完全依赖说明书推荐的“最佳掺量”，应以实际所用材料和施工条件，进行模拟试验，求得减水剂适宜掺量。

各类减水剂适宜掺量参考表　　表7-85

减水剂名称	木质素磺酸盐类（木钙）	多环芳香族磺酸盐类（NNO，MF建1）
适宜掺量（占水泥重量的）	0.15%～0.3%	0.5%～1.0%

减水剂名称	糖蜜类	三聚氰胺类	腐殖酸类
适宜掺量（占水泥重量的）	0.2%～0.35%	0.5%～2%	0.2%～0.3%

b. 混凝土配合比，可以参考普通防水混凝土配合比各项技术参数，但应注意控制水灰比，充分发挥减水剂的优越性，并应在试配过程中，特别注意所用水泥是否与所选减水剂相适应，在有条件的情况下，宜对水泥

和减水剂进行多品种比较，不宜在单一的狭隘范围内寻求“最佳掺量”。此步骤应结合经济效益一并分析考虑。

2）加气剂防水混凝土。加气剂防水混凝土是在普通混凝土中掺入微量的加气剂配制而成。目前常采用的加气剂有松香酸钠和松香热聚物等。在混凝土中加入加气剂后，会产生大量微小而均匀的气泡，使其粘滞性增大，不易松散离析，显著地改善了混凝土的和易性，同时抑制了沉降离析和泌水作用，减少混凝土的结构缺陷。由于大量微细气泡存在，使毛细管性质改变，提高了混凝土的抗渗性，抗冻性也有所提高。

根据试验和施工实践经验，加气剂防水混凝土的加气剂掺量：松香酸钠加气剂掺量为水泥重量的0.03%，掺入搅拌均匀后再加入0.075%（占水泥重量）的氯化钙。松香热聚物加气剂掺量为水泥重量的0.005%～0.015%。

水灰比与水泥用量：水灰比宜在0.5～0.6之间，不超过0.65。水泥用量一般为250～300kg/m^3，最小水泥用量不低于250kg/m^3。

砂率：砂率宜在28%～35%之间。

含气量：含气量控制在3%～6%之间，以3%～5%为宜。

砂石级配、坍落度要求同普通防水混凝土。

3）三乙醇胺防水混凝土。三乙醇胺防水混凝土是在混凝土中随拌合水掺入定量的三乙醇胺防水剂配制而成的。它抗渗性能良好，且具有早期和强化作用，施工简便，质量稳定，有利于提高模板的周转率、加快施工进度和提高劳动生产率。三乙醇胺防水剂对水泥的水化起加快作用，水化生成物增多，水泥石结晶变细，结构密实，因此提高了混凝土的抗渗性。

三乙醇胺防水混凝土配制要点：

a. 严格按配方配制防水剂溶液，并应充分搅拌至完全溶解，防止氯化钠和亚硝酸钠溶解不充分，或三乙醇胺分布不匀而造成不良后果。

b. 三乙醇胺对不同品种的水泥作用不同，若调换水泥品种，则应重新进行试验，以确定能否采用。

c. 严格掌握掺量，并不得将防水剂材料直接投入搅拌机中，致使拌合不均匀而影响混凝土的质量。配好的防水剂应和拌合用水掺合均匀使用。

4）氯化铁防水混凝土。氯化铁防水混凝土是在混凝土中掺入适量的氯化铁防水剂配制而成的。由于氯化铁防水剂与水泥水化析出物产生化学反应，其生成物填充混凝土内部孔隙，堵塞和切断贯通的毛细孔道，改善混凝土内部的孔隙结构，增加了密实性，使混凝土具有良好的抗渗性。氯化铁防水剂配制简便，且材料来源广泛，价格较低，并具有增强、耐久、抗腐蚀等优点，是适合用在地下防水工程中的一种良好的防水剂，可以配制较高抗渗等级的防水混凝土或抗油渗混凝土，适用于长期贮水的构筑物。

氯化铁防水混凝土配制要点及注意事项：

a. 氯化铁防水剂的掺量一般为水泥重量的2.5%～5%，以3%为宜。水灰比一般为0.55～0.6。在坍落度为30～50mm时，每立方米混凝土中水泥用量在310～320kg左右。拌合水用量中应扣除防水剂中的含水量。

b. 氯化铁防水剂应符合质量标准，配料要求准确。使用时要用拌合用水稀释，再拌合混凝土，严禁将氯化铁防水剂直接加入水泥和骨料中，注意切勿误将市售三氯化铁当作氯化铁防水剂作用。

c. 使用氯化铁防水混凝土应注意加强养护，特别是早期湿润养护。自然养护可在浇筑8h后，即以湿草袋或草帘等覆盖（夏季还要提前），24h后，定期浇水养护14d。养护温度不宜过高或过低，以25℃左右为宜。蒸气养护不宜超过50℃，并控制升温速度不超过6～8℃/h。

5）补偿收缩混凝土。补偿收缩混凝土是用膨胀水泥，或在普通混凝土中掺入适量膨胀剂配制而成的一种微膨胀混凝土。补偿收缩混凝土适用于一般工业与民用的地下防水结构，水池、水塔等构筑物，人防、洞库，以及修补堵漏、压力灌浆、混凝土后浇缝等。

（3）防水混凝土工程施工

防水混凝土工程质量的优劣，除取决于优良的设计、材料的性质及配合成分以外，还取决于施工质量的好坏。因此，对于施工中的各主要环节，如混凝土搅拌、运输、浇筑、振捣、养护等，均应严格遵循施工及验收规范和操作规程的规定进行施工。

1）施工准备

a. 编制施工组织设计，选择经济合理的施工方案，健全技术管理系统，制定技术措施，落实技术岗位责任制，做好技术交底，以及质量检验和评定的准备工作。

b. 进行原材料检验，各种原材料必须符合规定标准；备足材料，并妥善保管，按品种、规格分别堆放，注意防止骨料中掺混泥土等污物。

c. 将需用的工具、机械、设备配备齐全，并经检修试验后备用。

d. 进行防水混凝土的试配工作，试验室可根据设计抗渗标号，提高0.2MPa进行试配，在此基础上选定施工配合比。

2）模板

a. 模板应平整，且拼缝严密不漏浆，并应有足够的刚度、强度，吸水性要小，以钢模、木模为宜。

b. 模板构造应牢固稳定，可承受混凝土拌合物的侧压力和施工荷载，且应装拆方便。

c. 固定模板的螺栓（或铁丝）不宜贯穿防水混凝土结构，以避免水沿缝隙渗入，如必须贯穿时，应采取止水措施。

3）钢筋。钢筋相互间应绑扎牢固，以防浇捣混凝土时，因碰撞、振动使绑扣松散、钢筋移位，造成露筋；绑扎钢筋时，应按设计规定留足保护层，不得有负误差。留设保护层，应用相同配比的细石混凝土或水泥砂浆制成垫块，将钢筋垫起，严禁以钢筋垫钢筋，或将钢筋用铁钉、铅丝直接固定在模板上；钢筋及铅丝均不得接触模板。若采用铁马凳架设绑扎钢筋时，在不能取掉的情况下，应在铁马凳上加焊止水环，防止水沿铁马凳渗入混凝土结构；当钢筋排列稠密，以致影响混凝土正常浇筑时，可同设计人员协商，采取措施，以保证混凝土的浇筑质量。

4）混凝土搅拌。严格按施工配合比，准确称量每种用料。水泥、水、外加剂、掺合料计量允许偏差应不大于±1%；砂、石计量允许偏差应不大于2%。外加剂应均匀掺在拌合水中投入搅拌机，避免直接投入。防水混凝土应采用机械搅拌，搅拌时间比普通混凝土略长，一般不少于120s，若掺入引气型外掺剂，则搅拌时间约为120～180s，适宜的搅拌时间，可通过现场实测选定。为保证混凝土有良好的匀质性，不宜采用人工搅拌。

5）混凝土运输。混凝土在运输过程中要防止产生离析现象及坍落度和含气量的损失，同时要防止漏浆。拌好的混凝土要及时浇灌，常温下应于半小时内运至现场，于初凝前浇筑完毕。运送距离较远或气温较高时，可掺入缓凝型减水剂。浇灌前发生显著泌水离析现象时，应加入适量的原水灰比的水泥浆复拌均匀，方可浇灌。

6）混凝土浇筑和振捣。浇筑前，应清除模板内的积水、木屑、铅丝、铁钉等杂物，并以水湿润模板。使用钢模应保持其表面清洁无浮浆。浇筑混凝土的自落高度不得超过1.5m，否则应使用串筒和溜槽等工具进行浇筑，以防产生石子堆积，影响质量。在结构中若有密集管群，以及预埋件或钢筋稠密之处，不易使混凝土振捣密实时，应改用相同抗渗标号的细石混凝土进行浇筑，以保证质量。在浇筑大体积结构中，遇有预埋大管径套管或面积较大的金属板时，其下部的倒三角形区域不易浇捣密实而形成空隙，造成漏水，为此，可在管底或金属板上预先留置浇筑孔，以利下料、振捣和排气，浇筑后再将孔补焊严密。混凝土浇筑应分层，每层厚度不宜超过 300～400mm，相邻两层浇筑时间间隔不应超过 2h，夏季可适当缩短。防水混凝土应采用机械振捣，不应采用人工振捣。机械振捣能产生振幅不大，频率较高的振动，使骨料间的摩擦力、粘附力降低，水泥砂浆的流动性增加，由于振动而分散开的粗骨料在沉降过程中，被水泥砂浆充分包裹，形成具有一定数量和质量的砂浆包裹层，同时挤出混凝土拌合物中的气泡，以增强密实性和抗渗性。机械振捣应按《混凝土结构工程施工及验收规范》的有关规定依次振捣密实，防止漏振、欠振。

7）混凝土的养护。防水混凝土的养护对其抗渗性能影响极大，特别是早期湿润养护更为重要，一般在混凝土进入终凝（浇筑后 4～6h）即应覆盖，浇水养护不少于 14d。因为在湿润条件下，混凝土内部水分蒸发缓慢，不致形成早期失水，有利于水泥水化，特别是浇筑后的前 14d，水泥硬化速度快，强度增长几乎可达 28d 标准强度的 80%，由于水泥充分水化，其生成物将毛细孔堵塞，切断毛细通路，并使水泥石结晶致密，混凝土强度和抗渗性均能很快提高；14d 以后，水泥水化速度逐渐变慢，强度增长亦趋缓慢，虽然继续养护依然有益，但对质量的影响不如早期大，所以应注意前 14d 的养护。

防水混凝土不宜用电热法养护。无论直接电热法还是间接电热法均属“干热养护”，其目的是在混凝土凝结前，通过直接或间接对混凝土加热，促使水泥水化作用加速、内部游离水很快蒸发，使混凝土硬化。这可使混凝土内形成连通毛细管网路，且因易产生干缩裂缝致使混凝土不能致密而降低抗渗性；又因这种方法不易控制混凝土内部温度均匀，更难控制混凝土内部与外部之间的温差，因此很容易使混凝土产生温差裂缝，降低混凝土质量；直接法插入混凝土的金属电极（常为钢筋）容易因混凝土表面碳化而引起锈蚀，随着碳化的深入而破坏了混凝土与钢筋的粘结，在钢筋周围形成缝隙，造成引水通路，也对混凝土抗渗性不利。

防水混凝土不宜用蒸气养护。因为蒸气养护会使混凝土内部毛细孔在蒸气压力下大大扩张，导致混凝土抗渗性下降。在特殊地区，必须使用蒸气养护时，应注意：

a. 对混凝土表面不宜直接喷射蒸气加热。

b. 及时排除聚在混凝土表面的冷凝水。冷凝水会在水泥凝结前冲淡灰浆，导致混凝土表层起皮及疏松等缺陷。

c. 防止结冰。表面结冰会使混凝土内水泥水化作用非常缓慢；当温度低至使混凝土内部水分结冰时，混凝土体积就会膨胀，从而破坏混凝土内部结构组成，导致强度和抗渗性均大为降低。

d. 控制升温和降温速度。升温速度对表面系数小于 6 的结构，不宜超过 6℃/h；对表面系数大于和等于 6 的结构，不宜超过 8℃/h；恒温温度不得高于 50℃；降温速度则不宜超过 5℃/h。

8）拆模板。由于对防水混凝土的养护要求较严，因此不宜过早拆模。拆模时防水混凝土的强度必须超过设计强度等级的 70%，混凝土表面温度与环境温度之差，不得超过 15℃，以防混凝土表面产生裂缝。拆模时应注意勿使模板和防水混凝土结构受损。

小　结

1. 混凝土的组成材料包括水泥、砂、石子、水以及外加剂和矿物质混合材料。

2. 混凝土的主要技术性质是和易性和强度，其中和易性包括流动性，粘聚性及保水性三个方面。

3. 混凝土工程的施工准备工作有：技术交底、物资准备，浇筑前的检查。

4. 混凝土的施工配料包括施工配合比的换算、施工配料、掺外加剂和外掺料、混凝土配料的计量。

5. 混凝土的搅拌：常用的混凝土搅拌机有自落式和强制式。在现今建设中混凝土搅拌站和商品混凝土也得到了充分的发展。

6. 混凝土的运输：常用的运输设备有混凝土搅拌输送车、混凝土泵。运输时要注意运输时间和运输道路。

7. 混凝土浇筑成型的过程中注意振捣、施工缝的留置。

8. 混凝土的养护包括自然养护和加热养护。

9. 混凝土工程的质量通病有：表面缺陷、外形规格不正和构件位移、内在缺陷以及混凝土裂缝。

10. 对于混凝土施工的安全技术要严格遵守，以确保工程的顺利进行。

11. 地下防水工程中采用普通防水混凝土、外加剂防水混凝土。在施工过程中注意并严格按照施工要求进行。

习题

1. 在建筑工程中常用的五种水泥是哪些？
2. 混凝土加外剂包括哪些类型？
3. 什么叫混凝土拌合物的和易性？它具有哪几个主要性质？
4. 怎样做混凝土试块？
5. 混凝土工程的施工包括哪几个工艺步骤？
6. 混凝土在浇筑前应做哪些准备工作？
7. 如何根据砂、石的含水量将实验配合比换算为施工配合比？
8. 混凝土搅拌时有哪些基本要求？
9. 混凝土搅拌机有哪几种类型？各适用于搅拌什么性质的混凝土？
10. 插入式振捣器的插点排列有哪几种形式？操作时为什么要做到“快插慢拔”？
11. 混凝土在运输和浇筑过程中如何避免分层离析？
12. 为什么要控制从混凝土卸料到浇筑完毕所需的延续时间？
13. 试述混凝土施工缝的留设原则、留设位置和处理方法？
14. 混凝土为什么要养护？自然养护包括哪几种方法？
15. 露筋和蜂窝是什么原因造成的？如何防治和修补？
16. 何谓商品混凝土？其优点是什么？
17. 我国常用的混凝土外加剂有哪些？其作用是什么？

7.6 钢筋混凝土工程综合施工

钢筋混凝土结构广泛应用在工业与民用建筑工程中，因此，钢筋混凝土工程在建筑施工中占有非常重要的地位。钢筋混凝土工程施工包括现浇钢筋混凝土结构施工和装配式预制钢筋混凝土构件施工。

钢筋混凝土工程是由模板、钢筋、混凝土等工程组合而成，由木工、钢筋工、混凝土工、机械操作工等多个工种施工来完成。由于钢筋混凝土工程施工工序多，参加工种多，因此，要做好施工前的准备工作，施工中要加强施工管理，统筹安排，合理组织，紧密配合，以保证质量，加速施工进度和提高效益。

7.6.1 施工程序

施工程序是指整个施工过程中各项工作必须遵守的合理的先后次序。施工程序的确定是为了按照客观规律组织施工；是为了解决各个分部分项工程施工之间在时间上的搭接问题。在保证施工质量和安全的前提下，达到充分利用施工作业面，争取时间，缩短工期的目的。

建筑工程分部、分项工程的划分方式是：分部工程按建筑的主要部位划分，例如地基与基础工程、主体工程、地面与楼面工程、门窗工程、装饰工程、屋面工程等；分项工程一般按主要工种工程划分，例如，砌砖工程、模板工程、钢筋工程、混凝土工程、玻璃工程等。多层及高层房屋工程中的主体分部工程必须按楼层（段）划分分项工程；单层房屋工程中的主体分部工程应按变形缝划分分项工程。

(1) 确定施工程序应遵守的原则

虽然工业厂房与民用房屋的性质和结构各不相同，每个工程的使用功能和施工特点也各有所异，但是在确定各分部分项工程的施工程序时，应遵守以下基本原则：

1) 必须符合施工的工艺要求：建筑物的各个分部分项施工过程的先后顺序，必须符合客观存在的施工技术和施工工艺的要求。例如：一幢房屋的基础结构未完成，其上部主体结构就不能进行施工；钢筋混凝土结构的施工，应先安装模板，绑扎钢筋，后浇筑混凝土；在钢筋工程施工中，钢筋加工未完成，就不能进行钢筋绑扎、安装。同时，各施工过程的先后顺序，还要受到不同结构承重体系的制约。例如，采用钢筋混凝土内柱与外砖墙承重结构体系（半框架结构）时，则钢筋混凝土柱和外砖墙都要完成后，才能施工钢筋混凝土梁和楼板。但是，全框架结构工程，外墙作为围护结构，则可以安排框架、大梁、楼板施工全部完成以后，才砌筑砖墙。

这种施工技术和工艺上存在的客观规律和制约关系，在确定各有关施工过程的先后顺序时，是不能违背的，而必须服从和遵守这种客观施工规律的要求。否则，颠倒这种施工顺序关系，施工就不能进行或不能保证施工质量。

2) 必须考虑施工组织的要求：工程施工程序，有的可能有多种安排方法，这时应对施工组织有利和方便的原则确定。例如：全框架结构工程，钢筋混凝土柱、墙、梁、板的施工程序，可以先安排钢筋混凝土柱和墙的浇筑，再浇筑钢筋混凝土梁和楼板。也可以安排钢筋混凝土柱、墙、梁和板同时浇筑。如果施工组织方案考虑到使用机械和人员较少，施工比较方便，则采用先浇筑柱和墙，再浇筑梁和板。又如某工业厂房中，有比较深大的设备基础，又靠近较浅的柱基础附近，施工组织根据方便、节约和安全的原则，采用先深基础后浅基础，安排同时开挖土方，先浇筑深的设备基础，后浇筑浅的柱基础混凝土。这种施工顺序的确定是根据施工组织方案而决定。

3)必须与选择的施工方法及采用的施工机械协调一致。选择的施工方法与采用的施工机械不同，则施工顺序的安排也不尽相同。如钢筋混凝土柱的施工，如果选择钢筋现场绑扎，采用井架运输时，一般是先绑扎钢筋，后安装模板；如果选择预制钢筋骨架，采用塔式起重机运输时，则可先安装三面模板，待钢筋骨架吊装完毕后，再钉第四面模板。这种施工顺序的安排是与选择的施工方法及采用的施工机械协调一致。

4) 必须考虑当地的气候条件。安排施工程序，应当考虑到当地的雨季及冬季时间。一般应考虑在雨季和冬季到来之前，先安排做完基础及室外各项施工过程，再做地面以上及室内的施工过程。这样可保证施工的连续进行，按期、保质地完成任务。

5）必须考虑工程质量的要求。确定施工程序时，应当以保证施工质量为前提。例如：当钢筋混凝土梁的高度大于700mm或柱锚固筋过长时，应先支梁底模板，绑完钢筋后，再封梁帮。否则钢筋绑扎安装的质量不易保证。又如：混凝土浇筋前，应尽可能将模板和钢筋安装及清理等工序全部完成以后，才能浇筑混凝土。否则可能出现模板及支撑不牢固而产生沉陷、变形或破坏，模板拼缝不严密而产生漏浆；钢筋发生位置不正，保护层不够；模板内杂物过多等现象。这样造成返工修补，也会影响施工质量。

6）必须考虑安全施工的要求。确定施工程序时，一定要注意安全的要求，例如，浇筑柱、梁混凝土，应先安排搭设浇筑脚手架，并应在支模板后进行；一般不安排竖向交叉施工，必要时应设隔离层，张拉安全网。以保证施工安全。

(2) 工业厂房与民用房屋一般施工程序

施工程序因不同的建筑类型、不同的结构形式、不同的施工方案、不同的施工条件而有所不同。常见的工业厂房和民用建筑，其一般的施工程序如下所述。

1）单层装配式工业厂房的施工程序：单层装配式工业厂房施工，按分部工程划分施工程序，一般可分为：基础、预制构件、结构吊装、屋面、围护结构、装修、设备安装等。按施工阶段，一般可以分为：基础、预制、吊装、围护、屋面、装修及设备安装等。各个阶段及其主要施工过程的施工程序见图7-212。

2）多层砖混结构住宅房屋的施工程序：多层砖混结构住宅房屋施工。按分部工程划分施工程序，一般可分为：基础（包括地下室结构）、主体、屋面、室内外装修、水电暖卫气等管道与设备安装工程。按施工阶段划分，一般可以分为：基础（地下室）、主体结构、屋面及装修与房屋设备安装三个阶段。各施工阶段及其主要施工过程的施工程序见图7-213。

3）框架结构房屋的施工程序：框架结构房屋施工，按分部工程划分施工程序，一般可分为：基础（包括地下室结构）、主体框架、屋面、围护结构、室内外装修、水电暖卫气等管道与设备安装工程。按施工阶段划分，一般可以分为：基础（地下室）、主体结构、屋面及装修与房屋设备安装三个阶段。各施工阶段及其主要施工过程的施工程序见图7-213、7-214。

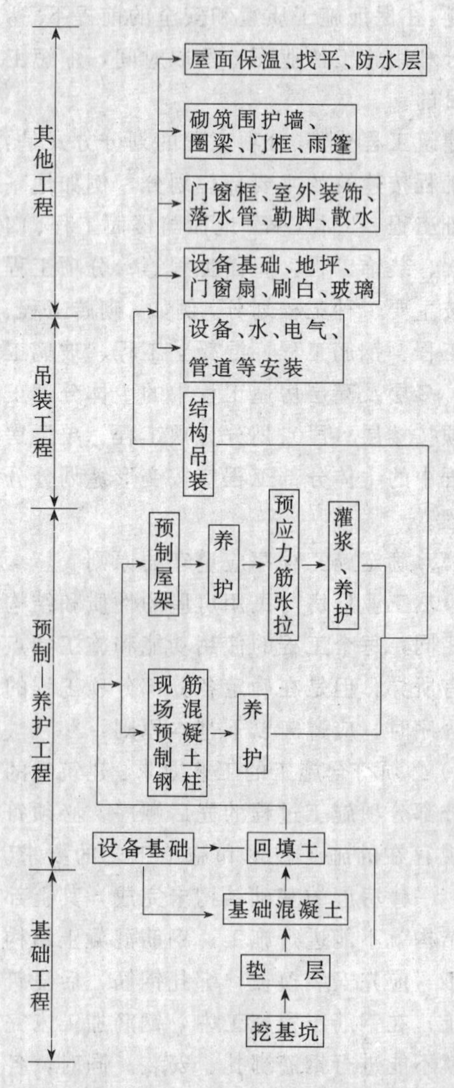

图7-212 单层工业厂房施工程序示意图

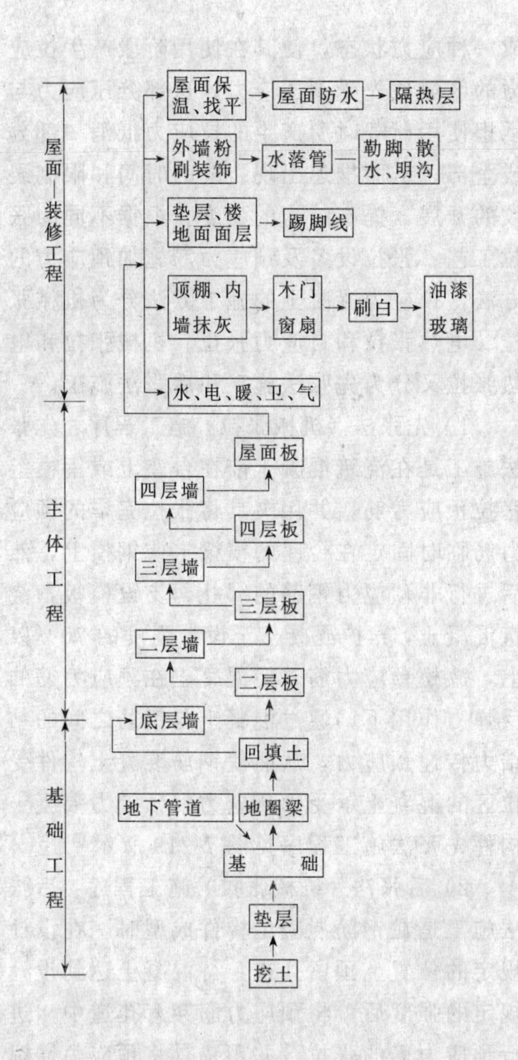

图 7-213 砖混结构住宅建筑施工程序示意图

(3) 钢筋混凝土工程一般施工程序

钢筋混凝土工程包括模板、钢筋和混凝土三个主要分项工程组成，三项工程是相对独立，又有密切的联系，其施工程序见图 7-215。

1) 模板工程施工程序：模板种类很多，工程中使用部位又各不相同，所以安排施工程序时应根据选用的模板种类、使用的工程部位及与钢筋安装的衔接等合理地安排。模板工程包括配料、制作、安装、拆除等过程，在整个工艺过程中，各工序是紧密联系又相互影响，其一般施工程序见图 7-216。

2) 钢筋工程施工程序：钢筋工程的施工程序，应根据钢筋的种类、用途、加工方法

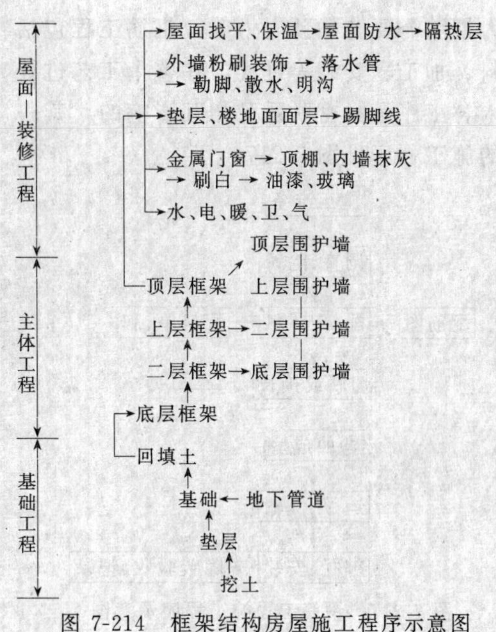

图 7-214 框架结构房屋施工程序示意图

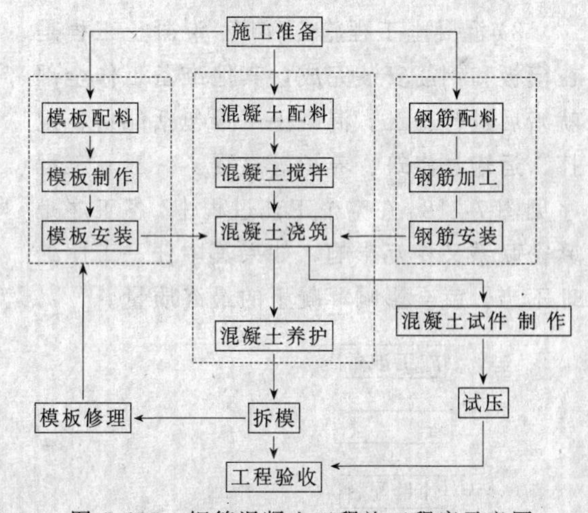

图 7-215 钢筋混凝土工程施工程序示意图

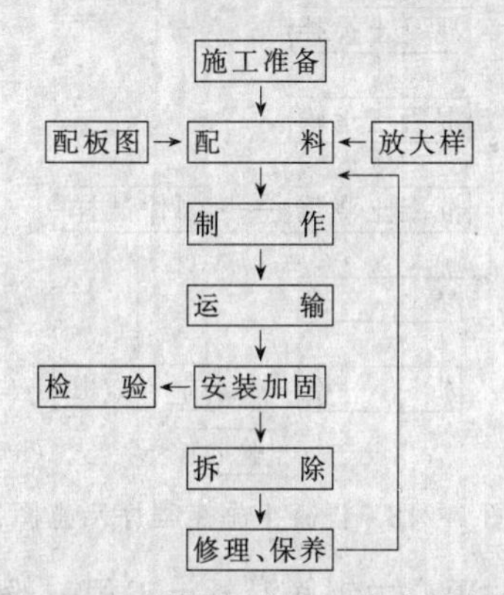

图 7-216 模板工程施工程序示意图

及与模板安装的衔接等合理地安排。例如：有的钢筋需要冷加工，有的钢筋需要焊接。预

应力钢筋需要施加预应力等。钢筋工程包括配料、加工、安装等过程，在整个工艺过程中，各工序是紧密联系又相互影响的，其一般的施工程序见图 7-217。

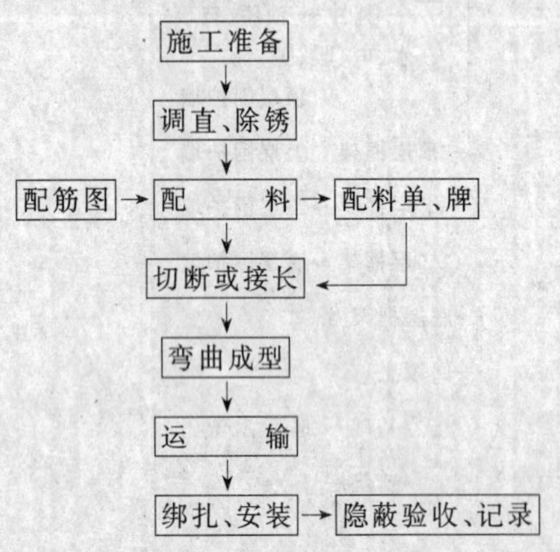

图 7-217 钢筋工程施工程序示意图

3）混凝土工程施工程序：混凝土工程是在模板和钢筋安装完成，其他准备工作全部就绪后进行施工。混凝土工程包括配料、搅拌、运输、浇筑、养护等过程。一般施工程序见图 7-218。在整个工艺过程中，各工序是紧密联系又相互影响，如果其中任一工序处理不当，就会影响混凝土的最终质量。

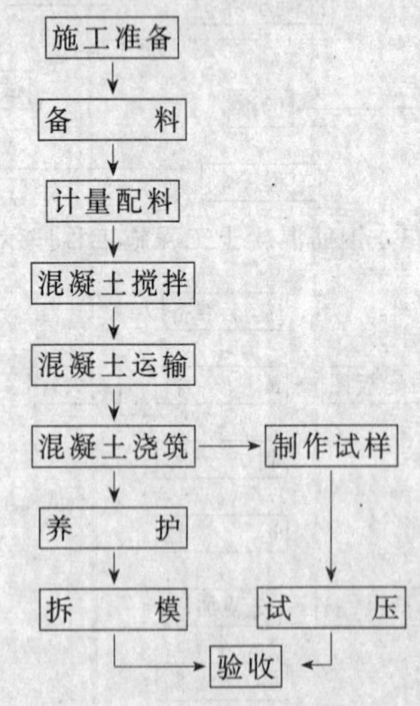

图 7-218 混凝土施工程序示意图

（4）预应力钢筋混凝土工程一般施工程序

预应力混凝土结构，就是在结构承受外荷载以前，预先用某种方法，使结构内部造成一种应力状态，使其在使用阶段产生拉应力的区域预先受到压应力，这部分压应力与承担使用荷载时所产生的拉应力抵消一部分或全部，从而推迟出现裂缝的时间和限制裂纹的开展，提高结构的强度。根据不同的张拉工艺、张拉设备及预应力筋施加预应力的方法，预应力混凝土的施工方法分为机械张拉、电热张拉和自应力张拉。机械张拉和电热张拉又分为先张法施工和后张法施工。

1）先张法（机械张拉）施工程序：先张法施工是在浇筑混凝土前在台座上或钢模上张拉预应力筋，并用夹具将张拉完毕的预应力筋临时固定在台座的横梁上或钢模上，然后进行非预应力钢筋的绑扎，支设模板，浇筑混凝土，养护混凝土至设计强度的 70%以上，放松预应力筋，使混凝土在预应力筋的反弹力作用下，通过混凝土与钢筋之间的粘结力传递预应力，从而使钢筋混凝土构件受拉区的混凝土承受预压应力。预应力混凝土构件先张法施工程序见图 7-219 所示。

2）后张法（机械张拉）施工程序：后张法施工是在钢筋混凝土构件成型时，在设计规定的位置上预留孔道，待混凝土达到设计规定的强度后，将预应力筋穿入孔道中，进行预应力筋的张拉，并用锚具将预应力筋锚固在构件上，然后进行孔道灌浆，预应力筋承受的张拉应力通过锚具传递给预应力混凝土构件，使其混凝土获得预压应力。预应力混凝土构件后张法施工程序见图 7-220，7-221。

（5）钢筋混凝土工程施工准备

施工准备是指施工前从组织、技术、经济、物资、现场、劳动力、生活等各方面为了保证工程顺利进行和工程圆满完成，事先做好各项工作。

钢筋混凝土工程是一项十分复杂的生产活动，涉及的范围广，施工程序多，要处理许多复杂的技术问题，要耗用大量材料，使用许多机械设备，组织安排各工种工作。同时，施工必须坚持施工程序，其中做好施工

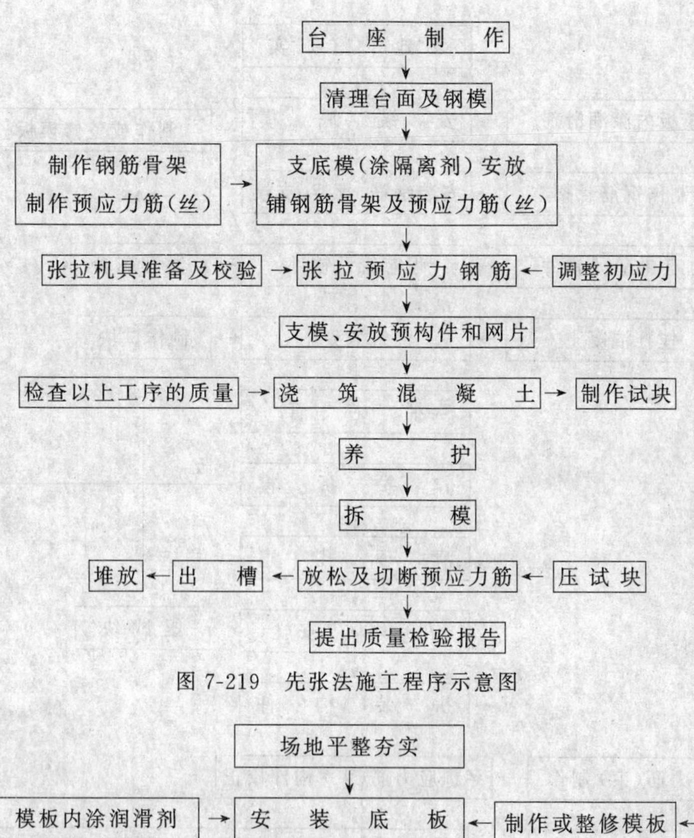

图 7-219 先张法施工程序示意图

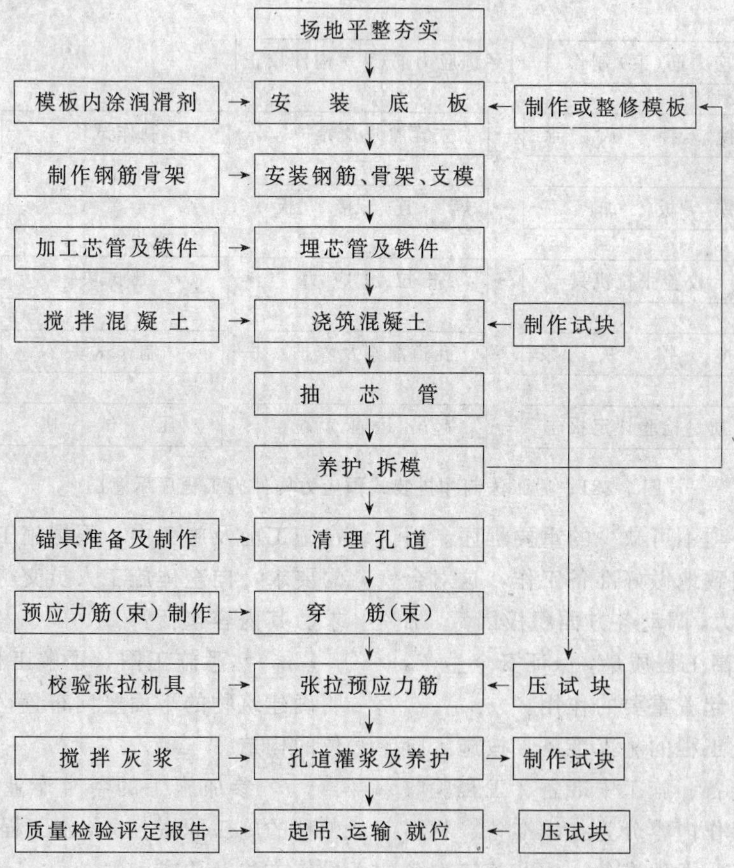

图 7-220 后张法制作整体式预应力构件施工程序示意图

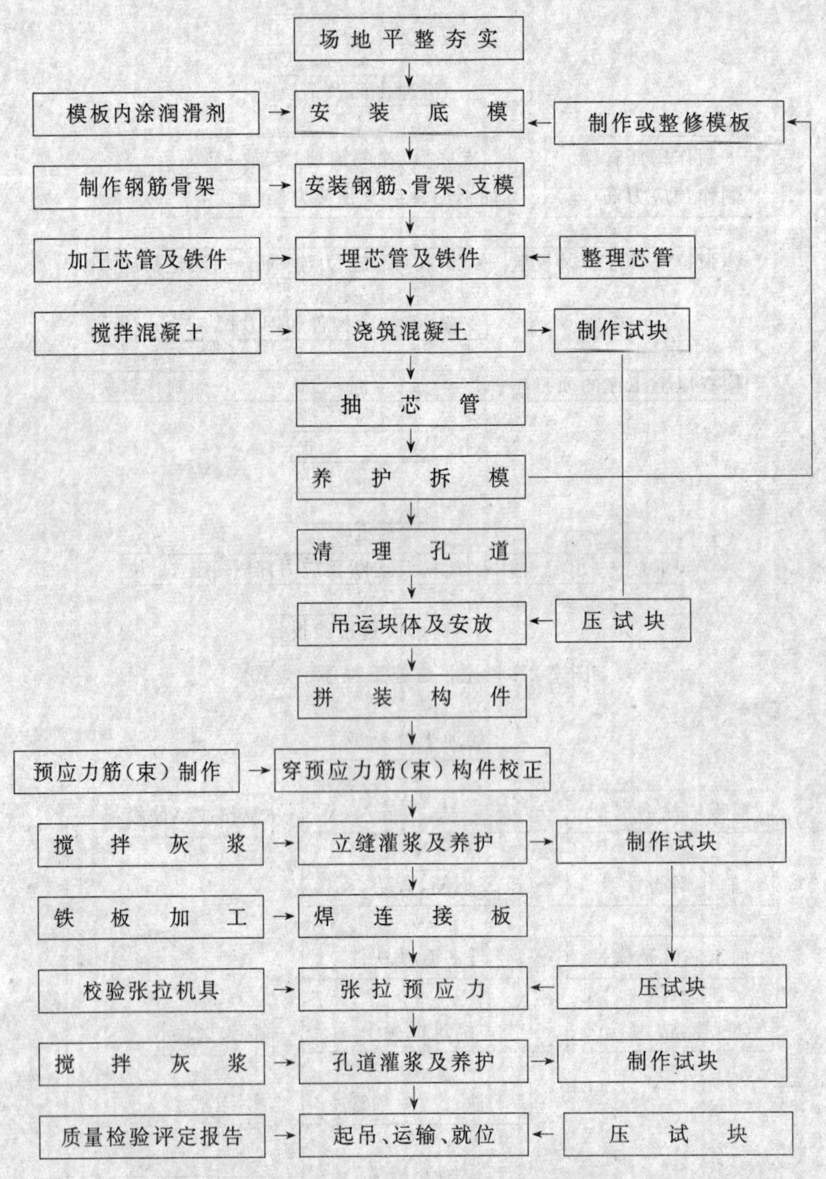

图 7-221 后张法制作拼装式预应力构件施工程序示意图

准备工作，是一项不可缺少的重要程序。因此，从各方面细致地做好准备工作，这对合理组织人力、物力，调动各方面积极因素，加快工程进度，提高工程质量，保证安全生产，提高经济效益，起着重要的作用。

钢筋混凝土工程的施工准备，按施工阶段分为施工前准备、施工中准备、工程验收准备。按准备工作内容分为技术准备、材料准备、机具准备、场地准备、季节施工准备等。

1)技术交底。技术交底是施工技术人员，在施工前及施工中，根据施工图和施工方案的要求，向全体施工人员交待施工的技术要求。其内容包括：

a. 熟悉施工图，了解工程概况和性质，明确建筑物的平面竖向布置，看懂结构各部位的构造。

b. 参加施工的各个专业施工队和各个工种的施工职责任务，施工程序，工序衔接，操作方法及要求。

c. 经济指标、进度要求、质量要求、安全要求。

d. 模板的配板图，钢筋的配筋表，混凝土的施工配合比及每盘用料量。

e. 定位、放线、高程设置。

2) 材料准备。材料准备是按施工要求备足工程所需材料。即按工程所需材料的种类、规格、数量、质量，组织货源、安排运输，按规定时间、地点组织材料进场、验收、入库、建帐、保管等。

3) 机具准备。钢筋混凝土工程使用的机具种类多，数量大，包括木工机具，钢筋工机具、混凝土工机具、运输机具、焊接机具、脚手架机具、水电设施、计量设施等。机械设备，特别是大型设备要在施工前按施工选择的种类、型号、规格、数量、按规定时间和地点组织进场，并进行安装、调试。对于工具和用具应按施工要求充分准备，并妥善保管，水电安装按施工规定布置，安装完备，并通水通电。

4) 场地准备。施工场地包括材料堆放库场、模板和钢筋加工棚、混凝土搅拌站（有木工厂、预制厂、混凝土集中搅拌站时，可不设上述场地），运输道路，施工作业面等。场地准备工作内容包括：

a. 按施工平面布置修建材料仓库、材料堆放场、修建木工加工棚、钢筋加工棚、混凝土搅拌站等。

b. 修通运输道路，搭设好脚手架，铺好楼层上运输道路。

c. 作业面布置、清理。

5) 季节施工准备。我国地域辽阔，气候差异很大。总的来说，北方、西部地区冬季长；南方、东部地区雨天多，还受台风影响。所以施工受自然气候环境的影响很大，做好季节施工准备工作，以保证组织均衡施工，增加全年施工的有效作业数。这对缩短工程建设的工期，加快工程建设的进度，确保工程施工的质量，组织安全施工，有着重要意义。

A. 雨期施工准备

a. 做好雨期期间施工部署。根据雨期施工特点分别轻重缓急，对不适于雨期施工的工程可以拖后或移前施工，例如：基础工程、地下室工程、外线工程等。根据晴、雨、内、外相结合的原则，晴天多搞室外，雨天多搞室内，尽量缩短雨天露天作业时间。

b. 做好现场排水、防水工作。雨季到来之前应修好排水沟、截水沟，准备抽水设备；检查并加强仓库、机电设备等的防雨能力。雨季中及时抽除低洼地、地坑、基槽等处的积水，随时检查、维护排水、防水设施。

c. 做好道路维护，保证运输畅通。

d. 雨期到来之前做好材料、物资储备，减少雨天的运输量。

e. 采取有效技术措施，做好安全施工的教育工作。雨期施工时，对塔式起重机，井字架、脚手架、机电设备、仓库和工棚应制定检查措施，制定防止倒塌、防止雷击、避免漏电等有关技术组织措施。要有各种应急准备措施，防备意外事故的突然发生。特别是在狂风暴雨过后，要立即检查各项设施是否安全，严防滑倒、坠落、触电等事故。要经常做好安全教育，注意安全生产。

B. 冬期施工准备。根据《混凝土结构工程施工及验收规范》的规定，当室外日平均气温连续5d稳定低于5℃时，混凝土结构工程应采取冬期施工措施。当进入冬期时，连续5d日平均气温稳定在5℃以下，则此5d的第一天为进入冬期施工的初日。当气温转暖时，最后一组5d的日平均气温稳定在5℃以上，则此5d中的最后一天为冬期施工的终日。

a. 冬期施工前，要与施工所在地区气象部门联系，掌握当地冬期气温情况，搜集有关气象资料。如该地区缺乏资料，可参照附近地区气象资料，进行冬期施工准备。

b. 技术准备工作包括确定施工项目、复核施工图纸、编制施工方案、培训施工人员、进行技术交底。

c. 落实热源和冬期施工物资。例如：采暖锅炉及配件、燃料，水电供应，保温及挡风材料，化学附加剂，化盐及测温用具，劳

动保温用品，施工材料等。

d. 做好现场准备工作。例如清理现场，维修道路，检修锅炉并试火试压，搅拌机棚、工作棚、生活间和混凝土试压块标准养护室等的保温和采暖，供水管道及设备的保温。

e. 做好防滑、防塌、防触电、防烫伤、防煤气中毒、防火等安全工作。

7.6.2 工序衔接

工序衔接是指分部分项工程施工中，各个施工过程（或施工工序）连接的先后次序、相互关系和连接方法。钢筋混凝土工程施工涉及范围广、施工程序多、施工过程繁杂，合理地安排工序衔接，对合理组织人力、物力、加快工程施工进度，提高施工质量，保证施工安全，提高经济效益，起着重要的作用。是施工顺利进行和工程圆满完成的保证。

安排工序衔接，应视其建筑结构类型、施工部位、施工工艺要求、选择的施工方法和采用的施工机械、施工质量和安全要求等确定。

（1）现浇钢筋混凝土框架结构建筑施工

钢筋混凝土框架结构是多层和高层建筑的主要结构形式。钢筋混凝土框架结构房屋施工有现场直接浇筑、预制装配、部分预制和部分现浇等几种形式。现场直接浇筑钢筋混凝土框架建筑施工是将柱、墙（包括剪力墙、电梯井）、梁、板（也可预制）等构件在现场按设计位置浇筑成一整体，故称整体式现浇钢筋混凝土多层框架结构建筑施工。

现浇钢筋混凝土多层框架结构建筑施工，是由模板、钢筋、混凝土等多个施工过程组成。因此，施工前应做好充分的准备工作；施工中应合理组织工序衔接，加强管理，使各施工过程紧密连接，以加快工程的施工进度，提高施工质量，保证施工安全。

现浇钢筋混凝土多层框架结构房屋施工，应分层分段组织进行。水平方向则以结构平面的伸缩缝或沉降缝为分段基准；垂直方向则以每一个使用层的柱、墙、梁、板为一结构层次分层。在每层中先施工柱、墙等竖向结构，再施工梁、板。这样在基础施工完成后，从底层开始逐层向上施工，直至顶层。框架结构房屋组成见图 7-222。

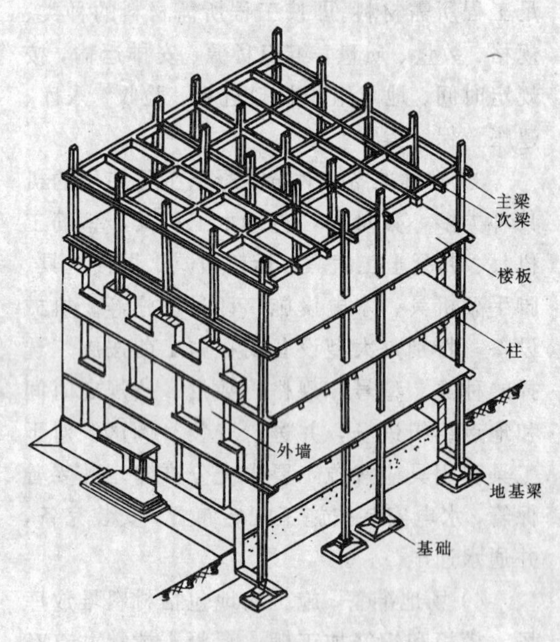

图 7-222 框架承重结构房屋组成

1）基础施工。多层框架房屋常采用条形基础或十字交叉基础，条形基础见图 7-223。现浇钢筋混凝土条形基础的施工，是在基槽土方开挖全部完成，经验槽合格，办理隐蔽验收记录，进行工序接交后进行。

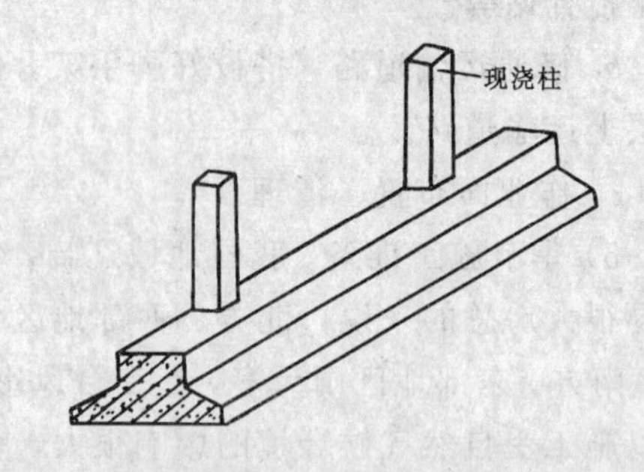

图 7-223 条形基础示意图

施工前应做好充分的准备工作及基槽清理工作。现浇钢筋混凝土多层框架房屋条形基础施工工序衔接见图 7-224。

a. 清底、浇垫层：清底工作完成后，立即由基槽一端开始依次向另一端推进，浇筑垫层混凝土。这样可以保护地基。浇筑完成

后，如果需要可浇水养护。

b. 弹基础线：待垫层混凝土达到一定强度后，在垫层上弹出基础轴线和边线。测设基础标高控制线。

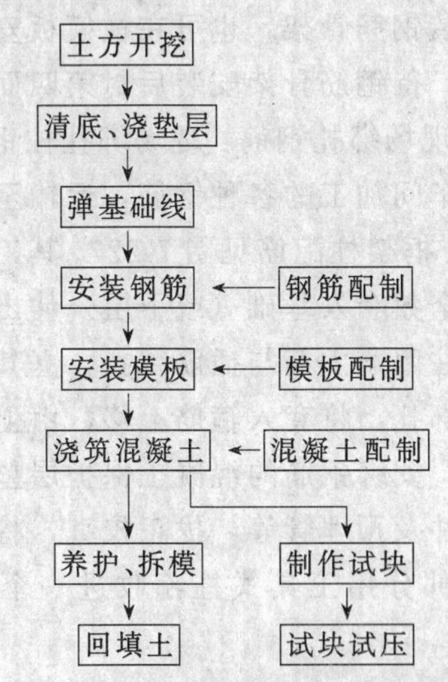

图 7-224 钢筋混凝土条形基础施工工序衔接示意图

c. 安装钢筋：现浇钢筋混凝土多层框架房屋条形基础的钢筋，一般包括基础底板钢筋网片、条形钢筋骨架、柱或墙插筋三个部分。钢筋混凝土条形基础配筋见图 7-225。基础钢筋安装分为预制钢筋网片和骨架现场安装，及现场绑扎两种。

现场安装：预制钢筋网片和骨架现场安装，是在钢筋车间将基础钢筋预先加工成钢筋网片和骨架，运输至施工现场就位、安装。

在基础边线范围内，从基槽一端开始依次放置底板钢筋网片，进行校正、连接、塞垫钢筋的混凝土保护层垫块。在一段钢筋网片安装完成后，跟进吊装条形钢筋骨架放在底板钢筋网片上。进行条形钢筋骨架之间的校正、连接，并与底板钢筋网片进行绑扎，连成整体，绑扎骨架钢筋的混凝保护层垫块。最后在柱或墙位置，绑扎柱或墙的插筋。这样直至安装完毕。

现场绑扎：现场绑扎是将钢筋车间加工成形的各种钢筋，运输至施工现场绑扎安装。先绑扎底板钢筋网片，再绑扎条形钢筋骨架，最后绑扎插筋。

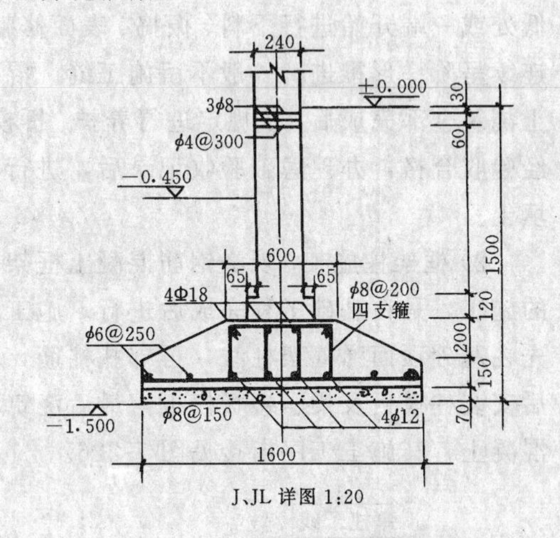

图 7-225 钢筋混凝土条形基础配筋

底板钢筋网片的绑扎是从基槽一端开始，在基础边线范围内先放横向受力钢筋，再在横向受力筋上放纵向分布筋，调整间距，进行绑扎、校正，塞垫钢筋的混凝土保护层垫块。条形骨架的绑扎是在钢筋网片绑扎一段后跟着就地进行，先用绑扎架架起上下纵筋和弯起筋，套入全部箍筋，从绑扎架上放下下部纵筋，拉开箍筋按要求间距均匀就位，将上下纵筋及弯起筋排列均匀，进行绑扎。绑扎成型后抽出绑扎架，把骨架放在底板网片上进行绑扎、校正，绑扎骨架钢筋的混凝土保护层垫块。最后在柱或墙位置安放绑扎柱或墙与基础连接用的插筋。同时做好安放预埋件和线管，预留孔洞工作。

d. 安装模板：钢筋绑扎全部完成，经验收合格，办理钢筋隐蔽验收记录后，由基槽一端或两端开始支模板。先分段将下段侧模立在基础边线上，进行连接、固定，用支撑与土壁撑牢。紧接支上段侧模，先安装吊架，然后拼装侧模，进行连接、固定，用支撑与土壁支牢。模板安装完毕后，进行找平、校直，并在柱插筋处用木条架成井字架，将插筋固定牢固。

e. 浇筋混凝土：混凝土的浇筑是在上述工序全部完成，经验收合格后，在两侧板上弹出基础标高线，清除杂物，模板浇水湿润

后进行。浇筑混凝土，是分段、分层从基槽低处或一端开始进行下料、振捣、表面修整，连续呈阶梯形推进，一般不留施工缝。混凝土浇筑全部完成后，按规定进行养护、拆模。经验收合格，办理隐蔽验收记录后，进行回填土。

2）框架柱施工。现浇钢筋混凝土框架柱的施工，是在基础工程完成后进行。施工时先在基础顶面弹框架柱线，再绑扎柱筋，然后安装柱模板及梁、楼板模板，最后浇筑柱混凝土，其施工工序衔接见图 7-226。

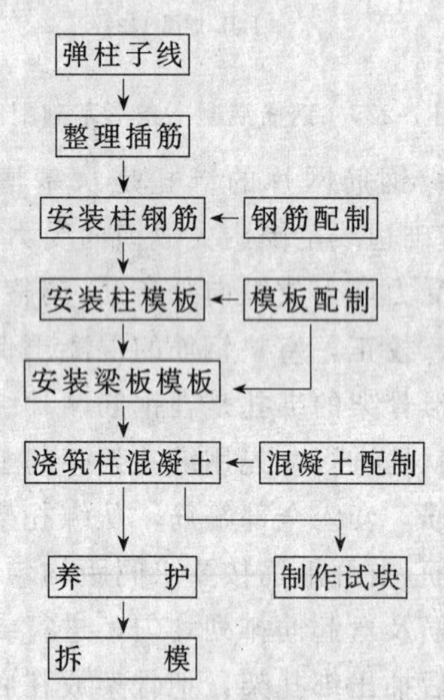

图 7-226　框架柱施工工序衔接示意图

A. 弹框架柱线、整理插筋：基础工序接交后，在基础顶面弹出框架柱的纵横轴线和四周边线，并测设柱底标高。如果有现浇钢筋混凝土墙，应一并弹线。

框架柱弹线后，对基础（或下层）伸出与柱连接的钢筋进行整理。如有锈皮、水泥浆和污垢等应清除干净，并进行理直；若发现伸出钢筋位置与设计要求位置偏差大于允许值，应进行调整。还应清除基础（或下层）顶面松动的混凝土及杂物。如有墙应同时进行。

B. 安装柱钢筋：框架柱钢筋的安装分为预制钢筋骨架现场安装和现场绑扎安装两种。柱钢筋的安装是从框架的一端或两端开始逐根柱依次进行。

a. 现场安装钢筋骨架：将钢筋车间预制的柱钢筋骨架运输至现场，吊装就位，与基础上的插筋或下层伸出钢筋绑扎连接，绑扎钢筋的混凝土保护层垫块，校正找直。这种现场安装钢筋骨架，也可在柱模板安装三面后进行，待钢筋骨架安装后封第四面模板。

b. 现场绑扎钢筋：现场绑扎柱钢筋，是将钢筋车间加工的各种钢筋，运输至现场进行绑扎。框架柱配筋见图 7-227。其工序是将柱箍筋全数套入基础（或下层）伸出的钢筋上，立柱四角主筋与插筋绑扎，立其余主筋与插筋绑扎，将套入箍筋上移，由上往下绑扎箍筋，安绑钢筋的混凝土保护层垫块，设置预埋件及预埋管等，拢正校直，将立筋露出楼面部分用工具式柱箍收进一个立筋直径。

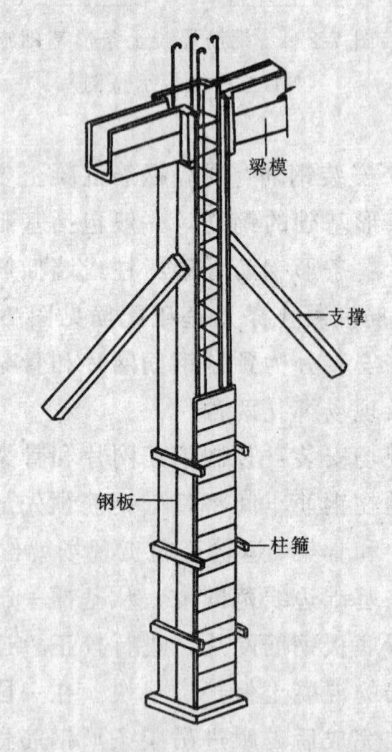

图 7-227　柱钢筋、模板组成示意图

C. 安装柱模板：框架柱模板的安装是在钢筋绑扎完毕后，从框架两端开始依次向中间推进，即先安装框架两端柱模板，校正固定后作为标准，然后逐次安装校正中间各柱模板，柱模板组成示意见图 7-227。其安装工序是：

a. 固定小方盘，在小方盘面调整标高。

b. 支立柱身四面模板，临时支撑后拢正校直，然后正式固定。

c. 加设柱箍及对拉螺栓。柱脚互相搭牢，固定，加设剪刀撑彼此拉牢。

D. 安装梁、板模板：有梁楼板的模板安装是先安装主梁模板，再安装次梁模板，最后安装平板模板。柱、梁、板组成示意见图 7-228。

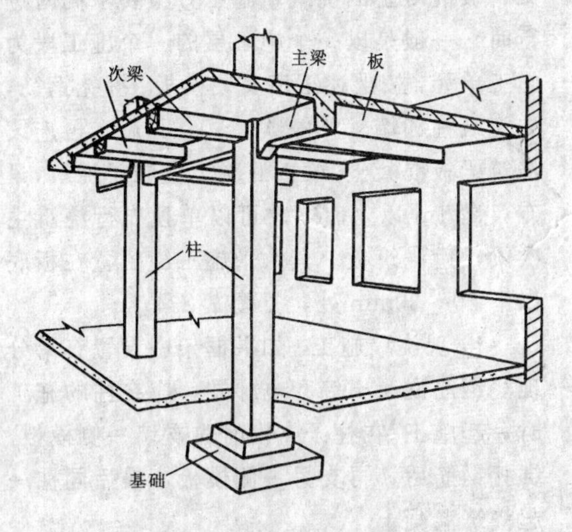

图 7-228　柱、梁、板组成示意

a. 安装主梁模板：柱模校正无误后，在两柱脚之间垫上通长垫板，靠柱模边先在垫板上立支柱（俗称琵琶撑），把主梁的底板搁在两头的支柱上，再把中间部分的支柱顶上。支柱间用拉杆相互牵搭住，用成对木楔将主梁底板拢好标高，梁跨度在 4m 及大于 4m 时，底板中部应起拱。然后安装主梁侧板，两旁用夹板夹住。主梁、次梁、板模板组成示意见图 7-229。

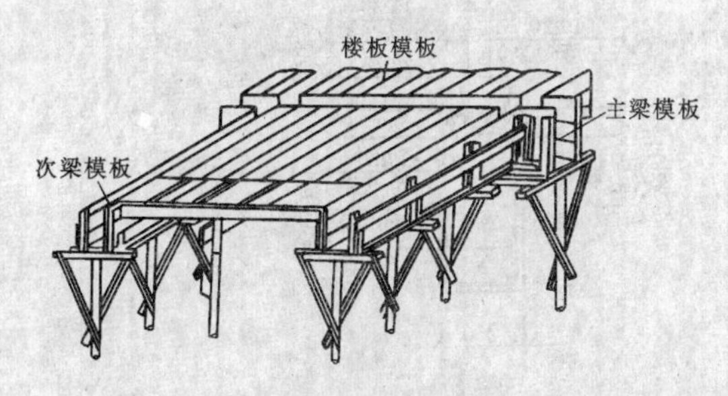

图 7-229　主梁、次梁、板模板组成示意

b. 安装次梁模板：在相对两主梁的缺口处（即次梁与主梁交接处），按主梁支模的工序立支柱，装次梁的底板及侧板。将柱、剪刀撑与梁支柱连接成一整体。

c. 安装平板模板：主次梁模板经校正无误后，即在次梁侧板上钉托板，在相对托板上匀摆搁栅，在搁栅上面铺设平板的底板。模板安装完后，进行抄平、调整、清除杂物。

E. 浇筑柱混凝土：框架柱混凝土的浇筑，是在柱钢筋绑扎、模板安装完毕，梁、板模板安装完毕，钢筋尚未绑扎之前进行，这样可以利用梁和板模板稳定柱模，并可用作浇筑柱混凝土的操作平台。浇筑混凝土前应清除柱模内杂物，浇水润湿柱模板。浇筑排柱的顺序，是从两端同时开始向中间推进，不宜从一端推向另一端，以免因浇筑混凝土后，模板吸水膨胀而产生横向推力，累积到最后一根造成弯曲变形。

浇筑时，先在柱底部铺一层 50～100mm 厚去石子水泥砂浆。再沿柱子高度分层一次浇筑直至施工缝处。当混凝土浇筑完毕后 12h 以内，应浇水养护。

3）现浇有梁楼板施工。框架有梁楼板的施工，其模板安装是在柱子混凝土浇筑之前完成的。在柱子混凝土浇筑完成后，检查梁板模、清除杂物，即可绑扎梁、板钢筋，最后梁板同时浇筑混凝土。

A. 有梁楼板钢筋绑扎：有梁楼板（又称肋形楼板），由板、次梁、主梁组成，其钢筋绑扎要处理好三者关系。其钢筋绑扎顺序是：先主梁、再次梁、后楼板。

a. 主梁钢筋绑扎：主梁钢筋绑扎，一般是在梁模板上就近进行钢筋骨架绑扎。先将受力筋、弯起筋、架立筋就位，再用绑扎架架起架立筋、弯起筋、受力筋，将箍筋全部套入，按设计间距拉开箍筋距离，放下受力筋，将上、下纵筋及弯起筋排列均匀进行绑扎。如有双排筋应垫好双排筋之间的短钢筋，做好预埋预留工作。取出绑扎架，将主梁钢筋骨架放入主梁模内，校正位置，垫塞好钢

筋的混凝土保护层垫块，最后将主梁钢筋与柱钢筋绑扎牢固。主梁配筋见图 7-230。

b. 次梁钢筋绑扎：按主梁钢筋骨架绑扎过程，绑扎次梁钢筋骨架，将次梁钢筋骨架放入次梁模内，校正位置，垫塞好钢筋的混凝土保护层垫块，最后将次梁钢筋与主梁钢筋绑扎牢固。次梁配筋见图 7-231。

c. 楼板钢筋绑扎：主筋和分布筋的摆放：先摆受力筋，后放分布筋并进行绑扎。预埋件、线管、预留孔洞要及时配合。施工时可由一端推进，或从两端同时开始推进绑扎板的钢筋网。如果采用分离式配筋，还需按设计间距绑扎梁上的负弯矩钢筋。钢筋全部绑扎完成，塞垫好钢筋的混凝土保护层垫块，并检查校正。板配筋见图 7-232。

板、次梁和主梁钢筋交叉处，板的钢筋在上，次梁钢筋居中，主梁钢筋在下。

B. 有梁楼板混凝土浇筑：浇筑有梁楼板的混凝土是在模板和钢筋安装全部完成后进行。

一般情况是从楼板的最远一端开始顺次梁长度方向，梁与板同时向前浇筑，见图 7-233。

梁、板混凝土浇筑完毕后，在 12h 内应覆盖、浇水养护。待达到施工规范规定的强度后，方可拆除模板。

现浇钢筋混凝土多层框架结构柱（墙）、梁、板混凝土的浇筑，施工方案要求同时进行时，一般是以一个施工层的一个施工段为施工单元，按上述工序安装模板、绑扎钢筋，先浇筑柱和墙、并停歇 1～1.5h 后，再连续浇筑梁板混凝土，梁板混凝土应同时浇筑，只有梁高 1m 以上时，才可以单独先行浇筑主次梁，后浇筑板。其水平施工缝留置在板底以下 20～30mm 处，见图 7-234。

4）现浇墙施工。如果框架中设置有部分现浇钢筋混凝土墙和电梯井，应在柱的施工时一起施工。在柱子支模时先支墙一侧模板，绑扎钢筋后，再支另一侧模板，最后同柱一起浇筑混凝土。

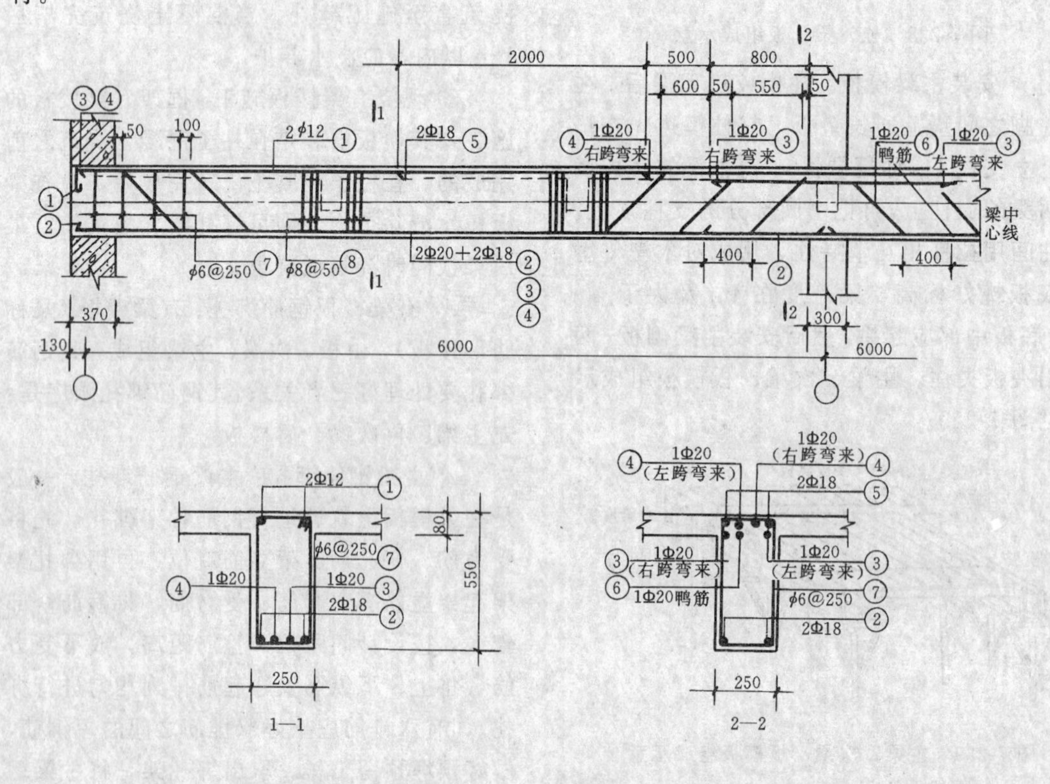

图 7-230　主梁配筋图（L_1）

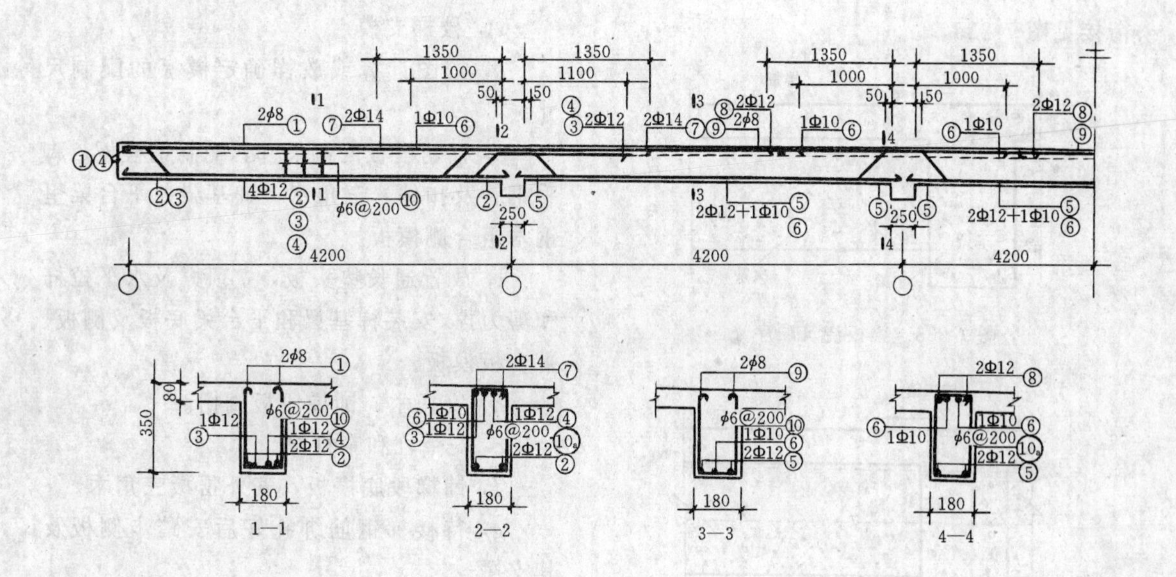

图 7-231　次梁 L_1 的配筋图

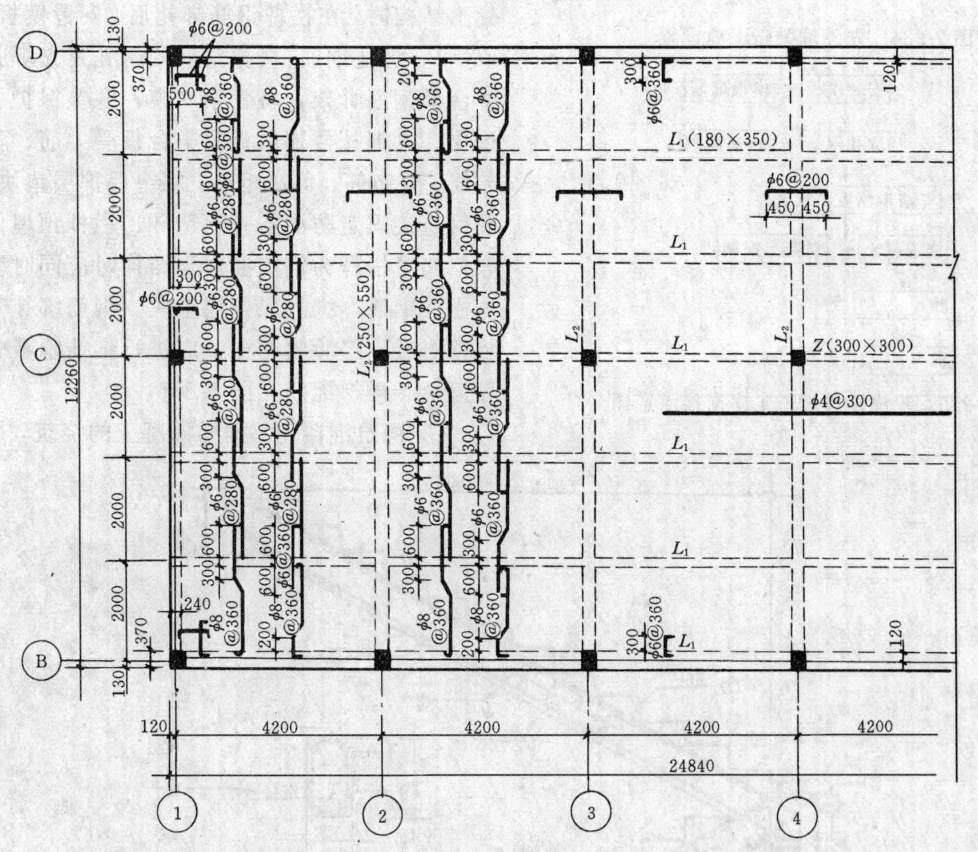

图 7-232　楼板配筋图

5）现浇楼梯施工。框架结构房屋的现浇钢筋混凝土楼梯，有梁式和板式两种结构形式。梁式楼梯梯段两侧有梁、板式楼梯梯段无梁。双跑板式楼梯施工过程是先支模板，再绑扎钢筋，一般与竖向结构一起浇筑混凝土。框架结构房屋现浇钢筋混凝土楼梯施工工序衔接见图 7-235。

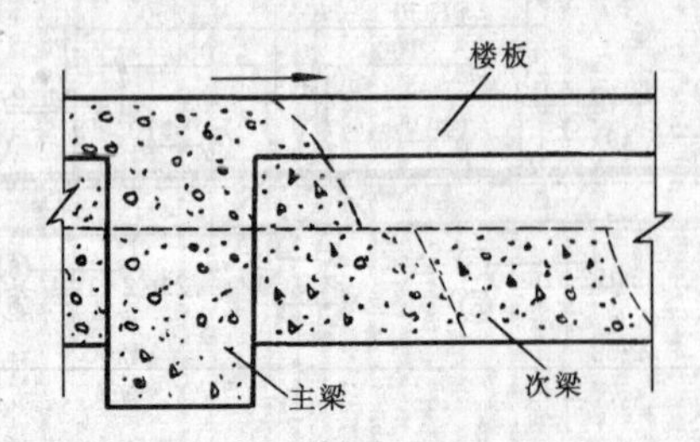

图 7-233　梁板浇筑顺序

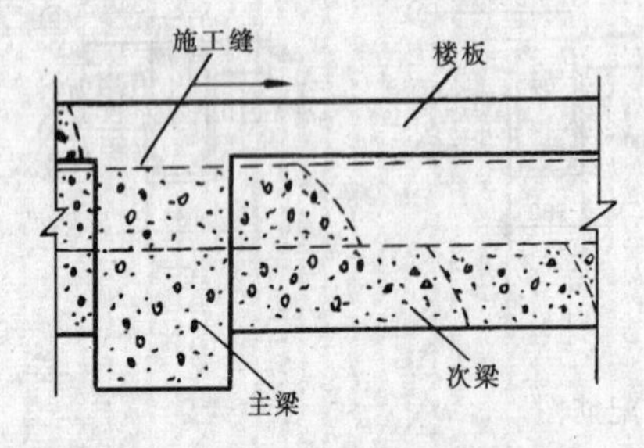

图 7-234　先浇筑梁施工缝设置

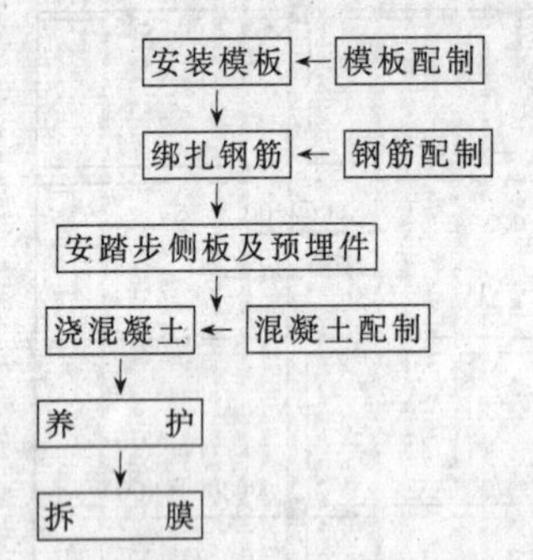

图 7-235　现浇楼梯施工工序衔接示意图

A. 楼梯支模

a. 按图计算或放样确定模板的配制尺寸。

b. 根据模板配制尺寸，配制钢模板、脚手钢管及扣件、三角木，梯基梁、平台梁里钢木组合侧模板。

c. 放置通长垫头板，立顶撑及水平拉杆和剪力撑，安装梯基梁和平台梁底板及侧板、平台板模板。

d. 安托木、铺梯段板搁栅。

e. 安牵杠和牵杠撑。

f. 铺梯段底模板，安外帮板三角木。

g. 待楼梯钢筋绑扎好后安踏步侧板及其支撑。

h. 安置栏杆预埋件。如果栏杆为钢筋混凝土结构时，在栏杆钢筋绑扎后，安置模板。

B. 绑扎钢筋：楼梯钢筋的绑扎是先绑扎平台梁钢筋骨架，将骨架入模，塞垫保护层垫块。再绑扎楼梯斜板及平台板受力筋、弯起筋、分布筋、负弯矩筋、塞垫保护层垫块。最后连接固定防滑条、地毯环、栏杆预埋件等。如果栏杆为钢筋混凝土结构时应同时绑扎栏杆钢筋，绑扎保护层垫块。钢筋绑扎安装完毕后，经验收合格，应进行钢筋隐蔽验收记录。楼梯配筋见图 7-236。

C. 浇筑混凝土：楼梯混凝土的浇筑，是

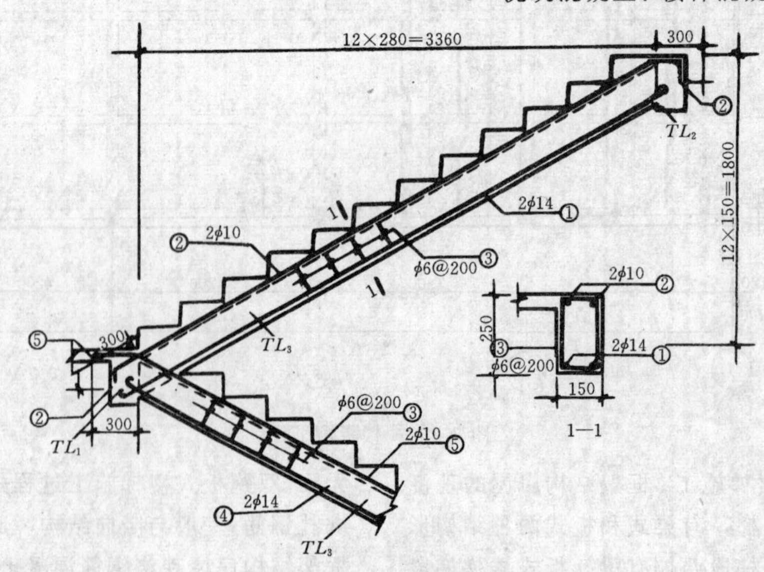

图 7-236　楼梯配筋图

在模板、钢筋安装完毕后与柱、墙等竖向结构混凝土浇筑同时进行。浇筑时由下往上逐步下料、振捣。楼梯栏杆如为钢筋混凝土结构时，应同时浇筑。施工缝留置在休息平台上段楼梯长度中间处 1/3 的范围内。楼梯浇筑完毕后，自上而下修平踏步表面，在混凝土终凝后覆盖浇水养护，在混凝土强度达到规定值时，拆除模板。

6）阳台、雨篷、挑檐施工。阳台、雨篷和挑檐等是悬挑出墙、柱、圈梁及楼板以外的构件，故统称为悬挑构件。这类构件，根据截面尺寸大小和作用分为，悬臂梁和悬臂板，见图 7-237。悬挑构件的受力特征与简支梁正好相反，悬挑构件是上部承受拉力，下部承受压力。悬挑构件靠支承点（砖墙、圈梁等）与后部的构件平衡。因此，施工时应充分考虑这类构件的受力特征，以保证施工质量。

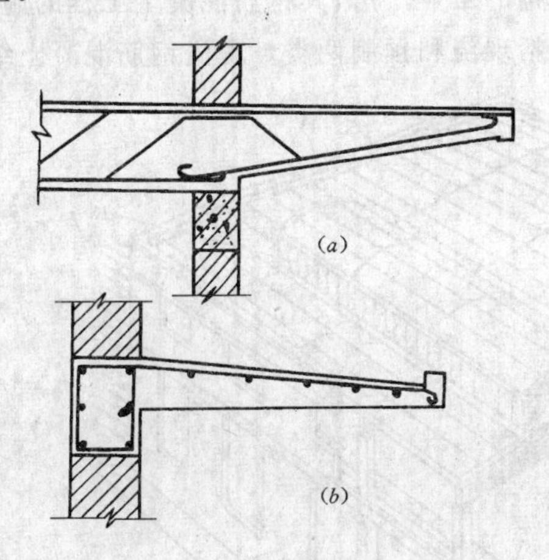

图 7-237　悬挑构件及钢筋构造示意图
(*a*) 悬臂梁；(*b*) 悬臂板

钢筋混凝土悬挑构件的施工，一般是与同层的其它钢筋混凝土构件（如圈梁、楼板、屋面等）一起进行，其施工过程是先支模板，再绑扎钢筋，最后浇筑混凝土。

A. 支模板

a. 支雨篷模板：雨篷模板包括过梁和雨篷板两部分，见图 7-238。其支模过程是在过梁底下地面放垫板，靠墙处各立琵琶撑一根，安放过梁模底板，立中间琵琶撑，支侧模和托木，在雨篷板外沿下立支柱，上面搁上牵杠，雨篷板的木楞一头搁在牵杠上，另一头搁在过梁侧板托木上，支雨篷板底模和侧模。最后加固、校正。

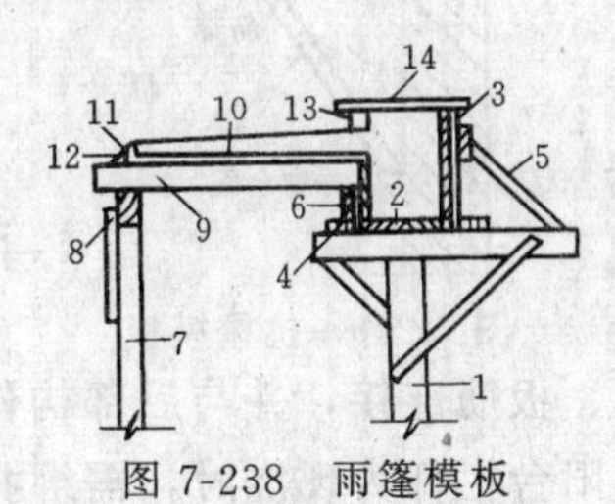

图 7-238　雨篷模板

1—琵琶撑；2—过梁底板；3—过梁侧板；4—夹板；5—斜撑；6—托木；7—牵杠撑；8—牵杠；9—木楞；10—雨篷底板；11—雨篷侧板；12—三角木；13—木条；14—搭头木

b. 支阳台模板：凸阳台见图 7-239。其模板的安装与雨篷模板安装相似，即立支柱，搁牵杠，支挑梁底模和侧模，支板底模和侧模，校正、加固、如有现浇钢筋混凝土栏杆，在栏杆钢筋绑扎后支栏杆模板。

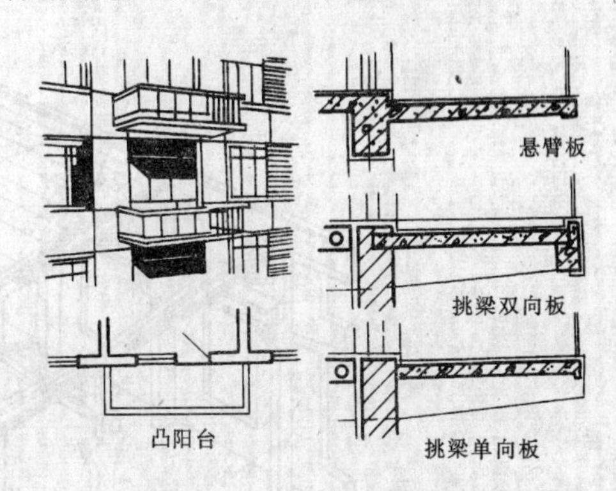

图 7-239　凸阳台示意图

c. 支挑檐模板：挑檐支模与雨篷支模相似，即将斜撑支在下层窗台线上，支托木，搁牵杠，支底模和侧模，校正、加固，见图 7-240。

B. 绑扎钢筋：待模板安装全部完成，经检查合格，清理模板内杂物后，即可绑扎钢筋。悬桃构件的钢筋绑扎是就近进行，即先绑扎梁钢筋骨架，钢筋骨架入模，校正，加垫保护层垫块。然后按受力主筋在上，分布筋在下绑扎板钢筋，校正，加垫保护层垫块。

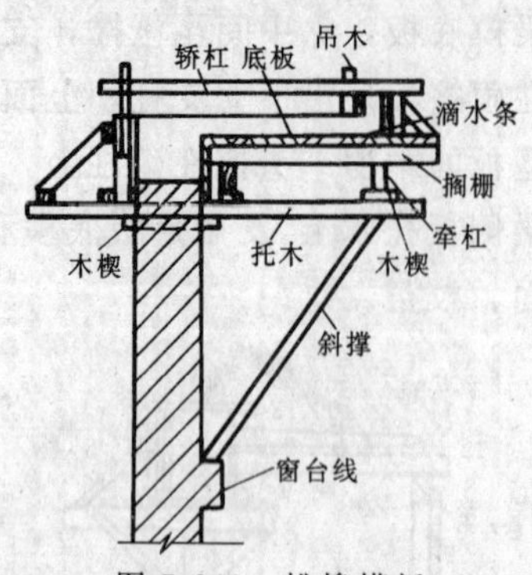

图 7-240 挑檐模板

最后将梁、板筋连接，并与后部构件锚固连接。如果阳台栏杆为现浇时，需绑扎栏杆钢筋。钢筋绑扎完成后，经检查合格，进行钢筋隐蔽验收记录。

C. 浇筑混凝土：悬挑构件混凝土的浇筑，在模板、钢筋安装全部完成后进行。悬挑构件的悬挑部分与后面的平衡构件的浇筑必须同时进行，以保证悬挑构件的整体性。浇筑时，应先内后外，先梁后板，一次连续浇筑，不允许留置施工缝。混凝土浇筑完毕，对表面进行整补、拍平、压实。待混凝土初凝进行表面覆盖，终凝后浇水养护。达到规定要求后，即可拆除模板。

多层砖混结构房屋的过梁、楼梯、楼板和屋面板，一般为预制钢筋混凝土构件，进行现场安装。其现浇钢筋混凝土梁，卫生间及厨房部分现浇钢筋混凝土板的施工参见框结结构建筑施工。

(2) 单层装配式工业厂房施工

单层厂房便于水平方向组织生产工艺流程，对于运输量大、设备、加工及产品笨重的生产有较大的适应性，并便于工艺改革，故广泛地应用于机械制造、冶金等许多工业部门。单层工业厂房广泛采用装配式钢筋混凝土骨架结构，墙体只起围护或分隔作用，其结构骨架组成及主要构件见图 7-241。

一般中小型单层装配式钢筋混凝土骨架结构的工业厂房，其钢筋混凝土工程的施工，包括现浇和预制两类。现浇钢筋混凝土结构

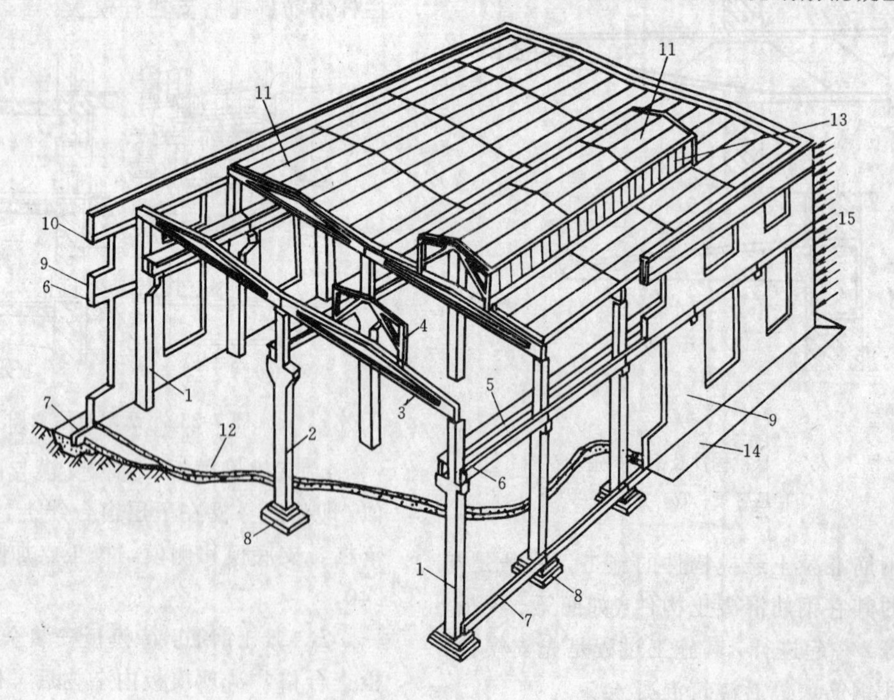

图 7-241 单层厂房装配式钢筋混凝土骨架及主要构件

1—边列柱；2—中列柱；3—屋面大梁；4—天窗架；5—吊车梁；6—连系梁；
7—基础梁；8—基础；9—外墙；10—圈梁；11—屋面板；12—地面；
13—天窗扇；14—散水；15—风力

有柱基础、设备基础、混凝土地面，及围护结构中的现浇钢筋混凝土大门门框、雨篷、圈梁等。预制钢筋混凝土结构构件较多，一般包括：柱、吊车梁、连系梁、基础梁、屋架、天窗架、屋面板、天沟及檐沟板、天窗端壁、各种支撑。考虑到柱、梁、屋架等重量大，尺寸长，运输不便，故大多数安排在现场预制。其他各种构件可安排在构件厂预制。

1）基础施工。单层装配式工业厂房的柱基础均采用钢筋混凝土杯形基础。其施工过程是开挖柱坑土方、混凝土垫层、钢筋混凝土杯形基础、回填土等。施工工序衔接见图7-242。

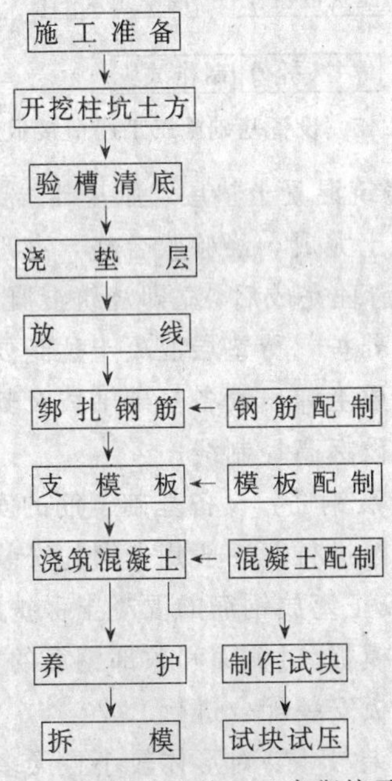

图7-242 杯形基础施工工序衔接示意图

如果厂房内有各种设备基础，则应分别情况，具体研究施工工序衔接。一般情况是，设备基础不大，不深（比柱基浅或相当），且不靠边柱基础，则可采用"封闭式"施工，即设备基础施工在厂房结构吊装以后，地面施工之前进行；设备基础有的既大又深，又靠近柱基础，则可采用"敞开式"施工，即安排在柱基础施工时，同时施工。

A. 杯形基础施工：杯型基础主要用于装配式房屋安装预制柱，以单层装配式工业厂房使用较多。根据设计，分为单杯口、双杯口和高杯口三种型式，见图7-243。这几种杯型基础的钢筋混凝土施工方法基本相同。

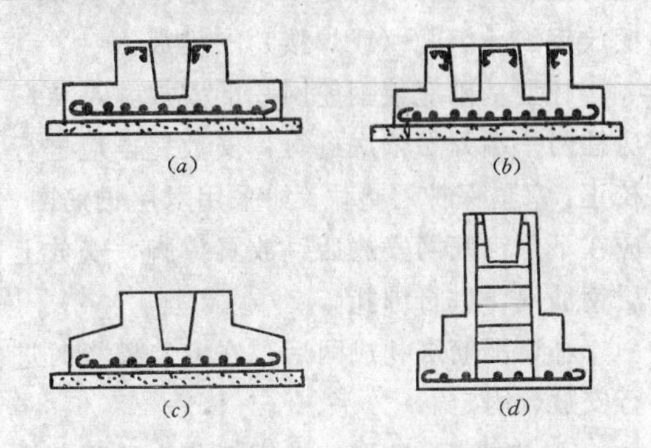

图7-243 杯型基础
（*a*）单杯口基础；（*b*）双杯口基础；（*c*）锥式杯型基础；（*d*）高杯口基础

a. 浇筑混凝土垫层：在基础坑土方开挖完成，经验收合格，办理隐蔽验收手续后，进行基坑清底，立即由一端开始逐次浇筑基坑垫层混凝土。混凝土垫层浇筑完毕，根据情况，在混凝土终凝后浇水养护。

b. 基础放线：待垫层达到要求强度后，从柱网一端开始，逐条轴线，逐个基础弹出纵横轴线和四周边线。并测设基础标高控制线。

c. 绑扎钢筋：杯形基础的钢筋有基础底板钢筋网片和杯口配筋，见图7-244。其钢筋一般是绑扎成网片进行安放。

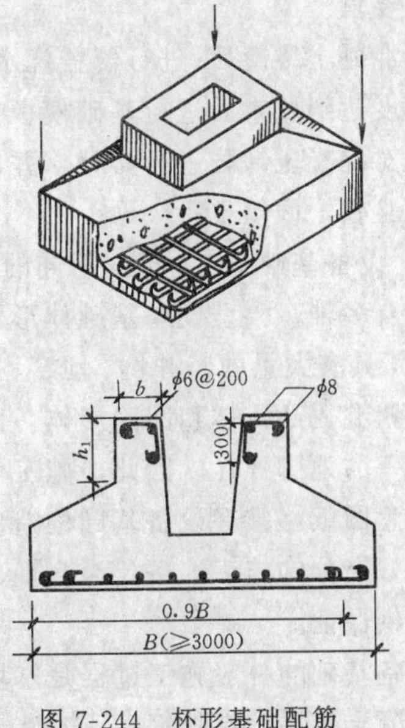

图7-244 杯形基础配筋

钢筋网一般分为钢筋车间预制焊接网和现场预制绑扎网。其施工工序是：作模具→摆放钢筋→绑扎（或焊接）→堆放。

杯型基础底板钢筋网片的安放，是从厂房柱网一端开始依次进行，安放完毕应进行校正，塞垫保护层垫块。如采用双层钢筋网，应在下层钢筋网安放后，放置撑脚，安放上层钢筋网，进行绑扎。

杯口配筋绑扎成网后，在安装模板时进行安放、固定。

d. 支模板：杯形基础模板分为下阶侧模板、杯颈侧模板和杯芯模板三部分。

先支下阶侧模，然后在下阶侧模上将杯颈侧模支在轿杠上，并设上支撑，安装杯口配筋。再将杯芯模安在杯颈侧模中轿杠上，最后校正找平、加固、检查。

e. 浇筑混凝土：杯形基础混凝土的浇筑，是在钢筋绑扎、模板安装完成，做好充分的准备工作后开始。整个柱网混凝土的浇筑是以搅拌台为始点，由远到近，逆向逐条轴线，逐个柱基进行，每个柱基础是由下到上分层浇筑。基础混凝土浇筑完毕，由下到上对混凝土表面进行铲填、拍平、压光等修整工作。待混凝土初凝后，终凝前，拆除杯芯模板，进行杯底清理、修整，使之满足设计标高要求。

在混凝土终凝后，进行覆盖浇水养护。混凝土强度达到要求后进行基础模板拆除。拆模后应对混凝土缺陷进行修补。并即时进行混凝土验收，回填土。

B. 设备基础施工：根据不同的设备，设备基础有多种，大型设备基础体形深大，构造复杂，具有大量的竖井坑、地窑、隧道、调整孔、壁龛、凸出体和凹陷形体，以及众多深浅不一的地脚螺栓。因此，施工前应认真仔细熟悉图纸，掌握设备基础构造形式和要求，做好充分的施工准备，为合理、顺利地施工提供保证。

设备基础的一般施工过程是基坑开挖土方、混凝土垫层、绑扎钢筋、安装模板、设置地脚螺栓、浇筑混凝土等，其施工工序衔接见图 7-245。

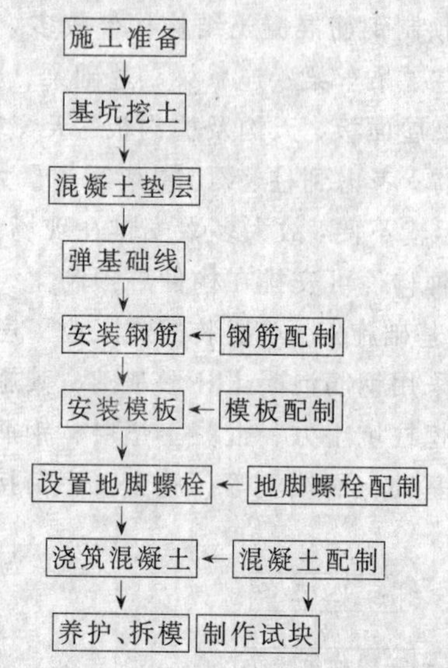

图 7-245 设备基础施工工序衔接示意图

a. 浇筑混凝土垫层、弹基础线：待设备基础坑挖土完成，经验收合格，办理隐蔽验收，基底清理完成后，立即浇筑混凝土垫层。经必要的养护，待垫层混凝土达到要求强度后，在垫层上弹出设备基础轴线及其他控制线。并测设标高控制线。

b. 安装钢筋：设备基础钢筋的安装，应根据施工图进行。一般是先绑扎安装底板钢筋网，并校正塞放钢筋的混凝土保护层垫块，然后安装模板。对侧面和顶部钢筋的安装，一般是与模板安装配合进行。

c. 安装模板：对形体较小且无多大变化的浅设备基础，当地基土质较好时，可利用原土削平不必支大量支模，只在形体变化处和预留地脚螺栓孔洞处支少量模板。

对于中型及大型设备基础，首先根据设备基础施工图，用展开法或直接按图分块计算法配制模板。然后根据施工图，以垫层上的弹线为基准，按先装深处（下部）模板，后装上部模板的施工工序，逐层进行模板安装。对基础中的金属防水层的墙壁、电器用箱形构件等，如可代替模板的作用，这部分可以不配装模板，但在安装模板时要配合进行安装。最后校正模板位置、垂直度及不同平面的标高，采用内拉外顶的方法，设置拉杆、支撑、轿杠或铁担，将模板支撑、固定牢靠。并进行检查验收。

d. 设置地脚螺栓：设备基础地脚螺栓的设置有两种方法，一种是先预留地脚螺栓洞，待设备与地脚螺栓连接后，再在预留洞内浇筑混凝土将地脚螺栓固定。另一种方法是在浇筑设备基础混凝土前，将地脚螺栓固定在设计位置，然后与基础一起浇筑混凝土。

预留地脚螺栓洞法，一般适用于直径小、长度不大的地脚螺栓。留设预留洞的模板，一般采用整圆木、整方木刨成锥形或采用薄板拼钉、水泥砂浆预制板（在浇筑混凝土后不再取掉）。见图 7-246。

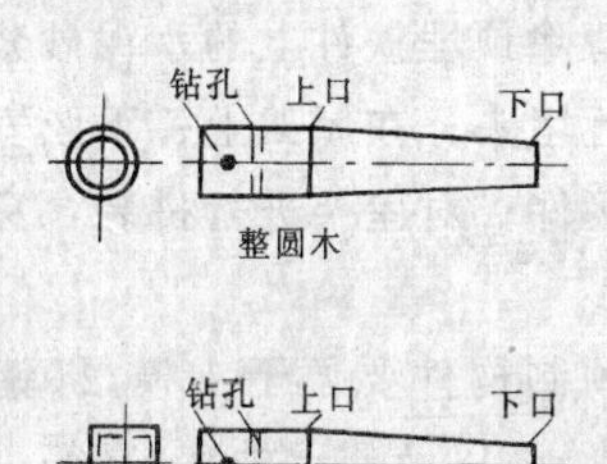

图 7-246　预留洞模

预留洞模板的安装，是与基础模板安装一起进行，即按施工图标注位置，准确地放置预留洞模板，将上口固定在基础模板的轿杠上，中部用斜撑固定，待混凝土浇筑此处时，再将斜撑拆下，见图 7-247。

预埋地脚螺栓，是采用固定架将其固定，见图 7-248。在设备基础支模、绑扎钢筋的同时，将地脚螺栓通过固定架固定在设计位置上，然后和设备基础一块浇筑混凝土。固定架及螺栓的安装工序是，在垫层内预埋固定立柱的铁件；安设立柱并临时加固，绑扎基础底板钢筋，接着安固定架横梁及螺栓固定框；安装螺栓，找正位置、垂直度和标高；最后固定。

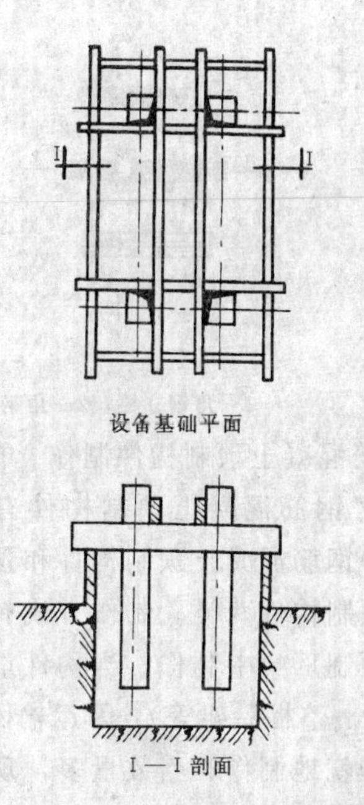

图 7-247　地脚螺栓孔支模

e. 浇筑混凝土：设备基础混凝土的浇筑，是分层进行。对于小型设备基础是按层一次灌注混凝土、拉平、振捣完毕，再进行上层混凝土的灌注、拉平、振捣。对于大中型设备基础是分段分层进行浇筑，在适当位置留置施工缝。设备基础顶标高浇筑高度，一般比设计标高低 40～50mm 待设备安装完毕后，进行二次浇筑找平。对固定架立柱、地脚螺栓及预留洞模板预埋管道，沟道下端及四周的混凝土，必须分层与基础混凝土同时浇筑。预留洞模，若有临时支撑，待混凝土浇筑到一定位置，模板确保稳固后，应将临时支撑拆除。混凝土浇筑后，应经常小心地松动预留洞模。混凝土浇筑完毕后，对基础表面进行铲填、拍平、压光。

f. 养护、拆模：混凝土浇筑完毕后，即时覆盖浇水养护。预留洞模板在混凝土初凝后终凝前拆除，模板拆除后立即清理孔洞，用木板等物将其洞口遮盖。固定架上螺栓固定框等在混凝土终凝后并达到一定强度方可拆除。螺栓固定框拆除后，立即将螺栓外露丝口再次加黄油包扎。基础模板的拆除在混凝土达到要求后进行。最后修补缺陷，进行回埋土。

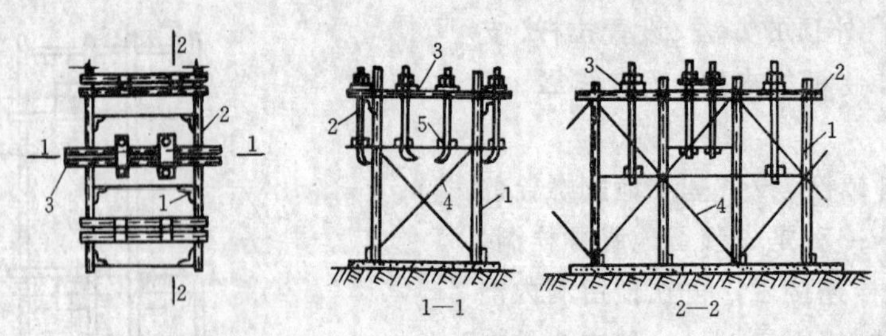

图 7-248 钢固定架固定地脚螺栓

1—角钢立柱；2—角钢横梁；3—螺栓固定框；4—斜撑；5—钢筋拉结条

2) 钢筋混凝土预制构件制作。单层装配式工业厂房钢筋混凝土预制构件有，普通(非预应力)钢筋混凝土预制构件和预应力钢筋混凝土预制构件两类。制作方式有现场就地制作和预制厂集中制作。当构件重、尺寸大（如柱子、整榀屋架等），因运输困难，常在施工现场就地制作；当数量多，现场场地受到限制而运输又较方便的构件(如空心板，屋面板等)，一般在预制厂集中制作，然后运到现场分别进行安装。

A. 柱和屋架现场就地预制的平面布置

a. 构件平面布置注意事项：

满足吊装顺序的要求。

简化机械操作。即将构件堆放在适当位置，使起吊安装时，起重机的跑车、回转和起落吊杆等动作尽量减少。

保证起重机的行驶路线畅通和安全回转。

“重近轻远”。即将重构件堆放在距起重机停机点比较近的地方，轻构件堆放在距停机点比较远的地方。单机吊装接近满荷载时，应将绑扎中心布置在起重机的安全回转半径内，并应尽量避免起重机空载行驶。

要便于进行下述工作：检查构件的编号和质量；清除预埋铁件上的水泥砂浆块；对空心板进行堵头；在屋架上、下弦安装或焊接支撑连接件；对屋架进行拼装，穿筋和张拉等。

现场预制构件要便于支模，绑钢筋运输及浇筑混凝土，以及便于抽芯、穿筋，张拉等。

b. 柱的布置：柱的平面布置方式分为斜向布置和纵向布置，见图 7-249～7-252。

c. 屋架的布置：屋架的平面布置方式分为斜向布置，正反斜向布置和正反纵向布置，见图 7-253。

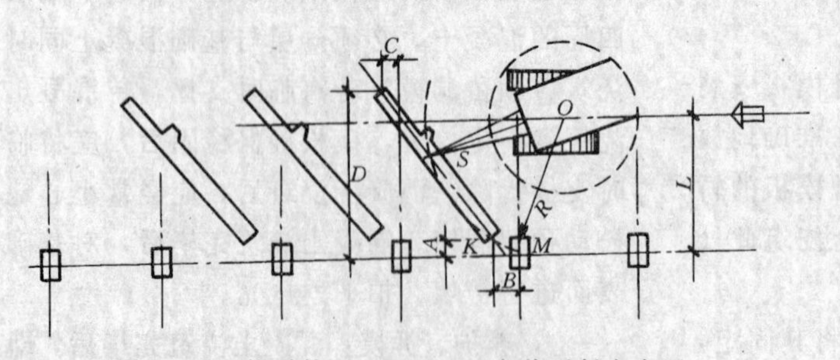

图 7-249 柱子的 *S*、*K*、*M* 三点共弧斜向布置

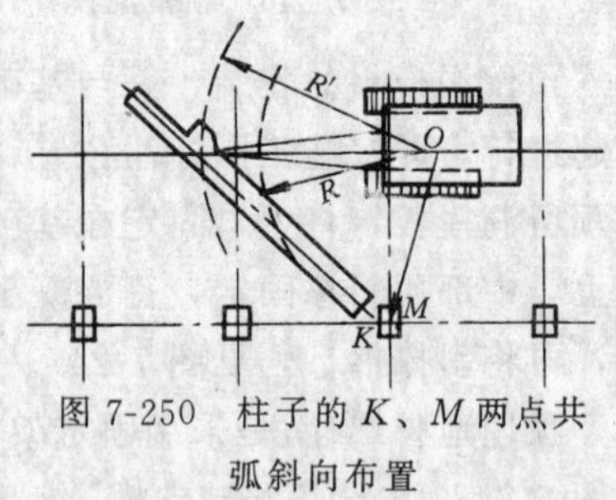

图 7-250 柱子的 *K*、*M* 两点共弧斜向布置

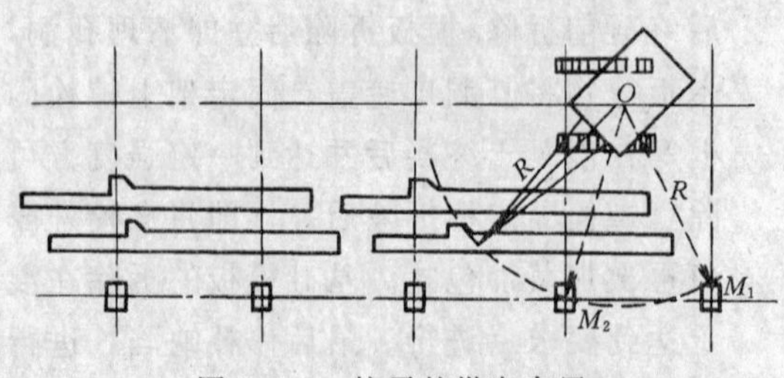

图 7-251 柱子的纵向布置

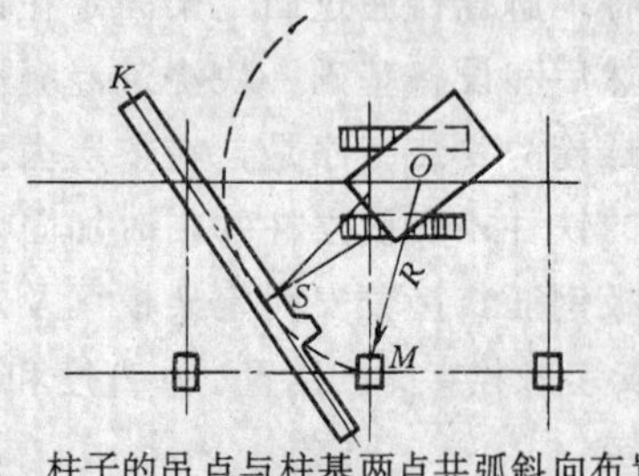

图 7-252 柱子的吊点与柱基两点共弧斜向布置

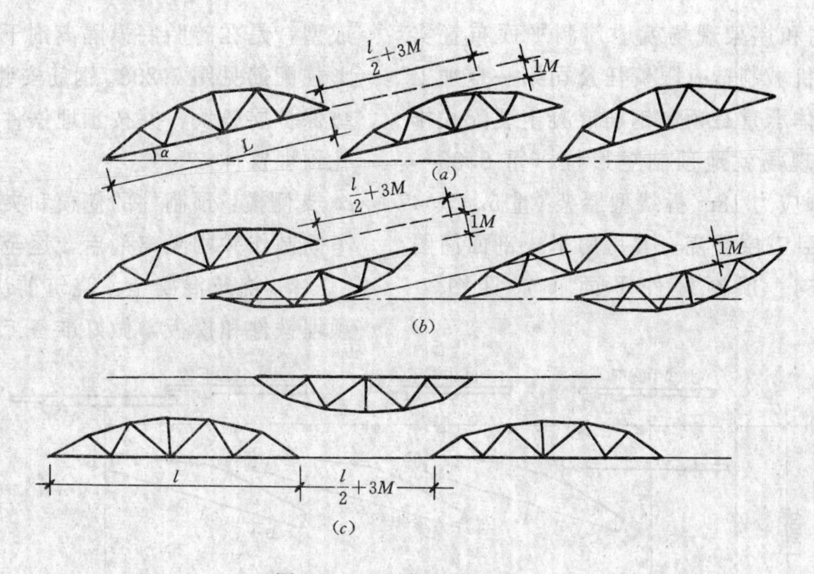

图 7-253　屋架的布置

(a) 正面斜向布置；(b) 正反斜向布置；(c) 顺轴线正反向布置

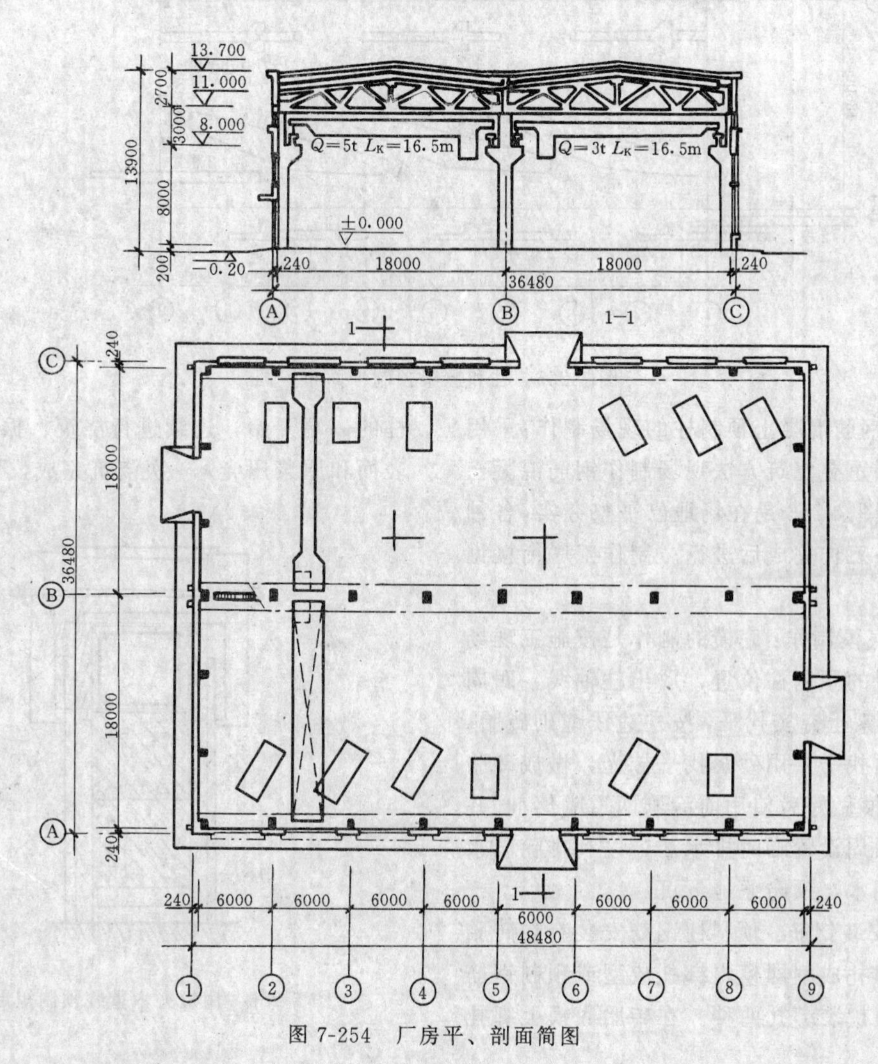

图 7-254　厂房平、剖面简图

d. 柱和屋架现场就地预制平面布置实例：东风机械制造有限责任公司第一金加工车间，主体承重是预制钢筋混凝土装配式排架结构。现场就地预制矩形柱（重 8.33～6.72t），预应力 18m 拆线型屋架（重 5.45t），均采用平卧三层叠浇。其厂房平，剖面简图见图 7-254。预制构件平面布置见图 7-255。

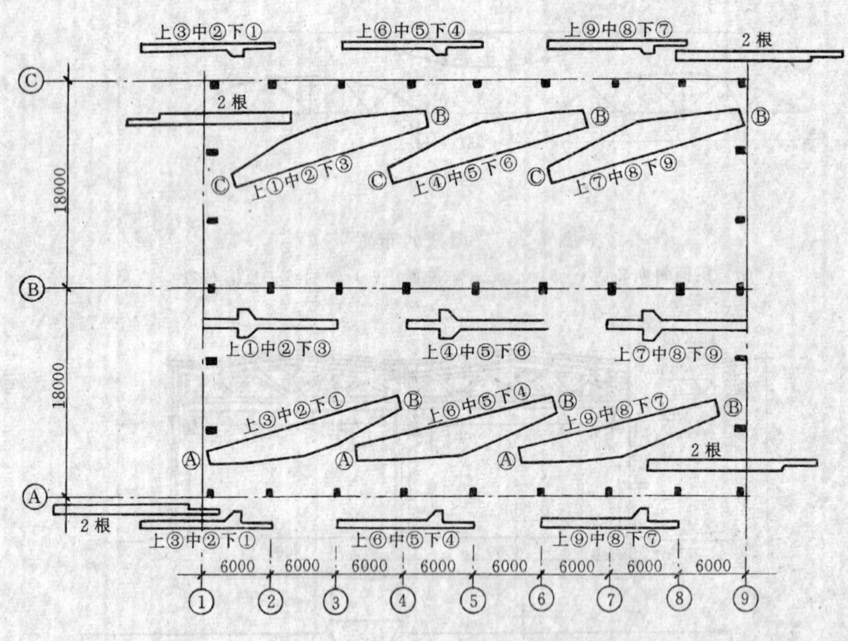

图 7-255　柱和屋架预制平面布置图

B. 钢筋混凝土预制柱的现场制作：采用平卧三层重叠浇筑方法现场制作钢筋混凝土预制柱，图 7-256 是在场地已平整夯实，各种施工准备工作完成后进行。制作工序衔接见图 7-257。

a. 底模制作：底模的制作是按施工现场平面布置的预制柱位置，放出柱轴线，四周边线，将素土夯实找平，按柱边线铺砌砖胎，进行表面找平，用砂浆找平抹光，做成砖胎底模。底模做好后使用前涂刷两道隔离剂。并在底模四周设置临时排水沟，以利排除雨水和施工用水，预防原地下沉。

b. 安装钢筋：预制柱钢筋安装有在砖胎底模上绑扎成型即模内绑扎成型或预制钢筋骨架入模拼装绑扎两种。在砖胎底模上绑扎成型，是在砖胎底模隔离剂干燥后进行。矩形柱配筋见图 7-258。钢筋安装完毕后，应加垫保护层垫块，并按预埋铁件位置安放、绑扎预埋铁件。

c. 支侧模：预制柱的侧模和夹具等是在木工车间制作并刷隔离剂后，运至现场安装。

d. 浇筑混凝土：浇筑前认真检查钢筋、预埋铁件和模板，做好准备工作。浇筑是从柱的一端开始，连续进行浇筑、振捣、整平表面和原浆压光，一次浇筑完成，不得间歇，

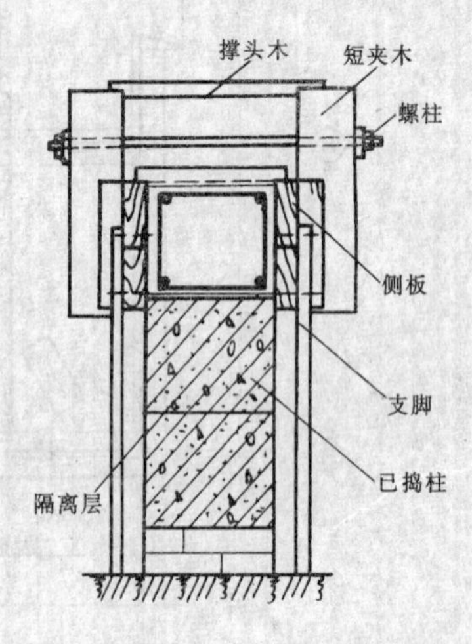

图 7-256　用短夹木重叠预制矩形柱

严禁留施工缝。浇筑结束在明显的位置上，标注构件型号、编号、生产日期等。最后覆盖浇水养护。拆模。

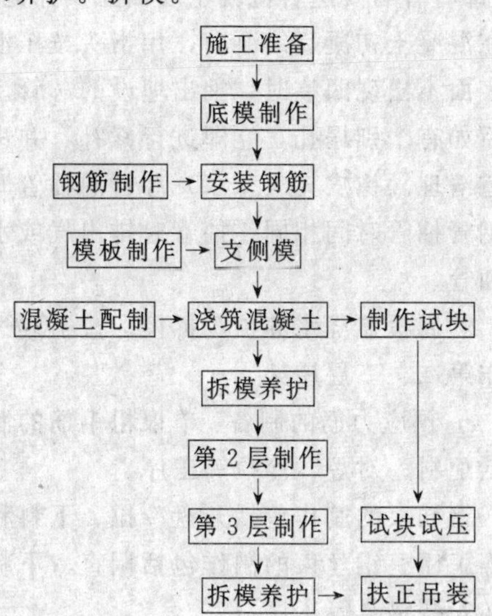

图 7-257　平卧重叠预制矩形柱工序衔接示意图

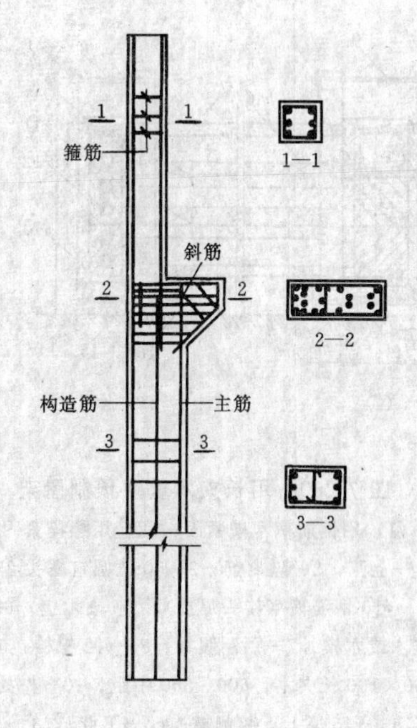

图 7-258　矩形柱配筋

e. 上层柱的制作：待下层柱混凝土强度达到设计强度的 30%时，即可制作上层柱。制作时，先拆除侧模，清理后涂刷隔离剂。然后按上述工序，即在下层柱表面涂刷隔离剂，绑扎钢筋，使用支脚安装侧模、夹具，检查校正，浇筑混凝土，编号养护。

C. 预应力钢筋混凝土预制屋架的制作：现场预制预应力钢筋混凝土折线型屋架，见图 7-259。采用平卧预制腹杆三层重叠浇筑见图 7-260，机械张拉后张法施工，后张法生产示意见图 7-261，其施工工序衔接见图 7-262。

a. 支模板，安钢筋、埋芯管：在平整夯实的场地上，按规定平面布置，放屋架各部分线。按划线制作上下弦砖胎底模，将表面抄平、抹光、涂刷隔离剂。

待底模隔离剂干燥后，安装上下弦非预应力钢筋骨架和预先制作的腹杆，连接上下弦钢筋骨架，并将预制腹杆两端伸出钢筋与上下弦主筋绑扎。将制作好的预埋铁件，按设计位置，安放，与钢筋绑扎固牢。校正上下弦钢筋、预埋铁件、预制腹杆，设置钢筋的混凝土保护层垫块。

将制作好的上下弦侧模就位，进行校正位置、垂直度、上口高度、连接侧模，安上夹木夹紧固牢。将制作好的芯管表面涂上润滑油，设置在下弦模板内的孔道设计位置上，用钢筋井字架予以定位。同时按设计规定位置留设灌浆孔和排气孔。检查、校正。

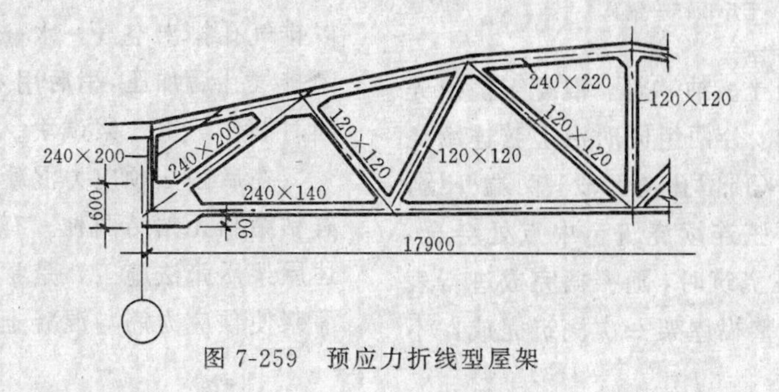

图 7-259　预应力折线型屋架

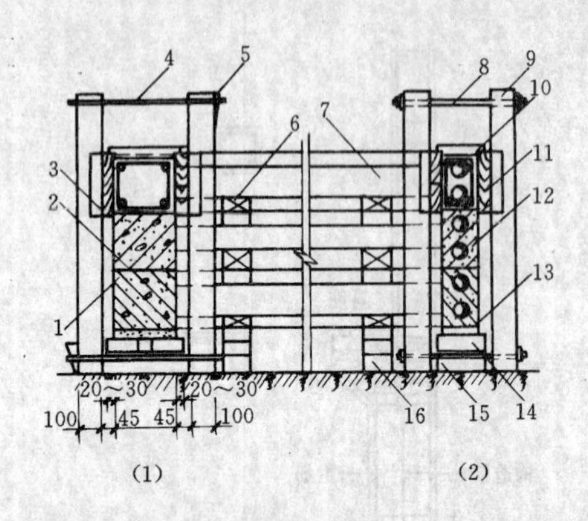

图 7-260　用长夹木重叠预制屋架

(1) 用钢筋箍木楔紧固；(2) 用螺栓紧固

1—上弦；2—隔离剂；3—50 长圆钉露头 25；4—ϕ10 钢筋箍（接头焊接）；5—硬木楔；6—垫木或木楔；7—预制腹杆；8—ϕ12 螺栓；9—50×100 长夹木，600～800 中距，10—撑挡；11—45 厚上下弦侧模；12—下弦；13—1∶2.5 水泥砂浆粉 20 厚找平；14—砖胎模；15—夹木位置，预留 120×60 洞；16—砖

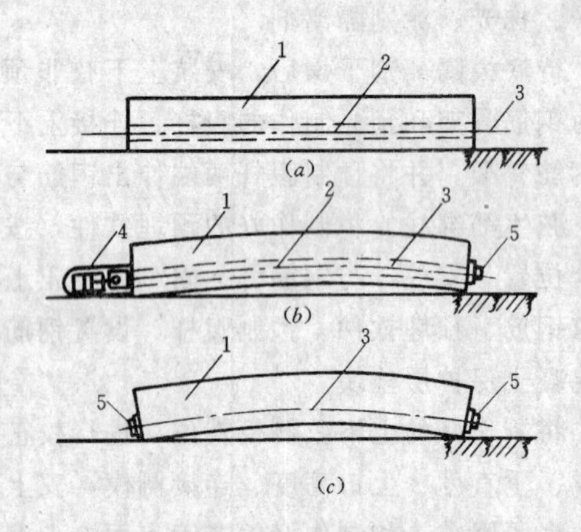

图 7-261　预应力混凝土后张法生产示意图

(*a*)制作混凝土构件；(*b*)张拉钢筋；

(*c*)锚固和孔道灌浆

1—混凝土构件；2—预留孔道；3—预应力筋；

4—千斤顶；5—锚具

b. 浇筑混凝土、抽芯管：混凝土浇筑先从上弦中间开始，分两组同时沿上弦连续浇筑，然后从下弦（预留孔道区段）两端开始，分两组同时沿下弦连续浇筑至中点处会合，见图 7-263。并在浇筑时，随振捣完成进行表面整平、抹光。整榀屋架一次浇筑完成，不得间歇，严禁留施工缝。混凝土浇筑完成后，对埋设的钢管芯管每隔 10～15min 转动一次，每转管后要进行混凝土表面压实抹光。一般在混凝土初凝后终凝前，用指头按压混凝土表面不出现凹痕时，抽出埋设的芯管。抽管后如有个别塌孔，立即进行修补，并进行孔道清理。橡皮充气（水）芯管的抽管时间和钢管抽管时间相同，抽管时排出气或水进行抽管。

然后覆盖浇水养护，拆模。按上述过程制作第二、三层屋架。

c. 预应力筋的制备：单根粗钢筋的制作包括配料、对焊、冷拉等工序。

钢筋束的制作包括开盘冷拉、下料和编束等工序。钢丝束的制作包括调直、下料编束和安装锚具等工序。

d. 预应力筋的张拉：张拉前做好充分的准备工作，包括张拉设备的准备，主要是液压千斤顶的检验；混凝土强度的测定，构件混凝土强度应符合设计要求；预应力筋和锚具的检查；确定张拉程序，其张拉程序一般为：$0 \rightarrow 1.05\sigma_{con} \xrightarrow{\text{持荷 2min}} 1\sigma_{con}$。

平卧重叠预制，预应力钢筋张拉，是从上层开始，逐层向下。全部张拉完毕后，再自上而下地逐根检验补足预应力值。

预应力筋张拉过程是，穿预应力筋，安装张拉设备与预应力筋连接，按张拉程序分批对称进行张拉，检验补足预应力值，锚固预应力筋，放松取下液压千斤顶。

e. 孔道灌浆：灌浆前要用压力水清洗、湿润孔道。灌浆次序一般是安装灌浆泵，按先下层后上层缓慢均匀不中断地进行灌浆，以排气孔排出空气→水→稀浆→浓浆时，封闭排气孔后加压，稍后用木塞将灌浆孔堵塞，同时制作三组灰浆试块。

在后张法预应力混凝土中，预应力分为有粘结和无粘结两种。有粘结的预应力如上述屋架后张法施工，是常规作法，它是通过灌浆使预应力筋与混凝土粘结。无粘结预应

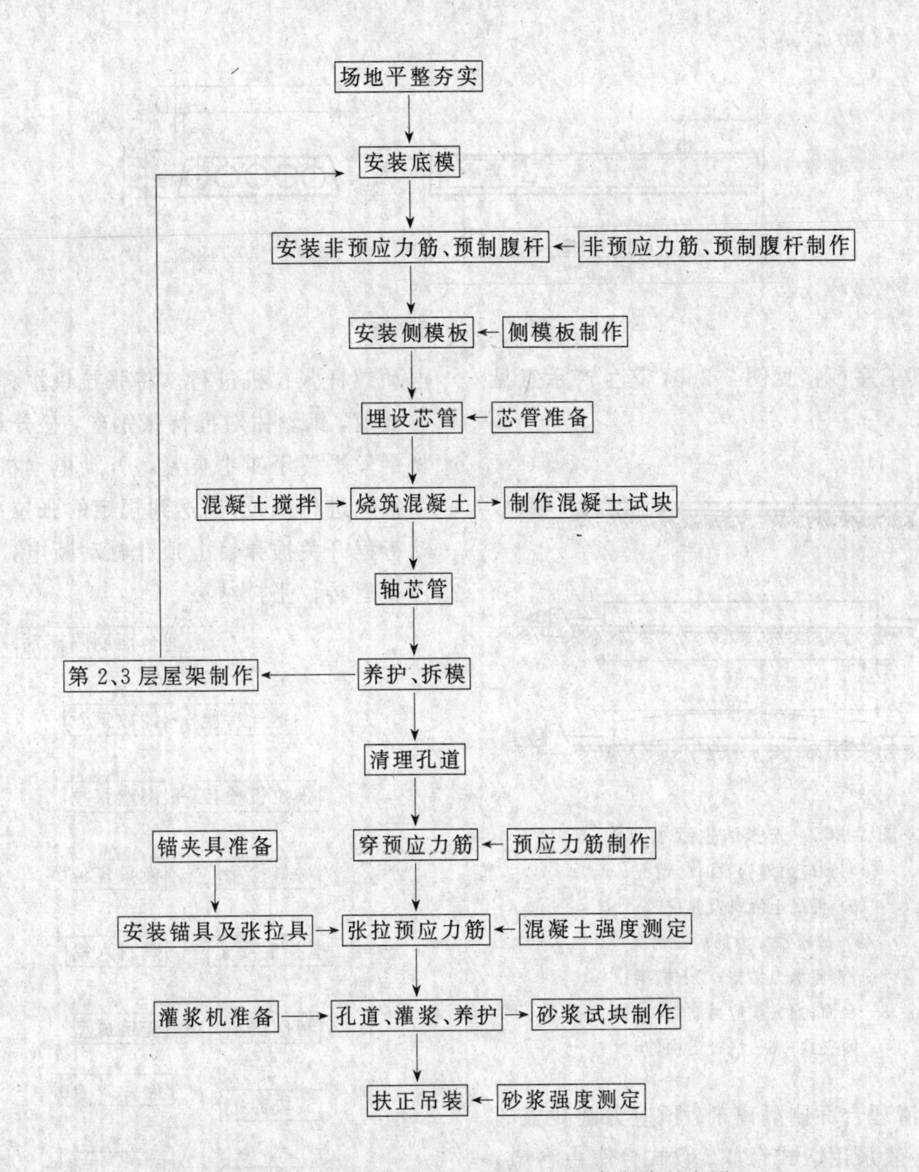

图 7-262　平卧重叠后张法预制屋架工序衔接示意图

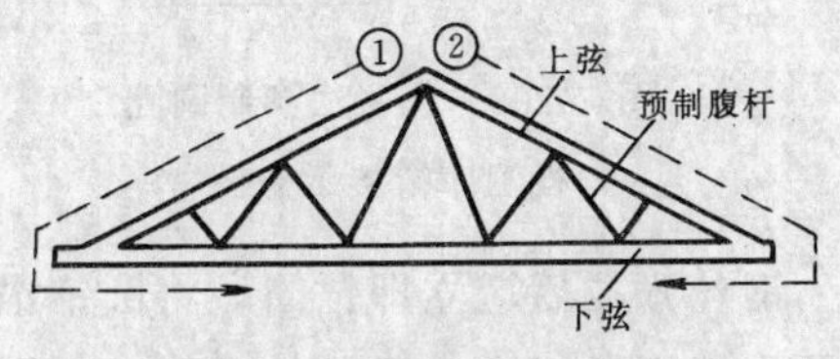

图 7-263　预应力屋架采用预制腹杆的浇筑次序

力的作法是在预应力筋表面刷涂料并包塑料布或管后，如同普通钢筋一样先铺设在支好的模板内，进行混凝土浇筑，然后待混凝土达到规定强度后进行张拉锚固。这种预应力工艺的优点是无需进行预留孔洞和灌浆，简便了施工、预应力筋易弯成多跨曲线形状等。但预应力筋的强度不能充分发挥（一般要降低10%～20%）锚具的要求也较高。当前主要用于双向连续平板和密肋板中。

D. 钢筋混凝土预制屋面板的制作：单层装配式工业厂房屋面板，常采用预应力混凝土大型屋面板、预应力混凝土 *F* 形屋面板、预应力空心屋面板，预应力钢丝网水泥波形瓦等多种。现以预应力圆孔板见图 7-264 为实例，介绍采用机械张拉先张法，长线台座挤压成型工艺制作预应力圆孔板的施工

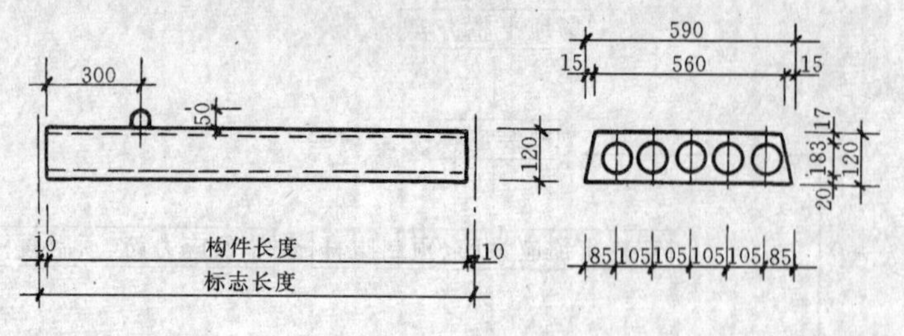

图 7-264　圆孔板

工序，其工序衔接见图 7-266，其生产示意见图 7-265。

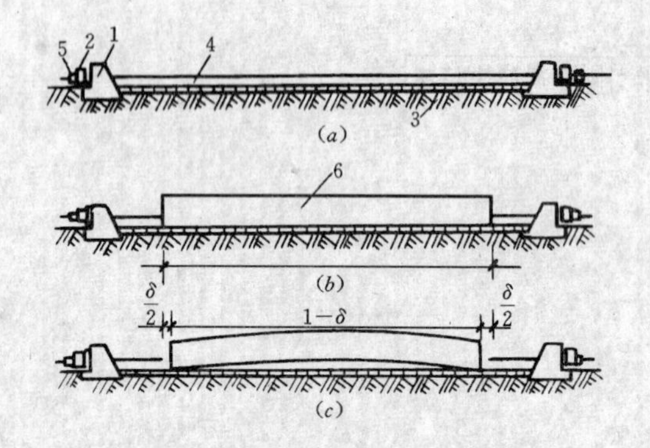

图 7-265　先张法生产示意图

(a) 预应力筋张拉时的情况；

(b) 混凝土浇筑及养护时；

(c) 放松预应力筋后的情况

1—台座承力结构；2—横梁；3—台面；4—预应力筋；5—锚固夹具；6—混凝土构件

a. 清理台面刷隔离剂：预应力圆孔板的制作，一般采用墩式台座。墩式台座由台墩，台面和横梁组成。台面有普通混凝土台面和预应力混凝土台面，宜优先选用预应力混凝土台面。制作前要将台面上的混凝土残渣及杂物铲除清扫干净，涂刷两道隔离剂。

b. 铺设预应力钢丝：铺设钢丝是在隔离剂干燥不会沾污钢丝后进行。将成捆的钢丝盘放在放线架上，用铺丝车牵引钢丝，钢丝对准两端台座孔眼行进，依顺序进行，不得交错。钢丝在固定端用夹具固定在定位板上，张拉端用夹具夹紧，待张拉后再锚紧。如遇钢丝需要接长，可借助于钢丝拼接器用 20～22 号铁丝密排绑扎。

c. 张拉钢丝：张拉单根钢丝，一般采用电动螺杆张拉机进行。将张拉机撑杆顶在定位板前，钢丝钳对准待张钢丝，松开钢丝钳，将钢丝平置于钳中夹紧，开动电动机向前牵引钢丝进行张拉，当达到规定的张拉力时，微动行程开关被弹簧上顶针触动断电，电动机停止运转，张拉结束。

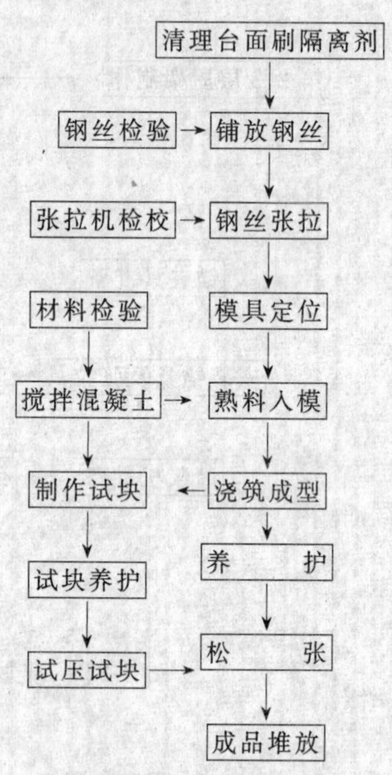

图 7-266　先张法预制圆孔板工序衔接示意图

钢丝张拉后应立即锚固，将圆锥锚具套筒及锥销用锤轻击击紧，然后开动电动机向后放松钢丝，边松边用锤子重击锥销锚固钢丝，直至钢丝锚紧，不再滑移，松开钢丝钳取出钢丝，移动张拉机以张拉下一根钢丝，这样反复进行直至全部张拉完毕。张拉完毕后进行检查，调整应力值。

d. 模具定位：挤压机在预应力钢丝张拉

全部完毕后就位，就位时将侧模与台面侧角钢相吻合，滚轮放置在角钢上，预应力钢丝对正挤压机上的挂筋器。

e. 浇筑成型：将搅拌好的混凝土，用送料装置装入料斗中，开动挤压成型机构均匀下料，待混凝土全部充满芯管的间隙时，开动行走机构使挤压机开始向前移动，其后就形成空心板带。

空心板带成型后，应检查几何尺寸，若有偏差及时调整。并修整表面，标注型号、制作日期、生产班组和厂名等。最后进行覆盖浇水养护或用薄膜、喷膜保湿养护。

f. 松张：当混凝土强度达到设计强度75%时，用切割机，按空心板长度进行切割松张。若无切割机，可在混凝土成型后用高压水或压缩空气按空心板长度将混凝土吹成宽度不大于20mm的断缝，待混凝土强度达到设计强度的75%后，剪断钢丝松张。

7.6.3 工程验收

工程验收是指对工程施工质量进行检验评定的过程。在交工验收前，施工单位内部应先组织自检及初验收，检查各分部分项工程的施工质量；同时应整理各项交工验收的技术、经济资料。在此基础上，向建设单位交工验收，验收合格后，办理验收签证书。

钢筋混凝土工程验收，是指施工单位内部，根据《建筑工程质量检验评定标准》(GBJ301—88)，对模板、钢筋、混凝土工程进行施工质量的检验评定。以此作为后续工程开始施工的条件，及交工验收的技术资料。

(1) 钢筋混凝土工程质量检验评定标准

1) 模板工程质量标准

a. 保证项目：模板及其支架必须具有足够的强度、刚度和稳定性；其支架的支承部分必须有足够的支承面积。如安装在基土上，基土必须坚实并有排水措施。对湿陷性黄土，必须有防水措施；对冻胀性土，必须有防冻融措施。

检验方法：对照模板设计，现场观察或尺量检查。

b. 基本项目：模板接缝宽度应符合以下规定：

合格：不大于2.5mm。

优良：不大于1.5mm。

检查数量：按梁、柱和独立基础的件数各抽查10%，但均不应少于3件；带形基础、圈梁每30～50m抽查1处(每处3～5m)，但均不应少于3处；墙和板按有代表性的自然间抽查10%，礼堂、厂房等大间按两轴线为一间，墙每4m左右高为一个检查层，每面为1处，板每间为1处，但均不应少于3处。

检查方法：观察和用楔形塞尺检查。

模板与混凝土的接触面应清理干净并采取防止粘结措施。

每件（处）墙、板、基础的模板上粘浆和漏涂隔离剂累计面积应符合以下规定：

合格：不大于2000cm²。

优良：不大于1000cm²。

每件（处）梁、柱的模板上粘浆和漏涂隔离剂累计面积应符合以下规定：

合格：不大于800cm²。

优良：不大于400cm²。

检查数量：同上述检查数量的规定。

检验方法：观察和尺量检查

注：对设计有特殊要求，拆模后不再装饰的混凝土，其模板必须清理干净，接缝严密，满涂隔离剂。

c. 允许偏差项目：模板安装和预埋件、预留孔洞的允许偏差和检验方法应符合表7-86的规定。

检查数量：同上述检查数量的规定。

2) 钢筋工程质量标准

A. 保证项目

a. 钢筋的品种和质量、焊条、焊剂的牌号、性能以及接头中使用的钢板和型钢均必须符合设计要求和有关标准的规定。

模板安装和预埋件、预留孔洞的允许偏差和检验方法　　表 7-86

项次	项目		允许偏差（mm）				检验方法
			单层、多层	高层框架	多层大模	高层大模	
1	轴线位移	基础	5	5	5	5	尺量检查
		柱、墙、梁	5	3	5	3	
2	标高		±5	+2 −5	±5	±5	用水准仪或拉线和尺量检查
3	截面尺寸	基础	±10	±10	±10	±10	尺量检查
		柱、墙、梁	+4 −5	+2 −5	±2	±2	
4	每层垂直度		3	3	3	3	用 2m 托线板检查
5	相邻两板表面高低差		2	2	2	2	用直尺和尺量检查
6	表面平整度		5	5	2	2	用 2m 靠尺和楔形塞尺检查
7	预埋钢板中心线位移		3	3	3	3	拉线和尺量检查
8	预埋管预留孔中心线位移		3	3	3	3	
9	预埋螺栓	中心线位移	2	2	2	2	
		外露长度	+10 −0	+10 −0	+10 −0	+10 −0	
10	预留洞	中心线位移	10	10	10	10	
		截面内部尺寸	+10 −0	+10 −0	+10 −0	+10 −0	

注：进口钢筋需先经化学成分检验和焊接试验，符合有关规定后方可用于工程。

检验方法：检查出厂质量证明书和试验报告。

b. 冷拉冷拔钢筋的机械性能必须符合设计要求和施工规范的规定。

检验方法：检查出厂质量证明书、试验报告和冷拉记录。

c. 钢筋的表面必须清洁。带有颗粒状或片状老锈，经除锈后仍留有麻点的钢筋严禁按原规格使用。

检验方法：观察检查。

d. 钢筋的规格、形状、尺寸、数量、间距、锚固长度、接头设置必须符合设计要求和施工规范的规定。

检验方法：观察或尺量检查。

e. 钢筋焊接接头、焊接制品的机械性能必须符合钢筋焊接及验收的专门规定。

检验方法　检查焊接试件试验报告。

B. 基本项目

a. 钢筋网片、骨架的绑扎和焊接质量应符合下列规定：

绑扎合格：缺扣、松扣的数量不超过应绑扣数的 20%，且不应集中。

优良：缺扣、松扣的数量不超过应绑扣数的 10%，且不应集中。

焊接合格：骨架无漏焊、开焊。钢筋网片漏焊、开焊不超过焊点数的 4%，且不应集中；板伸入支座范围内的焊点无漏焊、开焊。

优良：骨架无漏焊、开焊。钢筋网片漏焊、开焊不超过焊点数的 2%，且不应集中；板伸入支座范围内的焊点无漏焊、开焊。

检查数量：按梁、柱和独立基础的件数各抽查 10%，但均不应少于 3 件；带形基础、圈梁每 30～50m 抽查 1 处（每处 3～5m），但均不少于 3 处；墙和板按有代表性的自然间抽查 10%（礼堂、厂房等大间按两轴线为一间），墙每 4m 左右高为 1 个检查层，每面为 1 处，板每间为 1 处，但均不少于 3 处。

检验方法：观察和手板检查。

b. 弯钩的朝向应正确。绑扎接头应符合施工规范的规定，其中搭接长度尚应符合以下规定：

合格：搭接长度均不少于规定值的95%。

优良：搭接长度均不少于规定值。

检查数量：同上述 *a* 的规定。

检验方法：观察和尺量检查。

c. 用Ⅰ级钢筋或冷拔低碳钢丝制作的箍筋，其数量、弯钩角度和平直长度均应符合以下规定：

合格：数量符合设计要求，弯钩角度和平直长度基本符合施工规范的规定。

优良：数量符合设计要求，弯钩角度和平直长度符合施工规范的规定。

检查数量：同上述 *a* 的规定。

检查方法 观察或尺量检查。

d. 钢筋的焊点与接头尺寸和外观质量应符合下列规定：

点焊焊点——合格：无裂纹、多孔性缺陷及明显烧伤。焊点压入深度符合钢筋焊接及验收的专门规定。

优良：焊点处熔化金属均匀，无裂纹、多孔性缺陷及烧伤。焊点压入深度符合钢筋焊接及验收的专门规定。

对焊接头——合格：接头处弯折不大于4°；钢筋轴线位移不大于 0.1d，且不大于2mm，无横向裂纹。Ⅰ、Ⅱ、Ⅲ级钢筋无明显烧伤；Ⅳ级钢筋无烧伤。低温对焊时，Ⅱ、Ⅲ级钢筋均无烧伤。

优良：接头处弯折不大于4°；钢筋轴线位移不大于 0.1d，且不大于 2mm。无横向裂纹和烧伤，焊包均匀。

电弧焊接头——合格：绑条沿接头中心线的纵向位移不大于 0.5d；接头处弯折不大于 4°；钢筋轴线位移不大于 0.1d，且不大于3mm；焊缝厚度不小于 0.05d，宽度不小于0.1d，长度不小于 0.5d。无较大的凹陷、焊瘤，接头处无裂纹。咬边深度不大于 0.5mm（低温焊接咬边深度不大于 0.2mm）。帮条焊、搭接焊在长度 2d 的焊缝表面上；坡口焊、熔槽帮条焊在全部焊缝上气孔及夹渣均不多于 2 处，且每处面积不大于 6mm²，预埋件和钢筋焊接处，直径大于 1.5mm 的气孔或夹渣，每件不超过 3 个。

优良：绑条沿接头中心线的纵向位移不大于 0.5d；接头处弯折不大于 4°；钢筋轴线位移不大于 0.1d，且不大于 3mm；焊缝厚度不小于 0.05d，宽度不小于 0.1d，长度不小于 0.5d。焊缝表面平整，无凹陷、焊瘤。接头处无裂纹、气孔、夹渣及咬边。

电渣压力焊接头——合格：接头处弯折不大于 4°；钢筋轴线位移不大于 0.1d，且不大于 2mm。无裂纹及明显烧伤。

优良：接头处弯折不大于 4°；钢筋轴线位移不大于 0.1d，且不大于 2mm。焊包均匀，无裂纹及烧伤。

埋弧压力焊接头——合格：接头处弯折不大于 4°；钢筋无明显烧伤，咬边深度不超过 0.5mm。钢板无焊穿、凹陷。

优良：接头处弯折不大于 4°，焊包均匀，钢筋无烧伤、咬边。钢板无焊穿、凹陷。

检查数量：点焊网片、骨架按同一类型制品抽查 5%，梁、柱、桁架等重要制品抽查10%，但均不应少于 3 件；对焊接头抽查10%，但不少于 10 个接头；电弧焊、电渣压力焊接头应逐个检查；埋弧压力焊接头抽查10%，但不少于 5 件。

检验方法：用小锤、放大镜、钢板尺和焊缝量规检查。

注：d 为钢筋直径，单位 mm。

C. 允许偏差项目，钢筋安装及预埋件位置的允许偏差和检验方法应符合表 7-87 的规定。

检查数量：同 *B* 项中 *a* 的规定。

3）混凝土工程质量标准

A. 保证项目

a. 混凝土所用的水泥、水、骨料、外加剂等必须符合施工规范和有关的规定。

钢筋安装及预埋件位置的允许偏差和检验方法　　表 7-87

项次	项目		允许偏差(mm)	检验方法
1	网的长度、宽度		±10	尺量检查
2	网眼尺寸	焊接	±10	尺量连续三档取其最大值
		绑扎	±20	
3	骨架的宽度、高度		±5	尺量检查
4	骨架的长度		±10	
5	受力钢筋	间距	±10	尺量两端中间各一点取其最大值
		排距	±5	
6	箍筋、构造筋间距	焊接	±10	尺量连续三档取其最大值
		绑扎	±20	
7	钢筋弯起点位移		20	尺量检查
8	焊接预埋件	中心线位移	5	
		水平高差	+3 −0	
9	受力钢筋保护层	基础	±10	
		梁柱	±5	
		墙板	±3	

检验方法:检查出厂合格证或试验报告。

b. 混凝土的配合比、原材料计量、搅拌、养护和施工缝处理必须符合施工规范的规定。

检验方法：观察检查和检查施工记录。

c. 评定混凝土强度的试块，必须按《混凝土强度检验评定标准》(GBJ107—87)的规定取样、制作、养护和试验，其强度必须符合下列规定：

用统计方法评定混凝土强度时，其强度应同时符合下列两式的规定：

$$m_{fcu} - \lambda_1 s_{fcu} \geqslant 0.9 f_{cu,k} \quad (7\text{-}1)$$

$$f_{cu,min} \geqslant \lambda_2 f_{cu,k} \quad (7\text{-}2)$$

用非统计方法评定混凝土强度时，其强度应同时符合下列两式的规定：

$$m_{fcu} \geqslant 1.15 f_{cu,k} \quad (7\text{-}3)$$

$$f_{cu,min} \geqslant 0.95 f_{cu,k} \quad (7\text{-}4)$$

式中　m_{fcu}——同一验收批混凝土立方体抗压强度的平均值 (N/mm^2)；

s_{fcu}——同一验收批混凝土强度的标准差 (N/mm^2)，当 s_{fcu}的计算值小于 $0.06 f_{cu,k}$时，取 $s_{fcu} = 0.06 f_{cu,k}$；

$f_{cu,k}$——混凝土立方体抗压强度标准值 (N/mm^2)；

$f_{cu,min}$——同一验收批混凝土立方体抗压强度的最小值 (N/mm^2)；

λ_1、λ_2——合格判定系数；按表 7-88 取用。

合格判定系数　　表 7-88

合格判定系数	试块组数		
	10～14	15～24	≥25
λ_1	1.70	1.65	1.60
λ_2	0.90	0.85	0.85

检验方法：检查标准养护龄期 28d 试块抗压强度的试验报告。

d. 对设计不允许有裂缝的结构，严禁出现裂缝；设计允许出现裂缝的结构其裂缝宽度必须符合设计要求。

检验方法：观察和用刻度放大镜检查。

B. 基本项目

a. 混凝土应振捣密实。每个检查件(处)的任何一处蜂窝面积应符合以下规定：

合格：梁、柱上一处不大于 $0.1m^2$，累计不大于 $0.2m^2$；基础、墙、板上一处不大于 $0.2m^2$，累计不大于 $0.4m^2$。

优良：梁、柱上一处不大于 $0.02m^2$，累计不大于 $0.04m^2$；基础、墙、板上一处不大于0.04m²；累计不大于0.08m²。

检查数量：按梁、柱和独立基础的件数各抽查10％，但均不少于3件；带形基础，圈梁每30～50m抽查1处（每处3～5m），但均不少于3处；墙和板按有代表性的自然间抽查10％，礼堂、厂房等大间按两轴线为一间，墙每4m左右高为1个检查层，每面为1处，板每间为1处，但均不少于3处。

检验方法：尺量外露石子面积及深度。

b. 混凝土应振捣密实。孔洞面积每个检查件（处）的任何一处孔洞，其面积均应符合以下规定：

合格：梁、柱上一处不大于40cm²，累计不大于80cm²；基础、墙、板上一处不大于100cm²，累计不大于200cm²。

优良：无孔洞。

检查数量：同上述*a*的规定。

检验方法：凿去孔洞周围松动石子；尺量孔洞面积及深度。

c. 每个检查件（处）任何一根主筋露筋，长度均应符合以下规定：

合格：梁、柱上的露筋长度不大于100mm，累计不大于200mm；基础、墙、板上的露筋长度不大于200mm，累计不大于400mm。

优良：无露筋。

检查数量：同上述*a*的规定。

检验方法：尺量钢筋外露长度。

d. 每个检查件（处）任何一处缝隙夹渣层长度、深度均应符合以下规定：

合格：梁、柱上的缝隙夹渣层长度和深度均不大于50mm；基础、墙、板上的缝隙夹渣层长度不大于200mm，深度不大于50mm，且不多于两处。

优良：无缝隙夹渣层。

检查数量：同上述*a*的规定。

检验方法：凿去夹渣层，尺量缝隙长度和深度。

C. 允许偏差项目

a. 现浇混凝土结构构件的允许偏差和检验方法应符合表7-89的规定。

检查数量　同上述*B*项*a*的规定。

b. 混凝土设备基础的允许偏差和检验方法应符合表7-90的规定。

检查数量　按各类型的设备基础各抽查10％，但均不应少于3件。

（2）混凝土试件制作和强度检验

1）试件制作。检查混凝土质量应做抗压强度试验。混凝土工程施工时，应认真做好工地试件制作和管理工作，从试模选择、试件取样、成型、编号以至养护等，要按规定进行，指定专人负责，以提高试件的代表性，正确地反映混凝土结构和构件的强度。

为了检查结构或构件的拆模、出池、出厂、吊装、张拉、放张及施工期间临时负荷的需要，尚应留置与结构或构件同条件养护的试件。试件的组数可按实际需要确定。

2）强度检验评定。混凝土强度应分批进行验收。同一验收批的混凝土应由强度等级相同、龄期相同以及生产工艺和配合比基本相同且不超过三个月的混凝土组成，并按单位工程的验收项目划分验收批，每个验收项目应按《建筑工程质量检验评定标准》（GBJ301—88）确定。同一验收批的混凝土强度，应以同批内全部标准试件的强度代表值来评定。

（3）质量检查评定的等级、程序和组织

钢筋混凝土工程的质量检查评定，按《建筑安装工程质量检验评定统一标准》（GBJ300—88）的规定组织进行。

1）质量检查评定的等级。建筑工程的分项、分部、单位工程质量均分为“合格”与“优良”两个等级。

2）质量检验评定程序及组织。分项工程质量应在班组自检的基础上，由单位工程负责人组织有关人员进行评定，专职质量检查员核定。

检查评定结果应记录在分项工程质量检验评定表中。模板、钢筋、混凝土工程质量检验评定实例见表7-91～表7-93。

现浇混凝土结构构件的允许偏差和检验方法　　　　表 7-89

项次	项　　目		允许偏差（mm）				检　验　方　法
			单层多层	高层框架	多层大模	高层大模	
1	轴线位移	独立基础	10	10	10	10	尺量检查
		其他基础	15	15	15	15	
		柱、墙、梁	8	5	8	5	
2	标高	层　高	±10	±5	±10	±10	用水准仪或尺量检查
		全　高	±30	±30	±30	±30	
3	截面尺寸	基　础	+15 −10	+15 −10	+15 −10	+15 −10	尺量检查
		柱、墙、梁	+8 −5	±5	+5 −2	+5 −2	
4	柱墙垂直度	每　层	5	5	5	5	用 2m 托线板检查
		全　高	H/1000 且不大于 20	H/1000 且不大于 30	H/1000 且不大于 20	H/1000 且不大于 30	用经纬仪或吊线和尺量检查
5	表面平整度		8	8	4	4	用 2m 靠尺和楔形塞尺检查
6	预埋钢板中心线位置偏移		10	10	10	10	尺量检查
7	预埋管、预留孔中心线位置偏移		5	5	5	5	
8	预埋螺栓中心线位置偏移		5	5	5	5	
9	预留洞中心线位置偏移		15	15	15	15	
10	电梯井	井筒长、宽对中心线	+25 −0	+25 −0	+25 −0	+25 −0	
		井筒全高垂直度	H/1000 且不大于 30	H/1000 且不大于 30	H/1000 且不大于 30	H/1000 且不大于 30	吊线和尺量检查

注：1. H 为柱、墙全高。

2. 滑模、升板等结构的检验应按专门规定执行。

（4）验收资料

钢筋混凝土工程验收时，应提供下列资料：

1）设计变更和钢材代用证件；

2）原材料质量合格证件；

3)混凝土试块的试验报告及质量评定记录；

4）混凝土工程施工记录；

5）钢筋及焊接接头的试验数据；

6)装配式结构构件的制作及安装验收记录；

7）预应力筋的冷拉和张拉记录；

8）隐蔽工程验收记录；

9）冬期施工热工计算及施工记录；

10）工程的重大问题处理文件；

11）竣工图及其他文件。

钢筋混凝土结构工程的验收，除检查有关记录外，尚应进行外观检查。

7.6.4 安全技术

安全技术是为了防止工伤、火灾、爆炸等事故的发生，创造良好的安全劳动条件而采取的各种技术措施。如推广安全操作方法；消除危险的工艺措施；对机器设备安装防护装置和联锁声光信号等措施。

钢筋混凝土工程施工中除应遵守安全生产一般规定外，还应遵守下列安全技术操作规程。

（1）支模拆模

1）模板和支撑的材质要符合规范的规定，能满足模板和支撑强度、刚度的要求。

2)工作前应事先检查所使用的工具是否牢固、搬手等工具必须用绳链系挂在身上以免弹落伤人。工作时思想要集中，防止钉子

混凝土设备基础的允许偏差和检验方法　　表 7-90

项次	项目		允许偏差(mm)	检验方法
1	坐标位移（纵横轴线）		±20	用经纬仪或拉线和尺量检查
2	不同平面的标高		+0 −20	用水准仪或拉线和尺量检查
3	平面外形尺寸		±20	尺量检查
	凸台上平面外形尺寸		+0 −20	
	凹穴尺寸		+20 −0	
4	平面水平度	每米	5	用水准仪或水平尺和楔形塞尺检查
		全长	10	
5	垂直度	每米	5	用经纬仪或吊线和尺量检查
		全高	10	
6	预埋地脚螺栓	标高（顶部）	+20 −0	在根部及顶端用水准仪或拉线和尺量检查
		中心距	±2	
7	预埋地脚螺栓孔	中心线位置偏移	±10	尺量纵横两个方向
		深度尺寸	+20 −0	尺量检查
		孔铅垂度	10	吊线和尺量检查
8	预埋活动地脚螺栓锚板	标高	+20	拉线和尺量检查
		中心线位置偏移	±5	
		带螺纹孔锚板平整度	2	用直尺和楔形塞尺检查
		带槽锚板平整度	5	

扎脚和从空滑落。

3）支模应按施工设计工序进行，模板没有固定前，不得进行下道工序。

4）支设 4m 以上的立柱模板和独立梁模板时，应搭设工作台，不足 4m 的，可使用马凳操作，不准站在柱模板上操作和在梁底模上行走，更不允许利用拉杆、支撑等攀登上下。

5）模板和支撑（架）的安装要固定牢靠，必须具有足够的强度、刚度和稳定性。支模过程中，如需中途停歇，应将支撑、搭头、柱头板等固牢。

6)模板和支撑等采用人力搬运要互相配合，协同工作，上下接应。采用机械吊装大块模板或整体模板，要先行试吊，要钩挂稳当，要模板就位并连接牢固后方可脱钩。

7）模板上有预留洞者，应在安装后将洞口盖好。混凝土板上的预留洞，应在模板拆除后随即将洞口盖好。

8)在组合钢模板上架设的电线和使用电动工具，应用 36V 低压电源或采用其他有效的安全措施。

9）拆除模板应经施工技术人员同意。操作时应按顺序分段进行，严禁猛撬，硬砸或大面积撬落和拉倒，更不许站在正在拆除的模板上操作。拆下的模板应及时运送到指定的地点，集中堆放。拆模间歇时，应将已活动的模板、支撑等运走或妥善堆放，防止因扶空，踏空而坠落。完工后，不得留下松动和悬挂的模板。

10）高空、复杂结构拆模时，应有专人指挥和切实的安全措施，并在下面标出工作区，用绳子和红白布加围栏，严禁非操作人员进入作业区。

11）拆除薄腹梁、吊车梁、桁架等预制构件模板，应随拆随加顶撑支牢，防止构件倾倒。

（2）钢筋的制作、绑扎、张拉

1）钢材、半成品等应按规格、品种分别堆放整齐稳当。制作场地要平整，工作台要稳固，照明灯具必须加网罩。

2）钢筋加工机械使用前应先空运转，试

模板分项工程质量检验评定表

表 7-91

工程名称：钢厂综合楼　　部位：主体（现浇混凝土框架）第四层　　施工单位：市建八公司

	项　　目	质　量　情　况
保证项目	模板及其支架必须具有足够的强度、刚度和稳定性；其支架的支承部分有足够的支承面积。如安装在基土上，基土必须坚实并有排水措施。对湿陷性黄土，必须有防水措施；对冻胀性土，必须有防冻融措施	符合模板设计，满足强度、刚度和稳定性要求

		项　　目				质量情况 1	2	3	4	5	6	7	8	9	10	11	12	等级
基本项目	1	接缝最大宽度		合格	≯2.5mm	✓	✓	○	✓	○	○	✓	✓	✓	✓			优良
				优良	≯1.5mm													
	2	清理粘浆漏刷隔离剂每件累计面积	墙板基础	合格	$\not>2000cm^2$	○	✓	✓	○	✓	○	○	✓	✓	✓			优良
				优良	$\not>1000cm^2$													
			梁、柱	合格	$\not>800cm^2$	✓	○	○	✓	✓	○	○	○	✓	○			合格
				优良	$\not>400cm^2$													

		项　　目		允许偏差（mm）单层、多层	高层框架	多层大模	高层大模	实测值（mm）1	2	3	4	5	6	7	8	9	10	11	12
允许偏差项目	1	轴线位移	基　础	5	5	5	5	4	2	0	7	3	5	2	0	1	4		
			柱、墙、梁	5	3	5	3												
	2	标　高		±5	+2 −5	±5	±5	1	0	3	2	3	4	6	5	3	2		
	3	截面尺寸	基　础	±10	±10	±10	±10												
			柱、墙、梁	+4 −5	+2 −5	±2	±2	4	3	4	2	−5	6	−4	4	−8	3		
	4	每层垂直度		3	3	3	3	2	5	3	3	2	2	3	3	0	2		
	5	相邻两板表面高度差		2	2	2	2	0	0	0	2	2	0	0	0	0	0		
	6	表面平整度		5	5	2	2	8	5	4	4	3	3	4	4	2	2		
	7	预埋钢板中心线位移		3	3	3	3	2	2	2	2	3	3	3	0	2	2		
	8	预埋管预留孔中心线位移		3	3	3	3	3	3	2	2	0	0	2	3	3	2		
	9	预埋螺栓	中心线位移	2	2	2	2												
			外露长度	+10 −0	+10 −0	+10 −0	+10 −0												
	10	预留洞	中心线位移	10	10	10	10	8	8	7	6	5	5	6	4	3	3		
			截面内部尺寸	+10 −0	+10 −0	+10 −0	+10 −0	6	6	5	5	6	6	11	12	8	8		

检查结果	保证项目	达到标准 1 项，未达到标准 0 项
	基本项目	共检查 2 项，其中优良 1 项，优良率 50%
	允许偏差项目	共实测 100 点，其中合格 93 点，合格率 93%

评定等级	优良	工程负责人：皮定	核定等级	优良 专职质量检查员：王章
		工　　长：张弘		
		班　组　长：李顺		

基本项目质量等级符号：
优良"✓"，合格"○"，不合格"×"。

施工检查日期 1995 年 3 月 2 日

钢筋安装分项工程质量检验评定表　　表 7-92

工程名称：钢厂综合楼　　部位：主体（现浇混凝土框架）第四层　施工单位：市建八公司

		项目	质量情况
保证项目	1	钢筋的品种和质量必须符合设计要求和有关标准的规定	符合设计要求及标准规定，材质见出厂证明
	2	冷拉冷拔钢筋的机械性能必须符合设计要求和施工规范的规定	符合设计要求及标准规定，材质见出厂证明
	3	带有颗粒状或片状老锈，经除锈后仍留有麻点的钢筋严禁按原规格使用，钢筋的表面应保持清洁	表面清洁，无锈斑
	4	钢筋的规格、形状、尺寸、数量、间距、锚固长度、接头设置必须符合设计要求和施工规范的规定	符合设计要求及标准规定，见施工记录

			项目		质量情况 1	2	3	4	5	6	7	8	9	10	等级
基本项目	1	绑扎	缺扣、松扣的数量												
			合格	≯绑扎数的 20%，且不应集中	✓	✓	○	✓	○	○	✓	✓	○	✓	优良
			优良	≯绑扎数的 10%，且不应集中											
	2	接头	弯钩的朝向正确、绑扎接头符合施工规范规定，搭接长度应为：												
			合格	任一接头均≮规定值的 95%	○	✓	✓	○	✓	✓	○	✓	✓	✓	优良
			优良	每个搭接长度≮规定值											
	3	箍筋	数量符合设计要求。弯钩角度和平直长度：												
			合格	基本符合施工规范规定	✓	○	○	✓	✓	○	○	✓	○	○	合格
			优良	符合施工规范规定											

		项目		允许偏差（mm）	实测值（mm） 1	2	3	4	5	6	7	8	9	10	11	12	13	14
允许偏差项目	1	网的长度、宽度		±10	6	6	−4	3	−5	9	4	−11						
	2	网眼尺寸	焊接	±10	−6	5	3	7	12	8	8	−8						
			绑扎	±20	−10	−15	8	8	14	14	−6	−6						
	3	骨架的宽度、高度		±5	5	4	4	−5	−6	5	3	3						
	4	骨架的长度		±10	8	8	−6	−6	5	4	−8	3						
	5	受力钢筋	间距	±10	12	6	6	−5	−4	7	9	9						
			排距	±5	4	4	−5	4	3	3	−3	4						
	6	箍筋、构造筋间距	焊接	±10	10	−8	−7	6	13	6	−6	6						
			绑扎	±20	15	15	−10	−10	−8	8	8	8						
	7	钢筋弯起点位移		20	20	22	15	10	10	8	6	6						
	8	焊接预埋件	中心线位移	5	4	4	6	3	3	5	5	4						
			水平高差	+3 −0	3	1	0	0	4	2	2	2						
	9	受力钢筋保护层	基础	±10														
			梁柱	±5	−3	−3	4	4	6	5	4	2						
			墙板	±3	3	2	4	0	0	1	1	3						

检查结果	保证项目	达到标准 4 项，未达到标准 0 项		
	基本项目	共检查 3 项，其中优良 2 项，优良率 66%		
	允许偏差项目	共实测 112 点，其中合格 102 点，合格率 91.1%		
评定等级	优良	工程负责人：皮定 工　　长：张弘 班 组 长：李顺	核定等级	优良 专职质量检查员：王章

基本项目质量等级符号：
优良“✓”，合格“○”，不合格“×”

施工检查日期 1995 年 3 月 2 日

混凝土分项工程质量检验评定表　　表 7-93

工程名称：钢厂综合楼　　部位：主体（现浇混凝土框架）第四层　　施工单位：市建八公司

		项目	质量情况
保证项目	1	水泥、水、骨料、外加剂等必须符合施工规范和有关的规定	符合规定，材质见试验报告
	2	混凝土的配合比，原材料计量、搅拌、养护和施工缝处理必须符合施工规范的规定	符合规定，附混凝土配合比设计单
	3	混凝土试块取样，制作，养护和试验必须符合有关标准的规定，强度符合 数理统计：$m_{f_{cu}}-\lambda_1 s_{f_{cu}}\geqslant 0.9 f_{cu,k}$ $f_{cu,min}\geqslant\lambda_2 f_{cu,k}$ 非数理统计：$m_{f_{cu}}\geqslant 1.15 f_{cu,k}$　$f_{cu,min}\geqslant 0.95 f_{cu,k}$	符合规定，设计 C30 本层二组试块 33.8；29.1，单位工程统计方法评定（附计算书）
	4	设计不允许有裂缝的结构严禁出现，设计允许有裂缝的裂缝宽度必须符合设计要求	无裂缝

			项目（项目缺陷在装饰前按规范修整）		质量情况 1	2	3	4	5	6	7	8	9	10	等级
基本项目	1	窝蜂	任何一处蜂窝面积：（保护层＞蜂窝＞5mm）												
			合格	梁柱≯1000cm²，累计≯2000cm²，基础、板、墙、≮2000cm²，累计≯4000cm²	✓	✓	○	✓	○	○	○	✓	✓	○	优良
			优良	梁柱≯400cm²，累计≯800cm²，基础墙板≯400cm²，累计≯800cm²											
	2	孔洞	任何一处孔洞面积												
			合格	梁柱≯40cm²、累计≯80cm² 基础混凝土板≯100cm² 累计≯200cm²	✓	✓	○	○	✓	✓	✓	○	✓	✓	优良
			优良	无孔洞（截面尺寸 1/3＞孔洞＞保护层）											
	3	露主筋	任何一根主筋露筋长度：												
			合格	梁柱≯10cm 累计≯20cm 基础、墙、板≯20cm 累计≯40cm	○	○	✓	○	○	✓	✓	○	○	○	合格
			优良	无露筋，露筋指主筋未被混凝土包裹											
	4	夹渣缝隙	任何一处夹渣：长度、深度												
			合格	梁柱≯5cm 基础墙板长≯20cm 深≯5cm	✓	○	✓	✓	○	○	○	○	✓	✓	优良
			优良	无缝隙夹渣层											

		项目		允许偏差(mm) 单层 多层	高层 框架	多层 大模	高层 大模	实测值(mm) 1	2	3	4	5	6	7	8	9	10
允许偏差项目	1	轴线位移	独立基础	10	10	10	10										
			其它基础	15	15	15	15										
			柱、墙、梁	8	5	8	5	4	7	2	0	8	5	4	9	2	3
	2	标高	层　高	±10	±10	±10	±10	7	3	9	13	2	4				
			全　高	±30	±30	±30	±30										
	3	截面尺寸	基　础	+15 −10	+15 −10	±5 −10	+5 −10										
			柱、墙、梁	+8 −5	±5	+5 −2	+5 −2	3	−5	0	4	8	6	2	1	−3	4
	4	柱墙垂直度	每　度	5	5	5	5	1	4	3	0	2	4	5	8	0	3
			全高(H)	H/1000 且≯20	H/1000 且≯30	H/1000 且≯20	H/1000 且≯30										
	5	表面平整度		8	8	4	4	7	6	2	6	3	11	8	4	7	5
	6	预埋钢板中心线位置偏移		10	10	10	10	8	7	14	10						
	7	预埋螺栓中心线位置偏移		5	5	5	5										
	8	预埋管预留中心线位置偏移		5	5	5	5	4	5	2	5	8	1				
	9	预留洞孔中心线位置偏移		15	15	15	15	11	14	10	5	15	9				
	10	电梯井	井筒长度对中心线	+25 −0	+25 −0	+25 −0	+25 −0	5	2	10	21						
			井筒全高垂直度	H/1000 且≯30	H/1000 且≯30	H/1000 且≯30	H/1000 且≯30										

检查结果	保证项目	达到标准 4 项，未达到标准 0 项		
	基本工程	共检查 4 项，其中优良 3 项，优良率 75%		
	允许偏差项目	共实测 66 点，其中合格 60 点，合格率 90.9%		
评定等级	优　良	工程负责人：皮定 工　　长：张弘　班组长：李顺	核定等级	优　良 专职质量检查员：王章

基本项目质量等级符号：优良“✓”，合格“○”，不合格“×”。施工检查日期 1995 年 3 月 2 日

车正常后方能开始使用。在停止工作时应断开电源，开关箱宜加锁。

3)钢筋冷拉时，冷拉场地两端不准站人，不准在正在冷拉的钢筋上跨越，操作人员进入安全位置后，方可开始冷拉。

4) 采用切断机断料时，手与刀口距离不得少于 150mm。活动刀片前进时禁止送料。切断大钢筋时，冲切力大，应在切断机口两侧机座上安装两个角钢挡杆，阻止钢筋摆动。切断长钢筋应有专人扶住，操作时动作要一致，不得任意拖拉、切断短钢筋须用套筒或钳子夹料，不得用手直接送料。

5) 采用人工断料，工具必须牢固。掌克子和打锤要站成斜角，注意打锤区域内的人和物体。

6) 使用调直机、除锈机，要避免手受到伤害。操作人员必须避开钢筋末端，以免钢筋末端甩动伤人和钢丝刷伤人。并不得在机器运转中进行调整。

7) 采用钢筋弯曲机弯曲钢筋，钢筋要紧贴挡板，注意放入插头的位置和回转方向，不得开错。操作人员应站在钢筋活动端的外面。调头弯曲，防止碰撞人和物体，更换插头等必须停机进行。

8) 焊接钢筋时，焊机应设在干燥地方，平稳牢固，要有可靠的接地装置，导线绝缘良好。操作场（棚）不得用易燃材料搭设，场内严禁堆放易燃、易爆物品，并备有灭火器材。操作时应穿戴好个人防护用品。

9) 搬运钢筋时，要注意周围有无碰撞危险或被料物勾挂，特别要避免碰挂电线。人工抬运钢筋，要齐心协力、动作一致，上肩卸料要注意安全。

10) 在高空、深坑绑扎钢筋和安装骨架须搭设脚手架和马道，并应设置必要的防护设施。不得站在钢筋骨架上绑扎钢筋和攀登骨架上下。

11) 吊装钢筋骨架，下方禁止站人，必须待骨架降落到离工作面 1m 以内方可靠近并选好位置站稳，就位支撑放好方可摘钩，并应和附近高压线路或电源保持一定的安全距离。雷雨时在钢筋林立的场所不准操作和站人。

12) 张拉钢筋要严格按照规定应力和伸长率进行，不得随便变更。不论张拉或放松钢筋都应缓慢、均匀，张拉钢筋两端应设置防护挡板。发现泵、千斤顶、锚卡具有异常，应即停止张拉，待检修正常后方可重新进行。

13) 千斤顶支脚必须与构件对准、放置平正，测量拉伸长度、加楔和拧紧螺栓应先停止拉伸，并站在两侧操作，防止钢筋断裂，回弹伤人。

(3) 浇筑混凝土

1)施工前应认真检查作业环境，脚手架、跳板、模板支撑是否牢固可靠，基坑槽壁有无裂缝塌方危险，操作区上下左右有无障碍物等。发现不安全因素，必须纠正处理后方准进行操作。

2) 操作前必须对搅拌、运输、振捣等机具进行试运转，认真检查机械和电器各部分的运行及绝缘是否正常，检查止常后才能进行操作。下班时必须拉下电闸，将电闸箱加锁。

3) 搅拌机运转时，严禁将锹、耙等工具伸入搅拌筒内，必须进拌筒扒混凝土时，要停车进行。

4) 运输手推车不得争先抢道，装车不要过满，卸料应有挡车措施，不得用力过猛和撒把，要防止车把伤人。

5) 用井架提升混凝土，宜设有自动安全装置。开动卷扬机，装卸料等工作时，必须做到准确联系，密切配合，操作人员没有离开提升台或吊斗时，不得发升降信号。提升台内停放的手推车，车轮必须塞住，车把不得伸出台外。

6)浇筑混凝土使用溜槽及串筒节间必须连接牢固。操作部分应有护身栏杆，不准直接站在溜槽帮上操作。

7) 用输送泵输送混凝土，管道接头、安全阀必须完好，管道的架子必须牢固，输送前必须试送，检修必须卸压。

8)浇筑无板框架结构的梁柱或墙上的圈梁时应有安全可靠的脚手架，不得站在模板上或墙上操作。浇筑挑檐、阳台、雨逢等混凝土时，外部应设安全网和安全栅。在有坡度的屋面上浇筑混凝土时，檐上应设防护栏杆。深坑内浇筑混凝土时，上下操作人员要相互协调配合。浇筑拱形结构，应自两边拱脚对称同时进行。

9)使用振动器应穿胶鞋，湿手不得接触开关，电源线不得有破皮漏电。

10）预应力灌浆，应严格按规定压力进行，输浆管道应畅通，阀门接头要严密牢固。

11）用草帘、草袋等覆盖养护混凝土时，楼板上留有孔洞的部位，应用盖板或围栏挡住，防止坠落。

12）不得在混凝土养护窑（池）边上站立和行走，并注意窑盖板和地沟孔洞，防止失足坠落。

小　　结

施工程序是指整个施工过程中各项工作必须遵守的合理的先后顺序。确定施工程序应遵守的原则有：必须符合施工的工艺要求；必须考虑施工组织的要求；必须与选择的施工方法及采用的施工机械协调一致；必须考虑当地的气候条件；必须考虑工程质量的要求；必须考虑安全施工的要求。本节介绍了工业厂房与民用房屋三种结构形式的一般施工程序，即单层装配式工业厂房、多层砖混结构住宅房屋、框架结构房屋的施工程序。钢筋混凝土工程一般施工程序，即模板工程（包括选材、选型、配板、制作、安装、拆除和周转等过程）、钢筋工程（包括配料、加工、绑扎、安装等过程）、混凝土工程（包括配料、搅拌、运输、浇筑、养护等过程）施工程序。预应力钢筋混凝土工程一般施工程序，即先张法（机械张拉）、后张法（机械张拉）施工程序。

钢筋混凝土工程施工准备，是指施工前从组织、技术、经济、物资、现场、劳动力、生活等各方面，为了保证工程顺利进行和工程圆满完成而事先做好的各项工作，是施工不可缺少的重要程序。施工准备按施工阶段分为施工前准备、施工中准备、工程验收准备；按准备工作内容分为技术准备、材料准备、机具准备、现场准备、季节施工准备等。

工序衔接是指分部分项工程施工中，各个施工过程（或施工工序）连接的先后次序、相互关系和连接方法。本节介绍了框架结构建筑施工中，现浇钢筋混凝土柱、梁、板和楼梯等的施工过程及工序衔接。单层装配式工业厂房施工中，现浇钢筋混凝土杯形基础和设备基础施工过程及工序衔接；预制钢筋混凝土柱施工工序衔接；预应力钢筋混凝土预制屋架后张法施工过程及工序衔接；预应力钢筋混凝土圆孔板先张法施工过程及工序衔接。

工程验收是指对工程质量进行检验评定的过程。本节介绍了钢筋混凝土工程质量检验评定标准；混凝土强度检验；质量检查评定的等级、程序和组织；应准备的验收资料。

钢筋混凝土工程的施工应遵守安全生产一般规定外，还应遵守安全技术操作规程。包括支模拆模；钢筋的制作、绑扎、张拉；浇筑混凝土的安全技术规程。

习题

1. 什么是施工程序？
2. 确定施工程序应遵守哪些原则？
3. 试述单层装配式工业厂房的一般施工程序。
4. 试述多层砖混结构住宅的一般施工程序。
5. 试述多层框架结构房屋的一般施工程序。
6. 试述钢筋混凝土工程的一般施工程序。
7. 模板工程、钢筋工程和混凝土工程各包括哪些施工过程？
8. 预应力钢筋混凝土工程机械强拉先张法施工与后张法施工有何区别？
9. 钢筋混凝土工程施工应做好哪些准备工作？有何意义？
10. 什么是工序衔接？工序衔接的安排是由哪些主要因素确定？
11. 现浇多层框架混凝土时，应如何分层分段组织施工？
12. 简述现浇钢筋混凝土条形基础的施工过程。
13. 简述框架结构房屋现浇钢筋混凝土柱墙、梁和板施工的工序衔接。
14. 简述现浇钢筋混凝土整体式楼梯的施工过程。
15. 试述现浇钢筋混凝土悬挑结构的施工要点。
16. 单层装配式工业厂房现场预制构件平面布置，应遵守哪些原则？
17. 单层装配式工业厂房现场预制柱、屋架的布置方式有哪几种”
18. 简述预制钢筋混凝土矩形柱平卧重叠施工的工序衔接。
19. 简述预制钢筋混凝土屋架，采用预制腹杆平卧重叠浇筑，机械张拉后张法施工的工序衔接。
20. 简述机械张拉先张法制作预制圆孔板的工序衔接。
21. 简述钢筋混凝土工程验收的组织和程序。
22. 试述模板安装、预埋体和预留孔洞的允许偏差和检验方法。
23. 试述钢筋安装及预埋件位置的允许偏差和检验方法。
24. 怎样评定混凝土强度？
25. 现浇钢筋混凝土结构构件的允许偏差有哪些项目？偏差允许值是多少？如何检验？
26. 钢筋混凝土工程施工应注意哪些安全事项？

第8章　防水工程及堵漏技术

目前我国建筑防水工程中普遍存在着“四漏”质量通病，即屋面漏雨，厕所卫生间漏水，装配式大墙板渗漏雨以及地下室渗漏现象，为此，每年用于防水、堵漏方面的维修费高达12亿元以上，因而努力提高防水工程施工技术，选用合理的防水构造设计，改进防水材料质量，是建筑行业的当务之急。

防水工程应根据建筑物的性质、重要程度、使用功能要求、建筑结构特点以及防水耐用年限等确定设防标准，例如屋面防水可分为四个等级设防标准，见表8-1。

屋面防水等级和设防要求　　表8-1

项　目	屋面防水等级			
	Ⅰ	Ⅱ	Ⅲ	Ⅳ
建筑物类别	特别重要的民用建筑和对防水有特殊要求的工业建筑	重要的工业与民用建筑、高层建筑	一般工业与民用建筑	非永久性的建筑
防水耐用年限	25年以上	15年以上	10年以上	5年以上
选用材料	宜选用高分子防水卷材、改性沥青防水卷材、高分子防水涂料、细石防水混凝土、金属板等材料	宜选用改性沥青防水卷材、合成高分子防水卷材、合成高分子防水涂料、改性沥青防水涂料、细石防水混凝土、平瓦等材料	应选用三毡四油沥青防水卷材、改性沥青防水卷材、高分子防水卷材、改性沥青防水涂料、高分子防水涂料、刚性防水层、平瓦、油毡瓦等材料	可选用二毡三油沥青合成高分子防水卷材、防水卷材、改性沥青防水涂料、沥青防水涂料、波形瓦等材料
设防要求	三道或三道以上防水设防，其中必须有一道高分子防水卷材；且只能有一道2mm以上厚的高分子涂膜	二道防水设防，其中必须有一道卷材；也可采用压型钢板进行一道设防	一道防水设防，或两种防水材料复合使用	一道防水设防

8.1　屋面防水工程

屋面防水工程是保证房屋建筑不受水侵蚀的一项专门技术。在建筑施工中占有重要地位。防水效果好坏也直接影响到生产活动和居民生活能否正常进行。为此必须认真对待。

屋面防水按其材料不同，分为柔性防水和刚性防水两类。

柔性防水采用的是柔性材料，主要包括各种卷材和胶结材料。刚性防水采用的砂浆和混凝土类刚性材料。

屋面既要防水，又要排水，所以要有坡度。坡度的大小与屋面材料有关，各种不同材料的屋面所适用的坡度如图8-1所示。

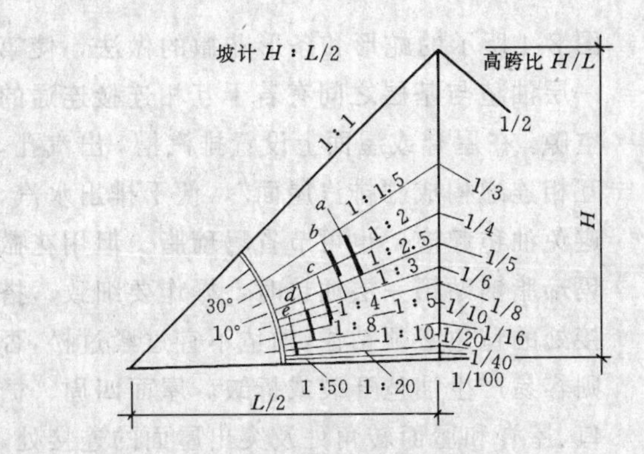

图 8-1　各种屋面的适用坡度

a—平瓦；*b*—小青瓦；*c*—波状瓦；

d—构件自防水；*e*—油毡及刚性防水

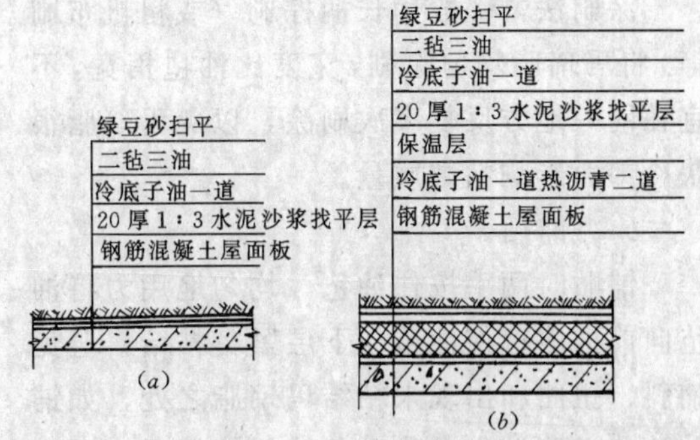

图 8-2　卷材屋面构造层次

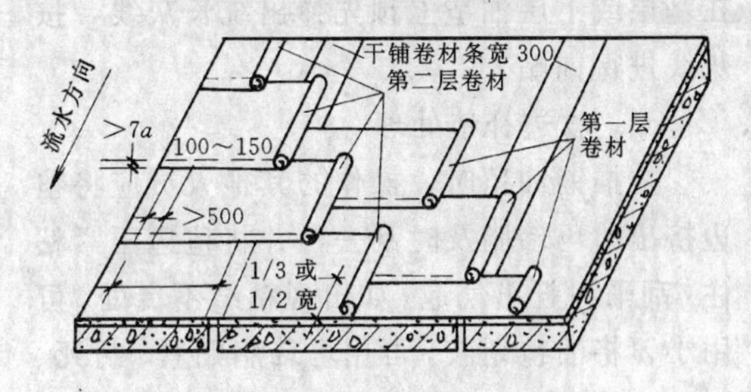

图 8-3　卷材平行屋脊铺贴搭接要求

8.1.1　柔性防水屋面

柔性防水屋面主要的一种作法是卷材防水，所谓卷材防水屋面是指用胶结材料（常用玛瑞脂）粘贴卷材（如石油沥青纸胎油毡）进行防水的屋面，其构造如图 8-2 所示，这种屋面卷材本身有一定的韧性，可以适应一定程度的涨缩和变形，不易开裂，但使用年限较短。

柔性屋面施工程序，按先后顺序为：承重层—隔汽层—保温层—找平层—粘结层—卷材防水层—保护层。

下面着重介绍铺贴油毡的施工方法。

(1) 施工准备

防水层施工前，应先在阴凉干燥处将油毡打开，清除滑石粉，然后卷好直立放于干净、通风、阴凉处待用，准备好熬制，拌和、运输、刷油、清扫、铺贴油毡等施工操作用的工具以及安全和灭火器材等。

(2) 油毡铺贴时的搭接

平行于屋脊的搭接缝，应顺流水方面搭接，垂直于屋脊的搭接缝应顺主导风向搭接。

油毡平行屋脊铺贴时，长边搭接不小于 70mm；短边搭接平屋面不应小于 100mm，坡屋面不应小于 150mm。

当第一层油毡采用条铺、花铺或空铺时，长边不应小于 100mm，短边不应小于 150mm，相邻两幅油毡短边搭接应错开不小于 500mm；上下两层油毡应错开 1/3 或 1/2 幅油毡宽。如图 8-3 所示；上下两层油毡不宜相互垂直铺贴，为保证油毡搭接宽度和铺贴顺利，铺贴油毡时，应弹出标线。

贴油毡前，找平层应干燥。现场试验找平层干燥程度的方法是：由傍晚至次日早晨（或在晴天约 1～2h 内）在找平层上铺盖 $1m^2$ 油毡，如油毡内侧无结露时即认为找平层已基本干燥。

(3) 油毡热铺贴施工

有三种方法，实铺法、湿铺法和条粘法

1) 实铺法：

实铺法是油毡下满涂玛瑞脂，不留空洞。铺贴的工序为：浇油、铺贴、收边滚压等。

a. 浇油

浇油法　是用带嘴油壶将玛瑞脂来回在油毡前浇油，其宽度比油毡每边少约 10～20mm，速度不宜太快。浇油量以油毡铺贴后，中间满着玛瑞脂，并使两边少挤出，其厚度控制在 1～1.5mm 为宜，最厚不得超过 2mm。油少油毡不能很好粘牢，油多容易产生流淌。

涂刷法　一般用长柄棕刷（或粗帆布刷等）将玛琋脂均匀涂刷，宽度比油毡稍宽，不宜在同一地方反复多次刷涂，以免玛琋脂很快冷却而影响粘结质量。

b.　铺贴

铺贴时两手按住油毡，均匀地用力将油毡向前推滚；使油毡与下层紧密粘结，避免铺斜、扭曲和出现未粘结玛琋脂之处，如铺贴油毡经验较少，为避免铺斜等情况，可以在基层或下层油毡上预先弹出统长灰线，按灰线进行铺贴

c.　收边补毡处理

在推铺油毡时，操作的其他人员应将毡边挤出的玛琋脂及时刮去，并将毡边压紧粘住，刮平和赶出气泡。如出现粘结不良处，可用小刀将油毡划破，再用玛琋脂贴紧、封死、赶平，最后在上面另贴一块油毡将缝盖住。

铺底层油毡时，应在基层屋面板的每条端缝处（即承重墙、梁或屋架处），干铺一层宽约200～300mm（寒冷地区宜适当加宽）的油毡，与找平层不粘结（或一边粘结），以适应屋面板的变形。同时，在屋面转角、凸出屋面的管道或墙根等部位、天沟及水落口周围等处，均应加铺1～2层油毡附加层，以加强防水效果。

2）湿铺法

当水泥砂浆找平层干燥确有困难，而又需立即在潮湿基层上贴油毡，这种施工方法又称为油毡湿铺法。其操作要点有：冷底子油宜在水泥砂浆找平层抹平压光后2～6h左右（表面有强度，能站人而无痕时）立即进行，最好用喷涂法进行。喷涂的冷底子油要稍稠一些，待冷底子油干燥后即可进行辅贴油毡。

3）条粘法

铺贴油毡时，如保温层和找平层干燥有困难，需在潮湿的基层上铺贴油贴，常采用条粘法施工和排汽屋面相结合的作法。

条粘法是在铺贴第一层油毡时，与湿铺法的区别在于不满涂满浇玛琋脂，而采用如图8-4所示的蛇形和条形花撒的做法，使第一层油毡与基层之间有若干互相连接连通的空隙，在屋脊或屋面上设置排汽槽，出汽孔，互相连通构成“排汽屋面”，便于排出水汽，避免油毡起泡，也可节省玛琋脂。但用花撒玛琋脂铺贴第一层油毡时，操作要细致，搭接处的毡边必须粘住，油毡不宜过紧过松，否则容易产生油毡开裂或折皱。屋面四周、檐口、屋脊和屋面转角处及突出屋面的连接处，至少在800mm宽的油毡满撒玛琋脂进行铺粘。第二层。第三层油毡均要求铺粘。

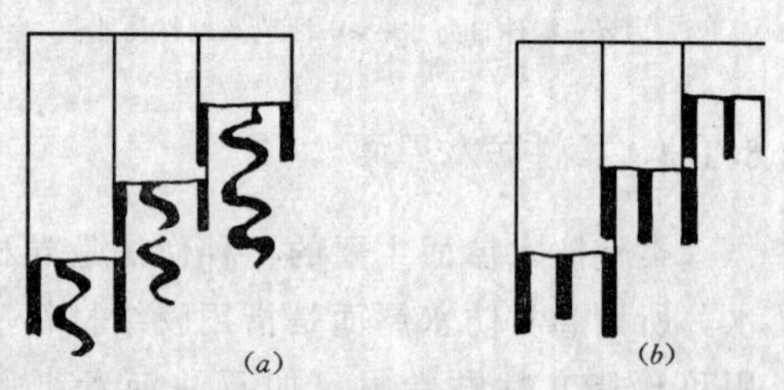

图8-4　条粘法铺贴第一层油毡示意图

另外在基层（找平层或保温层）中留置30～40mm宽的纵横连通的排汽道沟槽，并单边点贴200～300mm宽的油毡条，使形成连通的排汽通道，然后再满粘第一层油毡。

（4）卷材冷贴法施工

卷材冷贴法施工与热铺法相比，具有劳动条件好、工效高、工期短等优点，也可避免热作业熬制热沥青玛琋脂对周围环境的污染。冷贴法是卷材防水屋面施工工艺发展的方向。目前主要有以下两种方法。

1）自粘型防水卷材施工方法

自粘性防水卷材，一般以塑料薄膜为胎基，单面或双面覆盖沥青—橡胶复合材料，这种卷材不仅有很好的防水、防腐蚀性能，同时本身又有良好的粘结力。铺贴时，只需打开卷材，剥去背面的保护纸，将粘贴面向下，展伸到已涂刷底胶的混凝土基面或水泥砂浆找平层上，用棍子滚压密实即可。

2）冷粘防水卷材施工方法

冷粘防水卷材一般由合成高分子材料制成，如三元乙丙橡胶防水卷材等，施工时先在基层上涂刷冷胶粘剂，然后铺放卷材，再

辊压平整密实赶出气泡即可。对于一些塑料卷材，先在其粘贴面上滚涂胶粘剂，待其干燥后再铺贴在涂刷有胶粘剂的基层上，辊压平整密实即可。

(5) 排汽槽和排汽孔施工

排汽槽应纵横贯通，不得堵塞，并应与大气连通的排汽孔相通。排汽孔的数量应根据基层的潮湿程度和屋面构造（如是否有隔汽层）而确定，以每 $36m^2$ 设置一个为宜。

施工时，应注意不要将排汽槽、排汽孔堵塞，用砖砌排汽孔时，注意灰浆不要灌入洞中（否则应掏净）；填充大孔粒径炉渣等材料时，不要填塞过紧，不得用生石灰、石膏等吸潮材料和受潮后易粉化的材料作排汽槽的填充料。

(6) 保护层施工

玛琋脂和油毡在冷热交替作用下，会伸长或收缩；同时在阳光、空气、水分和冰雪等长期作用下，其中的沥青将不断老化，逐渐由软变硬而发脆。采用绿豆砂或板、块等各种保护层，可以减少阳光辐射对沥青的影响，降低沥青表面的温度，防止暴雨和冰雪对防水层的侵蚀，从而大大延缓沥青的老化速度，提高防水层的使用寿命。

绿豆砂保护层施工应在卷材铺设完毕，经检查合格后立即进行，绿豆砂在铺撒前应在锅内或钢板上炒干，并加热至100℃左右，在油毡面上涂刷2～3mm厚的热玛琋脂，立即趁热将预热过的绿豆砂（粒径3～5mm）用簸箕或铁铲等均匀地撒在玛琋脂上，边撒边用竹扫把扫平或用大推耙推铺绿豆砂，使其粒径的一半左右嵌入玛琋脂中（铺撒时不堵塞水落口），然后扫除多余的绿豆砂，不均匀处应补撒。要求绿豆砂保护层铺撒均匀、平整、嵌固在玛琋脂内。也可采用小铁滚（重量不宜过大）滚压一遍。在垂直面上铺撒绿豆砂，一定要做到随浇随撒，必要时，可用小木板轻轻由下而上推铺，并轻轻拍压，务使绿豆砂嵌固在垂直表面上，尽可能铺设均匀。

8.1.2 刚性防水屋面

刚性防水屋面是指应用细石混凝土、水泥砂浆等刚性防水材料做防水层的屋面。它主要依靠混凝土自身的密实或采用补偿收缩混凝土，并采取一定的构造措施（如增加配筋，设置隔离层、混凝土分块设缝、油膏嵌缝等）以达到防水目的。它适用于屋面结构刚度较大、地质条件好、无保温层的装配式或整体浇筑的钢筋混凝土屋盖，但不适用于高温车间、设有振动设备的厂房以及大跨度建筑。

由于刚性防水层伸缩的弹性小，对地基的不均匀沉降、构件的微小变化、房屋受振动、温度高低变化等极为敏感，又直接与大气接触，因而容易产生变形开裂、表面碳化、风化，如设计再不合理，施工不良，极易发生漏水、渗水现象。故要求设计可靠，构造及节点处理合理，施工时对材料质量和操作过程均应严格要求，精心施工，才能确保质量。

细石混凝土防水屋面和水泥砂浆防水屋面一般构造形式如图8-5所示。

(1) 材料要求

刚性防水屋面要求用普通硅酸盐水泥，水泥标号不低于425号（防水砂浆的水泥标号不低于325号）；砂宜采用中粗砂，含泥量不大于2%，否则应冲洗；石子应采用质地坚硬，粒径5～15mm、级配良好，含泥量不超过1%的碎石或砾石；混凝土要求水灰比不大于0.55，每立方米混凝土水泥用量不少于330kg，并宜掺入膨胀剂、减水剂、防水剂等外加剂以改善其技术性能。防水砂浆采用1∶2的水泥砂浆，砂浆中加入的防水剂为氯化物金属盐类防水剂时，掺量为水泥量的3%～5%；为金属皂类防水剂时，掺量为水泥量的1%～5%。

(2) 隔离层施工

刚性防水屋面承重结构层的施工要求同卷材防水屋面。在结构层与防水层之间增加

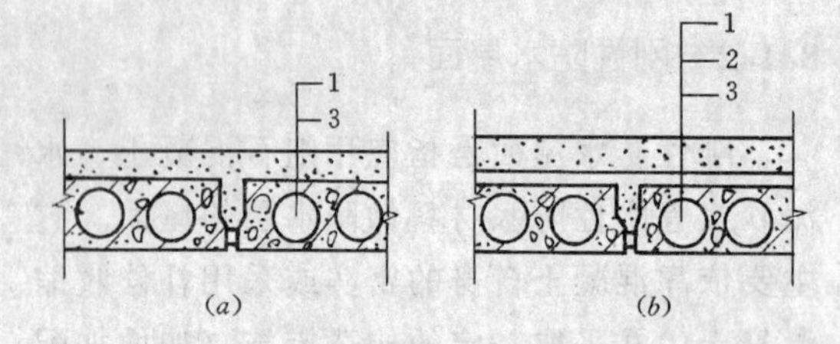

图 8-5 刚性防水屋面的构造形式

(a) 防水层与结构层结合；(b) 防水层与结构层脱开

1—防水层；2—隔离层；3—结构层

一层低强度等级砂浆、纸筋灰、麻筋灰、卷材、塑料薄膜等材料，起隔离作用使结构层和防水层的变形互不受制约，以减少防水层产生拉应力而导致刚性防水层开裂。

1) 石灰粘土砂浆隔离层施工

预制板缝填嵌细石混凝土后板面应清扫干净，洒水湿润，但不得积水。将按石灰膏：砂：粘土＝1：2.4：3.6 配合比的材料拌合均匀，砂浆以干稠适度为宜，铺抹的厚度约 10～20mm，要求表面平整、压实、抹光，待砂浆基本干燥后，方可进行下道工序施工。

2) 卷材隔离层施工

用 1：3 水泥砂浆将结构层找平，并压实抹光养护，再在干燥的找平层上铺一层 3～8mm 干细砂滑动层，在其上铺一层卷材，搭接缝用热沥青玛瑞脂胶结。也可以在找平层上直接铺一层塑料薄膜。

做好隔离层后，继续施工时，要注意对隔离层的保护，不能直接在隔离层表面运输混凝土，应设垫板。绑扎钢筋时不得扎破隔离层的表面，浇筑混凝土时更不能振酥隔离层。

(3) 刚性防水层施工

1) 现浇细石混凝土防水层施工

防水层厚度不宜小于 40mm，并配置ϕ4 间距为 100～200mm 双向钢丝网片，网片位置宜居中偏上，保护层厚度不小于 10mm。钢丝网片在分格缝处应断开。

浇捣混凝土前，应将隔离层表面的浮渣、杂物清除干净；支好分格缝隔板。对不设隔离层的屋面，浇筑前可在基层上先刷一遍 1：1的素水泥浆，随即进行浇筑。

混凝土的浇筑按先远后近，先高后低的原则进行。在一个分格缝范围内的混凝土必须一次浇筑完成，不得留施工缝。混凝土宜用机械振捣，直至密实和表面泛浆。泛浆后用铁抹子压实抹平，并要确保防水层的设计厚度和排水坡度。混凝土收水初凝后，及时取出分格缝隔板，用铁抹子第二次压实抹光，并及时修补分格缝的缺损部分，做到平直整齐。待混凝土终凝前，进行第三次压光抹光，要求做到表面平光，不起砂，不起层，无抹板压痕为止。抹压时不得洒干水泥或干水泥砂抹压。待混凝土终凝后，立即进行养护。可用蓄水养护法或稻草、麦草、锯末、草袋等覆盖后浇水养护，养护时间不少于 14d。养护期间禁止闲人上屋面踩踏或在上继续施工。

现浇混凝土防水层应避免在高温烈日下施工，施工合适气温为 5～35℃。

2) 砂浆防水层施工

基层必须彻底清理干净，并用水冲洗。施工时应保持基层湿润，注意与基层的粘结，应连续施工不留施工缝。同时要及时抹压，注意养护。这些是保证防水层不起鼓、不起砂、无裂缝取得良好防水效果的关键。

直接在现浇钢筋混凝土屋面上做防水砂浆时，最好在屋面混凝土收水后随即施工。若在基层混凝土硬化后做防水层，则应在混凝土终凝之前用硬钢丝刷扫去表面浮浆，并将表面扫毛，等结构层模板拆除后，再铺抹防水砂浆层。此时，应先将面层清理干净浇水冲洗，并需先刷一层水泥浆，其配合比为水泥：水＝1：0.4(重量比)，边刷边铺防水砂浆。

防水砂浆总厚度一般不宜小于 20mm，应分层铺抹，分层厚度为 5～10mm。防水砂浆铺完搓平后，待表面收水即用铁抹刀第一遍压光；在防水砂浆初凝前用铁抹刀第二遍压光；待防水砂浆终凝前用铁抹刀第三遍压光，为了增强防水性能，可在防水砂浆第三遍压光后，在其表面涂刷水泥净浆一层，要求刷透刷匀。

防水砂浆干缩性大，极易出现裂纹。为确保其防水效果，最好在傍晚天气较凉时进行施工，不宜在35℃以上或5℃以下施工。施工8～12h后用草帘等覆盖养护，养护时间应不少于14d。

此外，防水砂浆层还要求房屋沉降基本稳定后再施工，避免因房屋沉陷引起裂缝而漏水。为了提高防水砂浆的抗裂能力，必要时可用金属网加固。

8.1.3 板缝处理及施工

(1) 对板缝的要求

屋面板吊装前，将板端的钢丝头、板四侧的浮浆清除干净；板缝上口宽度30±10mm；板缝下部灌细石混凝土，其表面距离板面20～30mm，灌缝时粘连在板缝侧及缝口两边20mm范围内的砂浆、浮灰、杂渣应清理干净。细石混凝土表面应抹平（不必抹光)，防止呈弯面（图8～6*a*)；板面吊装后如有高差，细石混凝土表面距板面高度应以底侧板为准（图8-6*b*)；采用胶泥时，纵向缝细石混凝土表面宜抹成水平，不要与屋面坡度平行（图8-6*c*)。

(2) 板缝的处理

清理板缝浮灰时，板缝必须干燥；可以用专门的钢丝刷缝机或者用普通钢丝刷，将缝壁及板缝两侧20～30mm处的浮浆、碎渣刷干净，不得有遗漏未刷之处（缝底细石混凝土表面可不刷)；刷缝后用小型电吹尘器将尘砂吹净。

刷冷底子油　如用沥青油膏嵌缝，应在油膏嵌缝前刷冷底子油一遍；如用胶泥灌缝，应在灌缝前刷胶泥冷底子油（脱水后的煤焦油与二甲苯以1∶2～4配制，或用酮类溶剂稀释胶泥）一遍。油膏和胶泥性质不同，冷底子油切勿颠倒使用。冷底子油要求涂刷薄而均匀，涂刷范围包括缝侧、缝口两侧20～30mm的范围。已刷冷底子油的板缝宜当天嵌灌。

(3) 冷嵌油膏施工

油膏宜在常温下冷嵌，当气温低于15℃，或油膏过稠时，可将油膏加温后再用（不能用火直接加热，而用热水烫，烫时应防止水汽进入)；当板面温度低于10℃时，不宜施工。

嵌缝操作可采用特制的气压式油膏挤压枪（图8-7)，枪嘴伸入缝内，使挤压出的油膏紧密挤满全缝，并高出板面约10mm，手工嵌油膏时，宜分两次嵌填，待冷底子油干燥后，第一次可先将油膏拉搓成长条状，嵌入缝内，用小刮刀将油膏与板缝内两侧面和底部抹压粘牢，并仔细检查缝壁。如有未粘牢处，应重新抹压（或用烙铁在缝内热压)，直到粘结牢固为止。这是嵌缝操作中的重要一环，一定要做到精心嵌填，仔细操作，严格检查，粘结牢固。第二次用油膏嵌满板缝，高出缝口5～10mm，宽出板缝两侧20mm左右（图8-8)。嵌完油膏后，再用油膏稀释成的涂料，涂刷油膏表面及缝旁板面20～50mm处、将油膏保护、封闭。

(4) 胶泥热灌施工

当采用事先配好的胶泥半成品时，要注意包装桶底是否有沉淀，必要时需预热（不超过60℃）拌匀后方可倒入搅拌机中加热塑化。塑化好的胶泥应立即浇灌，浇灌时的温度不低于110℃。雨天或混凝土表面有霜、露时不得施工。

当屋面坡度较小，纵向缝可采用特制灌缝车（图8-9*a*）灌缝，提高工效；横向缝及檐口，山墙等节点灌缝宜用鸭嘴桶（图8-9*b*)，桶内壁可涂刷一层薄机油，加少量滑石粉，以利清理。

施工时，分次浇灌胶泥，直到浇满并浇出板缝两侧各20mm左右。宜先从纵横交接处浇灌，这样能使交接处形成整体，以保证防水效果。纵向缝自上板一侧浇灌，横向缝宜从下向上分次浇灌。满出两侧过多的胶泥，可切除回收利用。板缝嵌油膏或胶泥完后，也可做油毡或水泥砂浆覆盖层，以保护油膏和胶泥。

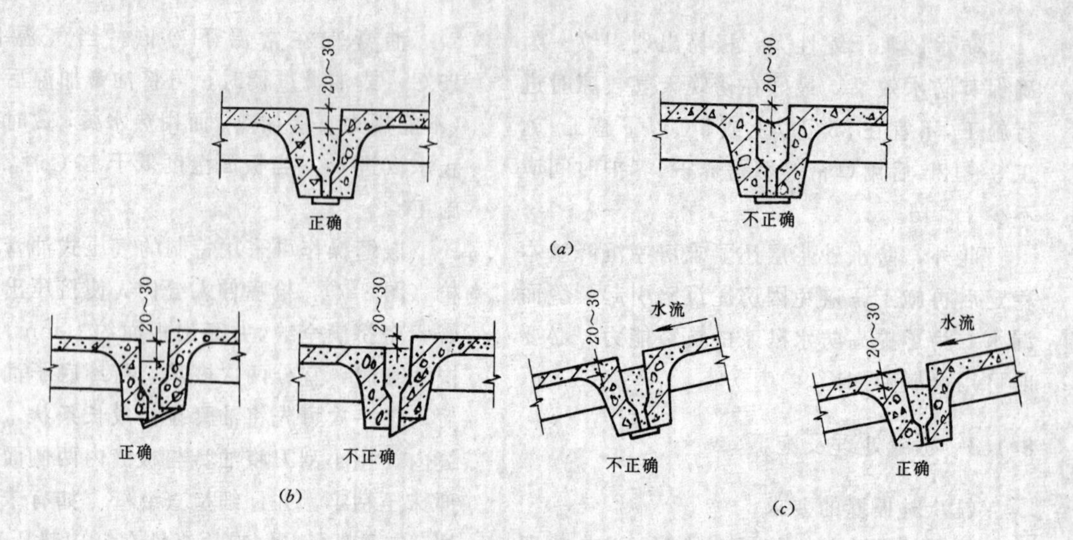

图 8-6　板缝的处理

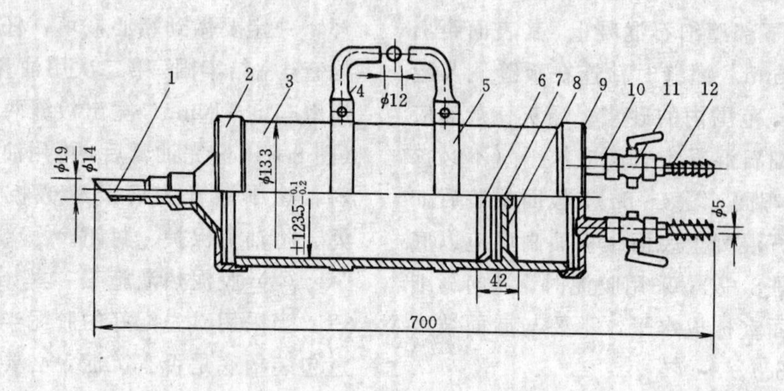

图 8-7　油膏挤压枪

1—枪管 1～3 件（视缝大小备不同规格）；2—前盖，1 件；3—枪身，1 件（无缝钢管 133×5）；4—把手（φ12 钢筋锻打）；5—套环，2 件（2mm 扁铁配 M6 螺丝）；6—活塞；7—沉头螺丝；8—皮碗，2 件；9—后盖；10—连接管，2 件；11—阀门，2 件；12—接气管，2 件

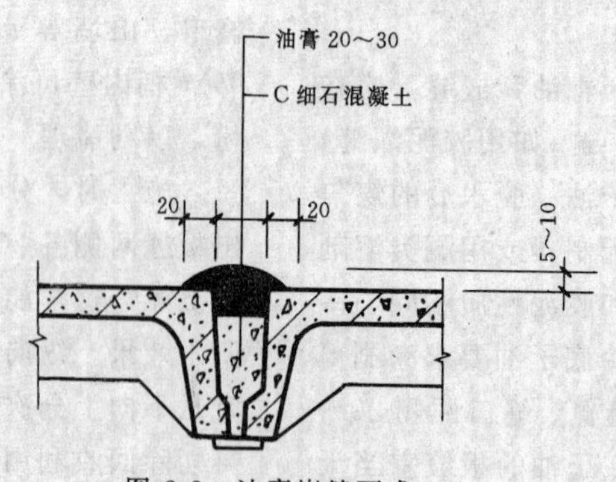

图 8-8　油膏嵌缝要求

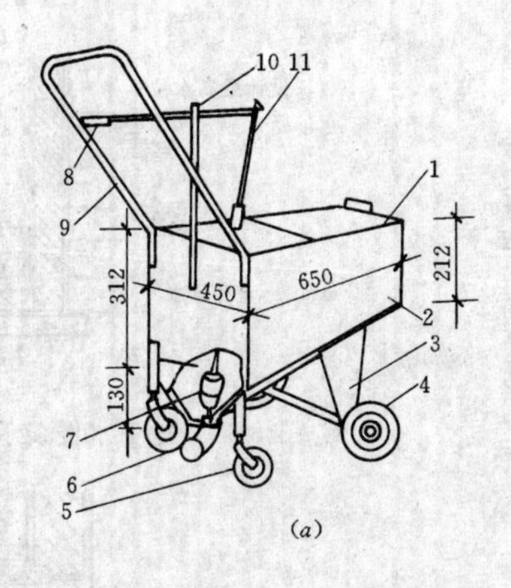

图 8-9 灌缝车与鸭嘴桶

(a) 灌缝车；(b) 鸭嘴桶

1—盖；2—双层保温车身，间隙 25mm，内填保温材料，有效容积 50L；3—支架；4—ϕ200 硬胶轮；5—ϕ75 硬胶轮；6—ϕ60 出料口；7—柱塞；8—操纵杆；9—车把；10—支柱；11—柱塞杆

小　　结

屋面防水工程主要分为卷材防水屋面和刚性防水屋面两大类，严格按照施工程序和认真仔细的施工是防水质量的可靠保证。

8.2 地下室防水工程

由于地下室的外墙和底板都在地面以下，经常受到地潮或地下水的侵蚀，如果由于结构的原因发生水的渗透，轻则引起内墙面灰皮脱落，墙面上生霉点影响人体健康，重则进水使地下室不能使用或甚至影响建筑物的耐久性。所以对地下室必须采取相应的防水措施。

8.2.1 地下室的防潮

当设计最高地下水位低于地下室地坪标高且无形成滞水的可能时，水不致直接侵入室内，墙和地面仅受到土层中地潮的影响，这时只需做防潮处理，阻止毛细管水形成的地下潮湿和由地面水下渗而形成的无压水。当地下室墙体采用砖砌筑时，其防潮要求为：砌体必须采用水泥砂浆砌筑，灰缝必须饱满，对墙外表面在作好水泥砂浆抹灰后，须涂冷底子油一道和热沥青两道。然后在防潮层外侧回填低渗透性的上壤，如粘土，灰土等，并逐步夯打密实，以防护地面雨水或其他地表水下渗对地下室造成的影响，这部分低渗透性回填土其宽度以不少于 500mm 为宜。同时应做好房屋四周的散水和勒脚，以避免地下室受潮，并利于排除房屋四周积水。

对外墙与地下室地坪交接处和外墙与首层地板交接处都应分别作好墙身水平防潮处理，以防止土层中的潮气和地面雨水因毛细管作用沿基础和墙身入侵墙体而影响上部结构，如图 8-10 所示。

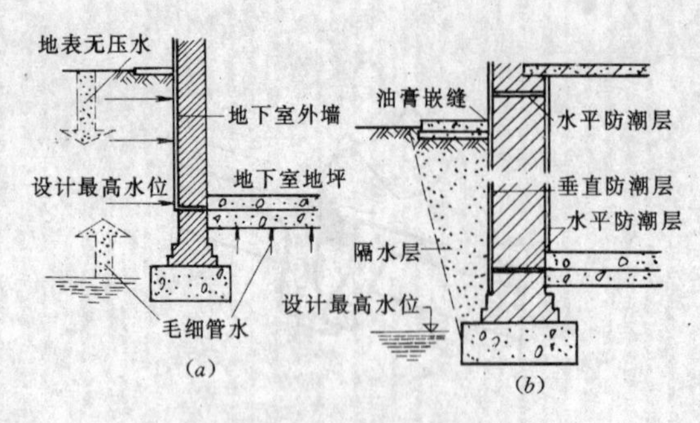

图 8-10 地下室防潮处理

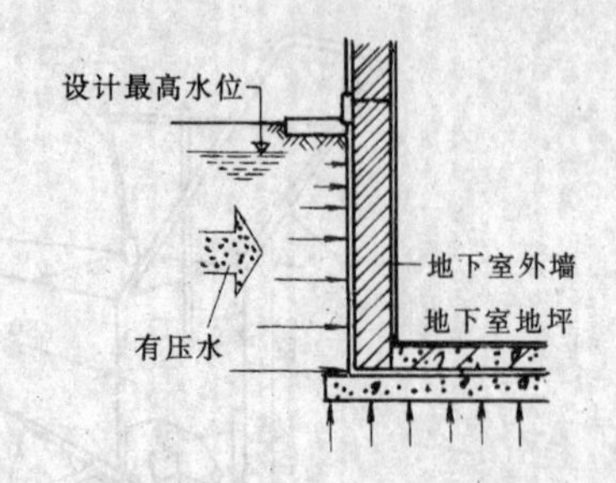

图 8-11 地下水侵袭示意图

8.2.2 地下室的防水

当设计最高地下水位高于地下室地面，即地下室的外墙和地坪浸在水下时，如图 8-11 所示，地下室的外墙受到地下水的侧压力，地坪受到地下水的浮力。地下水位高出地下室地面愈高，则压力愈大，在这种情况下，必须考虑对地下室外墙作垂直防水处理和对地坪作水平防水处理。常见的防水措施有卷材防水。防水层按其铺设位置不同，有外防水（又称外包防水）和内防水（又称内包防水）两种。外包防水是将防水层贴在迎水面，即地下室外墙的外表面，对防水较为有利，如图 8-12 所示。内包防水是将防水层贴在背水面，即地下室墙身的内表面，如图 8-13 所示。这时，施工简便，便于修补，但对防水不太有利，故多用于修补工程。

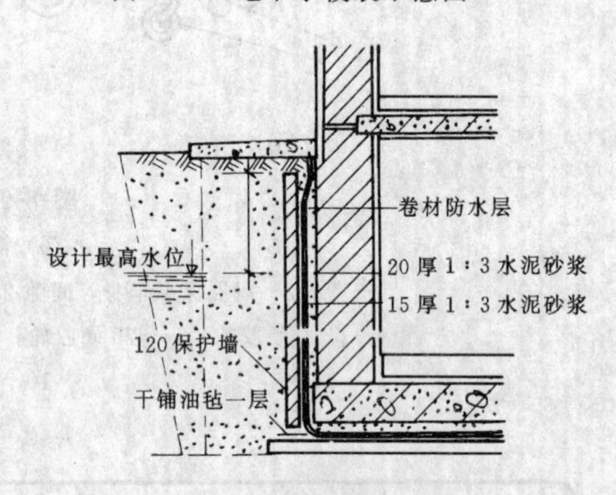

图 8-12 墙身外包防水

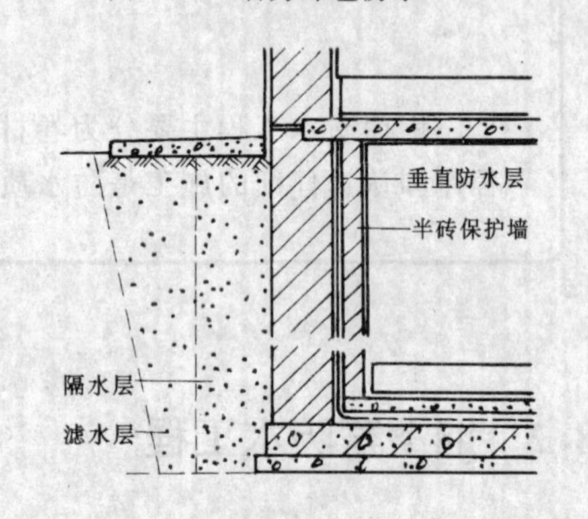

图 8-13 墙身内包防水

对地下室地坪结构的防水处理，是在地基上先浇筑混凝土垫层，上以卷材或涂膜作法的水平防水层满铺整个地下室，并于防水层上注筑 40mm 厚的细石混凝土保护层以便于钢筋混凝土结构层的施工。对水平防水层和垂直防水层在转角部位的交接处必须加强，以免因交接处处理不当而导致地下室渗水。

为确保转角处卷材防水的质量，必须对留槎（搭接）认真处理，如图 8-14 所示。

当地下室墙和地坪均系钢筋混凝土结构时，则以采用防水混凝土材料为佳。

防水混凝土的配制和施工与普遍的混凝土一样，所不同的是通过对骨料的级配作某些调整或掺入一定分量的外加剂，以提高混凝土自身的防水性能。

骨料级配法防水混凝土，抗渗等级最高可达 P35。外加剂法防水混凝土其抗渗等级根据外加剂的不同而不同，最高可达 P32，一般地下室的设计抗渗等级应≥P8。

当有管线穿通地下室墙体时，须作好墙体的防水处理，其构造方式有两种。

一种是采用固定式穿墙管如图 8-15 所示，将管道与墙体固结在一起；

一种是采用活动式穿墙管，如图 8-16 所示，让管道与墙体脱开。

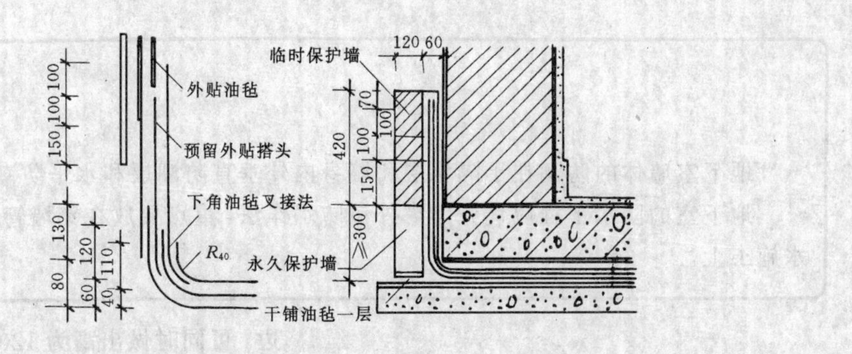

图 8-14 转角卷材接槎做法

一般采用固定式，当结构变形较大或某些热力管网在穿过地下室墙体时，采用活动式。

当地下室出现变形缝时，为使变形缝在建筑物收缩或不均匀下沉的情况下，能保持良好的防水性，必须作好墙身、地坪变形缝处的防水处理。其措施是在进行防水结构施工时，在变形缝处预埋变形缝止水带。依材料不同，有橡胶止水带、塑料止水带和金属止水带等，如图 8-17 所示。

变形缝构造有内埋式和可卸式两种，如图 8-18 所示。

无论哪种形式，止水带中间空心圆须对准变形缝，以适应变形的需要。

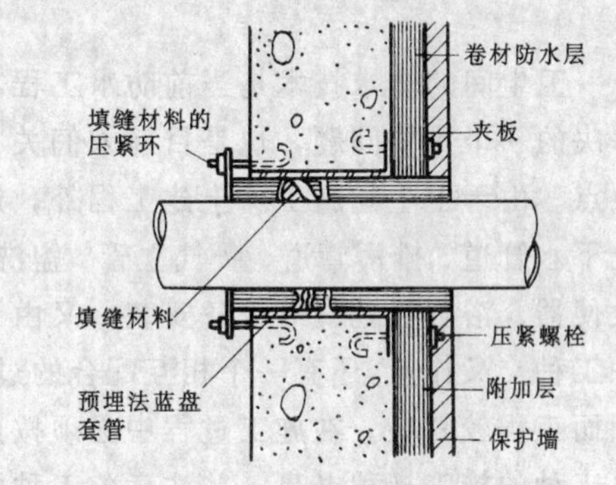

图 8-16 穿墙管活动式

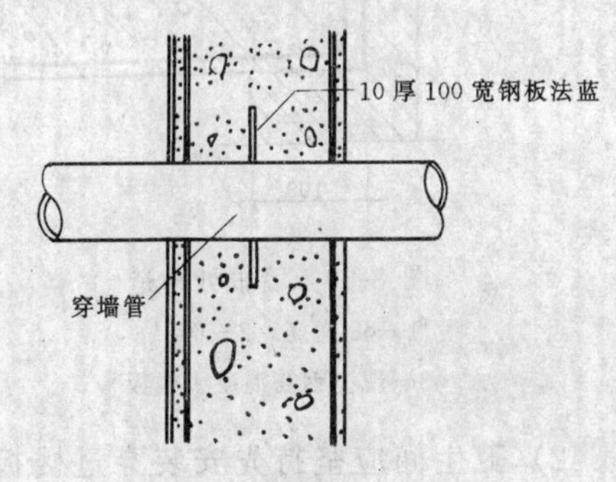

图 8-15 穿墙管固定式

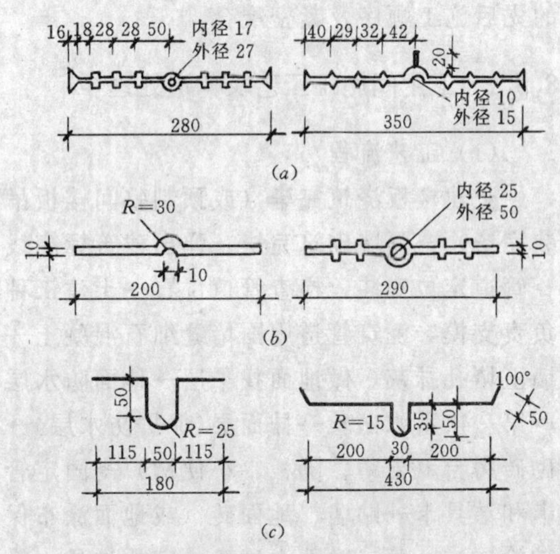

图 8-17 止水带

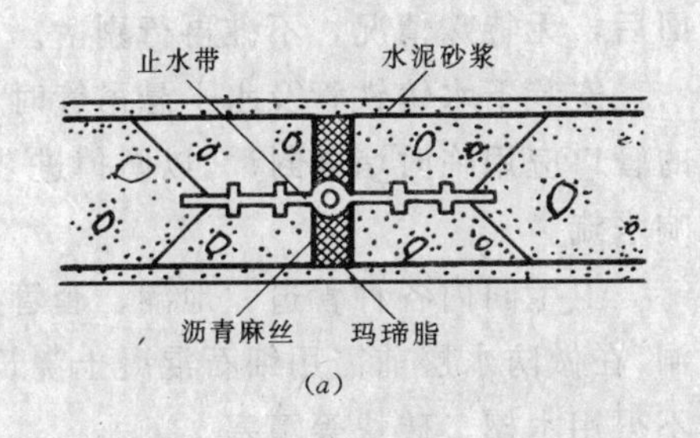

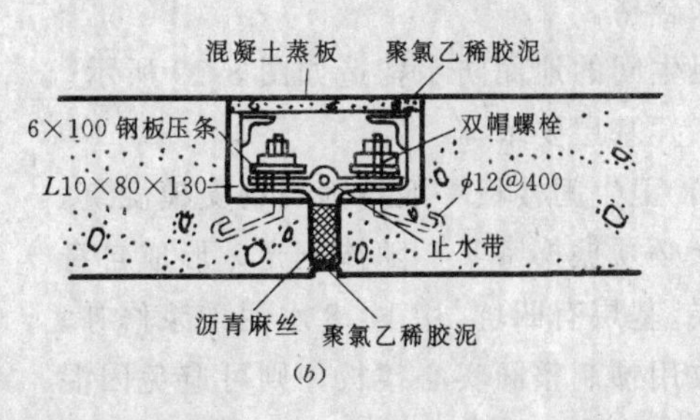

图 8-18 地下室变形缝构造

(*a*) 内埋式；(*b*) 可卸式

小　　结

地下室墙体的防潮在于隔水层和墙身内外垂直防潮层和水平防潮层的质量。

地下室的防水工程应优先考虑外包防水作法，重点要放在穿墙管和变形缝处的防水施工上。

8.3 卫生间的防水

卫生间的防水技术是当前防水工程需要解决的一个重要问题，也是目前人们关心的热点。由于卫生间施工除土建工程外，还有上下水管道、排污管道、暖气立管、盥洗池、大便器、浴缸、地漏等设备安装，又由于多种工种交叉作业，还有一个相互配合的过程，因而工程较复杂。在施工过程中必须按照各自工种的施工规程办事，并注意各工种之间的先后施工顺序及紧密配合。

8.3.1 卫生间施工工艺及构造处理

(1) 工艺流程

土建楼板浇筑完毕（或预制整间楼板吊装完毕）→隔墙砌筑完毕，弹出建筑标高线→管道定位安装，检查管道位置→土建工种负责支模，浇筑管道周围堵缝细石混凝土→墙上堵孔抹灰，做地面找平层→地面防水层→第一次蓄水试验→抹面层(保护防水层)→砌砖蹲台（支蹲、隔板、小便槽）→固定管卡和洁具卡→贴墙、地面砖（或地面涂布保护涂层）→第二次蓄水试验→安放洁具→管道试水合格。

卫生间的地面防水构造如图 8-19 所示。

(2) 基层要求

1) 卫生间楼板一般均为现场支模浇筑，混凝土必须振捣密实，随抹压光，形成自身防水层。基层有凹坑，用 1∶3 水泥砂浆修补。但若改用预制整间实心楼板，则可避免因混凝土楼板本身施工缺陷造成的渗漏。

现浇或预制整间楼板支承在墙上的四边，可同时做出高为 120mm 的反边。靠墙板处转角做成半径 100mm 圆角，可防止积水吸附至墙面，造成渗水，如图 8-20 所示。

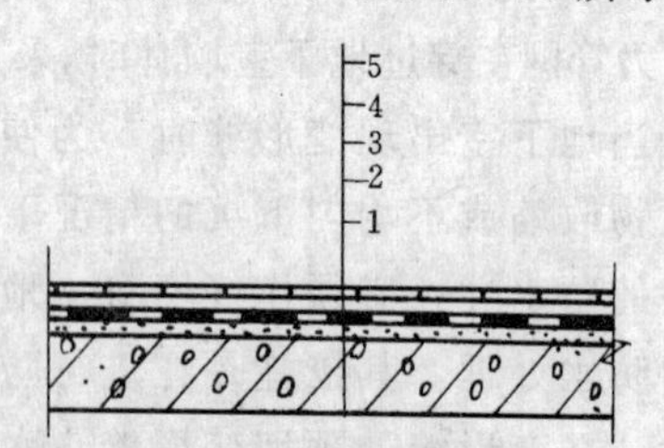

图 8-19　防水层基本构造
1—基层(结构层)；2—找平层；3—防水层；4—面层；5—地面砖(或保护涂层)

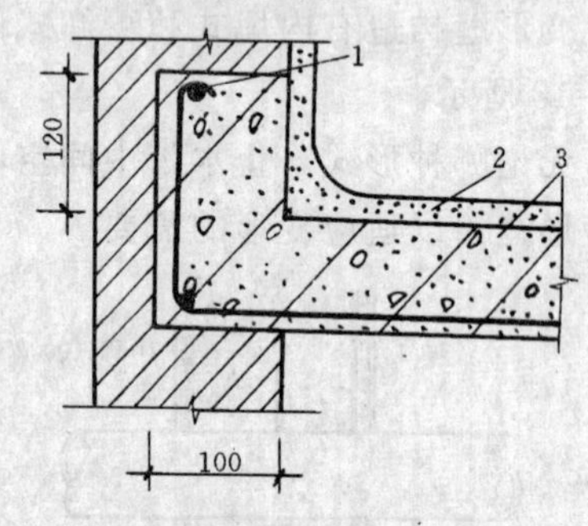

图 8-20　墙根处构造
1—ϕ8 钢筋；2—面层；3—现浇钢筋混凝土楼板

2) 卫生间应坚持先安装穿过楼板的管道，再做地面防水处理的程序。做好防水地面后，无特殊情况，不准再行剔凿。

安装下水铸铁管及水平悬吊管时，敞开的管口应用临时堵盖封严，以防掉进杂物，影响水流。

卫生间内各种管道、地漏、套管处的孔洞，在做防水层前需用细石混凝土浇筑严实，不得用木楔、砖块等填塞。

卫生间各种管道位置必须正确，单面临墙的管道，离墙不应小于 50mm；双面临墙的管道，一边离墙不小于 50mm，另一边离墙不小于 80mm。

管道穿过楼板的孔洞，可采用手持金刚石薄壁钻机钻孔，比芯模留孔工效高，且位置准确。

（3）在结构层上做厚 2mm 的 1∶3 水泥砂浆找平层，作为防水层基层。

（4）待找平层干燥后做防水层。防水层应尽量采用涂膜防水，涂膜防水施工时，在最后一道涂料固化前，宜稀撒粒径 2mm 左右的石渣，以增强与面层的粘结。

（5）防水层施工完毕实干后，进行蓄水试验，灌水高度应达到找坡的最高点水位 20mm 以上。蓄水时间不少于 24h，发现渗漏进行修补，再蓄水试验，直至不漏。

（6）蓄水试验合格，做 107 胶 1∶3 水泥砂浆面层，厚 20mm，地面坡度 2%，地漏周围坡度 5%。

（7）卫生间设备安装节点构造及施工

1）大便器处构造及施工。蹲式或坐式大便器在楼板面上的铸铁管排水留口。其位置必须准确并高出楼板面 10mm，不可偏斜或低于楼板。

大便器排水口与铸铁管管口衔接处的缝隙，要用油灰填实抹平。大便器与冲洗管用胶皮腕绑扎连接时，碗的两端应用 14 号铜丝铺开并绑两道，不得用铁丝代替。大便器与冲洗管接口（非绑扎型）的施工，如图 8-21 所示。若冲洗管太近，会侵占大便器进水口，阻碍冲洗水流，若冲洗管太远或太倾下，接口处便会漏水。

坐式大便器的地脚镀锌螺栓，需在做地面时预先埋设牢固，露出地面的螺栓丝扣应加以保护，不可在做好防水层后，再行剔凿。

2）地漏、立管处构造及施工。地漏安装时，应以墙体地面红线为依据。地漏口标高以低于地面 20mm，偏差不超过 5mm。立管处以高出地面 10～20mm 为宜，地漏、立管穿过楼板处的孔洞要认真处理，可以先用 C20 级细石混凝土（掺 5%的防水剂）填实，

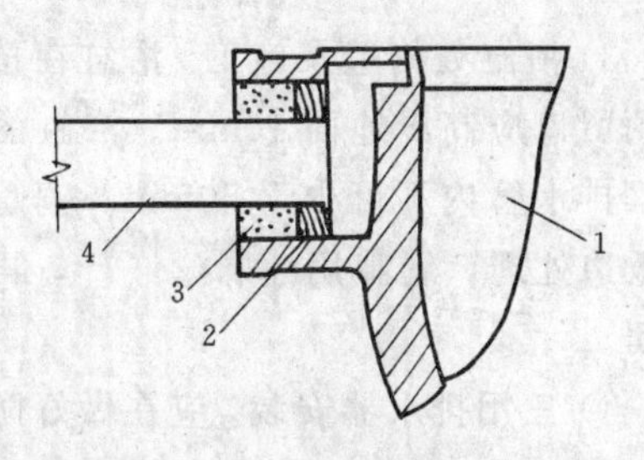

图 8-21 大便器处构造

1—大便器；2—油麻丝；3—1∶2 水泥砂浆；4—冲洗管

再用 1∶2 半干硬性水泥砂浆抹面压光（或铺贴其他块材面层），注意湿润养护。接口处下部用油麻丝嵌严，上部用水泥掺加熟石膏抹口。地漏口、立管口防水做法如图 8-22、8-23 所示。

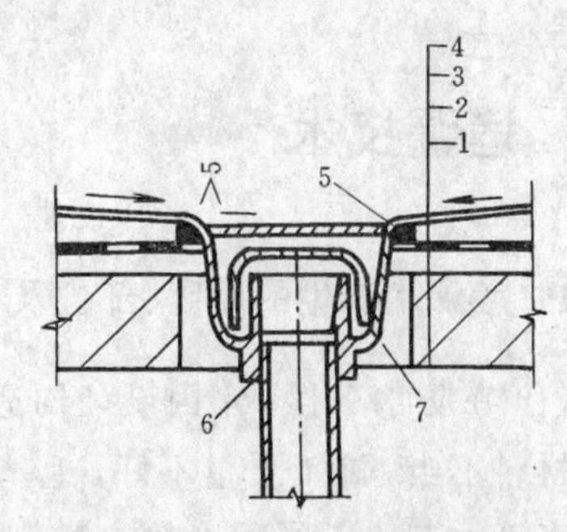

图 8-22 地漏口构造

1—基层(结构层)；2—20 厚 1∶3 水泥砂浆找平层；3—防水层卷上地漏口包严；4—面层；5—嵌缝油膏封堵；6—丝扣连接或承插口；7—与楼板同强度等级细石混凝土

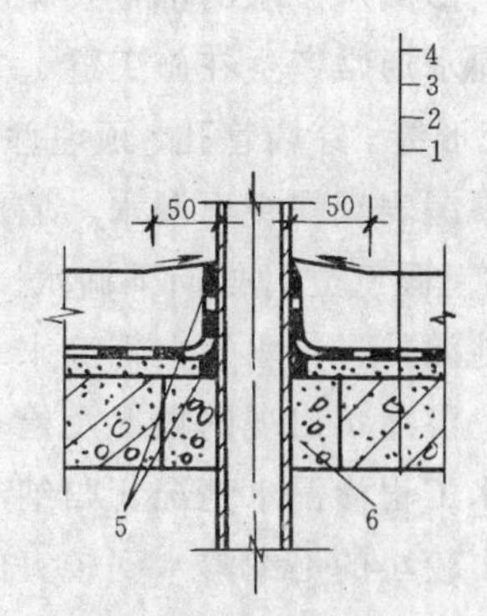

图 8-23 立管口构造

1—基层（结构层）；2—20 厚 1∶3 水泥砂浆找平层；3—防水层卷上包严；4—面层；5—嵌缝油膏封堵；6—与楼板同强度等级细石混凝土

3）浴缸处构造及施工。浴缸在楼板面上的预留口应高出地面10mm。浴缸的排水管插入排水管内不可少于50mm。铜管下端应做扳边处理，缝隙用油麻丝嵌严，再用油灰封闭。

4）三用排水器安装。应在做好防水层后进行，切忌工序颠倒。三用排水器与排水立管接口位置应紧靠楼板及墙角，因操作困难，故安装连接时需格外细心。安装好的三用排水器及管线应加以固定和保护，防止因碰撞造成接口活动，形成隐患。做地面时，三用排水器的周围要填严捣实，赶光压平。

（8）根据设计要求贴墙、地面砖（或地面涂布保护层）。

（9）最后进行第二次蓄水试验，安放洁具，并进行管道试水。

小　结

严格的按照卫生间防水工程的每一道工序施工和加强验收、检查，搞好各工种间的配合，协调是卫生间防水工程的质量保证。

8.4 堵漏技术

8.4.1 渗漏水产生的原因、部位及检查方法

（1）在防水工程中，因设计构造不合理，选用材料不当，施工质量不好，地基下沉，地震灾害等，造成不同程度的渗漏现象。

出现渗漏后，影响房屋的使用和建筑物的寿命。在设计和修建过程中应尽量避免渗漏发生，如有发生，必须及时有效地修补。

（2）渗漏水产生的部位及堵漏的原则

渗漏水通常产生在施工缝、裂缝、蜂窝麻面、变形缝、穿墙管孔、预埋件等部位。如卫生间渗漏表现在楼面漏水、墙面渗水、上下水立管、暖气立管处向下淌水、盥洗池、大便器、地漏处、排水管向下滴水等。

（3）渗漏水出现的情况及检查方法

防水工程渗漏水情况，归纳起来有孔洞漏水（由较小的毛细渗水到较大的蜂窝孔洞漏水都称为孔洞漏水）和裂缝漏水两种。从渗水现象来看，一般可分为慢渗、快渗、急渗和高压急渗等四种。

慢渗：漏水现象不明显，用毛刷或布将漏水处擦干漏水表面，不立即出现湿痕，需经3～5min才能发现有湿痕，再隔一段时间才集成一小片水。

快渗：漏水情况比慢渗明显。当用毛刷或布擦干漏水表面，立即出现湿痕，很快集成一片，并顺墙流下。

急渗：漏水现象明显，形成一股水流，由漏水孔、缝顺墙急流而下。

高压急渗：漏水严重、水压较大，常常形成水柱从漏水处喷射而出。

为了有效地进行漏水堵修，必须找出漏水点的准确位置。除较严重的漏水部位可直接查出外，一般慢渗漏水部位的检查方法有二：

1）在基层表面均匀地撒上干水泥粉，若发现湿点或湿线，即为漏水孔、缝。

2）如果发现有湿一片现象，用上法不易发现漏水的位置时，可用水泥浆在基层表面均匀涂一薄层，再撒干水泥粉一层，干水泥粉的湿点或湿线处，即为漏水孔、缝。

8.4.2 促凝灰浆堵漏法

促凝灰浆堵漏法是一种传统的堵漏技术，它是在水泥浆或水泥砂浆中掺入促凝剂（如水玻璃等）促使水泥快凝，将渗漏水堵住。

常见的灰浆有以下几种：

1）促凝剂水泥浆：水泥浆的水灰比在0.55～0.60之间，加入的促凝剂为水泥重量的1%，搅拌均匀即成。

2）促凝剂水泥砂浆：先把促凝剂配成促凝剂水溶液，其配合比为促凝剂∶水＝1∶1（重量比），再把配合比为1∶1的水泥和砂子干拌均匀，然后用促凝剂水溶液与干拌均匀的水泥和砂按0.45～0.5的水灰比调制成水泥砂浆。这种砂浆凝固快，要随拌随用，不能多拌，以免硬化失效。

3）水泥胶浆：直接用促凝剂和水泥拌制而成。一般配合比为水泥∶促凝剂＝1∶0.5－0.6（或1∶0.8－0.9）。可根据防水要求的不同，调整配合比。这种胶浆凝固快，施工时要进行试配，通过变更用水量和配合比来调整凝固时间，从开始拌和到操作完毕以1～2min为宜。这种胶浆在堵漏工程中使用较广，要随拌随用，尽量避免结硬失效造成浪费。

以上三种灰浆的使用，配合下面所述的堵漏方法进行介绍。

（1）孔洞漏水的堵漏方法

由较小的毛细孔渗水到较大的蜂窝孔洞漏水都称为孔洞漏水。孔洞漏水根据工程所受水压大小及漏水孔洞大小，用下列办法进行堵修。

1）直接堵塞法

当水压不大时，漏水孔洞较小的情况下，可采用“直接堵塞法”处理。操作时先根据渗漏水情况，以漏水点为圆心剔槽。一般槽的直径为1～3cm，深2～5cm。毛细孔渗水，剔成直径1cm，深2cm的槽。剔完槽后，用水将槽冲洗净，随即配制水泥胶浆（水泥∶促凝剂＝1∶0.6）并将胶浆搓成与槽直径相接近的锥形团。在胶浆开始凝固时，迅速以拇指将胶浆用力堵塞于槽内，并向槽壁四周挤压严实，使胶浆与槽壁紧密结合。堵塞完毕后，立即将槽周围擦干，撒下干水泥粉检查。待已堵塞严密，无渗水现象时，再在胶浆表面抹素灰和水泥砂浆一层，并将砂浆表面扫成毛纹。待砂浆有一定强度后（夏季1昼夜，冬季2～3昼夜）。再按四层做法和其它部位一起进行防水层施工。如发现堵塞不严仍有渗水现象时，应将堵塞的胶浆全部剔除，槽底和槽壁经清理干净后，重新按上法进行堵塞。

2）下管堵塞法

水压较大，漏水孔洞也较大时，可采用“下管堵塞法”处理如图8-24所示。首先彻底清除漏水处空鼓的面层，剔成孔洞，其深度视漏水的情况而定，漏水严重的可直接剔至基层下的垫层处，将碎砖石清除干净，在洞底铺一层碎石，上面盖一层与洞的面积相等的油毡（或铁皮），油毡中间开一小孔，用胶皮管插入孔中，使水顺胶皮管流出。若是地面孔洞漏水，则在漏水处四周砌筑挡水墙，用胶皮管将水引出墙外。然后用促凝剂水泥胶浆把胶皮管四周的孔洞一次灌满。待胶浆开始凝固时，用力在孔洞四周压实，使胶浆表面低于地面约1cm。表面撒干水泥粉检查无漏水时，拔出胶皮管，再按孔漏水“直接堵塞法”将孔洞堵塞，最后拆除挡水墙，表面刷洗干净，再按四层作法进行防水层施工。

3）木楔子堵塞法

当水压很大，漏水孔洞不大时，可采用“木楔子堵塞法”处理，如图8-25所示。首先将漏水处剔成一孔洞，把孔洞四周松散石子剔除干净。根据漏水量大小决定铁管直径，铁管一端打成扁形，用水泥胶浆把铁管埋设在孔洞中心，使铁管顶端低于基层表面3～4cm。按铁管内径制作一个木楔，木楔表面应平整，并涂刷冷底子油一道。待水泥胶浆凝固一段时间后（约24h），将木楔打入铁管内把水堵住，楔顶距铁管上端约3cm。用促凝剂水泥砂浆（水灰比约0.3把楔顶上部空隙填实，随即在整个孔洞表面抹素灰一层，砂浆一层，砂浆表面要与基层表面相平并扫出毛纹。待砂浆有一定强度后，再与其它部位一起做防水层。

4）预制套盒堵漏法

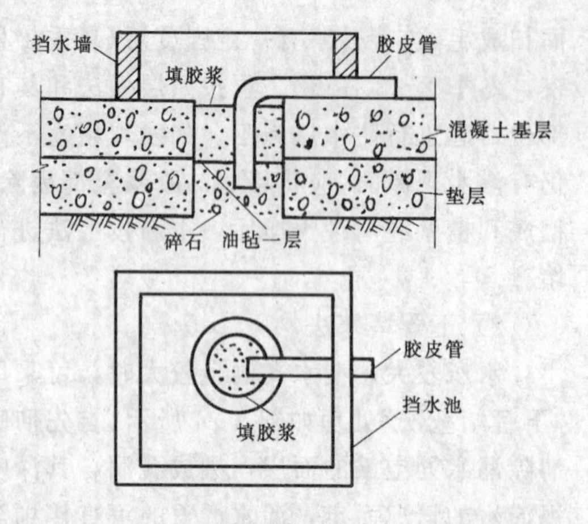

图 8-24 下管堵漏法

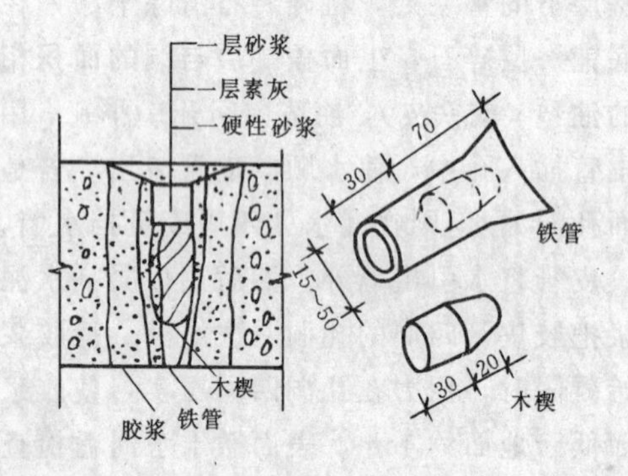

图 8-25 木楔子堵塞法

当水压和孔洞都较大，漏水严重的情况下，可用“预制套盒堵漏法”处理（图 8-26）。操作时，将漏水处剔成圆形孔洞，孔洞直通垫层以下，在孔洞四周砌筑临时挡水墙。根据孔洞大小制作混凝土套盒，套盒外半径较孔洞半径小 3cm，套盒底厚与原地面混凝土厚度相同，套盒壁上留有数个进水孔，底部根据漏水量大小留有数个出水孔，套盒外表面做好麻面的防水层。在孔洞底部垫层以下部分铺碎石一层，碎石上盖芦席，然后将套盒反扣在孔洞内，使套盒顶面比原地面表面低 2cm。在套盒与孔洞的空隙中填塞碎石，填到与垫层相平，再用水泥浆将石子上部空隙灌满挤实，并将胶皮或软塑料管插于套盒底部孔眼内，将水引出挡水墙外。清除挡水墙内的水并擦干表面后，在孔洞上部（除设有胶管的位置外）抹好一层素灰、一层砂浆，并将砂浆表面扫成毛纹。待砂浆凝固后，拔出胶管，按“直接堵塞法”将孔眼堵塞，最

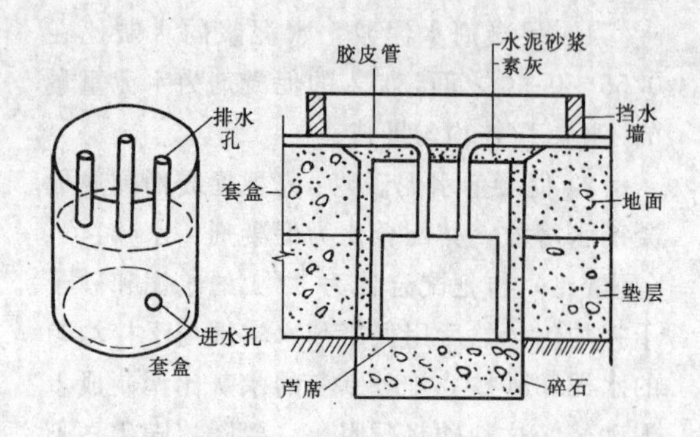

图 8-26 预制套盒堵漏法

后随其它部位一起作好防水层。

(2) 裂缝渗漏水的处理

收缩裂缝渗漏水和结构变形造成的裂缝渗漏水，均属于裂缝漏水范围。裂缝漏水的修补，也应根据水压大小采取不同的处理方法。

1) 直接堵塞法

水压较小的裂缝慢渗、快渗或急流漏水宜用直接堵塞法处理（图 8-27）。操作时要沿裂缝剔八字形边坡沟槽，槽深 30mm、宽 15mm。用水将沟槽刷洗干净后，把水泥胶浆搓成条形，待胶浆快要凝固时，迅速将胶浆堵塞于裂缝的沟槽中，以两拇指向槽内及其四周边缘挤压密实，使胶浆与槽壁紧密结合。若裂缝过长，可分段堵塞，但胶浆间接槎要成反八字形相接，并用力挤压密实。堵完后经检查无漏水时，再抹素灰、水泥砂浆各一层以保护胶浆，并将其表面扫毛。待砂浆凝固后，再与墙面或地面一起抹防水层。

2) 下线堵漏法

水压较大的慢渗或快渗漏水，可用这个办法处理，操作时，先沿裂缝剔槽，剔槽方法与裂缝漏水“直接堵塞法”相同。在槽底部沿裂缝放一小绳，绳的粗细依漏水量大小而定，绳长 200～300mm。把将要凝固的胶浆填压于已放好绳的沟槽内，并迅速压实，然后把绳子抽出，使漏水顺绳孔流出。对较长的裂缝要分段逐次堵塞，每段长约 100～150mm。各段间留 20mm 宽的空隙。这 20mm 空隙用“下钉法”缩小孔洞（图 8-28），即先把胶浆包于钉杆上，待胶浆快凝固时，插于空隙

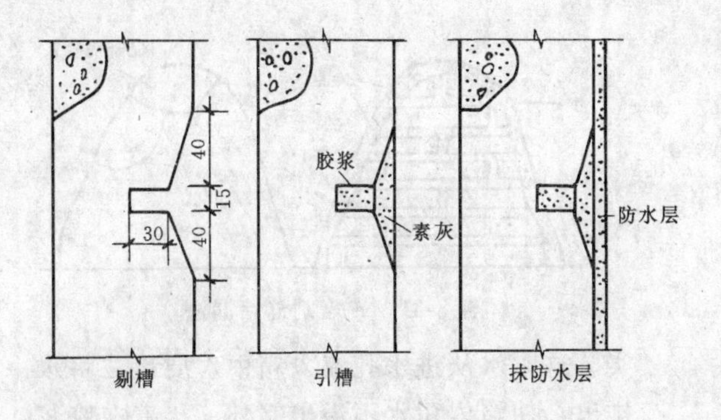

图 8-27　裂缝漏水直接堵塞法

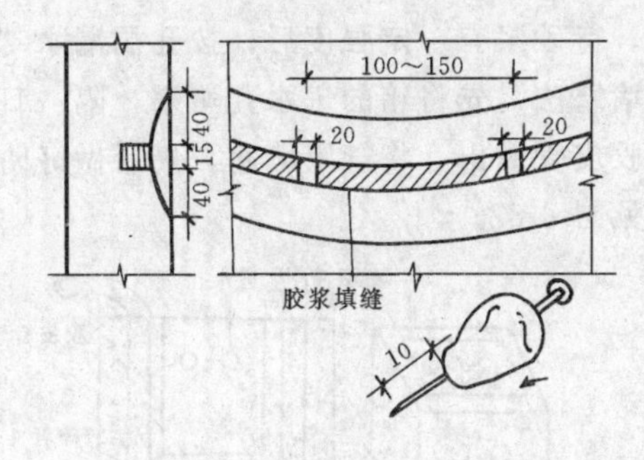

图 8-28　下线堵漏法与下钉法

中，迅速把胶浆往空隙四周压实，同时转动并立即拔出铁钉，使水顺钉孔流出。漏水处缩小成绳孔或钉孔后，沿槽抹素灰、水泥砂浆各一层，并将水泥砂浆表面扫毛。待砂浆凝固后，用胶浆按孔洞漏水"直接堵塞法"堵住绳眼或钉眼，随后可进行防水层施工。

3）下半圆铁片堵漏法

水压较大的急流漏水宜用这个办法处理。操作时，沿漏水缝剔八字形边坡沟槽，尺寸可视漏水量大小而定，一般为 30mm×20mm、40mm×30mm 或 50mm×30mm（深×宽）。将 100～150mm 长的铁皮沿宽度方向弯成半圆形（图 8-29），弯曲后宽度与槽宽相等，有的铁片上要开圆孔。将半圆铁片连续排放于槽内，使其正好卡于槽底，每隔 500～1000mm 放一个带圆孔的铁片。然后用胶浆分段堵塞，仅在圆孔处留一空隙。把胶管或塑料管插入铁片中，并用胶浆把管子稳固住，使水顺管流出。经检查无漏水现象时，再沿槽的胶浆上抹素灰和水泥砂浆各一遍加以保护，然后将表面扫毛。待砂浆凝固后，拔

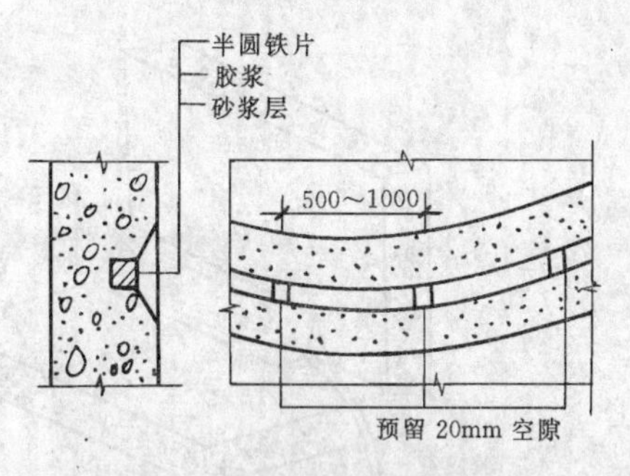

图 8-29　下半圆铁片堵漏法

出胶管，按孔洞漏"直接堵塞法"堵塞管孔。随后同其他部位一起做好防水层。

4）墙角压铁片堵漏法

墙根阴角漏水可用这个办法处理。操作时，将墙角漏水处用铁丝刷清理干净，把长为 30～100cm 宽为 4～5cm 的铁片斜放在墙角处，用胶浆逐段将铁片稳牢。胶浆表面做成圆弧形，胶浆底面要与墙面、地面牢固结合。再将胶皮管插入铁片下部的孔隙中，用胶浆稳牢（图 8-30）。然后在胶浆上按四层做法做好防水层。防水层表面也抹成圆弧形，底面与墙、地面混凝土结合牢。待防水层养护到一定强度后，再把胶皮管拔出，按孔洞漏水"直接堵塞法"将管孔堵塞，并做好防水层。

（3）其它渗漏水的堵漏方法

1）地面普遍漏水处理

地面普通渗漏水通常是由于混凝土质量差造成的。处理前，要对工程结构进行鉴定，在混凝土强度设计仍能满足要求时，才能进行渗漏水的修补工作。条件许可时，应尽量将水位降至建筑物底面以下。如不能降水，为便于施工，可把水临时集于坑中排出，然后对地面上漏水明显的孔眼、裂缝分别按"孔洞漏水"和"裂缝漏水"逐个处理。再将混凝土表面清洗干净，抹上一层厚为 15mm 的水泥砂浆（水泥：砂＝1：1.5）待凝固后，按照检查渗漏水的方法找出毛细渗漏水的准确位置，按孔洞漏水"直接堵塞法"一一堵好，并将集水坑处理好，最后在整个地面上做好防水层。

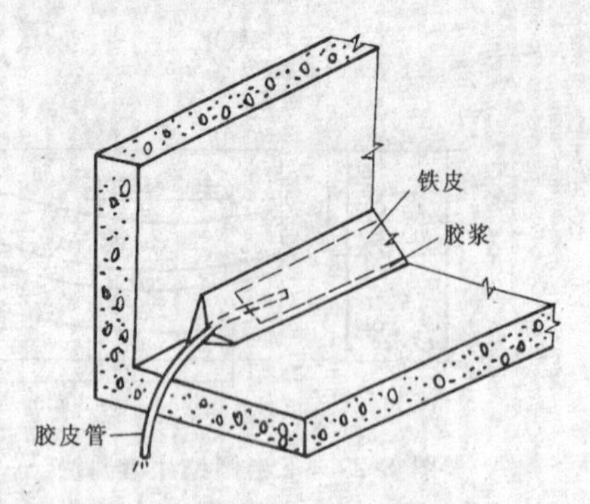

图 8-30 墙角压铁片堵漏法

2）混凝土局部蜂窝麻面漏水处理

这种漏水的原因主要是混凝土施工不良。处理时，先把漏水处清理干净，在混凝土表面均匀涂抹厚 2mm 左右的胶浆一层（水泥：促凝剂＝1：1），随即在胶浆上撒上一层干薄水泥粉，干水泥粉上出现湿点即为漏水点，应立刻用拇指压住漏水点直到胶浆凝固，漏水点即被堵住。按此法堵完各漏水点，随即抹上素灰一层、砂浆一层，并将砂浆表面扫成毛纹，待砂浆凝固后，再按要求作好防水层。此方法适用于漏水量较小且水压不大的部位。

3）砖墙面密集小孔漏水的处理

这种漏水的部位一般在砖砌体灰缝处。堵漏前，先将不漏水部位抹上一层水泥砂浆，间隔一天再堵漏水处。堵漏操作时，先用钢丝刷将墙面及灰缝清理干净，检查出漏水点位置后，随即抹上促凝剂水泥砂浆一层，并迅速在漏水处用铁抹割开一道缝隙，使水顺缝隙流出。待砂浆凝固后，将缝隙用胶浆堵塞。最后再按要求全部抹好防水层（图 8-31）。这种方法适合于水压较小的情况。

4）集水坑防水处理

根据集水坑大小做一个比集水坑每边小 3cm 的预制混凝土箱，箱的厚度及配筋应能满足抵抗地下水压力的要求。在箱的三侧 2/3 高度留进水孔，箱表面做好防水层。然后将箱放入集水坑内，箱四周空隙用碎石填实，填到略高于进水孔。在箱的不留进水孔的一侧空隙中放一胶皮管，并用胶浆把四周缝隙灌

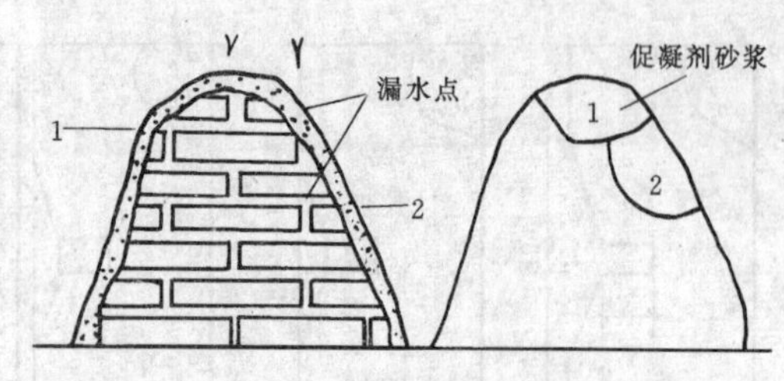

图 8-31 砖墙割缝堵漏法

实。这时水从进水孔流入箱中，要设法将水排出，使箱内积水不溢出箱外。接着在胶浆上抹素灰一层、砂浆一层，砂浆表面扫成毛纹。待砂浆有一定强度后，按孔洞漏水“直接堵塞法”先将箱的进水孔堵塞，隔一日再把胶皮管拔出，将管眼堵塞，最后做好防水层见图 8-32。

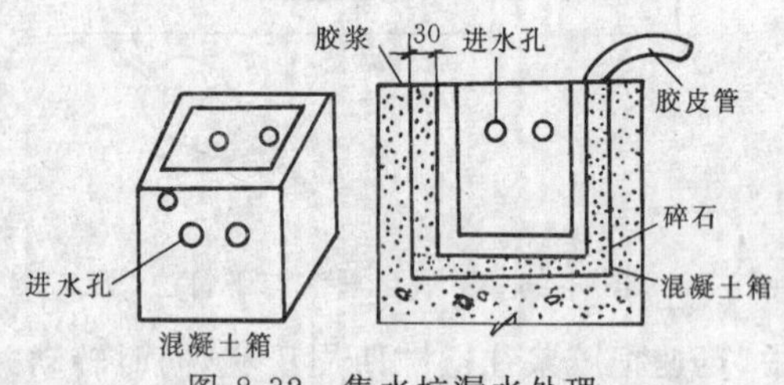

图 8-32 集水坑漏水处理

8.4.3 堵漏灵堵漏技术

近年来我国开始研究有机高分子化学灌浆材料进行堵漏，由于化学灌浆材料呈溶液状态并具有许多水泥浆所不能具备的性能，因而近十多年来，得到广泛的应用。目前已研制成功和广泛使用的有“堵漏灵”、“R 型”及“G 型”粉状强力堵漏剂以及“氰凝”等等新型堵漏材料和堵漏技术。下面仅介绍“堵漏灵”和“RG”两种堵漏技术。

“堵漏灵”是 1988 年由核工业部地质研究院研制，北京市振兴材料经营公司生产的一种新型水性无机粉状高效多功能防水材料。现将其技术性能及堵漏方法介绍如下：

（1）堵漏灵的技术性能和特点

1）堵漏灵技术性能：它是由专用原料 HU847 和水泥等辅料经特殊工艺处理而成的粉状多功能防水材料，各项技术性能指标均达到或超过国际同类产品 COPROX（确保时）的水平，见表 8-2。

堵漏灵技术性能 表 8-2

测试项目		堵漏灵 02型	堵漏灵 03型
抗压强度 (N/mm^2)	净浆	20.8	
	砂浆	38.3	36
抗折强度 (N/mm^2)	净浆	4.7	
	砂浆	5.4	6
抗渗能力 (N/mm^2)	净浆	>1.5	1.5
	涂膜	>0.5	
粘结力 (N/mm^2)		>1.6	2
遮盖力 (g/m^2)		≤300	
耐高温（200℃）		8h涂膜无变化	
冻融循环（－20～＋20℃）		20次涂膜无变化	50次涂膜无变化
凝结时间 (30℃，h)	初凝	1.0	0.34
	终凝	1.5	0.43
附着率（%）		100	
抗冲击 ($kg \cdot cm/cm^2$)		1.35	
人工老化试验（1000h）		涂膜无变化	
耐水性（温自来水中浸泡18个月以上）		涂膜无变化	
耐碱性［室温饱和 $Ca(OH)_2$ 溶液浸泡18个月以上］		涂膜无变化	
耐盐性［室温饱和食盐水中浸泡18个月以上］		涂膜无变化	
耐海水性（pH8.05天然海水中浸18个月）		涂膜无变化	

2）堵漏灵适用于混凝土、砂浆、砖石等结构地下室、地下仓库、地铁坑道、人防工事、水库大坝、蓄水池、水渠、游泳池、水族建筑和密封污水处理系统等的防水堵漏和抗渗防潮，可用于地面、屋顶的防水层，各种工业及民用建筑的内外墙装饰和厨房、卫生间等防水、铸铁管件堵漏，以及粘结瓷片、面砖、马赛克、大理石、花岗石等。

堵漏灵的特点为：

(*a*) 耐盐碱，抗高低温，耐候性强。

(*b*) 涂膜不变色，不起泡，不剥离，不脱落，无裂纹。

(*c*) 抗折、抗压强度高，粘结力强，能与混凝土、砂浆、砖、石整体粘结。

(*d*) 在潮湿面（包括迎水面及背水面）上施工可收到相同的防水堵漏效果。

(*e*) 施工方法简单易行，操作简便，用水调和，即可使用。

(*f*) 无毒无味，不污染环境，不损害施工人员身体健康。

(*g*) 在潮湿面上施工及带水堵漏，可立刻止漏（流）。

(2) 堵漏灵的使用方法

堵漏灵有02型和03型两种，可分别配置成块料或浆料使用。使用时有涂刷法、刮压法、刮压-涂刷法、填充法几种。

以下是堵漏灵在防水堵漏工程中一些关键部位的几种做法。

1）明显出水点堵漏：堵漏灵可耐压 $0.5N/mm^2$，当建筑物任何部位有明显出水点时，在该处用凿子剔出倒梯形或矩形断面的洞，然后用03型堵漏灵块料（其配合比为03型堵漏灵：水＝1：0.5～0.2，搅拌均匀后，静置20min左右，初凝后切成块状）。边填边砸实，可立即止漏。

2）管子（上下水管、暖气管、地漏等）根部堵漏；先在管子四周用凿子剔一深为2.0～3.0mm，宽10～20mm的槽，将槽内浮渣冲洗干净，在潮湿条件下，用03型堵漏灵块料填入成槽内砸实，再用浆料抹平，如图8-33所示。

3）墙与地面交界处堵漏：用凿子把墙地

交界处凿成一条断面为倒梯形或矩形的沟槽，冲洗槽内浮渣后，用03型堵漏灵块料砸入槽内，再用稀释浆抹平，如图8-34所示。

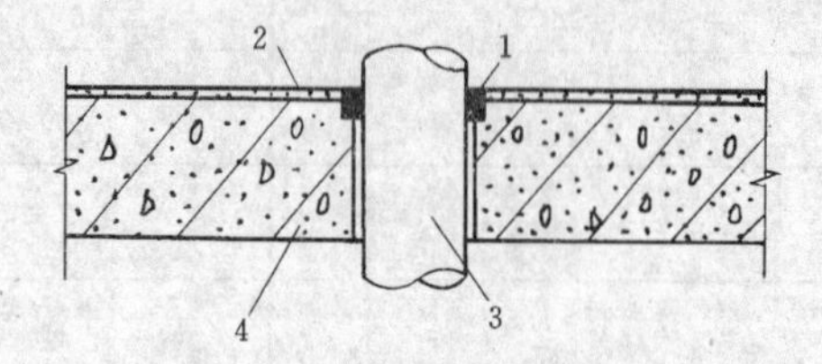

图8-33 管道根部堵漏

1—03型堵漏灵；2—抹灰面层；3—管子(上下水管、暖气管、地漏)；4—混凝土楼板

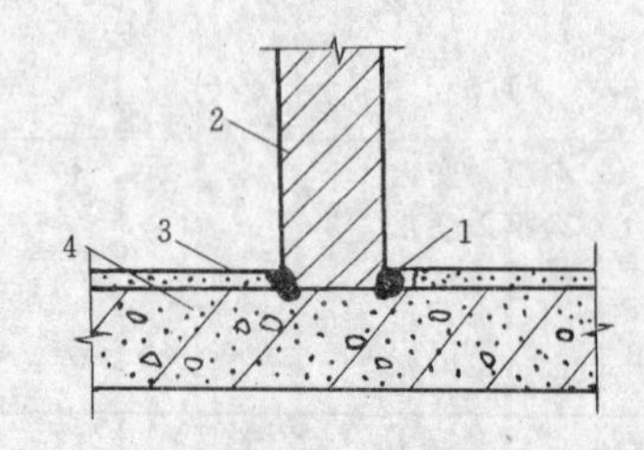

图8-34 墙与地面交界处堵漏

1—03型堵漏灵；2—墙身；3—抹灰面层；4—混凝土底板

4）墙及地面大面积防潮堵漏：

a. 墙面和地面大面积潮湿时，用02型堵漏灵Ⅰ号浆料(其配合比为02型堵漏灵：水＝1：0.7～0.8，搅拌均匀，静置0.5h后即可使用)和Ⅱ号浆料(其配合比为02型堵漏灵：水＝1：0.8～1，搅拌均匀，静置0.5h后再用)，刮压或涂刷2层，每层3～5mm，待每层做完有硬感时用水养护，以免裂缝。

b. 墙及地面大面积缓慢出水时，先用03型堵漏灵浆料(其配合比为03型堵漏灵：水＝1：0.3～0.4，搅拌均匀，静置20min后使用）刮涂一遍止水，再用02型堵漏灵浆料刮涂，可使墙、地面干燥。

5）预制大板或内浇外挂房屋板缝堵漏：预制板墙面由于设计、施工等问题造成垂直缝和水平缝严重渗漏时，应剔去原板缝水泥砂浆约10mm厚，把缝喷湿，用03型堵漏灵浆料抹实，再用水养护，如图8-35所示

6）油毡防水堵漏：油毡沥青防水屋面渗漏时，因堵漏灵与油毡沥青粘结不好，不宜直接用堵漏灵，需将油毡掀开，在屋顶层上找出漏水部位后再用堵漏灵修补。若屋面采用自动防水混凝土或砂浆层，可直接用堵漏灵维修。裂缝处可加玻璃丝布，以增加抗拉能力。

8.4.4 RG强力堵漏剂堵漏技术

(1) RG强力堵漏剂的技术性能

该堵漏剂为粉状强力堵漏剂，分R型及G型两类。R型为柔性防水涂料，G型为刚性防水材料，特别适用于地下室堵漏止渗。

R型及G型强力堵漏技术性能见表8-3和表8-4。

(2) 强力堵漏剂的使用方法

1）材料拌制：按照堵漏、止渗、涂膜的需要拌制材料。

a. 堵漏。配合比为：G型粉料：水＝1：0.15(重量比，下同)。拌制时，按上述配合比称量粉料和水，将粉料倒入砂浆桶内，徐徐加水进行搅拌，使其均匀，将湿粉用手捏成约ϕ20～30mm×30～40mm的圆柱状(若洞大时，可适当加大直径)，静置10min后使用。一次配料需在1h内用完，以防硬化后影响使用。

b. 止渗。用于防治因混凝土或砂浆不密实而引起的渗水。其配合比为：G型粉料：水＝1：0.45。拌和时，按上述配合比称量粉料和水，将粉料倒入砂浆桶内，徐徐加水拌和成糊状，静置10min后使用。

c. 涂膜。为增强防水效果和表面质感，在堵漏或止渗表面涂刷2～3道涂膜。涂膜一般用R型柔性材料。其配合比为：粉料：水＝1：0.6。拌和时，先将粉料倒入砂浆捅内，加入用水量的1/2，拌成糊状后加入另一半水，继续搅拌成浆料。分两次加水的目的是使浆搅拌均匀且无颗粒。一次配料需3h内用完。

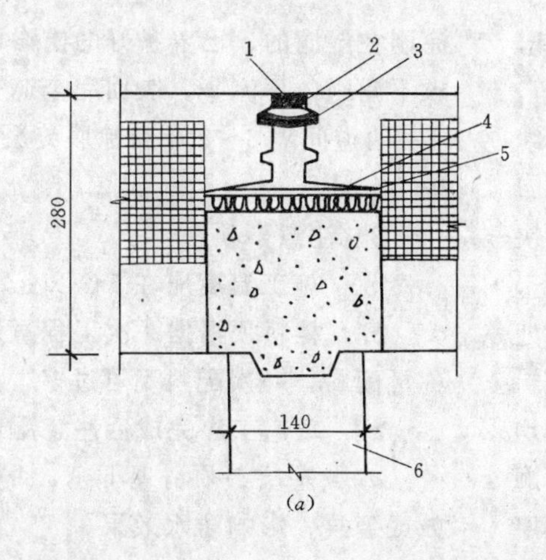

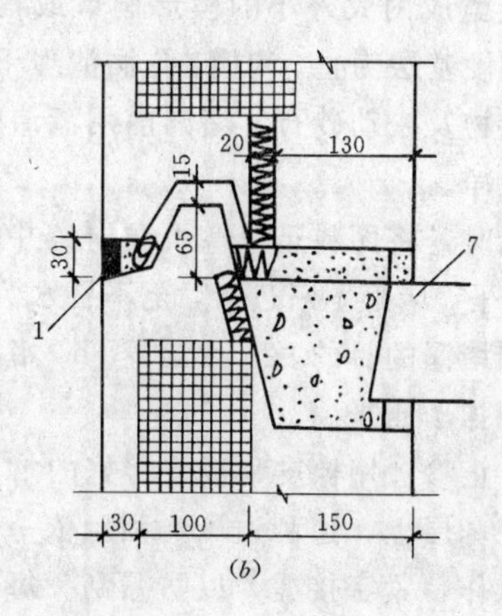

图 8-35　板缝堵漏

(a) 墙板立缝；(b) 墙板水平缝

1—03 型堵漏灵；2—水泥砂浆；3—塑料条；4—油毡条；
5—聚苯乙烯泡沫塑料；6—内墙板；7—混凝土楼板

G 型防水剂技术性能　　**表 8-3**

试验项目	试验条件	试验结果	备　注
凝结时间	初凝 终凝	60min 83min	
抗压强度	7d 28d	17.5N/mm² 26.1N/mm²	
抗折强度	7d 28d	4.47N/mm² 4.6N/mm²	
堵洞抗水压能力	由 0.2N/mm² 起始	大于 0.8N/mm²	粉料：水=1：0.15
耐冻融性	−15～35℃10 次冻融	强度、重量均不受影响	冻(−15℃)、泡(20℃)、烘(35℃)各 4h
耐碱性	10%NaOH 溶液浸 20d	表面无变化	
遮盖力	常温	0.6kg/m²	粉料：水=1：0.65
粘结力	砂浆基层	0.45N/mm²	粉料：水=1：0.45
涂膜抗渗压力	养护 3d	大于 0.2N/mm²	用料 2kg/m²

R 型防水剂技术性能　　**表 8-4**

试验项目	试验条件	试验结果	备　注
遮盖力	常温	0.45kg/m²	
粘结力	砂浆基层	0.25N/mm²	
涂膜抗渗压力	养护 3d	大于 0.2N/mm²	涂膜厚 1mm
抗老化	老化	涂料无变化	养护 3d
零档伸长	厚 1.5mm	0.35mm	

R 型和 G 型两类材料各有特点。R 型具有一定的柔性能力，零挡伸长≥0.4mm。G 型具有刚性性能，可带水堵漏，能在≥0.2N/mm² 压力及流量大于 30mL/s 的条件下带水堵漏。遇涌水时，必须先用 G 型堵漏再涂刷 R 型。形成刚柔兼备的复合体。拌和料静置 10min，以使材料充分水化。

2) 操作方法

a.　堵漏。系指在肉眼可见渗水表面或深 40～50mm 处堵以防水材料。施工时，先

将漏水处凿成内大外小的楔形洞口或槽口，深度至坚硬基层为止。沟槽、孔洞清理干净，不得有杂物及松动砂石。堵漏前用清洁棉纱将积水吸净。

堵漏时，将团料迅速塞入洞内，并尽快砸实，填平，堵砸不断进行，至不冒水为止，即可达到堵漏的目的。2h 后湿养 8h，堵漏处表面可用抹子压平。

b. 止渗：用橡皮刮板将拌好的材料均匀地刮在基层上，边刮边压，刮压依一定顺序按片操作，紧密接槎，以防漏刮。每遍厚度为 1～2mm。常温下每隔 4h 刮一次，共刮 2～3 次。待面层终凝后，喷水养护 3d。

c. 涂膜。用刷子将配好的涂料均匀地涂刷在湿润的、已养护好的防渗面层上，要求不漏刷，不流坠，表面完全遮盖，二遍交工，两道间隔 6～8h，待涂膜终凝后，喷水养护 2～3d。

3）注意事项：

a. 施工温度应在 5℃以上。

b. 拌料须根据一次工程量及操作速度称量配料，一次配料不可过多，以免浪费。

c. 每道工序完成后注意湿养护。

d. 基层必须清理干净，否则会造成空鼓或裂纹，影响防水效果。

e. 防水材料应贮存于干燥处，底面距地面应大于 30cm，四周距墙面大于 30cm，以防材料受潮变质。

小　　结

检查出渗漏水的主要部位和原因是堵漏的前提，对症下药，选好堵漏材料精心堵漏是成功的关键。

习题：

1. 根据图 8-1 指出平瓦、小青瓦及刚性防水屋面的适用坡度和高跨比是多少？
2. 柔性屋面施工中，油毡铺贴时的搭接方法有哪些规定？
3. 卷材防水屋面的保护层起什么作用，怎样铺撒绿豆砂？
4. 刚性防水屋面中的细石混凝土防水层怎样施工？
5. 刚性防水屋面中的板缝应怎样处理？
6. 地下室的防水工程中对穿墙的管道怎样处理？
7. 卫生间的防水工艺流程是怎样的？在安装大便器、地漏、排水口时应注意哪些问题？
8. 渗漏水的产生有哪些原因，常常出现在哪些部位。其检查方法如何？
9. 用促凝灰浆进行堵漏时，其中孔洞水和裂缝漏水的堵漏有几种方法，其操作方法怎样？
10. 用堵漏灵进行堵漏，其中关键部位的堵漏操作方法怎样，举例说明？

第9章　施工项目管理

近年来，在党的改革开放方针的指引下，许多工程项目在施工中吸收了发达国家的先进管理方法和经验。这些可贵的尝试，对丰富我国工程项目的管理，推动我国施工管理体制改革起到了积极的作用。现在全国建筑行业推行的项目管理就是引进国外先进管理经验与我国传统经验相结合具有中国特色的管理方法。

本章将对项目管理中的施工项目管理概述、工程项目招投标与合同管理、施工项目的计划管理、技术管理、质量管理、材料管理、工程项目机械设备管理和工程项目成本管理等问题作专题介绍。

9.1　施工项目管理概述

施工项目管理是指工程项目从开工到竣工交钥匙阶段的管理。本节将就项目管理的基本概念做一般介绍。

9.1.1　工程项目与项目管理

(1) 工程项目

工程项目是对施工内容的总称。可以是一个建设项目，一个单项工程，一个单位工程，一个分部工程，一个分项工程。

1) 建设项目

基本建设项目的总称，是在一个或几个施工场地上，按一个“总体设计”进行施工的工程项目的总体。在我国一般以一个企业(或联合企业)、事业单位或独立工程作为一个建设项目，经济上实行统一核算，行政上实行统一管理。

按规定现有企业、事业单位用基本建设投资单纯购置不需安装的设备、工具、器具等，如购车、船、飞机、勘探设备、施工机械等，不作为基本建设项目。全部投资在10万元以下的工程，不单独作为一个基本建设项目。

凡属于一个总体设计中的主体工程和相应的附属工程，配套工程，综合利用工程，环境保护工程，供水、供电工程，铁路专用线工程及水库的干渠配套工程等，只作为一个建设项目。例如北京西客站工程作为八五期间北京地区的一个重点建设项目。

2) 单项工程

单项工程是指建设项目的组成部分，它具有独立的设计文件，可以独立施工，建成后能独立发挥效益。例如北京西客站建设项目包括北站房、南站房、邮件处理中心、供热厂等单项工程。

3) 单位工程

单位工程是指具有独立设计，可以独立组织施工，但建成后不能独立发挥效益的工程。若干个单位工程(也可以是一个单位工程)组成一个单项工程即可独立发挥效益。例如北京西客站邮件处理中心单项工程包括综合楼单位工程，业务楼单位工程，室外供水、排水、供热、煤气单位工程，室外架空线路、电缆线路、路灯单位工程，道路围墙单位工程。

4) 分部工程

一个单位工程可分为若干个分部工程。

建筑工程按其部位可分为地基与基础工程、主体工程、地面与楼面工程、装饰工程、门窗工程、屋面工程等六个分部工程。

建筑设备安装工程按专业不同可分为建筑采暖卫生与煤气工程、建筑电气安装工程、通风与空调工程、电梯安装工程等四个分部工程。

5）分项工程

每一个分部工程又由若干个分项工程组成。

建筑工程中的分部工程一般按工种划分若干个分项工程，如钢筋工程、混凝土工程、油漆工程、抹灰工程、铝合金门窗工程、钢门窗工程等分项工程。

建筑设备安装工程中的分部工程一般按主要工种或设备组别划分分项工程。如给水管道安装、电力变压器安装、金属风管制作、电梯安全保护装置等。

(2) 项目管理

工程项目管理是在一定的约束条件下，以最优实现建设工程项目目标为目的，按照其内在的逻辑规律对工程项目进行有效地计划、组织、协调、控制的系统管理活动。

工程项目管理区别于企业管理。项目管理的对象是具体的工程项目、范围是工程项目的施工阶段。而企业管理的对象是整个企业的生产经营活动，其范围是若干个项目的施工及其他各种经营活动。

1）项目管理的主要特征

a. 管理的一次性

这是由建筑产品的单件性所决定的，即没有完全相同的建筑产品，也就没有相同的项目管理。即使是同一个设计图纸、同一个施工场地内的建筑物，也因其施工时间不同及施工环境不同而带来建筑物的构筑方式的不同、施工管理方法的不同。由于项目管理的单件性，一旦发生失误很难有纠正的机会。只有认识到项目管理的一次性，针对项目的具体情况进行有效地管理才能取得最佳的经济效益。

b. 目标的明确性

项目的目标有成果性目标和约束性目标。成果性目标指项目的功能性要求，如一座工厂的生产能力及其各项技术经济指标。约束性目标是指限制条件，如工期、投资、质量成本要求都是限制条件。

c. 管理对象的整体性

一个项目是一个整体管理对象，在按其需要配置生产要素时，必须以总体效益的提高为标准，做到数量、质量、结构的总体优化。由于内外环境是变化的，所以管理和生产要素的配置是动态的。

2）项目管理的基本职能

由项目管理的定义可以知道项目管理的职能为计划、组织、协调、控制、监督五大职能。

a. 计划职能

即把项目全过程、全部目标和全部活动统一纳入计划轨道，用动态计划系统协调控制整个项目，使项目按预定目标有序地运行。

b. 组织职能

即通过职责划分、授权、合同的签订执行和运用各种规章制度方式，建立一个高效率的组织保证系统，以确保项目目标的实现。

c. 协调职能

由于项目在实施的各阶段、各层次间存在大量结合部（即接口)，这些结合部存在着复杂的关系和矛盾，若处理不好，便会形成协作配合的障碍，影响项目目标的实现。因此应通过项目管理的协调职能进行沟通，排除障碍，确保系统的正常运转。在各种协调之中，以人际关系的协调最为重要。

d. 控制职能

项目主要目标的实现是以控制职能为保证手段的。这是因为偏离预定目标的可能性经常出现，必须通过决策、计划、反馈、调整来实施有效地控制。项目控制往往是通过目标分解阶段性目标的提出与检查，各种指标、定额的贯彻与执行以及实施中的反馈与决策来实现的。作为工程项目管理的主要任务是目标控制，主要目标是质量、进度和成本。

e. 监督职能

项目管理的监督职能包括三个主要方面：第一方面为政府、建设单位（业主）、社会监理对工程项目的监督；第二方面为总包单位对分包单位的监督；第三方面为管理层对作业层的监督。实施监督的依据是工程承包合同、计划、法规、规范、规程、各种标准、施工图纸。监督职能的实现是通过巡视、检查以及各种报表、报告等信息来发现问题，及时纠偏，从而达到保证计划及目标得以实现。故有效的监督是实现项目控制的重要手段。

3）项目管理的全过程

施工项目管理的全过程是按施工项目寿命周期的五个阶段构成的。即投标、签约阶段，施工准备阶段，施工阶段，验收、交工与结算阶段，售后服务阶段。下面将按上述五阶段做简单介绍。

a. 投标、签约阶段

建设单位（业主）对工程项目进行设计和建设准备、具备了招标条件后，便发出招标广告（或邀请函）、施工单位见到招标广告或邀请函后，从作出投标决策至中标签约，签订工程承包合同，这是项目管理的第一阶段。本阶段的主要工作包括以下几项工作：

建筑施工企业从经营战略的高度作出是否投标争取承包该项目的决策；

决定投标以后，从多方面（企业自身、有关单位、建筑市场、现场环境等）掌握大量信息；

编制既能盈利又具有竞争力可望中标的投标书；

中标后参加合同谈判，签订工程承包合同。

b. 施工准备阶段

在施工单位与建设单位签订工程承包合同后应做好下列工作：

成立项目经理部，建立适合本项目的组织机构，配备管理人员；

建立健全各项规章制度；

编制施工组织设计，完成工程概（预）算；

进行施工现场准备，使现场具备施工条件有利于文明施工；

编写开工申请报告，待批开工；

建立与各方联系，如市政、监督、街道、环保、派出所、供水、供电等。

c. 施工阶段

是自开工至竣工的实施过程，是项目管理的主要阶段，是建筑产品的形成阶段。本队段主要工作有：

按施工组织设计安排进行施工；

在施工中努力做好动态控制工作，保证质量、进度、成本、安全、节约目标的实现；

管理施工现场，进行文明施工；

严格履行工程承包合同，处理好各方关系和内部关系，做好合同管理，及时处理合同变更及工程索赔；

做好各种记录及工程档案资料管理；

做好协调、检查、分析工作。

d. 验收、交工与结算阶段

本阶段主要进行以下工作：

工程收尾；

进行试运转；

进行工程自检并初步评定质量等级；合同建设单位、设计单位、工程监理进行联检；最后将资料报当地质量监督站进行检验并确定质量等级，发质量等级证书；

整理移交竣工文件，进行财务结算，总结工作，编制竣工总结报告；

办理工程交付手续；

项目经理部解体及解体后的收尾工作安排。

e. 售后服务阶段

这是施工项目管理的最后阶段，即在交工验收后按法规及合同规定的责任期进行售后服务、回访和保修。其目的是保证使用单位正常使用，发挥效益。在该阶段中主要进行下列工作：

为保证正常使用而作必要的技术咨询和服务；

进行工程回访，听取使用单位的意见，总

结经验教训，观察使用中的问题，进行必要的维护、维修和保修；

进行沉陷、抗震性能等观察。

4）项目管理的内容

施工项目管理的主体是以项目经理为首的项目经理部，即作业管理层；项目管理的客体是具体的施工对象、施工活动及相关的生产要素。项目管理的内容主要有：

a. 建立施工项目管理组织

由企业采用适当方式选聘施工项目经理；

根据施工项目组织原则，选用适当的组织形式，组建施工项目管理机构，明确责任、权力和义务；

在遵守企业规章制度的前提下，制定项目管理制度。

b. 进行施工项目管理规划

施工管理规划是对项目管理组织、内容、方法、步骤、预测及决策具体安排的纲领性文件，其主要内容如下：

进行工程项目分解，确定阶段控制目标，从局部到整体地进行施工项目管理；

建立施工项目管理体系，绘制项目管理体系图和管理工作信息流程图；

编制施工管理计划，确定管理点，形成文件（即施工组织设计）。

c. 进行项目的目标控制

项目的目标有阶段性目标和最终目标。以阶段目标保证最终目标的实现。施工项目的控制目标有：

进度控制目标；

质量控制目标；

成本控制目标；

安全控制目标；

施工现场控制目标。

d. 对施工项目的生产要素进行优化配置的动态管理

施工项目的生产要素主要包括：劳动力、材料、设备、资金和技术。对它们管理的内容有：

分析各项生产要素的特点；

按照一定原则、方法对施工项目生产要素进行优化配置并对配置状况进行评价；

对施工项目的各项要素进行动态管理。

e. 施工项目的合同管理

由于施工项目管理是在市场条件下进行的特殊交易活动的管理，这种交易活动从招投标开始，并持续项目管理的全过程，因此必须依法签订合同，进行履约经营。合同管理的好坏直接涉及项目管理及工程施工的技术经济效果和目标的实现。因此要从招投标开始，加强工程承包合同的签订、履行和管理。合同管理是一项执行、守法活动，直接涉及到有关法规和合同文本、合同条件，应予以高度重视。为取得一定的经济效益，必须熟悉合同条款，把握合同管理的动态性特点，及时做好条文的修定，搞好索赔。

f. 施工项目的信息管理

现代化管理要依靠信息。施工管理是一项复杂的现代化管理活动，更要依靠大量的信息及对大量信息的管理。进行施工项目管理和施工项目目标控制、动态管理，必须依靠信息管理，并应用电子计算机进行辅助。

5）工程项目管理的基本方法

工程项目管理的基本方法是目标管理，具体作法可以概括为：确定目标，明确责任，掌握情况，协调行动。

a. 确定目标

首先是确定工程项目总目标，即质量标准，竣工期限、总投资额和施工总成本。

其次是对总目标进行目标分解，即各阶段目标和各单位目标。

例如：建设单位何时完成工程前期工作，施工单位何时进入施工现场，何时开工以及分批竣工期限，物资供应及设备加工单位何时供应各种材料、设备等。

b. 明确责任

除了确定各有关单位的子目标外，还必须明确各单位及其内部各部门的分工和为实现目标应尽的职责，如决策、执行、监督检查、提供信息、处理信息等，各单位、各部门都要明确干什么，怎么干，干到什么程度才算干好了。总之，要力求做到每个单位、部门及与项目建设有关的每个人都分工明确，责任清楚，各负其责，奖罚分明。

外部单位之间要在合同中把分工、责任及奖罚明确界定。

c. 掌握情况

管理者要随时掌握工程项目进行中的各种情况，及时做出必要的决策，以保证既定目标的实现。掌握情况的手段主要是现场召开各种会议、定期报表和业务文件。为了及时掌握情况，须建立一套科学的信息管理系统，包括报表制度、档案管理制度等。

d. 协调行动

由工程项目管理负责人主持，各有关单位派有决策权的代表参加的定期协调会或调度会，协调项目准备及实施各阶段的矛盾、结合部的工作落实。

9.1.2 项目经理部与项目经理

项目经理部是工程项目现场施工管理的一次性临时组织机构，它伴随工程项目的准备、实施、竣工验收而完成项目经理部的全部使命，故将经历项目经理部的建立、运转、解体三个阶段。

项目经理是企业法人在工程项目管理中的全权代表，是项目决策的关键人物，是项目实施的最高责任者和组织者，因此项目经理在项目管理中处于中心地位。

(1) 项目经理部

1) 建立项目经理部的基本原则

a. 要根据所设计的项目组织形式设置项目经理部。因为项目组织形式与企业对项目的管理方式有关，与企业对项目部的授权有关。也就是不同的组织形式对项目经理部的管理力量和管理职责提出不同要求，提供不同的管理环境。

b. 要根据工程项目的规模、复杂程度和专业特点设置项目经理部。例如大型项目经理部可以设职能部和处；中型项目经理部可设处和科；小型项目经理部一般只设职能人员即可。如果专业性很强的项目经理部可设专业性强的职能部门，如水电处（科）、安装处（科）等。

c. 项目经理部是一个具有弹性的一次性施工生产组织，随工程任务的变化而进行调整，不应搞成一级固定性组织。

d. 项目经理部的人员配置应满足现场施工管理的需要，不应设置与施工关系较少的非生产性部门。

e. 伴随项目经理部机构的建立同时建立起有益于使项目经理部运转的工作制度。

2) 工程项目经理部的分级

目前国家对项目经理部的规模尚无具体规定。结合有关企业推行施工项目管理的实践一般按项目的使用性质和规模分类。如有的单位把项目经理部分为三个等级。

a. 一级施工项目经理部

建筑面积为15万m^2以上的群体工程；面积在10万m^2以上(含10万m^2)的单体工程；投资在8000万元以上（含8000万元）的各类工程项目。

b. 二级施工项目经理部

建筑面积在15万m^2以下，10万m^2以上（含10万m^2）的群体工程；面积在10万m^2以下，5万m^2以上（含5万m^2）的单体工程；投资在8000万元以下3000万元以上（含3000万元）的各类施工项目。

c. 三级施工项目经理部

建设总面积在10万m^2以下，2万m^2以上（含2万m^2）的群体工程；面积在5万m^2以下，1万m^2以上(含1万m^2)的单体工程；投资在3000万元以下，500万元以上(含500万元）的各类施工项目。

建设总面积在2万m^2以下的群体工程，面积在1万m^2以下的单体工程，按照项目管理经理负责制有关规定，实行栋号承包。承包栋号的队伍，以栋号长为承包人，直接与公司（或工程部）经理签订承包合同。

3）项目经理部的部门配置和人员配备

鉴于项目经理部的内部组织机构尚无统一模式。各企业在部门设置和人员配备上也不尽相同，但指导思想基本是一致的，都是要把施工项目经理部建成企业市场竞争的核心、企业管理的重心、成本核算的中心、代表企业履行合同的主体和工程管理实体。

上海市建一公司设一长（项目经理）、一师（项目工程师）、四大员（经济员、技术员、料具员、总务员）。四大员包含项目管理所必须的预算、成本、合同、技术、施工、质量、安全、场容、机械、材料、档案、后勤等多种职能。

北京市第一城市建设工程公司设项目经理、项目总工程师、项目总经济师、项目总会计师、政工师和技术、预算、劳资、定额、计划、质量、保卫、测试、计量以及辅助生产人员。根据工程项目大小人数可为15～45人。一级项目经理部30～45人，二级项目经理部20～30人，三级项目经理部15－20人。其中专业职称设岗为：高级3%～8%，中级30%～40%，初级37%～42%，其他10%。

按项目经理部的业务职能，一般设五个部门（见图9-1）

a. 经营核算部门

主要负责预算、合同管理、索赔、资金收支、成本核算、劳动配置及劳动分配等工作。

b. 工程技术部门

主要负责生产调度、文明施工、技术管理、施工组织设计、计划统计等工作。

c. 物资设备部门

主要负责材料的询价、采购、计划供应、管理、运输、工具管理、机械设备的租赁配套使用等工作。

d. 监控管理部门

主要负责工作质量、安全管理、消防保卫、环境保护等工作。

e. 测试计量部门

主要负责计量、测量、试验等工作。

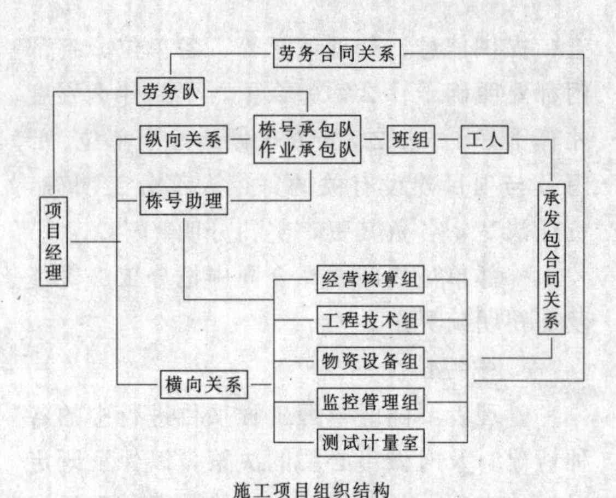

图 9-1 施工项目组织结构

有些企业将生产的计划统计工作放在经营核算部门，便于工程成本核算时作好交圈工作，有利于项目经理部的成本控制。

（2）项目经理

1）项目经理在工程项目管理中的地位

项目经理是完成施工项目的最高责任者和组织者。是对施工项目管理全面负责的管理者，是施工项目的管理中心，在整个施工活动中占有举足轻重的地位。确立施工项目经理的地位是搞好施工项目管理的关键。

a. 施工项目经理是建筑施工企业法人代表、项目上的全权委托代理人

从企业内部看，施工项目经理是施工项目全过程所有工作的总负责人，是项目承包责任者，是项目动态的体现者，是项目生产要素合理投入和优化组合的组织者。

从对外方面看，作为企业法人代表的企业经理，不直接对每个建设单位负责，而是由施工项目经理在授权范围内对建设单位直接负责。

由此可见，项目经理是项目目标的全面实现者，他既对建设单位的成果性目标负责，又要对企业效率性目标负责。

b. 施工项目经理是协调各方关系，使之相互紧密协作、配合的桥梁和纽带。

他对项目管理目标的实现承担全部责任，即承担合同责任、履行合同义务、执行合同条款、处理合同纠纷、受法律的约束和

保护。

c. 施工项目经理对项目实施进行控制，是各种信息的集散中心。

来自各方的信息都要汇集到项目经理手中，为其决策提供依据；项目经理又通过指令、计划和“办法”对下属对外部发布信息，通过信息的集散达到控制的目的，使项目管理取得成功。

d. 施工项目经理是施工项目责、权、利的主体

项目经理是项目总体的组织管理者，是所有生产要素的组织管理人，因此他必须把组织管理职责放在首位。

项目经理必须是责任主体。责任是项目经理负责制的核心，对项目经理构成压力，是确定项目经理权力和利益的依据。

项目经理必须是权力主体。权力是确保承担责任的手段，没有必要的权力，项目经理就无法对工作负责。

项目经理也是利益主体。利益是工作的动力，是负有一定责任而应得的报酬。一定的利益和相应的责任不可分割，是处理好国家、企业和职工的利益关系的一个重要体现。

2）项目经理的任务

项目经理的任务与职责包括两个方面：一是要保证施工项目按规定目标高速优质低耗的全面完成；二是保证各生产要素在授权范围内做到最大限度的优化配置。

项目经理的任务具体讲有以下几项：

a. 确定项目管理组织机构的构成并配备人员，制定规章制度，明确有关人员的职责，组织项目经理部开展工作。

b. 确定项目管理总目标和阶段目标，进行目标分解，制定总体控制，确保项目建设成功。

c. 及时、适当地作出项目管理决策，包括投标报价决策、人事任免决策、重大技术组织措施决策、财务工作决策、资源调配决策、进度决策、合同签订及变更决策，对合同执行进行严格管理。

d. 协调本组织机构与各协作单位之间的协作配合及经济、技术关系，代表企业法人进行有关签证，并进行相互监督、检查，确保工期、质量、成本控制和节约。

e. 建立完善的内部及对外信息管理系统。

f. 实施合同，处理好合同变更、洽商纠纷和索赔，处理好总分包关系，搞好与有关单位的协作配合，与建设单位相互监督。

3）项目经理的职责

在《建筑施工企业项目经理资质管理办法》第七条规定项目经理在承担工程项目施工管理过程中，履行下列职责：

a. 贯彻执行国家和工程所在地政府的有关法律、法规和政策，执行企业的各项管理制度。

b. 严格财经制度，加强财经管理，正确处理国家、企业与个人的利益关系。

c. 执行项目承包合同中由项目经理负责履行的各项条款。

d. 对工程项目进行有效控制，执行有关技术规范和标准，积极推广应用新技术，确保工程质量和工期，实现安全、文明生产，努力提高经济效益。

4）施工项目经理的权限

施工项目经理为履行其职责必须有以下权限：

a. 用人决策权

在不影响有关人事制度前提下有权决定对班子内的成员的选择、聘用、考核、监督、奖惩乃至辞退。

b. 财务决策权

在财务制度允许范围内有权作出投资动用、流动资金周转、固定资产购置、使用、大修和计提折旧的决策，对项目管理班子内计酬方式、分配办法、分配方案等作出决策。

c. 进度计划控制权

项目经理有权根据项目进度总目标和阶段目标的要求，对项目建设的进度进行检查、调整，并在资源上进行调配，从而对进度计

划进行有效的控制。

d. 技术质量决策权

项目经理有权批准重大技术方案和重大技术措施，必要时召开技术方案论证会，把好技术决策关和质量关。

e. 设备、物资采购决策权

项目经理应有对采购方案、目标、到货要求，乃至对供货单位的选择、项目库存策略等进行决策，对由此而引起的重大支付问题作出决策的权力。

建设部在《建筑施工企业项目经理资质管理办法》第八条规定项目经理的权力如下：

组织项目管理班子。

以企业法定代表人的代表身份处理与所承担的工程项目有关的外部关系，受委托签署有关合同。

指导工程项目建设的生产经营活动，调配并管理进入工程项目的人力、资金、物资、机械设备等生产要素。

选择施工作业队伍。

进行合理的经济分配。

企业法定代表人授予的其他管理权力。

5）项目经理的利益

施工项目经理最终的利益是项目经理行使权力和承担责任的结果，也是商品经济条件下责、权、利相互统一的具体体现。项目经理的利益可分为物质兑现和精神奖励两大类。

如果承包指标按合同完成可以得到物质兑现和精神奖励；如果承包指标未按合同要求完成也将受到经济上的处罚。

小　结

本节共阐述两大问题。其一是工程项目与项目管理，其二是项目经理部与项目经理。

在工程项目管理中重点介绍了以下内容：

(1) 工程项目的概念。它按工作内容可为：建设项目、单项工程、单位工程、分部工程、分项工程；

(2) 施工项目管理特征为：项目管理的一次性、项目目标的明确性和项目管理对象的整体性；

(3) 项目管理的五大职能为：计划、组织、协调、控制和监督；

(4) 施工项目管理的全过程按其寿命周期由五个阶段构成：投标签约、施工准备、施工、验收交工与结算、服务；

(5) 项目管理的主要内容主要为：建立施工项目管理组织、进行施工项目管理规划、进行施工项目目标控制、对项目生产要素进行优化配置的动态管理、施工项目的合同管理和施工项目的信息管理等六个方面；

(6) 施工项目管理的基本方法可以概括为：确定目标、明确责任、掌握情况和协调行动。

对于项目经理部与项目经理一节中重点介绍了以下几个问题：

(1) 项目经理部建立的基本原则是：根据项目组织形式设置、根据项目规模特点设置。项目经理部是一次性生产组织、项目经理部人员配置满足施工需要、建立使项目经理部运转的工作制度；

（2）项目经理部目前一般按工程规模分为一、二、三级；

（3）项目经理部的人员配置视其项目规模可为15～45人；

（4）项目经理部按其业务职能可分为经营核算、工程技术、物资设备、监控管理和测试五个部门；

（5）施工项目经理在项目管理中的地位是：他是施工企业法人代表在项目上的全权委托人；是协调各方关系使之紧密协作配合的桥梁和纽带；是对项目实施进行控制各种信息集散中心；是施工项目责权利的主体。

（6）项目经理的任务是确定项目经理部机构人员的配置及制定各项管理制度；制定项目总目标和阶段目标；及时适当地做出决策；协调各方关系；完善、建立信息管理系统；实施合同。

习题

1. 什么是建设项目、单项工程、单位工程、分部工程、分项工程？
2. 什么是工程项目管理？其主要特征是什么？
3. 项目管理的五大职能是什么？
4. 项目管理的全过程包括哪几个阶段？
5. 项目管理的主要内容有哪些？
6. 工程项目管理的基本方法是什么？其具体做法是什么？
7. 项目经理部的性质是什么？

9.2 工程项目招投标与合同管理

工程项目招标是建筑业引入竞争机制的一个手段，通过工程项目招标以获得优质、高速低消耗的建筑产品。

工程项目招标是业主对自愿参加某一特定工程项目的承包商进行的审查、评比和选定的过程。因此，实行工程招标，业主首先要提出他的要求目标，即对特定项目的建设地点、投资目的、任务数量、质量标准以及进度目标予以明确，并发布广告或发出邀请函，使自愿投标者按业主的要求目标投标。业主按其投标报价的高低、技术水平、工程经验、财务状况、信誉等方面进行综合评价，全面分析，择优选择中标者并签订合同。

9.2.1 工程项目招标

（1）工程项目具备招标的条件

我国各地区均有规定：工资项目达到一定规模必须实行工程项目招标。北京市规定是建筑面积2000平方米以上，工程投资50万元以上的工程项目必须实行招标。北京市同时还规定作为招标方必须具备下列条件：

a. 建设项目已经列入本市年度基本建设施工计划；

b. 已领到建设用地许可证，完成了拆迁工作，施工现场实现了“三通一平”；

c. 建设工程所需外部市政、公用设施条件等已经落实；

d. 有持证设计单位设计的施工图，并有施工图预算或设计概算，已领得城市规划管理部门核发的建设施工许可证；

e. 资金、主要材料已落实，能保证施工需要；

f. 标底已编审完毕。

（2）招标的分类

1）按工程项目建设程序分类。可分为工

程项目开发招标、勘察设计招标和施工招标。

a. 项目开发招标

这种招标是业主邀请工程咨询单位对建设项目进行可行性研究，其“标底”是可行性研究报告。中标单位的可行性报告应得到建设单位的认可。

b. 勘察设计招标

这种招标是择优选择勘察设计单位。其“标底”是勘察和设计成果。

c. 工程施工招标

这种招标是在勘察设计完成后，用招标方式选择施工单位。

2）按工程承包的范围分类

a. 项目总承包招标

这种招标又分为工程项目实施阶段的全过程招标和工程项目全过程招标。

工程项目实施阶段全过程招标是从勘察设计到交付使用一次性招标。

工程项目全过程招标是从项目可行性研究到交付使用进行一次性招标。

b. 专项工程承包招标

对技术复杂、专业性强的工程（可能是某一分部工段、也可能是某一分项工程）。例如降水、基坑支坑、打桩、设备安装等。

3）按行业类别分类

按行业部门可分为土木工程招标、勘察设计招标、货物设备采购招标、机电设备安装招标、生产工艺技术转让招标、咨询服务（工程咨询）招标。

(3) 招标方式

一般分为公开招标、邀请招标、协商议标三种。

1）公开招标

又称为无限竞争招标。这种招标是通过发布广告招揽对此有兴趣的承包商购资格预审文件，经资格预审通过后参加投标决标。

这种招标方式业主有较大的选择余地，有利于质量、工期和造价的控制。但增加预审工作量和招标费用。

2）邀请招标

又称有限竞争招标。这种招标是业主根据自己的经验和信息邀请 5 至 10 家（但不少于 3 家）前来投标。

这种招标方式省去了资格预审阶段，减少了程序，节约了时间和一定的招标费用。但经验和信息的局限性有时可能影响选优。

3）协商议标

又称为非竞争性招标或指定性招标。

这种招标方式是业主邀请 1～2 家承包商直接进行谈判，谈判成功就签合同。这种方式节约时间和招标费用，容易达成协议；但无法获得有竞争力的报价。这种方式仅适用于工程造价低、工期紧、专业性强或保密工程。

(4) 招标程序

工程项目招标基本程序见图（9-2）。

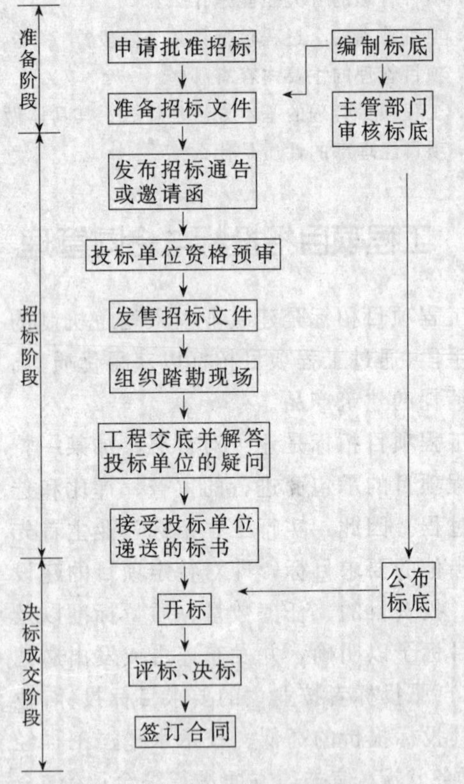

图 9-2　施工招标程序

9.2.2　工程项目投标

工程项目招标的主体为业主或咨询机构，而工程项目投标的主体则是承包商。

(1) 投标的组织

一个施工企业要在建筑市场投标竞争中处于有利地位，必须有一个相对稳定的、有一定水平的投标班子，投标班子中应有经营管理类人才、专业技术类人才和商务金融类人才。

1) 经营管理类人才。是指专门从事工程承包经营管理、制定和贯彻经营方针与规划，具有全面统筹与决策才能的人员。

2) 专业技术类人才。主要是指工程设计及施工中的各类技术人员。他们拥有本学科最新的专业知识，具备熟练的实际操作能力和解决实际疑难问题的能力。

3) 商务金融类人才。指具备金融、贸易、税法、保险、采购、保函、索赔等专业知识和才能的人员。

在投标的组织分工中，企业经理或主管经营的副经理主持投标报价工作；总工程师负责组织施工组织设计（施工方案）的编制；经营科室做具体投标报价工作。

(2) 投标的决策

1) 投标决策的含义

a. 针对招标项是否参加投标；

b. 倘若去投标，投什么性质的标；

c. 采取什么策略争取中标；

2) 什么情况下放弃投标

a. 本施工企业主营和兼营以外的项目；

b. 工程规模、技术要求超过施工企业技术等级的项目；

c. 本企业生产任务饱满，而招标工程的盈利低或风险大的项目；

d. 本企业综合实力明显低于竞争对手。

3) 标的分类

a. 按性质分有风险标和保险标。

风险标：承包工程难度大、风险大，且技术、设备、资金上有未解决的问题，但往往风险和盈利并存，即解决了疑难问题往往能获得丰厚的利润和企业信誉。

保险标：对可以预见的情况从技术、设备、资金等重大问题上都有了解决的对策之后再投标。这种标盈利不大但风险小。

b. 按经济效益分可分为盈利标、保本标和亏损标。

盈利标：在自身实力强、招标方意向明确。或企业任务饱满。可投高标价，完成任务后可获得较大利润。

保本标：企业无后续工程任务、竞争对手多而本企业又无优势而言，可报薄利标，以保证企业正常运转。

亏损标：这类标在特殊情况下采用。在国外为挤垮竞争对手而报亏损标，有时为打入某建筑市场取得立足点压低标价而报亏损标。

(3) 投标程序

投标程序见图 9-3。

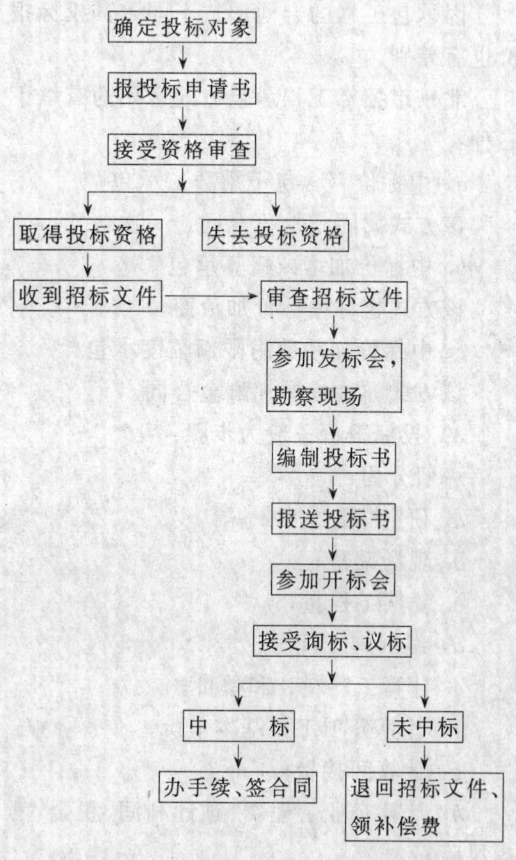

图 9-3　工程项目投标程序框图

(4) 投标报价的依据和步骤

承包企业在投标前，首先要估算工程成本，然后在此基础上确定投标报价。所以投标报价关系到承包企业经营的成效。

1）工程项目报价的依据主要有以下几项：

a. 施工图纸及设计文件；

b. 工程量表；

c. 合同条件，尤其是有关工期、支付条件、外汇比例的规定；

d. 有关法规；

e. 拟采用的施工方案、施工进度计划；

f. 施工规范和施工说明书；

g. 工程材料、设备的价格及运费；

h. 劳务工资标准；

i. 当地生活物资价格水平；

j. 其他有关各种费用。

2）方式报价的方式：

因承包工程的合同形式不同，其投标报价也有差别。

北京市招标工程承包方式常用的有以下三种：

a. 中标价（含包干系数）承包

该方式属固定总价合同，一次包死。

b. 中标价加增减概算承包

该方式也称中标价加洽商。

c. 中标价加系数附限额幅度承包

该方式亦称成本加酬金合同。

3）投标报价一般为步骤：

一般分为：

a. 研究招标文件；

b. 现场勘察；

c. 复核工程量；

d. 编制施工规划；

e. 计算工、料、和单价；

f. 计算分项工程基本单价；

g. 计算间接费；

h. 计算企业管理费、预计利润、税金，考虑风险；

i. 确定投标报价。

9.2.3 合同管理的概念

（1）经济合同

1）经济合同的概念

经济合同是指平等民事主体的法人、其他经济组织、个体工商户等相互之间，为实现一定的经济目的，明确相互权利义务关系而订立的合同。

2）经济合同的特征

a. 经济合同对当事人有特定要求。即订立经济合同的当事人应是具有法人资格的社会组织，或者是具有生产经营资格的其他经济组织或个人。

b. 经济合同是当事人之间的经济协议。即经济合同的内容是经济性的；经济合同是为进行生产经营或完成某种任务的需要而订立的，并非为满足个人生活消费。

c. 经济合同是双向有偿合同，强调平等互利。双方当事人的权利义务是对等的。

3）订立经济合同的基本原则

a. 遵守国家法律和行政法规的原则。

b. 遵循平等互利、协商一致的原则。

4）订立经济合同的程序

当事人一方向他方提出订立经济合同的提议（称为要约），他方（受要约人）作出对要约完全同意的表示（称为承诺），双方即可签订经济合同。

5）经济合同的内容和形式

经济合同的内容包括主要条款和普通条款。

主要条款包括标的（主体的权利和义务共同指向的事物、如货物、劳务、工程项目等），数量和质量，价款和酬金，履行的期限、地点和方式，违约责任。

普通条款包括两部分，其一是不必经当事人协商成为合同内容的条款。（如法规中有规定的）。其二是不影响合同的成立，当事人可以在合同成立后继续协商确定的条款。

合同的形式有口头合同和书面合同。一般经济合同都采用书面合同。在能即时清结的情况下有时可以采用口头合同。

6）无效经济合同的概念及确认处理

无效经济合同是指违反法律的要求，从

订立的时候起就没有法律约束力的合同，具体有以下几种：

a. 违反法律和行政法规的合同；

b. 采用欺诈、胁迫等手段所签订的合同；

c. 代理人超代理权限签订的合同或以被代理人的名义同自己或者同自己所代理的其他人签订的合同；

d. 违反国家利益或社会公共利益的经济合同。

要确认经济合同是否有效主要从下面四个方面进行审查：

a. 经济合同的主体是否具有合法资格；

b. 经济合同的内容是否合法；

c. 经济合同当事人的意思表示是否真实；

d. 经济合同订立的形式和秩序是否合法。

一旦发现是无效经济合同，根据《经济合同法》的规定作如下处理：

a. 返还财产。使形成的财产关系恢复到订立经济合同前的状态。

b. 赔偿损失。由有过错一方承担责任；若为双方过错则由双方各自承担相应的责任。

c. 收归国库所有。双方故意的应追缴双方已取得的或者约定取得的财产收归国库所有；一方故意的，故意的一方应将从对方取得的财产返还对方；而非故意一方从故意一方取得或约定取得的财产收归国库所有。

(2) 工程承包合同

是经济合同的一种。是业主与承包商按照国家有关法律为完成双方商定的建筑安装工程，明确相互权利、义务关系而签订的协议。

工程承包合同的主要内容：以北京市1994年本《北京市建设工程施工合同》为例。共有十一部分：

a. 合同文件。包括工程名称、地点、工程范围和内容、承包方式、工程性质、定额工期、开竣工日期、质量等级、合同价款；合同文件组成，语言文字，图纸；

b. 关于双方一般责任。包括甲、乙双方代表，甲、乙双方工作；

c. 关于施工组织设计与施工进度。包括进度计划，施工延误和施工提前；

d. 关于质量与验收；

e. 关于合同价款与支付；

f. 关于材料设备供应；

g. 关于设计变更；

h. 关于竣工与决算；

i. 关于争议、违约与索赔；

j. 关于保修；

k. 其他条款。

(3) 项目管理合同

指建筑施工企业通过投标竞争获得工程任务，与建设单位（业主）签订了工程承包合同后，在企业内部实行项目管理施工而订立内部承包合同，即项目经理与企业签订承包合同。或企业内部进行经营管理活动签订的承包合同。

1）项目管理施工合同种类

a. 工程项目总承包合同。是企业法人与项目经理之间签订的合同。

b. 栋号作业承包合同。是栋号作业队为承包单位工程与项目经理所签的承包合同。

c. 劳务合同。项目经理部与劳务队签订的合同。

d. 内部分包合同。是项目经理部与企业内部各专业施工队伍之间所签订的承包合同。如水电安装、机械吊装、运输、装饰等。

2）内部项目总承包合同

工程项目总承包合同是根据国家有关法律法规和企业内部项目管理施工实施办法而制定的，是公司经理与项目经理之间，即企业法人与自然人之间订立的经济合同。

合同的主要内容如下：

a. 承包指标。包括：安全、工程质量、利润等应达到的指标，以及工程项目名称、施工面积、产值、质量等级、竣工时间、形象

速度、文明施工等项要求。

b. 承包内容。包括：承包工程费用基数；年度利润指标及年度竣工面积；工资总额与超计划完成利润留成比例等。

c. 公司对项目经理的保包权利和责任

包括：材料供应；机械、机具的配套供应；图纸、技术资料的提供；劳务工种、专业的配套供应。

d. 项目经理具体职责、权限、利益。

e. 考核与奖罚。包括：应达到的安全、工程质量、竣工面积及形象进度、利润、文明施工等各项指标及奖罚金额。

f. 合同的生效日期。

g. 合同的总份数，双方各执份数。

h. 双方承包人、监证人签字及日期。

3）栋号（作业）承包合同

栋号（作业）承包合同是以栋号作业承包队为一方，项目经理或公司为另一方签订的承包合同。

栋号（作业）承包合同是以承包单位工程为对象（也可能是分部工程、分项工程为对象），以承包合同为纽带，从工程开工到竣工验收交付使用的全过程承包和管理。它既代表项目经理部对单位工程进行生产经营管理，又代表劳务队对生产工人实行劳务用工和施工管理，随着单位工程竣工交付使用而终止。

栋号（作业）承包合同的主要内容有：

a. 发包方、承包方名称及承包工程名称；

b. 工程概况及承包范围。包括：结构类型；建筑面积；总造价；合同期及开竣工日期；质量等级等；

c. 承包费用及指标。其中总费用（或实物工程量）包括有材料费、机械费和其他承包费用。

乙方必须保证实现的承包指标包括有安全施工、工程质量指标、文明施工月检达分指标、承包费用降低指标等；

d. 考核与奖罚规定；

e. 双方职责。包括：权利、义务、包保条件；

f. 风险责任及抵押金金额；

g. 其他规定；

h. 合同纠纷的解决与仲裁；

i. 合同总份数，双方各执份数；

j. 附生产计划总进度安排表，劳动力、材料、机具需求平衡计划表，重点部位安全、质量规定或交底书；

k. 当事人双方签字及日期。

4）劳务合同

劳务合同是项目经理部与劳务承包队之间的合同。

劳务合同的主要内容是：

a. 订立合同单位的名称；

b. 承建工程任务的劳务量及工程概况

包括：工程名称，结构型式，建筑面积，承包项目，计划用工数，提供劳动力人数，用工的进、退场时间等；

c. 甲方（项目经理部）责任。包括：现场施工组织设计的编制；

提供图纸、技术资料、测试数据、材料性能及使用说明等；提供质量验收规范，负责技术交底及工程质量检查、验收、编制和上报质量报表；

施工原材料、构配件的采购供应和计划管理；

大、中型机械、机具、模具的计划和提供；

编制劳动力使用计划；

成本、控制和经济效益的提高；

安全生产管理办法的制定和安全防护措施的提供；

现场文明施工管理和文明施工费用和设施的提供；

同建设单位、设计单位和其他外部单位的联系和公司内部业务联系；

按期支付劳务费用；

为乙方正常作业提供生产、生活临时设施。

d. 乙方（劳务承包队）责任。包括：根

据甲方计划要求调配劳动力；

全面负责本单位人员的的生活服务管理和劳保福利；

教育职工遵守甲方制定的安全生产、文明施工、质量管理、材料管理、劳动管理和各项规章制度；

组织文化、技术学习，保证劳务质量；

督促本单位人员做好产品自检、互检、保证工程质量；

负责手工操作的小型工具、用具配备及劳保用品的发放；

协助甲方做好劳务用工管理。

e. 劳务费计取和结算方式；

f. 奖励和罚款；

g. 合同未尽事宜的解决方式；

h. 合同总份数，双方各执份数；

i. 合同生效日期；

j. 双方签字日期。

5）建筑安装工程内部分包合同

建筑安装工程内部分包合同是项目经理部与企业内部水电、吊装、运输、机运、装饰等专业分公司订立的承包合同。

合同的主要内容如下：

a. 总包分包单位名称；

b. 工程名称；

c. 工程地点；

d. 承包方式；

e. 工程项目造价及工期；

f. 甲、乙方责任

甲方责任包括有：

编制施工组织设计，负责工程进度、工程质量、安全生产的管理和监督；

提供施工图纸、技术资料；施工组织交底、办理各种洽商；

安排现场平面布置，提供生产、生活场地和临时设施并结算费用；

组织工程质量检查和竣工验收；

支付工程价款和结算；

乙方责任包括有：

保证分包工程质量和工期；

按施工组织设计要求进行施工；

编制分包工程施工进度计划，材料设备计划及工程预结算书；

负责工程保修；

服从甲方施工现场的安全、保卫、场容等规章制度的管理。

g. 物资供应。包括：甲、乙方各应提供的材料、设备，以及价格调整办法；

h. 上报工程量及结算办法；

i. 工程质量和交工验收办法及标准；

j. 奖励与罚款。其中包括工期、质量、施工现场管理等方面的奖励与罚款办法；

k. 合同争端的解决及仲裁；

l. 合同总份数，双方各执份数；

m. 总包、发包单位签字、盖章及日期；

n. 甲、乙方银行帐号。

9.2.4 工程项目索赔

在市场经济条件下，建筑市场中的工程索赔是一种正常的现象。在我国目前处在计划经济体制向社会主义市场经济体制转变时期，业主往往忌讳索赔，承包商管理水平低缺乏风险意识和索赔意识，抓不到索赔机会，而监理工程师限于经验和水平不善于处理索赔。

（1）什么是施工项目索赔。

由于非承包商自身原因发生合同规定之外的额外工作或损失所要求进行的费用和时间的补偿，称为施工项目索赔。换句话说，凡超出原合同规定的行为给承包商带来的损失，无论是时间上的还是经济上的，只要承包商认为不能从原合同规定中获得支付的额外开支，应该得到经济和时间补偿的，均有权向业主投出索赔。因此索赔是一种正当的权利要求，是应该争取得到的合理偿付。

（2）发生索赔的原因

1）现代承包工程特点是工程量大、投资多、结构复杂、技术和质量要求高、工期长。工程本身和工程环境有许多不确定性，会有很大变化。它们形成对工程实施的内外部干扰，直接影响工期和成本。

2）合同在工程开始前签订，故对复杂的工程环境难以作出准确估计，合同中难免有考虑不周的条款和缺陷，导致双方权利和义务的争执而影响工期、成本、经济利益。

3）业主要求变化导致工程变更。

4）参加工程项目施工的单位多，关系复杂，技术和经济责任的界面不易分清，造成技术、经济责任的争执。

5）法律、法律的变化影响工程责任。

（3）索赔的分类

由于发生索赔的原因和范围比较广泛，其分类方法视其涉及的当事人、索赔依据、索赔目的、索赔方法和处理时间不同，可以分为以下几种：

1)按索赔所涉及的当事人划分,可分为：

a. 承包商同业主之间的索赔。这类索赔的内容，一般是有关工程量计算，工程变更，延长工期，质量和价格方面的争议，或其他方面的违约行为，终止或变更合同的损害索赔，即承包商向业主的索赔。

b. 承包商与分包商之间的索赔。这类索赔内容与前一种大致相似，但当事人是分包商向承包商的索赔。

c. 承包商与供应商之间的索赔。承包商和供应商之间的商务往来中，由于供货数量短缺，货物损坏，质量不符合要求和不按期交货，运输损坏等，承包商向供应商及其委托的运输部门和保险机构索取赔偿，这种索赔属商务索赔。

d. 承包商向保险公司索赔。承包商受到灾害、事故或其他损害或损失，按保险单向其投保的保险公司索取赔偿。

2）按索赔的依据可分为：

a. 合同内的索赔。索赔中所涉及的内容可以在合同条款中找到依据，如工程量的计量、变更工程的计量和价格、非承包商原因引起的延误工期等。

b. 合同外的索赔。索赔内容和权利难于在合同条款中找到依据，但依据普通法律可以找到依据，主要表现在违约造成的损害和违犯担保造成的损害。

c. 额外支付，也可称为道义索赔。承包商在合同和法律中找不到索赔的依据，业主也没有违约和违法，但承包商在施工中确实遭到很大损失，承包商寻求业主予以优惠性质的付款。这只有在遇到通情达理的业主才有希望成功。例如承包商对标价估计不足，或承包后风险增大而导致亏损，但承包商经过努力使工程项目圆满完成，业主出自善意给一定的经济补偿。

3）按索赔的目的分：

a. 工期索赔。亦称时间索赔和延长工期索赔。即非承包商原因引起的工期延误、承包商要求延长工期。

b. 费用索赔。亦称经济索赔或开支亏损索赔。即非承包商原因引起经济损失，而承包商要求补偿其经济损失。

4）按索赔处理方法和处理时间不同分：

a. 单项索赔。它是指在工程实施过程中，出现了干扰原合同规定的事件，承包商为此一事件提出索赔。单项索赔通常原因单一，责任单一，分析比较容易，处理起来比较简单。

单项索赔报告必须在合同规定的索赔有效期内提交给监理工程师，由监理工程师审核后交业主，由业主作答复。

b. 综合索赔。又称总索赔，又叫一揽子索赔。其做法是承包商将工程过程中未解决的单项索赔集中起来，提出一份总索赔报告。合同双方在工程交付前后进行最终谈判，以一揽子方案解决索赔问题。

综合索赔有下列特点：

处理和解决很复杂。由于工程过程中的许多干扰事件搅在一起，使得原因、责任和影响的分析困难；

为了索赔的成功，承包商必须保存全部工程资料和其他证据材料。这使得工程项目的档案管理任务加重；

索赔的集中解决使索赔额积累起来，造

成谈判困难，因此承包商往往作较大让步。有时谈判一拖几年，花费大量的时间和金钱。

在经济合同实施过程中，索赔是双向的，也可出现业主向承包商的索赔，但一般数量较小，且处理方式比较简单，在此不做专门论述。

小　结

我国在把建筑业推向市场的重要手段是实行工程项目招投标制度。本节结合施工项目管理简单介绍了招标、投标、工程承包合同、索赔等常识。

在工程项目招标中重点介绍：

(1) 拟进行招标的项目必须具备的条件。

(2) 实行招标一般可分为公开招标、邀请招标和协商议标三种方式。

(3) 招标程序可分为准备阶段、招标阶段和决标成交阶段。

在工程项目投标中，主要介绍：

(1) 投标方对招标项目应进行以下决策；即针对招标项目是否投标；投什么样的“标”；采用什么策略争取中标。

(2) 投标及报价应按规定步骤完成。

在完成决标后双方应签订工程承包合同，工程承包合同属经济法范畴。关于经济法与合同中介绍了：

(1) 经济合同是指平等的民事主体的法人、其他经济组织、个体工商户等相互之间，为实现一定的经济目的，明确相互权利义务关系而制订的合同。

(2) 经济合同的特征是：经济合同对当事人有特定要求；经济合同是当事人之间的经济协议；经济合同是双向有偿合同。

(3) 经济合同订立应遵守国家法律和行政法规的原则和遵循平等互利、协商一致的原则。

(4) 经济合同的形式有口头和书面两种，除即时清结者外应一律采用书面合同。

(5) 经济合同的内容有主要条款（标底、数量和质量，价款和酬金，履约期限、地点和方式。违约责任等）以及普通条款。

(6) 违反法律的要求，从订立的时候起就没有法律约束力的合同是无效经济合同。要准确地确认和处理。

(7) 在业主（建设单位）与承包商之间应签订工程承包合同。

(8) 在施工企业内部围绕施工项目管理，有不同的项目施工合同。主要有：工程项目总承包合同、栋号作业承包合同、劳务合同、内部分包合同。

在工程项目投标至项目完成会出现各种干扰事件，这将引起工程项目的索赔（承包商向业主提出要求称为索赔）及反索赔（业主向承包商提出要求。本节中主要介绍了如下几点：

(1) 施工项目索赔是由于非承包商自身原因发生合同之外的额外工作或损失所要求进行的费用和时间的补偿。

(2)索赔分类中有按涉及人划分（业主和承包商、总包和分包、承包商和供应商、承包商与保险公司），按索赔依据划分（合同内索赔、合同外索赔、道义索赔）；按索赔目的划分（工期索赔、费用索赔）；按处理方法及时间划分（单项索赔、综合索赔）。

(3) 工程索赔程序分处理、解决两个阶段。

习题

1. 业主应具备什么条件方可招标？
2. 招标有哪三种方式？
3. 工程项目投标应决策什么？什么情况应弃标？
4. 标的分类有哪些？
5. 投标程序怎样？
6. 什么是经济合同？有何特征？订立经济合同的基本原则是什么？
7. 经济合同的内容和形式有哪些？
8. 什么是无效经济合同？应从哪几个方面确认？
9. 工程承包合同的主要内容是什么？
10. 项目管理合同有哪些分类？各种合同的主要内容和适用范围是什么？
11. 什么是施工项目索赔？
12. 发生索赔的原因是什么？
13. 索赔的分类有哪些？

9.3 施工项目的计划管理

计划是一种管理行为，工程项目计划是对工程项目预期目标进行筹划安排等一系列活动的总称。工程项目计划管理是项目管理的重要组成部分，它对工程项目总体目标拟定措施和目标对工程项目实施的各项活动进行周密的安排，系统地确定项目、任务、综合进度和完成任务所需的各种资源等。

项目计划管理的主要任务是：

(1) 按照国家法令和有关政策，经过市场预测和可行性研究，使工程项目目标符合国民经济发展总目标，并能获得良好的经济效益、社会效益和环境效益。

(2) 在广泛收集资料的基础上，运用科学的预测方法，通过计划的编制，使工程项目实施计划的各项工作得以统筹安排、综合平衡、优化组合；拟定合理有效的措施，在项目计划统一指导下协调地进行，以充分挖掘和发挥人力、物力、财力的潜力，实现项目的预期目的。

(3)通过项目计划实施过程中的检查、控制、调节的手段和统计分析，揭露矛盾、解决问题，总结经验教训、反馈信息，达到改进管理提高效率的目的。

项目计划管理的作用主要为：

1) 工程项目计划过程是一个决策过程。就是通过收集、整理和分析所掌握的信息，为项目决策者提供决策依据。

2)项目计划是工程项目实施的指导性文件。项目的各项工作的开展均要以项目计划为依据，并以计划协调各项工作。因此项目的实施过程都应在项目计划指导下进行。

3) 项目计划是实现项目目标的一种手段。通过计划管理使人力、材料、机械、资金等各种资源得到充分有效地运用，并在项目的实施过程中，及时地对各方面的活动进行协调，以达到质量优良、工期合理、造价较低的理想目标。

9.3.1 项目计划的特点及项目计划体系的建立

(1) 项目计划的特点

1) 主动性差

由于施工任务的来源，在宏观上受国家计划和建筑市场的制约，同时受上级主管部门总计划的控制以及一些人为的原因。故不能独立自主地安排生产计划。

2) 稳定性差

项目计划受项目规模的大小和计划周期的长短及内部、外部各种条件的影响，使计划复杂多变。

3) 均衡性差

建筑施工生产受季节等其他因素影响较大。不同的施工阶段内容不一致，资源消耗有差异造成不同施工阶段的计划的不均衡性。

(2) 计划体系的建立

1) 计划的分类

按计划期限分为下列几种：

a. 施工项目管理过程总计划。它是根据项目规模的大小和建设单位签订合同时间决定的。一般工期在五年以内的工程项目应编中长期计划。这种计划应突出其预见性、战略性和纲领性。它的任务是确定项目管理期间的经营方针、目标，确实主要技术经济指标应达到的水平，以及达到经营目标所采取的措施。

b. 短期计划。即年度和季度施工生产技术财务计划。它是施工项目管理在计划期内从事生产经营活动的行动纲领和必须达到的目标，是评价和考核项目管理工作的主要依据。施工生产计划是中心，技术组织措施和各项资源计划是施工计划的保证性计划，财务计划是反映施工项目经营活动在经济上的投入产出要求及成果计划。

c. 月、旬作业计划。是季度计划的具体化，它将任务具体落实到班组，组织和指导日常生产活动。

2) 项目计划的管理机构

公司设生产计划管理部（室)、负责全公司的施工生产计划统计管理。而项目经理部设计划统计员，负责汇总编制项目的年、季度生产技术财务计划和施工统计，协调施工阶段中的劳动力、机械设备、物资供应等配备关系，以保证计划的实现。

3) 项目计划编制的程序及分工

项目管理以年度计划为重点：

a. 项目计划的编制程序。目前有两种：一是一下一上式，即上级主管部门下达年度生产经营计划指标，项目经理部以此为据编制施工计划，再上报上级主管部门；二是一上一下式，即项目经理部根据工程承包合同编制施工计划草案报上级主管部门，主管部门经过对全企业的综合平衡后正式下达项目施工计划。

b. 项目计划编制的分工。计划员负责编制年度计划指标汇总表、施工计划、专业配合计划；

工程师负责编制技术组织措施计划；

财务会计负责编制降低成本计划和财务计划；

分管物资设备的人员负责编制机械配置计划、物资供应计划和构配件订货加工计划。

项目计划体系示意图见图 9-4。

9.3.2 项目计划的编制

(1) 年度综合计划

年度综合计划又称年度生产技术财务计划,它是由施工保证计划和财务计划组成,计划体系如图 9-5。

1) 年度综合计划内容

年度综合计划包括有施工计划、保证计划、财务计划。

a. 施工计划。是施工技术财务计划的中心，它是反映施工项目生产的总体安排，是编制其他各专业计划的依据，可分为以下几部分：

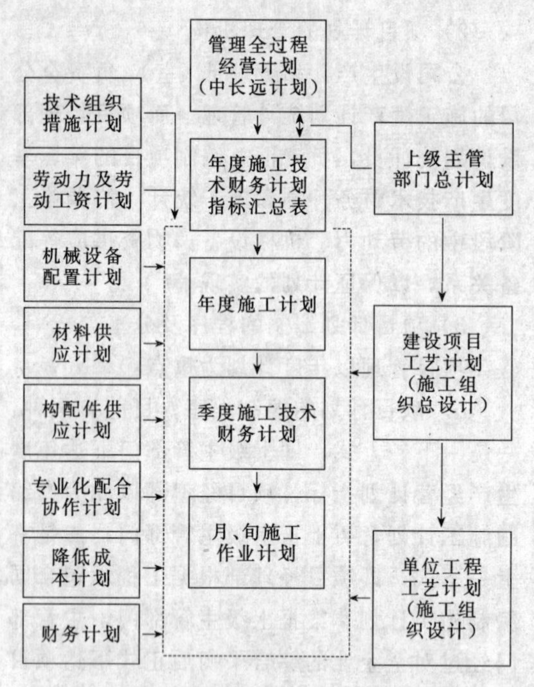

图 9-4　项目计划体系示意图

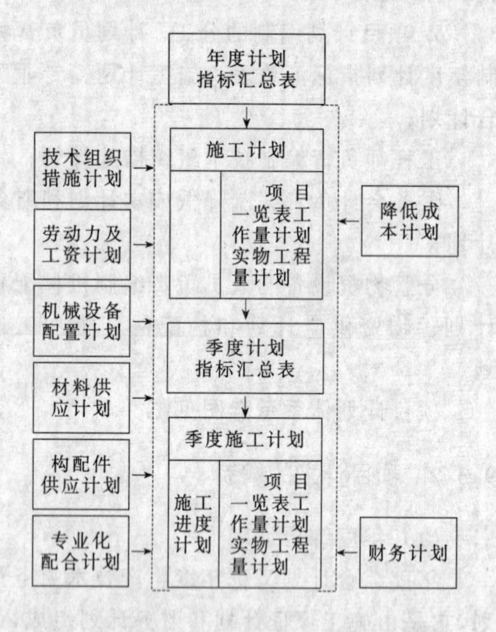

图 9-5　计划体系图

"施工项目一览表"，它是反映工程项目在计划期内承担工程任务的情况。应按合同签约列出年度所在地新开、复工、竣工工程项目名称、工程特征、建设单位及主管部门、工程项目性质、工程地点等。一览表中应有开、复工时间，竣工时间及实物工程量，年内不能竣工的工程应注明达到的形象部位。

"建筑安装工作量计划"，它是竣工计划的主体，用货币量表示年、季度施工的总规模。总产值应按工程承包的施工图概预算价格计算。

"实物工作量计划"，它是各项保证性计划，是劳动力、材料、机械设备、构配件以及资金安排的基本依据。

"施工进度计划"，它是通过综合平衡后调整的工程工艺计划的主要部分，是组织施工的基本依据。它包括各单位工程项目的开竣工日期，计划工作量，以及各工程项目施工的先后顺序等。

b. 保证计划。是为完成施工计划任务所必须投入各项资源的计划，主要由以下部分组成：

"技术组织措施计划"，它是完成施工计划、实现主要技术经济指标的重要手段，其主要内容有：确保重点工程，完成竣工项目，实现均衡施工，提高施工技术水平的措施，确保工程质量，革新生产工艺，改善劳动条件，节约原材料，降低成本、安全生产，提高施工管理水平等方面的技术组织措施。

"劳动力和劳动工资计划"，它是根据施工计划的目标提出的，包括计划期内用工数量劳动生产率、职工人数、工资水平和专业工种比例的计划。实行管理层与作业层分开的项目管理，应根据计划期内施工计划项目所需要各工种的劳动力数量，向劳务管理部门申报，以求按计划的数量和时间提供合格的劳动力，并编制计划期内完成实物工作量所需要的劳务费和劳务管理计划。

"机械设备配置计划"，它是根据施工计划的目标提出的，包括计划内各个施工项目的施工机械化水平和施工机械需要量两方面的计划。

"材料供应计划"，根据施工的计划目标，提出计划期内各个施工项目所需的材料，包括材料品种、规格、质量、数量和进场时间。

“构配件供应计划”，它根据施工计划目标，提出计划期内各个施工项目所需要的构配件和半成品，包括其品种、规格、质量、数量和进场时间。

“专业化配合协调计划”，它根据施工计划目标，提出计划期内各专业在各施工工程项目上同步施工、相互配合要求，包括配合日期，完成的工程量和内容等。

c. 财务计划。它是反映工程施工及其生产经营活动投入产出成果的计划，包括“降低成本计划”和“财务计划”。

“降低成本计划”，根据施工计划目标，提出计划期内各个施工工程项目的降低成本额和降低成本率。

“财务计划”，它是根据施工计划目标，提出计划期内完成任务所需的资金来源、利润、收入分配以及缴拨款关系。

2）年度综合计划的编制原则与依据

a. 编制原则。坚持统一计划的原则，认真做好综合平衡，积极可靠，留有余地；坚持施工工序，注意生产的连续性和均衡性。

b. 编制依据。项目管理全过程的总计划和上级主管部门的年度经营方针和经营目标；

国家规定和上级下达的考核指标；

已签订的工程合同、施工图概算和施工组织设计；

上年计划的执行情况；

人、财务的保证条件；

各类技术标准、文件和计划定额资料等。

(2) 季度计划

季度计划要贯彻年度计划的方针和原则，根据年度计划的各项要求，并结合本季度的具体情况来编制，以保证年度计划的完成。季度计划的内容、编制程序和方法大体与年度计划相同。

(3) 月、旬施工作业计划

这类计划是贯彻施工技术财务计划的具体实施计划，是组织日常生产活动的依据，也是项目经营管理的中心环节。

1）月、旬施工作业计划的主要内容

a. 计划指标汇总表。此表包括施工项目的数量和面积，自行完成工作量，主要实物工程量，需要劳动日数和平均劳动人数、劳动生产率。

b. 施工项目计划。应分列单位工程数量、面积、形象进度、工作量和主要实物工程量。

c. 单位工程施工进度计划。根据单位工程施工组织设计，并结合当月的实际情况制定，表明分部分项工程施工进度及衔接配合关系。它是施工计划的核心，也是编制其他计划的依据。

d. 主要工种劳动力平衡计划。包括主要工种计划需要人数，现有人数，平均余缺工日数和人数及调剂措施。

e. 主要机械平衡计划。包括采用机械施工的单位工程名称、地点、主要工作量、需要机械的品种、规格、数量及进场时间。

f. 主要构配件需用量计划。包括混凝土预制构件、门窗、钢木制品等需要的品种、规格、数量和时间。

g. 材料需用量计划。包括钢筋、水泥、木材、防水材料及水、电、化工、陶瓷等材料的品种、规格、数量和时间。

h. 专业化配合协调计划。包括工程项目名称、专业化工程项目（如机械吊装、商品混凝土供应、打桩等）的数量、要求配合的时间。

i. 现场辅助生产加工计划。包括现场预制混凝土构件、门窗加工、模板制作等计划。

施工作业计划中的各项计划是相互制约的，其中任何一种计划的执行失误都会影响整个计划。它们之间的关系如图 9-6。

2）月、旬作业计划的编制原则、依据、程序和方法。

a. 编制原则。贯彻“日保旬、旬保月、

月保季”的精神；

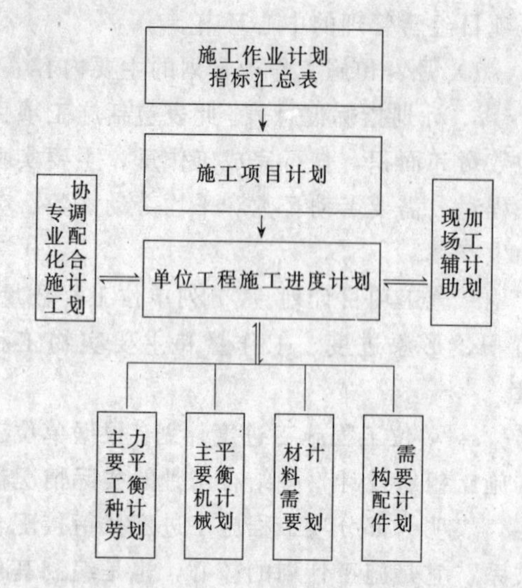

图 9-6　施工作业计划中各项计划的关系

从实际出发、积极稳妥地确定计划指标水平；同时要考虑到其他各种因素的影响，积极创造条件，使计划指标得以实现；

必须符合科学性，明确主攻方向，保竣工、创优质产品，实现最佳经济效益；

做好综合平衡，保持生产活动步调一致；

使计划建立在可靠的群众基础之上。

b. 施工作业计划的编制依据。编制依据除与季度计划相同外，还应有以下几项：

季度施工技术财务计划。

上期施工作业计划执行情况的资料统计分析。

上级主管部门的指令性和指导性意见。

c. 施工作业计划的编制步骤。上级主管部门提出控制性指标。

项目经理部编制计划草案。以上级下达的指标为依据，根据具体情况，由各职能人员分别编制各种计划。由项目经理主持各方面工作人员进行讨论，提出具体的奋斗目标及存在的问题和解决问题的方法或要求上级给予支持和帮助解决的问题等。

报送上级审批。项目经理部编制的计划按要求时间上报主管部门，由上级主管审批并下达执行。

d. 编制方法。施工作业计划的编制方法是：在掌握各种编制依据后，经过思考做出正确判断，经过计算，进行综合平衡。如施工任务与劳力、与主要机械、材料和构配件以及专业化生产之间的平衡。

9.3.3 项目计划的执行与控制

计划的控制就是根据反馈原理，对计划执行情况进行检查和核算，并与计划指标对比，及时发现和解决问题，保证计划按预定目标顺利实现。

（1）计划管理工作环节

计划管理工作环节如图 9-7 所示。

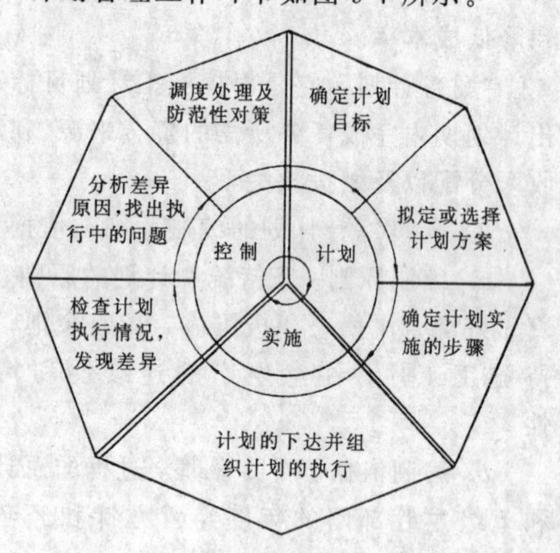

图 9-7　计划管理工作环节

（2）计划的执行

计划的执行包括下达计划和按计划组织生产经营活动两个阶段。

季度计划是年度计划的具体化和实施步骤，必须保年度计划的完成。

月计划是季度计划的具体化和实施步骤，必须保季计划的完成。

旬计划是直接执行的作业计划，必须保月计划的完成。

计划目标是通过指标来定量体现的。目标分解，方针展开是实施大目标的第一步，也是下达和落实计划的关键。企业通过总目标，根据各部门、各单位的具体工作性质，分担大目标的相应部分，进行层层分解，一直到班组或个人。项目管理也一样，根据上级主管部门分解的目标，结合工程项目的具体情况，也将指标进行分解到每个业务部门、栋号承包队。

(3) 计划的控制

计划执行中的关键问题，是计划的控制。所谓计划的控制就是根据信息反馈原理，对计划执行情况进行检查分析，及时发现执行结果和计划目标之间的偏差，采取相应措施加以纠正的工价过程。计划控制的目的，在于保证计划顺利实施。

1) 计划控制的基本条件

a. 计划的目标明确，可供检查的标准；

b. 执行结果能够统计测算，可以和标准进行比较；

c. 有畅通的信息渠道，出现偏差时能及时准确地反映给控制部门，控制部门发出的指令能正确快速传递；

d. 控制系统的各级管理人员有良好的素质，能正确判断计划执行中的各类问题，作出恰当的决策；

e. 职工群众有参与控制的主动性和积极性。

2) 计划控制的方法

主要指计划控制过程中发现偏差和纠正偏差的方法。

在计划控制工作中主要通过统计来发现和分析计划执行过程中的问题。通过统计调查，得到大量的原始资料，并对这些资料进行整理分析，从中找出计划执行中的问题。

在建筑企业，主要依靠调度工作来纠正执行计划的偏差。调度的方法通常有两种：一是通过会议发布命令，二是直接用文件发布命令。调度命令实质上是补充计划。

3) 计划执行后的检查分析

计划执行完毕，并不意味计划控制工作的结束。因为计划管理工作是一个周而复始的循环过程。任何一项计划都是上期计划的延续，是下期计划的基础。做好计划执行完毕后的检查分析，对于提高下一轮计划的编制与控制水平，有十分重要的意义。

计划执行完毕后的检查分析，包括以下内容：

编制计划时对各种因素，环境的预测是否准确：应做哪些改进？

实施的计划是不是最优方案？有无错误？如有错误，是什么原因造成的？

执行中出现过什么问题？采取了什么应变措施？效果如何？

执行中的控制有什么成功的经验和教训？如何发扬和改进？

9.3.4 施工班组的计划管理

施工企业班组的计划管理就是正确执行和贯彻项目的施工作业计划。即根据项目施工作业计划班组安排劳动力需用量计划、材料需用量计划和施工机具需用量计划。

(1) 劳动力需用量计划

班组的劳动力计划一般是根据所承担的工程量按定额求出所需工日，然后根据本班组正常出勤人数计算完成某一工程量的项目应安排的班次。

班组承担某分项工程或工序所需劳动量

$$=\frac{\text{某分项（工序）的工程量}}{\text{某分项（工序）的产量定额}}\text{（工日）}=\text{某分项（工序）时间定额}\times\text{某分项（工序）的工程量（工日）}$$

完成该工程所需班次

$$=\frac{\text{班组承担某分项（工序）工程量所需劳动量（工日）}}{\text{班组正常出勤人数（工）}}\text{（班次）}$$

【例】 某瓦工班每天正常平均有22名专业工人投入施工。现承担 $120m^3$ 砖基础施工，产量定额为0.919工日/m^3，时间定额为1.088m^3/工日，请问应安排几个班完成砖基础施工任务？

【解】 完成砖基础施工所需总工日数为

$$=\frac{120m^3}{0.919m^3/\text{工日}}=131\text{（工日）}$$

$$=1.088\text{工日}/m^3\times120m^3=131\text{（工日）}$$

完成砖基础施工所需班次为$=\frac{131\text{工日}}{22\text{人}}$$=5.95\sim6$班次

（2）材料需用量计划

在材料管理中实行限额领料制度，作为生产的基本班组必须认真计算材料消耗量。

班组承担某项目所需材料用量＝单位材料消耗量×工程量。

【例】 某瓦工班承担120m^{3}砖基础砌筑任务，采用MU10普通粘土砖，M7.5水泥石灰混合砂浆砌筑。其中材料消耗定额中规定每m^{3}砖砌体用砖507块，砂浆0.26m^3。砂浆每m^{3}各种材料用量为：水泥229kg，石灰膏0.091m^3，砂1652kg。请计划一下完成120m^{3}砖基础的各种材料用量。

【解】 MU10普通粘土砖用量＝507块/m^3×120m^3＝60.84（千块）

M7.5砂浆用量＝0.26m^3/每m^{3}砖砌体×120m^{3}砖砌体＝31.2（m^3）。其中M7.5砂浆用料为：

水泥　229kg/m^3×31.2m^3＝7145kg

石灰膏　0.091m^3×31.2＝2.8m^3

砂　1652kg/m^3×31.2m^3＝51542kg

（3）施工机具需用量计划

班组的施工机具需用量计划是根据所承担的工程量和施工机具的台班产量定额或时间定额来计算的。

$$\text{完成某项目所需机械台班数}=\frac{\text{工程量}}{\text{台班产量定额}}$$

【例】 某工程回填土1200m^3，根据施工进度计划要求三天内完成。每天按两个班安排施工，现有蛙式打夯机MW-70，每台班产量定额为50m^3/台班问按期完成回填任务最少要几台蛙式打夯机？

【解】 完成1200m^{3}回填土需台班数为：

$$\frac{1200\text{m}^3}{50\text{m}^3/\text{台班}}=24\text{台班。}$$

按3天完成应安排6个班次，故需蛙式打夯机至少要24台班÷6班＝4（台）

小　　结

计划管理是施工项目管理的一个重要组成部分。计划是一种管理行为，是对工程项目预期目标进行筹划安排等一系列活动的总称。其主要任务是：符合国民经济总目标并获得良好的经济、社会、环境效益；使项目的各项工作能做到统筹安排、综合平衡、优化组合，充分挖掘各类资源并发挥最佳效益；通过实施过程中各种矛盾和问题的解决达到改进管理提高效率的目的。

计划管理的主要作用是：计划过程是一个决策过程；是项目实施的指导性文件；是实现项目目标的一种手段。

计划管理主要包括项目计划特点及项目计划体系的建立，项目计划的编制，项目计划的执行和控制三个方面。

施工项目计划的特点是主动性差、稳定性差、均衡性差；施工项目体系的建立包括了计划的分类（施工项目管理过程总计划、短期计划、作业计划）、计划的管理机构（公司的计划部门和项目经理部的计划统计人员）、计划的编制程序（一下一上式和一上一下式）及其分工。

施工计划的编制主要有年度综合计划、季度计划、月旬作业计划三种。年度综

合计划主要包括施工计划、保证计划、财务计划；季度计划贯彻年度计划的方针和原则，其编制程序、内容和方法大体上与年度计划相同；月旬施工作业计划是贯彻施工技术财务计划的具体实施计划，是组织日常生产活动的依据，是项目经营管理的中心环节。月旬施工作业计划主要内容有计划指标汇总表、施工项目计划、单位工程施工进度计划、主要工种劳动力平衡计划、主要机械平衡计划、主要构配件需用量计划、材料需用量计划、专业化配合协调计划、辅助生产加工计划等。月旬施工作业计划的编制原则是：贯彻日保旬、旬保月、月保季的原则；应从实际出发；符合科学性，实现最佳经济效益；做好综合平衡；建立在可靠的群众基础上。月旬施工作业计划的编制依据有季度计划和上期施工作业计划执行情况的资料统计分析。月旬施工作业计划的具体编制步骤为：上级主管部门提出控制指标，项目经理部根据上级下达指标编制计划草案，再报送上级审批后下达执行。月旬施工作业计划的编制具体方法是：在掌握各种编制依据后，经过思考做出正确判断，经过计算进行综合平衡而形成。

对于项目计划的执行和控制：计划的执行包括下达计划和按计划组织生产经营活动两个过程；计划的控制就是根据信息反馈原理对计划执行情况进行检查分析，及时发现执行结果和计划目标间的偏差，采取相应措施加以纠正的工作过程。

施工班组的计划管理就是正确执行和贯彻项目的施工作业计划。主要内容有所承担工程量的劳动力需用计划、材料需用量计划和施工机具需用量计划。

习题

1. 一般建筑施工计划按期限分为哪几种？
2. 年度综合计划包括哪些内容？
3. 年度综合计划编制原则是什么？
4. 季度计划的特点是什么？
5. 月、旬施工作业计划的内容有哪些？
6. 月、旬施工作业计划的编制原则是什么？
7. 月、旬施工作业计划的编制依据是什么？
8. 月、旬施工作业计划的编制步骤和方法是怎样的？
9. 项目计划的执行包括哪两个过程？
10. 项目计划的控制概念是什么？
11. 什么是施工班组的计划管理？其主要内容是什么？

9.4 施工项目技术管理

工程项目技术管理，是对所承包工程的各项技术活动和施工技术的各项内容进行计划、组织、指挥、协调和控制（即进行科学管理）的总称。

9.4.1 施工项目技术管理的作用和内容

（1）施工项目技术管理的作用

技术管理是项目管理的重要组成部分，加强和完善技术管理工作，对促进生产技术的发展和更新、提高技术水平和工程质量、保证正常的生产秩序、充分发挥设备潜力、提高劳动生产率、降低工程成本、增加经济效益、提高建筑市场中的竞争能力等方面都起着极其重要的作用。

（2）技术管理工作的基本原则

1）正确贯彻国家的技术政策

国家的技术政策规定了一定时期内的建筑技术标准和技术发展方向，在技术管理工作中要无条件的遵守。要坚持基本建设程序和施工程序；坚持质量第一和安全施工，积极采用新技术、新工艺、新结构、新材料、新设备；有计划地引进先进技术和自力更生进行革新改造相结合的方针等。

2）严格按照客观规律办事

要尊重科学技术原理和科学技术本身的发展规律，用科学的态度和科学的工作方法进行技术管理。要严格执行各种工艺、规范标准。坚持“一切经过试验”的原则，尤其是对革新改造、创造发明、新技术和新工艺等，一定要经过试验，取得数据，才能推广使用。

3）注重经济效益。

先进的技术应带来良好的经济效果，良好的经济效果又必须采用先进的技术。因此，在技术管理工作中，既要考虑技术先进的可行性，又必须重视经济上的合理性。

（3）施工项目技术管理的内容

工程施工是一项复杂的分工种操作的综合过程，技术管理所包括的内容就比较多。其主要内容是经常性的技术管理工作和开发性技术管理工作。

1）经常性的技术管理工作包括：

施工图的审查和会审；

编制施工组织设计及施工方案；

组织技术交底；

设计变更或洽商；

制定技术措施和技术标准；

建立技术岗位责任制；

材料及半成品的检验和试验；

贯彻技术规范、规程和标准；

进行技术情报、技术交流和技术档案工作；

监督和执行施工技术措施，处理技术问题等。

2）开发性的技术管理工作包括：

根据生产发展的需要，制定新的技术措施和技术标准；

进行技术改造和技术革新；

开展新技术、新结构、新材料、新工艺和新设备的试验研究及开发；

制定科研、控潜、改造规划；

组织技术培训。

9.4.2 技术岗位责任制

技术岗位责任制是指各级人员建立明确的职责范围，以达到责任到人，充分调动各级技术人员的积极性和创造性，做好技术管理工作，促进生产技术发展和保证工程质量。

（1）技术管理机构的职责

1）按各级技术人员的职责范围，分工负责，做好经常性的技术业务工作；

2)组织贯彻国家的有关技术政策和上级颁发的技术标准、规定、规程和各项技术管理制度；

3)负责收集和提供技术情报、技术资料、技术建议和技术措施等；

4）深入实际，调查研究，进行全过程的质量管理，总结和推广先进经验；

5）进行科学研究、开发新技术，负责技术改造和技术革新的推广应用；

6）进行有关的必要的技术咨询工作。

（2）项目经理在技术管理上的主要职责

项目经理做为企业法人委托的施工项目的法人代表，对施工项目全面负责。为确保施工项目的顺利进行，保证工期、质量、成本三大目标得以很好的控制，项目经理在技术管理上应抓好下列工作：

1）贯彻各级技术责任制，明确各级人员组织和职责分工。

2）组织审查图纸，掌握工程特点与关键部位，以便全面考虑施工部署和施工方案。在此基础上找出施工工艺、特殊材料、设备能力以及物资条件供应等方面存在的问题，以便研究解决和提出相应的决策。

3）对本施工项目拟采用的新技术、新工艺、新结构、新材料和新设备决策。

4）组织技术交流，组织有关人员参加编制施工组织设计、重要施工方案及技术措施。

5）进行人才培训，不断提高职工的技术素质和技术管理水平。

6）深入现场，重点把关。对出现的问题、难点及薄弱环节及时决策或提交有关部门处理。

（3）各级技术人员的主要职责

1）企业总工程师的主要职责

全面领导企业的技术工作和技术管理工作；

贯彻执行国家的技术政策、技术标准、技术规程、验收规范和技术管理制度；

组织编制、贯彻企业的年度技术措施纲要及技术工作总结；

领导开展技术革新活动，审定重大的技术革新、技术改造和合理化建议；

在工程项目投标阶段，组织编制或参加审批投标书中的施工组织设计及施工方案；

组织企业所属施工项目的竣工质量检查评定，参加有业主、监理、设计、施工四方对竣工项目的联检；

主持技术会议，审定签发技术文件，处理重大技术问题；

领导技术培训工作，审批技术培训计划；

对施工安全负技术上的责任；

参加引进项目的考察、谈判。

2）项目经理部主任工程师主要职责

组织有关人员熟悉、审查图纸，参加图纸会审；

主持编制单项（位）工程施工组织设计及各种施工方案；编制质量计划。

组织技术交底；

组织制定工程质量、安全技术措施；

深入现场，指导施工，督促单位工程技术负责人遵守规范、规程和按图施工，发现问题及时解决；

主持、决策有关施工洽商办理工作及与之有关的索赔意见。

3）单位工程技术负责人的主要职责

工程项目开工前参与施工预算的编制、审定工作；工程竣工后参与工程结算工作；提供设计变更、材料代用、结构试验、结构补强、特种作业等签证材料，提供制定补充定额的依据，实际工料消耗量和竣工结算资料；

负责单位工程图纸审查及技术交底；

参与编制单位工程施工组织设计、质量规划，并认真贯彻实施；

负责贯彻执行各项专业技术标准，严格执行验收规范和质量检验评定标准；

负责具体技术复核工作，如测量结果的复核；

负责单位工程内材料试验准备工作，如原材料检验及混凝土和砂浆试配；

负责整理技术档案的全部原始资料，并整理施工技术小结及绘制竣工图；

参加质量检查活动及竣工验收工作。

9.4.3 图纸审查制度

施工图是项目进行施工的重要依据之一，施工单位的任务就是按照施工图纸和设计文件要求，高速优质低耗地完成施工项目。施工图纸出现问题就影响项目的最终目标。所以图纸审查的目的在于：熟悉和掌握图纸的内容和要求，解决各专业、工种间的矛盾和协作；发现并改正图纸中的差错和遗漏；提出建议办理洽商。

施工图审查的步骤可分为学习、初审、会审三阶段。

（1）学习阶段

学习和熟悉施工图纸，摸清工程项目建设规模和工艺流程、结构型式和构造特点，主要材料和特殊材料、技术标准和质量要求，以及坐标和标高等。充分了解设计意图及对施工的要求。

(2) 初审阶段

在学习和熟悉施工图纸及设计文件的基础上，按专业详细核对各工种详图，核查有无错、碰、漏等问题，并对有关影响建筑物安全、使用功能等问题提出初步修改意见。

(3) 会审阶段

会审可分为各专业间会审和由设计、建设、监理、施工四方会审。

前者可称为内部会审。主要解决各专业间图纸的矛盾、差错及协作配合施工事宜。对图纸中的问题提出处理、修改意见，准备在设计交底及四方会审时提出。

设计、建设、监理、施工四方会审，、通常由建设单位（或委托监理）主持。设计进行交底，以施工单位为主，对施工图及设计文件提出差错，矛盾、协作方面问题，经各方会审达成共识，写出会审记要，办理设计变更或工程洽商手续，作为正式施工文件执行。

9.4.4 技术交底制度

技术交底是在正式施工之前，对参与施工的有关管理人员、技术人员和工人交待工程情况、技术要求、质量要求，避免发生指导和操作的错误，以便科学地组织施工，并按合理的工序、工序流程进行作业。

技术交底的主要内容是：

1) 图纸交底。目的是使施工人员了解设计意图、建筑和结构的主要特点、重要部位的构造和要求等。以便掌握设计关键，做到按图施工。

2) 施工组织设计交底。施工组织设计是施工指导性文件，所以应向全体施工人员交待其全部内容，以便掌握工程特点，施工部署、任务划分、进度要求、主要工种的相互配合、施工方法、主要机械设备及各项管理措施。

3) 设计变更交底。将设计变更的内容向施工人员交待清楚，讲明变更的原因，以免施工时遗漏造成差错。

4) 分项工程技术交底。主要内容是：施工工艺、规范和规程要求、材料使用、质量标准及技术安全措施等。对新技术、新材料、新结构、新工艺和关键部位，以及质量控制点等特殊要求，要重点交待，使施工人员把握住重点。

技术交底的方式有口头交底、书面交底和样板交底三种形式。

9.4.5 技术复核制度

技术复核制度是针对项目施工的关键部位和关键内容为对象的复查制度，以避免发生重大差错而影响工程的质量。它主要包括：建筑物坐标；标高和轴线；基础；主体结构（模板、钢筋、混凝土、预制构配件安装、砌筑工程）；大样图；设备安装等均应按质量验收标准进行复核。

9.4.6 材料、半成品及构配件检验制度

材料、半成品及构配件质量的优劣直接影响施工项目的工程质量。因此建立检验制度是把好质量关的关键。

对材料、半成品及构配件的检验有下列要求：

(1) 对用于工程的主要材料，进场时必须具备正式的出厂合格证和材质化验单（如钢材、水泥、各类涂料等），如不具备或对检验证明有影响时，应补作检验。

(2) 工程中所有各种构件，必须具有厂家批号和出厂合格证。钢筋混凝土和预应力钢筋混凝土构件，均应按规定的方法进行抽样检验。由于运输、安装等原因出现的构件质量问题，应分析研究，经处理鉴定后方能使用。

(3) 凡标志不清或认为质量有问题的材料，对质量保证资料有怀疑或与合同规定不符的一般材料，由于工程重要程度决定应进行一定比例试验的材料，需要进行跟踪检验

以控制和保证其质量的材料等，均应进行抽检。对于进口的材料设备和重要工程或关键施工部位所用的材料，则应进行全部检验。

(4) 材料质量抽样和检验的方法，应符合《建筑材料质量标准与管理规程》，要能反映该批材料的质量性能。对于重要构件或非匀质的材料，还应酌情增加采样的数量。

(5) 在现场配制的材料，如混凝土、砂浆、防水材料、防腐材料、绝缘材料、保温材料等的配合比，应先提出试配要求，经试配检验合格后方可使用。

(6) 对于进口材料、设备应会同有关部门（如商检局）检验，如核对凭证中发现问题，应取得供方、商检人员签署的商务记录，按期提出索赔。

(7) 高压电缆、电压绝缘材料要进行耐压试验。

(8) 对于新材料、新构件和新产品均应有相应资质的技术鉴定，制定出质量标准和操作规程后才能在工程上使用。

(9) 对于铝合金门窗、吸热玻璃、装饰材料等高级贵重材料成品及配件，应特别慎重检验，对质量不合格品不得使用。对于玻璃幕墙所用玻璃、铝合金框、胶条必须做相容性试验。

(10) 加强对工业设备的检查、试验和试运转工作。设备运到现场后，安装前必须进行检查验收，做好记录。重要的设备、仪器、仪表还应开箱检验。

9.4.7 工程质量检查和验收制度

依照有关质量标准逐项检查操作质量，并根据施工项目特点分别对隐蔽工程、分项工程和竣工工程进行验收，逐环节地保证工程质量。

工程质量检查应贯彻专业检查与群众检查相结合的方法。一般可分为自检（施工班组长组织）、互检（专业工长组织同工种施工班组间检查）和交接检（栋号技术负责人或栋号工长组织两工序交接时的检查）及各级管理机构的定期检查或抽检。

隐蔽工程是指在施工过程中，前一个工序将被后一工序掩盖，其质量无法再次进行复查的工程部位。因此，隐蔽工程必须经检查验收并签字后方可进行下一工序。

分项工程必须在班组自检基础上，由单位工程技术负责人组织检验。重要的分项工程应有监理检查验收。

9.4.8 技术档案制度

技术档案包括三个方面，即工程技术档案、施工技术档案和大型临时设施档案。

(1) 工程技术档案。

工程技术档案是为工程竣工验收提供给建设单位的技术资料。它反映了施工过程的实际情况，它对该项工程的竣工使用、维修管理、改建扩建等是不可缺少的依据。主要包括下列内容：

1) 竣工项目一览表。包括项目名称、面积、结构、层数等。

2)设计方面的有关资料。包括原施工图、竣工图、图纸会审记录、设计变更与洽商记录、工程地质资料。

3) 材料质量证明和试验资料。包括原材料、成品、半成品、均配件等质量合格证明或试验检验单。

4) 隐蔽工程验收记录和竣工验收证明。

5)工程质量检查评定记录和质量事故分析处理报告。

6)建筑采暖卫生与煤气、建筑电气安装、通风与空调、电梯安装等建筑设备安装工程的施工和试验记录，以及调试、试压、试运转记录。

7) 永久性水准点位置、施工测量记录和沉降观测记录。

8)施工单位和设计单位提出的对工程项目竣工验收后使用应注意事项的有关资料。

(2) 施工技术档案

施工技术档案是施工单位保留做为今后工程项目施工的参考性档案。主要包括以下内容：

1）施工组织设计及各种施工方案；

2）施工经验总结；

3）新材料、新结构、新工艺、新设备、新技术的试验研究及经验总结；

4）重大质量事故、安全事故的分析资料和处理措施；

5）技术管理经验总结和重要技术决定；

6）施工日志。

（3）大型临时设施档案

大型临时设施档案是施工单位保留的一般工程资料。主要包括临时房屋、库房、工棚、围墙、临时供水、供电、排水、消防等设施的平面图和施工图，以及各种施工记录。

对技术档案的管理，要求做到完整、准确和真实。技术文件和资料要经各级技术负责人正式审定后才有效，然后分别送交城市档案馆、建设单位和本企业资料室存档。不得擅自修改或事后补做。

9.4.9 技术革新和技术改造

技术进步是企业发展的主要途径。

技术革新和技术改造，是一项群众性技术工作，必须充分发动群众，调动各方面的积极性和创造性，加强组织管理，才能做好这项工作。其主要内容有：

（1）制定技术革新和技术改造计划。该计划应目标明确、突出重点。内容包括革新和改造项目的名称、内容、使用地点和部位、预期效果、完成时间、所需费用预算和协作单位。

（2）组织落实到人。

（3）做好技术革新和科研成果的应用推广工作。

（4）做好科研成果、革新成果的奖励工作。

9.4.10 施工班组技术管理

施工班组是项目的最基本的单元，为保证项目施工达到预期目标直接实施单位，因此搞好施工班组的技术管理是十分必要的。班组的技术管理工作可归纳为如下几项内容：

（1）认真研究、学习技术人员及工长的技术交底，了解所承担分项（工序）工程的作用和施工要求，使施工作业计划在班组实施中得以落实。

（2）认真学习施工规范、操作规程和行业标准，掌握施工标准。

（3）抓好班前技术准备工作和收工后的讲评，以使班组在施工中能安全、节约、保质和按时完成所承担的任务。

（4）认真学习施工图纸和设计文件，做到照图施工，严格认真地对待代用材料、用品的使用。

小　　结

工程项目技术管理是对所承包工程的各项技术活动和施工技术的各项内容进行计划、组织、指挥、协调和控制（进行科学管理）的总称。

项目技术管理是对促进生产技术的发展和更新、提高技术水平和工程质量、保证正常的生产秩序、充分发挥设备潜力、提高劳动生产率、降低工程成本、增加经济效益、提高建筑市场竞争能力等方面都起着极其重要作用。

技术管理工作的基本原则为：正确贯彻国家的技术政策；严格按照客观规律办事；注重经济效益。

施工项目技术管理的内容按性质分有经常性的技术管理工作和开发性技术管理工作。按技术管理制度可分为：技术岗位责任制度，图纸审查制度，技术交底制度，技术复核制度，材料、半成品及构配件检验制度，工程质量检查验收制度，技术档案制度以及技术革新、改造制度。

施工项目技术管理到施工班组则班组成为落实技术管理工作的基本单元。其主要内容为落实技术交底，学好规范、规程和行企标准，做好班前技术准备及班后讲评，按施工图正确施工。

习题

1. 施工项目技术管理的主要内容有哪些？
2. 单位工程技术负责人的主要职责是什么？
3. 图纸审查的步骤是什么？各阶段主要解决哪些问题？
4. 技术交底的主要内容有哪些？
5. 技术复核的内容有哪些？
6. 对材料、半成品及构配件的检验有哪些要求？
7. 什么是自检、互检和交接检？
8. 技术档案包括哪三方面内容？

9.5 工程项目的质量管理

施工项目的质量控制，是项目管理的重要内容，是三大目标控制之一。

建筑工程质量是十分重要的，工程质量是关系到国民经济的发展，和人民生活息息相关，质量是企业的生命。

施工项目的质量控制是一种一次性的动态管理过程。一次性是指这次任务完成后不会有完全相同的任务和最终成果。也就是说，每个施工项目合同所要完成的工作内容和最终成果是彼此不相同的。所谓动态管理过程，指的是施工项目质量控制的对象、内容和重点都随着工程进展和结构类型而变化。如主体工程和装饰工程施工阶段的质量控制的对象不同，砖混结构和钢筋混凝土结构质量控制的重点也不同。

9.5.1 质量术语

国际标准化组织制定的ISO8402：1994（我国等同采用为GB/T6583－1994)共有67个术语。这里就几个常用术语解释如下：

(1) 质量

质量是反映实体满足明确和隐含需要的能力和特性的总和。

它的含义包括以下几个方面：

1) 实体。

实体是可单独描述和研究的事物。它包括：

活动和过程；

产品；

组织、体系或人；

上述各项的组和。

2) 需要

需要分为明确需要和隐含需要。

明确需要为合同、规范、标准、法规及社会要求；

隐含需要为顾客、社会对产品的期望和公认不言而喻的，不必做出规定的要求。

3) 特性

性能（使用性能、外观性能）；

可信性；

安全性；

适应性；

经济性；

时间性。

(2) 质量方针

由组织的最高管理者正式发布的该组织总的质量宗旨和质量方向。

(3) 质量管理

确定质量方针、目标和职责并在质量体系中通过诸如质量策划、质量控制、质量保证和质量改进使其实施的全部管理职能的所有活动。

(4) 全面质量管理

一个组织以质量为中心，以全员参与为基础，目的在于通过让顾客满意和本组织所有成员及社会受益而达到长期成功的管理途径。

(5) 质量策划

确定质量以及采用质量体系要素的目标和要求的活动。

(6) 质量控制

为达到质量要求所采取的作业技术和活动。

(7) 质量保证

为了提供足够的信任表明实体能够满足质量要求，而在质量体系中实施并根据需要进行证实的全部有计划、有系统的活动。

(8) 质量改进

为向本组织及其顾客提供更多的实惠，在整个组织内所采取的旨在提高活动和过程的效益和效率的各种措施。

(9) 质量体系

为实施质量管理所需的组织结构、程序、过程和资源。

9.5.2 施工项目的质量控制

施工是形成工程项目实体的过程，也是形成最终产品质量的重要阶段。所以，施工阶段的质量控制是工程项目质量控制的重点。

(1) 施工项目质量控制的特点

建筑产品生产与其他商品生产比较有很大特点，所以施工质量比一般工业产品的质量更难以控制，这主要表现在以下方面：

1) 影响质量的因素多

如设计、材料、机械、地形、地质、水文、气象、施工工艺、操作方法、技术措施、管理制度等均影响施工项目的质量。

2) 容易产生质量变异

如材料的不均质性、机械设备的正常磨换、操作的微小变化、环境的微小波动都会引起偶然性因素的质量变异；如果材料规格、品种有误、操作方法不妥，违反操作规程，仪表失灵、设计错误都会引起系统性因素的质量变异。

3) 容易产生第一、第二判断错误

若检查不认真、测量仪器不准，读数有误，就可能将合格品误认为是不合格品。这就是第一类判断错误。

若施工工序交接多，中间产品多，隐蔽工程多，若不及时检查就会将不合格品认为是合格品。这就是第二类判断错误。

4) 质量检查不能解体、拆卸

工程项目建成后，不可能象其他工业产品那样拆卸或解体检查内在质量，或重新更换零部件；即使发现有质量问题，也不可能象其他工业产品那样实行“包换”或“退款”。

5) 产品受投资、进度的制约

施工项目的质量，受投资、进度的制约较大，如一般情况下，投资大、进度合适，则质量就容易得到保证，反之，资金不到位、盲目抢工则经常给质量带来危害。因此，项目在施工中，还必须正确处理质量、投资、进度三者之间的关系，使其达到对立的统一。

6) 受建筑市场的制约

建设单位在招标、决标和合同谈判阶段往往一味压低标价，不执行定额工期；工程项目实施阶段工程款不到位等原因造成拖延工期；竣工验收阶段出现的不规范行为也影响工程质量的正确评价。

(2) 施工项目的因素控制

影响施工项目质量的因素主要有五个方面，即 4MIE：人 (Man)、材料 (Material)、机械 (Machine)、方法 (Method) 和环境 (Environment)。对这五个方面的控制是保证施工项目质量的关键。

1) 人的控制

人，指直接参与施工的组织者、指挥者和操作者。人，作为控制的对象，是避免产生失误；作为控制的动力，要充分调动人的积极性，发挥“人的因素第一”的主导作用。

为了避免人的失误，调动人的主观能动性，达到确保工序质量的目的，除加强政治思想教育、劳动纪律教育、职业道德教育、专业技术知识培训、健全岗位责任制、改善劳动条件公平合理的激励外，还需根据工程特点，从确保工程质量出发，本着适才适用，扬长避短的原则来控制人的使用。

在工程施工质量控制中，应从以下几个方面来考虑人的素质对质量的影响。

a. 人的技术水平

人的技术水平直接影响工程质量水平，尤其是对技术复杂、难度大、精度高的工序或操作，必须由技术熟练、经验丰富的工人来完成，必要时还应对他们的技术水平予以考核。

b. 人的生理缺陷

根据工程施工特点和环境，应严格控制人的生理缺陷。否则将影响工程质量，引起安全事故和质量事故。

c. 人的心理行为

人由于要受社会、经济、环境条件和人际关系的影响，要受组织纪律和管理制度的制约。因此，人的劳动态度、注意力、情绪、责任心等在不同地点不同时期也会有所变化，当然对工程质量也会带来不同程度的影响。

d. 人的错误行为

人的错误行为，是指人在工作场地或工作中吸烟、打赌、错视、错听、误判断、误动作等，都会影响质量或造成质量事故。

总之，在使用人的问题上，应从政治素质、思想素质、业务素质、身体素质等方面综合考虑，全面控制。

2) 材料控制

材料的质量是工程质量的基础，材料质量不符合要求，工程质量也就不可能符合标准。所以，加强材料的质量控制，是提高工程质量的重要保证，也是创造正常施工条件的前提。

材料质量控制的要点如下：

a. 掌握材料信息，优选供货厂家；

b. 合理组织材料供应，确保施工正常进行；

c. 合理组织材料使用，减少材料损失；

d. 加强材料检查验收，严把材料质量关；

e. 重视材料的使用认证，以防错用或使用不合格的材料。

3) 机械控制

机械控制包括施工机械设备、工具等控制。

机械设备是实现施工机械化的重要物质基础，是现代化施工必不可少的。对施工项目的质量有直接影响。为此，施工机械设备的选用，必须综合考虑施工现场情况、建筑结构型式、机械设备性能、施工工艺和方法、施工组织与管理、建筑技术经济等各种因素进行多方案比较，使之合理装备、配套使用、有机联系，以充分发挥机械设备的效能，力求获得包括质量在内的各方面效益。

机械设备的控制，应从以下三个方面进行：

a. 机械设备的选型；

b. 机械设备的主要参数；

c. 机械设备使用、操作要求。

4) 方法控制

这里指的方法控制，包含施工方案、施

工工艺、施工组织设计、施工技术组织措施等的控制。尤其是施工方案的正确与否，是直接影响施工项目质量、进度和成本的关键。往往由于施工方案考虑不周而拖延工期、影响质量、增大投资。为此，制定施工方案时，必须结合工程实际，从技术、组织、管理、经济等方面进行全面分析、综合考虑，以确保施工方案在技术上可行，在经济上合理，有利于提高工程质量。

5）环境控制

影响工程质量的环境因素较多，主要有：

a. 工程技术环境：如工程地质、水文地质、气象等；

b. 工程管理环境：如质量保证体系、质量管理制度及其他各项管理制度；

c. 劳动环境：如劳动组合、作业场所、工作面等。

环境因素对工程质量的影响，具有复杂而多变的特点，如气象条件就变化万千，温度、湿度、大风、暴雨、酷暑、严寒都直接影响工程质量。往往前一工序就是后一工序的环境，前一分项，分部工程也就是后一分项、分部工程的环境。因此，根据工程特点和具体条件，应对影响质量的环境因素，采取有效的措施严加控制。尤其是施工现场，应建立文明施工和文明生产的环境，保持材料工件堆放有序，道路畅通，工作场所清洁整齐，施工程序井井有条，为确保工程质量安全创造良好条件。

(3) 施工项目质量控制阶段

为了加强对施工项目的质量控制，明确各施工阶段质量控制的重点，可把施工项目质量分为事前控制、事中控制和事后控制三个阶段。

1）事前的质量控制

指正式施工前的质量控制，其控制重点是做好各项准备工作。各项准备工作的充分与否影响项目实施的工作质量。

施工准备的范围可为：全场性施工准备、单位工程施工准备、分项（或分部）工程施工准备、拟建工程项目开工前的准备以及开工后各阶段的施工准备（如基础工程、主体结构工程、装饰工程、安装工程等）

2）事中的质量控制

指在施工过程中进行的质量控制。

事中质量控制的策略是：全面控制施工过程，重点控制工序质量。

事中质量控制的具体措施是：

工序交接有检查；

质量预控有对策；

施工项目有方案；

技术措施有交底；

图纸会审有记录；

配制材料有试验；

隐蔽工程有验收；

计量器具校正有复核；

设计变更有手续；

钢筋代换有制度；

质量处理有复查；

成品保护有措施；

行使质控有否决权，如发现质量异常、隐蔽工程未经验收、质量问题未做处理、擅自变更设计图纸、擅自代换或使用不合格材料、无证上岗未经资质审查的操作人员等，均应有权否决；

质量文件有档案，凡是与质量有关的技术文件都要编目建档。

3）事后质量控制

事后质量控制主要指完成施工过程形成产品的质量控制，其工作内容有：

参加联动试车；

准备竣工验收资料，自检和初步验收；

按规定的质量评定标准和办法，对完成的分项、分部、单位工程进行质量评定；

参加竣工验收；

交付使用的质量回访保修服务。

(4) 施工项目质量控制的方法

施工项目质量控制方法，主要是审核有关技术文件、报告、报表和现场质量检查。

1）审核有关技术文件、报告或报表

该项工作是项目经理对工程质量进行全面控制的重要手段，审核具体内容有：

有关技术资质证明文件；

开工报告，并经过了现场核实；

有关材料、半成品的质量检验报告；

施工方案、施工组织设计和技术措施；

反映工序质量动态的统计资料或控制图表；

设计变更、洽商和技术核定书；

有关质量问题的处理报告；

有关应用新工艺、新材料、新技术、新结构的技术鉴定书；

有关工序交接检查，分项、分部工程质量检查及评定报告；

审核并签署现场有关技术签证、文件等。

2）现场质量检查

现场质量检查内容有开工前的检查、工序交接检查、隐蔽工程检查、停工后复工前的检查、分项及分部工程完工后检查、成品保护检查。

现场检查方法有目测法、实测法和现场检查三种。

目测法主要手段归纳为看、摸、敲、照四个字。

看指根据质量标准进行外观目测，如砌筑工程的留槎、错缝、拉结筋、构造柱、清水墙；抹灰工程大面及阴阳角等；

摸就是手感检查，如饰面工程及油漆工程；

敲指运用工具进行音感检查，如墙面及地面有无空鼓；

照指用镜子反射或灯光照射检查难以看到光线较暗部位。

实测法是通过实测数据对照标准进行检查。归纳为靠、吊、量、套四个字。

靠指用靠尺配合塞尺检查平整度；

吊指吊锤球检查垂直度；

量指用工具或仪表检查尺寸、轴线、标高、温度、湿度等偏差；

套指以方尺套方，辅以塞尺检查。如对阴阳角方正、踢脚线垂直度，装饰板块的方正。

现场试验必须通过试验手段才能对质量进行判断的检查方法，如土的密实度、桩的静载试验等。

(5) 施工工序的质量控制

工序的质量是产品质量构成的基本元素，工程质量是在施工工序中形成的，所以工程质量的优劣不是检验出来的，而是在工序中完成的，抓工序质量是施工项目质量管理中的一个重要环节。

抓好工序质量应做到以下几点：

1）严格遵守工艺规程

工艺规程是确保工序质量的前提，任何人都必须严格执行，不得违反。

2）主动控制工序活动条件的质量

工序活动条件主要指操作者、材料、机械设备、施工方法和施工环境等五大因素。只有有效地控制五大因素，使它们处于受控状态，就能避免系统性因素变异发生，确保工序质量正常、稳定。

3）及时检查工序效果质量

每道工序完成的阶段性产品的质量及时检查，掌握质量动态。一旦发生质量问题，随时处理，使工序效果质量满足规范和标准要求。

4）设置质量控制点

控制点是指为了保证工序质量而需要进行控制的重点、关键部位、薄弱环节，以便在一定时期内，一定条件下进行强化管理，使工序处于良好的控制状态。控制点的设置应视工程项目特点、重要性、复杂性、精确性、质量标准和要求，可能是结构复杂的某一项目，也可能是技术要求高、难度大的结构构件或分项、分部工程，也可能是影响质量的关键环节，也可能是本项目部的薄弱环节。

工序控制常用工程质量预控表、质量对策表配合因果分析图来完成。下面仅以模板工程为例，绘制质量预控、质量对策表及因果分析图（见图9-8，9-9，9-10，9-11）。

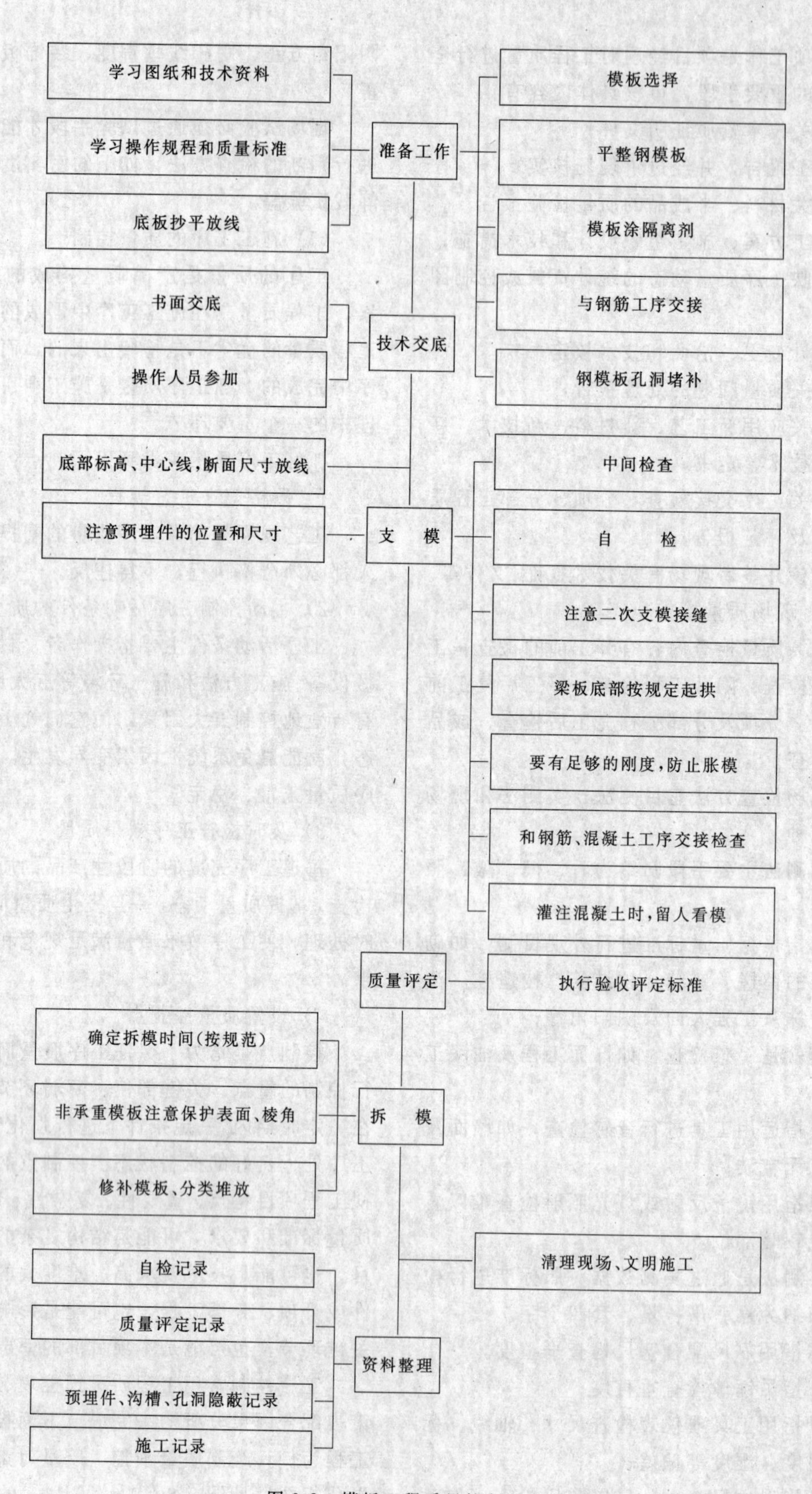

图 9-8　模板工程质量控制图

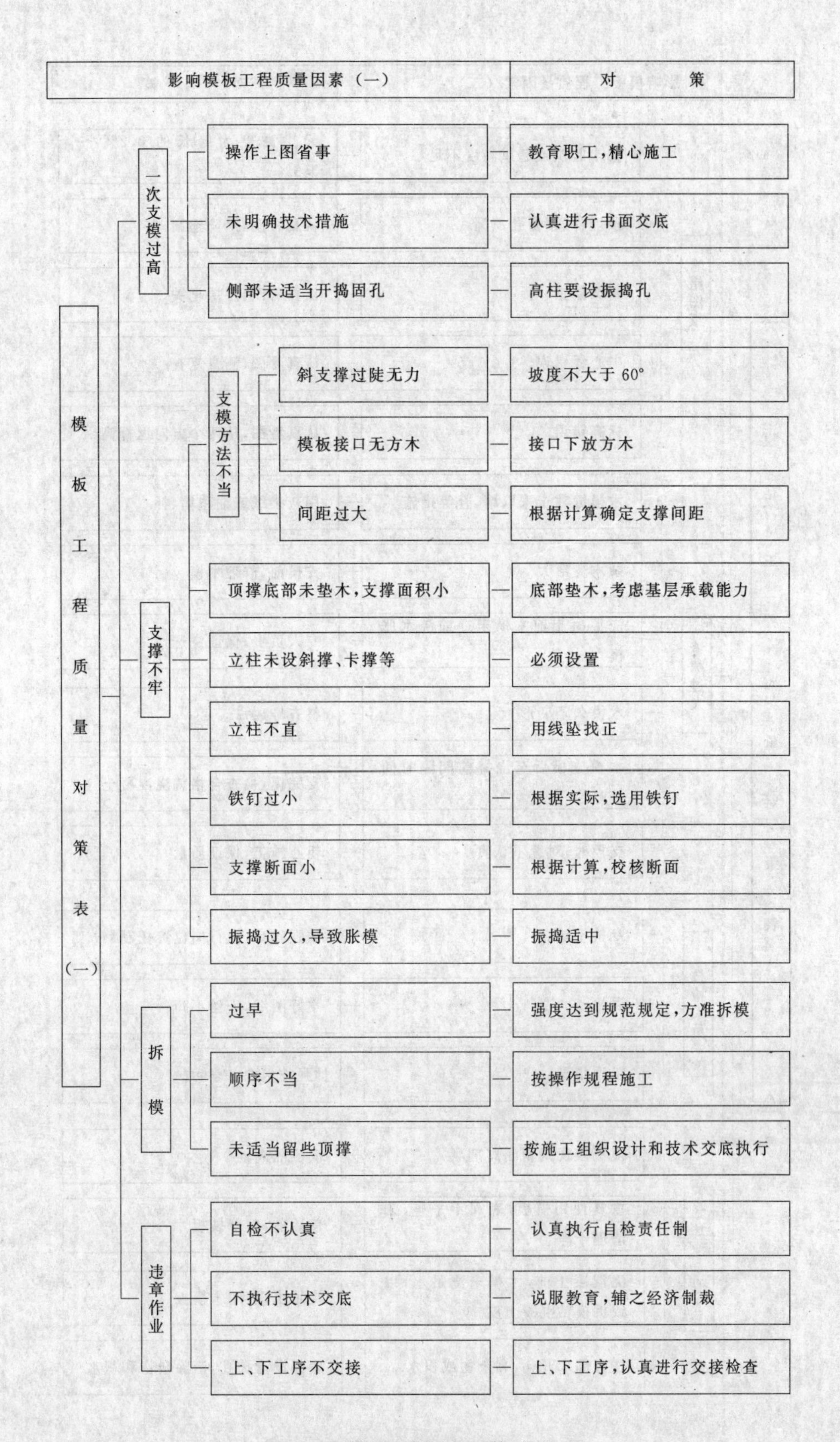

图 9-9 模板工程质量对策图（一）

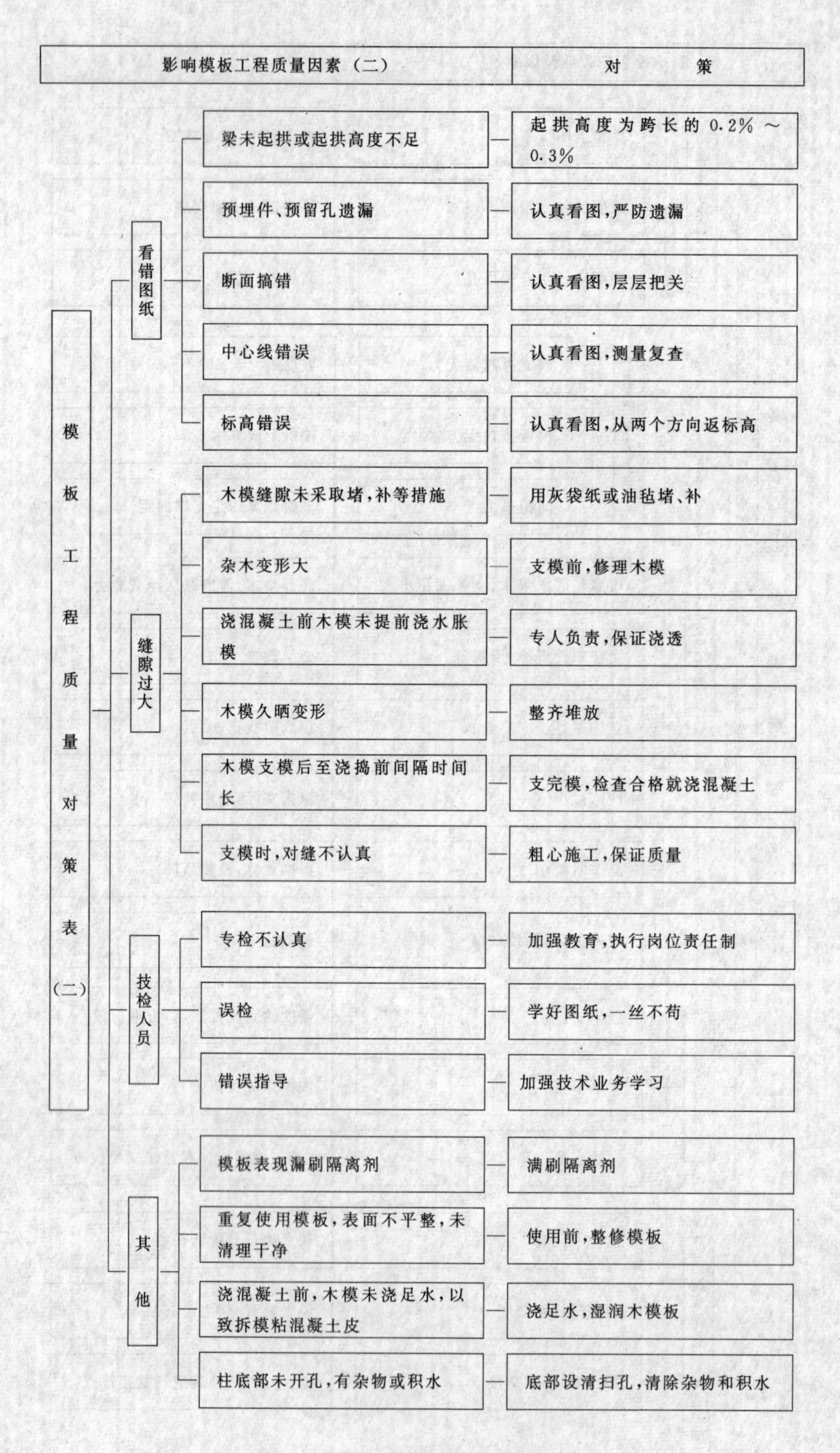

图 9-10　模板工程质量对策图（二）

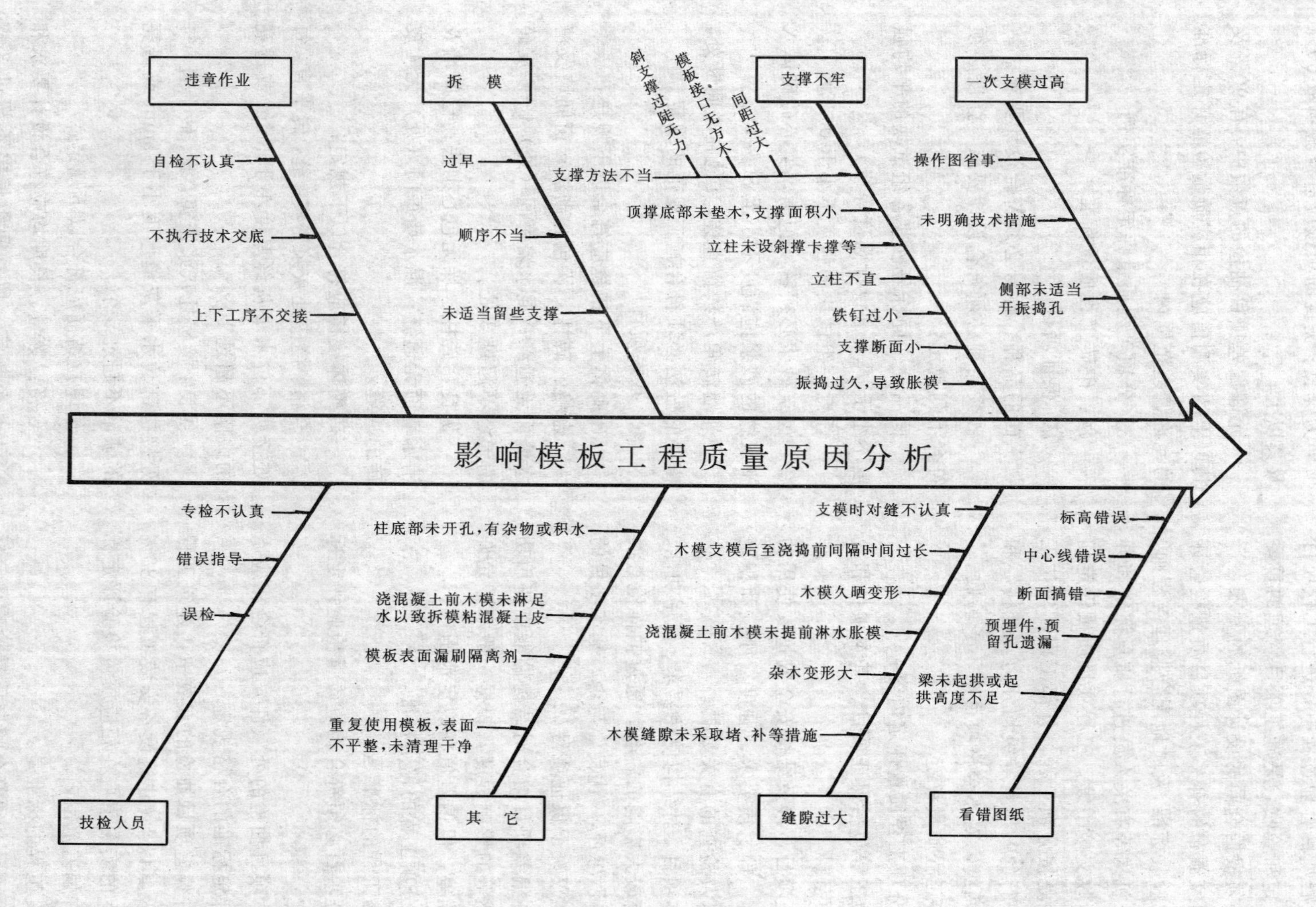

图 9-11　模板工程因果分析图

9.5.3 质量检验评定和验收

在工程项目管理过程中，进行工程项目质量的评定和验收，是施工项目管理的重要内容，必须根据合同的设计图纸的要求，严格执行国家颁布的有关工程项目质量检验评定标准和验收标准，及时地配合监理工程师、质量监督机构等有关人员进行质量评定和办理竣工验收交接手续。工程项目质量评定和验收程序是按分项工程、分部工程、单位工程依次进行的。质量等级均分为“合格”和“优良”两级，对不合格项目则不予验收。

（1）工程质量评定

1）分项工程质量评定内容：

分项工程包括保证项目、基本项目和允许偏差项目。

保证项目，涉及结构安全或重要使用功能的内容。即材质要求、强度、刚度和稳定性要求以及检查的有关数据。

基本项目，对结构使用要求、使用功能、美观都有较大影响的内容。通过抽样检查确定“合格”与否，“优良”与否。基本项目的重要程度仅次于保证项目。

允许偏差项目结合对结构性能或使用功能、观感等的影响程度，根据一般水平允许有一定偏差，但偏差值在规定范围内。

2）分项工程的评定标准

合格工程的标准是：

保证项目必须符合相应质量检验评定标准的规定；

基本项目抽检的处（件）应符合相应质量检验评定标准的合格规定；

允许偏差项目抽检的点数中，建筑工程有70%及其以上、建筑设备安装工程有80%及其以上的实测值应在相应质量检验评定标准的允许偏差范围内。

优良工程的标准是：

保证项目必须符合相应质量检验评定标准的规定；

基本项目每项抽检的处（件）应符合相应质量检验评定标准的合格规定，其中有50%及其以上的处（件）符合优良规定，该项即为优良；优良的项数应占检验项数50%及其以上；

允许偏差项目抽检的点数中，有90%及其以上的实测值应在相应质量检验评定标准的允许偏差范围内。

3）分项工程质量评定标准实例

例：砌砖工程质量标准

a．保证项目

砖的品种、标号必须符合设计要求；

砂浆品种必须符合设计要求，强度必须符合下列规定：

同品种、同标号砂浆各组试块的平均强度不小于 $f_{m\cdot k}$（设计强度等级）；

任意一组试块的强度不小于 $0.75f_{m\cdot k}$。

砌筑砂浆必须密实饱满，实心砖砌体水平灰缝的砂浆饱满度不小于80%；

外墙转角严禁留直槎，其他临时间断处，留槎的做法必须符合施工规范的规定。

b．基本项目

砖砌体上下错缝应符合以下规定：

合格：砖柱、垛包心砌法；窗间墙及清水墙面无通缝；混水墙每间（处）4—6皮砖的通缝不超过3处。

优良：砖柱、垛无包心砌法；窗间墙及清水墙面无通缝；混水墙每间（处）无4皮砖的通缝。

砖砌体接槎应符合以下规定：

合格：接槎处灰浆密实，缝，砖平直，每处接槎部位水平灰缝厚度小于5mm或透亮的缺陷不超过10个。

优良：接槎处灰浆密实，缝、砖平直，每处接槎部位水平灰缝厚度小于5mm或透亮的缺陷不超过5个。

预埋拉结筋应符合以下规定：

合格：数量、长度均应符合设计要求和施工规范规定。留置间距偏差不超过3皮砖。

优良：数量、长度均应符合设计要求和

施工规范规定，留置间距偏差不超过1皮砖。

留置构造柱应符合以下规定：

合格：留置位置正确，大马牙槎先退后进；残留砂浆清理干净。

优良：留置位置正确，大马牙槎先退后进，上下顺直；残留砂浆清理干净。

清水墙面应符合以下规定：

合格：组砌正确，刮缝深度适宜，墙面整洁。

优良：组砌正确，竖缝通顺，刮缝深度适宜、一致，楞角整齐，墙面清洁美观。

c. 允许偏差项目

砖砌体尺寸，位置的允许偏差和检验方法应符合表9-1规定。

砖砌体尺寸位置的允许偏差和检验方法　　表 9-1

	项	目			允许偏差(mm)	检验方法
允许偏差项目	1	轴线位置偏移			10	用经纬仪或拉线和尺量检查
	2	基础和墙砌体顶面标高			±15	用水准仪和尺量检查
	3	垂直度	每层		5	用2m托线板检查
			全高	≤10m	10	用经纬仪或吊线和尺量检查
				>10m	20	
	4	表面平整度	清水墙、柱		5	用2m靠尺和楔形塞尺检查
			混水墙、柱		8	
	5	水平灰缝平直度	清水墙		7	拉10m线和尺量检查
			混水墙		10	
	6	水平灰缝厚度（10皮砖累计数）			±8	与皮数杆比较尺量检查
	7	清水墙面游丁走缝			20	吊线和尺量检查，以底层第一皮砖为准
	8	门窗洞口（后塞口）	宽度		±5	尺量检查
			门口高度		+15 −5	
	9	预留构造柱截面（宽度、深度）			±10	
	10	外墙上下窗口偏移			20	用经纬仪或吊线检查以底层窗口为准

注：每层垂直度偏差大于15mm时，应进行处理。

4）分部工程的评定标准

合格：所含分项工程的质量全部合格。

优良：所含分项工程的质量全部合格，其中有50%及其以上为优良（在建筑设备安装工程中，必须含指定的主要分项工程）

5）单位工程的评定标准

合格：

所含分部工程的质量应全部合格；

质量保证资料应基本齐全；

观感质量评定得分率应达到70%及其以上。

优良：

所含分部工程的质量应全部合格，其中有50%及其以上优良，建筑工程必须含主体和装饰分部工程；以建筑设备安装为主的单位工程。其指定分部工程必须优良；

质量保证资料应基本齐全；

观感质量的评定得分率应达到85%及其以上。

（2）工程项目的验收

1）隐蔽工程验收

隐蔽工程是指那些在施工过程中上一工序结束被下一工序所掩盖，无法进行复查的部位，例如钢筋工程、回填土、地下防水等。

隐蔽工程验收时应及时请现场监理人员按照设计要求和施工规范对其进行检查验收，如符合设计要求及施工规范规定，及时签署工程记录手续；如不符合有关规定，监理人员以出面形式通知施工单位进行处理。

2）分项工程验收

在班组自检基础上由单位工程技术负责人组织验收并评定质量等级，再由专职质检员核定。

重要的分项工程应由监理工程师按照合同，参照标准对分项工程进行核定验收。

对于不符合标准合格规定的分项工程必须及时处理，并按以下规定确定其质量等级：

a. 返工重做的可重新评定质量等级；

b. 经加固补强或经法定检测单位鉴定能够达到设计要求的，其质量仅应评为合格；

c. 经法定检测单位鉴定达不到原设计要求，但经设计单位认可能够满足结构安全和使用功能要求可不加固补强的；或经加固补强改变外形尺寸或造成永久性缺陷的，其质量可定为合格，但所在分部工程不应评为优良。

3）竣工项目的验收

工程项目的竣工验收是施工全过程的最后一道程序，也是项目管理的最后工作，所以做好竣工验收工作是非常重要的一环。

做好竣工验收首先要抓好准备工作，其内容包括：完成收尾工程；做好竣工验收资料收集整理；项目部配合企业做好项目的预验收。

工程项目应按照设计图纸和技术说明书、验收规范进行验收，工程质量符合各项要求。工程内容按规定全部施工完毕，不留尾巴。对生产性工程要求室内全部做完，室外明沟勒脚、踏步斜道全部完成，内外粉刷完毕；建筑物、构筑的周围2m以内场地平整、障碍的清除，道路及下水道畅通。对生活设施和职工住宅除上述要求外，还要求水通、电通、道路通。

9.5.4 施工班组的质量管理

施工班组的质量管理是指班组围绕企业对产品质量的要求，运用传统的管理和全面质量管理的手段，按ISO9000系列标准，对建筑产品或某一过程产品进行有效控制的过程。其具体作法如下：

（1）按项目部质量体系把质量工作分解责任到人，使每个班组成员都承担班组的质量指标；

（2）按单位工程质量目标分解，把质量目标按分项、分部工程落实到班组，并叫班组每个成员都了解；

（3）分项或工序技术交底时必须按工艺标准交待质量标准及实现标准的程序及方法；

（4）把质量目标设计中的质量控制点落

实到人，重点控制与把关。

小　结

工程项目质量是项目三大目标中最重要的一项，没有好的质量就没有好的经济效益和社会效益，所以实现项目的质量控制是项目控制的重要一环。

质量工作可分为质量管理、质量保证、质量验收。

ISO9000系列质量管理和质量保证标准（我国等同采用代号为GB/T19000—1994）中共有67个术语，我们常用的有质量、质量方针、质量管理、全面质量管理、质量策划、质量控制、质量保证、质量改进、质量体系。

施工项目质量控制不同于对其他产品的控制，根据建筑产品特点决定其质量控制的特点。

施工项目质量的因素控制为五个方面，即4MIE（人、材料、机械、方法、环境）。

施工项目质量控制阶段为事前、事中、事后三阶段。

施工项目质量控制方法有：(1) 审核有关技术文件、报告和报表；(2) 现场质量检查。

工序质量是形成产品质量的最基本元素，严格抓好工序质量以保证施工过程质量，从而保证产品质量。

工程项目质量评定等级分为合格、优良。

分项工程做为工程项目最基础工程，它的评定可分为保证项目、基本项目和允许偏差项目。

以分项工程评定结果为基础评定分部工程质量等级。

在分部工程质量评定结果基础上，加上质量保证资料和观感质量评定结果可以确定单位工程质量等级。

工程项目的验收包括隐蔽工程验收、分项工程验收及竣工项目验收。

习题

1. 什么是质量？其具体含义是什么？
2. 什么是质量方针、质量管理、全面质量管理、质量策划、质量控制、质量保证、质量改进、质量体系？
3. 施工项目质量控制的特点是什么？
4. 影响工程项目质量的五大因素是什么？
5. 人的素质对工程质量的影响表现在哪几个方面？
6. 材料的质量控制的要点是什么？
7. 机械设备的质量控制应从哪三方面进行？
8. 施工方法的质量控制包含哪些内容？
9. 施工项目事前的质量控制措施是什么？
10. 施工项目事中的质量控制策略是什么？具体措施有哪些？
11. 施工项目事后的质量控制主要工作内容是什么？
12. 施工项目质量控制的方法有哪些？

13. 现场质量检查的内容有哪些？主要方法有哪三种？手段是什么？
14. 怎样抓好工序质量？常用的两表一图是什么？
15. 建筑工程质量评定等级是什么？
16. 分项工程质量评定的内容和标准是什么？
17. 分部工程质量评定标准是什么？单位工程质量评定标准是什么？
18. 砌筑工程的保证项目、基本项目的质量要求是什么？
19. 怎样进行隐蔽工程验收？
20. 怎样进行分项工程验收？
21. 竣工验收工程项目的标准是什么？

9.6 施工项目材料管理

施工项目材料管理主要包括建筑工程所需的全部原料、材料、燃料、工具、构件以及各种加工订货的供应与管理。

9.6.1 材料管理的主要任务和内容

施工项目材料管理实行分层管理，一般分为管理层和劳务层。管理层又分为决策层、管理（经营）层、执行层。

(1) 各层决的主要任务

1) 管理层

a. 决策层

由企业材料管理的最高领导人组成，是企业有关材料经营管理的最高参谋部。其主要任务是：确保企业有关材料经营和资源开发的发展战略；制定企业材料经营管理的近期方针和目标；以及材料队伍的建设和培养；重大工程项目材料报价的审定与决策；企业材料管理制度的颁发与监督。

b. 管理（经营）层

由企业从事材料经营活动的管理人员组成，是企业材料经营中心和利润中心。其主要任务是：根据企业的发展战略和经营方针，承办材料资源的开发、订购、储运等业务；负责报价、订价及价格核算；确定工程项目材料管理目标并负责考核；围绕项目管理制定企业材料管理制度并组织实施。

c. 执行层

主要指工程项目施工班子，由直接参加项目管理的有关人员组成，是企业的成本中心。其主要任务是：根据企业下达的项目材料管理目标所规定的用料范围组织合理使用；进行量差的核算；搞好料具进厂验收和保管，确保目标的实施。

2) 劳务层

是指各个工程项目施工的具有各种技能的施工操作人员。其具体任务是：在限定用料范围内合理使用材料，接受项目管理人员的指导、监督和考核；承包部分材料费、工具费的费用核算；办理料具的领用和租用，实行节约归己，超耗自付。

(2) 材料管理的主要内容

按工程项目实施各阶段来分，材料管理工作主要内容如下：

1) 根据招标文件要求，计算材料用量；确定材料价格，编制标出；

2)确定施工项目供料和用料的目标及方式；

3) 确定材料需用量、储备量和供应量；

4) 组织施工项目材料及制品的订货、采购、运输、加工和储备；

5) 编制材料供应计划，保质、保量、按时满足施工的需要；

6) 根据材料性质分类保管，合理使用，避免损坏和丢失；

7) 项目完成后及时退料和办理结算；

8) 组织材料回收、修复和综合利用。

9.6.2 材料计划的分类及编制

施工项目材料计划是对施工项目所需材料的预测、部署和安排，是指导与组织施工项目材料的订货、采购、加工、储备和供应的依据，是降低成本、加速资金周转、节约资金的一个影响因素，对促进生产具有十分重要的作用。

(1) 材料计划的分类

材料计划可根据其内容和作用，分为四类，即材料需用计划、供应计划、采购计划和节约计划。

1) 需用计划

是根据工程项目设计文件及施工组织设计编制的。它反映完成施工项目所需各种材料的品种、规格、数量和时间要求，是编制其他各项计划的基础。

2) 供应计划

是根据需用计划和可供货源编制的。主要反映施工项目所需材料的来源。图 9-12 为材料供应工作总体计划示意图。

3) 采购计划

是根据供应计划编制的。主要反映从外部采购、订货的数量，是进行采购、订货的依据。图 9-13 为物资采购订货工作程序示意图。

4) 节约计划

是根据材料的耗用量和技术措施编制的。它反映施工项目材料消耗水平和节约量，是控制供应，指导消耗和考核的依据。

(2) 材料需用计划的编制

材料需用计划一般包括整个工程项目的需用计划和各计划期的需用计划，正确确定材料需用量是编制材料计划的关键。

1) 施工项目材料需用量的确定。

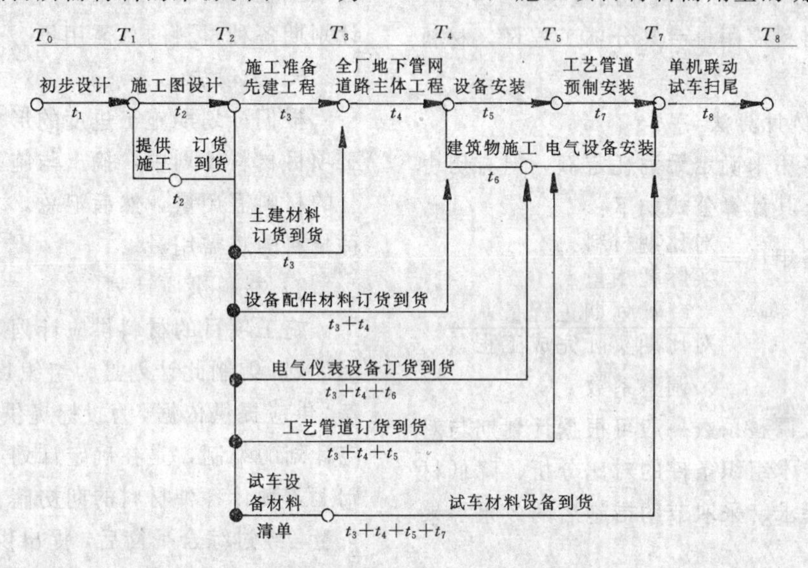

图 9-12　物资供应工作总体计划

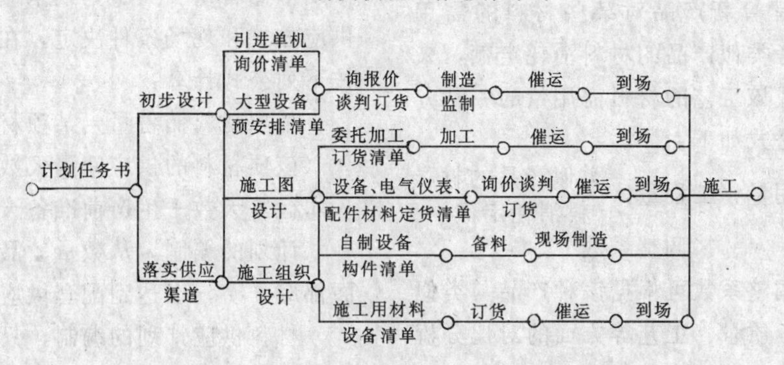

图 9-13　项目工程物资采购工作程序示意

施工项目材料需用计划，反映整个施工项目及各分部、分项工程材料的需用量，亦称施工项目材料分析。编制的主要依据是设计文件、施工组织设计及有关的材料消耗定额。

确定材料需用量有以下几种方法：

a. 定额计算法

此种方法计算的材料需用量比较准确，适用于规定有消耗定额的各种材料。首先计算施工项目各分部、分项的工程量并套用相应的材料消耗定额，求得各分部、分项的材料需用量，最后汇总各分部、分项的材料需用量，求得整个施工项目各种材料的总需用量。

分部、分项工程材料需用量按下式计算：

某项材料需用量＝某分项工程量×材料消耗定额

b. 比例计算法

此法多用来确定无消耗定额，但有历史消耗数据。其计算公式如下：

$$\text{材料需用量}=\text{对比期材料实际耗用量}\times\frac{\text{计划期工程量}}{\text{对比期实际完成工程量}}\times\text{调整系数}$$

式中，调整系数一般可根据计划期与对比期生产技术组织条件的对比分析、降低材料消耗的要求、采取节约措施后的效果等来确定。

c. 类比计算法

多用于计算新产品对某些材料的需用量。它以参考类似产品的材料消耗定额，来确定该产品或该工艺的材料需用量的一种方法。其计算公式如下：

$$\text{材料需用量}=\text{工程量}\times\text{类似产品的材料消耗定额}\times\text{调整系数}$$

式中，调整系数可根据该种产品与类似产品在结构、质量、工艺等方面的对比分析来确定。

d. 经验估计法

根据计划人员以往的经验来估算材料需用量的一种方法。此种方法科学性差，只限于不能或不值得用其他方法的情况。

2）计划期材料需用量的编制

材料需用计划按计划期的长短可分为年度、季度和月度计划。所以，计划需用量是年度、季度、月度材料需用量。主要用于组织材料采购、订货和供应。编制的主要依据是施工项目的材料计划、计划期的施工进度计划及有关材料消耗定额。确定计划期材料需用量有以下两种方法：

a. 定额计算法

根据施工进度计划中各分部、分项工程量、套用相应的材料消耗定额、求得各分部、分项工程的材料需用量，然后再汇总，求得计划期各种材料的总需用量。

b. 卡段法

根据计划期施工进度的形象部位，从施工项目材料计划中，摘出与施工进度相应部分的材料需用量，然后汇总，求得计划期各种材料的总需用量。

3）材料供应计划

施工项目的材料供应计划，又称平衡分配计划，编制此计划是为组织货源、订购、储备、供应提供依据，为投标提供资源条件。供应计划的编制，是在确定计划期需用量的基础上，预计各种材料的期初储备量、期末储备量，经过综合平衡后，提出供应量。因此，期内储备量应为：期内需用量－期初储备量＋期末储备量。其中，期末储备量，主要由供应方式和现场条件决定，在一般情况下可按下列公式计算：

某项材料储备量＝某项材料的日需用量×（该项材料的供应间隔天数＋运输天数＋入库检验天数＋生产前准备天数）

计划的编制，从数量、品种、时间等方面都应平衡，以达到配套供应、均衡施工。

材料供应计划的编制，只是计划工作的开始，更重要的是组织计划的实施。实施中的关键问题是实行配套供应，即对各分部、分项工程所需的材料品种、数量、规格、时间及地点，组织配套供应，不能缺项，不能颠倒。其次，要实行责任制，明确供求双方的责任和义务，以及奖惩规定，签订供应合同，以确保施工项目顺利进行。材料供应计划在执行过程中，如遇到设计修改、生产或施工工艺变更时，应做相应的调整和修订，但必须有书面依据，要制定相应的措施，并及时通告有关部门，需妥善处理并积极解决材料的余缺，以避免和减少损失。

在材料供应计划执行过程中，应定期或不定期进行检查。主要内容是：供应计划落实情况，材料采购情况，订货合同执行情况，主要材料的消耗情况，主要材料储备及周转情况等，以便及时发现问题并处理解决。

9.6.3 材料供应

随着项目管理的推行，建筑企业内部的材料供求关系进一步体现为经济关系，即运用经济制约的手段，对材料品种、规格、数量、质量进行管理。它可增进供需双方的责任感，有效地阻止供求失衡现象，并有利于全面完成承包的指标。

(1) 材料供应方式

材料供应方式，是指企业内部相对独立经济核算部门之间，在实现材料供应过程中，用实物与货币两种形态，实现材料让度和转移的方式。主要有买卖方式、租赁方式和提供劳务方式。

1) 买卖方式

指企业内部使用者必须以获得材料全价值的货币量支付给供应部门，供应部门才向使用者提供所需材料。凡是构成施工项目实体，其价值一次全部转移到项目中去的材料、制品及各种构配件等，宜采取这种方式。

2) 租赁方式

在一定期限内，产权的拥有方向使用方提供财产的使用权，而不改变所有权，双方各自承担一定义务，履行一定契约的经济关系。凡是在施工过程中能够反复多次使用的，其价值逐步转移到工程中去的周转材料、大中型工具等，宜采取这种方式。

3) 提供劳务方式

指具有某些专业技术能力的部门和人，向需方提供服务，由需方以货币的方式支付劳务费。如专用制品的加工、材料搬运、材料检验与试验等，采取这种方式。

(2) 供货方式

供货方式是指材料实体的供应方式。一般按不同的需求，以最好的经济效益为前提确定。主要有领料制、送料制、直接供应、中转供应等四种。

1) 领料制

由用料单位根据供料部门开出的领料单，在规定期限内到指定地点提取，提料过程的运输，由用料单位自理。这种办法能较为灵活地适应施工需要，但增加了用料单位的工作量。

2) 送料制

由供应部门根据用料单位的申请计划，负责将材料按规定时间直接送到指定用料地点。这种做法可以减少用料单位的工作量，也利于供应部门了解用料单位的使用与要求，提高供料工作水平。但在施工情况多变时，供应衔接困难。

3) 直接供应

由供应部门根据供应计划，从生产厂家购买后，直接送到用料单位指定地点，或由用料单位持提货单，直接到厂家提货。这种做法可减少中间环节，加速流转，费用低，但受批量限制，适合大宗材料。

4) 中转供应

指由生产厂家购买后，先进入供应部门的仓库，然后根据用料单位的申请计划，采取送料方式或领料方式供货。这种方法适合于用量少、流通性强可变性大的材料。

以上四种不同的供应方式，各有优缺点，可以相互补充。选择供应方式时，要从实际出发，全面分析，因地制宜，才能取得较好的经济效果。

(3) 材料供应合同

材料供应合同是实行材料供应承包责任制的主要形式，是完善企业内部经营机制，加强和提高企业管理水平的主要手段。材料供应合同应具有法律效力，并受到企业内部法规的保护。

9.6.4 材料的核算与估算

(1) 材料的核算

材料核算分为施工项目供应过程中的材料核算和使用过程中的材料核算。前者亦称采购成本核算，后者是对各种材料实际消耗费用的核算。

1) 施工项目供应过程中的材料核算

当前，在施工项目进行招标投标的条件下，供应过程的材料核算就是报价核算，即以报价为依据，与实际采购价进行对比，如实际低于报价，则为盈余，反之为亏损。

搞好报价核算，关键在于所报价格的可靠性，以及中标后对所报价格的实现过程中的管理。

2) 施工项目使用过程中的材料核算

当前，作为项目管理执行层的材料成本核算，主要是量差的核算，不包括价差的影响，是以各项承包费用作为施工项目收入与各种料具消耗的实际支出进行对比，求得盈余或亏损，其计算公式为：

成本降低（亏损）额＝材料承包各项费用之和－各项费用实际支出之和

式中所涉及的各项费用包括：工程材料费、暂设工程材料费、工具费和二次搬运费。

各项费用核算方法如下：

a. 工程材料费。包括构成工程实体的主要材料、其他材料及周转材料摊销费。核算公式为：工程材料成本降低（亏损）＝材料费用承包额－（主要材料消耗总额＋其他材料消耗总额＋构件消耗额＋周转材料消耗额）

上式中，主要材料消耗总额＋其他材料消耗总额＋构件消耗额＝Σ（各种材料、构件消耗量×各种材料、构件的预算单价）；

周转材料消耗额＝租赁费＋摊销费＋赔偿费＋运输费＋班组定包发奖金额。

b. 暂设材料费。核算公式为：

暂设材料成本降低（亏损）额＝承包额－实际支出额

式中　实际支出＝Σ（暂设工程材料使用材料数量×材料预算价）－Σ（暂设工程回收数量×回收价格）

c. 工具费。核算公式为

工具费成本降低额（亏损）额＝承包额－实际消耗额

式中　实际消耗额＝租用工具所付出的租赁费、赔偿费、运输费＋支付班组工具定额承包费＋支付个人工具费

d. 二次搬运费。核算公式为：

二次搬运费成本降低（亏损）额＝承包额－实际发生额

(2) 材料结算

随着施工项目管理制的推行，引进承包机制，以施工项目为中心的核算体制和内部银行的建立，材料货款结算一般采取内部转帐的办法。有的为了保证资金的周转，采取预付料款的方式。选择材料结算方式，一是要有利于资金周转，二是要简便易行。正确地选择材料结算方式对减少资金占用，加速资金周转具有重要作用。当前有以下三种结算方式：

1) 使用卡

一般由企业财务主管部门签证发放，持有使用卡者，可在限额内购买材料，供方在限额内供应材料，其优点是使用灵活、结算及时、缺点是记卡繁琐。主要用于大宗大批量的材料结算。

2) 流通券

由企业财务主管部门统一印制和发放，持券者在获得所需要材料时，付给供方等价的流通券。这种方式的优点是直观、使用灵活；缺点是难于保存，较为繁杂。主要用于分散、小批量零星材料的结算。

3）托收承付单

属于内部转帐的一种方式，为了保证材料结算，一般实行结欠资金付息制，或实行企业内部贷款制，其优点是简单，缺点是不直观、易遗失。

确定材料结算方式，必须与内部核算体制相适应，才能达到预期的效果。

9.6.5 施工现场材料管理工作

施工现场的材料管理是项目材料管理的基础。其内容包括使用过程中材料的管理、合用材料的管理、专用材料的管理、周转材料的管理、临时建筑材料的管理、合用工具的管理、专用工具的管理、各种构配件的管理。

(1) 使用过程中的材料管理

施工过程是材料的主要消耗过程，通常为使用过程。使用过程中材料管理工作的中心任务是保证施工用料；妥善保管进场物资；合理使用各种材料；降低消耗，实现管理目标。

使用过程中材料管理工作的主要内容有以下几个方面：

1）施工前的准备工作。它是现场材料管理的开始，为材料管理创造良好的环境和提供必要的条件。其主要内容有：

a. 了解工程项目进度要求，掌握各类材料需用量和质量要求；

b. 了解材料供应方式；

c. 确定材料管理目标，与供应部门签订供应合同；

d. 做好施工现场材料平面布置规划；

e. 做好场地、仓库、道路等设施及有关任务的准备。

2）施工中的组织管理工作。这是施工现场材料管理和管理目标的实施阶段，其主要内容有：

a. 合理安排材料进场，做好现场材料验收；

b. 履行供应合同，保证施工需要；

c. 掌握施工进度变化，及时调整材料配套供应计划；

d. 加强现场物资保管，减少损失和浪费，防止丢失和损坏；

e. 组织料具的合理使用。

3）施工收尾阶段。施工即将结束时，现场材料管理工作主要内容有：

a. 根据收尾工程安排，清理料具；

b. 组织多余料具退场；

c. 及时拆除临时设施；

d. 做好废旧物资的回收和利用；

e. 进行材料结算，总结施工项目材料消耗水平及管理效果。

上列各项所发生的费用，均应建立台帐，以便进行材料成本的考核。

(2) 合用材料的管理

合用材料是指在施工过程中，多部位使用和多工种合用的一些主要材料，如水泥、砂、石等。这类材料的特点是数量大，使用周期长，操作中各工种和班组之间容易混串。因此，对合用材料的管理多采用限额领料制，一般有以下三种做法：

1）以施工班组为对象的分项工程限额领料。

这种的优点是范围小、责任明确，利益直接，便于管理。缺点是易出现班组在操作中考虑自身利益而不顾与下道工序的衔接，以致影响最终用料效果。

2）以混合队为对象的基础、结构、装修等工程部位限额领料。

这种做法实质上是扩大了的分项工程限额领料，其优点是混合队内部易于从整体利益出发，有利于工种配合和工序搭接，各班组相互创造条件，促进节约使用。但要注意加强混合队内部班组用料的考核。

3）分层分段限额领料

这种方法是在分项工程限额领料的基础上进行了综合。其优点是对使用者直接、形象、简便易行，结算方便，但要注意综合定额的科学性和合理性。

限额领料的程序大体可分为签发、下达、

应用、检查、验收、结算和分析七个步骤：

a. 签发

采用限额单或小票形式，根据不同班组所承担的工程项目和工程量，计算限额用料的品种和数量。

b. 下达

将限额单下达到班组并进行用料交底。讲清用料措施、要求及注意事项。

c. 应用

班组凭限额单到指定部门领用，管料部门在限额内发料。每次颁发数量、时间要做好记录，并互相签认。

d. 检查

在用料过程中，管料部门要对影响用料因素进行检查，帮助班组正确执行定额，合理使用材料。检查的内容包括；施工项目与定额项目的一致性；验收工程量与定额工程量的一致性；操作是否符合规程；技术措施是否落实；活完是否料净。

e. 验收

班组在完成任务后，由工长及有关人员对班组实际完成工程量和用料情况进行测定和验收，作为结算用工、用料的依据。

f. 结算

根据班组实际完成的工程量核对和调整应用材料量，与实耗量进行对比，结算班组用料的节约和超耗。

g. 分析

查找班组用料节超原因，总结经验，吸取教训。

h. 奖罚

把用料结果与班组的利益结合起来，以此增强班组节约用料的内在动力，在实际奖励时，应注意在项目内部对不同材料确定合理的提奖率，防止虚假因素，兑现要及时，手续要清楚。

(3) 专用材料的管理：

专用材料是在产品形成过程中，为某一工种或某一施工部位专门使用的材料，例如水暖、电气、卫生洁具、防水材料等。它们的特点是专业性强，除本工种外其他工种不用；除本部位外，其他部位不用；使用周期短，价格较高，不易混串。

由于专用材料的特点，决定了现场管理采用承包方式比较有效。

承包方式管理有利于专业班组精打细算，节约材料，有利于项目管理目标的落实。

承包方式一般由项目经理采取实物形态或价值形态对班组一次性分包，由专业班组按照规定自行组织材料进场，并负责保管、使用、实行自负盈亏。

采用承包方式管理必须抓好以下三个环节：

1) 签订承包协议

承包协议应明确承包项目、材料用量、用料要求、验收标准及奖罚办法。

2) 抓好实施

在专业队内部，实行自我控制、自我考核、自我管理。在实施过程中，工程项目管理班子要帮助专业班组落实、监督和指导专业队合理用料。

3) 完工结算

结算分两个层次：先是工程项目管理班子对专业队。采用价值形式承包的，即将承包材料费与实际支出材料费进行对比。采用实物形式承包的，先对比各项材料承包量和实耗量，再把净节和净超量核成净节约价值，按规定实行奖罚。

专业队内部结算，在计算总体承包节超效果的基础上，应根据每个人完成任务和对节约贡献大小进行奖罚。

(4) 周转材料的管理

周转材料属于劳动手段，虽不构成建筑物实体，但在产品形成和施工过程中，是重要的劳动资料，它在一个或多个施工项目中多次周转使用。周转材料主要包括模板、脚手架及其配件等。周转料的特点是价值高、用量大、使用周期长，其价值随着周转使用逐步转移到产品成本中去。这就决定了对周转材料管理的基本要求，即：在保证施工生产的前提下，减少占用，加速周转，延长寿命，防止损坏。

为了实现上述基本要求，对周转材料的管理应采用租赁制。对工程项目实行费用承包，对班组实行实物损耗承包。

为了保证上述办法的实施，应建立租赁站，统一管理周转材料，规定租赁标准及租用手续。并制定具体的项目费用承包和班组实物损耗承包的办法。

所谓项目费用承包是指项目经理在上级核定的费用额度内，合理组织周转材料的使用，实行节约有奖，超耗受罚的办法。

实物损耗承包是对施工班组考核回收率和损耗率，实行节约有奖、超耗受罚。在实行班组损耗承包过程中，要明确施工方法及用料要求，合理确定每次周转损耗率，抓好班组领、退的点交，及时进行结算和奖罚兑现。对工期较短、用量较少的项目，可对班组实行费用承包，在核定费用水平后，由班组长向租赁部门办理租用、退租和结算，实行自负盈亏。

无论采用哪种管理方式，都应建立周转材料核算台帐，记录项目租用周转材料的数量、使用时间、费用支出及班组实物损耗承包的结算情况。

(5) 现场临时建筑（暂设工程）材料管理

现场临时建筑亦称暂设工程，是指在产品形成过程中必须搭建的临时建筑，如房屋、水源、道路、仓库等。用于这些工程的材料被称为暂设材料。它的特点一是取费少，二是有建有拆，有的可以回收再用。

对暂设材料的管理，主要应抓好以下几个环节。

1）设置要合理

由于暂设工程的费用是按直接费的一定比例提取的，而不是按设置多少取费，因此，应本着量入为出，因陋就简，厉行节约的原则，设置暂设工程。

2）对暂设材料的使用要有考核

一般应采用限额领料制，对专业性较强的材料，如暂设水电材料，可参照历史消耗水平，对负责暂设工程的水电班组实行费用承包。

3）对可以回收的材料，要建立回收考核制度，明确规定各项材料的回收率，并落实到人。

4）抓好利用和处理

回收的目的在于利用，要制定鼓励利用旧料的办法，争取将所回收的材料用到工程上去，对工程用不上的材料要及时退库和处理，以减少不必要的成本支出。

5）建立考核台帐

台帐要记录暂设材料的领用、回收、利用、上交、处理的情况，以便进行考核。

(6) 合用工具的管理

合用工具是指固定在一个工程项目内，由多工种共用但又不能分别固定在班组的工具，例如胶皮管、磅秤、灰盘等，它的特点是价值较高，使用期限长，班组不便携带。

根据合用工具的特点，在管理上应采取工程项目管理班子统一租用和退还，提供班组使用的方法。所谓租用，是指合用工具的拥有方向需用方提供使用权，用后归还，双方各自承担一定义务。实行租赁制，企业必须建立租赁机构，统一掌握合用工具，制定租赁办法，明确费用标准及手续。

在租用和管理合用工具过程中，工程项目管理班子应抓好以下环节。

1)合理确定租用品种、数量和使用期限，向租赁机构提出计划，签订合同，组织进场。

2）对租进的合用工具，要检验质量、核对数量，保证工具的使用性能。

3）组织和监督班组合理使用，对违反规定，任意损坏者，要追究责任直至罚款处理。

4）对不再使用的工具，要及时退还，并办理退租手续，以减少租费支出。

5）为搞好合用工具的结算，应建立租赁台帐，记录租用工具的品种、规格、数量、起止日期、租金支出等内容。

(7) 现场专用工具的管理

专用工具是指班组或个人经常使用，并便于配备到班组或个人保管的工具，这类工具通常是小型生产用具，即包括低值易耗工具或消耗性工具。例如木工的锯、刨；油漆工的玻璃刀等。它具有品种多、数量大、更新快的特点。

根据专用工具的特点，在管理上应采取工具费定额承包的办法。即由项目经理根据不同工种的日工具费定额，按班组（或个人）所提供的工日数，按工具费发给班组，由班组到指定的部门租用或购买，盈亏由班组自负。执行这种办法有利于调动班组的积极性，增强班组的责任心，有利于减少工具占用、丢失和损坏，延长工具的使用寿命。

实行工具费定额承包，必须制定统一的、分工种的日工具费定额和承包办法。首先要正确确定班组（个人）为工程项目提供的工日数，并根据相应的工种日工具费定额计算班组工具费承包总额，可采取计划定额工日预拨，按实际定额工日结算，通过限额卡，代用券的形式发给班组。由班组在限额内包干使用。

班组需用工具时，凭限额卡（代用券）到指定供应部门租用和购买，由供应部门注销限额卡，或收回代用券，班组租用或购回的工具，由班组自行保管，维护和使用。

为了搞好工具费承包的核算，要建立工具费发放台帐，登记各班组提供的工日数和工具费的预拨及结算情况。

(8) 现场各种构配件的管理

构配件是指事先预制，然后送到现场安装的各种成品、半成品，主要包括混凝土构件、金属构件、木制构件等。其特点是品种、规格、型号多；用量大、价值高；配套性强；不易搬动、存放场地要求严。

根据构配件的特点作为执行层的工程项目构件管理人员，一要审核并落实加工订货计划，掌握加工及使用变化，及时调整，搞好衔接；二要做好现场准备，避免和减少二次搬运；三要搞好验收和保管，防止差错和损坏；四要合理使用，防止错用。

为了实现上述要求，要抓好以下几个环节：

1) 掌握月生产计划及分层用量配套表，及时向供应部门提供构配件实际需用情况，同时了解加工、运输情况，搞好与施工的衔接。

2) 搞好构配件进场的库房、场地及苫垫材料的准备，组织好构配件进场和验收。按照加工单及分层配套表核对进场构配件的品种、规格、型号，发现问题及时与主管部门联系解决。

3) 搞好构配件的码放和保管，对混凝土构件要注意场地平整、夯实，严禁超高和垫木错位；对钢木门窗尽量设库（棚）存放，保持干燥，通风，露天存放要上苫下垫，做到防晒、防雨、防火；对铁配件要分规格、品种码放，并要设立标签。

4) 监督构配件合理使用，对号入座，防止串用、乱用，造成混乱。

5) 抓好剩余构配件的处理，特别是通用构配件。要造表上报，并妥善保管。

为了掌握构配件的到货情况，应建立台帐，及时反映计划需用及实际进场、消耗及库存，并搞好竣工结算及盈亏分析。

9.6.6 施工班组的材料管理

施工班组材料管理的主要内容是确定如何领料、用料及对用料的核算。根据不同的料具管理大体可归纳为以下两种方式：

(1) 合用（共用）的材料和工具，一般采取限额领用方式，实行节约奖、超耗罚的办法。这就要求班组长对每个工人进行教育，遵守现场用料制度，在限定的料具用量范围内领用，对领出的料具要负责保管，避免丢失损坏。使用过程要遵守操作规程，符合用料要求，任务完成后办理退料和结算，搞好内部分配。

(2) 专用的材料和工具，一般可采用费

用承包方式。例如工具费可根据提出的定额工日，由项目支付相应的工具费；材料费可根据施工项目，由项目支付其相应的材料费。工人根据实际需要到指定部门领用(购买)或租用，由工人实行自负盈亏。在这种方式下，劳动者要树立核算观念，掌握核算方法。班组要加强指导和监督，教育班组工人在承包中不挑肥拣瘦，在实施中不偷工减料，要搞好核算，加强保管，合理使用，避免丢失和损坏。

小　结

施工项目的材料管理可分为管理层（包括决策层、管理层、执行层）和劳务层。各层次有自己不同的任务。

材料管理工作按工程项目实施不同阶段有其不同的内容。

材料计划包括需用计划、供应计划、采购计划和节约计划。

材料计划的编制方法有定额计算法、比例计算法：类比计算法、经验估计法。不同的材料计划选用不同的编制方法。

材料的供应方式有买卖、租赁、提供劳务三种方式。实行材料供应承包责任制应采用材料供应合同。

材料的核算分为施工项目供应过程中和使用过程中的核算。

材料的结算方式有使用卡、流通券和托收承付单。

施工现场材料管理内容包括；使用过程中的材料管理、合用材料管理、专用材料管理、周转材料管理、临时建筑材料管理、合用工具管理、专用工具管理，各种构配件的管理。

施工班组材料管理及主要是合用（共用）的材料和工具管理和专用的材料和工具的管理。

习题

1. 施工项目的材料管理分哪几个层次？各层次的主要任务是什么？
2. 材料管理的主要内容是什么？
3. 材料计划有哪几类？
4. 确定材料需用量计划的方法有哪几种？其主要做法是怎样的？
5. 怎样编制材料供应计划？材料供应计划在执行过程中检查的主要内容是什么？
6. 材料供应方式通常有哪几种？
7. 材料的供货方式有哪几种？
8. 材料供应合同的作用是什么？其内容和签订要求是什么？
9. 怎样对材料在供应过程中和使用过程中进行核算？
10. 材料结算的方式有哪几种？
11. 现场材料管理的主要内容是什么？
12. 现场材料使用过程中管理工作的主要内容是什么？
13. 什么是合同材料？对其管理一般采用什么制度？
14. 限额领料制通常有哪几种做法？
15. 什么是专用材料？一般应采用哪种方式管理比较有效？采用承包管理时应抓好哪三个环节？

16. 什么是周转材料？对其管理上通常应采用什么制度？

17. 什么是现场临时建筑材料？对其管理应抓好哪几个环节？

18. 什么是合用工具？对其管理上应抓好哪几个环节？

19. 什么是现场专用工具？对其管理通常采用什么方法？怎样实施？

20. 什么是构配件？其特点是什么？现场管理人员的主要工作是什么？做好构配件的管理工作应抓好哪几个环节？

21. 施工班组对不同料具管理有哪两种方式？

9.7 工程项目机械设备的技术管理

在我国实现四个现代化的进程中，努力使各种建设工程的施工达到基本机械化或完全机械化，有着十分重要的现实意义。

施工机械化就是要在整个施工过程中，用机械来代替手工劳动，达到节省人力、减轻劳动强度、提高劳动效率、克服公害、降低材料消耗和施工成本的目的。施工机械是提高施工数量，推广先进技术的重要保证。

施工机械化的根本问题是解决速度问题。施工速度是反映建筑行业水平的重要标志之一。

施工项目管理目标的实现是与机械设备管理密切相关的。

9.7.1 衡量施工项目机械化水平的主要标志

(1) 机械化程度

评价一个项目的机械化程度计算方法有货币和工程量两种。由于货币变化较大通常以工程量计算比较真实。

(2) 装备率

动力装备率是反映企业人均动力装备成度。其计算公式：

$$\text{动力装备率（千瓦/人）}=\frac{\text{年末自有机械总功率}}{\text{年末全部职工或全部工人人数}}$$

(3) 完好率

机械完好率是反映机械完好情况的指标，按建设部现行规定对20种主要机械进行考核。其计算公式：

$$\text{机械完好率}=\frac{\text{报告期机械制度台日中的完好台日数}}{\text{报告期机械制度台日数}}\times100\%$$

(4) 利用率

机械利用率是反映机械利用情况的指标。其计算公式是

$$\text{机械利用率}=\frac{\text{报告期机械实作台日数}}{\text{报告期机械制度台日数}}\times100\%$$

设备利用率与施工任务的饱满程度、调度水平及设备完好率等有密切关系。

实际上施工机械化水平与施工条件、施工方法、机械性能、容量、可靠性、管理、维修保养、操作熟练程度等因素有关。

9.7.2 提高项目施工机械化水平的主要措施

(1) 制定机械使用的最佳方案

应根据具体工程的自然条件、气候、地质、工程量、工程特点来制定出机械使用的最佳方案。

(2) 选用先进的施工机械

一般在项目施工中应采用较先进的施工机械来投入施工，因为先进的机械在性能上比较稳定、耗能少、效率高。应淘汰或逐步淘汰落后的、耗能大、效率低的机械设备。

(3) 设立专门研究机构

对于施工项目规模很大工程性质特殊、需要大量各类工程机械时，应设立专门机构进行调查研究以配合施工项目的实施。

(4) 简化施工工艺，合并工序，变单机作业为联合机械作业。

(5) 广泛采用新技术，推广高效能的建

筑机械，并在生产管理上也采用无线电控制的电子计算机调度系统，会大大提高施工机械化水平。

9.7.3 机械设备的技术管理

建筑机械的技术管理包括：合理使用、正确维护和保养、定期调整、存放与送运的有关规定以及修理方法等。

建筑机械的技术管理是按照设备的特点，在施工生产活动中，为了解决好人、机械设备和施工生产对象的关系，使之充分发挥机械设备的优势，获得最佳的经济效益而进行的组织、计划、指挥、监督和调节等项工作。

下面就其管理内容介绍如下：

(1) 合理使用

合理使用建筑机械，保证应有的作业效率，必须满足以下两点要求：

1) 在满足施工技术要求的条件下，应使机械的燃料、动力和劳动力消耗最少，生产率最高。

2) 合理的技术管理和完善的技术保养，使机械经常处于正常状态，工作中经久耐用，不出故障，生产效率高。

建筑机械日常管理工作有：按规定进行正常的技术维修；工作前的检查验收；装拆和运输；工作过程中必要的调整；材料备件的供应以及日常的作业情况记录。

建筑机械合理使用的标志是：产量、时间、利用系数和机械出勤率。

各种建筑机械均根据技术性能规定产量定额。这种定额并不是一成不变的。随着在使用过程中的不断改进和技术的提高，定额也应有所提高。建筑机械的产量指标均以实物指标作单位。如挖掘土方的立方米数，铲装石料的吨数、混凝土搅拌机的立方米数等。

时间利用系数是机械直接从事生产的时间与总工作时间之比。

提高建筑机械产量的主要措施是：按规定及时进行维护和保养；充分发挥机械的技术性能，提高出勤率；最大限度地缩短停歇时间，延长作业时间（包括合理选配与之配套的机械设备）；培训司机，努力提高单机产量；合理组织生产流水线；机械由专业机械调配并由专人照管；设立维修基地和维修点，备足零部件并应有一批业务熟练的维修工人。

(2) 维护和保养

1) 使用前的验收

使用部门在接收新机械时，首先应按技术规范进行验收。发现问题及时交涉解决，并应做详细验收记录，办理好必要的移交手续。

2) 日常维修保养

日常维修保养工作主要是定期对机械设备有计划地进行清洁、润滑、调整、紧固、防腐、排除故障、更换磨损失效的零件，使机械设备保持良好状态。

日常保养分为每班保养和定期保养两大类。

每班保养是指班前班后的保养。主要内容是：清洁零部件、补充燃料与润滑油、补充冷却水、检查紧固零部件、检查操纵、转向与制动系统是否灵活可靠，并做适当调整。

定期保养是根据机械使用时间长短来决定的，一般规定如下：

新车走合期保养除执行例保作业项目外，还应注意载重汽车走合期内行走速度一般不得超过30～40km/h；

作业负荷不得超过70%；

操作不可过急过猛；

发动机油温、变速箱与传动机械的温升不能超过规定；

走合期应随时注意紧固各处螺丝和检查漏水、漏气等情况。

认真做好日常保养，是保证机械设备正常运转的基础工作之一。

3) 冬季的维护与保养

冬季气温低，机械的润滑、燃料的气化等条件均不良，为保证机械设备的正常运转，机械的驾驶室应给予保暖。柴油机上装保温套，水管、油管亦应做好保温。冷却系统、油匣、汽油箱、滤油器等认真清洗，并用空气吹净。蓄电池应使用高密度电介质类型，并采取保温措施。润滑剂采用冬季用油，冷却水注意冰点，长期不用应放净。为了便于起动发动机，有条件的应加装油液预热器。

采用液压操纵的机械设备，随气温变化而换用液压油。

(3) 定期调整

机械设备零部件长期使用后，会造成间隙增大、螺丝松脱，以至丧失结合精度。定期调整的目的在于恢复零部件间的配合，恢复零件几何轴线的正常位置。

(4) 正确存放与运输

1) 长期存放的处理

长期存放前，首先进行检查修理，清除一切缺陷，放出燃油和冷却水，然后将油箱、管道清洗干净，把所有的润滑处进行润滑，橡胶部分（包括轮船、软管）取下来，洗净、吹干、专门保管、蓄电池和工具从机械上取下，妥为保管。履带式机械要垫在木板上停放。

2) 短期存放的处理

短期存放（一般在一月之内），要先清除机械设备上的污垢，加注润滑油。轮式机械要悬置于专用支架上，履带式机械的停机面下需垫以木板，然后用油布等覆盖。

3) 运输

运输时可采用火车、轮船、平板拖车等运输工具进行。在工地范围内转移工作点的运输一般靠机械本身自行行走，无走行装置的机械设备可拖拉或用汽车运输。

(5) 修理

建筑机械实行预期检修制度。所谓预期检修制度是把机械从完好到必须修理的过程分为以下阶段：日常维修、一级保养、二级保养、三级保养和大修。

日常保养、一级保养、二级保养规定由驾驶员完成；三级保养由修理工配合；大修应由修理工在专门的修理车间完成。

根据预期检修制度的规定，每台机械都要设“履历书”，把保养修理情况记录下来。修理之前，必须进行全面检查，将检查结果填入适当的表格中，作为修理的依据。

小　结

施工机械化就是要在整个施工过程中用机械来代替手工劳动，达到节省人力、减轻劳动强度、提高劳动效率、克服公害，降低材料消耗和施工成本的目的。

衡量施工项目机械化水平的主要标志是机械化程度、装备率、设备完好率和利用率。

提高机械化水平的措施有制定机械使用的最佳方案、选用先进的施工机械、设立专门研究机构、简化施工工艺和采用新技术。

机械设备技术管理主要内容为：合理使用、维护和保养、定期调整、正确存放、运输、修理。

习题

1. 衡量施工机械化水平的主要标志是什么？
2. 机械设备的技术管理主要内容是什么？

9.8 施工项目成本管理

施工项目成本管理是施工项目管理的核心，既是施工项目管理的起点，也是施工项目管理的终点，其管理绩效如何关系到施工项目经理部和企业的生存与发展。

9.8.1 施工项目成本管理概述

(1) 施工项目成本

1) 施工项目成本的概念

施工项目成本是指建筑施工企业以施工项目作为成本核算对象的施工过程中所耗费的生产资料的转移价值和劳动者的必要劳动所创造价值的货币表现，即某施工项目在施工中所发生的全部生产费用的总和，包括所消耗的主要材料、辅助材料、构配件、周转材料的摊销或租赁费，施工机械的台班费或租赁费，支付给生产工人的工资、奖金以及项目经理部（或分公司、工程处）一级为组织和管理工程施工所发生的全部费用支出。施工项目成本不包括劳动者为社会所创造的价值（如税金和计划利润），也不应包括不构成施工项目价值的一切非生产性支出。施工项目成本，实际上是项目的现场成本，也就是项目的制造成本，反映的是项目经理部的成本水平。

施工项目成本是施工企业的主要产品成本，亦称工程成本，一般以项目中独立编制施工图预算的单位工程作为成本核算对象，最后通过各单位工程成本核算的综合来反映施工项目成本。

在施工项目管理中，最终是使项目达到高质量、短工期、低消耗、保安全等目标，其中成本是这四大目标经济效果的综合反映。因此，施工项目成本管理是施工项目管理的中心环节。

2) 施工项目成本的分类

为了明确认识和掌握成本的特性，搞好成本管理，根据管理的需要，可以将成本划分为不同的形式。

a. 按成本发生的时间来划分

根据成本管理要求，按发生时间施工项目成本可分为预算成本，计划成本和实际成本。

预算成本

工程预算成本是根据施工图、建筑工程统一工程量计算规则、建筑安装工程基础定额及有关文件等计算的工程成本。

预算成本反映了各地区建筑业的平均成本水平。它是确定工程造价的基础，是编制计划成本的依据，评价实际成本的依据。

计划成本

施工项目计划成本是指施工项目经理部根据计划期的有关资料（如工程的具体条件和为实施该项目的各项技术组织措施），在实际成本发生前预先计划的成本。即施工企业考虑了降低成本措施和要求后，编制的工程成本。它是企业在计划期内应达到的成本水平，是企业内部控制用工、用料及其他费用，考核经济效益的依据。

实际成本

实际成本是施工项目在报告期内实际发生的各项生产费用的总和。把实际成本与计划成本比较，可以揭示成本的节约和超支，考核企业施工技术水平及技术组织措施的贯彻执行情况和企业的经营效果。实际成本与预算成本比较，可以反映工程盈亏情况。因此，计划成本和实际成本都是反映施工企业成本水平的，它受企业本身的生产技术、施工条件及生产经营管理水平所制约。

以上三种成本的关系可以用图 9-14 来说明

b. 按生产费用计入成本的方法来划分

按生产费用计入成本的方法工程成本可以分为直接成本和间接成本两种形式。

直接成本

直接成本是指直接耗用于并能直接计入工程对象的费用。

间接成本

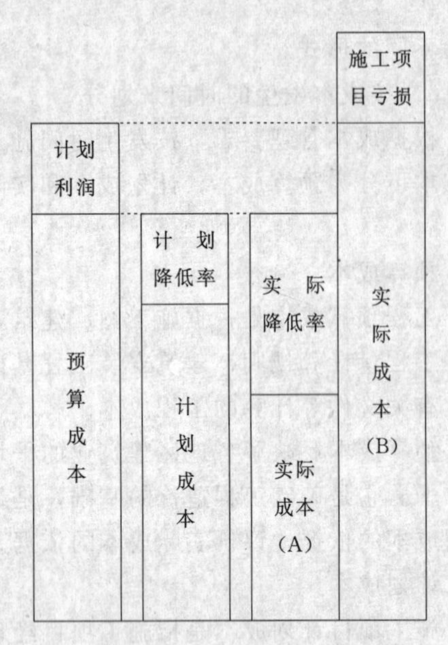

图 9-14 三种成本的关系图

间接成本是指非直接用于也无法直接计入工程对象，但又是为进行工程施工所必须发生的费用。

按上述分类方法，能正确反映工程成本的构成，考核各项生产费用的使用是否合理，便于找出降低成本的途径。

c. 按生产费用与工程量的关系来划分。

按生产费用与工程量的关系可以将工程成本分为固定成本和变动成本。

固定成本

固定成本是指在一定期间和一定的工程量范围内，其发生的成本总额不受工程量增减变动的影响而相对固定的成本。如折旧费、大修理费、管理人员工资、办公费、照明费等。这一成本是为了保持企业一定的生产经营条件而发生的。所谓固定，指其总额而言，对于分配到每个项目单位工程量上的固定费用则是变动的。一般来说，企业的固定成本每年基本相同，但工程量超过一定范围则需要增添机械设备和管理人员，此时固定成本将会发生变动。

变动成本

变动成本是指发生的总额随着工程量的增减而成正比例变动的费用，如直接用于工程的材料费、人工费等。所谓变动、也是就其总额而言，对于单位工程量上的变动费用则往往是不变的。

将施工过程中发生的全部费用划分为固定成本和变动成本，对于成本管理和成本决策具有重要作用。它是成本控制的前提条件。由于固定成本是维持生产能力所必须的费用，要降低单位工程量的固定费用，只有通过提高劳产率，增加企业总工程数量并降低固定成本的绝对值入手，降低变动成本只能是从降低单位分项工程的消耗定额入手。

3）施工项目成本的构成

施工企业在工程项目施工中为提供劳务、作业等过程中所发生的各项费用支出，按照国家规定计入成本费用。

根据国家财政部、中国人民建设银行颁发的《施工、房地产开发企业财务制度》的规定，施工项目成本由直接成本和间接成本组成。

a. 直接成本

直接成本是指施工过程中直接耗费的构成工程实体或有助于工程形成的各项支出，包括人工费、材料费、机械使用费和其它直接费。所谓其它直接费是指直接费从外施工过程发生的其它费用，如：材料二次搬运费，冬雨季施工增加费、夜间施工增加费、工程点交费、场地清理费等。

b. 间接成本

间接成本是指项目经理部为施工准备、组织和管理施工生产所发生的全部施工间接费支出，包括现场经费和临时设施费。

现场经费包括工作人员工资、办公费、差旅交通费、低值易耗品摊销费、劳动保护费、业务招待费及其他费用等。

临时设施费包括工程施工所需的生产和生活用的临时设施的搭设费、维修费、拆除费及临时用地的租金等。

对于施工企业所发生的经营费用，企业管理费和财务费用作为期间费用不得计入施工项目成本，应按规定计入当期损益。

此外，企业的下列支出不得列入施工项

目项目成本，也不能列入企业成本：如为购置和建造固定资产、无形资产和其它资产的支出；对外投资的支出；没收的财物；支付的滞纳金、罚款、违约金、赔偿金，以及企业赞助，捐赠支出，国家法律、法规规定以外的各种付费和国家规定不得列入成本费用的其它支出。

(2) 施工项目成本管理的概念和意义

施工项目成本管理，是指在完成一个工程项目过程中，对所发生的成本费用支出，有组织、有系统地进行预测、计划、控制、核算、分析和考核等一系列科学管理工作的总称。项目成本管理是以不断降低项目成本为宗旨的一项综合性管理工作。

施工项目成本管理的目的是在保证工期质量的前提下，通过不断改善项目管理工作，充分采用经济、技术、组织措施，挖掘降低成本的潜力，以尽可能少的劳动消耗，实现预定的目标成本。

所以，工程项目成本管理在工程项目管理中具有重要的意义。它可以促进经营管理的改善，提高企业管理水平；合理补偿施工耗费，保证企业再生产的进行；促进企业不断挖掘潜力，降低成本；促进企业加强经济核算，讲求经济效益，增强企业的竞争能力。它是建筑企业实现由粗放型管理向集约型管理转变的一条重要途径。

(3) 施工项目成本管理的特点

1)施工项目成本管理是一个动态管理过程，任何一个工程项目，都有一定的建设周期，由于内外环境的不断变化，造成工程施工项目成本也随之变化。因此，施工项目成本管理，必须根据工程项目内外部环境的变化，不断对工程项目成本的组织与控制作出调整，以保证工程项目成本的有效控制与管理。

2)施工项目成本管理是一项复杂的系统工程，横向可分为：工程项目投标报价、成本预测、成本计划、统计、质量、信誉等；纵向可分为组织、控制、核算（归集）、分析和考核等，由此形成一个工程项目成本管理系统。

3）施工项目成本管理的主体是工程项目经理部，由于项目经理部对工程项目从开工到竣工实行全过程的一次性管理，这就决定了工程项目成本管理的内容，必须是一次性和全过程的成本控制，以充分体现“谁承包谁负责”，并与承包者（或单位）的经济利益挂钩的原则。

4）施工项目成本管理的组织、实施、控制反馈、核算、分析和考核等过程，以工程项目为单位，构成封闭式循环，直至工程项目竣工交付使用为止。

(4) 施工项目成本管理与企业成本管理的区别

1）管理对象不同

施工项目成本管理的对象是具体的某一个工程项目，它只对该项目所发生的各项费用予以控制，仅核算施工项目的成本。

企业成本管理的对象是整个企业，它不仅包括各个项目经理部，还包括为施工生产服务的附属企业以及企业各职能部门，它是企业内部生产经营活动全过程，全员的全面成本管理。

2）管理任务不同

施工项目成本管理的任务是在企业健全的成本管理经济责任制下，以合理的工期、优良的质量、低耗的成本完成工程项目的施工，实现企业下达的管理目标。

企业成本管理则是根据整个企业的现状和水平，通过对资源的合理调配以及生产任务的合理分配，使整个企业的成本费用在一定时期内控制在预定的计划内。

3）管理方式不同

施工项目成本管理是在项目经理负责下的一项重要的项目管理职能。它是在施工现场进行的，与施工过程的质量，工期等各项管理是同步的，管理及时到位。

企业成本管理是按行政手段的管理，层次多，部门多，管理不在现场，而是由部门参与管理，成本管理与施工过程在时间和空间上分离。管理不及时，不到位，不落实。

4）管理责任不同

施工项目成本管理是由施工项目经理全面负责的，施工项目的成本由项目经理部负责，项目的盈亏与项目经理部全体人员的经济责任挂勾。因此，责任明确，管理到位。

企业成本管理强调部门成本责任制，成本管理涉及各个职能部门和各施工单位，协调困难。因此，往往在管理上，谁都有责任，但谁也不能负责，致使管理松懈，流于形式。

(5) 施工项目成本管理的内容

施工项目成本管理是建筑施工企业项目管理系统中的一个子系统，这一系统的具体工作内容有：成本预测、成本计划、成本控制、成本核算、成本分析和成本考核等六项内容。施工项目经理部在项目施工过程中，对所发生的各种成本信息，通过有组织、有系统地进行预测、计划、控制、核算、分析等一系列工作，促使施工项目系统内各种要素，按照一定的目标运行，使施工项目的实际成本能够控制在预定的计划成本范围内。

施工项目成本管理系统中的六项内容不是孤立的，而是相互联系的。成本预测是成本计划的前提，成本控制是对成本计划实施的监督，而成本核算又是成本计划是否实现的最后检查。它所提供的成本信息又对下一个施工项目成本的预测提供基础资料，成本分析和成本考核是实现成本目标责任制的保证和手段。

(6) 实施施工项目成本管理必须具备的条件

加强和实施项目成本管理的目的在于实现项目成本目标，所以开展项目成本管理应该具备下列条件：

1）项目经理、项目管理班子和作业层的全体人员必须具有经济观念、效益观念和成本观念。

主要是要明确工程施工工期不能超过合同工期；施工质量必须满足合同要求；施工成本要低于中标价格。施工中的一切工作，包括施工前的准备、施工方案的选择、施工部署、方法、工艺、技术、设备、材料、劳动力、质量等方面的确定、使用和要求，以及成品保护和竣工验收等，都应以此为出发点。要具有强烈的“成本意识”，正确认识成本管理在提高经济效益中的地位和作用。使人人具有控制成本和促进成本降低的观念。

2）确定项目目标和建立完成目标的保证体系

项目目标成本既是成本决策的对象，也是成本管理的目标。施工项目目标成本从时间上分，包括事前目标，即预测成本、计划成本；事中目标，即班组成本目标；事后目标，即分部分项、单位工程成本。目标成本确定之后，工程项目要建立管理层和作业层全体人员在内的完成目标保证系统。

3）必须确定责任主体

一个施工项目成本要达到预定的目标，必须确定责任主体，即由谁承担经济责任。同时，还要确定责任对象，即项目成本的控制客体，并对责任绩效进行考核。如果不能确定责任主体责任对象和进行绩效考核，就不能充分体现项目管理内部实行经济责任、经济权力和经济利益三者的有机结合。

4）建立和健全有关成本管理制度的基础工作包括定额、计量、原始记录、内部价格和验收工作。

5）必须进行成本的经营管理

成本经营是成本决策的制订，成本管理是成本决策的执行。整个的成本经营管理是由成本目标和成本行为组成。成本行为包括成本的预测、计划、控制、核算、分析、检查和审计。成本经营管理的每个环节，都产生成本信息，为成本决策服务。

9.8.2 施工项目成本预测

(1) 施工项目成本预测的概念

成本预测是指通过取得的历史数据资料，采用经验总结、统计分析及数学模型的方法对成本进行判断和推测。通过施工项目成本预测可以为建筑施工企业经营决策和项目部编制成本计划等提供依据，它是实行项目科学管理的一项重要工具。

(2) 施工项目成本预测的作用

施工项目成本预测在施工项目成本管理中具有重要的作用，表现在以下三方面：

1) 它是投标决策的依据

建筑施工企业在选择投标项目过程中，往往需要根据项目是否赢利、利润大小等诸因素确定是否对工程投标。这样在投标决策时就要估计项目施工成本的情况，通过与预算成本的比较，才能分析出项目是否盈利、利润大小等。

2) 它是编制成本计划的基础

成本计划是成本管理中关键的一步，因此编制可靠的计划具有十分重要的意义。但要编制出正确可靠的施工项目成本计划，必须遵循客观经济规律，从实际出发，对施工项目的未来实施作出科学的预测。在编制成本计划之前，要在搜集、整理和分析有关施工项目成本、市场行情和施工消耗等资料基础上，对施工项目进展过程中的物价变动等情况和施工项目成本作出符合实际的预测。这样才能保证施工项目成本不脱离实际，切实起到控制施工项目成本的作用。

3) 它是成本管理的重要环节

成本预测是在对项目施工过程中影响成本升降的各种经济、技术要素进行分析的基础上，推算其成本水平变化的趋势及其规律性，预测施工项目的实际成本。它是预测和分析的有机结合，是事后反馈与事前控制的结合。通过成本预测，有利于及时发现问题，找出成本管理中的薄弱环节，采取措施，控制成本。

(3) 成本预测的过程

科学准确的预测必须遵循合理的预测程序，它主要包括以下几个步骤：

1) 制定预测计划

制定预测计划是预测工作顺利进行的保证。预测计划的内容主要包括：组织领导及工作布置，配合的部门、时间进度，搜集材料范围等。

2) 搜集和整理预测资料

根据预测计划，搜集预测资料是进行预测的重要条件。预测资料一般有纵向和横向的二个方面的数据。纵向资料是施工单位各类材料的消耗及价格的历史数据，用以分析其发展趋势；横向资料是指同类施工项目的成本资料，用来分析所预测项目与同类项目的差异，并做出估计。

3) 选择预测方法

预测方法分为定性预测和定量预测两大类，每一类里都有许多具体的方法，后面加以介绍。

4) 成本初步预测

主要是根据定性预测方法及一些横向成本资料的定量预测，对施工项目成本进行初步估计。这个结果比较粗糙，需要结合现行的成本水平进行修正。

5) 影响成本水平的因素预测

影响成本水平的因素主要有：物价变化、劳动生产率、物料消耗指标，项目管理费用开支等。可根据近期内其它工程实际情况，市场行情等，推测未来哪些因素会对本施工项目的成本水平产生影响，其结果如何。

6) 成本预测

在成本的初步预测以及对成本水平变化因素预测结果的基础上，确定该施工项目的成本情况，包括人工费、材料费、机械使用费和其它直接费等。

7) 分析预测误差

成本预测是在施工项目实施之前对项目成本进行的预计和推断，往往与实际成本有差距而产生预测误差。如果误差较大，就应分析产生误差的原因，不断积累经验。

(4) 施工项目成本预测的方法

成本预测的方法一般分为定性预测和定量预测两大类。

定性预测是根据已掌握的信息资料和直

观材料，依靠具有丰富经验和分析能力的内行和专家，运用主观经验，对施工项目的材料消耗市场行情及成本等，做出性质上和程度上的推断和估计，然后把各方面的意见进行综合，作为预测成本变化的主要依据。

定性预测适用于对预测对象的数据资料（包括历史的现实的）掌握不充分，或影响因素复杂，难以用数字描述，或对主要影响因素难以进行数量分析等情况。这种方法比较灵活，简便易行。

定性预测法主要有：会议专家法；专家调查法（特尔菲法）；主观概率法等。

定量预测也称统计预测，它是根据已掌握的比较完备的历史统计数据，运用一定的数学方法进行科学的加工整理，借以揭示有关变量之间的规律性联系，用于预测和推测未来发展变化情况的一类预测方法。

定量预测的优点是：偏重于数量方面的分析，重视预测对象的变化程度，能作出变化程度在数量上的准确描述。它主要把历史统计数据和客观实际资料作为预测的依据，运用数学方法进行处理分析，受主观因素影响较少。它可以利用现代化的计算方法，来进行大量的计算工作和数据处理，求出适应工程进展的最佳数据曲线。缺点是比较机械，不易灵活掌握，对信息资料质量要求较高。

定量预测的具体方法有很多种，这里仅介绍移动平均法、指数平滑法、量本利分析法。

1）移动平均法

移动平均法是时间序列分析中的一种基本方法，应用广泛。所谓移动平均，就是从时间序列的第一项数值开始，按一定项数求序时平均数，逐项移动，边移动边平均。这样，即可得出一个由移动平均数构成的新的时间数列，以此揭示预测对象的发展方向和趋势。

移动平均法又可分为许多种类，这里仅介绍简单移动平均法和加权移动平均法。

a. 简单移动平均法

简单移动平均法，又叫一次移动平均法，是在算术平均的基础上，通过逐项分段移动，求得下一期的预测值。其基本公式为

$$M_t = \frac{Y_{t-1} + Y_{t-2} + \cdots + Y_{t-N}}{N} \tag{9-1}$$

式中 M_t——一次移动平均值，即第 t 期的预测值；

Y_t——各期（t，$t-1$，$t-2$……）的实际数值；

N——分段数据内的数据个数。

【例 9-1】 某建筑公司连续 7 年劳动生产率实际增长率如表 9-2 所示的 1、2、3 栏，试求当 $N=3$ 时的简单移动平均值（即预测值）。

表 9-2

年　份	年　次 (t)	实际增长率（Y_t）	简单移动平均值 ($N=3$) M_t	加权移动平均值 ($N=3$，$\alpha_1=1.8$，$\alpha_2=0.9$，$\alpha_3=0.3$)
1987	1	0		
1988	2	2.2%		
1989	3	3.5%		
1990	4	5.0%	1.9%	2.76%
1991	5	4.0%	3.6%	4.27%
1992	6	4.7%	4.2%	4.25%
1993	7	5.4%	4.6%	4.52%
1994	8		4.7%	5.05%

【解】

当 $N=3$，$t=4$ 时，

$$M_{t=4}=\frac{Y_{t-1}+Y_{t-2}+Y_{t-3}}{N}$$

$$=\frac{3.5\%+2.2\%+0\%}{3}$$

$$=1.9\%$$

当 $N=3$，$t=5$ 时，

$$M_{t=5}=\frac{Y_{t-1}+Y_{t-2}+Y_{t-3}}{N}$$

$$=\frac{5\%+3.5\%+2.2\%}{3}$$

$$=3.6\%$$

依次类推，计算结果见表 9-2 第 4 栏。

需要注意的是，N 数的大小是决定移动平均法的关键。如果未来的状况与近期关系较大，则 N 的取值宜小，反之宜大。预测人员的经验十分重要。

简单移动平均法虽然简便，但由于它没有考虑时间先后对预测值的影响。等同地看待分段内的每一个数据，因此预测的准确度不高。实际上越接近预测期的数值，对预测值的影响越大。

为了弥补这一缺点，可以采用加权移动平均法。

b. 加权移动平均法

加权移动平均法就是在计算移动平均数时给近期数据以较大的比重，使其对移动平均数有较大的影响，从而使预测值更接近于实际。

其计算公式为：

$$M_t=\frac{\alpha_1 Y_{t-1}+\alpha_2 Y_{t-2}+\cdots\alpha_N Y_{t-N}}{N} \tag{9-2}$$

式中 M_t——第 t 期的预测值；

α_i——加权系数，$\Sigma\alpha_i/N=1$

【例 9-2】 某建筑公司连续 7 年劳动生产率实际增长率如表 9-3 所示的 1、2、3 栏，试求当 $\alpha_1=1.8$，$\alpha_2=0.9$，$\alpha_3=0.3$ 的加权移动平均值。

【解】 当 $t=4$ 时

$$M_{t=4}=\frac{\alpha_1\cdot Y_{t-1}+\alpha_2\cdot Y_{t-2}+\alpha_3\cdot Y_{t-3}}{N}$$

$$=\frac{1.8\times3.5\%+0.9\times2.2\%+0.3\times0\%}{3}$$

$$=2.76\%$$

当 $t=5$ 时

$$M_{t=5}=\frac{\alpha_1 Y_{t-1}+\alpha_2 Y_{t-2}+\alpha_3 Y_{t-3}}{N}$$

$$=\frac{1.8\times5\%+0.9\times3.5\%+0.3\times2.2\%}{3}$$

$$=4.37\%$$

依次类推，其余计算结果见表 9-2 第 5 栏。

2）指数平滑法

指数平滑法，也叫指数修正法，是一种特殊的加权移动平均法。最大的特点是对不同时间的观察值合予的权数不同，加大了近期观察值的作用，又不需要大量的历史观察值。

其计算公式为：

$$S_{t+1}=\alpha Y_t+(1-\alpha)S_t \tag{9-3}$$

式中 S_{t+1}——第 $t+1$ 期的预测值；

Y_t——第 t 期的实际值；

S_t——第 t 期的预测值；

α——加权系数（也叫平滑指数）$0\leqslant\alpha\leqslant1$。

α 值的选取：

由公式可看出，加权系数 α 取值的大小直接影响平滑值的计算结果。α 越大，其对应成本的实际值 Y_t 在预测值 S_{t+1} 中所占的比重越高，所起的作用越大。因此，在实际应用中，选取 α 值，应经过反复试算而确定。

【例 9-3】 某建筑公司利用指数平滑法

预测劳动力工资上涨情况。取 $\alpha=0.9$，计算过程及结果见表 9-4

表 9-3

年份	年次	各年度劳动力工资实际增长率（Y）	指数平滑值（$N=3$，$\alpha=0.9$）
1987	1	2%	S_0 取 0%
1988	2	3%	1.8%
1989	3	6%	2.9%
1990	4	10%	5.7%
1991	5	15%	9.6%
1992	6	18%	14.5%
1993	7	22%	17.7%
1994	8		21.5%

3）量本利分析法

量本利分析，全称为产量成本利润分析，用于研究价格、单位变动成本和固定成本总额等因素之间的关系。这是一个简单而适用的管理技术，用于施工项目成本管理中，可以分析项目的合同价格、工程量、单位成本及总成本的相互关系，为工程决策阶段提供依据。

a. 量本利分析的基本原理

量本利分析是在将产品成本划分为固定成本和变动成本的基础上进行的，下面举例来说明这个方法的原理。

设某企业生产甲产品，本期固定成本总额为 C_1，单位产品售价为 P，单位变动成本为 C_2 并设销售量为 Q，销售收入为 Y，总成本为 C，利润为 TP。

则成本、收入、利润之间存在以下的关系：

$$C=C_1+C_2\times Q \tag{9-4}$$

$$Y=P\times Q \tag{9-5}$$

$$TP=Y-C$$

$$=(P-C_2)\times Q-C_1 \tag{9-6}$$

图 9-15 为盈亏平衡图与盈亏平衡点。

从图 9-15 可看出，收入线与成本线的交点叫盈亏平衡点。在该点上，企业的收入与成本恰好相等，即企业处于不盈不亏（或损益平衡状态），也称为保本点。

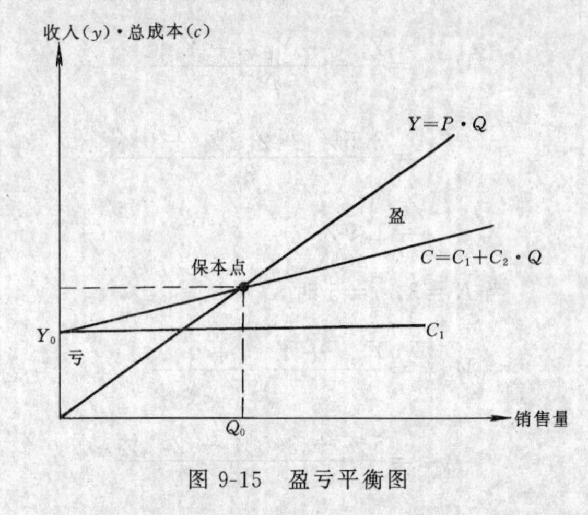

图 9-15　盈亏平衡图

保本销售量和保本销售收入，就是对应于盈亏平衡点的销售量 Q 和销售收入 Y 的值，分别以 Q_0 和 Y_0 表示。

由于在保本状态下，销售收入与生产成本相等，即：$Y_0=C_1+C_2\times Q_0$。

因此　$P\times Q_0=C_1+C_2\times Q_0$

则：

$$Q_0=\frac{C_1}{P-C_2} \tag{9-7}$$

$$Y_0=P\times Q_0 \tag{9-8}$$

【例 9-4】　设 $C_1=50000$ 元，$C_2=10$ 元/件，$P=15$ 元/件，求保本销售量 Q_0 和保本销售收入。

【解】

$$Q_0=\frac{C_1}{P-C_2}=\frac{50000}{15-10}$$

$$=10000\text{ 件}$$

$$Y_0=P\times Q_0=15\times 10000$$

$$=150000\text{ 元}$$

答：保本销售量为 10000 件，保本销售收入为 150000 元。

b. 量本利分析法在项目管理中的应用

量：施工项目成本管理中量本利分析的量，不是一般意义上某种工业产品的生产数量或销售数量，而是指一个施工项目的建筑面积或建筑体积（用 S 表示）。对于特定的施工项目，其生产数量也就是销售数量，且固定不变。

成本：量本利分析是在将成本划分为固定成本和变动成本的基础上进行的。所以，在施工项目成本管理中，要将施工项目成本按是否随工程规模大小而变化分解为固定成本（C_1）和变动成本（C_2）（C_2—指单位平方建筑面积的变动成本）。

价格：指施工项目合同单位平方造价（用 P 表示）。

Y——施工项目合同总价；

Y_0——是施工项目保本合同价；

S_0——项目保本规模；

$$S_0 = \frac{C_1}{P - C_2} \tag{9-9}$$

$$Y_0 = P \times S_0 \tag{9-10}$$

【例 9-5】 A 建筑公司预测 1995 年本公司承建的砖混结构施工项目的固定成本为 150000 元，单位平方建筑面积变动成本为 300 元，若 1995 年砖混结构工程的合同价为 500 元/m^2。若某砖混项目的建筑面积为 1000m^2，那么该公司是否应该承建？

已知：$C_1 = 150000$ 元，$C_2 = 300$ 元，$P = 500$ 元，$S = 1000m^2$

求：S_0

解

$$S_0 = \frac{C_1}{P - C_2} = \frac{150000}{500 - 300}$$

$$= 750m^2$$

∵ $S_0 = 750m^2 < S = 1000m^2$

∴ 该公司应该承建此工程项目。

承建后可盈利：

$TP = Y - C$

$= 500000 - 300000 - 150000$

$= 50000$（元）

A 公司 1995 年砖混项目盈亏平衡图见图 9-16。

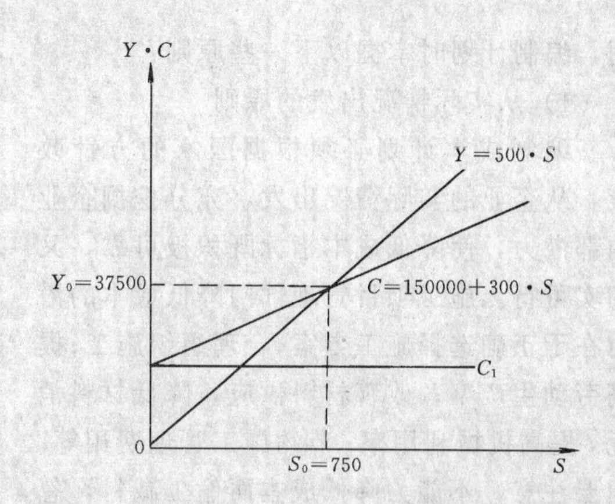

图 9-16 A 公司 1995 年砖混项目盈亏平衡图

9.8.3 施工项目成本计划

（1）施工项目成本计划的概念及意义

施工项目成本计划是以货币形式预先规定的施工项目在施工中所需的费用支出和成本降低应达到的水平。它是在项目经理负责下，在成本预测的基础上编制的。

施工项目成本计划是施工项目成本管理的一个主要环节，是实现降低施工项目成本任务的指导性文件。从某种意义上来说，编制施工项目成本计划也是施工项目成本预测的继续。如果对承包项目所编制的成本计划达不到目标成本要求时，就必须组织施工项目管理班子的有关人员重新研究寻找降低成本的途径，再进行重新编制。从第一次所编的成本计划到改变成第二次或第三次等的成本计划直至最终方案，实际上意味着进行了一次次的成本预测。同时，编制成本计划的过程也是一次动员施工项目经理部全体职工，挖掘降低成本潜力的过程；也是检验施工技术质量管理、工期管理、物资消耗和劳动力消耗管理等效果的全过程。

各个施工项目成本计划汇总到企业，又是事先规划企业生产技术经营活动预期经济效果的综合计划，是建立企业成本管理责任制、开展经济核算和控制生产费用的基础。

（2）施工项目成本计划的编制原则

为了使成本计划能够发挥它的积极作

用，编制计划时掌握以下一些原则：

1）从实际情况出发的原则

编制成本计划必须根据国家的方针政策，从企业的实际情况出发，充分挖掘企业内部潜力，使降低成本指标既积极可靠，又切实可行。施工项目管理部门降低成本的潜力在于正确选择施工方案；合理组织施工；提高劳动生产率；改善材料供应，降低材料消耗，提高机械利用率；节约施工管理费用等。但要注意，不能为降低成本而偷工减料，忽视质量，不顾机械的维护修理而超负荷运转，片面强调增加劳动强度，加班加点，或减掉合理的劳保费用，忽视安全工作。

2）与其他计划结合的原则

其它计划是成本计划基础，成本计划是其它计划经济内涵的高度总结。

编制成本计划，必须与施工项目的其他各项计划如施工方案、生产进度、财务计划、材料供应及耗费计划等密切结合，保持平衡。即成本计划一方面要根据施工项目的生产、技术组织措施、劳动工资、材料供应等计划来编制，另一方面又影响着其他各种计划指标时，都应考虑适应降低成本的要求，与成本计划密切配合，而不能单纯考虑每一种计划本身的需要。

3）采用先进的技术经济定额的原则

编制成本计划，必须以各种先进的技术经济定额为依据，并针对工程的具体特点，采取切实可行的技术组织措施作保证。只有这样，才能使编出的成本计划具有科学根据，又有实现的可能，也只有这样，才能使编出的成本计划起到促进和激励的作用。

4）统一领导、分级管理的原则

编制成本计划，应实行统一领导、分级管理的原则，采取走群众路线的工作方法，应在项目经理的领导下，以财务和计划部门为中心，发动各个部门共同进行，总结降低成本的经验，找出降低成本的正确途径，使成本计划的制定和执行具有广泛的群众基础。

（3）施工项目成本计划的内容

施工项目成本计划一般由施工项目直接成本降低计划和间接成本降低计划所组成。

1）施工项目直接成本降低计划施工项目直接成本降低计划主要反映工程成本的预算价值、计划降低额和计划降低率。一般包括以下几方面内容：

a. 总则

包括对施工项目的概述，项目管理机构、层次、工程进度、外部环境特点，对合同中有关经济问题的责任，成本计划编制中依据的文件等资料。

b. 目标及核算原则

包括施工项目降低成本计划利润总额，投资和外汇总节约额（如有的话）、主要材料和能源节约额，贷款和流动资金节约额等。核算原则系指参与项目的各单位在成本、利润结算中采用何种核算方式，如承包方式、费用分配方式等，如有不同，应予以说明

c. 降低成本计划总表或总控制方案

项目主要部分的分部成本计划，如施工部分，编写项目施工成本计划，按直接费、间接费、计划利润的合同中标数、计划支出数、计划降低额分别填列。如有多家单位共同施工时，要分单位编制后再汇总。

d. 对施工项目成本计划中计划支出数估算过程的说明

如施工部分，要对材料、人工、机械费、运费等主要支出项目加以分解。以材料费为例，应说明：钢材、木材、水泥、砂石、加工订货制品等主要材料和加工预制品的计划用量、价格，模板摊销列入成本的幅度，脚手架等租赁用品计划支付多少款，材料采购发生的成本差异是否列入成本等，以便在实际施工中控制与考核。

e. 计划降低成本的来源分析

应该反映项目管理过程中计划采取的增产节约、增收节支的各项措施及预期效果。

2）间接成本降低计划

间接成本降低计划主要反映施工现场管理费用的计划数、预算收入数及降低额。参见后面的《施工现场管理费用计划表》。

(4) 施工项目成本计划表

成本计划编制后，还需要通过各种成本计划表的形式将成本降低任务落实到整个项目的施工过程，借以实现对项目施工的成本控制。常用的成本计划表有以下四种：

1）项目成本计划任务表

它是综合反映在计划期内工程项目的预算成本、计划成本、成本降低额和成本降低率的文件，如表9-4。

2）技术组织措施表

它是预测项目计划期内施工工程成本各项直接费用计划降低额的依据，是指出各项节约措施和确定各项措施的经济效益的文件(如表9-5)。

3）降低成本计划表

它是根据企业下达给该项目的降低成本任务和本项目自己确定的降低成本指标而制定出项目的成本降低计划。它是由项目经理部有关业务和技术人员编制的（见表9-6)。

4）施工现场管理费计划表（见表9-7)。

项目成本计划任务表　　表9-4

工程名称：　项目经理：　日期：　单位：

项　目	预算成本	计划成本	计划成本降低额	计划成本降低率
1. 直接费用				
人工费				
材料费				
机械使用费				
其他直接费				
2. 间接费用				
现场经费				
临时设施费				
合　计				

技术组织措施表　　表9-5

工程名称：　　日期：

项目经理：　　单位：

措施项目	措施内容	涉及对象			降低成本来源		成本降低额				
		实物名称	单价	数量	预算收入	计划开支	合计	人工费	材料费	机械费	其他直接费

降低成本计划表　　表9-6

工程名称：　　日期：

项目经理：　　单位：

分项工程名称	成本降低额					
	总　计	直接成本				间接成本
		人工费	材料费	机械使用费	其他直接费	

施工现场管理费计划表　　表 9-7

一、现场经费	预算收入	计划数	降低额
1. 工作人员工资			
2. 办公费			
3. 差旅交通费			
4. 低值易耗品摊销费			
5. 劳动保护费			
6. 业务招待费			
7. 外包管理费			
8. 其　　它			
9. 合　　计			
10. 小　　计			
二、临时设施费			
11. 搭设费			
12. 维修费			
13. 摊销费			
14. 拆除费			
15. 临时用地费			
16. 小　　计			
合　　计			

9.8.4 施工项目成本控制

(1) 施工项目成本控制的概念和目的

施工项目的成本控制是指在项目成本的形成过程中，对生产经营所消耗的人力资源、物质资源和费用开支，进行指导、监督、调节和限制，及时纠正将要发生和已经发生的偏差，把各项生产费用，控制在计划成本的范围之内，以保证成本目标的实现。

建筑产品的单件性，决定了项目管理是一次性行为，它的管理对象只有一个工程项目，且随着项目建设的完成而结束其历史使命。所以，为了确保项目成本必盈不亏，对施工过程的成本控制不仅必要，而且必须做好。

施工项目成本控制的目的，在于降低项目成本，提高经济效益。然而项目成本的降低，除了控制成本支出以外，还必须努力增加工程预算收入。因为只有在增加收入的同时节约支出，才能提高施工项目成本的降低水平。

(2) 施工项目成本的控制原则

为了使（施工）项目成本得到有效控制，在施工项目管理中，必须遵循以下原则：

1) 开源与节流相结合的原则

降低项目成本，需要一面增加收入，一面节约支出。因此，在成本控制中，也应该坚持开源与节流相结合的原则。要做到：每发生一笔金额较大的成本费用，都要查一查有无与其相对应的预算收入，是否支大于收，在经常性的分部分项工程成本核算的月度成本核算中，也要进行实际成本与预算收入的对比分析，以便从中找出成本节超的原因，纠正项目成本的不利偏差，提高项目成本的降低水平。

2) 全面控制原则

a. 项目成本的全员控制

项目成本是一项综合性很强的指标，它与项目组织中的各个部门、单位、班组和每个职工的工作业绩密切相关。因此，项目成本的高低需要大家的关心，人人努力，做好本职工作。

b. 项目成本的全过程控制

施工项目成本的全过程控制是指在工程项目确定以后，自施工准备开始，经过工程施工，到竣工交付使用后的保修期结束，其中每一项经济业务，都要纳入成本控制的轨道。

3) 中间控制原则

对于具有一次性特点的施工项目成本来说，应该特别强调项目成本的中间控制。

4) 目标管理原则

目标管理是贯彻执行计划的一种方法，它把计划的方针、任务、目标和措施等逐一加以分解，提出进一步的具体要求，并落实到执行计划的部门、单位及个人。

5) 节约原则

节约人力、物力、财力的消耗，是提高

经济效益的核心，也是成本控制的一项最主要的基本原则。节约要从三个方面入手：一是严格执行成本开支范围、费用开支标准和有关财务制度，对各项成本费用的支出进行限制和监督；二是提高施工项目的科学管理水平，优化施工方案，提高生产效率，节约人、财、物的消耗；三是采取预防成本失控的技术组织措施，制止可能发生的浪费。做到了以上三点，成本目标就能实现。

6）例外管理原则

例外管理一般用于成本指标的日常控制。

在项目施工过程中，有许多活动是例外的，如施工任务单和限额领料单的流转程序等，通常是通过制度来保证其顺利进行的。但也有一些不经常出现的问题，我们称之为“例外”问题。例如：在成本管理中常见的成本盈亏异常现象，即盈余或亏损超过了正常的比例；本来是可以控制的成本，突然发生了失控现象；某些暂时的节约，但有可能对今后的成本带来隐患等等，都应该视为“例外”问题，进行重点检查，深入分析，并采取相应的积极的措施加以纠正。

7）责、权、利相结合的原则

在施工过程中，项目部的各类人员及单位和生产班组在负有成本控制责任的同时，应享有成本控制权力，即在一定范围内决定某项费用能否开支，开支多少和如何开支，并且项目经理还要定期检查和考评，与工资分配挂钩，实行有奖有罚。实践证明，只有责权利相结合的成本控制，才是名符其实的项目成本控制，才能收到预期的效果。

(3) 工程项目成本的控制方法

由于影响项目成本的因素很多，项目成本的控制和监督应从组织、技术、经济、合同等信息管理多方面采取措施。

1）采取组织措施控制项目成本

a. 明确工程项目成本控制者，责任分解，落实到人，是施工企业控制成本的一条主要做法。

项目成本控制者是施工企业项目经理班子中的成员，他从投标估价开始，直至工程合同终止的全部过程中，对成本的各项工作负总责。他的工作与投标估价、工程合同、施工方案、施工计划、材料和设备供应、财务等多方面工作有关，一般由既懂经济又懂技术的经济工程师担任项目成本控制者。

b. 明确工程项目的管理组织对项目成本的职能的分工，以保证对项目成本的控制。

2）采取技术措施控制项目成本

各种技术措施包括：

a. 在施工准备阶段做出多种施工方案，进行技术经济的比较，然后确定利于缩短工期，提高质量，降低成本的最佳方案。

b. 在施工过程中研究、确定、贯彻、执行各种降低消耗、提高工效的新工艺、新技术、新材料等技术措施。

c. 在竣工验收阶段，注意经济、技术的处理，保护成品，缩短验收时间，提高交付使用效率。

3）采取经济措施控制项目成本

各种经济措施中最重要的一条是要抓住以施工预算为基础的计划成本，使之贯彻执行，不断地同项目预算成本、实际成本进行比较分析，并控制在预算成本之内。具体来说，一是要编制费用计划；二是要严格审核费用支出；三是要经常对费用计划与实际支出作比较分析；四是经常研究减少费用支出的途径。

9.8.5 施工项目成本核算

(1) 施工项目成本核算的概念和意义

施工项目成本核算是指以工程施工项目为对象，对施工生产过程中的各项消耗进行审核、记录、汇集和核算。

施工项目成本核算是项目管理最根本标志和主要内容。施工项目成本核算在施工项目成本管理中的重要性体现在两个方面：一方面它是施工项目进行成本预测，制订成本计划和实行成本控制所需信息的重要来源；

另一方面它又是施工项目进行成本分析和成本考核的基本依据。施工项目成本核算是施工项目成本管理中最基本的职能，离开了成本核算，就谈不上成本管理，也就谈不上其他职能的发挥。这就是施工项目成本核算与施工项目成本管理的内在联系。

(2) 施工项目成本核算的原则

为了发挥施工项目成本管理职能，提高施工项目管理水平，施工项目成本核算就必须讲求质量，提供有用的成本信息。要提高成本核算质量，必须遵循成本核算的原则。概括起来主要有以下几条：

1) 确认原则

是指对各项经济业务中发生的成本，都必须按一定的标准和范围加以认定和记录。

2) 分期核算原则

施工生产是连续不断的，企业（项目）为了取得一定时期的施工项目成本，就必须将施工生产活动划分为若干时期。并分期计算各期项目成本。成本核算的分期应与会计核算的分期相一致，这样便于财务成果的确定。

3) 一贯性原则

指企业（项目）成本核算所采用的方法应前后一致。一经确定，不得随意变动。成本核算办法的一贯性原则体现在各个方面，如耗用材料的计价方法，折旧的计提方法，施工间接费的分配方法，未完施工的计价方法等。

4) 实际成本核算原则

指企业（项目）核算要采用实际成本计价。即必须根据计算期内实际产量（已完工程量）以及实际消耗和实际价格计算实际成本。

5) 配比原则

指营业收入与其相对应的成本，费用应当相互配合。

6) 权责发生制原则

指凡是当期已经实现的收入和已经发生或应当负担的费用，不论款项是否收付，都应作为当期的收入或费用处理；凡是不属于当期的收入和费用，即使款项已经在当期收付，都不应作为当期的收入和费用。权责发生制原则主要从时期选择上确定成本会计确认的基础，其核心是根据权责关系的实际发生的影响期间来确认企业的支出和收益。根据权责发生制进行收入与成本费用的核算，能够更加准确地反映特定会计期间真实的财务成本状况和经营成果。

7) 谨慎原则

企业应该合理核算可能发生的损失和费用，考虑企业的各种风险，如实反映成本，防止虚盈实亏的发生。

8) 划分收益性支出与资本性支出原则

指成本，会计核算应当严格区分收益性支出与资本性支出界限，以正确地计算当期损益。所谓收益性支出是指该项支出发生是为了取得本期收益，即仅仅与本期收益的取得有关，如支付工资、水电费支出等。所谓资本性支出是指不仅为取得本期收益而发生的支出，同时该项支出的发生有助于以后会计期间的支出，如购建固定资产支出。

当然，除了以上主要原则之外，会计核算也应符合明晰性原则，重要性原则，及时性原则及相关性原则。

施工项目成本核算，不同于一般的企业工程施工的核算。企业工程施工核算的原则是适应企业施工管理组织体制，实行统一领导，分级核算。如三级管理的企业，施工队核算本队直接费，工区核算工程成本，公司汇总核算企业生产成本。施工项目成本核算是适应施工单位项目管理组织体制，实行统一领导，分项核算，一般是项目部核算施工项目的工程成本，公司汇总核算企业生产成本。施工项目核算的具体方法是：

1) 以施工项目为核算对象，核算施工项目的全部预算成本、计划成本和实际成本，包括主体工程、辅助工程、配套工程以及管线工程等。

2) 划清各项费用开支界线，严格遵守成本开支范围。各项费用开支界限，要按照国家和主管部门规定的成本项目对项目工程发生的生产费用进行归集，严格遵守成本开支范围。要对施工项目的成本进行控制，控制不合理的费用支出，使其实际成本控制在工程项目投资之内。

3）建立目标成本考核体系。项目成本目标确定之后，将其目标分解落实到项目班子中的各有关负责人，包括成本控制人员，进度控制人员、合同管理人员以及技术、质量管理人员等，直至生产班组和个人。在施工过程中，要建立目标成本完成考核信息，并及时反馈到项目班子中各有关人员，及时做出决策，提出措施，更好地控制成本。

4）加强基础工作，保证成本计算资料的质量。这些基础工作，除了贯彻各项施工定额外，还应包括材料的计量、验收、领退、保管制度和各项消耗的原始记录等。

5）坚持遵循成本核算的主要程序，正确计算成本和盈亏。其主要程序是：

a. 按照费用的用途和发生的地点，把本期发生和支付的各项生产费用，汇集到有关成本费用项目中；

b. 月末将归集在"辅助生产"帐户的辅助生产费用，按照各受益对象的受益数量，分配并转入"工程施工"、"管理费用"等帐户中（若项目上无辅助生产则除外）；

c. 月末各个施工项目凡使用自有施工机械的，应由本月成本负担的施工机械使用费用转入成本；

d. 月末，将由本月成本负担的待摊费用和预提费用转入工程成本；

e. 工程竣工（月、季末）后，结算竣工程（月、季末已完工程）的实际成本转入"工程结算"科目借方，以资与"工程结算"科目的贷方差额结算工程成本降低额或亏损额。

9.8.6 施工项目成本分析和考核

（1）施工项目成本分析

1）施工项目成本分析的概念

施工项目的成本分析，是指对项目成本的形成过程和影响成本升降的因素进行分析，以寻求进一步降低成本的途径。通过成本分析，可从帐簿、报表反映的成本现象看清成本的实质，为加强成本控制，实现项目成本目标创造条件。因此，施工项目成本分析，也是降低成本，提高项目经济效益的重要手段之一。

2）施工项目成本分析的内容。

从成本分析应为生产经营服务的角度出发，施工项目成本分析的内容应与成本核算对象的划分同步。如果一个施工项目包括若干个单位工程，并以单位工程为成本核算对象，就应对单位工程进行成本分析。与此同时，还要在单位工程成本分析的基础上，进行施工项目的成本分析。施工项目成本分析的内容包括以下三个方面：

a. 随着项目施工的进展而进行的成本分析

它包括：

分部分项工程成本分析；

月（季）度成本分析；

年度成本分析；

竣工成本分析。

b. 按成本项目进行的成本分析

它包括：

人工费分析；

材料费分析；

机械使用费分析；

其它直接费分析；

间接成本分析。

c. 针对特定问题和与成本有关事项的分析

它包括：

成本盈亏异常分析；

工期成本分析；

资金分析；

其他有利因素和不利因素对成本影响的分析；

技术组织措施节约效果分析。

3）施工项目成本分析的方法

施工项目成本分析一般采用的方法有：

a. 比较法

比较法，又称“指标对比分析法”。就是通过技术经济指标的对比，检查计划的完成情况，分析产生差异的原因，进而挖掘内部潜力的方法。这种方法，具有通俗易懂、简单易行、便于掌握的特点，因而得到了广泛的应用，但在应用时必须注意各技术经济指标的可比性。

比较法的应用，通常有下列形式：

第一种为　将实际指标与计划指标对比，以检查计划的完成情况；

第二种为　本期实际指标与上期实际指标对比。反映施工项目管理水平的提高程度；

第三种为　与本行业平均水平、先进水平对比。反映本项目的技术管理和经济管理与其他项目的平均水平和先进水平的差距，进而采取措施赶超先进水平。

以上三种对比，可以在一张表上同时反映。比较时应从绝对数和相对数两方面进行。

【例】　某项目本年计划节约“三材”100000元，实际节约120000元，上年节约95000元，本企业先进水平节约130000元。根据上述资料编制分析表，见表9-8。

b. 因素分析法又称连环替代法。这种方法可用来分析各种因素对成本的影响程度。成本指标一般由2个或由2个以上因素构成，进行分析时，首先要假定众多因素中的一个因素发生了变化，其他因素固定不变，然后逐个替换，并分别比较其计算结果，以确定各个因素变化对成本的影响程度。

因素分析法计算步骤如下：

确定分析对象（即所分析的技术经济指标）并计算出实际与计划数的差异；

确定该指标是由哪几个因素组成，并按其相互关系进行排序；

以计划数为基础，将各因素的计划数相乘，作为分析替代的依据；

将各个因素的实际数按上面的排序进行替换计算，并将替换后的实际数保留下来；

将每次替换的结果，与前一次的替换结果相比较，两者的差异即为该因素对成本的影响额；

各个因素的影响程度之和，应与分析对象的总差异相等。

因素分析法的应用举例：

某工程浇捣一层结构商品混凝，实际成本比计划成本超支19760元。用“因素分析法”分析产量单价、损耗率等因素的变动对实际成本的影响程度。见表9-9，表9-10。

实际指标与上期指标先进水平对比表　　**表9-8**

指标	本年计划数	上年实际数	企业先进数	本年实际数	差异					
					与计划比		与上年比		与先进比	
					绝对数	相对数	绝对数	相对数	绝对数	相对数
“三材”节约额	100,000	95,000	130,000	120,000	+20,000（元）	+20%	+25,000	+ +26%	−10000	−7.7%

商品混凝土计划成本与实际成本对比表　　**表9-9**

项　目	单　位	计　划	实　际	差　额
产　量	m^3	500	520	+20
单　价	元	700	720	+20
损耗率	%	4	2.5	−0.5
成　本	元	364000	383760	+19760

商品混凝土成本变动因素分析表 **表 9-10**

顺　　序	连环替代计算	差　　异	因素分析
计划数	500×700×1.04＝364000		
第一次替代	520×700×1.04＝378560	14560	由于产量增加 $20m^3$ 成本增加 14560 元
第二次替代	520×720×1.04＝389376	10816	由于单价提高 20 元成本增加 10816 元
第三次替代	520×720×1.025＝383760	－5616	由于损耗率下降 1.5%，成本减少 5616 元
合　　计	14650＋10816－5616＝	19760	

必须说明，在应用“因素分析法”时，各个因素的排列顺序应该固定不变。否则，就会得出不同的计算结果，也会产生不同的结论。

(2) 施工项目成本考核

1) 施工项目成本考核的概念

施工项目成本考核，应该包括两方面：即项目成本目标完成情况的考核和成本管理工作业绩的考核。这两方面的考核，都属于企业对施工项目经理部成本监督的范畴。应该说，成本降低水平与成本管理工作有着密切的联系，它们都是对项目成本评价的一个方面，都是企业对项目成本进行考核和奖罚的依据。

施工项目成本考核的目的，在于贯彻落实责权利相结合的原则，促进成本管理工作的健康发展，更好地完成施工项目的成本目标。

在施工项目的成本管理中，项目经理和所属部门、施工队直到生产班组，都有明确的成本管理责任，而且有定量的责任成本目标。通过定期和不定期的成本考核，即可对他们加强督促，又可调动他们成本管理的积极性。

2) 施工项目成本考核的内容。

施工项目的成本考核，可以分为两个层次，一是企业对项目经理的考核；二是项目经理对所属部门、施工队和班组的考核。通过以上层层考核，督促项目经理、责任部门和责任者更好地完成自己的责任成本，从而形成实现项目成本目标的层层保证体系。

a. 企业对项目经理的考核内容

项目成本目标和阶段成本目标的完成情况；

建立以项目经理为核心的成本管理责任制的落实情况；

成本计划的编制和落实情况；

对各部门、各施工队和班组责任成本的检查和考核情况；

在成本管理中贯彻责权利相结合原则的执行情况。

b. 项目经理对所属各部门，各施工队和班组的考核

a) 对各部门的考核内容为：本部门，本岗位责任成本的完成情况；

本部门，本岗位成本管理责任执行情况；

b) 对各施工队的考核内容为：对劳务合同规定的承包范围和承包内容的执行情况；

劳务合同以外的补充收费情况；

对班组施工任务单的管理情况，以及班组完成施工任务后的考核情况。

c) 对生产班组的考核内容：以分部分项工程作为班组的责任成本，以施工任务单和限额领料单的结算资料为依据，与施工预算进行对比，考核班组责任成本的完成情况。

3) 施工项目成本考核方法：

施工项目成本考核有以下几种方法：

a. 评分制。先按考核内容评分，然后按七与三的比例加权平均。即：责任成本完成情况评分为七，成本管理工作业绩评分为三。这个比例是假设的，施工项目可以根据具体情况进行调整。

b. 与其他相关指标完成情况相结合。成本考核的评分是奖罚的依据，相关指挥完成情况为奖罚的条件。也就是：在根据评分计奖的同时，还要参与相关指标（如进度、质量、安全等）的完成情况加奖或扣罚。如质量达到优良，按应得奖金加奖 20%，质量不合格，扣除应得奖金 50%。

c. 强调项目成本的中间考核。项目成本的中间考核包括月度成本考核和阶段成本考核。

d. 重视施工项目竣工成本的考核。施工项目的竣工成本，是在工程竣工和工程款结算的基础上编制的，是竣工成本考核的依据。

施工项目的竣工成本是项目经济效益的最终反映。它既是上交利税的依据，又是进行职工分配的依据。由于施工项目的竣工成本关系到国家、企业和职工的利益，必须做到核算正确，考核正确。

e. 要做到有奖有罚且奖罚及时兑现。

小　结

施工项目成本管理是施工项目管理的核心，其管理效果如何关系到施工项目经理部和企业的生存与发展。

(1) 施工项目成本管理概述

施工项目成本是指建筑施工企业以施工项目作为成本核算对象的施工过程中所耗费的生产资料的转移价值和劳动者的必要劳动所创造的价值的货币表现。它包括直接人工费、材料费、机械使用费、其它直接费和项目部一级为组织和管理工程施工所发生的间接费支出。施工项目成本实际上是施工项目的现场成本，反映了项目部的成本水平。

成本是质量、工期、消耗、安全的四大目标的综合反映，所以施工项目成本管理是施工项目管理的中心环节。

成本有许多种分类，根据管理的需要，常用的分类方法有以下三种：

a. 按成本发生的时间可以分为预算成本、计划成本和实际成本；

b. 按生产费用计入成本的方法可以分为直接成本和间接成本；

c. 按生产费用与工程量的关系可以分为固定成本和变动成本。

根据国家有关财务制度规定，施工企业成本由直接成本和间接成本构成。期间费用不计入项目成本，直接计入当期损益。

施工项目成本管理，是指在完成一个工程项目过程中，对所发生的成本费用支出，进行有组织、有系统地预测、计划、控制、核算、考核和分析等一系列科学管理工作的总称。

施工项目成本管理的目的是在保证工期、质量的前提下，通过不断改善项目管理工作，充分采用经济、技术、组织措施，挖掘降低成本的潜力，以尽可能少的劳动消耗，实现预定的成本目标。

所以强化工程项目成本管理具有重要的意义。它可以促进经营管理的改善，提高企业管理水平；合理补偿施工耗费，保证企业再生产的进行；促进企业挖掘潜力，降低成本；促进企业加强经济核算，讲求经济效益，增强竞争能力。它是建筑企业由粗放型管理转向集约型管理的一条重要途径。

施工项目成本管理与企业成本管理是两个不同的概念，它们的区别在于第一，管理对象不同；第二，管理任务不同；第三，管理方式不同；第四，管理责任不同。

施工项目成本管理的内容概括起来有六项，即施工项目成本预测，成本计划，成本控制，成本核算，成本分析和成本考核。

开展项目管理还应该具备以下条件：第一，项目经理、项目班子及作业层的全体人员必须具有经济观念、效益观念和成本观念；第二，确定项目目标和建立完成目标的保证体系；第三，必须确定责任主体；第四，建立和健全有关成本管理的基础工作；第五，必须进行成本的经营管理。

（2）施工项目成本预测

成本预测是指通过取得的历史数据资料，采用经验总结，统计分析及数学模型的方法进行判断和推测。它在施工项目成本管理中起着重要的作用，表现在它是投标决策的依据，是编制计划成本的基础，是成本管理的重要环节。

施工项目成本的预测方法一般分为定性预测和定量预测两大类。

定性预测是根据已掌握的信息资料和直观材料，依靠具有丰富经验和分析能力的内行和专家，运用主观经验，对施工项目的材料消耗市场行情及成本等做出性质上和程度上的推测和估计，然后把各方面的意见进行综合，作为预测成本变化的主要依据。

定性预测法适用于对预测对象的数据资料掌握不充分等情况。这种方法灵活简便。

定量预测法是根据已掌握的比较完备的历史数据，运用一定的数学方法进行科学的加工整理，借以揭示有关变量之间的规律性联系，用于推测和预测未来发展变化情况的预测方法。其优点是能够准确描述预测对象在数量上的变化程度，受主观因素影响较少。缺点是对信息资料的质量要求较高。移动平均法、指数平滑法、量本利分析法等都是预测中常用的方法。

（3）施工项目成本计划

施工项目成本计划是以货币形式预先规定的施工项目在施工中所需要的费用支出和成本降低应达到的水平。它是在项目经理负责下，在成本预测的基础上编制的。它是施工项目成本管理的一个主要环节，是实现降低施工项目成本任务的指导性文件。

为了发挥成本计划的重要作用，编制时应该掌握以下原则：第一，从实际出发的原则；第二，与其他计划相结合的原则；第三，采用先进的技术经济定额的原则；第四，统一领导、分级管理的原则。

施工项目成本计划一般由施工项目直接成本降低计划和间接成本降低计划所组成。成本计划编制后，通常用成本计划表的形式将成本降低任务落实到整个项目的施工过程，借以实现有效的成本控制。常用的成本计划表有项目成本计划任务表；技术组织措施表；降低成本计划表；施工现场管理费计划表。

（4）施工项目成本控制

施工项目成本控制是指在项目成本的形成过程中，对生产经营所消耗的人力资源、物质资源和费用开支，进行指导、监督、调节和限制，及时纠正将要发生和已经发生的偏差，把各项生产费用，控制在计划成本的范围之内，以保证成本目标的实现。施工项目成本控制的目的，在于降低项目成本，提高经济效益。

为了有效地控制项目成本，在项目管理中应遵循以下7条原则：①开源与节流相结合；②全面控制的原则；③中间控制的原则；④目标管理原则；⑤节约原则；⑥例外管理原则；⑦责权利相结合的原则。

控制项目成本可以从三方面入手。第一，采取组织措施控制项目成本；第二，采用技术措施；第三，采用经济措施。

(5) 施工项目成本核算

施工项目成本核算是指以工程施工项目为对象，对施工生产过程中的各项耗费进行审核记录，汇集和核算。

施工项目成本核算在项目成本管理中发挥着重要的作用，它既是施工项目进行成本预测制订成本计划和实行成本控制所需信息的重要来源，又是项目进行成本分析和成本考核的基本依据。所以，施工项目成本核算是项目成本管理的基本职能，离开了成本核算，就谈不上成本管理。

为了充分发挥施工项目成本核算的作用，施工项目成本核算中必须遵循统一的原则（共十二条），以提高核算质量，提供有用的成本信息。

施工项目成本核算的具体方法是：①以施工项目为核算对象，核算施工项目的全部预算成本、计划成本和实际成本；②划清各项费用开支界线，严格遵守成本开支范围；③建立目标成本考核体系；④加强基础工作，保证成本计算资料的质量；⑤遵循成本核算程序，正确计算成本盈亏。

(6) 施工项目成本分析和考核

施工项目成本分析，是指对项目成本的形成过程和影响成本升降的因素进行分析，以寻求进一步降低成本的途径。它是提高项目经济效益的重要手段之一。

施工项目成本分析的内容大致包括以下三方面：第一，随着项目施工的进展进行的成本分析；第二，按成本项目进行的成本分析；第三，针对特定问题和与成本有关事项的分析。

施工项目成本分析方法有很多种，其中比较法和因素分析法都是最常用的分析方法。

施工项目成本考核，应该包括两方面：即项目成本目标完成情况的考核和成本管理工作业绩的考核。这两方面的考核，都属于企业对施工项目经理部成本监督的范畴。应该说，成本降低水平与成本管理工作有着密切的联系，它们都是对项目成本评价的一个方面，都是企业对项目成本进行考核和奖罚的依据。

施工项目成本考核的目的，在于贯彻落实责权利相结合的原则，促进成本管理工作的健康发展，更好地完成施工项目的成本目标。

施工项目成本考核的内容，分为两个层次进行。一是企业对项目经理的考核；二是项目经理对所属部门，施工队和班组的考核。通过以上层层考核，督促项目经理、责任部门和责任者更好地完成自己责任成本，从而形成实现项目成本目标的层层保证体系。

习题

1. 什么是施工项目成本及构成?

2. 施工项目成本有哪几种分类?

3. 项目成本管理与企业成本管理有何区别?

4. 项目成本管理的内容有哪些?

5. 实施项目成本管理必须具备哪些条件?

6. 项目成本预测的概念、作用和方法?

7. 项目成本计划的概念、原则和内容?

8. 项目成本控制的概念、原则和方法?

9. 项目成本核算的概念、原则和方法?

10. 项目成本分析的概念和方法?

11. 项目成本考核的概念和内容?

第10章　劳动安全卫生

10.1　概述

10.1.1　劳动安全卫生的概念

劳动安全卫生，就是国家为了保护劳动者在生产过程中的安全和健康，在改善劳动条件、预防事故和职业病、实现劳逸结合和女工的特殊保护等方面所采取的各种组织措施和技术措施，统称为劳动安全卫生。

在生产过程中，对劳动者的安全和健康加以保护的原因有：

(1) 为了保证劳动者的安全与健康

在一切劳动生产过程中，都存在不安全、不卫生的因素。例如，建筑施工可能发生高处坠落、物体打击、机具伤害、触电和坍塌等伤亡事故；建筑工人长期接触粉尘、噪音、有毒物质等，而且劳动强度大，这一切都会危及劳动者的安全，对健康造成影响，所以在这些方面都要进行劳动安全卫生。

(2) 为了保证企业生产正常进行，提高企业经济效益。

在生产过程中，在各个关键的环节进行劳动保护，可以有效地减少事故的发生，避免因事故发生而停工，减少损失，提高劳动生产率，从而全面提高企业的经济效益。

在社会主义制度下，劳动人民是国家的主人，劳动条件的好坏，直接关系到劳动者的切身利益、安全和健康，我们的一切工作都必须从人民的利益出发，这是我党和国家的一贯方针。因此，劳动保护不仅是企业管理的一项基本原则，也是一项政治任务。

发展经济的目的是提高和发展生产力，而保护劳动者是提高和发展生产力的根本保证。事实证明，不关心劳动者的劳动条件，设备陈旧不安全，生产环境恶化的企业，不可能保证经济效益的持续高速提高，所以劳动保护在经济上也是十分重要的。

10.1.2　劳动安全卫生的内容和任务

(1) 劳动安全卫生的内容

劳动安全卫生的内容概括起来有以下三方面：

1) 劳动安全卫生管理

劳动安全卫生管理是从立法和组织的角度研究和编制各种保护劳动者安全和健康的措施。它包括方针、政策、劳动保护立法、科学研究、各级领导的责任制度、劳动保护措施计划、劳动保护教育、劳动保护的监督和检查、个人防护用品和保健食品的发放和管理等。

2) 安全技术

安全技术是防止劳动者发生工伤事故的技术措施。例如，建筑施工中高处坠落、物体打击、触电机具伤害和土方坍塌等的伤害及其防护措施；严寒酷暑的伤害及其预防；施工中的安全装置等。

3) 工业卫生

工业卫生也称劳动卫生。是研究防止劳动者在劳动生产过程中发生职工中毒和职业病危害，保护劳动者身体健康为目的的各种组织技术措施。安全技术是以防止突然发生急性伤亡事故为研究对象；工业卫生则以预防慢性的职业病为研究对象。例如，建筑施工粉尘对工人的危害；在异常气压（高压与低压、高山与深水、气候、高温、高湿、低温、低湿等）作业条件下对劳动者健康的防护等等。

（2）劳动安全卫生的任务

劳动安全卫生的任务具体有：

1）积极开展与工伤事故作斗争，最大限度地减少或消灭工伤事故。

2）积极与工业毒害作斗争，努力预防和消灭职业病。

3）搞好劳逸结合，保护劳动者身体健康。

4）根据妇女生理特点，对劳动妇女进行特殊保护。

（3）建筑施工的劳动安全卫生

建筑业是国民经济的支柱产业，建筑施工具有以下特点：

1）产品的固定性和多样性

建筑施工是围绕建筑物和构筑物进行的，造成了在有限的场地上密集材料、工种、设备作业的复杂情况。加上建筑类型的不同，地区的差异，更增加了施工的复杂性。

2）建筑施工综合性强、可变因素多、露天作业，受自然条件影响大。

建筑施工是多工种的综合作业、施工的自然条件（地形、地质、水文等）、技术条件（结构类型、技术要求、施工水平、材料质量等）和社会条件（物资供应、运输、专业化、协作条件等）差异较大，加上建筑施工是露天作业，受自然条件影响较大，使建筑施工过程复杂多变。

3）立体交叉作业、高空地下作业多

建筑施工由于是多工种综合作业，多数情况下是立体交叉作业，组织工作难度大，工程之间的干扰和影响较大，尤其是高空、地下作业，事故的发生率很高。

4）手工操作多，劳动强度大

建筑施工目前机械化程度在不断提高；但手工操作的工种还很多，例如砌砖工，抹灰工、架子工和管工等，都是繁重的体力劳动，应更关注劳动者的健康。

建筑施工的上述特点给施工过程带来了很多不安全的因素。据统计建筑施工中的高处坠落、物体打击、机械和起重伤害、触电坍塌等五个方面的事故占事故总数的80%～90%，其中高处坠落占50%以上。加之农民临时工的剧增，管理跟不上，使伤亡事故增多。据了解，在死亡事故中，农民临时工的比例要占有总死亡人数的一半以上。

综上所述，建筑施工的劳动保护任务更复杂、更艰巨和更重要。

10.1.3 我国的劳动安全卫生法规

（1）国务院颁布的劳动安全卫生法规

国务院在劳动安全卫生方面颁布了很多法规，下面重点介绍“三大规程”和“五项规定”。

1）三大规程

三大规程包括《工厂安全卫生规程》、《建筑安装工程安全技术规程》和《工人职员伤亡事故报告规程》。

《工厂安全卫生规程》1956年颁布是关于工厂企业安全卫生方面的管理规程。其内容包括：总则；厂院；工作场地；机械设备；电气设备；锅炉和气瓶；气体、粉尘和危险物品；供水；生产辅助设施；个人防护用品附则等。它主要是针对当时工厂企业的现状，为改善其劳动条件，保护工厂职员的安全和健康，保证劳动生产率的提高而制订的规程。

《建筑安装工程安全技术规程》颁布于1956年，是一个关于建筑安装工程中安全技术设施标准和管理的规程。其内容包括：总则；施工的一般安全要求；施工现场；脚手架；土石方工程；机械设备和安装；拆除工程，防护用品附则等。

《企业职工伤亡事故报告和处理规定》颁布于1991年。是为了及时报告、统计、调查和处理职工伤亡事故，积极采取预防措施，防止伤亡事故而制定的。1956年国务院颁布的《工人职员伤亡事故报告规程》已废止。

2）五项规定

“五项规定”即《国务院关于加强企业生产中安全工作的几项规定》，1963 年由国务院颁布。这是一个适用于一切工矿企业、单位的劳动保护规定。其内容包括以下五项规定：

a. 关于安全生产责任制；

b. 关于安全技术措施计划；

c. 关于安全生产教育；

d. 关于安全生产的定期检查；

e. 关于伤亡事故的调查处理。

上述法规自颁布以来，除个别条文作了修改补充外，一直在指导我国的劳动保护工作的开展。因此，我们在今后的劳动保护工作中，仍应贯彻执行这些法规。

(2) 当前执行的几项有关规定

随着生产的发展，从国家到基层的各个部门根据国家的主要法规，又制订了许多具体详细的有关规定，对加强劳动保护工作起了积极的作用，要求我们必须认真贯彻执行。

下面列出国务院及有关部委的有关主要规定：

1) 国务院批转国家劳动总局、卫生部关于加强厂矿企业的防尘防毒工作的报告（国发［1979］100 号）。

2)国家建工总局关于加强劳动保护工作的决定（建工劳字［81］208 号）。

3)《国营建设企业安全生产工作条例》(1983 年 5 月 27 日城建部发布)。

4)城乡建设部关于加强建筑企业安全生产工作的决定（城劳字［86］168 号）。

5)城乡建设部关于加强集体所有制企业安全生产的暂行规定。

6)城乡建设部关于加强塔式起重机安全使用管理的若干规定（试行）。

7)国家劳动总局压力容器安全监督局关于《加强浴室锅炉和热水罐的安全管理工作的通知》(劳锅字［81］90 号)。

8) 国务院关于发布《锅炉压力容器安全监察暂行条例的通知》(国发［1982］22 号)。

9)国务院办公厅转发全国安全生产委员会关于重视安全生产控制伤亡事故恶化的意见的通知（国办发［1986］20 号)。

10) 中华人民共和国建设部《建筑施工安全检查评分标准》GBJ59—88。

11) 中华人民共和国城乡建设环境保护部《施工现场临时用电安全技术规范》JGJ46—88。

12) 中华人民共和国行业标准《建筑施工高处作业安全技术规范》JGJ80—91。

13) 中华人民共和国行业标准《龙门架及井架物料提升机安全技术规范》JGJ88—92。

在上述国务院和国家有关部委的有关规定中，对劳动安全卫生明确提出了一些主要原则和要求。在建筑施工中应特别强调以下规定：

a. 国务院于 1963 年颁布的《国务院关于加强企业生产安全工作的几项规定》中，在安全生产责任制中确定了三条主要原则。一是各级领导人员在管理生产的同时，必须负责管理安全；二是在计划、布置、检查、总结、评比生产工作时，同时计划、布置、检查、总结、评比安全工作；三是企业单位中有关专业机构，都应在各自职责范围内，对实现安全生产的要求负责；

b. 城建部于 1987 年颁发的《国营建筑企业安全生产工作条例》指出：生产必须保证安全是建筑企业必须遵守的原则。安全生产指标是考核企业的重要技术指标，规定凡年万人死亡率超过 1.5 的，工伤年频率超过 36‰的企业，当年不能评为先进企业；

c. 城建部 1982 年颁布的《关于加强集体所有制建筑企业安全生产暂行规定》中要求集体建筑企业建立安全生产责任制，安全生产教育制度，安全生产措施制度，安全生产检查制度，职工伤亡事故报告制度。

10.2 建筑施工现场的安全工作

建筑施工是工伤事故多发的生产活动，必须建立健全安全生产的各项规章制度，否则，企业的安全生产就无法保证，安全工作会无人过问，工伤事故和职业病会显著上升，职工的生命和健康会受到严重的威胁。因此，建章建制地搞好建筑施工现场的安全工作是一项非常必要而且重要的工作。

10.2.1 安全工作方针

安全工作是企业的头等大事，确保安全生产是各级领导，各职能部门的神圣职责。任何单位部门、任何时候都必须坚持“安全第一、预防为主”的方针，努力实现科学管理、安全生产。

各级领导必须把安全工作列入重要议事日程。在计划、布置、检查、总结、评比生产的同时，计划、布置、检查、总结、评比安全工作。

制定和完善各项安全技术措施，认真实施安全教育和培训，提高全员的安全意识和安全技术水平，特别要做好劳务施工队伍的安全工作。

对伤亡事故要认真调查处理，做到“找不出原因不放过，本人和群众受不到教育不放过，没有制订出防范措施不放过。伤亡事故调查处理的各种报告，报表要及时、准确、完整。

10.2.2 安全生产责任制

安全生产责任制是为认真贯彻“安全第一、预防为主”的安全生产方针，明确建筑施工企业法人代表、技术负责人等有关管理人员及各职能部门安全生产责任，保障生产者在施工作业中的安全和健康而制定的责任制度。

安全生产责任制是企业实现“安全第一，预防为主”方针的具体体现。它是企业实行安全工作综合治理、齐抓共管的依据，使安全工作层层有人负责，事事有人管理，实现“横向到边，纵向到底”的责任落实要求。

(1) 安全组织

公司成立安全生产委员会，主任由各级主管领导担任，委员由各级工程、技术、动力、保卫、劳资、财务、工会、安全部门的领导担任。

公司设安全监督站或安全科，项目经理部应设立安全生产领导小组，并设专职安全员，负责安全管理工作。

企业安全管理系统积极贯彻和宣传上级的各项安全规章制度，并监督检查执行情况；制定定期安全工作计划和方针目标，并负责贯彻实施；协助领导组织安全活动和检查；制定或修改安全生产管理制度；负责审查企业内部制定的安全操作规程，并对执行情况进行监督检查；参加施工组织设计、施工方案的会审；参加生产会，掌握信息，预测事故发生的可能性；参加因工伤亡事故的调查、统计、分析、处理以及履行安全生产责任制中规定的其它职责。

(2) 施工现场各级人员安全生产责任制

1) 项目经理

a. 对承包工程项目的安全生产负全面领导责任；

b. 在项目施工生产全过程中，认真贯彻落实安全生产方针、政策、法规和各项规定制度，结合工程特点和施工全过程的情况，制定本项目工程安全管理办法。确定安全管理体制，聘用业务人员，并明确相应的安全责任和考核指标，支持、指导安全管理人员的工作。监督管理办法的实施；

c. 健全和完善用工管理制度，录用外包队必须按规定申报，录用后要做好安全教育、对外包队工人的安全和健康负责；

d. 组织落实施工组织设计中安全技术措施，组织并监督项目工程施工中安全技术交底制度和设备、设施验收制度的实施；

e. 领导、组织施工现场定期的安全生产

检查，发现施工生产中不安全问题，组织制订措施，及时解决。对上级提出的安全生产和管理方面的问题，要定时、定人、定措施予以解决；

f. 发生事故，要做好现场保护与抢救工作，及时上报，组织、配合事故的调查，认真落实制定的防范措施，吸取事故教训。

2）项目工程技术负责人

a. 对项目、工程、生产、经营中的安全生产负技术责任；

b. 贯彻落实安全生产方针政策，严格执行安全技术规程、规范、标准。结合项目工程特点，主持项目工程的安全技术交底；

c. 参加或组织编制施工组织设计，编制审查施工方案时，要制定、审查安全技术措施，保证其可行性与针对性，并随时检查、监督、落实；

d. 主持制定技术措施计划和季节性施工方案，并制定相应的安全技术措施、监督执行；

e. 项目工程应用新材料、新技术、新工艺时，要及时上报。同时组织上岗培训，认真执行相应的安全技术措施与安全操作工艺要求；

f. 主持安全防护设施和设备的验收；

g. 参加安全生产检查，对施工中的不安全因素提出技术整改意见和方法；

h. 参加、配合因工伤亡及重大未遂事故的调查，从技术上分析事故原因，提出防范措施和意见。

3）工长、施工员

a. 认真执行上级有关安全生产规定，对所管辖班组（特别是外包工队）的安全生产负直接领导责任；

b. 认真执行安全技术措施及安全操作规程，针对施工任务特点，进行安全技术交底，并经常检查执行情况，随时纠正违章作业；

c. 经常检查所管辖施工范围的作业环境和各种设备、设施的安全状况，发现问题及时纠正解决；

d. 定期和不定期组织所管辖班组（含外包队）学习安全操作规程，开展安全教育活动，接受安全部门或人员的安全检查、监督，及时解决提出的不安全问题；

e. 对分管工程项目应用的新材料、新技术、新工艺严格执行申报、审批制度，发现问题及时上报，问题未解决前暂停使用；

f. 发生因工伤亡及未遂事故要保护现场，立即上报。

4）班组长

a. 对本班组人员在施工中的安全和健康负责；

b. 经常进行安全教育，学习安全操作规程，正确使用劳保用品，不断提高自保能力；

c. 认真落实安全技术交底，做好班前讲话，班后小结；不违章作业，不冒险蛮干；

d. 经常检查施工现场安全作业状况，发现问题及时解决或上报有关领导；

e. 发生因工伤亡或未遂事故，保护好现场，并立即上报有关领导。

5）包工队负责人

a. 对本队人员在施工中的安全和健康负责；

b. 按制度严格履行各项劳务用工手续，做好安全教育和安全岗位培训，监督本队人员遵守劳动、安全纪律，不违章指挥，制止违章作业；

c. 必须保持本队施工人员的相对稳定。人员变更，须事先向有关部门申报、并对新来人员进行入场和上岗安全教育后方准上岗；

d. 根据上级的安全技术交底，每天针对施工任务进行书面安全技术交底，做好班前讲话，监督执行情况，发现问题，及时纠正；

e. 经常检查作业现场的安全生产状况，发现问题及时纠正，重大隐患应立即上报有关领导；

f. 发生因工伤亡或未遂事故，保护好现场，做好伤者抢救工作，并立即上报有关领

导。

6）操作工人

a. 认真学习、严格执行安全技术规程，模范遵守安全生产规章制度；

b. 积极参加安全活动，认真执行安全交底，不违章作业，服从安全人员的监督指导；

c. 发扬团结友爱精神，在安全生产方面做到互相帮助、互相监督，对新工人要积极传授安全生产知识，维护一切安全设施和护具，做到正确使用，不准随意拆改；

d. 对不安全作业要积极提出意见，并有权拒绝违章指令；

e. 如发生伤亡和未遂事故，应保护现场并立即上报。

（3）企业各职能部门安全生产责任制

公司、工区（分公司）的工程、技术、机械动力、劳动劳务、材料、财务、人事、消防保卫、教育、行政卫生、基建等部门和人员的安全生产责任制应按国家和地方政府颁布的建筑施工企业安全生产责任制的有关规定执行。

10.2.3 安全生产教育

安全生产教育，一般叫做预防事故教育。它是劳动保护工作的一项重要内容，是搞好企业安全生产的一项重要的思想建设工作。

（1）安全生产教育的内容

1）思想政治教育

思想政治教育通常从加强思想政治教育和劳动纪律教育两个方面进行。

思想政治教育主要是教育职工从思想上、理论上认识做好劳动保护对促进社会主义建设的道理，树立安全生产的责任感和自觉性。

劳动纪律教育，主要是使全体职工懂得纪律是提高企业管理水平、合理组织劳动、提高劳动生产率的重要条件，也是保证施工人员安全施工和身体健康的重要前提。

2）劳动保护方针政策教育

劳动保护方针政策教育主要是使参加施工的各级人员了解党和国家的安全生产方针及有关的劳动保护法规，使大家能够正确全面地理解，并认真贯彻执行，不断提高政策水平，确保安全生产。

3）安全技术知识教育

安全技术知识教育包括：一般生产技术知识教育、一般安全技术知识教育和专业安全技术知识教育。通过教育使各级施工人员了解一般建筑施工技术知识和常见、常用的建筑施工安全技术，并掌握本专业范围内的详细安全技术和安全操作规程。

4）典型经验和事故教训教育

通过典型经验教训、典型案例的教育和剖析，使安全教育说服力更强，教育更深刻，这是防止事故发生的有效方法。

5）法制教育

通过国家有关劳动保护法制的教育，使施工人员懂得，在安全防护上、操作和指挥上、在施工生产过程中，什么是不违法，什么是违法；什么是犯了重大责任事故罪，什么是犯了玩忽职守罪，从而提高人们遵纪、守法、执法的自觉性。

（2）安全生产教育的方法

1）三级教育

三级教育包括公司级、施工队和班组三级安全教育。公司级教育是对新工人或调动工作的工人，在没有分配到施工现场以前、进行的首次安全教育。教育后进行安全考核，合格者向下分配，不合格者要补课。施工队教育是对新工人或调动工作的工人，分配到施工队以后，未上岗以前所进行的安全教育。经安全考试，合格者分配到班组，不合格者要补课。

新工人被分配到班组固定岗位后，未开始工作前要进行安全生产教育，班组教育后，指定师徒关系，签订师徒包教公约，在劳动过程中教导安全作业方法。

2）特殊工种的专门教育

特殊工种的专门教育是对特殊工种工人，进行专门的安全技术训练。如电气、起重、锅炉、压力容器、电气焊、司机、架子工等工种必须进行专门培训，经严格考试取得合格证以后方可独立操作。这是保证安全生产，防止工伤事故发生的重要措施。

3）经常性的安全教育

经常性的安全教育形式多种多样，工前工后、安全会议、安全交底、广播、黑板报、事故现场会、分析会、专题讲座以及电影、电视、展览等，力求生动活泼，实效具有针对性，把事故消灭在萌芽状态。

10.2.4 安全技术管理

（1）安全技术的概念与任务

1）什么是安全技术

工人在生产活动中处于不同的生产环境与不同的劳动条件下，使用不同的生产工具，采用不同的工艺过程与方法进行生产。在这些方面可能存在着有害于工人身体安全健康的因素。这些不安全的因素是导致伤亡事故的根源，为了预防或消除事故的根源，保护工人的安全与健康，就要对它分析研究，采取技术的、组织的措施，这统称为安全技术。

2）安全技术的基本任务

a. 分析生产过程中引起伤亡事故的原因，采取各种安全技术措施，改善劳动条件，消除事故隐患，预防事故发生；

b. 掌握与积累各种资料，以便制作有关安全法律、规程、标准及企业的安全技术操作规程、制度提供依据；

c. 编写对工人进行安全生产教育与安全技术宣传的材料；

d. 研究并制订分析伤亡事故的办法。

（2）建筑施工安全技术的主要内容

由于建筑施工的固有特点，所以施工中存在的事故隐患较多，发生的各种事故也比较多。近几年来，在安全技术上采取了很多措施，也取得了很大的成绩，但仍然跟不上形势的发展，还需不断完善提高。

安全技术是一门专门的课程、在本书的前几章中根据施工的分部分项工程，已结合介绍了相关的安全技术知识，这里不再赘述。这里强调一下现场施工安全技术的主要内容，供大家参考。

1）按规定正确使用安全“三宝”

“三宝”即安全帽、安全网和安全带。安全帽是保护施工人员头部，防止和减轻事故伤害，保证生命安全的主要防护用品。进入现场的所有人员必须按规定正确戴好安全帽。安全网是用来防止人物坠落，或用来避免或减轻坠落及物体打击伤害的网具。按规定自下至上应搭设首层网、层面网（每隔四层固定一道）、随层网（随施工高度上升而上升）三种安全网。安全网应按规定设支杆固定，每处应拉紧封严固定好。安全网应里低外高，网内无杂物。安全带是高处作业工人预防坠落伤亡的防护用品。安全带应按要求绑扎、高挂低用。

2）对在建工程的“四口”，必须有防护设施

“四口”即楼梯口、电梯口、预留洞口、通道口。这“四口”在施工过程中，因有关设备或设施尚未安装，极易造成人员坠落或落物伤人，造成伤害。所以在建工程的“四口”必须按规定加临时的防护门、防护盖和防护棚加以严密防护。防护设施任何人未经批准不准随意拆除或改移。

3）对在建工程的“五临边”都必须按规定进行防护。“五临边”即：深度超过2m的槽、坑、沟的周边；无外脚手架的屋面与楼层的周边；分层施工的楼梯口的梯段边；井字架、龙门架、外用电梯和脚手架与建筑物的通道和上下跳道、斜道的侧边；尚未安装栏杆或栏板的阳台、料台、挑平台的周边。

4)施工方案中有针对性的安全技术措施

所在建筑工程的施工组织设计（施工方案），都必须有针对在建工程特点的安全技术措施。大型特殊工程还需编制单项安全技术方案，否则不得开工。

5）严格实行逐级安全交底制度

开工前，技术负责人向全体职工交底，施

工前、施工中、工长向班组长交底，每天班组长要对工人进行安全交底。

6）严格执行对脚手架的检查验收制度

各类脚手架在使用前都要经过严格检查验收，合格后方可投入使用。重点检查立杆基础是否坚实平整，立杆、大小横杆和剪刀撑是否按规定搭设，连墙措施是否安全可靠，施工脚手板和防护网等的安设是否符合要求。脚手架拆除时，应交待拆除方案和拆除方法，并设警戒线。

7）塔吊等起重设备必须有安全装置

塔吊等起重设备的安全装置包括超负荷限位装置、变幅限位装置、吊钩超高限位装置、行程限位装置、吊钩保险装置和卷筒保险装置，俗称“四限位两保险”装置。这些装置分别用来控制吊车超载、超落臂极限位置、吊钩起升极限位置、最大行走极限位置、吊钩钩口自动脱落、卷筒钢丝绳松脱勒出，保证吊车安全运行。此外，塔吊不准带病运转，不准在运转中进行维修保养，六级以上大风天不准作业。

8)施工现场的危险地段和设施必须有警戒标志，夜间设红灯示警。

9）施工现场土方开挖必须按规定进行

开挖基槽、基坑深度超过1.5米时，不加支撑开挖必须按规定放坡，不放坡时必须采取牢靠的支撑措施，防止土方坍塌伤人。

10）严禁赤脚或穿高跟鞋、拖鞋进入现场，高空作业不准穿硬底和带钉易滑鞋靴。

11）加强高层建筑施工各种架子的防护

高层建筑的外脚手架、井架和龙门架等，除按一般架子的要求搭设使用之外，还应采取以下的特殊措施：

a. 地基加固：把土夯实铺10cm厚的道碴，在其上铺混凝土预制块，然后在预制块上再铺通长的槽钢，架子的立杆放在槽钢上，或者将土夯实后浇筑厚20cm C15～C20的混凝土；

b. 架子结构加固：采用在地面往上15～25m处，立杆采用双杆；缩小立杆间距；将架子荷载卸到建筑物上等方法加固；

c. 架子四角设避雷装置；

d. 高层脚手架必须进行结构计算，脚手架支搭完毕后要经过分段验收合格，方可使用；

e. 加强与建筑结构的拉结。

高层建筑施工需要的插架、挂架、吊篮等要做到“六有”，即：有设计计算、有搭设方案、有详细图纸、有荷载试验、有文字要求、有专人管理和维修。

（3）高层建筑施工中，要尽量避免在同一垂直线的立体作业。不能避免时，中间必须有隔离保护措施。

（4）安全技术管理

1）所有建筑施工工程的施工组织设计（施工方案）都必须有切实可行、针对性强的安全技术措施，否则不得施工。施工审批部门应着重审查安全技术措施部分，措施不得力的或针对性不强的，应令其重新编制。

2）施工现场的平面布置分基础、结构和装修三个阶段进行，各个阶段均须全面符合安全、卫生、防火要求。

3）各种机电设备、设施的安全装置和起重设备的限位装置要齐全有效，否则不得使用。

4）各种脚手架、提升架机电设备和安全装置安装搭设完毕后，必须经验收合格签证后方可使用。吊篮架、挂架在使用前必须进行荷载试验，做好记录，并经有关技术、安全人员共同验收合格签证后，方准使用。使用中，要指定专人维修保养，发现问题及时解决。各种架子安装、升降及拆除时，必须由架子工操作，架子工必须持证上岗。

5）施工现场的坑、井、沟和各种孔洞，易烧易爆场所，变压器周围，高压走廊，居民住宅，交通要道等处都要设置护栏、盖板、安全标志和夜间红灯示警。各种警告标志、图示必须符合国家统一标准。设置后未经施工负责人批准，不准移动或拆除。

6)两个以上施工单位和配合工种在一个

工地同时施工时，安全技术措施应分别制定，交底也须各自进行，但分包、配合单位必须服从总包单位的安全管理。

7）混凝土搅拌站、木工车间、沥青作业及喷漆作业场所等，都要采取相关措施，使尘毒深度不高于国家标准，以保护操作者的身体健康。

8）加强季节性劳动保护工作。夏季要防暑降温，冬季要防寒防冻、防煤气中毒，确保安全生产。

9）施工组织设计的编制者、施工技术负责人、施工工长及安全员要随时检查安全技术措施的执行情况，及时纠正违反安全技术措施规定的行为，及时发现并补充其不足之处，使之更加完善，达到预防事故，保证施工安全的目的。

10.2.5 安全检查

施工现场各单位除进行经常性的安全检查外，还要组织定期检查。项目经理部一般每周组织一次全面的安全检查，安全员每日巡视检查，并做好记录。

安全检查后必须填写问题检查、整改、反馈三联单。工地负责人签认后，必须组织人员定人、定时、定措施的认真整改，并在限定的日期内将反馈单填写清楚送交发单部门。检查中发现重大事故隐患时，应填发重大隐患通知单。工地负责人签认后，必须立即组织整改，必要时可停工整顿，直至消除重大隐患，方可复工。

10.2.6 事故的报告、调查与处理

（1）事故报告

伤亡事故发生后，负伤者或者事故现场有关人员应当立即直接或者逐级报告企业负责人。

企业负责人接到重伤、死亡、重大死亡事故报告后，应当立即报告企业主管部门和企业所在地劳动部门、公安部门、人民检察院、工会。

企业主管部门和劳动部门接到死亡、重大死亡事故报告后，应当立即按系统逐级上报。死亡事故报至省、自治区、直辖市企业主管部门和劳动部门；重大死亡事故报至国务院有关主管部门、劳动部门。

发生死亡、重大死亡事故的企业除按规定报告外，还应采取以下措施：

1）抢救伤员

应注意根据伤者的不同部位和工伤的不同类别采取正确的抢救方法。如抢救过程应避开和保护受伤部位，以防加重伤害；根据受伤的部位选择对口的专业医院等。

2）保护现场

现场施工负责人在工伤事故发生后，应立即派人保护现场，以便上级调查组到现场调查了解真实情况，分析研究，找出事故的原因，分清责任，提出正确的处理意见。任何不保护现场的做法都是不允许的。

3）组织人员设置警戒，防止事故扩大。

发生重大事故时，围观的群众比较多，抢救人员、职工亲属、各级领导也会闻讯而至。这时工地施工负责人或上级领导要立即成立现场抢救小组，进行有组织的抢救，同时保护现场，疏散围观的群众，保证抢救工作顺利进行。

（2）事故调查

轻伤、重伤事故，由企业负责人或其指定人员组织生产、技术、安全等有关人员以及工会成员参加的事故调查组，进行调查。

死亡事故，由企业主管部门会同企业所在地设区的市（或者相当于设区的市一级）劳动部门、公安部门、工会组成事故调查组，进行调查。

重大死亡事故，按照企业的隶属关系由省、自治区、直辖市企业主管部门或者国务院有关主管部门会同同级劳动部门、公安部门、监察部门、工会组成事故调查组，进行调查。

调查组成员应具有事故调查所需要的某一方面的专长，并与所发生的事故无直接的

利害关系。调查组的职责是查明事故发生原因、过程和人员伤亡、经济损失情况；确定事故责任者；提出事故处理意见和防范措施建议；写出事故调查报告。

(3) 事故处理

事故调查组提出的事故处理意见和防范措施建议，由发生事故的企业及其主管部门负责处理。

因忽视安全生产、违章指挥、违章作业、玩忽职守或者发现事故隐患、危害情况而不采取有效措施以致造成伤亡事故的，由企业主管部门或者企业按照国家有关规定，对企业负责人和直接责任人员进行行政处分；构成犯罪的，由司法机关依法追究刑事责任。

在伤亡事故发生后，隐瞒不报、谎报、故意拖延不报、故意破坏现场、或者无正当理由拒绝接受调查以及拒绝提供有关情况和资料的，由有关部门按照国家有关规定，对有关单位负责人和直接责任人员进行行政处分，构成犯罪的，由司法机关依次追究刑事责任。

在调查处理伤亡事故中玩忽职守、徇私舞弊或者打击报复的，由其所在单位给予行政处分，构成犯罪的，由司法机关依法追究刑事责任。

10.3 建筑业工业卫生与职业病防治

工业卫生属于卫生学的范畴，是一门预防科学，也是医学的重要组成部分。它是在“预防为主”的方针指导下，研究生产过程中由于工业毒物、不良气象条件、不合理的劳动组织等对人体的影响，研究如何保护和增进劳动者的健康水平，为职工创造良好的劳动条件从而提高劳动生产率的学科。

10.3.1 建筑施工中的有害因素

建筑施工中存在的可能影响身体健康的因素按其来源和性质大致可分为三类：

(1) 化学性因素

1) 生产性毒物

生产性毒物如二氧化硫、一氧化碳、氯气、铅、汞、砷等，可使大气受到污染，过度吸入会引起中毒。

2) 生产性粉尘

建筑施工过程中产生大量含游离二氧化硅的粉尘、硅酸盐粉尘、电焊烟尘等，这些粉尘通过呼吸道进入人的肺部，可引起矽肺病。

3) 放射性元素

施工中过量地接触铀、钍、镭等放射性元素会引起放射病。

(2) 物理性因素

1) 不良气象条件

建筑施工是室外作业，受自然气候条件的影响很大。例如夏天高温、热幅射会引起热射病、热痉挛；冬天严寒会发生冻伤等。

2) 气压异常环境

如基础施工中的沉箱和潜水作业，由于气压异常，会引起潜涵病等。

3) 振动和噪声

长期在振动和噪声环境中工作的人、会引起振动性疾病和职业性难听。

4) 红外线和紫外线

施工中的红外线和紫外线主要来自夏季强烈的太阳光线和电焊、气焊、气割等，对人体的眼睛有较严重的危害。

由生产性有害因素引起的疾病，称为职业病。我国卫生部 1957 年 2 月公布的《关于职业病范围和职业病患者处理办法的规定》，明确了下述 14 种疾病为职业病：*a*. 职业中毒；*b*. 矽肺；*c*. 热射病和热痉挛；*d*. 日射病；*e*. 职业性皮肤病；*f*. 电光性眼炎；*g*. 职业性难听；*h*. 职业性白内障；*i*. 潜涵病；*j*. 高山病和航空病；*k*. 振动性疾病；*l*. 放射性疾病；*m*. 职业性森林脑炎；*n*. 职业性碳疽。由于生产性有害因素的存在，就有发生职业病和工伤事故的可能，但只要做好预防工作，可以将职业病和工伤事故的发生率降到最低限度。

10.3.2 建筑施工中常见职业病及其防治

（1）铅中毒及其防治

1）铅中毒

建筑企业从事铅作业的工种有：直流电（蓄电池的充电、换极及极板熔铸）、电气焊（焊接锡、铅和镀锌管）、白铁、通风工（锡焊）、油漆（黄丹、红丹）、安装电工等。在各种铅作业环境中，空气铅的平均最高值是直流电，其次是电焊、气焊、白铁等。因此，建筑业对铅中毒的防护重点是改善直流电作业场所的劳动保护条件，同时做好含铅焊接、油漆配料的劳动保护。

铅中毒的主要途径是吸入铅。中毒的表现多为慢性、主要症状有疲乏无力，口中有金属味，食欲不振，四肢关节肌肉酸痛等。

2）铅中毒的防治

a. 处理原则　铅吸收应密切关注，最好作驱铅处理；轻度中毒应予驱铅处理，一般不必调整工作；中度中毒应积极治疗，原则上应调换工作，适当安排其它工作或休息；重度中毒必须调整作业，给予积极治疗。

b. 预防措施　消除或减少铅中毒的发生源；改进工艺并降低作业环境中的铅浓度；定期检查身体，并加强个人防护和个人卫生。

（2）锰中毒及其防治

建筑施工的锰中毒常见的为电气焊工程。毒性最大的是含锰焊条焊接时产生的含二氧化猛的锰烟。锰中毒主要伤害人的神经系统，一般出现头痛、恶心、寒战、高热、以及咽痛、咳嗽、气喘等症状。

预防措施尽量采取无锰焊条，用自动焊代替人工焊。焊工下班后全身淋浴，不在操作场地吸烟、喝水等。对中毒可疑人员可以密切观察，如有异常，可以调整工作。

（3）苯和汽油中毒及其防治

建筑施工中接触苯和汽油的工种主要是油漆、涂料，粘接和塑料作业。苯和汽油以蒸汽形式被人吸入呼吸道以后伤害人的神经系统。急性中毒会产生头痛、头晕、恶心、呕吐等诸多精神症状，严重者抢救不及时会导致死亡。慢性中毒多为明显的精神症状。

预防措施：用无毒物或低毒物代替甲苯；用先进的喷漆工艺代替手工喷漆；在密封场所操作时，做好通风工作并带防毒面具；缩短连续工作时间，做好个人卫生，定期检查身体。

（4）矽肺的防治

在建筑施工中，可产生大量的粉尘，最常见的是水泥尘、木屑尘、铁锈尘和砂石尘，其中含游离二氧化硅的粉尘引起的矽肺病，对职工的危害最大。

易产生矽肺病的工种有：凿岩工（风钻工）、爆破工、石工、筑炉工、喷砂工、水泥装卸工及水泥搅拌工、翻砂造型工、清砂工、机械除锈工、制材工、磨锯工、电焊工等。

一期矽肺患者一般健康情况良好。2～3期矽肺患者大多有气短、胸痛、咳嗽、咳痰等肺气肿特征，会引起食欲不振、体重减轻、体力衰弱等全身症状。

2～3期矽肺病患者应积极治疗，适当休息。

预防措施多采取综合治理措施。例如：改革生产工艺，采取湿式作业；局部抽风，密封除尘；加强个人防护；定期检查身体；采取相应的防尘除尘技术措施等。

（5）高温与中暑

高温作业是指在生产环境气温超过35℃或辐射强度超过1.5卡/厘米^2·分；或气温在30℃以上，相对湿度80%下的作业。建筑施工主要指夏季露天作业。

在高温作业下，人的机体会发生体温和皮肤温度上升，水盐代谢改变，循环系统改变，消化系统、神经系统、泌尿系统改变等一系列不良变化，严重的发生中暑。

中暑可分为热射病、热痉挛和日射病三种，临床上难以区分，统称中暑。

中暑的症状有头痛、头晕、眼花、耳鸣、呕吐、兴奋不安，重者产生昏迷、抽搐、血压下降，瞳孔散大等危状。轻者应适当休息，重者应马上组织抢救。

夏季施工可采取早晚干活，延长中午休息时间，提供含盐防暑降温饮料、同时争取改革工艺、通风降温、合理安排施工时间等技术措施来预防中暑的产生。

(6) 噪声和振动

人们长期在噪声超标的环境中工作会造成职业性耳聋，并对神经、血管系统造成影响。长期接触振动性工作（挖土机、打夯机、震动棒、风镐等）会损坏神经。

对噪声可采取消声、吸声、隔声、隔振、阻尼等技术措施。个人可配戴防护耳塞和耳机。从根本上取消或减少手持振动作业，或使用防振手套可以大大减轻振动对人体的影响。

(7) 红外线和紫外线

夏季强烈的太阳光中，含有红外线和紫外线，施工中的红外线和紫外线主要来自电焊、气焊和气割等。这两种射线对人的眼睛有较严重的危害。

预防措施：车间内要隔离作业，电焊时要注意排风，电焊工和辅助操作人员必须戴专用的防护面罩、防护眼镜，以及适宜的防护手套，不得有裸露的皮肤。发生电光性眼炎等伤害时及时治疗，一般不影响视力。

小　结

劳动安全卫生是党和国家对劳动者的安全和健康负责，也是提高和发展生产力的根本保证。

劳动安全卫生的内容包括：劳动保护管理、安全技术、工业卫生等三方面。劳动安全卫生的任务是积极与工伤事故、工业毒害作斗争，最大限度地减少或消灭工伤事故，努力预防和消灭职业病。

建筑施工由于存在施工场地狭窄，多工种混合作业，手工操作多，劳动强度大，室外作业受气候条件干扰大等特点，所以伤亡事故多，劳动保护任务更复杂、更艰巨和更重要。

党和国家对劳动安全卫生十分重视，颁布了很多法规，其中最重要的是“三大规程”和“五项规定”。贯彻执行这些法规对劳动安全卫生工作至关重要。

建筑施工现场的安全工作是预防和减少工伤事故发生的重要工作。它包括：安全工作方针、安全生产责任制、安全生产教育、安全技术管理、安全检查、事故的报告、调查与处理、奖励与惩罚等内容。只要认真执行这些规定，使安全工作层层有人负责，事事有人管理，齐抓共管，工伤事故就一定可以减小到最低限度，企业的生产率一定得到稳步提高。

关心劳动者的身体健康是党和政府的一贯方针，由于建筑施工过程存在的工业毒物、不良气象条件、不合理的劳动组织等问题，对施工人员的身体健康造成一定的影响，甚至产生职业病。研究常见职业中毒及其防治方法，可以提高人们对职业病的认识，大大减轻职业病的发病率，达到保护劳动者身体健康，提高劳动生产率的目的。

习题

1. 什么叫劳动安全卫生？为什么要进行劳动安全卫生？
2. 劳动安全卫生的内容和任务是什么？
3. 建筑施工有哪些特点？
4. “三大规程”和“五项规定”是指什么？
5. 安全生产责任制中项目经理的责任是什么？
6. 工长和班组长的责任是什么？外包队负责人的责任是什么？
7. 操作工人的安全责任是什么？
8. 什么是“安全三宝”？如何正确使用“安全三宝”？
9. 在建工程的“四口”是指什么？如何进行防护？
10. 在建工程的“五临边”是指什么？为什么要进行“五临边”防护？
11. 现场安全技术管理有哪些主要内容？
12. 现场发生工伤事故时，应作哪些紧急处理工作？
13. 建筑施工中的有害因素有哪些？
14. 施工中引起矽肺病的主要原因是什么？矽肺病如何防治？

第 11 章　能源及建筑材料合理使用

11.1　概述

能源是发展国民经济的重要物质基础，是提高和改善人民生活的必要条件。我国人口众多，资源相对不足，虽然近几年能源供需矛盾有很大的缓解，但从长远看，能源不足仍将是制约经济发展的重要因素之一。与发达国家相比，我国能源利用水平低，浪费严重。我国每万元国民生产总值能耗比发达国家高4倍多，主要耗能产品单位能耗比一些发达国家高出30%～90%，节能潜力巨大。

节约能源是提高企业经济效益的重要途径。目前，我国工业企业能源和原材料的消耗约占产品生产成本的70%，若降低一个百分点，就可节约生产成本100多亿元。这说明节能的潜力很大，任务很艰巨。节能降耗是转变经济增长方式，提高企业经济效益和实施可持续发展战略的重要措施。1997年11月1日颁布的《中华人民共和国节约能源法》（以下简称《节能法》）为我国的能源管理工作奠定了良好的基础，将为我国的经济发展发挥巨大的推动作用。

11.2　能源的合理使用

11.2.1　能源、资源与环境

（1）能源

在一定条件下，能够提供某种形式能量的物质或物质的运动，统称为能源。

能源的种类很多，按其形式可以分为两大类，一类是自然界中已经存在，基本上没有经过人为加工或转换的能源，称为一次能源。人类在生产和生活过程中，根据需要将现成的能源加工、转换成符合要求的能源，称为二次能源。

1）一次能源

一次能源主要有太阳能、地球本身的能量以及月亮、太阳等天体对地球吸引力产生的能量。地球上的各种植物、煤、石油、天然气等矿物烧料，以及风能、水能、海洋热能、波浪能等，均是由太阳能转换形成的能源。地球本身的能量主要是地热和铀、钍等核燃料在进行原子核反应时释出大量的能量。海水涨落形成的潮汐能则是由月球对地球的引力引起的。

2）二次能源的生产与消费

随着科学技术的发展和社会生产力的提高，人类利用能源的方式在不断地更替和发展，从人类开始利用能源到目前为止，经历了以下三个发展阶段：

第一阶段叫草木时期。该时期以草木秸杆等生物能源作为炊事和采暖燃料。

第二阶段称煤炭时期。随着科学技术的发展，蒸汽动力的广泛使用，使煤的消耗量急剧增加，是以矿物燃料为主的能源利用时期。

第三阶段为石油和天然气时期。内燃机的发明和利用，使石油和天然气得到广泛的使用。

由于地球上石油和天然气资源日趋匮乏，人们对能源的需要转向煤和原子核燃料。随着科学技术的发展，人类将逐步过渡到生产和消费可以再生、几乎是取之不尽、用之不竭的新能源上。如风能、生物能、海洋能、地热能、太阳能和核裂变能等。

(2) 能源资源的开发利用对环境的影响

能源资源在开发和利用中对环境造成以下影响：

1) 对环境生态的影响

由于草木秸秆等生物能源的过渡采伐，缺乏更新栽植，使森林面积不断减少，造成水土流失、土地沙漠化、气候失调等恶果，环境质量遭到破坏。采矿和石油的开采，破坏了环境，使泥沙入河、淤塞河道，油类污染海洋，对生态系统平衡造成严重的威胁。

2)能源利用过程中产生的污染对环境的影响

各种不同能源在利用过程中会产生各种污染。如烟尘、一氧化碳、硫氧化物等对大气的污染；采矿冶炼、石油化工企业对水系的污染以及人类在利用能源过程中产生的大量固体废物对环境的污染等。

能源开发利用对环境的影响已成为世界各国共同关注的问题。有关内容将在第十二章环境保护基本知识中加以介绍。

11.2.2 建筑节能综述

本章所称能源是指煤炭、原油、天然气、电力、煤气、热力、成品油、液化石油气、生物质能和其它直接或者通过加工、转换而取得有用能的各种资源。本章所指的节能是指加强用能管理，采取技术上可行、经济上合理以及环境和社会可以承受的措施，减少从能源生产到消费各个环节中的损失和浪费，更加有效合理地利用能源。

建筑业为用能大户。据最近统计，城乡各类房屋建筑采暖、空调、降温、电气、照明、炊事、热水供应等所使用的能耗约为1.43亿t，大体占全国商品能源消耗总量的11.7%。随着经济的发展和人民生活水平的不断提高，建筑用能还将进一步增加。但由于我国建筑围护结构保温隔热性能差，采暖设备热效率低等原因，建筑用能浪费惊人，单位面积能耗为发达国家的三倍左右。我国能源供应紧张，难以支持这种浪费型高能耗建筑的需要，必须着力加以解决。此外，采暖燃煤是城市大气的主要污染源。它恶化城市环境、危害生态环境。为了我国社会、经济的可持续发展，必须将建筑节能放在重要地位。

建筑节能是指建筑物在建造施工及使用过程中，合理和有效地使用能源，达到在满足同等需要条件下，尽可能地降低能耗。建筑施工过程中使用能耗包括施工机械、冬季施工及构件养护。建筑使用能耗包括采暖、通风、空调、照明、家用电器和热水供应。降低建筑耗能已成为世界各国的共识，也是我国的一项基本国策。因此，要加大建筑节能的力度。“九五”期间要求达到的目标是：*a*. 采暖区要认真执行居住建筑节能设计标准：第一阶段节能30%；第二阶段节能50%；*b*. 夏热冬寒地区应积极总结推广改善建筑热环境及节约用能的技术；*c*. 积极发展空调节能技术，充分利用夜间低谷电力。

(1) 采暖居住建筑的基本特点和节能途径

1) 采暖居住建筑的基本特点

居住建筑以住宅为主(约占92%)。它们的共同特点是供人们居住使用，而且一般是长期昼夜连续使用。因此，对室内温度和空气质量有较高的要求。在采暖地区需设置采暖设备，室内需有适当的通风换气。冬天室内温度一般要求达到16～18℃。居住建筑的层高一般为2.7～3.0m，开间一般为3.3～3.6m。目前，住宅建筑中人均占有居住面积约为7～8m^2，占有居住容积18.2～20.8m^3。集体宿舍中人均占有居住面积约为3～4m^2，占有居住容积8.1～10.8m^3。城镇居住建筑以多层建筑为主，大城市有部分中高层和高层住宅。

2) 采暖居住建筑节能途径

采暖居住建筑节能的主要途径：一是提

高建筑物本身的节能作用；二是提高采暖供热系统的节能效果。

采暖居住建筑通过采暖设备的供热，太阳辐射和建筑物内部（包括炊事、照明、家电和人体散热等）得到热量，而这些热量再通过围护结构（包括外墙、屋顶和门窗等）的传热和空气的渗透向外散失。建筑物的总失热量中，围护结构的传热耗损约占70%～80%，通过门窗缝隙的空气渗透耗热量约占20%～30%。当建筑物的总得热量与总失热达到平衡时，室温得以保持。因此，建筑物节能的主要途径是：

a. 减少建筑物的外表面积；

b. 加强围护结构的保温性能；

c. 提高门窗的密封性能。

通过上述途径尽量减少耗热量，在此基础上尽量利用太阳辐射和建筑物内部得热，达到节约采暖供热量的目的。

采暖供热系统的锅炉一般只能将燃料所含热量的55%～70%转化为有效热能。这些热能通过管网输送的过程中又将损失10%～15%，剩余的热量供给建筑物作为采暖供热量。因此，采暖供热系统节能的主要途径是：

a. 提高锅炉的运行效率（通过改善设计和运行管理实现）；

b. 提高室外管道的输送效率（加强室外管道保温措施等）。

(2) 建筑节能技术

1) 墙体节能技术

墙体节能可以从墙体材料、内墙保温、外墙保温、中间保温着手。

我国长期以来以实心粘土砖为主要墙体材料，这对能源和土地资源都是严重的浪费。现在，不少地区注意发展多孔砖（包括粘土空心砖和各种混凝土空心砖），作为墙体材料，并逐步用复合墙体代替单一材料墙体，满足较高的保温隔热要求。

内墙保温主要是用绝热材料（纸面石膏板聚苯板、加气混凝土板、粘土珍珠岩砖等）复合在承重墙内侧，关键要做好接缝和节点的处理。

将绝热材料复合在承重墙的外侧，建筑热稳定性好，可避免冷桥，居住较舒适，而且对主体墙体有保护作用。通用做法是将聚苯板粘贴、钉挂在外墙外表面，覆以玻纤网布后用聚合物水泥砂浆罩面；或将岩棉板粘贴并钉挂在外墙表面后，覆以钢丝网再用聚合物水泥砂浆罩面。施工时应注意严把材料和构造作法的质量关、避免日后表面出现裂缝、空鼓和脱落。

在砖外墙或砌块墙体中间留出空气层，在此中间层内安设岩棉板、矿棉板、聚苯板、玻璃棉板、或者填入散状膨胀珍珠岩、聚苯颗粒、玻璃棉等，可取得良好的保温效果，但要注意填充严密，避免内部形成空气对流，并做好内外墙体的拉结，这点对地震地区尤为重要。

2) 门窗节能技术

门窗的保温隔热能力差，门窗的缝隙还是冷风渗透通道，是建筑节能的重点。主要途径有：

a. 在满足采光的前提下，控制窗墙比，夜间设保温窗帘、窗板；

b. 采用双层玻璃或中空玻璃、隔热玻璃、及热玻璃等，采用多层保温钢塑复合窗；

c. 提高门窗质量、加设密封条；

d. 加强户门、阳台门的保温，可在空腹薄木板户门内填充聚苯板或岩棉板。

3) 屋顶节能技术

平顶屋面多采用加气混凝土保温。聚苯板等高效保温材料的应用，提高了屋面的保温效果。一般在屋顶铺设聚苯板，上铺防水层，也可以将聚苯板设在防水层以上，以延缓防水层的老化。

尖顶屋面较易设置保温层，可顺坡顶内铺钉玻璃棉毡或岩棉毡，也可在天棚上铺设上述保温材料。

4) 供暖系统节能技术

利用计算机对供热系统进行全面的水力

平衡调试，采用以平衡阀及其专用智能仪表为核心的管网水力平衡技术，实现合理分配，静态调节，可以大大改善供热小区的供暖质量，也节约了能源。

通过铺设双管、按户或联户安装热表、在散热器上安装恒温调节阀等，使系统运行紧随用户的需热量变化而变化，实现热量按户计量及室温的可调节控制，是节能的一大改革。

合理选择锅炉型号、优化锅炉房工艺设计，降低炉灰含炭量，可以有效提高供暖效率，减少对空气的污染。

供暖管道在输送过程中热量散失较多，目前许多工程已用岩棉毡取代水泥瓦保温，有些工程已采用预制保温管(内管为钢管，外套为聚乙烯或玻璃钢管，中间用泡沫聚氨酯保温）直埋地下，不设管沟，这样可减少热损失，并且维修方便。

11.2.3 建筑施工现场能源合理使用与管理

能源管理的最主要任务是节约能源，提高经济效益。节约能源必须做到技术上可行、经济上合理、环境上允许、生活习惯上能接受。

施工现场要成立能源管理机构，完善节能科学管理，严格实行能源管理责任制。搞好节能管理人员业务培训，加强全员节能意识教育，抓好节能设备改造和节能新技术的推广应用，并重点做好用水、用电、用煤及用油用气管理。

(1) 用水管理

水是最宝贵的资源，地球上约有13.4亿km^3的水，其中咸水约占97.3%，淡水仅占2.7%。水尽管可以更新和循环补充而得到长期利用，但由于过度开采和不断遭受污染，水资源已日益枯竭，节约用水已成为一项极其重要而又艰巨的长期任务。

施工现场用水较多，管理分散，必须抓好以下几项工作：

1）严格按用水指标用水

现场用水实行计划管理。根据用水量的大小划分管辖范围，并分别下达相应的年度用水指标。施工单位必须按计划指标用水，对超标准用水，实行加价收费。

2）用水单位加强用水管理

用水单位要加强对供水、用水设备和器具的维修、保养，防止跑、冒、滴、漏等现象的发生，不得使用国家和当地政府明令淘汰的用水器具，积极推广使用先进的节水器具。

现场应提高水的重复利用率，需循环用水单位和设施应使用废水循环使用系统，消灭直排现象。施工用水和生活用水应分别装表计量，按相应的收费标准收费。

(2) 用电管理

电是重要的基础能源，我国各地的电源都十分紧缺，节约用电是近期缓和电源短缺的有效方法，也是必须坚持的长远方针。

1）坚持计划用电

施工用电属临时用电，需向有关三电管理部门申报临时用电指标，经批准后，方可按增加的电量使用。不给增加指标的，其超计划使用的电量加价收费，由建设单位和施工单位协商解决。单位或个人承包工程项目，由用户提出申请，经发包单位核实后，可按规定拨给正常用电费指标。在指标不够时，所用超指标的电量，应加价收费。对不申请或申请后不按计划用电的须按标准罚款。

2）加强现场用电管理

现场照明用电要有专人管理，杜绝长明灯。各种施工用电设备，应做到人离机停，不得带电空转。有配电室的单位要有专人值班，按时抄表，不得擅自离岗。

现场不准使用电热烧水、取暖，特殊需要者，必须向用电管理部门申请，批准后方可使用。

严格控制装设电力空调机和热风机。确需安装的，应予先申请，批准后方可安装。

现场用电应分类装设电表，严格控制用电指标。

3）更新改造用电设备

现场应加强用电设备的更新改造，对国家公布的淘汰机电设备，一律更换下来。新安装的用电设备，应采用节电型的用电设备。

(3) 用油用煤管理

施工现场各单位应根据上级每月、季的供油指标，严格用油管理，加强油票的发放管理工作。各种车辆必须实行单车考核，建立单车考核台帐。车辆无里程表或失灵者，应及时安装或修理，确保单车考核正常进行。因管理不善造成多耗者，须按有关规定处罚。

现场用煤应按计划考核。煤要做到专供专用，不得挪用，冬期施工和锅炉用煤余量应收整好，不得浪费。严禁公煤私用或私自外送。

要加强对耗煤高的旧锅炉设备的改造，不断推广新技术，全面做好节煤工作。

(4) 减少施工过程中的能耗

采用先进高效的施工机械，混凝土构件采用自动控制的低温养护技术，冬季施工广泛采用综合蓄热法施工技术等可以有效地降低施工过程中的能耗。

11.3 建筑材料的合理使用

11.3.1 概述

建筑业是社会存在与发展的基础。建筑业的发展规模反映了一定时期内一个社会的发展水平。随着整个人类社会的发展，建筑业的发展已成为社会进步技术、工艺、材料质量、管理水平的综合体现，成为国民经济的一大支柱产业。

建筑材料约占工程造价的70%，建筑材料消耗量大，而且种类繁多。据统计，建筑工程每年耗用的钢材约占全社会钢材总消耗量的25%，木材占40%，水泥占70%，玻璃占70%，塑料制品占25%，运输量占28%，建筑材料流通是建筑业巩固和发展的重要组成部分。

建筑材料在企业的运转过程，包括材料的流通过程和材料的生产使用过程两部分。

建筑材料流通过程的管理，一般称为材料供应。它包括从材料采购开始，运输、仓储、供应到施工现场的全过程。这一过程为施工生产和实现企业资金增值提供了物质条件和基本保证。

建筑材料生产使用过程的管理，一般称为消耗过程管理。它从领料开始，经过工人的劳动，改变了材料的原有形态，创造了新的价值和使用价值。这一过程管理的主要任务是根据材料消耗定额，合理组织材料消耗，创造最佳的经济效益。

节约原材料可以节约资源，有效地降低工程成本，提高企业的经济效益。一般可以从加强管理，合理使用和采用新技术、新材料、新工艺等方面着手。

11.3.2 施工现场材料管理

(1) 现场材料管理的阶段划分

1）施工前的准备工作

施工前的准备工作做得是否充分，是保证施工顺利进行的重要条件。在工程开工前，除了解掌握工程概况、施工环境、主要用料的用量、资源和供应渠道等情况外，应主动参与制订现场施工平面布置规划，以便掌握现场材料堆场及仓库、道路、存量等基本情况，确定最佳材料布置方案，为实现文明施工创造条件。

2）施工过程中的组织和管理

建筑施工受天时地利等复杂因素的影响，所以施工过程的情况是千变万化的，必须根据具体情况进行协调，确保施工的需要。现场材料堆放要合理，整齐，材料的验收、发放、退料和回收制度要得到认真贯彻执行。

3）工程竣工收尾和现场转移的管理

搞好工程收尾，有利于组织施工力量向新工程迅速转移。这一阶段主要注意及时调整用料计划，尽量减少积压材料，组织不再使用的材料器具提前退场，废料回收，并做好工程材料收发存的总结算工作。

(2) 现场材料管理的原则和任务

1) 开工前全面规划

积极参与施工组织设计的编制、对现场材料管理全面规划，保证材料准时有序合理进场。

2) 按工程需要有序进场

根据施工进度计划的总体要求，组织材料按施工程序分期分批有序进场，既满足施工需要，又尽可能地减少剩余材料和材料的不合理占场时间。

3) 严格验收

所有进场材料要经过严格验收，严格控制质量和数量，为提高工程质量，降低工程成本提供重要保证。

4) 合理存放

进场材料要根据现场平面布置图要求，对号入座，有序整洁存放，保证施工道路畅通，减少二次倒运，缩短运输距离，为提高施工效率创造条件。

5) 妥善保管、限额领发、监督使用

按照材料的性质，努力根据现场条件进行妥善保管,保证不降低材料的使用价值。领料时，要依据定额和有关手续发放。在使用过程中进行监督，做到物尽其材，减少浪费。

6) 准确核算

用实物量形式,通过对消耗过程的记录、控制、分析、考核、比较，客观地反映工程的消耗水平，既反映现场工程材料管理的结果，又为下一工程提供改进的依据。

(3) 现场材料管理的内容

1) 现场材料的验收和保管

水泥

a. 质量验收　一般大水泥厂以出厂质量保证书为凭，检查水泥品种、标号、出厂时间是否符合规定,不同厂家的应分开验收，分别堆放，防止混杂使用。在使用时，应按相关规定复验。小水泥厂产品除检查出厂质量保证书外，尚应按规定取样送检，经试验合格后方可使用。

b. 数量验收　包装水泥点袋计数入库，同时抽样检测，以防每袋重量不足。散装水泥，可按出秤码单计量净重，但须注意卸车时要卸净。

c. 合理堆放　水泥一般应入库堆放。仓库四周应高出地面20～30cm。四周墙面要有防潮措施，堆放高度以10袋为宜，最高不超过15袋。不同品种、标号、日期应分开堆放，并挂牌标明。

特殊情况，须露天堆放时，应做到防水、防雨、防潮，有足够的遮垫措施。

d. 保管　水泥的储存时间不能超过三个月,出厂时间超过三个月的要抽样检验,重新确定标号方可使用。

水泥不要与石灰、石膏以及其它易于飞扬的粒状材料同存，以防混杂影响质量。

水泥库房应保持清洁，落地灰及时清理回收，并另行收存使用。严格遵守先进先发的原则，防止产生长时间不动的死角。

木材

a. 质量验收　木材的验收包括材料和等级的验收。首先辨认材种，然后根据木材质量标准确认木材等级。

b. 数量验收　木材的数量以材积表示。要据规定方法检尺，按材积表查定材积。

c. 保管　木材应按材种、等级的不同分开堆放，木材堆放场地要高，排水良好，通风，为防止木材干裂，应采取措施防止日光直接照射，方材的垛顶部要遮盖。经过干燥处理的木材应入库堆放。

钢材

a. 质量验收　钢材的验收分外观验收和化学成分、力学性能的验收。

b. 数量验收　现场钢材数量验收可通过秤重、点数，检尺换算等几种方式进行。验收误差应在允许范围内，超出范围应找有关部门解决。现场数量验收有困难时，可到供料单位监磅发料，保证进场材料数量准确。

c. 保管　优质钢材、小规格钢材，如镀锌管、薄壁电线管等应入库存放。若条件不

允许只能露天存放时，存放场地应干燥，地面不积水，清除污物，下面垫高，顶部遮盖。

不同品种，规格、材质的钢材应分类堆放，不混杂乱放。

砂、石料

a. 质量验收　一般先目测、有必要时作级配、含泥量等项检查。

b. 数量验收　砂石的数量验收可按运输工具的不同分别采用量方或过磅验收。

c. 合理堆放　一般应集中堆放在混凝土搅拌机和砂浆机旁，不宜太远以减少二次运输距离。堆放要成方成堆，不得成片，平时应经常清理，并督促班组清底使用。

2）现场材料发放和验收结算

A. 现场材料的发放

a. 发放的依据　工程用料（指大堆材料、主要材料及成品、半成品等）必须以限额领料单做为发料依据。因情况变化，限额领料单不能及时下达时，应由工长填制项目经理审批的工程暂借单为依据，但此后三日内应补齐限额领料单，否则不予发料。施工设计以外的临时用料，以工长填制，项目经理审批的工程暂设用料申请单为凭办理领发手续。

b. 发放程序　施工预算或定额员签发的限额领料单下达到班组，班组材料人员凭单向材料员领料。仓库在发料时应详细记录，当发放数量超过限额时，应立即向主管工长和材料部门主管人员说明情况，采取措施。

c. 材料发放方法　材料的发放程序不同材料是相同的，但发放方法依不同品种，规格略有不同。

砖、瓦、灰、砂、石等大堆材料一般是露天存放，多工种使用。根据有关规定，此类材料的进出场及现场发放都要进行计量检测、并注意料场清底使用。

水泥、钢材、木材等主要材料一般是在仓库存放或在指定的露天料场或大棚内存放，有专职人员办理领发手续。发放时除凭限额领料单外，还要根据有关的技术资料和使用方案发料。例如水泥的发放，除凭限额领料单外，还要凭混凝土、砂浆的配合比进行发放。

成品和半成品（预制构件、钢木门窗、铁活及加工好的钢筋等）一般在指定场地或大棚内存放，有专职人员管理和发放。

在发料过程中，必须凭限额领料单开发料单，双方签字认证。材料发出后，定额员和材料员应对施工用料进行监督。

B. 验收结算

工程峻工后，由工程负责人组织有关人员对工程量、工程质量及用料情况进行验收，并签署验收意见，对节约的材料办理退料手续。

定额员根据验收合格工程项目的实际材料消耗量与额定用量对比，计算材料的节约或超耗量，并对结果进行书面分析，以便考核及为下一工程提供改进依据。

材料结算一般按月进行。限额领料单的结算按月度完成工程量结算，跨月度的完成多少结多少，全面完成后总结算。

实行按部位一次包干的材料节超结算，随定随结。要加强原始单据和有关报表的管理，保证材料耗用和成本的真实性。

11.3.3　合理使用材料，降低材料消耗

在建安工程中，材料费占工程造价的比重很大，除加强材料管理外，在施工过程中，各级人员合理使用材料，降低材料的耗损量，潜力是很大的。

为达到合理使用原材料，降低材料消耗，最大程度地节约材料，应从以下两方面着手：

（1）合理使用、节约材料的措施

1）节约水泥的措施

a. 优化混凝土配合比　混凝土是以水泥为胶凝材料，同水和粗细骨料按适当比例配制拌合、并经一定时间硬化而成的人工石料。组成混凝土的所有材料中水泥的价格最贵，水泥的品种、标号很多，合理利用水泥

对保证工程质量和降低工程成本有重要意义。

优化混凝土配合比可以达到最大限度节约水泥的目的。主要途径有：(*a*) 选择合理的水泥标号。一般高标号水泥应配制高强度等级的混凝土，低标号水泥应配制低强度等级的混凝土。(*b*) 级配相同的情况下，选择粒径最大的石料。(*c*) 在保证获取工程需要的流动性和粘聚性、保水性的前提下，掌握好合理的砂率可以使水泥的用量最省。(*d*) 控制好水泥与水的比例，在满足施工要求强度的前提下，严格控制用水量。

b. 合理掺用外加剂　合理掺用外加剂可以改善混凝土拌和物的和易性、保证混凝土的强度和耐久性，从而节约水泥。

c. 掺加粉煤灰等外掺粉　粉煤灰是发电厂燃烧粉状煤灰后的废碴。在混凝土中掺入适量的粉煤灰可节约水泥，是一项长期的经济合理有效的节约措施。

此外在大体积混凝土工程中（建筑物基础、桥墩、水坝等）可以掺入大石块等以节省混凝土，从而达到节省水泥的目标。

2）节约木材的措施

我国木材资源奇缺，节约木材对国家建设尤为重要。施工现场节约木材的措施有：

a. 合理利用原材料。木材应采取集中加工原材方式，提高出材率和综合利用率。下脚料可以加工成施工用的小料或工具。

b. 使用成材时严禁优材劣用、长材短用、大材小用，合理使用木材。拆模后应及时将木模板、木支撑等清点、整修、堆码整齐，防止车轧土埋，尽量减少木模板和支撑物的损坏。现场不准用木制周转材料铺路搭桥，严禁用木材烧火。

c. 应尽量采用以钢代木、以塑代木等方法来节约木材。在模板工程和脚手架工程中使用组合钢模板或钢框胶合板，钢支撑可以大量节约木材，是应长期坚持的有效措施。

d. 加速木制周转料的周转。大模板一般倒用 5 次，木支撑倒用 12～15 次。木制周转材料的使用、修整、倒用应有计划进行，以提高其周转率。

3）节约钢材的措施

a. 增加钢材原材料的综合利用效率。钢筋加工应向集中加工方向发展。钢筋加工厂应采用对焊、冷拉、成型的方式，以降低耗损率，提高钢材的利用率。对集中加工后的剩余短料应加以综合利用，如制造钢纤、穿墙螺栓、预埋件和 U 型卡等施工制品。

b. 施工单位要加强、完善钢筋翻样配料工作，提高钢筋加工单的准确性，减少漏项，消灭重项、错项。现场钢筋绑扎安装应合理确定焊接或绑扎的搭接长度和搭接位置，长短配合，接头错开，尽量减少下脚料。

c. 钢筋代换要合理。一般应按设计图纸要求使用相应钢号、规格的钢筋。因特殊原因需要进行钢筋代换时，在征得设计单位同意后，可按等面积代换（相同钢号钢筋代换）或等强度代换（不同钢号钢筋间代换）方法经计算后实施，应尽量避免以大代小，以优代劣，减少代换后的钢筋损失。

d. 加强对钢模板、钢跳板、钢脚手架等周转材料的管理。使用后应及时维修保养，不准乱截、垫道、车轧土埋。

e. 搞好钢材的维护保养工作，减少因保管不善所造成的人为和自然损耗。现场堆放钢材须按规格、品种、型号、长度分别挂牌堆放，底垫木不小于 20cm，做好防潮防雨工作。有色金属、薄钢板、小口径薄壁管应存放在仓库或料棚内，不得露天堆放。

(2) 科学使用材料，降低材料消耗

1）做好材料分析工作

通过施工预算和施工图预算的对比，做到心中有数。据此可编制成切合实际的施工方案和采取合理的技术措施，从根本上控制材料的消耗。

2）合理供料，一次到位

现场供料应做到料到即用，减少二次搬运费和劳动力消耗，省掉二次堆积的消耗。这不仅可以节省材料，而且提高了企业的经济效益。

3）回收利用，收旧利废

现场可回收利用的料具很多，施工单位应制订具体的回收利用措施，统一回收，不准非法倒卖，并大力开展收旧利废活动，使真正做到物尽其用，节约每一厘钱，并将这项工作持久深入地开展下去。

4）加速材料周转，节约材料资金

现场材料周转愈快，企业效益愈好。要做好这一点要求计划准确及时，材料储备不能超过储备定额，尽可能缩短周转天数。材料进场适时配套，工完料尽。

模板，脚手架等周转材料应按工程进度要求及时安装使用，及时拆除并迅速转移。减少料具流通过程中的中间环节，简化用料手续和层次，并选择最佳的运输方案。

除此之外，企业要定期进行经济活动分析。通过分析，找出问题，杜绝浪费，不断提高对材料的管理水平。

11.3.4 积极推广使用新技术

随着建筑业的迅速发展，各种新技术、新型建筑材料、新工艺也不断涌现，在提高工程质量，加快工程进度和降低成本等方面发挥了积极的作用。与此同时，在节约材料、降低损耗方面效果也十分明显。下面仅就我国建筑业重点推广应用的新技术，作一简介。

(1) 钢筋工程方面

1）钢筋的冷加工

钢筋的冷加工，常用冷拉或冷拔，将粗钢筋拉细或拔细，从而提高钢筋的强度，达到节约钢筋的目的。

冷加工后的钢筋多用作预应力钢筋。目前新型冷加工钢筋，如冷轧带肋钢筋用于中小型预应力混凝土构件可节省钢筋15%～30%。与预应力钢丝钢铰线都是目前推广的高效钢筋。

2）钢筋的连接

在钢筋工程施工过程中，钢筋需要接长时，其接头连接形式有焊接连接和机械连接两种，都可以将钢筋的短头余料接长使用，节省钢筋。

a. 钢筋的焊接　闪光对焊是目前钢筋工程中大量采用的接头焊接方式，常用于钢筋接长及预应力钢筋与螺丝端杆的焊接。热轧钢筋的接长应优先采用闪光对焊。钢筋混凝土结构施工中，竖向或斜向钢筋的连接，可以使用电碴压力焊。它具有施工方便、工效高、成本低等优点。

b. 钢筋的机械连接　钢筋套筒式挤压连接是一种冷压机械连接方式。其基本原理是将两根待接长的钢筋插入钢制的连接套管内，采用专用液压压接钳侧向挤压连接套管，使套管产生塑性变形，从而使套管的内壁变形而嵌入变形钢筋的螺纹内，产生抵抗剪力来传递钢筋连接处的轴向力。这种方法目前已广泛用于现场大直径钢筋的连接，可以大大节约钢筋。

钢筋机械连接方式还有锥螺纹连接。ϕ36、ϕ40粗钢筋宜优先选用挤压套筒连接。

(2) 新型模板和脚手架的应用

1）新型模板

新型模板是指钢框覆面胶合板模板及其支撑体系。这种模板以热轧异形钢为周边框架，以覆面胶合板作面板，并加焊若干钢肋承托面板的一种新型工业化组合模板。面板主要为竹胶合板、木胶合板、单片木面竹芯胶合板，也有就地取材试用硬质纤维板、木屑板、麻屑板等，可以充分利用地方性资源以及提高资源的利用率。

钢框覆面胶合板模板多为大、中型组合模板，具有自重轻、防水、成型简单、块大拼缝少等优点，配合快拆体系，不仅可节省施工费用，而且可提高工效，缩短工期，质量更可靠。

2）新型脚手架

新型脚手架是指碗扣式脚手架、门架式脚手架、悬桃脚手架和整体爬升脚手架。这些脚手架装拆方便快捷，应用范围广，碗扣式脚手架和门架式脚手架用作模板支撑，可以简化支撑体系，节约支撑材料，并形成纵横畅通的通道，为支模、拆模和质量安全检查等作业提供便利条件。

(3) 高强混凝土技术的应用

高强混凝土是指大于C60级的混凝土。这种混凝土采用大于525号以上的水泥拌制。粗骨料采用抗压强度不低于1.5倍混凝土强度等级的花岗岩石粒；细骨料采用细质模量不低于2.6的中砂；配以一定的外加剂和外掺料，使混凝土具有高工作性、高强度、高耐久性的特点。目前国内正在逐步推广，其中的免振自密混凝土靠混凝土自重即能达到均匀密实的目的，不仅减少了震捣工序，提高了工效，而且降低了施工噪声，是颇受欢迎的新技术。

(4) 聚氯乙稀塑料管应用技术

聚氯乙稀塑料管是新型化学建材，它具有重量轻、能耗低、经济耐用等优点，可以取代部分金属管道。在建筑工程中应用聚氯乙稀塑性管作排水管道、城镇供水管线、建筑雨水落水管和电线预埋穿墙管等，已取得良好的经济效益。

(5) 粉煤灰综合利用

粉煤灰（碴）是烧煤电厂排放的工业固体废料。随着火力发电厂的不断新建或扩建，粉煤灰的排放量每年以18%的速度递增。1995年全国排放总量已达到9900万吨，严重污染环境并大量占用土地。大力推广粉煤灰综合利用技术，是国家资源优化政策的重要组成部分。

1) 推广粉煤灰作为掺料使用

在水泥、混凝土和砂浆中掺入粉煤灰，可以改善水泥、混凝土和砂浆的性能，取代部分水泥等胶结材料和细集料。

2) 推广粉煤灰用于建筑材料和制品

掺入粉煤灰生产的粉煤灰烧结粘土砖、蒸压粉煤灰砖块、加气混凝土砌块、粉煤灰免烧砖及烧结粉煤灰轻骨料等已广泛用于建筑工程，并取得了较好的经济效益和社会效益。

3)将粉煤灰用作工程填筑材料和筑路材料

可将电厂湿排原状粉煤灰或调湿灰用作工程回填。将粉煤灰、石灰与砂石混合料按一定比例配合，经搅拌压实后，可形成高强度的半刚性基层，是修筑路基的好材料。粉煤灰适当加水，压实修筑高等级道路路堤是大用量应用粉煤灰的成熟技术。

小　结

能源是发展国民经济的基础，是提高和改善人民生活的必要条件。我国资源相对不足，且能源利用水平低，浪费严重，节能潜力巨大。

人们在开发利用能源的过程中，对自然生态和环境造成一定的影响，应引起社会的广泛关注。

建筑业为用能大户。建筑节能重点推广墙体节能技术、门窗节能技术、屋顶节能技术、供热系统节能技术。

建筑施工现场除采用各种先进、高效的施工机械和施工技术降低能耗之外，要花大力气做好日常的用水、用电、用煤、用气、用油的管理。节约能源的主要措施：一是能源管理责任制；二是实行科学管理，杜绝“跑、冒、滴、漏”，合理利用能源；三是加强技术改造，推广新技术，即节约能源，又减少对环境的污染。

建筑材料约占工程造价的70%，建筑材料种类繁多，消耗量大。合理使用建筑材料，降低材料的耗损对降低工程成本，提高企业的经济效益有重大作用。

节约材料可以从加强管理、合理使用和采用新技术、新材料、新工艺等方面着手。

加强现场材料管理，对施工前、施工中和峻工后的材料进场和使用进行全方位的控制，可以最大限度地减少材料的浪费。

使用科学的方法，合理使用材料，制订水泥、钢材、木材等大宗材料的节约措施，并严格执行，可以大大节约原材料。

自从1994年建设部提出建筑业重点推广应用的10项新技术以来，各地区、各部门和企业积极响应。预拌混凝土、预应力混凝土、高强混凝土、粗钢筋连接、新型模板脚手架、建筑节能、建筑防水、粉煤灰综合利用等技术发展很快，对节约能源和原材料起了积极的作用。

作为一线施工人员应特别注意材料的合理利用，降低消耗。对以水泥、木材、钢材为主的大堆材料和其它施工材料的节约措施应熟记，并付诸实践，文明施工。加强现场材料管理，合理供料，一次到位，工完场清。回收利用，修旧利废，加速周转，可以极大地提高材料的利用效率，大大降低材料的单耗，既节约材料提高效益，又改善了场貌。

习题

1. 资源的开发、能源的利用过程中对环境有什么影响？
2. 建筑施工现场用水、用电要注意哪些主要问题？
3. 建筑节能有哪些主要技术？
4. 建筑业材料管理有哪些内容？
5. 现场材料管理一般分为几个阶段？现场材料管理的原则和任务是什么？
6. 几种主要材料的验收保管方法是什么？
7. 水泥、木材、钢材有哪些节约措施？
8. 现场材料的发放程序和方法如何？在发放和耗用过程中应注意什么问题？
9. 简述一下节约材料的新技术情况。

第 12 章　环境保护基本知识

12.1　概述

我们只有一个地球。地球上的环境，是我们人类生存的基本条件。保护和改善环境，防止破坏、污染生态和环境是人类社会持续稳定发展的基本保障。环境保护，利在当代，功在千秋。

我国的人均耕地、水、森林和矿产资源不足，低于世界人均水平。改革开放以来经济又处于迅速发展阶段，粗放的生产经营方式使资源浪费和环境污染相当严重。近些年来，环境和生态保护受到各方面的重视，增加了投入，加大了治理力度，关闭了一批污染严重的企业，工作是有成效的。但总的来看，全民环境意识不强，环境保护能力比较差，环境质量还在恶化。改善生态环境，防治环境污染已成为中华民族谋求生存和发展的根本大计。

我国政府历来重视环境保护工作，特别是改革开放以来，国民经济迅速发展，在此形势下，寻求经济与人口、资源、环境的协调发展，已成为我们面临的艰巨任务。江泽民同志在《正确处理社会主义现代化建设中的若干重大关系》中指出："在现代化建设中，必须把可持续发展作为一个重大战略。要把控制人口、节约资源、保护环境放到重要位置，使人口增长与社会生产力的发展相适应，使经济建设与资源、环境相协调，实现良性循环。"我们既要实现国民经济的持续、快速、健康发展，又要把一个好的环境带入 21 世纪，任务是十分艰巨的。

12.1.1　地球结构

地球是一个由不同状态和不同物质的同心圈层所组成的球体。按照地球各圈层的状态和物质的特点，地球可以分为：大气圈、水圈、岩石圈和生物圈。

大气圈是包围地球的混合气体的统称。其厚度约 2000～3000km，其组成成分最主要是氮、氧、氩三种气体。它们占空气总量的 99.8%以上，其它气体和水气、固体微粒含量总共不足 1‰。

大气中的氧是人类和一切生物维持生命活动所必需的物质；大气中的氮，是一切生物体的基本成份。

大气的组成成分基本上是恒定的，其含量比例对于人类和其他生物的生长发育也是合适的。当大气中某些物质的含量大大超出原来的正常含量，或大气中混入通常不存在的物质，则构成大气污染。

水圈是地球表面的一个连续不规则的液体圈层。它包括海水和陆地水两部分。海水占地球水储量的 97%，但海水是咸的，目前尚不能大量用于生产和生活。陆地水包括地面水（河流、湖泊、水库等）和地下水，它是地球上人类和一切生物赖以生存的重要物质基础。水体本身有自净能力，当污染物进入水体，其含量超过水体的自净能力时，则引起水质的恶化，造成水体污染。

岩石圈是地球表面的固体部分，最大厚度 65km，最小厚度 5～8km，平均厚度 30km。该圈蕴藏着丰富的金属矿产、非金属矿物和地热资源。

生物圈是地球表面有生命活动的圈层。地球上的生物绝大部分集中在地面以上100m到水面以下200m这一薄层内。

12.1.2 环境、环境组成及其分类

人类赖以生存和发展的物质条件的总体，称为人类环境。它包括自然环境和社会环境。自然环境是由岩石、矿物、土壤、水、空气、太阳辐射、动物、植物、微生物等自然要素结合而成的总体。社会环境是人类的生产、交换、流通和消费等经济活动以及居住、文化、教育、娱乐等社会活动的总体。

按照环境的组成，可作以下的分类（图12-1）。

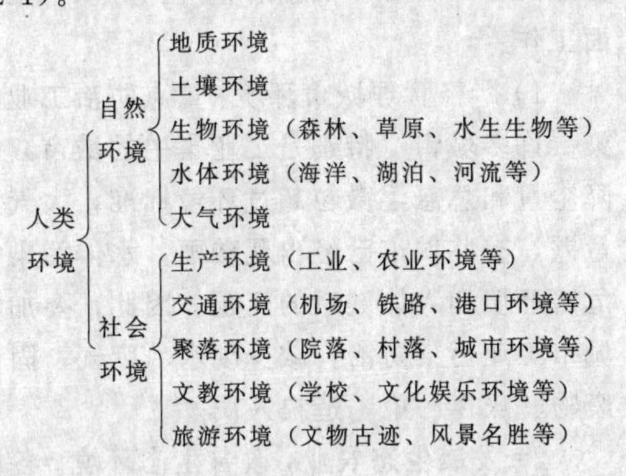

图 12-1 人类环境的分类

12.1.3 环境问题及其分类

人类在生产和生活活动中，必然作用于环境，导致环境的变化；这种变化又反作用于人类。如果人类活动引起环境的变化超出自然系统的调节功能，超出人体或生物体所能忍受的程度时，就会破坏生态平衡，使人类或生物受害，因而生产环境问题。

环境问题自有了人类就存在了，从奴隶社会乱采滥捕所造成的食物缺乏，到封建社会由于大量砍伐森林，破坏草原引起的严重水土流失，兴修水利引起的土壤盐渍化和沼泽化，到资本主义社会出现的城市基础设施落后引起的道路堵塞，交通拥挤，供水不足，排水不畅，“三废”成灾，污染严重等“城市病”。环境污染已成为当今重大的社会问题。

环境问题，除了自然灾害以外，都是伴随着国民经济和社会发展而产生的，特别是与人类各种经济活动有着十分密切的不可分割的关系。

环境问题可以分为两类，一类是由自然灾害引起的原生环境问题；另一类是由人类活动引起的次生环境问题，具体分类见图12-2。

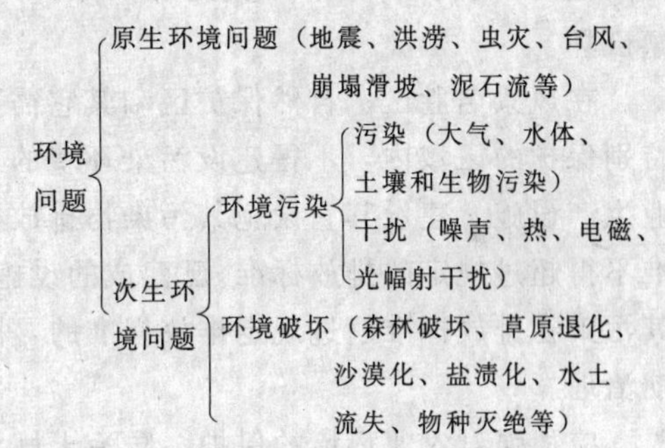

图 12-2 环境问题分类

我国环境问题的特点表现在：

（1）我国人口众多，人均资源少低于世界人均水平，现在经济又处在迅速发展时期，粗放的生产经营方式，使资源浪费和环境污染相当严重。

（2）我国的能源结构以煤为主，对环境污染危害严重。

（3）我国工业构成中，中小型企业多、特别是近年乡镇企业的崛起给环境的冲击巨大，环境污染治理任务艰巨。

（4）我国是发展中国家，经济比较落后，资金短缺，不可能拿出很多钱来治理环境污染。

（5）我国的文化科学水平与发达国家相比还比较落后，全民环境保护意识不强，环境保护能力比较差，环境质量还在恶化。

12.1.4 环境保护的内容与任务

环境保护的内容世界各国不尽相同。例如，日本重在公害治理；俄罗斯等国家则重视自然保护。但整体而言，环境保护包括两

方面的内容：一是保护和改善环境；二是防治环境污染。

(1) 保护和改善环境

国家对具有代表性的各种类型的自然生态系统区域，珍稀濒危的野生动植物自然分布区域，重要的水源涵养区域，具有重大科学文化价值的地质构造、著名溶洞和化石分布区。冰川、火山、温泉等自然遗迹，以及人文遗迹，古树名木，采取措施加以保护，严禁破坏。

在风景名胜区、自然保护区和其它需要特别保护的区域内，不得建设污染环境的工业生产设施。建设其它设施其污染物排放标准不得超过规定的排放标准。已建成的设施，其污染物排放标准超过规定排放标准的，限期治理。

应加强对农业环境的保护，防治土壤污染、土地沙化、盐渍化、贫瘠化、沼泽化、地面沉降和防治植被破坏、水土流失、水源枯竭、种源灭绝以及其它生态失调现象的发生和发展。推广植物病虫害的综合防治，合理使用化肥、农药和植物生长激素。

要加强对海洋环境的保护。向海洋倾倒废弃物，排放污染物，进行海岸工程建设和海洋石油开发勘探，必须遵守有关法律的规定、防止污染损害海洋环境。

城乡建设应有利于保护和改善环境，加强城市园林、绿地和风景名胜区的建设。

(2) 防治环境污染

产生环境污染和其它公害的单位，必须把环境保护工作列入工作计划，建立环境保护责任制度；采取有效措施，防治在生产建设或其它活动中产生的废气、废水、废碴、粉尘、恶臭气体、放射性物质以及噪声、振动、光波电磁波辐射等对环境的污染和危害。

新建和现有工业企业的技术改造，应采用资源利用率高、污染物排放量少的设备和工艺，采用经济合理的废弃物综合利用技术和污染物处理技术。

建设项目中防治污染的设施，必须与主体工程同时设计、同时施工、同时投产使用。

改革开放以来，经济的发展，人民生活水平的不断提高，人民群众对环境质量的要求越来越高。因此，资源和环境还面临着很大的压力，环境形势仍相当严峻，环境保护的任务还很艰巨。

国民经济和社会发展“九五”计划和2010年远景目标纲要明确提出了今后15年环境保护工作的要求；到2000年，力争使环境污染和生态破坏加剧的趋势得到基本控制。部分城市和地区的环境质量有所改善。到2010年，基本改变生态环境恶化的状况，城乡环境有比较明显的改善。这是环保工作跨世纪的奋斗目标。当前着重应抓好以下几方面工作：

1）严格管理城市环境，重点防治工业污染。许多城市（特别是工业集中的城市）的降尘量和总悬浮微粒超过环境标准，大气质量差，有些城市已经出现酸雨，水体污染等危害环境和人体健康的问题。因此，要加快城市工业污染防治，减少废水、废气、固体废物、噪声污染，造福人民。

2）发展生态农业，改善生态环境。各地都必须从实际出发，充分估计资源和环境的承受能力，以促进经济和社会的协调发展。各地都要坚持不懈地开展群体性的植树造林活动。

3）严格控制侵占耕地。建设用地要严格控制，能用劣地的不用好地，能少占的不要多占。当前最有实效的是认真建立和执行基本农田保护制度，确保耕地面积的稳定。同时要节约用水，计划开采矿产资源，尽量减少各种资源的占用和消耗。

第四，确保资金投入，发展环境和生态保护产业。例如，植树造林，既促进林业发展，又改善生态环境；建设草原，既有利于防止土地沙漠化，又能够促进畜牧业的发展；治理污染，既有利于保护环境，还会促进环保产业的发展。环保产业是今后一个新的经济增长点。

此外，还应加强环保执法的力度。我国已初步建立了符合国情的环境保护法律体系。八届全国人大五次会议还对《刑法》进行了修改，其中一个内容是增加了环境犯罪的条款。今后对造成严重污染和生态破坏的单位和个人要依法追究刑事责任。1996年取缔关闭了15种严重污染环境的小企业。各级政府行动坚决，收到了很好的效果。但环保执法仍是一个薄弱的环节，需要继续加强，提高执法效果。

小　　结

保护环境是我国的一项基本国策。

人类环境是地球上人类赖以生存和发展的物质条件的总和。人类环境主要是由自然环境和社会环境组成。

人类环境问题分原生环境问题和次生环境问题。次生环境问题又分环境污染和环境破坏两类。

我国环境问题的主要特点是：人口众多，人均资源占有量少；能源组成以煤为主，对环境污染危害严重；工业组成以中小型企业为主，乡镇企业的迅猛发展对环境造成极大的污染和破坏；经济落后，资金紧缺，全民环境意识薄弱更增加环境保护工作的难度。

环境保护的内容为保护和改善环境和防治环境污染。

随着经济的发展，人民生活水平不断提高，对环境质量的要求也越来越高。为此，国民经济和社会发展“九五”计划和2010年远景目标纲要明确提出了今后15年环境保护工作的要求。实现这个目标，不仅需要环保部门和其它部门的努力，而且需要全党全国人民的共同努力。

习题

1. 什么是环境？什么是人类环境？
2. 人类环境分哪几类？我国环境问题的特点是什么？
3. 为什么环境保护被列为国家的一项基本国策？
4. 保护和改善环境的主要内容有哪些？
5. 防治环境污染应注意什么问题？
6. 国民经济和社会发展“九五”计划和2010年远景目标纲要提出今后15年环境保护工作的主要目标是什么？

12.2 生态系统及自然保护

生态系统是生物系统和环境系统在特定空间的组合。生物系统由各种植物、动物、微生物组成，环境系统由各种环境要素组成。各种生物之间，各种环境要素之间以及生物与环境之间都存在着相互影响和相互约束的关系。

12.2.1 生态系统的组成及功能

任何一种生态系统都是由生物及其生存环境所组成的。一般可分为生产者、消费者、分解者和非生物物质四个部分。

生产者主要指绿色植物。绿色植物利用太阳能或化学能把无机物转化为有机物，把太阳能转化为化学能，不仅供自身的生长发育,而且为其它生物和人类提供食物和能量。

以动物为主的消费者直接或间接地消费绿色植物，而且有机物在动物体内也有一个再生产的过程。

以细菌和真菌为主的分解者，具有分解能力，它们的作用是将动植物尸体分解成简单的化合物，归还环境，再供绿色植物循环利用。

自然界中的二氧化碳、氧、氮、各种矿物质以及水、大气、土壤等属非生物物质，这些非生物物质为各种生物提供了必要的生存条件。

任何一个生态系统都具有能量流动、物质循环和信息联系的功能。整个自然界就是在这三种活动的过程中不断变化和发展。(图12-3)。

一切生物的发育、生长和繁殖都需要能量。太阳能通过植物的光合作用进入生态系统。将二氧化碳和水转变为各种有机营养供各级消费者消费。

组成生物体的各种化学元素来自环境，并经绿色植物→动物→微生物→返回环境，形成物质在生态系统中的周而复始的循环。自然界的物质循环见图 12-4。

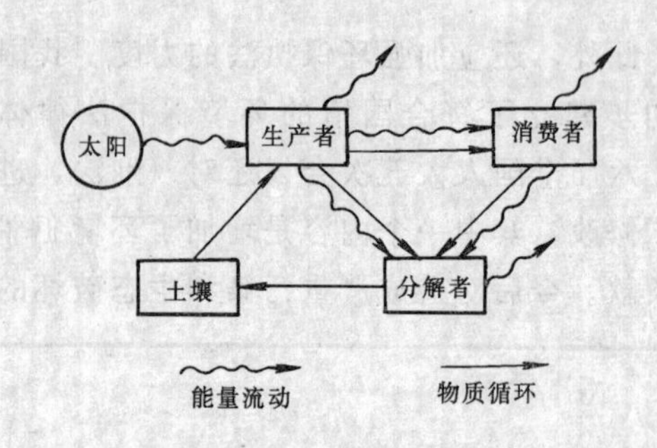

图 12-3　自然生态系统能流、物流模式

在物质循环中，水循环是地球上由太阳能推动的各种循环的中心，对水循环的任何干扰，都会导致其它物质循环的失衡，破坏生态平衡。水的循环见图 12-5。

如图 12-6 所示，碳的循环是在空气、水和生物体之间进行的。绿色植物吸收二氧化碳进行光合作用生成碳水化合物，供人类和各种动物食用。人和动物呼吸时释放出二氧化碳，木材等燃料燃烧时也放出二氧化碳返回大自然供绿色植物吸收，形成周而复始的碳循环。现代工业的发展使大气中的二氧化碳含量激增，这已危及大气气候，成为全球关注的环境问题。

氮被绿色植物吸收后可以合成蛋白质供人类利用。近年来工业因氮生产化肥的方法对氮的循环有一定的帮助，但发展过度必将引起大气中氮的失衡，造成土壤和水体的污染，这应引起社会的关注。氮的循环见图12-7。

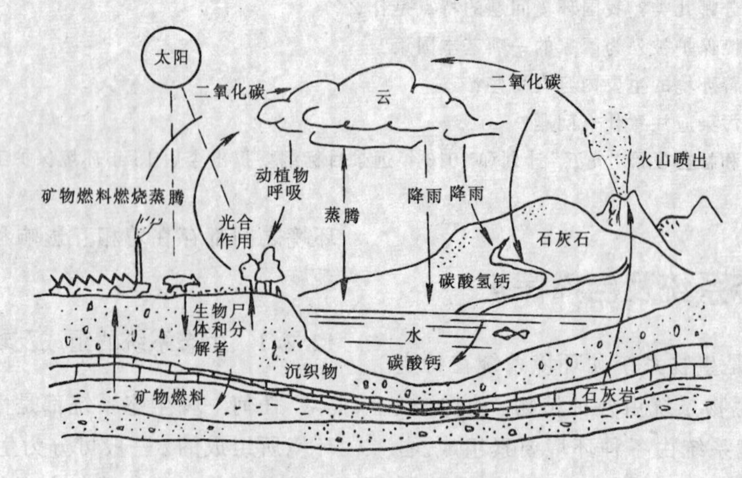

图 12-4　自然界的物质循环

生态系统的信息联系在沟通生物群落与其生存环境之间、生物群落内各生物种群之间的关系起着重要的作用。

一般生态系统内的方方面面是处于相对稳定的状态，称为生态平衡。影响生态平衡的因素有自然因素和人为因素。诸如火山爆发、地震、海啸、泥石流和雷击火灾等自然因素对生态的破坏短暂而巨大，但出现频率不高。而植被破坏、物种灭绝、大型水坝建设、工业“三废”污染，大面积使用农药等人为因素引起的生态失调，则易引起生态危机。

12.2.2 自然保护

(1) 自然保护和环境保护

自然保护是指对自然环境和自然资源的保护。自然保护的目的是保护、增殖和合理开发利用自然资源，保证自然资源的永续利用，为人类生活和生产活动服务。

广义的环境保护包括自然保护和环境保护，自然保护是环境保护的一个组成部分。狭义的环境保护仅指防治环境污染，防止公害产生，保护和改善生产和生活环境，从而保障人民身体健康，促进我国两个文明建设的顺利进行。

(2) 自然保护的主要内容

自然保护对人类的生存和发展具有重要意义。它不仅使当代人获益，也是为子孙后代造福的一件大事。

自然保护的主要内容是：土地资源保护，水资源保护、生物资源保护、矿产资源保护、自然景观保护等等。

1) 土地资源保护

土地是农业的基本生产资料，是工业生产和城市活动的主要场所，也是人类生活和生产的物质基础，是极其宝贵的自然资源。控制人口自然增长和控制耕地面积的减少是土地资源保护的关键。此外，土地资源保护还与生物资源、水资源保护等密切相关。例如，植被破坏会引起土壤侵蚀和水土流失，不合理灌溉会导致土壤盐渍化等。

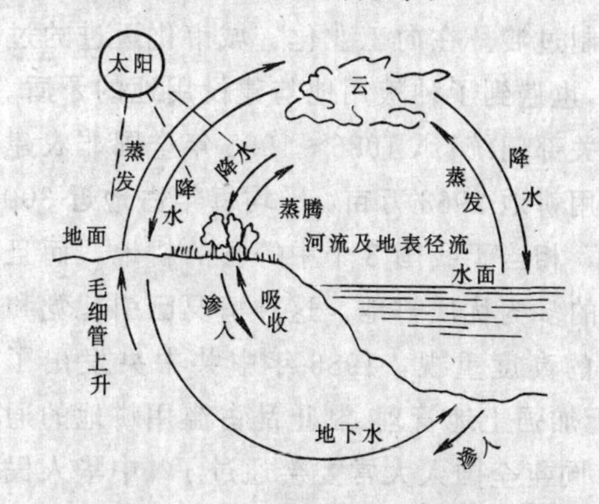

图 12-5 水的循环

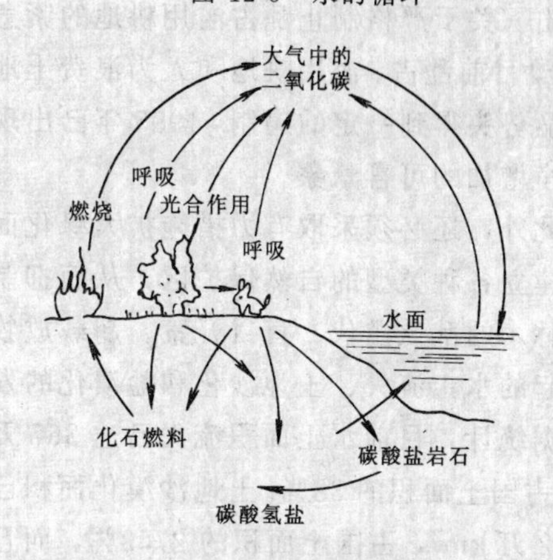

图 12-6 碳的循环

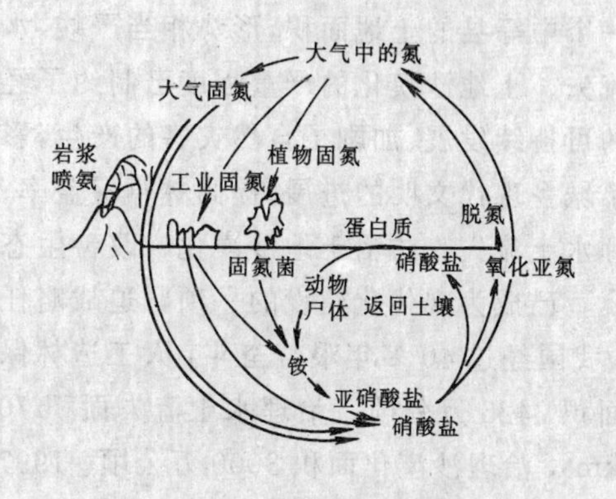

图 12-7 氮的循环

人多地少是我国土地资源的基本国情。我国人均占有国土面积 14 亩多，人均耕地 1.5 亩，人均林地 1.8 亩多，人均草地 5 亩，分别仅是世界人均占有数的 30%、27%、12%和 34%。因此，珍惜、爱护、合理利用每一分土地是我国必须长期坚持的政策。

目前，我国正从计划经济体制向市场经济体制过渡。在向工业化、城市化迈进的过程中，也遇到了种粮用地与建设用地的矛盾。据有关部门统计，1986～1995年全国非农建设占用耕地2963万亩，平均每年占地近300万亩，相当于我国3个中等县的耕地，而且占用的多为优质耕地。这种情况已引起党和政府的高度重视，1986年中共中央发出了《关于加强土地管理、制止乱占滥用耕地的通知》，同年全国人大常委会通过了《中华人民共和国土地管理法》。1992年党中央、国务院又发出《关于严格制止乱占滥用耕地的紧急通知》，目前乱占、滥用耕地和人为浪费土地的迅猛势头得到一定的遏制，1995年已出现耕地净增加的可喜景象。

此外，还必须采取有力措施扩大绿化面积，建立各种类型的自然保护区，从而抑制由于林木的乱砍滥伐、盲目开荒、超载放牧等引起的水土流失、土地沙化和盐渍化的发展。据统计，目前水土面积流失已达367万km^2，占国土面积的38%。土地沙漠化面积已达262万km^2，占国土面积的27.3%，而且每年以2460km^2的速度扩展，相当于每年损失一个中等县的土地面积，形势相当严峻。水土流失、土地沙漠化的严重程度已制约了经济的可持续发展、加剧了自然灾害的产生，影响了城乡现代文明的进展。提高林草覆盖率、治理水土流失、防治土地沙漠化、改善生态环境，已成为现代化建设的一项紧迫战略任务。我国经过40多年艰苦奋斗，人工造林保存面积3425万公顷，治理水土流失面积70万km^2，治理沙漠化面积3000万公顷。1997年9月，江泽民总书记和李鹏总理专门就生态环境问题作出长篇批示，要求通过大抓植被保护和植被建设，来根治我国的水土流失的土地荒漠化，改善生态环境，促进农业乃至整个经济社会的可持续发展，实现山川秀美。

2）水资源保护

水资源是人类环境中最重要的资源之一，是人类和一切生物赖以生存的基本条件。我国水人均占有量只有2710m^3，仅为世界人均占有量的25%，水资源保护在我国尤为重要。

目前许多地区，特别是大中城市，不断增长的用水量与有限的水资源之间的矛盾十分突出，随着经济发展，污水量不断增加，水污染治理技术跟不上，这已成了经济建设和城市发展的制约因素。

此外，水资源浪费严重。工业用水中，冷却水一般占70%以上，但工业用水的重复利用率平均只有20%。农业灌溉用水多为技术落后的漫灌，合理的喷灌和滴灌较少，每亩水浇地用水量高达1000m^3，工、农业争水矛盾比较突出。

由于工业和大量乡镇企业的发展，污水的排放不作任何处理，直接排入江河湖海，使水体受到严重的污染，水生生物受到极大的威胁。

综上所述，水不仅关系到农业生产的发展，而且直接关系到国民经济的发展。因此，提高广大群众和干部的水资源保护意识至关重要。

3）生物资源保护

生物资源中优先予以保护的是森林、草原和野生动植物资源。

森林在保持水土、防风固沙，改善环境方面有相当大的作用，森林中还拥有大量的生物资源，是地球上蕴存最丰富的生物群落。我国是一个森林缺乏的国家，森林覆盖率仅为11%，由于大量砍伐，使自然环境不断恶化，黑龙江省的年降雨量已由过去的平均600mm降为目前的400mm，直接危害农牧业生产和人民群众的生活。

草原是畜牧业的重要生产基地，同时还能调节气候和防治土地风蚀，也为许多野生动物提供栖息场所。盲目毁草开荒，过度放牧等不合理利用，以及鼠害、虫害等使我国的草原面积大为减少，有些草原已严重退化、沙化、碱化。我国在各大牧区先后进行过不同的农垦，其教训是极其深刻的。

野生动植物是直接或间接为人类利用的宝贵资源，是生态系统中不可缺少的部分。它的不断更新、恢复或再生，不仅为人类提供源源不断的自然资源，而且对生物环境的平衡有相当重要的作用。

由于无计划的猎取和采掘，对野生动植物资源的破坏十分严重。目前世界估计有约25000种植物和1000多种脊椎动物处于灭绝的危险之中，对生态平衡构成很大的威胁。

4）矿产资源保护

矿产资源是一种不可更新的资源，对国计民生有极其重要的作用，应根据国民经济的发展有计划地开采。目前有些地区的盲目乱采，不仅效率不高，而且浪费严重，破坏生态环境，应坚决制止。

5）自然景观保护

自然景观指地球表面的自然景色。它不仅具有旅游观赏价值，而且是一种极为重要的自然资源，应作为自然遗产加以严格保护，以造福子孙后代。

国家对具有代表性的各种类型的自然生态系统区域，珍稀、濒危的野生动植物自然分布区域，重要的水源涵养区域，具有重大科学文化价值的地质构造、著名溶洞和化石分布区、冰川、火山，温泉等自然遗迹，以及人文遗迹、古树名木加以保护，严禁破坏。

小　　结

生态系统是生物系统和环境系统在特定空间的组合。它的组成、结构、功能一般都处于相对稳定的状态，称为生态平衡。当生态受到自然因素和人为因素的超负荷破坏时，则易引起生态危机。

广义的环境保护包括自然保护和环境保护两部分。自然保护是指对自然环境和自然资源的保护；环境保护指防治环境污染，防止公害产生。

自然保护的主要内容有：土地资源保护、水资源保护、生物资源保护、矿产资源和自然界景观的保护。

习题

1. 生态系统一般由哪几部分组成？各部分的作用是什么？
2. 试述自然界的物质循环情况。
3. 土地资源保护的重点是什么？为什么？
4. 水资源保护的重点是什么？为什么？
5. 简述生物资源保护、矿产资源保护和自然景观保护的意义。

12.3　大气污染及其防治

12.3.1　大气圈的结构和大气的组成

（1）大气圈的结构

大气圈的厚度大约为2000～3000km，大体可划分为对流层、平流层、电离层、散逸层四层。

1）对流层

对流层为大气圈离地面最近的一层，平均厚度约为12公里。该层是天气变化最复杂的层次，云、雾、雨、雪、霜、雷、电等自然现象均发生在这一层。此层气温随高度的增加而降低，具有强烈的对流运动，对大气污染物的扩散和散输起着重要作用。

2）平流层

从对流层顶到距地面约 85 公里的这一层称为平流层，该层分为同温层、暖层和上层等三层，此层空气运动以水平运动为主。

3）电离层

从距地面 85 公里到 800 公里范围内称为电离层。该层空气稀薄，空气分子在紫外线和宇宙射线作用下变为离子和自由电子，因而空气处在电离状态，具有导电性，能反射无线电波。

4）散逸层

距地面 800km 以外的大气称为散逸层。那里空气极为稀薄，几乎全处于电离状态。

(2) 大气的组成

大气（空气）不是单一的物质，而是多种气体的混合体。

空气中的恒定成分有氧、氮、氩，它们占气体总容积的百分数分别为 78.08%、20.95%和 0.93%，以及微量的氖、氪、氙、氡等稀有气体。

空气中的可变成分有二氧化碳和水蒸汽，二氧化碳的含量为 0.02%～0.04%，水蒸汽的含量为 0.1%～0.8%。

由于火山爆发、森林火灾、地震、海啸等突发性自然灾害可产生大量的尘埃、硫、硫化氢等，作为空气的不定组分。

12.3.2 大气污染及其影响与危害

(1) 大气污染源及污染物

大气的组成成分基本上是恒定的，其含量比例对人类和其它生物的生长发育也是合适的，即使有一些污染和干扰，由于大气圈本身的自净能力也能使空气保持清洁新鲜的状态。但当人类生活和生产使大气中某些物质的含量大大超过了原来的正常含量，或者大气中混入了大量通常不存在的物质，使大气的质量发生恶化，对人类或其它生物产生直接或间接的有害影响，称为大气污染。

大气污染的来源十分广泛，主要来自三个方面：

1）燃料的燃烧

我国是以煤为主要燃料的国家，燃烧排放的污染物约占总污染物的 70%以上，而煤燃烧所产生的污染物约占其中的 95%以上。所以我国大气污染的主要来源是烧煤排放的烟尘，如 SO_2、CO_2、NO 等。

2）工业生产

炼钢、炼铁、有色冶炼以及石油、化工、造船等各种类型的工矿企业在生产过程中所排放的大气污染物约占总污染物的 20%。

3）交通运输

由汽车、拖拉机、火车、轮船和飞机等运输工具所排放的大气污染物约占总污染物的 10%。

大气污染物的种类很多，对人类和各种生物的生长发育影响较大的污染物有粉尘、硫氧化物、氮氧化物、一氧化碳和光化学烟雾五种。

1）粉尘

粉尘主要来自燃料燃烧过程中产生的废弃物，对一般燃烧装置而言，原煤燃烧后约有原重量的 10%以上的废弃物以烟尘形式排入大气。工业企业中的水泥、石灰、矿业、冶炼、粮食和食品加工、砖瓦窑及石棉生产过程均会产生各种粉尘。一般粒径在 10μm 以上的粉尘，由于重力作用会很快降落地面；粒径在 10μm 以下的粉尘能长时间飘浮在空气中，对人体健康危害较大。大气的降尘量是大气污染的重要指标，表 12-1 为美国降尘量与大气污染程度的判断标准。

降尘量与大气污染程度的判断标准

表 12-1

大气污染程度	降尘量 (t/km^2·月)
轻度污染	0～30
中等污染	20～40
重度污染	40～100
严重污染	>100

2）硫氧化物

硫氧化物主要指二氧化硫（SO_2）和三氧化硫（SO_3），其主要来源是燃料燃烧，在工业生产和居民炉灶中均产生大量的硫氧化物。二氧化硫在空气中可形成酸雨和硫酸盐，对环境危害很大。

3）氮氧化物

氮氧化物污染物在大气中主要是一氧化氮和二氧化氮，主要来源于各种矿物燃料的燃烧过程。各种内燃机车辆排出的尾气也含有大量的氮氧化物。氮氧化物不仅危害人体的健康，而且通过生成光化学烟雾造成更大的污染。

4）一氧化碳

一氧化碳俗称煤气，对人体极为有害。一氧化碳主要来源于煤和石油的燃烧过程，它很难被雨水冲刷降落地面，而是长期停留在空气中。一氧化碳的排放量居世界主要有毒大气污染物的首位。

5）光化学烟雾

光化学烟雾是氮氧化物和碳氢化物，经太阳紫外线照射而产生的一种毒性很大的浅蓝色烟雾。汽车尾气是产生光化学烟雾的主要根源。此外，大型石油化工厂和氮肥厂中也含有大量的碳氢化合物和氮氧化合物，管理不当也极易产生光化学烟雾。

（2）大气污染的危害

大气污染的危害是多方面的，主要有以下几方面。

1）大气污染对人体的危害

大气污染物危害人体健康有表面接触、食入污染物和吸入被污染空气等三种方式，其中吸入是危害最大的一种途径。因为人每时每刻都要呼吸，而呼吸道粘膜对大气污染物又特别敏感，并有极大的吸附能力。

人体吸入、食入或接触大气污染物严重的会引起急性中毒，主要表现为慢性中毒和潜在的致癌病变。大气污染物对人体健康的影响见表12-2。

2）大气污染对植物的危害

大气污染物对人体健康的影响　　表12-2

污染物	对人体健康的影响
烟　雾	视程缩短、导致交通事故、慢性支气管炎
飞　尘	阳光不足，令人讨厌、血液中毒、尘肺、肺感染
二氧化硫	刺激眼角膜和呼吸道粘膜、咳嗽、声哑、胸痛、支气管炎、哮喘、甚至死亡
二氧化氮	刺激鼻腔和咽喉、胸部紧缩、呼吸急促、失眠、肺水肿、昏迷、甚至死亡
一氧化碳	头晕、头痛、恶心、四肢无力，还可引起心肌损伤、损害中枢神经、严重时导致死亡
氟化氢	刺激粘膜、幼儿发生班状齿、成人骨胳硬化
硫化氢	刺激粘膜、导致眼炎或呼吸道炎、头晕、头痛、恶心、肺水肿
氯　气	刺激呼吸器官、支气管炎、量大时引起中毒性肺水肿
氯化氢	刺激呼吸器官
氨	刺激眼鼻、咽喉粘膜
气溶胶	引起呼吸器官疾病
苯并芘	致　癌
臭　氧	刺激眼睛、咽喉、呼吸机能减退
铅	铅中毒症、妨碍红血球的发育、儿童记忆力低下

大气污染浓度超过植物所能忍受的限度时，植物细胞和组织器官会受到伤害，生理功能和生长发育受阻，造成产量下降，质量变坏，甚至死亡。

有关大气污染物对植物的危害见表12-3。

大气污染物质对植物的危害　　表12-3

污染物	伤害植物的一般症状	受害植物的种类及典型症状
二氧化硫	叶脉间出现点状或斑状伤斑，一般色淡，边缘较明显，叶片失绿，枯焦，早期脱落	禾本科植物如稻、麦叶尖呈色条斑，豆科和百合科中葱、蒜、韭菜叶片上呈黄色斑块，茄科中茄子、蕃茄叶面呈较深色斑，榆树叶呈浅绿色，桐树呈褐色
氟化氢	叶尖叶缘呈伤斑，由黄白变淡褐至褐色，严重时坏死。受害组织与健康组织间有明显界限带	稻、麦类失绿，杏、桃叶片全失绿，蕃茄叶片呈土褐色，棉花叶片呈浅土褐色，荞麦、甘薯、玉米等作物呈轻微受害症状

续表

污染物	伤害植物的一般症状	受害植物的种类及典型症状
氯气或氯化氢	叶尖黄白化，渐及全叶，伤斑不规则，边缘不清晰，呈褐色。妨碍同化作用，乃至坏死	玉米呈浅褐色或棱状斑，杨树叶呈褐、卷曲或焦枯，菠菜叶面出现黄斑、稍卷曲。所有植物均可受害
氨　　气	伤斑枯焦、穿孔	杨柳叶片呈土黄色坏死，似干枯裂，手触即脱落，叶面凹凸不平。多数植物均可受害
酸　　雾	落叶、枯死、生长缓慢	大麦、碗豆、棉花、水稻均可受害
乙 二 胺	叶片干，脆裂，色淡	杨柳树叶片呈土黄色，生长缓慢
焦油、沥青、蒸汽	叶片黄白化，出现伤斑	对所有植物有害，特别对黄瓜、豆类、马铃薯危害明显，不适于食用
飞尘煤烟	妨碍光合作用，叶片有坏疽点	大麦可产生污点坏疽，产生类似二氧化硫对植物的危害症状

3）大气污染的其它危害

大气污染物质除了危害人体健康，影响农作物及植物的生长发育并造成经济损失外，大气污染还能使受害地区的土壤逐渐酸化、水质变劣、损坏建（构）筑物、腐蚀机器设备、沾污或腐蚀家用电器、家具及衣物等，直接或间接地造成各种经济损失。

12.3.3 大气污染的有关标准及治理技术

（1）大气污染的有关标准

1）大气环境质量标准

国家为保障人民群众身体健康和生态系统不受破坏，而对大气环境中各种污染物在一定时间和空间内的容许含量所作的规定，叫做大气环境质量标准，简称环境标准。它是大气环境管理和制定大气污染物排放标准的依据。

1979 年 9 月我国正式颁布了《工业企业设计卫生标准》（TJ36—79），对居住区大气中 34 种有害物质规定了最高容许浓度（见表 12-4）。

居住区大气中有害物质的最高容许浓度

表 12-4

编号	物质名称	最高容许浓度 (mg/m^3) 一　次	日平均
1	一氧化碳	3.00	1.00
2	乙　醛	0.01	
3	二 甲 苯	0.30	
4	二氧化硫	0.50	0.15
5	二硫化碳	0.04	
6	五氧化二磷	0.15	0.05
7	丙 烯 腈		0.05
8	丙 烯 醛	0.10	
9	丙　酮	0.80	
10	甲基对硫磷（甲基 E605）	0.01	
11	甲　醇	3.00	1.00
12	甲　醛	0.05	
13	汞		0.0003
14	吡　啶	0.08	
15	苯	2.40	0.80
16	苯 乙 烯	0.01	
17	苯　胺	0.10	0.03
18	环氧氯丙烷	0.20	
19	氟化物（换算成 F）	0.02	0.007
20	氨	0.20	
21	氧化氮（换算成 NO_2）	0.15	
22	砷化物（换算成 As）		0.003
23	敌 百 虫	0.10	
24	酚	0.02	
25	硫 化 氢	0.01	
26	硫　酸	0.30	0.10
27	硝 基 苯	0.01	
28	铅及其无机化合物（换算成 Pb）		0.0007
29	氯	0.10	0.03
30	氯丁二烯	0.10	
31	氯 化 氢	0.05	0.015
32	铬（六价）	0.0015	
33	锰及其化合物（换算成 MnO_2）		0.01
34	飘　尘	0.50	0.15

注：1. 一次最高容许浓度，指任何一次测定结果的最大容许值。
2. 日平均最高容许浓度，指任何一日的平均浓度的最大容许值。
3. 本表所列各项有害物质的检验方法，应按现行的《大气监测检验方法》执行。
4. 灰尘自然沉降量，可在当地清洁区实测数值的基础上增加 3～5t/km^2/月。

1982 年 4 月我国国家标准局正式颁布了《大气环境质量标准》。该标准充分考虑了我国以煤为主的能源结构，将大气污染物确定为总悬浮微粒、飘尘、二氧化硫、氮氧化硫、一氧化碳和光化学氧化剂六项，有利于我国大气环境的防治。

此外，考虑我国地区的差异，将我国划分为三类地区，分别执行不同的标准。第一类地区指国家规定的自然保护区、风景游览区、名胜古迹和疗养地等，执行一级标准；第二类地区指城市规划中确定的居民区、商业交通居民混合区、文化区、名胜古迹和广大农村等，执行二级标准；第三类地区指大气污染较重的城镇和工业区、城市交通枢纽、干线等，执行三级标准（见表 12-5）。

中国大气环境质量标准　　表 12-5

污染物名称	浓度限值（mg/m³）			
	取值时间	一级标准	二级标准	三级标准
总悬浮微粒	日平均	0.15	0.30	0.50
	任何一次	0.30	1.00	1.50
飘尘	日平均	0.05	0.15	0.25
	任何一次	0.15	0.50	0.70
二氧化硫	年日平均	0.02	0.06	0.10
	日平均	0.05	0.15	0.25
	任何一次	0.15	0.50	0.70
氮氧化物	日平均	0.05	0.10	0.15
	任何一次	0.10	0.15	0.30
一氧化碳	日平均	4.00	4.00	6.00
	任何一次	10.00	10.00	20.00
光化学氧化剂（O_3）	1h 平均	0.12	0.16	0.20

注：1. 任何一日的平均浓度不许超过的限值。

2. 任何一次采样测定不许超过的限值。

3. 任何一年的日平均浓度均值不许超过的限值。

2）大气污染物排放标准

大气污染物排放标准是根据大气环境质量标准对污染物排放浓度或总量作业的规定或限制，目的是保证污染物排放后，经大气的稀释和扩散，它们在大气中的浓度不超过规定的大气环境质量标准。

我国于 1973 年颁布，1974 年 1 月 1 日开始试行《工业"三废"排放试行标准》。该标准考虑我国的实际情况，暂定了十三类有害物质的排放标准（见表 12-6）。1983 年城乡建设环境保护部发布了《锅炉烟尘排放标准》（见表 12-7）。

十三类有害物质的排放标准　表 12-6

序号	有害物质名称	排放有害物企业①	排放标准		
			排气筒高度（m）	排放量（kg/h）	排放浓度（mg/m³）
1	二氧化硫	电站	30	82	
			45	170	
			60	310	
			80	650	
			100	1200	
			120	1700	
			150	2400	
		冶金	30	52	
			45	91	
			60	140	
			80	230	
			100	450	
			120	670	
		化工	30	34	
			45	66	
			60	110	
			80	190	
			100	280	
2	二硫化碳	轻工	20	5.1	
			40	15	
			60	30	
			80	51	
			100	76	
			120	110	
3	硫化氢	化工、轻工	20	1.3	
			40	3.8	
			60	7.6	
			80	13	
			100	19	
			120	27	
4	氟化物（换算成 F）	化工	30	1.8	
			50	1.4	
		冶金	120	24	
5	氮氧化物（换算成 NO_2）	化工	20	12	
			40	37	
			60	86	
			80	160	
			100	230	
6	氯	化工、冶金	20	2.8	
			30	5.1	
			50	12	
		冶金	80	27	
			100	41	

续表

序号	有害物质名称	排放有害物企业①	排放标准		
			排气筒高度(m)	排放量(kg/h)	排放浓度(mg/m³)
7	氯化氢	化工、冶金	20	1.4	
			30	2.5	
			50	5.9	
		冶金	80	14	
			100	20	
8	一氧化碳	化工、冶金	30	160	
			60	620	
			100	1700	
9	硫酸(雾)	化工	30～45		260
			60～80		600
10	铅	冶金	100		34
			120		47
11	汞	轻工	20		0.01
			30		0.02
12	铍化物(换算成Be)		45～80		0.015
13	烟尘及生产性粉尘	电站(煤粉)	30	82	
			45	170	
			60	310	
			80	650	
			100	1200	
			120	1700	
			150	2400	
		工业及采暖锅炉			200
		炼钢电炉			200
		炼钢转炉			
		(＜12t)			200
		(＞12t)			150
		水泥			150
		生产性粉尘			
		(第一类)			100
		(第二类)			150

注：1. 表中未列入的企业，其有害物质排放量可参照本表类似企业。

锅炉烟尘排放标准　　　　表 12-7

区域类别	适用地区	标准值	
		最大容许烟尘浓度 mg/m³(标)	最大容许林格曼黑级
1	自然保护区、风景游览区、疗养地、名胜古迹区、重要建筑物周围	200	1
2	市区、郊区、工业区、县以上城镇	400	1
3	其他地区	600	2

(2) 防治大气污染的主要法律制度和措施

1987 年 9 月通过、1995 年 8 月修订的《中华人民共和国大气污染防治法》是防治大气污染的主要法律，其管理体制和基本要求如下：

1) 大气污染防治工作的管理体制

根据《大气污染防治法》的规定，各级人民政府和环境保护部门对大气污染防治实施统一监督管理；各级公安、交通、铁道、渔业管理部门，根据各自的职责，对大气污染实施监督管理。

2) 防治烟尘污染的基本规定

由于我国是以燃煤为主的国家，防治燃煤过程中产生的烟尘污染，成为我国大气污染防治的重点。根据规定，锅炉产品标准中应有烟尘排放标准的要求。不得制造、销售和进口达不到标准的锅炉；新建窑炉和新装锅炉必须达标排放；城市建设中应发展集中供热和煤气事业，并推广型煤的生产和使用；含烟尘物质的存放，必须采取防尘措施；禁止在人口稠密地区焚烧产生有毒有害烟尘的物质。

3) 防止工业废气的基本规定

根据规定，应严格限制工业生产中有毒气体的排放，确需排放的，须经净化达标之后排放。对可燃气体应回收利用；对含硫气体，应采取脱硫措施；含放射性气体的排放，不得超过规定的标准。

4) 防治粉尘污染的规定

根据规定，向大气排放粉尘的单位，必须采取防尘措施；运输、装卸、贮存易散发粉尘的物质，必须采取密封或其它防护措施。

5) 防治恶臭污染的规定

法律规定，禁止在人口稠密地区焚烧沥青、油毡、橡胶、塑料、皮革或其它产生恶臭气体的物质，确需焚烧，应报当地环保部门批准。

6) 防治机动车船尾气的规定

法律规定，机动车船排放尾气不得超过

规定的标准，并应采取防治措施；不得制造、销售和进口超过排放标准的汽车；国家鼓励生产和使用高标号无铅汽油，限制生产使用含铅汽油。

(3) 主要大气污染防治技术

大气污染的防治技术较多，根据上述介绍的大气主要污染物，可采用下列几种防治技术。

1）消烟除尘技术

消烟除尘技术的目的是使烟囱冒出的黑烟变成白烟，达到排放标准，保证大气质量，保护大气环境，同时回收飞散的产品（如有色金属、黑色金属、水泥等）和粉尘（粉尘可作建筑材料和肥料综合利用）。

烟囱冒黑烟的原因是由不完全燃烧造成的。消除黑烟的途径是改进燃烧技术，掌握好燃烧条件，使燃料充分燃烧。国内的新式锅炉均根据防大气污染的要求采取了各种能使燃烧充分燃烧的方法，购置时应特别注意这一点。

除尘的方法较多，应根据粉尘的性质和除尘要求，选择效果好、经济实用的除尘装置。表 12-8 列出了各种除尘装置特性对比表，供选用时参考。

2）二氧化硫治理技术

如前所述，二氧化硫主要是燃煤过程中产生的。我国煤的含硫量较高，所以脱硫是防治二氧化硫污染的主要技术措施。

脱硫分燃料脱硫和烟气脱硫两个方面。

燃料脱硫指煤的脱硫和重油脱硫。煤的实用脱硫方法有气化法和液化法。煤的气化在煤气发生炉中进行，将煤转化为气体燃料，并在气化过程中将硫变成易于除去或回收的硫化氢；煤的液化使煤变成含硫量在 0.3% 以下的液态燃料，方法有合成法、直接裂解法和热溶加氢法等。

重油脱硫常用氢化法，用高压加氢的方法将氢与硫作用生成硫化氢，从而将硫在重油中分离出来除去。

各类除尘器性能比较　　表 12-8

类型	集尘范围（粒径）	除尘效率（%）	基本原理	优点	缺点
机械除尘器			利用机械力（重力、离心力）将尘粒从气流中分离出来，加以收集	价廉，结构简单，操作维修简便，不需运转费，可处理高湿气体，占地少	不能处理飘尘，除尘效率低，不适用于有水或粘着性气体
沉降室	50～100μm	40～60			
百叶式	50～100μm	50～70			
旋风式	5μm 以上	50～80			
	5μm 以下	10～40			
湿式洗涤器			用水洗涤含尘气体，利用液滴或液膜捕集尘粒	除尘效率较高，占地少，设备费用较便宜，不受气体温、湿度影响	压力损耗大，需大量洗涤水，有污水处理问题，含尘浓度高时易堵塞
填料塔	5μm 以上	90			
文丘里式	1μm 以上	80～90			
	1μm 以下	99			
电收尘器	与粒径几乎无关，最小可达 0.05μm	80～99.9	让含尘气体通过高压静电电场，尘粒荷电后被阴极吸附收集	除尘效率最高，耐高温，气流阻力小，效率不受含尘浓度和烟气流量影响	设备费用高，占地大，粉尘的电学性质对工作有影响
袋式滤尘器	与粒径几乎无关，最小可达 0.1μm	90～99	使用棉布、毛织物、合成纤维、玻璃纤维做成袋子，过滤含尘气体	除尘效率高，操作简便，适于含尘浓度低的气体	占地多，维修费、设备费高，不耐高温、高湿气流，一般不用于烟气除尘

烟气脱硫的方法较多，目前去硫效果尚不明显，有待更进一步研究。

3）光化学烟雾处理技术

光化学烟雾的主要污染源是汽车排出的废气，可以通过改进汽车发动机结构、安装净化装置、发展无公害城市交通工具（电气列车、磁电车等）、用电动机代替内燃机、利用液化气或其它能源代替汽油等方法减少汽车废气中的氮氧化物和碳氢化物的排放量。

国家鼓励、支持生产和使用高标号的无铅汽油，限制生产和使用含铅汽油。

小　结

环境污染主要有大气污染、水体污染、噪声污染、固体废物污染等。

我国大气的污染源主要是烧煤排放的烟尘，工业生产排出的废气以及交通运输工具排出的废气等。大气污染物中的粉尘、硫氧化物、氮氧化物、一氧化碳和光化学烟雾对人体、动植物的危害最大。

大气污染的防治技术以消烟除尘为主，燃料脱硫处理是防治二氧化硫污染的主要技术措施。国家鼓励、支持生产和使用高标号的无铅汽油，限制生产和使用含铅汽油。

通过防治措施，保护和改善大气环境，保障人体健康，促进社会主义现代化建设。

习题

1. 大气污染源主要有哪些？
2. 大气污染物有哪些？他们对人体各有什么危害？
3. 为什么消烟除尘是我国大气污染防治的一项基本技术措施？
4. 脱硫技术的作用是什么？有哪些常用的脱硫方法？
5. 国家对防治大气污染有哪些基本规定？

12.4　水体污染及其防治

水是人类及一切生命活动的基本要素，没有水就没有生命。

水是每个国家工农业生产的命脉。在工业生产中，水作为工艺过程中的溶剂、洗涤剂、吸收剂和萃取剂得到广泛的应用。同时，水也是生产原料或反应物作用的重要介质。农业浇灌需耗费大量的水。

水作为资源来说，是最宝贵而有限的。人类直接利用而且易于取得的淡水资源还不到地球总储水量的0.5%，而且这有限的水资源又分布不均匀，加上工农业生产及人类各种活动对水体的污染，使保护水资源，防止水体污染已成为当今世界各国艰巨而繁重的任务。

12.4.1　水体污染源及污染物

（1）水体污染源

“水污染”是指水体因某种物质的介入，而导致其化学、物理、生物或者放射性等方面特性的改变，从而影响水的有效利用，危害人体健康或者破坏生态环境，造成水质恶化的现象。

“污染物”是指能导致水污染的物质。“有毒污染物”是指哪些直接或间接为生物摄入体内后，导致该生物或者其后代发病、行为反常、遗传异变、生理机能失常、机体变形或者死亡的污染物。

水体污染多是人为造成的，水体污染源主要来自以下几个方面：

1）工业废水

工业废水是水体的主要污染源。如造纸厂排放的废水纺织、印染、制革、食品加工等轻工业部门，在生产过程中排出大量的废水，这些废水中多含有大量的有机物质，在水体中降解时消耗大量的溶解氧，易引起水质变黑发臭等现象。此外，还常含有大量的悬浮物、硫化物和重金属(如汞、镉、砷等)。

钢铁工业和有色冶金工业排出的工业废水则含有大量的油、铁氧化物、重金属和悬浮物。

石油化工企业排出的废水，易造成油污染，常含有多种有毒物或剧毒物，如氰、酚、汞等。

2）生活污水

生活污水的特点是有机物含量高，易造成腐败产生恶臭。

3）农业排水

由于农田滥用化肥和农药，灌溉后排出的水流或雨后径流中，常含有农药和化肥，对水体的污染极大。

(2) 水体污染物

水体污染物相当复杂，但可以归纳为四大类，即：无机无毒物、无机有毒物、有机无毒物和有机有毒物。无毒物的特点是耗氧，有毒物的特征是生物毒性。

1）无机无毒物

无机无毒物包括酸、碱、天机盐、氮、磷等植物营养物质。酸、碱、无机盐进入水体后可改变水体的pH值，影响水生生物的生活，氮、磷在水中的过剩则易使农作物徒长、纤细倒伏。

2）无机有毒物

无机有毒物指汞、镉、铅、铬、氰化物、氟化物等重金属。这类污染物不仅对生物有害，而且极难分解。

3）有机无毒物

有机无毒物指碳水化合物、脂肪、蛋白质、木质素、油类等在水中易分解的有机化合物。这类物质在氧化分解过程中需消耗水中的氧，导致水体的恶化。

4）有机有毒物

有机有毒物指酚类、多氯联苯、多环芳烃、有机农药、染料等。这类物质进入水体后，可在生物体内积累、从而加大其生物毒性。

水体主要污染物及其来源归纳见表12-9。

水体主要污染物及其来源　表 12-9

类　型	污染物名称	污染物主要来源
无机无毒物	酸	矿山排水、工业酸洗废水、酸法造纸、制酸厂
	碱	碱法造纸、化纤、制碱、制革、炼油
	无机盐	同以上酸、碱两项
	氮	氮肥厂、硝石矿的开采
	磷	磷肥厂、磷灰石矿的开采
无机有毒物	汞	制药厂、仪表厂、氯碱厂
	镉	电镀厂、有色金属冶炼厂、铅锌厂、颜料厂
	铅	蓄电池厂、油漆厂、有色金属冶炼厂、铅锌厂、颜料厂
	铬	电镀厂、颜料厂、制革厂、制药厂
	氰化物	煤气制造、丙烯腈生产、有机玻璃和黄血盐的生产、电镀厂
	氟化物	磷肥生产、氟塑料生产、有色金属冶炼
有机无毒物	碳水化合物	生活污水、禽畜养殖业污水、食品加工、农田施肥
	脂　肪	屠宰厂、洗毛、制革、食品工业、肥皂厂
	蛋白质	同以上碳水化合物、脂肪两项
	木质素	造纸厂、纤维板厂
	油　类	石油化工厂

续表

类　型	污染物名称	污染物主要来源
有机有毒物	酚　类	焦化厂、煤气站、树脂厂、绝缘材料厂、合成染料
	多氯联苯	塑料、涂料工业、生产或使用多氯联苯的工厂
	多环芳烃	煤炭、汽油和木柴的燃烧
	有机农药	农药厂、不适当地使用农药
	染　料	印染厂、染料厂

12.4.2　水体污染的危害

水体污染后，可通过饮食直接危害人体健康，也可直接危及水产品的生存和繁殖，并降低水产品的食用价值。它对农作物的危害则表现为直接毒害、营养素过剩和土壤恶化等。

（1）水体污染对人体的危害

人们直接饮用含有致病菌（如沙雷氏杆菌、青紫色素杆菌、无色杆菌、水细球菌、冠状细球菌、克雷白氏杆菌、肠杆菌、真菌、病毒等）的水，会感染发生诸如霍乱、伤寒、急性肠炎、腹泻等疾病。某些寄生虫可以由接触污染水传染。不同的病毒可以引起肝炎、脊髓灰质炎、脑膜炎、出疹性热病等。此外，含有有毒物质的污染水体，还可直接或间接危害人体。

水中主要污染物对人体的危害见表12-10所示。

水中主要污染物对人体的危害

表 12-10

污　染　物	对人体健康的危害
汞	食用汞污染的鱼、贝后，产生甲基汞中毒，头晕、肢体末稍麻木，记忆力减退、神经错乱，甚至死亡，还可造成胎儿畸形
铅	食用含铅食物，会影响酶及正铁血红素合成，影响神经系统，铅在骨骼及肾脏中积累，有潜在的远期危害
镉	进入骨骼造成骨痛病，骨骼软化萎缩，易发生病理性骨折，最后饮食不进，于疼痛中死亡
砷	影响细胞新陈代谢，造成神经系统病变，急性砷中毒，主要表现为急性胃肠炎症状
铬	铬进入人体后，分布在肝和肾中，出现肝炎和肾炎病症
氰　化　物	饮用含氰化物水后，引起中毒，导致神经衰弱、头痛、乏力、头晕、耳鸣、呼吸困难，甚至死亡
多环芳香烃	长期处于高浓度的多环芳香烃环境中，可致癌
酚　类	引起头痛、头晕、耳鸣，严重时口唇发紫、皮肤湿冷、体温下降、肌肉痉挛、尿量减少、呼吸衰竭
可分解有机物	这类污染物为病菌提供了生存条件，进而影响人体健康
致　病　菌	引起传染病，如霍乱、痢疾、肝炎、细菌性食物中毒
硝酸盐、亚硝酸盐	引起婴儿血液系统疾病
氟　化　物	其浓度超过1mg/L时，发生齿斑、骨骼变形
放射性物质	经常与放射性物质接触，会引起疾病，并会遗传给后代
多氯联苯	损伤皮肤，破坏肝脏
油　类	使水体污染而失去饮用价值

（2）水体污染对渔业的危害

水体污染对渔业的危害表现在突发性大量中毒死亡、慢性危害和降低鱼类的商品价值等三方面。几种主要污染物对鱼类的影响见表12-11。

几种主要污染物对鱼类的影响

表 12-11

污　染　物	对　鱼　类　的　影　响
悬　浮　物	堵塞鱼鳃、消耗溶解氧、使鱼类窒息、死亡
氮、磷、钾、有机废水	消耗溶解氧，使鱼类窒息死亡
酸、碱	鱼类血液发生变化，鱼鳃外皮溶解、凝缩，影响鱼类生长发育

续表

污染物	对鱼类的影响
氰化物	鱼类呼吸酶细胞的色素丧失活性
硫化物	影响鱼类呼吸机能
农药	严重时中毒、死亡
氨	鱼体中毒、降低鱼类血红蛋白结合氧气的能力
酚	影响鱼类生长，抑制鱼卵的胚胎发育，鱼类有异味
石油类	油浮于水面，使鱼类因缺氧而窒息死亡
多氯联苯	其毒性在鱼类体内积累，污染鱼肉
氯	对鱼类产生刺激性中毒、死亡
硝基苯胺	毒化血液，使鱼麻痹，甚至死亡
汞、镉、锌、铅、铜、铝、镍	重金属排入水体后，可使鱼鳃表面的粘液沉淀，呼吸困难；毒物可在鱼体内蓄积，毒性增加，失去食用价值

(3) 水体污染对农作物的危害

水体污染对农作物的直接危害是降低了农作物的产量和质量，而水体污染后会造成营养过剩的话，利用污水灌溉后会引起农作物徒长、贪青倒伏、晚熟、发生病虫害等，造成农作物大面积减产。此外，污水灌溉过的农田、菜地，由于水中大量的有害、有毒物质沉积于土壤之中，使土质受污染变坏，影响农作物的生长。

12.4.3 水质标准及水体污染治理

(1) 水质标准

1) 生活饮用水水质标准

供人饮用的水源和风景旅游区，必须保证水质清洁，严禁污染。1985年我国颁布的《生活饮用水卫生标准》(GB5749—85)对水质和水源卫生防护提出了要求，对水质检验也作了规定。表12-12列出了生活饮用水水质标准。

2) 地面水环境质量标准

为了保障人体健康，维护生态平衡，保护水资源，控制水污染，改善地面水环境质量和促进国民经济和社会发展，我国于1988年颁布了《地面水环境质量标准》(GB3838—88)。该标准适用于全国江、河、湖泊、水库等具有使用功能的地面水域。同时，根据水源的位置划分为五类标准。

第1类　主要用于源头水、国家自然保护区。

第2类　主要适用于集中式生活饮用水水源地一级保护区、珍贵鱼类保护区、鱼虾产卵场等。

第3类　主要适用于集中式生活饮用水水源地二级保护区、一般鱼类保护区及游泳区。

第4类　主要适用于一般工业用水区及人体非直接接触的娱乐用水区。

第5类　主要适用于农业用水区及一般景观要求水域。

地面水环境质量标准见表12-13。

3) 农田灌溉水质标准

利用污水灌溉农田，其取水水质要符合国家环境保护局1985年颁布的《农田灌溉水质标准》(GB5084—85)(见表12-14)。

生活饮用水水质标准　　**表 12-12**

项目		标准	
感官性状和一般化学指标	色	色度不超过15度，并不得呈现其他异色	
	浑浊度	不超过3度，特殊情况不超过5度	
	臭和味	不得有异臭、异味	
	肉眼可见物	不得含有	
	pH	6.5～8.5	
	总硬度（以碳酸钙计）	450	mg/L
	铁	0.3	mg/L
	锰	0.1	mg/L
	铜	1.0	mg/L
	锌	1.0	mg/L
	挥发酚类（以苯酚计）	0.002	mg/L

续表

项目		标准	
感官性状和一般化学指标	阴离子合成洗涤剂	0.3	mg/L
	硫酸盐	250	mg/L
	氯化物	250	mg/L
	溶解性总固体	1000	mg/L
毒理学指标	氟化物	1.0	mg/L
	氰化物	0.05	mg/L
	砷	0.05	mg/L
	硒	0.01	mg/L
	汞	0.001	mg/L
	镉	0.01	mg/L
	铬（六价）	0.05	mg/L
	铅	0.05	mg/L
	银	0.05	mg/L
	硝酸盐（以氮计）	20	mg/L
	氯仿[①]	60	μg/L
	四氯化碳[①]	3	μg/L
	苯并（a）芘[①]	0.01	μg/L
	滴滴涕[①]	1	μg/L
	六六六[①]	5	μg/L
细菌学指标	细菌总数	100	个/mL
	总大肠菌群	3	个/L
	游离余氯	在与水接触30min后应不低于0.3mg/L。集中式给水出厂水除应符合上述要求外，管网末梢水不应低于0.05mg/L	
放射性指标	总α放射性	0.1	Bq/L
	总β放射性	1	Bq/L

① 试行标准。

地面水环境质量标准（单位：mg/L）　　表 12-13

序号	参数		分类				
			Ⅰ类	Ⅱ类	Ⅲ类	Ⅳ类	Ⅴ类
			标准值				
	基本要求		所有水体不应有非自然原因所导致的下述物质： *a*. 凡能沉淀而形成令人厌恶的沉积物； *b*. 漂浮物，诸如碎片、浮渣、油类或其他的一些引起感官不快的物质； *c*. 产生令人厌恶的色、臭、味或浑浊度的； *d*. 对人类、动物或植物有损害、毒性或不良生理反应的； *e*. 易滋生令人厌恶的水生生物的				
1	水温（℃）		人为造成的环境水温变化应限制在： 夏季周平均最大温升≤1 冬季周平均最大温降≤2				
2	pH		6.5～8.5				6～9
3	硫酸盐[①]（以SO_4^{-2}计）	≤	250以下	250	250	250	250

续表

序号	参数		分类				
			Ⅰ类	Ⅱ类	Ⅲ类	Ⅳ类	Ⅴ类
			标准值				
4	氯化物①（以 Cl^- 计）	≤	250 以下	250	250	250	250
5	溶解性铁①	≤	0.3 以下	0.3	0.5	0.5	1.0
6	总锰①	≤	0.1 以下	0.1	0.1	0.5	1.0
7	总铜①	≤	0.01 以下	1.0（渔 0.01）	1.0（渔 0.01）	1.0	1.0
8	总锌①	≤	0.05	1.0（渔 0.1）	1.0（渔 0.1）	2.0	2.0
9	硝酸盐（以 N 计）	≤	10 以下	10	20	20	25
10	亚硝酸盐（以 N 计）	≤	0.06	0.1	0.15	1.0	1.0
11	非离子氨	≤	0.02	0.02	0.02	0.2	0.2
12	凯氏氮	≤	0.5	0.5	1	2	2
13	总磷（以 P 计）		0.02	0.1（湖、库 0.025）	0.1（湖、库 0.05）	0.2	0.2
14	高锰酸盐指数	≤	2	4	6	8	10
15	溶解氧	≥	饱和率 90%	6	5	3	2
16	化学需氧量（COD_{cr}）	≤	15 以下	15 以下	15	20	25
17	生化需氧量（BOD_5）	≤	3 以下	3	4	6	10
18	氟化物（以 F^- 计）	≤	1.0 以下	1.0	1.0	1.5	1.5
19	硒（四价）	≤	0.01 以下	0.01	0.01	0.02	0.02
20	总砷	≤	0.05	0.05	0.05	0.1	0.1
21	总汞②	≤	0.00005	0.00005	0.0001	0.001	0.001
22	总镉③	≤	0.001	0.005	0.005	0.005	0.01
23	铬（六价）	≤	0.01	0.05	0.05	0.05	0.1
24	总铅②	≤	0.01	0.05	0.05	0.05	0.1
25	总氰化物	≤	0.005	0.05（渔 0.005）	0.2（渔 0.005）	0.2	0.2
26	挥发酚②	≤	0.002	0.002	0.005	0.01	0.1
27	石油类②（石油醚萃取）	≤	0.05	0.05	0.05	0.5	1.0
28	阴离子表面活性剂	≤	0.2 以下	0.2	0.2	0.3	0.3
29	总大肠菌群③（个/L）	≤			10000		
30	苯并（a）芘③（μg/L）	≤	0.0025	0.0025	0.0025		

① 允许根据地方水域背景值特征做适当调整的项目。

② 规定分析检测方法的最低检出限，达不到基准要求。

③ 试行标准。

农田灌溉水质标准 **表 12-14**

项目	分类	
	一类	二类
	标准值	
水温 ≤	35℃	35℃
pH值	5.5～8.5	5.5～8.5
全盐量①（mg/L） ≤	1000（非盐碱土地区） 2000（盐碱土地区）有条件的地区可以适当放宽	1500（非盐碱土地区） 2000（盐碱土地区）有条件的地区可以适当放宽
氯化物（mg/L） ≤	200	200～300
硫化物（mg/L） ≤	1	1
汞及其化合物（mg/L） ≤	0.001	0.001，0.005（绿化地）
镉及其化合物（mg/L） ≤	0.002（轻度污染灌区） 0.05	0.008（轻度污染灌区）② 0.01 0.05（绿化地）
砷及其化合物（mg/L） ≤	0.05（水田）0.1（旱田）	0.1（水田）0.5（旱田）
六价铬化合物（mg/L） ≤	0.1	0.5
铅及其化合物（mg/L） ≤	0.5	1.0
铜及其化合物（mg/L） ≤	1.0	1.0（土壤pH＜6.5）3.0（土壤pH＜6.5）
锌及其化合物（mg/L） ≤	2.0	3.0（土壤pH＞6.5）5.0（土壤pH＞6.5）
硒及其化合物（mg/L） ≤	0.02	0.02
氟化物（mg/L） ≤	2.0（高氟区） 3.0（一般地区）	3.0（高氟区） 4.0（一般地区）
石油类（mg/L） ≤	5.0（轻度污染灌区），10.0	10.0
挥发性酚（mg/L） ≤	1.0（土层＜1m地区），3.0	1.0（土层＜1m地区），5.0
苯（mg/L） ≤	2.5（土层＜1地区），5.0	2.5（土层＜1m地区），5.0
三氯乙醛（mg/L） ≤	0.5（小麦）1.0（水稻、玉米、大豆）	0.5（小麦）1.0（水稻、玉米、大豆）
丙烯醛（mg/L） ≤	0.5	0.5
硼（mg/L） ≤	1.0（西红柿、马铃薯、笋瓜、韭菜、洋葱、黄瓜、梅豆、柑桔） 2.0（小麦、玉米、茄子、青椒、小白菜、葱） 4.0（水稻、萝卜、油菜、甘蓝）	1.0（西红柿、马铃薯、笋瓜、韭菜、洋葱、黄瓜、梅豆、柑桔） 2.0（小麦、玉米、茄子、青椒、小白菜、葱） 4.0（水稻、萝卜、油菜、甘蓝）
大肠杆菌（mg/L） ≤	10000（生吃瓜果收获前一星期）	10000（生吃瓜果收获前一星期）

① 在以下具体条件的地区，全盐量水质标准可略放宽：

(1) 在水资源缺少的干旱和半干旱地区。

(2) 具有一定的水利灌排工程设施，能保证一定的排水和地下径流条件的地区。

(3) 有一定的淡水资源能满足冲洗土地中盐分的地区。

(4) 土壤渗透性较好，土地较平整，并能掌握耐盐作物类型和生育阶段的地区。

② 轻度污染灌区指污染物含量超过土壤本底上限，而农作物残留不超过农作物本底上限。

注：放射性物质按国家放射防护规定的有关标准执行。

渔业水质标准　　表 12-15

项目序号	项　目	标 准 值 (mg/L)
1	色、臭、味	不得使鱼、虾、贝、藻类带有异色、异臭、异味
2	漂浮物质	水面不得出现明显油膜或浮沫
3	悬浮物质	人为增加的量不得超过 10，而且悬浮物质沉积于底部后，不得对鱼、虾、贝类产生有害的影响
4	pH 值	淡水 6.5～8.5，海水 7.0～8.5
5	溶解氧	连续 24h 中，16h 以上必须大于 5，其余任何时候不得低于 3，对于鲑科鱼类栖息水域冰封期其余任何时候不得低于 4
6	生化需氧量（5d、20℃）	不超过 5，冰封期不超过 3
7	总大肠菌群	不超过 5000 个/L（贝类养殖水质不超过 500 个/L）
8	汞	≤0.0005
9	镉	≤0.005
10	铅	≤0.05
11	铬	≤0.1
12	铜	≤0.01
13	锌	≤0.1
14	镍	≤0.05
15	砷	≤0.05
16	氰化物	≤0.005
17	硫化物	≤0.2
18	氟化物（以 F^- 计）	≤1
19	非离子氨	≤0.02
20	凯氏氮	≤0.05
21	挥发性酚	≤0.005
22	黄磷	≤0.001
23	石油类	≤0.05
24	丙烯腈	≤0.5
25	丙烯醛	≤0.02
26	六六六（丙体）	≤0.002
27	滴滴涕	≤0.001
28	马拉硫磷	≤0.005
29	五氯酚钠	≤0.01
30	乐果	≤0.1
31	甲胺磷	≤1
32	甲基对硫磷	≤0.0005
33	呋喃丹	≤0.01

4）渔业水域水质标准

国家环境保护局 1989 年发布了《渔业水质标准》(GB11607—89)（见表 12-15），该标准对保证鱼类的正常生长和繁殖，保证水产品的质量，保障人体健康，促进渔业持续、稳定、健康发展有重要作用。

(2) 工业废水排放标准

为了保护水体不受污染，需要规定污水源的污水排放量和排放浓度。国家环境保护局 1988 年发布了《污水综合排放标准》(GB8987—88) 代替 1973 年发布的《工业“三废”排放试行标准》。新标准将排放污染物按性质分为二类，第一类污染物指能在环境或动植物体内蓄积，对人体产生长远不良影响的。含有此类污染物的污水，不分行业和污水排放方式，也不分纳水体的功能类别，一律在车间或车间处理设施排出口取样，其最高允许排放浓度必须符合表 12-16 的规定。

第一类污染物最高允许排放浓度

表 12-16

污染物	最高允许排放浓度 (mg/L)
1. 总　汞	0.05
2. 烷基汞	不得检出
3. 总　镉	0.1
4. 总　铬	1.5
5. 六价铬	0.5
6. 总　砷	0.5
7. 总　铅	1.0
8. 总　镍	1.0
9. 苯并 (a) 芘	0.00003

第二类污染物，指其对人体的影响小于第一类的污染物质，在排污单位排出口取样，其最高允许排放浓度必须符合表 12-17 的规定。

(3) 防止水体污染

1) 防止地表水污染

第二类污染物最高允许排放浓度(单位：mg/L)

表 12-17

污染物	标准分级				
	一级标准		二级标准		三级标准
	新扩改	现有	新扩改	现有	
	标准值				
1. pH 值	6～9	6～9	6～9	6～9①	6～9
2. 色度（稀释倍数）	50	80	80	100	—
3. 悬浮物	70	100	200	250②	400
4. 生化需氧量 (BOD_5)	30	60	60	80	300③
5. 化学需氧量 (COD_{cr})	100	150	150	200	500③
6. 石油类	10	15	10	20	30
7. 动植物油	20	30	20	40	100
8. 挥发酚	0.5	1.0	0.5	1.0	2.0
9. 氰化物	0.5	0.5	0.5	0.5	1.0
10. 硫化物	1.0	1.0	1.0	2.0	2.0
11. 氨氮	15	25	25	40	—
12. 氟化物	10	15	10	15	20
	—	—	20④	30④	—
13. 磷酸盐（以P计）⑤	0.5	1.0	1.0	2.0	—
14. 甲醛	1.0	2.0	2.0	3.0	—
15. 苯胺类	1.0	2.0	2.0	3.0	5.0
16. 硝基苯类	2.0	3.0	3.0	5.0	5.0
17. 阴离子合成洗涤剂（LAS）	5.0	10	10	15	20
18. 铜	0.5	0.5	1.0	1.0	2.0
19. 锌	2.0	2.0	4.0	5.0	5.0
20. 锰	2.0	5.0	2.0⑥	5.0⑥	5.0

① 现有火电厂和粘胶纤维工业，二级标准 pH 值放宽到 9.5。

② 磷肥工业悬浮物放宽至 300mg/L。

③ 对排入带有二级污水处理厂的城镇下水道的造纸、皮革、食品、洗毛、酿造、发酵、生物制药、肉类加工、纤维板等工业废水，BOD_5 可放宽至 600mg/L，COD_{cr}可放宽至 1000mg/L。具体限度还可以与市政部门协商。

④ 为低氟地区（系指水体含氟量<0.5mg/L）允许排放浓度。

⑤ 为排入蓄水性河流和封闭性水域的控制指标。

⑥ 合成脂肪酸工业新扩改为 5mg/L，现有企业为 7.5mg/L。

在生活用水源地、风景名胜区水体、重要渔业水体和其它有特殊经济文化价值的水体的保护区内，不得新建排污口，已建的排污口应治理，危害饮水水源的应当搬迁。

禁止向水体排放油类、酸液、碱液或剧毒废液；禁止在水体清洗装贮过油类或者有毒污染物的车辆和容器；禁止将含有汞、镉、砷、铬、铅、氰化物、黄磷等的可深性剧毒废渣向水体排放、倾倒或直接埋入地下；禁止向水体排放或倾倒放射性固体废弃物或含有高放射性和中放射性的废水。向水体排放含病原体的污水，必须经过消毒处理。

向农田灌溉渠道排放工业废水和城市污水，应当符合相应的排放标准。利用工业废水和城市污水进行灌溉，应当防止污染土壤、地下水和农产品。

合理施用农药和化肥，控制因过量使用而污染水体。

2）防止地下水污染

禁止企事业单位利用渗井、渗坑、裂隙和溶洞排放、倾倒含有毒污染物的废水、含病原体的污水和其他废弃物。

在无良好隔渗地层，禁止企事业单位使用无防止渗漏措施的沟渠、坑塘等输送或者存贮有毒污染物的废水、含病原体的污水和其他废弃物。

兴建地下工程设施或进行地下勘探、采矿等活动，应当采取措施防止污染地下水。

人工回灌给地下水，不得恶化地下水质。

(4) 污水的处理技术

污水处理的目的是将污水中的污染物质分离出来，或将其转化为无害的物质，达到水体净化。由于污染物质的多样化，不能指望用一种方法就能将所有的污染物质去除殆尽，往往要通过多种方法综合处理，才能达到预期的效果。

现代污水处理技术，按其作用原理，可以分为物理处理法、化学处理法和生物处理法三大类。

1）物理处理法

物理处理法是最简易的处理方法，即采取格栅、沉淀池、滤网等方法，将污水中的悬浮物、沉降物等杂质以及依附其上的微生物、寄生虫卵等予以去除。一般经过物理处理，可除去污水中40%～50%的悬浮物及25%～35%的BOD（五日生化需氧量），若加药消毒，可减少污水的危害和对环境的污染。

2）化学处理法

根据污染物的化学性质，可以选用中和、混凝、氧化还原、吹脱、吸附、离子交换以及电渗透等化学处理技术，去除污水中呈溶解、胶凝状态的污染物，或将其转化为无毒无害的物质。例如：对酸性污水，可加入石灰乳进行中和，使之接近中性；对碱性污水可以利用酸性污水中和，也可以用烟道废气处理。

3）生物处理法

生物处理技术是通过生物的代谢作用，使在污水中呈溶解、胶体以及微细悬浮状态的有机物、有毒物等污染物质，转为稳定、无害的物质。一般分为需氧处理和厌氧处理两种方法。

需氧处理目前采用的有活性污泥法、生物膜法和稳定塘法等。

厌氧处理法主要用于处理高浓度有机废水和污泥，使用处理设备主要为消化池等。

生物处理技术是废水处理技术中应用历史最久、应用范围最广、经济有效的一种方法。它已成功地应用于炼油、石油化工、合成纤维、焦化、煤气、印染、造纸等工业废水处理，是一种经济实用的污水处理方法。

小　　结

人类直接利用的水资源是有限的，还不到地球总储水量的0.5%，水资源浪费和水体污染是造成“水荒”的根本原因。

工业废水是水体污染的主要污染源，水体污染的主要污染物有：酸、碱、盐、重金属、耗氧有机物、酚、氰、有机农药、石油等。水体污染直接危害人体的身体健康，也直接危及鱼类，水中生物以及农作物的正常生长和繁殖。

《中华人民共和国水污染防治法》对防止地表水污染和地下水污染作了很具体的规定，必须严格执行。

工业废水的处理方法有：物理处理法、化学处理法、生物处理法等。通过综合治理使工业废水的排放标准符合国家的有关规定，确保人体健康。

习题

1. 水体的主要污染源有哪些？
2. 水体的主要污染物有哪几类？每一类的主要污染物是什么？
3. 简述水体污染对人体健康的危害。
4. 国家的水质标准主要有哪几个？
5. 工业废水的处理方法有哪几种？每种方法的主要原理和作用是什么？
6. 防治水体污染有哪些主要措施？

12.5 环境噪声污染防治及固体废物处理

12.5.1 环境噪声污染与控制

(1) 环境噪声

全国八届人大常务委员会1996年10月29日通过的《中华人民共和国环境噪声污染防治法》指出：环境噪声是指工业生产、建筑施工、交通运输和社会生活中所产生的干扰周围生活环境的声音。当环境噪声超过国家规定的环境噪声排放标准，并干扰他人正常生活、工作和学习时，称为环境噪声污染。

环境噪声污染不同于大气污染和水体污染，它具有以下特点：

1) 局部性和多发性

一般噪声污染仅局限在声源附近一定的范围内，如建筑施工噪声仅局限在施工现场周围几百米的范围内。但它对人们生活和工作的干扰却是多发性和普遍性的，我国大约有30%～40%的大、中城市居民生活在噪声超标的环境里。

2) 噪声干扰没有后效

声音仅是一种物理现象，噪声源停止活动后，干扰立即消失，不留后效，不存在污染物。如工地的打桩机停止工作后，打桩的撞击噪声即停止。所以噪声不会转移和积累，我们的主要任务是从事城市噪声的防治。

3)噪声的防治是最复杂的环境污染防治

噪声防治不能集中预防和治理，只能分散防治。噪声控制要突出噪声源、噪声传播途径和噪声标准三个方面。

描述噪声特性有两种方法：一是反映噪声大小或强弱的客观物理量（如声压和声压级等）；二是涉及到人耳的听觉特性，反映噪声对人产生的各种心理和生理影响的主观评价量（如A声级，等效声级等）。声级的单位都是无量级的分贝，用dB表示。噪声污染应把主观评价量与客观物理最联系在一起综合评价。

(2) 噪声源

噪声源可分为自然噪声源和人为活动噪声源两大类。自然噪声目前还不能控制，噪声控制主要指人为活动噪声控制。

人为活动噪声源主要有以下几方面：

1) 室外噪声

室外噪声是城市主要的噪声源，包括交通噪声、工业噪声、建筑施工噪声和社会活动生活噪声等。

交通噪声是室外噪声的主要来源。飞机噪声是目前发达国家最注意的噪声源，火车噪声对铁路沿线居民的干扰极大，汽车噪声是城市噪声的主要噪声源，影响面大而广，几乎涉及每一个城市居民。

工业噪声主要是各种露天机械设备的生产噪声，对工厂周围居民的干扰较大。

建筑施工噪声主要是各种土方机械、打桩机械、空气压缩机、搅拌机、风钻、震捣器等发出的工作噪声。

室外社会活动生活噪声主要为群众集会、运动场、学校课间活动和商业区活动，高音喇叭等。

2) 室内噪声源

室内噪声有日常生活噪声、家庭电器工作噪声等，工业室内的噪声则因行业不同而差异极大，如纺织车间的噪声就很大。

(3) 噪声对人的影响及危害

噪声对人的影响及危害主要是令人烦躁，干扰谈话，影响工作，不利休息，妨碍睡眠。而最显著的危害是使人听力减退和发生噪声性耳聋。此外，噪声对神经系统、心血管系统、消化系统、呼吸系统亦产生一定的影响。

(4) 噪声标准

为了保护在噪声条件下工作和生活的人们的健康，国家根据实际需要、区域环境功能和经济合理等原则，制订了若干噪声标准。

1）工业噪声标准

我国于 1979 年颁发了《工业企业噪声卫生标准》（试行草案）。该标准规定，工厂车间和作业场所的噪声卫生标准为 85dB（A），现有工业企业经过努力，暂达不到标准的，可适当放宽，但不得超过 90dB（A）。在采取措施后仍达不到标准的，应发放个人防护用品，以保障工人身体健康。

2）城市区域环境噪声标准

我国 1996 年 10 月 29 日颁布了《中华人民共和国城市区域环境噪声标准》。该标准将城市区域划分为五类区域，城市五类环境噪声标准值如下：

类别	昼间	夜间
0 类	50dB	40dB
1 类	55dB	45dB
2 类	60dB	50dB
3 类	65dB	55dB
4 类	70dB	60dB

0 类标准适用于疗养区、高级别墅区、高级宾馆区等特别需要安静的区域。位于城郊和乡村的这类区域分别按严于 0 类标准 5 分贝执行。

1 类标准适用于以居住、文教机关为主的区域。乡村居住环境可参照执行该类标准。

2 类标准适用于居住、商业、工业混杂区。

3 类标准适用于工业区。

4 类标准适用于城市中的道路交通干线道路两侧区域，穿越城区的内河航道两侧区域。穿越城区的铁路主、次干线两侧区域的背景噪声（指不通过列车时的噪声水平）限值也执行该类标准。

该标准还规定夜间突发噪声的最大值不准超过标准值 15dB。

3）工业企业厂界噪声标准

1996 年 10 月 29 日颁布的《中华人民共和国工业企业厂界噪声标准》将厂界分为四类区域，各类区域的噪声标准如下：

类别	昼间	夜间
一类	55dB	45dB
二类	60dB	50dB
三类	65dB	55dB
四类	70dB	60dB

一类标准适用于以居住、文教机关为主的区域。

二类标准适用于居住、商业、工业混杂区及商业中心区。

三类标准适用于工业区。

四类标准适用于交通干线道路两侧区域。

夜间频繁突发的噪声（如排气噪声），其峰值不准超过标准值 10dB，夜间偶然突发的噪声（如短促鸣笛声），其峰值不准超过标准值 15 分贝。

4）建筑施工场界噪声限值

施工现场应遵守《中华人民共和国建筑施工场界噪声限值》（GB12523-90）规定的噪声限值见表 12-18。

建筑施工场界噪声限值　表 12-18

施工阶段	主要噪声源	噪声限值（dB）	
		昼间	夜间
土石方	推土机、挖掘机、装载机等	75	55
打　桩	各种打桩机等	85	55
结　构	混凝土搅拌机、振捣棒、电锯等	70	50
装　修	吊车、升降机等	65	55

5）各类机动车辆噪声标准

各类机动车辆噪声标准见表 12-19。其中，1985 年 1 月 1 日以前生产的机动车辆，应符合标准Ⅰ。而 1985 年 1 月 1 日以后生产的机动车辆，应符合标准Ⅱ。

6）建筑施工设备的噪声标准

目前我国尚未制订出建筑施工设备的噪声标准，表 12-20 是国外一些国家的规定，可供参考。

各类机动车辆噪声标准　　表 12-19

车辆种类		标准Ⅰ dB（A）	标准Ⅱ dB（A）
载重汽车	8t≤载重量＜15t	92	89
	3.5t≤载重量＜8t	90	86
	载重量＜3.5t	89	84
轻型越野车		89	84
公共汽车	4t＜总重量＜11t	89	86
	总重量＜4t	88	83
轿车		84	82
摩托车		90	84
轮式拖拉机（功率60马力以下）		91	86

建筑施工设备在7.5m处的噪声标准 dB（A）

表 12-20

设备	噪声级
1.运输工具 前斗车、挖沟车、堆土机、拖拉机、压路机、卡车、刮土机、铺路机	81 86
2.材料处理设备 水泥搅拌机、水泥输送机、吊车	81
3.固定设备 泵、发电机、空压机	81
4.撞击设备	
打桩机	101
锤	81
凿岩机、风动工具	86
5.其它 锯床、震捣器	81

（5）各类环境噪声污染防治

1）工业噪声污染防治

国家对可能产生环境噪声污染的工业设备，根据声环境保护的要求和国家的经济、技术条件，逐步依法制定产品的国家标准、行业标准的噪声限值。

在城市范围内向周围生活环境排放工业噪声的，应符合国家规定的工业企业厂界环境噪声排放标准。

产生环境噪声污染的工业企业，应当采取有效措施，减轻噪声对周围生活环境的影响。

2）交通运输噪声污染防治

国家禁止制造、销售或者进口超过规定的噪声限值的汽车。

各种机动车辆、船舶在城市市区运行时应按规定使用声响装置配警报器机动车辆，执行非紧急公务时严禁使用警报器。

建设经过医疗区、文教科研区、机关或居民住宅为主的区域的高速公路和城市高架、轻轨道路，有可能造成环境噪声污染的，应设置声屏障或者采取其他有效措施控制环境噪声污染。

穿越城市居民区、文教区的铁路，应采取有效措施，减轻由车辆运行造成的环境噪声污染对沿线生活环境的污染。

使用广播喇叭指挥作业的单位，应当控制音量，减轻对周围生活环境的影响。

3）社会生活噪声污染防治

新建营业性文化娱乐场所的边界噪声必须符合国家规定的噪声排放标准。

已建的文化娱乐场所，其经营者应采取措施使其边界噪声不超过国家规定的标准。

禁止任何单位、个人在城市市区噪声敏感建筑物集中区域内使用高音广播喇叭。

居民室内自娱活动，应控制音量或者采取其他措施，避免对周围居民造成环境噪声污染。

居室装修应限制作业时间，并采取有效方法，以减轻、避免施工对周围居民造成环境噪声污染。

4）建筑施工噪声污染防治

在城市市区范围内向周围生活环境排放施工噪声的，应符合国家现行的有关排放标准。

建筑施工中，有可能产生环境噪声污染的项目应向有关主管部门申报，列出可能产生的环境噪声值，以及采取的防治措施。

在医疗区、文教科研区、机关或者居民区禁止夜间进行产生环境噪声污染的建筑施工作业（特殊情况除外）。

建筑施工现场的环境噪声防治管理详见本章第六节建筑施工环境保护管理。

（6）环境噪声治理技术

只有当噪声源、传播途径和接收者三个因素同时存在时，噪声才能对人造成影响和危害。因此，噪声控制必须从上述三个方面着手。即：从声源上降低噪声；在噪声的传播途径上控制噪声；在接收者进行个人的噪声防护。

噪声控制，防比治更有效。从声源处治理噪声是降低噪声最有效和最根本的办法。通过改革产品的结构和工艺，将发声体改造成不发声或发声小的物体，可以有效地减轻噪声。搞好环境规划，颁布噪声控制标准和相关的控制法令，则是控制噪声最有效、最经济的办法。

当技术式经济上的原因，不能从声源控制噪声时，可以采取措施从噪声的传播途径上解决。具体的办法有：吸声、消声、隔声、隔振、阻尼等技术。例如：城市高架路两侧设置隔音墙，可以有效地隔断或减弱交通噪声对沿线居民的干扰。

从声源和噪声的传播途径上采取控制措施有困难或无法进行时，接收者可以采取个人防护措施。如佩带耳塞、耳罩、防声头盔等以隔断噪声对听觉的干扰。

12.5.2 固体废物的处理和利用

(1) 固体废物源

人类在生产和生活过程中排出的固体废弃物质，统称为固体废物。固体废物的分类方法很多，按来源分为矿业废物、工业废物、城市垃圾、农业废物和放射性废物五大类。

1) 矿业固体废物

矿业在开采和洗选过程中产生大量的固体废物，如废石、尾矿、砂石等。

2) 工业固体废物

工业固体废物来自工业企业生产和加工过程，如各种废碴（冶金固体废碴、煤矸石、粉煤灰、金属与木材加工废碴、化工废碴等）、粉尘、废屑、污泥等。

3) 城市垃圾

城市垃圾包括人们日常生活丢弃的固体废物，以及城市建设和维护的建筑垃圾、污泥废土碎石和粪便等。

4) 农业废物

农业废物包括农业生产和禽畜饲养产生的植物技叶、秸杆、壳屑、动物粪便、尸骸等。

5) 放射性固体废物

放射性固体废物来自核工业、放射性医疗、科学研究机构等。

(2) 固体废物的污染与危害

1) 固体废物占用土地、污染土壤

固体废物的数量很大，而目前的利用效率不高，我国历年堆存的废碴和尾矿达53亿吨，占地约53万亩，与农业争地的矛盾十分突出。而且固体废物中的有害物质渗入土壤中，改变土质和土壤结构，影响农作物的生长，并污染环境。

2) 污染水体

固体废物通过直接倾倒、随地面径流流入、渗透等方法污染地面水和地下水。特别是沿江沿湖的工矿企业，长期向附近的水体大量倾倒废物，严重污染水体，而且堵塞水道，留下极大的隐患。

3) 污染大气

固体废物中的微粒和粉尘能随风飞扬，使大气的能见度降低，而且固体废物还会分解出臭气和有害气体，污染大气。

4) 影响城市环境卫生

由于城市人口的急剧增加，使垃圾和粪便的排放量大大增加，而其中的大部分未经消毒处理就进入环境。它是病菌、病毒、蚊、蝇的重要孳生场地，并易于腐烂变质和散发恶臭，是城市的重要污染源。

此外，固体废物的清理和处置要花费大量的人力和财力，造成很大的浪费。

(3) 固体废物的处理和综合利用

1) 固体废物的处理

工业固体废物根据不同情况可以采用焚化法、填池法、化学处理法、固化法和生物处理法等。焚化法适用于处理有机有毒固体废物。填池法是选择适当的地点将固体废物填埋，此法要特别注意填埋后对周围环境的污染。固化法是使固体废物形成基本不溶解或溶解度极低的物质，以降低有害物质的渗透和浸出。最常见的有水泥固化和沥青固化。化学处理法是利用酸碱中和、氧化还原、化学沉淀等方法将有害物质转化为无害物质的处理方法。生物处理法是利用堆肥法或污泥消化池、氧化塘等设施分解有害物质，使之变成无害的物质。

城市垃圾经过收集和运输到达指定地点，区分不同情况，采用填埋法、堆肥法和焚化法。填埋法是一种投资少而又切实可行的垃圾处理方法，此法应选择好填埋地点，并采取有效措施防止填埋物对周围环境的污染。堆肥法是垃圾无害化、资源化的好方法之一，但处理费用较大，我国目前正加紧这方面的研究。焚化法的优点是减少固体废物的体积，以便作最终的填埋处理，但露天焚化易污染大气，专门设计的焚化炉成本较高。

城市垃圾的处理量大，如何处理才能取得最佳效果，已日益引起广泛的重视。

2）固体废物的综合利用

a. 利用工业废碴制造建筑材料

尾矿，煤矸石、粉煤灰、高炉矿碴等均是制作水泥、墙体材料等建筑材料的原料，如煤碴砖、矿碴砖、煤矸石砖、粉煤砖等。

b. 从固体废碴中提取各种金属

有色金属废碴中常含有稀有金属和贵金属，如金、银、钴、硒、铊、钯、铂等，可以通过提炼预以回收。

c. 回收固体废物中的能源

我国每年排放的煤矸石有 7000 万吨以上，而其发热量可达 4187～11300kJ/kg，可代替燃料用于发电、化铁、烧石灰和生产简易煤气。

d. 作为其它工业的代用原料

电石渣或合金冶炼中的硅钙渣中均含有大量的氧化钙成分，可以代替石灰使用，煤矸石可以代替焦炭生产磷肥，还可以用钢碴代替磷矿石生产磷肥、用钢碴生产钢碴水泥等。

除上述的综合利用之外，还有很多的固体废物可以综合利用，有待于不断开发利用，变废为宝。

小　结

环境噪声是指工业生产、建筑施工、交通运输和社会生活中所产生的干扰周围生活环境的声音。当环境噪声超过国家规定的排放标准，并干扰他人正常生活、工作和学习时，就构成环境噪声污染。

环境噪声污染没有后效，不会积累和转化，也不能集中防治。

环境噪声污染的主要任务是城市环境噪声污染的防治。

为了保护在噪声条件下工作和生活的人们的健康，国家根据实际需要、区域环境功能和经济合理等原则，制订了若干环境噪声排放标准。各级政府、企事业单位和个人必须严格遵守。

城市环境噪声污染防治以对工业噪声、交通运输噪声、建筑施工噪声、社会生活噪声的防治为主。

环境噪声污染的治理技术从产生污染的噪声声源、噪声的传播途径、个人噪声防护三方面入手，综合治理可取得最佳的防治效果。

固体废物主要有矿业废物、工业废物、城市垃圾、农业废物、放射性废物等五大类。固体废物的堆存，占用土地，污染水体和大气，破坏土壤，危害生物，危害人体健康。

处理固体废物的最好方法是大力开展综合利用，变废为宝，充分地利用自然资源，废物资源化，物尽其用。

习题

1. 什么叫环境噪声？什么叫环境噪声污染？
2. 环境噪声污染对人体健康有什么危害？
3. 国家对环境噪声污染有哪些主要的排放标准？
4. 城市环境噪声污染以哪几类为主？如何防治？
5. 环境噪声治理技术从哪几方面入手？
6. 固体废物按其来源分为哪几类？
7. 固体废物有哪几方面的危害？
8. 固体废物综合利用的基本原理是什么？

12.6 建筑施工环境保护管理

12.6.1 国家有关建设环境保护的主要规定

(1) 环境保护法

1989年12月26日通过的《中华人民共和国环境保护法》规定，在防治环境污染和其它公害的过程中，必须坚持以下几项基本制度：

1) 环境保护责任制度

该制度要求产生环境污染和其它公害的单位，必须将环境保护工作列入本单位工作计划，有目标有制度，环境保护工作规定到岗，落实到人，并同单位和个人的经济利益挂勾，使单位和个人自觉维护环境。

2)"三同时"制度

该制度规定建设项目（包括新建、改建、扩建项目）中的防治环境污染和其它公害的设施，必须与主体工程同时设计、同时施工、同时投产。

3) 排污申报登记制度

该制度要求所有排污单位，都应按环保部门的规定，向当地环保部门申报拥有的污染排放设施，处理设施，在正常作业条件下排放污染物的种类、数量和浓度，并提供防治污染方面的有关资料等。

4) 排污收费制度

该制度规定所有排污单位必须按有关规定缴纳一定的排污费。

5) 谁污染谁治理的制度

该制度规定长期超标排污的单位或个人，限期完成治理任务，超期不达标的要给予相应的处罚。

6) 环境监测制度

环保部门建立环境监测网络，调查和掌握环境状况和发展趋势，并提出改善措施。

(2)《国务院关于环境保护工作的决定》

此决定即国发（1984）64号文件。它把保护和改善生活环境和生态环境，防止污染和自然环境破坏，作为我国社会主义现代化建设中的一项基本国策。文件规定新建、扩建、改建项目（包括小型项目）和技改项目，一切可能造成污染和破坏的工程建设和自然开发项目，都必须严格执行防治污染措施与主体工程同时设计，同时施工，同时投产（常称"三同时"）。

(3)《关于基建项目、技措项目要严格执行"三同时"的通知》

此通知即（80）国环号第79号文件，主要内容是：

1) 在安排基建计划时要落实"三同时"。

2)建成峻工的建设项目，在工程验收时，要把检查污染治理工程作为一个重要的验收内容。凡污染治理工程没有建成的不予验收，不准投入使用。

(4)《建设项目环境保护管理办法》

此办法于1986年3月26日由国家环境保护委员会、国家计委、经委颁布实施。该办法规定建设项目必须执行环境影响报告书的审批制度、执行主体工程与环保设施"三同时"制度，对违反有关制度的处罚等作了重要规定。

(5) 建设工程施工现场管理规定

此规定1991年12月5日建设部令第15号发布。该规定在第四章环境管理中有以下规定：

第三十一条 施工单位应当遵守国家有关环境保护的法律规定，采取措施控制施工现场的各种粉尘、废气、废水、固体废弃物以及噪声、振动对环境的污染和危害。

第三十二条 施工单位应当采取下列防止环境污染的措施：

1) 妥善处理泥浆水，未经处理不得直接排入城市排水设施和河流。

2) 除符合规定的装置外，不得在施工现场熔融沥青或者焚烧油毡、油漆以及其他会产生有毒有害烟尘和恶臭气体的物质。

3)使用密封式的圈筒或者采取其他措施处理高空废弃物。

4) 采取有效措施控制施工过程中的扬尘。

5) 禁止将有毒有害废弃物用作土方回填。

6) 对产生噪声、振动的施工机械，应采取有效控制措施，减轻噪声扰民。

第三十三条 建设工程施工由于受技术、经济条件限制，对环境的污染不能控制在规定范围内。建设单位应当会同施工单位事先报清当地人民政府建设行政主管部门和环境行政主管部门批准。

12.6.2 施工现场环境保护管理

(1) 签订环境保护责任书

工程开工前，施工单位负责人应与上级和环保主管部门签订环境保护责任书，其主要内容包括：

1)施工单位负责人对施工区域的环境质量负责，须将环保工作列入工作计划之内，实行目标管理。要正确处理施工生产与环保的关系，采取有效措施防止环境污染，保证完成上级下达的环保任务。这项工作应做为政绩考核内容之一。

2)建立主管领导负责的防治环境污染的自我保证体系，指定专人负责日常工作，使该体系运转顺利。

3) 建立健全环保的各项规章制度，认真贯彻执行环保的各项方针、政策、法规。

4)扎扎实实做好施工现场环保管理的基础工作，全面检查污染源，并制定相应的治理措施。在编制施工组织设计的同时提出环保措施，并做好环保的统计和信息工作。

5) 认真开展宣传教育工作，增强企业全员的环保意识，使环保工作成为全体职工的自觉行动。

6) 制订环保管理奖罚制度，将环保工作与职工的经济利益挂勾，注重实效，扎扎实实做好环保工作。

(2) 建筑施工现场环境保护管理规定

1) 施工现场环境保护项目及内容

施工现场环境保护项目及内容视工程项目不同，施工地点不同而略有不同，一般可以概括为“三防八治理”，即：

三防：防大气污染、防水源污染、防噪声污染。

八治理：锅炉烟尘治理、锅灶烟尘治理、沥青锅烟尘治理、地面路面施工垃圾扬尘、搅拌站扬尘治理、施工废水治理、废油废气治理、施工机械车辆噪声治理、人为噪声治理等。

2) 施工现场环境保护具体要求

a. 施工现场场容要求

施工区域应用围墙与非施工区域隔离，防止施工污染施工区域以外的环境。施工围墙应完整严密，牢固美观。

施工现场应整洁，运输车辆不带泥砂出场，并做到沿途不遗撒。施工垃圾应及时清运到指定消纳场所，严禁乱倒乱卸。

施工现场外一般不允许堆放施工材料，必须存放的须经有关部门批准、并办理临时占地手续。

搅拌机四周，拌料处及施工地点无废弃

砂浆和混凝土，运输道路和操作现场的落地料应及时清运。

工地办公室、职工宿舍和更衣室要整齐有序，保持卫生、无污物、无污水、生活垃圾集中堆放及时清理，严禁随地大小便。

b. 防大气污染要求

工地锅炉和生活锅灶须符合消烟除尘标准，采用各种有效的消烟除尘技术，减少烟尘对大气的污染。

尽量采用冷防水新技术、新材料。需熬热沥青的工程应采用消烟节能沥青锅，不得在施工现场敞口熔融沥青或者焚烧油毡、油漆以及其他会产生有毒有害烟尘和恶臭气体的物质。

有条件的应尽量采用商品混凝土、无法使用的必须在搅拌站安装除尘装置。搅拌机应采用封闭式搅拌机房，并安装除尘装置。应使用封闭式的圈筒或者采取其他措施处理高空废弃垃圾，严禁从建筑物的窗口洞口向下抛撒施工垃圾。施工现场要坚持定期洒水制度，保证施工现场不起灰扬尘。施工垃圾外运时应洒水湿润并遮盖，保证不沿路漫撒扬尘。

对水泥、白灰、粉煤灰等易飞的细颗粒材料应存放在封闭式库房内，如条件有限须库外存放时，应严密遮盖，卸运尽量安排在夜间，以减少集中扬尘。

机械车辆的尾气要达标，不达标的不得行驶。

c. 施工废水治理

有条件的施工现场应采用废水集中回收利用系统。妥善处理泥浆水，未经处理不得直接排入城市排水设施和河流。

搅拌站应设沉淀池。沉淀池应定期清掏。高层、多层大面积水磨石废水及外墙水刷石废水应挖排水沟经沉淀池沉淀后方能排入下水道。

搅拌站、洗车台等集中用水场地除设沉淀池外，还应设一定坡度不得有积水。现场道路应高出施工地面20～30cm，两侧设置畅通的排水沟，以保证现场不积水。

工地食堂废水凡接入下水道的必须设置隔油隔物池，附近无下水道的应选择适当地点挖渗坑，不得让污水横流。

d. 施工噪声治理

离居民区较近的施工现场，对强噪声机械如发电机、空压机、搅拌机、砂轮机、电焊机、电锯、电刨等，应设置封闭式隔声房，使噪声控制在最低限度。

对无法隔音的外露机械如塔吊、电焊机、打桩机、振捣棒等应合理安排施工时间，一般不超过晚上22时，减轻噪声扰民。特殊情况需连续作业时，须申报当地环保部门批准，并妥善做好周围居民工作，方可施工。

施工现场尽量保持安静，现场机械车辆要少发动、少鸣笛。施工操作人员不要大声喧闹和发出刺耳的敲击、撞击声，做到施工不扰民。

采用新技术、新材料、新工艺降低施工噪声，如自动密实混凝土技术等。

e. 油料污染治理

现场油料应存放库内。油库应作水泥砂浆地面，并铺油毡，四周贴墙高出地面不少于15cm，保证不渗漏。

埋于地下的油库，使用前要做严密性试验，保证不渗不漏。

距离饮水水源点周围50m内的地下工程禁止使用含有毒物质的材料。

(3) 施工现场环境保护资料

为保证现场环保工作的切实执行，应做好资料的建立和归档工作，应设立归档的资料有：

1) 环境保护审批表（含平面布置图）

根据“三同时”原则，施工单位应根据施工项目特点和施工地点的要求，在做施工组织设计时做出环保措施要求（含平面布置图），报请当地环保部门批准。

2) 施工单位环保领导管理体系网络图

该图应详细列出领导机关到污染源的各层环境保护机构及人员，做到建制设岗、层层落实。

3）现场管理制度和规定

该制度和规定根据国家和地区的环保有关规定制订，要结合工程实际情况和施工单位的实际情况制定，要切实可行。

4）污染源登记表

按施工现场的污染源逐项登记。

5）各种记录

包括噪声监测记录、烟尘监测记录、教育活动记录、现场检评记录等。

6）其它有关资料

包括上级下发的有关环保文件通知，技术革新项目资料等。

小　　结

建筑施工对环境的污染，施工扰民已成为社会广泛关注的问题。施工企业应根据国家建设环境保护的有关法规，文明施工，搞好施工现场的环境保护工作，并减轻或避免对施工现场周围的生活环境所造成的环境污染。

施工现场环境保护管理的主要内容有：签订环境保护责任书；做好“三防八治理”工作，即：防大气污染、防水源污染、防噪声污染；做好锅炉烟尘治理、锅灶烟尘治理、沥青锅烟尘治理、地面路面施工垃圾扬尘治理、搅拌站扬尘治理、施工废水治理、废油废气治理、施工机械车辆噪声治理和人为噪声治理等。通过综合治理，净化施工环境，造福社会。

习题

1. 国家环境保护法规定必须坚持哪几项基本制度？
2. 简述《建设工程施工现场管理规定》中对施工环境管理的主要要求。
3. 环境保护责任书的主要内容有哪些？
4. 建筑施工现场的“三防八治理”是指什么？
5. 施工现场防大气污染有什么具体要求？

参 考 文 献

1 建筑饰面．周文正等著．北京：中国建筑工业出版社，1983
2 建筑饰面施工技术．徐化玉编著．北京：中国建筑工业出版社，1988
3 建筑装饰施工．江苏省建筑工程局编写．北京：中国建筑工业出版社，1992
4 建筑分项工程施工工艺标准．北京市建筑工程总公司编．北京：中国建筑工业出版社，1990